U0239742

American Academy of Pediatrics

DEDICATED TO THE HEALTH OF ALL CHILDREN®

美国儿科学会
育儿百科
第 7 版

〔美〕塔尼娅·奥尔特曼◎主编　　　唐　亚　等◎译

全新生命阶段，
给你和孩子坚实的支持、
暖心的陪伴

北京科学技术出版社

本出版物是美国儿科学会出版的著作 *Caring for Your Baby and Young Child* 的第 7 版的翻译版，介绍的是美国儿科学会出版该原版书时美国通行的方法。本书不由美国儿科学会翻译，美国儿科学会对由翻译引起的错误、遗漏或其他问题不承担责任。

著作权合同登记号　图字：01-2020-2344

图书在版编目（CIP）数据

美国儿科学会育儿百科：第 7 版 /（美）塔尼娅·奥尔特曼主编；唐亚等译. —北京：北京科学技术出版社，2023.10
书名原文：Caring for Your Baby and Young Child, 7th Edition: Birth to Age 5
ISBN 978-7-5714-2661-3

Ⅰ.①美… Ⅱ.①塔… ②唐… Ⅲ.①婴幼儿—哺育—基本知识 Ⅳ.① TS976.31

中国版本图书馆 CIP 数据核字（2022）第 216413 号

译　　者：唐　亚　　张彦希　　周　莉　　陈铭宇　　池丽叶　　栾晓森　　王　柳　　王智瑶
策划编辑：赵丽娜
责任编辑：赵丽娜
责任校对：贾　荣
责任印制：李　茗
图文制作：天露霖文化
出 版 人：曾庆宇
出版发行：北京科学技术出版社
社　　址：北京西直门南大街16号
邮政编码：100035
电话传真：0086-10-66135495（总编室）　　0086-10-66113227（发行部）
网　　址：www.bkydw.cn
印　　刷：北京捷迅佳彩印刷有限公司
开　　本：720 mm×1000 mm　1/16
字　　数：880 千字
印　　张：59
版　　次：2023年10月第1版
印　　次：2023年10月第1次印刷
ISBN 978-7-5714-2661-3

定价：198.00元

推荐序

孩子是我们未来的希望。科学育儿，让孩子身心健康地成长是一项任重而道远的工作。根据国务院办公厅颁发的《国民营养计划（2017—2030）》，到 2020 年，0～6 个月婴儿纯母乳喂养率达到 50% 以上，5 岁以下儿童贫血率控制在 12% 以下，5 岁以下儿童生长迟缓率控制在 7% 以下。要想孩子茁壮成长，家长应该从一开始就用科学的知识武装自己，科学喂养、理性教育，用最好的方式培养孩子。因此，我特别向大家推荐这本书。

这是一部科学性强、值得信赖的育儿百科，能够为父母提供一站式育儿指导。无论是在新生儿护理、母乳喂养和辅食添加方面，还是在促进孩子的大脑发育、培养孩子的行为习惯，以及应对孩子可能发生的各种健康问题方面，本书都将给新手父母提供可信、可行的方法和指导意见。甚至连祖辈应该如何培育孙辈这样的问题，本书都将一一阐述。它就是一本育儿宝典，所有新手父母都需要它为自己的育儿之路扫清障碍。有了它，新手父母可以做到心中有数，知道该做什么，并且知道哪些问题不用担心、哪些问题需要立即采取适当措施予以解决。

本书凝结了美国儿科学会上百名儿科专家的智慧，从 20 世纪 90 年代开始出版，至今已修订到第 7 版。新的修订版内容扎实而全面。由于相关研究的进行和时代的发展，很多信息需要添加和完善，比如早期进行婴幼儿口腔护理、预防儿童肥胖、关于易过敏食物最新的指导建议，以及父母合理利用媒体等问题，第 7 版都有最新的阐述。此外，第 7 版特别介绍了（准）爸爸应该如何在妊娠期和产后帮助（准）妈妈，从而避免或克服新手妈妈产后抑郁的问题，同时提醒新手爸爸关注自己可能出现的抑郁情绪。不仅如此，第 7 版的第二部分还增加了全新的章节，阐述了"磨牙""传染性软疣（水瘊子）""烟草烟雾污染"等问题。第 7 版还添加和修订了许多细节。不断修订，使得本书的内容始终与医学和时代的进步同步，使本书具有先进性。本书阐述的内容通俗易懂，没有繁多的术语，所以家长很容易理解和操作。另外，本书的内容涉及孩子成长的方方面面，一些问题甚至可能是家长或者专业人员没有想到、但是在育儿过程中容易发生的，本书都细致地提供了指导意见。因此，本书不仅对家长，而且对儿科医护人员及相关从业人员，都有很高的参考价值。

　　作为一名儿科医生以及一位外祖母，我能深切体会家长在遇到孩子的健康问题时那种焦虑的心情。我平时会在微博上给大家答疑解惑，但我知道还有更多的人需要帮助。无论是遇到日常的育儿问题，还是遇到孩子不适、发生危急症、进行疫苗接种或早期教育等问题，本书都会成为你可以信赖的信息来源。你可以通过查阅本书的相关部分，真正做到安心养育、科学养育。

北京中医药大学附属中西医结合医院原儿科主任、主任医师
中西医结合学会北京儿科分会原副组委兼秘书
原卫生部"儿童早期综合发展"项目国家级专家
中国关心下一代工作委员会专家委员会专家

第 7 版序

首先祝贺你！你打开这本书，很可能是因为你怀孕了，或者是刚生了宝宝，又或者是有一个 5 岁以下的孩子要照顾。不管出于什么原因，本书都将提供你所需的一切信息来帮助你养育出健康、快乐且有韧性的孩子。无论你是选择从头读到尾，还是选择阅读符合孩子当前年龄的章节以便更好地了解孩子，或者想查找关于孩子的具体问题、疾病或症状，你都能在本书中找到经美国儿科学会审查过的大量信息。美国儿科学会是一家由 6.7 万名儿科医生组成的健康组织，这意味着，本书汇集了大量的经验和建议。

目前，新生儿大部分的需求和前几代人的没什么两样，但还有一部分需求因现代快节奏的生活方式而有所改变。他们总是需要的东西有：爱、有营养的食物、健康的身体、安全的环境、建立自我认同感和培养韧性所需的技能，以及与父母一起读书和玩耍的时光。他们不想被打扰，也不需要电子设备（所以请作为父母的你放下手机）。

对你来说，为人父母是最好的礼物之一，你将在这一过程中学习、成长和收获孩子带给你的幸福感，这是你在以前的生活中所没有的体验。你将度过美好的时光，也将度过不那么美好的日子，但生活就是如此。不要因为没有正确地给孩子换尿布或没能按时带孩子出门而自责。只要大家都平安健康，你就应该从容度过每一天并享受其中的每一分钟。

塔尼娅·奥尔特曼

医学博士

美国儿科学会会员

美国儿科学会发言人

致 谢

感谢荣誉创始主编斯蒂文·谢尔夫和荣誉医学副主编罗伯特·汉内曼，以及众多的供稿者和审稿者，感谢他们为《美国儿科学会育儿百科》的前6版所做的一切工作。特别感谢马克·维斯布卢斯，感谢他对第35章"孩子的睡眠"和第418页的表格"如何区分做噩梦和夜惊症"的审稿和建议；特别感谢阿兰·帕克，感谢他对第7版所做的贡献。

致读者

本书中的信息只作为对儿科医生所提供建议的补充，不能完全取而代之。在对孩子进行任何治疗之前，你一定要向儿科医生咨询，并与他讨论孩子的具体情况，包括症状、需求和治疗措施等。关于本书的信息是否适用于你的孩子，请向儿科医生咨询。

本书提到的所有产品仅供参考，并不说明美国儿科学会完全赞成或者推荐使用这些产品。

若无特殊说明，本书中的信息和建议适用于不同性别的孩子，尽管我们在本书中多用代词"他"来指代。

美国儿科学会将不断发现新的科学证据，对提出的建议进行适当更新。例如，未来儿童疫苗研究的发展将改变现有儿童疫苗的管理方法。因此，本书所列的接种疫苗的时间也将有所改变。这些情况说明，你需要始终与儿科医生保持联系以获得关于孩子健康问题的最新信息。

新版新增"电子检索功能"

1. 扫描二维码，关注"北京科学技术出版社"微信公众号；
2. 回复"育儿百科"，即可获取检索文件下载链接；
3. 下载检索文件，快速定位所需内容。

谨以本书献给所有将孩子视为我们今日最大灵感、明日最大希望的人。

目　录

引言　最好的礼物

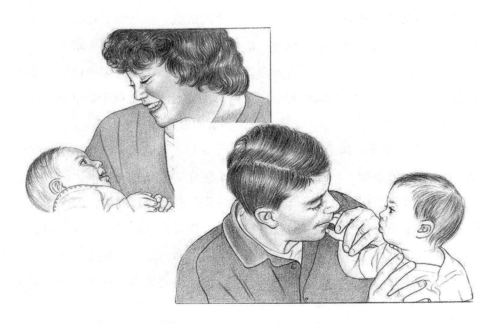

　　孩子是上天赐给你的最好的礼物。从你第一次抱起这个生命奇迹的一刻起，你的世界就变得更加广阔和丰富。你将拥有各种各样的体验：惊奇掺杂着些许兴奋，迷惑伴随着几分疲惫。此外，你还会怀疑自己能否成为称职的父母。这些都是你之前从未体会过的，也是没有孩子的人永远无法真正体会的。

　　这些情感无法用语言来形容，因为父母与孩子之间的这种联系只可意会不可言传。当孩子第一次微笑的时候，为何你的眼眶中泛着泪光？当孩子说出第一个词的时候，为何你是那么骄傲？答案就在你与孩子双向的给予关系之中。

孩子给你的礼物

孩子给你的礼物尽管简单，但足以改善你的生活。

无条件的爱。从孩子出生开始，你就成为他整个宇宙的中心。他把他的爱奉献给你，毫不犹豫，也不求回报。在他的成长过程中，他还将用无数的方式表达这样的爱：从用第一次微笑让你如沐春风，到双手奉上亲手制作的节日礼物。他的爱充满崇敬、热情和取悦你的急切期待。

绝对的信任。孩子绝对地信任你。在他的眼里，你是那么强大、聪明和有能力。久而久之，孩子在你身边会格外放松、遇到难题会向你求助、会在人群中骄傲地指出你。通过这些行为，你可以感受到孩子对你的信任。孩子遇到害怕的东西时，会到你的身边寻求保护；在你面前，他敢于尝试他不敢独自或在陌生人面前做的事情。总之，孩子相信你可以保护他。

"发现"的快乐。孩子的出生给了你一个独特的机会来发现童年里那些让人快乐和兴奋的事物。尽管你无法通过孩子使你的生命重来一次，但是随着孩子不断地发现与探索，你可以分享他的快乐。在这个过程中，你可能会发现一些你从未想到自己会具有的技能和天赋。你对自己的了解以及与孩子的心灵相通将帮助你从容地与孩子玩耍和交流。当你与孩子一起探索时，无论是发现了一项新技能，还是发现了一个新单词，或是发现了一种解决问题的

孩子给你的礼物

- 无条件的爱。
- 绝对的信任。
- "发现"的快乐。
- 情感的巅峰。

新方法，都将增长你做父母的经验和信心，让你做好准备迎接新挑战。

情感的巅峰。由于孩子的出现，你会体验到情感的新巅峰，比如欣喜、关爱、骄傲和激动等。同样，你也会感受到紧张、生气和受挫等。你会经历这样的时刻：你紧紧抱着你的孩子，孩子充满爱意地用他的胳膊环绕着你的脖子。当然，你也一定会有被孩子气得说不出话的时刻。当孩子一天天长大、一天天想独立，你将更深刻地体会这种极端的情感。例如，孩子3岁时可能会很听话地跟你满屋子跳舞，但是4岁时可能就变得相当叛逆和顽皮，让你非常担心。这种极端的情感并不矛盾，只是成长的现实所致。作为父母，你所面临的挑战是：接受孩子带给你的这些情感体验，对此心怀感激，并为孩子提供持续的指导。

你给孩子的礼物

作为父母，你可以给孩子提供许多重要的礼物作为回报。一些礼物很微妙，但是所有礼物都会让孩子受益匪浅。给孩子提供这些礼物将使你成为出色的父母，而孩子接受你的礼物后会变得更加健康、快乐和有能力。

无条件的爱。爱是你与孩子的关系的核心，它需要自由地双向流通。正如孩子无条件地爱你一样，你也要给予孩子无条件的爱和赞赏。你对孩子的爱不应取决于孩子的相貌和行为，也不应该被当作给孩子的奖励，你也不应该将不爱作为对他的惩罚。你对孩子的爱应该是持久且不容置疑的，特别是在孩子行为不当、需要你来限制或纠正时。由于孩子的某些行为，你可能会产生某些情绪，比如生气、沮丧等，但这些情绪转瞬即逝。爱应该与这些情绪区分开来，且要超越这些短暂的负面情绪。

自我认同感。作为父母，你给孩子的最重要的礼物之一是自我认同感。建立自我认同感不是一个简单且快速的过程。认可自己、相信自己是自我认同感的重要组成部分，需要花费几年的时间才能稳固地建立起来。孩子需要你持续的支持和鼓励来发现自己的长处。在他学习相信自己的过程中，他需要你的信任。爱他、花时间与他在一起、倾听他的讲述、称赞他的成就，都

你给孩子的礼物

- 无条件的爱。
- 自我认同感。
- 价值观和信仰。
- 快乐。
- 健康。
- 安全的环境。
- 知识和能力。

是这个过程中的重要组成。此外，用建设性而非处罚性、伤害性的方法帮助孩子改正一些错误行为，对他建立自我认同感同样重要。如果孩子相信你会给予他爱、赞赏和尊重，那么他可能更加容易建立自我认同感，而他建立起来的自我认同感将帮助他快乐、健康地成长。

价值观和信仰。无论你是否积极地将你的价值观和信仰传递给你的孩子，他都必然会因为和你生活在一起而吸收一部分。他会注意你如何在工作中自律、如何坚定你的信仰、是否言出必行。他会融入家庭仪式和传统并思考它们的重要性。你不能期望或者要求孩子遵循你所有的观点，但是你可以随着他的成长和成熟，诚实、清楚、耐心地阐述你的信仰。你应该给予他的是指导和鼓励，而不是评论。在孩子年龄和语言表达允许的情况下，鼓励他提出问题并与他讨论，而非把你的价值观强加给他。如果你的信仰理由充分并且你是真诚的，那么他在很大程度上也会接受它。如果你的言行不一致（有时我们的确会这样），孩子就会用语言或通过细微的行为变化清楚地告诉你，或者他大一点儿后会直接表示他不同意你的观点。形成价值观的过程不可能一帆风顺、不出一点儿错，它要求在坚定的基础上兼具灵活性。你要自觉、自愿地倾听孩子的想法且在适当的时候做出改变，最重要的是，你要证明你对信仰的虔诚，以上这些都将有利于你和孩子之间的关系。虽然选择怎样的价值观和信仰最终还是由他自己来决定，但是他依靠你，会通过你的思维、与他分享的观点和你的行动来给他提供做决定的基础。

快乐。孩子不需要你教他如何快乐，但是他需要你的鼓励和支持以使他本性中的热情自由迸发。特别是当你和他在一起的时候，你越有趣，生活对他来说就越让人愉快，他也就越迫不及待地去拥抱它。听到音乐，他会翩翩起舞；阳光洒落，他会把脸转向天空；感到快乐，他会欣然微笑。这种热情洋溢通常表现在他的专注和好奇上，比如想去探究新的地方和事物，急切地想加入周边的世界，把新的形象、物品和人纳入个人的成长历程中。你要记住，孩子有各自的禀性——有些孩子比其他孩子更有活力，有些更闹人，有些更贪玩，有些则更安静，还有一些比较中性。但是，所有的孩子都会以自己的方式来表达他们的快乐，作为父母的你应该发现这些方式，并培养他们的快乐天性。

健康。孩子的健康在很大程度上依赖于早期你给予他的关爱和引导。作为母亲，从怀孕开始你就要很好地照顾自己，比如安排一些产科的护理课程。孩子出生后，通过定期带孩子去医生那里做检查、保护孩子免受伤害、为孩子准备富有营养的饮食以及鼓励他在童年时期多做运动，你可以保证他的健康、增强他的体质。你自己也有必要保持良好的生活习惯，避免养成不健康的习惯，比如吸烟、过度饮酒、依赖于药物或不运动等。只有这样，你才能在孩子的成长过程中给他一个健康的榜样去效仿。

安全的环境。任何人都想给自己的孩子提供一个安全且舒适的家。对孩子来说，家不仅仅是一个可以休息和玩玩具的地方，还要能够遮风避雨，能够确保他在生理上的安全和心理上的安心。更重要的是，它必须是一个情感上的安全家园，在这里没有压力和烦恼，充满和谐与关爱。由于孩子能够感觉到其他家庭成员之间的矛盾并可能为此烦恼，所以所有的家庭问题，甚至是极小的冲突，你都要尽快处理好，或通过合作解决。当然，这可能需要你主动寻找方法，但是你要记住，家庭的幸福和睦有助于给孩子提供一个让他健康成长并且自由发挥潜能的环境。家人如果能有效地处理冲突和分歧，最终将令孩子感到足够安心，并相信自己也有能力处理好冲突和分歧。这对孩子应对未来的挑战是一个积极的范例。

知识和能力。 随着孩子的成长，他将在生活中各个领域花费大量时间掌握或改进不同的知识和能力。你应该鼓励他，并提供他所需的各种设备和工具以便尽可能地帮助他。图画书、小伙伴和幼儿园在孩子从学步的婴儿变成学龄前（通常为3～5岁）儿童的过程中承担着重要的推动作用。你要牢记：当孩子感到安全、自信且被疼爱时，他将学得很好；当他能够对外界提供的信息做出积极回应时，他将学得很好。一些知识能够通过玩耍（孩子特有的表达方式）得到很好的展示。孩子可以通过玩耍学到很多东西，特别是在与父母或玩伴一起玩耍的时候。一些其他知识也将通过实践得到学习或融会贯通。通过去不同的地方、接触不同的人、参与不同的活动和经历不同的事情，孩子可以学到许多东西。听故事、看图画书等也很有帮助。还有一些知识可以通过观察学到——有时是观察你的举措，有时是观察其他孩子或成年人的行为。幼儿园的经历也有助于培养他的社交能力。

如果你很享受学习的过程，并且让孩子觉得"发现"很有趣，那么孩子就会意识到他取得的成绩可以令自己满足，还可以取悦你。其中的秘诀是，你要尽可能地给孩子机会，让孩子用自己的方式、以自己的速度学习。

使"给予"成为家庭日常生活的一部分

你与孩子之间反复地分享这些礼物，将促进你们之间的关系并有助于孩子的成长。就像学习一种新的舞蹈一样，掌握每一个步骤并不总是那么容易，但只要付出时间和耐心，再加上你自己对加强亲子关系的信念，一切就会得以实现。

给予孩子健康成长所需的引导和支持需要父母具备许多技能：养育、引导、保护、分享及做榜样的技能。如其他技能一样，这些技能也需要在实践中加以学习和完善。对你来说，某些技能可能比别的更容易掌握，某些技能似乎在特定时期比其他时期更容易掌握。在养育子女的过程中存在这些差异是很正常的，但它们确实使这项工作富有挑战性。以下建议将有助于你充分利用科学的养育技能，给孩子最好的起点。

把你的孩子作为独立的个体来对待。认识到孩子的与众不同之处，并且欣赏他特殊的品质。找出孩子特殊的需求、情绪、优点和弱点，特别是他的幽默感（这在他还是婴儿时就能表现出来）。让孩子向你展示他在玩耍中获得的乐趣。你越欣赏孩子，就越容易帮助他培养信任感、安全感和自我认同感。你也会从中发现很多乐趣。

自我教育。你可能比你以为的知道更多为人父母的知识。你可能花了多年时间来观察你自己的父母和其他家庭，或者你照顾过其他孩子。你有很多本能反应，它们可以帮助你成为乐于付出的父母。若是在以前，你也许无须做额外的"功课"就能水到渠成地做好父母。但是时代不同了，现代社会极端复杂，时时刻刻都在发生剧变。为了成功地教育孩子面对新世界，父母需要经常学习各种育儿方法：与儿科医生或其他父母交流，请教各种问题；结识有同龄孩子的父母，并且观察他们如何养育孩子（比如他们什么时候护着孩子，什么时候放开孩子，期望多大的孩子学会承担多少事情等）；阅读有关家庭育儿观点和疑难问题的图书；联系当地的宗教团体、教育机构、家政机构、育儿机构、父母培训班等。对有心的父母来说，这些个人或团体组成了有用的网络，能够帮助他们顺利克服育儿过程中的困扰和挫折。

父母在征求育儿意见的时候，要筛选出与自己和自己的孩子相适应的信息。有时他人的建议有很大的参考价值，但并非都有参考意义。每对父母的育儿过程都有自己的特点，因此，他人的参考意见必然有不适用之处。你不必全盘接受听到和读到的所有东西。实际上，自学育儿方法的目的之一，就是让自己筛选出不适用于你和孩子的意见。你懂得越多，就越能准备充分，也就越能决定什么最适合你的家庭。

给孩子做榜样。孩子表达对你的爱意的方式之一就是模仿你，这也是孩子学习做事、培养新技能和照顾自己的方式之一。从很小的时候开始，他就会认真地观察你的行为，然后模仿你的行为和态度。你给孩子树立的榜样将成为永恒的画面，在孩子的一生中影响他的行为和态度。因此，为孩子树立良好的榜样，意味着你要对孩子负责任且爱护他，意味着你不仅要跟他保持良好的关系，还要跟其他家庭成员和睦相处。你要向孩子表达你的爱意且认真地维护你跟他的关系。如果孩子看到他的父母可以开诚布公地交流、通过合作完成任务、互相分担家务，那么他也将把这些优良的技能运用到日后的生活中。

给孩子树立良好的榜样也意味着你需要照顾好自己。作为善良慈爱的父母，你可能过分地关注你的家庭，以至于忽视了自己的需求。这是一个重大的失误。孩子依靠你来获得生理和心理上的健康，他通过观察你来学习如何保持健康。通过照顾好自己，你可以向孩子展示你的自我认同感，这对你和孩子都非常重要。你在过度疲劳或者生病的时候休息一下，请个保姆来帮忙，这会让孩子明白你非常尊重你自己。安排出时间和精力给你自己的事情和爱好，会让孩子明白你很珍惜自己的某些技能和兴趣并且乐意继续下去。通过给你一些只属于自己的时间（至少一周一次），你跟孩子会更加容易明确各自的身份。当孩子长大一点儿的时候，你尤其需要这样做。通过请你信任的其他成年人临时看护一下孩子或者全家一起与其他家庭参加联谊活动，可以让孩子认识其他人，这对孩子是有好处的。孩子最终会仿照你的爱好，培养他自己的爱好。因此，你自己越健康、越开心，对你和孩子就越好。

你也可以在另一个方面为孩子树立良好的榜样，那就是在日趋复杂的社会中学会容忍和包容。随着不同国家、不同文化的接触日益加深，你需要教育孩子，在与不同种族、不同宗教、不同民族、不同生活习惯的人打交道的时候，学会容忍和包容。你要努力帮助孩子理解并接受多样性。人们不会生来就对别人带有偏见，却能在很小的年龄就学会产生偏见。孩子在 4 岁左右的时候就会意识到人与人的不同。你在生活中与其他人的交往方式会影响孩子与他的同龄人打交道的方式，甚至会影响他日后待人接物的方式。你要让孩子发现人与人之间的相同之处，并且与孩子讨论他可能产生的一些偏见。你要消除他的偏见，让他相信，所有的人都应该得到尊敬和重视。

献出你的爱。献出你的爱，不仅仅意味着将"我爱你"挂在嘴边。孩子不会明白这三个字的含义，除非你用实际行动向他证明。在与孩子相处的过程中，你要直率、放松、慈爱。通过拥抱、亲吻、轻摇和玩耍等方式给予孩子充足的身体接触。你每天都要与孩子聊天、为孩子唱歌、给孩子讲故事。当他回应你的时候，你要倾听和观察。通过关注他、疼爱他，让他感觉到他是安全且独特的，这有助于他建立起自我认同感。

开诚布公地沟通。你要教给孩子的重要技能之一是沟通。当孩子还是一个嗷嗷待哺的小宝宝时，当他看着你慈爱的目光、听着你温柔的声音时，这一课就开始了。之后，通过观察和聆听你与其他家庭成员的谈话，以及观察你帮助他解决难题和困扰的方式，他会逐渐学会沟通。在这个过程中，你需要体谅他，对他有耐心，态度诚恳且明确。在家庭中保持良好的沟通并不是一件简单的事情，特别是当父母双方均因工作而过度劳累或有压力时，或者是当父母其中一方感到沮丧、生气或不舒服时。解决沟通障碍需要每一个家庭成员尽到自己该尽的义务且彼此合作，并且需要他们在问题出现时能够意识到问题。你要开诚布公地表达自己的想法，同时鼓励孩子不要对你有所隐瞒。你需要留意孩子的行为变化，比如经常或持续地哭泣、容易发怒、失眠、没有食欲等，这些可能是他伤心、害怕或沮丧的信号。一旦发现了这种信号，你就要让他知道，你非常理解他的这些情绪。认真地询问孩子的情况，专心地听他回答，并且向他提出有建设性的意见。

此外，你在跟孩子说话前要三思。有时候，当你生气或沮丧时，你会很随意地说出一些冲动和刻薄的话。你可能只是随口一说，但是孩子可能一直记着这些话。一些你不当回事的轻率评论或者玩笑话可能让孩子受到伤害。如"这是个愚蠢的问题"或者"不要烦我"这样的话语可能让孩子感到自己不受重视，甚至会严重伤害孩子的自尊心。如果你一直批评孩子或者不理他，他可能也会这么对你。他可能不会再来找你、让你指导他，也可能在向你问问题时犹豫不决，甚至可能误解你的一些建议。像其他人一样，孩子需要你鼓励他提问并说出自己的想法。

共度时光。如果你每天只和孩子待在一起几分钟，那么你肯定不能给予他所需的一切。为了了解你并感受你的爱，无论从身体上还是情感上，他都需要大量的时间和你在一起。即使你需要出门工作，和他共度一段时光也是可以实现的。你可以每天工作，同时还和孩子有一些亲密时间。关键在于，这些时间是专门给他的，这样便可以同时满足你们两个人的需求。亲密时间有规定的时长吗？没有人可以明确回答。专门安排 1 小时的时间共处比两个人在一座房子的不同房间里待一天更有意义。你可能整天待在家里，却从来给不了孩子所需的一心一意的关心。你可以自己决定怎样安排时间，怎样对他表示关爱来满足他的需求。

你应该每天为孩子专门腾出一段时间来开展他喜欢的活动，还要尽量让他参与一些家庭活动，如做饭、用餐等。利用这些时间来交流各自的问题（注意别让孩子过多操心成年人的问题，孩子不需要担负你们的忧虑）、关心的事情和当天发生的事情。

即使你工作繁忙，你跟孩子在一起时给予他的关心也有助于你教育他和爱护他。如果在你工作的时候孩子也得到了很好的看护，那么即使你工作非常忙碌，他也会茁壮成长。

鼓励孩子的成长和变化。当你的孩子还是新生儿时，你或许很难想象他竟会长大成人。而作为父母，你的主要目标是鼓励、引导和支持他的成长。孩子需要你为他的茁壮成长提供食物、保护和医疗，以及引导他在思想和精神上发展，才能成长为健康而成熟的个体。你的职责就是顺其自然地接受他的成长和变化，而非抵制它们。

引导孩子成长需要父母和子女双方的自律。孩子变得越独立，就越需要了解规矩、知道自己应该怎么做，并从此开始成长。你要为他提供指导意见，定下适合他各个发育阶段的规矩，并确保这些规矩促进而非抑制他的成长。

困惑和冲突都无济于事，只有坚持，才能促进孩子的成长与成熟。你要定下一些规矩，并且确保每个关心孩子的人都理解和认同他的成长方式和他应遵守的规矩。所有看护者都应依据这些规矩来监督孩子的行为。随着孩子年龄增长、责任心增强，你应适时地调整这些规矩。

你还要为孩子大脑的健康发育创造良好的环境。他的世界，包括居住和玩耍的地方以及朋友，都会影响他的大脑发育。看护者要通过温暖而慈爱的照看，不断地为孩子提供良好的环境和体验，让他自由、安全地探索和学习（在本书中你将看到促进孩子大脑发育的最佳指南）。

减少挫折，放大成功。帮助孩子建立自我认同感的一个方法就是让他成功。这个过程从他在婴儿床中第一次尝试用身体与你交流时就开始了。孩子如果能够实现他的目标，就会对自己感到满意，并且急切地想尝试面对更大的挑战。与此相反，如果孩子无法成功，而且他的努力被人忽视，那么他就不愿意继续尝试，只会感到生气甚至沮丧。

作为父母，你要让孩子接受那些有助于他发现自己的能力并且可以取得成功的挑战，同时避免让他面对那些可能带来沮丧的障碍和任务。这并不是说你要帮他完成一些任务或者避免让他接受一些大挑战。如果孩子不需要任何努力就能完成任务，那么成功是没有任何意义的。不过，有些挑战超出了孩子现阶段的能力范围，过多的挫折会造成孩子自暴自弃、对自己失去信心。关键是要让孩子面对适度的挑战——在他的能力范围内，却又需要他努力一下才能成功。例如，为孩子选择适合他年龄的玩具，玩具既不要太容易掌控，也不要太难以掌控；为孩子寻找不同的玩伴，玩伴既要有年龄比他大的，也要有比他小的；当孩子长大一些后，让他帮你做一些家务活，但是不要期待他的表现超越他的能力范围。

抚养孩子时，你可能很容易因为对孩子倾注了太多的期望和梦想而变得盲目。你当然会让他接受最好的教育，为他争取所有可以获得的机会，最后让他拥有成功的事业和生活。但需要注意的是，一定不要将你的期望和他自己的选择混为一谈。在这个竞争激烈的社会，孩子承受的压力太大了，甚至有些幼儿园都设定了入园门槛。在一些专业技能和运动项目方面，孩子会仅仅因为没有在10岁前开始接受培训就被判定为时已晚、不能成材。在这样的环境下，父母热衷于一些承诺要将"普通宝宝"培养成"超级宝宝"的培训项目，也是可以理解的。很多父母望子成龙，急于让孩子赢在起跑线上。遗憾的是，这往往与孩子自己的兴趣背道而驰。事实上，没有充分的证据表明这些严格的培训项目真的能培养出所谓的"超级宝宝"。要想实现父母和孩子双方的期望，避免沮丧和失望，掌握一套平衡适度的方法才是关键。

长远来看，从小就承受学习压力的孩子并不一定比其他孩子学习更出色、技能更高超。相反，他们所承受的心理和情感上的压力会产生负面影响，导致学习或者行为上的问题。如果一个孩子真的有天赋，他也许能够承受这种学习压力，正常发展下去，但是很多有天赋的孩子需要更小而非更大的压力。如果父母催逼他们，他们可能感到不堪重负，从而变得焦虑。他们如果达不到父母的期望，就可能觉得自己是失败者，担心父母会因此不再爱他们。这种长期的压力，加上所谓的"儿童期不良经历"（ACE），最终会对孩子的大脑发育产生负面影响，阻碍孩子先天潜能的发挥。

孩子需要理解、安全，以及适应其天赋、需求和发育阶段的机会。这些虽然无法通过一个程序打包传输给孩子，也无法保证孩子一定会有一个美好的未来，但是可以确保孩子以自己的方式取得成功。

提供解决问题的方法。失望和失败是不可避免的，因此，孩子需要掌握一些积极的方法来处理令他生气、沮丧的问题和冲突。他在电影或者电视中看到的情节告诉他可以用暴力来解决问题。当他生气的时候，他的怒火可能爆发也可能熄灭。他可能无法区分重要的事情和非重要的事情。因此，他需要你帮助他区分这些令人迷惑的信息，找到健康的、有建设性的方法来发泄他的负面情绪。

首先，你要用成熟的方法处理好让自己生气或不高兴的情况，这样孩子才能以你为榜样。其次，你要鼓励孩子在遇到自己解决不了的难题时向你求助，帮助孩子理解并解决这些难题。最后，你要给孩子做出明确规定，让他明白暴力是不被允许的；同时要让他明白，人会感到伤心、生气、受伤、沮丧是正常的。

发现问题并在必要时获取帮助。虽然为人父母这项工作极具挑战性，但相较于生活中的其他工作，父母会感到这项工作更令人愉悦且有成就感。虽然有时候会出现一些你无法解决的问题，但你不必为此感到惭愧和尴尬。健康的家庭不仅可以接受现实，而且敢于直面遇到的困难；这样的家庭也会重视危险信号，并在必要时获得及时的帮助。

有时候，你所需要的仅仅是一个朋友。你如果足够幸运，与父母或亲戚住得比较近，就可以随时获得他们的帮助。如果亲人离你较远，那么你需要建立自己的邻里圈、朋友圈和家长圈，这样你才不会感到孤独。建立这些"圈"的途径之一就是加入当地社区组织的亲子团体。当你需要帮助的时候，这些团体中的其他父母可以提供有价值的建议和支持。

有时候，在处理某个危机或者长期存在的问题时，你或许需要专业人士的帮助。这时，儿科医生可以为你提供帮助，还可以为你推荐其他专家，包括家庭顾问和婚姻顾问等。你也可以和儿科医生讨论家庭问题，如果这些问题得不到解决，最终会对你和家人的健康造成不利影响。一般来说，儿科医生会对这些问题有所了解，并乐意帮助你解决这些问题。

如果你的孩子有特殊需求，那么你们这个家庭将面临特殊的挑战。孩子患慢性疾病或残疾的家庭通常需要克服日常生活中的许多困难，才能保证孩子有机会接受特殊看护并健康、幸福地成长。在这样的情况下，你的当务之急是选择一位博学多识的儿科医生，他能够与孩子的其他看护者协调合作，并在你遇到不一致的建议时为你指出正确的方向。

你与孩子共同的旅程才刚刚开始。这将是一段奇妙而跌宕起伏的旅程，充满喜怒哀乐。接下来的章节将为你提供更多信息，帮助你更加轻松地履行做父母的职责并从中获得乐趣。

培养孩子的韧性

身为父母，你面临的最大挑战之一是在孩子初降人世时及之后的时光里，保护孩子免受伤害和经历不安。但你无论多么专业、多么谨慎，都不能确保孩子在童年免于经历所有的不幸。当他离开家门步入社会时，比如他开始上幼儿园、去小伙伴的家里玩耍、与保姆在一起时，他将面对压力和经受挫折，而这些仅仅是他生活的一部分。他可能也会经历父母离异、家庭成员生病或死亡，这些都会对他产生很大影响。

对此，你应该怎么办呢？你能够让你的孩子免于遭受任何不幸，比如被人取笑、欺负或孤立吗？而且，即便你可以保护他，你也应该一直这样保护他吗？

大部分儿科医生认为，"保护孩子并使其免于遭遇人生道路上的负面经历"并不可取。因此，在你的家庭所能提供的安全环境下，你需要培养孩子的韧性，这有助于他在经历人生中的挫折和失望后重新振作起来。

从字面意义来看，"韧性"指遭遇挫折后复原的能力。韧性与脆弱性相对，或者说与暂时或永久地被同样的挫折伤害相对。研究者投入了相当多的精力来研究家庭环境对孩子情感发育的影响。研究表明，孩子在2～3岁的时候，其韧性或脆弱性就已经在生活中形成了。研究者把在不幸的家庭中成长的经历称为"儿童期不良经历"。儿童期不良经历包括虐待（情感上的、身体上的或者性虐待）、忽视（情感上的或者身体上的）以及各种"家庭功能紊乱"（家庭暴力、犯罪行为，以及父母滥用药物、罹患精神疾病或者对孩子实施冷暴力）。一项由 17000 多名健康组织成员完成的调查发现，这些早期创伤可以改变孩子的一生。事实上，相关研究表明，随着孩子步入青春期乃至成人阶段，这些生活经历是他们罹患疾病甚至死亡的主导性原因。这些经历会严重降低他们的生活质量，让他们更容易抑郁、滥用药物、滥交、意外怀孕或试图自杀，而且更容易患糖尿病、高血压和心脏病［见第 740 页"虐待儿童（含忽视儿童）"］。

每个孩子生来就具有一定的处理压力和挫折的能力，并且都可以在父母的帮助下增强韧性。一个有韧性的孩子，确信自己会得到所需的帮助以渡过压力巨大的难关。他知道其他人会保护和支持自己，并且他自己有办法解决问题。

如果遭受的压力在社会和情感的层面上来说是缓和、短暂或者不经常出现的，那么身体所做出的反应就是自救性的。然而，如果压力具有持续性且反复出现，身体所做出的反应就可能是有害的，它将改变大脑工作的模式，甚至改变个体的基因表达方式。

一些孩子需要更多的支持来面对和解决他们遇到的困难。为了培养并增强孩子的韧性，你需要从他出生起就重视这个问题，并且在他的整个童年都保持如此。他需要确信父母和生命中的其他看护者无条件地相信他和爱他。你要在家里给他提供一个安全的环境，告诉他你多么以他为荣，特别是当他尽力做事或者很好地处理了令人沮丧的事情时。同时，你要意识到外界环境可能对他的心理健康造成负面影响。你的存在和引导在他对抗最艰巨的挑战时可以起缓冲作用。记住，每一个挑战都是一次教育机会，可以教孩子一些在下次挑战中可能用到的技巧。即使发生了你无法控制的事情，比如某位家庭成员生病了，你也要尽可能地保持生活稳定，并且让孩子感到安全和受到了保护。

有许多方式可以培养和保持孩子的韧性。美国儿科学会的医学博士肯尼思·R.金斯伯格认为，韧性的形成有7个重要因素。尽管这些因素适用的对象是稍大一点儿的儿童而非新生儿，但请你牢记它们，因为你只有长期在这些方面努力，才能培养孩子的韧性。

能力。鼓励孩子留意自己的长处，指出他过去如何成功地处理了生活中的难题，告诉他今后可以继续这样做。要想保护孩子免于某种压力，你就不要说出"没有大人的帮助你无法做到"这类的话。同时，不要逼迫孩子做超出其能力范围的事情。随着时间的推移，特别是当你用诸如"我知道你下次会做得更好"的言语加以强调时，孩子将渐渐培养出处理问题的能力。

信心。赞扬孩子的长处，增强他的信心。当孩子做了好事时，你要表扬他。当孩子在家中或者学校里取得了成绩，你一定要表扬他。注重个人的努力，这将有助于你的孩子培养控制感（"只要努力，我就能完成它"），这比"我不擅长这个"更有利于心理健康。

关系。为了给孩子安全感，你应该加强孩子与家人以及社区人员之间的联系。这一点对新生儿和幼儿很重要，因为这种联系能让他们在面对压力时避免做出有潜在危害的反应。你的家应该是确保孩子身心安全的地方。精心安排的家人共处的时光可以在家人之间建立起健康的关系。无论在什么情况下，孩子都可以依赖于这种关系。你需要让全家人参与一些家庭仪式，比如一起用餐、读睡前故事、培养共同爱好等。优先考虑安排家人互动，将"屏幕时间"（看电视、电影、电脑和手机的时间）限制在每天2小时以内（见第820页"媒体使用指南"）。

品德。在孩子小的时候，告诉他一些价值观和道德观有助于孩子明辨是非、关爱他人。你要时刻提醒孩子，他的行为会给别人带来正面或负面影响。当孩子充满善意、公平地处理一些事情的时候，你要告诉他你是多么高兴，并告诉他关爱他人的重要性。你和你的伴侣应该同样地行事以树立榜样，毕竟行动胜于言语。

奉献。告诉孩子，世界是美好的，因为他身处这个世界之中。他可以在别人的生活中起至关重要的作用。你自己需要有同情心且对人慷慨，这样才能给孩子做一个好榜样。你先要教孩子对兄弟姐妹和其他家庭成员有奉献精神，然后找机会让孩子帮助社区中的其他人（比如跟你一起给无家可归的人送食物或者给不幸的孩子送生日礼物）。当孩子意识到他不仅可以改变自己的生活，还可以改变别人的生活，他会更加有信心从不良经历中恢复过来。

应对。给孩子提供应对压力的工具，你自己也要给孩子做榜样。沟通是应对压力的一个重要方法。你要尽可能地给孩子提供一个良好的环境，让他感到安全并且可以畅所欲言地讨论他心中和生活中的任何事情。他会向你表露他的情绪、倾诉他的忧愁，特别是当他难受的时候。另一个重要方法是帮助他发现他自己的爱好，以及他真心喜欢的活动、兴趣和运动项目。这些有益的消遣活动有助于他在面对压力时避免做出具有潜在危害性的反应。如果他应对困难的"工具箱"里装满了有益的消遣活动，那么他在成长的过程中就不会轻易求助于有害的消遣活动（如沉迷于网络、暴饮暴食、吸烟、滥交等）。

控制感。告诉孩子他所做的决定以及他所采取的行动将影响他今后的人生。提醒他，他有能力从不良经历中恢复过来。

美国儿科学会强烈建议，应该让孩子在安全的环境中成长，且由充满爱心的成年人看护。不过，如果你感到压力过大，无论是工作方面的压力还是经济或物质方面的压力，这些都可能给孩子带来不良影响。这时应该让医生为你推荐一个治疗方案，因为家庭的压力和变化可能影响孩子的心理健康。你要及时注意一些严重的问题，比如家庭暴力、父母抑郁等，这些都会影响孩子韧性的形成。如果你感到抑郁和孤独，孩子可能对此也有反应，比如变得更加退缩、固执或好斗，很难适应托儿所或幼儿园的生活。

心理学家兼教育学家马丁·E. P. 塞利格曼的研究表明，乐观是可以学会的。你的孩子可以学会让自己的人生观朝着积极和充满希望的方向发展。在塞利格曼的著作《乐观的孩子》（*The Optimistic Child*）中，他介绍了帮助稍大儿童驱散负面想法和抑郁的技巧，那就是告诉他们"我知道你下次会做得更好"。

第一部分

第1章　为新生儿的到来做准备

妊娠期是一个充满期待与兴奋、需要做许多准备工作的时期。对大多数准爸爸、准妈妈来说，它还是让人忐忑不安的时期。你期待着生一个健康、聪明的孩子，同时，你在为他未来的成功做计划。你可能偶尔担忧、偶尔疑虑，特别是当肚子里的胎儿是你的第一个孩子，或者这次或之前的妊娠过程中曾出现过一些小问题时。妊娠过程中出现问题，该怎么办？你在为人父母的过程中产生的美好期望没有实现，该怎么办？出现这些疑虑和担忧是完全正常的。长达 9 个月的妊娠期可以给你足够的时间来寻找这些问题的答案，缓解焦虑，做好成为合格父母的准备。

一些父母最初的疑虑可能因受孕困难而产生，尤其是当他们接受过不孕不育治疗时。但是现在，你已经怀孕了，为新生儿的到来需做的准备工作也可以开始了。促进胎儿发育的最佳方法就是照顾好你自己，因为规律的妊娠期检查和牙齿护理以及营养摄入可以直接惠及你和胎儿的健康。充足的休息和适量的运动可以减轻压力，与你的产科医生谈谈关于你和胎儿健康的话题，包括产前摄入维生素，避免吸烟、喝酒、吸毒（包括吸食或口服大麻）和吃汞含量高的鱼。在妊娠期，服用任何药物前都要向医生确认其安全性。

随着孕周的增加，在从分娩计划的制订到婴儿房的装修等方面，你都将面临许多需要自己拿主意的问题。很多事情你可能已经做出了决定，还有一部分可能被暂时搁置了，因为孩子的存在对你来说似乎还不太真实。可你知道吗？你越积极地为孩子的到来做准备，孩子的存在感就越真实。

你可能会发现，你所有的注意力都集中在即将到来的孩子身上。这种注意力聚焦的现象是完全正常的，它可以帮助你做好情感上的准备以应对做合格父母的挑战。毕竟，在接下来的至少 20 年里，你需要不断为孩子做各种各样的决定——请注意，是至少 20 年！现在就是开始做决定的最佳时刻。

给孩子一个健康的开始

你在妊娠期吃下的、喝下的以及吸入的一切几乎都会传给胎儿。这种母婴之间的"分享"在受孕后便开始了。在妊娠期的前 2 个月，胚胎非常脆弱。因为在这个阶段，胎儿身体的主要部分（胳膊、腿、手、脚、肝脏、心脏、生殖器、眼睛以及大脑）都刚刚开始形成。香烟、酒精、毒品以及某些药物中的化学成分会影响胎儿的发育，有的甚至会造成婴儿先天性异常。例如，如果孕妇吸烟，那么婴儿的出生体重很有可能偏低。甚至孕妇吸入别人吸烟产生的烟雾（被动吸烟）也会影响胎儿健康。因此，请尽量远离吸烟区，并阻止吸烟者在你身边点燃香烟。如果你是吸烟者，那么是时候戒烟了（不是戒到生完孩子就行了，而是永远戒掉），因为在有吸烟者的家庭，孩子发生婴儿猝死综合征的风险较高，而且容易在婴儿期和幼儿期患中耳炎、呼吸系统疾病和肥胖症，他们长大后还容易养成吸烟的习惯。

在妊娠期饮酒会增高胎儿酒精综合征的发生风险。这种疾病往往会导致新生儿出生缺陷、出生体重不足和智力低下。另外，在妊娠期饮酒还会增大孕妇流产和早产的概率。有证据表明，孕妇的饮酒量越多，对胎儿的不良影响就越大。最安全的做法是，在妊娠期不饮用任何含酒精的饮品。

孕妇无论是吸食还是口服大麻，其中的化学物质都会进入发育中的胎儿体内。虽然目前相关研究不多，但现有数据表明，大麻可能会干扰胎儿的大脑发育，导致智力障碍，或者导致孩子日后出现行为问题。使用大麻的其他风险与吸烟的风险相似。

孕妇切勿服用非法药物（毒品）。兴奋剂类非法药物（如可卡因和甲基苯

我们的立场

美国儿科学会的观点很明确：孕妇不要吸烟，并且要保护自己和肚子里的宝宝远离二手烟的危害。研究已经证实，吸烟或被动吸烟的孕妇往往容易早产或生下体重偏低的宝宝。其他由妊娠期吸烟引起的问题包括胎儿窘迫、婴儿猝死综合征，以及孩子长大后出现学习障碍、呼吸功能紊乱和心脏疾病等。

出生后暴露于二手烟环境中的孩子容易患呼吸系统疾病，如支气管炎、肺炎、肺功能低下以及哮喘等。对年龄较小的孩子来说，被动吸烟非常危险，因为他们的肺部发育还不够成熟，却不得不长时间与吸烟的父母或其他人待在一起。

你如果有吸烟的习惯，请戒掉。你可以向儿科医生或其他医生寻求帮助。你就算戒不掉，也不要让孩子暴露于香烟的烟雾之下——保证家里和私家车里绝对无烟。美国儿科学会完全支持立法以禁止在公共场所吸烟。

我们的立场

妊娠期饮酒是引起婴儿先天缺陷、智力障碍以及其他发育问题的重要因素。至于妊娠期饮酒的安全量是多少，现在不得而知。因此，美国儿科学会建议所有孕妇以及所有计划怀孕的女性都完全戒酒（包括喝含酒精的饮品）。

丙胺）可导致孕妇血压升高、早产以及新生儿出生体重低。阿片类非法药物（如奥施康定和海洛因）可导致新生儿出现脱瘾症状，需要住院数周甚至更长时间。你如果是在用药期间怀孕的，请向你的产科医生寻求安全可靠的护理方法。

为了迎接新生儿的到来，你可能会把婴儿房粉刷一新，并添置一些新家具。在粉刷房间时，为了避免吸入大量的有害物质，一定要让房间处于良好的通风状态。新家具可能会释放有害化学物质，因此，在使用前，应该把它们放在通风的环境中一段时间。此类隐患不仅存在于家中，还存在于工作场所中，孕妇吸入化学物质后可能会受到伤害并影响到胎儿。如果你在工作的时候会接触到化学品或粉尘，你的雇主应为你提供个人防护装备或者为你安排其他工作。

除了医生建议你服用的药物和营养补充剂之外，你不应该擅自服用其他

我们的立场

使用大麻在美国很多州是合法的，这可能导致一些女性认为在妊娠期使用大麻是安全的，甚至是有益无害的。尽管关于大麻通过胎盘或母乳对孩子造成的影响的研究有限，但已有证据表明，母亲使用大麻会对孩子的大脑发育造成不良影响。因此，正在备孕、已经怀孕或处于哺乳期的女性应避免使用大麻。孕妇如果需要大麻来缓解孕吐，可以请医生推荐一些安全的替代品。

任何形式的药物和营养补充剂，包括一些常用药，如阿司匹林、感冒药以及抗组胺药（如抗过敏药）。要知道，哪怕是维生素，服用了高剂量也非常危险。举例来说，目前已知孕妇过量摄入维生素 A 会引起新生儿先天性异常。在妊娠期间，服用任何药物或营养补充剂（哪怕是包装上标着"纯天然"的产品），都应该先向医生咨询。

鱼类和贝类富含优质蛋白质和其他重要营养物质，它们含有 ω–3 脂肪酸，同时饱和脂肪含量低。对妊娠期女性来说，它们是均衡饮食中必不可少的一部分。然而，处于妊娠期的你需要格外当心食用鱼类给健康带来的潜在威胁。你应该尽量避免食用生鱼肉，因为其中很可能有寄生虫。杀灭鱼肉中的寄生虫及其虫卵的最有效办法是将鱼肉烹熟或冷冻。出于安全考虑，美国食品药品监督管理局建议，烹饪鱼类时要保证鱼肉的内部温度达到 60℃以上。对孕妇来说，部分经过加热的寿司（比如鳗鱼卷和加州卷）是可以安全食用的。

在鱼类对健康的影响方面，最令人担忧的莫过于汞污染。汞已被证实有损胎儿的神经系统发育。美国食品药品监督管理局建议，备孕的女性、孕妇、哺乳期女性及儿童都应尽可能地避免食用鲨鱼、箭鱼、国王鲭和马头鱼等鱼类，因为它们体内的汞含量都非常高。美国食品药品监督管理局认为，妊娠期女性每周可食用227 ~ 340 克（2 ~ 3 顿的量）烹熟的鱼。最常见的 5 种汞含量较低的水产品有虾、罐装淡金枪鱼、鲑鱼、鳕鱼以及鲶鱼。长鳍金枪鱼的汞含量较高，因此，想吃金枪鱼的话，罐装淡金枪鱼是比较好的选择。如果没有关于本地鱼类的食用建议，孕妇一周最多只能食用本地鱼类 170 克（约为

1 顿的量），而且这周内不能再食用其他任何水产品。

尽管目前尚未证实摄入少量的咖啡因（每天 1 ~ 2 杯普通咖啡所含咖啡因，或大约 200 毫克咖啡因）会给妊娠带来什么不良影响，但你应该尽可能地限制或避免咖啡因的摄入。别忘了，某些饮料和巧克力也含有咖啡因。

一些先天性异常是由妊娠期疾病引起的，尤其是以下几种疾病。

■ **风疹**。母亲在妊娠期患风疹，可能导致婴儿智力障碍、心脏发育异常、白内障和耳聋。在妊娠期的前 20 周内，孕妇感染风疹病毒的风险非常高。幸运的是，这种疾病可以通过疫苗接种得到预防。不过需要注意，孕妇在妊娠期是不能接种风疹疫苗的。你如果不确定自己是否接种过风疹疫苗，可以请产科医生帮你抽血检测一下。如果检测后发现你并没有获得免疫，你就需要避免接触风疹患者，特别是在妊娠期的前 3 个月。另外，你应该在生完孩子后尽快接种风疹疫苗。

■ **水痘**。分娩前感染水痘非常危险。你如果以前没有感染过水痘，请不要接触任何水痘患者或最近与水痘患者接触过的人。当然，你应该在怀孕前就接种水痘疫苗。

■ **疱疹**。疱疹是一种胎儿在出生过程中可能感染的疾病。胎儿会在通过母亲的产道时，因母亲的生殖器疱疹而感染该疾病。感染疱疹病毒的新生儿的体表会出现水疱，水疱可能破溃结痂。疱疹可能引发更为严重的疾病，如脑炎。新生儿感染疱疹病毒后，通常需要用抗病毒药物阿昔洛韦来治疗。在妊娠期的最后一个月里，医生可能会建议孕妇服用阿昔洛韦或者伐昔洛韦等抗病毒药物以预防在临近生产时患疱疹。如果你在待产期起了疱疹或者出现其他相关症状，建议采用剖宫产的分娩方式以降低新生儿感染疱疹的风险。

■ **弓形虫病**。弓形虫病多见于养猫的人群。弓形虫病的病原体是弓形虫——常由猫携带，也见于未烹熟的肉类和鱼类中。因此，请务必在食用前彻底烹熟肉类和鱼类，切勿品尝含有生肉或生鱼的菜肴。另外，请务必用含洗洁精的热水彻底洗净切肉和鱼用的所有砧板和刀具。务必洗净各种水果和蔬菜再食用，或者削皮后食用。野猫更易感染弓形虫，它们排出的粪便中也有

百白破疫苗：保护你和宝宝

4～6个月大的婴儿最容易感染传染病，因为在这个阶段他们的免疫系统还没有完全发育成熟。为了避免婴儿被感染，母亲需要积极主动防御许多疾病，包括百日咳、白喉、破伤风，而百白破疫苗可预防这3种疾病。

■ **百日咳**。对成年人来说，它会引起严重的咳嗽、呕吐，甚至长达几个月的入睡困难。对婴儿来说，这种感染更加严重，会引起长达几个月的严重咳嗽和呼吸困难，甚至可能导致大脑损伤或死亡。近来，百日咳病例以及因百日咳而死亡的婴儿数量在美国有增加的趋势。因此，建议所有和婴儿接触的人，包括（外）祖父母、父母及其他子女，都要确保自己接种的百白破疫苗仍对身体有保护力。

■ **白喉**。白喉是一种严重的喉部感染，可引起呼吸困难，还会影响心脏和神经系统，甚至会导致死亡。

■ **破伤风**。破伤风也被称为"牙关紧闭症"。这种疾病发作时，患者全身肌肉疼痛、紧缩，咬肌严重痉挛，这会导致患者牙关紧闭、不能张嘴或吞咽，甚至导致死亡。

上述所有疾病都是由细菌引起的，而百白破疫苗可以预防这些细菌感染。百日咳杆菌和白喉杆菌可以在人与人之间传播。破伤风杆菌一般通过体表的割伤、抓伤或其他创伤的伤口进入人体。

由于新生儿体内没有对抗这些疾病的抗体，从未获得免疫或免疫已经丧失的母亲患这些疾病后容易将疾病传给宝宝。

我们建议育龄女性在怀孕时接种百白破疫苗以预防自己和宝宝患百日咳、白喉和破伤风。孕妇获得免疫后，在宝宝出生前，她便将疫苗的保护力通过胎盘传给了宝宝，这将保证宝宝在可以接种疫苗之前免受百日咳等疾病的侵扰。孕妇接种疫苗的最佳时期是怀孕后的第27～36周。孕妇如果在妊娠期未接种疫苗，则应该在生产后即刻接种。另外，任何将来有可能亲密接触宝宝的人，包括孩子的爸爸、（外）祖父母、其他亲戚及任何年龄的看护者（保姆等），也都应该接种百白破疫苗。如果家里还有其他孩子，父母应该再次确认他们接种的百白破疫苗仍对身体有保护力。

弓形虫，人接触这些粪便就会被感染。请让其他人帮你清理宠物猫的便盒；如果没人帮忙，那么你在清理便盒时务必戴上手套并在清理后用肥皂洗净双手。每次接触泥土、砂石、生肉或者未洗净的蔬菜后，也请务必用肥皂洗净双手。

■ **寨卡病毒病**。寨卡病毒的传播方式包括被感染的蚊虫叮咬，或与感染者性交。即使在性交对象没有出现任何感染症状的情况下，孕妇也会被感染。可以通过美国疾病控制与预防中心网站了解寨卡病毒流行的地区，比如热带地区和美国最南部。孕妇如果需要前往寨卡病毒流行地区，就应采取预防措施，避免蚊虫叮咬，如使用避蚊胺，穿长袖上衣和长裤，并避免在黎明和黄昏时外出等。如果性交对象去过病毒流行地区，那么孕妇在性交过程中应采取保护措施。寨卡病毒可造成胎儿脑部和眼部严重的发育缺陷。目前，还没有可以预防此病毒的疫苗。

■ **李斯特菌病**。李斯特菌可以通过生的或半熟的乳制品、肉类和海鲜传播，人感染后会出现发热、肌肉酸痛和腹泻等症状，而孕妇更易感染。为了降低感染风险，孕妇应避免食用未经高温消毒的牛奶以及用未经高温消毒的牛奶制成的奶酪（如羊奶干酪、白干酪、墨西哥软奶酪、卡芒贝尔奶酪、布里干酪和蓝纹奶酪），勿食用热狗、午餐肉和冷盘肉片（除非在食用前用高温加热），勿食用烟熏海鲜。另外，孕妇应避免处理生的或半熟的鸡蛋、肉类和海鲜。在烹饪过程中，应勤洗手。

■ **流行性感冒（流感）**。6 个月以下的婴儿若感染流感病毒，就会面临很大的危险。如果孕妇在流感季怀孕，接种流感疫苗是保护新生儿免于患流感的方法之一。接种流感疫苗对孕妇来说非常重要，因为怀孕会增高流感并发症的发生风险。成年人和 6 个月以上的婴幼儿应在流感季进行疫苗接种以预防这一致命的呼吸道疾病。流感季一般从当年早秋持续到次年晚春。

获得最好的产前护理

在整个妊娠期，你都应该和产科医生或经过认证的助产士通力合作以保持健康状态。在分娩前，规律地接受产检能够明显地增大生出健康宝宝的概率。每次产检时，医生都会为你称体重、量血压，并通过测量子宫大小以判断胎儿的大小。

妊娠期间，别忘记关注口腔健康。新生儿可能会从母体感染可导致龋齿的细菌，这无疑会增高他以后患龋齿的风险。孕妇要做好牙周病的预防工作，因为牙周病会导致早产和新生儿体重轻。在妊娠期间保持口腔清洁和进行年度口腔检查对口腔健康至关重要。

营养

妊娠期女性应根据医生的建议服用维生素，服用剂量一定要严格控制在医生建议的范围内。叶酸是一种可以降低胎儿某些出生缺陷（如脊柱裂或其他先天性异常）风险的 B 族维生素，孕妇对它的需求量可能多于其他维生素。你一定要摄入足够的叶酸——每天 400 微克左右。医生很有可能直接向你推荐一种产前复合维生素片，它不仅包含足量的叶酸及其他维生素，还包含铁、钙及其他矿物质，同时还含有二十二碳六烯酸（DHA）、花生四烯酸（ARA）等脂肪酸。DHA 和 ARA 都是"好"脂肪酸。胎儿的大脑和眼睛发育需要大量的 DHA，尤其是在妊娠期的后 3 个月。另外，母乳中也有这些脂肪酸。当然，你如果还想服用别的营养补充剂（包括中草药），就一定要事先告诉医生，让他心里有数。

为了两个人而吃

在饮食方面，你一定要确保营养均衡，每一餐都应该摄入充足的蛋白质、碳水化合物、脂肪、维生素和矿物质。妊娠期不是追求"瘦"或低热量饮食的适当时机。事实上，一条总原则是，相对于怀孕前来说，现在你需要每天多摄入 300 ~ 450 千卡（编者注：1 千卡 ≈ 4.18 千焦）热量，因为你需要额外的热量和营养以保证胎儿正常发育。你如果有反复晨吐的情况，可以在水里加 1 勺小苏打用来漱口，这样可以有效防止胃酸侵蚀你的牙齿。

运动

不管是在妊娠期还是在其他任何时期，运动都非常重要。和医生讨论一下你的运动计划，包括跟着视频或网络教程健身等。如果你之前并未规律地运动，那么医生很可能建议你进行强度适中的运动，比如散步、游泳、产前瑜伽、普拉提等。刚开始要慢慢来。记住，即使每天只运动 5 ~ 10 分钟也是有益的，这将是一个很好的开端。运动结束后，要喝足量的水。要避免有跳动或震动的运动。你如果已经在规律地运动，就一定要把运动量控制在你能接受的范围，同时要根据身体的情况，在需要的时候放慢节奏。

早产史

如果你有早产的经历，并且你当前怀的是单胎，那么在孕 16 ~ 21 周，每周接受黄体酮（17P）注射治疗能够将再次早产的风险降低 33%。你如果觉得这可能适合你，请和你的产科医生聊一聊。

妊娠期的检查

为了确定妊娠是否进展顺利、是否存在某些问题，医生可能建议你做下面这些检查。

■ **常规超声检查**。这是一项安全的检查。借助于超声波，医生可以监测胎儿的生长情况。通过拍摄超声图像，医生还可以看到胎儿内脏器官的发育情况。这样，他可以确认胎儿是否发育正常。如果胎儿不幸有什么问题或可能存在出生缺陷，医生可以通过超声检查进行辅助诊断。另外，当医生怀疑胎位为臀位（胎儿的屁股或脚而非头部先进入产道）时，他也会建议进行超声检查。由于存在胎儿头部被卡住的风险，除非在极少数情况下，医生并不建议臀位分娩。若确定胎位为臀位，即便产妇的宫口已经完全扩张，我们一般还是建议进行剖宫产（要想了解更多关于臀位和剖宫产的内容，参见第 40 页"剖宫产分娩"）。

■ **颈后透明带扫描**。该项检查在孕 11 ~ 12 周进行，通过超声波进行扫描，目的是查找 13- 三体综合征、18- 三体综合征以及 21- 三体综合征（唐氏综合征）等染色体疾病的迹象。这项检查通常会与两项血液检测——检测妊娠血清相关血浆蛋白 A（PAPP-A）和游离人绒毛膜促性腺激素 β 亚基（β-HCG）——同时进行，从而得到相应的风险评分，这就是孕早期联合指标筛查（也叫"三联筛查"）。而在孕中期，产科医生可能会检测抑制素 A（DIA）的水平，这项检查与三联筛查合称为"四联筛查"。

■ **无应激试验**。该项检查用电子监测仪监测胎儿的心率和胎动。做这项检查时，医生会在孕妇的肚子上系一条腰带。在检查过程中，医生不会用药物诱发胎动及宫缩。

■ **宫缩应激试验**。这是另一项监测胎儿心率的检查，但是使用这种检查方法的时候需要诱发轻度子宫收缩（比如注射催产素来引起宫缩），然后监测胎儿的心率。通过宫缩期间对胎儿的监测，医生可以判断胎儿对真实的宫缩（分娩时的宫缩）的反应。如果胎儿对宫缩应激试验的反应不佳，医生就很可能需要做好提前分娩（可能通过剖宫产）的计划。

■ **胎儿生物物理评分**。该项检查结合了无应激试验和超声检查，不仅可以评估胎儿的运动和呼吸状态，还可以评估羊水量。医生会根据综合评分判断孕妇是否需要提前分娩。

根据每个孕妇的身体健康情况以及个人和家族病史，产科医生还可能安排一些其他检查。例如，对有家族遗传病史的女性或者 35 岁以上的高龄产妇，医生会推荐做一些遗传病方面的筛查。最常见的遗传病筛查方法是羊膜穿刺和绒毛活检术，详见下页"遗传病筛查"。

美国很多州都有排查胎儿染色体异常（如唐氏综合征）和其他出生缺陷的标准化程序。同时，医院还会排查其他出生缺陷，如：

■ 神经管缺陷（胎儿脊柱闭合不全）；

■ 腹壁缺陷；

■ 心脏缺陷（胎儿心腔未充分发育）；

■ 18-三体综合征（一种会造成智力障碍的染色体缺陷）。另参阅下文"遗传病筛查"。

医生还会推荐一些其他检查。

■ **血糖筛查**。血糖筛查可以检测出孕妇的血糖水平是否正常。如果血糖过高，孕妇很有可能患妊娠糖尿病。这项检查一般在孕 24～28 周进行。检查的时候，孕妇先喝一杯糖水，再抽血。如果血糖高，孕妇还需要做额外的检查，从而确定是否患妊娠糖尿病。妊娠糖尿病会极大地增高孕妇患其他妊

遗传病筛查

一些检查可以在孕妇分娩前就发现胎儿是否患有遗传病（基因性疾病）。在分娩前，通过学习遗传病的相关知识，你可以提前为孩子制订医疗护理计划。有时候，通过合理的治疗，医生甚至可以在孩子出生前就将他的疾病治愈。

■ 进行羊膜穿刺的时候，一根细针从孕妇的腹壁插入子宫，到达羊膜囊，从羊膜囊中抽取少量羊水。通过分析羊水可诊断（或排除）严重的基因性疾病和染色体病，如唐氏综合征和脊柱裂。常规的羊膜穿刺一般在孕 15～20 周进行。不过，在稍晚一些的时候（一般在孕 36 周后），进行羊膜穿刺还有助于医生判断胎儿是否肺部发育成熟到可以出生。大多数羊膜穿刺在 2 周内出结果。

■ 进行绒毛活检术的时候，一根细长的针从孕妇腹部插入，直接到达胎盘，取下一小块组织（这块组织叫作"绒毛膜"，由许多细胞组成）。医生也可能将一根导管（细长的塑料管）从孕妇的阴道插入，沿宫颈往里伸，从胎盘上抽取细胞。绒毛活检术一般早于羊膜穿刺，大多在孕 10～12 周进行，检查结果一般在 1～2 周后可以拿到。绒毛活检术也可以用来检查很多基因性疾病和染色体病，包括唐氏综合征、泰-萨克斯病以及血红蛋白异常（在非裔家庭中多见），后者表现为镰状细胞贫血、珠蛋白生成障碍性贫血（地中海贫血）等（见第 620 页"贫血"）。

尽管存在极低的引起流产及其他并发症的风险，羊膜穿刺和绒毛活检术仍是准确而安全的妊娠期检查方法。你应该和医生聊聊这些检查方法的风险和益处，在某些情况下，最好跟遗传基因咨询师聊一聊。

娠期并发症的风险。

■ **无乳链球菌筛查**。这项检查可以检测出孕妇体内是否存在可能引起婴儿患严重疾病（如脑膜炎和败血症）的细菌，通常取尿样进行化验。虽然无乳链球菌在母体的阴道和直肠内都很常见，而且对成年人来说没有什么危害，但是胎儿一旦在出生过程中感染这种细菌就会患病。如果检测到体内有无乳链球菌，孕妇就需要在生产过程中使用抗生素，新生儿也需要在医院的新生儿重症监护室多住一段时间。无乳链球菌筛查一般在孕 35 ~ 37 周进行。

■ **艾滋病毒（HIV）检测**。现在很多孕妇会接受 HIV 检测，这项检测通常在孕早期进行。感染 HIV 会引起艾滋病（AIDS）。如果孕妇感染了这种病毒，她就会在妊娠期、分娩过程中或者哺乳期将该病毒传染给婴儿。早期诊断和治疗可以降低婴儿感染的风险。感染 HIV 的孕妇了解自己的感染状态非常重要，这有助于她在妊娠和分娩期间服用合适的药物。HIV 检测呈阳性的孕妇分娩的婴儿也需要接受预防性药物治疗。

为分娩做准备

随着时间一个月一个月地过去，你会越来越想为新生儿的到来做一些准备工作，同时你也在不断地适应自己身体的变化。在妊娠末期，你可能会有以下这些明显的变化。

■ 体重增加。一般来说，在妊娠期后 3 个月，孕妇的体重会以每周大约 0.5 千克的速度增加。

■ 胎儿越来越大，会逐渐给子宫附近的器官造成压力，让你有气短和背痛等感觉。

■ 当膀胱受到的压力增大，你的尿频症状会加重，你偶尔还有可能出现尿失禁（漏尿）。

■ 你可能浑身不舒服、入睡困难。这时你可能喜欢侧卧。

■ 你比平时容易疲劳。

- 你可能出现胃灼热、足部和踝部肿胀、腰背痛以及痔疮等。

- 你可能出现假性宫缩，它也被称为"布拉克斯顿·希克斯收缩"。这种宫缩存在的意义是它开始逐渐软化宫颈并使其变薄，为即将到来的分娩做准备。但是有别于真宫缩，假性宫缩没有规律，不会出现频率增高或强度加大的情况。

怀孕后，你和你的伴侣可能会参加一些生育培训班，在那里，你们将学到阵痛和分娩的相关知识，还有机会接触到其他的准父母。很多社区都根据分娩方法提供多种可选择的课程。拉马泽分娩呼吸法训练产妇将注意力集中在呼吸上，并通过模拟分娩时的按摩和其他支持措施，让产妇了解该如何应对不久以后的实际分娩。布拉德利自然分娩法强调在宫缩的过程中身体要充分放松。还有很多课程提倡多种方法相结合，让产妇在分娩过程中游刃有余，并保持舒适和愉快。

不管你考虑选择哪种培训班，都要先问清楚：培训班侧重于哪一种分娩法、是以讲座为主还是以互动为主、培训老师更认同哪种分娩方式、他（她）是否获得了资格认证、你能否从中学到合适的呼吸和放松技巧、培训班的收费是多少、是否小班授课、班级人数上限是多少等。

同时，你可以考虑提前报名参加为准父母开设的其他培训班，尽早做好准备迎接新挑战。请你的产科医生为你推荐母乳喂养培训班、婴儿护理培训班以及心肺复苏术（CPR）培训班。

一些培训班会建议准父母提前完成一份"分娩计划书"。"分娩计划书"是一份文字档案，记录了你对于分娩阶段即将面对的各种问题的倾向性选择。问题包括以下几方面。

- 你想在什么地方生产？

- 根据医生的指导，出现阵痛和宫缩时，你是愿意直接去医院还是先给医生打电话？出现阵痛和宫缩后，你打算以什么样的交通方式去医院或分娩中心？你是否雇用导乐参与你的分娩（导乐会在分娩过程中为你提供多种非医疗性帮助）？

■ 你希望谁来帮你接生（产科医生还是经过认证的助产士）？

■ 在分娩过程中，你希望谁陪伴你？

■ 分娩时，你更愿意采取哪种体位？

■ 如果在分娩中要采取镇痛措施，你倾向于选择哪一种？

■ 如果分娩中出现预料之外的紧急情况，你考虑接受哪种紧急处理措施（比如会阴切开术或剖宫产）？

■ 如果发生早产，你选择的分娩机构能否对早产儿进行护理？

你不仅应该与医生讨论并分享这份计划书和你所有其他的分娩计划，还应该让家庭成员和朋友了解你的这些选择。（你还可以参考下面的"分娩前的最后阶段"，考虑将其中一些内容纳入你的"分娩计划书"。）

分娩前的最后阶段

如果时间充足，你可以在分娩前考虑以下几件事。

■ 列一份孩子出生后的通知名单。先通知谁？将他们的名字依次列出来。

■ 准备几顿饭并冷藏起来。

■ 如果负担得起，你可以雇一名婴儿看护人员或保姆来帮你，并且可以借这个机会进行面试（见第 167 页"寻找帮手"）。当然，你也可以考虑找有时间的亲戚或朋友来帮你。你就算觉得自己能行，也应该列一份名单，将能够帮助你的人记下来，以便在情况有变时及时联系。

在妊娠期的第 9 个月到来之前，尽可能地为即将到来的分娩做好准备。你可以将下面的内容纳入你的清单。

■ 医院的名称、地址和电话。

■ 为你接生的产科医生或助产士的姓名、地址和电话。同时，产科医生考虑到自己可能临时有事，会为你推荐一名"替补"医生。记录这名医生的姓名、电话及其他联系方式。

■ 到达医院或分娩中心最短和最便捷的路径。

■ 医院或分娩中心紧急入口的位置。

■ 救护车服务的联系电话（以备紧急情况下使用）。

■ 送你去医院的人的联系电话（如果你们没有住在一起的话）。

■ 一个装重要物品的包。你要装入你在阵痛阶段、分娩后的住院阶段必需的物品，包括卫生纸、衣服、记录亲戚朋友联系方式的电话本、阅读的书和资料，以及宝宝用的毯子和出院时要穿的衣服等（根据你的实际情况准备）。

■ 准备好汽车安全座椅，这样出院时你可以把宝宝安全地带回家。确保安全座椅允许体重正常的新生儿使用，或者允许多胞胎和预计将提前生产的轻于2.27千克的宝宝使用。商品标签和产品说明书会标明它适用的婴儿体重的上限和下限。仔细阅读产品说明书，根据指示认真安装。把它安装在汽车后座并且朝向汽车后方，最好安装在后座的中间（千万不要将后向式汽车安全座椅安装在安全气囊前）。所有婴儿和幼儿在体重和身高达到安全座椅适用的上限前，搭乘汽车时都应尽可能地使用这种后向式安全座椅。

■ 不要忘了找专业人士定期检查汽车安全座椅。发生车祸时，正确使用和安装的安全座椅能够最大限度地保护孩子［更多信息见第486页"汽车安全座椅（儿童安全座椅）"］。此外，每次使用安全座椅时都需要正确安置孩子。

■ 你如果计划母乳喂养，可以提前购买电动吸奶器或手动吸奶器（见第4章）。

■ 你如果还有其他孩子，就要提前安排好他们在你住院期间的生活。

需要和医生讨论的话题

宝宝什么时候可以出院？

每个妈妈产后恢复的情况不同，每个宝宝出生后的健康状况也不同，因此，不同的宝宝出院的时间各不相同。你的出院时间应该由你和负责照顾孩子的管床医生共同决定。

宝宝需要接受包皮环切术吗？

大多数男婴出生时，其包皮都比较长，完全或几乎完全包住整个阴茎。所谓包皮环切术（俗称"割包皮"），就是通过手术切掉过长的那部分包皮，让龟头露出，让尿道口暴露在外。常规的包皮环切术是在新生儿出生几天后在医院里进行的。有经验的医生完成一次包皮环切术只需要几分钟，而且很少引起并发症。手术通常采用局部麻醉的方式。医生不管选择哪种麻醉方式，都会提前通知你。

如果你生的是男孩，你就需要决定是否让他接受包皮环切术。提前做这个决定是个好主意，至少你不用在分娩后既兴奋又疲惫的状态下考虑这个问题。建议你在妊娠期就向产科医生或儿科医生咨询一下包皮环切术的利弊。

在美国，大部分男孩都因宗教或社会原因接受了包皮环切术。研究证明，接受包皮环切术的男婴在出生后的一年里患尿路感染的概率较小。另外，对新生儿进行包皮环切术也有助于预防阴茎癌，不过这种疾病如今比较少见，对未割包皮的男性来说也是如此。

一些研究还发现，在接受过包皮环切术的男性中，患性传播疾病（包括感染 HIV）的概率也相对较小。对女性来说，如果其性伴侣接受过包皮环切术，她患宫颈癌的概率也比较小。不过，尽管从医学角度来看，包皮环切术使人受益良多，但是数据并不足以支持将新生儿包皮环切术常规化的做法（见下文"我们的立场"）。

包皮环切术也存在一些风险，比如感染和出血。少数接受过包皮环切术的男童会因尿道口留疤或变窄，患上一种叫"尿道狭窄"的病症，这会导致排尿分叉和排尿困难，严重的话甚至会引起尿路感染或无法排尿。还有一些男童的龟头会留下一种叫"皮桥"的疤痕，这需要通过其他方式修复。另外，有证据表明婴儿在接受包皮环切术的时候会感到疼痛，不过医生有相应的安全而有效的措施来减轻疼痛。孩子如果是早产儿，或者在出生时患有疾病，或者先天畸形或患原发性血液病，就不能马上接受包皮环切术。例如，有的

我们的立场

美国儿科学会认为，从医学的角度来看，包皮环切术可能会让孩子获益，不过，它也可能存在一些风险。对现有证据进行的评估表明，新生男婴进行包皮环切术所带来的健康方面的益处超过了风险，这一手术的益处也证明了那些选择这项手术的家庭的明智。然而，目前的科研证据还不足以证明应该将包皮环切术常规化。由于包皮环切术并不会给孩子目前的健康状况带来很大的益处，所以我们建议，新手父母（及准父母）最好充分征求儿科医生的意见，并从孩子的角度做全面的考虑，需要考虑的因素包括健康、宗教信仰、文化及民族传统等。儿科医生（或你的产科医生，如果他也能做该手术的话）需要详细地向你介绍包皮环切术可能带来的利和弊，以及手术中可以采用的所有镇痛方式。

孩子出生时便有一种叫作"尿道下裂"（见第 775 页）的缺陷，表现为尿道口没有正常地长成，这时医生不建议孩子一出生就接受包皮环切术。事实上，包皮环切术只适合情况稳定的、健康的新生儿。

母乳喂养的重要性

美国儿科学会呼吁以母乳喂养作为首选的育婴方式。不过，配方奶喂养虽然无法达到母乳喂养的效果，但也可以提供适当的营养。两种喂养方式对孩子来说都是健康且安全的，而且各有优点。

母乳喂养最实际的好处在于方便和经济，同时还有很多健康方面的好处。母乳可以给婴儿提供天然的抗体，帮助他抵御某些疾病（包括中耳炎、呼吸系统疾病和肠道感染等），还可以降低婴儿发生婴儿猝死综合征的风险。另外，配方奶喂养的婴儿偶尔会发生过敏反应，而母乳喂养的婴儿就不太可能出现这样的问题。与配方奶喂养的婴儿相比，母乳喂养的婴儿将来患哮喘、糖尿病以及肥胖症的概率也更小，也更不容易患上一些儿童癌症。

进行母乳喂养的妈妈们在情感上将受益良多。一旦哺乳关系建立，孩子通过妈妈的乳房得到很好的喂养，妈妈和孩子都能感受到强烈的亲情，而且整个哺乳过程会很舒服。这种不可分割的亲密感会存在于整个婴儿期。对部分新手妈妈来说，母乳喂养刚开始的 1 ~ 2 周具有非常大的挑战性，但大多数儿科医生都可以提供相应的指导，或在必要的情况下给新手妈妈推荐有资质的哺乳顾问。

美国儿科学会建议，应在婴儿出生后的前 6 个月进行纯母乳喂养，之后以母乳喂养为主，以喂食糊状食物为辅。母乳喂养应持续一年甚至更长的时间，具体时长视母亲和婴儿的情况而定。婴儿出生后应尽快开始母乳喂养，并保持规律的频率。在开始阶段，喂养次数应为每天 8 ~ 12 次。出院前，应有专业人士对母乳喂养情况进行评估。此外，对母乳喂养和母乳供应的早期跟进检查也是非常必要的。

如果由于某些健康原因你不能进行母乳喂养，或者你没有选择母乳喂养，你也可以通过配方奶喂养与孩子建立亲密感。把孩子抱在怀里摇一摇、摸一摸，看着孩子的眼睛与他进行眼神交流，这些都可以增进你们母子之间的感情。

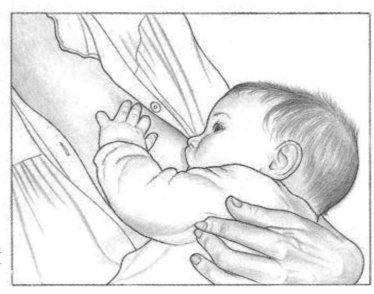

美国儿科学会呼吁将母乳喂养作为首选的育婴方式。

　　第 4 章将更详细地说明母乳喂养和配方奶喂养的优势和劣势，以及介绍更多需要了解的喂养方法。

是否需要储存新生儿的脐带血？

　　脐带血可以成功治愈大量遗传病、血液病以及儿童癌症，如白血病及免疫系统疾病等。一些父母选择将孩子的脐带血储存起来以备不时之需。然而，目前并没有科学和准确的统计数据表明孩子将来需要自己脐带血的概率有多大。对此，美国儿科学会不鼓励私人储存脐带血，即只为个人或家庭储存新生儿的脐带血。不过，美国儿科学会鼓励大家尽可能地把本来打算扔掉的新生儿脐带血储存在公共脐带血库（如果你们当地有的话），以便帮助所有有需要的人（但是你需要知道，如果你的孩子未来患上白血病，那么他出生时捐献的脐带血可能无法作为他所需的干细胞来源）。

　　关于是否需要储存脐带血，你和你的伴侣需要在孩子出生之前与你的产科医生或者儿科医生讨论决定，而不要在分娩的时候才考虑，从而给自己额外的压力。因此，你如果有此计划，那就一定要提前与存储机构预约，这样才能确保在分娩之前你或者你的产科医生收到生产时采集脐带血所需的工具。如今，美国很多州都要求产科医生和儿科医生同孕妇讨论采集脐带血的问题。在分娩开始以及采集脐带血之前，孕妇需要在充分了解情况的前提下签署一份同意书。

　　请记住，脐带血是在孩子诞生后并且脐带被夹住、切断之后采集的，这个过程不会对新生儿或生产过程产生不利影响。脐带血的采集并不影响脐带处理的常规流程。

　　脐带血被采集后，会进行血型检测以及传染性疾病和遗传性血液病的检测。脐带血如果符合所有捐献标准，就将被低温保存，以备未来匹配成功时供移植用，或者可能用于质量改进和研究。

为新生儿的到来做好家里的准备

挑选婴儿衣物

随着预产期越来越近，你需要购买一些婴儿装及其他衣物。下面是一张推荐清单：

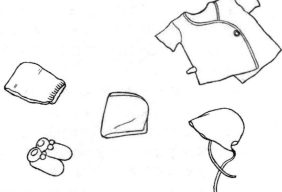

- 3～4套婴儿睡衣；
- 6～8件婴儿上衣；
- 3个新生儿睡袋；
- 2件婴儿毛衣；
- 2顶婴儿帽；
- 4双婴儿袜；
- 4～6条婴儿抱毯；
- 1套婴儿毛巾和浴巾（最好选择连帽浴巾）；
- 3～4打新生儿规格的纸尿裤；
- 3～4件连体衣（裆部有纽扣的）。

要想知道如何选购婴儿衣物，参见下页"婴儿衣物挑选指南"。

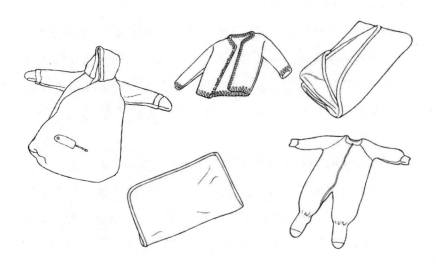

婴儿衣物挑选指南

■ 买大一点儿的衣服。除了早产儿和体重偏轻的新生儿，其他新生儿可能在出生几天后就穿不下新生儿尺码的衣服了，甚至从出生起就穿不下！而且，对很多婴儿来说，那些标明给 3 月龄婴儿穿的衣服在他们 1 个月大时就不合身了。你的孩子暂时不会介意穿稍微大点儿的衣服。

■ 为了防止衣物着火对婴儿造成伤害，所有婴儿都应该穿用阻燃材料制成的睡衣和其他衣物。请确保成分标签上标明了这一点。这样的婴儿衣物应该用洗衣液清洗，而不能用肥皂清洗，因为肥皂有可能把阻燃成分洗掉。阅读衣物上的洗涤标签以及包装上的说明，看看用哪种洗衣液较为合适。

■ 保证衣物的裆部有纽扣或便于更换尿布的开口。

■ 注意不要购买颈部、胳膊及腿部比较紧的衣服，以及有领带、领结及带子的衣服。这些衣服不仅存在安全隐患，而且孩子穿着不舒服。

■ 阅读洗涤标签。所有年龄段的孩子的衣物都必须是可以清洗的，而且基本不需要或者完全不需要熨烫。

■ 不要给新生儿穿鞋。在孩子能够走路之前，鞋子都是不必要的。穿鞋过早可能影响孩子脚部的发育。同样要注意，不要给孩子穿太紧的袜子。

购买家具及婴儿用品

无论走进哪一家婴儿用品店，你都可能会为如何挑选而伤透脑筋。不过，你要记住，婴儿用品店里的商品只有少数是必需的，而其他一些尽管充满诱惑力，却不是必需品。事实上，其中的部分商品甚至一点儿用也没有。为了帮你早日从众多选项中脱身，我们提供了一份必备物品清单。在孩子出生前，你需要备齐以下物品。

■ 一张符合美国现有安全标准的婴儿床（见第 26 页"安全警告：婴儿床"）。现在允许进入美国市场销售的婴儿床都必须符合这一安全标准，而它们也是你的最佳选择。你如果想买一张二手婴儿床，那就一定要仔细检查，确保它的初次销售时间在 2011 年 6 月 28 日之后且未被厂家召回过。2011 年

6月之前销售的婴儿床很可能不符合现有的安全标准，即使私下出售也是非法的，它们应该被拆解并丢弃。只需要短短几周，你的孩子的身高就会超过摇篮的长度；你如果选择购买摇篮，请参考安全标准 F2194 以确定其安全性。

■ **婴儿床上用品**，包括一条全棉法兰绒防水床罩以及一条大小合适且舒适的床单。婴儿床上不需要放其他床上用品，也就是说，不应该有枕头、毯子、被子、软垫、毛绒玩具、睡姿固定垫或者防撞护垫。

■ **一张符合安全标准的尿布更换台**（详见第 469 页）。尿布更换台应该放置在地毯或软垫上，并且要紧靠墙壁（注意，不能紧靠窗户，以免孩子从窗户摔出去）。将放有纸尿裤、尿布及其他所需物品的架子或桌子放在尿布更换台附近（但要超出孩子可以够到的范围），这样，你即使需要拿东西，也无须离开尿布更换台半步。

■ **尿布桶**。确保装废弃尿不湿的尿布桶完全密封。你如果打算使用可清洗的尿布，就需要再准备一个尿布桶，这样可以将尿湿的尿布和沾了大便的尿布完全分开。

■ **一个用来给孩子洗澡的大号塑料盆**。你也可以用厨房里的水槽来给孩子洗澡，不过要注意把水龙头推到远处，并且确保洗碗机电源是关闭的（洗碗机里的热水有可能流进水槽并烫伤孩子）。

当孩子 1 个月大以后，更安全的做法是给他换一个单独的浴盆给他洗澡。因为到那时，孩子已经长大到可以够到并且无意中打开水龙头了。开始洗澡之前，一定要确保洗澡区域是干爽的。同样，注意水龙头里的热水温度不能超过 49℃，否则热水会烫伤孩子。目前，大多数家用热水器都是可以精确调节水温的。特别要注意的是，洗澡时一定不能让孩子处于无人看管的状态。请事先准备好所有用品，并确保毛巾在你可以够到的地方。

婴儿房内所有的东西都必须保持干净（见第 15 章"确保孩子的安全"）。所有物品的覆盖物，包括窗帘、地毯等，都应该是可以清洗的。各种毛绒玩具虽然看起来非常可爱（而且它们似乎已经成为最受欢迎的庆祝新生儿诞生的礼物），但是非常容易沾染灰尘，从而引起婴儿鼻塞。如果你的孩子还不能

安全警告：婴儿床

为避免发生婴儿猝死综合征，美国儿科学会建议，新生儿应该睡在父母的房间里，并且睡在完全独立的空间，如符合安全标准的摇篮或婴儿床里，这段时间应至少持续 6 个月，最好是一年。婴儿床必须绝对安全。避免在婴儿床上放松软的物品或者易滑动的床上用品，使婴儿床远离窗户，并将带子或其他物品放在孩子够不到的地方，这样可以避免孩子受到严重的伤害。

随着孩子不断长大，你要及时降低婴儿床床板的高度，这样可以避免孩子摔伤；在孩子能够站立之前，床板应该放得尽可能地低。记住，仰卧对婴儿来说是最安全的睡姿（见第 55 页"睡觉姿势"）。

2011 年，美国颁布了一系列婴儿床安全标准。新标准禁止生产和销售护栏可调节高度的婴儿床，并提出了关于强化部件、五金件和安全检测方面的诸项要求。我们强烈建议使用符合现行安全标准的婴儿床。2011 年 6 月 28 日起销售的所有婴儿床都必须符合这一标准。你可以上网查询你购买的婴儿床是否曾被召回。

所有婴儿床都应按照下面几项要求仔细检查。

■ 护栏栏杆的间距必须小于 6 厘米。孩子喜欢把头往栏杆之间伸，栏杆间距大的话，头容易伸进去并被卡住。

■ 床头板和床尾板不应该有镂空和雕饰，否则孩子的头和脚容易扭伤或刮伤。

■ 床角柱应与床头板等高，或者床角柱非常高（就像带顶篷的床的床角柱），否则它们很容易挂到宽松的衣物，可能造成婴儿窒息。

根据下面的指导原则行事，你可以尽可能地避开婴儿床带来的其他隐患。

1. 你如果给婴儿床买了一张新床垫，就要把床垫表面包裹的塑料膜全部撕掉，因为它容易引起婴儿窒息。另外，一定要选择结实、偏硬的床垫，不要选择软床垫。

2. 一旦孩子学会了坐起，你就要降低床板的高度以确保孩子不会从床上掉出去（靠着护栏坐的时候掉出去，或者向外翻出去）。在孩子能够站立之前（一般在孩子 6 ~ 9 个月大的时候），要把床板调到最低。婴儿摔伤最常发生在学习爬的时候，所以当孩子长到约 90 厘米高，或当他站起来时护栏的顶部低于他的乳头，你就应该给他换一张床。

3. 必须保证护栏高于床板至少 10 厘米，即使是在床板被置于最高位的时候。

4. 床垫的大小必须完全符合婴儿床内部的尺寸，防止孩子滑落到护栏和床垫之间。记住，将床垫放入婴儿床后，如果任何一边还留有两指宽的缝隙，就应该换一张完全合适的床垫。

5. 定期检查婴儿床，确保所有五金件都很牢固，注意观察并确保婴儿床上的金属部分没有粗糙的毛边及锐利的突起，木质部分没有裂缝或木刺。

6. 不推荐安装防撞护垫及其他附着在护栏上的物件。没有证据表明它们能够防止撞伤，事实上它们有可能造成孩子窒息、被缠住或被勒死。

7. 婴儿床内不应放置松软的物品或者易滑动的床上用品，包括枕头、被子、软垫、羊毛毯和毛绒玩具等。当孩子睡觉时，将孩子放入睡袋或者给孩子穿暖和的睡衣或多层衣服来代替盖被子。

8. 你如果要在婴儿床上挂旋转床铃或者其他悬挂式玩具，一定要将其安全地挂在床的护栏上。另外，要确保挂得足够高，这样孩子无法伸手够到并将它拽下来。当孩子 5 个月大或者能够依靠自己的双手或双膝爬起来的时候，你就应该把旋转床铃移走。值得注意的是，有的孩子即使还不能爬起来，在能够侧翻后也可以伸手够到旋转床铃。

9. 确保将婴儿监视器或者其他产品放在孩子够不到的地方。孩子可能在你意识到之前就可以够到带状物，而带状物有可能绞伤孩子。窗帘的拉绳也应在孩子够不到的地方。可能的话，最好使用无绳窗帘。

10. 为了防止最严重的摔伤，千万不要将婴儿床（或其他任何形式的儿童床）放在靠窗的地方。不要在婴儿床的上方悬挂画框或搁架等，它们可能会坠落并砸伤孩子。

主动玩这些玩具，你可以考虑将它们收进柜子里，等孩子长大点儿再拿出来。

如果婴儿房里的空气非常干燥，儿科医生可能建议你使用空气加湿器或喷雾器，这样有助于减轻孩子感冒时鼻塞的症状。如果你家有空气加湿器或喷雾器，你一定要根据使用说明书上的要求定期清理。记住，不使用的时候，一定要把加湿器或喷雾器里的水倒掉，否则，水里很容易滋生细菌和真菌。

旋转床铃是婴儿可能会喜欢的玩具。你可以挑选色彩鲜艳（婴儿最早能

安全警告：摇篮

　　一些父母在孩子刚出生的几周内喜欢使用摇篮，因为它便于携带，并且可以放在父母的房间里。为了最安全和尽可能长久地使用孩子的第一张床——摇篮，你在购买前应该注意以下几点。

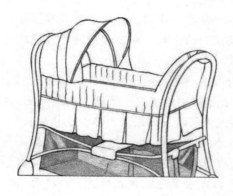

　　1. 摇篮必须符合现行的安全标准。这就意味着，你最好购买全新的摇篮，如果有人送你二手的，请检查它是否是最近制造的。

　　2. 摇篮的底部必须足够结实，不能存在垮掉的可能。

　　3. 摇篮基座必须足够宽大，这样摇篮才不容易被撞翻。如果摇篮腿是可折叠的，注意在打开折叠腿后要固定好。等孩子满月或体重超过4.5千克时，就不应该让他继续睡在摇篮里了。

　　对孩子来说，安放在父母的床旁边的婴儿床比起父母的床更加舒适且安全。对大多数家庭而言，将婴儿床放在父母的房间里可以增加亲子间的共处时间以及减少对睡眠的干扰。美国儿科学会建议，婴儿出生后的第1年里和父母睡在一个房间里，婴儿应该有独立的睡眠空间，如婴儿床或摇篮。婴儿应保持仰卧的睡姿，床上不要放枕头、毛毯、毛绒玩具或其他寝具。给婴儿一个安抚奶嘴也可以降低婴儿猝死综合征的发生风险。不过，对母乳喂养的婴儿来说，等他完全习惯吃母乳后，他才适合使用安抚奶嘴。

识别的颜色是红色）、造型各异甚至可以播放乐曲的旋转床铃。选购时，一定要从下往上看，这样你才能知道孩子躺着看它时它是什么样的。记住，当孩子5个月大或可以自己坐起来之后，你就应该把旋转床铃取走，否则孩子很容易把它拽下来导致受伤。

　　其他一些有用的物品包括成人摇椅或婴儿摇椅。当你抱着孩子坐在成人摇椅上时，椅子的摇摆可以让孩子更舒适。播放一些轻音乐可以让孩子感觉舒服并且容易入睡。

你需要把卧室内的光线调暗，并且在关灯后留一盏夜灯。夜灯有助于你察看孩子的情况。当孩子长大一点儿，夜灯还有助于减轻他半夜醒来时的恐惧感。要注意，所有的灯和电线都不应处于孩子伸手可以够到的范围内，这样才安全。

让家里其他孩子做好迎接新成员的准备

如果家里还有其他孩子，你就需要提前计划一下何时和以何种方式告诉他家里即将到来一位新成员。对 4 岁及 4 岁以上的孩子来说，你可以在告诉其他亲戚朋友的同时告诉他这个消息。孩子应该对即将到来的弟弟或妹妹与他之间的关系有基本的认识。"世界上的孩子是由鹳鸟从埃及送来的"等类似的童话听起来非常有趣，但它们并不能帮助孩子真正理解并接受现实的情况。图画书可以帮助你告诉年龄较大的孩子"弟弟（妹妹）是从妈妈的肚子里来的"，但是对年龄较小的孩子来说，描述过多的细节有可能吓坏他。因此，一般来说，你可以这样告诉孩子："和你一样，弟弟（妹妹）也是由妈妈的一小部分和爸爸的一小部分结合而来的。"年龄再大点儿的孩子可能会有更多的问题，你的回答应该尽可能地简单且符合孩子的年龄。

如果在你再次怀孕的时候，你家的老大还不到 4 岁，你可以稍等一段时间再告诉他，因为在这个年龄段，他在理解"未出生"的孩子方面存在一定的困难。不过，你一旦开始给婴儿房添置家具、摆放婴儿床并且购买婴儿衣物，就应该告诉他发生了什么。当然，你也可以在他问你"妈妈，你的肚子怎么越来越大了？"之类的问题时抓住机会，向他解释正在发生的事情。对较小的孩子来说，一些教导他（她）如何成为哥哥（姐姐）或者关于小婴儿的图画书会有所帮助。另外，和他（她）一起看看你做 B 超检查时拍的胎儿图像也有帮助。当然，即使孩子从来不问你任何问题，你也应该在妊娠期的最后几个月里告诉他（她）这件事情。如果你选择的医院开办了"兄弟姐妹准备培训班"，你可以考虑把他（她）带去，让他（她）看看自己的弟弟（妹妹）将来会在哪里出生，以及他（她）可以去哪里探视。带他（她）在医院里看

在孩子问你"妈妈，你的肚子怎么越来越大了？"之类的问题时抓住机会，向他解释正在发生的事情。

看其他新生儿和他们的小哥哥小姐姐，并且告诉他（她），他（她）马上也要成为哥哥（姐姐）了。

不要对孩子许下诸如"将来什么都不会变"之类的诺言。因为不管你多么努力，将来也不会一成不变。不过你可以告诉他（她），你会永远这样爱他（她），并让他（她）懂得成为哥哥（姐姐）有许多积极的意义。

如果老大 2 ~ 3 岁大，公布这个消息将是最困难的。这个年龄段的孩子

对较小的孩子来说，图画书会有所帮助。

非常依赖母亲，而且还不懂得分享的意义，不会与别人分享时间、物品以及母亲的爱。他对环境的变化非常敏感，而且可能对"家里多一个新成员"这样的事实感到恐慌。减轻嫉妒心理的最好办法是让他尽可能多地参与迎接新成员的准备工作，比如说带他一起去挑选婴儿衣物和育婴装备。给他看看他还是婴儿时的照片。此外，你如果想再次使用以前的婴儿用品，可以先让他拿着玩一段时间。

如果可以，在小宝宝出生之前，试着改变老大的生活状态，包括让他学习自己大小便、从睡婴儿床换成睡儿童床、搬到单独的卧室，甚至去上幼儿园等。如果这些都不太可能实现，那就把这些计划推迟，直到小宝宝出院回家且安排妥当之后再实行。否则，由小宝宝带来的变化将与他自我调节时感受到的压力相叠加，超出他的心理承受范围。

帮助你的孩子做好成为哥哥或姐姐的准备。如果在听说家中会多出一个小宝宝或在小宝宝回家之后，他表现出与年龄不匹配的行为能力退步，你千万不要被吓到。他可能闹着要奶瓶、要求穿纸尿裤、莫名其妙地哭闹或者不愿意离开你身边。这些表现都源于他需要你更多的爱和关注，想确定你的爱和关注没有消失——只不过他选择了属于自己的表达方式。不要拒绝他，而要满足他的要求，并且不必为此感到不安。一个已学会自己大小便的 3 岁的孩子，在这个时候想穿几天纸尿裤；一个 5 岁的孩子想要再盖一周早就小得盖不下的被子——或许你早就忘了还有这么一条被子。这些行为都会在他意识到自己和新来的小宝宝一样受重视后很快回归正常。与此类似，如果一个早已断奶的孩子又想吃奶，他也会很快失去兴趣。

哪怕你因为小宝宝的到来而手忙脚乱，哪怕你的时间几乎完全被小宝宝占据，你也要确保每天都留出专门的时间给你和你家的老大——一起读书、玩游戏、听音乐，或仅仅是聊聊天。你要表现出你对他做什么、想什么、有什么感觉非常感兴趣——不仅要聊聊关于小宝宝的话题，还要聊聊他生活中的细节。每天在小宝宝睡着或者由其他成年人照顾的"安全时段"里，你只需花 5 ~ 10 分钟时间，就能让他感觉自己是特别的。

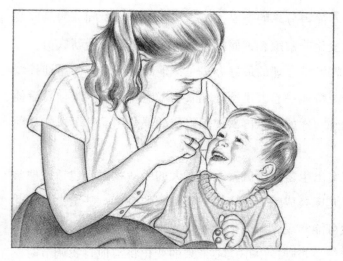

确保每天都留出专门的时间给你和你家的老大。

对作为父母的你们来说，随着小宝宝即将降生，之前所有的等待和妊娠期的不适似乎都将变得微不足道，这几个月来既亲近又神秘的小家伙即将出现在你们面前。本书接下来的部分将介绍这个小宝宝如何变化、如何长大，而你们作为父母又有什么任务需要完成。

你们在开始这漫长的旅程之前，需要做大量的准备工作。前面，我们已经谈到了很多注意事项和禁忌，当然，还谈到了很多需要准备的日常用品。最终，你将成为什么样的父母，更多地取决于你所做的情绪上的准备，而非你挑选了什么颜色来装饰婴儿房。只有你自己清楚该如何应对压力和变化。尝试以一种自己觉得最舒服的方式来做好为人父母的准备工作。一些父母觉得参加互助小组很有帮助；另外一些父母在压力大的时候喜欢冥想、随手写写画画或者写日记。

对某些即将成为父母的人（特别是信奉"船到桥头自然直"的人）来说，做准备工作十分困难，但准备工作非常必要，因为它将给你们带来更大的信心。孩子迈出人生的第一步需要很大的信心，你们迈出做父母的第一步，同样需要充足的信心。

让准爸爸为分娩做好准备

如果你是一名准爸爸，那么在迎接新生儿到来的过程中，你扮演的角色也非常重要。同时，你需要调整好自己，因为你面临的变化同样具有非常大的挑战性。在这一过程中，有时你会激动不已，有时你会充满惶恐、筋疲力尽。然而，当你的伴侣面临难关的时刻，比如在她极度疲惫或艰难应对晨吐时，你必须为她扮演好"情绪舵手"的角色。

当你和伴侣一起去做产前检查的时候，你可以与医生讨论一下你在产房里可以做什么。关于在产房里可能发生什么、你需要做什么样的支持性工作，你要确保将所有问题都弄清楚。你如果打算在孩子出生的前几天请假休息几天或几周，那就应该提前做好工作安排。当然，你需要做好准备，在孩子的一生中扮演重要而积极的角色——不仅仅是在孩子刚出生的那几天、几周里，而是在你们一生中将相伴度过的时光里［要想了解更多关于在孩子出生阶段爸爸和（外）祖父母等人的独特作用，参见第 6 章相关部分］。

终于来了——分娩日！

大多数孕妇的妊娠期会在第 37 ~ 42 周结束，分娩宫缩是你的身体已经准备好娩出胎儿的最清晰的指征。当分娩开始时，你的宫颈（子宫底端的一段）会逐渐扩张，子宫体开始有规律地收缩、挤压。在这个阶段，宫颈必须变薄，这样胎儿的头才能进入产道。随着每一次宫缩，你的子宫和腹部都会变硬。在两次宫缩的间期，子宫又会变软，这时你就可以放松一下，等待下一次宫缩。

虽然大部分女性都清楚地知道自己何时临近分娩、何时分娩开始，但是要分辨真正的分娩什么时候开始并不那么容易，因为还有可能发生假分娩。发生假分娩时，宫缩是偶发的，而且宫缩强度相对较弱。你即便不确定自己是否真的要生了，也不要不好意思叫来医生或直接去医院，因为你有可能即将面临一场"真实的战役"！

在真正的分娩过程中，你可能出现以下征兆。

■ 宫缩有规律地反复出现，下腹部疼痛，随着宫颈逐渐扩张以及胎儿沿产道下降，疼痛会加剧。

■ 产生略微呈血红色、粉色或透明的阴道分泌物，即宫颈黏液栓。

■ 羊水涌出。人们通常所说的"羊水破了"（或"破水"），其实说的是羊膜破了，包裹在其中的羊水原本一直在胎儿周围起保护作用，现在涌出来了。

随着分娩的进展，宫缩会更强烈，频率也会更高，持续时间达到每次30～70秒。刚开始时，宫缩疼痛似乎是从腰背部开始的，慢慢地，疼痛区向前方转移，到达下腹部。

应该什么时候去医院呢？希望你已经同你的产科医生讨论过这个问题了。一般来说，如果出现下列情况，你就应该立即前往医院：已经破水（哪怕宫缩还未开始）、阴道出血，或者出现非常严重且持续的疼痛，且这种疼痛在两次宫缩之间没有减轻。

医生也有可能在孕妇出现分娩征兆前为孕妇催产。当然，这种催产一般是医生在认为孕妇或胎儿有危险时才会做的选择。总的来说，这种情况一般发生在孕妇患有慢性疾病（如糖尿病、高血压等）时。不过，医生如果通过检查得知胎儿发育异常，也可能推荐行催产术。借助于一些药物（通过静脉注射催产素或前列腺素），孕妇就会出现宫缩，其宫颈会逐渐扩张变薄。医生还可以人为地帮助孕妇破膜，让胎儿周围的羊水涌出，继而启动分娩进程。医生还可能采用其他方式引发分娩。

关于宫缩疼痛

每名产妇分娩时的疼痛程度都不一样。对某些产妇来说，分娩是一个相当痛苦的过程，但是通过采用放松技巧和呼吸技巧（在生育培训班学到的）可以有效地缓解这种不适。伴侣或分娩指导师（如导乐）为产妇按摩腰部、帮忙洗个热水澡（如果可以的话）或者用冰袋冰敷其腰背部也都可以减轻疼痛。

训练有素的导乐能够通过提供情感支持、按摩和提出有关分娩姿势的建议,帮助产妇缓解分娩的疼痛和焦虑,这通常能够缩短分娩时间并减小剖宫产的概率。孕妇在分娩前应找好导乐,确保医院允许她的陪同。

产妇如果在分娩过程中需要施行会阴切开术(通过外科手段切开会阴部位)来帮助胎头通过产道,就需要进行局部麻醉,这种局部麻醉几乎不会对胎儿造成任何负面影响。

随着分娩的进展,一些产妇可能决定使用药物来减轻疼痛。

1. 肌内注射或静脉注射麻醉药(阿片类麻醉药)。这类药物作用于人类的大脑,使得宫缩疼痛变得可以忍受,但是如果给药时间非常接近于胎儿娩出时间,则有可能引起胎儿呼吸缓慢。

2. 通过脊柱注入局部麻醉药来缓解宫缩疼痛。这种方式一般被称为"硬膜外麻醉"或"硬膜外阻滞"。采用这类麻醉方式时,麻醉师会将一根导管经皮插入产妇的硬膜外腔(紧靠脊髓的区域)内,麻醉药会通过导管进入产妇体内。这种方式可以减轻产妇下腹部的疼痛感,使得宫缩疼痛大大减轻。麻醉药通常在 10 ~ 20 分钟内开始起效。通常,麻醉师会将麻醉药的剂量控制在很低的水平,使产妇仍然处于清醒状态,能够意识到宫缩(虽然没那么疼了),并依然有足够的力气将胎儿娩出。这种麻醉方式的副作用非常小,偶尔有产妇出现头痛或血压低的情况。

如果医生认为有必要进行剖宫产,下面是一些适用于剖宫产产妇的阵痛缓解措施或麻醉方式。

1. 通过插入硬膜外腔的导管,为需要剖宫产的产妇注入更多的麻醉药,使其从胸腔以下到脚趾的部位完全麻木。对在阵痛阶段已经放置了硬膜外腔导管的产妇,此时直接将更多的麻醉药注入导管就可以了。这种麻醉方式的好处是,新生儿出生的时候不会昏昏欲睡,产妇也会在新生儿出生那一刻保持清醒。

2. 如果你的剖宫产是一次择期手术(你和医生一起挑选好了合适的手术日期),那么医生可能会向你推荐脊髓麻醉(俗称"腰麻")。采用这种麻醉方式时,麻醉药会被直接注射到脊髓周围的液态组织中。腰麻操作容易、起效快,而且效果比硬膜外麻醉好。操作完成后,麻醉药的镇痛作用马上就可以显现。腰麻和硬膜外麻醉的一大区别在于:腰麻只需要一次给药,药效就可以持续几小时,而硬膜外麻醉需要通过导管持续给药。同硬膜外麻醉一样，腰麻的副作用非常小，偶尔有产妇出现头痛或血压低的情况。

　　3. 如果需要在紧急情况下进行剖宫产，或你由于药物耐受问题不可以接受硬膜外麻醉或腰麻，那么你就有可能需要接受"全麻"——通过药物使你失去知觉，让你进入"深度睡眠"。这种麻醉会使新生儿在出生时也昏昏欲睡，而且可能影响他的呼吸。如果产妇施行了全麻，医生就需要以最快的速度取出胎儿，以便最大限度地减小药物的副作用。因此，可能的话，最好还是采用硬膜外麻醉或腰麻。

　　（要想了解更多关于自然阴道分娩和剖宫产的信息，包括在医院产房里分娩的整个过程，参见第 2 章"分娩和分娩后"。）

第2章 分娩和分娩后

　　分娩带来的不仅是翘首以盼、激动不已，还有惴惴不安，这些都是你一生中绝无仅有的体验。来自亲友、图书、电视和电影的故事，甚至你先前的经历，都会让你对孩子的降生充满期待。每个呱呱坠地的生命都是独一无二的个体，而未来将发生的一切，目前都还是未知的。

自然阴道分娩

随着预产期的临近，除了难以抑制的激动外，你还可能有些焦虑不安。孕妇一般会在怀孕第 37 ~ 42 周分娩。尽管目前还不确定是什么最终触发了分娩过程，但激素水平的变化应该起了重要作用。在分娩过程中，你的羊膜会破裂，子宫会有规律地收缩或挤压，使胎儿沿产道下降。同时，宫缩会刺激宫颈扩张，宫颈外口（宫口）会扩张到直径 10 厘米左右。在自然阴道分娩过程中，你通常可以看到胎儿的头顶，当然你要借助于镜子才能看到。一般在胎儿头部娩出后，你会最后停顿一次，然后将胎儿的身体娩出，这时产科医生或助产士会在一旁张开双臂迎接新生儿。有时，产科医生会借助于真空吸盘和产钳来帮助胎儿娩出。

健全的新生儿通常要等待 30 ~ 60 秒才会被结扎脐带（称作"延迟脐带结扎"或"定时脐带结扎"），在此期间，产科医生或助产士可能会将新生儿放在你的下腹部。脐带一停止搏动就会被夹住并剪断（脐带里没有神经，因此新生儿不会感到疼痛）。脐带夹一般会保留 24 ~ 48 小时，或在脐带干燥、不再出血后被取下。脐带夹被取下以后，剩下的脐带残端会在新生儿出生后的 1 ~ 3 周自然脱落。

大多数时候，产科医生会让新生儿趴在你的胸口上，让你们进行肌肤接触。此时，医生会帮你擦干宝宝，给他戴上帽子，并用一条暖和的毯子盖住他。初次的肌肤接触最好在宝宝出生后的 1 小时内进行，这不仅有助于你和宝宝互相了解，还有健康方面的益处。有时，新生儿出生后需要立即接受检查并被送到保暖台上，如果是这样，当宝宝的情况稳定下来后，他就会被送来和你进行肌肤接触。

相信你曾看过很多新生儿的照片，但第一眼看到自己的宝宝，你一定会本能地被他迷住。他第一次睁开眼与你四目相对时，眼睛里充满好奇。刚刚经历的分娩过程让他对你的抚摸、你的声音和你的体温都非常敏感，反应度极高。这种特别反应只会持续几小时，你一定要好好利用。看着孩子努力向你的乳房挪动，寻找第一口乳汁，你和孩子之间会自然而然地产生一种奇妙的联系。不必急着请护工帮你清洗身体或者给孩子洗澡，因为在这个关键时刻，孩子就是靠着气味和感觉去寻找第一口乳汁的。你会和很多妈妈一样，发现当孩子被放在你胸前的那一刻，你和他之间就立刻形成了非常亲密的感情纽带。

大多数新生儿刚出生时身上裹着一层白色乳酪状物质，它的学名叫"胎脂"。这层保护性物质是孕晚期由胎儿皮肤中的皮脂腺（分泌油脂的腺体）分泌的。新生儿的身体还因被羊水浸泡而显得湿润。假如你在分娩时会阴部裂伤了，他的身体还可能沾上一些你的血液。他的皮肤，特别是面部皮肤，可

分娩后的哺乳

我们建议你选择母乳喂养。目前，大多数医院都鼓励母亲在自然阴道分娩后、新生儿与母亲开始进行肌肤接触的 1 小时内开始哺乳，除非新生儿呼吸困难，需要进行检查。（关于新生儿阿氏评分的详细信息，参见第 43 页）。

分娩后立即开始哺乳对母亲有益，可促进子宫收缩（负责引发射乳反射的激素也会刺激子宫收缩），减少产后出血，还能够保护新生儿不受感染。

分娩后 1 小时左右是开始母乳喂养的"黄金时间"，因为这时新生儿反应机敏，非常想吃奶。将宝宝放到胸前，刚开始他可能只会舔一舔。稍微给他点儿帮助，他就会领悟该怎么做，将乳晕连同乳头含在嘴里用力吮吸，而非仅仅含住乳头。如果你等到一个多小时以后才开始哺乳，你的宝宝可能已经困了，就很难正确吸奶。

新生儿出生后 2 ~ 5 天，母亲的身体会分泌初乳。初乳是一种淡黄色的液体，量很少，但含有丰富的蛋白质和抗体，可以保护新生儿免受感染。初乳可满足新生儿出生后前几日的所有养分和水分需求（关于母乳喂养的详细信息，参见第 4 章）。许多医院都有哺乳顾问（帮助母亲进行母乳喂养的专家），你如果在母乳喂养中遇到了困难，特别是你第一次生产，就可以寻求哺乳顾问的帮助。

能因浸泡和分娩时所受的挤压而皱巴巴的。

在分娩过程中，胎儿的头部可能会在通过产道时因受压而变长，胎头可根据产道大小适当压缩。虽然现在"重获自由"，但是胎头可能仍需几天的时间才能恢复成正常的椭圆形。新生儿刚出生时肤色可能有点儿发青，但随着呼吸越来越规律，肤色会变得红润。他的手脚刚开始也可能有些发青，摸起来很凉，这种情况可能持续几周，时好时坏，直到他的身体更加适应外界的温度。

你可能还会留意到新生儿的呼吸不是很规律，而且非常急促。成年人一般每分钟呼吸 12 ~ 14 次，但新生儿的呼吸每分钟可达到 40 ~ 60 次，短促而表浅，偶尔夹杂一次深呼吸。这在新生儿出生头几天是正常现象。

剖宫产分娩

在美国，孕妇的剖宫产率大约为 1/3。剖宫产指用手术方式将孕妇的腹壁和子宫切开，这样胎儿无须经过产道就可以直接从子宫中被取出。

选择剖宫产的常见原因有以下几种。

- 孕妇有剖宫产史。
- 胎位是臀位。
- 宫口未充分扩张到直径 10 厘米以使胎儿沿产道下降，或者尽管孕妇已经充分用力，但胎儿仍未沿产道下降。
- 产科医生认为自然阴道分娩可能威胁胎儿的健康。
- 胎心率过慢或不规律（这种情况下，继续等待自然分娩会有很大风险，产科医生会进行紧急剖宫产手术）。

胎儿在母体子宫内大多是头朝下的（即"头位"），但每 100 个新生儿中约有 3 个会发生臀部、足部或二者同时在分娩时先露出的情况（称为"臀位"）。如果产科医生认为胎儿处于臀位，就会推荐剖宫产。臀位自然分娩的难度很大，容易难产。医生可以用手触摸孕妇的下腹部来判断胎儿的胎位，做超声

检查可以确定胎儿是否真的处于臀位。

　　剖宫产分娩的过程与自然阴道分娩截然不同。一般说来，手术时间不超过 1 小时，而且根据具体情况，产妇可能无须经历阵痛等分娩过程；另一个重要区别是，手术会用到一些不仅对母体有影响，还可能影响胎儿的药物。如果可以自己选择麻醉方式，大多数产妇会选择局部麻醉——医生在产妇脊髓附近放置一根导管，使麻药沿导管滴入以阻断脊神经的传导功能，比如硬膜外麻醉或腰麻。局部麻醉可以使身体从腰部以下麻痹，副作用相对较小，而且可以让产妇在手术过程中保持清醒。必须采用全麻的情况很少见，但也有例外，比如说紧急剖宫产手术，这种情况下产妇会彻底失去意识。产科医生和麻醉师会根据情况向产妇推荐最合适的麻醉方案。

　　进行剖宫产手术的产科医生可以要求一名儿科医生或一名其他相关医护人员一同进入产房，以防新生儿出现并发症，同时儿科医生也可以协助产科医生，确保延迟脐带结扎安全进行。请提前向医院咨询关于产妇和新生儿肌肤接触的规定。目前，多数医院都鼓励新生儿情况稳定后立即与产妇进行肌肤接触，但仍有一些医院会先让新生儿接受检查，确认其健康状况后或等产妇被送到恢复室之后再进行肌肤接触。在剖宫产手术结束后，若母子平安，一些医院允许产妇和新生儿进行短时间的肌肤接触。之后，产妇应该一直和新生儿待在一起并进行母乳喂养，同时医护人员会继续观察母子的情况。

　　假如你进行了剖宫产手术并且采取了全麻，那么你可能会昏睡几小时。醒来时你或许会感觉头昏脑涨，而且多半会感到伤口有些疼。不过很快你就有力气抱孩子，进行肌肤接触和母乳喂养，将失去的亲子时光弥补回来。

　　前面曾提到过，很多产科医生认为曾接受过剖宫产手术的女性以后生育时也应选择剖宫产，因为她们进行自然阴道分娩的话难产率很高。尽管如此，大多数女性仍可尝试"剖宫产术后阴道试产"（TOLAC）。能否这样做取决于很多因素，产妇应该和医生共同商量决定。

　　在剖宫产手术过程中，特别是在你没有接受全麻的情况下，准爸爸、助产士或者其他助产人员应各司其职。在制订你的生产计划时，你应事先和你的伴侣及产科医生沟通好，这样大家才能提前做好准备。

自然阴道分娩后的产房护理流程

　　如前文所述，在分娩后的第一个小时里，你应该和新生儿进行肌肤接触，把他抱在怀里并进行母乳喂养。当你抱着孩子的时候，医生或护士可以给他评估新生儿阿氏评分。1 小时后，医生还可能为新生儿测量身高、体重，给予药物。因为新生儿都有维生素 K 缺乏现象（这会影响凝血功能），所以医生需要给他注射一针维生素 K。刚刚结束分娩的这段时间，最重要的事情应该是尽可能地增加你和孩子肌肤相亲的机会。对新生儿尤其是晚期早产儿来说，

维生素 K

　　对于预防危险的新生儿出血症，维生素 K 起着关键作用。因为缺少合成维生素 K 的肠道细菌，新生儿体内往往没有足够的维生素 K，因此，所有新生儿出生后都应立即注射 0.5 ~ 1 毫克维生素 K。多年来，注射维生素 K 被认为是安全有效的预防措施，而没有接受注射的婴儿在出生后的 2 ~ 6 个月，有很高的风险出现脑损伤，严重者甚至死亡。

新生儿阿氏评分

孩子降生后，医护人员会立刻开始计时，在出生后 1 分钟和 5 分钟对其进行评估，这就是新生儿阿氏评分。

阿氏评分系统可帮助医生大致评估新生儿出生时的健康状况。医护人员会对新生儿的心率、呼吸、肌张力、对刺激的反应以及肤色进行评估。阿氏评分无法预测新生儿长大后的健康状况和发育情况，也无法预测他以后多聪明或性格如何。但是，它能提示医护人员，新生儿在适应子宫外的新世界时需要什么帮助。

该系统对新生儿的 5 项体征进行评分，每项最高分 2 分，所有得分相加得出总分。举个例子，如果一名新生儿心率超过每分钟 100 次，哭声响亮，动作有力，对医护人员的揉搓和刺激有哭闹反应或打喷嚏，但是肤色偏青紫，那么他的 1 分钟阿氏评分结果就是 8 分——扣掉 2 分的原因是肤色青紫、不够红润。大多数新生儿的阿氏评分都在 7 分以上，但能达到满分 10 分的新生儿不多，因为大多数新生儿的手脚都发青，要等身体暖和起来才会转为红润。

如果新生儿呼吸困难、动作无力、哭声微弱，接受过新生儿评估和复苏特别训练的医护人员将对新生儿进行评估并予以治疗。治疗措施包括迅速用毛巾为他擦干身体和 / 或在他的鼻子和嘴部戴上一个特殊装置以帮助他呼吸。这一治疗措施被称作"持续气道正压通气"，能够改善新生儿的呼吸、动作表现和肤色。如果这一措施不起作用，医生就会将导管插入他的气管，然后通过脐带输液、给药，增强他的心跳。假如治疗后新生儿的阿氏评分仍然不高，医生就会将他送入特殊护理室或新生儿重症监护室进行观察并采取进一步的治疗。

阿氏评分系统

检测项目	分数		
	0	1	2
心率	无	小于 100 次 / 分	大于 100 次 / 分
呼吸	无	缓慢、不规则、哭泣无力	正常、哭声响亮
肌张力	肌肉松弛	四肢略有屈伸	活动有力
对刺激的反应 *	无	皱眉	皱眉并打喷嚏或咳嗽
肤色	青紫或苍白	身体红润、手脚青紫	全身红润

* 对刺激的反应的检测方式通常是用一根导管刺激新生儿的鼻子，观察新生儿的反应。

建立亲密关系

假如分娩中没有出现并发症，你在产后有 1 小时左右的时间可以和孩子待在一起。新生儿在刚出生这段时间非常机敏，反应度极高，因此，研究人员称这一阶段为"敏感期"。

你们之间的第一次眼神交流、声音交流和肌肤接触都是建立亲密关系的一部分，这一过程有助于为亲子关系打下良好基础。尽管你要等到几个月之后才能看出孩子的脾气和性情，但你对他的感情从分娩后这短短一段时间就已经开始发展了。即使你没有立刻对孩子产生特别温馨的感觉，也是正常的。分娩是一个艰难的过程，你的第一反应可能是解脱，庆幸一切终于结束了。假如你已经筋疲力尽，这时你大概只想好好歇口气。这完全正常，不要强求。给自己一点儿时间，等你从分娩的疲惫中恢复过来再请人把孩子抱给你。建立亲密关系是没有时间限制的。

同理，假如孩子出生后必须立刻送到育婴室接受治疗，或者你曾在分娩过程中昏迷，你也不必悲观。不用担心孩子出生后没有立刻与你亲近会损害你们的亲子关系。即使你无法亲眼看着孩子出生，无法马上把他抱在怀里，你对孩子的爱也丝毫不会减少。孩子还是会爱你、亲近你。

肌肤接触有助于稳定血糖水平和体温，防止体温过低，减少哭闹，并且有助于稳定血液流量和呼吸。而对产妇来说，肌肤接触能够减轻压力，产后进行 30 分钟的母乳喂养还能够减少产后出血。

因为产道内的细菌会感染新生儿的眼睛，为了防止严重感染，医生会在产妇分娩后或晚一些为新生儿涂上抗生素眼膏（一般用红霉素眼膏）。

最后也是最重要的程序是，你和你的伴侣将收到写有新生儿姓名的信息表。确定内容准确无误后，你和你的伴侣以及你的孩子各自戴上一条腕带（孩子的脚腕上通常也有）。住院期间，每次从你身边抱走或送回孩子时，护士都会检查你们的腕带以确定信息一致。为了增大安全系数，有些医院还会采集新生儿的足印，并且在新生儿的脚腕上或脐带夹上安装一个小型安全装置。

新生儿疾病筛查

在新生儿出生后不久，以及在产妇和新生儿出院前，新生儿都要接受一些先天性疾病筛查（包括遗传病采血筛查、脉搏血氧测定和新生儿听力筛查等）。新生儿疾病筛查的目的是提早发现疾病、及时治疗、避免残疾、保护孩子的生命安全。虽然新生儿疾病筛查是法律强制要求的，但美国各州的检查内容都不同（而且可能定期调整）。最好在生产前向产科医生咨询筛查内容，了解这些检查对孩子有什么好处或风险、是否需要家长同意，以及什么时候可以得到结果。尤其要问清楚检查结果不在正常范围内应该怎么办（这不一定表示孩子真的患有先天性疾病或遗传病，所以要问清是否需要复查以及复查时间）。出院前要仔细确认孩子是否已经完成了所有筛查项目。

（编者注：我国针对苯丙酮尿症和先天性甲状腺功能减退症提供免费检测，检测方式是采集新生儿足跟血。）

离开产房

假如你在家庭式产房或类似的分娩中心生产，那么你大概不必立刻离开产房。假如你在医院的产房生产，分娩后就会被送到恢复室接受观察，看是否有产后出血等问题。同样，除非新生儿需要紧急治疗，你要确保始终和他待在一起，陪伴他完成人生的第一次体检。

体检需要检查一些生命体征：体温、呼吸、脉搏。新生儿将接受全身检查，他的肤色、活跃程度和呼吸节奏将受到特别关注。如果他还没有接受维生素K注射或没有上过眼药，这个时候医护人员就会进行处理。根据医院的流程，等新生儿体温升高后，他可能会享受人生中的第一次沐浴，之后医护人员会擦干他的脐带残端并用酒精消毒以防感染。洗完澡，他会被包在小毯子里。如果你希望，接下来他会被送回你怀里。体重2千克及以上的健康新生儿需要在出生后24小时内进行第一次乙肝疫苗接种，疫苗接种需要你签字同意。

分娩后的心情

经过初到人世最初几小时的"忙碌"，新生儿很可能已经进入梦乡了，这让你有时间休息并消化刚才发生的一切。假如孩子正躺在你身边，你会一直看着他，不敢相信自己竟然完成了这一壮举。激动的心情会让你暂时无暇顾及身体的疲惫，但你需要开始休息，将体力积攒起来以迎接前方令人激动的任务。

如果你的孩子是早产儿

在美国，早产儿的比例为 10%。多胞胎的早产率在 60% 左右。早产指胎儿在母亲怀孕满 37 周之前降生，可分为晚期早产（第 34 ~ 36 周降生）、中期早产（第 32 ~ 33 周降生）和早期早产（不满 32 周降生）。

如果你的孩子是早产儿，那么他的外表和行为都会和足月新生儿很不一样。足月新生儿出生时平均体重大约为 3.17 千克，而早产儿体重通常可能只有 2.26 千克，有些甚至更轻。早产儿因为在出生时没有完全发育，通常需要在新生儿重症监护室或特殊护理室接受一段时间的专门治疗和护理。他们接受特殊护理的时间跨度很大，但一般来说，都需要住院一段时间，因为早产儿可能出现各种短期或长期的健康问题。

早产儿越早降生，体形就越小，头占身体的比例也越大，脂肪也越少。因为脂肪太少，早产儿的皮肤看起来很薄，薄到几近透明，可以清楚地显现皮肤下的血管。他的背部和肩膀上会有细细的胎毛。早产儿的面部轮廓看起来比足月儿的更加棱角分明，不那么圆润。早产儿出生时也不像足月儿那样身上有白色乳酪状的胎脂保护。不过不用担心，过一段时间他看起来就会跟足月儿一样了。

因为缺少脂肪，早产儿在室内常温下会体温过低，因此出生后会立刻被放进早产儿恒温箱（常被称为"早产儿保育箱"）或放在名为"辐射保暖台"

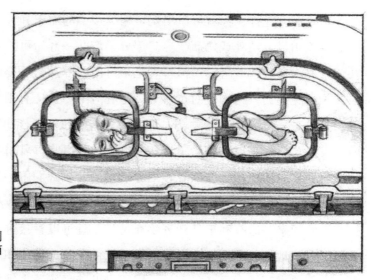

早产儿出生后会立刻被放进早产儿恒温箱以保持体温。

的特殊设备上。这些设备可以为早产儿保暖。在产房接受快速检查后，早产儿可能被转移到新生儿重症监护室或特殊护理室。一些医院允许母亲在身体状况稳定后和早产儿待在一起。新生儿重症监护室有专业的医护人员和设备，专门用于护理早产或患病的新生儿。

你还可能留意到早产儿哭声微弱，甚至根本不哭，而且可能有呼吸问题，因为他的呼吸系统尚未发育成熟。假如早产儿早产 2 个月以上，其体内未成熟的器官无法得到足够的氧气，由此引发的呼吸障碍会导致严重的健康问题。医生会进行严密观察，用心肺功能测试仪监测早产儿的呼吸和心率。假如早产儿需要帮助才能呼吸，医院会使用呼吸机或一种名为"持续气道正压通气"的呼吸辅助措施。虽然重症监护室对早产儿的生存非常重要，但可能令身为母亲的你感到痛苦。除了担心孩子的健康，你可能还会错过亲手抱他、给他喂奶和亲近他的机会。现在你还无法自由地抱他和爱抚他。

为了缓解这一精神压力，你在分娩后应尽快询问可否去探望孩子，而且应尽可能地多照顾他。根据你和孩子的情况，你要尽可能地多去重症监护室陪他。你虽然还不能抱他（直到他情况稳定），但可以经常抚摸他。只要孩子的健康条件允许，重症监护室的医护人员会鼓励你和孩子肌肤接触。

　　只要医生允许，你就可以喂奶。根据孩子的需求和你个人的选择，护士会指导你用母乳喂养或奶瓶喂养。部分早产儿一开始可能需要通过静脉注射补充营养或通过胃管进食。但母乳是最好的营养品，可提供抗体等物质来增强孩子的免疫力，帮助他对抗感染。母乳对早产儿还有额外的益处，其中值得一提的是，母乳有助于预防一种叫作"新生儿坏死性小肠结肠炎"（NEC）的并发症。假如难以直接给早产儿哺乳，你可以将母乳挤出，然后通过胃管或奶瓶喂食。请向护士或哺乳顾问寻求帮助，让她们用手或吸奶器帮你挤出母乳。分娩后，产妇需要尽快开始挤奶，并保持每 2 ~ 3 小时挤一次或每天挤 8 次的频率，这有利于乳汁分泌充足。一旦可以直接进行母乳喂养，母亲就要尽可能地经常喂奶，这样可以刺激乳汁分泌。即使如此，早产儿的母亲常会发现单靠频繁哺乳还是不够，仍需借助于吸奶器来维持充足的乳汁分泌量。如果你的乳汁分泌不足，医院也可以特别为早产儿提供经巴氏杀菌的捐献母乳。你可以询问一下，看看你的孩子是否符合接受捐献母乳的条件，而且你需要签署一份同意书。为了杀灭潜在的细菌、病毒或其他病原体，捐赠的母乳必须经过加热，因此它并不能针对外界的疾病提供充分的保护，不过它确实能够增强孩子的免疫力，并提供配方奶所没有的营养元素。

　　未经巴氏杀菌的其他母亲的母乳或从其他渠道购买的母乳，都会给婴儿带来潜在的感染风险。另外，此类母乳可能没有在符合卫生标准的条件下吸取或储存。已有证据显示，通过网络购买的母乳存在大量问题，包括细菌污染、掺有其他奶源或配方奶，以及在运输过程中没有冷冻等。这样的母乳不应该用于喂养婴儿。

　　你或许比孩子早出院，这会令你很难过。但要记住，孩子在医院会受到良好的护理，你随时可以去看他。现在，越来越多的医院允许母亲和早产儿待在一起，等到孩子的情况稳定后一起出院。如果这不可行，不在医院陪孩子时，你可以抓紧时间休息，收拾房间，帮家人为孩子出院回家做好准备。你还可以读一两本关于早产儿护理的书，以及与网上的互助小组进行沟通。当你积极参与孩子的康复治疗、多接触他时，你的心情会变好，而且这有助于你在他出院后顺利接手护理工作。如果医生允许，你可以轻轻地抚摸他、抱着他。

儿科医生可能会参与治疗，或者了解大致情况。因此，他应该可以回答你的大多数问题。新生儿只要可以自主呼吸、体温稳定、可以通过乳房或奶瓶吃奶、体重稳定增长，就可以回家。美国儿科学会建议，所有早产儿出院回家时，坐的汽车安全座椅都应该经过检测。这项检测能够确保早产儿安全地坐在汽车安全座椅上，不会出现血氧饱和度过低（血液含氧不足）、窒息（停止呼吸）或心跳减缓（也称"心率过缓"）的情况。

早产儿的健康问题

早产儿降生时身体尚未做好离开子宫的准备，因此常会出现健康问题。早产儿的残障率（如脑瘫）及死亡率都较高。在美国，非裔和原住民的新生儿死亡率最高的原因就是早产。

因为存在健康隐患，早产儿在出生后会立即接受专门的治疗和护理。根据生产提前的时间，产科医生或儿科医生可能请新生儿专科医生（擅长早产儿或重症婴儿护理的儿科医生）来确定早产儿是否需要某些特殊治疗。下面是早产儿最常见的一些问题。

■ **呼吸窘迫综合征**。这是一种因婴儿肺部发育未成熟而引起的呼吸异常。早产儿的肺部缺乏肺表面活性物质——一种维持肺泡张力的液态物质。人工合成的肺表面活性物质可以用来治疗呼吸窘迫综合征，同时配合呼吸机或持续气道正压通气装置以改善呼吸状况，维持正常血液含氧量。有些时候，早期早产儿可能需要长期输氧，有时甚至出院回家后仍需要输氧来辅助呼吸。

■ **支气管肺发育不良**。这是一种慢性肺病，患病婴儿出生几周甚至几个月后仍需要吸氧。随着婴儿的肺部逐渐发育成熟，症状会逐渐好转。

■ **呼吸暂停**。这是早产儿的常见问题，表现为呼吸突然暂时中断（超过20秒），通常伴有心跳减缓及血氧饱和度下降。通过心肺功能测试仪和脉搏血氧仪可监测到上述体征。大多数早产儿在出院时已经没有呼吸暂停的问题了。

■ **早产儿视网膜病变**。这是一种是由视网膜发育不完全导致的眼部疾病。大部分患儿无须治疗就会好转，但病情严重的患儿需要治疗，极少数需要进行激光手术或药物注射。可以由儿童眼科医生或视网膜专家确诊，如果有治疗的必要，医生会推荐治疗方案。

■ **脑室内出血**。这种疾病常见于早产儿，尤其是出生体重不到1.5 千克的早产儿，症状为脑室内或者周围出血或含有脑脊液。此病的病因是早产儿大脑内的血管发育不成熟，极其脆弱，很容易破裂出血。基本上，所有的脑室内出血都发生于出生后的第 1 周内，可通过头部超声检查来进行诊断。脑室内出血 1 级和 2 级最为常见，且通常不会出现并发症；3 级和 4 级非常严重，可对婴儿造成长久的脑损伤，严重的脑室内出血还可能造成脑积水（脑脊液过多）。目前，对于脑室内出血，除了针对所有可能造成病情恶化的病症进行治疗外，没有特别有效的治疗方法。尽管目前医院对患病婴儿和早产儿的护理已经有了长足进步，但一些婴儿出现脑室内出血的情况仍难以避免。

■ **新生儿坏死性小肠结肠炎**。这是早产儿最常发生也最严重的一种肠道疾病，多发于小肠或大肠组织受到损害或发炎时。它会导致肠组织坏死，在极少数情况下，甚至会导致肠穿孔。新生儿坏死性小肠结肠炎多发于妊娠不满 32 周的早产儿，通常发病于出生后的第 2～4 周内，症状为喂养不耐受或腹胀，可通过 X 线检查确诊。治疗措施包括禁食 5～7 天并进行抗生素治疗。如果病情严重，患儿可能需要手术。母乳喂养是预防新生儿坏死性小肠结肠炎最有效的方法之一。

■ **黄疸**。这是由一种名为"胆红素"的物质在婴儿血液中蓄积造成的，可使婴儿肤色发黄。黄疸的发病不限于人种和肤色。治疗方案包括让婴儿全身赤裸接受特殊光线的照射，照射时会将他的眼睛遮住以保护眼睛（更多关于黄疸的信息见第 141 页）。

其他有时发生于早产儿的病症包括**早产儿贫血**（红细胞数量减少）和**心脏杂音**（更多关于心脏杂音的信息见第 799 页）。

第 3 章　婴儿的基本护理

　　经过满怀期待和悉心准备的阶段，你将发现新生儿给你的生活带来了翻天覆地的变化。连换尿片和穿衣服这样的日常小事都会让你如临大敌，尤其当你是没有接触过小宝宝的新手父母时。不过你很快会建立起自信，能够处理好一切，成长为成熟稳重的好父母。在这一过程中有很多人可以帮助你：住院时医院的护士和儿科医生会提供指导，帮你解决各种问题；家人和朋友们也可以帮忙，你千万不要羞于求助，而要为你和你的伴侣争取有用的资源。新生儿本身就会为你提供最重要的提示信息——他喜欢被如何照顾，喜欢你用什么方式跟他讲话，喜欢你用什么姿势抱他，喜欢什么样的安抚方式。从孩子出生的那一刻起，身为父母的本能就会引导你对孩子的各种需求做出正确的回应。

接下来，本章将为你介绍在孩子出生后的第 1 个月内父母最常遇见的问题和困扰的解决办法。

婴儿的日常护理

婴儿哭闹怎么办?

婴儿哭闹很常见，因为哭对婴儿有多重实用意义：感到饥饿或不适时，哭可以帮他寻求帮助；可以帮他舒缓过于强烈的视觉、听觉和其他感官刺激带来的不适；还可以帮他减压。

你可能发现孩子有一段时间比较烦躁，这既不是因为肚子饿，也不像是因为身体不舒服或疲倦。在此期间似乎什么都无法让他安静下来，但这一阶段过去后，孩子可能看起来更加精神，而且之后很快进入睡眠并且比平时睡得更沉。这种哭闹似乎是在帮助婴儿消耗过剩的精力，好让他恢复安逸的状态。等你逐渐熟悉孩子的哭声，你很可能发现不同的哭声代表不同的需求：饿了、生气了、难过了、哪里疼了或者困了。每个婴儿都会用不同的哭声来表达不同的需求。

有时几种不同类型的哭声会相互重叠。孩子刚睡醒时常常觉得饥肠辘辘，于是用哭泣索求食物。假如你没有迅速回应，饥饿的哭泣就有可能变成愤怒的号啕大哭——你可以听出哭声的变化。随着他渐渐长大，他的哭声变得更有力、更响亮、持续时间更长，还会有更多变化来表达不同的需求和想法。在婴儿出生后的几个月里，解决哭闹问题的最好办法是迅速回应。这么小的孩子是不会被宠坏的，你应给予关注。如果你对他的求助信号及时回应，他就不会哭那么久。

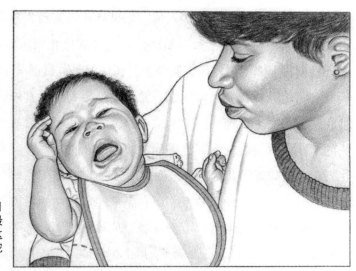

在婴儿出生后的几个月里，解决哭闹问题的最好办法是迅速回应。这么小的孩子是不会被宠坏的，你应给予关注。

　　回应孩子的哭闹时，你首先应满足他最迫切的需求。如果他又冷又饿，尿片也湿透了，你就应该先帮他保暖，再换尿片，最后喂奶。假如哭声听起来有点儿尖利或惊恐，你就应考虑是不是衣物或其他东西让他感觉不舒服，或者头发缠住了他的手指或脚趾。如果孩子不冷、肚子不饿、尿片干爽，但他还是哭个不停，你可以尝试下列安抚方法并找出他最喜欢的。

- 把他放进摇篮里或抱在怀里轻轻摇。
- 轻轻地抚摸他的头或者轻拍他的后背或前胸。
- 在保证安全的情况下，打个襁褓（用婴儿抱毯将他裹起来）。
- 唱歌或跟他讲话。
- 播放轻柔的音乐。
- 抱着他走动，或用婴儿手推车、伞车等推着他四处走走。
- 播放有节奏的白噪声和振动声。
- 给他拍嗝，帮他排出肚子里的气。
- 洗热水澡（大多数婴儿喜欢，但并非都喜欢）。

　　假如这些全都不管用，有时最好的处理方法就是让他独处一会儿。你要把他放在安全的地方，比如说婴儿床上。很多婴儿不哭一哭就睡不着，让他哭一会儿，他反而可以更快入睡。如果婴儿确实因为累得很想睡才哭闹，那么哭闹通常不会持续很久。如果他不但没有停止哭闹，而且哭得声嘶力竭、不分昼夜，那么他可能患了肠痉挛。遗憾的是，目前关于肠痉挛的发病原因，还没有明确的解释。通常来说，婴儿对外界刺激异常敏感或者神经系统无法自我调节，便会出现肠痉挛的情况。随着婴儿一天天长大，这种无法自我调节的情况（主要表现为不停哭闹）将得到改善。对母乳喂养的婴儿来说，有时肠痉挛意味着婴儿对母亲吃的某种食物不适应。缓解肠痉挛的滴剂比较贵，而且研究表明它并没有效果。还有更多的非药物治疗方法可供你选择，比如改善你的饮食，放慢哺乳节奏，适当地给他拍嗝，等等。假如孩子怎么都无法安静下来，那他可能是生病了。给他测量体温（见第72页"测量直肠温度"），如果直肠温度为38℃或更高，那他有可能感染了病菌，应立刻就医。

你自己越放松，你的孩子就越容易哄。即使很小的婴儿也会对周围的紧张气氛很敏感，而他们的回应方式就是哭。听着婴儿不停哭闹会令人烦躁，但因沮丧而恼怒或慌乱只会让婴儿哭得更厉害。你如果开始产生无法控制局面的感觉，就应把孩子安置在安全的地方，然后向其他家庭成员或朋友求助。这样不仅可以让你喘口气，而且换一张新面孔有时更容易让这个令你无计可施的小家伙安静下来。谨记一点，你不论多么不耐烦、多么恼火，都绝对不能大力摇晃和打孩子。大力摇晃可导致婴儿失明、大脑受损，甚至死亡。一定要把这个信息转告给所有看护孩子的人，包括你的伴侣和保姆。

此外，不要因为孩子的哭闹有心理负担。孩子哭闹并不是因为你不是好父母，也不是因为他不喜欢你。每个婴儿都会哭，而且时常找不到明显的原因。新生儿每天平均要哭 1 ~ 4 小时，这是他适应子宫外这个对他来说很奇怪的新世界的方式。

没有父母可以保证每次都能哄好哭闹的婴儿，所以你不要对自己要求过高。你能做的是试着用现实可行的办法，寻求他人的帮助，好好休息，然后享受和孩子在一起的美好时刻。

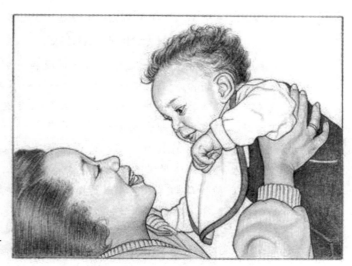

享受和孩子在一起的每一个美好时刻。

帮助婴儿入睡

起初新生儿分不清白天和黑夜。他的胃容量很小，饱餐一餐最多只能保证他 3～4 小时不饿，不论是白天还是晚上。因此，出生后的头几周他必然会不分昼夜地醒来吃奶（用奶瓶喂养的新生儿的睡眠时间可能稍长一点儿），没有什么好的解决办法。但即使在这一阶段，你也可以开始培养他晚上睡觉、白天玩耍的习惯。夜间喂奶时尽量保持安静，不要开灯，或尽量减少入夜后更换尿片的次数；喂奶或换尿片后不要跟他玩，立刻将他放回去睡觉。如果他白天一觉睡 3～4 小时，特别是在傍晚前，你可以提前把他叫醒，跟他玩一会儿，这样可以培养他白天少睡、晚上多睡的习惯。同时你要开始制订"睡前程序"——每天晚上先给予他一定的感官刺激（如洗澡），然后让他放松（如擦润肤乳、讲故事或唱歌），接下来喂当天的最后一次奶，再讲个简短的睡前故事，向他传达"现在开始睡大觉"的信号。

睡觉姿势

美国儿科学会建议健康的婴儿应尽可能地仰卧（面部朝上平躺），因为这种睡姿对婴儿来说最安全。让婴儿仰卧可以降低婴儿猝死综合征的发生风险，

孩子的睡眠模式

你的孩子即便未出生也已经有了睡眠时段和清醒时段。妊娠期 8 个月左右之后，孩子的睡眠就已经和成年人的一样分不同阶段了。

1. 快速眼动睡眠期（又叫"积极睡眠期"）。在这一阶段婴儿的梦非常活跃。婴儿的眼球会在闭合的眼皮下转动，就好像他正在观看自己的梦。他可能会身体惊跳、面露微笑，或者手脚有突然的动作。这些都是快速眼动睡眠的正常标志。

2. 非快速眼动睡眠期（又叫"安静睡眠期"）包括 4 个阶段：昏昏欲睡、浅睡、深睡和沉睡。然而，新生儿的非快速眼动睡眠期的各阶段无法区分，6 个月大的婴儿的非快速眼动睡眠期才明确地分为不同阶段。从昏昏欲睡到沉睡的过程中，婴儿动作越来越少，呼吸放缓，变得非常安静。睡得最沉的时候婴儿的身体会完全不动。不过，他也可能做出吃奶的动作。处于非快速眼动睡眠期的婴儿很少做梦，甚至完全不做梦。

刚出生的新生儿每天的睡眠时长将近 16 小时，分成 3 ~ 4 段，均衡地分布在几次哺乳之间。

每一段睡眠都由几乎等长的快速眼动睡眠和非快速眼动睡眠组成，依次为：昏昏欲睡、快速眼动睡眠、浅睡、深睡、沉睡。

2 ~ 3 个月后这种规律将改变。当孩子长大一些后，他会先经过所有非快速眼动睡眠期，然后进入快速眼动睡眠期。这种模式将延续到他成年。幼儿能够很快地进入非快速眼动睡眠期的深睡阶段，而且很难被唤醒。随着他长大，快速眼动睡眠期的时长会逐渐减短，他会睡得更安静。到 3 岁时，他的快速眼动睡眠期不会超过睡眠总时长的 1/3。

而婴儿猝死综合征是美国 1 岁以下婴儿（新生儿阶段以后的婴儿）死亡的首要原因。

此外，最新研究表明，很多死于婴儿猝死综合征的婴儿的脑部某些区域发育不良。这些婴儿在睡眠中遇到呼吸问题时，可能无法及时醒来以摆脱危险。以俯卧姿势（肚子朝下）入睡的婴儿睡得更沉，也就更难醒来，这可能就是俯卧的睡姿如此危险的原因。因为无法判断哪些婴儿在遇到危险时无法醒来，同时婴儿猝死综合征和睡姿之间有明显的关系，所以美国儿科学会建议所有婴儿都采用仰卧的姿势睡觉。一些医生曾觉得除了仰卧外，侧卧也是很好的选择。但如今的证据表明，侧卧和俯卧一样危险：侧卧很容易变成俯卧的姿势，从而增高婴儿猝死综合征的发生风险。也不要使用婴儿睡姿固定垫和卷成一团的毯子来固定婴儿的睡姿，因为它们可能会导致婴儿窒息。所有健康的婴儿，包括患有胃食管反流的婴儿，睡觉时都应该仰卧。如果你的孩子患有罕见的病症，导致他睡觉时不能仰卧，儿科医生会与你沟通。一旦孩子可以从俯卧翻身成仰卧，也可以从仰卧翻身成俯卧，你就可以让他按他自己选择的姿势睡觉。

避免让婴儿睡在松软的物品，如枕头、棉被、棉垫、防撞护垫、豆袋靠垫甚至毛绒玩具上——婴儿将脸埋在这些物品中可能会导致呼吸不畅通。同样，要避免让婴儿睡在大人胸前，因为大人抱着婴儿时很有可能睡着，从而压到婴儿。水床、沙发或软床垫对婴儿来说也不是安全的睡觉地点。不推荐婴儿（特别是4个月以下的婴儿）经常在汽车安全座椅、婴儿手推车、秋千、婴儿背带和吊床中睡觉，小婴儿很可能因无法固定身体而窒息。最安全的是铺着床单的硬质婴儿床垫（需放置在经过安全认证的婴儿床或摇篮里），床垫上不需要放枕头或铺床褥以增加柔软度。在婴儿1岁以前，不要将其他毛绒玩具和软绵绵的玩具放在婴儿床上。注意保持婴儿房温度舒适，不要把婴儿放在空调、暖气的风口和打开的窗户旁。婴儿睡觉时最好穿睡衣（如连体睡衣），不要盖毯子。如果担心不够暖和，可以给婴儿多穿一层衣服，或使用婴儿睡袋，这些都是比较安全的选择。

很多父母无法抗拒和孩子一起睡的诱惑，特别是当他们已经筋疲力尽而孩子又特别闹腾的时候。然而，睡同一张床增高了婴儿死亡的风险。不过，父母只要将摇篮或婴儿床放在自己的房间里，就可以及时了解孩子的情况，必要时还可以及时安抚他。但请记住，安抚好之后一定要把孩子放回有安全保障的婴儿床或摇篮里。在出生后的第1年里，孩子都最好睡在父母房间里单独的床或摇篮里。

我们的立场

根据目前关于婴儿猝死综合征的研究数据，美国儿科学会建议所有健康的婴儿都应以仰卧的姿势入睡，不管是在白天小睡时还是在夜间睡觉时。外界流传一些说法，认为婴儿用仰卧的姿势睡觉比用其他姿势更容易窒息。实际上并没有任何证据支持这一观点，也没有任何证据表明用仰卧的姿势入睡对健康的婴儿有害。患有胃食管反流的婴儿也应该采用仰卧的姿势入睡。在极少数的特殊情况下，某些婴儿（比如刚做过背部手术的婴儿）应采用俯卧姿势入睡。请与儿科医生讨论具体问题。

自 1992 年美国儿科学会推荐仰卧的睡姿以来，美国每年的婴儿猝死率已经降低了 50% 以上。但是，偶发的婴儿窒息死亡人数有所增加。健康的睡眠环境（婴儿仰卧，睡在靠近父母的床的婴儿床里，且婴儿床里没有任何寝具或其他松软的物品）对于预防婴儿猝死综合征和偶发的窒息死亡非常重要。

安抚奶嘴也有助于降低婴儿猝死的风险。不过，假如你的孩子不喜欢安抚奶嘴，或者安抚奶嘴从他嘴里掉了出来，你就不要强迫他接受。如果你的孩子是母乳喂养的，那么最好等到孩子能够熟练吃奶之后再用安抚奶嘴，通常在出生后的第 3 ~ 4 周。如果你的孩子是用配方奶喂养或瓶装母乳喂养的，那么安抚奶嘴在任何时候都适用。为了避免窒息，安抚奶嘴上不要系线或绳子，或挂着毛绒玩具。

打襁褓能够让婴儿安静下来，但一定得在保证安全的情况下。打襁褓时，应为婴儿的髋部和膝盖留出足够的活动空间，这样有助于婴儿的腿部发育。婴儿的髋关节非常敏感，髋关节位置异常或活动受限会导致髋关节受到过大的压力和伤害，这可能会引发终身疾病，如关节炎。襁褓应贴近婴儿胸部，但襁褓和婴儿胸部之间的空隙应足以让成年人的一只手插入。襁褓如果过于松散，就可能导致婴儿窒息。襁褓中的婴儿如果采用俯卧姿势睡觉，发生婴儿猝死综合征的风险就会很高。因此，一定要让襁褓中的婴儿保持仰卧的姿势，当婴儿表现出试图翻身的迹象时，就不要再给他打襁褓了。

打襁褓

在出生后的头几周，你的孩子可能需要被包在襁褓里。这样不仅可以保暖，被紧紧包裹还会让大多数新生儿很有安全感。打襁褓时，先将毯子平铺，折起一角，将孩子仰面放在毯子上，头朝未折起的那一角。然后，将左边的一角包住他的身体，塞在身体左侧下方。

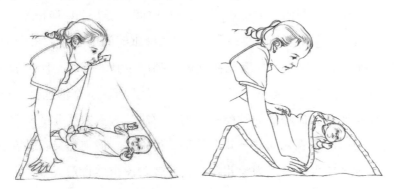

再将他脚下方的毯子向上折起包住脚，最后将右边的一角向左包住他，只露出头和脖子。你可以选择把孩子的手放在他的下巴附近，这样他可以自娱自乐或者通过吮吸手指传递饥饿的信号。最重要的是，要确保孩子的髋部和双腿可以在毯子里自由活动。把髋部包得太紧可能会造成髋关节发育异常甚至脱臼。只可以让襁褓中的婴儿处于仰卧的姿势，而在 2 ~ 3 个月大时，婴儿通常会开始尝试翻身（即使他没有被襁褓包住），这时就不能打襁褓了，因为在襁褓里俯卧很危险。早产的新生儿需要打襁褓的时间可能长一些。

仰卧对婴儿很重要，但婴儿清醒时也应在大人的看护下多练习俯卧。这不仅有助于婴儿肩部肌肉的发育和头部控制能力的发展，还可以避免他的后脑勺变得扁平。目前尚不确定婴儿需要花多长时间练习俯卧，但每天都应该在婴儿清醒的时候让他以俯卧的姿势玩耍。

随着婴儿的胃容量增大，两餐的间隔时间会变长。事实上，你将很高兴听到这样一个消息：从刚出生到 5 个月大这段时间，婴儿平均最长睡眠时间为 5.7 小时，而在 5 ~ 24 个月，婴幼儿平均最长睡眠时间增加到了 8.3 小时。大多数体重达到 5.5 ~ 6 千克的婴儿在吃饱后都可以睡 6 小时，所以如果婴儿长得很快，他可能会更早地开始长时间睡眠。大人听到这个消息会相当振奋，但千万不要指望婴儿的睡眠问题能一次彻底解决。大多数婴儿的睡眠习惯会反复变化，他可能连着几周甚至几个月都睡得很好，但突然又习惯在深夜醒来。出现这种现象可能是因为婴儿在快速发育阶段突然食量大增，大点儿的婴儿则可能是因为长牙不适或其他发育变化。

婴儿在睡前或夜里醒来时通常需要大人哄一哄才能入睡。特别是刚出生的时候，在父母耐心而温柔的抚慰下，婴儿更容易入睡。有些婴儿喜欢被轻轻地摇动，有些喜欢被大人抱着走动，有些喜欢大人轻拍他的背部，有些喜欢含着安抚奶嘴。但是，如果你总是摇着孩子哄他入睡，他可能不会学着自己入睡。试着在孩子昏昏欲睡但还没有完全睡着的时候就把他放到床上，这样他才能学着自己入睡。对一些婴儿来说，轻声播放的音乐可以让他们放松下来。

尿布

尿不湿问世 80 余年来，迎合了大部分父母的需求，效果也能达到他们的期望。不过，选择用什么尿布仍然是所有新手父母都要面对的难题。理想情况下应在孩子出生前就决定好用尿不湿还是布尿片，这样可以提前购买或安排送货。为了便于提前计划，你需要知道的是，大多数新生儿每天要消耗约 10 块尿布。

如何为婴儿换尿布?

开始换尿布前,确定所需物品都在伸手可及的地方。绝对不可以将婴儿独自留在尿布更换台上,哪怕一秒也不可以。因为婴儿会扭来扭去,很容易从台面上掉下来。此外,他很快就学会翻身了,假如他翻身时你没有留意,他可能因此受到严重伤害。

为婴儿换尿布需要的物品有:

■ 一块干净的尿布(使用布尿布的话还需准备尿布扣);

■ 装着温水的小盆(也可以用杯子或碗装水),以及无香精的婴儿湿巾、毛巾、柔软的纸巾或棉球;

■ 护臀膏或凡士林;

■ 不要使用婴儿爽身粉,因为擦粉时扬起的粉尘很容易被婴儿吸入,对他的肺部产生刺激。

操作过程

1. 取下脏尿布,用蘸了温水的棉球、柔软的纸巾或无香精的婴儿湿巾轻轻地将婴儿的臀部擦干净。(记住,女婴要从前往后擦拭。)

2. 如果需要,擦上儿科医生推荐的护臀膏。换新尿布前,确保婴儿身体被尿布覆盖的部分是干燥的。

尿不湿。现在大多数尿不湿贴近婴儿皮肤的内层都用隔水的无纺布制作以保持肌肤干爽,中间是吸水层,外层是防水材料。多年来,尿不湿变得越来越轻薄,但依然可以满足不渗透、舒适、方便使用和保护皮肤的需求。如果尿不湿上有大便,应先将上面的大便抖入马桶,但不能将尿不湿也丢入马桶,因为会造成下水道堵塞。先将脏尿不湿外层朝外卷起来,然后丢进垃圾桶。现在一些尿不湿上有会变色的尿显线,可以表明尿不湿吸收了多少水分。

布尿布。在尿不湿不断发展的同时,可重复使用的布尿布近年来也有了很大的改进,现在有不同材质、不同吸水程度的布尿布可供选择。你如果选择自己清洗,需要将布尿布与其他衣物分开洗涤。先将大便抖到马桶里,再用冷水冲洗布尿布,然后用低刺激性洗衣粉(或洗衣液)和消毒液浸泡;取出拧干,再用热水和低刺激性洗衣粉(或洗衣液)清洗。一些新型布尿布由可

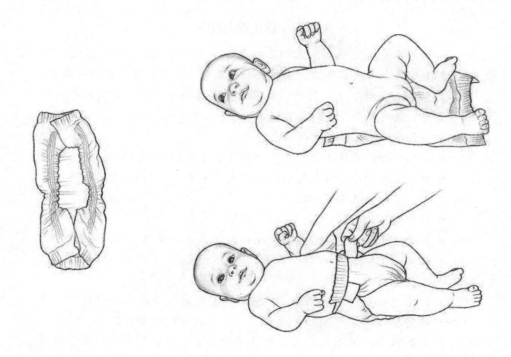

重复使用的外层和一次性布衬组成。

尿布的选择。近年来尿布对环境的污染问题引发了激烈争议，争议主要集中在填埋废弃尿不湿上。因此，尿布的选择成了一个颇为复杂的问题。事实上，一些科学研究表明，从原材料和能源的消耗、空气污染和水污染以及垃圾处理等角度来说，不论布尿布还是尿不湿都对环境有不良影响。尿不湿增大了城市固体垃圾量，而布尿布的清洗需要消耗更多的能源和水，从而造成空气污染和水污染。归根到底，父母应根据自己的想法和需要做决定。

某些健康方面的问题也需要加以考虑。皮肤长期处于潮湿状态下或长期接触大小便会引发尿布疹。由于布尿布的隔水性能不如尿不湿，孩子尿湿或大便后父母应尽快更换布尿布。

尿布疹

尿布疹指尿布覆盖部位出现的皮疹或皮肤发炎现象。尿布疹的初期症状通常是下腹部、臀部、生殖器和大腿根皱褶处，也就是直接接触尿液或大便的部位的皮肤发红或出现细小的疹子。尿布疹一般不会特别严重，仔细护理的话 3 ~ 4 日便会消失。引发尿布疹最常见的原因如下。

■ 尿湿的尿布长时间未更换。潮湿的环境很容易令皮肤发炎。另外，尿布上的尿液自然分解后产生的化学物质会进一步刺激皮肤。

■ 有大便的尿布长时间未更换。大便中助消化的物质会侵蚀皮肤，使皮肤出现皮疹。

不管什么原因导致了尿布疹，婴儿的皮肤表层一旦被感染，接触尿液和大便时就更容易受到刺激，随后受到细菌和酵母菌的进一步感染。这种情况下的酵母菌感染很常见，通常会造成大腿、生殖器和下腹部出现皮疹，但臀部极少出现这种感染。

虽然婴儿多少都会患几次尿布疹，但母乳喂养的婴儿患尿布疹的概率小于配方奶喂养的婴儿。婴儿在某个月龄段或某些情况下更容易患尿布疹：

■ 月龄为 8 ~ 10 个月；

■ 尿布包裹部位没有保持干净、干爽；

■ 腹泻；

■ 刚开始吃辅食（大概是由于食物品种的增加引起了消化过程的变化）；

■ 正在服用抗生素（因为这些药物会刺激可导致皮肤感染的酵母菌的繁殖）。

为降低婴儿患尿布疹的风险，看护者应注意以下几点。

1. 在婴儿大便后尽快为他更换尿布。婴儿每次大便后，看护者都要用婴儿湿巾或柔软的布和温水清洗被尿布覆盖的部位。

2. 经常更换尿湿的尿布，减少皮肤与尿液的接触。

3. 只要有机会，就要将婴儿的臀部暴露在空气中。如果使用腹部和腿部有松紧带的防水尿布裤或纸尿裤，应确定给婴儿穿好后里面仍有空气流通。

假如不管采取什么措施尿布疹仍然持续加重，可以用尿布疹软膏防止尿液或大便刺激皮肤，使皮肤有机会愈合。使用软膏后，症状应在 2 ~ 3 天内有明显改善。假如症状仍未改善或你发现丘疹样脓疱，请向儿科医生咨询。

排尿

排尿频繁的婴儿每天平均 1～3 小时排尿 1 次，排尿不太频繁的婴儿每天可能排尿 4～6 次。婴儿的排尿量在生病、发热或者气温非常高时可能减半，但这仍在正常范围内。排尿不应有痛感，假如你发现孩子排尿时有任何不舒服的表现，请向儿科医生咨询，因为这可能代表孩子的尿道受到感染或有其他问题。

健康婴儿的尿液颜色从淡黄色到深黄色，深浅不等（颜色越深表明尿液越浓，尿液越浓表明婴儿摄入的水分越少）。在孩子出生后的第 1 周里，你可能会发现尿布上有粉色或红褐色痕迹，常会误以为是血迹。事实上，这种颜色的痕迹通常代表尿液浓度非常高——尿液过浓时会呈粉色。只要孩子每天尿湿 4 块以上的尿布，父母一般不必过虑。假如尿布上长期有粉色痕迹，父母应向儿科医生咨询。

新生女婴在出生后的第 1 周里，她的尿布上可能会有一小块血迹，这是母亲的激素对女婴子宫产生的影响所致。但在这段时间之后，尿中带血或尿布上有血点都表明有异常情况，父母应立刻带孩子去看儿科医生。虽然这种情况可能并不严重，或许只是由尿布疹引起的皮肤破损流血，但也有可能是其他严重的疾病造成的。如果孩子在流血的同时伴有其他症状，比如腹痛、食欲不振、呕吐、发热或其他部位出血，就应立刻就医。

排便

新生儿出生后前几次排出的大便被称为"胎便"。这种黏稠的黑色或深绿色物质在胎儿出生前就积聚在他的肠道中。胎便完全排空后，新生儿的大便会转为黄绿色。

婴儿因为消化系统发育还不成熟，排出的大便的颜色和黏稠度各有差异。母乳喂养的婴儿排出的大便是混合着一些小颗粒的黄色液体。母乳喂养的婴儿在吃辅食前，其大便有的非常松软，有的仍然很稀。配方奶喂养的婴儿的大便颜色从褐色到黄色，深浅不等，质地比母乳喂养婴儿的大便黏稠，但不应比软质黏土更黏稠。婴儿排出绿色的大便也是正常的，不用紧张。

不管是母乳还是配方奶喂养的婴儿，如果他的大便非常结实或干燥，就可能代表他摄取水分不足或身体因病、高热或高温而失去了太多水分。添加辅食后，婴儿排出结实的大便可能是因为吃了太多容易导致便秘的食物，如米粉或牛奶。因为婴儿的消化系统还未发育完全，所以不建议给 1 岁以下的婴儿喝全脂牛奶。

这里还有一些关于婴儿排便问题的重要注意事项。

■ 大便的颜色和质地偶尔有变化是正常的。举例来说，不易消化的食物（如大量米粉）会让消化过程减慢，这时大便可能偏绿色；如果婴儿服用了补铁的药物，大便可能变成深褐色；如果肛门周围有轻微破损，大便表面可能沾染血迹。但是，如果孩子的大便中有大量血迹、黏液或水，父母就应立刻带孩子就医。这些症状可能表明他的肠道内出现异常，应该引起重视。

■ 因为婴儿的大便通常很稀软，有时父母很难判断婴儿是否轻微腹泻。腹泻的警示信号是排便次数突然增多（每天大便的次数超过吃奶的次数），而且大便中的水分异常多。腹泻可能是因为肠道受到了感染，也可能与婴儿的饮食突然改变有关。母乳喂养的婴儿可能因母亲的饮食变化而腹泻。

■ 腹泻对健康的主要威胁是造成脱水。如果孩子不满 3 个月，腹泻的同时还发热，就应立刻就医。如果孩子已经 3 个月以上，持续发热 1 天以上，你就应该检查他的排尿情况和测量直肠温度，然后将结果告诉医生以便医生判断。此外，仍然要定时喂奶。记住，只要孩子看起来像生病了，你就应该向医生咨询。

婴儿的排便规律差异极大。有些婴儿每次进食后不久就会排便，这是胃结肠反射造成的，即每当胃部有食物进入都会刺激消化系统活动。

出生 3 ~ 6 周以后，有些母乳喂养的婴儿甚至 1 周才大便 1 次，但这仍属于正常情况，因为母乳在婴儿的消化系统里留下的固体残渣很少。因此，排便次数少并不一定代表婴儿便秘，只要他排出的大便仍然是软的，而且各方面都很正常——体重平稳增长，定时吃奶——那就没什么问题。如果母乳喂养的婴儿几天都没有排便，通常之后会排出大量大便（因此你应该准备大量湿巾来进行清理）。

配方奶喂养的婴儿每天应至少排便 1 次，若达不到每天 1 次，而且婴儿在排便时因大便结实而很吃力，他就有可能便秘了。请向医生咨询如何处理这个问题（见第 524 页"便秘"）。

洗澡

如果每次换尿布时尿布包裹部位都被彻底擦拭或清洗，婴儿就无须过多地洗澡。对 1 岁以下的婴儿，每周用低刺激性沐浴液简短地洗 3 次或每天洗 1 次就足够了。更频繁地洗澡会导致婴儿皮肤干燥，特别是洗澡时使用了针对干性皮肤的肥皂或刺激性肥皂，或者让水分从婴儿的皮肤蒸发。洗澡后应用毛巾轻轻拍干婴儿的身体，然后立刻涂抹不含香料的低致敏性润肤乳，这样可以预防湿疹（见第 560 页）。

在脐带残端未脱落前，应只为婴儿做擦浴。在一间温暖的房间内，将婴儿放在对你和他来说都舒服的平面上，比如尿布更换台、床、地板甚至是紧挨着水槽的洗手台上。在坚硬的台面上铺一块毯子或柔软的浴巾即可。将婴儿放置在高于地板的平面上时，应时刻用一只手扶着他以防他跌落。

给婴儿擦浴前，接一盆水，准备一块经过反复冲洗的干净毛巾（避免有肥皂残留）和一瓶低刺激性婴儿沐浴液，把它们全部放在伸手可及的地方。用大浴巾将婴儿包好，只露出要擦洗的部位。先用没有蘸沐浴液的湿毛巾给他擦脸，然后蘸取沐浴液，继续清洗婴儿身体的其他部位，把尿布包裹部位留在最后清洗。特别要注意清洗腋下、耳后、脖子等有皱褶的地方。孩子是女婴的话，还应认真清洗她的生殖器附近。孩子是没有接受过包皮环切术的男婴的话，不必为了清洗而强行翻回他的包皮。包皮可能需要几年才能完全翻回，强行翻回会导致感染和留疤。只有到了可以轻松翻回包皮时，才可以用沐浴液和水轻轻清洗包皮外面和下面的皮肤。孩子是接受过包皮环切术的

给婴儿洗澡

给婴儿脱掉衣服后应立即把他放到水里，以免他着凉。用一只手托住婴儿的头，另一只手将婴儿的脚先放入水里。对他说一些鼓励的话，同时轻轻地降低他的身体。为了安全起见，婴儿身体的大部分，包括面部都要在水面之上，所以你需要经常将温水泼在他身上来为他保暖。

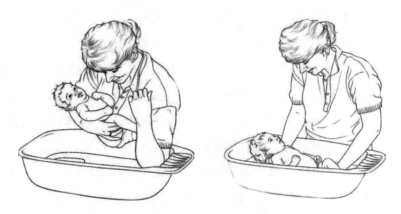

用柔软的毛巾擦洗他的面部和头发，每周可以用 1～2 次洗发露。轻轻地按摩他的整个头部，包括囟门（头顶很软的部分）。冲洗婴儿头上的洗发露时，用你的手挡在他前额，以便带泡沫的水流向两边，不进入婴儿的眼睛。万一带泡沫的水进入婴儿的眼睛，你可以拿毛巾蘸微温的清水轻轻地擦拭他的眼睛，直到把残余的泡沫都擦干净，他将重新睁开眼睛。最后，从上至下将他身体的其他部分洗干净。

男婴的话，他的包括龟头在内的生殖器都可以用普通的沐浴液和水清洗。

若孩子的脐部完全愈合，你可以试着将他直接放入水里。第一次盆浴时动作要尽可能地轻柔，并且速战速决。他开始可能有些抗拒。假如他显得很不喜欢，那就继续擦浴 1 ~ 2 周，然后重新尝试盆浴。婴儿会用肢体反应明确地告诉你他是否准备好了。

很多父母发现用小型浴缸、水槽或塑料盆和一条干净的大浴巾给新生儿洗澡最方便。水温以你的手腕或手肘内侧放入水中感觉温热为宜——水不能太热，水深应在 5 厘米左右。如果从水龙头接水，应先放冷水后放热水（放完后先关热水后关冷水），避免烫伤你自己或婴儿。水龙头流出的热水的最高温度不应超过 49℃，以免意外烫伤。目前家用热水器大多可以设定水温。

因为婴儿很容易着凉，所以你要准备好所有沐浴用品，保证室内温度适宜，然后才给他脱衣服。盆浴需要的物品和擦浴的基本相同，只不过要加一盆用来冲洗的清水。若孩子头发较长，你还需要准备婴儿洗发露。

假如你因为忘了准备某种物品或其他原因需要离开，必须把孩子从水里抱起来一起带走，所以你要在伸手可及的范围内放一条干浴巾。绝对不可以将孩子独自留在浴盆内，因为这样做哪怕一秒都可能酿成大祸。

如果你的孩子喜欢洗澡，那就多给他一些时间玩水和了解水。孩子洗澡时越开心，对水的恐惧就越少。他长大一些后，洗澡的时间会变得更长，大部分时间他都在玩水。洗澡是一种很好的放松和安抚方式，你不必急于快速洗完，除非孩子不喜欢洗得太久。

小婴儿其实并不需要浴盆玩具，水和冲洗过程对他来说就非常有趣了。

不过当他长大到可以在浴缸里洗澡时，玩具就变得更有吸引力了。各种容器、适合他年龄的玩具甚至防水的洗澡书都可以吸引他的注意力，让你更加顺利地帮他洗澡。请注意，洗澡时玩的玩具长期处于湿润状态的话可能会长霉，因此不用的时候要把它们擦干并晾干。

连帽婴儿浴巾对防止婴儿洗澡后头部受凉非常有用。不管孩子多大，帮他洗澡都会弄得到处都是水，所以你要做好准备，以免自己被弄湿。

连帽婴儿浴巾对防止婴儿洗澡后头部受凉非常有用。

洗澡是一种很好的放松方式，有助于婴儿入睡，所以你应选择合适的时候给孩子洗澡。

保养皮肤和剪指甲

新生儿的皮肤很敏感，可能对新衣服上的化学物质或洗过的衣服上残留的肥皂、洗衣粉（或洗衣液）过敏。为避免出现此类问题，新生儿的所有衣服、寝具、抱毯和其他可洗物品都应至少经过两次漂洗。在头几个月里婴儿的物品应单独洗涤。不过，在头几周里，婴儿出现脱皮现象很正常，那是他的身体正在清除多余的皮肤细胞。

婴儿通常不需要使用任何润肤乳或润肤霜，特别是在你没有过于频繁地给他洗澡的情况下。如果你实在觉得他的皮肤特别干燥，可以使用不含香精和着色剂的婴儿油、润肤乳、润肤霜或软膏。假如婴儿的皮肤仍然持续出现突起、干燥的皮疹，你应向儿科医生咨询，看他是否患了湿疹（见第 560 页）。

婴儿的指甲只需要修剪，可以使用磨甲棒或婴儿指甲钳。用指甲钳时要特别小心，以防剪到婴儿的手指尖或脚趾尖，这会弄痛他并造成流血。刚洗完澡的时候是给婴儿剪指甲的好时机，前提是他愿意安静地躺着。但你可能发现还是等他睡着以后剪指甲最方便。尽可能地将他的指甲剪短磨平，以免他抓伤自己（或抓伤你）。婴儿出生后的头几周手指很小，但手指甲长得很快，可能每周要剪 2 次。有些父母喜欢用牙齿轻轻咬掉婴儿的指甲，这种方法可能会造成婴儿皮肤感染。

与手指甲正相反，婴儿的脚指甲长得很慢，而且很软。脚指甲无须剪得像手指甲那么短，每月剪一两次即可。有时候，脚指甲好像要长到肉里一样，但只要脚指甲周围的皮肤没有红肿、增厚或流脓，你就不用担心。随着婴儿年龄的增长，他的脚指甲会逐渐变硬，轮廓更加分明。

穿衣服

除非天气热（气温达到 24℃以上），否则新生儿要穿几层衣服来保暖。一般来说，最好先给孩子穿一件贴身的上衣并且包上尿布，然后套一件睡衣，最后用婴儿抱毯将他的整个身体包起来。假如孩子是早产儿，你可能还要给他加一层衣服，直到他的体重增长而且身体能够更好地适应外界的温度。天热时，你可以将婴儿的衣物减至一层。一个很实用的参考方法是，身处同一环境时，婴儿应该比你多穿一层衣服。

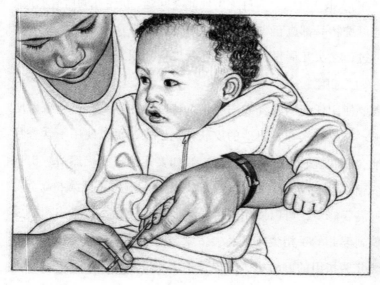

婴儿出生后的头几周手指很小，但手指甲长得很快，可能每周要剪 2 次。

你如果从未有过照顾婴儿的经验，那么头几次帮孩子穿衣服时可能会手忙脚乱——可能是因为你不知如何将孩子细小的胳膊穿过袖子，还可能是因为孩子在穿衣服的时候又哭又闹。婴儿可能不喜欢皮肤暴露在冷空气中的感觉，也可能不喜欢穿衣服时被人来回摆弄。按照下面的方法你可能会轻松一

为婴儿穿衣和脱衣

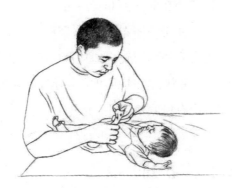

　　将婴儿放在腿上或某一平面上，撑开衣服的领子从他头上套进去。注意，不要让衣领挂住他的脸和耳朵。

　　不要抓着婴儿的胳膊往袖子里插。将你的手从袖口向内伸进去，握住婴儿的手，然后慢慢把袖子套到他的胳膊上，直到露出手来。

　　给婴儿脱衣服时，先托住他的背部和头部，将两个袖子分别脱下，然后撑开领口，使婴儿的下巴和脸从领口穿过，这样就将整件衣服脱下来了。

些：穿上半身的衣服时将他放在你的大腿上；穿下半身的衣服时将他放在床上或尿布更换台上；穿连体衣时，先套裤腿再套袖子；穿 T 恤衫时先套头，然后引导他的胳膊逐一从袖口伸出来。你可以一边穿衣服一边问孩子"宝宝的小手在哪里呀？"，这样等孩子长大一些后，穿衣服会变成一种游戏，他会很高兴地将手穿过袖子，然后等你说"宝宝的小手在这里！"。

　　某些类型的衣服更易于穿脱，比如：

- 衣服从头到脚都有按扣或拉链（最好安装在前面而非身后）；
- 两条裤腿都有从上至下的按扣或拉链，便于换尿布；
- 袖子很宽，这样你可以将手伸进去把婴儿的胳膊轻轻地从袖口拉出来；
- 衣服不用绑绳子或带子，颈部周围没有带状物（否则可能会导致窒息）；
- 衣服面料柔软有弹性（衣袖、裤腿不应有松紧带）。

婴儿的基本医疗护理

测量直肠温度

　　很少有孩子在整个婴儿期都不发热。发热一般是身体某个部位受到感染的指征，往往意味着机体的免疫系统正在积极地与入侵的病毒或细菌斗争——从这个角度看，发热是一种积极的表现，说明机体正在进行自我保护。因为小婴儿在生病的时候表现出的症状非常少，所有 3 个月及以下的婴儿发热时，父母都需要及时告诉医生，由医生来检查并判断原因。如果出现了轻微的病毒感染，婴儿一般都会自愈；但如果感染了细菌或更危险的病毒（如疱疹病毒），婴儿就需要立即进行药物治疗，2 个月以下的婴儿通常需要住院治疗。

　　婴儿还不会乖乖地含着体温计来测量口腔温度，而那种放在婴儿额头上测量体温的"测温带"又不够精确。对婴儿来说，颞动脉温度计（一种测量前额温度的电子设备）的测量结果是可信的，但耳温计（一种测量耳道温度的设备）的测量结果则不够准确，尤其是对 6 个月以下的婴儿进行测量时。

判断婴儿是否发热的最佳办法是测量直肠温度。你一旦学会了测量直肠温度，就会觉得相当简单，但你最好还是提前了解测量的过程和方法，这样当孩子第一次发热并需要你给他测体温的时候，你就不会紧张了。要了解正确测量直肠温度的方法或其他正确测量婴幼儿体温的方法，参见第 27 章"发热"。

拜访儿科医生

在孩子出生后的第 1 年里，你们需要去儿科门诊的次数可能远远多于其他任何时期。孩子出生后不久，医生就会给他进行第一次体检。

理想的情况下，进行早期的医院体检时，父母双方（或其他固定看护者）应该一起参加。每次拜访儿科医生时都是你们和医生之间一个很好的交流机会，是你们问医生问题的好时机。不要只问他健康方面的问题，儿科医生往往也是育儿方面的专家。而且，如果你们正在寻求育儿方面的帮助、想加入新手父母互助小组或者寻求外界的协助，儿科医生也能为你们提供相当多的信息。一般来说，儿科医生都能根据经验，向你们解答一些新手父母经常问的问题，但如果你们在每次拜访之前都准备好自己的问题并记下来，效果就会更好。

如果由于客观原因，只有你一人带孩子去体检，那么你最好找一位亲戚或朋友陪你一起去。当你和医生讨论孩子的健康问题时，陪同的亲友可以完成给孩子穿衣服、脱衣服和收拾东西等工作，这样你就可以专注于你们讨论的问题了。当你抱着孩子出门时，陪同的亲友还能帮你拎妈妈包或者开门。

早期几次体检的主要目的是确认孩子生长发育良好并且不存在严重的异常。具体来说，医生会从如下几个方面检查。

生长情况。 你需要给孩子脱掉衣服，把他放在秤上称重。量身高时，需要孩子平躺在桌子上，双腿伸直。头围的测量会用到一种特别的卷尺。每次体检时这些测量值都被精确地标注在一张表格上，用以描绘孩子的生长曲线（你也可以用本书"附录"中的表格，自己描绘孩子的生长曲线）。这是判断孩子生长情况是否正常最可靠的办法。通过表格，医生还可以将孩子的生长情况与同龄孩子的进行比较。你如果不确定自己的母乳供应是否充足，也可以再来这里给孩子称重以确保他的生长情况正常。

头颅。在出生后的头几个月里，孩子头颅的薄弱处（囟门，即头颅上被皮肤包被而无骨性闭合的区域）是开放而扁平的。等孩子 2 ~ 3 个月大的时候，后囟会闭合。前囟一般会在孩子 2 岁前（一般在 18 个月大左右）闭合。

耳朵。医生会借助于耳镜来察看孩子的耳道和鼓膜，并据此判断孩子的耳部是否存在积液或受到感染。医生还会向你询问孩子平时对声音的反应是否正常。孩子刚出生时就会在医院进行一次正式的听力筛查，如果被怀疑存在听力问题，那么之后还会进行一次检查。

眼睛。医生会通过吸引孩子的注意检察他的眼球运动情况。他还可能用一种叫作"检眼镜"的发光设备检查眼睛的内部——这项检查是一次重复性检查，因为孩子在刚出生时已经检查过一次了。这项检查对于确定是否存在白内障（眼球晶状体混浊）意义重大（见第 728 页"白内障"）。

口腔。检查口腔主要是为了确定孩子是否存在感染症状。另外，随着孩子长大，医生通过口腔检查可以了解他长牙的情况。医生可能会触摸孩子的上腭来判断是否存在腭裂，这是一种因骨组织或软组织在发育过程中无法完全闭合导致的畸形。

心脏和肺。医生会用听诊器检查孩子胸腔前后，仔细听诊孩子的心脏和肺。这项检查可以判断孩子是否存在心律、心音异常或呼吸困难。

腹部。医生会将手置于孩子的腹部并轻轻按压，从而判断孩子是否存在器官肿大，以及腹部是否存在异常肿块或触痛。

生殖器。每次体检时医生都会检查孩子的生殖器是否出现异常肿块、压痛或受感染的症状。若孩子接受了包皮环切术，在头两次体检时，医生还会格外注意割了包皮的阴茎是否愈合良好。医生还会为每个男婴检查睾丸是否都已经正常地下降到阴囊内。

髋部和腿。儿科医生会检查孩子的髋关节是否有问题。他会使用特殊手法来检查是否存在脱位或发育异常情况。这项检查很重要，一旦早期发现问题，就可以尽早地为孩子进行合适的复位和矫正。等到孩子会走路之后，医生还会叫他走几步以确定孩子的双腿是否长短一致并且运动功能正常。

发育情况。儿科医生还会询问孩子的总体发育情况。他非常关注孩子什么时候开始会笑、会翻身、会坐、会走，以及孩子使用手和胳膊的情况。在体检过程中，医生还会检查孩子的本能反射行为和全身肌张力（参见本书第5 ~ 13 章，了解孩子正常发育的细节）。

疫苗接种

在 2 岁之前，孩子需要接种大部分童年必须接种的疫苗。这些疫苗将保护他免受 13 种疾病的侵袭，这些疾病包括：乙型病毒性肝炎（简称"乙肝"）、百日咳、白喉、破伤风、脊髓灰质炎（俗称"小儿麻痹症"）、B 型流感嗜血杆菌（Hib）感染、肺炎球菌感染、轮状病毒感染、麻疹、腮腺炎、风疹、水痘以及甲型病毒性肝炎（简称"甲肝"）。此外，婴儿可以在 6 个月大之后每年接种一次流感疫苗。（关于以上疾病的更多信息，见第 31 章"疫苗接种"）。

本章讨论了关于婴儿基本护理的话题。然而，每个孩子都是独特的，关于他的具体问题最好还是由孩子的儿科医生来解答。

第 4 章　婴儿的喂养

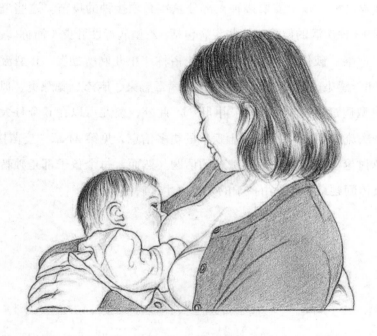

　　孩子在婴儿阶段的发育极快，这是孩子一生中营养需求最大的时段。他的体重在他满 1 岁时就可以达到出生体重的 3 倍左右。

　　哺育婴儿不仅能为他提供良好的营养，还让你有机会亲近他，比如将他抱在怀里，与他进行眼神交流。这是母子双方都身心放松的愉快时刻，也是亲子感情快速增长的时刻。

　　在孩子出生前，你应仔细权衡将采用哪一种喂养方式。全球大型健康组织一致认为，母乳喂养是母亲和孩子最好的选择。本章将为你提供更多关于婴儿喂养的信息，以便你放心地选择喂养方式。

由于具有特殊的养分构成和有益健康的成分，母乳（也称"人奶"）是婴儿最理想的食物。配方奶喂养的婴儿患中耳炎、湿疹、哮喘和胃肠炎（可导致呕吐及严重腹泻）的风险，以及产生过敏反应的风险均高于母乳喂养的婴儿。母乳喂养可以降低婴儿猝死综合征和儿童白血病的发生风险。此外，配方奶喂养的婴儿因呼吸系统疾病而需住院治疗的概率比母乳喂养的婴儿大75%，死于婴儿猝死综合征的概率则大70%，而母乳喂养对早产儿更是有百益而无一害。近期有数据表明，母乳喂养对预防婴幼儿时期乃至日后的肥胖症和糖尿病有重要作用。此外，有证据表明，对母亲来说，母乳喂养利于其体重恢复至孕前水平，还有助于避免患心血管疾病和糖尿病，并且可以降低日后罹患某些癌症的风险。因此，大多数儿科医生都强烈推荐母乳喂养。

一些女性因各种各样的原因对母乳喂养存有疑虑。如果你对母乳喂养有不解之处，可以与具有相关知识的人，比如说你的产前护理医生、儿科医生或哺乳顾问，谈谈你的不安、疑虑或恐惧。在他们的帮助下，大多数女性都可以顺利进行母乳喂养。如果你无法进行母乳喂养，婴儿配方奶是仅次于母乳的可接受的营养来源。但你应仔细权衡母乳喂养的各种益处再决定是否给孩子喂配方奶。你在孩子出生前就一定要慎重考虑这个问题，因为如果先给孩子喂配方奶且喂了很长的时间，日后想转为母乳喂养会很困难。这是因为分娩后立刻给孩子喂奶，乳房的乳汁分泌（泌乳）效果最好。

世界卫生组织、美国儿科学会和很多专家都鼓励女性尽可能地延长母乳喂养的时间（1 年或 1 年以上），而且 6 个月之内最好坚持纯母乳喂养（详见下页"我们的立场"）。母乳可以提供最优质的营养，还可以预防感染。近期的一项调查表明，80% ~ 90% 的孕妇希望将来进行母乳喂养。在 2015 年出生的婴儿中，83% 的婴儿在出生时就接受了母乳喂养，而 58% 的婴儿在 6 个月大的时候仍接受母乳喂养（参见美国疾病控制与预防中心发布的母乳喂养报告）。由于大多数女性都愿意进行母乳喂养并且开始母乳喂养，美国政府的工作重点已转向建立一个更好的系统来支持母乳喂养。婴儿吃母乳的时间越长，他获得的益处就越多。

母乳喂养

母乳是婴儿最好的食物。它的主要成分是糖（乳糖）、易消化的蛋白质（乳清蛋白和酪蛋白），以及脂肪（可消化的脂肪酸）——全都根据婴儿的需要均衡搭配，可预防多种病症，如中耳炎、过敏、呕吐、腹泻、肺炎、哮喘、细支气管炎和脑膜炎等。此外，母乳还含有多种矿物质和维生素，以及有助于消化和吸收的酶。配方奶只具有近似的营养组成，无法提供母乳中所有的酶、抗体、促生长因子及很多其他有价值的成分。

母乳喂养还有很多颇为实用的优点。首先，母乳的成本相对低廉——母亲只需多摄入少量的热量——远低于购买配方奶的成本。其次，母乳无须事先冲调，随时随地可以提供。每天的乳汁分泌需要消耗近 500 千卡热量，这有助于女性在分娩后更轻松地恢复体态。但同样，为了避免营养不足，哺乳

我们的立场

美国儿科学会相信，母乳是 1 岁以下婴儿的最佳营养来源。我们建议纯母乳喂养的时间至少达到 6 个月，然后开始逐步添加辅食，同时继续母乳喂养，至少到婴儿满 1 岁。只要母亲和孩子都愿意，1 岁后仍可继续母乳喂养。

分娩后应尽早开始喂奶，一般建议在 1 小时内。不管什么时候，只要新生儿表现出饥饿就应喂奶——每 24 小时要喂 8 ~ 12 次。每次喂奶的时长和频率因人而异，每对母子都有各自的习惯。一定要确认新生儿含住了乳晕并且吸到了母乳，这很重要的。新生儿在出生后的第 1 天里，每次能吸到的母乳很少（大约 1 茶匙），到第 2 天和第 3 天食量会增大。在出院回家之前，能够识别婴儿吸食到母乳的迹象很重要。（详情见第 96 页"我的孩子吃饱了吗？"。）

母乳喂养对健康的益处

研究表明，母乳喂养的婴儿能够享受多种健康方面的益处。与配方奶喂养的婴儿相比，母乳喂养的婴儿更不易出现以下疾病或问题。

- 中耳炎。
- 导致呕吐和腹泻的胃肠炎。
- 湿疹、哮喘和食物过敏。
- 呼吸系统疾病，包括肺炎。
- 糖尿病（1 型和 2 型）。
- 青少年时期和成年期的肥胖症。
- 儿童白血病和淋巴瘤。
- 婴儿猝死综合征。

参考文献：《美国儿科学会母乳喂养指南（第 3 版）》（*New Mother's Guide to Breastfeeding*），美国儿科学会，J.Y. 米克主编。

的母亲需要保持健康、均衡的饮食。母乳喂养还有助于子宫收缩，使其更快恢复正常大小。

母乳喂养对心理和情感的益处丝毫不逊于对身体方面的益处。哺乳可提供亲子间肌肤相亲的机会，安抚孩子的同时也令母亲感到快乐。刺激乳汁分泌和射乳反射的几种激素同时可以增强情感联系。几乎所有进行母乳喂养的母亲都会发现，喂母乳不仅令她们与孩子更亲近、保护欲油然而生，还让她们对自己抚育孩子的能力更加有信心。母乳喂养进行顺利的情况下，目前还没有证据表明它对婴儿有任何不利之处。哺乳的母亲可能觉得母乳喂养占用的时间越来越多，然而，研究表明喂母乳和喂配方奶所花的时间总的来说是一样的。

配方奶喂养需要父母花更多时间购物，还要清洗奶瓶等器具。母亲和孩子相处是婴儿早教的重要组成部分，对母亲来说也是一种快乐。其他家庭成员可以协助承担家务劳动，特别是在孩子刚出生的那几周，因为在这一阶段母亲需要好好休息，还要经常给孩子喂奶。

特殊情况

　　只有在极少数情况下，医生才不推荐母乳喂养。例如，母亲的病情很严重，没有足够的体力和精力来给孩子喂奶，否则会影响自身康复；母亲服用了某些会影响乳汁的药物，可能会威胁孩子的健康。虽然很多药物在哺乳期服用是安全的，但是假如你因某种原因正在服药（处方药或非处方药），请在开始哺乳前向儿科医生咨询。医生可以为你提供建议，判断其中是否有影响母乳并给孩子带来不良影响的成分。哺乳期女性有时可以将必须服用的药物换成对孩子更安全的种类。另外要小心，不要因为某种产品的标签上写着"营养补充剂"或"纯天然"，你就认为其成分进入母乳后对孩子无害。

　　其他家庭成员虽然没办法直接给孩子喂母乳，但一样可以积极地参与照顾孩子的方方面面。注意父亲和家里其他孩子的参与愿望。小婴儿在不吃奶的时候也需要拥抱，此时父亲可以发挥巨大的作用，让母亲和孩子都得到抚慰。父亲可以抱孩子、帮孩子换尿布、给孩子洗澡、带孩子出去散步。等母乳喂养稳定下来（孩子 3 ~ 4 周大的时候），父亲还可以用奶瓶给孩子喂挤出来的母乳。

　　在孩子出生前，父母最好开诚布公地讨论喂养问题，确保双方都理解且支持已经做出的决定。父母都希望孩子从一出生就开始摄取最好的营养，毫无疑问母乳就是最好的。等母乳喂养的习惯形成（通常在孩子 3 ~ 4 周大时），母亲即使要离开孩子一段时间（比如去工作或度过一些私人时光）也不用中断哺乳，只需提前将母乳挤出来并保存好，然后由其他看护者用奶瓶喂给孩子。

　　刚开始喂奶的时候，有些女性可能感到有些不舒服，但应该不会出现非常严重的不适感。你如果在喂奶时觉得很痛，不知如何让孩子正确地含住乳晕，或者希望获得更多母乳喂养方面的帮助，可以向经验丰富的专业人士（儿科医生、护士或哺乳顾问）寻求帮助。所有新生儿在出院之后 2 ~ 3 天内，儿科医生、护士或哺乳顾问会进行探访以检查母乳喂养的情况。

在母乳喂养的过程中，自信很重要，但一些常见的问题确实可能发生。尽早向专业人士寻求帮助是解决这些问题、维持母乳喂养所必需的信心的好办法。偶尔有一些母亲因在哺乳过程中遇到问题而提前断奶（早于母亲的预期）。如果母乳喂养不如计划的顺利，大多数母亲会觉得很失望，因而心情沮丧。不要因此觉得自己很失败。有时候即使你竭尽全力，试遍了你能找到的所有方法，母乳喂养仍有可能不成功（见第106页的"奶瓶喂养"）。

正式开始：备战哺乳期

从怀孕的那一刻起，你的身体就开始为哺育婴儿做准备。乳头周围的皮肤（也就是乳晕）颜色会变深。随着生产乳汁的泌乳细胞成倍增长，负责将乳汁运送到乳头的乳腺变得更为发达，乳房也随之增大。乳房增大是正常现象，意味着它正努力备战，准备分泌香甜的乳汁。同时，你的身体也悄悄地开始储存脂肪以满足妊娠期和哺乳期的额外热量需求。

乳房最早在孕16周时就做好准备，只要你一分娩就可以开始供应乳汁。最初几天分泌的乳汁叫"初乳"，它是一种营养丰富、看起来有些黏稠的淡黄色物质。初乳只在刚分娩后的几日才有，比后来分泌的成熟乳含有更多的蛋白质、盐分、抗体和其他保护性物质，但其脂肪含量和热量更低。初乳有助于婴儿自身免疫系统的发展。分娩后的最初几日会先分泌初乳，然后逐渐转为分泌过渡乳和成熟乳。母乳喂养期间，随着婴儿需求的变化，乳汁会不断调节。可以随婴儿不同成长阶段的需求调节是母乳最大的优点，这是婴儿配方奶永远无法媲美之处。

你的身体会自动做好哺乳的准备工作，你其实不用过于操心。无须你提前"锻炼"乳头，它就能承受婴儿的吮吸。在准备哺乳的过程中，乳晕上的一些微小腺体会分泌一种乳状物来润滑乳头，拉抻、揉搓或摩擦乳头可能损伤这些腺体，反而影响正常的乳汁分泌。简而言之，越"锻炼"乳头就越容易出现疼痛和敏感的情况。

　　怀孕期间对乳房最好的护理方式是正常洗浴后轻轻擦干。很多女性使用润肤乳和软膏来软化乳房，其实这样做根本没有必要，反而有可能堵塞毛孔。不必使用药膏，特别是含维生素或激素的药膏，哺乳期间使用它们可能对婴儿造成不良影响。但是，有些女性发现涂抹纯绵羊油有利于缓解乳头的疼痛和敏感症状。如果涂抹绵羊油加剧了乳房疼痛，就可能是过敏的征兆——就算纯绵羊油也会导致过敏。

乳腺　乳汁　乳头　乳晕　乳腺管　乳小管

乳汁由乳腺分泌，然后经由乳小管传输到乳腺管，最后通过乳头流出。

　　有些女性从怀孕时就开始穿哺乳内衣。这种内衣比普通内衣易于调节，而且更加宽松，乳房增大后穿很舒服。哺乳内衣的罩杯可以翻开，便于哺乳或挤奶。如果有溢乳现象，你可以在内衣里放防溢胸垫。需要注意的是，一些女性会对某些种类的防溢胸垫过敏。在使用过程中，如果你的乳头出现皮疹或疼痛，你就应及时联系你的医生。

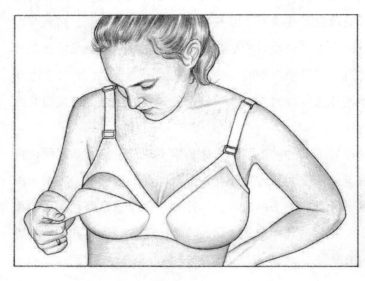

哺乳内衣的罩杯可以翻开，便于哺乳或挤奶。穿哺乳内衣时一定要注意它是否合身，不能过紧或者令乳房有束缚感和压迫感。

含乳方式和射乳反射

从婴儿降生那一刻开始，母亲的乳房就准备好分泌初乳。孩子吃奶时，他的动作会向你的身体发出信号，告诉它何时开始分泌乳汁、何时停止。分娩后不久，孩子会被放在你的胸部，他可能会挪动到你胸前去吃奶。在一切顺利的情况下，第一次哺乳通常在孩子出生后 1 小时内进行。吃奶要求孩子先找到并正确地含住乳晕（不能只叼着乳头），然后开始吮吸。当他感觉到乳房在嘴边、乳头在鼻子旁边时，他就会本能地用这种方式含乳。

不论你打算进行自然阴道分娩还是进行剖宫产，都需要向产前护理人员询问关于产后的肌肤接触和即刻哺乳的事宜。当孩子趴在你的胸部，他的嘴

内陷乳头的哺乳

通常来说，用两根手指向下按压乳晕，乳头就会向外突出，而且会变硬。假如乳头不仅没有突出，反而凹陷，甚至完全陷入乳晕内，这就是"乳头内陷"或"乳头凹陷"。乳头内陷是一种正常的生理变异，在妊娠期内陷的乳头有可能逐渐突出一些。如果你怀疑自己的乳头有问题，可以向产检医生或哺乳顾问咨询。

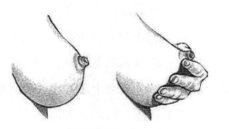

正常乳头

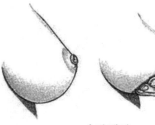

内陷乳头

很多女性往往在分娩后才发现有乳头内陷的问题。在这种情况下，产后护理人员会在你刚开始喂奶时为你提供协助。哺乳顾问一般都会提供有用的帮助。她们可能会建议在哺乳之前用吸奶器将乳头吸出，或者暂时使用乳头保护罩来协助喂奶。

巴会移到你的乳头旁并含乳。假如你在分娩过程中出现并发症，或者孩子需要立即送去治疗，那么你可能要等几小时才能开始喂奶。只要能在分娩后1～2天内给孩子喂第一次奶，从生理上来说今后的母乳喂养就不会有太大问题。假如哺乳必须延迟到孩子出生几小时后，护理人员会帮你用吸奶器或用手把积存的乳汁挤出来。

开始喂奶时，你应解开内衣，斜靠着把孩子放在双乳间。就像在产房里一样，他将靠近其中一只乳房并含乳。你也可以让他的面部正对乳房，然后用乳头拨弄他的下唇或面颊，或让他的下巴贴向你的乳房。这样可以引起他的本能反应，让他自己用嘴巴寻找乳头（这种反应被称为"觅食反射"）。他会将嘴巴张大，然后贴向乳房。用手挤出几滴乳汁也有助于刺激婴儿含乳，因为乳汁的气味和味道将刺激他的觅食反射。护理人员会教你如何用手挤出乳汁。

婴儿含乳时，他的下腭应大大张开，大部分乳晕（不仅是乳头）应在他嘴里。婴儿的嘴唇应往后缩成鱼嘴状，牙龈环绕着乳晕；舌头在乳头周围形成导流槽，然后通过一波一波的挤压将乳腺管内积存的乳汁挤出。在分娩后1小时内将婴儿放在胸前开始喂奶，将有助于建立良好的母乳喂养模式，因为这时婴儿反应灵敏、精力十足，而晚些时候他可能开始困倦。因此，若能在出生后1小时内开始喂奶，母乳喂养成功的机会更大。

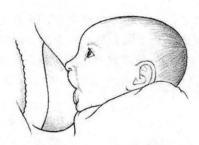

婴儿已经含乳。他的鼻子、嘴唇和下巴都很靠近乳房，这样可以有效地吃奶。

乳头和大部分乳晕都被含在嘴里。

当婴儿正确含乳、有效地吮吸时，他的动作会刺激乳房，使乳腺管内的乳汁流出，这叫"射乳反射"。射乳反射与脑垂体释放的一种叫"催产素"的激素有关。脑垂体还会释放另一种叫"催乳素"的激素，它会在乳汁排出后刺激乳房分泌更多乳汁。

催产素可以带来很多奇妙的变化：令人产生愉悦感、减轻分娩后的痛苦以及增强母亲和婴儿之间的感情。催产素还会刺激子宫肌肉收缩，因此分娩后几天内甚至几周内母亲都可能在喂奶时有产后宫缩痛。尽管这会令人有些不舒服，有时甚至痛感比较强烈，但它有助于子宫尽快恢复到正常大小和状态，减少产后出血。产后宫缩痛还表明婴儿确实吃到奶了。你可以使用一些深呼吸技巧或止痛药（医生一般会开布洛芬）来减轻疼痛。

开始哺乳后，只要婴儿稍微吮吸一会儿，母亲就会出现射乳反射（乳汁开始向外流出）。甚至只要听到婴儿的哭声，这种反射就会被触发，导致乳汁外流。射乳反射的表现因人而异，还会随着婴儿的食量变化。有些母亲会有酥麻感，有些会觉得乳房发胀，就好像乳房肿起来或乳汁太多的感觉——所有这些感觉在乳汁开始流出后会很快消失。有些母亲从来没有这些感觉，但她们的孩子还是吃到了很多奶。不同人的乳汁流出方式也有很大区别：有的呈喷射状，有的汩汩地向外涌，有的一点点向外滴，有的则慢慢流出来。有些母亲在出现射乳反射时或在两次哺乳之间会漏奶，有些则不会，这都属于正常情况。即便是同一个人，其两侧乳房的乳汁流出方式和漏奶情况也可能不同，只要婴儿能吃到足够的奶且生长情况良好，就不用担心。

在头几天喂奶时，你可能会发现侧卧比较舒服，让孩子面朝乳房侧身躺在你的旁边。你如果更喜欢坐着喂奶，可以用枕头来支撑手臂，将孩子抱在略低于胸部的位置，要确保孩子整个身体都朝向你，而非扭着头吃奶。

经过剖宫产的母亲最舒服的抱姿或许是侧抱，也就是所谓的"橄榄球式抱法"：母亲坐好，让婴儿躺在身体一侧，面朝母亲；这时母亲屈起手臂，

不论选择哪种姿势，都要确保孩子整个身体朝向你，而非只把头扭过来。

橄榄球式或手托式抱法。

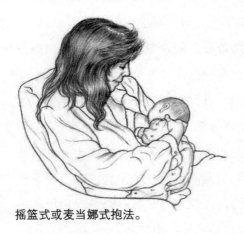

摇篮式或麦当娜式抱法。

从下托起婴儿，将婴儿的头凑到胸前。这个姿势可以避免婴儿直接压到母亲的腹部，而且可以使婴儿正面朝向母亲的胸部并正确含乳。

当你用乳头碰触孩子的下唇，他会本能地将嘴巴张开，接着含乳，开始吮吸。这些动作他在子宫里的时候就练习过——他吸过自己的手、手指，甚至可能吸过脚（一些婴儿出生时手指上有自己吸出的水泡）。吃奶几乎是婴儿的本能，但你可能需要帮助他正确地含住乳晕。将拇指放在乳晕上方，另外四指和手掌在乳晕下方托住乳房，轻柔地合掌挤压乳房，就可以让孩子轻松含乳。当孩子将嘴巴张开时，将他向乳房方向带。一定注意让乳头呈水平状或略微向上翘起，手指要尽量离开乳晕，以便孩子含住乳晕。手指和乳头根部的距离不要小于 5 厘米。只要孩子愿意，就让他先在一侧吃，如果一侧吃完他还想吃，就换另一侧。将一侧乳房彻底吃空比两侧都吃一点儿好。每次喂奶时，先流出的乳汁（前奶）含有更多的碳水化合物，后半部分乳汁（后奶）则含有更多的脂肪和热量。你的射乳反射和产后宫缩痛，以及孩子的吞咽声和吃完立刻睡着的表现都表明孩子已经吃到了奶。刚开始母乳喂养时，射乳反射可能要在哺乳开始几分钟以后才出现。但大约 1 周以后，射乳反射会更快出现，你的乳汁分泌量也将大大增加。

如果不确定射乳反射是否出现，可以通过观察婴儿的反应进行判断。出现射乳反射后，婴儿吸几下就会有吞咽动作。5 ~ 10 分钟后，他可能转为更为舒缓地非营养性吮吸，这主要是为了获得心理安慰，同时继续摄取少量富含脂肪的后奶。射乳反射的表现因人而异，如前文所述，包括：分娩后头几天出现宫缩痛；有乳汁喷射的感觉；在一侧喂奶时另一侧乳房漏奶；喂奶前乳房饱胀，喂奶后变柔软；喂完后婴儿嘴里或嘴边有乳汁的痕迹等。母亲身体越放松，越自信，射乳反射就越快出现。

你在最初几次哺乳时可能觉到很困难。母乳喂养不会引起乳头、乳晕或乳房长时间疼痛。但如果你刚开始喂奶的时候一直感觉疼痛，可请医生、护士或哺乳顾问来判断哺乳方式是否正确。如果有问题，他们会给出调整的建议。有些婴儿的含乳方式有问题，这种情况最常见于用过奶瓶或安抚奶嘴的婴儿。吮吸乳房的方式和吮吸奶瓶的奶嘴或安抚奶嘴等人工奶嘴的方式不同，有些婴儿分不清它们的差异。这些婴儿可能不会用舌头挤压乳晕，只会舔或用牙龈咬。还有些婴儿会表现得很沮丧，干脆扭过头不肯吃奶或号啕大哭。研究人员尚未确定的是，是婴儿使用人工奶嘴造成了母乳喂养问题，还是已经存

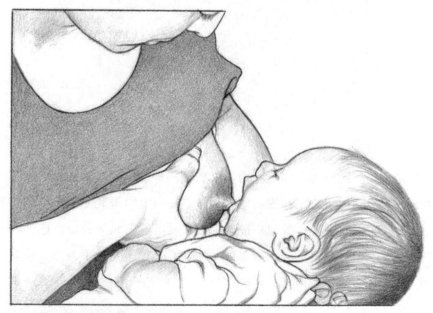

当你用手指或乳头拨弄孩子的面颊或下唇，他会本能地转头，含乳并开始吮吸。你可能要帮他学会正确含住乳晕。

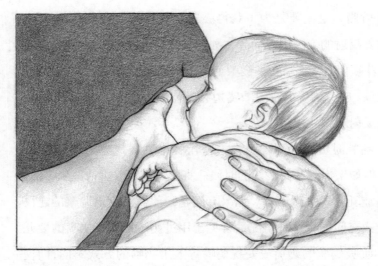

孩子吃奶时，你可以一直用手托起乳房，特别是在乳房比较大的情况下。

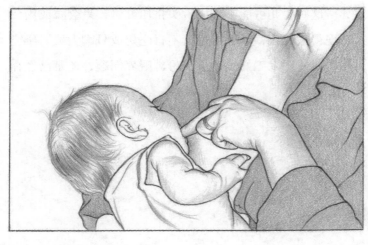

假如你需要中途打断孩子吃奶，可以将手指轻轻地从他的嘴角插进嘴里。

在的母乳喂养问题造成了婴儿使用人工奶嘴。**专家建议在婴儿刚出生的头几周内尽可能地不使用奶瓶和安抚奶嘴，直到母亲觉得母乳喂养已经没有问题了。**在此期间，如果孩子看起来很想吮吸，就给他喂奶或者帮他把手或手指放进嘴里自我安慰。出院后，你如果在哺乳的时候遇到孩子无法正确含乳的问题，就应该向儿科医生寻求帮助或者在必要的情况下请他推荐其他专家。

出院回家后，你可以尝试下列方法，它们有助于加速射乳反射的出现。

■ 喂奶前几分钟给乳房做湿热敷（用温热的湿毛巾敷）。

婴儿吃奶的方式正确吗?
母乳喂养自查清单

吃奶正确的表现

- 婴儿张大了嘴，嘴唇向外翻。
- 婴儿的下巴和鼻子靠着乳房。
- 婴儿有节奏且有力地吮吸，其间会停顿。
- 母亲可以听到婴儿有规律的吞咽声。
- 母亲的乳头在头几次吮吸之后感到舒服。

吃奶不正确的表现

- 婴儿的头与身体不在一条直线上。
- 婴儿只吮吸乳头而没有含住乳晕。婴儿含住乳晕吮吸时，乳头应在其口腔深处。
- 婴儿的吮吸很轻、很急，显得急促，而非有力和有规律。
- 在乳汁分泌量增加之后，母亲没有听到婴儿有规律的吞咽声。
- 在喂养的过程中母亲感到疼痛，或者乳头有损伤的迹象（如皲裂和流血）。

参考文献:《美国儿科学会母乳喂养指南（第3版）》,美国儿科学会,J.Y.米克主编。

- 坐在舒服的椅子上，使后背和手臂得到支撑。（很多进行母乳喂养的母亲推荐坐在摇椅或者摆动式沙发椅上喂奶，有的则推荐坐在直背椅上并倚着靠枕。）孩子在晚上吃奶时睡着的现象很常见，这时你最好坐在床上喂奶，而非坐在沙发或椅子上。喂完奶后，要把孩子放回他的婴儿床或摇篮里。

- 确定孩子姿势正确，如前文提到的，面部要正对乳房，将乳晕也含进嘴里。

- 运用一些放松技巧，比如深呼吸或冥想。

- 哺乳时可播放轻柔的音乐。两次哺乳之间可以喝点儿水或有营养的汤，也可以吃些富含营养的点心。

- 如果家中人多，找个不会被打扰的安静角落或房间喂奶。

■ 不要吸烟，也尽可能地避免吸入二手烟。不要吸食大麻或违禁药品（如可卡因、海洛因、迷幻剂等），因为这些都含有影响射乳反射的物质，而且会通过母乳对婴儿造成不良影响。如需服用任何处方药、非处方药或中草药补品，请先向产科医生或儿科医生咨询。要喝酒的话，每天只能喝一杯，并且最好在喂奶前 2 小时喝。

你如果在尝试这些方法后仍然没有射乳反射，请向儿科医生寻求帮助。如果情况一直没有好转，可向乳腺方面的专家求助。

乳汁分泌量增加

分娩后最初的几天，你的乳房仍然很柔软，但随着血液供给增加，泌乳细胞会更加努力工作，乳房会随之变硬。分娩后的 2 ~ 5 天内，乳房开始分泌过渡乳（初乳之后的乳汁），可能有发胀的感觉。分娩后 1 周左右，母乳会变成乳白色；10 ~ 14 天后，每次喂奶时最初流出的乳汁像脱脂牛奶，继续喂一会儿后，乳汁中的脂肪含量会增加，乳汁看起来更浓。这是正常现象。经常给孩子喂奶，并且在喂奶前和喂奶时轻轻地按摩乳房，都有助于减轻发胀的感觉。

乳汁和过量体液在乳房中过度充盈的话，就会出现涨奶现象。这会令人感到非常不适，有时会很痛。最好的解决办法是只要孩子表现饥饿就喂奶，每次两侧乳房都喂，每天喂 8 ~ 12 次，或者在乳房发胀、变硬或疼痛之前就开始喂奶。乳房过于肿胀不利于婴儿正确含住乳晕。出现这种情况时，应给乳房做湿热敷以使其柔软，必要的时候，在开始喂奶之前用手或吸奶器挤出一些乳汁。这样做有利于婴儿更好地含住乳房，从而更有效地哺乳（关于挤奶的知识，参见第 97 页）。此外，你可以尝试下列方法来缓解乳房肿胀带来的疼痛。

■ 洗个热水澡或用温热的毛巾热敷。喂奶或挤奶前用这些方法可以促进乳汁流动。

■ 热敷对严重的胀痛可能不起作用，特别是没有乳汁流动时。这种情况下，你可以在两次喂奶之间或喂奶后冷敷一下。

■ 用手或吸奶器挤出一些乳汁，直到感觉舒服。

■ 每次喂奶时试着多换几种姿势。可以先坐着，然后躺着。这样可以轮换着排空乳房中的乳腺管。

■ 从腋下到乳头下方轻轻地按摩乳房。这样做可以缓解疼痛，促进乳汁流动。

■ 布洛芬是治疗乳房胀痛安全有效的药物，剂量请遵从医嘱。不要同时服用其他药物，除非医生允许。

乳房胀痛一般只在哺乳尚未稳定时持续几天。不过，如果之后长时间不喂奶或者喂奶时没有排空乳房，乳房还是可能变硬和肿胀。分娩后第 1 周，乳房分泌的乳汁量会逐渐增加。刚出生的头几天，食量小的新生儿每次吃奶量最少只有 1 茶匙（5 毫升）；4 ~ 5 天后，每次的吃奶量可以达到 30 毫升；

母乳喂养的婴儿是否需要补充维生素？

除维生素 D 之外，母乳可以为婴儿提供他所需的其他所有维生素。尽管母乳含有少量维生素 D，但其含量并不足以防止婴儿患软骨病。目前美国儿科学会建议所有婴儿从出生后不久就应保证每天摄入 400 国际单位（10 微克）维生素 D，超过 1 岁的孩子每天应摄入 600 国际单位（15 微克）。配方奶已经添加了维生素 D，如果婴儿只喝配方奶，每天喝大约 950 毫升就可以摄入 400 国际单位维生素 D。如果是母乳喂养的婴儿，那么他仍然需要补充维生素 D。母亲可以服用一些维生素 D 以增加母乳中的维生素 D 含量。母亲需要每天摄入 6400 国际单位（160 微克）维生素 D，才能保证婴儿摄入 400 国际单位维生素 D。

早产儿或有其他健康问题的婴儿可能还需要补充其他维生素或铁元素。请与医生讨论补充维生素或矿物质的问题。

你如果是一个素食者（即你不吃所有肉源食物），请与儿科医生讨论你需要补充哪些营养物质。素食者的饮食不仅缺乏维生素 D，还缺乏维生素 B_{12}。婴儿缺乏维生素 B_{12} 的话可能会患贫血症，或者神经系统发育异常。

更多关于维生素 D 和其他需要补充的营养物质的内容见第 117 ~ 120 页。

1 周以后，根据新生儿的体重、食欲和喂奶时长，每次的吃奶量可达 60 ～ 180 毫升；到快满月时，平均每天的吃奶量会达到 720 毫升。（关于如何判断婴儿是否吃饱的内容，详见第 96 页和第 102 页。）

母乳喂养的频率和时长

母乳喂养的新生儿的吃奶习惯差异非常大。他们吃奶的频率通常比配方奶喂养的婴儿高，通常每 24 小时吃 8 ～ 12 次（或更多次）。当他们长大一些后，随着胃容量增大和母亲乳汁分泌量增加，一些母乳喂养的婴儿两餐间隔的时间会加长，另一些则继续少食多餐。

最适合孩子的哺乳时间表应该由他自己来决定。他肚子饿的时候会有所表示：他从睡梦中醒来，看起来很清醒，同时将手往嘴里送，做出吮吸的动作，还会发出"呜呜""嘤嘤"的声音，手臂和手乱动，变得更加活跃，而且会用鼻子去蹭你的胸部（即使你穿着衣服他也能闻到乳头在哪里）。最好在孩子啼哭前开始喂奶，因为啼哭是饿过头的迹象。尽可能地通过这些信号而非钟表来决定何时喂奶，这样你能确定他确实是饿了。在吃奶的过程中，他会更有力地吮吸以刺激乳汁分泌。

如前文多次提到的，在母亲和新生儿健康允许的情况下，分娩后（1 小时内）立刻开始哺乳的话，母乳喂养的成功率最高。尽可能地让新生儿多待在母亲身边（在医院里母婴住在同一个房间），而且母亲迅速对新生儿的饥饿信号做出回应（这种方法称为"按需喂养"）。一天中，新生儿可能在 1 或 2 个长达 4 小时的时段不需要吃奶，但在其他时间需要频繁吃奶。最好将每天的哺乳时间记录下来，确保每 24 小时最少哺乳 8 次。晚上，母乳喂养的婴儿通常都要吃奶，而非整夜安眠。因此，至少在前 6 个月，母亲应该和婴儿睡在一个房间里，这样不仅可以按需喂养，还可以确保安全，降低婴儿猝死综合征的发生风险。婴儿在 4 个月大且体重达到约 5.4 千克前，长时间不间断地睡觉是不正常的。儿科医生可能会对他的生长情况进行监测。

只要孩子愿意，你就让他先在一侧乳房吃个够。等他自己停下来一段时间或松开乳头后，给他拍嗝。如果孩子在吃完一侧之后看起来很想睡，那么换另一侧乳房喂奶前可以让他清醒一下，比如换尿布或跟他玩一会儿。由于孩子一开始吃奶时吮吸最有力，所以你应轮换两侧乳房的哺乳顺序。你可以在孩子先吮吸的那一侧衣服上用一枚安全别针或其他东西做标记来提醒自己。你也可以先让孩子吮吸感觉比较胀的那一侧乳房。

通常先在一侧喂 10 ~ 15 分钟，之后可以给孩子拍嗝，再换另一侧继续喂。

刚出生的婴儿大多每隔几小时就要吃一次奶，而且不分昼夜。到 6 ~ 8 周大时，很多婴儿可以一觉睡 4 ~ 5 小时。你可以通过调低卧室的灯光亮度、保持温暖舒适的室温和安静的环境来帮助孩子习惯夜间"睡前程序"。夜间喂奶时灯光不要太亮。如果孩子大便或尿湿了，你可以在喂奶前轻手轻脚地迅速更换尿布，喂完奶立刻将他放回去睡觉。接近 4 个月大时，很多婴儿夜间可以一觉睡至少 6 小时，但并非所有婴儿都如此。

不过，有些婴儿会继续在夜间频繁醒来要求吃奶（见第 55 页"帮助婴儿入睡"）。你可能还会发现，孩子每天在某些时段吃得更久，而其余时间很快就能吃饱。当他松开乳头或在

母乳喂养双胞胎

　　喂养双胞胎是进行母乳喂养的母亲需要面对的特殊挑战。一开始给两个婴儿轮流喂奶可能相对容易些，但是等熟练后，同时给两个婴儿喂奶更方便，也更省时。这样做还有助于增加乳汁分泌量。母亲可以用橄榄球式抱法每边抱一个，或将他们交叉抱在胸前。

　　要想获得更多关于哺乳多胞胎的信息，你可以联系国际母乳会这样的援助组织，或参见谢莉·韦齐里·弗莱（医学博士，美国儿科学会会员）所著的《抚养双胞胎》(Raising Twins)。

非营养性吮吸中昏昏欲睡时，你就知道他已经吃饱了。有些婴儿希望每天不停地吃奶。如果你的孩子属于这一种，请向儿科医生咨询，他可以帮你介绍哺乳顾问。婴儿出现这种情况有多种原因，越早请人帮你判断，就越容易应对。

了解婴儿的吃奶模式

　　每个婴儿都有自己独特的吃奶模式。几年前，美国耶鲁大学的研究人员根据婴儿的 5 种常见吃奶模式将婴儿分类并用风趣的名称来命名。

来看看你能否从中识别出你的孩子属于哪一种。

掠食鱼型婴儿不会浪费时间。一被放到母亲胸前，他们就会立刻张开嘴含住乳晕，努力吃 10 ~ 20 分钟。一般吃一段时间后就没那么迫切了。

兴奋但低效型婴儿一看到乳房就兴奋。他们会急切地含住乳房，再松开，然后着急地尖叫，这样的情况会反复出现。每次喂奶时母亲都必须哄几次，帮他们冷静下来。给这类婴儿喂奶的关键是等他们一醒就立刻喂奶，不要等他们饿过头。假如婴儿乱动的时候乳房开始向外大量溢奶，母亲可以用手先挤出几滴乳汁以减缓乳汁流出速度。

拖拉型婴儿吃奶很费劲，直到母亲的产奶量增加（即俗称的"下奶"）以后才会改善。不应用奶瓶给这类婴儿喂水或喂奶，因为这样会让他们更难从母亲胸前直接吃奶。母亲应坚持在婴儿看起来比较清醒或嘴巴有吃奶动作时将他放在胸前喂奶。如果婴儿不愿意吃奶，母亲可躺下来，将赤裸的婴儿放在自己同样赤裸的腹部，这样或许可以改善情况。他可能会自己朝着母亲的胸部找奶吃，母亲也可以等一会儿后直接将他放在胸前。哺乳顾问可能会提供建议来改善喂奶姿势并增加母子的亲密感。如果新生儿在刚出生那几天不肯吃奶，母亲可以在两次喂奶之间用电动吸奶器（见第 99 页）来增加产奶量。绝对不要放弃！母亲可以联系儿科医生以获得协助或请他推荐哺乳顾问。

美食家型婴儿总是先玩玩乳头、尝尝乳汁的味道、咂咂嘴，然后才开始吃。如果被催促或刺激，他们会生气，而且会用尖叫来抗议。最好的解决办法是忍耐。玩几分钟后，他们还是会安静下来乖乖吃奶。但要确保婴儿的嘴唇和牙龈含住的是乳晕而不仅仅是乳头。

吃吃停停型婴儿会先吃几分钟，再休息几分钟，然后继续吃。有些会含着乳房睡着，大约半小时以后醒来接着吃两口当点心。这种模式会让人很烦，但母亲不能催他们。最好的解决办法就是留出更多的喂奶时间，灵活应对。

　　了解孩子的吃奶模式是你在分娩后的头几周遇到的最大挑战之一。只要了解了他的吃奶模式，你就会发现更容易判断他何时饿了、何时吃饱了、每天需要吃几次、每次要吃多长时间。一般来说，最好在婴儿刚出现饥饿迹象时就开始喂奶，不要等到他哭了再喂。此外，每个婴儿都有自己喜欢的姿势，甚至会表现出对某一侧乳房的偏好。

"我的孩子吃饱了吗？"

　　如果你的孩子是母乳喂养的，你可能会担心他没吃饱，毕竟你没有办法确定他到底吃了多少母乳。

　　如果你有这样的担心，下面这些参考依据能够帮助你判断孩子是否吃饱了。吃饱了的新生儿应该有以下表现。

　　■ 出生后的头几天，在重新增重之前，减轻的体重应该不超过出生体重的 10%。

　　■ 出生后的头两天，每天排便 1～2 次，大便呈黑色柏油样便；第 3～4 天，至少排便 2 次，大便呈黄绿色；第 5～7 天，每天排便至少 3～4 次，大便呈黄色松散状，还有些黏稠。出生后的第 1 个月里，当你的乳汁分泌量增加时，通常来说，孩子每吃 1 次奶都会排便。

　　■ 第 5～7 天，每天会尿湿 6 块以上的尿布，尿液几乎无色或呈浅黄色。

　　■ 对平均 1～3 小时吃 1 次奶表示心满意足。

　　■ 每 24 小时吃奶 8～12 次。

　　只要乳汁供给充足，婴儿前 3 个月内就应每天增重 14～28 克。3～6 个月间体重增长幅度会降到每天 14 克左右，6 个月后每天的体重增长幅度会更小。每次带孩子去体检时，儿科医生都会给他称重。如果你在两次体检期间不放心，可以打电话再预约一次体检。不要使用家用体重秤给孩子称重，因为它对小婴儿而言不太准确。

　　参考文献：《美国儿科学会母乳喂养指南（第 3 版）》，美国儿科学会，J.Y. 米克主编。

可以用奶瓶喂母乳吗？

　　新生儿通常需要不分昼夜地喂奶，所以你在分娩后最好选择母婴同室，让孩子一直和你在一起。你可能希望让孩子在育婴室待一夜，这样你可以好好睡上一觉。不过，现在大多数医院都提供照顾母婴的服务，这样在你睡觉的同时新生儿在同一个房间里可以得到护士的照料。研究显示，与新生儿被留在育婴室相比，新生儿在同一个房间里得到照料时，母亲睡得更加安稳。医院正逐渐放弃传统的育婴室模式，而将原有的育婴室用于手术和照料患病的新生儿。此外，孩子如果一直在你身边，你就能迅速地回应他的饥饿信号，不用给他补充不必要的水或配方奶了。额外的水或配方奶会影响母乳喂养的顺利进行。然而，就算在医院里，你也需要遵循安全睡眠原则，确保新生儿以仰卧的姿势睡在摇篮里，而非睡在你的床上。

假如情况不允许你和孩子待在一起，你就必须用手或吸奶器将乳汁挤出，这样才能刺激乳汁继续分泌。护理人员将以合适的方式把挤出的乳汁喂给你的孩子（比如，使用注射器、杯子或者辅助哺乳设备喂养，而避免使用奶瓶和橡胶奶嘴喂养以尽量减少之后直接进行母乳喂养可能会出现的问题）。

只要母乳喂养顺利，乳汁供应充足，通常在产后 3 ~ 4 周，母亲就可以决定是否用奶瓶装挤出来的乳汁。如果提前将母乳挤出来保存好，那么不仅母亲可以在喂奶期间离开一下，婴儿还可以通过奶瓶继续享受母乳带来的益处。另外，挤出乳汁还可以让母亲的身体继续保持充足的产奶量。这一阶段偶尔使用奶瓶通常不会影响婴儿的吃奶习惯，但如果母亲没有及时挤奶，就有可能带来另一个问题——涨奶。用防溢乳垫可以帮哺乳期女性解决漏奶问题。很多女性在分娩后的 1 ~ 2 个月每天都使用防溢乳垫以免衣服上出现奶渍。每天有规律地给婴儿哺乳或者将乳汁挤出很重要，这样可以避免涨奶以及泌乳停滞带来的潜在问题，如乳汁分泌量减少或乳腺管堵塞。

挤奶和储存

用手、手动吸奶器和电动吸奶器都可以将乳汁挤出。不管用哪种方法，乳汁都必须通过射乳反射才能排出。学习用手挤奶时，请人示范或观看教学视频比仅靠自己看书学习更容易，也更快起效，但你仍需进行一定的练习。很多医院在母亲出院前都会教她们用手挤出乳汁的方法。用吸奶器似乎比用手容易，但吸奶器的质量差别很大。幸运的是，有很多不同价位的优质吸奶器供你选择。劣质吸奶器无法有效地将乳汁吸出，会造成涨奶或乳汁分泌量逐渐减少。劣质吸奶器还可能刺激乳头或造成疼痛。

用手挤奶

你如果选择用手挤奶，就一定要将手洗净，并且用干净的容器收集乳汁。挤奶时，拇指放在乳晕上方，其他手指放在乳晕下方，拇指和其他手指轻柔而有力地彼此靠近以挤压乳房组织，同时向胸壁方向挤压。另外，要以绕圈的方式改变手指的位置，以便排空乳房内的所有乳腺管。手指不要向乳头方向滑动，否则会造成乳头疼痛。将乳汁倒进干净的奶瓶、硬质塑料容器或特制的塑料母乳储存袋，然后放进冰箱冷冻起来（见第 99 ~ 100 页）。如果新生儿需要住院治疗，医院会向你提供收集和储存乳汁的详细方法，还可以借给你一个医用级吸奶器。

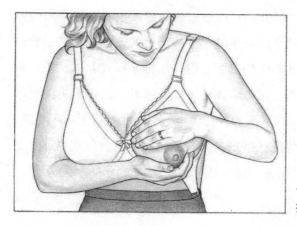

可以先轻轻按摩以刺激乳房，这样挤奶会容易一些。

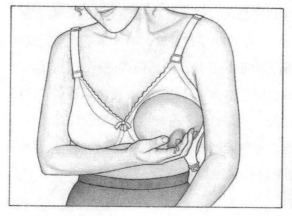

用手挤奶时，一只手托住乳房，拇指和食指分别放在乳头两侧的乳晕边缘，然后有规律地向胸壁挤压。要以绕圈的方式改变手指的位置，以便排空乳房内的所有乳腺管。

吸奶器

虽然有便于带出门的手动吸奶器，但高质量的电动吸奶器可以更有效地刺激乳房。这种吸奶器可调节压力，而且可以自动循环抽吸，从而更有效地吸出乳汁。电动吸奶器可以用于产后开奶或在母亲多日不能直接给婴儿喂奶的情况下（如新生儿需要住院或者母亲去上班、上学等）维持乳汁分泌。电动吸奶器好用但比较贵——价格从数百元到上千元不等，有的甚至更贵。如果你只是一段时间内有需要，可以从医疗用品店、医院或哺乳用品租赁机构租一台。

购买电动吸奶器时，要确定它挤奶效果稳定并且可调节压力，而不仅仅是一个抽吸工具。你还可以考虑购买能同时在两侧乳房挤奶的双头吸奶器，这种吸奶器可以增加产奶量，节省时间。若要购买双头吸奶器，你还要考虑购买能够在使用双头吸奶器时帮助固定的内衣和上衣。确定吸奶器上所有与皮肤或乳汁接触的部件都可以拆下来清洗。为健康婴儿准备的吸奶器和母乳储存用具无须消毒，用加了洗洁精的热水仔细清洗即可，用洗碗机清洗也可以。你可以向儿科医生或哺乳顾问咨询哪一种吸奶器最适合你。记住，使用吸奶器前，要将手洗净。

和用手挤出的乳汁一样，用吸奶器挤出的乳汁也应储存在干净的容器里，最好是玻璃器皿、硬质塑料容器或特制的塑料母乳储存袋。储奶的容器不够厚实的话，乳汁有受污染的可能。挤出的乳汁可以在室温（20℃~22℃）下安全存放3~5小时，放在冰箱里冷藏的话最多可保存3~5天，放在冷冻室（–20℃左右）里最多可以保存9个月（注意，应将乳汁放在冷冻室深处）。在每个容器上标注日期，先食用储存最久

手动吸奶器在大多数药店和婴儿用品商店都有销售。

的乳汁。将乳汁按照每份 90 ～ 120 毫升的量储存会很方便——这是大多数婴儿一餐的奶量。你也可以按照每份 30 ～ 60 毫升的量冷冻储存，以便孩子一餐没吃饱的时候应急。

给婴儿喂这些储存的母乳时，一定要记住婴儿习惯温度接近体温的乳汁，所以应将其加热到至少达到室温。冷冻过的乳汁可以放在冰箱的冷藏室里解冻，或者通过在热水下冲或浸在装有热水的容器里解冻。不要用微波炉加热乳汁，因为这样很可能造成加热不均，从而烫伤婴儿。乳汁解冻后可能会出现脂肪分层的情况，但这不影响其质量。轻轻摇晃容器，摇匀即可。储存过的乳汁可能会因为脂肪分解的原因，在气味或味道上有所变化，但这对婴儿是无害的。乳汁解冻后应冷藏保存并在 24 小时内食用，绝不能再次冷冻。如果婴儿未能一次喝完解冻过的乳汁，奶瓶里剩下的乳汁应该在 1 ～ 2 小时内喝完或者倒掉。

不能将装有母乳或配方奶的容器放在微波炉里加热，因为微波炉会使容器中部的奶温度过高。即使奶瓶摸起来是温的，中间那些过热的奶还是会烫伤婴儿的口腔。此外，加热时间过长还会造成奶瓶爆炸。加热还会破坏母乳中的一些抗感染物质、营养物质和保护性物质。

母乳喂养的婴儿对奶瓶的反应各不相同。有些婴儿无论何时第一次接触奶瓶都很容易接受，另一些则只在母亲以外的人喂或者母亲不在场的时候才偶尔接受奶瓶。头几次让母亲以外的人用奶瓶喂婴儿，而且喂奶时母亲躲到婴儿看不见的地方，这样婴儿更有可能接受奶瓶。一旦习惯了用奶瓶吃奶，他就可能接受母亲在场甚至由母亲用奶瓶喂他。如果婴儿坚决不用奶瓶吃奶，可以试试用普通的杯子或鸭嘴杯喂。即使早产的新生儿也可以用杯子喝奶，有些母乳喂养的婴儿甚至从来没有用过奶瓶就直接过渡到用杯子喝奶。

母乳喂养中可能出现的困难和疑问

对一些母亲来说，哺乳从一开始就非常顺利，没有遇到任何问题。但对很多母亲来说，母乳喂养会经历各种困难，尤其是在刚开始的时候。幸运的是，大部分常见困难可以通过母亲正确的哺乳姿势、婴儿正确的含乳方式以及频繁喂奶来预防。只要你立刻寻求建议，很多问题就可以迅速解决。不要羞于向儿科医生或护士咨询，他们会帮你解决下列问题。

乳头皲裂和疼痛。母乳喂养可能给母亲带来一些轻微的疼痛，尤其是在第1周这个磨合阶段。正确的母乳喂养不会造成长期疼痛、不适或乳头破损。婴儿正确的含乳方式是防止乳头皲裂和疼痛的关键。你如果感到乳头或乳房其他部分很痛，可以向哺乳顾问寻求建议。

洗澡时，用刺激性不强的沐浴液清洗乳房，只用清水清洗乳头。事实上，擦润肤霜或润肤乳以及用力摩擦可能使问题加重。此外，试着每次喂奶时变换婴儿的姿势，可以缓解乳头的不适感。

纯绵羊油有助于预防和治愈乳头皲裂。如果用它仍然无法解决问题，你要多向医生或哺乳顾问咨询，因为你的乳头可能受到酵母菌或细菌感染，也可能是你的皮肤受到感染（如患皮炎），需要进行治疗。

涨奶。前文已提到过，母亲刚下奶的时候，假如婴儿没有经常吃奶或没有将乳房内积存的乳汁吃空，乳房就可能变得肿胀，这种情况被称为"涨奶"。母乳喂养的开始阶段容易出现涨奶的情况，严重的涨奶会造成乳腺管和整个胸部的血管肿大。最好的解决办法是经常给婴儿喂奶，在两次喂奶间期挤出一些乳汁，每次喂奶时两侧的乳房都要用到。如果婴儿只吃了一侧的，把另一侧乳房里的乳汁用手挤出一些可能会有帮助。另外，因为温度提高有助于乳汁流动，所以一边冲热水澡一边用手挤奶可能有所帮助，先热敷再挤奶也可以。你还可以在哺乳前热敷，在哺乳后冷敷，这样也有助于缓解胀痛。持续涨奶可能导致乳汁分泌减少。发生这种情况是因为乳房具有调节机制，当乳汁没有从乳房里流出时，乳房就会停止生产乳汁。因此，为了避免乳汁分泌出问题，你应该一发现涨奶就第一时间进行处理。

乳腺炎。乳腺炎是一种由细菌引起的乳房组织感染。乳腺炎会引发类似于流行性感冒的症状，包括发热、畏寒、头痛、恶心、头晕和乏力等。这些症状会伴随乳房某处或乳房周围发红、肿大、发热或疼痛。你如果出现上述任何一种症状，应立刻联系医生。这种疾病的治疗方法包括排空乳汁（通过哺乳或用吸奶器吸出）、休息、输液、服用抗生素，如有需要还可以服用止痛药。医生会为你开一些适合哺乳期服用的抗生素。一定要把医生开的抗生素吃完，即使你已经感觉有所好转。不要停止哺乳，否则反而会使乳腺炎加重。母乳本身并不会被感染，所以患乳腺炎期间哺乳不会伤害婴儿。乳腺炎和抗生素也不会改变母乳的成分。

患乳腺炎可能代表身体的免疫力下降。卧床休息、睡眠充足和减少活动都有助于恢复免疫力。患乳腺炎期间，母亲很少会出现痛得无法用患侧乳房给孩子哺乳的情况；万一出现这种情况，可以用另一侧乳房哺乳，同时将哺乳内衣全部解开，让乳汁从患侧乳房流到毛巾或吸水的布巾上，这样可以缓解患侧乳房的压力。然后，用患侧乳房哺乳，这样多少可以缓解乳房的不适。一些痛得非常厉害的女性发现，用吸奶器挤出乳汁比哺乳更加舒服。挤出的乳汁可以储存起来或直接喂给婴儿。

母亲返回职场工作时是乳腺炎的高发期。按照婴儿平时吃奶的规律定时排空乳房很重要，可以预防乳腺炎。

婴儿烦躁不安。有时候婴儿会非常难安抚，造成这种情况的原因可能是性格因素，也可能是严重的疾病。虽然大多数婴儿烦躁不安不是因为严重的疾病，但他们不停地哭闹还是令父母难以忍受。这类婴儿会慢慢耗尽父母的精力、时间和为人父母的喜悦。下面介绍一些母乳喂养的婴儿哭闹不止的常见原因及建议。

■ 饥饿。如果婴儿不停地要吃奶，而且吃完后总是一副还没吃饱的样子，那么你应该找一位经验丰富的保健医生来评估你的母乳喂养方法。医生会给婴儿称重并体检，检查你的乳房和乳头，并且观察整个喂奶过程。解决方法可能很简单，只需要改善婴儿吃奶时的姿势和含乳方式，也可能很复杂，特别是当婴儿的体重严重减轻或没有正常增长时。

■ 处于飞速生长阶段。婴儿的飞速生长阶段通常在 2 ~ 3 周大，然后在 6 周大左右，以及 3 个月大左右。在这些飞速生长阶段，婴儿会不停地想吃奶。

很多母亲认为这是因为婴儿吃不饱，这种想法通常是对的。婴儿的这种表现有助于刺激母乳分泌。连续几天都经常或者以大约每小时 1 次的频率哺乳，你的乳房就会对这种频繁喂养做出反应，增加乳汁分泌量。记住，这是正常现象，而且只是暂时的。你应经常给孩子喂奶，不要喂其他液体。如果 4 ~ 5 天后，你仍然需要保持这种频率，或者你打算开始用奶瓶辅助喂养，可请儿科医生提供帮助。医生会给孩子做检查、称重并评估喂养过程（如有必要会向你推荐哺乳顾问）。

■ 过于敏感或需求过多。这类婴儿对各方面的需求都比其他婴儿多，唯独对睡眠的需求少。他们似乎不分白天黑夜总是在哭。他们吃奶、睡觉或对其他人的反应都没什么规律可言。他们需要被长时间抱着、背着，而且往往喜欢被大人抱着动来动去，比如摇晃。用毯子给他们打个襁褓可能会有所帮助，但这样做有时反而让他们哭闹得更厉害。他们喜欢经常在妈妈的乳房上吃两口奶当点心，睡眠很短，有人抱着或背着时可以睡 15 ~ 30 分钟。婴儿背带或其他可以将婴儿背在身上的工具以及摇篮都有助于让这类婴儿安静下来。虽然他们很吵闹，但他们的体重应该会正常增长。

■ 肠痉挛。肠痉挛通常在婴儿 4 周大后开始出现。患肠痉挛的婴儿通常每天至少有一段时间表现得很痛苦：两腿向上举、面部涨红、大声哭闹。这些时候他们可能表现得很饿，但大人喂奶时却扭开头拒绝吃奶。医生会提供治疗肠痉挛的建议（更多关于肠痉挛的信息，见第 153 页）。

■ 母乳过多或射乳反射过猛。这种问题在月子里随时可能发生。母亲会感到胸部很胀，乳汁大量滴漏或喷射出来。婴儿会很快地大口吞咽乳汁，有时会吐出乳头大口喘气或咳嗽，甚至会吐奶。这会让婴儿吞下大量的空气。过一阵后，空气和乳汁会在婴儿体内形成气泡，让婴儿非常不适。儿科医生通常会推荐哺乳顾问来帮助解决这个问题（同时参见第 101 页"涨奶"）。

■ 吐奶（也称"胃食管反流"）。大多数婴儿会在吃奶后吐奶，这是正常的，而且无须治疗。但是当吐奶给孩子带来麻烦，比如让他烦躁不安或呕吐（吐出的奶颇多），又或者导致体重减轻，你就应请儿科医生来诊断。在满 12 个月以前，婴儿出现生理性反流都是正常的，这一现象更可能出现在早产儿身上。婴儿只要体重正常，就无须服用抗酸剂等药物（更多信息见第 208 页）。

■ 食物敏感。有时母亲的饮食（包括含咖啡因的饮品）会给吃母乳的婴儿造成问题。如果你对某种食物产生怀疑，那就一周内不要吃这种食物，看孩子的症状是否消失。之后你可以小心地再次吃这种食物，看孩子的症状是否会重新出现。

■ 过敏。尽管婴儿哭闹常被归咎于食物过敏，但食物过敏并不是婴儿哭闹的常见原因。过敏更常出现在那些父母或兄弟姐妹患有哮喘、湿疹等过敏性疾病的婴儿身上。对母乳喂养的婴儿来说，母亲的饮食可能是过敏的源头。不过，要找出导致过敏的食物并不容易，因为过敏症状可能在母亲不再吃该食物后仍然持续一周以上的时间。有时，食物过敏（如对牛奶蛋白过敏）会导致便血，但婴儿如果只有大便带血这一种症状，一般就无须治疗。然而，食物过敏也可能造成非常严重的后果，如哮喘、荨麻疹或休克。孩子发生严重的食物过敏时，父母一定要带孩子就医。

■ 有些严重疾病可能与喂养无关，也会使婴儿不停哭闹、难以安抚。如果这种情况突然出现或异常严重，父母应立即带孩子去儿科或急诊室就诊。

癌症问题。大部分研究表明，母乳喂养可在一定程度上预防乳腺癌，这可能是因为母乳喂养减少了女性一生中月经周期的总次数。假如母亲曾患有癌症或切除过恶性肿瘤，但早已结束化疗和放疗，那么母乳喂养是安全的（请向医生咨询）。如果母亲曾切除过良性肿瘤（非癌症）或囊肿，母乳喂养也是安全的。

乳房整形手术后的母乳喂养。用整形手术增大乳房通常不会影响母乳喂养——只要手术前乳房正常，没有切除乳头，没有切断任何乳腺管。乳房缩小手术后进行母乳喂养的情况非常特殊。这种手术一般会通过破坏部分正常的乳房组织并移动整个乳头和乳晕来达到缩乳效果。在这种情况下，每对母子都必须接受协助，单独跟进。头几周每周都需要经常给婴儿称体重，了解婴儿的体重增长情况。如果乳汁分泌不足，母亲仍然可以用母乳喂养，同时

辅助哺乳器

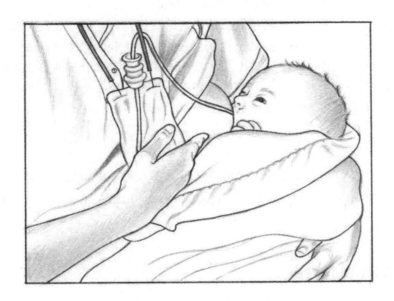

　　乳房的产奶量取决于乳汁从乳房排出的量。如果你大幅减少喂奶次数，产奶量就会减少。即使你在不喂奶时将乳汁挤出也可能出现这种情况，因为吸奶器根本无法像婴儿的吮吸那样有力地刺激并排空乳房。

　　假如你的产奶量无法满足孩子的需求，或者你因病错过很多次哺乳的机会，或孩子因某种原因无法直接吃奶，你可以考虑通过更频繁地哺乳（如24小时内每小时喂1次）或者借助于辅助哺乳器（也叫"辅助食管""婴儿喂食器""哺乳训练器"）来增加产奶量。这种工具与奶瓶不同：奶瓶会让婴儿不习惯母亲的乳房，而这种器具可以让婴儿在含着乳房吮吸的同时吃到挤出的母乳或配方奶。

　　辅助哺乳器还可以帮助早产儿或训练遇到喂养问题的婴儿。它甚至可以帮助刚刚收养孩子或停止哺乳已久却想重新开始母乳喂养的母亲"激活"哺乳期。

　　辅助哺乳器包括一个用来装配方奶或挤出的母乳的小塑料容器，以及一根很细的软管。使用时，将它挂在你的脖子上，并将软管沿着乳房伸到乳头附近，当孩子吮吸时将软管插入他的嘴角。孩子可以在吮吸乳头的同时将容器中的配方奶或母乳吸入口中，所以即使你产奶量不足，他仍然可以吃饱。这种器具可以提高孩子从乳房吃奶的兴趣。同时，他的吮吸动作可以刺激你的身体以增加产奶量。

辅助哺乳器通过哺乳顾问、医疗用品商店、部分药店或网购都可以买到。如果可能，尽可能地从可以指导使用方法和示范清洗方法的渠道购买。大多数母亲和婴儿都需要练习几天才能适应这种器具。使用辅助哺乳器需要母亲的耐心和奉献精神，因为母亲可能要花数周或数月才能形成充足的母乳供给并恢复常规的母乳喂养。

补充一些配方奶，这样婴儿仍然可以从母乳中获得一些益处。与医生仔细讨论你担心的所有问题，他需要知道你做过何种乳房整形手术，才能密切跟踪孩子的情况。

喂养和口腔健康

龋齿（蛀牙）作为美国儿童最容易患的慢性病，令所有的父母都忧心忡忡。研究表明，孩子出生后前 24 个月的饮食和卫生习惯，对他长大后是否患龋齿至关重要。比起配方奶喂养的婴儿，母乳喂养到 12 个月大的婴儿患龋齿的风险会降低一半，这可能是因为母乳中的免疫物质和有益的微生物在起作用。不过母乳含有乳糖，如果孩子在吃母乳的时候睡着了，你应该用湿布擦一擦他的牙龈和长出的新牙以降低患龋齿的风险。

奶瓶喂养

即使历经千辛万苦，每对母子也不一定都能在母乳喂养上游刃有余。有些父母虽然知道母乳喂养对婴儿有很大的益处，但仍然更喜欢用奶瓶喂养。他们认为用奶瓶喂养更自由，让自己有更多时间去做其他事情。孩子的父亲、（外）祖父母、保姆甚至哥哥姐姐都可以用奶瓶喂他吃挤出的母乳或配方奶，这可以让母亲的时间更灵活。令部分父母更喜欢用奶瓶喂养孩子还有一些原因，比如说，可以知道孩子到底吃了多少。还有些父母更倾向于喂配方奶，这样就不用担心母亲的饮食或服用的药物影响母乳了。

尽管如此，但配方奶生产者无法复制母乳中的独特成分。虽然配方奶能够提供婴儿所需的基本营养成分，但缺乏抗体、能够促进婴儿肠道菌群生长的糖分和一些特殊成分，以及很多只有母乳中才有的其他成分。配方奶喂养成本也比较高，对一些家庭来说可能比较困难。你必须购买配方奶以及奶瓶、奶嘴等多种用具，要进行相应的准备和操作，还要确保冲调配方奶的水源是可靠的；这也意味着你需要经常在半夜冲调配方奶。

如果你决定用配方奶喂养孩子，首先就要选择一种配方奶。儿科医生会根据婴儿的需求为你提供意见。现在市场上有不同品牌和种类的配方奶可供选择，它们大多安全且富有营养。美国儿科学会不推荐在家自制婴儿配方奶，因为这种自制奶容易缺乏维生素和其他重要的营养成分，并有被细菌污染的潜在危险。

为什么要喝配方奶而非普通牛奶?

很多父母询问为什么不能用普通牛奶喂养婴儿。答案很简单：普通牛奶无法被婴儿轻松地完全消化，但配方奶可以。此外，牛奶含有高浓度的蛋白质和矿物质，会给新生儿尚未发育成熟的肾脏带来压力，使他们在热应激、发热或腹泻时发生严重疾病。此外，牛奶缺乏足够的铁元素、维生素 C 和婴儿所需的其他营养成分。牛奶蛋白对胃肠道黏膜有刺激作用，会导致血液通过大便流失，甚至会令一些婴儿发生缺铁性贫血。牛奶所含的脂肪类型对成长阶段的婴儿也不是最健康的。因此，不要给 1 岁以下的婴儿喂牛奶（或其他非人奶的动物奶以及代乳品）。

孩子满 1 岁后，就可以喝全脂牛奶或者脂肪含量为 2% 的低脂牛奶，但必须同时吃营养均衡的辅食（谷物、蔬菜、水果和肉类）。每天喝牛奶的量不能超过 2 杯（一共大约 473 毫升）。如果孩子没有吃富含铁元素的健康食物，每天喝 709 毫升以上的牛奶将导致他缺铁。如果孩子平时吃的辅食种类不够丰富，你可以向儿科医生请教怎样给孩子最好的营养。

这个年龄的孩子仍然需要摄取较多的脂肪，因此我们为大多数满 1 岁的孩子推荐添加了维生素 D 的全脂牛奶。假如孩子超重或面临超重的风险，或者家族有肥胖史、高血压史和心脏病史，儿科医生可能推荐脂肪含量为 2% 的低脂奶。不要给 2 岁以下的孩子喝脂肪含量只有 1% 的低脂奶或不含脂肪的脱脂奶。脱脂奶中没有足够的脂肪来促进大脑发育，不适合 2 岁以下的孩子。

配方奶的选择

为了保证达到安全标准，美国婴儿配方奶的成分、生产和经销均由美国法律以及美国食品药品监督管理局管控。选购婴儿配方奶时，你会发现配方奶有一些基本的类型。

以牛奶为基础的配方奶的销量占目前配方奶销量的 80%。尽管牛奶是这种配方奶的基础，但为了婴幼儿的安全，牛奶的成分已经被大大地改变了：通过加热和其他方法使牛奶中的蛋白质更容易消化和吸收；添加了更多的乳糖，使其乳糖水平接近母乳的乳糖水平；牛奶中的乳脂被脱去，换成植物油和其他类型的脂肪，这样更利于婴幼儿消化和吸收，而且有益于婴幼儿的生长发育。

牛奶配方奶添加了更多的铁元素。近几十年间，这些高铁配方奶已经大幅降低了婴儿缺铁性贫血的发病率。铁元素是人类正常生长发育所必需的矿物质，但是一些婴儿体内先天储铁不足，铁元素含量无法满足他们的需求。因此，美国儿科学会建议给所有非纯母乳喂养的 1 岁以下婴儿食用高铁配方奶。很多食品（包括婴儿食品）都富含铁元素，尤其是肉类、蛋黄和高铁米粉。不建议选择铁元素含量低的配方奶。一些母亲担心过多的铁元素会造成婴儿便秘，但婴儿配方奶所含铁元素的量并不会造成便秘。大多数婴儿配方奶还会添加 DHA 和 ARA，这两种脂肪酸对婴儿的大脑和眼睛发育很重要。

有些配方奶还添加了益生菌——一种"好"细菌。还有些配方奶添加了益生元，它以人造低聚糖的形式出现，模仿天然母乳中的低聚糖，是一种促进肠道黏膜健康的成分。（更多关于益生菌的信息见下页。）

益生菌

"益生菌"（英文名称为"Probiotics"，意思是"为了生命"）是你在购买婴儿配方奶和营养补充剂时常常听到的一个词。部分配方奶添加了益生菌，也就是几类活细菌。医生也可能推荐母乳喂养的婴儿服用益生菌滴剂或粉剂。益生菌是"有益的"细菌，在母乳喂养的婴儿的消化系统中大量存在。对配方奶喂养的婴儿来说，配方奶中的益生菌可以促进肠道内的细菌平衡，抑制会引起感染症状和炎症的"有害"菌类增长。越来越多的父母会额外给婴儿（包括母乳喂养的婴儿）补充益生菌。关于益生菌益处的研究正在进行当中，一些儿科医生会将益生菌推荐给剖宫产婴儿或母亲在分娩期间使用了抗生素的婴儿。

最常见的益生菌是双歧杆菌和乳酸菌。一些研究显示，这些益生菌可能可以预防或治疗婴儿感染性腹泻和遗传特应性皮炎（湿疹）等（见第 528 页和第 560 页）。益生菌对健康的其他潜在益处也在研究之中，包括益生菌对降低婴儿食物过敏和哮喘的风险，以及防止尿路感染或改善婴儿肠痉挛症状的可能性。

目前，证明益生菌可以改善健康问题的证据仍然有限，需要更多的研究。现在，益生菌的益处似乎只有在摄取它时才会体现。一旦婴儿停止饮用添加了益生菌的配方奶，其肠道内的细菌就会回到之前的水平。母乳喂养的婴儿的情况则不同——母乳喂养能够让婴儿肠道内的细菌更具"韧性"，这对婴儿的健康来说事半功倍。

在给婴儿饮用添加了益生菌的配方奶前，请与儿科医生讨论相关问题（更多关于益生菌的信息见第 534 页）。

另一种类型的配方奶是**水解蛋白配方奶**，也叫"预消化奶"，因为这种配方奶所含的蛋白质已经被分解为小分子，更易于消化和吸收。若婴儿有过敏或其他情况，请让儿科医生为你推荐一款安全可靠、致敏性低的水解蛋白配方奶。不过，这些水解蛋白配方奶通常比普通配方奶贵。

大豆配方奶因所含蛋白质（大豆蛋白）和碳水化合物（葡萄糖或蔗糖）与动物奶类配方奶中的不同，有时会被推荐给无法消化乳糖的婴儿。乳糖是牛奶配方奶中主要的碳水化合物，不过市场上也有不含乳糖的牛奶配方奶。

很多婴儿都会经历无法消化乳糖的短暂阶段，尤其是在多次腹泻后，因为腹泻会引起肠道黏膜内消化酶的流失。这种情况一般只是暂时的，无须改变婴儿的饮食。只有极少数婴儿才有严重的乳糖消化吸收障碍（不过这种问题更容易出现在更大的孩子和成年人身上）。尽管不含乳糖的配方奶是很好的营养来源，但在给孩子吃不含乳糖的配方奶之前，请向儿科医生咨询，因为不管孩子有什么问题，都可能是由其他原因造成的。

真正的牛奶过敏会导致孩子肠痉挛、精神不振甚至血性腹泻，这种过敏是由牛奶配方奶中的蛋白质引起的。这种情况下，含大豆蛋白的大豆配方奶似乎是很好的替代品。不过，对牛奶过敏的婴儿中多达半数的婴儿对大豆蛋白也很敏感。因此，必须让他们吃母乳或特殊的配方奶（比如氨基酸配方奶或元素配方奶）。

一些父母是严格素食者，他们会给孩子选择大豆配方奶，因为它不含动物性成分。记住，母乳喂养才是素食家庭的最佳选择。虽然有些父母认为大豆配方奶可以预防或减轻肠痉挛或者婴儿的烦躁不安，但没有证据可以证实这一点。

美国儿科学会认为，在绝大多数情况下，应该为婴儿选择牛奶配方奶而非大豆配方奶。然而，有一种情况是婴儿患有一种罕见的代谢性疾病，其学名是"半乳糖血症"。患有这种疾病的婴儿对半乳糖不耐受，而半乳糖是构成乳糖的两种糖分之一。这类婴儿不可以喝母乳，且必须喝无乳糖配方奶。美国各州已将半乳糖血症的检测列入新生儿出生后的筛查项目。

有专为有特殊疾病的婴儿配制的配方奶，还有专为早产儿配制的配方奶。如果儿科医生为你的孩子推荐特殊配方奶，你就要谨遵医嘱（包括喂食量、时间表、特殊准备等），因为特殊配方奶和普通配方奶有很大的区别。

配方奶的准备、消毒和储存

婴儿配方奶分为液体即食型、浓缩液型和奶粉型。液体即食型配方奶非常方便，但价格较高。浓缩液型配方奶需要根据产品说明加水冲调。没有用完的浓缩液型配方奶可以盖好并放进冰箱冷藏，保存时间不可超过 48 小时。配方奶粉最便宜，通常有两种包装形式：一种是定量的小包装，另一种是大罐装。大部分配方奶粉都要求一平勺奶粉加 60 毫升水，充分摇匀直到奶瓶内没有未溶解的奶粉块。无论购买哪一种，都要阅读产品说明，确保冲调方式正确。

　　除具有价格优势外，配方奶粉还轻便易携带。奶粉即使在干燥的奶瓶中存放几天再加水也不会变质。你如果选择需要冲调的配方奶，就一定要严格按照产品说明操作。加水过多的话，婴儿就无法获得正常生长所需的热量和养分；加水太少的话，高浓度的配方奶会造成婴儿腹泻或脱水，而且它提供的热量会超出婴儿的需求。

　　如果你家喝的是井水，或者你担心自来水不够安全，那么你在冲调配方奶前应将水煮沸 1 分钟左右，并且等水温降到室温再使用。（你如果担心水质，最好测试一下你家所用井水的细菌或者其他污染物的含量。）你也可以使用瓶装水来冲调配方奶。

　　婴儿配方奶粉不是完全无菌的，我们已经发现了一种与配方奶粉相关的由克罗诺杆菌导致的严重疾病。但是，这种疾病十分少见。世界卫生组织已

浓缩液型配方奶的冲调（一次一瓶）

洗手并量取浓缩液型配方奶。

倒入等量的水，摇匀并尽快饮用。没有用完的浓缩液型配方奶可以盖好并放进冰箱冷藏，保存时间不可超过 48 小时。

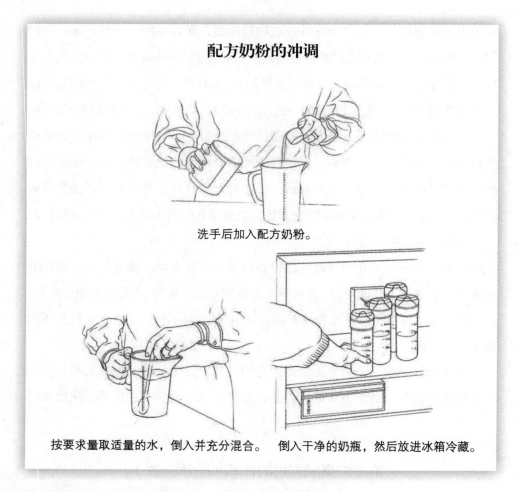

配方奶粉的冲调

洗手后加入配方奶粉。

按要求量取适量的水，倒入并充分混合。　倒入干净的奶瓶，然后放进冰箱冷藏。

经发布了提高婴儿配方奶粉安全性的指南。美国疾病控制与预防中心和其他组织建议，在冲调配方奶粉之前，至少将水加热到 70℃以降低感染克罗诺杆菌的风险。

确保用来冲调配方奶或用来喂婴儿的所有奶瓶、奶嘴和其他用具洁净。如果你家使用的是氯化水，那么只需用洗碗机清洗这些用具，或者用洗洁精和热水清洗。如果使用的是未氯化的水，就将用具放在沸水中煮 5 ~ 10 分钟。

提前冲调好的配方奶可以放进冰箱冷藏以减少细菌繁殖，且应在 24 小时内用完，否则就应倒掉。冷藏过的配方奶不一定非要加热，但大多数婴儿喜欢接近室温的奶。你可以将奶瓶从冰箱中取出来静置 1 小时，或者放在一盆热水中加热（重申一遍，不可以用微波炉加热）。你如果加热了奶，喂孩子前要摇出几滴在你的手腕内侧来检查一下温度，以免奶过热。

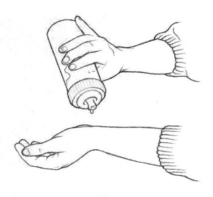

奶加热后，在喂孩子前一定要检查它的温度。

可以使用玻璃奶瓶、塑料奶瓶或有塑料内胆的奶瓶。有内胆的奶瓶使用方便，而且有助于减少空气的吸入，但价格高一些。当你的孩子可以自己拿着奶瓶时，应尽可能地避免让他使用易碎的玻璃奶瓶。此外，也不推荐使用那种专门设计来鼓励孩子自己进食的奶瓶，因为孩子长时间喝奶会让牙齿过度接触糖分。奶和其他含糖的液体长时间与牙釉质接触会促进细菌滋生并产生酸性物质，进而造成儿童早期龋齿（曾被称作"奶瓶龋齿"）。儿童早期龋齿常见于 6 个月及以上的婴儿，他们经常在用奶瓶吃奶或吃母乳的时候睡着，或在夜间随时要求喂奶。少数情况下，婴儿因仰卧着自己用奶瓶吃奶而患中耳炎（见第 663 页），所以不应让婴儿整晚吮吸奶瓶。如果你的孩子习惯晚上吃奶，你就要在他睡着前将奶瓶从他嘴里移走并给他刷牙以预防龋齿。

奶嘴分为硅胶奶嘴、橡胶奶嘴、牙科正畸奶嘴以及专为早产儿和腭裂儿设计的奶嘴等。你可能要试几次才能找到孩子喜欢的奶嘴。不管用哪一种奶嘴，都一定要检查奶嘴上孔的大小。如果孔太小，婴儿就需要用力地吮吸，由此吞入很多空气；如果孔太大，奶流出得太急，又可能呛到他。理想情况是，将奶瓶的奶嘴朝下时，里面的奶以大约每秒 1 滴的速度滴出来，而且几秒后不再滴出来。

喂奶的过程

喂奶应该是放松、舒适且令人愉悦的。这个过程让你有机会表达你的爱，也让你和孩子更加熟悉对方。你如果表现得平静而安详，孩子也会有同样的

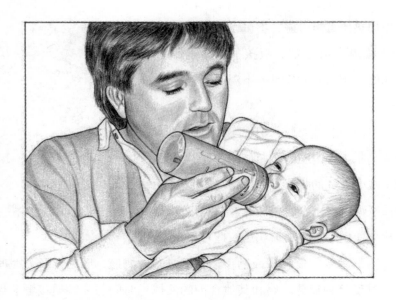

回应。你如果很紧张或心不在焉，他也会感觉到这些负面情绪，这有可能造成喂养不顺利。

　　一般来说，坐在扶手椅或放着靠垫的椅子上喂奶是最舒服的方式，这让你有地方支撑自己的胳膊。喂奶时，应用半竖起的姿势环抱孩子并撑起他的头部。不要在他完全平躺时喂奶，因为这样会增高孩子被呛到的风险，还有可能造成奶流入耳中，导致中耳炎。

倾斜奶瓶，让奶充满瓶颈和奶嘴，这样可以防止婴儿吃奶时吸入空气。用奶嘴轻轻拨弄婴儿的下唇或面颊可以激发觅食反射，让他张开嘴含住奶嘴。一旦将奶嘴含在嘴里，他就会开始吮吸和吞咽。

配方奶的喂食量和时间表

为了避免过度喂食——用奶瓶喂养常见的问题，建议循序渐进地喂食。在出生后的第 1 周里，新生儿每顿的奶量应在 30 ~ 60 毫升之间。不过，每顿的奶量在第 1 个月里会逐渐增加，直到达到 90 ~ 120 毫升，每天的总奶量大约为 946 毫升。一般来说，配方奶喂养会更规律，比如说，每 3 ~ 4 小时 1 次。这是因为配方奶中的营养构成是一成不变的，而母乳的成分在 24 小时内都有变化，这就会造成喂养模式不规律。母乳喂养的婴儿也比配方奶喂养的婴儿奶量小，需要喂得更频繁。在出生后的头几周，孩子如果一次睡 5 小时以上仍没有醒来，你就要将他叫醒吃母乳或配方奶。

到满月时，配方奶喂养的婴儿的奶量可以达到每顿至少 120 毫升，吃奶频率也已经相当规律，每 3 ~ 4 小时吃 1 次。接近 6 个月大时，婴儿每 24 小时吃 4 ~ 5 次，每次 180 ~ 240 毫升。

平均来说，婴儿体重与每天总奶量的关系为：每 453 克体重对应 75 毫升配方奶。但他很可能根据自己的个体需求不断调整奶量，所以父母不要拘泥于某个定量，而要让他自己来"告诉"你什么时候吃饱了。婴儿如果在吃奶时表现得不耐烦或容易走神，就很可能已经吃饱了；如果他把奶瓶里的奶吃光后还在咂嘴，那就可能还没吃饱。不过，奶量还是应有上限和下限。如果你的孩子总是吃得比上限多或比下限少，你就应与儿科医生讨论这个问题。婴儿在 24 小时内吃的配方奶的总量不应超过 960 毫升，但这一上限并不需要严格遵守。另外，有些婴儿的吮吸需求比别的婴儿多，他可能只是希望在吃奶后继续吮吸安抚奶嘴。

一开始最好按需给配方奶喂养的婴儿喂奶，或只要他饿哭了就喂奶。随着时间的推移，他的时间表会自然变得规律。随着你熟悉他发出的信号和他的需求，你就可以按照他的规律安排喂养计划。

　　2 ~ 4 个月大或体重超过 5.4 千克后，大多数配方奶喂养的婴儿都不再需要夜间喂奶。他们现在白天吃得更多，而且他们的睡眠模式更加规律（不过每个婴儿的情况各有不同）。他们的胃容量也有所增大，这意味着他们白天吃奶的间隔会加长——有些可以间隔 4 ~ 5 小时。假如你的孩子仍然吃得很频繁或吃得越来越多，你就要试着用游戏和安抚奶嘴转移他的注意力。有时肥

婴儿喂养存在的问题及表现

喂食过量

可能表明喂食过量的迹象：

■ 奶瓶喂养的婴儿每顿的奶量超过 180 毫升；

■ 吃完奶后，婴儿吐出大部分或全部的奶；

■ 大便非常稀，且一天排便 8 次及以上（不过请注意，母乳喂养的婴儿在正常情况下排便更频繁，且大便更稀软）。

喂食不足

可能表明喂食不足的迹象：

■ 母乳喂养的婴儿吃奶没多久就睡着，而且吃完看起来不满足；

■ 每天尿湿的尿布不到 4 块；特别是在婴儿已经开始整夜睡觉的情况下，他可能吃得不够（因为大多数婴儿夜间至少需要吃 1 次奶），而且可能排尿次数更少，出现轻度脱水迹象；

■ 第 1 个月里，新生儿排便次数很少，或大便很硬；

■ 婴儿看起来很饿，吃完奶后，很快就开始寻找可以吮吸的物品；

■ 第 1 周里，新生儿的肤色变得更黄，而非更白；

■ 婴儿看起来过于困倦或无精打采。

食物过敏或消化不良

表明食物过敏或消化不良的迹象：

■ 吃完奶后，婴儿吐出大部分或全部的奶；

■ 每天排便 8 次及以上，大便很稀或带血；

■ 身上出现严重的皮疹。

胖症从婴儿时期就会发生，所以不要给婴儿过量喂食。

不管你是进行母乳喂养还是配方奶喂养，最重要的是记住孩子有自己独特的需求。没有任何一本书可以确切地告诉你孩子每次应该吃多少，多长时间吃一次，或者你到底应该怎么给他喂奶。随着你和孩子互相了解，你会自己找到答案。

母乳喂养和配方奶喂养的婴儿的营养补充

补充维生素

母乳含有天然而均衡的维生素，特别是维生素 C、维生素 E 和 B 族维生素，所以只要你和孩子都健康，并且你摄入了丰富的营养，那么孩子就应该不需要补充这些维生素。

母乳喂养的婴儿需要补充的是维生素 D。这种维生素是皮肤经阳光照射自动合成的。不过，美国儿科学会认为婴幼儿应尽可能地避免阳光直射，在阳光下应涂抹防晒霜，因为长期晒太阳有可能增高患皮肤癌的风险。但是，防晒霜会阻碍皮肤合成维生素 D。目前美国儿科学会建议所有婴儿从出生后不久就应保证每天至少摄入 400 国际单位维生素 D，1 岁以上的孩子每天应至少摄入 600 国际单位。配方奶已经添加了维生素 D，所以婴儿每天喝足量配方奶的话，就不需要额外补充维生素 D。早产儿或有其他健康问题的婴儿可能需要补充维生素。请与医生讨论补充维生素或矿物质的问题。

一般来说，均衡的饮食可为哺乳的母亲及婴儿提供必需的维生素。不过，儿科医生还是建议母亲继续像产前那样每天补充多种维生素来确保营养均衡。如果你是严格素食者，那么需要额外补充 B 族维生素，因为某些 B 族维生素只存在于肉类、禽类和鱼类中。如果婴儿吃配方奶，那么他通常可以从配方奶中获取充足的维生素。

我们的立场

美国儿科学会认为，日常饮食均衡的健康儿童无须补充推荐剂量之外的维生素。维生素 D 推荐的补充剂量为 1 岁以下婴儿每天 400 国际单位或者 1 岁以上孩子每天 600 国际单位。大剂量服用维生素（比如大量的维生素 A、维生素 C 或维生素 D）会引起中毒。中毒症状包括恶心、出现皮疹和头痛，有时甚至更严重。父母在给孩子补充维生素前应向儿科医生咨询。

补铁

大多数婴儿出生时体内已经储存了足量的铁来防止贫血。如果你的孩子是母乳喂养的，并且出生体重超过 2.5 千克，也没有在新生儿重症监护室接受护理，那他已经获得了足够的易于吸收的铁元素，在 4 个月大之前都不需要额外补充。早产儿或出生体重过低的婴儿因为先天储铁不足，通常在出生后 2 周内开始补铁。美国儿科学会建议，母乳喂养的婴儿在 4 个月大时开始补充铁元素（配方奶添加了铁元素，所以配方奶喂养的婴儿不需要额外补充）。当他大约 6 个月大时，你应该开始给他添加富含铁元素的辅食（如谷物、肉类和绿色蔬菜等），这可以进一步保证孩子获得正常发育所需的铁元素。预防婴儿期缺铁的最佳方法是，在孩子出生后让脐带继续搏动 30 ~ 60 秒再夹住并剪断。在分娩之前，你应该同产科医生讨论这一做法。

假如你的孩子是配方奶喂养的，那么建议你选择高铁配方奶（每升配方奶粉含有 4 ~ 12 毫克铁元素），让孩子从出生起吃到满 1 岁。早产儿体内的铁元素比足月婴儿的少，所以除了从母乳或配方奶中获取外，早产儿通常还需要额外补充铁元素，通常应该在孩子 2 周大的时候开始补充。

补充水和果汁

婴儿开始吃辅食前，可以从母乳或配方奶中获得所需的水分。6 个月大以前，吃母乳或配方奶的婴儿通常无须额外喝水。6 个月大以后，你可以将少量的水倒在杯中喂给孩子，但不要强迫他喝，就算他拒绝喝水也不用担心。他可能更喜欢通过频繁吃奶来获得所需的水分。不建议给 1 岁以下的婴儿喝果汁。让婴儿吃点儿水果、喝点儿水，这比喝果汁健康。

婴儿开始吃辅食后，对水分的需求会增加。让婴儿习惯喝白开水是可以令他受益一生的健康习惯。不推荐给婴儿喝果汁。婴儿如果习惯了喝果汁而非喝水，就可能长大后只愿意喝甜饮料，这可能会导致超重和肥胖症。

婴儿在生病时可能需要补充更多液体，尤其是在出现高热或上吐下泻时。母乳喂养的婴儿生病时的最佳补充液体仍然是母乳。你可以向儿科医生询问喝什么最好，以及应补充的量是多少。

补充氟化物

氟化物是一种天然矿物质，能够增加牙釉质并预防蛀牙。6 个月以下的婴儿不能补充氟化物。婴儿 6 个月大以后，假如居住地的饮用水含氟量低于 0.3ppm 浓度，则不论是母乳喂养的还是配方奶喂养的，都需要补充适量氟化物。假如你家用的是井水，需检测井水的含氟量。假如孩子喝的是瓶装水，或者你家用的是公共管道输送的自来水，请检查水的含氟量是否达标。假如你家更喜欢喝瓶装水，你应考虑为孩子购买专门根据婴儿日常需求量添加氟

我们的立场

美国儿科学会建议，不要给 1 岁以下的婴儿喝果汁，因为果汁对他们没有任何营养方面的益处，不仅可能增加婴儿患龋齿的风险，还可能导致婴儿偏爱甜味的水，而不喜欢白开水。对 12 个月以上的孩子来说，果汁的营养远不如真正的水果，但每天将 120 毫升果汁作为一餐的一部分是可以的。不要在睡前给孩子喝果汁，也不要将果汁作为孩子脱水或腹泻时的补充液体。对 1 ~ 6 岁的孩子来说，每天的果汁饮用量要限制在 120 ~ 180 毫升。

化物的瓶装水（又称"婴儿专用水"）。这种水通常在超市的婴儿食品架有售，可以用来冲调配方奶。

儿科医生或儿科牙医会告诉你是否需要给孩子补充含氟滴剂，并且确定合适的剂量。假如配方奶喂养的婴儿所在地区供水系统添加了氟，或者冲调配方奶的水含氟，那么婴儿从配方奶中就可以摄取一定量的氟。美国儿科学会建议，父母应向儿科医生或儿科牙医咨询孩子是否需要补充氟化物。

记住，是否适量补充氟化物取决于每个孩子的个体需求。在孩子长出所有恒牙前，你和医生应考虑是否为他补充氟化物。

拍嗝、打嗝和吐奶

拍嗝

婴儿吃奶时常会吞入一些空气，这会让他感到不适，变得烦躁不安。虽然母乳喂养和配方奶喂养的婴儿都会发生这种情况，但用奶瓶吃奶的婴儿更容易发生这种情况。这时，最好停止喂奶，不要让婴儿继续一边哭闹一边吃奶。不断地挣扎和哭闹会令婴儿吞入更多的空气，这会增强他的不适感，甚至会令他吐奶。

可以试着经常给婴儿拍嗝，即使他没有不舒服的表现。暂停喂奶并调整姿势可以减缓婴儿的吞咽速度，从而减少吞入的空气。配方奶喂养的婴儿吃完 60 ~ 90 毫升奶，母亲就应给他拍嗝。如果进行母乳喂养，母亲可趁着换另一侧喂奶的时候给婴儿拍嗝。

打嗝

大多数婴儿时不时就会打嗝。往往婴儿自己不在意打嗝，父母却非常困扰。假如婴儿在吃奶时开始打嗝，可以给他换个姿势、试着拍嗝或帮他放松下来，等他不再打嗝再继续喂奶。假如 5 ~ 10 分钟后他还没有停止打嗝，试着再喂几分钟，这样通常可以让他停止打嗝。如果婴儿经常打嗝，那就尽量在他安静的时候喂奶，不要等他很饿的时候喂，这样通常可以减少婴儿吃奶时打嗝的情况发生。

吐奶

吐奶也是婴儿阶段的普遍现象。吐奶有时意味着婴儿的奶量超出了他的胃容量，有时发生在他打饱嗝或流口水时。吐奶虽然可能有点儿麻烦，但看护者一般不必担心。吐奶通常不会造成婴儿被呛住、咳嗽、身体不适或发生危险，就算婴儿睡着时发生的吐奶也是如此。即使婴儿经常吐奶，其最佳睡姿仍然是仰卧。注意要平放床垫，不要特意抬高一头。

有些婴儿吐奶更频繁一些，但在他会坐之后大多会好转。少数吐奶非常严重的婴儿会持续吐奶到开始学步或转为用杯子喝奶后，有些可能持续吐奶整整一年。

了解正常吐奶和真正的呕吐之间的区别非常重要。大多数婴儿甚至不会注意到自己吐奶，呕吐则不然，因为其反应更加剧烈，常常会给婴儿带来很大的痛苦和不适。呕吐一般发生在进食后不久，呕吐的奶量比平时吐奶的量多。如果婴儿经常呕吐（每天一次或多次）或者呕吐物中有血样物质或黄绿色物质，你就应立刻与医生联系（见第547页"呕吐"）。

虽然彻底解决吐奶问题是不可能的，但下列方法有助于降低吐奶的频率和减少吐奶的量。

- 每次喂奶时都尽可能地保持安静、平和且愉快。
- 在婴儿吃奶过程中避免打扰、突然的噪声、强光和其他会分散婴儿注意力的事情。
- 在给配方奶喂养的婴儿喂奶的过程中至少每隔3～5分钟就拍嗝。
- 不要让婴儿平躺着吃奶。
- 每次喂完奶后，将婴儿竖直着抱20～30分钟。
- 刚喂完奶时不要挤压婴儿的腹部或让他剧烈活动。

如何给婴儿拍嗝?

这里有一些久经考验的方法。尝试一下,你会找到最适合你孩子的方法。

■ 将孩子竖直抱在胸前,让他的头靠在你的肩膀上,用一只手支撑他的头部和身体,用另一只手在他的背部轻拍。

■ 扶着孩子坐在你的腿上,用一只手支撑住他的胸部和头部,用另一只手轻拍他的背部。

■ 让孩子趴在你的腿上,撑起他的头部,使头部略高于胸部,然后轻拍他的背部或者轻轻在背部绕圈抚摸。

如果几分钟后还是没有拍出嗝来,不用担心,继续喂奶即可,因为孩子不是每次都肯定会打嗝。等他吃饱后再试着拍嗝,然后竖直着抱 10 ~ 15 分钟以防他吐奶。

■ 尽可能地在他极度饥饿之前喂奶。

■ 用奶瓶喂奶时要确定奶嘴上的孔不太大(孔太大会让奶流出得过快)也不太小(孔太小会对婴儿吃奶造成障碍,让他吞进更多空气)。如果奶瓶翻转后奶滴出几滴,然后停止,就说明奶嘴上的孔大小合适。

从本章丰富的内容和细致的介绍中你可以看出,喂养婴儿是新手父母即

培养正确的态度

"我做得到！"这应该是你对母乳喂养的一贯态度。现在有很多获得帮助的途径，你应该积极通过专家、咨询机构、培训班和互助团体获取建议和协助。下面的几条建议可供你参考。

■ 向产科医生和儿科医生咨询。他们不仅会提供医学知识，还会在你最需要的时候鼓励你、支持你。

■ 向产检医生咨询，参加母乳喂养培训班，并邀请你的伴侣一同前往。观看网络视频，向曾经或正在顺利进行母乳喂养的妈妈们寻求建议。嫂子、表姐妹、同事、瑜伽老师或所在教区的教友等都是宝贵的资源。你还可以参加当地的国际母乳协会或其他母亲互助团体。国际母乳协会是一家全球性机构，致力于帮助家庭了解并享受母乳喂养。

■ 读一些关于母乳喂养的资料。推荐 J.Y. 米克主编的《美国儿科学会母乳喂养指南（第 3 版）》。

将面对的最重要的挑战，有时会令人不知所措。本章各部分的内容适用于大多数婴儿。但请记住，你的孩子是独一无二的，他可能有自己的特殊需求。你如果有什么疑问而本章的内容没有给你满意的答案，请向儿科医生咨询，让医生来帮你找到适合你和孩子的答案。

第5章　新生儿的最初几日

经过数月的孕育，你可能觉得自己已经非常了解肚子里的孩子了。当他蜷缩在子宫中时，你领略过他的腿功，见识过他在安静时和活跃时的表现，还隔着肚皮抚摸过他。这些都会让你觉得与他非常亲密。但没有什么比得上亲眼看到孩子的小脸蛋、他用小手指紧紧抓住你手指那一刻的心情。

孩子刚刚降生的那几天，你可能怎么看都看不够，无法移开视线。仔细观察的话，你可能从孩子的五官中找到你自己或其他家庭成员的影子。可是要记住，不管与你们有什么相似之处，他都是独一无二的个体——并不是任何人的复制品。他有独一无二的个性，这种个性很可能在他出生后立刻展现出来。

一类新生儿从出生第一天开始就对尿湿或拉脏的尿布表现出零容忍的态度，用大哭大闹来表示抗议，直到有人帮他换掉脏尿布，把他喂饱，然后轻轻摇晃着把他哄睡。通常，这类敏感型新生儿不仅比其他新生儿清醒时间长，哭闹和吃奶的次数也更多。另一类新生儿似乎根本不会留意到尿布脏了，反而可能抗议换尿布时屁股暴露在外的感觉。这类新生儿通常睡得多，吃奶频率不像敏感型新生儿那么高。这两类新生儿的表现都是正常的，我们从中可以看出孩子的性格特点。

有些妈妈说，孩子在她们肚子里待了那么久之后，她们觉得很难将孩子当成有自己的思想、情感和愿望的独立个体。然而，努力调整心态，尊重孩子的个性，这是为人父母的重要工作。父母认可孩子的独特性，日后才可以更轻松地接受长大成人的孩子。

了解新生儿

新生儿的外观

和新生儿一起休息时，你可以打开包着他的小毯子，从头到脚地检查一番。这时你会发现很多在他刚出生时你没有留意到的细节，比如说，眼睛的颜色。很多白种人新生儿出生时眼睛都是蓝色的，但有些在一年内可能会发生变化。假如在 6 个月以内孩子眼睛的颜色看起来像泥巴色，那么以后大概会变为棕色；假如孩子的眼睛在 6 个月时仍然是蓝色，那么基本上以后就不会再变化了。与白种人新生儿不同，深肤色人种的新生儿出生时眼睛就是棕色的，而且基本上一辈子都不会变化。

你可能注意到新生儿的某只眼睛或两只眼睛的眼白有血点。眼白的血点和新生儿面部的水肿一样，通常都是因分娩过程中受到产道挤压造成的。这

些情况一开始可能让人看着担心，但几天内就会消失。剖宫产的新生儿出生时可能就没有面部肿胀或眼白出现血点的问题。

新生儿的皮肤看起来很脆弱。无论是早产儿、晚产儿还是准时出生的新生儿，出现脱皮都是正常的，无须任何治疗。所有新生儿，包括深肤色人种的新生儿，出生时肤色都显得比较白，长大后肤色会渐渐加深。

检查新生儿的肩膀和后背时，你可能会发现一些细小的毛发，这些叫"胎毛"。胎毛在孕晚期出现，通常在新生儿出生前或出生后不久褪去。因此，如果新生儿在预产期之前出生，很可能身上还有胎毛，而且胎毛可能几周之后才会消失。

你可能还会在新生儿的身上发现不同的斑点和印记。有些可能只是因受到挤压而出现的，比如在尿布包裹部位的边缘出现的那些。有些斑点和斑块的出现是由于皮肤暴露在冷空气中受到了刺激，你只要重新将新生儿包好，它们就会很快消失。你如果发现新生儿身上有划痕，尤其是在脸上，那就要给他剪指甲。及时修剪指甲可以防止婴儿的手乱动时抓伤自己。很多刚做爸爸妈妈的人都觉得这是一项令人紧张的任务，这时可以请教医院育婴室或儿科的医护人员，或者请教任何帮小婴儿剪过指甲的人。

新生儿皮肤上最常见的印记有以下几种。

鲑鱼斑或"鹳咬痕"。"鹳咬痕"的说法来源于西方白鹳送子的传说，这种色斑常见于传说中婴儿被鹳嘴衔着的部位，因此得名。鲑鱼斑通常为块状，颜色为粉色，但有深有浅，最常见于新生儿的鼻梁、额头下部、上眼皮、脑后和 / 或颈部。这是一种很常见的胎记，在浅肤色人种的婴儿身上尤为多见，也被称为"天使之吻"。它通常在几个月到几年间消失，但消失后也可能因为脸红而出现。

蒙古斑。这种胎记有大有小，源于皮肤中黑色素细胞增多，所以呈棕色、灰色甚至蓝色（像淤青）。最常见于腰部或臀部。这种胎记也很常见，尤其是在深肤色人种的婴儿身上。通常在学龄前消失，无须治疗。

新生儿暂时性脓疱性黑变病。这是一种小疱疹，通常在新生儿出生时出现，几天内会破掉，然后结痂。它们会留下类似于雀斑的黑色斑点，斑点几周后会消失。有些新生儿出生时只有遗留的黑斑，说明他们在出生前就已经出过这种疱疹。虽然脓疱性黑变病比较常见（尤其是在深肤色人种的新生儿身上），属于无害的新生儿皮疹，但父母仍需请医生对所有疱疹状皮疹进行检查，以便排查出感染因素。

粟丘疹。这是一些由皮脂腺分泌物造成的微小的白色突起或黄点，分布在面颊、下巴或整个鼻头。这种常见的新生儿皮疹通常在出生后 2 ~ 3 周之内自行消失。

粟粒疹。俗称"痱子"，又称"热痱"或"汗疹"。痱子常出现在炎热而潮湿的天气，但也可能因婴儿被包裹得太严实而出现。这种皮疹可能带有细小的汗疱和 / 或小红点，最常见于皮肤皱褶处和被包裹的地方，通常几天内消失。

新生儿中毒性红斑。常简称为"毒性红斑"。这种皮疹很常见，一般在新生儿出生后的几天内出现。中毒性红斑的表现是皮肤出现多个红色斑块，红斑中间有乳黄色的小突起，1 周左右完全消失。

血管瘤。血管瘤是由皮肤中大量交织的血管造成的隆起的红斑。在新生儿出生后 1 周左右，血管瘤可能呈白色或灰色，然后变成红色并隆起。虽然通常在孩子 1 岁前变大，但大多数血管瘤会在孩子达到入学年龄前自行萎缩并消失。

葡萄酒色斑。葡萄酒色斑是由皮下多余的血管造成的，通常分布在面部或颈部，表现为大块、平滑、不规则的深红色或紫色斑块。与血管瘤不同的是，这种胎记未经治疗的话不会自行消失。葡萄酒色斑有时可以通过激光手术治愈 [详见第 836 页 "胎记（含血管瘤）"]。

分娩时，新生儿的头部可能被拉长，先露出的部分可能出现头皮肿胀。轻轻按压肿胀部位的话，可能会留下轻微的压痕。这种头皮肿胀（称为 "先锋头"）通常并不严重，几日内就会消失。

有时新生儿头部的一侧或两侧会出现皮下肿胀，肿胀的部位较硬，轻轻按压后会立即回弹。这很可能是 "新生儿头颅血肿"，它也是由分娩时产道对胎头的强烈挤压造成的。头颅血肿虽然并不严重，但一般代表头盖骨之外的区域有出血（不是颅内出血），通常要 6 ~ 10 周才会消失。

所有新生儿的头上都有两个柔软的区域——囟门。这是未成熟的颅骨留出的继续生长的空间。较大的囟门位于头顶较靠前的位置，较小的囟门位于头后部。囟门可以轻轻触摸，父母无须太紧张，因为囟门下有厚实的膜保护婴儿的大脑。

新生儿出生时都有胎发，但其数量、发质和发色各不相同。大部分或全部的胎发会在 6 个月以内脱落，被成熟的头发取代。成熟头发的发质和发色可能与胎发不同。

出生后的头几周，新生儿可能受到妊娠期从母体吸收的激素的影响，其乳房暂时性增大，甚至可能分泌微量乳汁。这是正常现象，男婴和女婴都可能发生，持续时间通常不超过 1 周，但也有可能更长。最好不要按压或挤压新生儿的乳房，因为这样不仅无法缓解乳房肿大，还可能造成感染。女婴可能有少量阴道分泌物，分泌物通常为白色黏液，有时还带点儿血。这种所谓的"假月经"尽管会让一些新手父母感到惶恐，但并没有不良影响。

新生儿的腹部可能看起来有些鼓，你甚至可能发现有个部位似乎在他哭闹时会突出来。这个突起叫作"疝气"。轻微的疝气最常出现在肚脐周围，也可能出现在肚脐下方的下腹部中央（参见第 144 页关于脐疝的内容）。

新生儿的外生殖器看起来发红，而且跟小小的身体比起来显得大。男婴的阴囊可能小而光滑，也可能大而皱。睾丸似乎可以在阴囊里来回移动，有时最远可以移动到阴茎根部，甚至到大腿和腹部之间的腹股沟处。只要睾丸大多数时候都在阴囊里，偶尔四处移动就是正常现象。

有些男婴的阴囊内积有液体，这种液体被称为"阴囊鞘膜积液"（见第 544 页"交通性鞘膜积液"）。无须治疗，这种积液就会在几个月内逐渐被身体吸收，阴囊也会随之缩小。假如婴儿啼哭时阴囊突然肿胀或变大，父母应向儿科医生咨询，因为这可能是孩子患腹股沟疝的迹象，孩子需要接受治疗。

出生时，男婴的包皮与阴茎的顶端（龟头）连在一起，不像大男孩或成年男子那样可以拨开。包皮顶端有一个小口，可以排尿。假如你选择给你的儿子割包皮，包皮和龟头之间的连接部分就会被人工分离，包皮被切除，然后露出阴茎的顶端。不割的话，包皮也会在几年内与龟头自然分离（关于割包皮的详细介绍，参见第 19 页）。

阴茎的护理

包皮环切术的术后护理。 包皮环切术通常在新生儿还未出院前进行，但儿科医生也有可能决定在他出院后的几周内进行。宗教性的割礼通常在新生儿出生后第 2 周进行。手术后，阴茎顶端会包着涂有凡士林的消毒纱布。有些儿科医生建议在伤口完全愈合前继续上药，但也有些医生建议不要再上药。不管怎样，最重要的是尽可能地保持伤口周围清洁。如果大便沾到阴茎上，应用肥皂和温水轻轻地洗干净。

手术后的头几天阴茎顶端看起来发红，还可能出现黄色分泌物，这表明伤口正在正常愈合。红肿和分泌物应在 1 周内逐渐消失。伤口如果 1 周后继续发红，并且更加肿胀或出现黄色结痂，就可能是受到了感染。

伤口感染的情况不太常见，但假如你怀疑出现了感染症状，请向儿科医生咨询。

包皮愈合后就无须再对阴茎进行特殊护理了。手术有时会留下一小块包皮，每次给孩子洗澡时应轻轻将这块包皮拨开清洗。仔细检查阴茎顶端的沟槽，确定里面也清洗干净了。

如果新生儿没有在出生后 2 周内割包皮（可能由于健康原因），这项手术通常会被延迟到数周或数月后。不管何时手术，术后护理的方法都是一样的。如果要在孩子过了新生儿阶段再做手术，医生通常会采用全身麻醉的方式，手术过程也会更加正规，因为需要控制出血量和缝合皮肤边缘。

未割包皮的阴茎的护理。在孩子出生后的几个月内，你只需用肥皂和温水清洗他的未割包皮的阴茎，细节和清洗尿布包裹区域的其他部位一样。最初，包皮与阴茎顶端的组织相连，所以不用动它。不需要用棉签或消毒液来清洗阴茎。

医生会告诉你孩子的包皮什么时候分离并且可以安全地翻起。这通常不需要你等几个月甚至几年，你不要强行这样做。你如果在孩子的包皮没有与阴茎顶端分离前就强行将其翻开，就会给孩子带来很大的痛苦，他的包皮可能会流血甚至被撕裂。待包皮与阴茎顶端自然分离后，你在给孩子洗澡时要定期轻轻地往后推包皮，柔和地清洗阴茎顶端。

当你的儿子长大后，你要教他怎么小便，怎么清洗阴茎。你可以这样教他：

- 轻轻地将包皮从阴茎顶端向后推；
- 用肥皂和温水清洗阴茎顶端和包皮褶内；
- 将包皮推回到阴茎顶端。

新生儿的体重和身体尺寸

是什么决定了新生儿的身体大小呢？下面是一些常见的原因。

偏大的新生儿。造成新生儿身体偏大的原因有很多，包括：

- 父母身材高大；
- 母亲在妊娠期体重增长过多；

- 妊娠期超过 42 周；

- 胎儿在子宫内发育过快；

- 胎儿染色体异常；

- 母亲的种族；

- 母亲在怀孕前或妊娠期患有糖尿病；

- 母亲曾有过生育史，通常后生下的孩子比以前生的重。

偏大的新生儿可能出现代谢异常（比如低血糖和缺钙）、分娩性外伤、血红蛋白含量高、黄疸或各种先天性异常。几乎 1/3 的偏大的新生儿刚开始吃母乳的时候会遇到困难。儿科医生会密切关注这些问题。

偏小的新生儿。造成新生儿出生时身体偏小的原因有很多，包括：

- 提前出生（早产）；

- 父母身材矮小；

- 母亲的种族；

- 胎儿染色体异常；

- 母亲在妊娠期体重增长不足；

- 母亲患有高血压、心脏病或肾病等慢性疾病；

- 胎盘问题导致的胎儿营养不良；

- 母亲在妊娠期酗酒或滥用药物；

- 母亲在妊娠期吸烟。

医生需要对偏小新生儿的体温、血糖水平和血红蛋白含量进行严密监控。经过全面检查，儿科医生才会决定新生儿什么时候可以出院回家。

儿科医生会根据相应的生长曲线（见"附录"）来比较你的孩子与妊娠时长相同的新生儿的身高和体重。

如"附录"中的前两张生长曲线所示，孕 40 周出生的新生儿，也就是足月儿，80% 体重在 2.6 ~ 3.8 千克，这是健康新生儿的平均体重。体重处于图中前 90% 的都属于偏大的新生儿，处于后 10% 的则被认为偏小。注意，这些早期指标（不论大或小）并不能预测孩子成年后的体重，但它们能够帮助医护人员确定新生儿刚出生那几天是否需要额外护理。

　　从第一次体检开始，每次儿科医生都会对婴儿的身高、体重和头围（绕头一周的最大长度）进行检查，然后将数据标注在相应的生长曲线上。对营养充足的健康婴儿来说，这三大身体指标应按照预期的速度增长。增长速度出现任何异常都有助于医生发现孩子在喂养、发育或健康等方面的问题。

新生儿的行为

　　当新生儿躺在你的怀里或旁边的婴儿床里时，他会将自己蜷成一团。就像在子宫里那样，他四肢紧贴躯干，手指紧握成拳，不过你可以用手轻轻地将他的手指拉直。新生儿的两脚会自然地向身体内侧偏转。可能需要几周，他的身体才会从这种他熟悉的胎儿姿势逐渐舒展开。

　　你还要等很久才能听到人们称为"儿语"的孩子的"唧唧咕咕"和"咿咿呀呀"声。不过，他从出生的那一刻起就不再安静。如果有什么不对头，他就会哭。除了哭以外，他还会发出很多声音，比如呼噜声、尖叫声、叹气声、喷嚏声，还有打嗝声——你可能还记得怀孕时他在你肚子里打嗝的感觉！他的大部分声音和他突然做出的动作一样，都是对周围干扰的反射。尖锐的声音或强烈的异味都足以令他惊跳或大哭。

　　这些反射和其他一些更加细微的反应都能说明新生儿出生时各种感觉器官功能是否正常。在子宫里待了那么长时间后，他会很快辨认出母亲的声音（可能还有父亲的声音）。如果你播放轻柔的乐曲，他可能会安静下来聆听，或者随着节拍活动。

通过嗅觉和味觉，新生儿可以将母乳和其他液体区分开。母乳本身就是甜的，能够满足孩子喜欢甜食的天性。

新生儿的视力范围在 20 ~ 30 厘米之间，这意味着当你把他抱在怀里喂奶时，他可以清楚地看到你的脸。但是当你距离稍远时，他的视线就开始游移，有时眼睛看起来像斗鸡眼。在他 2 个月大以前，这种情况不用担心。在他 2 ~ 3 个月大的时候，他的眼部肌肉将发育成熟，视力提高，两只眼睛就可以更长时间地同时聚焦在一处了。如果他没有出现这种进展，你应向儿科医生咨询。

从出生起，新生儿就可以分辨明和暗，能够看到鲜艳的颜色，但还不能看到所有颜色。给小婴儿看黑白图片或颜色对比强烈的图片，他会很有兴趣地仔细盯着；但如果给他看一张有相近色的图片，那他多半什么反应都没有。

新生儿最重要的感觉当属触觉。在羊水中浸泡数月后，新生儿现在要面对各种不同的新感觉——有些令他不适，有些则令他感觉舒适安逸。虽然突然而至的冷空气让他瑟瑟发抖，但他喜欢与你肌肤相亲的感觉、毯子柔软的触觉和你手臂环绕的温暖。抱着他会让你和他都感到非常快乐，也会带给他安全感和舒适感，等于对他说——妈妈爱他。研究显示，亲密的拥抱可以有效地刺激婴儿的生长发育。

出院回家

如果你是自然阴道分娩的，那么大多数医院会在 48 小时内批准你和新生儿出院。如果你是剖宫产的，那么可能要住院 3 天或 3 天以上。不过，虽然足月的健康新生儿可以在 48 小时内出院，但这并不意味着一定要这么早出院。美国儿科学会认为，应该以母亲和新生儿的健康为重。每个新生儿都不同，应根据个体的实际情况来决定是否出院。

假如新生儿较早地出院回家，那么他仍然需要接受所有必需的新生儿检查和用药，比如说，进行听力筛查、进行遗传病采血筛查、补充维生素 K、涂抗生素眼膏、进行心脏筛查以及接种乙肝疫苗（更多信息见第 45 页"新生儿疾病筛查"），出院后的 24 ～ 48 小时还需接受儿科医生的复查。如果新生儿出现精神萎靡、发热、呕吐、无法进食或皮肤发黄（黄疸）等症状，父母应立即联系儿科医生。在出院前，家里和汽车里都必须准备好最基本的安全设备。搭载婴儿的汽车必须配备符合婴儿身材的汽车安全座椅，而且汽车安全座椅必须经过权威部门质量认证。正确的安装方法是将座椅固定在后排并使其朝后，即婴儿坐在里面的时候面部要朝向车尾。安装时必须严格遵照汽车安全座椅的安装说明，然后用正确的方式使用。如果可能，最好请经认证的儿童乘车安全技术人员来检查汽车安全座椅的安装情况（关于汽车安全座椅的选择和正确使用的信息，见第 486 页）。

在家里你需要给新生儿准备安全睡觉的地方（婴儿床、摇篮）、大量尿布，以及足够保暖的衣服和毯子。

我们的立场

新生儿出院的时间应该由父母和医生以照顾新生儿为出发点共同决定。美国儿科学会认为，母亲和新生儿的健康优先于经济上的考量，并为母亲和新生儿在分娩后 48 小时内提早出院设定了最低标准，其中包括：新生儿必须足月出生、发育适当、体检正常，通常这些要求需要 48 小时才能全部达到。美国儿科学会支持各州政府和联邦政府基于上述标准制定的法律。一般说来，医生与新生儿的父母协商后拥有出院时间的最终决定权。

家人的感受

母亲的感受

如果你发现自己在孩子出生后的最初几天有一种快乐、痛苦和疲惫交织的感觉，而你可能对自己为人母的能力有所怀疑，尤其是这是你的第一个孩子时，请放心，因为很多新手妈妈都和你有同样的感觉。

你可能因刚刚降生的小生命而异常兴奋，甚至忘记了自己身上的疲惫和疼痛。虽然身体和精神都很疲惫，你却可能仍然紧张得无法入睡。如果你在医院分娩，孩子也健康，那他一般会睡在你的病房里（在医院提供的摇篮里）。你应该最大限度地利用母乳喂养的机会，享受与孩子肌肤相亲的接触，但是在床上或椅子上抱着新生儿的时候，请注意不要睡着。

你或你的伴侣筋疲力尽或昏昏欲睡的时候，一定要把孩子以仰卧的姿势放回摇篮里。给孩子打个襁褓可以鼓励他和你分开睡。你也可以请育婴室的护理人员在你休息或接受治疗的时候帮你照顾孩子。利用在医院的时间尽量休息，向专业的护理人员学习，让自己的身体尽快恢复。新手父母只需花几天时间就能熟悉婴儿的日常护理工作，一般到你们出院回家时，这些流程都会进入正常轨道。请记住，你可以向朋友、家人和儿科医生寻求帮助和建议（关于产后抑郁症的问题，详见下页）。

如果这不是你的第一个孩子，你可能有以下疑虑。

■ 新生儿是否会影响你和其他孩子之间的感情？

这种情况不一定会出现，只要你在安排新的日常生活时有意识地让其他孩子也参与进来。两三岁的孩子通常很乐意帮你拿干净的尿布，再大点儿的

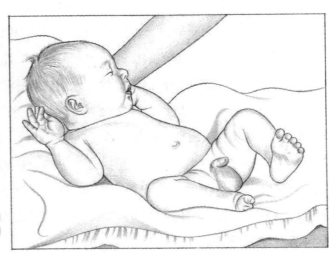

你刚刚生下了一个奇妙的小生命，他也是你要承担的令人敬畏的新责任。

孩子则会对帮你解决麻烦感到骄傲，比如他会帮你找丢失的玩具，督促每个客人在接触小宝宝前洗手等。你熟悉了新的日常生活后，要记得留出一些时间给其他孩子。

■ 你能给新生儿同等的爱吗？

事实上，每个孩子都是独一无二的，会让你有不同的反应和感觉。甚至孩子出生的顺序也会影响你们的关系模式。要经常提醒自己"新"不代表"更好"或"更不好"，应该只是有所不同而已。这是一个很重要的认知，你和孩子都要牢牢记住。

从更实际的角度来说，想到自己需要照顾几个孩子会令你有些不安。这是人之常情，但千万别因要花更多的时间来照顾孩子和担心孩子之间的竞争而被吓倒。只要付出时间和耐心，每个家庭成员都会适应自己的新角色。

如果全新的生活、身心的疲惫和那些看似根本找不到答案的问题逼得你忍不住想哭，你不必感到羞愧。你绝对不是世界上第一个哭鼻子的新手妈妈，当然也不会是最后一个。青春期和每次月经期的激素变化跟分娩后的激素波动比起来根本不值一提。所以，一切都怪激素！

情绪变化有时会令妈妈们感到难过、恐慌、易怒或焦虑，甚至对孩子发脾气——医生称此为"产后沮丧"。接近 3/4 的新手妈妈在分娩后的头几天都有过这种感受。幸运的是，产后沮丧往往来得快去得也快，通常只持续几天。

不过，一些刚生产的妈妈会有很严重的悲伤、空虚、心灰意冷甚至绝望的感觉，这些则是**产后抑郁症**的症状。她们还会感到自己很没用，开始疏远家人和朋友。刚生产的妈妈中有大约 10% 的人会受产后抑郁症影响，其症状可能会在分娩几周后出现。这些症状可以持续数月（甚至可能超过 1 年），病情会随着时间恶化，变得非常严重。这些妈妈会感到无助，认为自己没有能力照顾婴儿和其他孩子，甚至还会有伤害自己或孩子的忧虑。尽管爸爸们没有经历分娩，但他们同样可能患产后抑郁症，因此爸爸们也应对自身的产后抑郁症迹象保持警惕，并尽早寻求帮助。

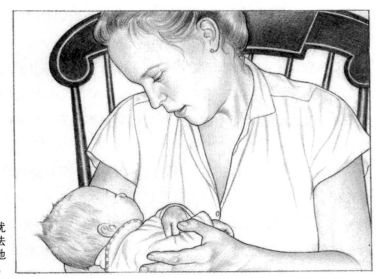

你如果觉得自己忧虑过重，已经无法承受，就要勇敢地向其他人寻求帮助。

　　与你的伴侣、家人还有亲近的朋友们讨论自己的感受。要允许别人帮忙照顾孩子。尽可能地多运动、多休息，这样可以减轻压力和焦虑。假如情况仍然没有改善，负面的情绪仍然很严重，而且在 2 周内都没有缓解，你就应与产科医生或儿科医生谈谈，或者向精神科医生寻求帮助。医生可能对你进行心理辅导或用抗抑郁药物进行治疗（如果你在进行母乳喂养，请向儿科医生咨询可否服药）。如今，很多儿科医生会在婴儿出生后 6 个月的体检时进行问卷调查以筛查产后抑郁症。

父亲的感受

　　作为伴侣，你照顾孩子的任务并不比孩子的母亲轻松。虽然你不必经历十月怀胎的过程，但随着预产期接近，迎接新生儿的准备工作成为首要任务，你必须在身体和精神上做好双重准备。虽然你可能觉得生孩子这件事与你无关，但要记得，他也是你的孩子。

　　当孩子终于出生的时候，你可能突然觉得放松，也可能非常激动或有点儿畏惧。你可能担心过自己对孩子没有感情，但目睹自己的孩子降生后，责任感和父爱就会油然而生。你可能还会对妻子产生前所未有的、更加强烈的尊重和敬爱。同时，考虑到接下来的 20 年或更长的时间要负担起照顾孩子的责任，你或许觉得很不安。

根据医院的规章和你自己的计划，你也许可以与妻子或妻儿住在同一个病房，直到出院。一起住在医院可以帮你减轻身为局外人的感觉，可以让你从孩子诞生起就开始了解他，还可以让你和孩子的母亲共同分享这种强烈的情感。

如果你还是觉得很矛盾，最好的解决方法是尽可能地参与到照顾妻儿的工作中。全家人都回家后，你可以帮忙给孩子喂奶（如果孩子是用奶瓶喂养的）、换尿布、洗澡和哄孩子等。做这些工作是你和孩子培养感情的最好方式。对全家人来说，这也是了解、关爱和欢迎新成员的好机会。

家里其他孩子的感受

家里的其他孩子可能张开双臂欢迎新成员，也可能表现出抵触情绪，或两者皆有。他们会如何反应很大程度上由其年龄和发育水平决定。举例来说，

对不到 3 岁的幼儿，你很难帮他做好心理准备来迎接小宝宝诞生带来的变化。当小宝宝诞生时他会感到奇怪，不明白爸爸妈妈为什么突然不见了。到医院探视时，妈妈卧床的样子可能让他感到很害怕，因为这时妈妈身上说不定还插着很多管子。

看到爸爸妈妈抱着其他孩子而没有抱他，他可能还会感到嫉妒，并因此开始捣乱或表现得很幼稚（比如几个月前已经学会用马桶了，却突然坚持要用尿布或开始尿裤子）。这些是幼儿面对压力和变化的正常反应，最好

的应对方式是多给他一些关爱和抚慰，而不是惩罚他。此外，尽最大努力发掘他"表现好"的行为，这样他就可以通过良好行为获得关注。要表扬他"像个大哥哥（大姐姐）"的表现，让他知道自己也有了重要的新角色。告诉他，你心里有足够的空间，你可以给他和小宝宝同样的关爱。一段时间后，他就会自然而然地对小宝宝产生感情。他和小宝宝待在一起的时候，你需要在一旁监护，这样他才能学会在小宝宝身边如何规矩地行事。

如果家里的老大已经上幼儿园了，他就更容易理解正在发生的事。你如果在怀孕时开始让他有心理准备，就有助于减少他的困惑甚至嫉妒。他可以理解大致情况（"妈妈的肚子里有了小宝宝""小宝宝以后会睡在我以前的小床上"），可能还会对这个神秘的小人儿感到非常好奇。

即便到了上小学的年纪，孩子仍然需要适应自己的新角色。同时，他可能对怀孕和孩子出生的过程很关注，急着想见见新生儿。新生儿降生后，他会感到很骄傲，很有保护欲。你可以偶尔让他帮忙照顾小家伙，但别忘了他也需要你花时间和精力来关注。

经常告诉家里的其他孩子，你心里有足够的空间，可以装下所有孩子，可以继续给每个孩子足够的爱。

健康观察

某些疾病对刚出生几周的新生儿来说很常见。你如果发现孩子出现了以下问题，请向医生咨询。

腹胀。大多数婴儿的小肚子圆溜溜地鼓着，尤其是在他们饱餐一顿之后。然而，在两次喂奶之间，他们的肚子摸起来应该是柔软的。如果你摸到孩子的肚子又胀又硬，或者他已经一两天没有排便了，或者出现了呕吐，就应立即带孩子去看儿科医生。这种情况很有可能是由胀气或便秘造成的，也有可能是因为孩子患了严重的肠道疾病。

产伤。在分娩过程中，新生儿可能受伤，特别是当产程持续时间长、分娩比较困难或胎儿比较大的时候。虽然新生儿的产伤一般都可以很快恢复，但也有些新生儿的伤势会持续较长时间。锁骨骨折是一种偶尔出现的产伤，很快就可以愈合。几周后，骨折处会出现一块小小的肿块，不要紧张，这是新骨正在形成、伤处愈合良好的征象，骨折处很快就会恢复如常。

肌无力是另一种可能出现的产伤，是由阵痛过程中胎儿的支配相应肌肉的神经被压迫或过度牵拉造成的。受影响的肌肉常在面部、肩部或上肢的一侧，一般几周之后会自行恢复。你可以向儿科医生咨询如何护理以加速恢复。

皮肤发青。新生儿的双手和双脚可能微微发青，这是正常的。在较冷的环境中，新生儿的手脚会微微发青，等暖和起来，手脚就会恢复正常的粉红色。少数情况下，新生儿哭闹得太厉害时，他的面部、舌头以及臀部都有可能略微发青，但当他停止哭闹、安静下来时，发青的部位会恢复正常。然而，长期的皮肤发青是心肺功能异常的迹象，说明新生儿的身体没有从血液中获得足够的氧气。这种情况下，必须立即就医。

排便。新生儿出生后，医护人员会密切关注他首次排尿和排便的情况，确保他的排泄功能没有问题。新生儿的首次排便可能会推迟到出生 24 小时后或更晚。第一次或第二次排出的大便是黑色或深绿色的，非常黏稠，这是在他出生前就蓄积在他肠道里的胎便。如果新生儿在出生后 48 小时内没有排出胎便，医生就会进一步检查他的肠道是否存在问题。偶尔，新生儿的大便会带一点儿血，如果这种情况发生在出生后的最初几天，就意味着他的肛门因排便产成了小裂口。一般来说，这不会造成太大伤害。但就算如此，你也要告知儿科医生关于便血的情况以便确认原因，因为还有其他原因造成出血，需要进一步的检查和治疗。

呛咳。如果新生儿吃奶或喝水太快，就有可能呛咳。但是这种呛咳一般不会持续太久，他一旦熟悉了喂养模式，就不会呛咳。这种呛咳也与母乳的喷射速度和强度有关。如果新生儿持续呛咳，或吃奶时总是被呛住，你就需要向儿科医生咨询了。这些表现可能提示他的肺部或消化道存在问题。

过度哭闹。所有新生儿都爱哭，而且没有明显的原因。如果你确定已经给孩子喂过奶，也拍过嗝了，同时他的尿布是干爽的，那么可能此时最好的办法就是抱着他，跟他说说话，为他唱唱歌，直到他停止哭闹。在孩子这么小的时候，你对他关心再多也不会宠坏他。如果上述努力都无效，你可以用一条婴儿抱毯把他包起来，或者使用第154页介绍的其他解决方法。

你会逐渐习惯孩子正常哭闹的方式。如果孩子发出了奇怪的哭声，比如像源于疼痛的尖叫声，或者哭闹的时长超出正常范围，就有可能提示他生病了。这时，你需要向儿科医生咨询。

产钳留下的印迹。如果产科医生在你分娩的过程中使用了产钳，金属产钳可能会在压迫到的皮肤上（通常在新生儿的面部和头部皮肤上）留下红色的印迹，有时甚至会造成擦伤。这种印迹往往在几天内消失。有时候，当产钳轻微地伤到了皮肤下的结缔组织，新生儿的受伤部位就有可能出现突出体表的、扁平而硬实的包块，这种包块通常会在2个月内消失。

黄疸。很多正常、健康的新生儿的皮肤会呈淡黄色，这被称为"黄疸"。这是由新生儿血液中一种叫作"胆红素"的化学物质蓄积引起的。轻微的黄疸是无害的，但如果胆红素水平持续升高且没有及时治疗，黄疸则可能导致新生儿的大脑受损。黄疸更容易发生在母乳喂养的新生儿，尤其是吃奶情况不好的新生儿身上。进行母乳喂养的母亲应该注意，每天都应该给新生儿喂

8 ~ 12 次奶，这样不但可以保证足够的产奶量，还可以将新生儿体内的胆红素控制在一个较低的水平。

黄疸最初出现在面部，然后是胸部和腹部，最后可能是四肢。同时，新生儿的眼白会变黄。如今，在新生儿出生后的 24 小时内，大多数医院都会使用无痛手持式检测仪进行黄疸筛查。如果儿科医生通过新生儿的皮肤颜色、出生天数以及其他因素怀疑他可能出现黄疸，就会为他进行皮肤或血液检测以辅助诊断。如果新生儿在出生后 24 小时之内出现黄疸，医生就会立刻抽血以进行更为精确的胆红素测定。出院回家后，你如果发现孩子身上的黄疸忽然增多，请和儿科医生联系。新生儿在出生后 3 ~ 5 天也应该由医生或护士来检查是否出现黄疸，因为这个阶段往往是胆红素水平最高的时候。如果新生儿在出生后不到 72 小时就出院了，那就需要在出院后 2 天内再去医院接受检查。某些新生儿甚至需要更早去医院，比如：

- 出院前胆红素水平比较高的新生儿；
- 较早出生的新生儿（比预产期提前 2 周以上出生）；
- 出生后 24 小时及以内出现黄疸的新生儿；
- 母乳喂养进行得不理想的新生儿；
- 分娩过程中出现头皮下受伤或出血的新生儿；
- 父母或兄弟姐妹曾经患高胆红素血症并接受过治疗的新生儿。

胆红素升高可以用光疗法（也称"光照疗法"）进行治疗。脱光衣服的新生儿会戴上遮光眼罩，被放到光疗箱中或用毯式光疗仪包裹着接受特殊光线的照射。这种治疗在家里和在医院里都可以进行，可以预防黄疸对新生儿产生负面影响。母乳喂养的新生儿的黄疸可能持续 2 ~ 3 周；配方奶喂养的新生儿的黄疸可能只需要 2 周就彻底消失。

嗜睡。新生儿大部分时间都在睡觉。只要他每睡几小时都会醒来大吃一顿，看起来非常满足，就是完全正常的——哪怕他一天中的其他时间都在睡。但如果他很少保持清醒，或者不会因为饿了而自己醒过来，或者看起来非常疲惫且对进食毫无兴趣，你就应该向儿科医生咨询了。这种嗜睡，特别是新

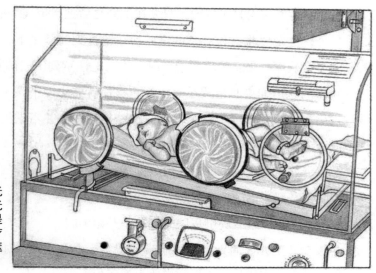

光照疗法——由光疗箱里的特殊荧光灯或毯式光疗仪提供光照，接受治疗的新生儿需佩戴遮光眼罩以保护眼睛。

生儿突然变得嗜睡，可能意味着他患了严重的疾病。

呼吸窘迫。新生儿出生几小时后才能形成正常的呼吸节律，之后，他就不应该存在呼吸方面的困难了。如果新生儿看起来以一种奇怪的方式呼吸，很可能是因为他的呼吸道被堵塞了。你可以用生理盐水滴鼻液给他滴鼻，然后用吸鼻器清洗鼻通道，将黏液冲洗出来。生理盐水滴鼻液是非处方药物，可以在药店买到。

然而，如果新生儿出现了下述任何一种值得注意的体征，你就应该立即通知儿科医生。

- 呼吸速度加快（每分钟超过 60 次）。虽然新生儿正常的呼吸频率高于成年人，但是异常的呼吸加快值得注意。
- 胸部肌肉凹陷（每次呼吸的时候肋间肌凹陷，使得肋骨突出）。
- 鼻翼扩张。
- 呼吸时发出呼噜声。
- 皮肤持续发青。

脐带。你需要保持新生儿的脐带残端干净清爽，直到它自行萎缩脱落。不需要在脐带残端上擦酒精，只需要让它保持清洁。在脐带残端脱落之前，快速地给新生儿洗澡是可以的，只要在洗完之后把脐带残端擦干。

另外，一定要将盖住肚脐的纸尿裤边缘折到肚脐之下，防止尿湿的纸尿裤浸湿脐带残端。当脐带残端脱落时，你可能注意到纸尿裤上出现几滴血迹，这是正常的，但如果脐带残端出血不止，你就应立即带孩子就医。如果脐带残端发生了感染，则需要药物治疗。虽然这种感染并不常见，但如果孩子出现下面这些体征，你就应该带他就医。

- 脐带处出现黄色、有异味的分泌物。
- 脐带基部周围的皮肤发红。
- 碰到孩子脐带或周围皮肤时，孩子开始哭闹。

一般在新生儿 3 周大之前，脐带残端会干燥、脱落。如果孩子 3 周大之后脐带残端还没有脱落，你们则需要去看医生。

脐肉芽肿。有时候，脐带残端没有完全干燥就脱落，在新生儿的肚脐上留下肉芽肿或一小块红色痂块。这种肉芽肿还有可能流出淡黄色的液体。这种情况一般 1 周内消失，如果没有，儿科医生可能会帮新生儿烧掉（灼烧并消毒）这部分肉芽肿。

脐疝。如果新生儿在哭闹的时候肚脐部位膨出，他就可能患了脐疝——新生儿腹壁肌肉上存在一个小洞（裂隙），当腹内压增大时（如哭闹时），腹腔内的组织就有可能从这个小洞往外突出。这不是一种严重的疾病，往往在孩子 12 ~ 18 个月大前就能自愈（对非裔美国婴儿来说，完全愈合可能要晚一些，但原因目前尚不得而知）。在少数病例中，这个裂隙在孩子 3 ~ 5 岁时还没有自愈，孩子就需要进行手术。不要把肚脐用胶带或硬币堵起来，这种做法不仅无法解决问题，还会引发皮疹。

第6章　第1个月

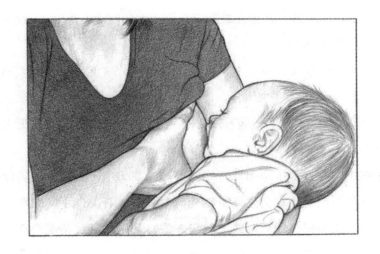

生长发育

　　起初新生儿似乎只会吃奶、睡觉、哭和排泄，但在第 1 个月内新生儿每天清醒的时间会变长，对外界有更多的反应。他的身体活动逐渐变得更加自如、更加协调——在这个阶段他最擅长的动作是将手送到嘴边。你会发现，当你说话时他会聆听，当你抱着他时他会盯着你看，偶尔还会扭动身体来回应你或吸引你的注意。在了解新生儿不断成熟的各种能力之前，让我们看看他在第 1 个月的身体变化。

外观和生长情况

出生时，新生儿的身体里有过多的体液，这些体液会在几天内排出体外。新生儿在出生 7 天内体重大约会减轻 10%。从出生后第 5 天开始，新生儿的体重应稳步增长。大约在 2 周大的时候，新生儿的体重通常已经恢复到出生时的水平。你可以将他的体重记录在"附录"中的生长曲线中。

大多数新生儿的体重会快速增加，尤其是在两个生长爆发期：一个是第 7 ~ 10 天，另一个是第 3 ~ 6 周。新生儿的体重平均每天增加 20 ~ 30 克，满月时体重可达 4.5 千克，但这些数值会因人而异。在第 1 个月，新生儿的身高会增加 4.5 ~ 5 厘米。男婴会略重于女婴（大约重 350 克），一般也比同龄女婴高（大约高 1.25 厘米）。

儿科医生会特别关注新生儿的头部生长情况，这能反映他的大脑发育情况。新生儿的颅骨尚未完全闭合，前 4 个月是颅骨生长最快的阶段。新生儿的平均头围大约是 35 厘米，满月时会达到 38 厘米。男婴的头围更大，不过平均差异不会超过 1 厘米。

胎儿在子宫内习惯了蜷缩成一团的姿势，刚出生时新生儿仍然保持这种习惯，不过几周内身体就会逐渐舒展。他会开始试着伸伸手、蹬蹬脚、挺直背部。婴儿的腿和脚仍然会弯曲，看起来像 O 形腿，这种情况会在 1 岁以内自行逐渐改善。如果双腿弯曲特别严重，或者连足背都明显地弯曲，儿科医生就会建议用夹板或石膏来矫正，但这种情况一般很罕见［详情见第 828 页"O 形腿和 X 形腿"及第 833 页"鸽趾（足内翻）"］。

如果新生儿出生时头颅有些变形，它很快就会恢复正常。分娩过程中产生的头皮擦伤和眼皮肿胀都会在 1 ~ 2 周内逐渐消退。眼白上的出血点会在大约 3 周内消失。

你可能会发现孩子出生时头部覆盖的细软胎发开始脱落。他可能会因仰卧而使脑后出现暂时性的小块枕秃，但其他位置的头发不受影响。枕秃对健康没有什么影响，过几个月秃发的位置就会长出新头发。

　　还有一种正常的发育现象是婴儿痤疮——通常在第 3 ～ 5 周出现在新生儿脸上的粉刺。医生曾认为产生痤疮的原因是新生儿的皮肤受到了母体激素的刺激，但现在普遍认为，出现这一症状是皮肤对细菌的正常反应，并且它的名称也被改为"新生儿脓疱病"。

　　如果孩子出现痤疮，你可以每天趁他醒着时在他头部下方垫一块柔软、干净的毛巾，用温和的婴儿皂轻轻帮他洗一次脸，洗净脸上可能沾染的奶液或清洁剂的残留。情况严重的话，儿科医生可能会建议使用面霜。

　　新生儿的肤色看起来很不均匀，有些部位红润，有些部位看起来有些发青。新生儿的手脚通常比身体其他部位摸起来冷，肤色偏青，因为这些地方的血管对温度更为敏感，遇到冷空气就会收缩。不过，如果你帮他活动一下四肢，他的手脚很快就会红润起来。

　　新生儿的身体有温度调节能力，可以出汗或发抖，但在新生儿刚出生时体温调节中枢还不能正常工作。此外，出生后的头几周新生儿的脂肪含量不足，温度突然发生变化时，他的身体就无法保温。因此，给新生儿穿合适的衣服很重要——天冷时要足够保暖，天热时要少穿些。根据经验，新生儿应该比身边的大人多穿一层。不要觉得新生儿就必须包得密不透风。

　　脐带残端少则 10 天、多则 3 周左右会干燥并脱落，留下完全愈合的肚脐。偶尔，脐带残端脱落后可能会留下渗出少量血样分泌物的伤口。只要尽可能地保持清洁和干燥，伤口就会自然愈合。假如 3 周后伤口仍未完全干燥、愈合，请向儿科医生咨询。

反射行为

　　新生儿前几周的身体活动大部分都是反射行为，这意味着他是凭本能活动，而非刻意为之。如果把手指放进新生儿的嘴里，他就会条件反射地开始吮吸。如果眼睛被明亮的光线照射，他就会紧紧闭起眼睛。有些反射行为会保持几个月，有些则在几周内消失。

　　某些反射行为会变成自发行为。比如说，新生儿天生有觅食反射，当你用手拨弄他的面颊或嘴唇时，他会将头转向你的手。这种反射帮助他在吃奶时找到乳头。起初，他会向左右两边寻找乳头，将头扭向乳头后还会略微转头。但到 3 周左右大时，他会直接将头和嘴巴凑向乳头开始吮吸。

吮吸也是一种本能反应，而且胎儿在出生前就已经具备了这种能力。如果你在妊娠期做过超声检查，可能碰巧看到过腹中胎儿吸手指的样子。新生儿出生后，只要将乳头和乳晕放进他的口腔深处，他就会自动开始吮吸。吃奶其实分两个步骤：首先，新生儿用嘴唇含住乳晕，使乳头在其口腔后部、朝着软腭和硬腭交界的方向，接着舌头和硬腭开始挤压乳房（这个动作可以将乳汁挤出）；其次，舌头从乳晕向乳头方向移动。在整个吃奶的过程中，新生儿会将乳房严密地含在口中来吮吸母乳。

对新生儿来说，协调而有节奏的吮吸、呼吸和吞咽相配合是颇为复杂的任务，因此，尽管吮吸属于一种本能反应，但有些新生儿刚出生时仍然掌握得不太好。不过，经过一段时间的练习，这种反应会变成每个婴儿都得心应手的技能。

出生后的第 1 周里，觅食、吮吸、吃手被视为新生儿要求哺乳的迹象。但随着母乳喂养的顺利进行，婴儿会用这些动作来安慰自己，给他一个安抚奶嘴或者帮他将拇指或其他指头放进他嘴里也会让他感到满足。

在出生后的头几周，婴儿还有一种强烈的反射行为——惊跳反射（或称"莫罗反射"）。如果婴儿的头部突然变换姿势或后仰，或者他受到巨大或突然的声音的惊吓，他就会伸展手臂、腿和脖子，然后迅速收回手臂抱在身前。他可能会大哭。惊跳反射在不同的婴儿身上有不同程度的表现，在满月之前最常见，大约 2 个月后消失。

还有一种更有趣的反射行为——强直性颈部反射。你可能留意到，当孩子的头转向一侧时，同侧的手臂会伸直，另一侧的手臂则弯曲，看起来像在击剑一样。不过，你可

惊跳反射

能不会看到这种现象，因为这是一种不太显眼的动作，孩子受到干扰或哭泣的时候可能不会表现出来。这种反射在婴儿5～7个月大的时候消失。

惊跳反射和强直性颈部反射在身体两侧的表现应该是一样的。你如果注意到孩子身体一侧的反射行为和另一侧的有些不一样，或者一侧看起来比另一侧好一些，请向儿科医生咨询。

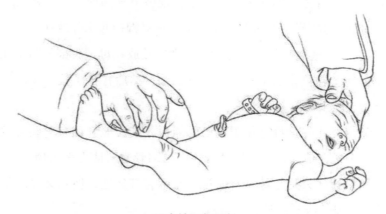

强直性颈部反射

新生儿反射

下面是新生儿出生后几周内最常见的正常生理反射。并非所有新生儿的反射行为都会严格按照下表中的时间出现或消失，下面的时间表仅供参考。

反射	出现的时间	消失的时间
惊跳反射	出生时	2个月大时
踏步反射	出生时	2个月大时
觅食反射	出生时	4个月大时
强直性颈部反射	出生时	5～7个月大时
抓握反射	出生时	5～6个月大时
足部抓握反射	出生时	9～12个月大时

　　轻轻抚弄孩子的手掌时，你还会看到另一种反射——他会迅速握住你的手指。而当你搔他的脚底时，他的脚趾也会紧紧地蜷起来。在出生后的头几天，孩子抓握非常有力，似乎可以抓着你的手指将自己的整个身体吊起来——但请不要尝试，因为他并不能控制这种反应，随时可能突然将手放开。

　　除了有力量外，你的孩子还有另一种特殊才能，那就是踏步。当然，他还无法支撑自己的身体，但如果你用双手从他腋下托住他（注意还要扶住他的头部），让他的脚掌落在平面上，他就会将一只脚抬起来并放在另一只脚前面，开始"走路"。这种反射行为有助于出生后被放在母亲腹部的新生儿爬到乳房旁吃奶。它会在孩子2个月大的时候消失，然后在孩子快1岁时作为自主的学步行为重新出现。

　　你或许觉得婴儿完全没有保护自己的能力，其实他们也有一些自卫性反射行为。举例来说，他会扭头并蠕动身体，试图躲避向他飞来的物体。（令人惊讶的是，如果物体只是与他擦身而过，而不会打到他，他就会冷静地看着那个物体飞过，身体纹丝不动。）

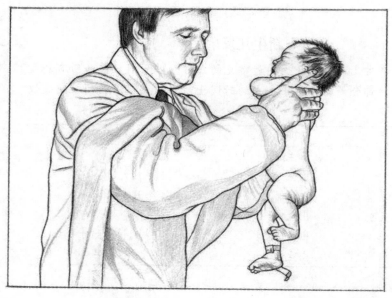

踏步反射

大脑的早期发育

作为父母，你很清楚自己的行为会对孩子产生影响。你笑，他就笑。你因他的错误行为皱眉头，他会不开心。在 6～8 周大时，他会开始露出社交性笑容。在孩子的世界里，你就是一切的中心。而随着你同孩子的联系不断加强，他也变得更加"健谈"。"管教"的效果也逐渐增强。

研究显示，在孩子 3 岁以前，其大脑会有显著的发育。在出生后的头几周，为了促进孩子大脑的早期发育，建立思维和反应模式，抱着他进行肌肤接触尤为重要。这也意味着你拥有一个独一无二的好机会，可以帮助孩子良好地发育，为他今后一生的社交、健康和认知能力发展奠定成功的基础。正如俗语所说：三岁看老。

多年以来，人们一直有一种错误的观点，认为孩子的大脑完全由父母双方的基因决定。比如说，母亲是一名出色的艺术家，孩子长大后很可能展露同样的艺术天赋。基因确实对孩子的技艺和能力有很大影响，但最新研究发现，成长环境所起的作用同样重要。最近，神经学家发现孩子出生后最初几天、最初几个月和最初几年的经历都对大脑发育有巨大的影响。先天条件和后天培养是相辅相成的。

研究显示，孩子在早期需要某些元素才能令其潜能得到充分开发。

- 孩子需要感觉自己是特殊的、被爱的和有价值的。
- 孩子需要安全感。
- 孩子需要对周围的环境有信心。
- 孩子需要引导。
- 孩子需要均衡的自由和约束。
- 孩子需要置身于多姿多彩的环境，有语言交流、游戏、探索、书籍、音乐和合适的玩具。

婴儿的大脑活动看起来比成年人的简单，但事实上婴儿大脑的活跃度是成年人的 2 倍。婴儿的大脑每秒有 700 多次神经连接或突触形成。神经学家认为从孩子出生到 3 岁这段时间至关重要。在这 3 年中，人类大脑的学习潜能处于巅峰。这不仅因为在这一阶段儿童的学习速度非常惊人，还因为在这段时间儿童会逐渐建立思维、反应和解决问题的基本模式。举例来说，儿童能够轻松学会很多外语单词，同样的事情对成年人来说就很困难。

你和你创造的环境将影响孩子处理情绪的方法、他与人交往的方式、他的思维方式以及他的身体发育情况。创造一个适宜的环境有助于促进孩子大脑的正常发育。适宜的环境就是以孩子为中心，并且可以为孩子的发育、兴趣和人格发展提供合适的学习机会的环境。幸运的是，很多家庭都拥有营造良好环境的基本条件：均衡的营养；热情、有责任感和有爱心的家人以及其他看护者；快乐的游戏时间；持续不断的正面引导；吸引人的语言交流；可以自己读或听家长读的好书；可刺激大脑活动的音乐；探索周边环境并从中学习的自由。

请仔细阅读下面列出的有益于儿童健康的要素，以及每个要素与儿童大脑发育的关系。

■ **语言。** 父母（和其他看护者）与孩子进行面对面的交流以及从婴儿期就给孩子读书，都有助于他的语言能力的发育。

■ **尽早发现发育问题。** 只要尽早发现，就可以解决很多发育和健康方面的问题。若尽早开始密切关注残障儿童和其他需要特殊护理的儿童的大脑发育，他们可以从中获得很大助益。

■ **积极的育儿态度。** 用充满关爱、支持和尊重的态度培养孩子，可以增强孩子的自我认同感和自信心，对孩子的发育也有很大影响。你对孩子的关爱和积极回应对塑造孩子的未来起至关重要的作用。

■ **环境刺激。** 在丰富多彩的安全环境下进行探索和解决问题可以促进孩子学习。

越来越多的行为研究都揭示了环境对塑造孩子的一生有什么样的作用。这一研究帮助我们认识到成年人在孩子的大脑发育过程中到底起了多么重要的作用。

你可以根据下列的建议，在家里和所处的社区为孩子创造一个良好的环境。

■ **获得良好的产前保健。** 孩子的大脑发育在妊娠期就已开始，优质的产检有助于保证孩子的大脑健康发育。母亲应尽早开始产前检查，定期去看医生，一定要听从医生的指导。饮食要均衡、健康，不要滥用药物，不要吸烟喝酒，做到这简单的几项就能为孩子未来的健康打好基础。

■ **争取建立互助小组。** 新手父母独自抚养孩子会遇到很多困难，应寻求家人、朋友和社区的帮助。可以向儿科医生咨询家长互助小组和其他活动的情况。

■ **尽可能多地与孩子互动。** 跟他聊天、为他读书、给他放音乐、陪他画画、跟他一起玩……通过这类活动你可以关注到孩子的想法和兴趣，让孩子感到自己特别而且重要。你还可以教孩子一些社交语言，这有助于孩子今后建立良好的人际关系。

■ **给孩子足够的爱和关注。**充满温暖和关爱的环境会让孩子感到安全、满足，也让他学会关心别人。这种关注不会宠坏孩子。

■ **让孩子的日常活动有规律。**你和其他看护者要保证孩子的日常活动有规律。此外，还要注意，随着孩子能力的增强，你自己给孩子的指示也要保持一致。这种规律性可以让孩子清楚地知道他所处的世界会发生什么。

婴儿不同的意识状态

状态	名称	婴儿的反应
状态 1	深度睡眠	静静地躺着不动
状态 2	轻度睡眠	有肢体动作，易受响动惊吓
状态 3	昏昏欲睡	眼睛逐渐闭上，可能开始打盹
状态 4	安静的警觉	眼睛睁大，表情灵动，肢体无动作
状态 5	积极的警觉	表情和肢体动作都很活跃
状态 6	哭闹	哭并且可能尖叫，肢体乱动

哭闹和肠痉挛

婴儿大约从 2 周大时开始喜欢哭闹。有些父母犹豫要不要抱起哭闹的婴儿，觉得这样做会宠坏他。但事实上，这个阶段的婴儿是不会被宠坏的，你应该尽可能地满足他的需要。

婴儿的性情和哭闹类型有很多种。有时候，婴儿的哭闹并没有明显的缘由，父母很难猜出哭闹代表着什么。但是，只要哭闹一直持续，父母就会心烦意乱、十分紧张，这是可以理解的。

你的孩子是否每天一到某个时候就显得非常烦躁，似乎怎么哄都哄不好？

这种情况很常见，尤其是在晚上 6 点到午夜之间——正是你操劳一天后非常疲倦的时段。婴儿的烦躁对你是种折磨，如果你还得照顾其他孩子或工作，这会让你更加痛苦。好在这种烦躁持续的时间不会很长——一般在孩子 6 周左右大的时候达到巅峰，每天可以持续 3 小时，然后逐渐减少，到 3 ~ 4 个月大时每天最多持续 1 ~ 2 小时。只要孩子可以在几小时内安静下来，其余时间都很平静，那你就没有必要紧张。

然而，如果哭闹加剧，还无休无止，那就可能是因为孩子发生了肠痉挛。大约 1/5 的婴儿会发生肠痉挛，最常见于 2 ~ 4 周大时。即使你为孩子换了尿布、喂他吃了奶，甚至搂着他、轻摇他或者带着他走动，试图安抚他，他依然哭闹不休。发生肠痉挛的孩子会不停哭闹，不管用什么办法都哄不好，常常还会尖叫、双脚乱蹬，还会放屁。他们会整日整夜地哭闹，而且哭闹常常在傍晚加剧。

很遗憾，目前对这种现象还没有确切的解释。大多数情况下，肠痉挛可能是因为婴儿对刺激异常敏感，或者婴儿难以自控、无法调节神经系统（即神经系统发育不成熟）。随着身体发育成熟，这种无法控制自己的情况（标志是持续的哭闹）将得到改善。肠痉挛型哭闹一般在孩子 3 ~ 4 个月大时消失，但也可能一直持续到 6 个月大时。对母乳喂养的婴儿来说，肠痉挛有时是婴儿对母亲所吃的某种食物敏感的表现。这种不适还有一个罕见的原因——婴儿对配方奶中的牛奶蛋白过敏。肠痉挛也可能提示婴儿患了其他疾病，比如疝。

你需要等待这个时期过去，也可以尝试一些方法来改善情况。当然，你需要先向儿科医生咨询，确定孩子哭闹不是因为患了需要治疗的疾病，然后问问医生下列哪一种方法对你最有帮助。

■ 你如果正处于哺乳期，可以试着停止食用乳制品、大豆、鸡蛋、洋葱、卷心菜以及其他可能有刺激性的食物。为了保证避开所有有必要戒除的食物（你要明确所有食物的成分），你最好先与儿科医生讨论一下。在看到变化之前，忌口大约需要持续 2 周。注意，一次只禁食一种食物。如果孩子喝的是配方奶，你可以请儿科医生为你推荐一种水解蛋白的配方奶。只有不到 5%的肠痉挛型哭闹是由食物过敏引起的，所以在极少数的情况下，母亲调整饮食有助于在几天内减轻婴儿肠痉挛的症状。

■ 不要喂得过饱，过量饮食会引起婴儿不适。一般来说，前后两次喂奶应该间隔 2 ~ 2.5 小时。如果你进行母乳喂养并且乳汁充足，有时孩子会变得烦躁不安。在这种情况下，你可以只用一侧的乳房喂他，这样可以调节乳汁分泌量，减少孩子胀气的情况（见第 101 页关于涨奶的内容）。

■ 用婴儿背带背着孩子走动。晃动感和身体接触对婴儿有安抚作用，虽然无法从根本上缓解他的不适，但是可以让他感觉好些。

■ 轻轻摇一摇孩子，打开放在隔壁房间的吸尘器，或者把他放在可以听到烘干机、电风扇、空调工作发出的声音或其他白噪声的地方。稳定而有节奏的晃动和让人感到平静的声音有助于他入睡。但是，绝对不要将孩子放在洗衣机或烘干机上面。

■ 给孩子一个安抚奶嘴。虽然一些母乳喂养的婴儿非常抗拒安抚奶嘴，但另一些会立刻安静下来（见第 164 页）。

■ 让孩子趴在你的膝盖上，然后轻轻按摩他的背部。趴着时腹部受到的压力可以让他感觉舒服些。如果孩子在按摩时睡着了，你要将他以仰卧的姿势放到婴儿床上。

■ 用一张薄毯给孩子打个襁褓，这可以给他安全感，也可以保暖。

■ 当你感到紧张和焦虑时，请家人或朋友暂时帮你照顾孩子，你则去外面走走。即使只离开一两个小时也有助于你保持积极的心态。如果你找不到其他成年人来帮忙，可以把孩子以仰卧的姿势放在婴儿床上或者其他安全的地方，然后离开房间几分钟。不管你有多不耐烦、多生气，都绝对不可以大力摇晃孩子。大力摇晃会造成婴儿失明、脑损伤，甚至死亡（见下页"虐待引起的头部损伤：摇晃婴儿综合征"）。你如果感到抑郁或无法处理自己的情绪问题，应向医生咨询，医生会推荐一些方法来改善你的情况。

虐待引起的头部损伤：摇晃婴儿综合征

大力摇晃婴儿是一种严重虐待，最常见于婴儿1岁以内。大力或剧烈地摇晃婴儿，包括撞击婴儿的头部，常常源于父母或其他看护者因婴儿不停哭闹而过于愤怒或精神崩溃。摇晃或击打婴儿的头部会造成严重的身心伤害，甚至造成婴儿死亡。

虐待引起的婴儿头部损伤会造成很多严重的伤害，包括失明或眼部损伤、脑损伤、脊柱损伤或影响正常发育。头部损伤的症状和体征包括焦躁不安、昏睡（难以保持清醒）、发抖（颤抖）、呕吐、抽风、呼吸困难和昏迷。

美国儿科学会强烈反对大力摇晃婴儿。你如果怀疑孩子的其他看护者曾经摇晃或伤害过孩子，或者你或你的伴侣一时失控做了这些事，就应立刻带孩子去儿科或急诊室。假如孩子已经出现了脑损伤，不进行治疗只会让情况变得更糟。不要因为羞愧或恐惧而不敢带孩子就医。

你在照顾孩子时，如果感到自己可能会失控，可以用以下几种方法缓解。

- 深呼吸，然后慢慢从1数到10。
- 把哭闹的孩子放在婴儿床中或其他安全的地方，离开房间，让他继续哭几分钟。
- 给朋友或家人打电话，寻求精神支持。
- 向儿科医生咨询，也许婴儿哭泣是因为某种健康原因。

第一次笑

新生儿在第1个月最重要的变化之一是他会笑以及笑出声了。第一次笑都是在新生儿熟睡时发生的，原因至今仍然不得而知。这可能是新生儿感受到外界刺激的信号，也可能是他对某种内心冲动的反应。看着孩子熟睡时的笑容会让你感到难以形容的快乐，不过会让你更开心的是快满月的他在清醒时对你展露笑颜。

这些可爱的笑容会让你们更加亲密，而且你很快就会发现，你可以预测孩子什么时候会对你笑、会看着你、会发出声音，以及什么时候因玩得过久而停下来（这一点同样重要）。渐渐地，你们会熟悉对方的反应模式，这样，你们的玩耍就会像跳双人舞一样，时而由你来领舞，时而由孩子来领舞，一方会配合另一方。即使在孩子这么小的时候，你也可以通过辨别和回应他的微妙信号告诉他，他的想法和感受对你很重要，他可以影响他所处的世界。这些信号对他的自我认同感和幽默感的形成至关重要。

运动发育

在出生后的第 1～2 周，新生儿的动作非常不平稳。他的下巴可能会发抖，手可能会颤动。突然挪动他或强烈的声响都很容易令他受惊，还很可能把他吓哭。如果他表现得对刺激过度敏感，你可以将他紧紧抱在怀里，或者将他紧紧包在襁褓里，这样会让他觉得舒服些。市面上甚至有一种专门设计的抱毯，用来包裹特别难以安抚的新生儿。但等孩子满月后，随着神经系统发育

第 1 个月婴儿的运动发育里程碑

- 手臂活动不平稳、容易颤动。
- 可以将手举至视线范围内，也可以送到嘴边。
- 俯卧时可以将头从一侧转到另一侧。
- 失去支撑时，头会向后仰。
- 双手紧紧握拳。
- 有强烈的反射行为。

成熟，他的肌肉控制能力将有所增强，这些发抖和颤动的情况就会消失，孩子的四肢活动起来会更加流畅，他看起来就像在骑自行车一样。让他趴在床上时，他的腿会做出爬行的动作，他还可能稍微撑起手臂。

新生儿的颈部肌肉也飞速发育，他可以更好地控制头部动作。趴着的时候，他可以稍微抬起头，让头左右转动。不过，他在 3 个月大以前还无法自己将头竖起来，所以看护者抱着他的时候一定要注意扶住他的头部。

新生儿在第 1 个月里应该能看到自己的手了。他的手指动作仍然很有限，因为大部分时间里他的双手仍然紧紧握拳。不过他已经可以屈起手臂，将手送进嘴里或者举到眼前。虽然他还无法准确地控制双手，但只要双手出现在视线范围内，他就会盯着仔细研究一番。

视觉发育

新生儿的视力在第 1 个月会经历很多变化。比起中心视觉，他出生时具有更好的边缘视觉（看到侧面物体的能力），不过他的眼睛在逐渐形成对位于视线范围中央的某一个点的聚焦能力。他喜欢注视距离他 20 ~ 30 厘米的物体，到满月时，他最远可以看到距离他约 90 厘米的物体。

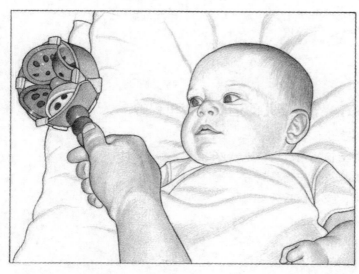

新生儿喜欢看距离他
20 ~ 30 厘米的物体。

同时，他将学会用视线跟随移动的物体。为帮助他锻炼这一技巧，父母可以跟他玩视线跟踪游戏：面对面地抱着他，然后慢慢将头从一侧转到另一侧，或者将一个有图案的物体在他面前上下左右移动（距离不能超过他的视力范围）。一开始，他的视线只能跟上在有限范围内缓慢移动的较大物体，但很快就能跟上移动更快的、更小的物体。

出生时，新生儿的眼睛对强光非常敏感，瞳孔会收缩（变小）。2 周大时，他的瞳孔开始变大，这让他可以对光线做出反应。随着视网膜（眼球内部的光敏感性组织）发育，新生儿观察和辨别图案的能力也会增强。过于敏感的新生儿在强光的照射下会哭泣。图案对比越强烈，就越能吸引新生儿的注意，这就是为什么新生儿喜欢看黑白图案或形状对比强烈的图案，比如条纹、同心圆和棋盘格图案，以及非常简单的人脸图案。

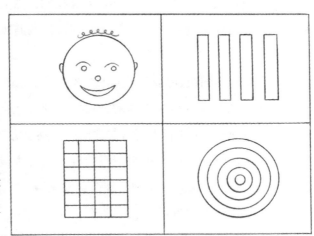

新生儿喜欢看黑白图案或形状对比强烈的图案，比如条纹、同心圆和棋盘格图案，以及非常简单的人脸图案。

第 1 个月婴儿的视觉发育里程碑

- 聚焦范围为 20 ~ 30 厘米。
- 眼神游移，双眼偶尔会对眼。
- 喜欢看黑白图案或形状对比强烈的图案。
- 最喜欢看的是人脸图案。

如果你给新生儿看 3 个外形一样但颜色不一样的玩具——它们分别是蓝色、黄色和红色的——那么他看得最久的应该是红色的那个，不过目前没人知道为什么会这样。是红色本身还是颜色的亮度吸引了新生儿？我们只能确定婴儿的色彩识别能力（色觉）直到 4 个月大以后才会完全成熟。因此，如果你给新生儿看两个相近的颜色，比如绿色和青绿色，他应该看不出区别。

听觉发育

新生儿应该在出生后不久就做过听力筛查。事实上，美国儿科学会建议所有的新生儿在出院前都应完成听力筛查，父母应该主动询问筛查结果［见第 652 页"听力损失（听力障碍）"］。

听力正常的新生儿在第 1 个月会非常关注人的声音，尤其是音调较高的"儿语"。当你跟他说话时，他会扭头寻找你，然后仔细听你发出的不同音节和字词。如果仔细观察，你甚至会发现，他的胳膊和腿会随着你的说话声微微做出动作。

新生儿对不同级别的噪声也很敏感。如果你在他耳边发出很响的敲击声，或者将他带到一个有很多人的嘈杂房间，他可能会被吓呆，就好像什么都没听到一样一动不动；或者表现得非常敏感，甚至突然大哭起来，还会努力扭动身体试图远离噪声。但如果给他听轻轻的摇铃声或安静的音乐，他就会变得机灵起来，转过头来寻找这种有趣声音的来源。

新生儿不仅有很好的听力，还会记住一些声音。有研究证实，一些曾在孕晚期大声地反复读过某个故事的母亲发现，孩子出生后再给他们读这个故

第 1 个月婴儿的听觉发育里程碑

■ 听觉完全成熟。
■ 能识别某些声音。
■ 听到熟悉的人声或其他声音时会扭头去看。

事时，他们似乎能辨认出来——他们变得更安静，看起来更投入。试着在孩子很清醒也很专注的时候，连续几天给他大声读一个你最喜欢的童话故事，然后隔一两天再读给他听，看看他能否辨认出来。

嗅觉和触觉发育

除了特定的图案和声音，新生儿对味道和气味也有所偏好——闻到奶、香草、香蕉或糖的气味时会深深吸气，闻到酒精或醋的气味时会皱起鼻子。接近 1 周大时，母乳喂养的新生儿会将头转向自己母亲的乳房，但是对其他哺乳期女性的乳房没什么反应。这种雷达般的系统可以帮新生儿在吃奶时找到食物来源，也警告他远离可能有危险的东西。

新生儿对他接触的物体的质地和父母对待他的方式同样敏感。他会贴近柔软的绒布，推开粗糙的麻布。父母如果用手掌轻轻地抚摸他，他就会放松身体，变得安静；如果很粗鲁地将他抱起来，他就会反抗，开始大哭；如果慢慢地摇动他，他就会变得安静而专注。当他不开心的时候，将他抱起来、抚摸、轻摇和拥抱都会令他平静下来；当他昏昏欲睡的时候，这些举动也可以让他清醒。这是因为，这些举动清楚地传递了父母的爱意和感情。新生儿虽然还要很久才能理解父母说的话，但是可以从接触中明白父母的心情和感受。

第 1 个月婴儿的嗅觉和触觉发育里程碑

- 喜欢甜味。
- 不喜欢苦味或酸味。
- 能够辨别母亲的乳汁的味道。
- 喜欢柔软的东西，不喜欢粗糙的东西。
- 不喜欢被粗暴地对待。

性格发育

设想一下，有两个新生儿，他们来自同一个家庭，都是男孩。

■ 第一个新生儿很安静，喜欢自己玩。他会默默观察周围发生的一切，但很少要求别人关注他。他可以睡很久，吃奶频率低。

■ 第二个新生儿容易烦躁、受惊。他会手舞足蹈，不管醒着还是睡着的时候总是在动。大多数新生儿每天睡 14 小时，可他只睡 10 小时，而且只要身边有风吹草动就会醒来。他似乎做什么事都很急，甚至连吃奶都很快，在狼吞虎咽的过程中会吞下大量空气，所以父母必须经常拍嗝。

这两个新生儿都绝对健康和正常，不存在哪一个比另一个"更好"。可因为性格截然不同，从出生开始，家人对待这两个孩子的方式会有很大区别。

你的孩子也和这两个新生儿一样，早早地显露很多独特的性格特质。发掘这些特质是养育孩子的过程中最令人兴奋的地方。他是很活泼、很急躁，还是慢性子呢？他在面对新情况时，比如第一次洗澡时，是害怕还是欣然享受呢？从入睡到哭闹的方式，你可以从他的每个举动中找出关于他的性格的线索。你投入关注越多，就越容易对他独特的性格做出适当的回应，你接下来的生活也就越平静、越容易控制。

尽管这些早期性格特质大多源自遗传，但如果你的孩子是早产儿，那么这些特质可能迟一些才显露。早产儿不会像其他新生儿那样清楚地表达他们的需求，比如饥饿、疲劳或不舒服。他们可能对光线、声音和触摸格外敏感，这些刺激可能会让他们变得烦躁不安，于是扭过头看其他地方。出现这种情况时，父母可以选择停下来，等孩子变得机灵、准备好接受更多关注。这些早期反应中的大多数最终会消失，孩子天生的性格特质将变得更加明显。目前，新生儿重症监护室利用新生儿的机警状态以及对母亲声音做出反应的能力来促进母婴感情，帮助新生儿发育，还会在新生儿状态稳定且安全的情况下，帮助父母进行袋鼠式护理。

体重过轻儿，即出生体重不足 2.5 千克的新生儿，即使已经足月，可能也不会像其他新生儿那样反应积极。最初他们会嗜睡，看起来不太机灵。几周后他们才会精神起来，食欲增加，但在两次喂奶之间仍然容易烦躁不安且对刺激很敏感。这种敏感的特性可能一直持续到他们再长大和成熟一些。

从孩子出生开始，孩子的性格特质就会影响到你对待他的方式和对他的感觉。你如果对孩子的养育方式曾经有一些具体的想法，现在就应重新考虑，这些想法是否真的符合孩子的性格特质。对专家的建议也是一样，不管是来自图书还是文章的建议，以及那些出于好心的亲戚和朋友提供的"正确的"育儿方式，你都要慎重考虑。事实上，并没有适合所有孩子的唯一的育儿方式。你需要根据孩子独特的性格、你自己的信念和家庭环境来确立自己的原则，重要的是要尊重孩子的个性。不要试图将某些早已存在的模子或模式硬套在他身上。孩子的独特性就是他的优势。从小就尊重孩子的长处，将为他的自我认同感的形成和与他人建立友爱关系打下良好的基础。

发育健康表

你如果在新生儿出生后的第 2 周、第 3 周或第 4 周发现下列发育迟缓的信号，应与儿科医生联系。

- 不会吮吸，吃奶很慢。
- 在强光的照射下不会眨眼。
- 视线不会关注并跟随面前左右移动的物体。
- 四肢很少有动作，看起来很僵硬。
- 四肢肌肉似乎非常松软或无力。
- 在没有哭泣或兴奋的情况下，下巴不停颤动。
- 对剧烈的声响没有反应。

适合第 1 个月婴儿的玩具

- 颜色或图案对比强烈的可移动物体。
- 播放轻柔音乐的音乐播放器。
- 柔软的、色彩或图案鲜明的、可以发出柔和声响的玩具。

基本看护

排便

新生儿无论是每次吃完奶都排便还是每周排便 1 次，父母都不必过度担心。但是，存在两个例外：如果新生儿的大便坚硬如石头，父母就应该让儿科医生检查一下；如果母乳喂养的新生儿每天排便不足 4 次，就可能意味着他摄入的奶量不足，父母应该让儿科医生为他测一下体重。如果新生儿饮食正常，那么他可以有多种排便模式。

通常来说，健康新生儿的大便是黄色的、软的且呈颗粒状的，不过大便的颜色差异很大，从浅棕色到深绿色的都属正常。需要引起关注的大便颜色是白色，这可能提示肝脏或胆囊出了问题；大便呈红色或黑褐色（在出生后的第 1 ～ 2 天），可能是胃出血或肠出血的迹象。

如何抱新生儿？

新生儿无法自己控制头部，你抱他的时候一定要避免他的头部左右或前后晃动。抱新生儿时，如果让他处于平躺的状态，就要用手轻轻托住他的头部；如果让他处于竖直的状态，就要用手托住他的头部和颈部。

安抚奶嘴

许多婴儿都喜欢吮吸。如果婴儿在母乳或奶瓶喂养时间之外还想吮吸，安抚奶嘴可以满足他的需求（母乳喂养的婴儿需要等喂养模式确立再使用安抚奶嘴，大约在他 1 个月大的时候）。安抚奶嘴的作用是满足婴儿在不吃奶时的吮吸需求，不能代替吃奶或者使吃奶延后。只有在喂完奶或者在两次喂奶之间，并且你确定孩子不饿，才能将安抚奶嘴给他。如果他正处于饥饿状态，你把奶嘴给他可能会让他很生气，从而妨碍他进食，让他吃不饱。你一定要记住，使用安抚奶嘴是为了帮助孩子，而不是为了让你自己省事，所以一定

新生儿对头部的控制能力尚未发育健全，抱他的时候一定要避免他的头部左右或前后晃动。

要让孩子自己决定是否使用以及什么时候使用。

在婴儿睡觉前给他安抚奶嘴，可以降低婴儿猝死综合征的发生风险。如果是母乳喂养的婴儿，等他能好好吃奶了再让他使用安抚奶嘴。如果婴儿不想使用安抚奶嘴或者奶嘴经常从他嘴里掉出来，就不要强迫他使用。如果婴儿靠含着安抚奶嘴入睡，当奶嘴从他嘴里掉出来的时候，他可能醒来，并大哭着让大人将奶嘴放回他嘴里。那些吮吸自己手指或手的婴儿不存在这方面的问题，因为他们可以随时够到自己的手。婴儿长大一点儿后，手的动作协调性加强，他就可以自己找到奶嘴并放回嘴里了。

挑选安抚奶嘴时，要找合乎孩子年龄的、奶头柔软的并且没有任何可以卸下的部件的奶嘴，因为零碎的部件对婴儿来说非常危险，可能堵塞他的呼吸道（不要购买可以拆成两部分的安抚奶嘴）。应购买可以用洗碗机清洗的安抚奶嘴，并且经常把它用沸水消毒或者放进洗碗机清洗，这样可以避免婴儿受到病菌感染，因为婴儿的免疫系统还在发育中。当婴儿长大一些后，随着免疫功能提高，他受到感染的风险会逐步降低，这时就可以用洗洁精和清水清洗安抚奶嘴了。

安抚奶嘴有不同的形状和大小，当你找到孩子喜欢的类型之后，要多买几个，因为在孩子使用安抚奶嘴的时候，它很可能掉到地上或者床上，有时甚至在你需要的时候它却无缘无故不见了。不过，千万不要通过将安抚奶嘴系在绳子上的方法来解决奶嘴掉落或丢失的问题，因为婴儿可能被系奶嘴的绳子勒住。此外，考虑到婴儿的安全，千万不要将奶瓶上的奶嘴取下来当作安抚奶嘴给婴儿用，因为他可能将这类奶嘴上的奶头吸到呼吸道里，造成窒息。如果奶嘴的大小不适合他的年龄，婴儿的呼吸道也会被阻塞，因此你一定要察看包装上推荐使用的年龄，确保选购的奶嘴适合你的孩子。

外出

去外面呼吸一下新鲜空气、改变一下环境，对你和孩子都有好处。因此，天气不错的时候，你可以带着孩子出门散散步。不过，外出时一定要给他穿合适的衣服，因为他的体温调节中枢还没有发育健全。正如前文所说，按照孩子比你多穿一层衣服的原则行事。

带婴儿外出的时候，还要注意以下几点。

■ 6 个月大之前，婴儿的皮肤对阳光相当敏感，所以你要尽可能地避免他受到阳光直射，并记住，水、雪、沙子和混凝土也会反射阳光，造成晒伤。你如果要带他到阳光下，就一定要给他穿浅色衣服，并给他戴上可以为脸遮阳的帽子。你如果打算在室外待着，应确保待在阴凉处，并随着阳光调整孩子的位置。如果没有防晒的衣服、帽子或者其他遮光物，你可以给孩子涂抹防晒霜，不过不要大面积涂抹，只在他的面部和手背涂抹即可。提前在他背部试用一下防晒霜，确保他不过敏。防晒霜尽管可以在全身使用，但要避开婴儿的眼睛。

■ 在炎热的季节，不要将婴儿使用的物品（如汽车安全座椅或者婴儿手推车）长时间放在太阳下。这些物品的塑料部分和金属部分会被晒得升温，从而烫伤婴儿。在给婴儿使用任何物品之前，一定要注意它表面的温度。停车时，在汽车安全座椅上盖一条毯子或毛巾以防阳光直射。

■ 在寒冷的季节或者雨天，应尽可能地让婴儿待在室内。你如果必须带孩子外出，就要将他裹起来，并且给他戴一顶帽子遮住他的头部和耳朵。当你抱着孩子在寒冷的天气外出时，你还可以用毯子盖住他的脸。你如果要开车，记得在把他放到汽车安全座椅上之前，把他的厚外套和其他臃肿的衣服脱掉。

■ 摸摸孩子的手脚和胸部的温度，检查一下他穿的衣服是否合适。一般来说，婴儿的手脚应该比胸部温度稍低，但是不凉。婴儿的胸部摸起来应该是暖的。如果孩子的手脚和胸部摸上去不暖和，你就要将他带到暖和的屋子里，解开裹着他的衣物，给他喂奶，或者将他紧紧搂在怀中用你的体温温暖他。在婴儿的体温恢复到正常之前，裹再多层衣物都无法使他暖和起来，只会将冷空气裹在衣物里面。因此，在用更多的衣物将婴儿裹起来之前，一定要采取一些措施来恢复他的体温。

寻找帮手

孩子出生后，大多数父母都需要帮手。如果你的伴侣可以请假，那对你来说很有帮助。如果对方不可以请假，那你的另一个选择是请关系密切的亲戚或者朋友来帮你。一些家庭会雇用专业的保姆帮忙。如果你认为自己需要别人的帮助，特别是保姆的帮助，那么最明智的做法就是提前做出安排，而非等孩子出生再去找人。

一些社区会提供家政服务，虽然这些服务无法解决你在晚上的一些难题，但是可以让你在白天获得 1 ~ 2 小时的时间来做一些工作或者休息一下。这些安排也一定要提前做好。

一定要认真挑选可以真正帮助你的人，因为你的目的是减轻自己的负担，而不是给自己增加负担。

在询问亲朋好友或者对应聘者进行面试之前，一定要想清楚你需要什么样的帮助。认真考虑以下这些问题。

■ 你是需要这个人帮你照顾孩子，还是做家务或者做饭？或者需要她（或他）全都帮忙做？

■ 你在什么时间需要帮助？

■ 你是否需要一个会开车的人帮你接送其他孩子、购物和跑腿？

你在明确自己需要什么样的人后，确保你所选的人理解并同意你的要求。你要详细地说明你的要求，并且选择你信得过的人。如果要雇一个保姆（一般为女性），你最好以书面形式将你的要求写下来，并且调查一下对方的背景，确保对方接受过基本的急救培训。如果来帮助你的人日后需要开车帮你办一些事情，你还要提前检查她（或他）的驾照。无论她（或他）是你的亲朋好友，还是你将雇用的保姆，你都应要求对方在生病时及时通知你，以免将病菌传染给孩子。

孩子的第一个看护者。在孩子出生后的第 1 ~ 2 个月中，你可能会第一次离开孩子。你越信任除你之外的看护者，就越容易与孩子分开。因此，你会希望第一个看护者是你非常信任且亲近的人，比如孩子的（外）祖父母或者你的亲朋好友等比较熟悉你和孩子的人。

之后，你可能需要寻找一个固定的保姆。询问你的朋友、邻居、同事是否有好人选，或者询问儿科医生和护士。当地的儿童看护机构以及中介机构也是不错的信息来源。你可以联系一下当地的大学，找找那些学习儿童早期教育并且乐意做保姆的学生。只需要支付少许的费用，很多网上机构也可以帮你找保姆，还会对保姆进行背景调查，出示介绍信等。你一定要察看一下应聘者的介绍信，特别是那些你刚刚认识的应聘者，了解对方是否具备责任心、成熟的处事态度以及按照要求行事的能力等。

你要带着孩子一起，亲自对每一个应聘者进行面试。你选择的保姆，一定要和蔼可亲且能力较强，此外，在看护婴儿方面，她应该与你有相同的观点。聊一会儿后，如果你对她比较满意，应让她抱着孩子，观察一下她如何处理看护过程中遇到的一些事情。询问一下她之前是否有看护婴儿的经历。不过，尽管经验和推荐非常重要，但是判断对方是否合格的最佳办法，是选择一个你在家的时间，让她看护孩子一段时间。这样，一方面可以在她与孩子单独相处之前给他们相互了解的机会，另一方面也可以为你提供一个机会来进一步了解她。

将孩子交给保姆看护之后，你一定要给她留下遇到紧急情况时可以联系的所有人的电话号码，包括可以联系到你和其他家庭成员的电话号码。保姆应该始终清楚你一般会去哪里，通过什么方式可以与你取得联系。你要告诉她遇到紧急情况时具体应该怎么做，并提醒她一定要打电话求助。告诉保姆你家中所有的紧急出口、烟雾探测器和灭火器的具体位置。确保你选择的保姆学习过心肺复苏术，确保她在孩子呼吸道被阻塞或无法呼吸时可以做出正确的反应（关于呼吸道异物阻塞及心肺复苏术的更多信息，见第 692 页和第 890 页）。实际上，当地的一些儿童看护机构以及红十字会会列出参加过心肺复苏术培训或者其他安全急救培训的保姆的名单。其他一些你认为很重要的事情（比如千万不要给陌生人开门，即使是送快递的人），你也要告诉保姆。你还要向保姆强调，如果孩子出现任何问题而她无法解决，可以给你信任的朋友或邻居打电话。告诉朋友或邻居你的这一安排，这样他们可以在发生紧急情况的时候帮上忙；你还要告诉他们，如果他们在你外出的时候发现任何状况，一定要及时通知你。

带着婴儿旅行

在这个阶段，带着婴儿旅行的关键是尽可能地确保婴儿正常的生活规律不被打乱。有时差的长途旅行可能打乱婴儿的作息时间。因此，你要尽可能地根据孩子的作息时间来安排计划，并给他几天时间来调整时差。如果他早晨很早便醒来，你就要早点儿开始你一天的活动，而且要尽早结束，因为你的小家伙可能早早就疲惫了，不到平时的睡觉时间就要进入梦乡。当你们入住酒店的时候，你一定要认真检查酒店提供的婴儿床或婴儿围栏（见第 467 页"婴儿床"）。

如果你们要在有时差的地方住两三天或更久，孩子的生物钟就会慢慢地调整。你必须根据他感到饥饿的时间来调整喂奶的时间。父母以及年龄稍大的孩子可以根据旅行地的时间推迟用餐时间，可对婴儿来说，做出这样的调整是非常困难的。

在带婴儿旅行时，你可以参考以下这些建议。

■ 如果你从家中带了一些孩子熟悉的物品，他可能会更快地适应新环境。比如说，孩子最喜欢的摇铃或者毛绒玩具可以给他带来一些安慰。给他洗澡的时候，使用他常用的沐浴液和毛巾等，并给他带一件他在洗澡时常玩的玩具，这些都可以让他更加安心和自在。

■ 你在收拾行李的时候，最好将婴儿物品分开打包，这样你可以以最快的速度找到它们，而且可以确保你不落下重要的物品。此外，你还需要准备一个很大的包用来装奶瓶、配方奶、安抚奶嘴、尿布垫、尿布、尿布疹软膏以及婴儿湿巾等。这个包你一定要随身携带。

■ 驾车旅行时，确保婴儿安全地坐在汽车安全座椅上。（要了解更多关于汽车安全座椅的信息，参见第 486 页。）对婴儿来说，最安全的位置是汽车后排，千万不要将后向式安全座椅安置在汽车前排。婴儿应该一直使用后向式安全座椅。这些规定适用于一切车辆，包括租赁的汽车和出租车等。

■ 乘坐飞机最安全的方式是在飞机上使用汽车安全座椅，而非抱着婴儿让他坐在你的腿上。也就是说，乘坐飞机时，婴儿最好坐在自己的汽车安全座椅上，这样除了能防止他在剧烈的颠簸中受伤，坐在熟悉的安全座椅上可能还有助于他在飞行过程中保持镇静。你如果不知道在飞机上如何保证孩子的安全，可以找空中乘务员帮助你。

■ 如果孩子吃母乳，而你想在坐飞机或火车时保有隐私，可以在喂奶时罩一块哺乳巾，或者找空中乘务员或列车员要一张毯子来遮挡。如果孩子吃配方奶，你可以多带一些配方奶，以防飞机或火车晚点。

■ 乘坐飞机的时候，母乳喂养（或奶瓶和安抚奶嘴）还有一些其他用途。飞机上气压的快速变化可能导致婴儿感觉耳朵不舒服。婴儿无法像成年人一样通过有意张嘴等动作来缓解耳部的不适，但可以通过吮吸乳头或者奶嘴来缓解不适。为减轻孩子耳部的不适，你可以在飞机起飞和降落时给他喂奶。

家庭成员须知

母亲须知

第 1 个月对你来说可能非常煎熬，因为你的身体正在从怀孕和分娩中恢复，得花好几周的时间才能完全恢复，刀口（如果你进行了剖宫产）才会完全愈合，你才能进行正常的日常活动。由于激素的变化，你可能会感受到强烈的情绪波动。这可能导致你无缘无故落泪或者情绪低落。每天夜里，每隔 2～3 小时你都得醒来给新生儿喂奶或者换尿布，你会因此筋疲力尽，情绪波动会变得更加剧烈。

这种产后沮丧可能会让你看起来有些"疯狂"、难堪，甚至像个"坏妈妈"。但你要不断地提醒自己，这些情况在怀孕和分娩后很常见。虽然有难度，但你要尽量理智、客观地看待这些情绪。有时候，在孩子出生后，父亲也会感到不开心和情绪化。为避免这种沮丧控制你的生活，甚至毁掉孩子出生带给你的那份快乐，在最初的几周内，你要尽可能地避免一个人待着。在孩子睡觉的时候，你可以打个盹，这样你就不会过度疲劳了。如果沮丧的情绪在几周后始终存在，并且越来越严重，你可以向医生咨询以寻求帮助（更多关于产后沮丧和产后抑郁症的信息，见第 136 页）。

亲朋好友的拜访可以帮助你战胜沮丧情绪，因为他们会与你一起庆祝孩子的诞生。他们会给孩子带礼物，甚至会在最初的几周来帮你做饭或者做其他家务。不过，太多的拜访可能使你和孩子过度劳累，甚至还可能给孩子带来传染病。因此，在最初的几周内，一定要控制拜访者的数量，避免咳嗽以及患流行性感冒或其他传染性疾病的人接触孩子。告诉那些拜访者，拜访之前一定要打电话通知你，在抱孩子之前要洗手，而且在你的身体完全恢复之前，拜访者不宜待较长时间。如果孩子因为太多的关注而看上去心神不定，千万不要让与你们不亲近的人抱他。

如果过多的电话、电子邮件以及短信使你过度劳累、无力应对，你可以考虑录一段语音留言，告诉来电者关于孩子的信息，比如孩子的性别、名字、生日、体重和身高等，并且告诉来电者你不方便接听电话，等你有时间的时候会回电。然后，将手机关机，等你觉得压力不大的时候再回复，这样你也不会因为有人试图联系你却联系不上而感到抱歉了。新生儿的诞生、接踵而来的拜访者、身体的疼痛、起伏不定的情绪，以及有时还需要你照顾的其他孩子，这些统统需要你面对，也难怪你会忽视家庭中一些其他的活动。你要提前做好心理准备，意识到这些情况可能会发生。对你来说，最重要的事情是集中精力赶快恢复，并享受新生儿的诞生带给你的喜悦。要允许其他家庭成员或朋友不时来帮你处理一些事情。这绝对不是你处于弱势的表现，反而证明你懂得事情的轻重缓急。而且，这还会给那些爱你的人一个机会来关心你，并且让他们体会到自己也成为新生儿生命中重要的一部分。

父亲须知

准妈妈在妊娠期自然需要很多关照，这很容易让作为准爸爸的你觉得自己的存在无关紧要。然而，这种想法实在大错特错。妊娠期间，准爸爸的陪同能够降低早产率和新生儿死亡率。比起没有孩子父亲陪同的准妈妈，得到陪同的准妈妈在妊娠期接受恰当医疗护理的可能性要高出 50%；有孩子父亲支持的准妈妈在妊娠期戒烟的可能性也高出 36%。

在等待孩子出生的这段时间，除了购买婴儿床和汽车安全座椅，还有很多事情需要你处理。你可以积极陪同参观分娩医院、帮助准妈妈制订生育计划、陪准妈妈参加分娩和母乳喂养课程。你可以扮演好生育指导员的角色，引导准妈妈在分娩期间正确呼吸和调整姿势，同时在她需要帮助的时候给予相应的支持。

孩子一出生，你就可以和新生儿进行肌肤相亲的袋鼠式护理。理想情况下，新生儿需要尽快到母亲那里吃母乳，但现实并不总是那么理想：在母亲需要治疗的情况下，新生儿会先被父亲抱在怀里。和出生后 2 小时睡在婴儿床里的新生儿比起来，被父亲抱在胸前的新生儿哭得更少、入睡更快，也不会过于烦躁不安。无论是哪种情况，母亲都需要一些护理，而父亲有机会享受和新生儿肌肤相亲带来的亲密感。

如果新生儿需要待在新生儿重症监护室，父亲可能还会发挥更大的作用。曾在新生儿重症监护室待过的早产儿中，父亲陪伴更多的孩子在3岁时的发育情况更好。

父亲虽然无法进行母乳喂养，但在成功哺乳的过程中可以发挥巨大作用：把新生儿带到母亲身边，并帮忙给新生儿调整姿势。注意，喂奶会让母亲觉得口干舌燥，送杯水给她就是雪中送炭。喂完奶后，父亲可以给新生儿换尿布，将他安全地送回婴儿床或摇篮里。

新生儿的到来无可避免地会剥夺母亲的睡眠时间，对此父亲也可以减轻母亲的负担。新手父母可以轮流换尿布、喂奶（如果是用奶瓶喂养）以及轻摇和安抚新生儿。即便只是多睡几小时，也有助于新手父母更好地应对养育孩子带来的压力。

孩子出生后的几个月里，父亲要注意家庭氛围。因为距离更近，父亲可

父亲要尽可能投入地爱护孩子，陪孩子玩耍。这样，父亲会和孩子的母亲一样，与孩子感情亲密。

以更清楚地观察到孩子母亲患产后抑郁症的迹象并开导她。然而，父亲也可能患产后抑郁症。现在我们了解到，父亲也会经历激素分泌的变化，在分担压力和睡眠不足的时候，他的情绪也会受到影响。父亲的抑郁情绪会影响到母亲和孩子，所以父亲如果感到异常沮丧，请积极寻求帮助。

努力帮助伴侣适应母亲这一角色，有助于父母双方克服生活中巨大的变化带来的压力和疲惫。空出些时间来互相拥抱、依偎和按摩，以及进行各种有助于建立牢固且亲密的关系的活动。大多数产科医生建议，分娩之后，伴侣应至少等待6周再恢复阴道性交。

在延长陪产假方面，美国的很多用人单位进展缓慢，但是这种情况正在改变。孩子出生后，父亲休假几周或几个月有利于孩子的健康以及未来的发育。父亲应该要求雇主批假，以便孩子接受适当的医疗护理。在父亲的陪同下进行体检或治疗时，孩子的配合度、心理适应能力以及整体健康状况都会更好。

随着孩子不断成长发育，父亲和母亲的作用越来越相辅相成。在帮助孩子调节情绪方面，父亲能和母亲做得一样好，而和父亲玩耍的时候，孩子会觉得更加紧张、刺激，充满探索欲。和父亲一起进行趣味盎然、有挑战性的活动时，孩子可以获得形成独立品格所需的勇气；而在母亲那里，孩子可以获得安全感和稳定感。比起和父亲互动少的孩子，父亲陪伴更多的孩子在语言方面会发展得更好，心理健康水平也更高。

可以这么说，养育孩子对每个人来说都是最大的挑战，也是最值得的挑战。没有人觉得自己胸有成竹，也没有人觉得自己得心应手。但是作为父亲，你绝对不能认为自己无关紧要。婴儿不仅现在需要父亲，在接下来的一生中也需要父亲。由美国儿科学会出版、戴维·L.希尔所著的《爸爸写给爸爸的书：成为育儿专家》（*Dad to Dad: Parenting Like a Pro*）从为人父者的独特视角告诉父亲们如何育儿，值得参考。

（外）祖父母须知

作为（外）祖父母，当你看到新生儿的第一眼，你可能会产生各种情感：疼爱、惊奇、激动、喜悦等。你可能回忆起自己的孩子出生时的情景，想到你自己的孩子如今已经生儿育女，你可能倍感骄傲。

不管你的个人情况如何，你都应该尽可能地在小宝宝的生命中扮演积极的角色。研究显示，那些得到过（外）祖父母看护的孩子，在整个婴儿期以及以后都生长发育得更好。你的心中充满对孩子的疼爱，这会深深影响孩子的发育。随着你与孩子相处的时间不断增加，你与孩子之间会建立起持久的亲情，你会为孩子提供无价的疼爱和指导。

如果你与儿女住得近，根据儿女的安排，你可以定期去他们家中（一定不要不请自来，当然也要知道适时离开），也鼓励儿女去你家（请参考本书其他章节，确保你家对孩子来说足够安全）。不要一味批评儿女和给出忠告，相反，要给予他们支持，并且尊重他们的观点和做法，对他们有足够的耐心。在养育孩子方面，他们可能有不同的方法，你一定要记住，他们现在已经为人父母了。当然，当他们询问"你认为我应该怎么做？"时，你要提供建议。你可以与他们分享你的观点和方法，但是不要把你的意见强加于人。

现在离你养育孩子的那个时代已经很远了，尽管许多东西是一样的，但是还有许多已经发生了变化。你一定要询问一下儿女，你该如何为他们提供帮助，比如他们在什么时候需要你帮忙、需要你帮什么忙、多久需要你帮一次等。你可以做一些基本的看护工作，比如换尿布、给孩子喂奶等，但不要将工作全部接手。此外，你还可以不时地帮忙照看孩子一夜（甚至在某些时期，可能一周的夜间都需要你照看孩子），让你的儿女休息一下。另外，你可以定期给孩子打电话或者与他视频聊天，不仅在孩子的婴儿期，在随后的几年也要如此。

随着孩子不断长大，你可以给他讲一些他爸爸或妈妈小时候的故事（给他讲讲家庭历史、向他灌输家庭价值观，是你在孙辈的成长过程中应该做的非常重要的事情）。此外，你可以保留一些相簿以及其他纪念品，日后可以与孩子分享。你还可以用家族成员的照片创建一棵"家族树"（家谱）。你要重

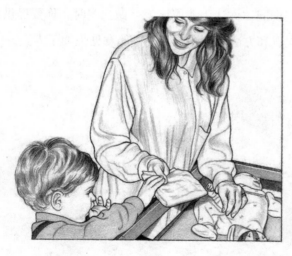

让大孩子高兴

新生儿降生后，家里的大孩子会充满自豪感和保护欲。

新生儿的诞生会给家庭带来无尽的喜悦，不过新生儿的哥哥姐姐们可能会感觉自己被忽略了。当母亲住院的时候，尤其是当他们第一次长

时间与母亲分开时，他们甚至会感到沮丧。即使在母亲出院后，他们也可能无法理解母亲的疲惫，无法理解母亲为什么不像以前那样花大量时间与自己玩。而且，母亲现在将大部分注意力都放到新生儿身上，而在几周之前，这些注意力还是属于他们的！难怪他们会嫉妒，会感到自己被遗忘了。父母双方应寻找方法，让家中其他的孩子感觉到他们依旧被父母疼爱。而且，父母应该帮助其他孩子与新生儿建立良好的关系。

下面这些建议可以帮助父母解决这一难题。

■ 当母亲和新生儿还在医院里的时候，如果可以，让哥哥姐姐们去医院看望。

■ 母亲出院回家时，给每个孩子带一份特别的礼物。

■ 父母确保每天都有时间与每个孩子单独相处。

■ 父母给新生儿拍照的时候，也给大孩子拍一些照片，要拍他们的单人照，也要拍他们与新生儿的合照。

■ 请（外）祖父母或者其他的亲朋好友带大孩子出去玩，比如去动物园、看电影、外出吃饭等。这些活动可能会让感觉被忽视的他们好受一些。

■ 亲朋好友来看望新生儿并给新生儿带来礼物的时候，也给大孩子准备一些小礼物。

■ 新生儿需要经常喂奶，大孩子可能嫉妒母亲与新生儿之间频繁的亲密接触。可以通过给大孩子讲故事等方式为其提供与母亲亲密接触的机会。你可以给他们讲一些关于嫉妒的故事，鼓励他们说出心中的感受，这样有助于他们接受新生儿。市面上有很多关于照顾婴儿的故事书，你可以讲给大孩子听，这会让你们的"故事时间"趣味横生。

视特殊的日子，在一些节日与孩子相聚，参加他的生日聚会，随着孩子长大，你还应尽可能多地参加他的足球比赛、棒球比赛以及钢琴表演等活动。

如果你住得离儿女家很远，无法经常与孩子见面，你依旧可以成为出色的（外）祖父母。如今，科技提供了很多前所未有的联系方式：分享照片、关注家人的社交账号，以及腾出时间用手机或电脑进行视频聊天等。

健康观察

新生儿的父母应该格外注意以下这些健康问题（要想了解孩子在整个儿童期可能发生的所有健康问题，见本书第二部分）。

呼吸困难。正常情况下，婴儿每分钟的呼吸次数应该是 20 ~ 40 次。健康的婴儿在睡眠状态下应该平稳而规律地呼吸。醒着的时候，他偶尔会出现一段持续时间很短的急促呼吸，然后出现短暂的呼吸暂停（短于 10 秒），之后恢复到正常的呼吸节律，这被称为"周期性呼吸"。鼻塞会影响婴儿的呼吸，因为婴儿的鼻通道窄且容易被鼻涕堵塞。在房间里放一台冷雾加湿器，并用吸鼻器（医院通常会给你们一个，翻到第 211 页了解它的用法）轻柔地帮婴儿吸出鼻涕，可以缓解婴儿呼吸困难的问题。一定要仔细阅读加湿器和吸鼻器的使用说明。少数情况下，需要往婴儿的鼻腔里滴温和的盐水滴鼻液以稀释堵塞的黏液并疏通鼻通道。如果婴儿发热，他的呼吸频率可能会增高——体温每升高 1℃，每分钟呼吸次数大约增加 2 次。当婴儿的呼吸频率超过每分钟 60 次，或胸部的肌肉开始凹陷、鼻翼扩张或严重咳嗽，就必须带他看医生。对 1 个月大的婴儿来说，直肠温度达到 38℃ 及以上的发热可能非常严重，一定要看医生。

出生时呼吸正常的新生儿在出生后的第 1 个月里，可能会出现喉喘鸣。喉喘鸣是一种婴儿通常在吸气时发出的高分贝声音。一般来说，喉喘鸣是由气流快速通过喉部或气管狭窄处造成的。先天性喉软化症通常是造成吸气性喉喘鸣的最常见病因，婴儿在吃奶、仰卧或哭泣时症状可能会加剧。因喉软化症而发出喉喘鸣音的婴儿，大多数都能正常增重，父母无须调整喂养方式。若婴儿出现进食困难（咳嗽、被呛住、喷射性吐奶）、无法增加或保持体重，或者出现呼吸道疾病症状，如呼吸困难、难以入睡或脸色改变，父母需要立即带他去看儿科医生和 / 或小儿耳鼻喉科医生。

腹泻。在第 1 个月，健康的婴儿可能经常在母乳喂养后拉出水样便，这往往是正常的，但容易让人误认为他腹泻了。然而，如果配方奶喂养的婴儿每天拉6～8次或更多次稀软、含水量大的大便，就真的是腹泻了。腹泻的常见病因是病毒感染。腹泻的危险在于体液流失过多而造成脱水，对婴儿来说尤其如此。婴儿脱水的初期表现是口唇干燥，同时尿湿的尿布数量锐减。千万不要拖到孩子发生脱水。如果发现孩子的大便非常稀，而且他不止在每次吃奶之后大便且大便次数明显增多（6～8次或更多次），你就应该带孩子看医生了。

便秘。最初几天，母乳喂养的新生儿的排便次数会逐天增加，接近第5天时，每天至少可以排便4次。如果次数没有增加，就可能说明新生儿进食不足。出生后的第1周，配方奶喂养的新生儿每天至少应该排便1次。你如果对孩子排便的频率有些忧虑，请向儿科医生咨询。再过几周，母乳喂养婴儿的排便次数可能会减少，甚至会出现几天都不排便的情况。对配方奶喂养的婴儿来说，几周之后，只要孩子吃奶没有问题，他的排便会更有规律。

嗜睡。因为每个婴儿需要的睡眠时间不同，所以你很难辨别你的孩子是否真的嗜睡。如果孩子突然比平时睡得多，则可能提示他受到了感染，你需要向儿科医生咨询。另外，如果母乳喂养的新生儿在第1个月总是一睡就5小时以上，不会自己主动醒来吃奶，你就应该考虑孩子是不是没吃饱。对配方奶喂养的新生儿来说也一样，没吃饱也会造成他总是昏昏欲睡。另一个可能导致孩子嗜睡的原因是父母让孩子服用了草药类营养补充剂。

泪道阻塞/泪液分泌异常。一些新生儿一生下来就有一侧或双侧泪道部分或全部阻塞的问题。一般来说，泪道会在新生儿出生2周后、泪液开始分泌时打开。如果泪道没有及时打开，就容易导致新生儿无故流泪、眼睛分泌黏液。在这种情况下，泪液不能流到鼻通道，而只能向后退、从眼睑流出。这没有什么危害，而且一般来说，到婴儿9个月大时，泪道不需要治疗就可以自行打开。另外，你也可以通过轻柔按摩孩子内眼角和鼻梁两侧来加速泪道的打开。然而，这种按摩一定要在儿科医生的指导下进行。

如果泪道持续阻塞，就将影响泪液的正常排出。虽然在这种情况下眼睛会分泌一些黏液，但这并不代表孩子的眼部受到了感染。你可能发现，孩子的眼角出现了一些黄绿色或白色的分泌物，睫毛粘在一起，导致孩子在清晨醒来时睁不开眼睛。不过，因为这种黏性分泌物并不意味着眼部受到了感染，所以一般来说，孩子无须进行抗生素治疗（见第 735 页"泪液分泌异常"）。

医生如果认为孩子的眼部感染了，在给孩子检查眼睛之后，可能为他开特定的眼药水或眼膏。不过，在大多数情况下，用清水轻柔地帮孩子清洗眼部即可。如果孩子的眼睫毛粘在一起了，你可以用一根棉签或小块棉布蘸取清水，从鼻侧向颞侧（靠近耳朵的一侧）轻轻地擦拭孩子的眼睑。一次性从内向外擦拭，不要来回擦拭，每次擦拭都要用干净棉布或新棉签。

虽然这种眼部出现分泌物的情况可能会反复发生，但它不会对眼部造成危害，甚至无须过多治疗即可自愈。孩子 1 岁时泪道没有打开的情况非常少见，如果发生了，孩子就需要接受外科治疗。

如果孩子的眼睛充血、变红，或者分泌物过多，那他就有可能患了结膜炎（或称"红眼病"），需要及时就医（见第 729 页"眼部感染"）。

婴儿猝死综合征及其他与睡眠相关的婴儿死因

每 2000 个婴儿中大约有 1 个在 1 ～ 4 个月大的时候因不明原因在睡眠中猝死。这些婴儿通常都接受了良好的护理，并且没有任何明显的疾病症状，尸检也未发现引起死亡的明显原因。这种情况被称为"婴儿猝死综合征"。

和婴儿猝死综合征有明确关联的危险因素之一是俯卧睡觉。因此，除非儿科医生建议婴儿采用这样的睡姿，否则应该尽可能地让婴儿用背部平躺的仰卧睡姿睡觉。另外，母亲吸烟的婴儿、与家人（包括父母）睡在一起的婴儿发生婴儿猝死综合征的风险也偏高。柔软的被褥、枕头、婴儿床防撞护垫以及毛绒玩具都容易增高婴儿猝死的风险，因此这些东西不应该出现在婴儿睡觉的地方。独自睡在婴儿床或摇篮里的婴儿（特别是婴儿床或摇篮放在父母房间里的婴儿）、母乳喂养的婴儿，以及含着安抚奶嘴入睡的婴儿，发生婴儿猝死综合征的风险较低。

关于婴儿猝死综合征的病因，目前有很多种观点。但感染、牛奶导致的过敏、肺炎以及疫苗接种均不会造成婴儿猝死综合征。目前受到广泛认可的一种观点是：某些婴儿的大脑中负责睡眠觉醒的神经发育迟缓，这就意味着婴儿在没有获得足够氧气的时候无法醒来。这可能就是俯卧睡姿的危险之处——俯卧睡觉的婴儿睡得更沉、更难醒来。接受关于安全睡姿和睡眠环境的建议，不但可以防范婴儿猝死综合征，还能降低婴儿死于窒息或者被勒住的风险。因此，请让孩子保持仰卧的睡姿，让他睡在没有枕头、毯子或者防撞护垫的婴儿床里，并且把婴儿床放在你的床旁边。你如果担心孩子着凉，就给他多穿一层衣服或使用婴儿睡袋；你也可以给他穿羊毛睡衣或其他保暖的睡衣，这样即使不盖毯子也能很好地为他保暖。

除了悲痛和抑郁之情外，很多孩子因婴儿猝死综合征死亡的父母会有负罪感，因而会加倍保护家里的其他孩子或后来生的孩子。这样的家庭可以通过美国当地的一些互助组织或非官方组织"第一支蜡烛"获得帮助，还可以询问儿科医生，他可能比较清楚当地有没有类似的组织。

婴儿猝死综合征可以预防吗？

在孩子出生后的第 1 个月，防范婴儿猝死综合征的最佳措施是让他睡觉时保持仰卧的姿势，并且睡在无烟的环境中，婴儿床上没有任何铺盖物，并且婴儿床紧靠父母的床。从 1992 年起，美国儿科学会就提出建议，婴儿应该保持仰卧的睡姿。在这个建议提出之前，美国每年大约有5000 名婴儿死于婴儿猝死综合征；而如今，随着俯卧睡觉的婴儿数量减少，死于婴儿猝死综合征的婴儿数量已经下降到每年大约 2300 名。任何一个婴儿的死亡都是一场悲剧，"让婴儿仰卧睡觉"的宣传要持续下去。然而，当孩子 4 ~ 7 个月大时，你可能观察到他即使在入睡时保持仰卧，之后也会翻身。幸运的是，6 个月大的婴儿发生婴儿猝死综合征的风险显著下降，但父母仍然需要让婴儿保持仰卧的睡姿。如果孩子能够轻松地从俯卧翻身成仰卧，还能从仰卧翻成俯卧，你就无须整夜不睡地帮他翻身以保持仰卧了。你还应该确保孩子身边没有任何铺盖物，因为孩子在翻身的时候很可能被铺盖物缠住。

发热。只要孩子异常难哄或者身体摸起来很热，你就应该给他测量体温（见第 72 页"测量直肠温度"）。如果经过两次测量，他的直肠温度均为 38℃及以上，而你并没有给他穿过厚的衣服，你就应该立即带他就医。新生儿发热往往提示受到了感染。对这么小的孩子来说，受到感染很可能快速引发更严重的疾病。

肢体无力。由于肌肉还未发育完全，新生儿看起来总是存在某种程度的肢体无力。但是，如果孩子看上去过度肢体无力或瘫软，则可能提示发生了某些更为严重的问题，比如受到感染等，你应立即向儿科医生咨询。

听力。即使孩子已经接受过新生儿听力筛查，并且没发现任何问题，你还是应该注意观察孩子对声音的反应。当出现很大或者突然的声响时，他会不会被吓一跳？当你跟他说话的时候，他会不会安静下来或者将头转向你？如果孩子对周围的声音没有正常反应，你就要请儿科医生为他做一次正规的听力检查［见第 652 页"听力损失（听力障碍）"］。如果孩子是超早产儿，如果孩子在出生时缺氧或受到严重感染，如果家族中有人在儿童期听力损失，那么你应该让孩子进行听力检查。你只要怀疑孩子存在听力方面的问题，就应该及早告诉医生，让孩子接受正规的检查，因为这种听力障碍如果没有及早发现并获得恰当治疗，就会影响孩子的语言能力发展。

黄疸。新生儿在出生后皮肤变黄的情况通常被称为"黄疸"。对母乳喂养的新生儿来说，黄疸可能持续 2 ~ 3 周。而对配方奶喂养的新生儿来说，黄疸一般在 2 周内就会消失。如果黄疸持续 3 周以上或者皮肤发黄的情况加重，你就应尽快带孩子去看儿科医生。（更多关于黄疸的信息见第 141 页。）

颤抖。很多新生儿会出现下巴和手颤抖的情况。但如果孩子整个身体都在颤抖，就可能是低血糖或低血钙的症状，甚至可能是抽风的症状。将孩子的情况告诉儿科医生，他会诊断出病因。

皮疹和感染。常见的新生儿皮疹和感染包括以下几种。

■ 头皮乳痂是一种出现在新生儿头皮上的粗糙、油腻的片状皮疹。每天为孩子洗头并刷掉乳痂可以控制其发展。一般在孩子出生后的头几个月里，乳痂会自动消失，不过也可能需要用一些特殊的洗发液来清除［见第841页"摇篮帽（头皮乳痂）和脂溢性皮炎"］。

■ 手指甲或脚指甲被感染的症状是手指甲或脚指甲边缘发红并有触痛感。热敷对这种感染有一定疗效，但是对新生儿来说，这种情况必须得到足够的重视并且由儿科医生来检查，因为可能需要进行药物治疗。

■ 脐带被感染的情况比较少见。不过一旦发生，新生儿的脐带残端附近就会发红，而且常常伴有脓性分泌物，并且有触痛感。发生脐带感染的新生儿必须接受儿科医生的检查。如果新生儿还伴有发热，就应立即看医生，医生可能给新生儿开抗生素或安排住院。不过，如果脐带残端附近出现清澈的分泌物、流出几滴血或者脐带残端的周围结痂，但不伴有红肿和发热，则是正常的。在这种情况下，父母应先仔细观察几天，如果脐带残端一直没有自愈，再带孩子去看医生。

■ 尿布疹。请翻到本书的第63页，看看如何处理这种情况。

鹅口疮。孩子口腔出现白色片状物，提示孩子可能患了鹅口疮——一种常见的真菌感染。医生开的抗真菌药物可以有效治疗这种疾病。但如果症状较轻，鹅口疮无须治疗即可自愈。哺乳的母亲如果发现孩子患了鹅口疮，就应该注意自己是否有乳房触痛的情况。

视力。观察孩子醒着时是如何看你的。当你距离孩子的脸20～30厘米时，他的眼球会跟着你动吗？在同样的距离，如果有光线或小东西从他面前经过，他的眼球会跟着动吗？新生儿可能会出现对眼的情况，或者偶尔出现某只眼睛外斜或内斜，这是因为控制眼球运动的肌肉还在发育阶段。不过，孩子的双眼应该能够协调一致地向各个方向运动，并且当有物体慢慢从眼前经过的时候，他应该能用视线追踪物体。如果孩子做不到，或者孩子是超早产儿（出生时未满32周），或者刚出生时需要吸氧治疗，儿科医生可能为你推荐一名眼科医生来为孩子做进一步检查。

呕吐。虽然吃奶后吐少量奶是正常现象，但如果孩子出现了喷射性呕吐（呕吐物喷射几厘米远，而非从嘴里流出），你就应立即带他去看儿科医生，确认孩子的胃和小肠之间的"阀门"——幽门是否发生了堵塞（见第548页"肥厚性幽门狭窄"）。另外，任何持续时间超过8小时的反复呕吐，或者2～3次喂奶期间反复出现的呕吐，或者伴随脱水或发热的呕吐，都需要由儿科医生来诊断病因。

体重增加。 在出生后的头几天，新生儿体重增加的速度应该相当快（每天增加14～28克）。如果没有达到这个速度，儿科医生就会再次确认他每天是否从食物中获得了足够的热量以及吸收功能是否正常。为此，你可能需要回答下列几个问题。

■ 孩子吃奶的频率如何？

■ 如果是用配方奶喂养的，每次他会吃多少？如果是母乳喂养的，每次喂奶时间多长？

■ 孩子每天大便的次数是多少？

■ 大便的量如何？大便偏稀还是偏干？

■ 小便的频率如何？

如果孩子吃得很好，而且尿布上排泄物的量和排泄的频率都正常，可能就没有任何担心的必要。孩子可能只是起步较晚或者体重测量不够精确。一般来说，医生会在接下来的2～3天为你们重新安排一次检查以评估孩子的发育水平。

安全检查

汽车安全座椅

■ 新生儿每次乘车的时候都要坐在经过权威部门质量认证并且正确安装的汽车安全座椅上。坐好后，还要确保他系好了安全带。不要将汽车安全座椅当作新生儿在家睡觉的床。在第1个月，新生儿应该使用后向式汽车安全座椅，并且要坐在汽车后排。千万不可让新生儿坐在前排，因为副驾驶座前的安全气囊可能造成致命伤害。汽车安全座椅需要在有效期内，因此，如果你使用的是二手的汽车安全座椅，你一定要检查它是否在有效期内。如果你的汽车有儿童使用的下扣件和拴带系统（LATCH 系统），你就要用它来固定安全座椅。

洗澡

■ 给新生儿洗澡时，最好使用单独的婴儿浴盆。把孩子放进浴盆之前，要放好水并检查水温。洗澡的时候，一定要托住孩子的腋下。你如果要在水槽中给孩子洗澡，就让他坐在毛巾或者防滑垫上，并托住他的腋下。当孩子在水槽中时，不要开水龙头，而要先在水槽中放好水并调好水温，水摸起来有点儿暖和就可以了。在水槽中给孩子洗澡的时候，不要开着水槽旁的洗碗机，否则洗碗机中的沸水可能会烫伤孩子。

■ 将热水器的最高温度调至 49℃，这样就不会有烫伤孩子的可能了。现在热水器的说明书都会说明如何调节水温，你如果不确定，看一下说明书或给水暖工打个电话。

■ 永远不要让水中的孩子处于无人看管的状态，一分钟也不行。

预防摔落

■ 千万不要将新生儿单独留在高于地面的任何台面（如尿布更换台、椅子、桌子、沙发、床以及厨房台面）上。如果孩子在某个台面上，你的手一定要时刻扶着他。即使他年龄很小，也能够摇晃、移动或推动一些物体，而这些动作可能会导致他摔下来。你若需要离开他一会儿，一定要把他放在安全的地方，如婴儿床或婴儿围栏里。

预防窒息

■ 婴儿床上不要放置松软的物品。确保床垫平坦紧实，只用大小合适的床单覆盖。

■ 千万不要将塑料袋或者塑料包装放在可能会缠住婴儿的地方。

■ 不要让婴儿睡在你身边，让他睡在自己的婴儿床上，或睡在你床边的婴儿床或摇篮里。

■ 不要用宽松的毯子或被子盖住婴儿，因为他可能被缠住或因此窒息。给他使用宽松程度以及重量均合适的寝具，比如可穿式毯子或者婴儿睡袋。

■ 不要让婴儿俯卧睡觉。一定要确保婴儿仰卧睡觉，且不要让他躺在柔软的被子及枕头上，要让他在硬实的平面上仰卧睡觉。

防火和预防烫伤

■ 抱着孩子的时候，不要拿热的液体，比如咖啡、茶或者汤。同样，不要抱着孩子靠近煮着液体的炉子或放在桌面上的热液体。即使溅出来的小水滴也可能烫伤你的孩子。

■ 在家中合适的位置安装烟雾探测器和一氧化碳探测器，并定期检查，确保它们在正常工作。

看护

■ 不要将婴儿单独留在浴盆里、家中、院子里或汽车上。当婴儿无人照看的时候，要把他放进婴儿床或婴儿围栏中。

项链和细绳

■ 不要让细绳（比如窗帘绳）在婴儿床上方或附近晃来晃去。使婴儿床远离窗户、窗帘和窗帘绳。

■ 不要将安抚奶嘴、饰品及其他物品用细绳系在婴儿床上或婴儿身上。

■ 不要给婴儿佩戴项链以及其他挂在脖子上的饰品。

■ 不要给婴儿穿有带子的衣服。

头部支撑

■ 禁止猛推或摇晃婴儿。可以轻轻地抱住并摇动他。

■ 抱着婴儿或移动他的时候，要始终用手托着他的头部和颈部。

第7章 1~3月龄

　　孩子满月以后，你曾经的恐惧、疲惫和不安可能基本已被自信取代。顺利的话，你已经摸清了孩子吃奶和睡觉的大致时间，并根据孩子的时间表形成了相对稳定的日常生活规律（虽然仍需要你和伴侣全心投入）。你已经适应了有这个新家庭成员的生活，而且对他的性格有了大致的了解。你的孩子应该已经给了你一个令人惊喜的回报——第一个真正的笑容，让你对一切牺牲都甘之如饴。孩子的笑容会像曙光一样在接下来的3个月里随时展现，带给你幸福和快乐。

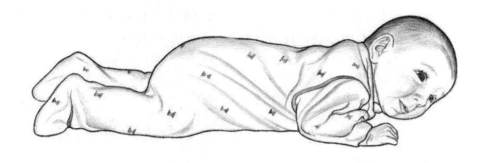

　　这段时间，你可能需要回到工作岗位，因而需要找到合适的婴儿看护者。第 14 章将帮助你根据具体情况选择合适的儿童看护服务。不得不回到工作岗位可能会给你带来沮丧的感觉或者与孩子分离的感觉，这完全是正常的，也是预料之中的。你不妨尝试做出合理安排，让自己既能频繁地去探望孩子，又不妨碍你选定的婴儿看护者的工作。很重要的一点是，要让看护者真心喜爱并承诺尽心地照看你的孩子。同时，你要避免让对方产生你的探访是对其能力的质疑的想法。

　　1 ～ 3 个月大的婴儿会发生天翻地覆的变化，从一无所知到活泼又机灵。一部分新生儿反射消失了，但他同时获得了更多的控制自己身体的能力。你会发现他有时盯着自己的手，研究双手的动作。他对周围的环境也会更有兴趣，尤其是对身旁的人。看到你或听到你的声音时，他通常会笑。1 个月或 2 个月大时，他会故意发出一些轻轻的、咿咿呀呀的声音来跟你"聊天"。从每一个新发现中，你都可以隐隐约约看出孩子的性格特点。

　　偶尔，你会发现某段时间孩子的发育似乎有所停滞，但随后突然出现一次大飞跃。可能孩子在连续几周安睡整夜后，突然有天晚上又开始醒来要吃奶，而且吃夜奶的频率比以前还高。这时你应该怎么办？这很可能是因为他将出现发育大飞跃。在 1 ～ 2 周后（孩子之间会有差异），他可能又会在晚上睡更长时间，而且白天小睡的次数会减少，不过每次小睡的时间会更长一些。此外，在白天，他会在更长的时间里表现得更为机灵，愿意与人互动。其他很多类型的发育，包括身体发育，都可能出现突飞猛进和暂时停滞交替的情况，某段时间还有些倒退。一开始这些变化可能会让你难以应对，但你很快就能读懂这些信号，学会预测这些周期性变化并接受它们。

生长发育

外观和生长情况

从满月到 3 个月大时，婴儿仍然会以出生后头几周的速度飞速生长。通常来说，婴儿每月体重会增加 0.7 ～ 0.9 千克，身高会增长 2.5 ～ 4 厘米，头围会增加 1.25 厘米。不过，这些数值只是平均值，你应按照"附录"中的生长曲线跟踪记录和比较孩子的发育情况。

2 个月大时，婴儿的囟门仍然没有闭合，摸起来平平的，但后囟门应在快 3 个月大时闭合。此外，他的头相比身体来说仍然显得很大，因为头部发育更快。这是正常的现象，他的身体发育很快就会跟上来。

2 个月大的婴儿看起来圆滚滚、胖乎乎的，但随着他的四肢活动增多，肌肉会开始增长。他的骨骼发育也很快，随着他学会放松四肢、舒展身体，他会显得比以前更高、更瘦。

运动发育

在这一阶段的初期，婴儿的大多数动作仍然是反射性的。例如，他每次将头转到某一侧时都会摆出"击剑"姿势（见第 148 页对强直性颈部反射的介绍），听到很大的声音或觉得自己要掉落时会张开双臂（见第 148 页对惊跳反射介绍）。但如前文所述，一部分常见的新生儿反射会在第 2 ～ 3 个月的时候消失。反射行为消失后，他看起来可能暂时不如以前活泼。可是，他现在的动作虽然很轻微，却是有自主意识的动作，而且会逐渐变得熟练。

这几个月孩子最重要的一个进步是颈部力量增强了。从出生开始，你就可以每天让他趴着和你玩耍几次。不到 2 个月大时，他会挣扎着想抬头四处看。

即使只能抬起头一两秒，他也会看到一个截然不同的世界。这项小练习还可以增强他颈后部的肌肉，这样他在快 4 个月大时可以用肘部撑起头部和胸部。这是一个非常重要的进步，可以让他自由地控制身体来观察周围的世界。

这对你来说也是一个可喜的变化，因为以后抱着他的时候你就不用像以前那样支撑他的头部和颈部了（不过突然移动或施力时仍然要支撑他的头部）。如果你用背带将他背在胸前或背后，那么在你走路时他也可以自己把头抬起来四处观望。

婴儿对颈前部和腹部肌肉的控制能力发展得更缓慢些，所以他还要过一段时间才能在仰卧时自己抬起头。在孩子 1 个月大时，如果你轻轻拉着他的双手让他坐起来，他的头会无力地向后仰；到他快 4 个月大时，他的头就可以稳稳地抬起来，不会向任何方向倒了。

婴儿的双腿也会变得更有力、更爱活动。在出生后的第 2 个月，婴儿的双腿会从新生儿特有的蜷曲姿势渐渐伸直。虽然目前他还是只能靠反射行为来踢腿，但他的腿很快就会变得更有力。快 4 个月大时，婴儿甚至可以从仰卧姿势靠踢腿来翻身，变成俯卧姿势（但在大约 6 个月大时他才能从俯卧翻身回仰卧姿势）。因为你无法预测他什么时候开始翻身，所以把孩子放在尿布更换台或其他任何高于地面的平面上时，你都要特别小心。

婴儿腋下被托住、脚落在地面上时，另一种新生儿反射——踏步反射（见第 150 页）会驱使他做出迈步的动作。但这种反射行为会在婴儿约 6 周大时消失，直到婴儿开始学步前都不会出现。不过，快到 3 个月或 4 个月大时，婴儿可以自如地屈伸双腿。将他竖直

快 4 个月大时，婴儿可以用肘部撑起头部和胸部。

191

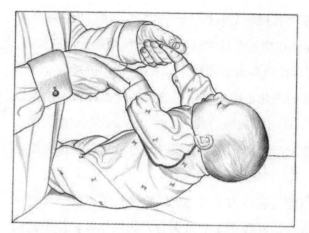

轻轻拉着 1 个月大的婴儿的双手让他坐起来，他的头会无力地向后仰（所以抱孩子的时候一定要扶住他的头部）。

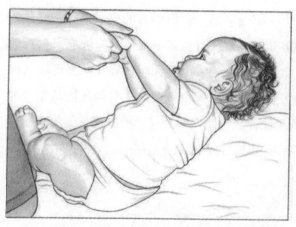

4 个月大的婴儿可以稳稳地抬起头，头不会向任何方向倒了。

抱起、使他的双脚落在地面上时，他会先蹲下，然后用力挺直双腿，几乎可以自己站直（但仍需要你帮忙保持平衡）。随后他会试着屈膝，渐渐地可以原地弹跳。有些父母担心这种弹跳对孩子有害，其实这是绝对安全的，运动还会让孩子更健康。

在这几个月中，婴儿的手和手臂动作也有快速进步。一开始，他的双手只会紧紧握成拳，拇指被握在里面。如果你把他的手指展开，放一个摇铃在他掌心，他就会本能地抓住摇铃，但是不会摇动，也不会把摇铃塞进嘴里。偶尔双手进入视线范围时，他会很感兴趣地盯着，但他应该还不能主动将手举到面前。在第 1 ~ 2 个月，婴儿会松开双手，向外展开双臂。在第 3 个月，他的双手大部分时间处于半开合状态，你将发现他小心翼翼地将手张开又合拢。他会把物品塞进嘴里，只有等他玩腻了才会丢掉（物品越轻，他就控制得越好）。他似乎对自己的双手永远都玩不腻，光是盯着手指就可以盯老半天。

起初，婴儿会不断努力将手塞进嘴里，但总是徒劳无功。即使他的手指偶尔能到达目的地，但很快他就会无力地放弃。然而，快 4 个月大时，他终于会玩这个游戏（也是一种非常重要的发育技能），可以将拇指塞进嘴里并且想吸多久就吸多久。他可以紧紧地握住一些物品摇晃，可以用嘴啃，甚至可以用两只手将物品来回传递。

婴儿还将学会准确而快速地去够东西——不光是用两只手，而是用整个身体。将一件玩具悬挂在他头顶，他会急切地抬起手脚去踢打、去抓取。他的表情表明他注意力高度集中，甚至还会努力将头向着目标抬起，就好像他全身的每个部位都在因掌握了这些新技能而兴奋。

视觉发育

1 个月大的婴儿只能看清约 38 厘米以内的东西，但他会仔细地观察视力范围内的东西：婴儿床的角落或者上方挂着的玩具。不过，人脸是他最喜欢观察的对象。当你抱着他时，他的注意力会立刻集中在你脸上，尤其是你的眼睛上。有时，只要看到你的眼睛，他就会笑。随着视野不断拓宽，他会看清你的整张脸。随后，他对你的表情（包括你的嘴巴、下巴和面颊的动作）会有更多的反应。他还很喜欢跟镜子里的自己玩。

在出生后的头几周，婴儿的视线很难跟踪一个在他面前移动的物体。如

1 ~ 3 月龄婴儿的运动发育里程碑

- 俯卧时可以抬起头部和胸部。
- 俯卧时可以用手臂撑起上半身。
- 可以将腿伸展，俯卧或仰卧时可以踢腿。
- 双手可以张开又合拢。
- 脚落在坚硬的平面时身体会向下蹲。
- 可以将手放进嘴里。
- 可以用手摆弄悬挂在面前的物品。
- 可以抓住小玩具并摇晃。

果你用很快的速度在他面前挥舞一个物品，他似乎视而不见；当你摇头时，他就无法继续看着你的双眼。但这种情况在他快 2 个月大时就会有很大变化，他的双眼会合作得更加协调。很快，他的视线可以跟踪在他面前 0° ～ 180° 范围内移动的物体。视觉协调能力的增强会增强感知深度的能力，这样他的视线可以跟踪靠近和远去的物体。快 3 个月大时，他对手臂和双手的控制能力也会增强，他可以拍打靠近他的物体——虽然他的准确度还不够高，但这种练习有助于他手眼协调能力的发展。你如果怀疑你家快 3 个月大的孩子仍然无法双眼同时跟踪物体，请与儿科医生探讨这个问题。

婴儿的远距离视觉这时也在发展。在孩子 3 个月大时，你可能发现他会对着站在房间另一头的你笑，或者盯着几米以外的玩具看。在他快 4 个月大时，你会发现他在注视很远的墙上挂着的东西或者向窗外看。这些都是发育正常的表现。

婴儿的色觉也会以同样的速度成熟。1 个月大的婴儿对色彩的亮度或强度很敏感，因此，他很喜欢看色彩对比强烈或黑白色的图案。小婴儿其实对我们喜欢用在婴儿房的柔和色彩没什么兴趣，因为他的色觉很有限。快 3 个月大时，他开始对圆形（同心圆、螺旋形）图案更感兴趣。人的脸上就有很多

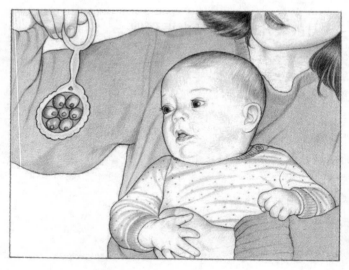

快 2 个月大时，婴儿的双眼会更加协调，能够一起转动，并同时聚焦。

很快，他的视线可以跟踪在他面前 180° 范围内移动的物体。

圆形和曲线，所以人脸对婴儿十分有吸引力。快 4 个月大时，婴儿终于能够分辨所有的色彩和它们不同的深浅度。随着视觉能力的发展，婴儿自然会寻找更多新鲜的东西来看。

1 ~ 3 月龄婴儿的视觉发育里程碑

- 可以很认真地观察人脸。
- 视线可以跟踪移动的物体。
- 可以辨别一定距离内熟悉的物体和人。
- 手眼动作开始协调。

听觉和语言发育

比起其他图形，婴儿天生更喜欢看人脸；比起其他声音，婴儿更喜欢的也是人类的声音。婴儿能够辨认他听得最多的声音并做出回应，还能将这种声音与温暖、食物和舒适联系在一起。一般来说，婴儿喜欢音调较高的声音——

事实上，大多数成年人本能地意识到了这一点，会自觉地用这种音调跟婴儿说话。

下一次跟婴儿说话时，留意自己的声音，你可能会发现自己提高了音调，放慢了速度，夸大了某些音节的发音，而且眼睛和嘴巴都比平时张得更大。这种做法绝对可以吸引几乎所有婴儿的注意，而且常常换来他们的笑容。

通过听你和其他人说话，孩子很快会发现语言的重要性，不过还要等很久他才会理解词语的含义或者跟着重复。快 1 个月大时，他就可以分辨出你的声音，即使你在隔壁房间说话。你跟他说话时，他会感到安心、舒服和愉悦。当他用笑容和咿咿呀呀的声音来回应你时，他会看到你脸上绽放的光彩，意识到对话是一个双向的过程。这些早期的对话会教他很多微妙的沟通规则，比如说话者的轮换、语气、模仿、节奏以及语言互动的速度等方面的规则。

大约 2 个月大时，孩子可能开始发出咿咿呀呀声，而且会重复一些元音（如"啊啊啊""哦哦哦"）。在他 3 ~ 5 个月大时，你可以模仿他的儿语，同时在与他"对话"时加入一些简单的词和句子。在此期间你很容易养成用儿语的习惯，但你应该有意识地在交流中加入更多的成人用语，最后逐步淘汰儿语。你还应该从孩子的婴儿期开始为他读书，即使你觉得他根本就听不懂。

快 4 个月大时，孩子会经常牙牙学语，长时间发出一些奇怪的新声音（如"姆姆""巴巴"）来自娱自乐。他还会对你的音调和某些词或句子的重音非常

1 ~ 3 月龄婴儿的听觉和语言发育里程碑

- 听到你的声音时会笑。
- 开始牙牙学语。
- 开始模仿一些声音。
- 听到声音时会将头转向声音发出的方向。

敏感。随着你们俩共同度过了一天又一天，他会学着从你的声音中判断你什么时候喂他、什么时候给他换尿布、什么时候带他出去散步、什么时候哄他睡觉。你说话的方式向他展示了你的心情和性格。如果你快乐或温柔地跟他说话，他就可能对你笑或发出咿咿呀呀的声音；如果你对他咆哮或发脾气，他就可能感到惊慌，甚至哭起来。

情感和社交能力发育

满月后的婴儿每天花很多时间观察周围的人，倾听人们的谈话。他意识到大家会逗他、安抚他、喂饱他，让他感到舒服。即使没满月，他有时也会露出反射性笑容或挤弄五官。然而，直到满月后，这些动作才真正代表婴儿开心和友好。

当你见到孩子第一个发自内心的笑容的时候，你就知道这对你们双方来说都是一个非常重要的转折点。之前那些无眠之夜和让人崩溃的混乱日子似乎突然都变得无关紧要了。你会使出全身解数，只求小宝贝多给你几个笑脸。对他来说，他也突然发现只要自己轻轻牵动嘴唇，就可以与你"交流"。笑也为他提供了除哭以外的另一种表达需求的方式，让他对周围发生的一切更有控制感。他与你互动，与你的笑容互动，与他所处的世界互动。这些互动越多，他的大脑发育程度就越高，他的注意力也就越容易从本能（饥饿、胀气、疲劳等）上转移开，从而削弱本能需求对他的行为的强烈影响力。社交行为的增多也进一步证明他喜欢并且珍惜这些新体验，这些体验可以扩大他的世界，这不仅能为你们双方带来快乐，对他的整体发育也至关重要。

最初孩子笑的时候似乎没有直视着你，不要为此困扰。转开视线不看你能带给他控制感，保护他不被完全

控制。这是他可以观察全局而不受你视线"牵制"的小手段。通过这种方式，他可以对你的表情、你说话的音调、你的体温和你抱着他的方式等各个方面加以关注。随着你们彼此了解加深，他与你对视的时间会逐渐变长，你也会找到一些让他更有耐性的方式，比如相距一段距离抱着他、调整音调高低或改变表情等。

快 3 个月大时，孩子将成为"笑容交流大师"。有时，他会用一个灿烂的笑容和咯咯的笑声来吸引你的注意力，主动开始和你"聊天"。其他时候，他会躺在那里等待，一直盯着你的脸，直到你先对他露出笑容，他才做出热烈的回应。他的整个身体都会参与进来：他的双手会大大地张开，一侧或两侧手臂举起，四肢随着你说话的节奏晃动。他还会模仿你的表情，特别是当你吐舌头的时候！

和成年人一样，婴儿也有更喜欢的人，而他最喜欢的人自然就是他的父母。（外）祖父母或他已经熟悉的保姆可能先得到他的一个犹豫的笑容，之后才是他的咿咿呀呀声和身体语言。陌生人则不同，婴儿可能只会好奇地盯着对方看，或者飞快地咧一咧嘴。这种有选择的行为表明，即使这么小的时候，婴儿也已经开始分辨周围人的身份。到 3 ~ 4 个月大时，他会开始对其他孩子产生好奇。如果他有哥哥姐姐，你会发现当大孩子跟他讲话时，他会立刻显得很高兴。这种对其他孩子的兴趣会随着年龄增长而增加。

这种早期的交流对婴儿的社交能力和情感发育有非常重要的作用。热情而迅速地对他的笑容做出反应，经常与他进行这样的"对话"，可以让他知道，

1 ~ 3 月龄婴儿的情感和社交能力发育里程碑

- 开始出现社交性微笑。
- 喜欢和其他人玩，游戏停止时可能哭。
- 沟通能力更强，表情和身体语言更丰富。
- 可以模仿一些动作和表情。

他在你心里很重要，他可以信任你，他可以在一定程度上控制自己的生活。当他"说话"时，你要全神贯注地分辨他的暗示，这样可以显示你对他很关注、很重视。这对他的自我认同感的建立很有帮助。

随着孩子渐渐长大，你们俩之间的交流方式会随着他的需求和愿望的不同而改变。一天天过去，你会发现他大约有 3 个不同层次的需求，每个层次的需求都反映出他性格中的不同层面。

1. 需求很急切的时候，比如饥饿或疼痛时，他会用自己独特的方式通知你，可能用尖叫、哇哇大哭或身体语言表达绝望。一段时间后，你将学会及时辨别这些信号，甚至可以在他意识到自己的需求之前安抚他。

2. 如果孩子安静地沉睡或者在清醒的时候自娱自乐，就说明你已经满足了他的所有需求。这是你休息或处理其他事情的好机会。他独自玩耍也为你提供了一个很好的观察机会——隔着一定距离观察他如何发展很多重要的新技能，比如去够东西、眼睛跟着移动的东西看或摆弄自己的手。这些技能为婴儿学习自我安抚创造了条件，自我安抚的能力有助于他安静下来，最终乖乖地睡一整夜。这些技能的学习对爱哭闹、难以安抚的婴儿更重要。

3. 每天都会有一些时候，孩子的所有需求明明已经得到了满足，但他还是一阵阵地闹个不停。他可能先是平静的，然后突然开始哭闹、烦躁不安或做出很多无目的的举动，这种哭闹可能反复出现。他甚至可能不清楚自己到底想要什么。很多方法都能让他安静下来：跟他做游戏、讲话、唱歌，以及轻摇他或抱着他走动都可能有效；甚至只是帮他换个地方待着或让他发泄出来就有效。你还可能发现，虽然某种方法可以暂时让他安静下来，但他很快会变得更烦躁，需要更多关注。这种情况可能会一直循环出现，除非你让他哭一会儿，或者做些其他的事情（比如带他出去走走）分散他的注意力。虽然这种哭闹很难应对，但你们两个人都可以从中更加了解对方。你会发现孩子喜欢被怎样轻轻地摇动，喜欢什么样的鬼脸或声音，喜欢看什么东西。他也会发现用什么办法可以引起你的回应、你会多努力让他开心，以及你的底线在哪里。

　　然而，当你的孩子哭闹不休时，你可能感到非常沮丧，甚至愤怒。这时，最好的做法就是轻轻地把他放回婴儿床里，然后自己稍微休息一下。最重要的是，你一定要抗拒任何摇晃或者拍打孩子的想法。摇晃孩子的危险在于，它会对孩子造成严重的伤害。摇晃孩子是全球范围内持续存在的一种虐待儿童的行为。如果孩子的哭闹成为长期困扰你的问题，请和儿科医生详细地讨论，他会向你提供一些应对这一难题的技巧。请与其他看护者分享这些安抚孩子的新技巧，他们在遇到无法安抚孩子时，可能也有类似的沮丧感。

　　随着时间推移，孩子的紧急需求会减少，他可以自己玩很长时间。这一方面是因为你学会了提前解决他的很多问题，另一方面是因为他的神经系统正在成熟，他可以更好地处理每天的压力。随着身体控制能力的增强，他可以自己玩得很开心，可以自我安抚，而且遇到的麻烦也会减少。虽然那些无论你做什么似乎都很难让他满意的情况在几年内不会完全消失，但随着他的活动能力增强，他的注意力更容易被转移，最终他要学会自己处理这些情况。

　　头几个月不用担心宠坏孩子。仔细观察他，在他需要的时候立刻回应他。你或许不能每次都让他平静下来，但让他知道你有多关心他绝对不会有坏处。

发育健康表

　　每个婴儿尽管有自己的成长方式和发育速度，但没有达到某些阶段性标准可能是其健康或发育出问题的信号，需要父母特别关注。你如果在这一阶段发现孩子有下列任何异常表现，请与儿科医生详细讨论。

- 4 个月大后仍然有惊跳反射。
- 听到剧烈声响时没有反应。
- 快 2 个月大时没有注意过自己的手。
- 快 2 个月大时听到你的声音不会笑。
- 1～2 个月大时双眼不会跟着移动的物体看。
- 快 3 个月大时不会抓握东西。
- 快 3 个月大时不会对人笑。

■ 3 个月大时不能抬起头。

■ 2 ~ 3 个月大时不会触碰和抓住玩具。

■ 2 ~ 3 个月大时没有发出过咿咿呀呀的声音。

■ 快 4 个月大时不会把东西放进嘴里。

■ 开始发出咿咿呀呀的声音，但快 4 个月大时没有尝试过模仿你的声音。

■ 快 4 个月大时，脚落在坚硬的平面上时不用腿支持身体。

■ 一只或两只眼睛无法灵活转动。

■ 大部分时间都对眼（头几个月偶尔对眼是正常的）。

■ 从不留意新面孔，或者对新面孔或新环境非常恐惧。

■ 4 ~ 5 个月大时仍然有强直性颈部反射。

致（外）祖父母

作为（外）祖父母，你对小宝宝、小宝宝的父母和家里其他孩子都非常重要。一定要多关注家里的大孩子，他们可能因为众人的注意力都集中在小宝宝身上而有些失落。当父母正在努力适应小宝宝的时候，你可以担任替补队员的角色，给你和大孩子安排一些特殊的活动。例如：

■ 带他们去商场或电影院；

■ 带他们去兜风；

■ 给他们放音乐或讲故事；

■ 带他们去你家过夜。

我们在本书中的其他章节（见第 175 页、第 238 页）提到过，你有很多方式可以帮你的子女适应家里的新成员，比如帮忙打扫、买菜或做其他家务。同时，在不过分干预子女的前提下，传授一些你自己的经验——解释一下婴儿哭闹的正常性、大便的颜色、小疹子或肤色变化，以及婴儿会出现的很多其他问题等。新手父母有时会感到挫败，特别是当婴儿哭闹不休的时候，你可以给他们支持和鼓励，也给他们喘口气的机会。如果方便，用婴儿手推车推着小宝宝出去走走。（外）祖父母的经验和帮助可以稳定新手父母的情绪，对他们有莫大的帮助。

事实上，在孩子 6 个月大以前，你越是迅速而耐心地去安抚烦躁的孩子，他长大后就越不用你费心。这么小的时候，他需要不断地被安慰才有安全感，才能产生对你的信任。现在帮助他建立这种安全感，就是在帮他打下自信和信任的基础，让他能够逐渐放开你的手，成为一个坚强而独立的人。

基本看护

饮食

原则上，在 4 ～ 6 个月大之前，婴儿仍然需要只喝母乳或配方奶。确定婴儿是否吃饱的最佳方法是检查他的生长情况。每次带孩子去体检的时候，医生都会测量孩子的体重、身高和头围。大多数母乳喂养的婴儿仍然需要不断吃奶，无论白天还是晚上。在决定给孩子喂多少奶的时候，要注意他的"饥饿"和"饱胀"信号，这些信号甚至比孩子喝下多少母乳或配方奶更重要。

对配方奶喂养或将母乳挤出来用奶瓶喂养的婴儿来说，快 4 个月大时，每次喝下的母乳或配方奶将从 60 ～ 120 毫升增加到 120 ～ 180 毫升。如果婴儿只吃母乳，那么 24 小时内要喂 8 ～ 12 次奶。有些母乳喂养的婴儿喂奶的频率可能更高，比如 90 ～ 120 分钟就要喂一次。这是孩子在告诉你，他正在长身体，他需要喝更多的奶。你喂奶越频繁，你的大脑就会产生越多用来刺激乳汁分泌的激素。随着你的乳汁增多，孩子吃奶的频率就会降低。通常只需 2 ～ 3 天，母乳分泌量就会增加。如果在 4 ～ 5 天后，孩子依旧看上去很饿，你就要向儿科医生咨询一下，并预约体重检查。在这种情况下，如果孩子没有增重，那么你的乳汁供应可能有所下降。这可能和你重新开始工作却没有挤出足够的乳汁、你的压力增大、孩子的睡眠时间变长等有关。儿科医生可以帮助确认乳汁减少的原因，还可以提供一些增加乳汁分泌的方法。这些方法可能包括：增加喂奶次数，在两次喂奶间隙或喂奶后使用吸奶器。

孩子在吃奶时频繁或反复咳嗽是不正常的，应该去看医生。若孩子在吃

奶过程中频繁地停顿或有脸色变化，你需
要把乳房或奶瓶移开，好让他呼吸。这可
能表明他呼吸困难，他也应该及时就医。

在这个阶段，即便没有给孩子改变饮
食，你也可能注意到孩子在排便方面的变
化。孩子的肠道目前能够容纳更多的东
西，而且能够从乳汁中吸收更多的营养物
质，因此和第 1 个月时相比，孩子的大便
可能更容易成形。孩子的胃结肠反射（见
第 65 页）有所减轻，因此他不会在每次

吃完奶后都排便。事实上，在婴儿 2 ~ 3 个月大的时候，他的排便频率会显
著下降，无论他是母乳喂养的还是配方奶喂养的。一些母乳喂养的婴儿可能
每隔 3 ~ 4 天才会排便 1 次，甚至还有少数完全健康的母乳喂养婴儿每周才
排便 1 次。只要孩子吃奶状况良好、体重增长正常且大便没有过干或者过硬，
你就不用对孩子排便频率降低过度紧张。你如果对孩子大便的变化感到担心，
可以向儿科医生咨询。

一些母乳喂养的婴儿在快到 4 个月大的时候，可能开始在夜里连续睡
5 小时以上。这些婴儿在白天可能吃得更多，而他们的幸运的母亲可以在夜里
睡得久一些。在这个阶段，没有必要夜里将母乳喂养的婴儿叫醒来喂奶。

正如前文所提到的，在孩子出生后的 3 ~ 6 个月，有些母亲需要重新开
始工作。比起婴儿，这件事给进行母乳喂养的母亲带来的压力更大。需要重
新开始工作的母亲应该在婴儿 1 个月大的时候就偶尔把乳汁吸出来，用奶瓶
喂给他吃。这可以让母亲习惯挤奶，也可以让婴儿习惯用奶瓶吃奶。这样，
等母亲不在身边的时候，母乳喂养的婴儿也能顺利吃到奶。在重返工作岗位
前的 1 个月，很多母亲选择每天在两次喂奶之间吸 1 次或 2 次奶，并将母乳
冷冻起来，以便之后的看护者用这些母乳喂婴儿。在正式回归工作岗位之前，
母亲应与工作单位相关的管理人员讨论一下复工以及在工作时间吸奶的事宜，

这非常重要。比起以全职状态回归职场，兼职的工作可以让母亲更轻松地挤奶，也能继续母乳喂养。新手母亲可能会询问她的上司，能否让她在复工的第 1 ～ 2 个月里稍微减短工作时长。复工后，母亲也许发现自己的乳汁分泌减少了，这可能是由重新工作带来的压力造成的。母亲可能还需要和婴儿看护者讨论一下，之后会提供由吸奶器吸出的母乳。重新开始工作的母亲需要意识到，兼顾工作和家庭不是一件容易的事情，因此她需要寻求和接受他人的帮助。有些母亲可能会决定，当她们重新开始工作后，会逐渐让孩子从喝母乳转换到喝配方奶。

睡觉

婴儿满月之后，会变得更加机灵并且喜欢与人接触，在白天，他醒着的时间会增多。此外，婴儿的胃容量将有所增加，他吃奶的次数会随之减少，夜间他可能还会少吃一次奶。

记住，这个阶段的婴儿应该以仰卧的姿势睡觉。（更多关于睡觉的内容见第 35 章。）

婴儿应该以仰卧的姿势睡觉。

兄弟姐妹

在孩子出生后的第 2 个月，尽管你已经习惯这名新成员了，但是家里的大孩子可能仍然处于适应期。特别是当小宝宝是第二个孩子时，你家的老大可能会因为自己不再是家庭的中心而伤心。

有时候，大孩子可能通过顶嘴或者做一些自己明知不应该做的事情来发泄不满，也可能通过大喊大叫来引起注意。他还可能出现一些"退化"现象，比如突然尿床或者在白天尿裤子，尽管他已经被训练了好几个月自己上厕所。他不知道什么是负面关注，他宁愿因为不好的行为受罚，也不愿被忽视。不过这可能逐渐升级为一种恶性循环——越关注他，他的反常行为就越多。打破这一恶性循环最好的方法是发现大孩子表现好的地方。当大孩子自己玩耍或者读书的时候，表扬他一下，这样当他下次希望你注意他的时候，他就还会这样做。父母每天花点儿时间单独与他相处也是一个不错的方法。你还需要认真对待一些具体情况。如果大孩子做一些无危害、不危险的事情（如哭闹）以期获得你的关注，而你忽视他，那他就可能换其他的方式来吸引你的关注。

不过，如果大孩子对小宝宝发泄自己的不满，比如抢走小宝宝的奶瓶或者打小宝宝，你就需要采取一些更加直接的措施了。与大孩子坐下来好好谈谈，做好准备倾听他的抱怨，比如"我真希望这个孩子从来没有来我们家"。你要告诉他，你始终非常爱他，但是你要严肃地向他解释，他绝对不可以再伤害小宝宝。你可以让他尽可能多地参与家庭活动，鼓励他多与小宝宝互动。通过让他做一些与小宝宝有关的工作，比如取尿布、收拾玩具、帮小宝宝穿衣服或者督促来访者在抱小宝宝之前洗手等，让他感到自己是非常重要的大孩子。

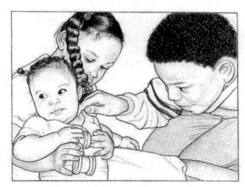

邀请大孩子与小宝宝一起玩。

给大孩子定明确的规矩，比如绝对不可以在未经允许的情况下抱起小宝宝。

适合 1～3 月龄婴儿的玩具和活动

■ 图案对比明显的图片或图画书。

■ 各式各样、色彩明亮、可以移动的玩具。

■ 摇铃（结实、不易碎的）。

■ 唱歌给孩子听。

■ 放轻柔的轻音乐给孩子听。

刺激 1～3 月龄婴儿的大脑发育

■ 随着孩子不断成长，父母应为他提供健康、营养的食物。定期带孩子去固定的医疗机构体检，及时打疫苗。

■ 给孩子连续不断的、温暖的身体接触，比如拥抱、肌肤接触和肢体接触，帮他建立安全感。在孩子穿衣、洗澡、吃奶、玩耍、散步和乘车的时候，给他唱歌、读书或者与他聊天。在与孩子聊天的过程中，叫他的名字，使用简单、生动的语句。对孩子的表情、声音和肢体动作做出回应。

■ 孩子一出生就每天给他读书，这能拉进你和孩子的关系，让孩子熟悉你的声音，并让他养成一个受益终生的好习惯。

■ 要留意孩子的情绪变化，了解他发出的一些信号。无论孩子是高兴还是情绪低落，你都要做出回应。要知道，这么小的孩子是不会被宠坏的。

■ 给孩子提供不同形状、大小、质地的色彩丰富的玩具。给孩子看图画书和家庭相册。

■ 这个阶段的孩子对你的脸非常感兴趣，你可以和孩子玩藏猫猫的游戏。

■ 如果你会说别的语言，可以在家中使用。

■ 不要让孩子经历有压力或者可能造成伤害（无论是对身体还是对心理的伤害）的事件。

■ 确保孩子的其他看护者理解与孩子建立充满爱意的关系的重要性，并且确保他们自始至终疼爱孩子。

健康观察

　　小婴儿的病情容易快速发展到十分严重的程度，所以一旦不满3个月的婴儿的直肠温度达到38℃以上，就应该立刻就医。下面一些健康问题常见于2～4个月大的婴儿。如果你的孩子不满2个月，而你怀疑他出现下面这些问题，你就应该带他看医生。参考本书第二部分，可以了解儿童期可能发生的全部疾病及相关细节。

　　腹泻（见第528页）。如果孩子在出现呕吐后1～2天腹泻，那他很有可能感染了肠道病毒。如果你采用的是母乳喂养，医生可能建议你们继续像往常一样喂养。如果孩子喝的是配方奶，大多数情况下也可以继续喂养；如果他继续腹泻，医生可能建议先喂一段时间不含乳糖的配方奶，再喂原先的配方奶。在某些情况下，医生还会建议孩子喝一种含电解质（如盐和钾）及糖的溶液，因为腹泻有时候会"冲走"胃中的一些消化酶，而这些消化酶在消化以牛奶为基础的配方奶中的乳糖时必不可少。

　　中耳炎（见第663页）。虽然中耳炎更常见于大一些的孩子，但偶尔也会发生在3个月以下的婴儿身上。连接鼻咽到中耳的管道（耳咽管）很短，在孩子这么小的时候可能无法正常运作，这就容易让液体聚集在中耳，从而使引起感冒的病毒很容易传播到耳部。这种病毒性中耳炎还十分容易继发细菌感染，演变为真正的中耳炎。

　　婴儿患中耳炎的初期表现往往是烦躁不安，特别是在夜里。中耳炎还可能引起发热。如果医生检查出孩子耳部存在炎症，可能建议孩子服用对乙酰氨基酚口服液（在合理剂量之内）。不要给孩子服用阿司匹林，因为它可能引起一种严重的脑部疾病——瑞氏综合征（见第547页）。在一些情况下，医生也有可能为孩子开抗生素（可能是滴剂或口服液，或者两者皆有）。不过，如果孩子没有发热，或者病情不太严重，抗生素治疗就没有太大必要。事实上，引起中耳炎的可能是细菌也可能是病毒，而抗生素只能治疗细菌感染，所以医生如果不确定孩子的中耳炎是由细菌引起的，一般不会使用抗生素治疗。

许多父母对清除孩子的耳垢感到不安。产生耳垢是耳部正常和健康的表现，耳朵可以自我保持清洁。婴儿的耳朵只需要用柔软的毛巾快速擦拭，就能够保持清洁。如果孩子耳朵里出现的分泌物不是耳垢而是脓液等异常分泌物，你就需要带他就医。

眼部感染（见第 729 页）。在出生后的头几周内，任何一种眼部感染的征兆（如眼肿、眼红、有异常分泌物等）都可能暗示较严重的问题。不过也不一定，比方说，泪道阻塞的话，婴儿也会流泪和眼部出现分泌物，但一般不伴有眼睛红肿。

胃食管反流 / 吐奶（见第 548 页）。当胃内容物反流到食管时，这个问题就会出现。这是由于食管括约肌（防止胃内容物进入食管的肌肉组织）在不恰当的时候松弛，或者括约肌力量很弱，导致食物或液体上涌（后面这种情况较为少见）。由于括约肌发育不够成熟，大多数婴儿都存在一定程度的反流，不过随着时间推移，大多数婴儿的这一问题都会减轻。然而，在某些时候，反流可能是进食过度的表现。你如果认为你的孩子遇到的是这种情况，就要根据孩子的"饥饿"和"饱胀"信号来决定给他喂多少奶，而非照本宣科地按书上说的量来喂母乳或配方奶。如果孩子仍然有严重的吐奶现象或吐奶影响到他吃奶，请向儿科医生咨询。

最近的研究发现，患有慢性胃食管反流的孩子的数量远比之前认为的多，而且可能从婴儿期就开始发病。患有这种疾病的婴儿往往进食不久就呕吐，还伴有周期性咳嗽、烦躁、吞咽困难、弓背等，还有可能出现体重不足的情况。吐奶常见于不满 6 个月的婴儿，所占比重约为 50%，到 12 个月大时，大约只有 5% 的婴儿还有这种问题。要解决这个问题，可以在给婴儿喂奶时及喂奶后给他拍拍嗝。由于婴儿平躺时吐奶容易加重，所以在给婴儿喂奶后的半小时内尽量让他保持直立。为了避免婴儿在睡眠中发生婴儿猝死综合征，不要为减轻吐奶的症状而让他以俯卧的姿势睡觉——除非吐奶特别严重，医生建议这样做。对婴儿来说，最安全的睡姿永远是仰卧。

一些情况下，医生可能建议通过加稠配方奶或挤出的母乳来减轻婴儿反流的症状。另一些情况下，医生可能建议为婴儿换一种水解蛋白配方奶（问问医生应该买哪一种），并观察在接下来的一两周内症状有没有缓解。如果婴儿对牛奶过敏，换成喝这种配方奶之后，情况就会好很多。如果婴儿因为摄入不足导致体重没有正常增加，或婴儿感到十分不适，医生就有可能为他开药。

对刚出生几个月的婴儿来说，有时候呕吐是由幽门狭窄造成的。幽门狭窄指胃部与小肠连接处开口狭窄，它容易引起剧烈呕吐和排便模式改变。医生如果怀疑孩子有幽门狭窄的问题，就会安排做超声检查。需要的话，他还会安排进一步的治疗（见第 547 页"呕吐"）。

皮疹及皮肤疾病。婴儿在出生后第 1 个月长的皮疹往往会持续到第 2 ~ 3 个月。另外，满月后的婴儿随时有可能患湿疹。湿疹是一种皮肤疾病，也被称为"特应性皮炎"，会引起皮肤干燥、粗糙，而且常常引起红斑——最常见于面部、肘窝及腘窝。对婴儿来说，肘窝和腘窝是湿疹最高发的部位。出现红斑的部位可能只轻微发痒，也可能痒得异常难忍，往往会造成婴儿烦躁。请医生推荐治疗方法——医生一般会因病情严重程度不同而采取不同的处理方法，有可能让你去买一些非处方药（只购买医生推荐的种类，因为他会为你推荐效果最好的），也有可能给孩子开一些处方类洗剂、乳霜或药膏。对那些只是偶尔出现湿疹或湿疹症状轻微（红斑面积小）的婴儿来说，医生可能认为没有必要用药。

为了防止湿疹复发，只使用性质温和的沐浴液和洗衣液给婴儿洗澡和洗衣服，给他穿柔软的衣服（不能穿羊毛材质或质地粗糙的衣服）。每周给婴儿洗澡的次数不超过 3 次，因为频繁洗澡可能使皮肤更加干燥。医生如果认为婴儿的湿疹是由某些食物引起的，特别是当婴儿开始吃辅食之后，就会建议避开这些食物。（更多关于湿疹的信息，见第 560 页。）

呼吸道合胞病毒（RSV）感染。RSV 是导致婴幼儿下呼吸道感染最常见的病毒，也是引起儿童感冒的最常见病毒之一。RSV 很容易侵入呼吸道和肺部，造成 1 岁以下婴儿患细支气管炎和肺炎。事实上，RSV 感染发病率最高的阶段是婴儿 2 ~ 8 个月大的时候。同时，RSV 感染也是导致 1 岁以下婴儿住院的最常见疾病。

RSV 感染具有高度传染性,高发于当年秋季到次年春季。它往往引起鼻塞、流鼻涕,还可能伴有咽喉痛、轻微咳嗽及偶尔发热。感染存在于鼻部,还会侵入耳部及下呼吸道,引起细支气管炎。细支气管炎的症状包括异常的呼吸频率加快及喘息。

如果孩子是早产儿,或孩子在出生时患慢性肺部疾病,那么他患严重 RSV 感染的概率则更大。早产儿肺部发育往往还不够成熟,而且可能没有从母体获得足够的抗体以对抗入侵的 RSV。

通过以下方法,可以降低严重的 RSV 感染的发病率。

■ 当有人要抱婴儿或搂婴儿时,要求对方用热水和香皂洗手。

■ 避免接触流鼻涕或者有其他病症的人。不过,正在哺乳的母亲如果感冒了,可以继续哺乳,因为母乳能够持续地为婴儿提供营养和保护性抗体。

■ 如果婴儿的哥哥姐姐感冒了,尽量少让婴儿和他们接触,而且让感冒的大孩子经常洗手。

■ 尽可能地让婴儿远离人员集中的地方,比如购物中心和电梯等,这样可以避免婴儿接触病人。

■ 禁止任何人在婴儿周围吸烟,因为二手烟会大大增强婴儿对 RSV 的易感性。

医生如果认为你的孩子患了细支气管炎或其他由 RSV 感染导致的疾病,就可能建议让孩子接受系统性治疗,比如用吸鼻器或温和的盐水滴鼻液来减轻鼻塞症状。患严重肺炎和细支气管炎的婴儿需要住院治疗,借助于湿化氧疗和药物等来缓解呼吸困难(更多关于 RSV 的信息,见第 595 页"细支气管炎")。

感冒 / 上呼吸道感染(见第 660 页)。很多婴儿在 1 ~ 3 个月大的时候患了人生中的第一场感冒。母乳可以给婴儿提供免疫力,但是并不足以保护婴儿免受一切疾病的侵袭,特别是当家里其他成员患了呼吸道疾病时。通过飞沫和手部接触等途径,感冒病毒非常容易在人群中传播(和人们通常以为的相反,暴露于冷空气或吹冷风并不会引起感冒)。感冒的成年人应该做到经常洗手、咳嗽或打喷嚏时用手肘捂住嘴，以及避免亲吻，这样可以防止病毒扩散。同时请记住，你永远也不可能完全避免感冒病毒的传播，因为在症状还没有出现之前，人们身上的感冒病毒就已经四处传播了。

大部分小婴儿的呼吸道疾病都比较轻微，只引起咳嗽、流鼻涕和轻度的体温升高，不过偶尔也引起高热。但是，婴儿流鼻涕是一件恼人的事情。他自己不会擤鼻涕，所以鼻涕会变稠并堵塞鼻通道。2～3个月大的婴儿还不太会用嘴巴呼吸，所以和大一些的孩子比起来，这种鼻塞会让他更难受。鼻塞常常导致婴儿无法正常呼吸，从而无法好好入睡，并在中途醒来。另外，鼻塞也会影响吃奶，因为婴儿需要把嘴从乳头上移开才能用嘴巴呼吸。

如果你的孩子发生了鼻塞且他的正常进食和呼吸受到了影响，你可以用一个干净的吸鼻器从他的鼻子里吸出鼻涕，特别是在喂奶前或鼻塞非常严重的时候。当然，滴几滴盐水滴鼻液（儿科医生开的）可以预先稀释鼻涕，让鼻涕更容易被吸出来。先挤压吸鼻器的球部，然后将尖端轻柔地插入孩子的鼻孔，再慢慢地松开球部（注意，力度过大或频率过高都有可能引起鼻黏膜肿胀，从而加重鼻塞的症状）。虽然对乙酰氨基酚可以有效降低体温并且对烦躁的孩子有镇静作用，不过给年龄小的孩子使用这种药物时一定要严格遵照医嘱。不要使用阿司匹林（见第547页"瑞氏综合征"及第768页"药物"）。幸运的是，大多数患普通感冒的婴儿并不需要去看医生。不过，如果你的孩子出现如下情况，你还是需要带他及时就医：

- 持续咳嗽；

- 没有胃口，多次拒绝吃奶；

- 发热，不满3个月的婴儿的直肠温度达到38℃及以上；**注意，此时要马上就医。**

- 格外烦躁；

- 异常困倦或很难被叫醒。

疫苗接种

第一针乙肝疫苗应该在孩子出生后不久、出院以前接种。第二针乙肝疫苗应该在第一针接种完成至少 4 周后接种。

孩子在 2 个月大的时候应该接种以下疫苗，并且要在 4 个月大的时候再次接种。

- 百白破疫苗
- 脊髓灰质炎灭活疫苗
- B 型流感嗜血杆菌疫苗
- 肺炎球菌疫苗
- 轮状病毒疫苗
- 乙肝疫苗（如果在 1 个月大的时候没有接种的话）

（更多信息见第 75 页和第 31 章"疫苗接种"。）

安全检查

预防摔落

- 永远不要将坐在婴儿椅中的婴儿连人带椅放在桌上、凳子上以及其他高于地面的平面上。
- 无人看护时，永远不要将婴儿单独留在床、沙发、尿布更换台或凳子上。购买尿布更换台时，选择带有 5 厘米（或者更高的）护栏的。为了避免婴儿摔落，不要将尿布更换台放在靠近窗户的地方。（更多关于尿布更换台的信息，见第 469 页。）
- 将婴儿放在任何设备上时，都要使用安全带。

预防烧伤和烫伤

■ 你在吸烟、喝热饮或者在炉子边做饭的时候，不要抱着孩子。

■ 不要允许别人在孩子周围吸烟。

■ 你在给孩子洗澡前，要用手腕或前臂内侧试试水温。此外，要先在浴盆（或水槽）里放好水，试好水温，再将孩子放入水中。为了避免烫伤，将热水器的最高温度定在 49℃以下。

■ 不要用微波炉加热孩子的奶（或者其他食物）。在孩子喝奶之前，要充分搅拌并试一试奶的温度。

预防窒息

■ 经常检查玩具上容易扯下来或者损坏的小部件是否完好。检查玩具是否有尖锐的边角。

■ 不要在婴儿床上悬挂玩具，因为这个阶段的婴儿可能会将玩具扯下来或者被玩具缠住。

第8章 4～7月龄

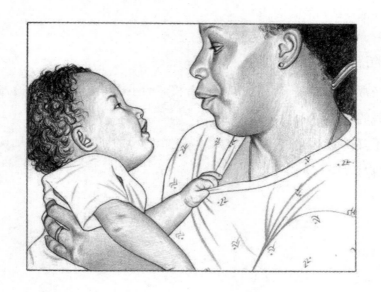

　　这几个月对你和宝宝来说将是一个非常美好的时期。随着他的个性展现，每天，他的笑声、他的儿语、他和你在一起时的快乐、他看到的一切，对你来说都是奇迹。对他来说，每天都有新的惊喜、新的成就；对你来说，这段人生经历会越来越可贵。

　　快4个月大时，婴儿已经形成了较为固定的日常生活规律——进食、小睡、洗澡，最后是晚上睡觉。规律的生活有助于增强孩子的安全感，还有助于你更好地安排时间和活动。不过，日程安排应保持灵活。在这个快速生长期，孩子会更频繁地吃奶；如果生病了，他可能难以入睡。有时候，你可能一时心血来潮，想要放松一下，比如在太阳驱散连日阴霾后带孩子出去散步，和突然来访的（外）祖父母一起吃午饭，全家一起去动物园——这些都是暂时打乱规律的好理由。对生活中的突发事件保持宽容的态度，允许自己偶尔一时冲动，会让你和孩子的生活有更多乐趣，也是帮助孩子学习适应未来生活中各种变化的好机会。在这段时间，很多父母都会回到工作岗位，而回归工作带来的压力会让父母在这一年里都倍感辛苦。

眼下这个时期，婴儿的身体正在发生重要的变化。他会学习协调各种感官能力（视觉、触觉和听觉），也大大增强了运动能力，开始抓握、翻身、坐起，甚至可能开始爬行。萌芽中的运动技能赋予他的控制力会扩展到他生活中的各个方面。他不再像以前那样主要靠反射行为对外界做出反应，现在他会选择做什么，不做什么。在新生儿时期，不管你把什么东西放进他嘴里，他都会吮吸，但现在他已经明确自己喜欢什么。过去他对新奇的玩具顶多只是看看，现在他会用嘴啃、用手摆弄，仔细研究它的各种特点。

现在婴儿可以更好地表达他的感情和需求，而且经常用声音来表达。他不仅在肚子饿或不舒服的时候会哭，在玩腻了玩具、厌烦了什么或想换新花样的时候也会哭。

你可能还发现，5 ~ 6个月大的孩子有时会因为你离开房间或见到陌生人而哭。这是因为他正在对经常照顾他的人产生强烈的依恋感。他现在将你和他自己的幸福联系在一起，可以将你和其他人区分开。即使他平时不会因为离开你而哭，但看到陌生人时还是会仔细研究对方的脸。到7 ~ 8个月大时，他可能会明显地拒绝靠他太近的陌生人。这被称为"陌生人焦虑"，是发育正常的标志。

不过，在陌生人焦虑出现之前，婴儿甚至还可能在一段时间里非常讨人喜欢，对碰到的每个人都露出灿烂的笑容，也可以和对方玩得很开心。他的性格即将完全展现，即使第一次见到他的人也会留意到他的很多独特的性格特点。利用孩子这个喜爱社交的时期帮他熟悉今后负责照顾他的人，比如保姆、亲戚或看护人员等。这可能有助于孩子之后顺利度过陌生人焦虑期。

　　假如之前还没有意识到，你在这几个月也会知道，并没有可以养育出完美孩子的公式。你和你的孩子都是独一无二的，你们之间的关系也是绝无仅有的。对某个孩子有效的方法未必适合另一个。你必须在不断的尝试和失败中摸索出适合你的办法。邻居家的孩子可能很容易入睡，而且这么大时已经可以睡一整夜了，而你的孩子却总是要你多抱一会儿，多哄一会儿。在孩子出生后的第一年里，这不免让你垂头丧气、倍感压力。也可能你的第一个孩子需要大量的拥抱和安慰，第二个孩子却喜欢自己静静地玩。这些个体差异并不意味着育儿方式"正确"或"错误"，只说明每个孩子都是独一无二的。

　　随着时间推移，你会逐渐了解孩子的性格特点，并找出最适合他的互动模式。你只要对他的特性保持灵活和开放的态度，他就会帮你找到正确的育儿方向（见本章第 225 页"情感和社交能力发育"）。

生长发育

外观和生长情况

　　4 ～ 7 个月大时，婴儿仍会以每个月 0.45 ～ 0.56 千克的速度增重（快 8 个月大时，体重大约达到出生体重的 2.5 倍）。婴儿的骨骼也会飞速发育。因此，这几个月他的身高会增加大约 5 厘米，头围会增加大约 2.5 厘米。

　　婴儿的具体身高和体重是多少并不重要，最重要的是生长速度。现在你应该已经在"附录"的生长曲线中画出了他的曲线。继续定期测量，然后将数值标在曲线图中，确定他保持着他的生长速度。你若发现他的测量值开始跳到另一条生长曲线上，或者他的身高或体重增长异常缓慢，就应与儿科医生讨论。

运动发育

此前，婴儿已经有足够的肌肉控制能力来同时移动眼睛和头部，可以用视线跟踪感兴趣的物体。现在他将面临一个更大的挑战——坐起。随着他的背部和颈部肌肉力量逐渐增强，以及躯干、头部和颈部的平衡能力发展，这一任务将分解成很多小步骤来逐步实现。首先他要学会在俯卧的时候抬头，并且坚持一段时间。在他醒着的时候，让他趴在床上，帮他将手臂放在身前伸直，然后在他面前晃动摇铃等对他有吸引力的玩具来吸引他的注意力，引导他抬起头看着你，这样可以鼓励他练习抬头。这也是检查孩子听力和视力的好方法。

一旦能够抬头，婴儿就会开始用手臂支撑、弓起背部来抬起胸部。这可以增强他上半身的力量，这样当他会坐时他就能保持上半身的平稳和直立。在抬头的同时，他还会趴着摇晃身体、踢腿、用手臂"划水"。这些动作通常在婴儿大约5个月大时出现，它们对翻身和爬行是必要的。这个阶段快结束时，他很可能学会了从俯卧翻身到仰卧以及从仰卧翻身到俯卧。不过，不同婴儿可能在不同的月龄发展出这样的能力。大多数婴儿都先学会由俯卧翻到仰卧的翻身方式，但如果他先学会由仰卧翻身到俯卧，那也是完全正常的。

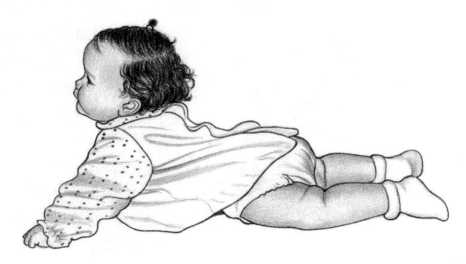

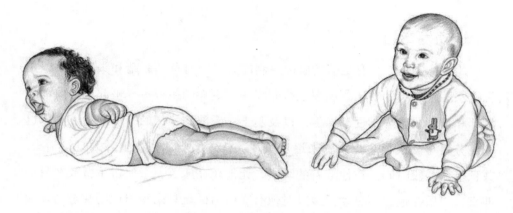

等孩子可以抬起上半身，你就可以帮他练习坐了。用手扶住他或用枕头撑住他的腰背部，让他学习平衡身体。很快他就能学会"三足鼎立"，也就是身体向前倾，双臂帮忙支撑和平衡上半身。当他练习保持平衡时，你可以在他面前摆一些有趣的玩具，让他有东西看。他还需要一段时间才能不用你的协助自己坐起来，但在 6 ~ 8 个月大之前，如果你帮他坐起，他可以不用手臂支撑坐一段时间。然后他会发现，当他从这个新高度观察世界时，周围的一切多么奇妙。

快 4 个月大时，婴儿已经可以自如地将有趣的东西送进嘴里。在接下来的 4 个月中，他会开始用拇指和其他手指拍、抓或扒，捡起很多东西。要等到大约 9 个月大时，他才会用食指和拇指来捏起东西，但在 6 ~ 8 个月大之前，

他能学会把东西从一只手转到另一只手，把它们翻来翻去、扭来扭去。这时，不要在婴儿身边放任何会让他窒息或受伤的东西。

随着身体协调能力的增强，婴儿开始探索以前没有意识到的身体部位。躺在床上时，他可以抓着

自己的脚和脚趾，把它们塞进嘴里。给他换尿布的时候，他可能伸手去摸自己的外生殖器。坐着时，他可能用手拍打自己的膝盖或大腿。在这些探索过程中，他会发现很多新奇而有趣的感觉，还会开始了解身体不同部位的作用。当你把他的小脚丫放在地板上时，他可能会蜷起

脚趾去摩挲地面，用自己的脚和腿练习"走路"或上下跳。注意！这些都是为下一阶段的重要技能——爬行和站立所做的准备工作。

视觉发育

当婴儿努力练习重要的运动技能时，你有没有留意到他是多么认真地观察正在做的每件事呢？他去抓玩具时的专注神态可能让你联想到一位全神贯注做实验的科学家。很明显，良好的视力在他的早期运动和认知发育中扮演了重要角色。实在是很巧，他的眼睛正好在最需要的时候发育成熟了。

4 ~ 7 月龄婴儿的运动发育里程碑

- 可以从俯卧翻身到仰卧以及从仰卧翻身到俯卧。
- 先用双手支撑着坐稳，接着不用双手支撑也可以坐稳。
- 用双腿支撑整个身体的重量。
- 用一只手抓东西。
- 将东西从一只手转到另一只手。
- 可以抓握（还不能捏）东西。

适合4～7月龄婴儿的玩具

■ 不易碎的塑料或树脂镜子。

■ 软球，包括可以发出轻柔、悦耳声响的软球。

■ 可以发出声音的布偶。

■ 方便用手指抓住的玩具。

■ 音乐玩具，比如铃铛、沙铃、手鼓（确保小部件不会松脱）。

■ 透明的摇铃（让人可以看到里面发出响声的小颗粒）。

■ 有彩色图片的旧杂志（你可以翻给他看）。

■ 婴儿纸板书、布书或塑料书。

虽然婴儿从出生时就可以看到东西，但他全部的视觉功能要过几个月才会发育成熟。直到现在他才能分清红色、蓝色、黄色等颜色的差异。如果你发现他最喜欢红色或蓝色，不必惊讶，这么大的孩子大多偏爱这两种颜色。随着年龄的增长，很多婴儿更喜欢复杂的图案和形状——你在为孩子选购图画书或婴儿房的装饰画时要记住这一点。

婴儿快到4个月大时，其视力范围已经增大到几米以上，而且会继续增大（更多关于眼部发育成熟的内容，见第25章"眼部问题"）。同时，他学会了用眼睛跟踪越来越快的动作。在前几个月，如果你丢一个球，让它在屋子里滚动，他还很难跟踪球的运动轨迹，现在他已经可以不费吹灰之力地一直跟着移动的物体看。随着手眼协调能力的增强，他今后还可以抓住这些移动的物体。

在婴儿床上面或婴儿弹跳椅前面悬挂一个床铃是刺激小婴儿视觉发育的理想方法。不过，快5个月大时，婴儿会很快看腻眼前的东西，然后寻找其他新奇的东西。而且在这么大的时候，他大概已经能够坐一段时间了，可能会把悬挂物扯下来，或者把自己缠住。**因此，你应在孩子自己有能力撑起身**

体或坐直时尽快将悬挂物从婴儿床上或婴儿弹跳椅前取下来。你可以带着孩子四处活动（去你家周围、街道上、商店或者参加适合带着婴儿的短途旅行）以保持他的视觉兴趣。帮他找些他从来没见过的东西，然后大声地把每个东西的名称告诉他。

对这个阶段的婴儿来说，镜子是另一个可以带来无穷快乐的东西。镜子中的影像会不断变化，更重要的是，影像变化直接对应的是婴儿自己的动作。这会告诉他，镜子里的那个人其实是他自己。他可能还要花一段时间才意识到这一点，不过也有可能在这一阶段就意识到了。

婴儿的视觉意识应该在这 4 个月中大幅提升。给他看些他未见过的形状、颜色和物体，观察他的反应。如果他看起来对这些新东西没什么兴趣，或者他的一只或两只眼睛向内或向外斜视，请联系儿科医生。

语言发育

婴儿的语言学习过程分为多个阶段。从出生起，他就会聆听人们发出的

4 ~ 7 月龄婴儿的视觉发育里程碑

- 色觉完全发育成熟。
- 远距离视觉发育成熟。
- 眼睛跟踪移动物体的能力增强。

各种声音并观察人们如何交流。起初，他对你的音调和声音大小最感兴趣。当你用一种安慰的语气讲话，他会停止哭泣，因为他听出你在安慰他。相反，如果你很生气地对他大吼，他大概会哭，并表现出被吓到的样子，因为你的声音告诉他有什么事不对头。快 4 个月大时，他不仅留意你讲话的方式，还开始关注你发出的每个音。他会仔细听各种元音和辅音，而且开始注意它们组合成音节、词和句子的方式。

除了听声音外，婴儿很早的时候就会制造声音，最初是以哭的形式发出声音，然后是发出咿呀声。快 4 个月大时，他开始牙牙学语，用到了母语中的很多韵律和发音方式。虽然他说的话听起来像胡言乱语，但假如仔细听，你就会发现他的音调时而升高时而降低，就好像他在发表观点或提出问题。每天多和他讲话来鼓励他。当你发现他可以发出一个音节的时候，对他重复一遍，然后说些含有这个音的简单词语。例如，他某天发出"ba"这个音，你就教他"爸爸""抱抱""斑马"之类的词语。

孩子 6 个月或 7 个月大之后，你的参与对他的语言发育变得更为重要，因为这时他开始积极地模仿人们说话的声音。在此之前，他可能整天都重复发一个音，甚至连着几天都只发一个音，然后才开始练习下一个。但现在，

快 4 个月大时，孩子不仅会开始留意你讲话的方式，还会开始关注你发出的单个音节。

他对你发出的声音有更积极的反应，还会试着模仿。这时，你可以教他一些简单的音节和词语，比如"宝宝""猫""狗""去""热""冷""走""妈妈"和"爸爸"等。尽管你可能要到1年后或更久以后才能理解他说的话，但你的孩子在1岁以前就能够理解很多词了。

如果快7个月大的婴儿仍然没有开始牙牙学语或模仿任何声音，就可能意味着他的听力或语言发育有问题。听力部分损失的婴儿仍然会被巨响吓到或转头去寻找声源，甚至对你的声音有回应，但他难以模仿大人讲话。如果你的孩子平时没有牙牙学语或发出不同的声音，你应向儿科医生咨询。如果他经常出现耳部感染，那么他的中耳内可能有积液，这会影响他的听力。那些曾在新生儿重症监护室待过一段时间的婴儿属于特殊群体，他们在成长的各个阶段都需要接受听力检查。一般来说，他们一出生，医生就对他们进行听力筛查，并建议在6个月大之前做行为测听。你可以和儿科医生讨论相关事宜，因为他经常和听力矫正专家合作。

小婴儿的听力检查需要使用专门设备。所有的新生儿都要进行听力筛查。另外，你的观察结果有助于医生判断你的孩子是否需要进一步检查。你如果怀疑孩子的听力有问题，可以请儿科医生为你推荐一位专家。

认知发育

此前，你可能曾猜测过孩子是否真的理解周围在发生什么。这种反应很

4～7月龄婴儿的语言发育里程碑

- 对自己的名字有反应。
- 开始对"不"这个词有反应。
- 可以通过音调分辨情绪。
- 听到声音时会发出声音来回应。
- 会用声音来表达快乐和不开心。
- 会发出一连串辅音。

正常。不管怎么说，虽然你知道他什么时候觉得舒服或不舒服，但他思维的迹象少之又少。不过研究显示，婴儿从出生的那一刻起，就已经开始从周围的世界学习新知识了。现在，随着孩子的记忆力和注意力都有所提高，你开始发现一些证据，证明他不仅会接收信息，还会将信息用于他的日常活动。

在这一阶段，婴儿会更加理解因果关系。在 4 ~ 5 个月大的时候，婴儿可能通过某个偶然的机会无意中理解了因果关系：可能是他在踢自己床板的时候注意到婴儿床晃动，也可能是他在敲打东西的时候意识到那个东西会发出声音。一旦明白自己可以引发这些有趣的反应，他就会继续尝试。

婴儿很快会发现，某些东西，比如说铃铛和成串的钥匙，在被移动或摇动时会发出有趣的声音。不久，他会开始故意扔东西，就为了看你把它们捡起来，并开始引发身边观众的一连串反应，包括有趣的表情、抱怨和大笑。虽然这种行为有时很烦人，但这是他认识因果关系和自身影响周围环境的能力的方式。

为婴儿提供这些实验所需的东西，并鼓励他实践他的"理论"，这对他很重要。你给他的东西应是不易碎、很轻而且不太小的（以免被他吞下去）。如果他对一般的玩具都失去了兴趣，塑料勺、木勺，以及不会碎的杯子、罐子、盖子和盒子也会给他带来无穷的乐趣，而且这些东西不贵。

当孩子拿着某个东西在桌面上敲打或将它扔到地板上，他将开始引发身边观众的一连串反应。

这一阶段结束时，婴儿还会有另一个重大发现，那就是物体即使离开他的视线也仍然存在——这就是"物体恒存"的概念。在前几个月，婴儿可能认为世界只由他看到的东西组成。你把玩具藏在布下面或盒子里的话，他会觉得玩具彻底消失了，所以根本不会去找。但4个月大以后，他会在某个时刻开始意识到这个世界比他想象的稳定：每天早上和他打招呼的你是同一个人，你藏在罐子里的积木根本没有真正消失。通过玩藏猫猫这类游戏，还有观察周围的人和东西，婴儿会在接下来的几个月继续认识到物体的恒存性。

4 ~ 7 月龄婴儿的认知发育里程碑

- 可以找到大人故意藏起来的东西。
- 通过手和嘴探索世界。
- 会很努力地去拿远处的东西。

情感和社交能力发育

4 ~ 7个月大的婴儿展现的个性可能发生极大的转变。在这个阶段的初期，他看起来可能相对被动，只顾着吃饱、睡足，需要有足够的关注。但当学会坐直、学会使用手、学会四处移动后，他开始有了自己的想法，也更加关注外面的世界。他很喜欢伸出手去触摸所有东西，如果做不到，他就会用尖叫、敲打或丢掉手边最近的东西等方式来要求你帮忙。但是当你过来帮他时，他很可能已经忘了刚刚做了什么，而把注意力都集中在你身上——对你微笑、大笑、牙牙学语或模仿你。虽然不管多有趣的玩具他都会很快玩腻，但他永远不会厌倦你的关注。

婴儿的个性大部分是由他天生的气质决定的。他急躁还是温顺？开朗还是易怒？固执任性还是乖巧听话？很大程度上，这些都是天生的性格特点。就像婴儿的身高和体型不同，他们的气质也不同。气质包括活跃程度、对事情的坚持程度和对周围世界的适应能力，这些特质会在这几个月内表现得更加明显。你不一定喜欢他的所有性格特点，尤其是当你面对一个因打不到家里的宠物猫而受挫、不停尖叫的 6 个月大的婴儿时。但从长远来说，接受他的天性是最好的选择。因为孩子的性格是真实存在的，会直接影响你和其他家庭成员，因此尽可能地了解他很重要。

孩子的行为风格会影响你的育儿方式，有时甚至会影响你对自己的感觉。举例来说，一个温顺的、脾气很好的孩子比一个经常发怒的孩子更容易令你感觉能够胜任母亲的角色。你可能已经发现，一些婴儿很"好带"，安静而且容易掌控，但另一些带起来则更麻烦些。个性强、敏感的婴儿需要更多的耐心和温柔的引导。他们往往不能很好地适应周围的变化，如果在他们准备好前强迫他们行动，他们就会变得更加沮丧。只要认识和适应孩子的性格，而非抗拒或试图改变孩子的性格，你就会处理得更好，还能减轻抚养孩子带来的压力。

对话和拥抱有时对安抚易怒的婴儿有神奇的效果。转移注意力有助于他重新集中精力。例如，他因为你不肯把他第 10 次扔掉的玩具捡起来而尖叫，你可以把他放到地板上，让他自己去捡玩具。

害羞或敏感的婴儿也需要特别关注，尤其是当家里有其他爱闹的孩子时，他的存在就会被忽视。孩子如果很安静，需求不多，就很容易让人认为他很满足，或者假如孩子不太爱笑，你可能就不会经常跟他玩。但这样的孩子往往比其他孩子需要更多的互动。他可能很容易就不知所措，需要你向他展示怎样活跃起来，才能参与其中。在各种情况下，给他足够的时间去"热身"，确保其他人接触他时慢慢来。在试图让他加入前，让他在旁边待一会儿。他一旦放下心来，就会渐渐地对周围的人有更明显的反应。

你如果对孩子的情感发育感到担忧，就要与儿科医生讨论。他可以帮你，不过你担忧的问题通常很难在常规的检查中发现。这就是为什么由你来引起医生的关注并且描述你日常观察的结果非常重要——你平时可以做些记录以免忘记。且放宽心，只要给孩子时间和耐心，他身上的一些你希望改变的性格特点以后会变的。在此之前，享受他的真性情吧。

4 ～ 7 月龄婴儿的情感和社交能力发育里程碑

- 喜欢跟其他人一起玩。
- 对镜子里的影像感兴趣。
- 对其他人的情感表现有反应，经常显得很快乐。

发育健康表

　　每个孩子都有自己的成长轨迹，所以没有人可以准确地预言你的孩子会在什么时候、以什么方式具备某种能力。本书列出的各阶段"发育里程碑"仅为你提供孩子成长的大致情况，如果你的孩子的步调略有不同，你也不必紧张。不过，如果孩子在本阶段有下列迹象之一，就可能表示有发育迟缓的问题，你应向儿科医生咨询。

- 看起来非常僵硬，肌肉紧张。
- 看起来四肢无力，像个布娃娃。
- 拉着他坐起时他的头依然会向后倒。
- 只会用一只手去够东西。
- 拒绝拥抱。
- 对照顾他的人没有一点儿兴趣和感情。
- 似乎不喜欢身边有人。
- 一只或两只眼睛一直向内或向外斜视。
- 眼睛长时间流泪、泪汪汪的或对光线很敏感。
- 对周围的声音无反应。
- 快 4 个月大时不会扭头去找声源。
- 很难将物体送到嘴里。
- 4 ～ 6 个月大时不会翻身（不管是从俯卧翻到仰卧还是从仰卧翻到俯卧）。
- 5 个月大以后晚上仍然爱哭闹、不易安抚。
- 快 5 个月大时不会自发地笑。
- 快 6 个月大时在大人的帮助下仍坐不稳。
- 快 6 个月大时不会笑出声或发出尖叫声。

- 5 ~ 6 个月大时不会主动去够东西。
- 快 7 个月大时双眼不会跟着相距 30 ~ 180 厘米的移动物体看。
- 快 7 个月大时两腿仍然无力。
- 快 7 个月大时不会通过动作来吸引大人的注意力。
- 快 8 个月大时没有牙牙学语。
- 快 8 个月大时对藏猫猫游戏没有兴趣。

基本看护

添加辅食

婴儿在大约 6 个月大之前最好接受纯母乳喂养。在孩子 4 ~ 6 个月大的时候，你可以开始添加辅食。辅食最好是软的，这样对孩子更安全。在这个阶段，让孩子开始吃含有花生的食品可以防止他日后对花生过敏。如果孩子有严重的湿疹或对鸡蛋蛋白过敏，你应先向儿科医生咨询。没有证据显示，等到孩子 6 个月大以后再添加易过敏的食物，如鸡蛋、乳制品、大豆、花生或鱼，可以预防食物过敏。这也是为什么过敏症专科医生和儿科医生建议尽早在婴儿的饮食中添加易过敏的食物。添加辅食的最佳时机可能是在你吃婴儿可以吃的食物而孩子表现出他想尝一尝的兴趣的时候。当然，他的主要营养来源还是母乳。进行母乳喂养的母亲并不需要刻意回避一些食物，因为母乳可以使孩子的身体对常见过敏原变得更耐受，而非更敏感。婴儿天生就有挺舌反射，小婴儿会本能地用舌头将伸进嘴里的东西（包括食物）向外推。大多数婴儿在 4 ~ 5 个月大时就不再有挺舌反射了，所以这时是开始让他"练习"吃辅食的好时机。在孩子 4 个月大、做体检的时候，你可以问问医生给孩子吃辅食的时间，特别是在家族有严重的食物过敏史或孩子有严重湿疹的情况下。

你如果决定给孩子添加辅食，可以选择一天中你和他都最能接受的一餐开始。不过，随着他日益长大，他可能更加喜欢与其他家庭成员一起吃饭，而家人一起进餐也会给整个家庭带来好处，包括改善饮食习惯，强化家庭成员之间的联系，最重要的是，能够帮助发育中的婴儿接触大量的语言，刺激其大脑发育。为了尽可能地避免食物进入孩子的呼吸道，当你喂辅食的时候，应该让他坐直。如果你在尝试给他吃辅食的时候，他不停地哭或者拒绝，就不要逼他吃。你跟孩子一起享受吃饭的时刻更加重要，你不一定要选择某个特殊的日子让他开始吃辅食。如果孩子不吃，你可以继续给他吃母乳或者配方奶 1 ~ 2 周，另选一个时间再尝试给他喂辅食。与母乳喂养或配方奶喂养时一样，你要根据孩子"饱胀"和"饥饿"的信号来决定他吃多少，而不要将重点放在孩子每一餐一定要吃够相应分量的食物上。

尝试给孩子喂辅食的时候，可以用勺子或你的手指取食物，或者让孩子自己用手拿着吃。不建议将辅食放入奶瓶或带有奶嘴的婴儿喂食器中，因为这会大大增加每餐的摄入量，导致孩子的体重增长过多，还会增高食物进入孩子呼吸道的风险。此外，让孩子养成良好的用餐习惯也很重要——品尝未吃过的食物时坐直，在吃下一口之前停顿一下以保证细嚼慢咽，吃饱后停止进食。孩子早期的用餐习惯将为他一生的良好用餐习惯奠定基础。

标准大小的勺子对婴儿来说可能过宽，小勺子往往大小正好，硅胶婴儿勺也是一个不错的选择，可以避免弄伤婴儿。一开始，每次喂给孩子较少或极少的食物，并且在喂他的过程中与他说话（比如"来，张嘴，宝宝真乖！"）。喂前两次时，孩子可能不知道该如何做，看上去很迷惑，皱皱鼻子，完全拒绝你给他提供的食物。这是完全可以理解的，毕竟他的用餐方式正在发生巨大的变化。

顺利过渡的一个好方法是，每次先让他尝一点儿辅食，然后给他吃平时吃的母乳或者配方奶。这样可以避免孩子在非常饿的时候因不习惯辅食而闹脾气，也会让他慢慢地适应用小勺子吃辅食。无论你怎么喂他，刚开始时辅食都会被弄到他的脸上和围嘴上，所以你一定要慢慢地加量，最初只喂他一两勺，等他完全适应了吞咽食物再给他加量。

喂什么样的辅食呢？传统的做法是，刚开始的时候喂他吃一种谷物。不过，并没有医学证据显示，按照特定的顺序喂辅食对孩子有特别的好处。尽管很多医生建议，要先喂蔬菜，再喂水果，但是同样没有医学证据显示，如果先喂水果，孩子会不喜欢蔬菜或者对蔬菜过敏。当你还在让孩子吃母乳的时候，你一定要吃各种各样的食物，包括各种蔬菜，因为如果孩子在吃母乳时间接尝过这些食物的味道，那么他在开始吃辅食的时候，对这些食物的抗拒就会少一些。

许多婴儿喜欢吃谷物。你可以购买预先调制的液态婴儿米粉糊，或者需要与配方奶、母乳或水混合调制的干米粉。如今，儿科医生建议父母选择全谷物米粉，而非精加工过的米粉。没有证据显示，某一种谷物比其他谷物好，但是一些大米中的砷含量确实高于其他谷物的，因此孩子应该吃多种谷物，而非只吃一种。无论你选择哪种食物，都要确保它是非常柔软的或完全是泥状的，直到孩子准备好并能安全地食用其他质地的食物。

过去，儿科医生建议给婴儿提供一种新食物后，让他吃几天再给他换另一种，这样父母可以看到婴儿对各种食物有什么反应。但新的研究表明，一次提供多种食物也是安全的。在这2～3个月中，孩子每天的饮食应该包括母乳、高铁全谷物米粉、蔬菜、肉类（包括鱼肉）、鸡蛋、水果和坚果酱（绝对不要给孩子吃整颗坚果），你要将这些食物合理地安排在一日三餐中。记住，孩子和成年人不一样，不需要在他的食物中添加糖和盐。另外，你要知道，孩子前10次都拒绝某一种食物，却可能在第11次尝试时爱上这种食物。开始喂蔬菜（比如说西蓝花和芦笋）的时候，反复让孩子接触这些食物至关重要。

孩子一旦能够自己坐起来，你就可以给他一些可以用手拿着吃的小块食物，让他学着自己吃。如今，很多父母跳过纯泥状的食物，更倾向于给孩子吃柔软的、他可以自己喂自己的食物，这一趋势被称作"婴儿主导式辅食添加"。大多数婴儿在大约8个月大的时候可以学着不靠外界帮助，自己吃东西。你要确保给孩子的食物都是软的、容易吞咽的，而且要把食物弄得很小，保证他不会被食物阻塞呼吸道。煮得很软、切得很小的胡萝卜、红薯、鸡肉、猪肉，以及小块面包片和全麦饼干等，都是不错的选择。不要给他必须咀嚼的食物，即使他已经长牙了。吃完后，用湿棉布轻轻擦拭孩子的口腔以做好口腔护理。

给孩子吃辅食的时候，不要直接从装辅食的瓶子、罐子或袋子中取出来给他，而要先将适量的辅食倒进餐盘里，这样能够防止容器中余下的辅食被孩子口水中的细菌污染。餐盘中吃剩的辅食要及时倒掉，不要放到下次再吃。

虽然商店里有琳琅满目的婴儿食品，但你并不需要依赖于这些罐装或袋装的食品。你可以自己制作软软的、完全烹熟的辅食。将新鲜的蔬菜和水果进行蒸煮是最容易做的。虽然香蕉可以直接弄碎了吃，但是其他大多数的水果都需要加热以使其变软。不用的食物要立即放进冰箱里，下次使用之前，一定要认真检查食物是否腐坏。不要给孩子吃容易阻塞呼吸道的食物，比如说整颗坚果、未切开的葡萄、圣女果、生胡萝卜和西芹等。

除了母乳（或配方奶）和水之外，不要给婴儿喝其他饮品。美国儿科学会建议，不要给婴儿喝果汁，因为果汁不能为婴儿提供营养物质。美国儿科学会也不建议 1 岁以内的婴儿喝牛奶。对这个阶段的婴儿来说，应该尽可能地避免喝果汁，父母绝对不要将果汁作为孩子脱水和腹泻时的饮品。给婴儿和幼儿喝果汁还会让他们对甜饮品上瘾，这会导致体重过度增长和龋齿。

如果在两次喂奶之间，孩子显得口渴，你可以给他喂点儿母乳或配方奶，如果他 6 个月大了，你还可以喂他喝一小口水。让孩子喝白开水是一个非常健康的饮水习惯。在炎热的季节，孩子会通过流汗失去水分，你可以每天给孩子喂水 2 次或者更多次。如果你们家的水是经过氟化处理的，那么这种水还能预防龋齿。你可以用家用测水仪检测一下，看看你家的水是否经过氟化处理。大多数城市用水都是经过氟化处理的，还有一些井水天然含氟。如果孩子需要补充氟化物，儿科医生或牙医可以提供指导。如果你家使用的是井水，你就要定期对井水进行检测，检查水中是否有细菌和毒素等污染物，这一点很重要。美国疾病控制与预防中心建议，对饮用的井水，至少每年春天都要检测一次。如果存在污染物，检测就要更加频繁。另外一个选择是安装一台井水过滤器。

孩子在 6～7 个月大的时候，已经能够坐在婴儿高脚餐椅上吃饭了。为了确保孩子舒适且安全，应使用安全带并定期清洗餐椅。请选择带有可拆卸托盘的餐椅，而且托盘的四周要有较高的边（见第 478 页"高脚餐椅"）。当孩子吃饭时，托盘的边能够防止食物掉落。可拆卸的托盘可以直接拿到水槽中清洗，比较方便。（隔一段时间，你需要将整张餐椅清洗一遍。）随着孩子可以吃的食物种类越来越多，孩子的饮食越来越规律，在孩子的营养需求方面，你需要向儿科医生咨询一下。婴儿期形成的不良饮食习惯可能导致孩子日后的健康问题。

医生会帮你判断孩子是否过度肥胖、是否饮食足够、是否吃了过多不恰当的食物等。你可以了解一下孩子所吃食物的热量和营养成分，这样可以确保给他吃恰当的食物。留意家中其他家庭成员的饮食习惯，随着孩子越来越多地在餐桌上与大家一起吃饭，他可能会模仿你们的吃饭方式——每个家庭成员都应试着树立健康饮食、均衡营养的好榜样。同时，你们的用餐时光应该是其乐融融的，而不是剑拔弩张的。

你如果担心孩子过度肥胖，该怎么办？甚至在孩子很小的时候，一些父母就开始担心孩子超重。由于儿童肥胖现象以及潜在并发症（如糖尿病）增多，所以父母对这个问题敏感是明智的，这和孩子的年龄无关。一些证据显示，配方奶喂养的婴儿比母乳喂养的婴儿体重增长更快，这可能是因为父母每次都鼓励孩子喝完一整瓶奶。不过，不要因为担心孩子过度肥胖就在他出生后的第 1 年中使他喝奶过少。一定要记住，根据孩子的"饥饿"信号来决定他的进食量，而不要着急让他吃完一定数量的食物。

你在调整孩子的饮食之前，一定要听取医生的建议。在这几个月的快速生长期，孩子需要搭配均衡的脂肪、碳水化合物以及蛋白质。

当你开始给孩子吃辅食后，他的大便会变得更容易成形且颜色更多变，还可能有更强烈的气味。豌豆和其他绿色蔬菜会让孩子的大便呈深绿色；甜菜可能让孩子的大便变成红色（有时候他小便也会变成红色）。孩子的大便可能含有未被消化的食物，尤其是豌豆、玉米、番茄皮或者其他一些蔬菜的茎叶。这都是正常的。如果孩子的大便非常稀，有黏液，可能是因为他的消化系统出现问题。你应该向医生咨询一下，看孩子是否有消化问题。

营养补充剂

如今，美国儿科学会建议婴儿在 6 个月大之前都用纯母乳喂养。纯母乳喂养意味着婴儿不需要摄入其他食物（除了维生素 D）或液体，除非医生建议如此。

我们的身体需要阳光照射来合成维生素 D。大多数美国人的维生素 D 水平低于推荐水平，这可能是由于人们在室内待的时间过长，以及防晒霜被广泛使用以预防皮肤癌。维生素 D 缺乏可导致佝偻病（特征是骨骼软化）等疾病。虽然适度的阳光直射是有益的，但是孩子长时间待在户外的时候，应该使用防晒霜、戴帽子以及穿防晒服，这样能够预防晒伤，降低日后患皮肤癌的风险。因此，美国儿科学会建议，婴儿应该补充维生素 D（除非每天喝 800 毫升以上的配方奶，且配方奶中额外添加了维生素 D）。对于不满 1 岁的婴儿，建议每天补充 400 国际单位维生素 D；对于 1 岁以上的儿童，建议每天补充 600 国际单位维生素 D。

是否需要补铁呢？在出生后的头 4 个月，母乳喂养的婴儿不需要额外补充铁元素，因为婴儿出生时体内带有的铁元素足够支持他的早期成长。不过，随着成长的加速，婴儿体内储存的铁元素逐渐减少，婴儿就需要补铁了。对部分母乳喂养或纯母乳喂养的 4 个月大的婴儿来说，每天应该按照 1 千克体重补充 1 毫克铁的标准口服补铁剂，直到他开始吃可以补铁的辅食（如高铁婴儿米粉）。如果你曾出现过妊娠或分娩并发症（如糖尿病），或者孩子出生时体重不足、早产，或者孩子相对于同孕龄的孩子而言体格较小且孩子出生后是母乳喂养的，那么他在出生后的第 1 个月里可能就需要开始补铁。当你开始给孩子吃辅食之后，他便可以从肉类、高铁婴儿米粉和绿色蔬菜中获取一定的铁（更多信息见第 118 页）。

睡觉

这个阶段的大多数婴儿仍然需要每天小睡至少 2 次，上午和中午各 1 次。一些婴儿可能在下午再小睡 1 次。通常来说，只要婴儿在夜间能够正常睡觉，小睡时最好让他想睡多久就睡多久。如果婴儿在夜间不易入睡，父母就一定要在他下午小睡的时候早些叫醒他。

婴儿在这个阶段更加机敏好动，到了晚上可能很难平静下来，为他制订始终如一的"睡前程序"将有助于他入睡。你可以进行不同的尝试，结合日常的活动以及孩子的性格，看看怎么做效果最佳。洗热水澡、轻摇、讲故事、吃奶……这些都会令孩子放松，做好睡觉的准备。记住，一定要在孩子过度劳累之前开始这些活动。最终孩子将把这些活动与睡觉联系在一起，放松且舒适地入睡。

虽然你的孩子已经长大一些了，但所有的安全睡眠规则对他仍然适用（见第 3 章），除了现在他可能会自己从俯卧翻身成仰卧。在孩子还没有睡着的时候把他放在婴儿床上，这样他可以学着自己入睡。轻轻地将他放下，轻声对他说"晚安"，然后离开。如果孩子开始哭闹，察看一下他是否遇到什么麻烦，适当安慰他一下，然后离开房间。随着时间的推移，逐渐减少夜间给孩子的关注。如果父母的做法始终如一，大多数婴儿在夜间将减少哭闹，并最终学会自己入睡（更多信息见第 35 章）。

长牙和口腔护理

在这个时期，婴儿开始长牙。首先，两颗门牙开始长出（可能是上牙，也可能是下牙），然后另外两颗门牙长出，接着是臼齿，再是尖牙。

婴儿长牙的时间和模式因人而异。如果你的孩子在这个阶段之后才开始长牙，或没有按照顺序长牙，不要担心，孩子长牙的时间可能由基因决定，长牙较晚并不意味着他的发育出了什么问题。

长牙可能导致婴儿过度流口水以及喜欢咀嚼硬的物品，还可能伴有轻度烦躁、哭闹和低热（直肠温度不高于 38.3℃）。通常，新牙周围的牙龈变得肿胀而柔软，你可以试着轻轻地用你的手指摩擦或按摩他的牙床来减轻他的疼痛。磨牙胶（婴儿长牙时咬的）可以帮上很大的忙，不过你一定要确保磨牙胶是由结实的橡胶制成的。（经过冷冻的磨牙胶会变得很硬，可能造成伤害。）绝对不要使用出牙舒缓凝胶来麻痹婴儿的牙床，在极少数情况下，这种凝胶对婴儿的血细胞有害，使其无法携带氧分子。顺势出牙药片也有害无益，在一些情况下，它们含有毒素。琥珀出牙项链压根就缓解不了出牙的疼痛，还造成过婴儿被阻塞呼吸道和勒住而窒息的事故。记住，千万不要在孩子的脖子上挂任何东西。如果孩子看上去极度痛苦且发热（体温超过 38.3℃），那可能并不是由长牙引起的，这时你需要带他看医生。

孩子长出第一颗牙后的 6 个月里，就应该去看牙医了，但看牙医的时间不应晚于孩子 12 个月大的时候。儿科牙医是专门给儿童看诊的牙医，不过，你也可以带孩子去你的家庭牙医那里进行常规的口腔护理。

在家给孩子刷牙也非常重要。发现孩子长牙后，你可以用柔软的婴儿专用牙刷和米粒大小的含氟牙膏为他刷牙。不要让孩子一边吮吸乳房或奶瓶一边入睡，无论是白天小睡还是夜间睡觉都是如此，这样能够有效避免奶水留在他的牙齿上、导致龋齿。

婴儿摇椅和婴儿围栏

许多父母发现，用婴儿摇椅来哄哭闹的孩子很有效，特别是那种带摇篮的。你如果要使用这种设备，请看一下设备上标明的重量限制或者建议使用年龄。要使用那种稳稳地立在地面上的摇椅，而不要用那种系在门框上的。此外，每天使用婴儿摇椅不要超过 2 次，每次不要超过半小时。它尽管能够让孩子安静下来，但是无法完全取代你对孩子的看护。每次使用的时候，一定要给孩子系好安全带。

当孩子开始爬来爬去的时候，你需要使用婴儿围栏。即使孩子还不会爬或走，在没有婴儿床或者摇篮的房间里，婴儿围栏也是孩子可以躺或坐的安全场所（更多具体的建议见第481页）。此外，你一定要确保购买的婴儿摇椅和婴儿围栏不是被召回的产品。你可以访问相关网站查询被厂家召回的产品的信息。

刺激 4～7 月龄婴儿的大脑发育

在这个时期，婴儿的大脑正在建立许多神经连接。这反映在孩子的行为中，比如，他对你以及其他照看者表现出相当强烈的依恋：当你离开房间时，当有陌生人靠近他时，或者当他想要某个玩具时，他都会哭闹。孩子开始对外界很感兴趣，并且可以更好地表达他的情感和需求。此外，他还学会了一些新技能，比如抓握、翻身和坐等。

在不过度刺激孩子的前提下，你可以采取以下这些方法来促进孩子的大脑发育。

■ 给孩子提供一个安全而且能促进发育的环境，供他自由地探索和移动。

■ 给孩子连续不断的、温暖的身体接触，比如拥抱、肌肤接触和肢体接触，让他建立安全感。

■ 留意孩子的情绪变化，了解他发出的一些信号，当他高兴或者情绪低落时做出反应。

■ 在孩子穿衣、洗澡、喝奶、玩耍、散步、乘车的时候，给他唱歌或与他聊天。孩子可能无法听懂你说的话，但是通过听你说话，他自己的语言能力将得到发展。如果孩子看上去无法听到声音或者无法模仿你发出的声音，就带他去看医生。

■ 与孩子面对面地说话，通过模仿孩子的声音来表明你很愿意与他交流。

■ 每天给孩子讲故事。孩子会爱上你的声音。用不了多久，他会乐意看图画书和用他自己的方式"读"图画书。

■ 你如果会说别的语言，可以在家中使用。

■ 跟孩子一起进行有节奏的运动，比如随着音乐一起跳舞。

■ 不要让孩子经历有压力或者可能造成伤害（无论是对身体还是对心理的）的事件。

■ 带孩子认识其他的孩子及其父母，这对孩子来说是非常特别的社交活动。你要认真留意孩子发出的信号，等他做好见陌生人的准备再带他认识新朋友。

■ 鼓励孩子自己够玩具。给他提供婴儿积木或柔软的玩具，刺激他的手眼协调能力及精细动作能力的提高。

■ 确保孩子的其他看护者理解与孩子建立充满爱意的关系的重要性，并且确保他们自始至终疼爱孩子。

■ 鼓励孩子在夜间延长睡眠时间。你如果需要这方面的建议，可以向儿科医生咨询。

■ 每天都和孩子在地板上玩一会儿。

■ 你如果决定请其他人帮忙带孩子，就要选择优质的儿童看护者或机构。确保你所选择的儿童看护机构温馨、负责任、富有启发性且足够安全。经常去儿童看护机构看望孩子，提出你在看护孩子方面的意见。

行为

规矩

随着孩子变得越来越好动且充满好奇心，他自然也变得更加自主。这对他建立自信非常有帮助，应该得到鼓励。不过，如果他要做一些危险或有破坏性的事情，你就要介入。

在孩子出生后的头 6 个月，处理这类情况最好的方法是用别的活动或玩具转移他的注意力。规矩在这个时期不起作用。直到孩子快 7 个月大时，他的记忆力有所增强，你才能用各种各样的规矩来管教他。

刚开始定规矩的时候，一定不能过分严厉。定规矩的目的是教育和引导，而不是惩罚。一般来说，管教孩子最成功的方法是：表现好的时候奖励他，表现不好的时候收回给他的奖励。如果孩子无端哭闹，你要先确定他的身体没有任何不适。如果他能停止哭闹，你就给他一些额外的关注、表扬和拥抱作为奖励。若孩子再次开始哭闹，你就过一段时间再关注他，用严厉的语气跟他讲话，并且不要给他额外的关注和拥抱。

管教孩子的主要目的是为他设定界限，让他知道哪些事情可为、哪些事情不可为。消极的管教策略，包括打孩子、朝孩子大吼大叫或者责怪孩子，都不应该使用，无论是从长期看还是从短期看，它们都不会有任何作用。试着让孩子明白他究竟做错了什么。你如果发现他正在做一些不被允许的事情，比如揪你的头发，可以通过平静地说"不要这样做"来制止他，并温和地把他的手指从你的头发上拉开，再用别的事情转移他的注意力。

致（外）祖父母

作为孩子的（外）祖父母，看着孩子一天天长大，你会感到满心欢喜。孩子在 4～7 个月大这个阶段会持续探索他所处的环境，并且他的运动和认知能力都会提高。

笑、声音和图画对孩子来说比以前更加有意义，所以这将是你们度过的非常棒的几个月。笑声、互动游戏，以及辨别物体、声音、人脸和名字是这个"发现世界"的时期的重要组成部分。孩子的视觉能力变得更好，手拿东西更稳，好奇心也一天比一天重。你一定要强化孩子的这些不断出现的早期学习能力。

孩子在这个阶段开始移动了。尽管这是他的生命中一个奇妙的时期，但是你一定要格外警觉，特别是在他开始会自己坐起的时候。他会频繁地坐起来，摔倒的风险也会随之增高。

你在促进孩子成长的过程中将扮演重要的角色。你一定要充分利用这一点，并通过以下步骤享受与孩子共处的时光。

■ 尊重子女教育孩子的方法，并加上你自己独特的方法。你和孩子使用的特殊称呼、你们一起去的地方、你们一起听的音乐、你们一起读的故事等，都将成为专属于你跟孩子的经历。你可以不时地邀请其他的（外）祖父母带着他们的孙辈加入，这将给孩子带来特别的惊喜。

■ 为孩子选礼物时，选择符合他年龄并且可以提高创造力的书籍或玩具。

■ 当子女需要你帮忙看护孩子的时候，尽可能地答应。这些与孩子单独相处的时光将成为值得你永远珍藏的回忆。带孩子去室外活动（比如去公园或者动物园），随着孩子长大，帮助他培养一些你们可以共同参与的爱好。

■ 随着孩子长大，你将更了解他的性格。你会不可避免地拿他与其他家庭成员做比较，看他更像谁。孩子的一些个人喜好也开始表现出来，你一定要尊重他的这些喜好。如果孩子特别调皮好动，你可能需要付出更多的耐心和精力与他相处。给他一定的空间，让他自由地成长。不过，如果他"出界"过远，你就要管束他一下。如果孩子特别内向害羞，你也不要期望他在你出现的时候突然不再害羞。要接受并喜爱孩子原本的样子。

■ 给孩子换尿布是个体力活，你需要使出所有的力气来控制动来动去的孩子，以免他滚到地上。将孩子从尿布更换台上抱到床上或者地板上来换尿布是个不错的主意。此外，一定要记住，给孩子换尿布的时候，要将尿布以及其他需要使用的物品放在方便够到的地方。

■ 与你的子女讨论如何管教孩子，确保你的管教方法与他们希望的一致。

■ 在你的家中安装婴儿床以及其他适合孩子用的家具。如果孩子在你家吃饭，你就要准备婴儿高脚餐椅。婴儿手推车和汽车安全座椅也非常有用。你还要在家中储备一些常用药，比如退热药、尿布疹软膏等。此外，最好在家中放一些孩子可以玩的玩具。

■ 孩子的饮食将变得越来越规律。快 8 个月大时，他可以吃一些辅食（比如婴儿米粉，以及搅碎的蔬菜、水果和肉类等）。你在看护孩子时，要按照孩子父母的嘱咐，定好孩子的吃饭时间以及食物种类。如果孩子的父母给他设计好了食谱，你可以让孩子尝尝你的手艺。不要给他吃成年人吃的罐装食品；不要给他吃大块食物，因为可能会导致他的呼吸道被堵塞；如果他吃的是母乳，你就要在冰箱中冷冻一些母乳。

■ 这个阶段孩子通常会睡一整夜，因此，他在你家中留宿会比以往令人愉快，且不会打扰你的时间安排。

■ 确保你的家对孩子足够安全。请遵照第 15 章提供的指导意见，把你的家打造成对婴儿友好的地方，包括将所有的药品和打火机都放在孩子看不到、够不着的地方。

■ 如果小宝宝与他的哥哥姐姐都住在你家，那么孩子太多可能让你难以应付。最好一次只照看一个孩子，特别是在你刚刚开始照看孩子的时候。这样你可以专门设计一套看护孩子的方案，为子女减轻负担，让他们更加专注地照顾家中其他的孩子。你所做的一切以及你持续扮演的角色，主要还是为了帮助你的子女在照顾孩子上更有效率。

■ 你可以通过拍摄一些照片和视频、创建家庭相册、记录家庭故事（配上以前和现在的照片）来促进孩子的成长与发育。

如果孩子正在够一些不允许他触碰的东西，或者将一些东西放进嘴里，你要温和地将他的手拉开，告诉他这些东西不能触碰或者不能放进嘴里。不过，由于你需要鼓励他去触碰其他无害的东西，所以不要说"不要碰"，而要用更加精确的表达，如"不要吃花""不要吃树叶"来指导孩子，这样他才不会感到迷惑。

千万不要依赖于规矩来保障你的孩子的安全。所有家用化工产品（如肥皂、洗洁精等）都应该放在孩子触碰不到的地方，或者放在高处或锁在橱柜里。你应该检查家里出热水的水龙头的出水温度，最高水温不应超过49℃，以防烫伤孩子。你可以调节热水器的最高温度，防止水温超过49℃。当你在做饭、熨衣服或者使用其他热源时，应该特别小心，不要让孩子靠近。

当孩子处于这个阶段时，你去纠正他的一些行为相对比较容易，因此，现在是定规矩和树立你的权威的好时机。不过，不要反应过度。目前，孩子还很小，还不会故意犯错，甚至你惩罚他或者高声批评他，他都不会明白。当你告诉他不应该做一些事情的时候，他可能感到迷惑或吃惊。管教孩子时，你要保持冷静、坚定、前后一致且对孩子充满爱意。如果在这个阶段孩子明白你是最终拍板的那个人，那么在日后的生活中，当他变得叛逆的时候，你们更加容易处理彼此的关系。请记住，你可能需要重复多次才能让孩子学会你期望他学会的事情。

兄弟姐妹

如果小宝宝有哥哥或者姐姐，那么在这个时期，你将发现明显的竞争信号，特别是当哥哥或者姐姐只比小宝宝大一岁多时。在此之前，小宝宝相对好带，大多数时候都在睡觉，不需要你一直关注他。但是现在，他变得需求更多、更需要人关注，你必须重新分配一下你的时间和精力，确保分给每个孩子足够的时间和精力。

你家的大孩子可能还会对小宝宝分享了你的关注这件事充满嫉妒。你可以安排一些专属于"大哥哥"或"大姐姐"的、与小宝宝无关的家务。这样，你不仅可以与大孩子单独相处一段时间，而且可以把家务做完。你要告诉大孩子，你很感激他的帮助。

你可以通过让大孩子参与到与小宝宝有关的活动中来，帮助他们建立良好的关系。如果你与大孩子一起唱歌或者讲故事，小宝宝会很乐意听。大孩子还可以在一定程度上帮你照顾小宝宝，在你给小宝宝洗澡或者换衣服的时候提供一些帮助。不过，除非他已经 12 岁了，否则不要将小宝宝单独留给他照顾，即使他自己努力想帮助你。因为，他可能在自己意识不到的情况下，让小宝宝掉到地上或者伤害到小宝宝。（更多信息见第 7 章中的"兄弟姐妹"部分，其中的很多注意事项和指导意见对 4 ~ 7 月龄的婴儿同样适用。）

健康观察

如果孩子在刚 4 个月大后不久就患了人生中的第一次感冒或中耳炎，不要感到奇怪。因为从这时起，他已经可以自己够到东西，能接触到更多的物品和人。另外，孩子在大约 6 个月大的时候失去了通过胎盘从母体获得的免疫力，所以你可能会觉得孩子患传染性疾病的概率增大了，你可能是对的！在这一时期，这种情况是正常的。

保护孩子不受疾病侵扰的第一道防线是尽可能地不让孩子接触病人。尤其要注意那些高传染性疾病，比如流感、呼吸道合胞病毒感染、水痘或麻疹（见第 839 页"水痘"及第 848 页"麻疹"）。如果与你们交往的人中有人患了上述疾病中的一种，你一定要让孩子远离他们，直到你确定来往者中没有人患上述疾病。不过，有时候成年人和儿童在自身的症状出现之前 1 ~ 2 天就可能具有传染性，因此，婴儿被感染的情况有时是不可避免的。

儿童和抗生素

抗生素是目前已知的最为强效和重要的药物之一。这些药物得到正确使用时可以治病救人，而如果没有被正确地使用，反而会伤害儿童。当孩子发热或患重感冒的时候，如果医生不开抗生素，父母总是很难理解。因此，了解为什么要限制抗生素的使用显得尤为重要。

大多数感染性疾病都是由两种最常见的微生物——病毒和细菌引起的。病毒可以引起各种感冒和咳嗽。现在不存在有效治疗普通感冒的药物。抗生素并不能治愈常见的病毒感染性疾病。患这些疾病的儿童会慢慢自愈。对于病毒感染性疾病，不应使用抗生素治疗。

抗生素被用于治疗细菌感染性疾病，但是某些细菌已经对某些抗生素产生了耐药性。如果儿童感染的细菌是耐药菌，医生就需要换一种抗生素进行治疗，有时候甚至会让患儿住院，用静脉注射疗效更佳的药物进行治疗。目前，少数新型细菌还没有可以杀灭它们的针对性药物。为了保护孩子不受耐药菌的侵犯，父母一定要严格遵从医生的指导来给孩子用药——只用医生认为可能有效的抗生素，因为反复、不正确地使用抗生素会导致细菌和病毒产生耐药性。

什么时候需要抗生素？什么时候不需要？

这个复杂的问题最好由医生来回答——答案如何取决于他对疾病的诊断结果。你如果觉得自己的孩子需要治疗，就要带他去看医生。

■ 中耳炎：有时需要用抗生素治疗。

■ 鼻窦炎：对这个阶段的婴儿来说，鼻窦炎并不常见，很大程度上是因为婴儿的鼻窦还非常小。如果仅仅是鼻涕呈黄色或绿色，并不一定意味着婴儿感染了细菌。婴儿患病毒性感冒时，鼻涕变浓、变色也是非常常见的。

■ 细支气管炎：儿童患细支气管炎时一般都不需要抗生素治疗，因为这类感染大多是由病毒引起的。

■ 普通感冒：普通感冒一般是由于受到了病毒感染，通常可能持续2周或更长时间。对于普通感冒，抗生素一般无效。儿科医生往往会给你一些建议，告诉你采取什么样的措施帮助孩子尽快自愈。

■ 流行性感冒：婴儿6个月大后，就可以接种季节性流感疫苗了。在此之前，为了婴儿的健康，其他家庭成员——父母和哥哥姐姐——应该接种流感疫苗。对于流行性感冒，目前已经有了一些针对性药物，但是并非所有的药物都适合新生儿和非常小的孩子，而且它们可能也没有疫苗有效。

病毒感染性疾病有时候也会并发细菌感染性疾病。如果孩子的病情越来越重或者持续了很长时间，你就应该带他去看医生以保证孩子及时获得必要而正确的治疗。

如果医生给孩子开了抗生素，确保严格按照医嘱服用。千万不要把多余的抗生素留着以备孩子下次生病的时候吃，也不要给其他家庭成员吃，这些药不是为他们开的。

当然，不管你如何努力保护孩子，他还是会生病。生病是孩子成长过程中必不可少的一部分，特别是当孩子逐渐长大、跟别的孩子接触越来越多的时候。

对于孩子是否生病了，其实并非任何时候你都能轻易地判断。不过，还是有一些症状可以帮助你判断。他看起来是否面色苍白，或者有黑眼圈？他是否比平时更烦躁或者更没有精神？孩子如果患了传染性疾病，就有可能发热（见第27章"发热"），而且可能由于没有食欲、腹泻、呕吐等造成体重减轻。另外，某些难以发现的肾脏或肺部感染也有可能影响体重正常增长。在这个阶段，体重减轻还可能意味着孩子存在消化系统的问题，比如对小麦蛋白或牛奶蛋白过敏（见第523页"乳糜泻"和第562页"食物过敏"），或者缺乏消化某些辅食的消化酶。你如果怀疑孩子生病了，却找不出确切的病因，或者你对目前孩子的一些症状非常担忧，请联系医生并清楚地向他描述这些症状。

下面是这个阶段的婴儿最常见的一些疾病（关于疾病的更多信息，见本书第二部分）。

细支气管炎	腹泻	咽喉痛
（见第 595 页）	（见第 528 页）	（见第 675 页）
感冒 / 上呼吸道感染	中耳炎	呕吐
（见第 660 页）	（见第 663 页）	（见第 547 页）
眼部感染	发热	
（见第 729 页）	（见第 764 页）	
哮吼	肺炎	
（见第 600 页）	（见第 604 页）	

疫苗接种

4 个月大的时候，婴儿需要接种以下疫苗。

- 第二针百白破疫苗。
- 第二针脊髓灰质炎灭活疫苗。
- 第二针 B 型流感嗜血杆菌疫苗。
- 第二针肺炎球菌疫苗。
- 第二针乙肝疫苗（可能在 1 ~ 4 个月大的时候接种）。
- 第二针轮状病毒疫苗（可能在第一针接种后的第 4 周接种）。

6 个月大的时候，婴儿需要接种以下疫苗。

- 如果是在流感暴发的季节，可以接种第一针流感疫苗；第二针需要在 1 个月后接种。
- 第三针百白破疫苗。
- 第三针脊髓灰质炎灭活疫苗（可以在 6 ~ 18 个月大的时候接种）。
- 第三针肺炎球菌疫苗。

- 第三针 B 型流感嗜血杆菌疫苗。

- 第三针乙肝疫苗（可能在 6 ~ 18 个月大的时候接种）。

- 第三针轮状病毒疫苗（取决于疫苗的类型：一种需要打 2 针，另一种需要打 3 针）。

安全检查

汽车安全座椅

- 开车前，将孩子置于质量合格、安装正确的汽车安全座椅中，系上五点式安全带。当孩子的身高和体重达到后向式汽车安全座椅要求的上限时（在产品标签或者说明书中查找），请换用可转换式汽车安全座椅。你也可以从孩子出生就使用可转换式汽车安全座椅，并将其调成后向式，只要安全座椅适合他的身体大小即可。如果你的汽车有 LATCH 系统，你就要用它来固定汽车安全座椅。

- 汽车的后排是适合孩子坐的最安全的位置。千万不要将后向式汽车安全座椅安装到有安全气囊的汽车前排。

预防溺水

- 千万不要将孩子单独留在浴盆或水槽中，无论水有多浅。即使水只有几厘米深，也有可能导致孩子溺水。婴儿洗澡椅和婴儿游泳圈都无法代替成年人的看护。当孩子在水中或水边的时候，你要始终距离他一臂之内。

预防摔落

- 无人看护时，永远不要将孩子放在高于地面的地方，比如桌子上、尿布更换台上或者靠近楼梯的地方。如果孩子从高处摔落并且看上去不正常，你要立即带他去医院或致电急救中心。

预防烧伤和烫伤

- 你在抱着孩子的时候，不要吸烟、喝热饮或者在炉子旁边做饭。
- 将热饮，比如咖啡或茶，放在孩子够不到的地方。
- 为了避免烫伤，将水龙头流出的热水的最高温度设定为 49℃。

预防窒息

- 不要给孩子吃任何可能导致呼吸道被堵塞的食物。给孩子吃的所有食物都要搅碎或者足够柔软，使孩子不用咀嚼就可以咽下去。
- 确保孩子不会被电线或窗帘绳缠住。

第9章 8～12月龄

在这几个月，孩子的活动能力会进一步增强，这种进步令你同时感到激动和充满挑战。能够移动会让孩子第一次获得力量感和控制感——这是他第一次感受到真正的身体独立。他虽然会因此感到相当兴奋，但也会因与你分开而觉得恐惧。因此，他虽然很渴望自己四处移动，尽可能地去探索更多的领地，但如果不知不觉离开了你的视线，他就会大哭起来。四处移动也会带来危险，所以必须时刻都有人看护孩子，不能有一丝松懈。

对你来说，孩子掌握了移动能力既让你觉得骄傲，也是你的烦恼之源。爬行和走路是他正常发育的标志，但这些进步也意味着你将为保护他的安全而忙碌。你如果还没有将家布置成对孩子来说是完全安全的地方，现在就应该行动了（见第15章"确保孩子的安全"）。这个阶段的孩子没有危险意识，而且记忆力有限，很快就会忘记你的警告。保护他不被家中众多潜在危险伤害的唯一办法是对橱柜和抽屉做足安全措施，把危险物品和贵重物品放在他碰不到的地方，让他无法在没有成年人监护的情况下自己进入卫生间等对他有危险性的房间。

在家里做好防护工作，会给孩子更多的自由感。家里的禁区越少，你就越放心让他自己去四处探索。通过探索获得的个人成就感会增强他的自我认同感，你甚至可以想办法来帮助他，例如：

1. 在较矮的柜子或抽屉中放些安全的物品，让孩子自己去发现；

2. 将茶几或沙发的边角包起来，或者暂时把硬质的桌子挪走，换上软边的箱式凳，让他学习自己扶着站起、扶着走。

3. 在家里准备各种形状和大小的靠垫，让他试着用不同的方式在靠垫上或靠垫周围活动。

判断何时应出手指导孩子，何时让他自己行动，这是育儿艺术的一部分。这个阶段的孩子已经具有很强的表达能力，需要你帮助时会表现出来。比如说，当他表现得很沮丧而非兴致勃勃时，你就不要让他孤军奋战；当他因为小球滚到沙发下面够不到的地方而哭时，当他扶着东西自己站起来却不知道怎么坐下时，你就要帮助他。不过，在一些其他情况下，让他自己解决问题也很重要。不要因为不耐烦而去干预你本不该干预的事。例如，你的孩子已经9个月大了，你还是喜欢给他喂饭，因为这样更快捷、更干净。然而，这会剥夺孩子学习自己吃饭的机会。你提供越多的机会让他去发现、检验和强化新能力，他就越自信、越勇敢。

生长发育

外观和生长情况

婴儿在这几个月的发育速度依然很快。8 个月大的男婴的体重通常为 8 ～ 10 千克，女婴一般比男婴轻大约 220 克。到 1 岁时，婴儿的平均体重通常达到出生时的 3 倍，身高为 71 ～ 81 厘米。如果你的孩子没有按照标准生长曲线发育，而按照自己的速度发育，请不要惊慌。如果孩子刚出生的时候个头较小，那么 1 岁之前，他的生长曲线可能在平均曲线之下，但只要他的生长曲线在往上走，你就不用担心。在 8 ～ 12 个月大时，婴儿头围的增长速度会比前 6 个月慢。8 个月大的婴儿的标准头围是 44.5 厘米，1 岁时是 46 厘米。不过，每个孩子的生长速度不同，所以你应该根据"附录"的生长曲线中的身高和体重曲线来判断他是否仍在按照之前的模式发育。

孩子第一次站起来时，你可能会觉得他的站姿很奇怪。他会腆着肚子，翘着屁股，后背向前倾。虽然看起来很怪，但这种站姿在婴儿刚开始学站时完全正常，而且会持续到 1 岁以后他对平衡身体更有自信的时候。

婴儿的脚可能也看起来有点儿奇怪。当他仰面躺在床上的时候，他的脚趾会朝向内侧，看起来有些内八字。这种情况通常在他快 24 个月大时消失。如果到那时仍是如此，那么儿科医生会教你帮孩子做一些足部或腿部练习。假如问题比较严重，儿科医生还会为你们推荐小儿骨科医生［见第 833 页"鸽趾（足内翻）"］。

当孩子摇摇晃晃地走出第一步时，你可能注意到一个相当异常的现象——他的双脚脚尖向外偏。这是因为婴儿的髋关节韧带还很松，令他的

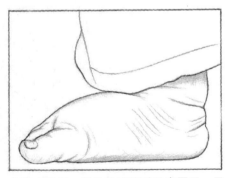

在这个阶段，婴儿的脚似乎是扁平足，足弓被厚厚的脂肪掩盖了。2 ～ 3 年内这些脂肪会消失，他的足弓就会变得明显。

腿自然向外旋。到 12 ~ 18 个月大时，他的韧带会收紧，然后双脚才会笔直向前。

运动发育

8 个月大的时候，婴儿坐着时应该已经不再需要支撑了。他虽然还会时不时地歪倒，但通常可以用手臂撑住自己。随着躯干肌肉变得有力，他还会开始探身去够东西。最终，他将学会趴下并重新坐起。如果你的孩子在快 9 个月大的时候还无法自己坐起来，你就要联系儿科医生。

在这个阶段，婴儿躺着时会动个不停。趴着的时候，他会抬起头四处看；仰面躺着的时候，他会抓着自己的脚（或身边的任何东西），拉过来往嘴里塞。他仰面躺一会儿就会厌倦，现在他可以随意翻身，而且一眨眼的工夫就能翻身。这在换尿布的时候非常危险，所以你最好不要再使用尿布更换台，而要把他放在地板上或不太容易摔落的大床上换尿布。任何时候都不要让孩子独处，哪怕是很短的时间。

上述这些活动都会强化肌肉，为爬行做准备。婴儿通常在 7 ~ 10 个月大时就能掌握爬行能力。最初，他可能只会用手和膝盖撑着身体前后摆动。因为手臂肌肉比腿部肌肉更强壮，他甚至可能推着自己倒退，而非向前爬。但

经过一段时间的练习，他会发现他可以推动身体朝着想去的地方前进。

少数婴儿一直都不会爬。不过他们会用其他办法移动，比如屁股坐在地上向前蹭或者肚皮贴着地面挪动。只要婴儿能协调身体的两侧，而且同时使用手臂和腿，那就无须过度担心。重要的是他现在可以自己探索周围的世界，不断强健身体，为走路做准备。你如果觉得孩子没有学会正常地移动，可与儿科医生讨论。

怎么鼓励孩子学爬呢？试着在他差一点点就可以够到的地方放一些有趣的物品。当他活动更加灵活后，用枕头、箱子或靠垫做障碍物，让他从障碍物上面或旁边爬过去。你也可以藏在其中某个障碍物后面，通过和孩子玩藏猫猫来给他惊喜。不过，绝对不可以把孩子单独留在这些东西旁边，因为他可能跌倒在枕头间或箱子下，无法自己爬出来。这会让他感到恐惧，甚至有令他窒息的危险。地板上、沙发下或者任何孩子能够够到的地方，都不要有小物件，因为他会找到它们并放进嘴里。像气球碎片、纽扣电池和硬币这样的小物件，都极其危险。

楼梯也是现成的障碍练习场地，但有些危险。虽然孩子需要学习上下楼梯，但在这个阶段你绝对不能让他自己在台阶上玩。如果家里有楼梯，他可能只要有机会就想往上爬，因此你应在楼梯的上下两端安装儿童安全防护门，防止他自己爬上爬下（第 476 页介绍了一种横式儿童安全防护门）。你与他在楼梯上玩耍的时候，可以鼓励他倒退着爬下楼梯，他可能很快就学会这一技能。不过，即使他学会自己爬下楼梯，你也要随时把防护门关上。

尽管爬行在极大程度上改变了孩子看世界以及与世界互动的方式，但你不要指望他会长久满足于此。他会发现大家都在走路，他也想这么做。他会抓住一切机会让自己站起来——不过刚开始站立时，他可能不知道怎么重新坐下去。如果他哭着寻求你的帮助，你可以亲自为他示范如何屈膝、让身体慢慢下降，而非一屁股坐到地上。这可能会很有帮助，而且能避免他因为不知道怎么坐下而放声大哭。

孩子觉得可以站稳后，就会扶着东西试探着走几步。例如，当你没空用手扶着他时，他会扶着家具"巡回"。确保他扶着的家具没有尖锐的边角，并且有一定的重量或牢牢地固定在地板上。

随着平衡能力提高，他偶尔会放开手，只在觉得保持不好平衡时才会扶一下。刚开始他的脚步不稳，他可能只走出一步就因惊讶或放松而摔倒。不过，很快他就可以自己连续向前走好几步，直到你扶住他。这一刻看起来简直像个奇迹，但大多数孩子会在几天内从最初的蹒跚学步变为以相当自信的步伐前进。

虽然你和孩子都对这种惊人的进展感到激动，但有时你会发现自己很气馁，尤其是当他被绊倒或自己摔倒时。即使你煞费苦心地营造了一个安全的环境，仍然不可能避免他的身体被摔肿或摔出淤青。不要对这些小事故感到太紧张。快速给他一个拥抱或安慰两句，然后放手让小家伙重新开始练习。只要你没有大惊小怪，他就不会特别难过。另外，如果他开始走路，没过多久却选择爬行，你也不要太惊讶。孩子总是会选择最简单、最快速的移动方式！

很快他就可以自己连续向前走出好几步，直到你扶住他。

在这一阶段甚至更早的时候，有些父母就让孩子使用学步车了。实际上，学步车并不像它的名称那样能帮助孩子学习走路，反而会打消孩子走路的积极性。更糟糕的是，学步车还有很大的安全隐患，因为碰到小玩具或地毯等障碍物时，学步车很容易翻倒。学步车里的孩子还更容易摔下楼梯，或者跑进他本来进不去的危险地带。因此，**美国儿科学会强烈建议父母不要让孩子使用学步车。**

固定的弹跳椅或游戏架是更好的选择，它们没有轮子，只有可转动、可弹跳的座椅。你还可以考虑比较结实的四轮小车或婴儿手推车。这些设备一定要有可以手扶的把手，而且有一定的重量，不会在孩子扶着它们站起来时翻倒。

孩子开始外出走路后，就需要穿鞋子了。鞋子必须是包头的，柔软舒适，有柔韧的防滑鞋底，还要有能让脚生长的空间——运动鞋就不错。孩子并不需要鞋子有特殊的鞋垫、高背、鞋跟加固或特殊的足弓保护设计等来为脚提供支撑或保持脚的形态，因为没有证据表明这些对发育正常的孩子真的有好处，这些设计反而会让孩子走路更困难。在这几个月里，孩子的脚长得很快，鞋子也必须随之更换。孩子的第一双鞋只能穿 2 ~ 3 个月，不过在这个发育阶段，你应该每月检查一次，看他的鞋子是否还合脚。

很多孩子在 1 岁生日前后迈出人生的第一步，但晚一些或早一些开始学

8 ~ 12 月龄婴儿的运动发育里程碑

■ 不用协助就可以自己坐起来，还能在没有其他支撑的情况下保持坐姿。

■ 可以用肚子贴地、手臂拉、双腿推的方式匍匐前进。

■ 可以用手和膝盖支撑起身体。

■ 可以用手和膝盖爬行。

■ 可以从坐姿变为爬行或趴着的姿势。

■ 可以扶着东西站起来。

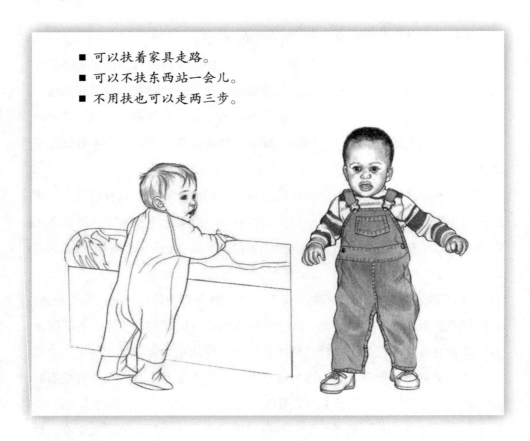

■ 可以扶着家具走路。
■ 可以不扶东西站一会儿。
■ 不用扶也可以走两三步。

步也完全正常。一开始，孩子走路时两脚分得很开，这样可以减轻不平衡感，让他不那么摇摇晃晃的。最初几日或最初几周，他可能走得太快，想停下脚步的时候就会摔倒。随着他越来越自信，他学会了停住脚步和改变方向。不久，他就可以蹲下来，捡东西，再站起来。当他达到这个水平时，他就会从推拉玩具中获得极大的快乐——玩具发出的声音越大，他就越快乐。

手部发育

爬行、站立和走路技能的掌握肯定是孩子在这几个月中最引人瞩目的进步，但也不要忽视他学会用手做的神奇事情。他会笨拙地将东西向自己身边扒，会准确地用拇指和食指或拇指和中指捏起东西。你将看到他在利用身边的一切小东西（从灰尘团成的小球到麦片）来练习捏的动作。如果你教他，他甚至还会试着打响指。

学会自如地张开手指后，他会开始兴致勃勃地扔东西。他会把餐椅托盘上或婴儿围栏里的东西扔到地板上，然后尖叫着要人帮他捡回来好继续扔。如果他乱扔积木等坚硬的物品，就可能损坏家里的一些东西，而且非常吵。如果你把他的兴趣转移到一些柔软的物品上，比如大小、颜色和材质各异的球（包括里头有小珠子的小球，滚动时可以发出声音），你的生活还可以安静一些。有个有趣的游戏可以让你观察孩子的技能发展，那就是将一个球滚向孩子。起初，他只会乱拍，但最终他能够学会将球推向你。

协调能力提高后，孩子可以彻底地研究遇到的各种东西。他会把东西捡起来、摇晃、狠狠地拍打或者在两只手之间传来传去。他对有活动部件（如轮子、把手、合页）的玩具特别感兴趣。可以将手指伸进去的小洞也让他着迷，而且当他的技能更熟练后，他还会把东西塞进洞里。

8 ~ 12 月龄婴儿的手部发育里程碑

- 可以捏起物体。
- 可以拿着两个方形玩具互相敲击。
- 可以将物体放在容器内。
- 可以将物体从容器内拿出来。
- 可以随意松开物体。
- 可以用食指戳物体。
- 可以尝试模仿涂鸦。

积木也是这个阶段的孩子很喜欢的玩具。事实上，没有什么比等着他去推倒的积木搭建的塔更能吸引孩子爬过去。到这一阶段接近尾声时，孩子甚至可以自己把积木摞成塔。

语言发育

快 1 岁时，婴儿开始传达自己的需求，比如用手指着目标，或者向他的目标爬或打手势。他还会模仿大人交谈时常用的很多手势。这种非语言性交流只是婴儿学习用语言表达信息的过程中暂时的替代方式。请注意，语言发育迟缓可能是听力障碍的表现，所以重视他人的提醒很重要，特别是当你初次为人父母时。

你有没有注意到，孩子前几个月的咿咿呀呀和尖叫声现在已经被比较清晰的音节，比如 "ba" "da" "ga" "ma" 等取代。他有时甚至会吐出 "ma ma" 和 "ba ba" 这样的音，然后从你的兴奋表情中他会意识到自己刚刚说了有意思的东西。不久之后，他就会开始用 "ma ma" 来吸引你的注意了。在这个阶段，他也可能发出 "ma ma" 的音作为练习。不过，最终他将学会只在需要表达意思时才说出相应的词。

尽管你从孩子出生起就跟他说话，但现在他才开始理解更多的语言，你们的对话才有了新的意义。在孩子可以用语言表达之前，他懂的东西可能比你猜想的多。你可以跟他说说放在房间另一侧他喜欢的玩具，观察他的反应。如果他朝玩具的方向看，就意味着他理解了。为了帮他增强理解能力，你要尽可能多地和他说话。告诉他周围正在发生的事情，尤其是当你给他洗澡、换尿布和喂食的时候。你的话语要简单而明确："妈妈现在用蓝色的大毛巾给你擦干身体。毛巾好软呀！"用语言来表示他熟悉的玩具和用品，并且尽可能地保持说法一致。具体来说，你如果今天告诉孩子家里的宠物是"猫"，那么明天就不要改成说"咪咪"。

图画书有助于强化孩子对"每个东西都有名称"这件事的初步理解。选择比较大的纸板书、布书或塑料书，这样他可以自己翻书。你还可以找一些简单但色彩鲜艳的图片给孩子辨认。找一张图片，指着图片上的某个物体，说出它的名称。孩子听到的词越多，学到的东西就越多。当你指着书中的物体，一遍又一遍地说出它的名称，他就会开始理解物体和名称是有关联的。最初，你可以自问自答，比如说"你看到了什么？你看到的是球吗？"，然后停顿一下，继续说"这是球，这是一个蓝色的球"。

不管是为孩子读书还是跟他说话，你都要创造大量机会让他参与进来。向他提些问题，然后等他回答。让他来主导，如果他说"嘎嘎嘎"，你就跟着重复，然后看他有什么反应。这些互动可能看起来没什么意义，但会告诉孩子，交流是双向的活动，你很欢迎他参与。留心听孩子的发音还有助于你辨认出他理解的词语，让你更早"捕捉"到他说出的第一个词。

有时孩子说出的第一个词并不准确。对孩子来说，一个"词"就是一个固定代表同一个人、同一个物体或同一件事的音节。因此，即使孩子每次要奶吃的时候都说"ma"，你也应该尊重他的表达，在他说"ma"的时候给他奶。不过，你跟他重复的时候，就应该说"奶"，最后他会自己改过来。

双语环境里的孩子

如果你家的成员讲两种语言，不用担心孩子会被两种语言扰乱。在美国，越来越多的家庭平时会讲英语和其他语言。研究和父母们的经验显示，如果孩子从很小的时候就开始接触两种（甚至更多种）语言，特别是经常听到两种语言，那他们可以同时学会这两种语言。是的，在儿童的正常语言发育阶段，他可能更熟悉其中一种语言，有时可能将两种语言的词语混在一起讲。但过一段时间后，他会明白这两种语言的不同，并将它们区分开，而且可以用两种语言顺利地交流。（某些研究显示，虽然孩子能理解两种语言，但一段时间后他会更擅长其中一种。）

无疑你应该鼓励孩子讲双语，这将是使孩子受益一生的资本和技能。一般来说，孩子开始接触两种语言的年龄越小，他就越容易熟练掌握；相反，如果他在学龄前完全学会运用第一种语言后才开始学第二种语言，学起来就会困难一些。

孩子开始说可以辨识的词语的年龄相差极大。有些孩子快 1 岁时能说两三个词。但更常见的是，12 个月大的孩子仍然只能含混地说出一些变调的词语。只要他在努力发出不同音强、音调或音质的声音，那他就是在准备说话。你回应得越多，越将你们的交流当成真正的对话，就越能激发他的交流欲望。坚持每天给孩子读书会大有帮助。他也喜欢简单的歌曲。一定要关掉电视机，开着电视机会让父母无法和孩子交流，并且会阻碍孩子的语言发育。限制你自己盯着电子屏幕的时间，因为只有你全神贯注，孩子才能学习。

8 ～ 12 月龄婴儿的语言发育里程碑

- 对说话这件事更关注。
- 对简单的语言命令有反应。
- 对"不"有反应。
- 可以用简单的动作，比如摇头来表示"不"。
- 儿语有音调变化。
- 可以说"爸爸"和"妈妈"。
- 可以用叹词，比如"噢"。
- 尝试模仿着说出词语。

认知发育

8 个月大的婴儿对什么都充满好奇，但其注意力集中的时间也很短，他会很快将注意力从一个活动转移到下一个。他花在一个玩具上的时间顶多是 2 ～ 3 分钟，很快他就会去摆弄另一个。快 12 个月大时，为了玩玩具他也许可以坐 15 分钟，但大多数时候他仍然会动个不停。你不该期望他一动不动地待着。

尽管家里可能有各种昂贵的玩具，但这个阶段的婴儿最喜欢的是家里常见的用品，比如木勺、鸡蛋盒，以及形状、大小各异的塑料容器等。他对那些与他熟悉的物品略有差异的物品特别感兴趣，比方说，他玩腻了手里的米粉包装盒后，可能会放一个球进去摇晃，或者等你在上面粘一根短线、把它变成一个可以拖拉的玩具后，重新对它充满兴趣。这些小小的变化可以让他发现熟悉和不熟悉的物品之间的微小差别。同样，你在选择"玩具"的时候要记住，那些与他熟悉的物品太相近的物品很快就会被他玩腻，而那些看起来完全陌生的物品又会让他不知所措或害怕。你应该寻找那些能逐渐帮他开阔眼界的物品和玩具。拿锅碗瓢盆给孩子玩可能会有些吵，但这也是一种经济的办法。

孩子往往并不需要你来帮他发现新事物。他只要学会爬行，就开始不断寻找新事物来征服。他会"搜查"你的抽屉，将废纸篓翻个底朝天，"洗劫"

8 ~ 12 月龄婴儿的认知发育里程碑

■ 可以用很多不同的方式（摇晃、敲击、抛出去、扔到地上等）认识物体。

■ 可以轻易地找到藏起来的物品。

■ 当你说出图片中物体的名称时，他会看向那张正确的图片。

■ 可以模仿姿势。

■ 开始正确地使用物品（用杯子喝水、用梳子梳头、按手机按键、把手机放在自己耳边）。

家里的柜子，而且对所发现的东西都仔细研究一遍（一定要用儿童安全锁把存在潜在危险的抽屉或柜子锁好）。他会不厌其烦地把东西摔到地上、滚来滚去、扔到一边、盖住或晃来晃去，以此来研究这些东西的特点。在你看来他只是在随便玩，但这其实是孩子探索世界运行方式的途径。他像一位优秀的科学家那样，观察物体的特点，通过观察，他会逐渐理解关于物体形状（有的可以滚动、有的不可以）、质地（有的粗糙、有的柔软、有的光滑）和大小（有些东西可以放到另一些东西里面）的概念。他甚至开始明白有些东西可以吃，有些不可以吃，不过他还是会把所有东西都放进嘴里去确定一下。（当然，你一定要确保他周围可以放进嘴里的东西都是安全的。）

他在这几个月的观察还会让他理解到，物体即使离开他的视线也仍然存在，即"物体恒存"的概念。他8个月大时，如果你把玩具放在围巾下面，他会掀开围巾去找玩具——这个反应在3个月前还没有出现。另外，如果你

各种不同的藏猫猫

藏猫猫可以有无数种形式。当孩子动作更灵活、反应更灵敏时，你可以制造机会由他来主导游戏。下面是一些建议。

1. 将一块柔软的布盖在他头上，然后问"宝宝在哪儿呢？"。他理解这个游戏后，就会自己拿掉布，笑着把头露出来。

2. 让孩子面向你平躺，将他的双腿都抬起来，说"起，起，起"，直到它们挡住你的脸。然后分开他的两条腿大喊："藏猫猫！"他明白怎么玩以后，就会自己移动双腿。（这在换尿布的时候是非常好的游戏。）

3. 你藏在门后或家具后，在他能看到的地方露出一只脚或一只胳膊作为提示。他会很高兴地跑来找你。

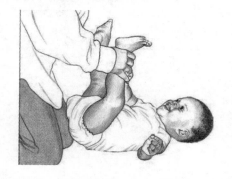

4. 你先将头藏在大毛巾下面，让他把毛巾拿掉，然后把毛巾盖在他头上，你来拿掉。轮流这么做。

将玩具放在围巾下面，然后趁他不注意的时候拿走，他就会感到迷惑。快 10 个月大时，他会很肯定玩具依然存在，会继续四处寻找。为了帮助孩子理解"物体恒存"，你可以跟他玩藏猫猫的游戏。只要不断变化游戏形式，他几乎可以永不厌倦地玩下去。

快 1 岁时，孩子会更加清楚地意识到，东西不仅有名称，还有专门的作用。你会发现这种新认知以想象的雏形出现在他的游戏中。他不再把玩具电话当作一个可以啃咬、戳弄或敲打的有趣玩意，而会把它放在耳边，因为他曾看到过你这么做。你可以通过给他一些有意义的道具，如梳子、牙刷、杯子或勺子，来鼓励这种重要的发育，然后对他的行为做出热情的回应。

大脑发育

如前所述，孩子人生中早期的岁月对他的大脑发育至关重要。在这段时间里，他接触的环境以及他的经历和体验将对他的大脑发育产生巨大影响。

你每天都有机会锻炼孩子的大脑。仅仅跟他多讲话、鼓励他把学到的词语讲出来，就能刺激他的智力发展。为他提供一个舒适而安全的环境，让他探索周围的世界；为他提供简单的玩具，刺激他的大脑更好地发育；每天跟他玩游戏、唱歌，并继续给他读书，这样能促进他的记忆力提高。

在下框中，你可以看到适合 8 ～ 12 个月大的婴儿大脑发育的日常活动建议。它们不仅有立竿见影的效果，会为孩子的生活带来变化，还会为他未来几年的大脑发育打下良好基础。

刺激 8 ～ 12 月龄婴儿的大脑发育

■ 在给孩子穿衣、洗澡、喂饭或者带他玩耍、散步、乘车的时候跟他讲话，要用成年人的语言，不要用儿语。如果孩子看起来对语音没有反应或者发音和词汇量没有增加，你就要请儿科医生检查一下。

■ 关注孩子的行为规律和情绪。无论他开心还是不开心，你都要回应他。

■ 你的孩子会非常关注你以及他遇到的其他人。他逐渐掌握了对你的情绪做出回应的本领，这是这一阶段的一个重要成就。7 ~ 8 个月大时，他能够从你的表情看出你的情绪，所以你必须缓解自己强烈的负面情绪。

■ 鼓励孩子玩积木和柔软的玩具，这样可以培养他的手眼协调能力和精细动作能力，并让他获得成就感。

■ 为孩子创造一个可以探索和四处移动的安全环境。

■ 经常给孩子温柔的身体接触，如拥抱、肌肤接触和肢体接触，这样有助于孩子建立安全感和幸福感。

■ 每天给孩子读书。

■ 你如果会讲不止一门语言，就在家里与孩子说多种语言。

■ 确保不让孩子经历让他不快或者受打击的事情，也不要让他参与适合大龄儿童或者成年人的活动。一般来说，这意味着当你的孩子在你身边的时候，你不要看新闻或其他电视节目。你可能不会注意到这些电视节目，但是孩子会注意到可怕的声音和图像。

■ 跟孩子玩藏猫猫或拍手游戏，刺激孩子的记忆力。

■ 带孩子认识其他孩子及其父母。

■ 提供适合他这个阶段的婴儿玩具，玩具要安全，不必太贵，家里的日常用品就可以。记住，与孩子说话、讲故事和玩耍，多给他关注，比给他很多玩具更重要。

■ 对孩子唱一些有重复的歌词的歌曲，唱的时候可以加上手部动作和其他动作。

■ 教孩子用摆手表示"再见"，用点头表示"是"，用摇头表示"不"。

■ 确保孩子的其他看护者理解与孩子建立充满爱意的关系的重要性，并且确保他们自始至终疼爱孩子。

■ 你要理解，有时对孩子来说，跟不常照顾他的人接触会令他感到不愉快。

■ 每天都和孩子一起在地板上玩一会儿。

■ 你如果决定请其他人帮忙带孩子，就要选择优质的儿童看护者或机构。确保你所选择的儿童看护机构温馨、负责任、富有启发性且足够安全。经常去儿童看护机构看望孩子，提出你在看护孩子方面的意见。

情感和社交能力发育

在这几个月，孩子有时就像两个截然不同的人：在你面前是一个开朗、热情和外向的孩子，在不熟悉的人或物体旁边就成了一个紧张、缠人和易受惊吓的孩子。有些人可能告诉你，孩子是因为被你"宠坏了"才胆小或害羞，不要相信这种说法。他截然不同的行为模式并不是你或你的教育方式造成的，而是因为，这是他第一次区分熟悉和陌生。他在这一阶段表现出这种可预见的焦虑是他与你之间的关系健康的证明。

出现"陌生人焦虑"应该是孩子情感发育过程中最初的里程碑之一。你可能觉得疑惑，为什么孩子在 3 个月大时可以平静地跟不认识的人接触，现在却因为陌生人的接近而紧张？实际上，这种表现在这个阶段是正常的，你无须担心。即使孩子曾经不怕的亲戚和经常看护他的保姆现在也可能让他想躲起来或者吓哭他，尤其是当他们突然接近的时候。

大约在同一时期，他也会变得更依赖你，这就是分离焦虑的表现。他开始认识到物体都是独一无二的、永恒的，他也会发现世上只有一个你。你离开他的视线时，他知道你没有和他在一起，这可能让他非常不安。他的时间感很差，所以他不知道你什么时候回来或者是否回来。等他大一些后，和你

孩子在这一阶段表现出这种可预见的焦虑是他与你之间的关系健康的证明。

8 ～ 12 月龄婴儿的情感和社交能力发育里程碑

- 面对陌生人时表现出害羞或不安。
- 当母亲或父亲离开时会哭。
- 喜欢在游戏中模仿他人。
- 对特定的人和玩具表现出偏爱。
- 在进食的时候试探父母对他的行为的反应（当他拒绝吃某种食物的时候你会怎么做）。
- 试探父母对他的行为的反应（他在你离开房间的时候哭了，你会怎么办）。
- 在某些情况下可能感到害怕。
- 更喜欢母亲和经常照看他的人。
- 重复一些发音或动作来吸引关注。
- 吮吸自己的手指。
- 在大人给他穿衣时会主动伸手或伸腿。

在一起时的记忆会安抚他，他也知道还会与你重逢。但是现在，他只能意识到当前这一刻，所以只要你离开他的视线，即使你只是去隔壁房间，他也会惊慌地哭起来。如果你把他留给其他人照顾，他可能会哭得撕心裂肺，虽然一般当你离开后，他会很快停止哭泣。睡觉的时候，他可能不愿离开你，还可能在半夜醒来时四处寻找你的身影。

分离焦虑通常在孩子 10 ～ 18 个月大时达到顶峰，然后在 18 ～ 24 个月大时逐渐消失。从某些方面来说，孩子的这个情感发育阶段令你感到非常温馨，但从另一方面来说，也可能令你压力倍增。毕竟，他这种缠着你的欲望是他对你——他第一个爱上的人，也是最爱的人——依恋的表现。当他扑到你怀里时，那种浓烈的情感会将你淹没，特别是当你意识到没有人（包括长大后的他）会像他在这一阶段这样将你看得那么完美。你可能因为他不停地纠缠而感到窒息，但当你离开他时看他哭得那么伤心，你又会有罪恶感。幸运的是，这种双重的情感煎熬最终会随着他的分离焦虑的消失而一起消失。

在此期间，请尽量淡化你离开时的气氛。下面是一些有用的建议。

■ 孩子在疲倦、饥饿或生病时的分离焦虑更加严重。你如果知道即将外出，就将离开的时间安排在他吃饱睡足后。当他生病时，尽量不要离开他。

■ 离开时动静不要太大。让其他看护者跟孩子在一起，转移他的注意力（给他新玩具、让他照镜子、给他洗澡等）。然后跟孩子道别，迅速离开。

■ 他在你离开几分钟后就会停止哭泣。他哭是为了给你看，要求你留下来。你离开他的视线后，他很快就会把注意力转移到陪着他的人身上。

■ 在家里做一些短时间的分离练习，帮他学会应对分离焦虑。如果是他先离开你，那么他对分离接受起来会更容易些。因此，当他爬到另一个房间（对儿童安全的房间）时，你不要立刻跟过去，而要在可以观察到他的地方等一两分钟。如果他闹起来，你可以大声叫他的名字，但不要赶紧跑过去。渐渐地，他会明白你离开他时不会发生什么可怕的事，重要的是，你只要说会回来，就总是会回来。

帮孩子熟悉保姆

你如果需要把孩子交给保姆几小时，那么只要有机会，你就应该在你还在家时帮孩子熟悉这个陌生人。最理想的方式是，在孩子和保姆单独相处之前，让保姆和他连续相处几天。如果条件不允许，你就在出门前花 1～2 小时时间帮助孩子熟悉保姆。这些方法同样适用于你将孩子送去儿童看护机构的时候以及换新保姆的时候。

保姆和孩子第一次接触时，你应该逐渐让他们互相熟悉，可按下列步骤做。

1. 跟保姆谈话时，让孩子坐在你腿上。要等到孩子发出放松的信号（孩子看着保姆或自己安心地玩起来），才让保姆与孩子进行眼神交流。

2. 让孩子继续坐在你腿上，让保

姆跟他讲话。这时不要让保姆靠近或触摸他。

3. 当孩子看起来习惯跟保姆交流后，把他放在保姆面前的地板上，再放一个他喜欢的玩具。请保姆慢慢地靠过去摆弄玩具。当孩子熟悉保姆后，你可以一点点退后。

4. 看看当你离开房间时孩子会有什么反应。如果他没有注意到你离开，保姆和孩子的初次接触就算成功了。不过，要是孩子哭了起来，你也不要灰心。这种情况是正常的，并且会随着时间推移而有所改善。

你可以用这种渐进的方式将近期没有见过孩子的人介绍给他，包括你的亲戚和朋友。成年人突然靠近、发出逗弄声或者试图将孩子从你怀里抱过去（这更糟糕），通常会把这个阶段的孩子吓得不知所措。这种情况发生时，你要马上阻止。你可以对这些没有恶意的人解释，孩子需要一点儿时间来熟悉陌生人，如果他们慢慢来，孩子的表现会更好。

■ 你如果把孩子送去保姆家或看护机构，不要放下孩子就走。花点儿时间跟他玩一会儿。离开的时候，跟他保证你过一会儿就回来。

如果孩子对你有强烈的依赖感，那么他的分离焦虑可能比其他孩子出现得更早，但也会更早地消失。不要厌烦他表现出占有欲，你应该在这几个月尽可能地保持温柔，凡事往好处看。通过行动，你会为他示范如何表达爱以及如何回报别人的爱，这是他在未来许多年里所要依赖的情感基础。

从孩子出生开始，你已经将他视为有自己的性格特点和喜好的独立个体。然而，之前他对自己是一个独立个体只有模糊的概念，现在他的自我意识正在成熟。随着自我意识增强，他也会愈发意识到你是一个独立的个体。

这一阶段自我意识发展最明显的标志是孩子照镜子的方式发生了变化。大约 8 个月大时，他只是把镜子当成一个有趣的东西。也许他把镜子里的人当成另外一个婴儿，也许他觉得镜子是一个有光影的神奇平面。现在他的反应不同了，说明他明白其中的影像是他自己的。照镜子的时候，他可能会摸摸自己的鼻子或者扯一撮头发。你可以通过镜子游戏来增强他的自我意识。你在和他一起照镜子的时候，可以一边摸摸彼此身体的不同部位，一边说："这是宝宝的鼻子。这是妈妈的鼻子。"你可以在镜子前晃来晃去，跟镜子里的影像玩藏猫猫，还可以做各种不同的表情，然后告诉孩子你表达的情绪叫什么。

随着孩子的自我意识发展得更加稳定，他就不再那么怕生，也不会因为与你分开而大闹了。他会变得更加自信。过去，他只要没有不舒服，就比较温顺；可现在，大部分时间他都希望按自己的想法去做事情。例如，当你把某些食物和用品摆在他面前时，他可能扭开头表示抵制——对此你无须惊讶。

适合 8 ~ 12 月龄婴儿的玩具

- 不同大小、形状、颜色的可堆叠的玩具。
- 不易碎的杯子、桶及其他容器。
- 各种尺寸的不易碎的镜子。
- 可以漂浮、喷水或装水的浴盆玩具。
- 大积木。
- 可以推、打开、发出声音和移动的玩具箱。
- 可以通过挤压发声的玩具。
- 洋娃娃和小狗玩偶。
- 质地较软的塑料小汽车、卡车和其他玩具车（不可以有锋利的边缘，也不可以有可拆卸的部件）。
- 不同大小的球（但不能小到可以塞进孩子嘴里）。
- 有大图片的纸板书。
- 音乐盒、音乐玩具和对儿童安全的数码音乐播放器。
- 推拉玩具。
- 玩具电话。
- 纸筒、空盒子、旧杂志、鸡蛋盒、空的塑料饮料瓶（不要留下盖子，因为它可能造成婴儿窒息）。
- 记住，宠物不是玩具，孩子和宠物待在一起时需要一直有成年人看护。

发育健康表

每个孩子都有自己的成长轨迹，所以没有人可以准确地预言你的孩子会在什么时候、以什么方式具备某种能力。本书列出的各阶段"发育里程碑"仅为你提供孩子成长的大致情况，如果你的孩子的步调略有不同，你也不必紧张。不过，如果孩子在本阶段有下列迹象之一，就可能表示有发育迟缓的问题，你应向儿科医生咨询。

- 快 9 个月大的时候，不会爬或不能自己坐起来。
- 爬行时拖着一侧身体，或对一侧身体的控制总是好于另一侧。
- 快 12 个月大的时候，不能扶着站立。
- 不会寻找当着他的面藏起来的东西。
- 没有说过任何词（"妈妈"或"爸爸"）。
- 不会使用身体语言，比如摇头或点头。
- 不会用手指出相应的物体或图片。
- 大人叫他名字的时候，不会回应。
- 不会进行眼神交流。

此外，随着他的活动能力增强，你会发现自己经常说"不要"来警告他远离不该碰的东西。不过，他即使理解你的意思，还是可能去摸。等着看吧，这不过是即将开始的挑战的序幕。

你的孩子还可能开始害怕他过去并不在意的物体和情况。对黑暗、闪电、声响很大的家用电器（如吸尘器）感到害怕，这些都很常见。再过一段时间，你可以通过聊天来减轻他的恐惧感，但现在唯一的解决办法是尽可能地消除恐惧的来源：放一盏小夜灯或等孩子不在附近的时候使用吸尘器。你如果无法屏蔽令他感到害怕的东西，那就预测他的反应并留在他身边，以便他向你求助。安慰他的时候要保持平静，让他明白你没有害怕。如果他每次听到雷声或天空中飞机的轰鸣时都及时获得安慰，他的恐惧就会逐渐减轻，以后再遇到这些情况的时候他只要看着你就会感到安全。

移情物

你可能还记得你小时候最喜欢的毯子、洋娃娃或泰迪熊玩偶。这些可以带来安全感的东西，是每个孩子小时候都需要的情感支持的一部分。

当然，孩子可能不选择毯子，而更喜欢一个毛绒玩具。通常，孩子会在 8 ~ 12 个月大的时候做出选择，然后在接下来的几年中都保留这一习惯。当孩子疲惫的时候，它会伴孩子入睡；当孩子与你分开时，它会陪伴孩子；当孩子难过时，它会安慰孩子；当孩子身处陌生环境时，它会让孩子感到像在家中一样。

这类物品叫作"移情物"，因为它们可以帮助孩子转移情感，由依赖变得独立。它们之所以起作用，一方面是因为它们摸起来手感很好、很柔软、抱起来很舒服，另一方面是因为孩子熟悉它们：这类"宝贝"带有孩子的气味，可以让他想起他身处自己房间的那份舒适感与安全感，让他感到所有的事情都在自己的掌控之中。

孩子使用移情物并不是懦弱或感到不安全的表现，你没有理由制止。事实上，移情物对孩子的帮助可能很大，以至于你自己都想帮他选一个来伴他入睡。

你也可以准备两个一模一样的移情物，这样会让事情变得简单一些。当其中一个被孩子抱着的时候，你可以清洗另一个，免得它们被孩子的口水、泪水弄得太脏，还能避免孩子大哭大闹。如果孩子选了一条大毯子作为他的移情物，你可以把它剪成两半，孩子通常对毯子的大小没有概念，因此不会注意到它的变化。如果孩子选了一个玩具作为移情物，你要尽快找一个一模一样的，并且尽早让孩子轮流使用它们，因为他如果觉得其中一个太新、太陌生，就可能拒绝使用它。

许多父母担心，一些移情物可能促使孩子吮吸自己的手指。有时候确实如此（但并不绝对）。不过，你要记住，吮吸手指是孩子安抚自己的正常、自然的方式。随着孩子一天天长大，他最终会找到其他缓解压力的方式，到那时他就会停止使用移情物，也会停止吮吸手指。

基本看护

饮食

在这一阶段，孩子每天需要 750～900 千卡热量，其中的 400～500 千卡热量来自母乳或者配方奶——孩子每天约喝 720 毫升奶。母乳和配方奶本身就含有维生素、矿物质以及其他促进大脑发育的物质。不过，如果孩子的胃口较之前有所减小，你不要担心。现在，他的生长速度有所

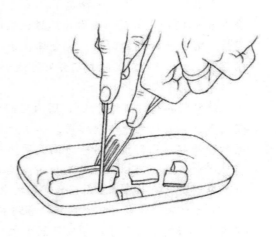

减缓，而且在喝奶之外，还有许多新鲜、有趣的事情吸引他。

孩子大约 8 个月大的时候，你可能希望他开始吃一些比糊状食物稍微粗糙点儿的食物。这种食物需要孩子更多地咀嚼。你还可以给他添加酸奶、燕麦，或者捣碎的香蕉、土豆，甚至是浓点儿的汤或者煮烂的蔬菜块以扩展他的食谱。鸡蛋是蛋白质的理想来源，此外，白软干酪、希腊酸奶和牛油果也是蛋白质的优质来源。

随着孩子使用手的能力有所提高，你可以在用餐过程中给他一个勺子，

让他拿在手里摆弄。当孩子知道如何正确拿勺子之后，让他试着用勺子自己吃东西。刚开始的时候，你不要对他期望过高——很多食物会被弄到地上而非他的嘴里。你可以在孩子的餐椅下垫一块塑料布以便你饭后收拾。

你一定要有足够的耐心，不要把勺子从孩子手中夺走。孩子需要不断练习，也需要信心和你对他的鼓励。开始时，你可能想让他从他自己的勺子和你的勺子中轮流吃到食物。当他能够连续地将勺子放进嘴里之后（可能1岁之后才能做到），你可能想帮他往勺子中加食物，这样可以避免他弄得太乱和浪费食物，但是你一定要让他自己用勺子往嘴里送食物。

在孩子开始自己吃饭的最初几周，等到他非常饿，或者等到他对吃饭更感兴趣而非对玩勺子更感兴趣的时候，事情可能会更加顺利。尽管孩子目前跟其他家庭成员一样每天吃三顿饭，但是你可能不希望他在全家人一起用餐时吃得一片狼藉。因此，许多家庭会选择提前让孩子吃个半饱，然后在其他家庭成员一起吃饭的时候，让他坐在餐桌旁吃一些可以用手抓着吃的食物。

孩子可以用手抓着吃的食物包括蒸熟的蔬菜块、水果（如香蕉等）、煮熟的面条、小片全麦面包、鸡肉块、炒鸡蛋、全谷物米粉等。不妨给孩子提供不同味道、形状、颜色和质地的食物，但当孩子吃这些食物的时候，你要时刻看着他，防止他的呼吸道被食物阻塞（见第692页"呼吸道异物阻塞"）。此外，由于孩子可能不咀嚼就将食物吞下，所以千万不要给他大勺花生酱、大块生蔬菜、整颗坚果、整颗葡萄、爆米花、未煮熟的豌豆、未煮熟的西芹块、口香糖、硬糖，以及其他一些坚硬的或圆形的食物，而且在孩子吃东西时，你一定要在旁边盯着。孩子在吃火腿肠、奶酪或者肉块的时候也可能被阻塞呼吸道，因此你在给这个阶段的孩子吃这类食物的时候，一定要将它们切成小块。如果所有家庭成员都参加了基本急救培训，在孩子遭遇危险的时候就不怕没人相救了。

在孩子开始自己吃饭的最初几周，等到他非常饿，或者等到他对吃饭更感兴趣而非对玩勺子更感兴趣的时候，事情可能会更加顺利。

每日食谱（8 ～ 12 月龄）

1 杯 =240 毫升

早餐

1/4 ～ 1/2 杯米粉、鸡蛋羹或者炒鸡蛋（1 个鸡蛋）。

1/4 ～ 1/2 杯水果泥或水果丁。

母乳或 120 ～ 180 毫升配方奶。

点心

母乳或 120 ～ 180 毫升配方奶。

1/4 ～ 1/2 杯奶酪丁、煮熟的蔬菜泥或蔬菜丁。

午餐

1/4 ～ 1/2 杯酸奶、白软干酪、肉泥（或肉丁）或豆泥（或豆丁）。

1/4 ～ 1/2 杯煮熟的黄色或橙色的蔬菜泥或蔬菜丁。

母乳或 120 ～ 180 毫升配方奶。

点心

1 块磨牙饼干或全麦饼干。

1/4 ～ 1/2 杯酸奶、用叉子捣烂的水果泥或者水果丁。

晚餐

1/4 ～ 1/2 杯切成丁的肉类或者豆腐。

1/4 ～ 1/2 杯煮熟的绿色蔬菜。

1/4 ～ 1/2 杯煮熟的面条、米饭或者土豆。

1/4 ～ 1/2 杯水果丁或水果泥。

母乳或 120 ～ 180 毫升配方奶。

睡前

母乳，或者 180 ～ 240 毫升配方奶或水（如果睡前给孩子喂奶，喂完后要给他漱口和刷牙）。

杯子的使用

在孩子 6 个月大之后，你就可以随时让他使用吸管杯（带吸管的杯子）或者鸭嘴杯了。比起使用奶瓶，母乳喂养的孩子更容易学会使用杯子。刚开始的时候，给他一个学饮杯，比如有两个把手、可扣紧的盖子和鸭嘴式吸嘴的鸭嘴杯，或者吸管杯。当孩子尝试用各种方法拿杯子（以及很可能发生的扔杯子），这两种杯子都可以尽可能少地向外溢水。

　　开始时，在杯子里装少量水，每天只在某一餐将水杯给孩子使用。给他示范如何将水杯放到嘴边，如何倾斜水杯以喝到水。不过，即使孩子无法正确操作，并且连续几周一直将水杯当成玩具来玩，你也不要沮丧——大多数孩子都会这样。你要有足够的耐心，直到他可以将大部分水吸出并且喝下去，而不会让水沿下巴流出来或将杯子四处扔。一旦他掌握了使用杯子的方法，你就可以往杯子里装母乳或者配方奶，让他习惯用杯子而非奶瓶喝奶。

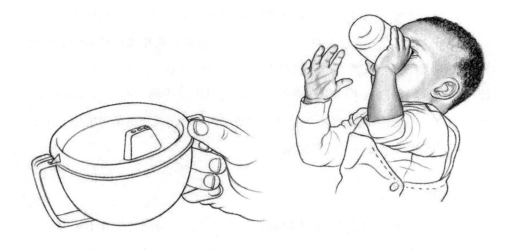

　　用杯子喝水有一些好处：提高孩子的手嘴协调能力，提前为断奶做准备。要记住美国儿科学会的建议：在孩子 1 岁之前，母乳是孩子成长所需营养的最佳来源。

　　即使在最理想的情况下，孩子也不可能立即学会使用杯子。孩子完全学会用杯子喝各种液体大约需要 6 个月的时间。即便如此，你仍然可以开始这一训练，按照孩子的兴趣和意愿，让他慢慢来。你可能发现，刚开始的时候，每天中午用水杯喂奶代替母乳喂养或者奶瓶喂养更容易一些。当孩子完全适应了这一变化之后，你可以试着在早上也这样做。晚间的喂奶方式应该最后改变，原因是：首先，孩子可能已经习惯了睡前享受喝奶的舒适与平静，因此需要花更多的时间来改变这一习惯；其次，如果孩子可以整夜熟睡而不被饿醒，那么你可能不再需要在他睡前额外喂他一次。你要逐渐改变睡前喂奶这个习惯，先用奶瓶喂他一些水来代替喂奶，然后用杯子喂水来代替用奶瓶喂水。或者，把睡前喂奶的时间提前一点儿，这样喝奶就不会和睡觉产生冲突了。

在这个过程中，你可能想在孩子的奶瓶中装一些配方奶来让他快些入睡，不过千万不要这样做，原因之一是：当孩子在喝奶的过程中睡着，奶会浸没他刚长出的乳牙，造成奶瓶龋齿———一种被称为"儿童早期龋齿"的疾病。更糟糕的是，如果孩子在躺着喝奶的时候睡着了，就可能引发中耳炎。

另一个原因是：奶瓶可能成为安抚物，尤其是当孩子 1 岁以后还在使用时。为了避免这种情况，不要允许孩子在玩耍的时候拿着奶瓶或从奶瓶中喝东西，只允许孩子在坐着或者被抱着的情况下用奶瓶喝东西。在其他时候，让孩子使用杯子。如果你从来都不允许孩子把奶瓶当作安抚物，他可能也没有这种意识。你一旦做出决定，就不要让步。你要坚持原则，否则孩子可能感到困惑，并且在正式断奶很久后又想用奶瓶。

睡觉

孩子 8 个月大的时候，每天可能仍会小睡 2 次，时间分别在上午和下午。他每天晚上可能睡 10 ~ 12 小时，不需要半夜喝奶。可是在接下来的几个月，当孩子的分离焦虑变得强烈时，他可能会抗拒上床睡觉，而且醒来找你的次数也会增多。

在这个困难时期，你需要采取多种措施，找到帮助孩子入睡的好方法。一些孩子在门开着（可以听到母亲的声音）的时候更容易入睡；还有一些孩子养成了一些习惯，比如吮吸手指或者被轻轻摇动。播放白噪声尤其有效，不过音量需要调小一些，这样才不会伤害孩子敏感的听觉。

为了更顺利地度过这一时期，如果孩子在深夜里叫你过去，你只要确认他是否安好，并告诉他，如果他需要你，你就在不远的地方。但是不要开灯、哄他或者抱起他。你可以给他喝点儿水，但是不要让他喝奶，更不要将他抱到你的床上。如果孩子正在经历分离焦虑，将他带到你的床上只会让他更加不愿意回到他自己的床上。

你在察看情况的时候，确保孩子很舒适且没有生病。有些疾病（如中耳炎或者哮吼）可能在夜间突然发作。确定孩子没有生病后，你还要检查一下尿布，如果他排便或者排尿了，你就要给他换一块尿布。尽可能地在微弱的灯光下迅速给孩子换好尿布，然后将他以仰卧的姿势放回婴儿床中。离开前，说一些安慰的话，告诉他已经很晚了。如果孩子还是哭，你可以过一会儿再进入他的房间，安慰他一会儿。听着孩子哭对父母来说相当难受，你可能百感交集。不过，你要记住，他的行为不是故意的，只是焦虑和紧张的自然表现。如果你坚持每天都按照相同的方法让他入睡，那么最终他会习惯。很多父母会买无线婴儿监护器来观察和聆听孩子在他房间里的动静。有很多不同的产品可以选择，你在购买之前最好充分了解。这样做可能会让孩子和你自己都受益（更多关于睡觉的信息，见第 35 章）。

牙齿

到这一阶段，孩子至少已经长了 1 ~ 2 颗牙，甚至更多牙。如果他还没有长牙，你也不要担心。对婴儿来说，12 个月大还没有长牙是正常的。不过，一旦他长了牙，你就要开始用软毛牙刷和少许含氟牙膏（一粒大米的大小）给他刷牙。他可能喜欢刷牙，也可能不喜欢。如果他拒绝刷牙，你就让他仰面躺在另一个人的大腿上，你则用做游戏的形式，轻轻地刷他的每一颗牙齿。每天刷一次牙，前后都要刷到。最好在晚上睡觉之前刷牙，因为刷了牙后，除了水以外，他就不应该吃或喝任何东西了。晚上让他吃含糖的食物会让你的努力付之东流！你还可以给他安排第一次牙医门诊。孩子第一次看牙医的时间，应该在他长出第一颗牙后的 6 个月里，但不要晚于 1 岁。你应根据实际情况，看哪个时间点先到来。牙医可能还会给孩子的牙齿涂上氟保护漆。儿科医生可能会检查孩子的牙齿，并在儿童健康检查时为他的牙齿涂氟保护漆，但这并不算作牙医门诊。

行为

规矩

孩子的探索欲永远不可能完全得到满足。他想触摸、品尝任何在他手中的物品。他一定会触碰"红线"、进入"禁区"。尽管孩子的好奇心对其健康成长至关重要，你应该尽可能地鼓励，但是，你不应允许他为所欲为，以至于危及自身安全或损坏珍贵物品。例如，当孩子正在研究炉子中的火或者拔你的花的时候，你要帮助他停止这类行为。

你要记住，你处理这些事情的方法会为将来给孩子定规矩打下基础。学会不去做一些非常想做的事，是学习自我控制的第一步。关于这一课，孩子目前学得越好，将来你就越省心。

正如之前建议的那样，转移孩子的注意力通常可以有效地制止他的不良行为。目前孩子的记忆还很短暂，你很容易转移他的注意力。例如，当孩子想去一些他不应该去的地方时，你不必严厉地说"不可以"。从长远来看，过多地说"不可以"会削弱它的效果。你可以将他抱起来，给他一些他可以玩的东西，而非压制他的好奇心。绝对不能大声斥责或吼孩子，也不能摇晃或打他。

只有当孩子的活动可能将其置于真正的危险之中时，你才可以使用严厉的管教方法。例如，当孩子玩电线时，你就应该坚决地说"不可以"，并且将他抱到一边去。不过，你不要期望孩子通过一两件事就记住教训。由于这个阶段的孩子的记忆很短暂，你需要一次次地重复这些规矩，他才能记住。对这么大的孩子，不管你已经纠正了他多少次，都绝对不能指望他自己远离危险。你可以给他找一个能够安全玩耍的区域——一个绝对安全的、没有禁忌的区域。

为了使规矩有效，保持一致性是一个重要因素。确保每个看护者都了解孩子可以做哪些事情、不可以做哪些事情。尽可能少定严格的规矩，最好仅针对有潜在危险的情况定严格的规矩，且要确保孩子每次触碰"红线"时都有人告诉他"不可以"。

及时性是保证规矩有效的另一个要素。你必须在孩子犯错后5分钟之内做出反应，如果你对他的教训延迟了，他就可能不明白你为什么教训他，那么教训也就没有意义了。同样，在批评他之后，你不要急着去安慰他。是的，他可能哭甚至感到痛苦，但是你要等1～2分钟再去安慰他，否则他可能不会意识到自己真的做了错事。

在第10章中，我们将详细阐述在管教孩子时禁止动手打孩子的重要性。无论孩子多大，无论他做了什么错事，体罚都是不合适的方法。动手打孩子只会让他学会生气的时候做出暴力反应。动手打他两下可能暂时让你觉得挺管用。从短期来看，这可能会制止孩子的某些行为；但从长期来看，这不是管教孩子的有效方法。动手打他不会让他学会正确的行为方式，还可能导致孩子受伤，也破坏了你们之间的有效沟通，此外还会减弱孩子自身的安全感。

什么样的方法才是正确的呢？美国儿科学会认为，当孩子大一些的时候，相较于动手打孩子，"平静中断法"（time-out）是个不错的方法——让犯了错的孩子去一个安静的地方待几分钟，远离其他人、电子产品或者书籍。等"平静中断"时间到了后，向他解释为什么他的行为是不被接受的。对有特殊健康问题的孩子，父母可能需要采取其他方式进行管教。父母要了解孩子的身体情况、情感发育以及认知能力，在一些情况下，向发育行为儿科医生咨询可能会有帮助。（关于动手打孩子的弊端以及更多管教孩子的恰当方式，见第313页）。

随着你管教孩子的能力越来越强，你可不要忽略了表扬他的好行为所起的积极作用。表扬在帮助孩子学习自我控制方面可以起更重要的作用。如果孩子在接近火炉之前有所犹豫，你就要告诉他你对此很高兴。当孩子为别人做了好事时，你要给他一个拥抱。随着孩子的成长，他的好行为很大程度上源于他想让你高兴的愿望。如果你在孩子这么大的时候让他意识到你多么欣赏他的好行为，那么他可能就不会通过做错事来吸引你的关注。

一些父母担心，在这个阶段给予孩子过多的关注可能宠坏他，其实不必担心。8 ～ 12 个月大的孩子还很单纯，没有操控别人的能力。他哭闹并不是他故意想得到什么，而是说明他确实有需要。

这些需要会慢慢变得更加复杂，你会发现孩子的哭变得多种多样，你对他的哭做出的反应也会有所变化。当你听到他撕心裂肺的哭声时，你会迅速跑到他身边，因为你知道这种哭声意味着他确实遇到了严重的问题。相反，如果你听到孩子的哭声不那么急切，似乎在告诉你他需要你的陪伴，你可能就会做完手头的工作再去回应他。当孩子的哭声烦躁而低沉时，你会意识到这是他在抱怨，他希望大家能让他单独待着，这样他就可以睡会儿觉了。通过对孩子哭声中隐藏的信息做出恰当的反应，你可以让他知道：他的需要非常重要，但只有真正需要关注的情况才会得到你的回应。

顺便提一句，可能有这样的情况：你不明白孩子为何哭，而且有时候孩子可能自己都不明白为何哭。这时，最好的方法是安慰他，同时在确认他安全的情况下允许他自己通过一些方法来安抚自己。你可以抱着他并让他抱着他最喜欢的毛绒玩具或毯子，也可以陪他玩个游戏，或者给他读个故事。当孩子高兴起来的时候，你也会感到开心。你要记住，孩子对关注和疼爱的需要跟对吃奶和换尿布的需要一样，是实实在在存在的。

兄弟姐妹

随着小宝宝的活动能力增强，他将能够更好地与哥哥姐姐一起玩耍，哥哥姐姐通常也很乐意跟他一起玩。小宝宝的哥哥姐姐，尤其是 6 ～ 10 岁的哥哥姐姐，通常喜欢用积木搭建一些高楼，让 8 个月大的小宝宝来毁坏。他们还会伸手让小宝宝扶着，帮助他学习走路。8 个月大的小宝宝可以成为哥哥姐姐的好玩伴。

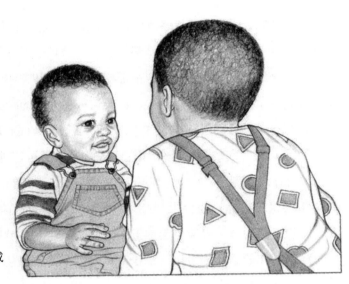

8 个月大的小宝宝可以成为哥哥姐姐的好玩伴。

　　小宝宝的行动自由可以让他更多地参与哥哥姐姐的活动，也会让他经常闯进哥哥姐姐的"私人领地"中，这可能会侵犯大孩子刚刚建立起来的占有感和隐私感，甚至还可能对小宝宝造成伤害，因为大孩子的玩具经常有一些小部件，它们很可能被小宝宝吞食。你可以给大孩子提供一个封闭的空间，让他存放他的宝贝，这样就不用担心小宝宝闯进他的地盘了。通过这个方法，你可以保护每一个人。

　　由于这个阶段的孩子几乎可以够到他视线中的任何物品，"分享"就成了另一个问题。3 岁以下的孩子在没有成年人督促和直接干涉的情况下，大多数时候是不会与他人分享的。孩子们在一起玩的时候，一定要有成年人在旁边看着。你可以通过鼓励每个孩子只玩自己的玩具来规避"分享"这个问题。当孩子们一起玩耍的时候，你可以建议他们一起看书或者听音乐，或者来回抛球，或者玩藏猫猫，或者进行其他一些只需要少量合作的活动。记住，哥哥姐姐可能会嫉妒小宝宝，他们也需要你的关注。

（外）祖父母

　　在孩子 8 ~ 12 个月大的时候，和他相处的时光将变得非常美好。他在行动上更加活跃，他的语言和感情也更加丰富。不过，孩子可能会有陌生人焦虑，可能对（外）祖父母显得不那么热情。不要把孩子的这种行为看成是针对你个人的，这是正常现象。还是像以前那样给予他爱和关注，但不必因为孩子的冷淡而过分给予。你一定要有耐心，孩子这种表面上的冷淡终将随着时间消失。

在与孩子相处的过程中，你可以在以下这些方面有所作为。

爬行。只要你的身体条件允许，你就应该尽可能地与孩子一起在地板上活动。在地面上爬行会让孩子觉得有趣而放松。如果你让自己成为孩子爬行和探索之旅的目标，他会很开心。不过，你一定要认真检查地板上是否存在安全隐患，因为孩子可能捡起地上的任何小东西放进嘴里。

精细动作能力。你可以为孩子专门设计一系列锻炼精细动作能力的游戏：打开或关闭一些物品，把玩具从盒子里倒出来又放回去。由于经常进行同样的活动可能令孩子感到厌倦，你最好为他准备多种多样的活动。

语言。你可以通过给孩子读故事、陪他听音乐，持续与他进行语言上的互动。如果除了孩子正在学习的语言之外，你还会讲别的语言，那就不要怕在孩子面前使用它。（更多关于孩子语言学习方面的信息，见第 256 页。）

基本看护。在孩子的饮食与睡觉方面，维持原样很重要。如果你没有和孩子住在一起，你就要在自己家中储存一些婴幼儿食品，当然你也可以准备一份让孩子期待的“（外）祖父母特制食谱”。孩子在你家住的时候，白天的小睡以及夜间的睡觉时间应该与他在家中时保持一致。打乱作息规律可能会让孩子觉得混乱。

安全。你要按照本章结尾“安全检查”这个部分所说的，认真检查你自己的家，确保没有安全隐患。在楼梯的顶部和底部安装儿童防护门；在家具尖锐的边角安装柔软的保护性防撞条；不要让孩子使用学步车。此外，由于这个阶段的孩子总爱动来动去，很难安静下来，因此在给他换尿布的时候，尽可能地由两个成年人来完成，最好在地板上或者大床上给他换尿布以防摔落。给孩子换尿布的时候，你可以用一个他能握住的玩具转移他的注意力。确保你能打通所有紧急联系电话。

疫苗接种

孩子在 1 岁或刚过 1 岁的时候，就应该接种麻腮风三联疫苗（麻疹、腮腺炎及风疹疫苗，MMR）。这种疫苗可以保护孩子远离这 3 种严重的疾病，避免发热、出疹以及其他一些症状，同时也防止出现严重的并发症（患麻疹的孩子容易并发肺炎或脑炎，而腮腺炎容易损伤孩子的听力）。目前的建议是，孩子在 12 ~ 15 个月大时接种第一针麻腮风三联疫苗。不过，准备出国旅行的孩子可以在 6 ~ 12 个月大时多接种一针疫苗以加强防护。

孩子在 12 ~ 15 个月大时需要接种第一针水痘疫苗。水痘疫苗可以和麻腮风三联疫苗一起接种（即四痘混合疫苗），也可以单独接种。虽然比起分别接种麻腮风三联疫苗和水痘疫苗，四痘混合疫苗引发发热的风险较高（由此引发热性惊厥的风险也略高），但这两种方法都是安全有效的。

第三针乙肝疫苗需要在孩子 6 ~ 8 个月大的时候接种，而第一针甲肝疫苗需要在孩子 1 岁时或 1 岁后接种。

第四针肺炎球菌疫苗也应该在孩子 12 ~ 18 个月大时接种，它可以保护孩子免患肺炎、脑膜炎、血液感染以及某些耳部感染。

你如果对这些推荐孩子注射的疫苗心存疑虑，不妨这样考虑：孩子的免疫系统每天都在抵御的抗原（入侵免疫系统的外来物质）比所有这些疫苗所含的抗原多得多。他的免疫系统能够轻松应对疫苗里的抗原。全面、及时地给孩子接种疫苗，是保护孩子不受疾病困扰的最佳方法。

安全检查

汽车安全座椅

■ 在 2 岁以前甚至 2 岁以后，孩子都应该坐在后向式汽车安全座椅上，只要座椅的大小对他来说是合适的（这一信息应该可以在汽车安全座椅侧边

找到)。美国各州的消防站一般会在春秋季的活动中提供关于汽车安全座椅的使用建议。

■ 离开汽车的时候，绝对不要把孩子单独留在车上，哪怕只有一小会儿。有些汽车安装了专门提醒家长的警报装置，你也可以在副驾驶座上放泰迪熊之类的物品，用来提醒你——孩子还在后座。

■ 开车前，将孩子放在质量合格、安装正确的汽车安全座椅上，并给他系好安全带。很重要的一点是，你的孩子所乘坐的所有汽车，包括看护者和（外）祖父母所拥有的汽车，都应该正确地安装汽车安全座椅。(你还应该留意关于汽车安全座椅的其他事项，更多信息见第 486 页。)

预防摔落

■ 在楼梯的顶部和底部都安装儿童防护门，并且锁上没有安装保护装置的房间。

■ 不要让孩子爬上成年人坐的椅子，因为这类椅子在孩子爬上去的过程中可能翻倒，使孩子的头部、腿部或手臂受伤。

■ 不要让孩子使用学步车，固定不动的婴儿弹跳椅或者游戏架是更好的选择。

预防烧伤和烫伤

■ 你在抱着孩子的时候，不要吸烟、喝热饮或者在炉子旁边做饭。你在必须处理一些热的液体或者食物的时候，应先将孩子放在一个安全的地方，比如婴儿床上、婴儿围栏里或者婴儿高脚餐椅上。

■ 不要将盛放热的液体或者食物的容器放在桌子或者台面边缘，也不要放在较矮的台面（如茶几）上。

■ 不要让孩子在热的炉灶、加热器或火炉旁爬来爬去。

预防溺水

■ 不要将孩子单独留在浴室或者其他有水的地方，包括水桶、戏水池、游泳池、水槽和马桶等。用完水后，立即将水从容器中清空。如果家中有游泳池，一定要用至少 1.2 米高的栅栏将游泳池四周围住，将游泳池与房子完全隔开。

第10章 1 岁

　　现在你的孩子已经 1 岁，开始进入幼儿期了。他可以爬得飞快，开始走路或正在学步，甚至会说一点儿话。随着行动能力的获得，他变得越来越独立，过去那种无条件爱你、依赖你的日子已经变得屈指可数了。

　　这种发现也许让你既失落又兴奋，更不用说你在想到今后你们之间可能发生冲突时那种略微紧张的心情了。你现在也许已经略微体会到这种矛盾的心情了。如果你从他手里拿走什么东西，他可能会大声尖叫来反抗；如果你将他从危险的旋转门旁边拉开，他可能会忽视你的警告，很快跑回去。当你给他做了一顿他最喜欢吃的大餐时，他可能会出乎你意料地拒绝吃。这些都是他对控制力的早期试验性行为，即不断试探你的底线，同时了解他自己有多大的控制力。

在接下来的几年里，孩子将用大量时间去探索已经定下的规矩的界限和他自己生理发育水平的界限。值得庆幸的是，这种探索是慢慢开始的，会给你们双方足够的时间去适应他逐渐形成的独立意识。作为一个刚开始学步的幼儿，他最感兴趣的就是以站立的视角观察这个世界。不过，他的好奇心也必定导致他去禁区涉险。但他并非故意捣蛋。他仍然需要你来指导他去做对的事情，也经常依靠你来获得安慰和安全感。

能够站立和行走也增强了他的自信和自主性。接近 1 岁半时，"不"可能成为他最爱说的词；接近 2 岁时，如果你强迫他做不想做的事，他可能会大发脾气。

你的孩子可能还会对他的东西和与他亲近的人表现出很强的占有欲。看到你抱起另一个孩子，他可能会哭。如果别的孩子抓起他的一个玩具，他可能会跟对方激烈地争抢起来。几个月之后，随着他的词汇量增长，"我的"会成为另一个他最常说的词。

虽然现在他的词汇量在迅速增长，但仍然很有限。他能听懂大部分你说的话，只要你讲得足够清晰且简单易懂；你可能也能听懂他说的一些话。尽管难以置信，但再过一年，你们就可以流畅地对话了。这段时间也是发现孩子有无语言问题的时期，语言问题可能意味着听力障碍或其他问题。

生长发育

外观和生长情况

接近 1 岁时，孩子的生长速度开始减缓。从现在开始到他的下一个生长高峰期（青春期），他的身高和体重会稳步增长，不会像以前那样迅速增长了。在婴儿期，他可能在 4 个月甚至更短的时间内增重 1.8 千克，但在出生后的第 2 年中，他只能增重 1.4 ~ 2.3 千克。你应该继续每隔几个月都为他测量身高和体重，然后在生长曲线（见"附录"）中做好标记，看他的发育是否大体遵循正常的发育曲线。你会发现，现在的"正常发育"区间比他小时候的大得多。

15 个月大的女孩平均体重大约为 10.5 千克，身高接近 77 厘米；同龄的男孩平均体重大约为 11 千克，身高接近 78 厘米。在接下来的 3 个月中，他们都会增重大约 0.7 千克，增高大约 2.5 厘米。快到 2 岁时，女孩的体重接近 12.2 千克，身高 86 厘米左右；男孩的体重接近 12.6 千克，身高 87.5 厘米左右。

与此同时，孩子的头围的增长幅度也会显著减小。在这一年中他的头围只会增长 2.5 厘米左右，但到 2 岁时，他的头围将达到成年人头围的 90%。

然而，孩子容貌的变化比个头的变化更为显著。12 个月大时，他看起来仍是个小婴儿。他的头和肚子仍然显得很大，他站起身的时候会腆着肚子。相比之下屁股显得比较小——至少拿掉尿布后看起来比较小。他的手臂和腿相对较短和柔软，没有什么肌肉，脸仍然是圆嘟嘟的。

随着他变得更加好动，婴儿期储存的大量脂肪被消耗掉并且肌肉增多了，上述情况会有所改变。他的手臂和腿会逐渐变长，走路时脚尖不再朝向两侧，而是朝向前方。他的面部轮廓变得更加分明，下巴的线条也更加明显。到 2 岁时，他已经很难让人想起他在婴儿期的模样了。

运动发育

孩子如果在 1 岁前还没开始学走路，那么在接下来的半年内应该开始了。事实上，练习走路将是他在这一年中在运动发育方面的主要任务。即使他现在已经开始走路，也可能还需 1 ~ 2 个月的时间才能不靠帮助自己站起来，然后熟练地行走。不过，不要指望他会像成年人一样站起来。孩子所用的方法可能是先将双手放在地上，伸直手臂，然后把双腿拉到身下以便将屁股撑起来。最后，他会伸直腿、挺直腰，再站起来。如果孩子在 18 个月大时还不会走路，那你就要带他去看医生了。

起初，他走起路来摇摇摆摆。他还不会向前迈大步，而把双腿分得很开，双脚外八字，走的时候身体还会跟着晃来晃去。一开始他走得小心翼翼、步履缓慢，但很快他就会加快速度。说不定很快你就要在他后面小跑才能追上他了。

当然，孩子在学步过程中不可避免地会跌倒。在很长一段时间里，在不平坦的地面上走路对孩子来说都是个挑战。开始时，即使地上略微有不平整的地方，比如地毯上的一个小褶皱或地面上的一个小斜坡，也容易让他绊倒。再过几个月，他才能上下楼梯，或在转弯时不摔倒。

此外，他在学走路时并不会经常用手来辅助。虽然他学会了用双臂来平衡身体（手臂略弯，抬到与肩膀等高的高度），但一时间要他在行走过程中拿着玩具、玩玩具或捡起玩具，对他来说仍旧是不可能完成的任务。不过，学走路 2 ~ 3 个月后，他就能够完全控制自己的步伐了。他不仅可以蹲下身捡起玩具，拿着它穿过房间，还可以边走边推拉玩具，会横着走或倒退，甚至会边走边扔东西。

从迈出第一步起，大约 6 个月后，孩子的行走方式会更加成熟。行走时他的双脚逐渐并拢，他的步伐也更加流畅。在你的帮助下，他甚至还能上下楼梯。不过，如果让他自己上下楼梯，他可能会爬着上下。过不了多久，他就会开始尝试向前跑几小步，尽管动作有点儿僵硬。不过，他要真正学会跑，恐怕要等到下一年了。接近 2 岁时，孩子就可以自如地行动了。想想看，一年前的他还几乎不会走路呢！

1 岁幼儿的运动发育里程碑

- 可以独立行走。
- 在双手被扶着的情况下可以上楼梯，且双脚踩上了同一级台阶后才继续上另一级台阶。
- 可以一边走一边拉着地上的玩具。
- 可以一边走一边拿着一个或多个玩具。
- 开始学跑。
- 可以踮着脚站立。
- 可以独自在家具上攀爬。
- 可以扶着扶手上下楼梯。
- 可以蹲下来捡东西。
- 可以坐在小椅子上。

手部发育

因为 1 岁大的孩子正在掌握一些很重要的运动技能，所以大人很容易忽略他的单双手操作技能和手眼协调能力方面的细微变化。这些发育上的变化可以让他在研究物体和尝试新动作时更具控制力和精确度，还可以大大提高他探索周围世界和学习的能力。

12 个月大时，他仍然很难用拇指和食指捏起非常小的东西；但是快到 18 个月大时，这项技能对他来说已经很简单了。你可以观察一下孩子是如何自如地摆弄小东西并探索它们的特征的。他可能会喜欢下面这些活动。

- 摞起最多 4 块积木，然后推倒。
- 反复打开、盖上盒子等容器。
- 捡起正在滚动的球或其他移动的物体。
- 转动门把手和翻书。
- 把圆钉插进洞里。

■ 乱涂乱画。

这些活动不仅有助于增强孩子手部的灵活性，还可以让他了解空间的概念，比如"里面""上面""下面""周围"等。快到 2 岁时，随着身体协调能力提高，他可以尝试下列更加复杂的活动。

■ 折纸（需要你的指导和演示）。

■ 把方钉插进合适的孔里（这比插圆钉难，因为需要调整方钉的角度）。

■ 摆起 5 ~ 6 块积木。

■ 将几个玩具分开，再放到一起。

■ 用黏土捏出一些形状。

孩子快 2 岁时，你已经能够清楚地看出他是右撇子还是左撇子。不过，很多孩子要到几年后才明显表现出左右手偏好。还有一些孩子两只手都用得很好，他们可能永远都不会有明确的左右手偏好。没有必要强迫幼儿用一只手而不用另一只，也不应该试图加快他对用手偏好的自然选择过程。

1 岁幼儿的手部发育里程碑

■ 可以随意涂画。

■ 可以翻转容器倒出里面的东西，可以往容器中放入物品或从容器中拿出物品。

■ 可以用杯子喝水，水几乎不会溢出。

■ 可以摆起 4 块或 4 块以上的积木。

■ 更常用某一只手。

■ 可以用蜡笔在纸上画出痕迹。

■ 可以站着扔小球并扔出一定的距离。

语言发育

在这个阶段的初期，孩子似乎突然就理解你说的每句话了。你说要吃午饭了，他就会跑到餐椅旁边等着；你告诉他你找不到自己的鞋子了，他就会帮你找。起初，他这种快速的反应看起来有些不寻常。他是真的明白了，还是只是巧合？放心，你不是在做梦。他的语言和理解能力正在正常发育。

语言发育的这种巨大飞跃可能令你觉得有必要注意跟他说话的方式，以及有他在旁边时你跟别人说话的方式了。你可能需要根据他的理解能力调整说话方式，一个字一个字地说出你觉得他不懂的词语，比如"我们要不要停下来吃个冰——激——凌？"。同时，你会更积极地与他交流，因为他现在是那么积极地回应你。

促进孩子语言发育最好的办法就是与他交谈和阅读。孩子听到的话语越多，他就越容易逐渐理解这些话语的含义。一整天你都要经常和你的孩子聊天。给他描述一下正在发生的事和你们正在一起做的事。回答孩子的问题并且向孩子提出你的问题，这样他就能"回答"你。按照孩子的兴趣进行对话。记得关掉电视机，收起手机或平板电脑，因为这些往往会妨碍你们对话。

你还会发现，你不用再像唱歌那样提高音调来吸引他的注意。现在，你要尽可能地放慢语速，吐字要清楚，尽量使用简单的字词和短句。教他物体和身体部位的正确名称，比如说"脚趾"的时候就不要再用"小猪脚"这样的可爱代称。给孩子提供良好的语言环境有助于减少孩子在学说话过程中的混乱。和孩子一起阅读是一种很好的交流方式，也可以让孩子接触到一些新词汇。儿童读物里有我们在日常交流中不常用的词汇，阅读是让你的孩子接触到更多语言表达的好途径。鼓励孩子自己拿起书，翻开书，并且引导他和你一起看他想看和想讨论的部分。通过谈论书中的插图和向孩子提问，你们会有丰富的话题，这也有助于你的孩子学习。

大部分幼儿在接近 2 岁时都可以掌握至少 50 个口语词，而且可以将 2 个词放在一起组成短句，不过词汇量因人而异。即使是听力和智力都正常的孩子，有些也要等到2岁后才能掌握这么多词汇。男孩的语言发育往往比女孩慢。不管孩子何时开始说话，他最先学会说的几个词都是熟悉的人的名字以及喜欢的东西和身体部位的名称。刚开始可能只有你才听得懂他说的是什么，因为他会漏掉或发错某些音。他或许能正确地发出某个词的第一个辅音和元音却漏掉后面的音，或者用他能发出的音（比如"d"或"b"）来代替更难发的音。

一段时间以后，加上身体语言的帮助，你会更明白他在说什么。切勿嘲笑他的发音错误或者催促他。要给他足够的时间让他把想说的话说完，然后告诉他正确的发音（"对了，这是球！"）。只要你保持耐心，积极跟他互动，他的发音就会逐渐改善。

到1岁半左右，他会开始用一些动词，比如"去"和"跳"等，还有表示方位的词，比如"上""下""里""外"等。接近2岁时，他已经会用"我"和"你"了，而且会经常用。

起初，他会用一个词加上身体语言或"嗯嗯"声来组成他心目中的完整

1岁幼儿的语言发育里程碑

■ 你说出物体的名称（比如问他"哪个是……？"）后，他可以用手指出相应的物体或图片。

■ 可以说熟悉的人、物体和身体部位的名称（当你问他"那是什么？""那是谁？"时）。

■ 除了会说名称，还会说6～10个词（15～18月龄）。

■ 可以说含2～4个词的句子。

■ 无须手势提示就可以回应一个语言指令。

■ 可以重复对话中听到的词。

■ 可以说惯用语。

■ 可以辨认至少2个身体部位。

句子。他可能用手指着球说"球"，这是在告诉你把球踢给他；或者用"外面？""上面？"来提问，说的时候提高尾音来表达疑问语气。很快他就会用动词或介词与名词搭配，造出像"球上面"或"喝奶"这样的语句，或者用"那是什么？"来提问。接近 2 岁时，他就会用 2 个词组成的句子了。你可以帮助他学习用更多的词和短语来进一步丰富他说的话，从而帮助他更好地表达他想表达的意思。例如，当他说"球？"，然后用手势示意你的时候，你可以说："你想要球吗？好的，我这就把球给你滚过来。球来了。"

认知发育

你在观察孩子玩耍的时候，有没有注意到他是多么全神贯注！每个游戏或任务都是一道习题，他会从中收集关于事物运行方式的各种信息。现在，他还可以依靠已经掌握的知识来做决定，并会想办法解决游戏或任务中遇到的挑战。不过，他只对解决符合他发育和学习阶段特点的问题感兴趣。如果把他 11 个月大时很喜欢的玩具递给他，他可能会感到无聊而走开；而如果让他玩难度太大的游戏，他也会抗拒。孩子会对力学装置，比如开关、纽扣、把手或者发条玩具特别感兴趣。你很难判断他这个年龄到底能做到什么，但他自己很清楚。为他准备一系列丰富的活动，他会自己挑选出一些具有挑战性但又不超出他能力范围的活动。

在这个年龄，模仿也是学习过程的重要组成部分。以前他只会简单地摆弄物品，但现在他会用梳子梳头发、会对着电话咿咿呀呀、会转动玩具车的方向盘，会推着车前进或后退。起初，他只会独自玩，但渐渐地他会让其他玩伴加入。他可能会给洋娃娃梳头，拿一本他的书"给你讲故事"，假装递给玩伴一杯饮料，或者把玩具电话贴在你的耳朵上。因为现在模仿在他的行为和学习中起着极为重要的作用，所以你需要格外注意自己的行为并为他树立榜样。他所说的话可能是他听到你说过的，他所做的事也可能是他看到你做过的（也许是你喜欢的事，也许是你讨厌的事）。这种模仿行为也会出现在幼儿和他的兄弟姐妹之间。现在正是利用这些自然发育行为的理想时机。

在 2 岁之前，幼儿就已经很擅长玩藏东西的游戏了，藏起来的东西离开他视线很久后他依然记得。如果你把他正在玩的球藏起来，即使你之后忘得一干二净，他也绝对不会忘。随着他越来越擅长玩藏猫猫游戏，他会更加理解和你分离的情况。就像他知道被藏起来的东西仍然存在于某个地方，他也知道即使你离开他一整天也肯定会回来。如果你在离开前把要去的地方展示给他看，他的脑海中就会形成一个你在那里的影像，这样可以让他更容易接受分离。

这个年纪的幼儿会让你知道，他希望你在他的活动中扮演什么角色。有时他会给你一个玩具，要你帮他摆弄；有时他又会把玩具从你那里拿走，试着自己动手；当他知道自己做了特别的事，他会停下来等你表扬他。通过回应这些信号，你会为他提供支持和鼓励，这有助于他继续学习。

你还必须为他做出判断，因为他现在仍然缺乏判断能力。没错，他现在明白某些事情是如何发生的，但是，他还不明白事情之间的因果关系，因此他还无法完全掌握事情的结果。例如，他即使知道玩具车会向较低的地方滑

1 岁幼儿的认知发育里程碑

- 可以找到藏在两三层覆盖物下面的东西。
- 开始按照形状和颜色排列东西。
- 开始玩角色扮演游戏（过家家）。
- 会指认书中的插图。

行，也想不到把它放在车来车往的马路中间会发生什么；他即使知道门会打开或关上，也不知道必须小心不让手被门夹到；他即使有过很惨痛的教训，也很难保证下次不再犯错。很有可能他根本没有把疼痛和引发疼痛的一连串事情联系在一起，而且几乎可以肯定的是下一次他不会记得这一因果关系。直到他有了常识之前，你都应该保持警觉以保证他的安全。

社交能力发育

幼儿对他所处的交际环境、朋友和熟人会形成具体的印象。他是这个环境的中心，你可能和他很亲近，但他最关心的是跟他自身有关的事物。他知道其他人的存在并对他们很感兴趣，但他完全不知道这些人的想法和感觉。在他的心目中，每个人的想法都和他的一样。

你可以想象，他的世界观（有些专家称之为"以自我为中心"）往往让他很难跟其他孩子有真正的社交。他会在其他孩子旁边玩，或者和他们抢玩具，但很难跟其他孩子一起配合着做游戏。他喜欢观察其他孩子，也喜欢待在他们旁边，特别是那些比他稍大的孩子。他会模仿他们或者像对待洋娃娃一样对待他们（如帮他们梳头发），但当其他孩子要对他做同样的事情时，他会很惊讶，然后抗拒。他还会主动给其他人玩具或食物，但如果其他人真的拿走玩具或食物，他又可能很难过。

"分享"的概念对这个年纪的幼儿来说是毫无意义的。每个幼儿都认为只

有他自己才应该是被关注的焦点。遗憾的是，大多数幼儿不仅完全以自我为中心，而且非常有主意，他们会跟其他人争夺玩具或关注，结果时常产生冲突，最终以大哭收场。如何在孩子的朋友来家里玩时减少他们之间的冲突呢？尽可能地为每个孩子提供足够的玩具，然后时刻准备去做调

1 岁幼儿的社交能力发育里程碑

- 模仿其他人的行为，特别是成年人和大孩子的行为。
- 自我意识提高。
- 更加喜欢跟其他孩子在一起。
- 会指着东西索要，或寻求帮助。
- 会与其他小伙伴一起做游戏。
- 会指向自己感兴趣的物品以引起关注。

解员。

如上所述，你的孩子可能开始对属于他的玩具特别有占有欲。哪怕另一个孩子只是碰一下，他都会冲过去把玩具拿走。你可以试着告诉他别的孩子

性别认同

如果给一群 1 岁大的孩子穿一样的衣服，然后把他们带到操场上玩耍，你能分清哪个是男孩，哪个是女孩吗？大概不能，因为除了个头上有小小的差异，这个年纪的孩子几乎没有什么性别差异。男孩和女孩的发育几乎处在同一水平（虽然女孩通常比男孩讲话早），他们喜欢同样的活动。一些研究发现，男孩比女孩更活泼，但这一差异在孩子成长的最初几年可以忽略不计。

虽然父母对待这个年龄的男孩和女孩的方式通常都差不多，但他们对不同性别的孩子往往会鼓励玩不同的玩具和游戏。除了传统观念的影响，没有任何理论依据支持一定要让女孩玩洋娃娃、让男孩玩小汽车。如果让孩子自己选择，那么男孩和女孩对所有玩具一样感兴趣。父母应该允许他们玩自己感兴趣的各种玩具。

顺便提一句，孩子是通过与其他同性伙伴的交往学会分辨自己是男孩还是女孩的。但这一过程要花几年的时间。给女孩穿带花边的衣服或让男孩玩棒球对这个年纪的孩子不会有太大作用。给予孩子作为一个人（不分性别）所需的爱与尊重，才是真正重要的。这会为孩子建立良好的自我认同感打下基础。

"只是看看"，而且"之后会还给你"，还要跟他强调"是的，这是你的玩具，他并非要拿走"。你也可以让孩子挑选出他特别珍视的东西，告诉其他人这些东西不可以碰，这样做会让孩子觉得自己有一定的控制力，从而让他对自己的其他东西没有那么强的占有欲。

因为这个年龄的孩子几乎不会考虑他人的感受，所以他对周围的孩子有时会表现得比较粗暴。即使只是探索或想表示好感，他也可能会戳对方的眼睛或很用力地拍打对方（在与小动物互动时也是这样）。他不开心的时候会打其他孩子，却完全意识不到自己在伤害对方。因此，当孩子和其他幼儿一起玩耍时，你一定要时刻小心，他一有攻击倾向，你就立刻将他拉开并告诉他"不能打人"，然后引导孩子们用友好的方式玩耍。

好在幼儿也会用比较温和的方式表现自我意识。在 1 岁半时，他就可以说出自己的名字。差不多同一时间，他可以认出镜子里的自己，并且对照顾自己更加感兴趣。接近 2 岁时，如果大人教，他可以自己刷牙和洗手。他还会在大人给他穿脱衣服时帮忙，特别是脱衣服时。在一天中你可能会多次发现他正忙着脱鞋脱袜，即使在商店里也是如此。

因为幼儿是模仿大师，所以他会从你处理你们之间的冲突的方式中学到重要的社交技巧。你要给他示范如何用语言和倾听来解决冲突（比如说"我

自慰

幼儿在探索自己身上的各种器官时，很自然就会发现自己的生殖器。因为触摸生殖器会带来快感，当脱下尿布的时候他就会经常去碰。虽然男孩有时会出现生殖器勃起的情况，但这对幼儿来说既不是性经验也不是情感体验，只不过是感觉不错。对此父母没有理由去阻碍、担心或特别关注。如果你在他触摸自己的生殖器时表现出强烈的负面反应，就相当于暗示他这些身体部位有什么问题或不好。他甚至会理解为他这么做是错误的或者不好的。等他大一点儿再教他什么是隐私和含蓄。现在，请接受他的这种行为，这只是出于正常的好奇心罢了。

知道你想下来自己走，但你必须拉着我的手，这样我才知道你是安全的"）。作为模仿者，他会积极地帮你做任何你正在做的事。不管你是在扫地、修剪草坪，还是在做饭，他都想帮忙。尽管和他一起做事要花更多时间，但你要试着把这个过程变成一个游戏。如果你正在做的事是他帮不上忙的，那你就另找一项"家务"给他做。不要打击他想帮你做事的积极性。帮助和分享都是重要的社交技能，他越快学会，你们就越快乐。

情感发育

1 岁大的幼儿会不断在独立与依赖之间摇摆。现在他可以独立行走，独立做事，有能力主动脱离你去锻炼他的新技能。但同时，他对身为独立个体

害羞的孩子

有些幼儿天生对陌生人和新环境感到恐惧，表现得十分害羞。参加集体活动时，他们会先退缩，在一旁观察，过一段时间才会加入。如果强迫他们去尝试新鲜事物，他们会抗拒；刚碰到陌生人时，他们会赖在家人身边。对想激励孩子勇敢和独立的父母来说，孩子的这种行为会让他们感到相当沮丧。但强迫或批评只会令害羞的孩子更加没有安全感。

最好的解决办法是允许孩子按照自己的节奏行动。给他所需的时间来适应新环境，当他需要更多的安慰时，让他握着你的手。当他表现出勇敢时，要给予鼓励。如果你对他的行为表现出从容的态度，外人就不太会去嘲笑他，这样他可以更快地建立自信。如果孩子仍然有这类行为，你可以与儿科医生讨论，他会给你一些建议，必要的话还会为你介绍一位儿童心理医生或儿童精神科医生。

还没有完全适应，还不想完全脱离你以及他依赖的其他人。特别是当他困倦、生病或害怕的时候，他希望你在身边安慰他，帮他赶走孤独。

你无法预测他什么时候不理你，什么时候又跑回来躲到你的怀中寻求保护。他的态度变化很快，一会儿一个样。他也有可能连着几天看起来成熟而独立，然后突然退步。你的感觉也会五味杂陈：虽然有时觉得孩子重新回到自己怀抱的感觉很好，但有时也会因为他的吵闹和纠缠烦得不得了。有人将这一阶段称为"第一青春期"。这反映出幼儿对长大和脱离你的保护的矛盾心理，这种心理是完全正常的。帮他重新安定下来的最好办法是在他需要的时候给他足够的关注和安抚。要求他"像个大孩子一样"只会让他更加没有安全感，

攻击性强的孩子

有些幼儿在 2 岁前会通过攻击性行为来表达懊恼之情。他们想控制身边发生的每一件事。如果得不到想要的，他们就可能用暴力行为（比如踢人、咬人或打人）发泄出来。

如果你的孩子也有这样的行为，你就要把他看紧了，而且要定下严格的规矩。你可以通过游戏和体育锻炼让他有足够多的正面渠道来发泄精力。当他和其他孩子在一起时，你要小心照看，以免他引起严重的麻烦。如果他在一场游戏结束时都没有和其他孩子发生任何冲突，那你一定要好好表扬他。

在某些家庭中，幼儿的攻击性行为被认为是他以后会变成坏人的先兆。这些家庭认为，孩子一出现这种行为，父母就必须严厉纠正。作为惩罚，父母会打孩子的屁股。不过，这个年纪的孩子会模仿大人的行为。被这样对待的孩子会认为这是不喜欢某人行为时的正确处理方式——结果恰恰跟父母所期望的相反。因此，这种方法只会增强他的攻击倾向。教育孩子控制其攻击冲动的最好方式是：提前告诉他你期待他如何表现，在他和其他孩子友好相处时表扬他，对待他的错误行为保持坚定且始终如一的态度。同样，所有家庭成员都要做孩子的好榜样，让他效仿父母和哥哥姐姐的行为（见第 573 页"愤怒、打人和咬人"）。有时，除了口头教育，你还需要使用其他方法来纠正幼儿的错误行为，比如使用平静中断法或正面引导法（见第 354 页）。

也就更加离不开你。

短暂分离有助于幼儿更加独立。但他仍会受到分离焦虑的一些影响，在你离开时会闹一阵（尽管只闹几分钟），但不会闹腾太久。很可能出现的情况是，面对这种分离时，你反而比他更难过。你要尽可能地不让他发现你难过。他如果认为哭闹可以让你留下来，今后遇到类似的情况时还会继续哭闹不休。你可能想悄悄地溜走，但这样做可能令他更缠人，因为他会觉得下一次你不

1 岁幼儿的情感发育里程碑

- 独立性增强。
- 出现反抗性行为，特别是在一些他比较熟悉的成年人面前。
- 到 1 岁半时分离焦虑有所增强，然后逐渐消失。

发育健康表

每个孩子都有自己的成长轨迹，所以没有人可以准确地预言你的孩子会在什么时候、以什么方式具备某种能力。本书列出的各阶段"发育里程碑"仅为你提供孩子成长的大致情况，如果你的孩子的步调略有不同，你也不必紧张。不过，如果孩子在本阶段有下列迹象之一，就可能表示有发育迟缓的问题，你应向儿科医生咨询。

- 快 18 个月大时不会走路。
- 学走路几个月后，仍不会脚跟先落地、脚尖后落地的成熟的走路方式，或者只会用脚尖走路。
- 快 18 个月大时，会说的词少于 15 个。
- 快 2 岁时，不会说由 2 个词组成的句子。
- 快 15 个月大时，似乎还不明白家中一些常见物品（比如牙刷、手机、钟表、叉子、勺子等）的用途。
- 快 2 岁时，不会模仿大人的行为或语言。
- 快 2 岁时，听不懂简单的指令。
- 快 2 岁时，不会推带轮子的玩具。

知道什么时候又突然消失了。因此，在分离时你应该亲亲他，跟他告别，向他保证你很快会回来。当你回来的时候，你要很热情地跟他打招呼，全心全意地陪他一段时间，再去处理其他家务或工作。当孩子明白你肯定会回来而且和以前一样爱他，他就会觉得安心。

刺激 1 岁幼儿的大脑发育

■ 你的孩子会通过社交活动和游戏来学习。学习发生在安全、稳定、有助于成长的交往过程中。如果孩子一直恐惧这种交往，那么他学到的新知识就会很有限。

■ 对待孩子要前后一致、有章可循；要让孩子习惯规律的用餐时间、小睡时间和夜间睡觉时间。

■ 你可以说出日常物品和活动的名称，帮你的孩子学会更多词语，比如说："我们现在要吃早餐了。碗在这里。我要把米粉倒在碗中给你吃。"

■ 为孩子选择能够激发创造力的玩具。选择一些简易的玩具给他玩可以激励他拓展想象力。

■ 鼓励孩子玩积木和柔软的玩具，这有助于孩子提高手眼协调能力和精细动作能力，以及产生成就感。

■ 要经常给予孩子温暖的身体接触，如拥抱、肌肤接触及肢体接触，从而让孩子建立安全感和幸福感。尽可能地避免把食物作为奖赏；在孩子表现良好时，要用赞美和拥抱来奖励孩子。

■ 要关注孩子的行为规律和情绪。不管他是开心还是失落，你都要回应他。要给予他充分的鼓励与支持，同时要定下严格而适当的规矩；不要打骂孩子；要给予孩子持续的引导。

■ 用大人的语言跟孩子交谈或唱歌，不论是在给他穿衣服时，还是在洗澡、喂食、做游戏、散步时，或是在你开车时，都可以进行。说话时尽可能地放慢语速，给孩子足够的时间回应。仔细听孩子在说什么，然后帮他扩展短语，造出更多完整的句子。例如，当你的孩子指着牛奶问"牛奶？"时，你可以说："说得对，那就是牛奶。你想喝牛奶吗？我们可以把它倒进一个蓝色的杯子里。"

■ 每天给孩子读书。选择一些可以激励孩子触摸和指认物品的图画书，给孩子读一些有韵律和短句的幼儿故事。让孩子自己翻书。你可以针对图片提出问题，或者和孩子一起讨论你们看到的内容。

■ 如果你能说多种语言，你们可以在家里用多种语言交流。你可以跟孩子用任何一种你觉得使用顺畅的语言交流。

■ 给孩子播放有趣、平缓和优美的音乐。

■ 聆听并回答孩子提出的问题。你也可以用提问的方式来刺激孩子的语言和思维能力发育，引导他自己做决策。

■ 用简单的语言来解释安全问题，让孩子感受火炉的温度但不接触它，这种方式可以让孩子明白发热物体的特点和潜在危险。

■ 确保孩子的其他看护者理解与孩子建立充满爱意的关系的重要性，并且确保他们自始至终疼爱孩子。

■ 鼓励孩子和你一起看书。和孩子一起画画。

■ 帮助孩子用语言来描述情绪，让他学会表达诸如幸福、快乐、愤怒和害怕等感受。用语言描述你自己的情绪，然后帮助孩子表达他的感受（"高兴""生气""难过"等）。

■ 每天都和孩子一起在地板上玩一会儿。

■ 你如果决定请其他人帮忙带孩子，就要选择优质的儿童看护者或机构。确保你所选择的儿童看护机构温馨、负责任、富有启发性且足够安全。经常去儿童看护机构看望孩子，提出你在看护孩子方面的意见。

■ 尽可能地避免不良的童年经历和其他原因导致的对大脑发育不利的慢性压力。当容易给孩子造成压力的事情发生时，多花点儿时间去拥抱和安慰你的孩子，也可以考虑和儿科医生讨论一下处理办法。

基本看护

饮食与营养

孩子1岁之后，你可能会注意到他的食欲迅速下降。孩子突然开始挑食，每次只吃几口便没了胃口，甚至拒绝来到餐桌旁。孩子在这个阶段变得更加活跃，所以似乎应该吃得更多才对，事实上，这个年纪的孩子的生长速度已经减慢，他现在已经不需要那么多食物了。

孩子1岁之后，每天需要大约1000千卡热量来满足生长发育、能量和营养等方面的需求。含有 1000 千卡热量的食物对一个成年人来说不算多，但对孩子来说足够了。你可以将这些食物分成 3 顿正餐和 2 顿点心给孩子吃。不过，你不要指望孩子一直保持这个用餐习惯，因为这个年纪的孩子的饮食习惯多变且无法预料。他可能在早餐时一下子吃光面前的所有食物，但是在其他时候拒绝吃任何食物；或者连续几天都只吃自己喜欢的食物，然后突然完全拒绝吃这种食物；或者在某一天吃了含 1000 千卡热量的食物，但在接下来的一两天内吃得明显过多或过少。孩子对热量的需求的变化，主要取决于他的活动量、生长速度以及新陈代谢率。

吃饭这件事不应该变成你和孩子之间的"战争"导火线。当孩子拒绝吃饭时，他并非在拒绝你，所以你不要认为他是在针对你。此外，你越让孩子吃，孩子可能就越不想吃。你应该每顿饭给孩子提供选项，让他自己选择吃什么。你要尽最大的可能变换饭菜的口味。

如果孩子拒绝所有的食物，那么你最好将饭菜保存好，等孩子饿的时候再给他吃。不过，当孩子拒绝吃饭后，不要给他吃饼干或者糖果，因为这会让孩子喜欢上吃这些无营养（热量高但营养成分含量很低）的食物。尽管很难让人相信，但是事实证明：如果你每顿饭都给孩子提供许多可选的健康食物，不逼迫孩子吃特定的食物，那么孩子的饮食在几天之内就会达到平衡。当父母试图通过要求孩子吃光碗里的食物来控制孩子的食量时，孩子可能无法学会自我调节进食量。这可能导致孩子不顾饥饱过度饮食，最后导致肥胖；也可能导致孩子拒绝进食，从而导致其体重不能正常增长。

孩子跟你一样，也需要以下 4 类基本的富有营养的食物。

- 肉类、鱼类、禽类、蛋类。
- 富含钙质的食物（乳制品、豆类、绿色蔬菜、种子类食物、豆腐等）。
- 水果和蔬菜。

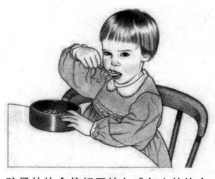

孩子的饮食偏好开始向成年人的饮食偏好靠拢。

■ 米粉、面包、面条、土豆和米饭。

当你为1岁的孩子设计食谱的时候，要记住，胆固醇和其他一些脂肪对孩子的正常生长发育非常重要，所以在这个阶段，这类物质不应该被禁食。婴儿以及较小的幼儿应该从脂肪中获得每日所需热量的50%左右。孩子2岁后，你可以逐渐减少孩子摄入的脂肪（当孩子4~5岁的时候，他每日所需热量的1/3左右来自脂肪）。尽管儿童肥胖症已成为日益严重的健康问题，但是，这个年龄的孩子仍然非常需要饮食中的脂肪。然而，并非所有的脂肪都是有益的。有些是健康脂肪，有些并不健康。健康脂肪，如牛油果、橄榄油、鱼、坚果酱和乳制品所含的脂肪，对你和孩子都是有益的。不健康的脂肪大多在油炸食品、快餐和很多包装食品中，对任何年龄的人都是有害的。你如果保证孩子每天从食物中摄入的热量在1000千卡左右，就不必担心孩子吃得过多并存在过度肥胖的可能。

孩子1岁之后，你给其他家庭成员准备的大部分食物他都可以吃，不过你要注意以下几点。首先，要确保食物温度合适，不会烫到孩子。你要亲自试一下食物的温度，因为孩子可能会在未考虑温度的情况下将食物吞下去。其次，不要给孩子吃过辣、过咸、过油腻或者过甜的食物。过多的调味品会掩盖食物原有的味道，长此以往，将有害健康。孩子通常比成年人对这些味道更加敏感，可能会强烈拒绝食用过辣或过咸的食物。

1岁以后的母乳喂养

美国儿科学会建议，至少在孩子1岁以前坚持母乳和辅食混合喂养，并且只要母婴双方都期望继续母乳喂养，孩子1岁以后仍可继续吃母乳。许多孩子一直吃母乳到幼儿期。没有必要让你的孩子在1岁时断奶。他可能想继续在一天中吃几次奶，这是正常现象。当孩子越来越关注他周围的环境时，他自然会越来越少地想到吃奶。晚上睡觉前喂的奶通常是一天中的最后一顿（喂奶后记得给孩子刷牙）。孩子1岁后仍然可以从母乳中获得益处。这时的母乳仍然富有营养，而且可以给孩子提供免疫力。

适合 1 岁幼儿的玩具

- 有大幅图画和简单故事的纸板书。
- 有婴儿照片的书和杂志。
- 积木。
- 镶嵌类玩具。
- 简单的形状分类或钉板玩具。
- 初级难度的拼图。
- 鼓励孩子玩角色扮演游戏的玩具（比如玩具除草机、厨具套装、扫帚等）。

- 挖掘类玩具（水桶、铲子、耙子等）。
- 大小不一的洋娃娃。
- 玩具小汽车、卡车、火车等。
- 形状、大小各异且不易碎的容器。
- 洗澡玩具（小船、容器、可以浮在水面并且可以发声的玩具）。
- 各种形状和大小的球（能放入孩子口中的小球除外）

- 可以发声的推拉玩具。
- 室外玩具（秋千、跷跷板、沙箱等）。
- 儿童三轮车。
- 串接类玩具（链条玩具、大号串珠、绕珠玩具等）。
- 毛绒玩具。
- 儿童乐器。
- 粗蜡笔。
- 玩具电话。

- 各种大小的不易碎的镜子。
- 角色扮演用的衣服。
- 木勺、旧杂志、篮子、纸箱以及孩子在家中发现的其他安全的物品（如锅碗瓢盆等）。

大块食物依然可能阻塞孩子的呼吸道，造成窒息。你要记住，孩子直到 4 岁左右都学不会用臼齿磨碎食物。因此，你要确保给他吃的任何食物都被捣成糊状或者切成小块且容易咀嚼。不要给他吃整颗坚果、整颗葡萄（除非切成两半或者 4 份）、圣女果（除非切成 4 份）、生胡萝卜、爆米花、种子类食物（如南瓜子或葵花子），也不要给孩子吃整根火腿肠、肉块、硬糖、有黏性的糖（包括胶质软糖和小熊糖等）及大勺花生酱（可以在饼干或面包上涂薄薄的一层）等。尤其是火腿肠和胡萝卜，你应该先切成长条，然后切成小块。此外，你要确保只在孩子坐着的时候才让他吃东西，且需要有成年人在一旁看护。尽管孩子非常想同时做几件事，但是你得记住，孩子在忙碌或者讲话的时候吃东西很可能被食物阻塞呼吸道，从而导致窒息。你要尽早教孩子，一定要吃完嘴里的东西再讲话。

孩子在 1 岁左右应该会用杯子喝液体。这个时候，他喝的奶量会减少，因为他可以从辅食中获得所需的大部分热量。

营养补充剂。 美国儿科学会建议，幼儿每天至少要摄入 600 国际单位维生素 D。因为大多数儿童无法从饮食中获取这么多的维生素 D，所以许多儿科医生建议，儿童应每天补充维生素 D。另外，如果你从 4 类基本食物中挑选，然后给孩子准备口味迥异、色彩丰富、口感多样的食物，那么孩子的营养将非常均衡，而且他能够摄入充足的维生素。某些维生素大剂量摄入可能造成危险，比如某些可溶于油脂的维生素（维生素 A 和维生素 D）摄入过多，会储存于身体组织中，储存量过高时会令孩子生病。矿物质（比如锌和铁）摄入量长期过多也有副作用。你要经常与儿科医生讨论维生素和其他营养补充剂的服用方法，确保你的孩子获得成长所需的营养。

不过，对一些孩子来说，营养补充剂还是非常重要的。如果你家的饮食种类有限，你的孩子就可能需要补充一些维生素和矿物质。例如，你和伴侣是严格素食者，或者你们不吃蛋类和乳制品，你的孩子就可能需要补充维生素 B_{12}、维生素 D、核黄素（维生素 B_2）和钙。维生素 D 摄入不足会导致佝偻病。你要询问一下医生孩子需要何种营养补充剂，以及需要的剂量是多少（见第 117 页关于补充维生素 D 的内容）。

　　有些孩子会因缺铁而贫血（会限制血液的携氧能力）。贫血一部分是由饮食造成的。孩子每天需要从食物中获得至少 15 毫克铁元素，但是许多孩子摄入不足（见第 310 页"铁的来源"）。孩子喝大量的奶而不摄入足够的含铁丰富的食物，可能导致缺铁性贫血（孩子觉得饱了，从而对其他食物不太感兴趣，而这些食物中有一些恰恰是铁元素的来源）。同时吃富含铁的食物与富含维生素 C 的水果有助于孩子吸收更多的铁元素。用铸铁锅做菜也可以增加饮食中铁的含量。贫血的其他原因还包括铅中毒，铅中毒往往伴随缺铁。在孩子 1 岁和 2 岁进行体检时，最好检查一下他体内的铅含量，这很重要。

　　如果孩子每天喝 480 毫升或更少的奶，你就不必担心他缺铁，只要他保持健康的饮食习惯，吃足量的含铁丰富的食物。如果孩子每天喝的奶多于 480 毫升，而且你无法让他吃下更多含铁丰富的食物，你就应该向儿科医生咨询一下，让孩子服用一些补铁剂。此外，你要继续给他服用维生素 D 滴剂，每天需要补充 600 国际单位，并且坚持让他吃一些含铁丰富的食物，这样孩

戒除奶瓶

　　若孩子在睡觉时也离不开奶瓶，而且奶瓶里装的是水之外的其他饮品，那么他患龋齿的风险将很高。我们建议孩子 1 岁开始停止使用奶瓶，到 18 个月大时完全戒除奶瓶。越早开始帮孩子戒掉奶瓶，这个任务就越容易完成。如果孩子是母乳喂养的，他可能完全不必使用奶瓶。用杯子（鸭嘴杯或吸管杯）喂孩子可以在孩子 6 个月大时就开始，到他 1 岁的时候，他就应该可以自己使用杯子了。孩子只要学会用杯子喝水，就不再需要用奶瓶喝水。你如果不得不给他使用奶瓶，那么切记只能在奶瓶中装水。不过，帮孩子戒除奶瓶并不像听起来的那么容易。为了逐步帮孩子戒除奶瓶，你应该先不让他在白天使用奶瓶，然后不在傍晚和清晨使用奶瓶；最后才不在晚上睡觉前使用奶瓶，若要使用，务必只在奶瓶中装水。如果孩子刚开始不愿意用奶瓶喝水，你可以在短期内逐渐冲淡奶瓶中的奶，1 ~ 2 周后奶瓶就应只装水了。

用奶瓶来安慰孩子或助他入眠很容易让他养成习惯。但在这个年龄，他不再需要夜间喝奶。你如果现在还在夜间喂他，那么应该停止了。即使他要求使用奶瓶而且喝得很起劲，现阶段夜间进食对他而言也只是精神上的安慰而不是营养上的需要。奶瓶会很快变成孩子的一种精神依赖，并且妨碍他学习在夜间独自入睡。如果他只是短时间哭闹，那么你可以试着让他哭累了入睡。几夜之后他就会忘了奶瓶。如果戒除奶瓶进展不顺利，你可以去向儿科医生咨询或阅读本书关于婴儿睡眠的内容（见第204页和第234页）。

此外，在孩子睡觉之前你偶尔也可以给他一点儿健康的小点心，但前提条件是他吃完要刷牙。你也可以给他喂少量的母乳、牛奶或其他饮品，甚至给他吃些水果和其他有营养的食物。如果喝的东西是奶瓶装的，你就要逐渐用杯子取代奶瓶。

不管吃什么，孩子吃完后你都要保证他的牙齿清洁。你可以将少量（大米粒大小）的含氟牙膏挤在柔软的棉布、纱布或牙刷上来给他刷牙。即使孩子在你腿上睡着了，你也可以完成这项工作。如果不把残留在孩子口中的食物或液体弄出来，它们就会整夜附着在牙齿上，可能导致龋齿。如果孩子需要一些安慰来助眠，你可以让他抱着毛绒玩具、小毯子或吮吸他自己的拇指，千万别给他奶瓶，除非里面装的是水。

子将不再需要补铁剂。（关于维生素 D 的更多信息，见第 117 页。）

自己吃东西。 孩子 1 岁时会习惯自己用杯子喝水，用勺子或者手取东西吃。快到 15 个月大时，孩子的控制力会加强：他想吃东西的时候，可以轻而易举地将食物放进嘴里；他想玩的时候，会将食物扔得满屋都是。孩子还会自己将勺子盛满，然后将食物放进嘴里，并且保持动作连贯，尽管在这个过程中，他可能不时地出差

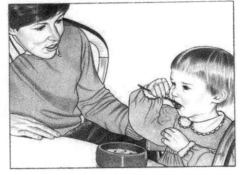

你要确保只在孩子坐着的时候才让他吃东西，且需要有成年人在一旁看护。

错，最终将食物撒出来。你最好给孩子准备耐摔的盘子和杯子，因为当他对其中盛放的食物感到厌烦时，他很可能将这些容器扔出去。你应该严厉批评孩子的这种行为，并将容器放回合适的位置。如果孩子持续有这种行为，你可以考虑先别给他吃饭，等下次吃饭时再观察他的表现。

孩子快到 18 个月时，只要他想用，他就完全能够使用勺子、叉子和杯子等，但他不会总想用这些东西。有时候，孩子更想用手直接拿布丁吃或将盘子当成飞碟扔出去。一些孩子快到 2 岁时就会摒弃这些坏习惯，到那时，甚至只要手上粘了一点儿食物，他们自己就会不高兴。不过，一些孩子可能到 2 岁后还吃得到处都是。

限制孩子吃糖

绝大多数人都喜欢吃糖，孩子也不例外。孩子生来就喜欢吃甜食，而且对不同甜度的甜味很敏感。给孩子一块红薯和一块煮熟的土豆，他每次都会选红薯。让他在红薯和饼干之间做选择，他更有可能选饼干。当你希望他吃一口花椰菜的时候，他却径直走向糖果或者冰激凌。这当然不是你的过错，但是，限制孩子吃糖以避免龋齿，以及给孩子提供包含各种营养物质的饮食以促进孩子的生长发育却是你的责任。

幸运的是，当孩子的视线范围内没有糖时，他是不会想吃糖的。因此，不要将糖买回家，如果买了，就将糖藏到孩子看不到的地方。此外，不要在孩子的食物中添加糖，也不要每天都让孩子吃甜食。给孩子吃零食时，不要给他甜的或油腻的点心，而要给他吃健康的食物，比如水果、全麦面包、全麦饼干和奶酪等。总之，帮助孩子培养良好的饮食习惯会让他受益一生。

每日食谱（1 岁）

该食谱适用于体重大约 9.5 千克的 1 岁幼儿。

1 杯 =240 毫升

1 汤匙 =15 毫升

1 茶匙 =5 毫升

早餐

1/2 杯含铁的早餐米粉或者 1 个熟鸡蛋。

120 毫升全脂牛奶或低脂牛奶（脂肪含量为 2%）。

1/2 根香蕉，切成块。

2 ~ 3 个大草莓，切成块。

点心

1 片吐司或者全麦松饼，配 1 ~ 2 汤匙奶酪或花生酱，或 1/2 杯带有果粒的酸奶。

水，或者 120 毫升全脂牛奶或低脂牛奶。

午餐

1/2 份三明治，中间夹鸡肉、金枪鱼、鸡蛋沙拉或花生酱。

1/2 杯熟的绿色蔬菜。

120 毫升全脂牛奶或低脂牛奶。

点心

2 ~ 4 汤匙奶酪（块状或条状均可）或者 2 ~ 3 汤匙水果。

水，或者 120 毫升全脂牛奶或低脂牛奶。

晚餐

2 ~ 4 汤匙烹熟的肉，切成末或丁。

1/2 杯熟的黄色或橙色蔬菜。

1/2 杯全麦面条、米饭或者土豆。

120 毫升全脂牛奶或低脂牛奶。

铁的来源

最佳来源： 红肉、赤糖糊、高铁全谷物米粉。

充足来源： 汉堡包、瘦牛肉、鸡肉、金枪鱼、火腿、虾、热狗肠、蛋（蛋黄）、菠菜、芥蓝、芦笋、带皮烤的土豆、芸豆、黄豆、豌豆、杏干、葡萄干、梅干、草莓、番茄。

我们的立场

儿童肥胖或者超重在当下的美国是一个全国性健康问题。肥胖导致寿命缩短、生活质量下降及很多慢性疾病，其中有些疾病甚至在儿童期就发生了。我们担忧的是，由于肥胖的长期影响，目前这一代儿童的平均寿命可能短于父辈的。不过，我们可以采取很多措施来解决和预防肥胖问题，越早着手，效果就越好。在孩子幼儿期所做的微小改变（在饮食、喂养、运动等方面）能够预防未来的很多健康问题。这并不是说做这些改变很容易，如今选择健康的生活方式不总是那么容易，但值得尝试。过去人们普遍认为，孩子成长的速度会超过变胖的速度，或者孩子长大后体重就会正常。事实上，在过去 20 年里，美国儿童的肥胖率增长了一倍，而成年人的肥胖率增长了两倍。肥胖影响身体的所有系统，可能造成严重的健康问题，如糖尿病、高血压、睡眠呼吸暂停综合征、肺功能衰竭以及其他疾病。此外，肥胖还会造成心理上的压力，因为肥胖者会觉得自己与同龄人不同，从而抑郁、焦虑和自卑。

美国儿科学会认为，人生早期就做出一些小小的改变，能够防止肥胖带来的伴随一生的各种并发症，而父母和儿科医生可以采取一定的措施，帮助孩子保持或者达到健康的体重水平。从孩子的幼儿期开始，儿科医生应该每年定期测量他的体重，计算其体重增长率。医生应该将你的孩子的身高和体重的比值与同年龄、同性别孩子的进行比较，确保他处于健康水平。如果你的孩子的身高和体重的比值比同年龄、同性别的 85% 的孩子高，那么他就被认为过重；而这个数值如果达到或超过 95%，那么他就属于肥胖儿（参考"附录"中生长曲线的数据）。这类孩子基本上属于当下或未来可能出现健康问题的高风险群体。身高和体重的比值越大（超过 85%），代表风险就越大。美国儿科学会已经认可世界卫生组织发布的幼儿生长曲线，这意味着现在孩子一出生，医生就可以开始评估和监测他的体重值了。这并不是说孩子从婴儿期就要开始节制饮食，但这些生长曲线可以让你更有信心，确信你的孩子发育得很好，不需要额外的配方奶或者营养补充剂。如果你因为担心孩子吃得不够而焦虑，那么生长曲线是特别有用的、能让你安心的指标。

一些孩子过重是因为有家族肥胖史（可能与基因、新陈代谢率及家庭习惯有关），但几乎所有的肥胖症病例显示，转而吃健康食物以及增加体育锻炼有助于减轻孩子的体重。应该鼓励孩子养成积极的生活习惯，不仅在家中如此，在幼儿园或者学校也如此，从而开启长达一生的通向健康之路。你需要与医生讨论一些在孩子幼儿期养成健康饮食习惯的具体方法，比如不让孩子喝或少喝饮料，给孩子提供各种健康食物（特别是蔬菜和水果），并且让他在整个儿童期都保持这些习惯。从一开始，你就应允许孩子自己决定什么时候不吃了。另外不要忘了，口味的偏好可能随着时间发生变化，你的孩子可能需要尝试新的食物 10 次以上才开始喜欢吃那种食物。为他选一些有营养的零食，包括蔬菜、水果、低脂食品、全谷物食品等。此外，要关掉电视机，让孩子坐在餐桌边吃饭。要尽可能地保证全家人一起用餐，不要让手机或电视机干扰你们用餐。研究表明，看电视太多的孩子更容易超重。用餐时也是全家人坐在一起交流的好机会。（见第 32 章"媒体问题"。）

做好如厕训练的准备

孩子快 2 岁的时候，你可以开始考虑训练他上厕所了，因为有些托儿所或幼儿园要求孩子学会上厕所才能入园。不过，在开始训练孩子之前，你要知道，等孩子更大一些时，他才更容易学习和学会上厕所。当然，提早训练是可以的，但不是必需的，因为它可能对孩子造成不必要的压力。孩子目前可能还没有足够的控制大小便的能力，而且也比较缺乏上厕所前迅速脱衣服所需的运动协调能力。

许多孩子要到 2 岁后才做好接受如厕训练的准备（男孩可能比女孩晚一

些），不过，你的孩子可能更小的时候就做好了准备。

如果你的孩子有能力提前接受如厕训练，你可以参考第 346 页来获取更加详细的信息。即使孩子还没有完全准备好，你仍然可以提前为他准备一个儿童专用坐便器或在普通坐便器上安装儿童专用马桶圈，用简单的语言告诉他如何使用，以便他提前熟悉使用过程。此外，还要注意你在家中所用的一些词语，比如"尿尿""拉粑粑"等，让孩子明白这些词语的含义，很快孩子就能在大小便之后告诉你了。尽管这不是孩子完全做好接受如厕训练准备的信号，但也表明孩子迈出了第一步。随着孩子长大，你可以告诉他尿布上的大小便都去了哪里，并且允许他冲马桶。孩子对这个过程越熟悉，接受如厕训练时他就越不会害怕和迷茫。

睡觉

有时候，打破作息规律、让孩子累了就睡令父母觉得轻松，但是这样不利于孩子形成良好的作息习惯，而规律的作息对孩子白天和夜间的睡眠都很重要。你应该认真观察孩子什么时候表现出困意，然后为他制订合理的时间表。为孩子设计"睡前程序"，并和他聊一聊这个"睡前程序"。无论是洗个澡、讲个故事还是唱首歌，"睡前程序"都应该以孩子安静地躺在儿童床上结束，然后你跟他道"晚安！"并吻别，离开房间。如果孩子不停地哭，你可以采用第 9 章和第 35 章中的方法教会他自己入睡。用一个可爱的物品代替你来陪伴孩子作为过渡，对这个年龄的孩子来说是有帮助的。

遗憾的是，孩子不愿意按时睡觉并不是你需要解决的唯一的睡眠难题。你还记得孩子第一次睡一整夜时你是怎么想的吗？你当时以为所有的睡眠难题都已经解决了，但事实并非如此。作为幼儿的父母，你应该了解，即使孩子连续几天、几周甚至几个月睡了整夜，他也可能又开始像刚出生时那样，频繁地在夜里醒来。

生活习惯的改变是孩子夜间醒来的一个常见原因。换房间、换床、弄丢了最爱的玩具或毯子、旅行、生病等都可能扰乱孩子的睡眠，造成孩子夜间醒来。不过，这些不应该成为你将孩子抱起来或把他带到你的房间的理由。孩子需要学会自己入睡，即使这样做会让他在最初哭一段时间。第35章介绍的方法适用于此。

如果孩子习惯在夜间得到较多的关注，你就需要慢慢地改变他。假如孩子夜间醒来时你总是给他喝奶，那么你应该先将奶换成水，然后短时间内停止在夜里给他喝东西；假如孩子夜间醒来时你总是将他抱起来，那么你应该控制自己，尽可能地在远处用声音安抚他。总之，就算孩子持续反抗、不想睡觉，你也不要生气；你即使很坚决，也要让他看到你的关爱。做到这一点不容易，但是长此以往，将有助于孩子的睡眠，同时也有助于你自己的睡眠。（更多关于睡眠的信息参见第35章。）

行为

规矩

养育幼儿能让你重新认识自己，给你带来新的挑战、冒险和收获。当你的孩子尚未出生或者他还是个小宝宝的时候，当你看到别人家的孩子随便发脾气的时候，你可以轻易地说："我的孩子肯定不会这样。"但现在你意识到了，任何一个孩子都有调皮的时候。你可以指导你的孩子，告诉他什么行为是对的，什么行为是错的，但是你无法强迫他严格地按照你希望的那样表现。因此，你需要面对这样一个事实：有时候，所有人都盯着的那个无法无天的孩子可能正是你的孩子！

孩子在 1 ~ 2 岁时，对"好"和"坏"的含义知道得很有限，而且他可能也不完全理解那些规矩和警告的含义。你可能会说"如果你扯小猫的尾巴，它会咬你"，但是这样的话语孩子完全听不明白。即使是"你要对小猫好一点儿"这样的话语，他可能也不明白。因此，就算孩子冲到马路上或拒绝祖母的亲吻，他也并非故意不好好表现，他的行为也不能证明你们是失败的父母。他可能只是一时冲动做了什么。你需要花几年的时间，坚定而温柔地教导他，让他知道你希望他如何表现，并且让他有足够的自我控制力。

许多人认为管教孩子就是惩罚孩子，这是不对的。事实上，管教指的是教育和指导，而惩罚只是其中的一部分，管教中更加重要的一部分是爱。爱是你与孩子的关系的核心，在塑造孩子的行为方面起重要作用。你对孩子的关爱和尊重，将教育他在爱自己的同时也爱别人。你自己日常表现出的诚实、奉献、守信会为孩子树立良好的榜样，让他也变成同样的人。此外，在教育孩子辨别对错的过程中，你所表现出来的自我控制力也会对他起示范作用，帮助他在日后培养自我控制力。总之，你如果希望孩子表现好，就要自己好好表现，这样才能为孩子引路。

如果你正在记育儿日记，那么记录中你对孩子的表扬和疼爱最好远远多于惩罚和批评。即使只是短暂地拥抱他或与他玩闹，也会让孩子感觉到你爱他。当孩子做了让你很高兴的事情时，你一定要表扬他，给他一个拥抱，让他知道他的行为很棒。此外，你一定要善于发现孩子的好行为。特别是在这一年中，取悦你对孩子来说很重要，因此你的表扬和关注是非常有利的奖励，可以激励孩子遵守你定的合理规矩。

管教孩子的方式要恰当，比如对孩子良好的行为要给予积极的肯定和强化，设置行为的界限、调整行为的方向，让孩子明白你对他的行为的期望，等等。对孩子的行为产生合理的期望很重要，这些期望要反映孩子的脾气和性格，而非你的幻想。孩子可能比你希望的活泼好动一些，你如果坚持让他长时间待在婴儿围栏或高脚餐椅中，就只会让他感到更加沮丧，并产生抵触心理。

即使你的孩子是一个懂事的孩子，他也需要了解你的期望是什么。你要将你的期望明确地告诉孩子，而且你只有重复多次他才能记住。此外，孩子需要在尝试和错误中（通常要犯好几次错）成长，才能完全理解这些规矩。

如果你是单亲父母，在尝试独自处理孩子的行为问题时，你可能遇到这种生活环境中特有的挑战。要记住，当你感到孤立无援时，你还可以向很多个人或团体求助，比如向亲人、朋友、社区机构和父母互助团体求助。你在不知从何处着手时，儿科医生也可以帮你理清头绪。（见第 756 页"单亲家庭"。）还有一点很重要：如果你给这个年龄的孩子定下太多规矩，孩子会感到受伤和迷茫，你也会感到沮丧。你应该先定一些需要孩子优先遵守的规矩，然后逐渐增加规矩，这样对你和孩子来说都会容易一些。其中最重要的规矩就是保证他的安全，尤其是当孩子开始学走路的时候。确保需要上锁的地方都用儿童安全锁锁好了，这样他才能以安全的方式自由探索。你还必须让他知道，打人、咬人和踢人等行为都是不被允许的。当孩子明白了这些规矩，你就可以开始着重帮他改正一些令人讨厌的行为，比如在公共场合大叫、随便扔食物、在墙上乱涂乱画、在不合适的时候脱衣服等。再过几年，你可以开始培养孩子的社交礼仪，因为当一个 18 个月大的孩子急着去玩的时候你却要求他回吻祖母，这对他来说太难了。

尽管你做了很多努力，但有时候孩子还是会违反你定的部分甚至全部的规矩。当这种情况发生时，你要用严肃的表情和语调来提醒他你对他的行为不满，然后将他带到另一个地方。有时，这样的惩罚已经足够了，但是有时你还需要采取其他措施。最好现在就想好合适的处理方法，因为现在你比较平静，孩子也比较小。若你在气头上，你可能控制不住自己的怒火，做出一些日后自己会后悔的事情。因为几年后，孩子肯定会变得更加调皮。

你需要跟自己做一个很重要的约定，那就是永远不要采取那些会给孩子的身体或心理留下创伤的惩罚方法。尽管你需要让孩子知道他做了一些错事，但是这不意味着一定要让孩子遭受痛苦。无论孩子多大，打屁股、扇耳光、摇晃、吼叫等方法都有百害而无一利，以下是一些主要原因。

■ 这样做即便在当时能够制止孩子的错误行为，也会让孩子认为他在生气的时候可以打别人或者向别人大喊大叫。想想那些一边打孩子一边大叫"我早就告诉你不许打人！"的妈妈吧，多么讽刺啊！这种情况很常见，而且都会导致同一个后果：经常挨打的孩子最终成为喜欢打人的人，因为他们在挨打中学到的是，暴力是一种可以接受的表达愤怒和解决问题的办法。这个年龄的孩子会模仿你做的任何事情。

- 体罚可能伤害孩子。如果轻轻打两下不起什么作用，许多父母在生气和沮丧的情况下会狠狠地揍孩子。

- 体罚会让孩子对父母生气，甚至对父母不满。因此，孩子可能通过继续做错事而不让父母逮到来报复，而非形成自我控制力。

- 体罚是孩子让自己获得关注的一个非常极端的方法。尽管这是一种不好的方法，甚至还让自己很疼，但是孩子知道，他可以由此得到父母的关注。如果父母工作繁忙，无法给孩子过多的关注，孩子就可能通过故意做错事的方法让父母惩罚自己，以此得到父母的关注。

- 对孩子叫喊或严厉地责骂会导致孩子的攻击性增强，引发孩子的行为问题，日后还可能导致抑郁症的发生。

体罚对孩子和父母的情感都有害。它是管教孩子的所有方法中最无效的。那么，什么才是正确而有效的方法呢？对待做错事的孩子的最佳方法是短暂疏远孩子，不关注他、不给他玩具、不跟他玩。这也就是"平静中断法"，具体做法如下。

1. 你已经告诉孩子不要打开烤箱门，但是他坚持要打开。

2. 不要提高你的声调，但是要坚定地说："不要打开烤箱门！"然后将孩子抱起来，抱的时候要让他的后背朝向你。

3. 开始实行平静中断法：让孩子背对着你坐在你腿上，一直抱着他，直到他安静下来。

这个方法的关键在于，你要保持冷静，而且要坚定。尽管实行起来非常困难，但是你仍然需要在孩子每次违反规矩后立刻做出反应，同时一定不要让愤怒左右你的行为。如果你跟大多数父母一样无法每次都成功，不要担心，因为偶尔失误一两次没有什么大碍。但是，你一定要尽可能地坚持这种做法。

你觉得自己快要发火的时候，深呼吸，从 1 数到 10；或者，可能的话，你离开房间待一会儿，让其他人替你看一会儿孩子。你要提醒自己，你比孩子年长很多，所以一定要比孩子理智。你知道孩子在这个年龄不会故意惹你生气或者让你出丑，所以一定要控制自己。总之，你越能控制自己，就越能有效地管教孩子。记住，孩子在观察并模仿你！

应对发脾气的孩子

你在忙着为孩子定规矩的同时，孩子也在试图掌握自己的命运，因此你们之间的冲突是不可避免的。在孩子 1 岁之后第一次对你摇头、断然对你的要求说"不"的时候，你们的冲突就开始了。在孩子快 2 岁的时候，他的反抗可能升级为尖叫或发脾气，表现为躺在地上、咬紧牙关、连踢带叫、用拳头捶地甚至屏住呼吸等。尽管孩子的这些行为让你难以忍受，但是对这个年龄的孩子来说这是处理冲突的正常（甚至健康）的方式。

你应从孩子的角度看待问题。跟所有这个年龄的孩子一样，他认为整个世界都是围着他运行的。他正在努力尝试独立，而大多数时候你也鼓励他坚强和果敢。可是，有时，当他正尝试做一些他非常想做的事情时，你却制止他，然后让他做别的事情，他就可能无法理解为什么你总是妨碍他，而且他也无法用语言来告诉你他多么不高兴。他能够表达沮丧的唯一方法就是用行动来表现。

孩子发脾气几乎是不可避免的。孩子的性格基本上决定了他发脾气的主要方式。如果孩子适应性强、随和且乐观，而且很容易转移注意力，那么他可能永远不会又踢又闹，而只会板着脸说"不"，或者当你尝试教育他的时候，他只是将头转向别处。他尽管有抵抗行为，但是比较低调。与此相反，如果孩子活泼好动、热情、执着，那么他发脾气的时候可能也反应强烈。你需要不断地提醒自己，这些既不是好事也不是坏事，跟你做父母的能力强弱无关。孩子并非成心惹你生气，他只是在经历生长发育过程中一个正常的阶段，这

预防孩子发脾气

（另见第 588 页"发脾气"。）

管教孩子时，与孩子相比，你有突出的优势。你知道自己与孩子之间的冲突是不可避免的（你甚至可以预测引发这些冲突的导火线是哪些事情），所以你可以预先想好应对之策。

你可以运用下面的准则来控制孩子发脾气的次数和程度。而且，你要确保其他看护者都了解并始终如一地遵守这些准则。

■ 要求孩子做某事时，要用友好的语气和措辞，让孩子听起来像是邀请而不是命令。用"请"或"谢谢"之类的词会很有帮助。

■ 当孩子说"不"时，不要反应过激。因为在很多情况下，他对你的要求或指导说"不"只是出于本能。在这一阶段，他甚至会对冰激凌和蛋糕说"不"！他真正的意思是"我说'不'是因为我想拥有控制力，直到我想清楚或者确认你是不是认真的"。对他的这种潜在的挑衅行为，你应该冷静、清楚地重述你的请求，而不要暴跳如雷。不要因为孩子说"不"而惩罚他。

■ 谨慎地决定在何种情况下才与孩子爆发"战争"。除非你先逼迫孩子，否则他不会无缘无故地发脾气。因此，不要逼迫孩子，除非有些事情不得不逼迫他去做，比如乘车时你必须确保孩子安全地坐在汽车安全座椅上，而在他吃豌豆和苹果酱时强迫他先把豌豆吃完则没有必要。即使孩子对所有的事情都说"不"，你也只有在绝对必要的情况下才能同样以"不"回应他。

■ 如有可能，一定让孩子拥有有限的选择权。让他自己决定穿什么样的睡衣、读什么样的故事以及玩什么样的玩具。如果你在这些领域鼓励他自主，他更有可能在需要的时候遵从你的意见。

■ 不要向孩子提供本不存在的选择，也不要和孩子做交易。像洗澡、睡觉、不在马路上玩之类的事情都是不容商量的。他不应因在这些方面的乖巧表现而获得额外的一块饼干或一次去公园游玩的机会。小恩惠只会让他在你未兑现承诺时破坏这些规矩。

■ 预测什么样的情况会引发你们之间的冲突，并尽可能地设法避免。如果他总是在商场当众吵闹，那么你可以在以后外出购物时把他留在家里，让你的伴侣或保姆照顾他。如果他的一个玩伴总是容易让他兴奋或者激怒他，你就把这两个孩子分开一段时间，看看随着年龄增长这种情况是否有所改善。

■ 对他不错的表现应给予足够的赞美和关注。即使你只是在他看书时坐在他身边，你的陪伴也会让他觉得这是对他的行为的认可。

■ 保持你的幽默感。虽然在孩子大喊大叫（这只是他的一种表达方式）时取笑他不是个好主意，但是在孩子不在场时，拿他的事同朋友或家人说笑能够让你放松心情。

个阶段迟早会过去，尽管可能不像你希望的那么快。

孩子发脾气时，以下这几点需要你记住。

■ 你如果把孩子发脾气当作他在表演，那么可能更加容易应对。这会提醒你采取正确的做法，也就是减少"观众"。由于你是孩子面前唯一的观众，你应该离开他去另一个房间。如果孩子跟着你，你就采取平静中断法，并将他放到婴儿围栏中。此外，如果孩子在发脾气时又踢又咬，你就要在这种行为出现时立即采取平静中断法。尽管这种极具挑衅性的行为对孩子来说很正常，但是你不应该让他这样做。

我们的立场

美国儿科学会强烈反对出于任何理由打孩子。打孩子决不应该得到鼓励，婴儿和幼儿可能都会受到身体上的伤害。如果忍不住打了孩子，父母过后应该冷静地向孩子解释他们为什么这样做，是孩子哪个特定的行为激怒了他们以及他们感到多么愤怒。父母不妨为自己的失控行为向孩子道歉。这些举动往往有助于孩子理解和接受父母打他的行为，也为孩子树立了弥补错误的榜样。

父母打孩子可能会损害孩子健康成长所依赖的与父母之间的信赖关系。如果你的孩子经常让你感到十分沮丧，以下是几种打孩子之外的替代措施。首先，把孩子放在床上或者其他安全的地方，此时你可以努力控制自己的情绪。其次，打电话给朋友、亲戚或者伴侣以获得支持和建议。如果这些措施都不起作用，你还可以找儿科医生寻求建议。

■ 如果孩子在外面发脾气，特别是在公共场合发脾气，你可能更难保持冷静，也无法离开孩子去其他地方。而且由于你很生气，同时也很难为情，你可能更容易打骂他。但是，打骂不会起任何作用，还会让你看上去比孩子更糟糕。不要责打他，也不要让他为所欲为，这些都会助长孩子的脾气。你要平静地将孩子带到卫生间或者车里等没有外人的地方，这样孩子可能就会停止他的表演。此外，有时候，在公共场合，给孩子一个拥抱或者用平静的语气跟他说话，也会让他平静下来。

■ 当孩子发脾气或"平静中断"结束后，不要老是想着它。如果最初是你的某个要求让孩子发脾气，那么现在你可以平静地再次提出这个要求。你要保持冷静且坚决，这样孩子就会意识到，他发脾气只是在浪费你的和他自己的时间。

■ 孩子发脾气的时候可能会屏住呼吸。有时，屏息时间过长会造成孩子短暂昏厥。出现这样的情况会非常吓人，不过孩子在 30 ~ 60 秒之内会苏醒过来。在他昏过去的这段时间里，你要保证孩子的安全，但是不要大惊小怪或者反应过度，因为这只会鼓励他的这一行为。如果孩子的这一行为没有得到鼓励，那么它会在一段时间之后消失。

家庭关系

幼儿在 1 ~ 2 岁的时候以自我为中心的情况非常明显，这会让他的哥哥姐姐觉得他很麻烦。幼儿不仅会占据你大量的时间和精力，还会故意侵占哥哥姐姐的"地盘"和物品。当哥哥姐姐赶他走，他会以发脾气作为回应。即使大孩子非常宽容，并且非常喜欢婴儿期的他，现在也会对他流露敌对的情绪，至少偶尔会这样。

如果你能加强对幼儿的约束来保护大孩子的私人领域，并且多花一些时间陪大孩子，就有助于他们融洽相处。不管孩子多大，他们都想得到你的爱和关注。不管大孩子是在准备幼儿园郊游，在完成二年级的科学作业，还是为中学的足球队选拔做准备，或者在为高中毕业舞会而烦恼，他们都非常需要你，就像幼儿一样需要你。

如果幼儿又有了弟弟妹妹，那么竞争可能更加激烈（见第 753 页"兄弟姐妹的竞争"）。正常的嫉妒情绪会因为他的以自我为中心而加重，他也没有理性思维能力去应对这种嫉妒。通常他的嫉妒不会化作一团怒气来完全针对新生儿，而会变成针对你的怨气和不满，因为他觉得你没有给予他他认为自己应该得到的关注。如果他做了正确的事情（比如自己安静地玩耍）却没有得到你足够的关注，他就会对扯你纽扣这样的事情没有丝毫顾忌。幼儿对所谓的"负面关注"没有概念，他们认为所有的关注都是好的。有时候，比起被忽视，他宁愿你对他生气（顺便提一下，这就是平静中断法为什么如此有效的原因之一）。（见第 29 页，获取更多关于如何让孩子与比他小的宝宝相处的建议。）

疫苗接种

12 ~ 15 个月大的幼儿需要接种第四针 B 型流感嗜血杆菌疫苗及肺炎球菌疫苗。这些疫苗可以预防脑膜炎、肺炎以及由 B 型流感嗜血杆菌和多种肺炎球菌引起的关节炎。在这几个月里，幼儿还需要接种第一针麻腮风三联疫苗、水痘疫苗及甲肝疫苗。在 15 ~ 18 个月大时，幼儿可能还需要接种第四针百白破疫苗和第三针脊髓灰质炎疫苗。

血液检测

在 1 岁时的体检中，你的孩子应该检测体内血红蛋白水平和铅含量，用于评估孩子是否存在贫血和铅中毒的情况。缺铁性贫血在婴儿和幼儿中很常见，这样的婴幼儿可能需要补铁。另外，因为经常将手放入口中，所以幼儿可能会咬到含铅的物品，包括油漆碎片，以及涂有含铅油漆的玩具、装饰品和其他物品。新装修的家中也可能有铅尘，孩子有可能吸入。土壤，尤其是马路附近的土壤可能含有铅，这些铅来自汽车排放的尾气，因为汽油含有铅。

安全检查

婴儿床

- 将婴儿床的床板设置到最低，床垫用最薄的。
- 不要在婴儿床中留其他物品，以免孩子踩着这些物品从婴儿床中爬出来。
- 如果孩子能够从婴儿床中爬出来，就让孩子睡较低的床。
- 使婴儿床远离窗户、窗帘和电线等。
- 确保婴儿床上的健身架、旋转床铃和其他悬挂的玩具都已经移开了。

玩具

- 不要给孩子任何需要插电源的玩具。如果玩具是电池驱动的，你要确保电池盒的盖子已经锁住了。

预防溺水

- 无人看护的时候，不要将孩子单独留在水里或者水边（包括浴池、马桶、戏水池、游泳池、钓鱼池、温泉、湖泊和大海），即使一秒也不行。

汽车安全

- 这个年龄的孩子乘车时都应该坐在汽车安全座椅中，汽车安全座椅要在车后座上安装好，并配备五点式安全带。
- 在汽车行驶时，不要让孩子从汽车安全座椅中爬出来。
- 不要将孩子单独留在车中，即使车被锁上且停在你的私人车位上也不行。参见第 15 章的"汽车安全座椅"部分。
- 考虑给后车门安装儿童锁。

致（外）祖父母

在孩子的成长过程中，你一直起着重要的作用。尽管你必须仔细在家里做好儿童保护措施（见第 15 章），但这不妨碍你和孩子一起做许多有趣的事情。以下是你和孩子可以一起参与的活动，还有你需要牢记的注意事项。

运动技能

你可以选择一些自己喜欢的活动与孩子一起参与，帮助他培养运动技能。

■ 与孩子一起做家务，比如扫地、做饭和整理物品等。你要帮助孩子完成任务，并且确保他的安全。

■ 一起进行你们都喜欢的室外体育活动和锻炼。

认知发育

你可以帮助孩子发展认知能力。

■ 和孩子一起读书。

■ 给孩子播放音乐或者为他唱歌。

■ 帮助孩子认识数字。

■ 跟孩子玩藏猫猫游戏。

■ 将想象游戏与现实游戏混在一起玩。

社交能力

■ 带孩子结识新的同龄小伙伴，不过你要记住，以自我为中心是这个年龄的孩子的普遍特点。

■ 如果孩子过于自私、不考虑别人的感受，你不要反应过度。不过，你要教孩子考虑其他孩子的感受。

■ 你要记住，接近 3 岁时，孩子以自我为中心的阶段就会结束。

■ 抓住机会培养孩子的自我认同感，但要以不损害别人的利益为前提。

情感发育

■ 不断地告诉孩子，他对你非常特别。告诉他，你们一起度过的时光对你来说很重要。

■ 孩子情绪起伏很大时，你不要反应过度。他可能一会儿非常缠人，一会儿想独立，一会儿又非常有反抗性。

■ 如果孩子表现出攻击性，你不要纵容他。给孩子设定一些界限，但是不要实行体罚。你可以阅读一下本书关于刺激这个年龄的孩子大脑发育的内容（见第 300 页）。用你自己的方式为促进孩子的大脑发育安排一些活动。

■ 不要让孩子玩电动骑行玩具。

■ 不要给孩子带有小部件或者尖锐边角的玩具。只选择供幼儿玩的玩具，不要给他大孩子玩的玩具。要察看玩具标签上的年龄限制以确保其安全。

室内安全

■ 避免孩子被危险的食物阻塞呼吸道（见本章第 305 页），不要让孩子一边吃食物或含着食物，一边走来走去。

■ 将所有的窗户都装上孩子不能推开或打开的护栏。屏风不能防范孩子从窗口掉出去。

■ 如果可以，用家具将插座挡住或者给插座盖上不会被孩子吞食从而造成窒息的插座盖。确保所有装洗涤剂或其他危险品的柜子均被锁起来了。

■ 在必要的地方（通常是厨房和浴室）安装漏电断路器，以免孩子触电。

■ 将所有的电线都放在孩子够不到的地方。

■ 对孩子来说最安全的家中不应该有枪支。如果你家有枪，你存放的时候一定要确保它没有安装子弹，并且处于上锁的状态，子弹应该锁在另外一个地方。在美国的很多州，发生了很多起由武器造成的意外伤害事件，儿童因此受伤，其父母是主要责任人。

■ 将所有的药品（包括你放在包里的药品）放在孩子够不到的地方。别指望药瓶的盖子能够阻止孩子接触药品。

■ 在孩子与动物相处时要一直保持警惕，在一旁看护，特别是孩子与狗在一起时。即便是最温顺的狗也有可能咬人。

■ 确保你家安装了可以正常工作的烟雾探测器和一氧化碳探测器。

室外安全

■ 安装门锁、栅栏或者警报器，防止孩子在你不知情的时候接近游泳池、车道或者马路。溺水是造成 1 ~ 4 岁孩子死亡的首要原因。很关键的一点是，游泳池四周应该安装栅栏，把游泳池同房子以及院子的其他部分隔开，确保孩子无法接近。

■ 当你们走在马路、停车场甚至是安静的街区时，你要紧紧地抱着或拉住孩子。

■ 在孩子的室外游戏场地安装栅栏或者其他障碍物，将游戏场地与马路、游泳池或者其他危险地带隔开。

■ 确保室外游乐设施下面有沙、木屑或者其他较软的防护层。

■ 你或者其他人在将车从车库里倒出来或者倒向车道时要特别注意。确保你知道你的孩子在哪里，防止他跑到车道上。

■ 在不用车的时候锁好你的车，这样孩子就不会自己进入车内。即使不会启动发动机，孩子也可能挂上挡，从而造成汽车滑动，也可能因为长时间待在车里而中暑。

第11章 2 岁

孩子现在正在向学龄前阶段发展。在这段时间，他的身体发育和运动发育开始减缓，但认知、社交和情感方面却有令人惊讶的变化。孩子的词汇会不断丰富，他会努力减少对其他家庭成员的依赖，而且，当他意识到社会希望他遵循某些规则后，他会开始培养起一定程度的自我控制力。

从神经学的角度来看，2 岁孩子的大脑对外界环境的反应是通过频繁的小型头脑风暴式的神经活动完成的，这种加工和处理工作对你的小宝贝来说相当困难。在你的支持下，他的大脑可以应对这种超负荷的活动，并且找到最佳的处理方式。在接下来的这一年里，你将慢慢发现他变得更加会调节自己的情绪，会在游戏中体现对物体之间关系的新的理解，展示快速发展的沟通技巧，并表现他处理各种情绪的能力。有了你的帮助，他能够顺利通过成长过程中这段令人振奋、有时又令人情绪不安的人生旅程。

这些变化对你和孩子都充满挑战性。毕竟，现在他可是处于"可怕的2岁"，"不"简直成了他的口头禅。他在这一阶段就像进行着一场漫长的拔河比赛，一方面他仍然依赖你，另一方面他又急着宣示自己的独立。孩子会在这两种极端感情之间来回摇摆，当你要离开他时他会缠着你不放，当你要他听话时又跟你对着干。你可能发现自己一边怀念以前那个可爱的小婴儿，一边又在敦促他像个"大孩子"。在这样的情况下，难怪你们偶尔会对对方失去耐心。

但是，从另一个方面来说，这段时间也是你的孩子感到快乐和获得独立的时期。他的语言表达能力发展了，他成为"一个真正的人"的能力迅猛提升。他参与了更多游戏，并且能够独自玩更长时间，通过讲故事和与他人相处，他的想象力也拓展了。

只要了解这些变化的存在并且接受它们，不管是其积极的一面还是消极的一面，你和孩子就更容易度过这个不平静的成长期。他会主要通过你给予他的回应——你显示的鼓励和尊重，你对他的进步的欣赏，你给他的温暖和保护——感到安慰、自信和独特。

这些感受将对孩子今后上学和待人接物有很大帮助。最重要的是，这些感受会让他感到自豪。

生长发育

外观和生长情况

孩子 2 岁后，尽管发育速度放缓，但是他的身体依然发生着从婴儿向幼儿转变的巨大变化。变化最大的是身体的比例。在婴儿期，孩子的头显得相对较大，而手臂和腿显得较短；现在头围的增长即将变慢——他的头围仅在出生后的第 2 年就增加了 2 厘米，但在接下来的 10 年间总共只会增加 2～3 厘米。在这一年，孩子的身高将增长迅速，主要是腿变长，不过身体其他部位的发育也很快。因为发育速度的变化，他的躯干和腿看起来会更合乎比例。

孩子婴儿期那可爱的"婴儿肥"会在他上小学前的几年里逐渐消失。孩子体内脂肪所占的比例在 1 岁时达到最大，然后开始平稳减小，到 5 岁时会降到 1 岁时的一半左右。你会留意到他的手臂和大腿变细了，脸看起来没那么圆润了，就连现在让他的脚看起来像扁平足的足弓脂肪层，最终也会消失。

这个时期孩子的体态也会发生变化。幼儿那种胖乎乎的稚气模样一部分是由他的体态造成的，特别是因为幼儿有挺腹弓腰的习惯。但随着肌肉力量增强，孩子的身体会变得更加挺拔，看起来更加修长、更有力量。

孩子继续以缓慢而稳定的速度成长。孩子在 5 岁以前平均每年身高增长约 6 厘米，体重增加约 2 千克。定期测量并将孩子的身高和体重标注在"附录"中的生长曲线上，将其发育情况跟同龄孩子的平均值相比较。你如果发现他的发育明显滞后，请与儿科医生讨论。医生很可能告诉你不必太担心，很多健康的孩子在 2 岁和 3 岁时的发育速度会比其他孩子慢一些。

比较少见的情况下，幼儿或学龄前儿童的发育突然停滞是某些疾病的信号，比如反复患感染性疾病或患慢性疾病（如肾病或肝病等）。极少见的情况下，发育迟缓是因为某种激素分泌紊乱或某些慢性疾病引起的胃肠道并发症。儿科医生给孩子做检查时会全面考虑。

2 岁孩子的食量可能比你期望的小，对此你要做好心理准备。因为发育速度变慢，孩子现在不再需要那么多热量。但即使他吃得不多，只要你为他提供品种丰富的健康食物，他还是能获得充足的营养。鼓励他吃健康的零食，开始培养健康的饮食习惯。这段时间，如果他看起来吃得太多，体重似乎超标，你可以请儿科医生为你推荐控制体重的方法。这个年龄的孩子就食量来说有较大波动是正常现象，这与他们的发育速度一致。如果你的孩子对某一餐的食物不感兴趣，你无须担心。只要你坚持给他提供各种营养丰富的食物，并确保用餐时一家人一起安静、专心地进餐，你的孩子就会更容易顺应自身生理需求吃东西。早期不良的饮食习惯会让孩子一生都有患肥胖症的风险，所以你在孩子的童年时期和往后的日子里都应注意控制他的体重。

运动发育

这个年龄的孩子似乎一刻都安静不下来——不停地跑跑跳跳、踢东西或攀爬。他的注意力集中的时间本来就不长，现在似乎更短了。当你试着跟他做游戏时，他却马上开始玩别的。有时他朝一个方向走几步，又很快转向别的方向。他在 2 ~ 3 岁期间的旺盛精力无疑会令你特别忙碌。振作点儿——喜欢活动可以增强他的体力，锻炼他的身体协调能力。

这是一个关键时期，当你的家做好儿童保护措施后，它的作用就真正开始显现。想想你的孩子日益增强的移动、奔跑和攀爬能力，再检查一下你的家。你家是否有对孩子存在潜在危险、孩子以前够不着现在却够得着的物品？为孩子创造一个安全的环境，可以让他感到安心，进而满足他内心的探索欲和求知欲。但他仍然需要你的监护。照看好他，但不要打扰他，为他独自发现新事物感到喜悦。他会注意到你的积极反应，这会让他认可自己，并进一步增强他的自我认同感和自信。

在接下来的几个月，孩子跑步的动作会变得更流畅、更协调。他还会学习踢球，改变球的行进方向，扶着东西上下台阶，自如地坐在儿童椅上。给他一点儿帮助，他甚至可以单脚站立。

2 岁幼儿的运动发育里程碑

- 可以熟练地爬上爬下。
- 会踢球（应该穿包头的鞋子，这比穿拖鞋安全）。
- 可以轻松地跑起来，并且动作协调。
- 会骑三轮车（确保他在骑三轮车时戴着安全头盔）。
- 可以在跑步时轻松地弯腰，不会摔倒。
- 可以双脚跳离地面。
- 开始双脚交替上下台阶。
- 可以在儿童专用坐便器或马桶里小便。
- 可以脱去自己的一部分衣服。

仔细观察 2 岁孩子的走路姿势。他已经不像刚学走路时那样双脚分得很开、看起来很笨拙了，而更接近成年人的姿势，脚跟先于脚尖落地。孩子对身体的控制也更加熟练，可以倒退着走，可以转比较大的弯。现在他还可以在走路时做其他事，比如使用手、讲话或者四处张望。

不用费心去安排有助于孩子发展运动技能的活动，他或许可以自己解决。跟孩子一起玩的时候，记住这个年龄的孩子喜欢被背着走，喜欢在垫子上打滚，喜欢滑不太陡的滑梯，喜欢爬不高的攀爬架（需要帮助）。他在游戏中跑跳和攀爬越多，锻炼效果就越好。

如果可以，每天安排固定的时间让他出去跑跳、做游戏和探索。这可以减少孩子在家里的哭闹和对你的神经的折磨。孩子在家里蹦蹦跳跳可能会撞到墙或家具，所以让孩子多在开放空间四处跑更安全。户外活动应选择在院子、操场或公园等对孩子方便和安全的场所进行。但要记住，他的自我控制力和判断力相对落后于运动能力，你必须时刻保持警惕，将安全放在首位。

手部发育

2 岁的孩子已经可以很轻松地摆弄细小的物体。他会翻书、用 6 块积木搭高塔、脱鞋子、拉开拉链等。他还会转动门把手、拧开瓶盖、用一只手拿杯子喝水、打开糖果的包装纸等。

孩子在这一年将学会的一个重要技能是"画画"。给他一支蜡笔，看看会发生什么：他在握笔时会将拇指放在蜡笔一侧，其他手指放在蜡笔的另一侧，然后很笨拙地将食指或中指往笔尖方向伸。这种握笔姿势不好看，却让他有

2 岁幼儿的手部发育里程碑

- 可以用铅笔或蜡笔画竖线、横线和圆圈。
- 可以接住大点儿的球。
- 可以一页页地翻书。
- 可以叠放物品。
- 可以用 6 块积木搭高塔。
- 可以用拇指和其他手指握笔，而非用手掌握笔。
- 可以拧上或拧开瓶盖和螺母。
- 可以转动门把手。

足够的控制力来创作人生中的第一幅绘画作品——通常是横七竖八的直线和类似于圆弧的曲线。

幸运的是，孩子在这个年纪相比 1 岁半时可以更安静地玩耍，全神贯注地做自己喜欢的事。他的注意力集中的时间延长了，而且现在他可以自己翻书，会很积极地跟你一起看书。他还会对画画、搭积木或摆弄小东西等很感兴趣。积木和拼插玩具也许可以让他玩很久。如果你让他用一盒蜡笔或手指蘸上颜料随意画画，他的创作冲动就会爆发出来。

语言发育

2 岁的孩子不仅明白你对他讲的大部分内容，其词汇量也在飞速增长，他已经可以说出 50 个以上的词。这一年中，他逐渐从用 2 ~ 3 个词语组成句子（如 "喝果汁。""妈妈，要饼干。"）跃升至用 4 个、5 个甚至 6 个词语组成句子（如 "球在哪里，爸爸？""娃娃坐在我的腿上。"）。他还会开始使用代词（如 "我""你""我们""他们"），而且理解 "我的" 的意思（会说 "我要我的被子。""我看到我的妈妈了。"）。注意听他如何用语言描述想法和传递信息，以及如何表达他的生理或情感需求。

现在是加强情绪认知的好时机。你的孩子正在体验一些激烈的情绪。告诉孩子这些情绪的名称，让他在各种各样的人类情感体验中认知自己的情绪，帮助他理解和接受自己体内发生的细微变化以及学会管理自己的情绪。告诉孩子他正在体验的是什么情绪，会让孩子知道你懂他的感受。我们知道自己被理解时，都会感觉更好。这是一种你可以为你的宝贝提供的特别有价值的体验。

将自己孩子的语言能力跟同龄孩子做比较是人之常情，但你应该尽可能地避免这种行为。在这个阶段，孩子的语言发育差异极大，相比其他发育差异更明显。虽然有些孩子的语言能力稳步发展，但另一些孩子可能会落后一些。有些孩子天生比其他孩子更健谈，但这并不意味着爱说话的孩子比安静的孩子更聪明或发育更快，甚至不代表他们的词汇更丰富。事实上，安静的孩子知道的词汇可能并不少，只是惜字如金罢了。通常来说，男孩开始说话的时间比女孩晚，但这种差异以及前面提到的大部分其他差异都会在孩子达到入学年龄时消失。

不需要任何正式的语法方面的指导，孩子就会在上学前通过聆听和实践掌握很多基本的语法规则。你可以通过培养他每天读书的习惯来丰富他的词汇，提高他的语言能力。在这个年龄，他已经能听懂故事情节，能记住书里的很多概念和信息。即使如此，因为他很难久坐，所以给他读的书应该尽可能地简短。为吸引孩子的注意，选择可以引导他互动的书，鼓励他触摸或指出书中的人或物，或者说出人或物的名称，或者重复某些语句。接近 3 岁时，随着语言能力的发展，他会很喜欢由有趣的重复音节或童言童语组成的诗歌、俏皮话和笑话。

对某些孩子来说，语言发育的过程并不太顺利。事实上，每 10 ~ 15 个孩子中就有 1 个有语言理解障碍或表达障碍。有些孩子是因为听力障碍、发育障碍（如自闭症或学习障碍）、缺乏来自家庭的语言刺激或者家族有语言发育迟缓史。不过，大多数儿童语言障碍原因不明。儿科医生如果怀疑你的孩子有语言障碍，就会对他进行彻底的身体和听力检查，必要时会为你们推荐言语与语言治疗师或儿童早期发育方面的专家做进一步诊断。及早发现并确诊语言发育迟缓或听力障碍对孩子至关重要，这样可以在该问题影响其他领域的学习前就对孩子进行治疗。除非你和儿科医生及时发现并处理问题，否则孩子可能在以后的学习中遇到困难。

认知发育

回想一下孩子的整个婴儿期和幼儿期的前几个月，那是他通过触摸、观察、摆弄和倾听来了解这个世界的一段时光。现在，2 岁的他的学习过程中有了更多的思维活动。他掌握的词汇在增加，他能够在大脑中构建出事物、行为和概念的图像。他还能够通过思维活动来解决一些问题，无须真正动手去操作，只要在脑海中模拟尝试及探索的过程即可。随着他的记忆力和智力的

2 岁幼儿的语言发育里程碑

■ 可以理解包含 2～3 个要求的指令，比如"回房间去，把泰迪熊和小狗拿来"。

■ 可以理解大部分语句。

■ 可以理解方位（如"上面""里面""下面"等）。

■ 可以说出 50 个词。

■ 可以用 4～5 个词语组成句子。

■ 可以说出自己的名字、年龄和性别。

■ 可以正确地使用代词（如"我""你""我们""他们"）。

■ 以英语为母语的孩子会使用一些名词的复数形式（如"cars""dogs""cats"等）。

■ 他所说的话即使不熟悉他的人也至少能听懂一半。

发育，他会开始理解某些时间概念，比如"你吃完饭以后才可以玩"。

孩子还会开始理解物体之间的关系。如果让他玩辨认形状的游戏，他可以将形状相似的玩具匹配在一起，甚至还可以完成一些简单的拼图。数东西的时候，他开始明白数字的含义——特别是"2"这个数字。随着他对因果关系的理解加强，他会对上发条的玩具以及电灯和其他电器的开关更感兴趣。

你还会发现孩子的游戏变得更加复杂。最明显的是，他开始按照逻辑关系将不同的活动串联在一起。他可能先将洋娃娃放在床上，然后把它盖起来，而非漫无目的地玩玩这个再玩玩那个。他也可能一个接一个地给几个洋娃娃"喂饭"。接下来的几年，他会玩时间更长、内容更丰富的角色扮演游戏，表演他自己的大部分日常活动，包括从起床、洗澡到上床睡觉的一系列活动。

如果我们必须找出这个年龄的孩子在认知方面的主要局限，那就是孩子认为他的世界里发生的每件事都源于他做过的某件事情。由于这种思维方式，他很难正确理解诸如死亡、离婚或生病等事件，总是认为他与这些事件有什么关系。因此，如果父母离婚或者家庭成员生病，孩子常常会觉得自己对此负有责任（见第 26 章"家庭问题"）。

2岁幼儿的认知发育里程碑

- 可以玩机械玩具。
- 可以将手里或房间里的物品跟书里的图片对应起来。
- 可以与洋娃娃、毛绒玩具和其他人玩角色扮演游戏。
- 可以根据形状或颜色给物体分类。
- 可以拼出3～4块的拼图。
- 明白数字"2"的含义。

想跟2岁的孩子讲清楚道理往往很难，毕竟他现在看待一切事物都极为简单。除了玩角色扮演游戏的时候，他经常分不清幻想和现实，因此你要注意你的措辞：你觉得有趣或好玩的话语，比如"你要是继续吃米粉，就会把肚子撑破"，可能会让他惶恐，因为他不知道你在开玩笑。

社交能力发育

这个年龄的孩子更关注自己的需求，甚至表现得很自私。他可能拒绝跟其他人分享自己喜欢的东西，和其他孩子一起玩的时候也很少互动；即使有互动，也无非是告诉玩伴他想要某个玩具或其他东西。有些时候，孩子的行为会让你很失望，但你如果仔细观察就会发现，几乎所有2岁的孩子都是这样。

与此同时，2岁的孩子表达同理心、理解他人感受的能力正在逐步发展。

通过与孩子谈论其他人的感受，你可以帮助他更好地发展这一能力，比如你可以说："艾玛哭了。因为你拿走了她的玩具车，所以她很伤心。你能把玩具车还给她吗？"别指望 2 岁的孩子能够一直很好地控制自己的行为。他仍在努力学习中。但有了你的帮助，他会在不断练习中获得进步。

因为 2 岁的孩子似乎完全我行我素，你可能担心他被宠坏或变得无法无天。其实，你的这种担忧是不必要的，孩子的这个阶段会过去的。那些特别好动、攻击性强（喜欢推人、挤人）的孩子同那些很少表达自己想法和感受的安静、害羞的孩子一样"正常"。

有趣的是，虽然孩子对自己最感兴趣，但在游戏时却常常模仿他人的举止和活动。模仿和角色扮演是这个年龄的孩子最喜爱的游戏。因此，2 岁的孩子把玩具熊放在床上时，你可能听到他在学你哄他睡觉时的话语和口气，而且学得一模一样。不管他如何违背你的指令，当他扮演父母的角色时，他都会完全模仿你的行为。这些游戏有助于他学习站在别人的角度看事情，是未

2 岁幼儿的社交发育里程碑

- 模仿成年人和玩伴。
- 喜欢玩角色扮演或模仿游戏。
- 可以在其他孩子旁边玩（各玩各的）。
- 自然地流露出对熟悉的小伙伴的喜爱之情。
- 可以和其他孩子轮流玩游戏。

来社交活动的重要演习。这些游戏也会让你更珍惜做孩子好榜样的机会，因为孩子的表现往往说明他看重的是父母的"身教"，而不是"言传"。

2 岁的孩子学习与其他人相处的最好方式是获得大量的练习机会。虽然他现在的一些行为不利于与人交往，但你还是应该积极地创造机会让他和别的孩子一起玩。一开始你可以将玩伴的数量控制在 2 ~ 3 个。你虽然必须在旁边密切监督他们，避免有人受伤或者过于沮丧，但也应该尽量让孩子们自己做主。他们需要学习跟其他孩子一起玩，而非学习跟其他孩子的家长一起玩。

高质量的早期教育可以规律地为孩子提供在安全环境里同其他孩子互动的机会。当你的孩子接近 3 岁时，他将开始与其他人建立真正的友谊。邀请这些新朋友和你的孩子一块玩耍，能够为他提供发展社交技能的绝佳机会。

如何应对孩子发脾气？

2 岁的孩子肯定都有受挫折后生气、偶尔大发脾气的时候。作为父母，你应该允许他表达自己的感受，但同时要尽可能地帮助他从暴力行为或攻击性行为中转移注意力，消除怒气。下面是几点建议。

■ 发现孩子情绪开始激动时，试着将他的注意力转移到更合适的活动上。

■ 如果无法转移孩子的注意力（通常都是如此），首先，你要让孩子明白你了解他的感受和生气的原因："你有点儿暴躁哦。我们现在必须离开了，你却不愿意走。"别尝试与他理论，也别对他大喊大叫或者责备、惩罚他，更不要通过满足他所有需求的方式来安抚他。其次，你要让他知道你会给他一些时间让他平静下来。在确保他安全的情况下，给他一些空间和时间来度过这情绪风暴。慢慢地，他就会做到。

■ 如果你们在公共场合，他的行为令你尴尬，你就立刻带他离开，不需要说什么或者大惊小怪。等他安静下来，你们再返回或继续之前的活动。

■ 不要用体罚或责骂的方式来管教孩子。如果你体罚孩子，他会觉得只要什么事情没有顺着他的心意，他就可以用暴力的方式来处理。

■ 如果他在发脾气时打人、咬人或做出其他可能伤人的行为，你就不能再置之不理了。你可以通过关心被欺负的孩子的方式让你的孩子站在别人的角度看问题，这样他就会感同身受并且从中受到教育。反应过度对孩子没有帮助。你应该立刻明确地告诉他不应该有这种行为，让他到旁边独自待一会儿。他不明白复杂的解释，所以你不必试着跟他讲道理。你只需要让他明白这种行为是错的，并当场给他一点儿惩罚。如果你1小时后才罚他，他是不会把惩罚和他的"罪行"联系起来的（见第588页"发脾气"）。

■ 限制并监督他平时使用电子产品的时间（见第32章"媒体问题"）。2岁的孩子如果看了有暴力内容的电视节目，就会变得爱攻击人。

多动症

以成年人的标准来看，很多2岁的孩子看起来都有"多动症"。但这个年龄的孩子喜欢跑跳、攀爬，不喜欢慢慢走路或坐着不动，这是非常正常的。孩子说话时可能快得让人听不清，注意力也很容易转移。可能这种情况让你很担心，但请保持耐心，这种精力过剩的情况通常在孩子上小学前就会消失。

大多数2岁孩子的精力很旺盛，对父母来说，努力适应孩子的现状比强迫他安静下来更有意义。如果你的小宝贝"停不下来"，那就根据他的情况来调整你自己的期望。不要指望他在漫长的社区会议或外出进餐时老老实实地从头坐到尾。你如果打算带他去商场购物，那就准备好按照他的步调而非你的步调行动。一般来说，你要尽量避免将他置于让他烦躁不安的环境中，而要给他充足的机会跑跳、攀爬、扔球或踢球，通过游戏来消耗他旺盛的精力。

如果没有有效的指导，一个非常活泼的孩子很容易将精力转向攻击性或破坏性行为。为避免这种情况，你需要定下明确而合理的规矩，并且前后一致地执行。你还可以鼓励他多进行一些安静的活动，比如每当他安静地玩耍或看书几分钟，你都表扬他。另外，保持睡觉、三餐、洗澡和小睡等日常活动的规律性也有所帮助，这样可以让孩子意识到他每天的生活是有条理的。

一些有严重的多动症和注意力不集中等问题的儿童，即使到入学后依然存在同样的问题。只有当这些问题严重影响到在校活动、在校表现或者社交活动时，才应该对孩子进行特殊治疗（见第 582 页"多动和易分心的儿童"）。你如果怀疑孩子有这方面的问题，可以请儿科医生进行诊断。

孤独症谱系障碍

近年来，人们对孤独症谱系障碍的关注日益增加，同时确诊患孤独症谱系障碍的儿童的数量显著增加。他们在正常交流和社交等方面存在障碍。

儿科医生已经确定，越早识别孤独症谱系障碍，针对儿童自闭症症状的干预措施就能越早施行。因此，你应该留心孤独症谱系障碍的初期警示信号。假如孩子出现以下任何一种症状，你就应与儿科医生讨论。

- 很难进行并保持眼神交流。
- 语言表达缺乏、迟缓或丧失。
- 对父母的笑脸或者其他表情缺乏回应。
- 重复某些动作（如不停拍手或摆手）。
- 很少玩角色扮演游戏，或用不正常的重复方式使用玩具。
- 很难理解他人的感受或谈论自己的感受。

美国儿科学会建议，在孩子 18 ~ 24 个月大时，或者当你或儿科医生担心你的孩子可能存在发育问题时，给孩子做孤独症谱系障碍的筛查。记住，孩子有自己的发育速度，不过你还是应该大致了解儿童在 2 ~ 3 岁的发育里程碑。在此期间，孩子的语言表达能力应该增强了，同其他玩伴交往的能力也应该开始发展了。（更多关于孤独症谱系障碍的信息见第 635 页。）

情感发育

2 岁孩子的情绪变化让父母非常难以掌握。前一刻他还兴高采烈、对人友好，一转眼就闷闷不乐、眼泪汪汪起来——时常没有明显的原因。不过，这种情绪变化只是成长的一部分。它们是孩子在努力控制自己的行为、冲动、感情和肢体的过程中出现的情绪变化。

这个年龄的孩子喜欢探索和冒险。他会花大部分时间来试探底线——他自己的、你的，还有所处环境的。遗憾的是，他仍然不具备安全地进行这些活动所需的能力，大多数时候仍然需要你的保护。

当他越线并被人拉回来时，他通常会愤怒和感觉挫败，可能大发脾气或闷闷不乐。他甚至还可能打人、咬人或踢人。这个年龄的孩子还不能很好地控制自己的情感冲动，所以他的愤怒和沮丧会突然爆发，表现为大哭、打人或尖叫。这是他处理现实中的无奈的方式。他的发泄方式甚至可能无意中伤到自己或他人。这些都是这一成长阶段的一部分。

保姆或亲戚有没有告诉过你，当他们照顾你的孩子的时候，他总是表现很好？当你不在身边的时候，孩子反而表现得像个可爱的小天使。这种情况并不少见，其实，这是因为他对其他人信任不足，不敢去试探他们的底线。但在你面前，你的小家伙很想尝试各种事情，哪怕是危险或困难的事情，因为他知道只要他需要帮助，你就会出现。

他在快 1 岁时形成的抗议模式会持续一段时间。当你想把他留给保姆照顾时，他可能大哭大闹，也可能呜呜咽咽地一个劲儿往你怀里钻，或者无精打采地不出声。不管他有什么表现，你都不要大惊小怪地责怪或惩罚他。最好的办法是你在离开前对他说你很快会回来，并且回家后好好表扬他在你离开期间的忍耐。值得欣慰的是，孩子 3 岁以后，你们之间的短暂分离会变得容易得多。

2 岁孩子的自信和安全感越充足，他就表现得越独立和越好。通过表扬他的成熟表现，你可以培养他的这些正面感受。你要前后一致地为他设下合理的界限，允许他探索并激发他的好奇心，但对危险或违反社会秩序的行为要坚决制止。在这些规则的指导下，他会开始意识到什么可以做、什么不可以做。其中的关键是要前后一致。每当他和其他孩子玩得很融洽时，每当他独立吃饭、穿衣服或脱衣服时，或者当你帮他开始一项家务、接下来他靠自己的力量完成时，你都要表扬他。表扬会令他为自己和这些成就感到开心。随

2岁幼儿的情感发育里程碑

- 公开表达喜爱之情。
- 会表达丰富的情感。
- 抗拒打破日常生活规律的重大变化。

发育健康表

　　每个孩子都有自己的成长轨迹，所以没有人可以准确地预言你的孩子会在什么时候、以什么方式具备某种能力。本书列出的各阶段"发育里程碑"仅为你提供孩子成长的大致情况，如果你的孩子的步调略有不同，你也不必紧张。不过，如果孩子在本阶段有下列迹象之一，就可能表示有发育迟缓的问题，你应向儿科医生咨询。

- 经常跌倒，不会上下楼梯。
- 不停地流口水或吐字不清。
- 不会用4块以上的积木搭高塔。
- 摆弄小物品时有困难。
- 无法用短句交流。
- 不会参与角色扮演游戏。
- 不理解简单的指令。
- 对其他孩子不感兴趣。
- 极难与父母分离。
- 回避眼神交流。
- 对玩具没有什么兴趣。

着自我认同感增强，他还会开始将自己视为一个用某种方式（你所鼓励的方式）行事的人，他的错误行为就会消失。

2 岁的孩子通常会表达很丰富的情绪，所以你要准备好面对他从快乐到愤怒的各种情绪。不过，如果你的孩子看起来非常被动、沉默、总是很伤心，或者大多数时候都有很多需求难以得到满足，你就应该向儿科医生咨询。这些表现可能提示由某些潜在的心理压力或生理问题所致的抑郁症。医生如果怀疑孩子患有抑郁症，可能为你们推荐心理健康专家。

基本看护

饮食与营养

到了 2 岁，孩子已经可以适应一日三餐加一两顿点心，可以和其他家庭成员吃一样的食物。随着语言能力和社交能力的提高，如果你让他和其他家庭成员一起吃饭，他会积极地参与。不需要限制孩子的食量，也不要强迫他吃不喜欢的食物。但是，一定要尽力帮助他培养健康的饮食习惯，并为所有家庭成员选择健康的食物。事实上，让孩子和其他家庭成员坐在一起用餐就是培养健康饮食习惯的开始！

幸运的是，此时孩子的饮食方法已经变得"文明"一些了。他已经可以使用勺子吃东西、用一只手拿着杯子喝水、自己吃很多种可以用手抓的东西。不过，他仍然在学习咀嚼和吞咽。当他想赶快吃完饭去玩耍的时候，他可能不咀嚼就直接将食物吞下去，这样他的呼吸道很容易被食物阻塞。因此，以下这些可能阻塞呼吸道的食物应该避免给孩子吃。

热狗（除非先切成条、再切成小块）	大勺花生酱
整根生胡萝卜	整颗坚果（尤其是花生）
带核的樱桃	圆形的硬糖或橡皮糖
整颗葡萄	爆米花

每日食谱（2 岁）

该食谱适用于体重大约 12.5 千克的 2 岁孩子。

1 茶匙 =5 毫升

1 汤匙 =15 毫升

1 杯 =240 毫升

早餐

120 毫升低脂或脱脂牛奶。

1/2 杯高铁米粉或 1 片全麦面包。

1/3 杯水果（如香蕉、切碎的甜瓜或草莓）。

1 个熟鸡蛋。

点心

4 片抹有奶酪或鹰嘴豆泥的饼干或者 1/2 杯切碎的水果。

120 毫升水。

午餐

120 毫升低脂或脱脂牛奶。

1/2 个三明治——1 片全麦面包、30 克肉、1 片奶酪，以及水果或蔬菜（如牛油果、生菜或番茄）。

2～3 根小胡萝卜（生的切碎或者煮熟）或者 2 汤匙其他黄色或绿色蔬菜。

1/2 杯浆果或者 1 小块（15 克）低脂燕麦饼干。

点心

120 毫升低脂或脱脂牛奶。

1/2 个苹果（切片）、3 个李子、1/3 杯葡萄（切碎）或者 1/2 个柑橘。

晚餐

120 毫升低脂或脱脂牛奶。

60 克肉。

1/3 杯面条、米饭或土豆。

1/3 杯蔬菜。

生西芹　　　　　　　　　　　　　　棉花糖

其他生的水果或蔬菜（除非切成小片）

理想的情况是，孩子每天吃到以下这 4 类基本食物中的每一类。

1. 水果（如苹果和葡萄）。

2. 蔬菜（如菠菜、西蓝花和胡萝卜）。

3. 谷物类食物（最好是全谷物而不是加工过的）。

4. 蛋白质类食物（如鸡蛋、豆腐、鱼肉、鸡肉、牛肉和豆类）。

不过，如果孩子的饮食总是无法达到这一理想状态，你也不要担心。许多孩子拒绝吃某些食物，或者在某一段时间只吃一两种食物。你越强迫孩子改变饮食习惯，他就会越坚决地拒绝你。正如我们之前所说的，你最好给孩子提供各种各样的食物，让他自己选择吃什么，这样他最终会摄入均衡的营养。如果由他自己吃而非由你喂，他可能对一些健康的食物更加感兴趣。因此，你要尽可能地给他吃一些可以用手抓的食物（比如新鲜的水果、生的或煮熟的蔬菜，都要切成小块），而不要总给他需要用餐具吃的稀软食物。

营养补充剂。对饮食多样化的孩子来说，额外补充维生素和矿物质并非必需（除了维生素 D 和铁元素）；如果孩子较少吃肉、高铁米粉或者含铁量高的蔬菜，补铁就非常有必要了。事实上，每天饮用 480 毫升以上的全脂牛奶会影响铁的吸收，从而可能使孩子缺铁。孩子最好每天饮用 480 毫升低脂或脱脂牛奶，这样他不仅可以摄取骨骼生长所必需的钙元素，也不影响他对其他食物的消化和吸收，尤其是那些含铁丰富的食物。

对 2 岁的孩子来说，每天服用 600 国际单位维生素 D 补充剂是非常重要的，可以预防佝偻病。

牙齿生长及口腔卫生

孩子到 2 岁半的时候，20 颗乳牙应该长齐了，包括第二颗臼齿，它通常在孩子 20 ～ 30 个月大的时候长出。第二次长牙（恒牙）一般在孩子 6 ～ 7 岁的时候才开始，稍微早些或者晚些都是正常的。很多父母认为长牙会导致孩子出现一系列症状，包括流鼻涕、腹泻、发热和烦躁等，但长牙并不会造成上述症状。一般来说，如果孩子长牙时出现的这些症状让你很担心，我们还是建议你带孩子去看医生。另外要记住，用来麻醉牙龈的凝胶含有苯佐卡因，这种成分对孩子有危害，所以不应让孩子使用这种凝胶。孩子遇到的第一个口腔问题是龋齿。将近10%的2岁孩子有1颗甚至多颗龋齿；到3岁的时候，这个比例是28%；到5岁的时候，这个比例接近50%。一些父母认为乳牙期的龋齿无关紧要，反正乳牙早晚要掉。但这种观点并不正确，因为乳牙期的龋齿会对恒牙产生不良影响，并且会导致很多口腔问题。

保护孩子牙齿的最好途径是教他养成良好的用牙习惯。通过适当的训练，他很快就能将保持口腔卫生当作日常生活的一部分。但是，尽管孩子可能对此保持热情，他却可能没有自制力或无法集中注意力把牙齿刷干净。你需要监督他很长一段时间来确保他刷掉牙齿上难以去除的牙垢——那些软软黏黏的含菌残留物。它们聚积在牙齿上，可引起龋齿。同时，要留意孩子牙齿上的棕色或白色斑点，它们是龋齿的前兆。

你应该帮助孩子用软毛儿童牙刷每天刷2次牙。有专为不同年龄段的孩子设计的各种牙刷。你要选择适合你孩子的牙刷。一开始，你可以给他用大米粒大小的含氟牙膏，这种牙膏有防蛀的功效。如果孩子不喜欢牙膏的味道，你可以换种味道的或者让他用清水刷牙。此外，尽管孩子还太小，可能学不会漱口和吐水，但你还是要尝试教他不吞咽牙膏——吞下太多的含氟牙膏可能导致恒牙上出现棕色或白色斑点。

关于如何刷牙，你可能听过各种建议，如上下刷、前后刷或者画着圈刷。其实，朝哪个方向刷都可以，重点是彻底刷干净每一颗牙齿，从上牙到下牙、从前面的牙到后面的牙。在这一点上，你可能偶尔遇到来自孩子的阻力，因为他往往将注意力仅仅集中在他能看到的前面的牙齿上。引导他把刷牙当成"寻找看不到的牙齿"的游戏可能有所帮助。另外，在6~8岁之前，孩子不会在没有大人帮助的情况下刷牙。因此，看护者一定要监督他甚至在必要的时候帮他刷牙。

在孩子的口腔卫生问题上，除了规律刷牙以外，饮食也扮演着重要的角色。毫无疑问，糖对牙齿是一大威胁。牙齿接触糖时间越长、越频繁，患龋齿的风险就越高。有黏性的糖果（比如奶糖、太妃糖、橡皮糖、果脯等）的残留物在孩子嘴里长时间停留并覆盖在牙齿上的话，会对牙齿造成严重损害。确保孩子每次在吃完含糖的食物后刷牙。另外，不要允许孩子长时间用吸管喝任何含糖的饮品。在孩子去医院体检的时候，儿科医生会检查孩子的牙齿和牙龈。如果发现有问题，他会建议孩子去看牙医。美国儿科学会和美国儿童牙科学会建议，所有的孩子在 1 岁前都要看一次牙医并建立牙齿档案。因此，这个时候，你的孩子最好已经看过牙医了。牙齿档案是牙医与孩子保持联系的纽带，有助于孩子一生拥有健康的牙齿。

作为牙科检查的一部分，牙医将确认孩子所有的牙齿都正常生长并且没有任何问题，并在护理方面提供进一步的建议。儿科医生和牙医都会定期给这个年龄的孩子的牙齿涂一种氟保护漆以预防龋齿。如果你生活的地区的饮用水不含氟，他还会为孩子开含氟的滴剂或咀嚼片。你如果需要更多的指导或了解氟化物的详情，请告诉儿科医生并参见本书的第 119 页。

如厕训练

孩子过了 2 岁生日后，作为父母的你恐怕迫不及待地想让他开始如厕训练。尤其是当你决定将孩子送到托儿所或幼儿园的时候，这种需求似乎更加迫切，因为托儿所或幼儿园通常都要求家长在送托或孩子入园之前就教会孩子自己上厕所。不过，如果孩子还没有做好准备，过早地进行相关训练反而会事与愿违、事倍功半，甚至还会影响你和孩子之间的关系。如果如厕训练的压力来自外部，诸如送托或入园前的压力，那么你就要尝试找一家遵循幼儿发育规律的托儿所或幼儿园，这样孩子可以按照自己的成长速度慢慢进步，而非父母通过施加不切实际的压力来逼迫他以超出自己能力范围的速度成长。这种方法可以保护他的自我认同感和自信。放心，他最终一定能学会自己上厕所。当看到同龄的小伙伴会上厕所后，他或许更有动力学习。

你如果在孩子 18 个月大之前就开始如厕训练，那么一定不要过于着急，而要对训练的成功持现实的期待。当孩子无法遵从指导或出现意外状况时，不要惩罚孩子。不过，大多数儿童专家认为，等到孩子具备自我控制力再进行如厕训练，会取得事半功倍的效果。研究表明，在 18 个月大之前就进行如厕训练的孩子通常要到 4 岁之后才能完全掌握相关技能。相反，那些 2 岁左右才开始训练的孩子只需要 1 年时间就可以独立大小便了。孩子能够独立大小便的平均年龄为 2 岁半左右。

要想如厕训练成功，孩子需要有能力分辨想大小便的感觉，并理解这种感觉代表的意义，然后用语言向父母表达他需要父母帮助他上厕所的意愿，直到最终上完厕所。在孩子真正准备好之后进行训练不仅可以缩短训练时间，而且父母和孩子双方都可以快乐地教和学。

另外，可能只有在孩子度过幼儿期早期极具反抗精神的阶段后，如厕训练才能顺利进行。孩子必须愿意完成这一重大转变。当孩子在希望博取父母欢心和模仿你们的行为之外还渴望自己变得更加独立的时候，他就准备好了。如果孩子渴望独立，父母一定要避免与他的权力之争，否则会耽误训练。对大多数孩子而言，这一变化出现在 18 ~ 24 个月的时候，迟一些也是正常的。孩子做好了如厕训练的准备后，通常会跟父母说"新尿布"或者"尿尿"，即便你发现他其实刚刚已经在尿布上自己解决了，也要开心地准备给他"加一堂课"。

只要孩子做好了准备，父母保持轻松、没有压力的态度，训练就可以顺利地进行。在训练时，不要批评孩子尝试做出的努力，即使这些努力没有达到你的要求。相反，你要在整个训练过程中都以积极的态度回应他。孩子或许会出现退步，但你应该给予鼓励，时刻表扬他的进步，引导他把错误当作学习的机会，相信他下一次会做得更好。由于训练过程中的错误而惩罚他或让他难受只会对孩子造成不必要的困扰。

如何将上厕所的概念灌输给孩子呢？最佳方法是让他观察家中相同性别的成年人是如何做的。你还可以经常给他说说这个过程。

首先要进行的是大便训练。小便通常伴随大便，因此孩子可能分不清两者的区别。不过，一旦大便训练开始，大多数孩子（特别是小女孩）就会非常快地分清两者的区别。小男孩刚开始通常会坐着小便，然后逐渐变成站着小便，特别是当他看到年龄稍大的男孩或者爸爸这样做之后。

训练的第一步是在孩子的房间或者卫生间中放一个儿童专用坐便器，然后按照以下步骤进行。

1. 最初几周，让孩子（不必脱裤子）坐在儿童专用坐便器上，告诉他坐便器的知识，比如坐便器的用途以及何时使用它。如果你的孩子一开始对这个坐便器感到害怕，你就不要强迫他使用。之后，想办法在孩子放松和玩耍的时候给他介绍坐便器。

2. 当孩子心甘情愿地坐在坐便器上之后，你就可以取下尿布让他坐在坐便器上大小便了。向他示范如何将双脚牢牢地固定在地上，因为这在孩子大便的时候非常重要。让使用坐便器成为孩子的生活习惯，从每天一次增加到每天几次。

3. 鼓励孩子将尿布上的排泄物扔进坐便器里，这样可以让孩子领会坐便器的真正用途。

4. 一旦孩子领会了如何使用坐便器，他就极有可能对正确使用坐便器很感兴趣。为了促使孩子习惯使用坐便器，让他在没有包尿布的时候多在这把"椅子"旁边玩耍，提醒他在需要的时候用坐便器。要记住，孩子的注意力通常只能短暂地集中，所以让他集中注意力可能比较有挑战性。最初他可能因不太习惯而忘记，你不要对此感到失望。相反，你应当耐心地等待，直到孩子习惯这一方式，到那时你就可以怀着激动的心情给他奖励了。刚用完餐后

最初几周，让孩子（不必脱裤子）坐在儿童专用坐便器上，告诉他坐便器的知识，比如坐便器的用途以及何时使用它。

是训练的最佳时机，因为这时是他最可能想大便的时候。对那些不愿意在坐便器上大便的孩子，你可能需要检查一下他的大便是否过硬，从而导致排便疼痛。

5. 当孩子渐渐习惯这把"椅子"后，白天就可以逐渐将尿布换成训练裤。宽松合体的衣服或一次性训练裤会对孩子有帮助。这时，许多小男孩都会很快学着爸爸或者哥哥的样子，在成年人使用的马桶里小便。无论男孩还是女孩，都可以使用安装有儿童马桶圈的成人马桶。

跟大多数孩子一样，你的孩子要完成午睡期间以及夜间大小便的训练，可能需要较长的时间。即便如此，白天训练时要多尝试以上步骤，并且在他能够熟练地使用坐便器之后，强化这些步骤。最好的方法是鼓励孩子入睡前或一睡醒就马上使用坐便器。要知道，一些孩子要到五六岁时才不再尿床。夜晚，你可以使用常规或一次性幼儿训练裤，而不要使用尿布。孩子偶尔尿床是难免的，你可以将一块塑料隔尿垫铺在床垫上以减少你的清洗工作。你还应该让孩子知道，所有孩子都会尿床，这样可以消除他的顾虑。只要孩子午睡时或夜间没有尿床，你就一定要夸奖他，还要告诉他，如果半夜醒来想尿尿，就叫爸爸妈妈帮他。

你的目的是尽可能地让孩子在整个训练过程中积极、自然、自愿，这样孩子才不会害怕尝试。如果白天的如厕训练成功 1 年后，孩子在午睡时或夜间尿床的问题还得不到解决，那你应该向儿科医生咨询一下。但你要记住，夜间尿床在孩子 6 岁之前都是正常的。

睡觉

孩子 2 岁时，每天可能睡 11 ~ 14 小时（包括午睡时间）。这个年龄的大多数孩子仍然需要午睡，通常会睡 2 小时。

在睡觉时间，孩子可能对他的"睡前程序"非常熟悉。他知道在每天的这个时候他都要换睡衣、刷牙、听故事，以及抱着最喜欢的毯子或玩具上床去。如果你不按照这种模式做，他就会抱怨，甚至难以入睡。为你的孩子保持睡前活动的规律性很重要。

然而，即使完全按照固定的"睡前程序"行动，有些孩子仍然拒绝入睡。如果他们还睡在婴儿床上，当无人陪伴的时候，他们会哭，甚至可能从婴儿床上爬出来并哭喊着找爸爸妈妈。如果他们已经不睡婴儿床了，则可能不停

换床

当孩子身高达到 90 厘米时，父母就应让他停止使用婴儿床，换用普通的床。让孩子换用普通的床或者更大的儿童床非常困难，原因有两个。首先，孩子习惯了床的四周有围栏。因此，你可以先将婴儿床的床垫转移到地板上，因为一旦没了围栏，孩子就很可能从床垫上滚下来，把床垫放到地板上可以避免孩子摔伤。当孩子习惯了没有围栏之后，你可以给孩子换一张大点儿的床垫（依然放在地板上），并最终将床垫放到床上。你可以选用儿童床，如果孩子觉得舒服，你也可以选用正常尺寸的床。其次，给孩子换了大床后，让他乖乖地待在床上也是一件难事。在床沿安装护栏可以避免孩子从床上摔下来。另外，你要确保孩子的房间足够安全，并且房门可以锁好，防止孩子半夜从床上下来后在家里走来走去，进而受到不必要的伤害。更多关于安全的内容见第 15 章。

地坐起来，强调他们并不困（哪怕事实上他们已经非常困了），并要求参与家里当时正在开展的其他活动。

为了让这样的孩子获得控制感，父母应尽可能地让他在睡觉前多做选择，比如选择穿哪件睡衣或者听哪个故事。同时要使用夜灯，并让他与能带给他安全感的物品一同睡觉（见第 269 页"移情物"）以缓解他的分离焦虑。如果他在你离开之后继续哭，那就给他几分钟（比如 10 分钟）让他自己停止哭泣，然后进去让他平静下来，再离开几分钟，需要的话可以重复这个过程。不要斥责他，但也不要喂奶或者一直跟他待在一起，否则会加剧他的这种行为。

当孩子被噩梦惊醒时，最好的回应是安慰他。可以的话，让他告诉你刚才做的梦，并跟他待在一起直到他平静入睡。孩子在焦虑或者有压力的时候更容易做噩梦。如果他经常做噩梦，你看看能否找出是什么让他焦虑。如果他在进行如厕训练期间做噩梦，那就不要强迫他使用儿童坐便器。另外，针对可能困扰他的问题与他交谈（在他可以接受的范围内）。他的一些焦虑可能跟与你分离、在托儿所的经历或者家里的变化有关。交谈有时可以防止让人有压力的情绪积累。如果孩子习惯在睡前看电视，你就要尽可能地为孩子选择一些不会让他做噩梦的电视节目。有时候，你认为极其单纯的电视节目也可能有一些让孩子感到害怕的画面（参见第 32 章"媒体问题"）。

在孩子睡前，通过与他玩一些安静的游戏或给他讲一个美好的故事来帮他入睡；播放舒缓的音乐也是帮助孩子入睡的好方法。此外，若孩子半夜醒来，微弱的灯光（夜灯）将有助于他重新入睡。（更多关于睡觉的内容，参见第 35 章。）

规矩

作为父母，在这个阶段以及接下来的几年中，你面临的最大挑战毫无疑问就是管教你的孩子。孩子要用很长时间才能学会控制冲动。当他 2 岁的时候（甚至直到 3 岁），他依然用肢体行为来解决问题，比如通过推人、挤人、发脾气或争吵等来达到他的目的。大多数这样的行为出于一时冲动，孩子自

在孩子睡前，通过与他玩一些安静的游戏或给他讲一个美好的故事来帮他入睡。

管教幼儿的黄金定律

　　无论你更习惯于严格地遵循规则，还是更乐于采用随和的方式，以下建议都会帮你提炼出管教孩子的策略，最终对你和你的孩子都将有益。记住，2岁的孩子正忙着学习规则——他并不想当个坏孩子。

　　■ 始终鼓励和奖励孩子的好行为，制止坏行为，但绝对不要借助于打孩子或其他体罚方式来惩罚孩子。无论何时，当你可以选择的时候，请选择积极的管教方式。比如说，当2岁的孩子向火炉靠近时，你应该试着用一种安全的活动分散他的注意力，而非等待危险发生。当你注意到孩子正在用正确的方式独立完成一件事时，赞许他的正确决定。表现出你对他的行为感到骄傲，会让他觉得自己很不错，他今后面对同样的事情时就可能采用同样好的方式。

　　■ 在不压抑孩子想要独立的愿望的前提下，为孩子定一些规矩来帮助他学习控制自己的冲动，并且在社交方面有良好的表现。如果你的规矩过于严格，他就可能对自我探索或者尝试新技能望而生畏。

　　■ 在为孩子设定行为界限时要考虑到他现在的发育水平。你在定规矩时，不要期待他做能力范围之外的事。一个2～3岁的孩子很难控制去拿吸引他的东西的冲动。如果你指望孩子不去拿杂货店或玩具商店里摆放的商品，这种想法就是不切实际的。

■ 根据孩子的发育水平设置奖惩方式。如果孩子行为不当，你可以把他送到他的房间，不过不要让他独处5分钟以上，因为时间一长他便会忘记自己为什么待在那儿。你如果更喜欢对他进行说服教育，那也要等他情绪稳定再开始。你的谈话要简单明了且切合实际。不要使用假设性语气，比如"如果我对你这么做，你会怎么想？"，没有一个幼儿会明白这个道理。相反，你应该直截了当地告诉他规矩："我们不能打人。打人会使别人受伤。"

■ 不要随意地改变定下的规矩或惩罚方式，那只会让孩子感到混乱。随着他长大，你自然希望他的表现更加成熟，但是当你改变规矩时，请告诉他原因。例如，他在2岁时靠拉拽你的衣服吸引你的注意，你会容忍他；但是当他4岁的时候，你可能会希望他用更成熟的方式接近你。你一旦决定改变这种规矩，就要先解释给他听，再开始实施。

■ 你要确保家中其他成年人或看护者同意并且理解你在管教孩子方面的规矩和惩罚方式。如果一个家长允许孩子做一些事情，而另一个家长禁止他做这些事情，那么孩子必定感到迷惑。最终他会明白他可以让家长起纷争，无论是现在还是将来，这都会让你们的生活变得很痛苦。家长可以通过统一战线来避免发生这类纷争。

■ 你要记住，对你的孩子来说，你是举足轻重的榜样，而且孩子会模仿你的行为。你的行为越公平、越可控，孩子就越会通过效仿你来规范自己。从另一个角度来说，如果你在他违反规矩的时候打他，那么你教会他的是用暴力的方式解决问题。

己并没有打算这样做，他只是无法控制自己。无论孩子的行为是否是有意的，他的所作所为都是为了试探他自己的和你的底线。

你的孩子是在尽最大努力表达自我。在压力下，我们其实都表现得不那么成熟。这就意味着，2岁的孩子在压力下可能表现得更像一个18个月大甚至12个月大的孩子。在生理、情绪和社会压力下应该如何冷静面对，这是我们毕生都在学习的课题之一。2岁的孩子正在不断学习控制情绪以及建立日后的行为模式。

平静中断法 / 正面引导法

尽管孩子的危险行为或攻击性行为不可避免，但是你可以叫"暂停"，即采用平静中断法。平静中断法可以早一些开始使用。在孩子18～24个月大的时候，你就可以教孩子"平静中断"，也就是说保持安静并且不要动。随着孩子一天天长大，平静中断的时间可以相对延长。

这是一项需要学习的技能，3～4岁的孩子运用这种技能最为成功。因为这么大的孩子做错事情之后自己会意识到，并且明白自己为什么受到惩罚。平静中断法只可以在一些特殊的场合下使用，所以你要挑选"战斗"的时机，并坚决地向孩子亮出"不"的警告牌。

下面是平静中断法的具体步骤。

1. 让孩子坐在椅子上或者把他放在一个不容易让他分神的"无聊的"地方。这么做可以让他从错误的行为中走出来并有足够的时间冷静下来。

2. 向孩子简单地解释你在做什么，并且告诉他你为什么这样对待他。告诉他你爱他，但是他的行为实在不可接受。除此之外，不需要过多的言语和教诲。当孩子还很小的时候，等他冷静下来，平静中断法就可以结束。

3. 当孩子保持安静并且很乖地不再乱动，就结束平静中断。这更让孩子明白了平静中断就是保持安静和不许动。

4. 等孩子自己学会冷静后，随着年龄的增长，这种自我反省的时间每年增加1分钟。

5. 家庭教育专家越来越倾向于推荐使用正面引导法。要孩子彻底平静下来，可能还需要一些时间，但在此之后你可以花点儿时间跟他坐在一起，关照他的情绪变化，帮他冷静下来，同时对他不恰当的行为予以制止。这种方法可以避免孩子感到被孤立，也可以帮助他培养自我行为管理和情绪管理的能力。

如何设定并且强化这些底线由你自己来决定。有些父母非常严格，每当孩子违反规矩时都会惩罚孩子。而另一些父母则稍微仁慈一些，更倾向于给孩子讲道理而非惩罚孩子。无论你选择何种方法，只要它管用，就说明这种方法适用于你的孩子。同时，你也应该对这种方法感到适应，这样你才会一直使用它。（更多有用的建议见第352页"管教幼儿的黄金定律"。）

消退法

消退法是一种对 2 ~ 3 岁的孩子最为有效的惩戒方法，对上小学的孩子也同样有效，做法是在孩子违反规矩的时候对其进行有计划的忽视。你可以想象到，这种方法应该用在孩子出现哭闹等恼人或不受欢迎的行为时，而不应该用在他做出危险行为或破坏性行为时，后者需要使用上一页介绍的直接且迅速起效的方法来应对。

接下来我们说说如何应用消退法。

1. 明确界定孩子做错的地方。他是否在公共场合哭闹以引起关注？他是否在你要做其他事情的时候缠着你？要非常明确地说出孩子的错误行为和这些行为发生的环境。

2. 记录孩子发生这些行为的频率以及你的反应。你是否安抚过他？是否停下手边的事情去关注他？如果是这样，那么你就在不知不觉地鼓励他继续做出这种错误行为。

3. 当你开始不理睬孩子的错误行为时，你要记录他出现该行为的频率。关键在于坚持。即使商场里的所有人都在看你，你也不能让孩子知道你听到了他的哭闹，继续做你的事情就行。一开始，他可能更激烈、更频繁地试探你，但是最终会明白他并不会得到他想要的回应。保持镇定，最重要的是忽视这种错误行为。你如果对这种哭闹屈服，就是在纵容他。

4. 当孩子在他通常表现不好的情形下表现得当时，你一定要表扬他。如果他在你拒绝给他买糖的时候以正常的语气跟你说话而非大哭大闹，你就要夸奖他表现得很好、像大人一样。

5. 如果你只是一时消除了孩子的这种错误行为，之后它又发生了，你就重复使用消退法。第二次可能不用花这么长时间。

家庭关系

再生一个小宝宝

孩子 2 岁后，如果你打算再生一个宝宝，你可以料到，他将以十分嫉妒的心情迎接新生儿。毕竟 2 岁的孩子无法理解"分享"的含义，分享时间、分享物品、分享你的爱，这些都是他无法理解的。当然，他也不希望其他人成为家人关注的中心。

减少孩子嫉妒的最好方法是在小宝宝出生前几个月就开始让他做准备。如

刺激 2 岁孩子的大脑发育

2 岁是一个极其重要的年龄，在孩子的人生和大脑发育过程中意义非凡。就像之前所说的，在这个时期，孩子身体方面的发育有所减慢，但大脑和智力将全速发育。正如同孩子出生后你一直在刺激其大脑发育一样，在这个至关重要的阶段，你要继续努力。以下是一些建议。

■ 鼓励孩子玩可以提高创造力的游戏，比如搭积木或者画画。为孩子提供在游戏中学习的时间和工具。

■ 留意孩子的情绪。无论孩子高兴还是情绪低落，你都要做出回应。既要支持和鼓励孩子，又要有恰当的规矩。但是不要打骂孩子，要给孩子持续的指导。

■ 给孩子持续的、温暖的身体接触，比如拥抱和亲吻等，帮助孩子建立安全感和幸福感。

■ 在孩子穿衣、洗澡、吃饭、玩耍、散步和乘车的时候，给他唱歌或者与他聊天（就像跟成年人聊天那样）。说话尽可能地慢一些，以便给孩子一定的反应时间。避免使用"嗯"之类的语气词回答孩子，因为这可能让他觉得你没有听他讲话。与此相反，你要在孩子所用词语的基础上将它们扩展成句子。

■ 每天都给孩子读书，选择可以鼓励孩子触摸和指认的书；给孩子读有韵律的故事和儿歌。

■ 你如果会说其他语言，可以在家中使用。

■ 给孩子介绍一些乐器，比如玩具电子琴、小鼓等。音乐方面的技能可以影响孩子的数学学习能力和解决问题的能力。

■ 给孩子播放舒缓、优美的音乐。

■ 认真听并且回答孩子的问题。

■ 每天单独与每个孩子相处一段时间。

■ 每天让孩子在合适的时候做一些简单的选择（比如问他"你想吃

花生酱还是奶酪？"或者"你想穿红色 T 恤衫还是黄色 T 恤衫？"）。

■ 帮助孩子学习用语言描述自己的情绪，比如高兴、兴奋、愤怒或害怕等。

■ 限制孩子看电视的时间。避免孩子看或玩有暴力内容的节目或游戏。孩子看电视时你要在一旁监督，并且与他讨论所看的节目，不要将电视作为哄孩子的工具。

■ 将电视机关掉，把手机放在一边。虽然你的孩子似乎不太在意，但成年人在注意力不集中时往往说话较少，或较少将精力放在孩子身上，而你说的每一个词对孩子的语言发育都很重要。

■ 为孩子安排一些社交活动，比如去早教中心或者去游乐场与其他孩子玩耍和交流。

■ 经常指出孩子良好的行为，比如"我喜欢你们两个一起玩"。

■ 确保孩子的其他看护者理解与孩子建立充满爱意的关系的重要性，并且确保他们自始至终疼爱孩子。

■ 每天都和孩子一起在地板上玩一会儿。

■ 你如果决定请其他人帮忙带孩子，就要选择优质的儿童看护者或机构。确保你所选择的儿童看护机构温馨、负责任、富有启发性且足够安全。经常去儿童看护机构看望孩子，提出你在看护孩子方面的意见。

果他可以理解，你就让他和你一起去买一些婴儿用品或者帮你收拾新生儿的房间。如果医院提供让孩子做好准备迎接新生儿的课程，你可以在妊娠期的最后一个月带孩子去参加，这样他就可以提前了解新生儿将在哪里出生以及他日后去哪里探望。与孩子讨论一下新生儿出生后家中会变成什么样、他（或她）成为哥哥（或姐姐）后将多么重要、他（或她）将如何帮助小弟弟或小妹妹成长。（更多信息参见第 29 页"让家里其他孩子做好迎接新成员的准备"。）

当新生儿出生并且出院回家后，鼓励 2 岁的孩子帮忙处理一些事情并与新生儿玩耍（当然，要先洗手），但是不要强迫他（或她）这么做。如果他（或她）感兴趣，你可以给他（或她）布置一些任务，让他（或她）感到自己像一个大哥哥（或大姐姐），比如帮你拿尿布或者毯子、帮忙取小宝宝的衣服、帮小宝宝洗澡等。当你与小宝宝互动的时候，邀请他（或她）加入，给他（或她）示范如何抱小宝宝和移动小宝宝等。你要确保他（或她）明白，在没有你或者其他成年人在场的情况下，他（或她）绝对不可以抱起或者移动小宝宝。记住，你需要安排一些时间与大孩子单独相处。

家有大孩子

你家年幼的孩子有没有哥哥或者姐姐？如果有，你也许注意到，2 岁的孩子有英雄崇拜的迹象。在年幼孩子的眼里，大哥哥或者大姐姐是不会做错事的，那些强壮、独立却仍然能像孩子一样玩的哥哥或姐姐是完美的榜样。

这种关系有利有弊。年幼的孩子可能像一只小狗一样跟着大孩子，这会给你一些自由，而且会使两个孩子暂时都找到乐趣。可是不久，年长的孩子就想要他自己的自由，这必然会让年幼的孩子感到失望，还有可能导致他难过地流泪或出现一些不礼貌的行为。然而，你要确保小孩子不过分缠着他的哥哥或姐姐。如果你不介入，他们的关系就会变得非常紧张。

如果大孩子已经 8 岁或者更大了，那他可能已经有了相对独立的生活，在家庭之外有一些朋友和活动。而只要有机会，年幼的孩子就会跟着他到处跑。如果大孩子不愿意或者你也不赞同，你就不要允许年幼的孩子缠着哥哥

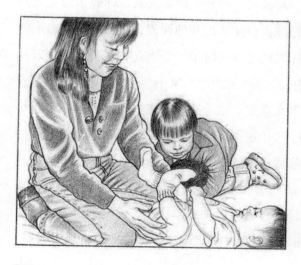

或姐姐，防止他变成令人讨厌的"麻烦鬼"。如果大孩子到了能够照顾小孩子的年龄，你不在的时候可以请他照顾弟弟或妹妹，然后给他一些补偿，这可以防止他产生不满的情绪。

两个孩子之间产生压力和竞争是不可避免的，但是如果他们能平衡好情谊和独立，

在年幼孩子的眼里，大哥哥
或大姐姐是不会做错事的。

他们就会变得团结并有利于他们的自我认同感的培养。通过与大孩子互动，年幼的孩子可以了解很多家庭价值观，并且可以提前了解大孩子是什么样的。同时，大孩子也会发现在家中做一个榜样意味着什么。

作为哥哥或姐姐，大孩子应该为年幼的孩子做行动的榜样，这是大孩子的重大责任之一。当然，如果你向大孩子表明这一点，他的行为将有很大的进步。如果你感觉他对年幼的孩子有不好的影响，而他又不做出改善，那么在他举止不端的时候，你只能把他们分开。否则，年幼的孩子会模仿他，然后很快学会他的坏毛病。不要在年幼的孩子面前惩罚大孩子，这会使大孩子感到困窘，但要确保年幼的孩子理解"好的行为"和"不好的行为"之间的区别。

身体检查

从孩子 2 岁起，父母每年都需要带他去做 2 次常规体检。医生除了做一些以前做过的检查外，还会做下面这些检测。

■ 进行血液检测来判断孩子是否存在铅中毒的风险，并测量血红蛋白（血液红细胞中携带氧气的蛋白质）水平。

致（外）祖父母

孩子 2 岁这一年对父母来说通常是极具挑战性的一年，当然，对（外）祖父母来说也不例外。这个年龄的孩子比以前更加好动和情绪化，他们会经常发脾气或提出过分的要求，不断挑战大人的忍耐极限。

作为（外）祖父母，你可能已经忘了自己的孩子在 2 岁时是什么样子的，毕竟已过去很多年了。下面为你提供一些育儿指导，你在照料 2 岁的孩子时要牢记（有些说起来容易，实际很难做到）。

■ 尽量保持冷静。不要对孩子的无理取闹发脾气，尝试从容地应对，因为他的这种行为大多是为了引起你的注意。灵活地给予孩子回应，但要保持坚定而不失慈爱的态度。

■ 坚持前后一致的规矩和惩罚原则，并注意与孩子父母的管教方式保持一致。不对孩子实行体罚。

■ 对孩子好的表现予以表扬和赞美。让自己成为孩子效仿的榜样。

■ 鼓励孩子学习自我约束。

■ 一直爱护孩子。

■ 这个年龄的孩子是以自我为中心的（他们大多数时候只想到自己，而很少考虑其他人的感受），因此，不要在意他们的冷漠。这种现象在 2 岁的孩子中普遍存在，但不会持续很长时间。

学会自己大小便是孩子在这个年纪所取得的最重要的一项成就。与孩子的父母沟通，了解孩子的如厕训练进展到了哪一个阶段，你应该如何对他取得的成果予以嘉奖，特别是在你看护他的时候。如果孩子将在你家待很长时间，请购买足够多的训练裤以及儿童专用坐便器。坐便器的样式要与他在自己家习惯使用的一模一样。

安全很重要，请确保你家符合安全要求。细节请参考第 15 章。千万注意药品的存放，不要随意放在孩子看得到、够得着的地方。使药品远离孩子，将药品保存在一个你记得住的安全的地方。即便孩子回自己家了，你也要尽量将药品放在那里，这样就算孩子哪天突然来你家，你家对他来说也是绝对安全的。如果你家的药瓶没有防止儿童开启的装置，那么将药瓶放在远离孩子的地方就更为重要。因为药瓶这样的容器会让好奇心强的 2 岁孩子轻易打开它们并取出药物，所以千万要注意。

最后，请记得每次驾车带孩子出行的时候，一定要让孩子坐在汽车后排的儿童安全座椅上。

■ 进行结核病皮肤检测或血液检测（根据患结核病的风险进行不同检测）。

疫苗接种

到 2 岁的时候，孩子应该已经完成了大部分疫苗的接种。包括：

■ 乙肝疫苗

■ B 型流感嗜血杆菌疫苗

■ 肺炎球菌疫苗

■ 前三针脊髓灰质炎灭活疫苗

■ 前四针百白破（百日咳、白喉、破伤风）疫苗

■ 第一针麻腮风三联疫苗

■ 两针甲肝疫苗

■ 两针或者三针轮状病毒疫苗（取决于第一针和第二针疫苗的种类）

■ 水痘疫苗

孩子从 6 个月大开始，每年都应该接种流感疫苗。同时要记住，孩子 4～6 岁或者小学入学时，要接种以下疫苗的加强针：百白破疫苗、脊髓灰质炎灭活疫苗、麻腮风三联疫苗以及水痘疫苗。要获取更多关于疫苗接种的信息，参见第 31 章。

安全检查

孩子在这个年龄已经可以跑和跳，还学会了骑三轮车。孩子天生的好奇心驱使他探索更多的新事物，包括一些危险的地方。可惜的是，他的自我控制力和自我保护能力还未得到充分的发展，所以父母依然需要小心看护（更多关于安全的信息，参见第 15 章）。

预防摔落

■ 将所有通向危险之处的门锁起来，将钥匙收好，并从外面检查是否所有的门都已锁好，防止孩子溜出去。

■ 在楼梯的顶部和底部安装儿童防护门，在窗户上安装护栏。

预防烧伤和烫伤

■ 让孩子远离热源，比如火炉、熨斗以及安装在墙壁或地面的取暖器等（检查新型取暖器和老式取暖器是否有安全保护装置）。

■ 用家具挡住电源插座，或者用插座盖将插孔遮盖起来。注意，选用的插座盖不应成为令孩子窒息的风险源。

■ 将电线放在孩子够不到的地方。

■ 安装烟雾探测器和一氧化碳探测器，并一直使用它们。

■ 不要将点燃的蜡烛放在孩子容易够到的地方。

预防中毒

■ 将所有药品都放在孩子打不开的容器中，或者锁到高处或其他孩子看不到、够不着的地方。

■ 将家用清洁用品和药剂放在原有的包装盒里，并锁在柜子里。

■ 为安全起见，最好使用洗衣液或洗衣粉，而不要使用洗衣凝珠。若要使用，可以等到孩子 6 岁以后再使用。

■ 在家中所有的电话机旁贴好急救电话号码并将其保存在手机里。

■ 确保危险物品（特别是洗衣凝珠、纽扣电池和强力磁铁）已经放置在安全的地方并且锁好。

汽车安全

■ 当孩子在室外玩耍的时候，父母要紧紧地盯着他。不要允许孩子在车库旁边或者车道上玩耍，因为这些地方经常有车辆驶过。曾有许多孩子被亲人开车不小心撞死。许多车辆都有较大的盲区，若孩子身处盲区，司机在倒车或开车时是看不到孩子的。汽车在不用的时候应该上锁，这样孩子在未经允许的情况下就不能进入汽车了。

■ 每次开车前，都将孩子置于质量合格、安装正确的汽车安全座椅中，并且让座椅朝向后方。当孩子的身高和体重达到可转换式汽车安全座椅后向使用所允许的上限时，你就应该将汽车安全座椅转为前向并给孩子系好五点式安全带，而且应该尽可能地持续使用，直至他的身高和体重达到汽车安全座椅生产商所允许的上限。大多数可转换式汽车安全座椅都允许孩子在 2 岁以后仍然朝向后方坐。记住，永远不要让孩子坐在汽车的前排，即使车程非常短。汽车安全气囊对孩子来说很危险，若发生车祸，汽车安全气囊会爆开并给孩子造成严重的伤害。孩子要一直使用放置在后排的汽车安全座椅。如果你的汽车有 LATCH 系统，你就要用它来固定汽车安全座椅。在汽车行驶的过程中，绝对不能让孩子解开安全带或者爬出汽车安全座椅。

■ 永远不要把孩子单独留在车里，因为汽车内部的温度会迅速上升，导致孩子中暑，严重时甚至会导致死亡。

第 12 章 3 岁

　　孩子 3 岁了，"可怕的 2 岁"应该结束了，"神奇岁月"即将开始。因为，在接下来的两年里（3 ~ 4 岁时），孩子的世界将充满各种活灵活现的想象。他现在已经从一个蹒跚学步的幼儿变成一个更加独立、更懂得与其他孩子互动的学龄前儿童。现在是让孩子上幼儿园或参加各种团体活动的最佳时间，这些团体活动有助于孩子进一步强化各种能力，学习社交技能。

　　在这一阶段，孩子的一些能力趋于成熟，他可以自己大小便、学着照顾好自己的身体。因为已经可以控制好自己的动作，动作的方向感也更加准确，孩子现在能进行一些更有组织性的游戏和运动。他也掌握了语言的基本规则，通过每天不断练习，积累了相当惊人的词汇量。语言能力的提高对孩子的行为也有重要影响，因为他会学着用语言来表达自己的需求和感受，而不像以前那样只能靠抓人、打人和哭闹来表达。他还学会了分享。在他综合运用这些新技能时，你能够做的最重要的事情是引导他变得更加自律，让他感到自信和能干。

你和孩子的关系在本阶段将发生巨大的转变。从情感上来说，他现在已经可以将你当成一个独立的个体来对待，明白你也有自己的情感和需要。你难过的时候，他会安慰你或试图帮你解决难题。如果你对另一个人生气，他就会宣称他也讨厌那个人。这个年龄的孩子很希望取悦你，而且明白他必须做某些事或有某些行为和表现才会令你特别开心。可是，他现在也很想让自己快乐，所以常常会试着跟你讨价还价："要是我为你做这件事，你能为我做那件事吗？"当你只希望孩子乖乖按你的要求去做时，这种讨价还价的行为会令你很恼火，但这是孩子形成独立意识的正常表现，而且显示出他已经有了"公平"的概念。

生长发育

外观和生长情况

在这一阶段，孩子会继续甩掉婴儿期蓄积的脂肪，增长肌肉，看起来更强壮、更成熟。他的手臂和腿会变得比以前细，上半身变瘦且呈上宽下窄的状态。有些孩子的身高增长速度与其体重和肌肉的增长速度不匹配，结果可能使他看起来非常瘦弱。这并不代表孩子不健康，随着肌肉增长，他们会逐渐强壮起来。

一般来说，孩子 3 岁后的发育会逐渐变慢。这一年身高大约增长 8.9 厘米，体重大约增长 2.3 千克，到 5 岁那一年身高和体重的增幅会降到 6.4 厘米和 2 千克左右。但是 2 岁以后，同龄儿童的身高和体重会逐渐拉开差距，所以你不要浪费时间拿自己的孩子和其他孩子比较。只要他仍然按照自己的发育速度不断成长，你就没必要担心。

从现在起，最好每年为孩子测量和记录身高和体重 2 次，可将这些数值记录在"附录"中的生长曲线中。假如孩子体重的增幅超过身高的增幅，那他就有超重的风险；假如他的身高在半年内没有任何变化，那他可能出现了发育问题。出现这两种情况的话，你都应与儿科医生讨论。

孩子的面容这几年也会逐渐成熟。他的头骨会略微拉长，下颌线条更明显。同时，他的上颌会变宽，为恒牙生长创造足够的空间。因此，孩子的脸会变大，五官特征更加突出。

运动发育

3 岁的孩子可以毫不费力地站立、跑跳和大步前行。现在他动作灵活，可以随意地向前或向后移动，上下楼梯也更熟练。走路时身体挺直，两肩向后拉，在结实的腹部肌肉的支撑下，小肚子也收起来了。他现在用标准的脚跟

先着地、脚尖后着地的方式行走，步幅、双脚间距和速度都很均匀。他还可以熟练地骑三轮车。

不过，他也并非做所有动作都自如。他仍然要很小心才能踮起脚尖或单脚站立片刻。从蹲姿站起和接球对他来说也颇为费力，但他只要保持手臂向前张开，还是能接住比较大的球。他还能流畅地将手里的小球抛出去。

3 岁的孩子依然和 2 岁时一样活泼好动，但通常对有计划的游戏更感兴趣。

他不再每天漫无目的地四处乱跑或随意摆弄小玩意，而会花较长的时间从事一种活动，比如骑三轮车或堆沙子玩。他还很喜欢一些活动性强的游戏，比如追逐或踢球，但对以前的随性的小游戏也保留着兴趣。

孩子大多数时候都闲不住。他仍然会用身体语言来表达一些他无法用语言描述的想法和情绪。身体语言还可以帮孩子更好地理解很多词语和概念，比如你谈起飞机的时候，他可能立刻张开双臂在房间里"飞行"。尽管孩子过于好动有时令大人很烦恼、难以专心做事，但这是他的重要学习方式和快乐之源。

因为孩子的自我控制力、判断能力和协调能力尚未发展成熟，所以孩子主要还是依靠成年人的监护来避免发生危险。但是，成年人不能对孩子干涉太多。孩子探索自身运动能力的极限时不可避免会磕磕碰碰，有时甚至只有通过吃一堑长一智的方式才能学到东西。一般来说，孩子自己在旁边的房间里玩耍时，父母可以不管他。他会按照自己的步调来做游戏，不会尝试那些超出能力范围的事情。其他一些情况才是真正需要父母关注或担心的，比如当他和别的孩子一起玩时，接近危险的设备或机器时，尤其是在车水马龙的马路边时。其他孩子可能引诱或刺激他做一些危险的事情，而这个年龄的孩子对机器、设备和车辆的活动或速度还没有判断力。他预料不到一些行为带来的后果，可能追着球跑到马路上或者把手伸进三轮车的轮辐里，所以在这些情况下必须由你来保护他的安全。

3 岁儿童的运动发育里程碑

- 可以单脚跳或单脚站立 5 秒。
- 上下楼梯无须扶助。
- 可以向前踢球。
- 可以将球从手里抛出。
- 基本上可以接住弹跳的球。
- 可以灵活地向前或向后移动。
- 可以向前跳。
- 可以在沙发或椅子上爬上爬下。

手部发育

3 岁以后，随着肌肉控制能力和注意力的发展，孩子开始掌握很多手部的精细动作。在这个阶段你会发现，他不仅可以单独活动每一根手指，还可以协调几根手指的活动。这意味着他不再用手掌握着蜡笔，而像大人一样，将拇指放在蜡笔一侧，其他手指放在另一侧来持笔作画。现在他已经能够画出方形、圆形，或者随意涂鸦。

由于空间意识有了更好的发展，孩子对物体之间的位置关系更为敏感，做游戏时很注意各种玩具的摆放位置，还会小心控制各种工具和物品来达到一些目的。随着精细动作能力和肌肉控制能力的提高，孩子可以将 9 块甚至更多块积木摞在一起；可以将水壶里的水倒进杯子里（用两只手）；可以自己解开衣扣，甚至将较大的纽扣穿入扣眼；还可以用叉子将盘子里的食物送入口中，基本不会弄得到处都是。

他很喜欢尝试运用各种各样的工具，比如剪刀，还喜欢一些材料，比如黏土、颜料、纸和蜡笔。他有能力操控这些物品，并尝试用它们来创作其他东西。起初他没有什么目标，只是随手拿来玩，等弄完再辨别做出来的东西像什么。例如，在纸上涂抹一气后，他可能宣称他画的东西像只狗。但情况很快就有所不同，他会在动手之前决定好要画什么、做什么。创作方式的进步也会促进精细动作能力和动手能力的进一步发展。

一些相对安静的游戏有助于提高孩子的动手能力。

- 搭积木。

- 完成简单的拼图（4 ~ 5 大块）。

- 玩钉板玩具。

- 穿大木珠。

- 用蜡笔或粉笔涂色。

- 用沙子堆建沙堡。

- 把水倒进大小不同的容器中。

- 给洋娃娃穿脱带有大拉链、纽扣和带子的衣服。

父母可以教孩子使用一些成年人的工具来

3 岁儿童的手部发育里程碑

- 会画小人，可以画出头部和其他身体部位。
- 会用儿童专用剪刀。
- 会画圆形和方形。
- 开始摹写一些大写字母。
- 可以自己穿衣服、脱衣服（大衣、夹克和衬衫等）。
- 会自己吃饭。
- 会进卫生间自己小便。

鼓励他多动手。假如有机会使用真正的螺丝刀、比较轻的小锤子、打蛋器或园艺工具，孩子会非常兴奋。当然，你必须全程在旁边严密监护。如果你在做事的时候允许他帮忙，他的动手能力会令你大吃一惊。

语言发育

到 3 岁时，孩子掌握的词汇量应该达到 300 个以上。他能够说出由 3 ~ 4 个词语组成的句子，并模仿成年人的大部分发音。有时孩子会有点儿"话痨"，这可能令你很烦，但这是他学习并积累新词汇的重要途径。语言赋予孩子表达内心感受的能力，是他思考、创造和与成年人交流的工具。他的表达能力越强、理解的词汇越多，他运用语言工具的能力就越强大。

孩子正在利用语言来帮助自己理解并参与身边发生的事情。他可以叫出大部分熟悉物品的名称，就算叫不出，他也只需要问你："这是什么？"即使他没有提问题，你也可以抓住一切机会让他接触更多词汇，扩充词汇量。假如他指着一辆车说"大汽车"，你可以回答："对，这是一辆灰色的大汽车。你看车子的表面还会反光。"或者在孩子帮你挑选花时，顺便描述他挑到的每一种花："这是一朵黄白相间的美丽的雏菊，那是一朵粉色的天竺葵。"

你还可以帮助孩子用语言来描述看不到、摸不着的事物和念头。比如说，当他告诉你他梦到了怪兽时，你可以问问他怪兽是很凶还是很友好，怪兽是什么颜色的，怪兽住在哪里，怪兽有没有朋友，等等。这不仅有助于孩子增强语言表达能力，还有助于他克服恐惧。

3岁的孩子仍然在摸索各种代词，比如"我""我的""你""你的"的用法。这些词看起来很简单，实际上很难掌握，因为它们分别指代他自身、他的所

口吃

很多父母担心孩子口吃，不过这种担心大多是父母多虑了。总体来说，两三岁的孩子偶尔重复某些音节、音调、词语，或者在说话前有一段时间的停顿和犹豫，这些都是很常见的。大多数孩子从未意识到自己说的有什么不对，而且不需要任何帮助就会度过这一阶段。只有当这种现象持续很久（超过3个月）而且影响正常交流，才算真的口吃。

大约5%的学龄前儿童有不同程度的口吃，口吃大多出现在2～6岁。男孩口吃的概率是女孩的3倍，原因目前仍不清楚。某些孩子可能是因为还没有掌握讲话的正常节奏和韵律，但大多数口吃的孩子没有任何健康或发育方面的问题。当孩子感到焦虑、疲倦、身体不适时，或者因为过度兴奋而加快语速时，口吃的情况会变得更严重。有些孩子是因为一次学习的新词太多而口吃；还有些孩子是因为思考速度快于口头表达速度，话说到一半就忘了正在说什么，这时重复某个音节或某个词语是为了赶上思路。一些口吃的孩子在重复音节或词语时会提高音调，或者张大嘴想讲话时却有一小会儿发不出声音。

孩子越对自己的口吃问题感到担心，情况就会越严重。因此，父母应该做的是忽略孩子的口吃。认真听孩子说话，但不要纠正他，不要中途打断他，更不要急着帮他把话说完。用你的身体语言清楚地告诉孩子：你很喜欢听他说话。同时，为他树立良好的榜样，跟孩子说话时放慢语速，使用简单的标准语言。全家人最好都放慢语速，包括你与家里其他人对话时，这种身体力行比告诉孩子慢点儿说话效果好得多。你要告诉他，你有充足的时间听他说话，这对他来说很重要。

你还可以每天安排一些放松时间，专心陪孩子玩耍和聊天。在不受外界打扰的情况下，你将全部的注意力都放在孩子身上，然后让孩子来决定一起做些什么。如果他把某些事情做得很好，你就立即表扬他，帮

他建立自我认同感和自信，将他的注意力从语言障碍上移开。对孩子的口吃绝对不要流露出丝毫厌恶、丢脸或无奈的迹象（避免使用诸如"慢点儿说！""重说一遍，这次说清楚点儿！"或"放轻松！"等话语），要表达出你对他的包容和接受，同时强调他的长处。这种包容的环境有助于孩子减轻口吃带来的焦虑，从而有助于他克服障碍。有了家人的全力支持，孩子一般都可以在上学前克服口吃的障碍。

孩子如果口吃非常严重，可能需要语言治疗，以免口吃变成长期的问题。如果你的孩子经常重复一些音节或词语的某部分，而且他自己对这个问题很敏感，并且表现出明显的紧张迹象（如面部扭曲或挤眉弄眼），你就应向儿科医生咨询。如果家族有严重口吃史，你也应告诉医生，医生可能会为你推荐语言障碍方面的专家。

有权，还有其他人和其他人的所有权。更为复杂的是，这些词还会根据说话人的不同而变化。他可能时常用他自己的名字来代替"我"。跟你们说话时，他又可能用他对你们的称呼（比如"妈妈""爸爸""姥姥"等）来代替"你"。你如果去纠正他，只会让他更加困惑，因为他会以为你在讲你自己。你只要在说话时尽可能地正确使用这些代词就好。例如，不说"爸爸想让你一起来"，而说"我想让你一起来"。这样不仅可以教他代词的正确用法，还会令他形成你们不仅是他的父母、还是独立个体的概念。

这个年龄的孩子的语言表达已经很清楚，即使陌生人也能听懂他讲的大部分内容。即便如此，他说话时可能还有一大半的音很不标准。例如，他有时会把"ch"发成"q"，如"qī（吃）饭""qūn（春）天"，或者把"sh"发成"x"，如"喝 xuǐ（水）"，有时还会用某个音代替所有他还发不出的音。还有一些音，如"b""p""m""w""h"，他要到 3 岁半左右才开始掌握，而且要花几个月时间才能准确地发出来。

如果孩子的语言发育滞后或发育不良，他就应该接受语言发育专家的检查。如果他同时显示社交退缩、兴趣狭窄、不断重复某些动作等迹象，你就应该带他去孤独症谱系障碍专科进行诊断。越早发现并及时治疗，孤独症谱

3 岁儿童的语言发育里程碑

- 理解"一样"和"不一样"的概念。
- 掌握一些基本的语法规则。
- 能讲出有 3 ~ 4 个词语的句子。
- 语言表达比较清楚，陌生人也可以听懂他的话的 75%。
- 会讲故事。

系障碍对孩子发育的整体影响就越小（更多关于孤独症谱系障碍的信息，见第 339 页和第 635 页的基本介绍和干预措施）。

认知发育

3 岁的孩子每天不停地提出各种问题，对身边发生的每一件事都很好奇。他喜欢问："为什么我必须……"只要你的答案简单明了，他就会认真听。你不必把所有规矩都解释清楚，因为他还不能理解你讲的道理，所以完全不感兴趣。你如果想跟他进行一场严肃的对话，就会发现他一脸茫然或者将注意力转移到更有趣的事物，如房间另一端的玩具或窗外经过的卡车上。你不如就告诉他做某件事是因为"对你好"或"这样你才不会受伤"，这比详细解释更适合他。

孩子会用"为什么？"来提问，这更难应对，部分原因是他每天会有几百个这样的问题，而其中一些根本没有答案或你不知道答案。假如孩子问你"太阳为什么发光？"或者"为什么小狗不跟我说话？"，你可以告诉他你也不知道，或者找一本关于这个问题的书，邀请孩子跟你一起研究。不管孩子提出什么样的问题，你都要认真地对待。这样可以扩展孩子的知识面，满足他的好奇心，让他学会有条理地思考问题。

面对一些有挑战性的学习问题时，你会发现 3 岁的孩子思考问题时仍然是单向的。他不会从两个角度来看问题，更不知道如何解决需要考虑多个条件的问题。比如说，你拿两杯等量的水，把一杯水倒进一个矮胖的容器中，

如果孩子问你"为什么小狗不跟我说话?",你可以找一本关于狗的书,邀请孩子跟你一起研究这个问题。

3 岁儿童的认知发育里程碑

- 可以正确认出一些颜色。
- 理解计数的概念,可能知道几个数字。
- 从单一角度解决问题。
- 开始形成更清晰的时间观念。
- 能够理解并执行包含 3 部分内容的指令。
- 能记住故事的部分内容。
- 会玩想象游戏。

把另一杯水倒进一个高瘦的容器中,他很可能认为后者里的水比前者里的多。即使让他看到两杯水是等量的,然后当着他的面立刻把水倒进不同的容器中,他还是会得出同样的答案。因为按照孩子的逻辑,容器越高就越"大",里面装的水肯定也就越多。到 7 岁左右,孩子才会理解要从多个角度看问题才能得出正确答案。

3岁的孩子已经有了相当清晰的时间观念。他很清楚自己每天的生活规律，对研究其他人的日常规律也很有兴趣。例如，他可能很喜欢观察每天来送信的邮递员，但是对每周才有人来收一次垃圾感到很困惑。他能意识到一些特别的日子（比如各种节假日和生日）要隔一段时间才会到来。不过，即使现在能记住自己的年龄，孩子对一年到底有多长仍然没什么概念。

社交能力发育

3岁的孩子已经不像前两年那么自私了。他对成年人的依赖也相对减少，这标志着他的自我意识正在完善，安全感逐渐增强。现在他可以真正地和其他孩子一起做游戏和互动，而非聚在一起却各玩各的。在与他人游戏的过程中，他开始意识到每个人都有自己的想法，别人的想法未必和他的一样。每个小伙伴也有自己的独特性格，有些讨人喜欢，有些则不讨人喜欢。你还会发现他流露出对某些孩子的偏爱，更喜欢和这些孩子一起玩，也开始交朋友。在交朋友的过程中，他会发现自己身上也有一些与众不同之处令他更受欢迎——这个发现会大大增强他的自我认同感。

孩子在这个阶段的发育中还有更令人欣喜的特点，那就是随着对他人的感受和行为更加了解、更加敏感，他与小伙伴一起做游戏时会停止争抢，学习相互忍让和配合。几个孩子一起玩时，他会学着排队等待轮流做游戏，跟其他人分享玩具，只不过不一定每次都能做到。以前他想得到某个东西时，会用抓人、哭闹或尖叫来表达，而现在大多数时候他已经可以礼貌地向别人提出请求了。你会看到孩子在游戏中的攻击性行为减少，行为更加稳重。3岁的孩子大多数时候已经可以用轮流玩游戏或交换玩具等方式解决跟玩伴之间的纷争。

不过刚开始时，这种合作仍然需要你的鼓励。例如，你可以要求孩子"好好说"，而不要用发泄情绪的方式来解决问题。同样，当两个孩子分享玩具时，你要提醒他每个人都有均等的机会玩。如果他和另一个孩子都坚持要同一个玩具，你就要想一些简单的方法来解决矛盾，比如抽签决定谁先玩，或者帮他找另一个玩具或游戏。这些方法可能并非每次都有效，但值得一试。此外，孩子不知如何表达情绪和需求时，你应帮他寻找合适的词语，不要让孩子觉得太沮丧。总而言之，你要用自己的言行给孩子做榜样，让他学习和平地解决与其他人的矛盾。如果你性情比较暴躁，那就尽可能地不在孩子面前发作。否则，他以后一遇到压力和挫折就会像你一样大发雷霆。

可是，你不论做什么，都无法完全避免孩子有时用肢体冲突的方式来发泄自己的愤怒情绪和挫败感。发生这种情况时，你首先要避免他伤到其他孩子。假如不能让他很快冷静下来，那就把他从其他孩子身边带走。其次，跟他聊聊他的想法，尽可能地搞明白他为什么这么激动。你必须明确地让他知道，你可以理解他的感受，也可以包容他的行为，但他不可以用攻击其他孩子的方式来表达自己的不满。

在这个阶段，你可以启发他站在别人的角度看问题，比如让他想想别人打他或对他尖叫时他会有什么感受，然后帮他想出一些更加平和的解决问题的方式。最后，等他真正明白他刚刚做错了——一定要在他真的明白后——再敦促他去跟其他孩子道歉。但是，单单教他说"对不起"是无法帮助孩子改正错误行为的，你一定要让他明白自己为什么要道歉。虽然孩子可能无法立刻理解，但你要有耐心，他到 4 岁时就可以理解你的解释了。

幸运的是，3 岁孩子的兴趣点通常会令孩子之间的冲突大为减少。因为这一阶段的孩子最喜欢的已经不再是玩玩具，而是各种角色扮演游戏，这类游戏往往要求孩子们有很高程度的合作和互动。你可能已经看到过年幼的孩子兴致勃勃地在角色扮演游戏中给每个人分配不同的角色，并在这些游戏中使用想象的或家中常见的物品。角色扮演游戏有助于孩子锻炼重要的社交技能，比如轮流玩游戏、关注他人、相互交流（通过动作、表情和语言），以及对他人的行为做出回应。这类游戏还有一个优点：孩子可以在游戏中成为任何他所向往的角色，比如超人或仙女，这有助于他探索和了解比较复杂的社会观念。而且，这有助于提升孩子的执行能力，如解决问题的能力。

仔细观察孩子在角色扮演游戏中所扮演的角色，你会发现他已经开始意识到自己的性别和该性别的身份了。玩角色扮演游戏的时候，男孩会自然地接过父亲的角色，女孩则会扮演母亲，这反映出他们已经意识到自己身处的世界存在性别差异。这个年龄的男孩会对自己的父亲、哥哥以及附近的其他男孩很感兴趣，女孩则更关注其他女孩和女性群体。

研究显示，男孩和女孩之间存在的发育和行为差异一般很少是由生理因素决定的。一般情况下，学龄前的男孩往往比女孩好斗，而女孩则更擅长语言表达，但男孩和女孩的这些表现也有很多重叠的地方。这个年龄段与性别相关的性格差异很多源于文化和家庭的影响。不论你们的家庭构成是怎样的，也不论家庭成员在其中扮演怎样的角色，孩子都会从电视、杂志、图书、宣传栏、朋友家和邻居家发现传统的男性和女性角色的不同，而且其中一些具有代表性的形象会加强孩子心目中对不同性别的典型特点的印象。例如，各种广告、亲戚送的礼物，以及大人和其他孩子的赞许言论都在鼓励女孩玩洋娃娃；男孩玩洋娃娃则通常受到外界阻拦，人们会鼓励男孩去做一些更粗放的游戏和运动。孩子从大人贴在自己身上的这些"标签"中感觉到赞许或反对后，其行为肯定会发生相应的变化。因此，孩子到了上幼儿园的年龄时，基本已经形成了一定的性别意识。

由于开始学会分类思考问题，孩子通常会理解这些性别标签所划分的界限，却不理解这种性别界限往往是灵活可变的，而且这个年龄的孩子在性别认知过程中时常有极端的表现。女孩去幼儿园或出去玩的时候可能坚持穿裙子、涂指甲油，甚至化妆。男孩可能走起路来昂首阔步，表现得非常大胆，不管去哪儿都要带着自己最喜欢的球、球棒或小卡车。

另外一些孩子则拒绝接受这种传统的性别标签，而更愿意选择异性喜欢的玩具、玩伴、兴趣、言行举止以及发型。这种情况有时被称为"性别扩展""性别混乱""性别错位""性别创新""非典型性别"等。在这些性别扩展的孩子中，有些孩子也许从内心逐渐感受到，他们对自己是男性还是女性的性别身份认知稍微偏向于异性，有些介于男性和女性中间，有些则完全倾向于异性。这些孩子通常被称作"跨性别者"。由于孩子现在更擅长用语言表达自己的感受，所以现在更加有能力与人交流其对性别表现的偏好（通过对衣服、玩具、玩伴、发型等的选择），以及对自己的性别身份的理解。因为很多3岁的孩子对不同性别的典型特点分得很清楚，所以在这一阶段性别扩展的孩子在群体中会显得尤为不同。这些孩子也是正常而健康的。但如果孩子对性别的表现和认知与父母或身边人期望的有所不同，父母想要引导孩子转换性别的表现和认知就不那么容易。

当孩子在早期形成自己的身份认知时，他一定会对两种性别的表现和行为进行尝试。父母最好不要压制孩子对异性角色的探索，除非孩子强烈地抵触或反对现有的社会文化标准。如果你的儿子每天都想穿裙子，或者你的女

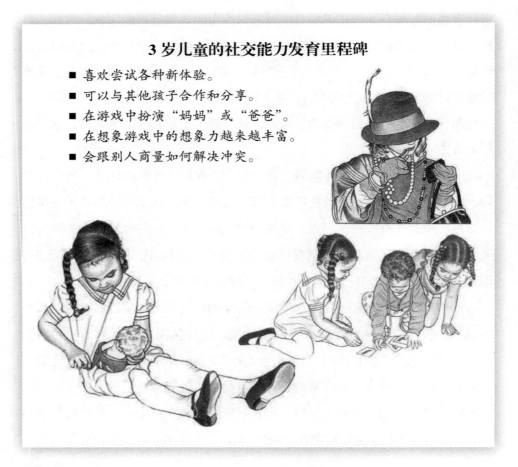

3岁儿童的社交能力发育里程碑

- 喜欢尝试各种新体验。
- 可以与其他孩子合作和分享。
- 在游戏中扮演"妈妈"或"爸爸"。
- 在想象游戏中的想象力越来越丰富。
- 会跟别人商量如何解决冲突。

儿只想和哥哥们一样穿运动短裤，你应该允许他（或她）自然度过这一阶段，除非这种行为在某些场合非常不合适。不过，如果这种情况长期存在，或孩子常常看起来对自己的性别不满，你就应该和儿科医生探讨他是否存在问题。

孩子还可能模仿某些在成年人看来跟性有关的行为，比如一些挑逗的行为。如果孩子表现得很夸张，而且活灵活现，父母就会为这种"下流"的神态或动作感到担心。但这些想法往往只反映了成年人自身的视角，对孩子来说这些只是游戏，他并不理解这些行为代表的含义。因为这个年龄的孩子的性意识尚未成熟，他只是觉得有趣才模仿，父母无须多虑。不过，假如孩子模仿的性行为非常露骨，或者能从中看出孩子真的接触过或看到过性交行为，那就很可能是孩子受到了性骚扰或者受到了不合宜的媒体或电子游戏的影响，你应向儿科医生咨询。

关于媒体如何影响孩子的更多信息，请参见第 32 章。

情感发育

3 岁孩子的日常生活中充满各种生动的想象，想象有助于他探索和认知不同的情感：有爱和依恋，也有愤怒、抗拒和恐惧。他不仅会想象自己成为各种身份的人，还常常将人类的特点和情感映射在无生命的物体，比如树、钟表、卡车或月亮上。假如你问他为什么月亮会在晚上出现，他可能回答说："月亮是来向我问好的。"

这个年龄的孩子可能会跟你描述他想象出来的朋友，对此你要有心理准备。有些孩子会和一个想象中的朋友一起"玩"半年之久，有些孩子每天都会想象出新玩伴或一些动物，也有些孩子从来没有过此类想象。不论孩子的想象属于哪一种，他想象出不存在的朋友并不意味着他很孤独或很不开心。事实上，孩子是在用一种非常富有创造力的方式来尝试各种不同的活动、对话、行为和情感。

你可能还留意到，孩子的思维每天都在想象世界和现实世界中自由穿梭。有时孩子对想象非常投入，甚至模糊了想象世界和现实世界的界线，希望现实生活也像想象游戏中的那样。或许某天你的儿子会在吃晚饭时宣布他是蜘蛛侠，过两天他又将听来的鬼故事当真，哭着向你求救。

孩子的想象世界中也有不幸和意外，这些不幸和意外有时会把他自己吓坏，有时会让他感到难过，这时你一定要好好安慰他，千万不要贬低或取笑孩子的行为。这是孩子在情感发育过程中的正常阶段，每个孩子都会经历，父母不应该阻碍。父母要注意的是，千万不要用恐吓的方式逗孩子，比如对他说"不好好吃饭就把你关起来"或者"不快点儿就把你丢下"。这个年龄的孩子相信你说的话都是真的，他可能一整天都很害怕，甚至之后还对此记忆犹新。另外，当他表现不好时你不要说"医生会给你打针"，否则他可能会觉得注射疫苗或进行其他治疗都是对他的惩罚，于是对体检或去医院感到恐惧。

父母偶尔可以参与孩子的想象游戏。你的加入可以帮他找到更多表达情感的新方法，也可以解决很多问题。例如，你可以提议"送你的泰迪熊去幼儿园好不好？"，用这种方法来试探他对上幼儿园的看法。不过，假如孩子不欢迎你参与，你也不要强迫他。对孩子来说，想象游戏的最大乐趣之一就是可以自己控制剧情的发展。因此，假如你将自己的某个想法插入孩子的游戏，之后最好退到一旁，让他自己继续发挥。如果孩子主动邀请你在游戏中扮演一个角色，你应尽可能地在游戏中保持低调。孩子的想象世界就应该由他自己做主。

当孩子的注意力回到现实生活中时，你要经常让他知道，你为他的独立和丰富的创造力感到非常自豪。经常跟孩子聊天，留心听他说些什么，让他感觉自己的观点很重要。尽可能地多给他一些选择权——让他决定吃什么食物、穿什么衣服、你们在一起时玩什么游戏等。这样可以让他觉得自己很重要，让他练习自己做决定。不过，给孩子的选项要尽可能地简单。例如，你们一起在外面吃饭时，你应该先将食物的选择范围缩小到 2 ~ 3 种，然后让他从中选择。否则孩子可能对着一大堆选项不知所措，不知道怎么做决定。（如果你不替他缩小选择范围，让孩子自己在很多不同口味的冰激凌中挑选，恐怕光是弄清楚有哪些选项对他来说就已经非常困难了。）

最好的办法是什么呢？培养孩子独立性最好的办法是对他生活中的各个方面保持相对严格的控制，同时给他一些自由。让他知道他的生活仍然由父母做主，父母并没有将重要的决定交给他来做。当他长大一些，假如朋友怂恿他去爬树，而他可能很害怕，这时由你来出面阻止是最好的方式，这样他就不必在朋友面前承认自己不敢爬树了。随着孩子逐渐克服幼年的很多不安情绪，能够对自己的决定勇敢地承担责任，你自然可以给他更多的控制权。目前来说，安全感才是这个年龄的孩子最需要的东西。

3岁儿童的情感发育里程碑

- 将很多不熟悉的形象想象为怪兽。
- 将自己视为一个完全独立的人，有自己的身体、思想和感情。
- 时常无法分清想象和现实。

发育健康表

每个孩子都有自己的成长轨迹，所以没有人可以准确地预言你的孩子会在什么时候、以什么方式具备某种能力。本书列出的各阶段"发育里程碑"仅为你提供孩子成长的大致情况，如果你的孩子的步调略有不同，你也不必紧张。不过，如果孩子在本阶段有下列迹象之一，就可能表示有发育迟缓的问题，你应向儿科医生咨询。

- 不会把球扔出去。
- 不会原地跳。
- 不会骑三轮车。
- 不会将蜡笔握在拇指和其他手指之间。
- 不会涂鸦。
- 无法摆起4块积木。
- 每当父母离开他时，他都会缠着不放或大哭大闹。
- 对互动游戏没有兴趣。
- 不理睬其他孩子。

- 对家人以外的人没有反应。
- 不玩想象游戏。
- 不肯穿衣服、睡觉和使用坐便器。
- 只要生气或不开心就立刻情绪失控，没有自我控制力。
- 不会描画圆形。
- 不会用 3 个以上的词语组成句子。
- 不会正确使用"我"和"你"。

基本看护

饮食与营养

孩子 3 岁以后，应该形成健康的饮食观念。他不应该将吃饭或不吃饭作为反抗的手段之一，也不应该将食物与爱和喜欢混淆。一般说来（但不总是如此），这个年龄的孩子应该将吃饭当作饥饿时的自然反应，将与家人一起用餐看作愉快的社交活动。

尽管孩子在这个年龄可能对食物有广泛的兴趣，但他还是可能有一些特别喜欢的食物，甚至每天喜欢的食物都不一样。孩子可能在某一天疯狂地喜欢某种食物，但是第二天完全拒绝该食物。他可能持续几天嚷着要吃某种食物，然后说自己再也不喜欢那种食物了。尽管这样的行为让人很恼火，但是你千万不要太把它当回事，因为对这个年龄的孩子来说，这是再正常不过的行为了。当孩子有这样的行为时，你可以让他吃盘子中的其他食物或者选择别的食物吃。只要他自己选择的食物不过甜、过咸或过分油腻，你就不要反对。你可以通过建议他少量尝试来鼓励他吃一些他没吃过的健康食物，但千万不要强迫他一次吃很多他不熟悉的食物。

你的职责是确保每餐都为孩子提供有营养的食物。只要餐桌上的食物都很健康，你就可以放心地让孩子自己选择吃什么。如果孩子挑食，比如他拒绝吃蔬菜，你也不要沮丧。如果孩子每次一看到某种食物扭头就走，你也要坚持给他这种食物。久而久之，他就会改变观点，慢慢喜欢上那些他曾经不喜欢的食物。你可能需要给孩子提供某种食物 15 次之多，他才会真正接受它。孩子 3 岁的时候，正是培养一些健康的饮食习惯和生活习惯的时期。

你没有必要花费大量心思去准备每一顿饭。你如果只有几分钟来做一顿饭，不妨试试准备一份火鸡三明治、一份青菜、一个苹果和一杯脱脂或低脂牛奶。做这样简单的午餐比开车去快餐店买需要的时间更少，而且更健康。尽可能地避免一天中频繁给孩子吃零食。如果孩子一定要吃零食，你就要选择健康的零食。要规定孩子只在餐桌上吃零食，这样当他离开餐桌，零食时间也就结束了。

顺便说一句，电视广告可能严重妨碍孩子的饮食健康。一些研究表明，每周看电视 14 小时以上（每天 2 小时以上）的孩子可能过度肥胖。这个年龄的孩子极易受到糖果广告的诱惑，特别是当他们去别人家做客、被主人用糖果款待之后。过度肥胖对这个年龄的孩子来说是一个非常严重的问题，因此你一定要留意孩子的饮食习惯，无论是在家中还是外出，都一定要尽最大的可能确保孩子吃健康的食物。

如厕训练

许多孩子在 3 岁之后已经可以自己大小便了，尽管这时他们使用的通常是儿童专用坐便器，而不是马桶。不过，现在正是向使用马桶过渡的好时机。如果你的孩子快上幼儿园了，问一下园方有关孩子上厕所的措施。

如果孩子的坐便器不在卫生间里，你可以把它移到卫生间，让他靠近标准马桶。如果孩子还不习惯去卫生间，这样做会帮助他习惯这一流程。当孩子完全习惯使用儿童专用坐便器后，你可以为他在标准马

桶上放置儿童马桶圈，同时在马桶前放一个结实的盒子或者凳子，方便孩子爬上爬下且能够踩在上面使用马桶。当他完全乐意使用马桶后，你就可以将他的坐便器从卫生间里移走了。

男孩小时候通常坐着小便。不过 3 岁以后，他开始模仿他的父亲、兄长或者其他小朋友站着小便。当男孩开始模仿这一行为的时候，你一定要确保他每次小便前都将马桶圈掀起来。此外，你还要做好准备为他擦拭马桶，因为他可能无法完美地尿到正确的地方。（注意：检查一下马桶圈的轴，确保马桶圈被掀起来后不会轻易落下，否则很容易伤到孩子。）

出门在外时，你要教孩子识别公共厕所的标志，并鼓励他在需要的时候使用公共厕所。刚开始的时候，你需要陪着他并且帮助他（孩子 5 岁之后应该可以自己上厕所）。不过，在孩子使用公共厕所的时候，成年人要尽可能地陪伴他，最起码要在厕所门外等他。

孩子还应该学会使用一些方便大小便的设施，即使他不急于大小便，也要去一下，这一点在外出尤其是驾车旅行时特别重要。不过，有时候，当孩子需要上厕所的时候，附近不一定有厕所，因此，你可能需要准备可以随身携带的坐便器。

无论是在家中还是在外面，起初你都要帮助孩子上厕所，不仅要帮他擦

学龄前的小男孩开始模仿他的父亲、兄长或者其他小朋友站着小便。

屁股，还要帮他脱裤子、穿裤子。不过，在孩子上幼儿园之前，教会孩子自己上厕所非常重要，特别是当孩子要去的幼儿园要求所有孩子都会自己上厕所时。小男孩应该学会自己脱下裤子（如果裤子有松紧带）或使用前拉链。为了使这个过程尽可能地简单，你最好给孩子穿不需要别人帮忙就容易穿脱的裤子。比如说，尽管连体裤在其他方面比较实用，但是孩子在没人帮助的情况下很难穿脱。安装了松紧带的长裤或短裤是最方便的选择。带有松紧带打底裤的裙子对女孩来说也很方便。

有时候，孩子与其他伙伴玩得比较兴奋的话，可能忘记上厕所，最终导致尿湿裤子。这种情况很常见，这样的经历在孩子的成长过程中也是正常的。如果孩子发生了这样的情况，不要惩罚他，随着孩子的成长，这样的情况最终会消失。你如果发现孩子习惯性憋尿，那就要开始规定他隔几小时就去小便，以防他的膀胱过于胀大，从而易感染。

尿床

完成夜间小便的训练后，所有的孩子还是会不时尿床。甚至孩子在保持一段时间不尿床之后，也可能再次尿床，也许这是孩子对压力或者变化做出的反应。当孩子尿床时，父母不要小题大做。父母只需要连续几晚给他穿训练裤，并且不要把这说成对孩子的惩罚，而要告诉他这只是保证被褥不被尿湿的预防措施。当孩子的压力消失后，他便不再尿床。

大多数仍在尿床的孩子很难保证一整夜不小便。一种情况是，一些孩子膀胱较小，3 岁左右（有些甚至到 4 ~ 5 岁）的时候，他们无法做到一整夜不小便。另一种情况是，一些孩子的膀胱发育还不健全。对学龄前儿童来说，当膀胱已经充满了的时候，他是意识不到的，因此无法在夜里醒来去小便。

如果你的孩子持续尿床，你也不要担心，随着他一天天长大，这个问题会慢慢得到解决。在孩子 3 岁左右的时候，通过药物来解决尿床问题不是一个好方法。此外，你也不应该惩罚他或者嘲笑他。他并非故意尿床，尿床只说明他睡觉很沉。在睡前几小时限制液体的摄入量以及半夜叫醒他去小便也许有点儿帮助，但这些措施如果无法解决孩子尿床的问题，你也不必感到失落。告诉他尿床不是什么大事会让他好受一些。此外，你要确保孩子明白尿床不是他的错，随着他长大，尿床现象就会消失。如果你的家族有尿床史，你也要让孩子知道，这样可以减轻他的心理负担。如果尿床的情况继续存在，你就要向儿科医生咨询，特别是当孩子有严重的夜间打鼾的症状，那么尿床就可能是睡眠呼吸暂停综合征的一个明显表现。如果孩子 5 岁后依旧尿床，儿科医生会给你提供一些建议［更多信息见第 782 页"尿床（遗尿症）"］。

如果孩子在半年甚至更长的时间内都保持夜间不尿床，但突然又开始尿床，那么说明可能有潜在的生理或者心理方面的原因。经常性便秘会导致尿床，所以如果孩子大便粗大、排便时疼痛或大便次数少，你就要向儿科医生咨询。孩子生活中遇到的压力，比如家中增添新成员、搬到新小区、父母离婚等，都有可能导致孩子尿床。如果孩子在白天和夜间都经常尿湿裤子，或者不断地滴尿，或者小便的时候抱怨疼痛，那么可能是他的泌尿系统受到了感染或者他患了其他疾病。无论是哪种情况，你都应该带孩子去看医生。

睡觉

对大多数父母来说，让孩子入睡是一天中最大的挑战。如果孩子的哥哥姐姐睡觉较晚，让他早点儿睡觉就会更加困难。当你让孩子早点儿睡觉的时候，他会感觉自己被排除在外，而且他担心自己睡着了会错过一些重大的事情。孩子的这些想法是可以理解的，灵活地调整他的睡觉时间也没有什么坏处。不过，这个年龄的孩子每晚需要睡 10 ～ 13 小时。3 岁以后，大约 90%的孩子依旧会在白天小睡，一般睡 1 ～ 2 小时。

让孩子按时睡觉最好的方法是为他制订一致且规律的"睡前程序"，比如每天睡前给他刷牙或读一个故事。一旦"睡前程序"结束并向他道过"晚安"，你就要让他安静下来不跟你讲话，直到他睡着。此外，在孩子睡觉前，不要让他打闹或长时间玩游戏。孩子睡前进行的活动越轻松，他就越容易入睡，睡得也越好。电子产品，如电视机、手机、平板电脑和游戏机等，都应该至少在睡前 1 小时关闭。

尽管这个年龄的大多数孩子都会熟睡一整夜，但也有一些孩子夜间会醒来好几次，在检查了周围的环境后才能再次入睡。还有些时候，孩子会因为做噩梦醒来。梦境中那些可怕的画面反映了孩子冲动、好斗的情绪或者内心深处的恐惧。当孩子长大些（5 岁或者更大些）后，他才会明白这些画面仅仅是梦境。3 岁左右的时候，他还是需要你安慰他，告诉他这些画面都是不真实的。当他半夜惊醒、害怕且哭喊的时候，你要抱紧他，跟他聊一聊他的梦，一直陪着他直到他完全平静下来。你自己要以平和的心态对待这件事。你要记住，孩子只是做了噩梦，这并不是什么大事。

夜惊看起来与做噩梦相似，但通常发生在深度睡眠阶段，也就是在一整夜的早些时候。夜惊时，你的孩子可能会坐起来，在床上叫喊，但不会很快清醒，而且他没有意识到你在身边。当夜惊过去以后，他会很快入睡；到了早晨，你可能还对此事记忆犹新，但孩子很可能已经忘得一干二净了。

为了帮助孩子克服他在夜间的恐惧，你可以给他读一些关于做梦和睡觉的故事。这样他就会更好地理解每个人都会做梦，没有必要害怕做梦。不过，你要确保你读的故事本身不会让孩子感到害怕（更多关于做噩梦和夜惊症的信息见第 416 ~ 418 页）。

在某些情况下，孩子可能会半夜醒来叫你，只是因为他醒了。面对这种情况，你应该告诉他不要担心并且哄他入睡，然后回自己的房间。千万不可用食物作为奖励或者将他带到你的房间。（更多关于睡眠的信息见第 35 章。）

规矩

作为父母，你面临的挑战之一就是让孩子明白哪些行为是允许的，哪些行为是不允许的。孩子的这个学习过程不是一蹴而就的，而是从他很小的时候就开始的。此外，你对孩子的期望要前后一致，不能今天希望他这样做，明天需要他那样做。你要清楚地给孩子定下规矩，之后，你要始终让他遵守这些规矩。父母对孩子定规矩的方式往往受自己小时候被管教的经历影响：如果觉得自己小时候被过于严格地管教，就会对孩子格外宽容；如果觉得小时候没有被严格管教，就会对孩子要求严格。

孩子 3 岁的时候，与之前相比，他的错误行为更倾向于是有意为之的。以前，他的错误行为可能只是出于好奇，试图寻找并挑战自己的极限。但是现在他已经 3 岁了，他的错误行为可能并不单纯。3 岁的孩子面对给他带来压力的事情时，很可能故意做出一些行为，即使他自己知道这些行为是被禁止的。他可能无法理解内心深处驱使他不守规矩的情绪是什么，但是他非常清楚自己正在违反规矩。

为了避免孩子的这种行为，你应该帮助他学习用语言来表达自己的感受，而非用暴力行为和其他错误行为。如果你的儿子打了他的兄弟，你可以这样对他说："快停下来。我知道你很生气，告诉我你为什么生气。"如果他拒绝停下来，你可以尝试一下平静中断法（关于平静中断法和正面引导法的内容，参见第 354 页）。

有些时候，孩子可能无法解释他为什么愤怒，你应该帮助他。这需要技巧和耐心，不过非常值得尝试。通常来讲，如果你从他的角度想一想，问题应该就会明朗。作为父母，你可以这样安慰他："我知道你很生气，让我们想想怎样能让你好受一些。"如果你让孩子与你讨论目前他的困境与感受，这个方法会发挥最大的效果。

你在给孩子定规矩的时候，要有足够的耐心。认真地与孩子讨论一下他的错误行为，然后告诉他，他必须停止这类行为。要尽可能地说得简单明了，比如说"不要再打你哥哥，这种行为是不被允许的"。

孩子经常会尝试挑战一些规矩，尤其是在规矩刚刚定下的时候。不过，如果你坚持这些新规矩，并且在一段时间内不断强调这些规矩，孩子便会接受。记住，不论怎样，打孩子都是不对的，而且很有可能让情况变得更糟。当你感到特别生气或沮丧的时候，你可能需要先使用平静中断法让自己冷静下来。（关于规矩的更多内容，见第 313 页及第 351 页。另外参见第 355 页"消退法"。）

上幼儿园

上幼儿园对孩子来说是一个新阶段的开始。不过许多孩子在此之前，即2～3岁时，可能通过去托儿所或者其他儿童看护机构感受到了上幼儿园的"滋味"。幼儿园一般不教孩子算术以及识字，而让他们逐渐适应每天离家一段时间的生活，以及在集体中学习的状态。

优质的幼儿园可以帮助孩子为上小学做好充分的准备。如果幼儿园的日常安排与孩子的身体发育水平相符，且有利于孩子的情感发育，那么他在应该上小学的时候便可以非常自然地接受。幼儿园可以给孩子提供机会，使他通过认识其他孩子和成年人并且与他人玩耍来增强自己的社交能力。此外，幼儿园还可以让孩子接受一系列规矩，这些规矩比你在家里给他定的更正规。如果孩子平日里没有什么机会结识其他孩子，或者他有非凡的天赋或发育方面的问题，需要特殊的照顾，那么让他去幼儿园会让他受益匪浅。

除了以上这些对孩子的益处外，幼儿园还可以满足你的需求：也许你需要重新开始工作，也许你又生了一个孩子，也许你希望每天有几小时的时间属于自己……不管你属于哪种情况，送孩子去幼儿园都将给你提供方便。此外，在这个阶段，适当的分离对你和孩子都有好处。

如果之前你从未与孩子长时间分离，这时你可能感到伤心，并有深深的负罪感。此外，如果孩子比较喜欢幼儿园的老师，特别是他在负气的情况下坚称与你相比他更喜欢他的老师时，你可能会感到嫉妒。不过，你一定要勇于面对这种情况。你很清楚，他的老师永远无法取代你的地位，而且幼儿园的生活也无法取代孩子的家庭生活。他在幼儿园中建立的新关系能够让他意识到，除了家人外，还有许多人关心他、疼爱他。随着孩子日益长大，这是极其重要的一课。

你在感到伤心、愧疚甚至嫉妒的时候，告诉自己，这样的分离将帮助孩子变得更加独立和成熟，可以丰富他的经历，还可以为你提供宝贵的时间来追求自己的兴趣和满足自己的需求。总之，这种分离实际上将加深你与孩子之间的感情。

　　理想的情况下，每一家幼儿园都应该给孩子提供安全且富有启发性的环境，一定要有认真负责且能够为孩子成长提供帮助的成年人专门进行看护。此外，整个社区应该积极支持高质量的儿童早期教育。但是，在现实中，并非所有幼儿园都能达到基本的标准。

　　如何鉴别一家幼儿园是否合适？以下几点可供参考。

　　■ 幼儿园的办学目标应该是你赞同的。一家好的幼儿园会努力帮助孩子获得自信、变得更加自立，并且培养孩子的社交能力。你要警惕那些声称将教孩子算术并加速孩子智力发育的幼儿园。从儿童的发育情况来看，大多数这个年龄的孩子还没有准备好接受正式的教育，强迫他们学习只会让他们失去学习的兴趣。你如果认为你的孩子已经准备好接受正式的教育，可以让医生检测一下孩子的发育情况。如果检测证明你是对的，那么你可以根据孩子的能力为他选择合适的幼儿园，但是一定不要强迫孩子"学习"。

　　■ 对那些有特殊需求（比如有语言、听力、行为或发育问题）的孩子，你可以与当地教育系统中的特殊学校取得联系，看看是否有适合孩子的教育方案。许多社区为有特殊需求的孩子提供相应的教育项目，但设施并不齐全，无法为孩子提供有利的康复治疗和咨询，还可能让孩子感到自己"落后"，甚

如果你的孩子很少有机会接触其他孩子与成年人，那么幼儿园会让他受益匪浅。

至觉得自己无法融入同龄人的团体。

■ 尽可能地选择有小型班级的幼儿园。1～3岁的孩子通常在8～10人的小型班级中表现最好，因为他们可以得到密切的看护。当孩子4岁之后，他可能不像之前那样需要密切的看护，因此可能更喜欢15～16人的班级。下面是美国儿科学会推荐的孩子与看护者的比例标准。

年龄	孩子与看护者的比例	班级最大人数
＜1岁	3：1	6
1～2岁	4：1	8
3岁	7：1	14
4～5岁	8：1	16

■ 幼儿园中的老师及助手应该接受过儿童早期发育与教育方面的培训。你要警惕那些员工流动率较高的幼儿园。员工流动率较高不仅反映了该幼儿园对好老师的吸引力不够，而且意味着你很难找到了解现有老师情况的人。

■ 幼儿园的管理方式应该是你赞同的。在不阻碍孩子积极探索的情况下，幼儿园应定一些严格且长期执行的规矩。这些规矩应该适应幼儿园中孩子的发育水平。幼儿园老师应该为孩子的成长提供帮助，且不扼杀孩子在学习中的创造性和独立性。

■ 你应该被允许在任何时间去幼儿园探访。尽管家长的探访可能会扰乱幼儿园的日常活动，但是这种开放性会让家长确信该幼儿园运营稳定且没有事情隐瞒。有些幼儿园甚至安装有网络摄像头，这样家长可以随时观察孩子在教室中的情况，而不用分心和担忧。

■ 幼儿园的教室和活动场地都应该足够安全（更多信息参见第15章）。确保在任何情况下都有一名学习过基本急救术（包括心肺复苏术和处理孩子窒息的措施）的成年人在幼儿园里。

■ 关于孩子生病的处理方案，幼儿园应有明文规定。通常来说，当孩子发热后行为有所变化或者出现其他症状、需要医生检查时，幼儿园应该让孩子在家休息。不过，若孩子只是单纯发热而没有其他症状，他就可以继续上幼儿园并且参加集体活动，因为单纯发热的孩子并不会将疾病传染给别人。很多幼儿园对孩子发热的处理方式比上述的严格，这通常是为了与当地的法律、法规保持一致。

■ 为了减少传染病的传播，幼儿园的卫生极其重要。确保幼儿园有适合孩子使用的水槽，并鼓励孩子经常洗手，特别是在上厕所之后以及吃东西之前。如果幼儿园中有孩子没有接受过如厕训练，那么园方应在远离孩子活动和吃饭的场所设置尿布更换台以防传染病的传播。

■ 幼儿园的所有理念应该都是你赞同的。提前弄清楚幼儿园的课程安排，判断其是否符合你的家庭需求。有些幼儿园与基督教堂、犹太教堂或者其他宗教组织有联系。通常来讲，这些幼儿园中的孩子不一定要成为某一宗教组织的成员，但是不可避免地会接触到某些宗教仪式。

（更多关于儿童看护和幼儿园的信息，见第 14 章。）

带着孩子旅行

随着孩子日益长大且变得更加活跃，带孩子旅行将变得更加具有挑战性。3 岁的时候，孩子在车上可能根本安静不下来。当你让他乖乖坐着时，他可能强烈反抗。考虑到孩子的安全，你一定要严格要求，不过如果你为他提供一些可以转移注意力的东西，他可能就忘记动来动去了。旅行方式不同，你为他提供的东西也应该有所不同。

乘坐汽车。即使是进行短途驾车旅行，孩子也应该始终使用汽车安全座椅（关于汽车安全座椅的信息，见第 486 页）。大多数车祸发生在离家 8 千米以内的范围且汽车时速低于 40 千米时，所以无论何时何地，孩子都一定要使用汽车安全座椅。如果你的孩子拒绝使用安全座椅，你可以拒绝开车，直到他坐进安全座椅。如果在行驶过程中，孩子从安全座椅中出来，你可以把车停在路边，直到他坐回去再开车。

乘坐飞机。带孩子坐飞机的时候，尽可能地选择直飞的航班以将飞行时间减到最短。此外，尽可能地选择孩子容易入睡的下午或夜间的航班。即使飞机上提供食物，你也最好自己打包一些健康食物，因为孩子可能不喜欢飞机餐。避免选择飞机紧急出口所在的那一排座位，否则你可能被要求移到其他位置。

由于登机前的安检有相关规定，所以专家建议，带小孩坐飞机时，一定要留出比平时更多的时间来进行安检。你要记住，所有与孩子有关的物品，包括童车、汽车安全座椅、婴儿篮以及玩具等，都需要先经过目测，然后通过 X 线设备的检查。当你来到安检设备的传输带前，工作人员会要求你将童车等折叠起来，这样可以更快通过安检。

对 3 岁的孩子来说，乘坐飞机最安全的方式是坐在他自己的汽车安全座椅上，且保证安全座椅被飞机座椅的安全带固定。此外，专家推荐一种专为 10 ~ 20 千克的孩子设计的安全带，这种安全带仅供飞机上使用。你到达目的地后，同样要记得给孩子准备汽车安全座椅。

为安全起见，你在带孩子旅行的时候，最好给他穿鲜艳的衣服，这样你很容易在人群中找到他。在孩子的衣服口袋里放一张卡片，写上孩子的名字、你的名字、你的电话号码、你的家庭地址以及你的旅行路线。你要随身携带一张孩子的近照。如果可以，在乘机当天（以及旅途中的每一天）用手机给孩子拍一张照片，拍清楚孩子穿的衣服。随身携带孩子的衣服，以便孩子在飞机上更换。

如果你带着婴儿乘坐飞机，要求提前登机是明智的。不过，如果你带着幼儿乘飞机，提前登机就不明智了。因为幼儿在飞机上待的时间越长，他就可能越焦躁不安。乘坐飞机的一个好处是，当安全带指示灯灭了之后，你和孩子可以在飞机上稍微活动一下，甚至走几步。这对静不下来的孩子来说是一剂良药，特别是当你们在通道上遇到另外一个同龄的孩子时。

为了让孩子在座位上打发时间，你可以给他带一些书、游戏用具或者玩具，就像带他乘坐汽车时准备的物品一样。

身体检查

从 3 岁开始，学龄前儿童应该每年接受一次儿科医生的体检。由于现在孩子能够更好地遵照医生的指导，也能更好地与医生交流，一些筛查（比如视力和听力等方面的精确检查）现在可以进行了。你还需要坚持带孩子去看牙医，让他接受常规牙科检查（28% 的 3 岁儿童至少有 1 颗龋齿，而对 5 岁的儿童来说，这个比例增加到 50%，所以良好的口腔护理非常重要）。去儿科进行体检时，医生也会检查孩子的牙齿和牙龈。

致（外）祖父母

3 岁的孩子越来越像个小大人了。你和孩子之间的感情将变得更有意义、更为独特，而且会为你和孩子双方提供更好的互动机会。

3 ～ 5 岁通常被称为孩子成长过程中的"神奇岁月"。孩子在这个阶段社交能力增强了，喜欢玩角色扮演和想象游戏，还可能在某个阶段有一些"想象中的朋友"。你的任务是参与他的活动，一起玩——享受孩子的创造性思维，尽可能地和他一起创造你们都喜欢的游戏情境。你可以在家里或附近与孩子进行下面一些活动，增强你和他之间的互动。

- 带他去动物园或水族馆，这个年龄的孩子非常喜欢这类场所。
- 带他去博物馆参观和探索。
- 带他去安全的、有运动器械的场所活动，锻炼他的肌肉，你还可以抱他、搂他，或互相追逐。
- 带他观看儿童音乐剧或话剧。这些表演往往不会持续太长时间（一般在 1 小时左右），却可以对孩子进行音乐熏陶，让他爱上剧场文化。
- 做一名志愿者，去孩子的幼儿园为所有孩子读书、讲故事。

注意，在游玩的过程中，你应该严格遵照本章中关于旅行的建议和原则。

疫苗接种

在孩子的学龄前阶段，你和儿科医生应该一起努力保证孩子接种的疫苗适时更新。如果漏掉了几针疫苗没有按时接种，医生会建议你们及时接种。你还要记得每年定期带孩子去接种流感疫苗。

安全检查

预防摔落

要避免孩子从游戏设施、三轮车、楼梯或窗户上摔落。

■ 游戏设施。当孩子在滑梯、秋千或者攀爬架上玩耍时，你要时刻留意他的安全。确保游戏设施的下方铺设了防护层，比如木屑、橡胶屑、沙子或橡胶垫等。即使有柔软的毯子或垫子保护，当孩子从游戏设施上摔下来时，受伤依然不可避免，而且非常常见，特别是当孩子在攀爬架上玩耍时。因此，父母一定要仔细看护，让孩子爬到一定的高度后就下来。不要把孩子抱在你的大腿中间滑滑梯，因为这样很容易导致孩子骨折。

■ 三轮车。避免孩子骑不稳的三轮车，尽可能地选购车身较低的三轮车。给孩子使用大小合适的安全头盔，并且该头盔需贴有合格标签。不要允许孩子在马路上骑车。

■ 楼梯。要继续使用楼梯顶部和底部的儿童防护门。

■ 窗户。在所有的窗户上安装护栏。

预防烧伤和烫伤

■ 将火柴、打火机及其他会发热的物品置于孩子够不到的地方。在家中安装烟雾探测器及一氧化碳探测器，并一直使用。如果微波炉放置在孩子能够触碰到的地方，父母要注意看护，不要让孩子移动加热后的固体或液体。

汽车安全

■ 如果孩子的体重和身高已经达到汽车安全座椅所允许的上限（参考生产商的建议），他可能需要换用允许更重和更高的孩子使用的汽车安全座椅。大多数可转换式、三合一以及组合汽车安全座椅的前向体重上限为 30 千克或以上，这样的座椅应该适合这个年龄的几乎所有孩子。只要孩子的体重和身高在安全座椅的要求范围内，配备五点式安全带的汽车安全座椅比增高型安全座椅更安全。如果你的汽车有 LATCH 系统，请用它来固定汽车安全座椅。

■ 孩子在车辆旁边很不安全。不要让孩子去有车辆的地方。车道以及安静的马路也非常危险——当孩子在车道上或者马路边玩耍时，司机倒车时可能撞上孩子，因为车辆后面有较大的盲区，司机看不到孩子。走在停车场时，你一定要始终抓紧孩子的手，因为司机从停车位倒车时，往往看不到车后面的小孩。汽车在不用的时候应该上锁，这样孩子在未经允许的情况下就不能进入汽车了。不要把孩子单独留在车内，即使一小会儿也不行。将孩子留在车中几分钟都有可能导致他中暑甚至死亡。

■ 不要允许孩子在马路上或其他有车辆的地方骑车，也不要允许他骑车横穿马路。

预防溺水

■ 不要让孩子单独在水边，即使他参加过游泳课程并且掌握了一些游泳技巧（关于孩子什么时候可以参加游泳课程，参见第 15 章第 505 ~ 508 页）。这些注意事项对于浴缸也同样适用。另外，你要确保家中和院子里没有盛满水的大容器。

■ 参加游泳课程并不能预防孩子溺水。无论何时，只要孩子待在水中或者靠近水边，成年人就要持续进行"接触式看护"，也就是说要有一个成年人时刻距离孩子一臂之内。

■ 如果你家有游泳池，你一定要确保游泳池被栅栏环绕、与屋子隔开，并且栅栏上的门可以自动关闭和锁住。

预防中毒和窒息

■ 确保纽扣电池和强力磁铁放置在孩子够不到的地方，因为误吞这些东西会导致消化系统受到致命性损伤。

■ 不要让孩子嘴里含着食物或其他物品走来走去。

■ 将药物和有毒的日化产品（包括衣物洗涤剂）锁在孩子够不到的地方。

■ 当孩子和宠物在一起时，特别是和狗在一起时，成年人一定要在旁边监护。

第 13 章　4 ～ 5 岁

　　时光飞逝，不知不觉孩子已经 4 岁了，转眼又会迎来 5 岁生日。这段时间你可能发现，好不容易在 3 岁变得稍微安静些的小家伙又成了一个不知疲倦、霸道好斗、不守规矩的"永动机"，令人叫苦不迭甚至忍不住担心是否好不容易熬过去的"可怕的 2 岁"卷土重来了。不过到了 4 岁，孩子开始向着新的方向发展。尽管表现上可能和以前类似，但他正在从所有这些经历中学习。请放心，这个时刻动个不停的小家伙最终会安静下来（也许就在你觉得一天都忍不下去的时候）。他会逐渐成长，快 5 岁的时候就会变得更加稳重而自信。

4 岁的孩子会让父母觉得很难应付，每天都要面对层出不穷的新挑战。他情绪变化很快，前一刻还是天不怕地不怕的样子，一转眼就不知为什么不安起来，呜呜咽咽地闹起情绪。此外，4 岁的孩子对一些日常生活规律非常执着，如果父母不提前打招呼就突然改变这些规律，他就会陷入恐慌、不知如何是好的状态。这种一板一眼的态度反映出这个年龄的孩子仍然没有足够的安全感。

孩子的不守规矩还表现在他的语言上，比如喜欢说一些不适宜、不礼貌的话，喜欢看大人听到这些话时的异样表情。孩子说这些话的主要目的就是观察父母的反应，所以这时父母不要反应过于激烈。

孩子在这一阶段充满无穷的想象力。4～5 岁的孩子会在幼儿园里谈论怪兽，会跟人讲有龙帮他过马路，这些都是孩子充满想象力的正常表现。从中我们可以看出这个年龄段的孩子正在试着区分现实和想象世界，不过有时仍然会把想象的事物当真。所有这些行为和思维活动都在为孩子融入学前班的学习和生活打下牢固的基础。

事实上，在满 5 岁前后，孩子已经做好了进入"真正的"学校的准备，学校教育即将占据他童年的大部分时光。这个巨大的进步说明，他已经能够按照学校和社会的规则来表现，并且具备了接受学习方面的复杂挑战的能力。这也意味着，他能够自如地处理与你的分离，并且能独立做好自己的事情。现在的他不仅学会了与人分享和关心他人，也学会了珍惜亲人以外的朋友，不论是大朋友还是小伙伴。

生长发育

运动发育

这个年龄段的孩子的协调能力和平衡能力已经接近成年人了。他现在可以自信地大步向前走或奔跑，可以不扶扶手上下楼梯，可以踮起脚尖站立，可以跟人手拉手转圈，可以自己发力荡秋千。随着肌肉力量增强到一定的程度，他可以完成一些比较难的动作，比如翻跟头和立定跳远。看到这些巨大的进步，你可能比孩子更加激动。你如果担心孩子的发育水平没有跟上同龄儿童或他看起来比较笨拙，就应该向儿科医生咨询一下。

孩子非常渴望有机会证明自己的独立能力，跟大人一起外出时喜欢远远地跑在前面。不过，比起运动能力的发育，他的判断力仍然落后，所以你必须经常提醒他停下来等你，过马路时一定要牵着你的手。他在靠近水边的时候也非常需要成年人的监护，因为这个年龄段的孩子即使会游泳也不会游得很好，更不可能游很久。而且，假如偶尔不小心稍微下沉，孩子很可能因恐慌而忘记如何让身体上浮。为了避免溺水，看护者绝对不可以让孩子一个人在游泳池、温泉、湖泊、大海或其他任何水域（包括浴缸）附近玩耍，即使只是一小会儿也不可以。要确保进行"接触式看护"，即当孩子在水中时，成年人要保证在离他一臂之内的范围，并且避免使用手机等容易让人分心的物品。

4～5 岁儿童的运动发育里程碑

- 可以单脚站立 10 秒以上。
- 会双脚交替上下楼梯，而且不用扶扶手。
- 会跳着前进和翻跟头。
- 会自己发力荡秋千，会攀爬。
- 有可能会单脚跳。

手部发育

4 岁孩子的手部协调能力和动手能力几乎已经发育成熟了。他现在完全有能力照顾自己——自己刷牙，不用太多帮助就可以自己穿衣服，甚至系鞋带。

在他画画的时候仔细观察，你可以看到他是多么专注、小心地运用自己的手。他现在会先决定要做什么，然后开始动手。他现在学会了画人物，不过画出来的人可能有身体，也可能没有，有时他会直接把腿画在头下面。但现在他可以画出人的主要面部特征：两只眼睛、一个鼻子和一张嘴。最重要的是，孩子现在可以有意识地画人物了。

由于双手的控制能力越来越强，孩子对艺术创作和手工活动越来越感兴趣。孩子最喜欢做的事包括以下这些。

- 写字和画画（一只手按着纸，另一只手握着铅笔或蜡笔）。
- 描摹几何图形（比如星形或菱形）。
- 玩纸牌和棋盘游戏。
- 用水彩笔或用手指蘸颜料画画。
- 捏黏土。
- 剪纸（应使用儿童安全剪刀）和创作粘贴画。

4～5岁儿童的手部发育里程碑

- 可以画出三角形和其他几何图形。
- 可以画出至少有3个身体部位的人。
- 可以用拇指和其他手指握笔，而非用手掌握笔。
- 可以写出一些字母。
- 可以自己穿衣服、脱衣服。
- 可以扣上和解开中等大小的纽扣。
- 可以用叉子和勺子。
- 一般情况下可以自己大小便。

■ 可以用大量积木搭建比较复杂的建筑。

这些活动不仅让他有机会锻炼并提高刚刚获得的新技能，还让他享受到了创作的乐趣。此外，创作带来的成就感让他感到自豪。父母甚至可以从他的作品中发现某方面的"天赋"。但是，我们并不建议父母强迫这个年龄段的孩子放弃其他爱好而只选择某个方向来发展。父母应该为孩子提供大量的机会，让他了解和体会自己在各个方面的能力——他会找到自己最喜欢的发展方向。

语言发育

孩子的语言能力在 4 岁左右有了重大进步。英语国家的孩子这时已经可以准确地发出大部分的音，除了少数音仍然咬不准：像 f、v、s 和 z 这几个音可能要到 5 岁半左右才能掌握，sh、l、th 和 r 这几个音则要等到 6 岁以后才能掌握。

孩子到 4 岁时，其词汇量已猛增到大约 1500 个词，而在 4～5 岁这一年还将增加大约 1000 个。而且他可以用相对复杂的句子绘声绘色地讲故事。他不仅可以描述身边发生的事情，讲清他想要什么，甚至可以和你谈论他做的梦和他想象的事物。

不过，这个阶段的孩子如果言语不太礼貌，父母也不要太吃惊。大体来说，孩子明白语言拥有强大的力量以后，就会积极地用各种方式探索这种力量的

4～5 岁儿童的语言发育里程碑

■ 可以凭记忆说出故事的部分内容。
■ 可以用 4 个词语组成句子。
■ 陌生人可以完全听懂他说的话。
■ 可以运用将来时态（英语国家的儿童）。
■ 可以讲更长的故事。
■ 可以说出自己的名字和住址。

运用，不管是好的方面还是不好的方面。因此，不只是你家的孩子，所有 4 岁多的小家伙有时都会显得有些霸道，会命令父母"闭嘴"或对小伙伴们大喊"立刻给我过来"。面对这种情况，父母一方面要尽量引导孩子使用"请"或"谢谢"等礼貌用语，另一方面要更加注意自己和家里其他成年人跟孩子说话的方式，以及成年人之间说话的方式。孩子会习惯性地重复平时听到的话语。

学习阅读

你的孩子对认字感兴趣吗？他会自己翻书或杂志吗？他喜欢用铅笔或钢笔"写字"吗？他会全神贯注地听你讲故事吗？如果答案是肯定的，那他应该可以开始学习一些基本的阅读技能了。如果答案是否定的，那么他就和大多数 4～5 岁的孩子一样，还需要 1～2 年时间来继续完善阅读所需的语言能力、视觉感知能力以及记忆力。

虽然少数孩子在 4 岁时就真的很想学着看书，而且能够认出一些常见的词语，但父母没有必要强迫孩子。即使你真的可以强行将孩子开始阅读的年龄提前，这种所谓的"优势"在孩子上学后也会很快消失。很早开始看书识字的孩子大多在小学二、三年级时就会失去相对于同龄人的阅读优势，因为那时其他孩子也都自然地掌握了同样的技能。

决定孩子上学后成绩好坏的最重要因素并不是父母强迫孩子提前学了多少东西，而是孩子对学习的兴趣。父母应该让学习阅读的过程充满乐趣，而非强迫孩子学习。鼓励孩子的学习热情比早早地让他开始阅读更重要。

最成功的早教方法是什么呢？是让孩子按照自己的节奏发展，并且感受到学习的快乐。不要硬逼着孩子去学习字母、数字、颜色、形状或单词，而要想办法激发他的好奇心，让他自己想去探索一切知识。经常给他读他喜欢的书，但不要强迫他去认里面的字。为他提供各种学习机会，但学习内容一定要有趣。

如果你的孩子已经准备好开始识字和学习阅读，你可以借助于很多好工具——图书、谜语、游戏、歌曲、电视教育节目，甚至新出的一些适合孩子的电子游戏和光盘。但你不能把所有工作都推到这些工具上，而必须亲自参与。例如，当他看电视播放的教育节目时，你应跟他坐在一起，讨论电视节目里正在介绍的知识和信息。如果他在玩电脑游戏，你就跟他一起玩，但要确保游戏内容符合他现在的能力水平。游戏如果对他来说太难了，就会浇灭他的热情，反而会阻碍他的学习。成功教孩子学习阅读的关键就是给他提供温馨的环境，支持他、鼓励他主动学习。

这一年龄段的孩子可能从外界学了一些粗话。在孩子的眼里，粗话蕴藏的力量是所有话语中最大的。因为他发现成年人在很生气或情绪激动的时候就会用这些话语，而且他用这些话语跟成年人讲话时，每次都会引起成年人的极大反应。解决孩子讲粗话问题的最好办法是什么？首先是父母为孩子树立好榜样，不希望孩子讲的话自己也不讲，再生气也要克制。其次，父母在孩子讲粗话的时候应尽可能地冷静对待，不给太多的关注也是减少孩子犯错的办法之一。因为有时孩子并不理解这些话语的真正含义，只是喜欢用粗话来吸引大人的关注，故意捣蛋气人。

孩子心情不好的时候，有时会讲一些伤人的话来发泄情绪。这种发泄方式肯定比实施暴力行为好一些，不过父母仍然相当头疼。但要记住，孩子用这种方式发泄，代表他有烦恼。当他大叫"我恨你"的时候，其实他真正的意思是"我现在很生气，希望你帮我摆脱这种坏心情"。你如果为此大发雷霆，责骂他一顿，就只会让他更加难过、更加不知所措。尽量保持冷静，告诉他你知道他不是真的恨你，然后让他知道生气是一种正常的情绪反应，并跟他聊一聊导致他发脾气的原因。试着给他一些提示词，让他将内心的感受表达出来。

如果他在发脾气时说的话并不特别粗鲁，最好的处理办法是用幽默来化解。假设他说你是个"老巫婆"，你可以笑着说："老巫婆正在用蝙蝠的翅膀和青蛙的眼睛煮汤哦。你想吃吗？"这样幽默的回答说不定可以让孩子瞬间破涕为笑，也可以帮你保持好心情。

有时候，这个年龄段的孩子可能变得非常爱说话。你可以试着引导他想讲话的欲望。与其让他乱七八糟地大呼小叫，不如教他一些绕口令或儿歌，或者花点儿时间给他读些诗。这样可以让他更加注意语言表达的内容，也可以加强他对语言作品的欣赏能力。

认知发育

4 岁的孩子开始探索很多基本概念，这些概念他以后将在学校里更加详细地学到。他现在知道一天分为上午、下午和晚上，一年分为不同的季节。到 5 岁时，他可能知道一周有几天，每天以小时和分秒来计时。他或许还能学会数数、认识字母、理解体积关系（大或小），以及知道几何形状的名称。

很多优秀的儿童读物会以图画的形式来表现这些概念。父母不要急于求成，过早学习这些对孩子并没有什么好处。假如让他觉得学习压力很大，他上学以后可能就会厌学。

最好的方法是为孩子提供大量的学习机会。现在这个年龄段是带他去动物园和博物馆的理想时机，如果你还没带他去过，那就快去吧。很多博物馆都有专为儿童设计的展览，他可以在那里体验到学习的快乐。

同时你应该尊重他的特殊兴趣和天赋。如果你的孩子似乎非常有艺术天赋，你可以带他去艺术博物馆和画展，或者试着让他参加儿童艺术培训班。此外，你如果认识一些艺术家，可以带他去拜访他们，让孩子参观他们的工作室。如果他喜欢恐龙，那就带他去自然历史博物馆。不管他的兴趣是什么，你都可以借助于书本来回答他的问题，帮他进一步开阔视野。这个年龄段的孩子应该发现学习是一种乐趣，这样他上学以后才会喜欢学习。

你还会发现，除了研究一些实际的问题，4 岁孩子的问题相当"漫无边际"，比如"世界从哪儿来？""什么是死？""太阳和天空是什么做的？"。一个经典的问题是"天空为什么是蓝色的？"，而你和很多家长可能都不知道该如何回答这样的问题；有时即使知道答案，也不知道怎么用孩子能听懂的语言来表达。回答孩子的问题时切勿胡编乱造，而要从一些儿童读物中找答案。这些问题正好给你们创造了一个完美的机会，你可以带着孩子一起去图书馆

4～5 岁儿童的认知发育里程碑

- 可以数出至少 10 个物体。
- 可以正确地认出 4 种以上的颜色。
- 更加理解时间的概念。
- 了解家里每天常用的物品（钱、食物、电器）。

或书店。你如果选择在网上寻找答案，就要参考可信的、科学的网站，并且花时间和孩子一起看看相关的图片和视频。

社交能力发育

4 岁时孩子应该已经有积极的社交生活了。他有朋友，甚至有"最好的朋友"。理想情况下，他会与住在附近的或者一起上幼儿园的、经常见面的孩子们成为朋友。

但是，如果你的孩子没有上幼儿园，你家附近也没有同龄的孩子，你该怎么办？在这些情况下，你应该帮他安排与同龄的孩子一起游戏的机会。公园、游乐场和各种儿童活动都可以为他认识小伙伴提供机会。

孩子找到他喜欢的玩伴后，刚开始需要你主动推动一下，帮他们交朋友。你可以鼓励他邀请这些朋友来家里玩。向其他孩子展示自己的家、家人和物品对孩子来说非常重要，可以帮他建立自豪感。事实上，他的家并不需要很豪华，也不需要摆满昂贵的玩具，只要温馨和好客就可以让孩子感到自豪。

父母要意识到，孩子的朋友已经不仅仅是玩伴了，而是会对孩子的想法和行为产生影响的人。他非常期望跟朋友们一样，即使有些时候那些孩子的行为违背了你一直教导他的行为规范和原则。他现在发现，除了你教的以外，世界上还有其他不同的价值观和观点，他可能为了检验这一新发现而要求一些你以前禁止的东西——某些玩具、食物、衣服或电视节目。

不要因为你和孩子的关系在这种新的朋友关系的影响下发生巨大变化而

4~5 岁儿童的社交能力发育里程碑

- 想让朋友高兴。
- 想和朋友一样。
- 更有可能遵守一些规矩。
- 更加独立，甚至可以自己去邻居家玩。

失望。他可能有生以来第一次对你很粗鲁。虽然很难令人接受，但这种冒犯其实是一种积极的信号，说明他在学习挑战权威，检验自己的独立程度。处理这个问题的办法还是一样：表达你不赞同的态度，还要跟他谈谈他的真实意思或想法。你的反应越情绪化，就越会鼓励他的不良行为。但如果这种温和的办法不起作用，他拒绝跟你谈心，那么这时最有效的办法是使用平静中断法（或正面引导法，见第 354 页）。

记住，虽然孩子在这个年龄段正在探索"好"与"坏"的概念，但他的道德观仍然极为简单。因此，他老老实实地遵守规矩不一定是因为他理解或赞同这些规矩，更可能是因为他不想被大人惩罚。在他的思维里，后果代表一切，意图并不重要。例如，当他打碎了贵重的物品时，他可能觉得自己很坏，即使他不是故意的。因此，他需要学会理解意外犯错和故意犯错之间的区别。

为了帮他理解这种区别，你需要把他作为独立个体与他的行为分开。当他出现应该受到惩罚的言行时，你一定要让他明白，他受惩罚是因为他做的某件事或说的某句话，而不是因为他这个人坏。不要说他是个坏孩子，而要具体地解释他做错了什么，将人和行为明确分开。如果他欺负家里的弟弟或妹妹，你要向他解释为什么他的行为是错误的，而非光说"你怎么这么坏"。当他不小心做错了事，你要安慰他，告诉他你知道他不是故意的。尽量不要生气，否则他会觉得你是对他这个人生气，而不是对他做的事情生气。

另一个要点是，给这个年龄段的孩子安排一些你确定他可以处理好的事情，当他完成时要表扬他。他现在已经可以承担一些简单的家务，比如帮忙布置餐桌或打扫自己的房间。当全家出游时，告诉他你希望他好好表现，如果他做得很好就表扬他。除了让他承担一些家务，你还要给他足够的机会和其他孩子一起玩，而且当他跟其他孩子分享东西或帮助其他孩子时，你要立刻表扬他，告诉他你为他感到骄傲。

最后，你要意识到这个年龄段的孩子与他的哥哥姐姐可能很难相处，特别是比他大 3 ~ 4 岁的哥哥姐姐。4 岁的孩子常常渴望模仿哥哥姐姐做的任何事，但家里的大孩子们可能讨厌被打扰，讨厌弟弟妹妹侵犯自己的空间、打扰自己的朋友、影响自己忙着做的重要事情，特别是乱动自己房间里的物品。你经常需要扮演这类家庭冲突的调停官，届时一定要尽可能地保持中立。允许大孩子有自己的时间、隐私和空间，但在合适的时候也要求他陪弟弟妹妹一起玩。全家外出度假是增进孩子之间关系的好机会，但度假时你要给他们每个人留出属于自己的活动空间和时间。

情感发育

4 岁孩子的想象世界和 3 岁时的一样丰富多彩。不过，他现在正在学习区分想象和现实，让思绪在想象世界和现实世界之间来回游走而不混淆。

随着孩子的想象游戏变得更加复杂，他的想象带有某种程度的暴力成分也不值得你大惊小怪。战争游戏、模仿骑士屠龙，甚至追逐打闹都可以归入这一类。一些父母不准孩子玩商店里卖的玩具枪，结果发现孩子自己用硬纸壳做出纸手枪来玩，或者干脆一边伸出手指比画一边嘴里发出"砰！砰！"的声响。其实父母不必为这些行为紧张。玩这些游戏并不代表孩子有暴力倾向。儿童并不理解什么是杀人、什么是死亡。对男孩来说，玩玩具枪只是一种娱乐方式，可以让他更开心，还可以增强他的自我认同感。

你如果想知道孩子的自信程度，可以注意观察他与成年人的对话。2 ~ 3 岁的他跟成年人讲话时显得胆怯，但现在他可能表现得友好、健谈且有好奇心。他还对别人（无论是成年人还是孩子）的感受非常敏感，而且喜欢让别人高兴。看到别人受伤或难过，他会表示同情和关心，很可能想拥抱对方或者学着你平时的样子说"来，亲一下就不疼了"，因为这些是他受伤或不开心的时候最希望得到的安慰。

4 ~ 5 岁的孩子开始表现出对性别差异的强烈好奇，对同性和异性都很感兴趣。他会问大人孩子从哪儿来，还会问跟生育和排泄有关的各种器官的相关问题。他可能想知道男孩和女孩的身体有何不同。面对这类问题时，父母应用简单而准确的术语来回答。4 岁的孩子并不需要知道性交的细节，但你应该让他觉得自己可以自由地提出各种问题，让他知道你在回答时不会拐弯抹角，不会骗他。

随着对性别问题的好奇心增强，他可能还会摆弄自己的生殖器，甚至对其他孩子的生殖器感兴趣。这并不属于成人式的性行为，只说明这个年龄段的孩子有正常的好奇心，所以父母不要责骂孩子，更不要惩罚他。

父母对孩子的性探索应有什么程度的限制呢？在这个阶段，父母对此最好不要反应过度，因为孩子有适度的好奇心是正常的。不过孩子需要知道什么样的行为符合社会规范。你可以对孩子表达下列观点。

■ 对生殖器感兴趣是一种健康的自然本能。

■ 不可以在公共场合赤身裸体或自慰。

■ 任何人都不可以随意触摸他身体的私密部位，即使是很亲密的朋友或亲属也不可以——医生或护士为他做身体检查的时候，或者他觉得生殖器附近疼痛或不适，父母帮他检查的时候例外。

这段时间孩子还可能表现出迷恋父母一方或一位异性成年人。这是正常现象，你没有必要恐慌或嫉妒。

4 ~ 5 岁儿童的情感发育里程碑

■ 有性别意识。

■ 能够分清想象和现实。

■ 有时很难带，有时很乖。

发育健康表

　　每个孩子都有自己的成长轨迹，所以没有人可以准确地预言你的孩子会在什么时候、以什么方式具备某种能力。本书列出的各阶段"发育里程碑"仅为你提供孩子成长的大致情况，如果你的孩子的步调略有不同，你也不必紧张。不过，如果孩子在本阶段有下列迹象之一，就可能表示有发育迟缓的问题，你应向儿科医生咨询。

- 有极端恐惧或羞怯的表现。
- 有极端好斗的行为。
- 每次跟父母分开时都强烈抗拒。
- 注意力极易分散，参与任何活动时注意力集中的时间都不超过 5 分钟。
- 没有兴趣跟其他孩子一起玩。
- 对人一般没有反应，或只有非常敷衍的反应。
- 很少玩想象或角色扮演游戏。
- 大多数时候看起来不开心或伤心。
- 参与的活动种类单一。
- 回避其他孩子和成年人，或者表现冷漠。
- 情绪表达不丰富。
- 不会自己吃饭、睡觉或上厕所。
- 分不清想象和现实。
- 看起来非常消极。
- 不理解含有介词的、由两部分组成的指令（如"把杯子放在桌子上""把沙发下面的球拿出来"）。
- 不会正确说出自己的姓名。
- 讲话时不会用复数形式或过去时态（英语国家的儿童）。
- 不会跟成年人讲述自己的日常活动和经历。
- 不会摆起 6 ~ 8 块积木。
- 握蜡笔的姿势很别扭。
- 脱衣服有困难。
- 不会自己洗手并擦干手。

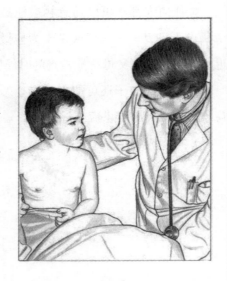

基本看护

健康的生活方式

孩子4～5岁这个阶段是为整个家庭培养健康生活方式的好时机，要鼓励孩子养成健康的生活习惯。孩子在4～5岁时养成的生活习惯将影响他今后一生中在健康方面的选择。你要认真为孩子选择饮食，并且让他进行一定的体育锻炼。

儿科医生发现，目前越来越多的儿童过度肥胖。如果医生从你的孩子出生开始一直跟踪记录孩子的身高和体重，那么他可以正确地判断孩子的体重是否正常。幸运的是，现在你可以采取一些有效的措施来减小孩子过度肥胖的概率，并且让他养成健康的生活习惯。你应该重视让孩子参加体育锻炼这件事。虽然他有充沛的精力，但是这些精力很可能被白白浪费了。许多学龄前儿童每天花大量的时间看电视或者上网，而非去户外活动。事实上，与祖辈相比，现在的儿童的活动量只有祖辈小时候活动量的1/4。

无论你的孩子是否过度肥胖，你都应该让体育锻炼成为他生活中的头等大事。学龄前这段时间是孩子培养运动技能、提高协调能力的重要时期。你要让孩子接触一些适合他年龄的运动器材，比如球和球拍等，这些器材会让体育锻炼变得有趣，从而使孩子喜欢体育锻炼。当然，当孩子进行锻炼的时候，成年人一定要在一旁看护，确保孩子不处于危险之中，比如跑到马路上去捡球等。作为父母，你可以成为孩子的玩伴或给孩子树立热爱体育锻炼的好榜样。

尽量以户外活动的形式举办家庭聚会。周末不要带孩子去看电影，而要组织全家人去郊外爬山，或者去公园放风筝、玩捉人游戏、扔球等。

电视台、电脑厂商、电子游戏开发者和手机厂商都为了获取孩子更多的关注和时间而竞相做一些鼓励孩子活动的尝试。有些游戏设备能够促使孩子边玩游戏边活动，这在受天气或其他条件影响而不能进行户外活动时对孩子很有帮助。手机和平板电脑上的一些应用程序也可能会鼓励孩子进行更多活动和探索。但与此同时，大多数电子设备都会吸引孩子盯着屏幕，而不愿意进行更多活动或玩想象游戏。为了明确电子设备在孩子生活中应扮演什么角色，你可以先想一想孩子的活动时间、睡眠时间以及与家人共处的时间该如何分配，然后安排一些时间给孩子使用电子设备。要确保电视节目或应用程序符合孩子的年龄且对孩子有一定的教育意义。你的参与可以帮助孩子从这些电视节目和应用程序中获得很大的益处。（参见第32章"媒体问题"。）

饮食与营养

孩子健康的生活方式离不开搭配合理的饮食。快餐店的价格和便利性可能具有吸引力，但现在你可以用很多种类的食物来取代快餐店菜单上高热量、低营养价值的食物。在这个阶段，孩子应该与其他家庭成员吃一样的食物，要尽可能地多吃有营养价值的食物，包括新鲜的蔬菜与水果，低脂或脱脂乳制品（如牛奶、酸奶、奶酪等），瘦肉（如去皮鸡肉、鱼肉、瘦牛肉等），全谷物米粉，全麦面包，等等。与此同时，要限制甚至禁止孩子吃垃圾食品，也不要让他喝含糖的饮料。垃圾食品包括营养价值低的食品，特别是一些高脂肪和含糖量高的食品。乳制品是孩子饮食中一个重要的部分。研究表明，无论何种口味（如巧克力口味）的牛奶，都不会对孩子的身体质量指数（BMI）产生不良影响。因此，就算你的孩子只喝调味牛奶，也可以满足他每天对乳制品的需求。美国儿科学会在2014年的一份优化骨骼健康的报告中，建议家长购买低脂或脱脂的调味牛奶、奶酪和酸奶（这些产品最好只添加了少量的糖）以满足孩子对钙的需求。冰激凌和蛋糕之类的甜点孩子偶尔可以吃点儿，但不应该每天都吃。如果你的孩子本身就过度肥胖，你就一定要格外注意甜点的量，4～5岁的孩子每次所吃的甜点应该比成年人少。

如果孩子3岁左右的时候就经常挑食，这个问题在他4岁的时候可能会继续存在，而且大点儿的孩子更会用语言表达他喜欢吃什么。孩子4岁左右时，可能开始坚决不吃某些食物。他在这个年龄需要的营养跟他之前需要的营养

每日食谱（4岁）

该食谱适用于体重大约 16.5 千克的 4 岁孩子。

1 杯 =240 毫升

1 茶匙 =5 毫升

早餐

120 毫升低脂或脱脂牛奶。

1/2 杯全谷物米粉。

1/2 ～ 3/4 杯水果，比如甜瓜、草莓或香蕉。

点心

120 毫升低脂或脱脂牛奶。

1/2 杯水果，比如甜瓜、香蕉或浆果。

1/2 杯酸奶。

午餐

120 毫升低脂或脱脂牛奶。

1 块三明治——2 片全麦面包配 30 ～ 60 克肉、奶酪、蔬菜和调味汁（可选），或花生酱、杏仁酱（亦可选果酱）。

1/4 杯黄色或绿色蔬菜。

点心

1 茶匙花生酱或杏仁酱配 1 片全麦面包；

或者 5 块全麦薄脆饼干；

或者奶酪条或切碎的水果。

晚餐

120 毫升低脂或脱脂牛奶。

60 克瘦牛肉、鱼肉或者鸡肉。

1/2 杯全麦面条、米饭或土豆。

1/4 杯蔬菜。

如果你家喜欢使用人造奶油、黄油或沙拉酱，那就尽可能地选择低脂且健康的产品，且每次只给孩子食用 1 ～ 2 茶匙。

洗手也是健康生活的一部分。

差不多，但他会对食物产生令人难以预料的情绪。如果不喜欢你给他提供的食物，他可能跟你顶嘴。不过，如果你提供了搭配合理的各种食物，他就有更多选择来保持健康。

　　孩子在这个年龄应该开始学习基本的餐桌礼仪。4 岁之后，他就不应该以握拳的方式握着筷子或勺子等餐具，而应该像成年人一样握着筷子或勺子。在你的指导下，孩子还可以学会正确使用其他餐具，比如刀子、叉子等。你还应该教他其他的餐桌礼仪，比如嘴里有食物的时候不要说话、学会使用餐巾纸、不要夹别人盘子里的食物等。你需要认真地给孩子讲这些规矩，并且用自己的行动给他做示范。孩子通常会学习其他家庭成员的一些行为方式。如果你家有全家人一起吃饭的传统，那么孩子有可能学会很好的餐桌礼仪。因此，每天至少安排一次全家人一起吃饭，让孩子帮忙收拾碗筷或者帮忙做餐前准备。

　　要严格控制孩子看电视的时间，并注意他所看广告的内容。孩子看过多的电视广告将不利于其饮食健康，即便你认真地给他讲过广告的商业目的。研究表明，儿童肥胖与看电视的时长存在很大的关联；减少看电视的时间有助于减轻超重儿童的体重。4 ～ 5 岁的孩子对甜食的广告极度缺乏抵抗力，特别是当孩子去别人家做客、吃到好吃的甜食之后。你一定要密切注意孩子的饮

吃多少才够?

许多父母都担心孩子没有吃到足够的食物。下面这些措施可以确保你的孩子吃了足够的但没有过量的食物。

■ 孩子的食量不需要跟成年人一样。给他小份食物,其分量最好是成年人的一半。不要给他第二份,除非他向你要。对多数食物来说,孩子需要的分量大概相当于他的手掌大小(注意,不是你的手掌大小)。使用儿童专用餐具也有助于控制孩子的食量。以下是合理的儿童食量。其中,1 茶匙 =5 毫升,1 汤匙 =15 毫升,1 杯 =240 毫升。

120 ~ 180 毫升牛奶或果汁	4 汤匙蔬菜
1/2 杯白软干酪或酸奶	1/2 杯米粉
60 克汉堡包	60 克鸡肉
1 片吐司	1 茶匙人造奶油、黄油或沙拉酱

■ 通常情况下,每天最多提供 2 次零食,给太多就会影响孩子吃主食的胃口。选择健康的零食,拒绝不健康的零食,如碳酸饮料、糖果、甜点以及其他过咸或过油腻的食物等。为了降低孩子患龋齿的风险,也为了避免给他提供过多热量,你可以选择下列有营养的食物作为零食。需要的话,你可以考虑将这些食物切成小块以便孩子咀嚼,这也可以避免孩子的呼吸道被阻塞而导致窒息。要让孩子逐渐喜欢吃一些他不熟悉的食物,你可能需要进行 12 ~ 15 次尝试。

水果	胡萝卜条、西芹条、黄瓜条(可以蘸低脂田园酱或鹰嘴豆泥)
全麦吐司或薄脆饼干(可以涂抹健康的花生酱)	低脂麸皮松饼
酸奶	奶酪条

■ 在一些特殊的场合,你可以给孩子吃一点儿甜点或糖果,但要注意分量,比如可以只给 1 勺冰激凌就别给 2 勺,这并不会减少吃甜点带给他的快乐。

■ 不要将食物作为孩子表现良好的奖励。

■ 当孩子向你要食物的时候,你要确保他是真的饿了或者渴了。如果他真正想要的是你的关注,你可以陪他说说话或者玩一会儿,而不要将食物作为安抚他的工具。

■ 当孩子正在玩耍、听故事或者看电视的时候,不要允许他吃东西。

因为他在做别的事情时，无法专心致志地吃东西，这会导致他可能意识不到自己已经吃饱了。

■ 如果孩子喜欢吃的食物前后不一致，你也不要担心。可能今天他会吃掉手中的任何食物，但是到了明天，他对手中的食物根本不屑一顾。孩子拒绝吃饭可能是因为当天活动少，所以他不饿。当然还有一种可能是，孩子将吃饭作为展示其控制力的一种手段。特别是当他对周围的一切都产生消极情绪的时候，你若让他吃饭，他就会反抗。这时不要强迫他吃东西。他不会让自己挨饿的，他的体重也基本上不会减轻。不过，如果孩子厌食的时间超过 1 周，或者他出现了诸如发热、恶心、腹泻或者体重减轻等情况，你就应该带他去看医生。

■ 孩子每天需要喝大约 480 毫升低脂或脱脂牛奶以满足他对钙的需求。牛奶是重要的食物，因为它含钙和维生素 D。不过，喝过多的牛奶可能影响孩子对其他重要食物的食欲，而且有些孩子不喜欢乳制品。无论如何，孩子每天都应该吃一些维生素 D 补充剂，以及其他高钙食物，包括种子类食物、奶酪、富含油脂的鱼类（如三文鱼）、豆类、杏仁和绿叶蔬菜等。

食习惯，无论在家中还是在外面，都要尽最大可能保证孩子吃健康的食物。

为了抵制外界不良环境的影响，你一定要尽最大可能保证家中的饮食健康。坚持提供低糖、低脂、营养丰富的食物。最终，孩子将习惯吃健康而营养全面的食物，从而经受住那些高盐、高糖或高油食物的诱惑。

睡觉

如果孩子晚上难以入睡，你不妨给他制订一套"睡前程序"。4 ~ 5 岁的孩子一般会积极响应你给他安排的活动，包括洗澡、刷牙、躺在床上听你讲故事，然后将灯关掉等。你要试着让孩子尽早上床睡觉。孩子不累且没有胡思乱想的时候，入睡会稍微容易一些。在这个年龄段，孩子逐渐不再需要小睡。

夜惊症是这个年龄段的孩子夜间可能出现的一种睡眠障碍。他可能在睡觉时出现这样的情况：看上去像醒来了，不高兴，眼睛瞪得圆圆的，像受到了惊吓，并可能伴有尖叫或者激烈扭动，但是对你的话没有任何反应。如果出现这样的情况，他没有醒来，也没有做噩梦，那他正在经历所谓的夜惊——一种神秘的、让父母们十分苦恼的症状，这种症状在孩子学龄前以及入学后的初期很常见。夜惊症的典

型表现是：孩子很容易入睡，但是几小时之后会醒来，眼睛瞪得圆圆的，看上去像受到了惊吓。他可能指着某个想象出来的形象，拼命踢打、尖叫、哭闹（比如喊"不要！"或"我不能"）。一般来说，这时孩子非常难以安抚。每当出现这种情况，父母都会很不安，因为孩子的行为跟平时迥异（一旦孩子出现夜惊症，父母就可能比孩子更不安）。这个时候，你唯一可以做的就是抱住孩子，避免他伤到自己。你可以通过一些话语来使孩子平静下来，比如说"不要担心，没事""爸爸妈妈都在"等。尽可能地将房间的灯光调暗，将说话的声音压低。10 ~ 30分钟之后，孩子就会平静下来并且再次入睡。这时父母与孩子互动时间过长反而会延长夜惊的持续时间。通常到了第二天早上，孩子不记得头天晚上发生的任何事情。

　　一些孩子可能只经历过一次夜惊，另一些孩子则可能经历过很多次。不过，夜惊症一般不会发生得很频繁或者在很长一段时间内不断发生。如果你的孩子频繁发生夜惊，你可以找儿科医生开一些助睡眠的药物来帮助孩子度过这个阶段，不过最好的方法是顺其自然。由于一些孩子在过度疲惫的时候容易夜惊，所以你要尽可能地让孩子提前半小时上床，这样夜惊发作的概率就会减小。无论是哪种情况，随着孩

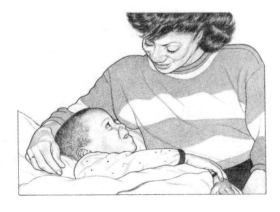

如何区分做噩梦和夜惊症

有时候，我们很难区分做噩梦和夜惊症。这个表格将为你提供一些帮助。

	做噩梦	夜惊症
表现和行为	令人恐惧的梦；孩子可能醒来，受到惊吓，哭闹	在睡眠中尖叫、哭喊、激烈扭动；可能表现得激动、紧张、害怕
出现的年龄	往往在幼儿期或更大的时候开始出现	4 ～ 5 岁（或更大的时候）开始出现
发生及持续时间	做梦时，一般出现在后半夜	非做梦时间发生；睡后 2 小时左右发生；持续 5 ～ 15 分钟；当孩子发热或睡眠时间被打乱时易发生
能否继续入睡	由于紧张，很难继续入睡	很快继续入睡
是否有印象	对梦有印象，会讨论所做的梦	没有印象
潜在问题	与情绪问题没有太大关系，但是反映了内心深处的恐惧	与情绪问题没有关系
应对措施	叫醒孩子，安慰他；与孩子说说话，缓解其压力；睡前不要让孩子看电视	吃药没有效果；让孩子尽量早上床；不要让孩子睡前过度疲惫
若长期发生，如何应对	如果孩子抱怨经常做噩梦，可以向医生求助	大多数孩子长大一些后就不再夜惊

资料改编自马克·魏斯布卢特（医学博士、美国儿科学会会员）所著的《健康的睡眠，健康的孩子》（*Healthy Sleep Habits, Healthy Child*）。

子长大，夜惊症都会逐渐消失。（更多关于夜惊症的信息，见上面的表格。）

规矩

孩子 4 岁之后，可能对自己的一些难以捉摸的情绪有了一定的控制力，不过他还是无法控制自己的反抗情绪。因此，这个年龄的孩子可能公开地违反家中的一些规矩，甚至跟你顶嘴或说粗话。通常，他举止不文明只是想惹恼你，看你会如何反应。尽管孩子的这些行为令人生气或者忧虑，但是这些行为很少是情绪病的征兆。只要你采取宽松的方式应对，孩子到入学年龄时这些行为就会逐渐消失。

孩子需要前后一致的指导，而且需要你告诉他什么是你期望的行为。即使在他行为不当时，他也需要安全感和被呵护的感觉。平静中断法或正面引导法在这个阶段仍然有效。你如果对孩子使用平静中断法，结束后要立刻告诉他被"平静中断"的原因。另一个方法是剥夺他享有的"特权"。不要进行口头威胁，也绝对不可以打孩子。你一定要让他明白哪些事情可以做，哪些事情不可以做。他将来学会为自己行为设限的唯一方法就是从现在开始由你为他定一些合理的规矩，而且你要指导孩子学会控制自己的情绪。如果你在对孩子关爱有加的同时对他严格要求且始终如一，他就会有安全感。另外，为孩子自主意识的发展创造条件很重要。例如，你们要在秋高气爽之时一起外出，你不妨问问孩子他想穿毛衣还是夹克，并让他帮忙挑出来或者找到它；在超市里，你可以让他帮忙指出你正在寻找的商品。

撒小谎

孩子在这个年龄会经常隐瞒一些事实。学龄前儿童撒小谎（说瞎话）的原因多种多样，有时是怕受到惩罚，有时是被他的想象驱使，有时是模仿他看到的一些大人的行为。因此，你在因孩子没有讲真话而惩罚他之前，一定要弄清楚他撒谎的动机。

孩子为了避免受到惩罚而撒谎，往往是因为他违反了家中的某一条规矩。例如，他打碎了某一个他本不应该触碰的东西，或者他可能粗鲁地伤到了某个小伙伴。无论是什么情况，他得出的结论都是——最好不承认自己做过的事。你可以向他说明，为什么他应该知道自己所做事情的后果，并且应该与你谈谈该如何处理，以及这么做的重要性。你可以这样说："这个东西碎了。我很好奇它是怎么碎的。"如果孩子承认是自己所为，你一定要保持冷静且不发脾气，轻轻惩罚他一下，但这个惩罚必须是合理且有教育意义的。这样，孩子下次犯错的时候才不会害怕说实话。

编故事跟撒谎完全不同。编故事可能只是孩子表现其想象力的一种方式，不会伤害任何人。不过，如果孩子一直编故事，说一些荒诞不经的事情，让你或者他自己无法区分现实与想象，问题就严重了。尽管没必要惩罚他，但是你必须适当地给他上上课。你可以给他讲"狼来了"的故事，告诉他，他如果一直编故事，可能给他自己带来危险（如果他真的受伤了或者生病了，但是你不相信他说的是真的，那他该怎么办？）。你要明确地告诉他，说实话对他自己有好处。

如果孩子撒谎只是模仿你的行为，那么你可以通过为其树立良好的榜样来制止他的撒谎行为。当孩子发现你在说一些"善意的谎言"，他可能无法明白你的这种行为是为了避免伤害他人的感情。他可能只会记住你没有说实话，所以他认为自己也可以随便撒谎。你可以尝试告诉他真正的谎言与善意的谎言的不同之处，不过他可能无法完全明白。因此，最好的办法还是你改变自己的行为。

你在决定为孩子定一些规矩的时候，应该记住，你在他很小的时候使用的许多方法现在依然有效。一方面，你要奖励和称赞孩子好的行为，忽略一些不好的行为，这比直接惩罚孩子更加有效；要尽可能地避免对孩子实行体罚。另一方面，你要及时且恰当地应对孩子的错误行为，不要等事情过去很久再惩罚他，因为那时他可能已经忘了自己做了什么。你还需要给孩子树立良好的榜样，要控制自己的情绪、斟酌措辞（尽可能地对事不对人）、用语言（而非暴力）来解决争端。与其他看护者分享你教育孩子的方法，这样孩子知道的规矩才会前后一致。

（关于规矩的更多信息见第 387 页"规矩"，其中的一些原则同样适用于 4～5 岁的孩子。）

为上小学做准备

很多 5 岁的孩子会去上学前班。上学前班的目的主要是让孩子为上小学做好准备。上小学的孩子需要比幼儿园阶段的孩子更成熟，他们将承担更多

上小学对孩子来说是一个重要的转折点。

任务，也需要更独立。另外，他们需要做好准备去面对更多的课程，以及融入更大的班级。

当你的孩子快到上小学的年龄时，你可以多与他交流，让他做好心理准备。你要向他说明上小学后他的作息时间将如何改变。此外，你还可以经常带他路过小学，让他看看里面是什么样的。

上小学之前，孩子还应该接受一次全身检查。医生将检查他的视力、听力和其他方面的发育情况，并确保孩子接种了全部应该接种的疫苗或必需的疫苗加强针（更多信息见第31章"疫苗接种"）。此外，根据法律和当地情况，孩子还应该接受肺结核及其他疾病的筛查。

对于霸凌问题的处理方法

对学龄前儿童来说，恃强凌弱的现象时有发生。当一个孩子故意欺负另一个孩子的时候，常常出现霸凌现象。霸凌可能发生在幼儿园、小区、游乐场或公园里。被欺负的孩子通常比较弱小、内向且羞于向他人求助。霸凌现象有时表现为人身攻击，比如拳击、推搡、踢打等；有时表现为语言上的欺凌，比如嘲笑、讽刺、威胁或者恶语伤人；有时则表现为社交上的欺负，比如孤立等。

若你的孩子在幼儿园被别的孩子欺负，那他通常害怕去幼儿园。他可能无法将心思花在学习上，常以头痛或者肚子痛等为理由不去幼儿园。

你一定要让孩子明白，被别人欺负不是他的错。你要告诉他一些避免成为被欺负对象的方法，比如以下这些。

- 直视欺负他的人的眼睛。
- 笔直站立，保持镇静。
- 直接走开。
- 用坚定的语气告诉欺负他的人"我不喜欢你的行为"或"请不要这样对我说话"。

让孩子在家中练习这些方法，这样他在需要的时候可以运用自如。你还要告诉孩子，如果他被别人欺负，可以向其他成年人求助。此外，你应该让幼儿园的老师知道有霸凌事件发生，让他们发现时及时制止。当你不在孩子身边的时候，你一定要确保有其他成年人在他身边保证他的安全。

如果你的孩子是欺负人的孩子之一，你应该怎么办？如果你的孩子在幼儿园或小区欺负别的孩子，你应该怎么办？

你应该尽快采取措施来制止这种行为。你应该严肃对待孩子欺负人的行为，在事情变得更糟糕之前及时矫正这一不良行为。以下是一些你可以采取的措施。

- 自始至终禁止孩子欺负别人。确保孩子明白欺负人是永远不被接受的行为。
- 为孩子树立好榜样。告诉他，在不采取威胁和戏弄手段的情况下，他一样可以得到自己想要的东西。
- 当你因孩子的错误行为惩罚他时，你不要对他实行体罚，而要使用平静中断法或正面引导法，或者取消他的一些特权。确保孩子明白，体罚是不被接受的行为。

■ 你如果无法制止孩子欺负别人，可以向他的老师、辅导员或者儿科医生寻求帮助。

身体检查

继续让孩子每年接受一次儿科医生的检查，并确保他进行及时的疫苗接种。在孩子 4 ~ 6 岁的时候，预防脊髓灰质炎、百日咳、白喉、破伤风、麻疹、腮腺炎、风疹、水痘的疫苗都需要打加强针。

听力检查。孩子 4 岁时已经可以清楚地分辨并描述不同的声音了。儿科医生可能建议用不同频率的声音来对孩子进行全面的听力检查。一般来说，每 1 ~ 2 年都应该重复一次这种检查。如果孩子的听力出现问题，就应该增加检查次数。

视力检查。孩子 4 ~ 5 岁的时候已经可以理解方向的概念了，而且完全可以配合完成正式的视力检查。他小时候使用过的图像视觉筛查工具在这个年龄段可以继续使用。不论使用哪种方法检查视力，他的视力这时应该达到 0.7 或更高。相对于双眼的裸眼视力来说，更重要的一个指标是双眼的视力差距。如果你怀疑孩子的视力有问题或者图像视觉筛查及其他检查中出现任何异常，你应该带他去向儿童验光师或儿童眼科专家咨询。

安全检查

关于保证孩子在室内及户外安全的建议贯穿本书。本书的第 15 章专门从各个方面更加深入地讨论安全问题，包括孩子在游乐场上玩耍时的注意事项、骑自行车或三轮车时的注意事项，以及在自家院子中玩耍时的注意事项等。

下面是关于 4 ～ 5 岁儿童安全的总体指导原则。

■ 孩子学习骑自行车时，一定要戴头盔。为孩子购买自行车时，应该同时购买一顶儿童头盔，并确保孩子戴起来合适且佩戴正确。你自己骑自行车的时候也要戴上头盔，给孩子树立一个好榜样。

■ 千万不要让孩子在马路上骑自行车。他在这个年龄段还不能在马路上安全地骑车。

■ 孩子骑自行车冲到马路上有被汽车撞到的危险。因此，父母应该陪着孩子在公园里或操场上骑车。让孩子了解将车停在路边的重要性，并且告诉孩子，在没有大人陪伴的时候千万不能自己横穿马路。不过，要记住，孩子可能记不住这一安全原则，所以孩子在马路上骑车时成年人应谨慎地看护。

■ 虽然这个年龄段的孩子已经能够学会游泳，但要记住，就算他会游泳，也千万不要让他独自去游泳，因为在这个年龄段，溺水是导致儿童死亡的第二大因素。除非有成年人一直在身边看护，否则一定不要让孩子在任何水域（如湖泊、溪流、池塘或海洋）附近玩耍，甚至在浴缸里也不行。对这个年龄段的孩子，成年人最好进行"接触式看护"，即在离孩子一臂的范围之内看护，这样即便孩子不小心沉入水中，成年人也可以迅速抓住他。

■ 父母带孩子登上任何一艘船时，都应该给孩子穿上救生衣。让孩子记住，除非有成年人帮他确定水深对他来说是安全的，否则他绝对不可以擅自尝试潜水或跳水。

■ 教孩子不玩火柴、打火机和烟花爆竹，并且不要将此类物品放在孩子够得到的地方。

■ 如果你家或孩子经常去的家庭有武器，那就一定要保证它们被锁好了，并且弹药被锁在其他地方。

（要了解更多确保孩子安全的注意事项，参见第 15 章。）

带着孩子旅行

车祸是对孩子生命安全和幸福快乐的最大威胁。即便你们的汽车行驶得非常缓慢，但碰撞或紧急刹车也可能带来毁灭性伤害。孩子仍然应该坐在配备了五点式安全带的汽车安全座椅上。对孩子来说，安全的座位永远是汽车后排的座位。

在开车带着 4 ~ 5 岁的孩子进行长途旅行时，父母应该尽量将行程安排得有趣一些，这样孩子就不会对坐在汽车安全座椅上过于抗拒了。下面是帮助孩子打发时间的一些小技巧。

■ 聊聊路边的风景。问问孩子看到了什么。给孩子指一些有意思的风景。如果孩子已经开始学习辨认颜色、字母和数字了，就让他从沿途的风景中和广告牌上识别出他认识的颜色、字母或数字。但要记住，驾驶员的注意力一定要放在驾驶上。

■ 在孩子触手可及的范围内或孩子的座椅上放一些图画书或小玩具。

■ 通过车载音响播放儿歌或儿童故事，并且鼓励孩子听到自己喜欢的旋律时跟着唱。

■ 如果旅途漫长，你就应该携带一小箱适合你的孩子年龄的活动用具，比如涂色书、引导孩子互动的书、彩色铅笔、画纸、胶水和贴纸等（不要在车上使用剪刀，因为在紧急刹车时，剪刀很容易造成伤害）。你还可以给孩子准备平板电脑或手机，但要提前想好什么游戏、故事、节目或电影适合孩子，还要在孩子使用电子产品一段时间之后与他聊天、唱歌或一起玩旅行宾果游戏。要避免孩子观看有暴力内容的视频及其他儿童不宜的视频，还要记住他看的视频很可能影响他在旅途中的心情。同时要限制儿童使用电子产品的时间，以免他用眼过度或晕车。

■ 至少每 2 小时停车休息一下，让孩子活动活动，吃点儿零食或上厕所。

■ 如果孩子晕车，可以让他在上车前半小时吃适量晕车药（见第 789 页"晕动病"）。

不管在哪里，只要下面这些原则得到了贯彻，整个旅程就会让所有人都开心和舒适。

- 永远不将孩子单独留在车里，哪怕一分钟也不行。
- 不要允许孩子喊叫、打闹或制造噪声。
- 不要让孩子碰车门把手。如果你的车装有儿童安全锁，现在是时候使用它了。
- 提醒孩子考虑车上其他人的感受。

致（外）祖父母

照顾孩子时你可能注意到，孩子在从4岁向更独立的5岁过渡的阶段，其个性会有一些显著的变化。他可能挑战你的权威，表现得好斗和霸道，有时候甚至会说粗话。但是不必担心，请保持镇静，这只不过是过渡阶段，是孩子学习适应环境的必经阶段。严格管教孩子，但不要采取过于强硬的措施（永远不要体罚孩子）。同时，对孩子说出的让人不可思议的甚至有冒犯性的话，你也不要反应过激。

在这个阶段孩子正在形成自己的社交网络，有一些他自己认为的"好朋友"。你如果发现附近有同龄的孩子，可以带孩子去找他们，以此为孩子拓展社交网络，特别是当孩子要和你一起住几天时。你可以带孩子去可以与其他孩子互动的场所玩耍。

你如果住得离子女的家很远，不可能经常去看望孩子，那又该做些什么呢？对住得较远的（外）祖父母，我们也可以提供一条思路，即充分利用这个年龄段的孩子非常喜欢说话的特点。下面是一些建议。

- 打电话是一个不错的选择。安排一个孩子可以接听电话的固定时间段。每次打电话时，聊一聊孩子参加的活动，问问他最近在做什么，他的朋友都有谁。幼儿园的活动和发生的事情往往是他首先想谈论的。把这些细节和他朋友们的名字记录下来，这样你可以在以后的谈话中讨论他与朋友们之间是否有什么特别的事情发生。
- 与孩子进行视频通话。在线见到对方胜过千言万语。然而，请记住，4岁大的孩子可能还无法意识到屏幕上的你并非近在咫尺，这时，就需要他的父母在旁边向孩子解释——即使（外）祖父母离得很远，也有办法见到他们！

■ 孩子很喜欢定期收到信件或者电子邮件（你可以发给孩子的父母）。给孩子寄明信片或你在旅途中购买的其他有趣的纪念品，这样可以增进你和孩子之间的感情。

■ 互相交换家庭照片和视频很有意义。

■ 在特殊的场合或节日，你们如果不能到场，可以在电话中给孩子唱首生日歌或寄张生日贺卡。在特殊的欢庆时刻，感情联络非常有意义。

■ 尽管相距遥远，亲自去看望孩子永远都应该是你优先考虑的选项。尽管上述方法很重要，但没有任何一种方法可以替代你和孩子相聚的时光。即使只有一个短短的周末，多接触和熟悉彼此也具有非凡的意义。

第 14 章　早期教育和看护

　　当你不在孩子身边的时候，谁来看护他？这是一个你迟早要面对的问题。无论你是需要某个人每周照顾孩子几小时，还是需要她（编者注：本章中的看护者均用代词"她"来指代）每天照顾孩子 8 ~ 9 小时，你都希望这个人让人放心。不过，寻找一个合适的看护者来照顾你的孩子是一件非常有挑战性的事情。当你选择孩子的看护者时，你最先要考虑的是确保孩子的健康，这是最重要的。本章将提供一些建议以便你选择。同时，本章还将提供一些你在选定看护者后所需的关于预防问题、发现问题和解决问题的指导。

要想选择一个合格的儿童看护者，你既要判断她所在的儿童看护机构的品质，又要评估她自身具备的品质和能力。在有 3 ~ 6 岁儿童的家庭中，60%的父母选择将孩子送到儿童看护机构进行托管。父母还可能选择由自己和亲朋好友轮流看护孩子。一些孩子在一天或者一周的不同时段，可能由不同的人看护。如果孩子的看护者不是你的亲友，那么你可能在将孩子交给她看护之前只见过她几次。即便如此，你仍然希望可以对她放心，就像她是你家中的一员一样。在这样的情况下，你若无法确定她是否合适，可以通过仔细观察她的工作 1 ~ 2 天以及认真查看她的推荐信来了解她。你只有观察过她看护你的孩子以及其他孩子，并对她的工作能力和态度有信心，才能将你的孩子交给她。

看护者应具备的素质：
适用于幼儿和学龄前儿童的看护者选择指南

（适用于婴儿的看护者选择指南参见第 168 页。）

孩子只有在安全和健康的环境中被看护，且看护者对他温和慈爱、帮助他学习、与他互动、保护他不受伤害，才能茁壮成长。当你观察看护者候选人时，请参考以下标准，它将告诉你看护者应具备哪些素质。此外，本章还将为你提供一些具体的建议。不过你要记住，这些都是大致的指导原则。它们适用于所有的家庭看护者和机构看护者，包括保姆、月嫂、幼儿园老师和小学低年级老师。而且，你与孩子玩耍或者看护一群孩子的时候，也应该将这些指导原则谨记于心。

一个合格的看护者应该：

- 认真听孩子说的话，认真观察孩子的行为；
- 给孩子定合理的规矩，并自始至终按这些规矩管教孩子；
- 通过鼓励孩子阅读、唱歌、做手工和进行体育活动来促进孩子的智力

你只有观察过她看护你的孩子以及其他孩子，并对她的工作能力和态度有信心，才能将你的孩子交给她。

和身体发育；

- 告诉孩子为什么一些事情不可以做，并为孩子提供其他选项；
- 具备在局面失控之前及时处理复杂问题的能力；
- 能够提前预料一些问题并尽早采取措施，防止问题出现；
- 兑现对孩子许下的诺言；
- 可以在不打断孩子活动的前提下参与孩子的活动；
- 在孩子有压力时减轻其压力；
- 在给孩子建议之前鼓励孩子自己思考；
- 可以用充满爱意的行动（如拥抱、抚摸等）对孩子的努力予以奖励或者减轻孩子的痛苦；
- 可以自然地与孩子谈论他正在做的事情；
- 通过要求孩子们分享各自的成就让他们互相鼓励；
- 鼓励孩子做事情善始善终，即使花费的时间比预计的长；
- 不在孩子面前谈论成人话题；
- 尊重孩子的想法和选择；
- 在没有选择的时候，不为孩子提供选项；
- 允许孩子犯错并从错误中吸取教训（前提是没有危险）。

儿童看护者的选择

除了以上这些大致的选择建议，你自己可能还有一些特殊需求和期望。你在约见及对儿童看护者进行面试之前，应该考虑以下这些问题。

■ 我希望我的孩子白天在哪里：自己家中，别人家中，还是看护机构中？如果在自家以外看护，距离多远合适？如果在自家以外看护，孩子离哪些亲朋好友比较近？

■ 每周的哪些天、哪些具体时段我需要看护者来看护我的孩子？

■ 我该如何接送孩子？

■ 我要准备哪些备用方案？如果孩子生病了，或者看护者由于生病或其他个人原因无法看护孩子，我该如何处理？节假日应该怎样安排？

■ 我的经济承受能力如何？

■ 我希望孩子进入多大规模的看护机构？我希望孩子参加多少活动？

■ 我希望孩子接受多少成体系的教育、受到多少启发？

■ 我希望看护者有哪些资格证书？

■ 我希望孩子被如何管教？

■ 还有哪些条件可以让我放心将孩子交给别人看护？

尽管很多孩子被送去儿童看护机构，但也有很多孩子是由亲戚看护的，特别是由（外）祖父母看护。（外）祖父母不仅在一些时间段看护孩子，而且越来越多地承担起接送孩子来往于子女的家和儿童看护机构的任务。

如果你希望亲朋好友帮你看护孩子，而且他们就住在附近，那你首先要问问自己，你是否放心让他们看护你的孩子。其次，你需要考虑，他们是否乐意定期看护（一般是每天几小时或每周 2 ~ 3 天）或者在其他看护者不能看护孩子时作为备选者。如果可以，你要考虑为这些亲朋好友提供报酬，以使你的安排更加公平合理且吸引别人帮你看护孩子。

其他的选择包括让看护者到你家中看护以及将孩子送到别人家或儿童看护机构中看护。你的经济能力、孩子的年龄和需求，以及你自己的偏好，将帮助你做出选择。

记住，孩子的成长十分快速。今天看来正确的选择，将来可能不再是最佳选择。你要不断评估孩子的需求，不断评估目前的看护方式是否已经过时。

当你在家中看护者、家庭看护机构和托儿所之类的儿童看护机构之间做选择的时候，请谨记下面的建议。

家中看护者 / 保姆

你如果在孩子很小的时候就打算开始工作，可以选择雇用一个保姆来你家看护孩子（这通常是花费相对较高的办法），她住不住在你家都可以。由于你雇用的保姆并不需要有职业资格证书，所以你在评估和雇用她的过程中，应该考虑到以下这些重要方面。

- 认真查看她的推荐信。
- 如果可以，对她的背景进行调查。
- 请她出示反映工作经历的文件证明（最好有 5 年以上的工作经验）。
- 询问她如何管教、喂养、安抚孩子，以及如何为孩子安排活动和作息时间。看这些方法是否与你自己的方法相符，是否适合你的孩子。确保她在处理孩子过度哭闹、发生意外事故、不想睡觉等问题时与你保持一致（无论你为孩子选择哪种看护方式，在这些问题上其他看护者都应与你达成共识）。
- 你选择的看护者如何汇报孩子一天的活动内容？

如何寻找保姆？

- 询问朋友、同事及邻居是否有合适的人选。
- 浏览网上或报纸上的广告，还可以在网上或报纸（特别是当地发行的专供父母阅读的报纸）上刊登广告。
- 请中介机构帮你寻找。
- 联系你所在社区附近的儿童看护机构，或者联系社区的咨询机构或家政服务机构。

找到保姆之后

■ 安排至少 1 周的试用期，在此期间你要留在家中，观察在你的监督下她是如何工作的。

■ 在最初的几天或者几周内，仔细观察她的表现。

在家中看护的优点

■ 孩子可以待在熟悉的环境中，接受个性化看护和照顾。

■ 孩子不会接触其他孩子，不会被其他孩子传染疾病或者受其不良行为影响。

■ 如果孩子生病，你不需要请假回家照顾他或者重新做出安排。

■ 保姆可以准备饭菜或者做其他简单的家务。你如果希望保姆在照看孩子之余做家务，就一定要一开始就和她讲清楚。

在家中看护的缺点

■ 你可能很难找到一个愿意接受你所提供的薪水以及限制条件的人来你家中工作；或者你可能发现高素质的保姆的薪水相当高。

■ 既然成了雇主，你就有可能被要求薪水达到最低工资水平、交纳社会保险和交税等。

■ 保姆有可能侵犯你家的隐私，特别是当她住在你家时。

■ 因为大多数时间保姆单独跟孩子待在一起，所以你没有办法准确知道她的工作情况。

■ 当保姆生病、有事或者想去度假时，如果她没有预备人手，你得负责安排好替代她的人。

■ 你选择的保姆可能没有接受过基本的、持续的关于孩子成长阶段健康与安全问题的培训，比如学习心肺复苏术、其他急救措施和药品管理等。心肺复苏术及其他急救措施是她必须学习的。你可以考虑让她去上培训班并为她支付培训费用。

■ 你如果希望保姆带孩子外出，可能需要给她提供车辆。

致（外）祖父母

作为（外）祖父母，你可以为孩子提供部分时段的看护，也许是一周中固定的一两天，也许是不定期的几小时。本章中的很多建议也适用于你。关于最佳看护环境、安全、特殊需求以及看护对象的数量（如果你看护的孩子不止一个）等问题的建议，你应该重点关注。

作为祖辈，你的角色独特而且重要。你绝对不是另一个保姆，因为你与（外）孙子（女）有最本质的联系，存在血脉的传承关系，他将来会明白并尊重这种传承。你一定要利用好这种不可取代的角色优势。在与孩子接触的过程中，带他融入你的世界是格外有意义的事。你一定要珍惜这种机会，尽可能地充分利用你看护孩子的时间。你如果有时间经常看护孩子，可以跟他分享你的故事，还可以经常给他读一些故事书。

有时候，你虽然不是主要看护者，但可能需要接送孩子，你一定要让孩子乘坐合适的汽车安全座椅来确保他的安全。此外，你可以留意观察并对儿童看护机构或保姆的看护质量做出进一步评估，这样做可以让你的子女放心。你可以把自己介绍给儿童看护机构的看护人员，并且留下你的电话号码以便他们联系。

正如你所知道的那样，无私的爱是帮助孩子健康、茁壮成长的永恒要素，但是时代已经发生了变化。你要询问子女，了解最新的医学知识。在你自己的家中，你一定要确保所有的药物都锁好了，不在孩子看得到、够得着的范围内，避免孩子意外拿到。医学界有很多新发现，比如让孩子以仰卧的姿势睡觉更安全、哪些非处方药更安全等，你都需要及时了解。只有不断学习，你才不会被时代抛弃。

家庭看护机构

许多人在家中为一群孩子提供非正规的看护，同时看护自己的孩子或者孙辈。一些人提供夜间看护、患病期间看护或者特殊儿童看护。家庭看护机构通常比正规的托儿所或幼儿园收费低并且更加灵活。一家小型家庭看护机构通常有 6 名以下的孩子和 1 名看护者；大一些的家庭看护机构可能有 10 名以上的孩子、1 名看护者和 1 名助手，但具体的看护人员数量会根据孩子的年龄及当地政策和法规有所浮动。要想了解孩子与看护者的理想比例，参见第391页。

有的家庭看护机构经过注册、有营业执照，有的则没有。最好选择有营业执照的。（各地区对营业执照的规定不同，请去官方网站查验其营业执照。）

选择家庭看护机构的注意事项

■ 观察看护者的工作。

■ 寻找代表高质量看护的迹象，比如看护者是如何换尿布和采取安全措施的。

■ 察看其推荐信。

■ 察看其资格证书和营业执照。

■ 检查其居家环境，确保孩子安全。

■ 查明该家庭看护机构招收了多少孩子，在什么时间照看。你还要知道其他孩子的年龄及其是否需要特殊看护或有行为问题等。

■ 询问一下如果看护者生病或由于其他事情无法提供看护，是否有备选方案。

■ 要求看护者提供处理紧急情况的方案。

■ 询问看护者是否接受过培训。

■ 询问该看护机构是否得到相关部门的经营许可。

■ 询问看护者如何汇报孩子一天的活动情况。

■ 询问看护者如何管教、喂养、安抚孩子，以及如何为孩子安排活动和作息时间。你要评估一下看护者的照看方式是否符合你养育孩子的方式，以及是否适合你的孩子。你要确保你选择的家庭看护机构的育儿理念跟你的一致，包括如何应对孩子哭闹、孩子之间的争执，如何处理意外事故，以及孩子不愿意睡觉时该如何做，等等。

如何寻找家庭看护机构？

■ 请朋友推荐。

■ 浏览网上或当地专供父母阅读的报纸上的广告，也可以自己刊登广告。

■ 联系当地的育儿咨询机构，可通过电话或官方网站等联系。

找到家庭看护机构之后

■ 仔细观察你的孩子是否适应，并仔细观察孩子与看护者之间以及孩子与其他孩子之间的互动。

■ 与看护者保持联系，这样发生任何问题的话可及时解决。

家庭看护机构的优点

■ 在优质的家庭看护机构中，孩子与看护者的比例合理。一般来说，每 3 名孩子应该有 1 名成年人看护，特别是当这些孩子中有小于 2 岁的。（参见第 391 页关于孩子与看护者的理想比例的信息。）

■ 孩子可以感觉如同在家中一般舒适，还可以参与许多他在家中进行的活动。

■ 因为有其他孩子在场，有了玩伴，你的孩子会受到社交方面的启发。

■ 家庭看护机构比较灵活，可以根据孩子个人的兴趣和需求做一些特殊的安排。

■ 孩子可以获得更多的关注和更多的安静活动时间。

■ 你的孩子被其他孩子传染疾病和受其不良行为影响的可能性较小。

家庭看护机构的缺点

■ 当你不在场的时候，你无法了解孩子遇到的所有事情。尽管有些看护

在家庭看护机构中，孩子可以参与许多他在家中进行的活动。

者会非常认真地组织适合孩子的活动，但有些看护者把看电视当作孩子的主要活动，甚至让孩子观看一些不适宜的节目。

■ 这种机构的看护者缺乏监督和指导。

■ 看护者可能与其亲戚、伴侣或者其他人一起看护孩子，这些人可能无法提供高质量的看护。

■ 家庭看护机构可能很少有专门针对有特殊健康护理需求的儿童制订的医疗方案或受过培训的专业人员，但也有可能提供更加个性化的看护服务。在你选择看护机构的过程中，如果你的孩子有特殊需求或看护机构里的其他孩子有特殊需求，你就要知道该看护机构是否有足够的看护者满足所有孩子的特殊需求。

儿童看护机构

儿童看护机构包括托儿所和幼儿园等。这类机构通常在商用住宅中看护孩子，根据年龄将孩子分进不同的班级。大多数机构都有营业执照，为 6 岁以下的孩子提供看护服务。在美国，大约有 400 万儿童在儿童看护机构中，其中约有 270 万儿童在有营业执照的正规看护机构中，这就意味着有大量儿童在没有营业执照的非正规看护机构中。儿童看护机构会通过审核认证来证明自身具有较高的质量。

如何寻找儿童看护机构？

■ 你通常可以在网上找到儿童看护机构的联系方式。

■ 询问儿科医生或者其他家长，请他们为你推荐。

■ 与社区的咨询机构联系，或者与当地的中介机构联系，请它们介绍。

儿童看护机构的优点

■ 由于大多数的儿童看护机构由教育委员会管理，所以它们的信息通常可以被查到。

■ 许多儿童看护机构有规范的体系和安排，可以满足孩子的成长需求、能力发展需求和健康需求。

■ 大多数儿童看护机构有多名看护者，所以你不必依赖于一名看护者。

■ 这类机构中的工作人员通常比其他机构中的学历更高，同时受到更严格的监督。

儿童看护机构的缺点

■ 不同类型的儿童看护机构的规章制度不同。

■ 优质机构非常抢手，你可能需要花时间排队才能获得送托或入园资格。

■ 相较于小型家庭看护机构，儿童看护机构中的孩子更多，孩子接受的个性化看护更少。

■ 很多儿童看护机构存在人员收入低和流动率高的情况。在这种环境下，要使看护者接受专业培训以看护有特殊需求的儿童，将存在很大困难。

选择儿童看护机构

当你决定为孩子选择一家儿童看护机构时，你需要了解其规章制度和安排，因为这些会对孩子产生影响。如果你选择的机构相当正规，有纸质或电子版宣传手册，那么你的许多疑问将获得解答。如果没有宣传手册，你一定要向机构的管理者询问以下这些问题（有些问题也适用于家中看护者和家庭看护机构）。

1. 看护机构招聘工作人员的要求是什么？（每个地方的规定都不同。）许多优质看护机构中的看护者至少需要上过专科学校、符合基本的健康要求、接种过基本的疫苗。最理想的情况是，看护者接受过儿童早期教育方面的培训，或者他们有孩子。看护机构的管理者至少需要大学本科学历，并有多年从事儿童教育和管理方面的经验。看护机构的工作人员均需接受过心肺复苏术和其他急救措施的培训。

2. 看护机构中孩子与看护者的比例是多少？尽管有些孩子需要专人看护，而另一些孩子即使没有专人看护也会很好地成长，但是总体原则是：孩子的年龄越小，其班级所需的看护者就越多。每个孩子都需要一名看护者作为主要

孩子的年龄越小，其班级所需的看护者就越多。

负责人，对孩子进行看护，比如喂孩子吃饭、换尿布、哄孩子睡觉等。

3. 每个班级有多少孩子？通常规模小的班级可以为孩子提供较多的与别人互动的机会，并让孩子互相学习。尽管在一般情况下每名看护者看护的孩子越少越好，但是对各年龄段的孩子来说，孩子与看护者的比例都有一个合理的最大值，每个班级中孩子的数量也有一个合理的最大值。不同地区对这个比例的规定也相同。另外，在一些优质看护机构中，孩子与看护者的比例未必达到最佳（理想比例参见第 391 页）。

4. 看护机构是否存在经常调换工作人员的情况？如果存在此类情况，说明该机构的管理和运营方面存在问题。理想的情况是大多数看护者已经在该机构工作数年之久，因为人员的稳定性与教育的连贯性对孩子有利。遗憾的是，由于各种原因（比如薪水较低等），该行业的人员流动率较高。

5. 看护机构的看护者是否被禁止吸烟？即使在看护机构外也不允许吸烟？二手烟问题对孩子的健康很重要。

6. 看护机构的看护者是否及时接种了疫苗，包括百白破疫苗和流感疫苗？

7. 看护机构的目标是什么？一些安排合理的看护机构会尝试教孩子新的技能、矫正孩子的不良行为、培养孩子的良好行为；一些看护机构对孩子要求较宽松，强调让孩子按其自身的步调成长；还有一些看护机构的管理模式介于两者之间。你需要自己决定让孩子接受何种看护，并且确保你选择的看护机构满足你的要求。不要选择那些既不对孩子提供个性化看护又不能帮助孩子成长的看护机构。

8. 加入看护机构需要办理的手续有哪些？高质量的儿童看护机构需要每一个孩子的详细信息。因此，你要准备好孩子的一些材料，比如介绍孩子个人需求、发育水平和健康状况的材料。此外，你可能还会被问到你对养育孩子的要求以及你的其他孩子的情况。

9. 看护机构能否提供合法的营业执照和健康证书？看护机构是否要求每个孩子都符合健康要求且接种了疫苗？看护机构中所有的孩子和工作人员均需接种疫苗及定期体检。

10. 如果孩子或者工作人员生病了，看护机构如何处理？如果看护者或者孩子接触到传染病（不仅是流感，还包括水痘或肝炎等其他传染性疾病）患者，看护机构应通知家长。看护机构对孩子生病时的处理应有明确规定。你应该了解清楚：什么时候应该让孩子待在家中？如果孩子白天生病了，看护机构如何处理？

11. 看护机构的费用是多少？最开始需要支付多少？什么时候需要付清全款？支付的费用包括什么？当孩子因生病或者度假无法去看护机构时，是否仍需要支付费用？

12. 看护机构每天都有什么活动？最好每天都将体力活动和安静活动的时间合理搭配。其中一些活动应该以小组形式进行，而另一些活动应该让孩子独自进行。每天的正餐时间和点心时间应该分开。尽管统一活动对孩子有利，但是每天看护机构仍然需要安排一定的时间供孩子自由活动或者做一些他们自己想做的事情。

13. 看护机构希望父母参与到什么程度？一些机构依赖于父母的参与，而另外一些基本不需要父母参与。高质量的看护机构至少应该欢迎你积极提出建议，并且允许你白天去看望孩子。如果一些看护机构因为教学的原因而采取封闭式或半封闭式管理，每天部分时间或者全天禁止父母看望孩子，你就要确保自己可以接受。

14. 看护机构的规章制度有哪些？管理出色的机构应该在下列这些方面有明确的规章制度。

- 每天的活动时间。

- 孩子使用的交通工具。

- 校外实践活动。

- 正餐与点心（是由父母提供还是由看护机构提供）。

- 药品的管理和急救措施。

- 紧急疏散措施。

- 孩子缺席通知。

- 由于天气原因取消活动。

- 孩子退出机构。

- 父母需要提供的物品或者器材。

- 睡觉方面的安排（特别是对婴儿的安排）。

- 特殊的庆祝活动。

- 父母在白天和夜间如何与看护机构联系。

- 孩子由于某些疾病被劝退。

- 任何人要想进入孩子的活动场地（无论是室内的还是室外的），均需接受看护机构工作人员的检查，确保陌生人无法进入任何活动场地；行动怪异的熟人也不允许待在机构中。

- 规矩和儿童行为约束方面的难题如何处理。

你还应询问看护者如何管教、喂养、安抚孩子，以及如何为孩子安排活动和作息时间。你要评估一下看护者的照看方式是否符合你养育孩子的方式，以及是否适合你的孩子。你要确保你选择的儿童看护机构的育儿理念跟你的一致，包括如何应对孩子哭闹、孩子之间的争执，如何处理意外事故，以及孩子不愿意睡觉时该如何做，等等。

你了解了以上这些信息后，可以在看护机构举办开放活动时参观考察，了解看护者如何与孩子进行互动。第一印象格外重要，因为它将影响你将来是否选择该机构。你如果觉得一家看护机构的看护方式让你感到温暖和有爱，就会非常乐意将孩子交给该机构；如果看到某位看护者恶狠狠地拍打孩子的屁股或者过分限制孩子的活动，那你可能会考虑重新选择，尽管你可能只看到一次这样的情况。

认真观察看护机构的日常安排，注意该机构为孩子准备了哪些活动。观察看护机构为孩子提供了哪些食物，孩子多久进餐一次，看护者多久带孩子上一次厕所，看护者多久给孩子换一次尿布，等等。送孩子去看护机构时，你要检查那里是否达到下列基本的健康和安全标准。

- 活动场地干净整洁，没有孩子在进行不良活动。
- 活动场地器材充足且没有受损。
- 活动器材适合孩子的年龄，有利于培养孩子的技能。
- 孩子在器材上爬行或者玩积木等玩具的时候，始终被密切看护。
- 如果看护机构提供食物，食物要合理存放且营养丰富。
- 用餐地点与厕所和换尿布的地方明确分开。

孩子在看护机构小睡

许多父母现在已经知道，让孩子以仰卧的姿势睡觉可以降低婴儿猝死综合征的发生风险。显然，这种预防措施也应该被儿童看护机构采用。大约 20% 的婴儿猝死综合征发生在儿童看护机构——这是一个相对较高的比例。尽管美国儿科学会强调让孩子仰卧睡觉对减少婴儿猝死综合征的重要性，但是并非美国所有州都颁布了法规，强制要求儿童看护机构让孩子仰卧睡觉。

如果你的孩子将在儿童看护机构小睡，你一定要在最终选定看护机构之前，与该机构的看护者讨论这个问题。确保你选择的看护机构遵循这一简单的程序（更多关于婴儿猝死综合征的信息，见第 180 ~ 181 页）。此外，要确保看护机构所用的被褥干净且不会引起孩子过敏。（更多关于婴儿床安全的信息，参见第 467 ~ 470 页。）

■ 尿布更换台在每个孩子使用之前和之后均应进行消毒。

■ 洗手池要同时方便看护者和孩子使用。在以下这些情况下，看护机构的看护者必须洗手。

每天到达看护机构之后。

离开一群孩子去看护另一群孩子时。

接触食物之前和之后。

给孩子喂药之前和之后。

给孩子换尿布之后。

自己上厕所或者帮孩子上厕所之后。

接触鼻涕、血液、呕吐物、口水或伤口之后。

接触沙箱之后。

倒垃圾之后。

■ 禁止使用坐便椅以降低细菌传播和引发腹泻的风险。

■ 即使孩子们在睡觉，也应始终有人看护。

你若对某一看护机构满意，认为该机构可以为孩子提供安全、充满爱和健康的看护环境，可以陪孩子去现场体验一下。观察一下看护者与孩子互动的情况，确保所有人都对看护满意。

送孩子去看护机构时，你要检查那里是否达到基本的健康和安全标准。

与看护者建立良好关系

为了孩子，你需要与看护者建立良好的关系。你与看护者相处得越好，孩子与你们接触时就感觉越舒服；你与看护者交流得越好，她在白天看护你的孩子时就越能符合你的要求。

每次接送孩子时都与看护者聊聊天，即使只说简短的几句话。如果早上发生了令人兴奋或者沮丧的事情，可能对孩子当天的情绪造成影响，你就应该把事情告诉看护者。你可以与看护者分享家中的一些事情，无论是好的还是坏的，比如将有新生命诞生或者有家庭成员生病等。

当你去看护机构接孩子回家时，你应该被告知孩子白天发生的所有重要事情，比如排便情况、饮食方式的改变、新的玩耍方式或孩子学习走路的进度。此外，如果孩子出现了生病的迹象，你应该跟看护者讨论这一情况，并且就情况恶化应采取什么措施达成一致。

在孩子的喜爱程度以及控制孩子的行为方面，你和看护者之间可能产生竞争关系。当孩子对你表现得不礼貌的时候，你可能听到看护者说："真有趣，他从来不会对我做这样的事情。"不要太介意这样的话，一般来说，孩子在他最信任的人面前才会有一些不太礼貌或者不太好的行为。

如果你把看护者视为合作伙伴，看护者往往会在看护你的孩子时更加热

你与看护者相处得越好，孩子与你们接触时就感觉越舒服。

心。以下是一些可以帮助你与看护者建立起这种合作关系的方法。

■ 向看护者展示孩子在家中做的东西或者与看护者讨论孩子在家中的趣事。告诉看护者，你们之间的这种信息分享对你很重要，同时鼓励她与你多交流。

■ 礼貌对待看护者，向其表示最基本的尊重。

■ 向看护者提供一些材料和建议，以便她在与你的孩子和孩子所在的集

过渡期小贴士

让孩子接受其他看护者的看护通常极具挑战性。以下是一些建议，可以让你和孩子在看护机构分离时都相对好受一些。

孩子的发育阶段	你的反应
小于 7 月龄 在这个阶段，孩子主要需要关爱、安抚以及良好的基本看护来满足他的生理需求	对你来说，在这个阶段离开你的孩子非常难受，但大多数情况下，孩子迟早将被交给特定的人看护。因此，在这个开始阶段，你要有足够的忍耐力
7 ~ 12 月龄 陌生人焦虑通常出现在这个时期。孩子会突然非常不愿意跟家庭成员之外的人待在一起。将他交给不熟悉的儿童看护机构看护，会让他非常不高兴	如果孩子已经开始被别人看护，你要放轻松，要知道这个阶段的孩子可能需要更长时间去适应。如果孩子被送到了看护机构，那你在每天离开他之前，要多花点儿时间与他告别。设计一个简单的告别仪式，比如让他抱着最喜欢的毛绒玩具，跟他告别，然后安静地离开。每天都要这样做
12 ~ 24 月龄 这个阶段是分离焦虑的高发期，孩子对你的离开会感到非常难过。他可能不相信你会回来，可能在你离开时哭泣并紧抓着你不放	要理解你的孩子，但也要意志坚定。告诉他你会在工作结束后回来，然后赶快离开。你一旦离开就不要再出现，除非你做好留下来陪他或带他回家的准备

体互动时使用。询问她是否需要你为计划好的活动提供协助。

■ 确保你的孩子始终知道你要离开。离开之前，用积极乐观的语气跟他说"再见"，但不要拖延。不要悄无声息地溜走。

■ 帮助看护者设计并开展一些特别的活动。

你与看护者应该经常进行长时间的交谈来回顾一下孩子的进步情况，讨论一下出现的问题，并就将来看护中的一些改进措施做出安排。你要在你和看护者都比较空闲的时候安排这样的长谈。如果可以，你们在讨论的时候，安排另一个人帮你们看护一下孩子。要安排足够的时间来讨论孩子所取得的所有进步和你们双方关注的有关孩子的所有事情，并就一些特定的目标和计划达成共识。

大多数父母发现，如果他们提前将一些重要的话题列成清单，谈话将进行得相当顺利。此外，你应该从乐观的角度来开始谈话，比如先讨论一下看护者做的一些有益于孩子的事情，然后讨论一下让你担心的事情。你在表达想法之后，问一问她的想法并认真听。记住，在养育孩子这件事上，基本上没有绝对的对与错，大多数情况下，"正确的"方法不止一种。

在讨论中，要思想开放、乐于接受不同的观点、善于变通。结束谈话时，要就看护孩子和下一次谈话做出具体安排。如果在谈话中做出了具体的安排，你们双方都会感觉舒心，哪怕只是做了一个简单的决定，比如决定在接下来的 1 ～ 2 个月中保持目前的发展路线。

化解矛盾

大多数父母都对他们选择的看护机构很满意。不过，如果由两个或多个人分担看护孩子的责任，有时就会出现矛盾。在多数情况下，你可以通过讨论问题本身来化解矛盾。你会发现其实有些矛盾只不过源于大家对一些情况的误解。而在另一些情况下，特别是由几个人分别看护你的孩子时，你可能需要比较系统的方法来解决矛盾。以下这些策略可以为你提供帮助。

1. 弄明白问题是什么。确保你了解该问题牵扯到了哪些人，但是不要责备任何人。当你的孩子和看护机构的其他孩子发生咬人或打人事件时，你首先要弄清楚事情发生时是谁在看护你的孩子。其次，你要问一下看护者看到的情况，将你的重点放在如何采取措施来避免以后发生此类事件。你可以提出建议，告诉看护者若此类事件再次发生，她应该如何处理。

2. 认真听取其他人的建议以找到其他解决方法。

3. 制订详细的看护计划，确定每位看护者（包括你自己）的看护任务。

4. 认真考虑若实际情况与看护计划相悖时应该如何应对。

5. 将计划付诸实施。

6. 在特定的时间与其他所有看护者会面，讨论计划是否奏效。如果无效，认真讨论计划的每一步，看看需要如何改进。

孩子生病了该怎么办?

你的孩子和其他大多数孩子一样，不管是否接受儿童看护机构的看护，都有生病的可能。孩子最常见的疾病是感冒或其他呼吸系统感染，这些疾病的高发季节为当年初秋到次年晚春。有时候，孩子可能还没有痊愈又遭受感染，于是连着病好几周。如果父母双方都是全职工作者，问题就会变得很棘手，会给两人造成很大的心理压力，因为某中一人需要请假在家里照顾生病的孩子。

根据幼儿园等儿童看护机构的规章和合理的理由，即使是病情很轻的孩子也需要回家休养，因为生病的孩子有可能将疾病传染给其他孩子。而且，生病的孩子需要针对个人的关心和照顾，这是幼儿园或者其他儿童看护机构的看护者很难做到的，因为他们同时需要照顾其他孩子。

国家一般都有相关的政策和法规，规定幼儿园等儿童看护机构应及时让生病的孩子回家。这是合理的，特别是当孩子正在发热或者有如下症状，如渗出型皮疹、24 小时内呕吐 2 次及以上、频繁腹泻或不正常排便 2 次以上等。

生病的孩子往往具有高度传染性，容易将疾病传染给其他孩子。处理孩子生病的最终原则是：一方面，保证生病的孩子获得必需的、合理的看护；另一方面，保证其他健康的孩子不受传染。

孩子生病时，你最好留在家里照顾他。然而，很多时候要做到这一点非常难，甚至是不太可能的。你应该提前尝试和上司沟通，讨论如果你的孩子生病，你可否做出相关的工作安排，平衡工作和照顾孩子的需求。你可以建议，如果出现必要的情况，你可以把工作带回家进行远程办公，或者指定合适的同事代替你完成相应工作。另外，伴侣、其他家庭成员以及信得过的朋友可以帮助你照顾孩子。

如果你和你的伴侣都被上司要求全勤，你们就需要为生病的孩子做出其他安排。为孩子寻找替代的看护者可能需要一些时日，尽可能地选择你们熟悉的看护者。你如果找到一位信得过的亲戚或者雇用了一名保姆来照顾孩子，就要确保他们清楚地了解孩子这次所患疾病的性质以及如何照料。

如果孩子需要药物治疗，你就要跟看护者确认给孩子喂药的原则，而且一定要从儿科医生那里拿到一份手写的服药说明，交给照顾孩子的人。没有医生的授权，照顾孩子的人是不可能根据你的要求给孩子喂药的。同样，处方药和非处方药都需要有药房或药店的标签，标签上有孩子的名字、服药剂量和方法，以及药物过期日期。给孩子喂药是一项重要的工作，对照顾孩子的人来说极具挑战性。只有在必要的情况下，你才能请照顾孩子的人来完成这项工作。一般来说，你可以根据实际情况调整喂药方式，比如你早上喂一次药，然后把孩子交给别人看护，晚上你接管孩子后，再给孩子喂一次药。如有任何问题，你还是要向儿科医生咨询一下。

照顾孩子的人需要知道为什么给孩子吃这些药，药物应该怎么保存，如何给孩子喂药（剂量是多少、间隔多长时间喂一次、每次喂药控制在多长时间），药物的副作用有哪些，如何辨别药物副作用是否反映在孩子身上，等等。当然，这些内容你都需要写下来给其他看护者看。喂孩子吃药的时候不要骗孩子说药片是糖果；相反，你应该让孩子知道这是什么药，他为什么需要吃药。

要求照顾孩子的人在每次给孩子喂药时记录所喂药物的剂量和喂药时间。

你如果想把生病的孩子送到儿童看护机构，就要签署一份同意书，授权看护机构的工作人员给孩子喂药。同样，每天晚上你都需要把药带回家（相关制度规定，药物不能整夜存放在儿童看护机构中）。

一些社区专门为生病且病情不严重的孩子提供看护服务。

家庭看护机构

■ 一些家庭看护机构配备了齐全的设备，可以同时照顾生病的孩子及健康的孩子。孩子如果在家庭看护机构生病了，可以继续接受看护而不用被送回家。不过，必要的话，生病的孩子需要待在隔离区内。并非所有的疾病都具有传染性。

■ 一些家庭看护机构只照顾生病的孩子，其中有些和照顾健康孩子的家庭看护机构保持着良好的关系。

■ 一些儿童看护机构或家政中介机构可以提供上门看护生病孩子的服务。

儿童看护机构

■ 大型儿童看护机构通常都有受过良好培训的员工专门照顾生病的孩子。不过生病的孩子只能在隔离区内活动，不会接触到健康的孩子。

■ 一些儿童看护机构为生病的孩子设有专门的康复室，并配有相应的看护者。

■ 还有一部分儿童看护机构是专为生病的孩子设立的。

在专门为生病的孩子设立的看护机构中，看护者会根据孩子的年龄、体力和疾病状态调整日常的活动内容，还会给孩子更多的拥抱和关注。而且，这类机构往往更重视看护者与孩子的卫生和健康状况。房间和设备，特别是玩具，都需要经常进行彻底消毒。根据孩子所患疾病的性质和情况，这类机构还会专门购买一次性玩具。这类看护机构需要至少 1 名儿科医生和 1 名公共卫生顾问随时待命。

控制传染性疾病

只要孩子们聚集在一起，他们患病的概率就会增大。婴儿和幼儿更容易患病，因为他们很喜欢将玩具往嘴里塞，病菌很容易乘虚而入。

虽然儿童看护机构的工作人员不可能使玩具等物品时刻保持非常干净，但许多注意事项和工作规范都有助于控制传染性疾病的传播。看护机构需要格外注意保持内部环境卫生。洗手池要同时方便看护者和孩子使用。孩子们上厕所后，看护者要提醒并协助他们用肥皂洗手，同时要求孩子们严格遵守这个规矩。看护者也需要注意按照本章前面所列的清单（第 443 页）及时洗手，特别是在给孩子换尿布之后。把尿湿的尿布取下来之后，看护者和孩子都至少要擦一擦手，而在换尿布后，两人都需要仔细洗手。在擤鼻涕或擦鼻涕之后以及拿食物之前，孩子都要洗手或者使用含有酒精的消毒液，这样可以大大降低感染疾病的风险。

如果看护机构同时照顾婴儿、幼儿以及正在学习独立上厕所的较大的孩子，就需要把这 3 类儿童安排在不同的活动区域内，每个区域都要有独立的洗手池。看护机构的房间和设备至少要每天打扫一次。每次换完尿布后，尿布更换台都应进行清理。厕所也要进行定期的打扫和消毒。

如果有孩子出血，护理人员应戴上手套清洗其伤口，擦药，然后给伤口缠上绷带。所有被血迹污染过的表面或衣物都应清洗并消毒。经过稀释的漂白剂能杀死病毒。另外，由于母乳可以传播艾滋病毒和其他病毒，儿童看护机构要有相关措施以防给孩子喂食其他孩子母亲的母乳。如果发生此类事件，可参看美国卫生资源中心儿童看护和早期教育所出版的《守护我们的孩子》（*Caring for Our Children*），其中有相关的国家标准和规定。（另见第 628 页对艾滋病毒的描述。）

作为家长，你可以帮助控制传染性疾病的传播。当孩子患伴随发热症状的传染性疾病或者需要额外的照顾时，你最好把孩子从看护机构接回家。另外，如果你们家有人患了某种传染性疾病，你就应该及时告诉看护机构的工作人员。如果孩子出现了某种严重且具有高度传染性的疾病，工作人员应该通知其他家长警惕该疾病。很多儿童看护机构会把发热 24 小时以上的孩子与其他孩子隔开，即便这一举措目前还没有被证实可控制疾病传播，但很多机构仍坚持这样做。

接种疫苗可以在很大程度上防止严重的传染性疾病暴发。看护机构应该要求孩子及时接种疫苗（在应该接种疫苗的年龄），预防乙肝、轮状病毒感染、百日咳、白喉、破伤风、脊髓灰质炎、流行性感冒（流感）、B 型流感嗜血杆菌感染、肺炎球菌感染、麻疹、腮腺炎、风疹、甲肝以及水痘等。（此外，特定的高风险儿童还需要接种脑膜炎球菌疫苗。）同时，看护机构要检查工作人员的疫苗接种情况，如果不确定工作人员之前是否接种，就应该要求其及时补种。

教孩子养成正确的卫生保健和洗手习惯，有助于降低孩子患传染性疾病的风险。最后，你要自学一些婴幼儿常见疾病的知识，这样一旦出现了相关的传染性疾病，你就知道该如何应对了。以下是一些常见疾病。

普通感冒和流行性感冒

一般来说，看护机构中的孩子每年会感冒 7 ~ 9 次，患病率大于那些在自己家里接受看护的孩子。幸运的是，只要接种了上文所述的疫苗，孩子被传染某些严重疾病或在感冒时并发这些严重疾病的概率就会大大减小。同时，儿童看护机构的房间、孩子的玩具、桌子、门把手以及孩子的手能接触到的表面都需要经常清洗和消毒。

感冒可通过直接或密切接触患者的口腔分泌物或鼻腔分泌物、触摸带有病毒的物体表面传播。看护机构的看护者应该教会孩子经常洗手，在打喷嚏时用上臂捂住嘴巴而不要用手，还应该教会孩子正确丢弃擤鼻涕的卫生纸，不与别人共用餐具和水杯等。（更多关于普通感冒和流行性感冒的信息，分别参见第 660 页以及第 602 页。）

巨细胞病毒和细小病毒感染

不管是对儿童还是对成年人，巨细胞病毒和细小病毒一般都不会引起疾病（或只引起轻微的疾病）。然而，对还没有产生免疫的孕妇来说，这些病毒相当危险———一旦受到它们的感染，就会造成胎儿发生严重的疾病。这些病毒可以通过直接接触体液（眼泪、尿液和唾液）传播。幸运的是，大多数成年女性都已经对巨细胞病毒和细小病毒产生了免疫。不过，假如孕妇家里有孩子在上幼儿园或者孕妇自己就在幼儿园工作，那么她受巨细胞病毒和细小病毒感染的风险就会明显增高，她需要和产科医生讨论这个情况。当看护生病的孩子时，保持良好的卫生习惯是减少巨细胞病毒传播最有效的方式。如果需要，产科医生可以对孕妇进行血液检测，看看孕妇是否感染了此类病毒。

腹泻

一般来说，孩子每年可能发生 1 ~ 2 次腹泻。腹泻非常容易在儿童看护机构或家庭看护机构中传播。如果你的孩子发生了腹泻，除非他的大便可通过换尿布的方式清理掉，或者在他上厕所时大便可以全部通过便池冲走，否则你不应该再把他送去看护机构。这样做可以大大降低他将疾病传染给其他孩子的风险。但是，如果孩子持续腹泻并且伴有脱水症状，或者大便中有血或黏液，孩子就需要在返回看护机构之前接受医生的检查和化验来确定引起腹泻的病原体是细菌、病毒还是寄生虫，以便接受进一步治疗（见第 528 页"腹泻"）。

眼部感染和皮肤感染

结膜炎、脓疱疮、疥疮以及口腔疱疹（感冒疮）都是常见的儿童疾病。这些发生于皮肤黏膜的传染性疾病往往通过接触传播。如果看护机构里有孩子患了这类疾病，工作人员会通知你采取预防措施。你可以通过仔细观察自己的孩子来判断他是否出现了相应症状。如果孩子出现了症状，你就应该联系儿科医生以尽早给孩子做出诊断并进行治疗［见第 729 页"眼部感染"、第 847 页"脓疱疮"、第 857 页"皮肤癣菌病（癣）"、第 861 页"疥疮"和第 671 页"口腔疱疹"］。

头虱

头虱是一种微小的褐色昆虫，不到 3 毫米长，可从人类头皮上吸血并靠此存活。虽然家人和其他负责看护孩子的人常会因为头虱感到不安，但其实它们并不会携带病菌。不过，头虱会引起一些不舒服的症状，如头皮发痒。直接接触有头虱寄生的头发会造成头虱传播。某些药物可以杀灭头虱，控制头虱在头发间滋生。即便孩子长了头虱，看护机构也不能因此对孩子采取隔离措施（见第 845 页"头虱"）。

甲型病毒性肝炎

由于甲肝疫苗的成功普及，目前儿童看护机构里感染甲肝的孩子越来越少了，但这种疾病仍然具有传染性。对大多数患病的婴儿和幼儿来说，疾病症状往往不明显，最多引起一些轻微的、非特异性临床症状。大一点儿的孩子患甲肝后，可能出现轻微发热、恶心、呕吐、腹泻或黄疸等症状。然而，如果是成年人患了这种疾病，同样的症状会严重得多（见第 540 页"肝炎"）。

乙型病毒性肝炎

孩子从出生起就开始接种乙肝疫苗。乙肝病毒的感染可能发生于出生过程中（受感染的母亲传染给孩子），也有可能发生于出生后的血液传播，比如抽血时接触了被感染的针头。孩子还可能通过频繁接触患乙肝的家庭成员感染病毒。由于乙肝病毒的传播很少发生在儿童看护机构里，所以没有必要把患有乙肝的孩子与其他孩子隔离开。（另见第 540 ~ 543 页对乙肝及其疫苗的介绍。）

艾滋病毒 / 艾滋病

当感染艾滋病毒（HIV）并患艾滋病的时候，患者有可能继发严重的慢性传染性疾病。儿童患艾滋病一般是由于出生前被感染病毒的母亲传染。患病儿童可以通过血液接触的途径将病毒传染给其他儿童。但是，目前还没有关于 HIV 在儿童看护机构中传播的任何报道。即使是出于保护健康儿童的考虑，也没有必要将感染 HIV 的孩子与其他孩子隔离开，因为只要采取了标准的、恰当的血液和体液处置措施，HIV 在儿童看护机构传播的概率就非常小。如果患病的孩子因摔伤等情况出血了，看护者可以参照第 695 ~ 697 页清洁伤口的标准步骤进行护理。

皮肤癣菌病

皮肤癣菌病（又称"癣"）不是由寄生虫导致的，而是一种轻微的真菌感染性疾病，可造成红色、环状、突出于皮肤表面的斑片。在头皮上，它可能引发一片类似于头皮屑的皮痂。直接接触，如共用患者的梳子、毛巾、衣服和寝具等，都有可能造成传染。如果想控制这种感染，就需要早发现、用恰当的药物早治疗。癣是一种常见疾病，感染了癣的儿童也不应被儿童看护机构隔离［见第 857 页"皮肤癣菌病（癣）"］。

避免伤害及加强汽车安全

大多数发生在家中和看护机构中的伤害事件是可预测且可避免的（参见第 438 ~ 443 页关于如何评估和选择儿童看护机构的内容）。儿童（以及成年人）在汽车中和汽车周边的安全问题应引起关注。儿童看护机构应该提供专门用于接送孩子的汽车停靠点，在这里，孩子及成年人可以免受马路上车辆的威胁。此外，停靠点以及附近街道要有明显标志，上面应有"注意儿童"或类似的标语。儿童看护机构绝对不可以让任何孩子出现在这个地方及任何有车辆进出的地方，除非孩子正在被接送并且由成年人陪伴。孩子也绝对不可以在汽车后面逗留，因为驾驶者可能在倒车时撞到他。此外，你需要记住，如果你的汽车载了不止一个孩子，你一定要找一个成年人来帮你看护这些孩子。汽车在没人的时候千万不要保持启动状态。你在驾驶时，在儿童看护机构附近一定要减速慢行。

如果你的孩子乘别人的车去看护机构或者从看护机构回家，你一定要确保该驾驶者驾驶技术良好，且为每一个孩子都提供了汽车安全座椅。驾驶者

拼车接送孩子的安全问题

你如果负责开车接送拼车的孩子们，那么必须对车里每个孩子的安全负责。这意味着你要确保每个孩子都正确地坐在大小合适的汽车安全座椅上，要正确安装每个汽车安全座椅，并确保没有超载，对不遵守安全规则的孩子进行管束，同时确保你的保险覆盖到了车里的每一个人。另外，你和其他驾驶者都要遵守以下安全原则。

■ 只在路边或能避开其他车辆的车道上搭载或放下孩子们。应该在儿童看护机构所在的街道一侧让孩子们下车，避免他们在车辆通行区域横穿马路。在没有人行横道或者过街护栏的地方，孩子横穿马路时遭遇车祸的情况十分常见。

■ 可能的话，让每个孩子的家长亲自将孩子放在汽车安全座椅上并系好安全带，返回时也让他们亲自将孩子从车里接出来。

■ 保证将每个孩子交到其家长或看护人员手里。

■ 关紧每扇车门，但一定要先确认孩子的手脚都在车内。

■ 确保后排车窗没有开得很大，可能的话，锁上车门和车窗。

■ 出发前，提醒孩子注意安全事项，让他们保持良好的行为。

■ 安排好行车路线，使行车时间最短，同时避开危险路段。

■ 一旦有孩子行为失控，就要及时停车。如果有孩子持续制造问题，就和他的家长协商，并且在他改善行为之前不接受他拼车。

■ 有每个孩子的紧急联系人电话（最好存在你的手机里）。

■ 理想情况下，给车辆配备灭火器和急救设备。

■ 在车里没有大人的情况下，确保没有一个孩子留在车里。

一定要认真检查汽车，确保开车前每个孩子都坐在汽车安全座椅上，并确保在将车停进停车场之前，每个孩子都下车了。校车在接送孩子时也需要采取必要措施，确保每个孩子的安全（见第 457 页）。

如果孩子所在的看护机构有游泳课，你一定要确保看护机构采取了恰当的安全措施。任何供孩子使用的游泳池、湖泊、小溪和池塘等应该先由公共卫生管理部门检查。如果游泳池就在看护机构内或者离看护机构比较近，那么它的四周应该用栅栏围起来，栅栏应该至少高 1.2 米，且栅栏门有自动锁。考虑到卫生和安全问题，儿童看护机构应禁止使用可移动的充气式游泳池。

照顾有特殊需求的孩子

如果你的孩子有发育缺陷或慢性疾病，你不要因此就让他远离幼儿园等儿童看护机构。高质量的看护对他很有好处。他会从看护机构提供的社交活动、体育活动以及各种各样的小组活动中受益良多。

孩子去儿童看护机构对父母来说也不错。照顾有特殊需求的孩子通常需要父母花费大量的时间、精力和情感。找到一家既鼓励正常的儿童活动，又可以满足孩子特殊需求的儿童看护机构很困难，但幸运的是，现在人们的选择比过去多得多。

根据相关法规，很多地方设立了为有特殊需求的学龄前儿童提供特殊教育的机构。此外，各地还可以有选择地开办专为有特殊需求的婴儿和幼儿提供特殊教育的机构，同时保证普通儿童看护机构中有特殊需求的儿童可获得与其他儿童一样的平等机会，可参与机构的所有活动以及获得服务。这些儿童看护机构应该对每个孩子的需求做出个性化评估，并且为每个孩子提供合理的住宿、饮食及用品。当你选择让孩子参加看护机构的某项活动时，你一定要先考虑孩子的体力和能力能否承受。关于此类特殊教育机构的情况，父母可以向儿科医生或者当地的相关部门咨询。

我们的立场

为了确保孩子上学途中的安全，美国儿科学会强烈建议，所有的孩子在乘坐任何交通工具时，均应使用与年龄相符且正确安装的儿童安全约束装置。

美国儿科学会一直坚持以下立场：校车应该配备安全约束装置。父母应该与学校合作，鼓励在新校车上安装腿部及肩部安全带，且确保安全带与汽车安全座椅、增高型安全座椅以及其他保护系统配合使用。学校应该为所有的儿童提供符合身高和体重要求的汽车安全座椅及其他安全约束装置，包括有三点式安全带的增高型安全座椅。

当学校贯彻使用安全带的规章制度后，孩子乘车时将比以前表现好，也不容易使司机分心。

校车安全问题

无论你和你的孩子是坐小汽车还是别的交通工具（如面包车）去学校、幼儿园或托儿所，你都需要采取一些特殊的安全措施来保护他在每天的乘车过程中不受伤害。我们在"我们的立场"中已经说过，美国儿科学会强烈建议在校车上使用腿部及肩部安全带。此外，你需要确保孩子明白他在校车上应该做到以下几点。

- 待在座位上，永远不可以在车上乱走。
- 始终待在司机可以看到的地方。
- 听从司机的指令。
- 与同学轻声说话，不打扰司机。
- 不要将手、书本以及其他物品伸出窗外。

由于大多数校车安全事故都发生在孩子上下车的过程中，所以在上车前以及下车后保持注意安全的习惯同样重要。孩子应做到以下几点。

- 在你或者其他负责的成年人的陪伴下走到车站。
- 在校车进站之前5分钟到达车站，以免追赶车辆。
- 待校车完全停稳后上车。
- 如果有物品掉在车旁，一定要告诉司机。在告诉司机之前，不能自己去捡。

- 上下车时不要匆匆忙忙。

- 过马路前，要向两边看一下是否有车辆。先看左边，然后看右边，再看左边。

（其他汽车安全问题，参见第 362 页。）

安全检查清单

你下次进入孩子所在的看护机构时，可以用下面这份清单检查一下看护机构的设施是否安全、干净和保养良好。如果存在任何问题，你一定要告诉看护机构的管理人员或孩子的看护者。此外，你要持续关注该问题是否得到了及时处理。

室内

- 地板平整、干净、不打滑。

- 药品、清洁剂以及其他工具均被锁起来，孩子无法够到。

- 急救箱内的用品没有短缺，且急救箱放在孩子够不到的地方。

- 窗台、墙面和天花板均干净且状况良好，不存在油漆开裂或者石膏板破损的情况。（窗台是导致铅中毒风险最高的地方。）

- 孩子绝不会被单独留下，无人看护。

- 书架、衣柜及其他比较高的家具应该固定在墙面上，以防孩子爬上去时翻倒。电视机也应该安装在墙面上，或者固定在较矮的、稳固的电视柜上。

- 插座都安上了插座盖，防止儿童触电，此外插座盖不会成为儿童窒息的风险源。

- 电灯状况良好，没有悬挂的灯绳。

- 要特别注意是否有遗落的电池，特别是纽扣电池。纽扣电池如果被儿童吞食，将严重伤害其胃肠道。

- 暖气管和暖气片均在孩子够不到的地方，且被遮挡起来。

- 热水的温度不高于 49℃，避免烫伤孩子。

- 没有具有毒性的植物或者带有病菌的动物（如乌龟或蜥蜴）。

- 垃圾桶的盖子盖上了。

- 安全出口标记清晰，安全出口容易到达。

- 禁止吸烟。

- 二楼及以上楼层的窗户装有护栏，避免孩子从窗户摔落。所有遮光帘或窗帘的挂绳孩子都够不到。如果可能，最好使用无绳窗帘。

- 确保室内没有漏水或者发霉的地方。

室外

- 地上没有垃圾、尖锐的物体以及动物的粪便。

- 游戏器材表面光滑、固定结实，并且没有生锈、裂开或者尖锐的地方。所有的螺丝均被拧紧或者隐藏起来。

- 室外的游戏器材应安装在具有减震功能的平面上，且该平面应向器材四周延伸至少 1.8 米。操场上可能发生摔落的地方（如滑梯、跷跷板下方）应铺有至少 30 厘米见方的减震材料，比如木屑、细沙或其他减震材料。

- 秋千的座位应轻便且柔韧，不应有裂口或者 S 形钩状物。

- 滑梯应有宽大、平坦和稳固的台阶，台阶上应有踩面，边沿有凸起的圆边，以免孩子上下台阶时滑倒。滑梯的底部应有一个平面以保证孩子滑下去时减速。

- 金属滑梯应安置在阴凉处，不会被太阳暴晒。

- 沙箱在不使用的时候应盖上盖子。

- 危险的地方应该有栅栏，禁止孩子进入。

婴幼儿设施

- 玩具不应含铅，不应有油漆脱落、生锈或者小部件掉落的情况。（一个玩具如果特别重或表面极其柔软，就可能含铅。）

- 婴儿高脚餐椅应有安全带和宽大的底座。

- 幼儿在走来走去的时候不能拿着奶瓶，不能将奶瓶带到床上。

- 禁止婴儿使用学步车。

- 婴儿床和婴儿围栏应符合安全标准，并且上面不放置枕头、毯子、防撞护垫、玩具或未固定好的褥子等。

- 不得使用被厂家召回的玩具或者被损坏、丢失了部件的旧玩具。你可以通过消费品安全委员会的网站查询被召回产品的信息。儿童看护机构可以向消费品安全委员会订阅警示邮件，获知被召回玩具或者其他儿童用品的最新信息。

　　在寻找这样一家看护机构之前，你需要向儿科医生咨询最适合孩子的机构是什么样的。此外，你可以问问他是否有好的推荐。儿科医生可以帮助你设计一份具有个人特色的"看护方案"，写明孩子所需的特殊护理以帮助看护者为孩子提供更好的照顾。你最终选择的看护机构除了满足本章前面所列的基本要求外，还应该满足以下要求。

　　1. 儿童看护机构的活动项目最好既让需要特殊护理的孩子参加，也让不需要特殊护理的孩子参加。与正常发育的孩子一起玩耍可以使患病的孩子感到轻松和自信，有助于孩子建立自我认同感。此外，这样的安排可以使正常发育的孩子受益，可以教育他们忽略表面的不同来看待问题，教育他们尊重别人。

　　2. 看护机构的看护者应该接受过培训，能够提供孩子所需的特殊护理。

　　3. 至少有一名医学顾问，他要熟悉机构中招收的有特殊需求的孩子的保健措施和护理步骤。儿科医生也可以起一定的作用。你应让孩子的看护者与儿科医生讨论孩子的问题。

　　4. 在安全的情况下，在孩子的能力范围内，应鼓励所有的孩子自立自主。只有在孩子所参与的活动对他较危险或者某项活动被医生禁止的情况下，孩子才应该被约束。

　　5. 看护机构应该根据孩子能力的细微差异灵活调整相关活动，比如为那些在体力、视力、听力等方面存在障碍的孩子更换一些器材。

　　6. 看护机构应该提供一些特殊的器材和活动以满足那些有特殊需求的孩子的要求，比如，为患有哮喘的孩子提供呼吸方面的训练。这些特殊器材应得到良好的保养，且看护者接受过培训，能够正确使用这些器材。

　　7. 看护者应该熟悉每一个孩子的发育情况。看护者应该能够辨别一些症状，当孩子需要吃药的时候，能够做出正确的决定。

　　8. 如果看护机构要带孩子去较远的地方参加实践活动或社会活动，看护者应接受过培训，能够确保有特殊需求的孩子的乘车安全。

　　9. 在孩子出现紧急情况的时候，看护者可以联系到孩子的医生，并且知

如果你的孩子有发育缺陷
或慢性疾病，你不要因此
就让他远离幼儿园等儿童
看护机构。

道如何进行必要的药物治疗。发生紧急情况时的应对措施应该已经详尽地写
在孩子的看护计划中。

　　以上是一些一般性建议。由于特殊需求多种多样，我们不可能详尽地告
诉你如何选出最好的看护机构。你如果对儿科医生提供的建议有任何不解之
处，或者无法根据他的建议做出最终选择，可以再次与他讨论，他可以与你
一起做出最好的选择。

　　无论孩子有什么样的特殊需求，你不在他身边的时候都要确保他得到很
好的照顾，这非常重要。以上这些信息可以为你提供帮助。不过，你比任何
人都了解你的孩子，所以你在为他选择或者更换看护机构的时候，主要还是
依靠你自己的判断。

第 15 章　确保孩子的安全

　　对孩子来说，日常生活中隐藏着各种各样的危险：尖锐的物体、摇晃的家具、可以够到的热水龙头、火炉上的热锅、热水壶、游泳池以及车水马龙的马路等。作为成年人，我们已经学会操控一些需要小心使用的物品，因此，我们不再将剪刀、火炉这类东西当作危险物。但为了更好地保护孩子，使他无论在家里还是在外面均不受伤害，你必须从他的角度看待这个世界。你必须记住，他还没有能力区分冷热和利钝。

确保孩子的身体不受伤害是你最基本的责任之一，也是你永远都要担负的责任。对 1 岁以上的孩子来说，意外伤害是造成伤残和死亡的主要原因，其中由车祸和溺水造成的伤残和死亡事件最多。在美国，由于意外伤害，每年被送到急诊室的人数多达 600 万人次，而死亡的孩子中不满 15 岁的多达4000 人。

还有许多孩子是被一些儿童用品伤害的。在近一年中，婴儿高脚餐椅造成约 1.3 万名孩子被送医治疗。2017 年，美国不满 15 岁的孩子因玩玩具受伤的多达 18.3 万人次，这些伤害都很严重，以至于受伤的孩子必须被送去急诊室接受治疗。

这些数据让人十分担忧，但事实上很多伤害都是可以避免的。过去，这类伤害被称为"意外"，是因为它们看上去不可预测或不可避免。但如今，我们知道这类伤害不是随机发生的，大多数都可以预测和避免。通过了解孩子如何成长以及每个成长阶段可能发生哪些危险，父母可以采取有效的预防措施。这些措施即使不能使孩子避免所有的伤害，也能使其避免大部分伤害。

孩子为什么会受伤？

孩子受伤一般涉及 3 个因素：孩子自身、导致伤害的事物以及伤害发生的环境。要想确保孩子安全，你必须重视这 3 个因素。

孩子年龄不同，他需要的保护也不同。一个坐在婴儿摇椅中咿咿呀呀的 3个月大的婴儿，跟一个初学走路的 10 个月大的婴儿或一个已经学会攀爬的幼儿需要的监督是不一样的。因此，在孩子的不同年龄段，你必须考虑可能出现的危险以及消除危险的措施。也就是说，随着孩子一天天长大，你必须不断地问自己：他能够爬多远了？能爬多快了？他能够够到多高的东西？什么东西会吸引他？什么事情是他昨天不会做，但今天已经会做的？他明天又会做哪些他今天还不会做的事情？

在孩子出生后的最初半年中，你可以通过不把他单独留在危险的地方来确保他的安全。危险的地方包括床和尿布更换台，因为他可能从这些地方摔下来。随着孩子一天天长大，他开始自己制造一些危险。他可能会从床上滚下来或者爬下来，可能会爬进他不该去的地方，或者找到一些危险的东西去触碰或品尝。

孩子开始到处走动后，每当他触碰那些有潜在危险的东西时，你一定会告诉他"不要碰"。不过，他不会真正明白你的话。许多父母发现，6 ~ 18 个月大的孩子是最让人头疼的，因为这个阶段的孩子根本不会从训诫中吸取教训。即便你每天告诉他 20 次离卫生间远点儿，可当你转身后，他还是会去卫生间。孩子并非故意不听从你的命令，只是他的记忆力还没有发育成熟，当他再次被那些禁止的事物或行为吸引的时候，他不会想起你的警告。那些看起来顽皮的行为其实是孩子对现实世界的试探和再次试探——这正是这个阶段孩子的正常的学习方法。

对孩子来说，出生后的第二年也是充满危险的一年。因为在这一年，孩子的行动能力远远超出他理解行为后果的能力。尽管孩子的判断能力有所提高，但他对危险的认知还不够，而且他的自我控制力也不够，一旦发现有趣的事情，他就控制不住自己。在这个时候，即使一些他看不见的事物也会吸引他。这样一来，好奇心可能把他带到冰箱的底层、储存药物的柜子或水槽底下，去触摸甚至品尝一些东西。

孩子是非凡的模仿者。因此，他看到妈妈吃药后会试图模仿；看到爸爸使用剃须刀后，他也会尝试。孩子可能已经意识到，使劲拉绳子会把窗帘杆拉下来砸到他的脑袋，不过，他还没有能力去预测许多类似的后果。他还需要很久才具备这样的能力。

孩子到了 2 ~ 4 岁会慢慢形成一种自我意识，认为他自己是事情发生的原因，比如他旋转一个开关，灯便亮了。尽管这种意识最终有助于孩子避开危险，但是在这个年龄段，这种自我意识使他在事情发生时只考虑自身的因素。例如，他的球滚到马路上了，他可能只考虑拿回球，而考虑不到自己可能被汽车撞到。

　　这种意识的危险性显而易见。除此之外，这个年龄段的孩子往往相信他的愿望和期望可以控制事情的发生——专家称之为"奇幻思维"。例如，一个4岁大的孩子划火柴，是因为他想点起头天晚上在电视中看到的篝火。他可能不会想到，火势会失控。即使想到这一点，他也会忽视这个想法，因为他认为不应该发生这种情况。

　　这种以自我为中心的奇幻思维对这个年龄段的孩子来说是完全正常的。不过，正因如此，你必须对孩子的安全加倍小心，直到他度过这个阶段。你不能指望2～4岁的孩子完全明白他的行为会给他自己以及别人带来危险，比如他可能向小伙伴扔沙子，也许是因为这件事让他开心或者觉得好玩。不管是哪个原因，他都很难理解为什么小伙伴不喜欢这个游戏。

　　由于上述原因，你必须定下一些与安全相关的规矩并在学龄前早期始终如一地执行这些规矩。向孩子解释定这些规矩的原因："你不可以随便扔石头，因为会伤害到你的朋友。""不要跑到马路上，因为你会被汽车撞到。"不过，不要指望这些解释能够说服孩子，也不要期待孩子一直记得这些规矩。每当孩子违反这些规矩的时候，你都要把这些规矩重复一遍，直到他明白不安全的行为是不被接受的。对大多数孩子来说，就算是最基本的规矩也需要重复十几次才能记住，因此你一定要有耐心。此外，即使他看起来理解了，你也不要指望他总是遵守规矩。一定要确保他仍然被严密地看护着。

　　孩子的性格可能也是容易造成伤害的因素之一。研究表明，极其好动和异常好奇的孩子更容易受伤。在这个年龄段，孩子可能固执、容易生气、有攻击性或者无法集中注意力，这些特征都可能引发伤害。因此，你发现孩子心情不好或者正在经历困难阶段时，要格外警觉：这个时候他非常可能去"试探"规矩，即使是那些他平时都会遵守的规矩。

　　你既然无法改变孩子的年龄，对孩子天生的性格也影响甚微，就应该把注意力集中在可能导致伤害的物体和环境上，通过创造一个没有明显危险的环境来让孩子尽情地探索他想要的自由。

　　许多父母认为，不需要把家里收拾得非常安全，因为他们会时时刻刻密切地"监督"孩子。始终保持警惕确实可以避免大多数伤害的发生，不过，即使最认真负责的父母也无法做到时时刻刻看护孩子。大多数的伤害并非发生在父母警惕、状态良好时，而发生在父母压力很大的时候。孩子遇到下面这些情况时，通常容易受到伤害。

- 饥饿或者疲劳（如晚饭前 1 小时左右）。
- 母亲处于妊娠期。
- 家中有人生病或者去世。
- 孩子的保姆发生更换。
- 父母关系紧张。
- 环境突然改变，比如搬进新家或者度假。

所有的家庭都有上述这些紧张时期。为孩子创造一个安全的环境可以消除或者减少伤害的发生。这样，即使当你暂时分心，比如电话铃响起或者有人敲门时，孩子也不会遇到可能造成伤害的情况。

下面我们将针对在家里以及外出时如何避免危险提供一些建议。我们的目的是提醒你注意一些危险，尤其是那些看上去没有危险的事物。这样你就可以采取明智的措施来确保孩子的安全，同时为孩子健康快乐地成长提供他所需的自由。

家中的安全问题

哪些房间应该为保护孩子而专门布置成"安全屋"，这取决于你家的生活方式以及布局。将孩子可能待的任何一间房间都检查一遍（对大多数家庭来说，这意味着所有的房间）。暂时不使用的餐厅的门是关闭的，看似不需要检查，但是请你记住，这些禁止孩子进入的房间往往是他最想去探索的地方。对任何没有采取安全措施的房间，你都需要格外警惕，即使这些房间通常是锁着的。至少，孩子的房间应该足够安全。

婴儿房

婴儿床。孩子在婴儿床上的时候往往没有人照料，因此婴儿床必须是绝对安全的地方。新生儿最易遭受与窒息相关的伤亡风险，特别是当婴儿床或摇篮里有柔软的物品（如毯子、防撞护垫、枕头或毛绒玩具等）。对大一点儿的婴儿或幼儿来说，与婴儿床相关的伤害通常是从床上摔下来，尽管这非常容易避免。当床板太高或者婴儿床的护栏不够高的时候，孩子最容易摔下来。

我们强烈推荐使用 2011 年 6 月以后生产的婴儿床，因为当时美国执行了一项更严格的安全生产标准。如果你家的婴儿床一边的护栏可以放下来，那它的样式就太老了，你需要更换。老式婴儿床导致婴儿受伤的风险很高。

无论婴儿床于哪一年生产，你都要根据以下建议认真检查。

■ 护栏栏杆的间距小于 6 厘米，这样孩子的头部不会被卡在栏杆之间。栏杆间距过大的话，孩子的脚和躯干可以穿过，头部却会被卡住，这可能导致孩子死亡。

■ 床头板和床尾板没有镂空，以免孩子的头部或四肢被卡住。

■ 如果婴儿床有床角柱，床角柱就应该与床头板和床尾板等高，或者应该非常高（就像带顶篷的床的床角柱）。如果床角柱只超出床头板少许，床角柱上的布饰或者带子可能会缠住孩子，导致他受伤。

■ 婴儿床上的所有塑料部件、螺母、螺栓以及其他五金件都必须是原装的，你绝对不可以自己去五金店买配件来更换，而应该找生产商更换。这些部件都必须拧紧，避免婴儿床散架，因为孩子在床上的活动可能导致婴儿床坍塌，使孩子陷在里面甚至窒息。

■ 每次组装前及组装一周后，都应认真检查部件是否有损坏，是否存在松动、缺失或尖锐的部分。如果婴儿床有任何部分或者部件缺失或损坏，就不要使用它。

要避免婴儿床可能造成的危险，应遵循以下原则。

■ 床垫的大小应该与婴儿床相符，这样孩子的四肢和躯干就不会陷入床垫和护栏之间的空隙中。如果床垫与床沿的距离大于两指，那么这张床垫就不应该搭配婴儿床使用。

■ 你如果买了一张新床垫，就应撕掉上面所有的塑料膜，因为塑料膜有可能导致孩子窒息。

■ 在孩子能自己坐起来之前，调低床板，确保孩子靠着护栏或者翻身时不会从床上摔下来。在孩子学会站立之前，将床板调到最低。最常见的摔落发生在孩子试图从婴儿床中爬出来的时候。当孩子长到 90 厘米左右高的时候，或者当他站起来时护栏的顶部低于他的乳头，你就应该重新为他准备一张床。

■ 定期检查婴儿床，确保金属部分没有粗糙的毛边及锐利的突起，木质部分没有裂缝或木刺。一旦发现栏杆上有齿痕，就用塑胶条把有齿痕的部分包起来。通常，在大多数儿童家具店都可以买到塑胶条。

■ 不要在婴儿床里使用防撞护垫。没有证据表明防撞护垫可以防止撞伤，它反而有导致婴儿窒息、被勒住或被困住的潜在风险。很多婴儿在婴儿床上的死亡事件都与防撞护垫有关。此外，较大的婴儿可能利用防撞护垫攀爬婴儿床的护栏，从而摔出来。

■ 不要在婴儿床中放置枕头、被子、垫子、毛毯、毛绒玩具以及其他柔软的物品。婴儿在婴儿床里可能因这些物品而窒息。

■ 如果你在婴儿床上方悬挂了旋转床铃等物品，就要确保它们被牢固地系在护栏上。还要确保它们悬挂得足够高，避免孩子够到它们并拽下来。当孩子可以靠手和膝盖支撑起身体或者已经 5 个月大的时候，你一定要将挂在婴儿床上的物品拿走。

■ 我们不推荐在婴儿床上使用婴儿健身架，因为婴儿和幼儿可能因为它摔倒或者将它拽下来砸到自己。

■ 为了避免孩子从窗户上摔落的严重后果，以及被百叶窗上的细绳和窗帘绳等缠住甚至勒住，婴儿床或其他儿童床应远离窗户。消费者产品安全委员会推荐使用无绳窗帘。

■ 将婴儿监控器的电线或绳子放置在距离婴儿床至少 1 米的地方，不要在婴儿床旁边或床垫下面放置任何带线或绳子的物品。

尿布更换台。尽管尿布更换台方便你为孩子穿衣服或更换尿布，但是孩子从这样高的地方摔下来会造成严重伤害。不要认为只要足够警惕就可以避免伤害。你应该记住下面这些建议。

■ 选购结实、稳固的尿布更换台，其四边应该有 5 厘米高的护栏。

■ 尿布更换台的表面应该是凹的，中间部分应稍稍低于四周。

■ 给孩子扣上安全带，但是不要完全依靠它来保证孩子的安全。千万不要将孩子独自留在尿布更换台上，一分钟也不可以，即使他被安全带扣住了。

■ 将换尿布用的物品放在你伸手可以够到的地方（并且是孩子够不到的地方），这样你就不用离开孩子了。婴儿爽身粉被孩子吸入会对他的肺部造成伤害，所以应该用护臀膏代替爽身粉。

■ 将纸尿裤存放在孩子够不到的地方。给孩子穿上纸尿裤后，一定要给他穿上衣服以盖住纸尿裤，因为孩子可能将纸尿裤的塑料内衬撕下甚至吞下去，从而窒息。

双层床。尽管孩子们非常喜欢双层床，但是双层床会带来严重的危害——上层的孩子可能摔下来；床的上层坍塌，导致下层的孩子被砸伤。双层床如果结构不合理或者安装不恰当，就可能坍塌。床垫大小不合适可能导致孩子被卡住。你如果不顾以上警告坚持使用双层床，那么一定要记住下面这些注

意事项。

■ 不要让小于 6 岁的孩子睡在双层床的上层，因为他还没有完全具备安全爬上去和防止自己摔下来所需的动作协调性。

■ 将双层床放在房间的一角，使床的两边都有墙壁支撑，从而减小床的上层坍塌的概率。

■ 不要将双层床放在窗边，这样可以避免孩子掉到窗外，也可以避免孩子被百叶窗或窗帘等的拉绳勒住。消费者产品安全委员会推荐使用无绳窗帘。

■ 上层的床垫应该大小合适，不超出床板的边缘。如果床垫与床沿之间有空隙，孩子可能被卡住，从而导致窒息。

■ 为上层的床搭梯子。夜间要使用夜灯，确保孩子看得到梯子。

■ 上层的床要安装护栏。护栏最下方的横向栏杆与床侧档之间的距离不应超过 9 厘米。这样，当上层床垫被孩子的身体压得下陷的时候，孩子不会滚到护栏栏杆与床侧档之间的空隙里。如果孩子的头部被卡在护栏栏杆下，孩子就可能窒息，所以你需要购买一张较厚的床垫来避免这一情况的发生。

■ 认真检查上层床垫下的支撑物。确保床垫下的木板或金属条没有弯曲变形，且被正确地固定在床的两头。如果上层床垫仅仅靠床架支撑或者靠不安全的板条支撑，那么上层很容易坍塌。

■ 你如果要将双层床拆分为两张床，确保拆除所有的暗榫或连接件。

■ 为了避免摔落或床坍塌，禁止孩子在双层床的任何一层跳跃、嬉戏及打闹。

■ 购买双层床的时候，应该选择符合 ASTM F1427 标准的双层床，确保其设计和结构足够安全。

厨房

对孩子来说，厨房是一个危险的地方。当你和孩子一起在厨房里的时候，你应该把他放在高脚餐椅或者婴儿围栏里。你应该为他扣好安全带（如果孩子坐在高脚餐椅中），并且确保他在你的视线范围内。在厨房里放一个玩具箱或者在一个抽屉里装几件玩具，方便他玩玩具。为了避免最严重的伤害，你应该谨记下面这些注意事项。

1. 将强力洗涤剂、洗涤碱、家具上光剂、洗碗机专用洗涤剂（特别是洗碗凝珠）以及其他危险物品放在高处的柜子里并锁住，不要让它们出现在孩子的视线之内。洗碗凝珠对年幼的孩子来说有特殊风险，他会把这种洗涤剂误认为糖果；如果条件允许，最好购买粉状或液态洗涤剂。洗涤碱会造成类似的风险，现在很少有家庭使用，最好不要在家中存放它。如果你一定要将这类物品放在水槽下，就应该使用可自动关闭的儿童安全锁（大多数五金店、儿童用品店或杂货店有售）。千万不要将危险物品装入看似装食物的容器中，否则会吸引孩子去品尝这些物品。

2. 将刀、叉和剪刀等尖锐的器具与其他安全的厨房器具分开放置，将危险的器具放于带锁的抽屉中。将一些切割类电器（如绞肉机）放在孩子够不到的地方或者锁在柜子里。

3. 厨房电器用完后要拔掉插头，这样孩子就不能开启它们。不要让电器的电线处在孩子可以够到或者拉到的地方，否则孩子可能通过拉电线将很重的电器拉下来，从而砸到自己。

4. 将锅的把手转向炉子后方，这样孩子就够不到。当你端着热的液体（比如咖啡或汤）行走时，确保知道孩子在什么地方，以免撞到他。

5. 买烤箱的时候，要选隔热效果好的，这样孩子触摸烤箱门的时候不会被烫伤。另外，不要在烤箱工作的时候离开厨房。

6. 如果厨房中有燃气灶，你就要将连接燃气管道的阀门关闭，以免孩子将煤气灶打开。你还可以用防止儿童触碰的遮盖物尽可能地遮住燃气灶的开关。

7. 将火柴和打火机放在孩子看不到、够不着的地方。

8. 不要用微波炉加热孩子的奶，否则奶会受热不均匀，一部分奶会格外烫，孩子可能会被烫伤。此外，一些过热的奶瓶从微波炉中取出时会爆炸。

9. 如果微波炉放置在孩子够得着的地方，当微波炉开始工作时你要在附近监护，绝对不允许孩子打开微波炉或移动已经加热好的食物和饮品。

10. 在厨房里备一个灭火器。如果你家有多层，每一层都应配备灭火器并将灭火器放在容易记住的位置。

11. 不要使用小型冰箱磁铁，因为孩子可能将它们吞到肚子里或被阻塞呼吸道而窒息。

洗衣房

孩子都喜欢协助大人洗衣服，但是因为洗衣房里有太多潜在的危险，除非有成年人监护，否则你绝对不能允许孩子擅自进入洗衣房。

1. 将洗衣液、织物软化剂及其他类似物品放在原装容器中。将这些容器密封，并且放在高处的柜子里并锁好。

2. 洗衣凝珠是高度浓缩的洗涤剂并且具有毒性。如果被孩子咬破或挤压，它就会一下子爆开，里面的物质会喷射到孩子的喉咙或眼睛里，导致呼吸道问题、肠胃问题、昏迷甚至死亡。洗衣凝珠往往色彩鲜艳，看起来像糖果。至少在孩子 6 岁之前，最好使用传统的洗衣液或洗衣粉，而不使用洗衣凝珠。你如果正在使用，就要确保每次使用后将其密封好，然后放在孩子够不到的柜子中并锁好。

3. 每次洗衣后要清理洗衣机垃圾盒以防火灾。

卫生间

避免孩子在卫生间中受伤的最简单方法是不让他进入卫生间，除非有成年人陪同。你可以在卫生间的门上装一个门闩，且门闩位于成年人才可以够到的位置，或在高处装一把锁。此外，确保门上的锁都可以从外面打开，以防孩子将他自己反锁在卫生间中。

当孩子使用卫生间时，下面这些建议可以使他免受伤害。

1. 就算只有少量的水，孩子也可能溺水身亡，因此永远不要将孩子单独留在卫生间里，即使一秒也不行。只要你的孩子在有水的地方（如浴缸或游泳池），你就要在离他一臂的范围之内进行"接触式看护"。在给孩子洗澡的过程中，你如果必须去开门或者接电话，就用浴巾将孩子裹起来，带着他一起去。我们强烈反对使用洗澡椅和儿童游泳圈，因为它们不能防止孩子在无人看护的情况下溺水。孩子很可能从洗澡椅上滑落，然后困在水中。不要指望洗澡椅和儿童游泳圈可以保证孩子在洗浴时的安全，哪怕只是使用一小会儿。不使用浴缸的时候，不要在里面留水。

2. 在浴缸底部放一张防滑垫，并给水龙头罩一个罩子，这样即使孩子的头撞到水龙头也不会受伤。

3. 养成将马桶盖盖上的习惯，如果马桶盖上有锁，那就锁好。当孩子蹒跚学步时，好奇心会驱使他去玩水，而他可能失去平衡摔进马桶里，进而溺水。幼儿的头部相对较重，他可能无法自己将头从水中抬起来。

4. 为了避免孩子烫伤，水龙头里的热水的最高温度不要超过 49℃。大多数热水器的水温是可以调节的。你如果不确定如何设置热水器的温度，请与生产商确认。当孩子长大到可以自己打开浴缸的水龙头时，你要告诉他先放冷水，再放热水。

5. 将所有的药物保存在有盖子的容器中。不过要记住，盖子只能防止孩子打开，并不意味着绝对安全。因此，应把所有的药物和化妆品锁在孩子看不到、够不着的柜子里。不要将牙膏、肥皂、沐浴液以及其他日用品放在较矮的柜子里，而应放在孩子够不到的柜子里，并在柜子上安装门闩或锁。将过期或不用的药物扔掉。阅读药物包装上的说明或里面的说明书，找到安全丢弃这些药物的方法。如果找不到，请去社区咨询有关药物回收项目的问题，这种项目通常由当地医院、法律部门或废弃物管理部门主管。

6. 你如果在卫生间中使用电器，特别是吹风机或者剃须刀，用完后记得拔掉插头并将它们锁进柜子里。所有的卫生间都应该安装带有接地故障断路器的安全插座，它可以在接触水时自动闭合，这样当电器掉进水槽或者浴缸里时，它可以降低触电事故的发生风险。不过更好的方法是在没有水的房间里使用这些电器。请让电工检查一下浴室里的插座，必要的话安装带有接地故障断路器的安全插座。

车库和地下室

车库和地下室中一般存放着可能致命的工具和化学品。应该确保车库和地下室有能够自动关闭的门并且门一直锁着，这两个地方都要严格限制孩子进入。但是，孩子确实可能有机会进入这些地方。为了将风险降到最低，你必须注意以下几点。

1. 将涂料、油漆、稀释剂、杀虫剂、肥料等放在带锁的柜子里。确保这些化学品一直都装在有标签的原装容器里。

2. 将工具放在孩子够不到的地方，并且要锁起来。这一原则也适用于尖锐的物品，如锯条。电动工具在不用的时候要拔掉插头并锁到柜子里。

3. 不要让孩子在车库中以及车道上玩耍，因为这些地方经常有车进出。许多孩子就是在车道上玩耍时被别人（通常是家人）倒车而无意间撞死的。许多车辆都有盲区，若孩子碰巧在盲区内，驾驶者即使仔细通过后视镜观察也无法看到他。即使车辆装有倒车摄像头，摄像头也拍不到快速移动的小孩。

4. 如果车库门是自动门，当你开门或者关门的时候，确保孩子不在门边。确保孩子够不到门的自动开关且开关不在孩子的视线范围内。确保门的自动反向功能被正确开启，以防关门时撞到孩子。

5. 不要把处于启动状态中的汽车停在车库中，因为危险的一氧化碳在这种部分封闭的地方会迅速聚集。

6. 你如果将不用的冰箱或者冰柜放在车库或地下室里，就一定要将冰箱或者冰柜的门卸掉，以免孩子爬进去并将自己困在里面。

7. 不要让孩子坐在正在工作的除草机上玩耍，因为孩子可能摔下来或被除草机的刀片划伤。当孩子在草坪上玩耍时你不要除草，因为除草机工作时可能使石块或其他危险物品飞起来并砸到孩子。

所有房间

一些安全规则和预防措施对所有的房间都适用。针对家中常见的危险情况，以下这些预防措施不仅可以保护孩子，也可以保护你的整个家庭。

1. 为避免火灾和一氧化碳中毒，请在家中安装烟雾探测器和一氧化碳探测器，至少每层楼和每个卧室内均安装。每个月都要检查，确保它们正常工作。烟雾探测器最好安装经久耐用的电池，如果没有耐用的电池，每年选择一个你可以记住的日期为它们更换电池。可能的话，安装联网式烟雾探测器，这样当一个烟雾探测器报警时，其他的都会报警。设计一份"火灾逃生计划"并且按此进行演习，确保紧急情况发生时你们做好了充分准备。

2. 为防止触电造成的伤亡，请给所有不用的插座都装上不会导致孩子窒息的插座盖，这样孩子就不会将他的手指或者玩具插进插座的孔里了。你如果无法让孩子远离那些插座，那就用家具将它们遮挡起来。将电线放在孩子看不到、够不着的地方。

3. 为了防止孩子滑倒，在楼梯上需要的地方铺上地毯。确保地毯的边角被牢牢地固定。当孩子刚刚开始爬行或者走路的时候，在楼梯的底部和顶部都安装儿童安全防护门。不要选择可折叠的门，因为这样的门可能将孩子的胳膊或者脖子夹住，应该使用那种可以牢固安装在房屋门柱上的门。

4. 某些室内植物是有毒的，更多信息可在当地公共卫生部门网站查询或通过热线电话咨询。你应暂时放弃种植一些室内植物，或者至少将它们放在孩子够不到的地方。

5. 为避免异物阻塞呼吸道造成的伤害，经常检查房间的地板上是否有硬币、纽扣、小珠子、别针、螺丝等容易被孩子吞咽的小物品。最好的检查方法就是蹲下来以孩子的视角看看是否有这些物品。如果你家碰巧有人爱好收集小物品或有稍微大点儿的孩子经常摆弄一些小物品，那你就应该格外注意。

6. 纽扣电池如果被孩子吸入或吞下，就会造成致命伤害。这种电池在家庭中很常见，通常用于小型遥控器、摄像机、车库门遥控器、电子蜡烛、手表、玩具和助听器等物品。这种电池如果被吞下，会造成严重的食道或胃肠道损伤，甚至可能导致死亡。如果电池被卡入鼻腔，有可能将鼻腔烧出一个洞。你需要知道家中何种物品使用这种电池，并且将它们放在孩子够不到的地方。

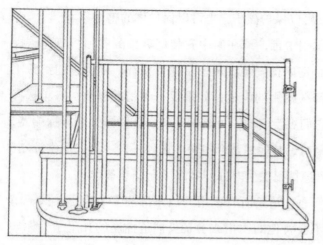

横式儿童安全防护门，栏杆间距为 6 厘米。

吞入纽扣电池属于紧急事故，你如果怀疑孩子吞入或吸入了纽扣电池，就必须马上把他送到医院急诊室。

7. 孩子在跑步时摔倒，可能导致头部受伤或牙齿受损。如果你家铺有硬木地板，你就不要让孩子穿着袜子跑来跑去，因为穿着袜子跑比光脚跑更容易滑倒。

8. 消费者产品安全委员会推荐所有有孩子的家庭使用无绳窗帘，以防孩子被窗帘绳勒住，从而窒息。如果你家的窗帘是带拉绳的，你就要把拉绳系到地面的窗帘限位固定器上，并将它拉紧；或者将拉绳缠在墙上的三角支架上，这样孩子就够不到了。要确保拉绳制动器是安全的。如果拉绳末端有拉环，你就应将拉环剪掉并装上安全的流苏。

9. 房间的门应该引起你的注意。玻璃门尤其危险，因为孩子经常会撞到玻璃门上，所以最好将玻璃门一直敞开并且固定。旋转门可能将孩子撞倒，折叠门可能夹住孩子的手指，所以如果你家有这两种门，你最好将它们换掉，直到孩子长大到可以理解门的工作原理再使用。

10. 家具的尖锐边角可能伤害到正在奔跑或摔倒的孩子。检查家中是否有带硬边或者尖角的家具（茶几格外危险）。如果可以，将这类家具移到不妨碍走路的地方，特别是在孩子学习走路的那段时间。你也可以购买防撞角和防撞条并将它们安装在家具的边角上。

11. 为避免家具或电器砸伤孩子，要检查它们（比如落地灯、书柜、电视柜等）的稳定性。将落地灯放在家具后面，将书柜、梳妆台和电视柜放在靠墙的地方。孩子爬到这些家具上、撞到这些家具或扶着它们站起来时，常常容易受到伤害，甚至死亡。将电视机牢固地安装在墙上，或者放在牢固的矮电视柜上。儿童被掉落的电视机砸到可能会死亡。

12. 将电脑放在孩子够不到的地方，防止孩子将电脑拉倒后砸到自己。电脑的电源线应该放在孩子看不到、够不着的地方。

13. 为避免孩子从窗户坠落导致的伤亡，请尽可能地安装能独立打开上半部分的窗户。如果你家的窗户必须打开下半部分，那么你要安装合适的护栏。纱窗的强度不够，无法防止坠落事件。不要将椅子、沙发、桌子以及其他一些孩子可以爬上去的家具放在窗边，因为这样会让孩子有机会接近窗户，从而可能导致后果严重的坠落事件。

14. 为避免窒息造成的伤亡，不要将塑料袋随意扔在家里，也不要用塑料袋装孩子的衣服和玩具，因为孩子可能会困在里面，从而窒息。干洗店装衣服的塑料袋尤其危险，你在丢掉之前要把它们打结，这样孩子就不太可能钻到袋子里面或把袋子套在头上了。即使是从塑料袋上扯下来的一小片塑料膜，也可能造成孩子窒息。

15. 考虑一下你扔进垃圾桶里的东西是否有危险性。人们可能会把变质的食物、废弃的剃须刀片或者电池等危险品扔进垃圾桶里，所以垃圾桶应该有防止儿童打开的盖子，或者放在孩子够不到的地方。

16. 为了预防孩子被烧伤和烫伤，你应该经常检查热源。壁炉或火炉应该被遮挡住，让孩子无法接近。带玻璃门的燃气壁炉可能格外烫，触摸的话会造成严重烫伤。检查一下电热炉、暖气片甚至是热气炉的通风口，看看散热的时候它们的温度有多高。这些物品也应该被遮挡住。

17. 有孩子的家庭不应存放枪支。你如果在遵守美国相关法律的前提下，因工作等原因不得不在家中存放枪支，那么一定要取出子弹并且将枪锁起来，同时将子弹锁在另一个地方。如果孩子要去别人家（如警员的家）玩，问问那里是否有枪支；如果有，要问清楚它们是如何存放的（见下文"我们的立场"）。

18. 酒精对孩子非常有害。将所有含酒精的饮品储存于带锁的柜子里。务必将倒出来的酒立即喝完。

我们的立场

避免孩子受到枪支伤害的最有效方法是保证你家以及你所在的社区没有枪支。（编者注：在我国，枪支的持有及管理应严格遵守《中华人民共和国枪支管理法》的规定。）我们也建议禁止发行有关攻击性武器和高性能弹药的杂志。

另外，美国儿科学会建议手枪及手枪子弹的使用应该得到规范，手枪拥有者应该受到严格限制，并且减少私人拥有手枪的人数。枪支不应该存放于儿童生活和玩耍的场所，如果有，拥有者应该将子弹取出并且将其与枪支分开锁起来。虽然安全存放枪支可以降低儿童的伤亡风险，但是这样做仍然难以避免装了子弹的枪支、未装子弹的枪支以及子弹给儿童带来极大危险。

儿童用品安全

在过去的近 30 年中，消费者产品安全委员会在制定标准以确保儿童或婴儿用品安全方面发挥了积极的作用。你可以参考相关标准来确定此类用品的安全性。以下这些指导方针将帮助你为孩子选择安全的用品，同时帮助你正确地使用它们。

高脚餐椅

孩子使用高脚餐椅时，摔落是最严重的伤害。为了降低孩子摔落的风险，你必须注意以下几点。

1. 选择底座宽大的高脚餐椅，这样它就不容易翻倒。

2. 如果高脚餐椅是可折叠的，那么每次将它撑开后，确保所有的锁定装置都是锁死的。

3. 每次将孩子放进高脚餐椅中的时候，一定要将肩部、腰部和腿部的安全带扣好。不要允许孩子站在高脚餐椅上。

4. 不要使高脚餐椅靠近柜台或者桌子，也不要使它靠近热的物品或危险物品。孩子可能会使劲推这些物品，导致被烫伤或高脚餐椅翻倒。

5. 孩子坐在高脚餐椅中的时候，不要将孩子单独留下。不要允许大点儿的孩子爬到高脚餐椅上或在上面玩耍，否则容易造成高脚餐椅翻倒。

6. 通过挂钩与桌子相连的高脚餐椅不宜作为上文所述的稳固的高脚餐椅的替代品。不过，你在外面吃饭或旅行时，如果打算使用这种餐椅，就一定要选择可以牢牢固定在桌子上的，并且确保桌子足够重，能够承受孩子的重量而不翻倒。此外，你需要看一下孩子的脚能否蹬到桌子。如果孩子能够蹬到桌子，他就可能将高脚餐椅从桌子旁蹬开。

7. 确保高脚餐椅上所有的螺帽或螺母都没有松脱，否则孩子可能因吞入它们而窒息。

婴儿座椅和摇椅

婴儿座椅和摇椅应该有正规商标，并符合消费者权益保护机构制定的安全标准。婴儿座椅不是汽车安全座椅，所以适用的标准不完全相同。婴儿座椅应该有表明其符合安全标准的标签。你要仔细挑选婴儿座椅。察看厂家提供的重量上限，当孩子的体重超过上限时，就不要继续使用它。以下是一些需要遵循的安全指南。

1. 不要把婴儿座椅放在高于地面的地方。由婴儿座椅导致的最严重的伤害往往就是婴儿从高处摔落造成的，比如从桌子、工作台或椅子上摔落。即使小婴儿也能使座椅摇动，使座椅从放置的平面上摔落，导致头部或其他部位受伤。为避免活泼好动的婴儿把座椅弄翻，你要将婴儿座椅放在地板上靠近你的地方，远离有尖锐边角的家具。即使将婴儿座椅放在柔软的平面上，如床上或铺有软垫的家具上，座椅也有可能翻倒。因此，这些地方也不安全，不适合放置婴儿座椅。

2. 不要将孩子留在婴儿座椅中而无人看护。

3. 不要用婴儿座椅代替汽车安全座椅，婴儿座椅只能用来支撑婴儿，方便他环视四周以及吃东西。

4. 你将孩子放进婴儿座椅的时候，要为他扣上安全带。

5. 选择带有外部框架的婴儿座椅，让孩子可以坐在座椅深处。确保座椅的底座足够宽，以防座椅翻倒。

6. 检查一下婴儿座椅的底部，确保包有防滑材料。

7. 移动座椅时，应该先把孩子从座椅上抱下来，以防孩子摔落或者遭受其他伤害。

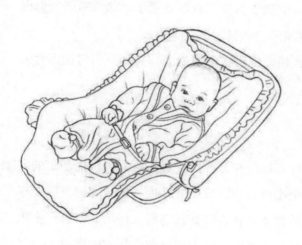

8. 永远不要将坐在婴儿座椅或者汽车安全座椅中的孩子放在汽车顶部或后备厢上面，即使一小会儿也不可以。

9. 没有成年人在可视范围内监护的情况下，绝对不可以让孩子在座椅中睡觉。在适当的时候，应该把孩子转移到婴儿床上睡觉。

婴儿围栏

大多数父母将婴儿围栏视为安全的地方，每当不方便看护孩子的时候，都将孩子放在里面。不过，婴儿围栏有时也有危险性。为了避免事故发生，父母应注意以下几点。

1. 选择标签表明其符合 ASTM F406 安全标准的婴儿围栏。该安全标签表明该产品的设计和制造可以防止婴儿受伤。所有新生产的婴儿围栏都需符合该标准。

2. 不要在婴儿围栏中额外添加地垫。地垫有可能造成婴儿窒息。只要使用围栏自带的地垫就可以了，孩子也会感到舒适。如果孩子在围栏中睡着了，你就要采取保证安全的措施，将枕头、毯子和毛绒玩具等移开，并让孩子仰卧。

3. 不要让网状婴儿围栏处于松弛状态，如果孩子进入松弛的网状围栏形成的网兜，就会困在里面并窒息。

4. 不要在婴儿围栏的侧面或者上方系玩具，因为孩子可能会被绳子缠住。

5. 如果婴儿围栏中有配套的尿布更换台，当孩子在婴儿围栏中时，你要将尿布更换台移走。这样他就不会将自己卡在尿布更换台和围栏之间的空隙里了。

6. 孩子会站立以后，你要将围栏中的所有盒子以及大型玩具移开，因为他会借助于这些东西从婴儿围栏中爬出来。

7. 开始长牙的孩子可能会咬围栏顶部，所以你应该经常检查顶部的布是否有小洞或者残缺。如果洞非常小，就用厚布条（特别结实的布条）补一下；如果是大面积的损坏，你可以询问生产商如何修复。

8. 确保网状婴儿围栏的网状面没有破损、缺口以及线头，并且网眼直径小于 0.6 厘米，这样孩子不会被卡住。网状面上端要系在栏杆的顶部，下端要系在底盘上。如果围栏使用 U 形钉固定，你必须确保所有的 U 形钉一个都不少且没有松动，也没有暴露在外。木制婴儿围栏板条之间的缝隙不应超过

6 厘米，这样孩子的头部才不会被卡住。

9. 用折叠式栅栏围成的婴儿围栏相当危险，因为其中的菱形空隙和围栏门顶部的 V 形边框很容易卡住孩子的头部。因此，无论在室内还是室外，永远都不要使用折叠式栅栏围成的婴儿围栏。

学步车

美国儿科学会不推荐使用学步车，因为它会导致婴儿从楼梯上摔落并使其头部受伤。如果学步车撞向桌子或书柜等家具，可能导致家具倾倒并砸伤婴儿。学步车不能帮助婴儿学习走路，相反，它会阻碍婴儿正常的运动发育。固定不动的学步装置（如弹跳椅）或游戏架是更好的选择。它们都没有轮子，不过座位可以转动并且有弹性。你也可以考虑使用结实的四轮小车或婴儿手推车。无论选择哪种，都要确保它有可以手推的把手并且可以承重，当孩子爬到上面的时候不会翻倒。

安抚奶嘴

事实证明，安抚奶嘴不会伤害婴儿，反而可以降低婴儿猝死综合征的发生风险。不过，为了最大限度地确保孩子的安全，你在给他使用安抚奶嘴的时候要注意以下几点。

1. 不要将奶瓶的奶嘴当作安抚奶嘴给孩子使用，即使你将奶嘴和奶瓶粘在一起也不行。如果孩子使劲吮吸，奶嘴就可能被扯下来，从而阻塞孩子的呼吸道。

2. 买不会破裂的安抚奶嘴。你如果不知道该买哪一种，可以向儿科医生咨询。

3. 奶嘴头和拉环之间的圆形挡板的直径至少应有 3.8 厘米，这样孩子才不会将安抚奶嘴整个吞进嘴里。此外，挡板应该由结实的塑料制成，上面应有通气口。

4. 千万不要将安抚奶嘴系在婴儿床上或者孩子的脖子或手臂上，这样非常危险，有可能造成孩子受伤甚至死亡。

5. 安抚奶嘴使用久了会老化、破损。你要经常检查，看看奶嘴是否变色或者破裂。如果奶嘴已经变色或者破裂了，你就要换一个。

6. 按照安抚奶嘴的使用年龄说明购买合适的安抚奶嘴，因为大一点儿的孩子可能将小号的安抚奶嘴整个塞进嘴里，从而窒息。

玩具箱

说玩具箱有危险性有两个原因，一个原因是孩子可能被困在里面，另一个原因是当孩子找玩具的时候，用铰链连接的玩具箱盖子可能砸在他的头部或者身体上。可能的话，将玩具存放在孩子容易拿取的架子上。使用玩具箱的话，你要注意以下几点。

1. 选择没有盖子的玩具箱，或者盖子很轻并且可拿开的玩具箱，或者装有滑动门（或滑动板）的玩具箱。但要注意，孩子的手指很容易被盖子或者滑动门卡住而受伤。

2. 如果你选择的玩具箱的盖子是用铰链连接的，你就要确保它配有能支撑盖子的支架。如果没有支架，你可以自己装一个或者直接将盖子去掉。

3. 选择边角圆滑的玩具箱，边角要有防撞条，或者你自己安装防撞条。

4. 孩子经常被困在大玩具箱里，所以一定要确保玩具箱有通气口或者箱子和盖子之间有缝隙。不要将箱子贴着墙角放置，因为这样会将通气口堵住。确保玩具箱的盖子不会被锁住。

玩具

大多数玩具生产商都想制造安全的玩具，但是生产商无法完全预料儿童将如何使用甚至是否会滥用这些玩具。据统计，2017 年美国的医院急诊室收治了大约 25.1 万名因玩具受伤的儿童。在这些受害者中，35%（89483 名）是 5 岁以下的儿童。如果你的孩子被不安全的玩具伤害，你想对造成伤害的产品进行投诉，可以访问消费者协会官网。消费者协会会记录你的投诉并将危险的玩具、衣物、首饰或其他家用物品召回。因此，你的一通投诉电话不仅可以保护你自己的孩子，还可以保护千千万万的孩子。

当你挑选或者使用玩具的时候，请遵循以下几个原则。

1. 根据孩子的年龄和能力选择合适的玩具，并且按照生产商提供的使用说明使用。

2. 摇铃或许是孩子的第一个玩具，它的宽度至少要达到 4 厘米。婴儿的嘴和喉是非常有弹性的，直径小于 4 厘米的摇铃有可能造成婴儿的呼吸道被阻塞。摇铃一定不可以有可拆卸的部件。

3. 玩具都必须由结实的材料制成，即使被孩子扔掷或者敲打也不会损坏。

4. 检查那些挤压发声的玩具，确保上面发出声响的部件不会脱落。

5. 将毛绒玩具或洋娃娃给孩子玩之前，一定要检查玩具的眼睛和鼻子是否牢固，并且要经常检查。将玩具上的所有丝带都去掉。如果洋娃娃上有其他配件，不要让孩子吮吸，因为这些配件有可能被孩子吞入。

6. 孩子吞入或者吸入玩具上的小部件非常危险。认真检查玩具上那些可能被吞咽的小部件。为孩子选择标注了适合 3 岁及以下儿童的玩具，因为这些玩具被要求不可以有可能被吞入或者吸入的小部件。

7. 对孩子来说，带有小磁铁的玩具尤其危险。如果孩子吞咽了 2 块以上的磁铁，这些磁铁在孩子体内会互相吸引，可能造成肠道阻塞、肠道穿孔甚至孩子死亡。一定不要给 6 岁以下的儿童玩带有小磁铁的玩具。

8. 适合年龄较大的孩子玩的带有小部件的玩具，一定要放在年龄较小的孩子够不到的地方。要让家里的大孩子牢记，每次玩了带有小部件的玩具后要将它们全部收起来。你应该检查一下，看有没有危险的小部件被遗漏。你可以让大孩子只在弟弟妹妹无法接近的区域内玩这类玩具。

9. 不要让孩子玩气球。他在努力吹气球时，很可能将气球吸进嘴里。如果气球破了，你一定要捡起并扔掉所有的残片。聚酯薄膜做的气球相较于橡胶做的气球安全一些。

10. 为避免烫伤或者触电，不要给 10 岁以下的儿童玩需要连接电源的玩具。选择使用电池的玩具。为了避免松动的电池被孩子吞入，你一定要确保电池盖安全而且牢固，需用螺丝刀或者其他工具才能打开。所有新生产的带电池的玩具都符合这一安全标准。但你要检查一下旧玩具，如果玩具上的电池盖不用螺丝刀就可以打开，那就不要再让孩子玩这个玩具了。

11. 要确保正在长牙的孩子够不到电线等物品，因为他如果咬破电线，有可能触电或被烧伤。

12. 认真检查玩具的弹簧、齿轮、铰链等金属部件，这些部件可能卡住孩子的手指、头发或衣服。

13. 在生产商的官网上登记你所购买的玩具，这样有任何召回的消息时你都可以接到通知。

14. 为了避免孩子被割伤，你在购买玩具之前需要检查玩具是否有锋利的边缘或者片状部件。不要买有玻璃或者刚性塑料部件的玩具，因为这些部件容易碎裂。

15. 不要让孩子玩噪声很大的玩具，包括那些会突然发出吱吱声的挤压类玩具。100分贝及以上的声响可能损伤孩子的听力。

16. 弹射类玩具，比如可以发散飞镖的枪或弹弓，非常不适合孩子玩，因为它们极易造成眼部伤害。不要给孩子玩可以发射物体的玩具，水枪例外。

上报不安全的产品

如果你发现了对孩子来说不安全的产品，或者你的孩子由于某一产品受到伤害，请向消费者协会汇报（译者注：读者可登录中国消费者协会网站 www.cca.org.cn，或者拨打消费者维权免费热线 12315）。你的汇报对于帮助消费者协会识别危险的、需要进一步调查甚至召回的产品十分重要。

外出安全问题

即使你在家中为孩子创造了一个安全的环境，他也会有很长的时间待在家外面，而家外面的环境不那么容易控制。当然，你亲自照看的话，孩子会得到最好的保护。不过，即使是被密切看护的孩子也会面临很多危险。下面我们将告诉你如何消除这些危险，并且降低伤害的发生风险。

汽车安全座椅（儿童安全座椅）

车祸是每年造成 19 岁以下的儿童和青少年死亡人数最多的因素。如果孩子在汽车行驶过程中被正确地安置在汽车安全座椅上，许多死亡都是可以避免的。与大多数人的想法不同，坐在父母的腿上实际上是最危险的——如果发生车祸、急刹车或急转弯，父母无法紧紧抓住孩子，而且如果父母摔到仪表盘或者挡风玻璃上，其身体会挤压孩子。在遭受强烈碰撞时，甚至最身强力壮的成年人也无法抱住孩子。保证孩子在车里安全的最重要方法是根据孩子的年龄以及身材购买并正确安装汽车安全座椅，只要他乘车就让他使用。孩子在 13 岁前都应该坐在汽车后排，避免汽车前排的安全气囊导致的大脑及脊柱损伤。

值得注意的是，许多父母没有正确地使用汽车安全座椅。其中最常见的错误包括：汽车安全座椅的朝向错误（将后向式过早地换为前向式）、孩子使用汽车安全座椅的时间不够长、将后向式安全座椅安装在汽车安全气囊前、没有给孩子系安全座椅的安全带、没有将汽车安全座椅牢固地安装在汽车座位上、没有把安全带恰当地扣紧、没有让年龄较大的孩子使用增高型安全座椅，以及让孩子坐在前排等。此外，一些父母在车程很短时没有让孩子使用汽车安全座椅。他们没有意识

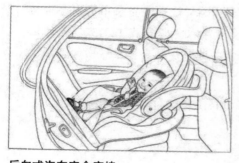

后向式汽车安全座椅

到，最致命的车祸大多发生在离家 8 千米以内的范围且汽车时速低于 40 千米时。由于以上这些原因，即使车中有安全座椅，孩子还是可能面临危险。因此，仅仅有安全座椅是不够的，你必须每次都正确地使用它。记住，应该将它安装在后排座位上。

选择汽车安全座椅

以下这些指导原则有助于你选择汽车安全座椅。

1. 美国儿科学会每年都会公布一份名单，列出可以使用的汽车安全座椅。你可以在美国儿科学会专门为父母开设的相关网站上找到列出这些汽车安全座椅品牌的文章"汽车安全座椅：产品清单"（Car Safety Seats：Product Listing）。

2. 没有"最安全"或者"最好"的汽车安全座椅。最好的是最适合孩子的身高和体重，同时被正确地安装在汽车中并且每次都正确使用的汽车安全座椅。

3. 价格并非重要因素。更高的价格意味着更多的附加功能，而这些附加功能可能会使安全座椅使用起来更加方便，也可能不会。

4. 你找到了喜欢的汽车安全座椅后，应试用一下。将孩子放在汽车安全座椅中，调整安全带和搭扣。确保安全座椅可以安装到你的车里并且安装好后安全带容易扣上。很多大型卖场允许你把汽车安全座椅试用装带到你的汽车上以判断它是否合适。

5. 如果你的孩子是早产儿或出生时体重偏低，在你将孩子从医院带回家之前，医院的工作人员会将他放在汽车安全座椅上认真观察以确保半倾斜的座位不会让他心率过低、供氧不足或造成其他问题。如果儿科医生建议孩子在车程中平躺，你就要使用进行过碰撞试验检测的便携式移动婴儿床。有条件的话，在行车过程中，由一名成年人坐在孩子身边小心地看护他。

6. 有其他特殊健康问题的孩子可能还需要其他的安全措施。如果孩子有其他的健康问题，你一定要与儿科医生讨论一下该如何安全乘车。更多关于有特殊健康需求的儿童安全乘坐汽车的问题，请向有关汽车安全项目的热线或网站咨询。

7. 如果你的车有 LATCH 系统，固定汽车安全座椅时记得使用它。这个系统有钢筋圈，位于汽车座椅之间和后面。你只需要将它们夹住、扣好，就可以出发了。如果不确定钢筋圈的位置，查一下汽车使用手册。

8. 不要使用太旧的汽车安全座椅。看看标签上的生产日期。许多生产商建议汽车安全座椅最多使用 6 年。查找说明书，看看产品的有效期；有效期也可以在汽车安全座椅上的标签或者塑料外壳上找到。随着时间的推移以及暴露在高温和低温之下，汽车安全座椅上的部件可能老化。不要使用超出生产商设定的有效期的汽车安全座椅。

9. 如果发生中等程度或严重的车祸，汽车安全座椅可能变得不安全了，你就不应该继续使用，即使它看起来像新的。如果遇到的是轻微的事故，那么汽车安全座椅还可以继续使用。如果汽车还可以从车祸现场开走、车中离汽车安全座椅最近的车门没有损坏、车中没有人受伤、汽车安全气囊没有爆开且汽车安全座椅看上去没有损坏，那么这次事故就可以被认为是轻微事故。有些生产商建议，即使只经历了一次轻微事故，汽车安全座椅还是应该更换。你如果对自己的汽车安全座椅有任何疑问，应及时与生产商联系。如果不清楚汽车安全座椅全部的"历史"，那就不要使用它。

前向式汽车安全座椅

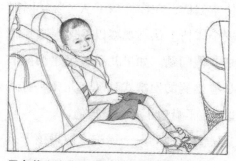

用车载安全带固定的增高型安全座椅

10. 最好使用全新的汽车安全座椅。你如果选择使用二手的，就一定要确保它从未经历过碰撞事故、所有标签和说明书都还在，并且它从未被召回过。

11. 如果汽车安全座椅没有标明生产日期、名称或者型号的标签，你就不要使用它，因为没有这些你就无法调查这款汽车安全座椅的召回情况。

12. 如果汽车安全座椅没有使用说明书，你就不要使用它，因为你需要通过说明书来了解如何使用它。不要依靠它之前的主人的指导。你在使用汽车安全座椅之前，一定要从生产商那里要到或从生产商网站上下载一份使用说明书。

13. 如果汽车安全座椅的框架有任何裂缝或者缺少部件，你就不要使用它。

14. 向生产商登记你所购买的汽车安全座椅，这样在发生召回时，你可以很快得到通知。如果在购买汽车安全座椅的时候你未获取登记卡，你可以在生产商的网站上登记或者致电其客户服务部门。

15. 通过电话联系生产商可以了解你的汽车安全座椅是否被召回。如果汽车安全座椅被召回，你要根据相应的指示来修理安全座椅或获取一些必需的零部件。

汽车安全座椅的品种

适合婴儿和幼儿的

所有婴儿和幼儿都应该使用后向式汽车安全座椅，直至他们的体重和身高超过了汽车安全座椅生产商设置的上限。汽车安全座椅应该被安装在汽车后排，这样是最安全的。大多数可转换式汽车安全座椅都有后向式使用的体重和身高限制，允许孩子在 2 岁以后仍然朝向后方坐。

适合幼儿和学龄前儿童的

体重、身高超过所使用汽车安全座椅上限的幼儿和学龄前儿童，应该使用配有五点式安全带的前向式汽车安全座椅，并且安全座椅安装在汽车后排。他们应该尽可能地长期使用汽车安全座椅，直至其体重和身高超过汽车安全座椅生产商设置的上限。

适合学龄儿童的

所有体重、身高超过前向式汽车安全座椅上限的学龄儿童都应该使用以车载安全带固定的增高型安全座椅，直至普通的车载安全带能够很好地固定他们，这通常要到他们的身高达到 145 厘米、年龄达到 8 ～ 12 岁时。他们应该坐在汽车后排，避免前排的安全气囊造成伤害。

适合年龄更大的孩子的

孩子年龄足够大、个头也足够大、可以使用普通的车载安全带时，应该总是扣上固定大腿和肩部的安全带以获得最佳保护。此外，所有小于 13 岁的孩子都应该坐在汽车后排以获得最佳保护。7 岁及以下的孩子都应该使用汽车安全座椅或增高型安全座椅来保证乘车安全。

旅行背心

当你带着孩子旅行的时候，如果你自己的汽车或者租的汽车只有固定腰部的安全带，你可以让孩子穿上旅行背心。旅行背心是为体重 9 ～ 76 千克的儿童设计的，可以作为前向式安全座椅的替代品。当汽车后排仅有腰部安全带或孩子的体重超过汽车安全座椅的上限时，旅行背心就能派上大用场。旅行背心需要配合汽车顶部的拴带使用。

安装汽车安全座椅

1. 参考汽车使用手册中的重要信息，正确安装汽车安全座椅。

2. 为避免车祸中由安全气囊导致的头部与脊柱伤害，所有孩子都应坐在汽车后排。避免所载儿童的数量超过汽车后排能安全安置的儿童的数量。

3. 千万不要让孩子坐在安装于汽车前排的后向式汽车安全座椅中。现在，大多数车都有安全气囊，当乘客使用座位上的车载安全带时，安全气囊会在发生车祸时很好地保护乘客，无论是成年人还是大于 13 岁的孩子。但是，对坐在后向式安全座椅里的孩子来说，安全气囊非常危险，所以一定要将后向式安全座椅安装在后排，否则即使汽车只发生了低速碰撞，安全气囊也会爆开并挤压安全座椅，造成孩子头部受到严重伤害甚至死亡。坐在前向式汽车安全座椅中的大点儿的孩子，同样面临安全气囊带来的危险。记住，13 岁以下的儿童坐在后排是最安全的。

如果你的车是一辆没有后座的皮卡车，或者汽车后排很小，无法安装汽车安全座椅，你可以将汽车安全座椅安装在前排。但是要记住，后向式汽车安全座椅绝不能安装在前面有安全气囊的座位上。不要指望汽车传感器会让安全气囊停止工作；如果可以用钥匙关掉安全气囊功能，这样的座位才可以安装安全座椅。即便你的皮卡车有后座，给皮卡车安装汽车安全座椅也比给其他车安装复杂得多，所以你要阅读皮卡车的使用手册和汽车安全座椅的使用说明书，并且严格按照指导来安装。

4. 固定汽车安全座椅时可以利用车载安全带或者 LATCH 系统。LATCH系统包括位于汽车座椅坐垫之间的下固定点，以及位于靠座椅后面的架子（大部分小轿车）或汽车地板、顶部、座椅后（大部分迷你货车、SUV 和掀背车）的拴带固定点。使用 LATCH 系统的安全系数同使用车载安全带的等同，但在某些情况下，使用 LATCH 系统更容易牢固安装汽车安全座椅。

5. 根据孩子的年龄和身材，正确选择汽车安全座椅的朝向。认真阅读安全座椅的使用说明书，将车载安全带或者 LATCH 系统的拴带穿过安全座椅上正确的位置并拉紧。每次开车前，通过拉安全座椅上车载安全带或者拴带穿过的地方来认真检查安全座椅是否牢固。安全座椅前后或者左右摇晃的幅度不应超过 1 英寸（2.54 厘米）。

6. 如果婴儿的头向前倾，就说明汽车安全座椅向后倾的幅度不够。向后倾斜安全座椅，使其倾斜度达到使用说明书所指示的正确角度。很小的婴儿和较大的婴幼儿对安全座椅倾斜度的要求可能有所不同。安全座椅应该有一个可以帮助你确定倾斜度是否正确的倾斜度指示器，以及一个内置的倾斜度调节器。如果没有调节器，你可以在安全座椅前部的下面放置稳固的楔形衬垫，比如卷起来的毛巾等。

7. 将安全带环绕安全座椅进行固定时，如果安全带扣恰好处于座椅边缘转弯的位置，那你将无法将安全带扣得足够紧。这种情况下，你可以尝试在另一个位置安装汽车安全座椅。如果车上有 LATCH 系统，就要优先用它来固定安全座椅。

8. 如果安装汽车安全座椅时要使用车载安全带而非 LATCH 系统，安全带就必须在合适的位置扣紧。在多数汽车上，通过将肩部安全带全部拉出并扣住，再让其往安全带收紧器里缩，就可以将车载安全带扣到位。在很多情况下，汽车安全座椅生产商会建议你使用汽车安全座椅内置扣紧装置或自带的固定器来扣紧安全带，这样对你来说更容易操作。阅读汽车使用手册及汽车安全座椅说明书来获取扣紧安全带的最佳方式。

9. 在特殊情况下，一些腰部安全带需要使用一种特殊的加强型固定器，汽车生产商会为你提供这种安全带固定器。请查阅汽车使用手册上的信息。

10. 在使用 LATCH 系统之前，查阅安全座椅使用说明书和汽车使用手册上的相关信息，包括这一系统中下固定点和拴带固定点对体重的限制，以及可以通过这一系统将安全座椅安装在哪些位置。查阅汽车使用手册，确保你使用的是拴带固定点，而非固定货物或有其他用途的固定点。

11. 安装前向式汽车安全座椅时应使用拴带。大部分拴带固定点都位于后排窗户边缘、汽车座椅背后或者车厢地板和顶部。拴带可以提供额外的保护，避免发生车祸时安全座椅向前甩出。所有的新型轿车、小型货车以及轻型卡车都被要求安装高处的拴带固定点来固定安全座椅的上部。如果你的汽车是在 2000 年 9 月之前生产的，你可以让厂家帮你安装一个拴带固定点，通常这一费用并不高。

12. 如果需要关于安装汽车安全座椅的一些特殊信息，请向具有儿童乘车安全资格证的技术员咨询。

使用汽车安全座椅

1. 只有孩子始终系好安全带，汽车安全座椅才能保护他的安全，从孩子出生后第一次乘车从医院回家开始，绝不容许有例外。你一定要以身作则，始终系好自己的安全带以帮助孩子养成系安全带的习惯。如果你有两辆车，就应该买两个安全座椅或者把安全座椅移到孩子将乘坐的那辆车上。如果汽车有安全气囊，永远不要将后向式汽车安全座椅装在前排。对孩子来说，最安全的位置是汽车的后排。

2. 认真阅读汽车安全座椅的使用说明书并按说明进行操作。使用汽车安全座椅的时候，要随时携带使用说明书。如果不慎遗失，给生产商打电话或者写信，重新要一份。你一般也可以到生产商网站上下载使用说明书。

3. 大多数孩子都会经历这样的阶段：每当你把他放进汽车安全座椅时他都会抗议。这个时候，你一定要坚决地告诉他，除非每个人都系好安全带，否则你绝不开车。然后，你要用实际行动来证明你的话。

4. 要给孩子使用正确位置的安全带固定扣。当孩子使用后向式安全座椅时，安全带应该在孩子肩部的高度或者在肩部之下。当孩子使用前向式安全座椅时，安全带应该在孩子肩部的高度或者在肩部之上。有些座椅没有安全带固定扣，而通过滑动机制使安全带上下移动。请阅读说明书以查明如何调节安全带的高度。

5. 确保安全带舒适地系在孩子身上。确保孩子所穿的衣服允许安全带从他的双腿之间穿过。确保安全带紧贴孩子的身体以保证其安全。如果你能用手指捏起一段安全带，则说明安全带太松了。确保安全带平整、没有扭曲。

6. 为了避免新生儿低头垂肩坐在安全座椅里，你可以在安全座椅两侧和后部（对应裆部安全带的位置）垫上卷起来的尿布或浴巾。不要在孩子的背后或孩子跟安全带之间塞入任何东西，否则在发生车祸时安全带可能无法很好地保护孩子。永远不要使用附加的东西，除非它们是安全座椅自带的或者使用说明书允许使用的。

7. 天气寒冷时，给即将乘车的孩子多穿几件薄些的衣物而非厚厚的衣物。调整好安全带后，为孩子盖上毯子并掖好。不要使用睡袋或类似的物品，它们会使孩子身体下面多一层。

8. 天气炎热时，你如果将汽车停在阳光下，就要在安全座椅上盖一条毛巾。将孩子放进安全座椅之前，用手检查一下座位和金属搭扣，确保它们不烫手。

9. 永远不要将孩子单独留在车里，无论你离开多短的时间。即使车外气温宜人，车里的孩子也可能很快就觉得太热或者太冷；他意识到只有自己在车里时，会感到害怕和惊慌；在炎热天气被单独留在汽车中的孩子可能在 10 分钟之内死于高温；单独留在车中的孩子容易成为诱拐的对象；单独留在车中的大孩子可能出于好奇玩打火机、电动车窗和变速器等，从而受到严重的伤害。任何父母，不管他们多爱孩子，不管他们多细心，都可能将孩子忘在车里。你可以采取以下措施，通过可视的提醒物或检查来防止孩子被单独留在车内。

■ 把一些你在目的地将用到的东西（如钱包、文件夹或鞋子）放到后座上，这样你下车的时候就会打开后面的车门。

■ 当孩子不在车里的时候，在汽车安全座椅上放一个大型毛绒玩具；而当孩子和你一起乘车的时候，将这个玩具放到前排你看得到的地方。

■ 嘱咐儿童看护机构的看护者在孩子本来应该到达而未到达的情况下打电话通知你。

■ 如果你的常规路线发生了变化，你一定要特别警觉。在这种情况下，把孩子忘在车座上的概率将增大。

■ 当不用车的时候，锁上汽车并拉上手刹，防止孩子自己进入车中。孩子跑到车里玩耍容易因高温而死亡。如果孩子走失了，先检查游泳池等有水的地方，然后检查车，包括卡车。

10. 你自己一定要使用安全带。这样不仅可以给孩子树立一个好榜样，而且发生车祸时也可以将你自己受伤甚至死亡的风险降低 60%。

11. 孩子长大之后，其体重将超过增高型安全座椅允许的上限，这一般发生在他 8 ~ 12 岁时。如果车载安全带能够很好地贴合孩子的各处重要骨骼，他就可以只使用车载安全带。这意味着：腰部安全带应紧贴大腿，肩部安全带应横跨胸部中部，孩子坐在汽车座椅上时可以倚着靠背、腿部可以在座椅的边缘弯曲而非蜷缩，并且他可以全程保持这一坐姿。

12. 家长在车外时，不可以让婴儿在汽车安全座椅中睡觉。

13. 不要将婴儿置于只有部分安全带扣好的汽车安全座椅中，因为会有勒伤和窒息的风险。

安全气囊的安全问题

安全气囊可以救命，却跟孩子"不相容"。下面这些信息将确保你和孩子的安全（这些信息值得反复强调）。

1. 对所有 13 岁以下的孩子来说，汽车上最安全的位置是后排的座位。前排座位前的安全气囊爆开时，可能会伤到孩子的头部和脊柱。

2. 如果汽车有安全气囊，永远不要将后向式汽车安全座椅放在前排。气囊对汽车安全座椅背部的挤压将使孩子遭受严重的伤害甚至死亡。（请参见第491 页关于皮卡车和汽车安全座椅的内容以获取更多信息。）

3. 婴儿和幼儿乘车时一定要使用后向式汽车安全座椅，直到其身高、体重达到了安全座椅生产商设置的上限。大多数可转换式汽车安全座椅都有后向式使用的体重和身高限制，允许孩子在 2 岁以后仍然朝向后方坐。后向式汽车安全座椅是最安全的，因而最好让孩子尽量长时间地使用它。

4. 所有孩子都应该坐在适合他们年龄、身高和体重的汽车安全座椅或者增高型安全座椅上，并系好安全带。

5. 汽车侧面的安全气囊可以保护成年人在汽车发生侧面碰撞时免受伤害。当孩子的安全座椅距离侧面安全气囊比较近时，将孩子置于最恰当的位置很重要。认真查阅安全座椅的使用说明书和汽车使用手册，看看应该如何在侧面安全气囊旁边安装安全座椅。

在汽车周围

在孩子很小的时候，你就应该教导他不要在马路上或者车道上行走和玩耍。孩子不应该在马路旁边玩耍。当他有能力跑到马路或者车道上的时候，他还没有能力意识到这些地方的危险性。孩子通常行动迅速且鲁莽，而且充

让孩子在旅途中快乐且安全

尽管你总是要求孩子使用汽车安全座椅和安全带，但是随着他一天天长大，他还是可能将你的要求抛在脑后。以下这些忠告将有助于孩子在乘车过程中打发时间，同时令他快乐且安全。

0 ~ 9 月龄

■ 将刚出生的孩子放在汽车安全座椅中时，在安全座椅两侧垫上浴巾，以免他低头垂肩地蜷缩在安全座椅中。要尽可能地让他感到舒适。浴巾不能放在孩子的身体下面或者夹在孩子和安全带之间。

■ 如有需要，在裆部安全带下方垫一条卷起来的尿布或者浴巾，避免孩子的下半身向前滑动过多。

■ 如果孩子的头部一直向前倾，再检查一遍安全座椅的后倾角度是否合适。遵照使用说明书里关于如何调节到合适倾斜度的指示。

10 ~ 24 月龄

■ 这个阶段的孩子喜欢攀爬，会拼命地想从安全座椅中出来。如果出现这样的情况，记住，这只是一个必经阶段。之前说过，你要平静而坚定地告诉他，只要汽车在行驶，他就必须待在安全座椅中。让他知道，除非每个人都系好了安全带，否则绝不开车。如果他试图从安全座椅中出来，你一定要坚持以上态度。确保安全带紧贴孩子的身体并且固定于胸部的高度，这样孩子难以离开安全座椅。

■ 驾驶时，你可以通过与他交谈或跟他一起唱歌来逗他开心。不过，千万不要做过头，使自己在驾驶时分心。

25 ~ 36 月龄

■ 跟孩子讨论他通过车窗看到的事物，使乘车过程变成一个学习的过程。不过，你在驾驶时千万不要过度分心。

■ 鼓励孩子给他的毛绒玩具或洋娃娃系上安全带，并告诉他玩具系上安全带后更安全。

学龄前期

■ 跟孩子讨论安全问题，告诉他注意安全是成熟的行为。当他自愿系上安全带的时候，记得表扬他。

■ 通过建议孩子扮演一些角色（比如航天员、飞行员或者赛车手等），鼓励他使用汽车安全座椅。

■ 向他说明汽车安全座椅的重要性："如果我们不得不突然停车，它会保护你的头部免受碰撞。"

- 给他看一些有安全知识的图书或者图画。
- 系好你自己的安全带，同时让每一个乘客都系好安全带。
- 汽车上的每个乘客都必须全程正确系好安全带，从而受到最佳保护。

满好奇心。不过，他还不能够用余光注意车辆，无法准确判断声音的来源，不理解一些交通符号和信号的含义，不能判断车辆的速度以及距离。加之司机可能分心，无法注意到随时可能冲上马路的孩子，于是灾难常常在一瞬间发生。

如果孩子在马路附近玩耍，你一定要亲自在一旁照看。这样，如果孩子突然跑到马路上捡球或者去追逐别的孩子，你能够迅速阻止他。

我们的立场

美国各州都要求孩子使用汽车安全座椅。美国儿科学会强烈要求，刚出生的孩子在出院回家的途中就应使用后向式汽车安全座椅。美国儿科学会专门为出生时体重偏轻的孩子提供了汽车安全座椅的使用指南，包括使用后向式汽车安全座椅、在安全座椅中垫上填塞物以支撑起孩子等。随着孩子一天天长大，美国儿科学会推荐孩子使用可转换式汽车安全座椅。

婴儿以及年龄较小的孩子都必须使用安全座椅，最好坐在汽车后排，因为后排最安全。在有安全气囊的汽车中，永远不要在前排使用后向式汽车安全座椅。成年人千万不要在乘车时将婴儿以及年龄较小的孩子抱在怀中。不满 13 岁的孩子应该坐在汽车后排。

大一点儿的孩子应该使用增高型安全座椅，直到他可以正常地使用车载安全带。这意味着孩子坐在车座上时，可以全程倚着座椅靠背、腿部可在座椅边缘弯曲，肩部安全带横跨胸部中部，腰部安全带紧贴大腿，并且他能全程保持这一坐姿。这个姿势有助于避免在意外发生时由车载安全带导致的颈部和体内器官受伤。

为了避免车辆造成的伤害，车道、狭窄的过道以及任何没有用栅栏围住的院子都不应该成为孩子的玩耍场所。大人在上车并发动汽车之前，应该留意一下汽车后面的大片盲区，并绕着车走一圈，尤其是驾驶又大又高的汽车时。千万不要以为装有倒车摄像头就能避免撞到一个快速移动的小孩。大人在倒车之前，应该着重留意一下孩子在哪里。

婴儿背带——后背式背带、前背式背带和婴儿背巾

婴儿背带非常流行。为了孩子以及你自己的安全和舒适，你在购买以及使用婴儿背带时，应注意以下几点。

1. 早产儿以及有呼吸系统疾病的婴儿不应该被放于婴儿背带或者其他使婴儿处于垂直状态的装置中，否则会使他呼吸困难。

2. 有些婴儿背巾在使用的时候可能会让婴儿的身体屈成 C 字形，这就大大增高了婴儿呼吸困难的发生风险。你如果使用婴儿背巾，就要确保孩子的脖子是伸直的，下巴不会压在胸口上，而且要确保你始终可以看到孩子的脸。

3. 不管是何种类型的背带，你都应该经常检查，确保孩子的口鼻不会被背带的布料或者你的身体堵住，从而限制了空气流通。美国消费者产品安全委员会发出警示：用婴儿背巾背着婴儿（特别是 4 个月以下的婴儿）可能使其窒息。你用婴儿背巾背婴儿时，一定要确保他的头部处于背巾外面，你可以看到他的脸，并且他的口鼻没有被堵住，这很重要。

4. 购买婴儿背带时可带着孩子一起去，这样你可以根据孩子的身材来选择。确保背带可以支撑起他的后背，并且腿部穿过的孔不会大到可能让他从中滑落。要选择材质结实的背带。

5. 你如果购买了后背式婴儿背带，一定要确保其铝制框架被柔软的材料包裹好，这样孩子就算撞到上面也不会受到伤害。有遮阳配件的背带也是一个好选择，可以保护孩子不被晒伤。

6. 经常检查婴儿背带，看它是否有缝隙或者裂口。

7. 你在用婴儿背带背孩子时，如果需要捡地上的物品，一定要屈膝而不

要弯腰。否则，孩子可能从背带中滑落。

8. 超过 5 个月大的婴儿在背带中会动来动去，所以你一定要用固定带将他扣住。一些孩子会拿腿抵住背带的框架或者大人的身体，由此造成重心不稳。因此，你在出发前，要确保孩子坐在适当的位置。

婴儿手推车

为了安全，请注意以下事项。

1. 你如果把玩具挂在婴儿手推车中，就要确保这些玩具被牢牢地系好，不会掉下来砸到孩子。一旦孩子会坐或会爬，你就一定要将这些玩具统统取下来。

2. 婴儿手推车应该有容易操作的刹车，当你停止前进时一定要使用刹车并确保孩子够不到刹车的放松开关。可以锁住两个车轮的刹车为孩子提供了额外的保护。

3. 选择底座较宽、不易翻倒的婴儿手推车。

4. 孩子的手指可能被手推车折叠处的铰链夹住，所以你在打开或者收起手推车的时候，一定要离孩子远一点儿。你在将孩子放进婴儿手推车之前，一定要确保踩了刹车。另外，确保孩子的手指够不到车轮。

5. 不要在婴儿手推车把手上悬挂包袋等物品。这些物品会使婴儿手推车向后倾倒。如果婴儿手推车配有可以携带物品的篮子，确保篮子被装在较低且靠近后轮的位置。

6. 婴儿手推车应该有五点式安全带（包括固定双肩、髋部，以及裆部的安全带）。每次使用婴儿手推车的时候，一定要给孩子系好安全带。尤其是当孩子月龄较小时，必要时可以在孩子身体两侧放置卷起来的毯子，以防他蜷缩在手推车里。

7. 永远不要将孩子单独留在婴儿手推车中。如果他在手推车中睡着了，你要保证做到全程监护。

8. 你如果买了一台并排式双胞胎婴儿手推车，一定要确保脚踏板整个连在一起、中间没有分开；如果脚踏板是分开的，孩子的脚就很可能卡在两块脚踏板之间。

9. 有些婴儿手推车允许一个较大的孩子站在或坐在后面。如果购买的是这种手推车，你就一定要严格遵守手推车的体重限制，尤其要注意的是，后面的大孩子不可过分活跃，以免将婴儿手推车弄翻。

购物车

在美国，每年有 2 万名以上的儿童因购物车受伤而被送进急诊室。购物车造成的最常见伤害是撞伤、擦伤和割伤，大多数伤口在儿童面部和颈部。由于儿童可能出现头部受伤或者骨折等情况，购物车导致的伤害可能严重到儿童需要住院治疗，甚至死亡。

购物车往往很不稳定，将 7.3 千克的物品挂到其把手上就可以使其翻倒。当儿童站在或坐在购物车中时，购物车的构造使其极易翻倒。你必须明白，除非购物车重新设计得更加稳定，否则，在孩子没有系安全带的情况下，安装在购物车顶部或内部的座位绝对无法防止他从车中摔落。而且，即使孩子系了安全带，这类座位也不能防止购物车翻倒。

如果可以，应该尽可能地避免将孩子放在购物车的座位上；你可以考虑用婴儿手推车或婴儿背带来代替。你如果一定要将他放在购物车的座位上，就应该确保他始终系着安全带。永远不要允许孩子在购物车中站立、进入篮筐或者骑在购物车侧边上。不要将婴儿汽车安全座椅放在购物车的座位上，因为这样会使购物车更不稳定。如果可以，尽量选用车身较低的购物车。绝对不要将孩子单独留在购物车中，即使一小会儿也不可以。

自行车和三轮车

你如果很喜欢骑自行车，可能想过在自行车后座上安装一个儿童座椅。不过，你必须明白，即使你安装最好的后座椅并给孩子戴上最安全的头盔，他也始终面临严重受伤的风险。当你在不平的路面失去平衡时，当你不小心撞到别的车辆或者被别的车辆撞到时，孩子都可能受到伤害。不要急着去载他，等他长大到可以自己骑自行车的时候，你们俩一起骑车应该是更加明智的选择。

孩子度过婴儿期后，很快会想要一辆属于自己的三轮车。而当他有了三轮车之后，他也即将处于一系列危险之中。骑在三轮车上的孩子可能根本不会被正在倒车的汽车驾驶员注意到。不过，骑三轮车和自行车是孩子成长过程中一个重要的部分。下面这些建议将帮助降低孩子发生危险的风险。

1. 在孩子可以骑三轮车之前不要给他买三轮车。有些孩子到 3 岁左右才可以骑三轮车。

2. 选择车身较低且轮子较大的三轮车。这种三轮车不易翻倒，比较安全。

3. 准备合适的安全头盔，教孩子在每次骑车之前一定要戴上安全头盔。头盔的系带应该与他的下巴贴合，当系带被系好后，头盔不应该在他的额头上有松动的迹象。孩子骑三轮车或自行车时，应该穿包头鞋来保护他的脚趾和脚的其他部分。

4. 只允许孩子在安全的地方骑三轮车。不允许孩子在机动车旁、车道上或者游泳池旁骑三轮车。

5. 在孩子还没有做好准备前，不要过早强迫孩子学习骑两轮的自行车。你要先选择一辆小型儿童自行车，让孩子的双脚能够轻松着地；如果需要，安装上辅助轮。你可以考虑购买儿童平衡车（一种没有脚踏板的自行车）来帮助孩子锻炼平衡能力和肌肉协调能力。为了孩子的安全，要确保他使用经过质量认证的安全头盔，并且头盔大小合适。

6. 你如果想让孩子坐在你骑的自行车的后座椅上，一定要明白，他不仅会使自行车更加不稳，而且会延长车闸刹车的时间，从而增高你和孩子受伤的风险。你如果一定要用自行车载孩子，千万不可以在他 1 岁之前这样做。让孩子坐在小拖车里由自行车牵引前进是更好的选择。不过，自行车不应牵引小拖车在马路上行驶，因为小拖车太低了，往往不会被汽车驾驶员注意到。如果孩子 1 ~ 4 岁，不需要别人扶自己便可以好好地坐着，而且他的脖子可以承受轻型头盔的重量，你可以让他坐在自行车后座椅上。不过，这不是最佳选择。另外，你在骑自行车时，千万不要用后背式或前背式背带携带孩子。

7. 自行车安装后座椅需要满足以下要求。

■ 后座椅被牢固地安装在后轮上方。

■ 车轮辐条外侧有防护装置，防止孩子的脚和手被辐条卡住。

■ 后座椅有很高的椅背、结实的肩带以及腰部安全带，这些将支撑睡着了的孩子。

8. 孩子乘坐自行车时，应使用轻质儿童安全头盔来避免或减少头部伤害。

9. 孩子乘坐自行车时，一定要系好安全带。

10. 大人骑自行车时千万不要让孩子坐在自行车把手上，也不能将座椅安装在那里。

游戏场地

不管是后院的秋千，还是公园中复杂的游乐设施，游戏场地的这些器械总有积极的作用，比如可以鼓励孩子检验和发展其运动能力。不过，危险也是不可避免的。如果这些器械设计合理且孩子懂得游戏场地的一些基本规则，那么危险就可以减少。为孩子选择游戏场地以及游戏器械时应遵循以下指导方针。

1. 不到 5 岁的孩子在器械上玩耍时应该离大些的孩子远一些。

2. 为了避免或减少孩子从游乐设施上摔落导致的伤亡，大人要确保秋千、跷跷板或攀爬架下方铺有沙子、木屑或者橡胶垫，而且防护层厚度适宜且得到了良好的维护。如果孩子摔在水泥地面或者柏油马路上，其头部会受到严重的伤害；即使是从几米高的地方摔下来，后果也不堪设想。

3. 木质器械应由能适应各种天气的木材制成，这类木材不易开裂。要经常检查器械表面，确保它们足够光滑。金属器械在夏季会被晒得烫手，所以在让孩子玩金属器械之前，你要检查一下它们的温度。

4. 经常检查游乐设施，尤其应认真检查是否有松动的连接处、可能松动的链条或生锈的钉子。确保没有S形钩状物或者凸出物等可能钩住孩子衣服的东西。检查金属器械上是否有生锈或者暴露在外的螺栓以及尖锐的边角。如果有问题的器械在家中，你可用防护橡胶将这类东西包起来；如果在公共场所，你应向有关部门报告。

5. 确保秋千座位由柔韧的材料制成。一定要让孩子坐在秋千座位中间并用双手握紧绳子。不要允许两个孩子坐在同一秋千上。告诉孩子，当别的孩子玩秋千时，千万不要从秋千前面或者后面经过。不要使用悬挂在攀爬架横杆上的秋千。

6. 孩子应该总是穿着包头鞋，因为器械表面可能被晒得很烫，从而烫伤孩子裸露在外的脚。

7. 孩子在滑梯上玩耍时，确保他从梯子向上爬，而非沿着滑道向上爬。不要允许孩子在梯子上嬉戏打闹，而要让孩子们一个一个从梯子往上爬。告诉孩子，滑到滑梯底部后一定要迅速离开。如果滑梯被太阳晒着，你一定要检查滑梯表面是否烫手。

8. 不要允许 4 岁以下的孩子在没有密切监督的情况下玩攀爬架等高于他身高的攀爬类器械。

9. 3 ~ 5 岁的孩子在玩跷跷板时，一定要与岁数相仿、体重相当的孩子一起玩。不到 3 岁的孩子，由于其四肢的协调性较差，还不能使用这类器械。

10. 尽管蹦蹦床会给孩子带来很多乐趣，但是美国每年大约有 10 万人次由于玩蹦蹦床受伤，其中大多数事故发生在家中。孩子受到的伤害包括骨折、头部受伤、颈部或脊神经受伤、扭伤和擦伤等。父母的监督和保护并不能完全避免这些伤害。2013 ~ 2017 年，美国每年都有大约 96 500 起与蹦蹦床相关的事故，并且每年都有大约 1120 人次为此住院。与年龄较大的孩子相比，年龄较小（5 岁或者更小）的孩子受伤的风险更高。美国儿科学会强烈反对年龄较小的孩子玩蹦蹦床，不管是在自己家、朋友家、游乐场中，还是在学校的体育课上。较大的孩子只有在为体操、跳水等体育比赛进行训练时，或者有专业人员指导和监督时，才能使用蹦蹦床。

如果在认真看过上述警告之后，你仍决定在家使用蹦蹦床，请务必注意下述建议。

1. 将蹦蹦床放在周围没有危险的平地上。

2. 时常检测蹦蹦床的防护垫和弹跳网，并替换任何受损的部件（在与蹦蹦床相关的事故中，大约有 20% 与直接撞到弹簧和支架相关）。

3. 每次仅允许一个孩子在蹦蹦床上玩（大多数与蹦蹦床相关的事故都是在多个孩子——特别是年龄很小的孩子——一起玩的时候发生的）。

4. 禁止孩子在蹦蹦床上翻筋斗。

5. 当孩子在蹦蹦床上玩时，大人应该在旁边监督并让孩子遵守相关规则。

6. 查阅你的家庭意外保险合同，确保它涵盖了由蹦蹦床事故所引发的保险金请求权。如果未涵盖，你应该争取添加一项附加条款以明确权利。

你家的院子

消除潜在的危险后，你家的院子可以成为孩子安全的游戏场所。

1. 如果你家的院子没有篱笆，你一定要告诉孩子他可以活动的范围。孩子可能不会总听从你的指示，因此你一定要时刻严密地看护他。他在室外玩耍的时候，一定要由负责的成年人看护，因为孩子可能四处乱跑，从而受伤（参见上页有关蹦蹦床的内容）。

2. 检查院子里是否有危险的植物，要教孩子没有经过你的允许绝不能采摘和吃这些植物，不管它们看起来多好看。在学龄前期，植物是导致儿童中毒的首要因素。你如果不确定某种植物是否有毒，可以向当地公共卫生部门或医生咨询。如果你家的院子里有有毒植物，你一定要将它们移除或者用篱笆围起来。

3. 你如果要在草坪或者花园里使用除草剂或杀虫剂，就只能使用经过有机认证的产品，而且一定要认真看使用说明书。如果草坪被施药，至少48小时内不要允许孩子在草坪上玩耍。

4. 如果孩子在旁边，不要在草坪上使用除草机除草。除草机会掀起枝条或石子，它们可能伤到孩子。不要让孩子待在除草机上，哪怕是你自己在驾驶它。当你修剪草坪时，最安全的方法是让孩子待在室内。

5. 在室外烧烤时，要将烧烤架遮挡起来，这样孩子就无法触碰它。告诉孩子，烧烤架跟厨房中的炉子一样烫。用完以后一定要将使用燃气的烧烤架收起来，这样孩子就无法打开它的旋钮。将用过的木炭扔掉之前，一定要确保它们已经完全冷却了。

6. 不要允许孩子在无人看护的情况下在马路旁边或者街上玩耍，不要允许他独自过马路，哪怕只是走到马路对面等校车。

与水有关的安全问题

水是孩子会遇到的最大的危险源之一。即使只有很少的水，并且孩子进行过游泳训练，他也可能溺水身亡。孩子应该从4岁开始学习游泳，但父母应该记住，游泳培训和游泳技能不能保证任何年龄的孩子永不溺水。美国儿科学会现在认为，1～4岁的孩子接受正式的游泳训练并专注于学习水中自救，

我们的立场

美国儿科学会强烈建议，父母永远不应该将孩子单独留在室外有水的地方（如湖泊、游泳池等）和室内有水的地方（如浴缸、温泉等），即使一秒也不可以。院子中的游泳池即使有牢固的电动盖子，你也应该用栅栏将其四周围起来，因为没有人能保证盖子自始至终被正确地使用。你应该学会心肺复苏术，并且在游泳池边放置电话以及一些紧急救生物品（如救生圈、救生衣等）。无论何时，只要孩子在游泳，你都应该在离孩子一臂的范围之内监护，并且避免使用手机等容易使你分心的物品。

可以降低溺水的风险。尽管如此，相关研究的规模比较小，且未明确哪种游泳课程的效果最佳，美国儿科学会目前并不建议在所有 1～4 岁的孩子中推行必修的游泳课程。父母在决定是否让自己的孩子参加游泳培训班时，应该考虑孩子接触水体的频率、他的情感发育阶段和运动能力，以及与水体中的感染源和化学物质相关的健康问题。如果你考虑让孩子学习游泳，下面的注意事项会对你有所帮助。

1. 你可能会放松警惕，因为你认为孩子已经学会游泳了；孩子可能会盲目自信，在没有大人监督的情况下下水。

2. 在水中时间过长的孩子可能吞下大量的水，造成水中毒，最终导致痉挛、休克甚至死亡。

3. 孩子在 4 岁或者更大的时候，相较于更小的时候，可以更快地学会游泳，特别是当他的运动能力发展到 5 岁水平的时候。孩子到适当的年龄后，都应该学习游泳这项技能。

4. 安全培训并不一定能使孩子更擅长应对游泳池旁的安全问题。

1 岁以下的孩子可能会参加娱乐性的、有父母参与的游泳活动。但是，由于没有证据表明这类旨在防止 1 岁以下孩子溺水的活动是有效或者安全的，所以这个年龄的孩子不应该参加这种游泳活动。

在选择游泳课程的时候，父母应该确保所选择的游泳培训班符合国家相关标准。一定要记住，孩子即使学会了游泳，也需要父母一直在一旁看护。当孩子接近水体（如游泳池、小池塘及大海等）的时候，父母一定要谨记下面这些注意事项。

1. 一定要警惕孩子可能接触的小型水体，包括鱼塘、沟渠、喷泉、接雨水用的水桶、喷壶，甚至是洗车时用的小水桶。你使用完水桶后，一定要将水倒掉。孩子会被这些地方或东西吸引，所以你需要时刻看护他，确保他不落水。要记住，细菌和化学污染可扩散到任何不安全的水域，所以在让孩子游泳前，应看一下该水域的公告。

2. 孩子游泳时，即使在很浅的幼儿专用游泳池中，也需要成年人看护，最好是懂得心肺复苏术的成年人（见第692页"心肺复苏术"）。当孩子在水中或者水边的时候，成年人应在一臂距离之内，这样才能为孩子提供保护。孩子每次使用完充气式游泳池，父母一定要将池中的水放掉，并将充气式游泳池收好。

3. 让孩子遵守以下安全原则：不在游泳池旁奔跑；不在水中打闹。

4. 不要允许孩子依靠充气玩具或充气垫浮在水面上，因为这些物品很可能突然放气，或者孩子很可能从这些物品上滑到水中。

5. 确保孩子所在游泳池的深水区和浅水区都被明确标出。不要允许孩子跳水，无论是在深水区还是在浅水区中。

6. 如果你家有游泳池，你一定要用至少1.2米高的栅栏将它围起来，并且栅栏要有可以自动锁住的门，且门在距离游泳池较远的地方。经常检查门是否完好。要保证门是关闭并且锁住的。确保孩子不会开锁，也不能从栅栏上面爬进去。栅栏栏杆之间的距离不能大于10厘米。不用的玩具应放在远离游泳池的地方，这样孩子就不会被吸引而试图进入栅栏。

7. 如果游泳池有盖子，在使用游泳池之前一定要将盖子完全移开。不要允许孩子在盖子上面活动，因为盖子上可能有积水，它与游泳池一样危险。孩子还可能从盖子上摔下去，并被困在盖子底下。不要用游泳池的盖子来替代栅栏，因为盖子不可能一直被正确地使用。

8. 在游泳池旁边始终放一个拴了绳子的游泳圈。如果可以，在游泳池旁边放一部电话，并清楚地写上紧急联系电话。

9. 温泉以及热水浴缸对孩子来说很危险，因为孩子极可能溺水或被烫伤。千万不要让孩子使用这些设施，除非水温在 36.6℃左右，并且你始终在距离孩子一臂的范围内监护。即便如此，你也要限制孩子在水中浸泡的时间，确保不超过 15 分钟。

10. 孩子游泳或者坐船的时候，应始终穿着救生衣。大小合适的救生衣应在孩子穿上并系好安全带后不能从其头部脱下来。小于 5 岁的孩子，特别是不会游泳的孩子，应使用带有浮领的救生衣以保证孩子的头部挺直、面部露在水面上。

11. 成年人在游泳或乘船之前不应饮酒或服用镇静类药物，这样可以使自己以及自己看护的孩子免于危险。作为监督者的成年人应该会心肺复苏术和游泳。

12. 当孩子在水中的时候，你千万不可分心。不可使用手机、使用电脑以及做其他事情，一定要等孩子从水中出来再去做。

与动物相处的安全问题

孩子比成年人更容易被家里养的动物（包括宠物）咬伤，尤其是在刚出生的孩子被带回家的时候。这时，父母应认真观察家中宠物的反应，千万不能让宠物单独与婴儿待在一起。在 2 ~ 3 周的熟悉期之后，宠物通常会习惯与孩子相处。不过，无论家中的宠物看上去多么喜欢孩子，当宠物在孩子旁边的时候，你都应该小心一些。

你如果想让宠物成为孩子的朋友，一定要等到孩子足够懂事并且可以照顾宠物时，一般来说是 5 ~ 6 岁。太小的孩子还没有能力区分宠物和玩具，所以可能戏弄或者不好好对待宠物，从而被宠物咬伤。记住，你有责任保护孩子在宠物旁边时不受伤害，因此，你需要采取以下这些预防措施。

1. 选择性格温顺的宠物。一般来说，年龄较大的宠物对孩子来说是不错的选择。幼小的动物，如小狗、小猫，可能因活泼好动而咬伤孩子。不过，如果年龄较大的动物不是自小在家中养大的，你也不应让它单独与孩子待在一起。

2. 仁慈地对待宠物，这样宠物会喜欢人类的陪伴。不要将狗用短绳或短铁链拴起来，因为极度的限制会使它变得焦躁且具有攻击性。

3. 千万不要让孩子单独与宠物待在一起。很多咬伤都发生在嬉戏打闹中，因为当宠物变得过度激动的时候，孩子一般是意识不到的。

4. 告诉孩子，不要将脸贴近宠物。

5. 不要允许孩子戏弄宠物，比如扯宠物的尾巴，以及拿走宠物的玩具或食物。当宠物正在睡觉或者进食的时候，确保孩子不打扰它。

6. 确保所有的宠物，无论狗还是猫，都接种了狂犬疫苗。

7. 遵守当地的法律法规，办理宠物饲养许可证并拴住宠物。确保你的宠物自始至终在你的控制之下。

8. 查明哪个邻居养了狗。告诉孩子在遇到狗时应该如何应对：首先取得狗主人的同意，当狗嗅他时，他应该站着不动，之后他可以慢慢地用手轻轻拍狗。

9. 警告孩子远离那些有非常激动或者不友好的狗的院子。告诉大点儿的孩子危险的狗的特征：身体僵直、尾巴坚挺、叫声歇斯底里，以及蹲伏和凝视人类。

10. 如果有陌生的狗接近或者追逐孩子，告诉他静静地站着，不要动，不要跑，不要骑车、踢打或做其他带有恐吓意味的动作。孩子应该面朝狗，慢慢地向后退，直到狗够不到他，同时要避免与狗对视，因为对视对狗来说是挑衅行为。

11. 野生动物可能将非常危险的疾病传播给人类。家中的宠物应该避免与老鼠及其他野生动物（如浣熊、臭鼬、狐狸等）接触，这些野生动物会携带很多病原体，如汉坦病毒、鼠疫病毒、弓形虫、狂犬病毒等。为了避免被野生动物咬伤，只要看到任何看似生病、受伤或者表现异常的动物，就要通知卫生部门或者动物管理部门。不要试图捕捉野生动物，要告诉孩子远离所有非家养的动物。幸运的是，大多数野生动物都在夜间活动，并且十分害怕人类。

白天出现在你的院子或者房子周围的野生动物可能有传染病（如狂犬病），你应与当地有关部门联系。

与社区和邻里相关的安全问题

许多父母担心孩子在社区中的安全。所幸儿童拐卖事件发生得并不多，尽管一旦发生就格外受到媒体的关注——这也是可以理解的。每年都会发生一些儿童被陌生人拐卖的案件，但是在大多数儿童拐卖案件中，儿童多被监护人以外的看护者拐卖。

下面这些措施可以保证孩子的安全。

1. 带着孩子去购物的时候，你一定要始终留意他，因为他行动迅速，可能瞬间离开你的视线。你可以和孩子商量好，每次你们出门的时候他都要抓紧你的手。

2. 你在选择儿童看护机构的时候，应询问关于安全的问题。确保该看护机构有这样一项措施，即只允许孩子被他的父母或父母委派的人接走。

3. 尽管孩子应该一直由值得信任的成年人看护，但你还是应该教他千万不要进陌生人的汽车或者不要跟不熟悉的人走，这十分重要。要告诉他，如果有陌生人跟他说"我的车里有一只迷路的小狗，来我的车上看看你是否认识它""跟我走，我给你吃糖"或"我带你去找你妈妈"之类的话，他应该果断拒绝。要告诉他，遇到这类危险时一定要尽快跑开，在任何感到危险的情况下，一定要大声叫喊并且找到可以信赖的成年人。

4. 如果打算雇用保姆，你一定要察看其推荐信，或者让亲朋好友推荐。

你在采取一些保护孩子的措施时，一定要记住，孩子会不断成长。当他长大一些，变得更加强壮、更加好奇、更加自信，那些你在他 1 岁时采用的保护措施可能不足以保证他的安全了。因此，你要不断审视家中的安全状况以及生活习惯，确保你的保护措施与孩子的年龄相符。另外，除了监护，你还要制造机会让孩子独立学习和玩耍。你要在两者之间平衡好。

致（外）祖父母

孙辈的健康和安全格外重要。尤其是当他由你看护的时候，无论是在你家中，还是在他自己家中，无论是在车上，还是在别的地方，你都一定要采取一切可能的措施来保证他的安全。

请花一点儿时间，从头到尾认真阅读本章。你将获得一些知识，在孩子可能遇到问题的时候保护他。在孩子来看望你或者跟你一起住之前，确保你重温了这些知识，并且已经采纳了本章提出的一些建议。

这里，我们将为你提供一些最重要的安全注意事项，需要你重视。

家中的安全

为了保护孩子，你需要采取许多安全措施。

■ 烟雾探测器和一氧化碳探测器应该被安装在家中适当的位置。

■ 宠物以及宠物的食物应该在孩子够不到的地方。

■ 应提前做好逃生计划，灭火器应该是可用的。

■ 楼梯的顶部和底部都应该安装儿童防护门。

■ 药物应该始终被置于孩子看不到、够不着的地方，并且存放于防止儿童打开的容器中。如果你随身携带的包或任何其他的包中有药物，请将其置于远离孩子的地方。

■ 边缘锋利或材质坚硬的家具应包上柔软的罩子或防撞条。

除了注意这些一般事项之外，你还要在电话旁写上重要的电话号码，并且将它们存到手机里。一旦发生紧急情况，你就要打急救电话，并且通知其他家庭成员。你还应该考虑到，你的助行器（如拐杖等）都是不稳的，可能给孩子带来危险。如果可能，将它们放到柜子里或者孩子不会去的房间中。

请继续阅读，了解你家其他一些特殊地方的安全注意事项。

婴儿房 / 卧室

■ 如果你家有旧婴儿床，你可能会将其存放在阁楼或者车库中，想等孙辈降生之后使用，但事实上你应该让孙辈使用新婴儿床。关于儿童家具和用品的使用标准变化很快，2011 年 6 月之前美国生产的婴儿床已经不符合如今的安全标准了。其他一些旧的儿童用品也是如此，比如旧的婴儿围栏等。这些旧东西都可能给孩子带来危险。

■ 给孩子换尿布应在尿布更换台（见第 469 页）、你的床或者地板（铺一条毛巾）上进行。孩子稍大些后特别容易乱动，这时你需要另一个成年人帮你一起给孩子换尿布。

■ 不要让孩子在你的床上睡觉。

厨房

■ 为低处的橱柜上锁，并将洗涤剂及其他日化产品移到孩子够不到的地方。

■ 将所有垂吊的绳子或线（比如各种电源线和窗帘绳等）都收起来。

■ 给孩子吃微波炉加热的食物时要格外小心。微波炉可能导致液体和固体受热不均匀，比如导致食物外部不太烫、内部却非常烫。

卫生间

■ 将处方药、非处方药、吸入器以及其他医疗用品锁起来，不让孩子够到。各类药物都应该收起来，不让孩子看得到、够得着，对此你应该特别警觉。将过期或不用的药物丢弃，具体的丢弃方法要遵循药物包装上的标签或包装内的说明书。如果没有相关说明，你就要找你们社区询问如何回收药物。

■ 在浴缸中放防滑垫，避免孩子滑倒。

■ 如果浴缸中有供你使用的把手或者横杠，你在浴缸中给孩子洗澡时，要将它们用柔软的东西包起来。

■ 永远不要将孩子单独留在有水的浴缸或者水槽中。

儿童用品

■ 永远不要将孩子单独留在高脚餐椅上，或者将孩子连同婴儿座椅一起放在桌子、工作台等高处。

■ 不要让孩子使用学步车。

玩具

■ 为孩子买新玩具，玩具的声音、形状和颜色应多种多样。玩法简单和复杂的玩具都不错。记住，不管玩具多么有趣，你与孩子的互动都比玩具更重要。

■ 玩具、书籍、游戏和其他电子产品都应该与孩子的年龄相符，并且有利于孩子的成长发育。

■ 不要给孩子玩那种带有可能被孩子吞食的小部件的玩具。按照玩具包装上的推荐年龄来选择适合孩子的玩具。

■ 将用于助听器或遥控器的纽扣电池放在孩子够不到的地方。如果孩子吞入或吸入这种纽扣电池，或者将其放入鼻腔，就可能造成有致命危险的化学性烧伤。

■ 玩具箱很危险，你家最好不要有玩具箱；如果有玩具箱，它最好是没有盖子的。

车库 / 地下室

■ 确保车库门的自动反向功能正常。

■ 不要在车库中长时间启动汽车，因为致命的一氧化碳气体会很快聚集起来。

■ 将所有园艺用的工具和化学用品（特别是杀虫剂）都锁起来，确保孩子接触不到。

户外的安全

购买汽车安全座椅并正确安装在你的车上（或者请技术人员来安装），这样你就可以安全地载着孩子出行了。购买汽车安全座椅之前，你可以带着孩子试用安全座椅的安全带，因为不同座椅的安全带使用的难易程度有很大差异。你在将汽车倒出车库或者开到车道上之前，确保孩子待在安全的地方。

■ 买一辆婴儿手推车，方便在社区附近使用。

■ 带孩子购物的时候，最好选择去可以提供有儿童专用座的购物车的商店，儿童专用座一定要设置得很低、接近地面。不要将你车上的汽车安全座椅直接放在普通购物车上让孩子坐。可能的话，你应该避免将孩子放在购物车顶部的座椅里。

■ 如果你家有供孩子骑的三轮车或者自行车，确保你备有供他使用的安全头盔，还要确保他穿着包头鞋以保护他的脚趾和脚的其他部位。你可以让他自己选择喜欢的头盔颜色或款式，这样他会比较愿意戴上它。

■ 游乐场尽管非常有趣，但是可能非常危险。选择设计得比较安全的游乐场。学校中的操场或者由社区投资建造的游乐场，通常是不错的选择。

■ 检查你的院子，看是否有任何危险或者有毒的东西。

■ 你在使用除草机或其他在院子里使用的电动工具时，让孩子离开院子。绝对不可以在驾驶除草机的时候让孩子坐在你的大腿上。

■ 如果你的院子里有游泳池，或者你要带孩子去别人家或公园而且那里有游泳池，你就一定要认真阅读本章关于水的安全问题的内容（见第 505 页）。你家的游泳池应被至少 1.2 米高的栅栏围起来，栅栏门应该装有自动锁。如果去邻居家，你一定要确保邻居家的游泳池也被栅栏围了起来。尽管你的（外）孙子（女）看起来是个游泳健将，但只要孩子在水里或水边，你就要在离他一臂的范围之内进行"接触式看护"。你应该会心肺复苏术，并且会游泳。

第二部分

　　本部分介绍的一些知识和指导原则，如孩子发生呼吸道异物阻塞时的急救措施和心肺复苏术等，经常会有更新。请定期向儿科医生或其他有资质的医疗从业人员咨询，了解这些方面的最新要求。

　　一般来说，孩子不会毫无征兆地发生非常严重的疾病。父母应根据孩子的症状联系儿科医生以寻求建议。及时的对症治疗可以防止疾病进一步恶化或发展为急症。

第 16 章　腹部、消化道问题

腹痛

所有年龄段的孩子都有可能发生腹痛。但是，婴儿腹痛的原因与大些的孩子有所差异。另外，不同年龄的孩子对腹痛的反应也是不同的。年龄稍大的孩子可能会捂着肚子告诉你"肚子疼"或者"胃疼"；而非常小的婴儿只会胡乱蹬腿，用哭闹表达他的疼痛，有时候也会表现为放屁。有时候，因腹痛而哭闹的婴儿还会呕吐或不断打嗝。

幸运的是，大部分腹痛都会自行缓解，不会发展到非常严重的地步。然而，如果孩子腹痛一直持续或在 3 ~ 5 小时之后加重，或者伴有发热和严重的咽喉痛，或者孩子明显且持续地食欲下降、精神不振，就应该立即就医。这些症状可能表示孩子发生了更为严重的疾病。

本节将为你介绍可能引起婴儿腹痛的一些疾病，包括肠痉挛、肠道感染等。另外，由于有些引起腹痛的问题（比如便秘）常见于年龄稍大的孩子而少见于婴儿，本节会专门讲解这些问题。你还可以在本章其他部分或本书其他章节查阅关于这些问题的更详细的阐述。

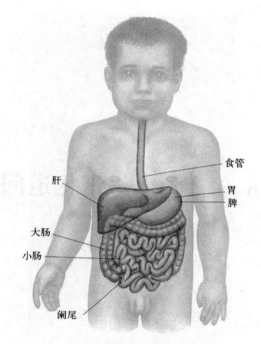

腹部 / 消化道

婴儿的腹痛

肠痉挛。肠痉挛高发于 10 天至 3 个月大的婴儿，一般在 3 个月之后好转，最晚在孩子 1 岁时症状消退。肠痉挛看起来像腹部不适，但没有人知道确切的病因。一般来说，这种不适会在下午和傍晚加重，孩子还可能出现无法安抚的哭闹、腿向上举、频繁放屁和烦躁不安等情况。你可以采取一些措施来缓解肠痉挛的症状，包括抱着孩子轻轻地摇一摇，把孩子放到婴儿手推车里推着走一走，用毯子以包襁褓的方式包裹孩子，或者给孩子安抚奶嘴。一些益生菌补充剂显示出具有缓解肠痉挛症状的可能性（关于肠痉挛的详细信息，见第 153 页"哭闹和肠痉挛"）。

肠套叠。虽然较少发生于小婴儿，但对 2 岁以下的孩子来说，肠套叠是最常见的腹部急症。当肠道的一部分滑入另一部分并被套住而导致肠道堵塞时，就会发生这种疾病，引发剧烈疼痛。孩子可能间断性地突然哭闹，同时可能双腿向胃部屈曲。哭闹过后，孩子往往又会在一段时间内疼痛缓解，甚至没有一点儿不适。患肠套叠的孩子还有可能呕吐，并且排出带有黏液的深色血便（就像黑莓酱一样）。肠套叠通常会让孩子有剧烈的疼痛感并伴有阵发的叫喊，叫喊过后孩子可能出现间断性安静甚至困倦的迹象。

学会识别肠套叠引起的腹痛，尽早发现、及时就医很重要。儿科医生会对孩子进行视诊，并可能让他进行超声检查或 X 线造影检查（需进行空气造影或钡灌肠）。有时做造影检查不仅有助于诊断，还能解决肠道堵塞的问题。如果灌肠仍未能解决肠道堵塞问题，孩子就可能需要做急诊手术。

消化道病毒或细菌感染（胃肠炎）。 这类感染通常会引起腹泻和 / 或呕吐，有时还可能引起断断续续的腹痛。大多数感染是由病毒引起的，无须治疗，几天到 1 周可自愈；腹痛一般也只持续 1 ~ 2 天，然后自行消失。一种例外情况是感染了一种叫作"蓝氏贾第鞭毛虫"的寄生虫，这种感染可能引起周期性腹痛，而且腹痛位置不固定，会发生于腹部任何位置。疼痛可能持续数周或数月，造成明显的食欲下降和体重减轻。恰当的药物治疗可以完全根治这种寄生虫感染并消除由它引起的腹痛（想了解更多信息，见第 528 页"腹泻"及第 547 页"呕吐"）。

较大儿童的腹痛

阑尾炎。 阑尾炎在 3 岁以下的孩子中非常少见，在 5 岁以下的孩子中也不多见。但如果孩子真的患阑尾炎，首先出现的症状是持续的脐周痛，接下来疼痛会转移到右下腹（见第 521 页"阑尾炎"以了解更多信息）。患阑尾炎的孩子通常会停止进食，就算有喜欢的食物，他也不想吃。

便秘。 便秘也是造成腹痛的常见原因。它虽然很少发生在小婴儿身上，但往往是引起较大儿童腹痛（特别是下腹部疼痛）的常见原因之一。当饮食中的液体、新鲜蔬菜、水果和富含纤维的全谷物过少时，孩子就容易便秘（要想了解更多信息，见第 524 页"便秘"）。

情绪不安。 情绪不安有时会使处于学龄期的儿童出现反复发生且无明显诱因的腹痛。虽然这种疼痛很少发生于 5 岁以下的孩子，但如果小点儿的孩子承受了不寻常的压力，也会发生这种情绪性腹痛。这种腹痛的首要表现是疼痛从开始到结束往往持续 1 周以上，而且一般与让他有压力或不愉快的活动有关。另外，很难发现更多相关诱因及伴随症状（如发热、呕吐、腹泻、咳嗽、困倦、虚弱、尿路感染、咽喉痛或类似于流感的症状）。而且，这种问题具有家族遗传的特点。总的来说，孩子有可能比平常更安静或者更闹腾，并且难以表达自己的感受。如果你的孩子有这些表现，注意观察一下是否是他的兄弟姐妹、其他亲人或者朋友给他带来了情绪上的负担。孩子最近是否失去了一个好朋友或者一只宠物？家里是否有家庭成员去世？父母是否发生了离婚或分居等情况？

儿科医生会提出一些好建议来让孩子开口说出是什么造成了心理负担。例如，他可能建议你用一些玩具或者游戏来让孩子以角色扮演（假装游戏）的形式说出心中的问题。儿科医生也有可能向你推荐儿童心理治疗师、心理医生或精神科医生。

铅中毒。铅中毒高发于住在用含铅涂料粉刷的老房子（20 世纪 60 年代之前建造的）里的幼儿。这个年龄段的孩子可能误食墙上掉下来的小片墙皮和木制家具上的油漆碎片。铅会蓄积在孩子体内，并引起许多严重的健康问题。另外，父母应该注意不购买含铅量超标的玩具、餐具和其他婴幼儿用品。铅中毒的症状不仅包括腹痛，还包括便秘、烦躁不安（孩子坐立不安、哭闹、难以取悦）、困倦（孩子昏昏欲睡、不愿意玩、没有食欲），以及抽风。如果孩子长期暴露于含铅涂料的环境中、不小心吃到了涂料或者玩过一些表面开裂、脱皮或有油漆碎片的玩具，并且出现了上述任何一种症状，请及时带孩子就医。儿科医生会开抽血化验单，检查孩子血液中的铅含量，并且告诉你需要采取什么措施。对于 9 ~ 12 个月大的所有孩子，通过血液检测来检测铅含量都是有益的，因为这时铅中毒往往没有显现任何症状，尤其是在小婴儿身上（见第 717 页"铅中毒"）。

牛奶过敏。牛奶过敏是对牛奶中

的蛋白质的一种免疫反应，常见于较小的婴儿，通常会引起痉挛性腹痛，往往伴有呕吐、腹泻、血便和皮疹。

链球菌咽喉炎。这是一种由链球菌引起的咽喉感染，高发于 2 岁以上的儿童。这种疾病的症状和体征包括咽喉痛、发热和腹痛。腹痛是因为进入体内的细菌刺激肠道。儿童还可能患肛周链球菌感染，即肛门周围被链球菌感染，这可能会引起疼痛、便秘（因为他们会不想大便）和腹痛。儿科医生可能针对这两种感染中的任何一种进行检查，用拭子对孩子喉部或肛门进行采样和细菌培养。如果细菌培养结果为阳性，孩子就需要接受抗生素治疗［见第 675 页"咽喉痛（链球菌咽喉炎、扁桃体炎）"］。

尿路感染。尿路感染在 1 ~ 5岁的女孩中比在婴儿中更为常见。尿路感染可能引起下腹部（膀胱区）疼痛，还常常引起小便疼痛及有烧灼感。患尿路感染的孩子往往尿频且尿量小、尿中带血、尿床或尿裤子。这种感染可能但不一定引起发热。如果你的孩子出现了这些症状，请带他去看儿科医生。医生会给孩子做检查并让孩子做尿液检测。医院会进行尿液分析和尿液培养以确认孩子是否患尿路感染。如果确诊，医生就会开抗生素以消除尿路感染（见第 780 页）和腹痛。

阑尾炎

阑尾是一个狭窄的、指头状的、附着于大肠的中空结构。目前还没有发现它对人体有什么作用，但它发生感染时会引起严重的问题。而且由于它所在的部位，感染非常容易发生。例如，一块食物或者一点儿大便被困在阑尾内，就会引起阑尾肿胀及感染，这就是阑尾炎。阑尾炎最容易发生于 6 岁以上的孩子，不过也有可能发生在更小的孩子身上。一旦患阑尾炎，孩子就必须住院。常见的治疗措施包括抗生素治疗、静脉输液，以及手术。如果到了需要手术的程度，阑尾就会被切除，否则它可能穿孔（破溃），导致感染扩散到腹腔。由于阑尾炎可能威胁生命，学会识别阑尾炎的症状很重要，这样父母才能在问题一出现时就及时带孩子就医。根据出现顺序，阑尾炎的症状如下。

1. 腹痛： 这通常是初始症状。婴儿可能表现为哭泣，并且无法在任何姿势中感到舒适。疼痛总是最早出现于肚脐周围（脐周），然后右下腹的疼痛逐渐加重。有的孩子的阑尾长的位置与大多数人不一样，疼痛就有可能发生在腹部其他位置或背部，有时甚至会出现尿路感染的相关症状，比如尿频、排尿有烧灼感。即使阑尾位置正常，且疼痛发生在右下腹，炎症也有可能刺激某块通向腿部的肌肉，导致孩子跛行或走路时身体弯曲。

2. 呕吐： 在疼痛几小时后，呕吐有可能出现。父母需要记住一个要点：一般来说，患阑尾炎时，腹痛往往发生于呕吐之前，而非呕吐之后。呕吐后腹痛的情况更常见于胃肠炎等胃部病毒性感染。

3. 没有食欲： 在疼痛开始后不久，饥饿感就会消失。

4. 发热： 发热体温会因人而异，但通常在 38℃ 或 39℃ 左右。如果阑尾穿孔，体温可能会更高。

糟糕的是，有时病毒感染或细菌感染发生于阑尾炎之前，导致阑尾炎的症状被掩盖。这时，腹泻、恶心、呕吐和发热都有可能出现在阑尾炎的典型腹痛之前，导致诊断变得愈发困难。

另外，孩子的不适感可能会突然消失，让你误以为病情已经好转了。糟糕的是，这种疼痛的消失可能意味着阑尾发生了破溃或穿孔。虽然疼痛可能消失几小时，但事实上阑尾炎的危险程度却增高了。这种情况下，感染会扩散到腹部其他

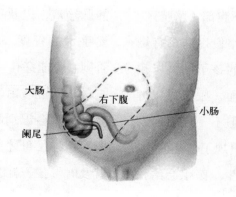

部位，使孩子的病情进一步加重，孩子会出现高热，需要住院治疗，接受手术和使用抗生素。这样，恢复可能需要更长时间，而且相对于阑尾炎的早发现和早治疗来说，这时容易出现更多的并发症。

治疗

阑尾炎的症状并不总是那么容易被发现，特别是在孩子小于 3 岁，不能告诉你哪里痛，也不能清楚描述出腹痛往右下腹转移的情况下。这就是为什么你一旦觉得孩子的腹痛或不适与平时不一样、看起来更严重，就应快速就医。尽管大多数出现腹痛的孩子并非患阑尾炎，但是只有专业的医生才能诊断出这种严重的疾病。如果腹痛持续 2 小时以上，并且孩子出现了恶心、呕吐、没有食欲和发热等症状，你就应该立即带孩子就医。医生可能密切观察孩子几小时，并为孩子做化验或检查来看是否有更明确的体征。如果患阑尾炎的可能性非常大，孩子就需要住院做进一步检查，并进行任何必要的治疗，其中可能包括静脉输液、抗生素治疗或手术。

乳糜泻

乳糜泻是一种会引起营养吸收障碍的疾病，即肠道无法吸收食物中的营养。这种疾病主要是由于肠道内发生了机体对麸质（小麦、黑麦、大麦或某些燕麦含有的一种蛋白质）的异常免疫反应，免疫系统攻击并破坏肠黏膜，阻碍肠道吸收营养。因此，食物通过肠道时，仅仅有一部分被消化和吸收。乳糜泻可能导致孩子出现痉挛性腹痛、大便恶臭、腹泻、体重减轻、烦躁不安，且有持续的患病的感觉。然而，在很多情况下，乳糜泻可能不会引起任何症状。

治疗

如果儿科医生怀疑孩子患有乳糜泻，他会让孩子进行血液检测。为了明确诊断，他还会为孩子推荐小儿消化科医生。消化科医生可能会进行小肠活体组织检查，这需要从小肠取很小一块组织（通常将小型内窥镜从孩子口腔插到小肠内以获得活体组织）进行实验室检查。

如果小肠黏膜被检查出受到损

伤，且此损伤被诊断为由乳糜泻造成，医生就会建议你给孩子吃不含麸质的食物。也就是说，孩子应该远离小麦、黑麦、大麦以及含麸质的燕麦制品。医生会给你一份完整的清单，说明哪些食物孩子不能吃。另外，每次购买食物时你都应该仔细阅读包装上的成分说明，因为很多食物都含有小麦粉，不看成分说明根本看不出来。大米饭和大米制品不含麸质，可以作为孩子的主食。现在商店里无麸质食品的种类越来越多，而且一些饭店也提供无麸质的食物。由于患乳糜泻的孩子的饮食要求非常严格且必须完全遵守，建议你向相关营养专家咨询。

一些父母询问，可否只给孩子提供无麸质饮食，而不进行诊断性检查。这并不可行，原因如下：第一，如前所述，乳糜泻患者的无麸质饮食要求非常严格，很少有人在没有明确诊断的情况下严格遵循这些要求；第二，乳糜泻患者的无麸质饮食可能需要长达数月，症状才会完全消退；第三，无麸质饮食会使乳糜泻患者的血清及组织标志物消失，使医生无法准确诊断，除非你让孩子重新开始吃含麸质的食物且需要吃几个月。

少数情况下，孩子可能在确诊之后出现长达几个月的乳糖不耐受的情况。在这种情况下，医生可能建议短期内不给孩子喂牛奶以及吃含麸质的食物。在这段时间内，可以给孩子喝经过乳糖酶处理的奶，这样的奶在到达小肠前可以提前被消化。额外摄入维生素和矿物质可能也非常重要。

如果孩子明确诊断患有乳糜泻，他就应该终生坚持无麸质饮食，完全远离小麦、黑麦、大麦以及含麸质的燕麦制品。幸运的是，现在有许多无麸质食品和食谱，孩子比以前更容易做到这一点（见第 528 页"腹泻"、第 545 页"营养吸收障碍"及第 620 页"贫血"）。

便秘

如成年人一样，孩子的排便模式也因人而异，因此，父母有时候很难分辨孩子是否真的便秘。一个孩子很有可能 2 ~ 3 天都没有排一次便，却算不上便秘；而另一个孩子可能排便频率很高，却很难排出大便。另外，如果一个孩子每天都排少量大便，就有可能不被父母重视，而大便会在孩子的结肠内积聚。总的来说，你如果怀疑孩子发生了便秘，最好关注他是否有如下症状。

■ 新生儿，大便为固态，而且排便少于每天一次。不过，一些纯母乳喂养的婴儿可能例外（可能每周只大便一次，但也是正常的）。

■ 大点儿的孩子，大便小且硬，而且3～4天才排一次便。

■ 不论什么年龄的孩子，大便体积大、又干又硬，而且排便很费力。（见下页"我的孩子便秘了吗？"）

■ 在一次量比较大的排便之后，阵发性腹痛减轻。

■ 大便表面或内部有血。

■ 两次排便之间出现遗粪。

便秘一般会在大肠末端肌肉紧张的时候发生，因为这种肌肉紧张阻碍了大便的正常排出。大便在肠道里积留越久，就会变得越硬越干，也就越难从体内排出。而且，由于排便很费力，孩子可能下意识地将大便憋回去，使得问题进一步加重。

便秘可能具有家族聚集性。这个问题可能在婴儿期出现并持续终生，如果孩子长大后没有养成规律的排便习惯或经常憋便，问题就会加重。憋便造成的大便积留高发于2～5岁、正在学习独立上厕所、学习控制大小便的孩子身上。大一点儿的孩子外出的时候也有可能憋便，因为他们不愿意使用自己不熟悉的厕所。这也会使问题进一步加重。

如果孩子的确有憋便的情况，那么他的直肠内可能积留体积很大的大便，其长度甚至可能和直肠的一样。接下来，他可能不再有便意，情况发展到不借助于灌肠剂、导泻剂或其他治疗措施就无法排出大便的地步。在某些情况下，其肛门会出现一些颜色像大便的脏东西，这是肠道内固体大便周围的液态排泄物排出造成的。而这容易让家长误以为孩子纸尿裤或内裤上的污物是腹泻或遗粪造成的。一些便秘严重的患儿需要在医生的指导下排空直肠，还需要再次接受训练，养成正常的排便习惯。这时，父母很有必要向小儿消化科医生咨询一下。

我的孩子便秘了吗?

以下关于大便稠度的描述可以帮助你评估孩子是否便秘。

类型 1：排便痛苦，大便非常浓稠、致密，呈岩石、卵石或小球状，难以排出。

类型 2：起初难以排出，呈卵石状。

类型 3：柔软且易于排出，呈圆木状。

类型 4：非常柔软，呈半固态，容易排出和／或爆炸式排出。

类型 5：液态，快速排空，难以控制。

参考文献：《婴幼儿护理基础》(*Baby & Toddler Basics*, Itasca, IL: American Academy of Pediatrics, 2018)，经塔尼娅·奥尔特曼许可使用。

治疗

轻微或偶尔的便秘可以通过以下方法来减轻。

母乳喂养导致的便秘比较少见，除非母乳供应减少或婴儿同时吃辅食。纯母乳喂养的婴儿出现便秘，更有可能是其他原因而非饮食因素造成的。父母在决定用配方奶替代母乳之前一定要向医生咨询（记住，美国儿科学会建议在婴儿满 12 个月之前最好用母乳喂养，避免用牛奶喂养）。

向儿科医生咨询能否给婴儿喂少量水或者西梅汁。对 6 个月以上的婴儿来说，水果（特别是西梅和梨）一般都有助于解决便秘问题。

幼儿或更大一些的孩子一般已经开始吃辅食了。如果这个年龄段的孩子出现了便秘，你就需要在孩子的日常饮食中多添加一些高纤维食品，包括西梅、杏、李、葡萄干、高纤维的蔬菜（豌豆、大豆、西蓝花等）、全谷物米粉和全麦面包等。同时，让孩子尽量少吃垃圾食品以及非高纤维的米粉或面包。增加每日的饮水量也有助于缓解便秘的问题。

对便秘更严重的孩子，儿科医生会开一些软便剂、导泻剂或灌肠剂（他可能自行决定，也有可能向小儿消化科医生咨询）。请严格按照医生的处方要求用药。虽然目前市售的一些新型软便剂是非处方药，可以在药店购买（购买和用药方式都比传统的处方药更方便），但是父母在向医生咨询之前，千万不要擅自使用这类药物。

对所有孩子来说，将脚平放在地板、脚凳或其他平坦的表面上，都可以使排便轻松。用这样的姿势上厕所时，孩子的腹肌可帮助推动大便，而非帮助孩子在马桶上保持平衡。如果你的孩子便秘且正在重新学习怎样上厕所，那么让他饭后10分钟后专注地在马桶上坐5分钟左右，重新熟悉需要排便的感觉，可能会有所帮助。

预防

父母应该熟悉孩子正常的排便模式、典型的大便大小和软硬程度。做到这一点可以让你容易判断孩子是否出现了便秘，便秘的严重程度如何。如果孩子不是每天或每2天正常排便，或在排便时感到不舒服，父母就需要帮助他养成正常的排便习惯。要做到这一点，孩子可以从合理饮食和规律排便做起。

对还没有开始学习上厕所的孩子来说，预防便秘的最佳方法是给他提供高纤维饮食。而且随着孩子长大，饮食中纤维素的含量也应该增加。一个孩子每天应该摄入的纤维素克数至少为其年龄数加上5。例如，一个3岁的孩子每天应该摄入至少8克纤维素。为了达到这个目标，父母可以采购一些每份至少含3克纤维素的谷物类食品（如米粉、饼干、面包和面条等）。确保你的孩子每天共食用5份水果和蔬菜。选购食物时，仔细查看包装上的成分说明，了解纤维素的含量。

等孩子长大到可以开始接受如厕训练时，每天都要求孩子在马桶上坐一会儿，最好在饭后训练。给孩子一本书或者一个玩具，让他放松下来。鼓励孩子坚持坐在马桶上直到开始排便，或者坐15分钟。如果孩子做到了，记得鼓励他；如果他还是没有做到，你就应该继续用一些积极的语言鼓励他。最终，孩子必须学会不在大人的指导下自己上厕所。

如果你已经采用了上述的所有方法，包括高纤维饮食、增加日常饮水量、培养排便习惯，但还是不能使孩子正常排便，那么孩子有可能在下意识地憋便。在这种情况下，你应该向医生咨询，他会根据孩子的具体情况，制订个性化治疗方案来解决这个问题（每个孩子的情况因人而异）。医生可能会让孩子使用软便剂、导泻剂等药物。少数情况下，孩子的便秘会越来越严重，孩子和家人都开始为此担忧，导致全家人每天把大量的精力都放在试图解决孩子排便的问题上。目前已经有了一些系统性治疗方案来有效地解决这个问题。

一般来说，孩子憋便的习惯都是在学习上厕所的阶段养成的。刚开始坐在马桶上的时候，孩子不愿意用力排便，于是开始憋便。而当下一次便意出现的时候，排便就会引起疼痛。于是，孩子会将疼痛和排便联系起来，并因此再次憋便。这种情况发展下去，会令孩子产生强烈的恐惧感。当出现这种严重的症状时，就需要用灌肠剂来排空直肠，或用导泻剂和软便剂等口服药物来帮助孩子排便。在某些情况下，还可以使用直肠栓剂。然后，让孩子定期服用足量的软便剂，防止孩子主动憋便。由于排便时不再伴有

疼痛，孩子坐到马桶上也就不再有恐惧感。这种治疗可能需要持续几个月，慢慢地孩子就可以停用导泻剂了。在进行这种治疗的同时，父母应该继续给孩子提供高纤维饮食，并教他养成良好的排便习惯。

腹泻

一般来说，根据年龄和饮食情况，孩子的排便次数和规律都有所不同。母乳喂养的新生儿每天可能出现多达 12 次的少量排便，而孩子 2 ~ 3 个月大的时候，甚至会好几天都没有 1 次大便。接近 2 岁的时候，大多数孩子每天会有 1 ~ 2 次量多的大便。但如果孩子每次排便量少而次数稍微多一些，那也是正常的，尤其是当孩子的饮食包含了果汁或纤维素含量高的食物，如西梅、麦麸等。

孩子若偶尔出现稀软便，父母不必担心。然而，如果孩子的大便突然变成稀软的水样便，而且排便频率明显高于平时，那孩子就可能发生了腹泻。

当肠黏膜受损时，人就会腹泻。

出现稀便主要是由于肠道无法正常消化或吸收摄入的营养物质，同时体液会通过受损的肠黏膜渗出，而且矿物质和盐会随着体液流失。如果这个时候孩子吃了含糖量很高的食物（如饮用了果汁或其他甜饮料），就会进一步加重体液流失，这是因为食物中不能被肠道吸收的糖分会将更多的水分吸入肠道，从而加重脱水症状。

当孩子腹泻时，机体可能会流失过多水分和盐，造成脱水。及时、合理地补充足量的盐和水，可以有效预防腹泻造成的脱水（具体治疗措施见下页"治疗"）。

这种肠道的炎症性疾病在医学上称为"肠炎"。而很多情况下，腹泻往往伴随呕吐出现，或出现于呕吐之后。这时，通常胃和小肠都有了炎症，这种疾病被称为"胃肠炎"。

下面列出了腹泻的常见原因，包括肠道病毒或细菌感染。若腹泻是由病毒感染引起的，那么孩子往往有呕吐、发热、烦躁不安等症状（见第547页"呕吐"及第764页"发热"），大便呈黄绿色并且带有大量水分（如果排便频繁，就不再有任何固态的大便了）。如果大便呈红色或偏黑色，很有可能是因为大便带血，这种出血可能是因为肠黏膜受损，更有可能是因为频繁腹泻导致直肠受损。任何时候，只要发现孩

腹泻的原因

最常见的通过损伤肠道引起婴幼儿腹泻的病毒有诺如病毒和轮状病毒，此类病毒易在人群中传播。因此，家庭成员如果有腹泻的情况，就需要规范地洗手，这一点非常重要。随着公共卫生状况改进，如饮用水质量达标、污水处理合理等，细菌感染和寄生虫感染引起腹泻的概率逐渐减小。引起腹泻的其他常见原因有：

- 食物中毒（误食有毒的蘑菇、贝类或被污染的食品）；
- 抗生素和其他口服药物的副作用；
- 牛奶过敏或其他食物过敏；
- 饮用果汁过量。

子的大便颜色如上所述或有其他异常，父母就应该带他去看儿科医生。

现在，2 个月大的婴儿可以开始接种轮状病毒疫苗。这种疫苗是液体制剂，需在儿科口服接种。婴儿需在 2 个月大、4 个月大（或 6 个月大）接种 2 次（或 3 次，具体次数取决于疫苗制剂的规格）。此疫苗能有效预防由轮状病毒引起的腹泻和呕吐，几乎所有接种过轮状病毒疫苗的婴儿将不再出现由轮状病毒引起的严重腹泻。但是，此疫苗不能预防其他感染引起的腹泻和呕吐。

治疗

大多数婴儿腹泻是由病毒性肠道感染引起的。对于这种疾病，并没有特效药。治疗呕吐或腹泻最重要的方法是用母乳、配方奶、电解质溶液或儿科医生推荐的其他液体充分补充水分。治疗腹泻的处方药一般只能治疗某些种类的细菌或寄生虫引起的肠道感染，而这类感染较少见。如果怀疑婴儿患的是这类感染，儿科医生会要求留一些大便样本进行实验室检查，还会再做其他辅助检查。

一些研究表明，益生菌可能有利于治疗某些原因引起的感染性腹泻，而且如果患儿在腹泻早期开始每天服用，可能会缩短病程。这些乳制品补充剂被认为可以帮助消化，也有助于治疗过敏和阴道感染，并预防一些疾病（见第 534 页"益生菌和益生元"）。

不建议 2 岁以下的孩子服用非处方腹泻药，稍大一点儿的孩子服用这些药物也应该格外谨慎。这些药物通常会加重肠道损伤，并引起水、钠潴留在肠道内而不被吸收。这样，如果父母没有格外注意孩子的状况，孩子在服用这些药物后更容易脱水，因为对症治疗后腹泻似乎停止了，父母容易掉以轻心。记住，让孩子服用任何一种治疗腹泻的药物前，一定要向儿科医生咨询。

轻微腹泻

如果孩子出现轻微腹泻但没有发展到脱水的地步（见第 538 页"脱水的症状和体征"），并且没有发热，同时精力充沛、食欲良好、有饥饿感，就不用改变孩子的饮食。

如果孩子出现轻微腹泻并伴有呕吐，就应该用电解质溶液代替日常饮食。儿科医生会让孩子每天少量多次服用电解质溶液，以保证在呕吐停止之前维持体内的水和电解质平衡。大多数情况下，这种溶液只需要喝 1 ～ 2 天。孩子一旦停止呕吐，就可以慢慢恢复日常饮食。

严重腹泻

如果孩子每 1 ～ 2 小时就排 1 次水样便甚至频率更高，或者出现了脱水的症状（见第 538 页），你一定要向医生咨询。他可能建议你至少 24 小时内不给孩子吃任何固体食物，不让他喝含糖量高的饮料（如浓缩果汁或添加了人工甜味剂的汽水）、含盐量高的饮料（如袋装浓汤），以及含盐量非常低的饮品（如水和茶）。如果你正在喂母乳，医生可能会让你继续，但是在其他情况下，他可能建议只给孩子喝一些水、盐及矿物质平衡的电解质溶液（见下页"儿童每日估计液体摄入量"）。

记住，如果孩子腹泻了，保证他不脱水非常重要。如果他出现了任何脱水的症状（如尿量明显减少、哭闹的时候没有眼泪、眼窝凹陷、囟门凹陷等），你应立即向儿科医生咨询，并且在医生给出进一步治疗方案前停止给孩子喂牛奶及其他食物。当孩子看起来病得很重而且病情似乎没有随着时间推移而有所好转的时候，你也要带他就医。你如果判断孩子已经中度到重度脱水，就应该立刻带孩子去看儿科医生或去最近的急诊室。同时，让孩子服用药店就可以买到的电解质溶液。

对重度脱水的患儿，住院治疗非常必要，这样才能保证孩子通过静脉输液来补充水分。对病情稍轻的患儿，医生有可能建议用口服电解质溶液来代替静脉输液。本书下页的表格列出了根据体重计算的电解质溶液的摄入量。

纯母乳喂养的孩子发生严重腹泻的可能性较小。若发生了，一般来说可以继续母乳喂养，在医生认为必要的时候喂一些电解质溶液就可以了。对很多母乳喂养的孩子来说，只要提高母乳喂养的频率，就可以保证他不脱水。

等孩子腹泻有所减轻、想要吃东西后，你可以在孩子能耐受的情况下，逐渐为他添加一些食物以恢复他的正常饮食。

有时喝牛奶会使腹泻更严重，因此，对于 1 岁以上的孩子，儿科医生可能建议不要喝牛奶，或者建议在一段时间内喝无乳糖配方奶或无乳糖牛奶。

没有必要让孩子 24 小时都不进食，因为孩子需要营养来恢复失去的体力。在孩子进食之后，他的大便一般还是稀软便，但这并不意味着不正常。观察孩子活动是否增多、胃口是否变好、小便次数是否变多，以及他是否出现任何脱水的症状，你在观察这些细节之后，就知道孩子是否好转了。

持续 2 周以上的腹泻（慢性腹泻）可能暗示孩子患有更严重的肠道疾病。若孩子持续腹泻，儿科医生就有可能为他做进一步检查，判断腹泻的真正病因，并确保他不会营养不良。如果孩子出现了营养不良的情况，儿科医生可能为孩子推荐特别的饮食或者特别的配方奶。

孩子如果喝了太多液体，特别是果汁或添加了甜味剂的饮料，就会出现一种被称为"幼儿腹泻"的问题。这会造成孩子持续拉稀软便，但不太会影响孩子的食欲，一般也不会引起脱水。虽然幼儿腹泻并不是一种危险的疾病，但儿科医生可能建议限制孩子喝果汁和甜饮料。理想情况下，幼儿和更大的儿童应该主要喝牛奶和水。

儿童每日估计液体摄入量（根据体重计算）

体重（千克）	每日液体最小摄入量（毫升）*	中度腹泻患儿电解质溶液摄入量（毫升 /24 小时）
2.7 ~ 3.15	300	480
4.95	450	690
9.9	750	1200
11.7	840	1320
14.85	960	1530
18	1140	1830

* 注：此列数据为普通儿童所需的最小摄入量。大多数儿童都需要摄入更多液体。

孩子发生腹泻且伴有其他症状时，有可能存在更严重的健康问题。父母如果观察到孩子的腹泻伴有以下症状，就应立即带孩子去看医生。

■ 发热持续 24 ~ 48 小时。

■ 拉血便。

■ 呕吐持续 12 ~ 24 小时。

■ 呕吐物看起来呈绿色、带有血丝，或呈咖啡渣状。

■ 腹部隆起（肿胀）。

■ 拒绝进食或喝水。

■ 严重腹痛。

■ 出疹或出现黄疸（皮肤或眼睛变黄）。

■ 出现脱水迹象，如 6 ~ 12 小时未排尿。

如果孩子有其他疾病或者定期服用其他药物，一旦腹泻 24 小时以上仍没有任何好转或者存在其他任何令你担忧的问题，你就应该带他去看医生。

预防

下面一些原则有助于减小孩子腹泻的概率。

1. 大多数感染性腹泻都是因手接触了感染源（如粪便）后接触口腔而导致的，常见于还没有学习自己上厕所的孩子。父母在帮助孩子上厕所后、换尿布后和处理食物前都要洗手，同时注意家庭、幼儿园和学前班的其他卫生措施。

2. 不要给孩子喝没有经过巴氏灭菌的牛奶、吃可能被污染了的食品（参见下一节"食物中毒和食品污染"）。

3. 避免孩子服用非必要的药物，特别是抗生素。

4. 如果你的孩子需要服用抗生素，请考虑让孩子服用益生菌以预防与抗生素相关的腹泻。

5. 可能的话，在孩子的整个婴儿期都用母乳喂养。

6. 限制孩子饮用果汁和甜饮料的量。

7. 确保孩子接种了轮状病毒疫苗。这种疫苗可以预防最常见的婴幼儿腹泻和呕吐。

（参见第 517 页"腹痛"、第 523 页"乳糜泻"、第 545 页"营养吸收障碍"、第 547 页"呕吐"及第 815 页"轮状病毒疫苗"。）

益生菌和益生元

益生菌是一种细菌，寄生在人体的肠道内。虽然还没有确凿的证据，但目前研究者发现它们可能有益于人体健康。一些研究表明，无论是对急性、慢性儿童腹泻，还是对与抗生素相关的腹泻，含有益生菌的食物和配方奶可以起到预防甚至治疗的作用。还有研究发现，儿童每天服用益生菌与因患病减少而缺课天数下降之间存在相关性。较新的研究表明，给新生儿服用特定的益生菌有助于其肠道中有益细菌积聚，并且在此后一段时间内有害细菌减少。正在进行的研究将进一步揭示益生菌在儿童健康方面所起的作用。不过，如果你的孩子腹泻或患其他胃肠道疾病，请你先向医生咨询是否应该让孩子服用益生菌。

服用益生菌有很多种方式。现在，很多婴儿配方奶添加了益生菌。很多酸奶和开菲尔发酵乳也含有益生菌。另外，日本纳豆、印尼豆豉以及大豆类饮料等也可能含有益生菌。益生菌补充剂（粉末、胶囊和液体）一般在保健品商店可以买到。对于如何正确使用市场上销售的益生菌，儿科医生们还处于激烈的讨论中。大家关注的重点包括哪种形式的益生菌最佳、最佳剂量是多少、服用的最佳频率是多少，以及是否应该用益生菌来预防或治疗某些疾病。

对大多数儿童来说，含有益生菌的食品或补充剂虽然偶尔可能引起轻微腹胀，但似乎是安全的。如果益生菌补充剂暴露于高温或潮湿的环境中，这种有活性的"好"细菌就有可能被灭活，当然产品也就无效了。目前来说，你如果有兴趣让孩子尝试一下益生菌，应该先向儿科医生咨询（要想了解更多关于益生菌的知识，见第 109 页）。

一些医生认为，相比益生菌来说，益生元更值得推荐。益生菌是活的细菌，而益生元——母乳中发现的天然形成的特殊碳水化合物以及其他复合糖和纤维——是不会被人体消化的食物成分，有助于人体肠道内的有益细菌繁殖，从而在增加肠道内有益菌群数量的同时，抑制有害细菌的生长。

母乳是一种非常不错的益生元来源。另外，一些常见的食物，如麦麸、某些豆科植物（如豆角等）、大麦、某些蔬菜（如芦笋、菠菜、洋葱等）和水果（如草莓、香蕉等）也是不错的益生元来源。

食物中毒和食品污染

食物中毒发生在进食了被细菌或寄生虫污染的食物之后，其症状基本上和胃肠道病毒感染的症状差不多：腹部痉挛性疼痛、恶心、呕吐、腹泻，有时伴有发热。但如果孩子和吃了相同食物的其他人出现了相同的症状，那就更有可能是因为食物中毒，而不是因为胃肠道病毒感染。引起食物中毒的细菌肉眼不可见，而且无色无味，所以孩子将受污染的食物吃进嘴里的时候并不会意识到。引起食物中毒的部分食物来源包括有毒的蘑菇、受污染的鱼肉制品，以及添加了特殊调料的食物。幼儿大都不喜欢这些食物，因此很少吃。但是，父母意识到这一风险的存在仍然非常重要。如果你的孩子胃肠道出现异常症状，并且孩子有可能吃了受污染或有毒的食物，请向儿科医生咨询。

肉毒杆菌

这是一种能引起致命性食物中毒的细菌。虽然这种细菌通常可以在土壤和水中发现，但由它们引起的疾病非常少见，因为它们繁殖和释放毒素的条件非常严苛。肉毒杆菌在无氧及某些化学条件下生存得最好，这就解释了为什么一些包装不当的罐头食品及弱酸性蔬菜（如豆角、玉米、甜菜和豌豆等）最容易被污染。蜂蜜也很容易被其污染并引起严重的疾病，特别是对 1 岁以下的孩子。**因此，千万不要给 1 岁以下的孩子喂食蜂蜜。**

肉毒杆菌会侵袭人体的神经系统，引起复视、眼睑下垂、肌力下降，以及吞咽和呼吸困难。它还会引起呕吐、腹泻及腹痛。症状在进食受污染食物后 18 ~ 36 小时出现，并且持续数周甚至数月。未及时治疗的话，患者甚至会死亡。即使接受了治疗，患者也会发生严重的神经系统病变。

弯曲杆菌

有一种感染性食物中毒是由弯曲杆菌引起的。孩子吃生的或没有完全煮熟的鸡肉、喝被污染的水或没有经过巴氏消毒的牛奶，就可能使这种细菌进入体内。这种感染的症状是进食后 2 ~ 5 天出现水样便（有时是血性腹泻）、腹痛及发热。

为了确诊弯曲杆菌感染，医生

可能要求采集孩子的大便来做细菌培养及分析。幸运的是，大多数受弯曲杆菌感染的孩子不需要任何正式治疗就能自愈，只需喝足量的水来弥补因腹泻而流失的水分。然而，当患儿的症状变严重，医生就可能为他开抗生素。大多数情况下，患儿会在 2 ~ 5 天后恢复正常。

产气荚膜梭菌

产气荚膜梭菌是一种常见于泥土、下水道以及人类和其他动物肠道内的细菌。它一般是由准备食物的人直接传播到食物里的，然后在食物中繁殖并产生毒素。产气荚膜梭菌常见于校园食堂，因为这里的食物是大批量烹饪的，并且会在室温环境中或在保温餐台上放置很长时间。最常见的受污染食物包括烹制的牛肉、家禽肉、肉汁、鱼、砂锅菜、炖菜和墨西哥卷饼。这种食物中毒的症状有呕吐和腹泻等，会在进食后 6 ~ 24 小时出现，并且会持续 1 天到很多天。

隐孢子虫

隐孢子虫是一种寄生虫，隐孢子虫病通常由游泳或饮用受污染的水造成，会引起水泻、低热和腹痛。这种感染可能发生在任何人身上，但一般易发于免疫系统功能不正常的孩子。

大肠杆菌

大肠杆菌（又名"大肠埃希菌"）是成人和儿童肠道内的正常栖居菌。一些大肠杆菌会引起与食物有关的疾病。未煮熟的牛肉是常见的大肠杆菌感染源。不过，有时候其他一些生的食物和受污染的水源也会引起疾病暴发。

这种感染的症状包括腹泻（严重程度由轻到重不等，可能引起血性腹泻）、腹痛，一些患者会恶心、呕吐。一些大肠杆菌感染非常严重，在少数情况下甚至会引起死亡。大肠杆菌感染的最佳治疗措施是休息和补液（以防脱水）。如果孩子症状比较严重，父母就应该带孩子去看医生。

沙门菌

在美国，沙门菌（包括多种亚型）感染是另一种引起食物中毒的重要病因。最常见的受污染食物有生肉（包括鸡肉）、生的或没熟透的鸡蛋、没有经过巴氏消毒的牛奶，以及蔬菜。幸运的是，食物在熟透之后，沙门菌就会被杀灭。沙门菌引起的食物中毒会使患者在进食受污染食物6～48小时后出现呕吐和腹泻等症状，很少有血性腹泻，而且症状往往会持续2～7天。沙门菌感染虽然通常是自限性疾病，但病情也可能非常严重。因此，当你的孩子看起来生病了并伴有高热时，请你速速带孩子就医。孩子如果患镰状细胞病或脾脏有其他问题，感染沙门菌后需要使用抗生素治疗。

志贺菌

志贺菌感染也叫"志贺菌感染性痢疾"，是一种由志贺菌属的某种（些）亚型引起的肠道感染。这种感染通常由受污染的食物和水造成。另外，所处环境（如孩子所在的幼儿园）卫生条件差也会引起该疾病的传播。志贺菌会攻击人体的肠黏膜，引起血性腹泻、发热以及腹部痉挛性疼痛等症状。

志贺菌感染的症状一般会在5～7天后逐渐减轻。患儿需要多喝水，并且补充一些防脱水的液体（如果儿科医生建议的话）。对于重症患儿，医生可能会开抗生素以缩短感染的持续时间、减轻病情。

志贺菌是引起胃肠炎的少数细菌之一，志贺菌感染通常用抗生素治疗。另外，婴幼儿在治愈或感染症状完全消除之前，不应被送去托儿所或幼儿园。

金黄色葡萄球菌

金黄色葡萄球菌也叫"金葡菌"，金葡菌感染是最常见的一种食物中毒。金葡菌通常容易引起皮肤感染（如痤疮、疖子），并且感染者处理过的食物会造成病菌传播。当食物处于某一温度，如37.8℃（总的来说就是不足以使食物保温的温度），金葡菌就开始繁殖并释放一种毒素，而常规的烹饪是无法消除这种毒素的。这种食物中毒的症状会在进食受污染食物1～6小时后开始发作，且不适感一般会持续1天左右。

治疗

对大多数由食物中毒引起的疾病来说，短期内限制孩子进食和饮水是非常重要的，孩子一般都可以慢慢自愈。婴儿一般可以忍受3～4小时不吃不喝，大点儿的孩子则能忍受6～8小时。如果在这段时间里，孩子的呕吐还在继续，腹泻没有减

脱水的症状和体征

治疗儿童腹泻的很大一部分工作就是预防孩子发展到脱水状态。如果孩子出现了以下脱水的警示性症状，父母就应立即向医生咨询。

轻度到中度脱水：

■ 玩得比平时少；

■ 小便次数少于平时（对婴儿来说，每天尿湿的尿布少于 6 块）；

■ 口唇干燥；

■ 哭的时候眼泪比较少；

■ 婴幼儿还会出现囟门凹陷；

■ 如果脱水是由腹泻造成的，大便就会非常稀；如果脱水是由体液流失（呕吐、水分摄入不足）造成的，大便次数就会减少。

重度脱水（除上面已经列出的症状和体征外）：

■ 非常烦躁；

■ 嗜睡；

■ 眼窝凹陷；

■ 手脚冰凉、苍白；

■ 皮肤褶皱、松弛；

■ 小便减少到每天只有 1～2 次。

轻，父母则应该联系儿科医生。如果孩子有以下情况，也请联系医生。

■ 出现脱水的症状（见上表）。

■ 出现血性腹泻。

■ 长时间持续腹泻，大便中有大量的液体，或者腹泻和便秘交替出现。

■ 有可能吃了有毒的蘑菇。

■ 突然变得虚弱、麻木、神志不清或烦躁不安，并且身体有刺痛感、看起来像喝醉了似的、出现幻觉或呼吸困难。

父母应告诉医生孩子出现了什么样的情况，曾经吃了什么食物，食物是哪里来的。医生的治疗措施会根据孩子的病情及孩子所吃的食物而定。如果孩子出现了脱水的症状，医生就会给他开一些用以补充体液的液体。有时候，对特定的病原菌，抗生素是有效的。如果病因是孩子对食物、毒素或调料产生了过敏反应，抗过敏药物就会有所帮助。但是，如果反应或症状很严重，医生可能需要使用肾上腺素类药物。孩子如果是肉毒杆菌中毒，就需要住院并接受重症监护。

预防

遵守以下原则的话，绝大多数由食物引起的疾病是可以预防的。

保持清洁

■ 在处理生肉的时候，应该格外仔细。之后用热肥皂水或洗洁精充分洗净双手以及所有接触过生肉的案板和台面，再处理其他食材。

■ 在准备食物之前一定要洗手，上完厕所及给孩子换过尿布之后也一定要洗手。

■ 如果手上有伤口或疮疱，那么准备食物的时候一定要戴上手套。

■ 生病的时候千万不要给孩子准备食物，特别是当你有恶心、呕吐、痉挛性腹痛或腹泻等症状时。

挑选、准备食物及喂食

■ 仔细检查所有罐头类食品（特别是家庭自制的罐装食品）是否存在细菌污染的可能性。看看蔬菜表面是否有乳状液体（看起来应该很明显），食品包装是否有破裂、漏水、胀罐或胀袋等情况。不要食用有上述特征的任何一种包装食品，最好连尝也不要尝。将它们妥善丢弃，使任何人都吃不到它们（先用塑料袋紧紧地包好，再用厚纸袋装起来扔掉）。

■ 购买肉类和海鲜的时候，去口碑好的市场。

■ 不要食用任何生奶（未经巴氏消毒的牛奶）及生奶做成的奶酪。

■ 不要食用生肉或未烹熟的肉。

■ 不要给 1 岁以下的婴儿喂食蜂蜜。

■ 如果你的孩子拒绝某种食物或饮料，请闻气味或品尝，你可能会发现该食物或饮料已经变质了。

■ 不要将准备好的食物（特别是淀粉类食物）、烹饪好或腌好的肉类、奶酪以及含有蛋黄酱的食品在室温下放置 2 小时以上。

■ 烹饪肉类的时候，不要中断加热，要一次做熟。

■ 不要当天准备次日的食物，除非是会被立即冷冻或冷藏的食物。（未吃完的食物需要在热的时候放入冰箱，千万不要等它凉了再放。）

■ 确保所有食物都熟透。对大块的食物，如烤整鸡，可以用食品温度计来测量其内部温度，或者将其切成小块，检查是否熟透了。

■ 用微波炉热菜的时候，一定要将其盖好并完全热透。

肝炎

肝炎是一种发生于肝脏的炎症。对儿童来说，这种疾病基本上是由众多肝炎病毒中的一种引起的。一些孩子在患肝炎后可能不会出现任何症状，而另一些孩子则有可能出现发热、黄疸、食欲下降、恶心和呕吐等症状。病毒性肝炎有多种类型，最常见的是以下 3 种。

■ **甲型病毒性肝炎**，即甲肝。建议所有孩子在 1 岁时都常规接种第一针甲肝疫苗，6 ~ 12 个月后接种第二针。

■ **乙型病毒性肝炎**，即乙肝。目前，推荐所有新生儿都接种乙肝疫苗，接下来通常在满 1 个月和满 6 个月时接种第二针和第三针。

■ **丙型病毒性肝炎**，即丙肝。

目前还没有研制出有效的丙肝疫苗。尽管如此，还是存在有效的、可以治愈感染的方法。

现在，美国大多数儿童都接种了甲肝疫苗。甲肝病毒可以通过受污染的食物和水在人与人之间直接传播（比如在游泳、在餐馆吃饭或旅行时传播）。在家里或幼儿园里，这种病毒的传播往往是由于已感染的孩子上完厕所后没有洗手或看护者给已感染的孩子换尿布后没有洗手。任何人喝了被带病毒的粪便污染的水，或者吃了受污染水域的生鱼和贝类，都会感染甲肝病毒。感染甲肝病毒的儿童可能不会出现任何症状，也可能在被感染后的 2 ~ 6 周发病。甲肝一般会在发病后 1 个月内逐渐好转。

乙肝是通过性活动以及接触感染者的血液、精液或其他体液传播的。然而，幼儿园或学校里的儿童也会以非性传播的形式发生人与人之间的传染。这就是为什么建议所有儿童都接种乙肝疫苗的原因。

接触受污染针头的人、共用注射器或吸毒用具的人、感染者的性伴侣，以及感染病毒的孕妇分娩的新生儿，患乙肝的风险最高。如果孕妇患了急性或慢性乙肝，她就有可能在分娩的时候将这种病毒传染给新生儿。因此，所有孕妇都应该检查是否感染乙肝病毒，并且所有新生儿都应接种乙肝疫苗。

丙肝病毒可以通过受污染的针头传播到通过静脉注射吸毒的人身上，通过性接触以及母婴传播等方式传播则较少。在美国，随着灭菌一次性针头的普及，以及血液和血液制品的筛查，乙肝和丙肝病毒在医院的传播风险已经大大降低了。

丙肝病毒感染一般不会引起症状，或仅仅引起轻微的症状，如疲惫和出现黄疸。然而，在大多数病例中，这种感染有可能迁延为慢性感染，并发展为严重的肝脏疾病，甚至导致肝衰竭、肝癌，乃至之后的死亡。抗病毒药物可以治愈丙肝，任何有感染风险的人都应接受检查，以便获得有效的治疗。

症状和体征

孩子可能在没有任何人意识到的情况下患上肝炎，因为大多数感染肝炎病毒的孩子都几乎没有任何症状。一些患儿最多有几天萎靡不振或疲乏。还有些患儿可能在出现黄疸（巩膜即眼睛的白色区域发黄，以及皮肤肉眼可见地发黄）后发热。这种黄疸是由肝脏炎症导致血液中胆红素异常增多引起的。

除了黄疸之外，乙肝患儿可能还会出现食欲下降、恶心、呕吐、腹痛及精神萎靡（没有精力或感到生病的乏力感）等症状，但一般很少发热。丙肝患儿并不总是表现出症状。

你如果怀疑孩子出现了黄疸，请带孩子就医。儿科医生会为孩子做一次抽血化验，看看问题是由肝炎引起的，还是由其他疾病引起的。任何时候，只要孩子呕吐和／或腹痛几小时以上，或者持续几天食欲下降、恶心或精神萎靡，或者出现黄疸，你就应该联系医生，因为这些症状提示孩子可能患了肝炎。

治疗

大多数情况下，肝炎没有特殊的治疗方法。和对抗大多数病毒性感染一样，人体的自我防御机制往往可以战胜肝炎病毒。如果孩子已经患了肝炎，你就无须严格限制孩子的运动和饮食，但需要根据孩子的食欲和精力水平来调整他的生活。医生可能会建议你避免给孩子服用阿司匹林和布洛芬（及其他非甾体消炎药），但是只要不是患活动性肝炎的患儿，慢性肝病患儿可以服用对乙酰氨基酚。另外，长期服用特定药物以治疗慢性疾病的孩子需要让医生重新评估所服药物的剂量，以防所服药物的代谢对肝脏产生副作用。

一些药物可以用来治疗乙肝和丙肝。如果孩子的肝炎已经发展为慢性肝炎，儿科医生可能会推荐小儿消化科医生或传染科医生来帮你制订合适的治疗方案。

大多数肝炎患儿都不需要住院。然而，如果食欲下降或呕吐已经影响到孩子摄入液体，并有引起脱水的风险，儿科医生就可能建议孩子住院。如果孩子出现严重的无精打采、反应迟钝、精神错乱等问题，就说明病情加重了，孩子可能需要住院。

一般来说，甲肝很少迁延为慢性肝炎。而在未接种乙肝疫苗的儿童中，婴儿的乙肝发病率高于年龄较大的儿童和成年人。如果新生儿在出生时从母体感染了乙肝病毒，而且在出生后没有及时接种乙肝疫苗，病情就很可能迁延为慢性肝炎。患慢性乙肝的儿童需要接受监测和药物治疗以降低肝功能受损以及肝硬化和肝癌的发生风险。

预防

所有儿童在出生时都应该接种乙肝疫苗，出生后 1 ~ 2 个月内应接种第二针疫苗。建议所有 1 ~ 2 岁的儿童以及稍大一些却没有接种的儿童和青少年都接种 2 针甲肝疫苗。另外，大多数国际旅游者、从事高风险职业的成年人和慢性肝病患者都应该接种甲肝疫苗。

准备食物前和饭前便后洗手，是预防肝炎的最重要措施。父母应该尽可能地在孩子还小的时候培养他勤洗手的习惯。如果将孩子送到托儿所或幼儿园，父母还应该注意一下那里的工作人员是否做到给孩子换尿布之后以及给孩子喂食之前洗手。

你如果发现自己的孩子有可能

接触到活动性肝炎患者，就应该立即向儿科医生咨询，他会帮你判断孩子是否处于高风险状态。如果孩子可能已经被传染了，那么医生会建议采取感染后的应对措施，根据潜在的感染类型为孩子注射一针丙种球蛋白或者肝炎疫苗。

你如果要带孩子去国外旅行，应先查明目标国的肝炎传染情况。你和你的家人如果尚未接种甲肝和乙肝疫苗，请考虑接种。

腹股沟疝

如果你发现孩子腹股沟区出现一个小包块或隆起，或者阴囊变大，那么他可能患了腹股沟疝。这种疾病的发病率约为5%，而且一般见于男孩。出现这种情况的原因是孩子下腹部的腹膜有一个裂口，肠道在腹腔压力的作用下可以从这个裂口向外膨出。腹股沟疝可能与另一种良性疾病——交通性鞘膜积液（见下页）相混淆。

男性胎儿的睾丸是在其腹腔里发育的，然后逐渐沿着一根管道（腹股沟管）下降。接近出生时，睾丸可下降到阴囊里。当睾丸下降的时候，腹壁内膜（即腹膜）就会被下降的睾丸向下牵拉，并形成一个连接腹腔和睾丸的囊性结构。通常，这个连接结构在孩子出生前或出生后不久会闭合。如果这个过程出了问题，不能正常地形成上述的囊性结构，而留下一个裂口，孩子出生后其肠道就有可能在腹腔压力的作用下从这个裂口突出到腹股沟或阴囊里。

大多数腹股沟疝通常不会引起孩子的任何不适，往往是父母或儿科医生观察到孩子腹股沟区或阴囊中有肿块才发现的。虽然腹股沟疝必须治疗，但它并不是一种急症。尽管如此，一旦发现，你就应该将情况告知医生，他有可能指导你让孩子躺下并抬起双腿。有时候这个体位可以让肿块消失。不过，医生一般都会尽快针对该情况对孩子进行体检。

很少见的情况是，肠道从裂口突出后被卡住，导致这部分肠道肿胀、疼痛（如果用手摸膨出的区域，孩子会有触痛感）。同时，患儿还可能伴有恶心、呕吐的症状。这种情

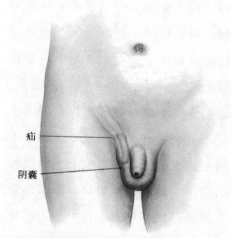

疝 ——

阴囊 ——

对男孩来说，通往阴囊的部位出现了裂口，就会使腹腔内容物向阴囊内突出。对女孩来说，腹股沟疝仅仅表现为腹股沟区可见的肿块或隆起。

况叫作"嵌顿疝"，需要紧急接受手术治疗。你如果怀疑自己的孩子有嵌顿疝的可能，应立即带孩子就医。

治疗

脱出的肠道即使没有被卡住，也应该进行手术修复。由于腹部两侧都存在缺损的情况非常常见，医生在手术时可能会检查患儿腹部的另一侧是否存在缺损。

如果孩子疝区疼痛，就提示有可能发生了嵌顿疝。在这种情况下，父母应该立即带孩子就医。医生有可能采用手法复位的方式将突出的

肠道还纳。即使这种手法复位成功了，孩子依然需要后续的手术来修补形成疝的裂口。如果手法复位不成功，孩子就需要立即进行外科手术，防止嵌顿的肠道不可逆地坏死。

交通性鞘膜积液

如果腹腔和阴囊之间的结构没有正确而完全地闭合，腹腔内的液体就可以进出睾丸周围的囊，引起或多或少的液体聚集，这就是交通性鞘膜积液。许多新生男婴患有这种疾病，然而，它可以在不经任何治疗的情况下在 1 年内自愈。虽然它主要高发于新生儿，但年龄稍大的孩子也有一定的概率出现这个问题，有时还伴有疝。

如果孩子出现了交通性鞘膜积液，他可能没有任何不适，但父母（或孩子本人）有可能发现其阴囊一侧肿胀。出现交通性鞘膜积液的男婴或小男孩的阴囊肿胀可能在他活动或哭闹的时候加重，在躺下或休息的时候减轻。有时候父母无法观察到肿胀的轻重变化。为了确诊，儿科医生会给孩子做透光试验：用一

束光照射孩子的阴囊，看看睾丸旁边是否充满了液体。如果肿胀严重，或阴囊摸上去较硬，医生则有可能给孩子安排一次超声检查。

如果孩子从出生就出现了交通性鞘膜积液，医生就会在每次常规体检的时候格外注意这方面的检查，直到孩子满1岁。到这个时候，孩子的阴囊和附近区域应该不再有不适感了。然而，如果孩子的这个部位似乎还有触痛感，或者存在难以描述的不适感，伴有恶心和呕吐，父母就应立即带他就医，这可能提示有嵌顿疝（见第544页）。如果的确是肠道被嵌顿了，孩子就需要接受紧急手术治疗。手术一方面可以释放被嵌顿的肠道，另一方面可以修补腹腔和阴囊之间的裂口。

如果鞘膜积液持续存在1年以上，没有引起疼痛，医生也会建议

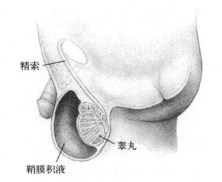

精索

睾丸

鞘膜积液

孩子进行手术。这样做的一个目的是消除阴囊内所积聚的液体，另一个目的也是修补腹腔和阴囊之间的裂口。

营养吸收障碍

有时候，一个饮食均衡的孩子也有可能出现营养不良的问题。出现这个问题的原因可能是孩子有营养吸收障碍，也就是机体无法将消化系统内的营养物质吸收到血液中。

正常情况下，食物的营养成分会在消化过程中被分解为很多小分子，它们会穿过肠道内壁到达血液，血液再将它们运输到人体的各个细胞中。如果肠道内壁因感染（来自病毒、细菌或寄生虫）或免疫功能紊乱（如乳糜泻或炎症性肠病）受损，营养成分就不能穿过肠道内壁进入血液。出现这个问题的时候，孩子从饮食中获得的营养就不能被身体利用，而只能随大便排出体外。

通常，营养吸收障碍发生在孩子患了严重的胃肠道病毒感染时，往往只持续1～2天。因为肠道内壁在没有严重受损的情况下可以很

快自愈，所以营养吸收障碍不会持续太长时间。在这种情况下，营养吸收障碍不值得我们担心。然而，如果孩子出现了下述症状和体征中的 2 种或更多，就意味着病情可能发展成慢性营养吸收障碍，父母需要带孩子就医。

症状和体征

慢性营养吸收障碍可能表现出的症状和体征包括以下几种。

■ 持续性腹痛并伴有呕吐。

■ 大便稀并且带有酸臭味，排便频率高，排便量增多。

■ 易感染。

■ 因脂肪和肌肉减少而体重减轻。

■ 身体容易出现瘀斑。

■ 易骨折。

■ 皮肤干燥、有鳞屑。

■ 性格改变。

■ 体重和身高增长缓慢（甚至好几个月都观察不到生长迹象）。

治疗

当孩子存在营养不良的问题时，营养吸收障碍很可能只是原因之一。原因还可能是孩子的饮食搭配不当，

或者孩子存在消化问题，身体无法正常消化食物。另外，孩子还有可能存在别的一些问题。在实施治疗前，儿科医生必须弄清楚真正的病因。为了做出诊断，医生可能会从以下几个方面来判断。

■ 请家长列出一张清单，了解孩子吃了什么。

■ 采集孩子的大便来做化验分析。健康的人每天的大便中都有少量的脂肪和蛋白质。但如果大便中的脂肪含量过高，就提示孩子存在营养吸收障碍。

■ 通过从孩子的皮肤上采集一些汗液，可以检查出孩子是否患有囊性纤维化（见第 623 页）。如果患了囊性纤维化，机体就会缺少一些消化酶。

■ 在某些病例中，儿科医生可能需要小儿消化科医生为孩子取一块肠道内壁组织来进行活检。医生会在显微镜下仔细检查这块组织，看看是否有感染、发炎或者其他损伤的征兆。

一般来说，这些检查会在治疗开始前就全部做完。不过，一些重症患儿可能会先住院，在诊断阶段

接受特殊喂养。

医生一旦确诊孩子存在营养吸收障碍，就会进一步明确引起该疾病的具体原因。如果根本病因是感染，治疗方案就有可能包括抗生素治疗。如果病因是肠道运动过于活跃，医生就会开相应的药物以保证肠道有足够的时间来吸收营养。

有时候，营养吸收障碍没有明确的原因。在这种情况下，孩子需要改变饮食，吃易耐受和易吸收的食物或特殊的营养配方奶。

瑞氏综合征

瑞氏综合征是一种少见却非常严重的疾病，通常发生于 15 岁以下的孩子。它可能影响到人体的所有器官，但最常见的受损器官是大脑和肝脏。瑞氏综合征与在病毒感染期间服用阿司匹林或含有阿司匹林的药物有密切关系。

由于医学界警告公众在病毒感染期间不要服用阿司匹林，瑞氏综合征的发病率大幅下降。在未向儿科医生咨询的情况下，不要让孩子服用阿司匹林或含阿司匹林的药物。

呕吐

因为很多常见的儿科疾病都有可能引起呕吐，所以孩子在出生后的头几年里不可避免地会出现几次呕吐。通常呕吐不需要任何治疗就可以很快自愈，不过这并不意味着照料好一个呕吐的孩子很容易。夹杂着恐惧（害怕孩子生了严重的疾病）和渴望（希望自己能为孩子做点儿什么）的无助感会让你变得非常紧张和焦虑。为了让自己放轻松，你要尽可能地多学习一些关于呕吐的知识，包括呕吐原因以及孩子呕吐时你可以采取的措施。

首先你要知道，真正的呕吐和吐奶是有区别的。呕吐指胃内容物被强有力地从口腔中吐出，而吐奶（大多见于 1 岁以下的婴儿）指胃内容物轻微地反流到口腔中，经常伴随着打嗝。

当胃部肌肉松弛而腹部肌肉和膈肌强力收缩的时候，人就会呕吐。这种反射活动是由大脑中的呕吐中枢诱发的。以下是一些容易刺激呕吐中枢的"导火索"。

■ 胃肠道因感染或阻塞而被激

惹或出现肿胀，这时胃肠道神经就会刺激呕吐中枢。

- 血液中的化学物质（如药物）。
- 视觉或嗅觉干扰造成的心理刺激。
- 源于中耳的刺激（如由晕动病引起的呕吐）。

引起呕吐或吐奶的常见原因因孩子的年龄而异。例如，在出生后的头几个月内，大多数婴儿很容易在喂奶后的 1 小时内吐出少量的配方奶或母乳。不过，只要经常给婴儿拍嗝，并且在他进食后限制剧烈活动，就可能减少吐奶。随着时间的推移，吐奶也会逐渐减少，不过轻微的吐奶可能一直持续到婴儿10 ~ 12 个月大的时候。吐奶并不是严重的问题，而且不会影响婴儿正常的体重增长（见第 121 页"吐奶"）。

肥厚性幽门狭窄。少数情况下，婴儿在不到 1 个月的时候会出现呕吐。如果呕吐反复发生或者喷射力度格外大，父母应向医生咨询。这种情况有可能只是因为轻微的喂养困难，但也有可能是某些严重疾病的症状。

在婴儿 2 周至 4 个月大的时候，持续而强烈的呕吐可能是由胃部出口处的幽门括约肌增厚（也就是肥厚性幽门狭窄）导致的。幽门肥厚会阻止食物通过胃部的出口（即幽门）流入肠道内。这需要立即采取医疗措施。狭窄（或梗阻）部位很可能需要手术来处理。这种疾病的一个重要症状是每次喂奶后的15 ~ 30 分钟，婴儿都会出现强烈的呕吐。任何时候，你只要发现这个情况，就应该尽快带孩子去看医生。

胃食管反流。在少数情况下，出生几周或几个月的婴儿的吐奶情况会逐渐加重，而非逐渐好转。换句话说，虽然婴儿没有出现强烈的呕吐，但吐奶的频率过高。这是由于食管下段肌肉过于松弛，导致胃内容物向上反流，也就是我们常说的胃食管反流。需要注意的是，当婴儿发育正常时，这种吐奶很可能是正常的生理性吐奶，无须治疗或处理。对父母来说，胃食管反流当然很麻烦也令人不快，但对婴儿来说没有坏处。解决胃食管反流问题的常见方法包括以下几种。

1. 避免过度喂奶，可以少量多次给孩子喂奶。

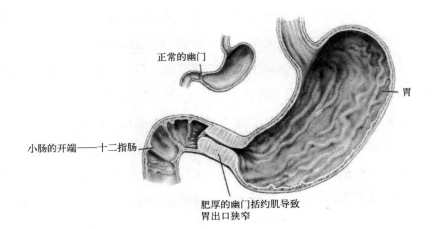

正常的幽门

胃

小肠的开端——十二指肠

肥厚的幽门括约肌导致
胃出口狭窄

2. 经常给孩子拍嗝。

3. 每次给孩子喂奶之后，使他安静地保持安全的直立姿势至少30分钟。

4. 在医生的指导下，将少量的婴儿米粉加入母乳或者配方奶中以增加浓稠度。一些新型配方奶粉的包装上标有"防反流"字样，就是因为奶粉中添加了这种增稠成分。

如果这些方法都不太有效，你的孩子体重没有增加或没有正常发育，或者因吐奶或呕吐而感到不适，儿科医生可能会考虑用药和 / 或建议你带孩子去小儿消化科。

感染性病因。在婴儿出生后的头几个月里，引起呕吐的最常见原因是胃肠道感染。到目前为止，病毒是最常见的感染原，但少数情况下呕吐也会由细菌甚至寄生虫引起。感染还有可能引起发热和腹泻，有时还会引起恶心和腹痛。这种感染一般都具有传染性，如果孩子出现了这种呕吐，他的玩伴们很可能出现相同的症状。

对婴幼儿来说，病毒感染是引起呕吐的主要原因，而且这种感染往往会进一步引起腹泻和发热。轮状病毒是引起胃肠炎的常见病原体之一，此外，诸如病毒、腺病毒等也可以引发胃肠炎。由于已经有轮状病毒疫苗，轮状病毒感染的发病率已大大降低（要想了解更多关于胃肠炎的知识，见第519页）。

少数情况下，婴幼儿呕吐的原

因是消化道外的感染，包括呼吸系统感染（见第 663 页"中耳炎"及第 604 页"肺炎"）、尿路感染（见第 780 页）、脑膜炎（见第 786 页）以及阑尾炎（见第 521 页）。在上述疾病中，有些需要立即进行恰当的治疗，并严密观察孩子是否出现新症状。不管孩子年龄多大，只要他出现以下情况，父母就应及时带他就医。

- 呕吐物中有血液或胆汁（绿色物质），或呕吐物呈咖啡渣样。
- 严重腹痛。
- 费力而反复地呕吐。
- 腹部隆起或变大。
- 疲乏无力或极其烦躁易怒。
- 惊厥。
- 出现黄疸。
- 出现脱水的症状或体征（见第 538 页）。
- 不能摄入足量的液体。
- 呕吐持续 24 小时以上。

治疗

因为多数呕吐是由病毒引起的，所以大多数情况下，呕吐可以在不接受任何药物治疗的情况下自愈。

孩子出现呕吐后，父母千万不要擅自让孩子服用非处方药或处方药，除非是儿科医生特别为孩子开的药。

如果呕吐持续，父母需要确认孩子是否脱水。机体流失过量水分、代谢无法正常运行，就被称为"脱水"（详见第 538 页）。脱水如果达到严重的程度，就有可能危及生命。为了防止这种情况发生，父母一定要再三确认孩子已摄入了足量液体以弥补因呕吐而流失的水分。如果孩子将补充的液体吐出，父母就一定要向儿科医生咨询。

不论是哪种疾病引起呕吐，在发病后的约 24 小时内，父母都不要让孩子吃固体食物，并要鼓励他喝少量电解质溶液等液体。液体不仅可以预防脱水，而且相比固体食物，不太容易刺激孩子呕吐。

父母一定要严格按照儿科医生的指导来给孩子补充液体。医生会严格遵循儿科补液原则来给孩子补液，补液原则参见第 532 页的表格"儿童每日估计液体摄入量"。

大多数情况下，有呕吐症状的孩子需要在家休息 12 ~ 24 小时，其间只能吃流食。儿科医生一般不会针对呕吐开药，但是一些医生有可能给孩子开防止恶心的药。

如果孩子同时还有腹泻（见第528页）的症状，父母应问问儿科医生该如何给孩子补充液体，以及如何恢复食用固体食物。

如果孩子不能喝下任何液体或者症状越来越严重，请带他就医。医生会为孩子做检查，并且让孩子做血常规、尿常规及 X 线等影像学检查。少数情况下，孩子必须住院治疗。

直到孩子感觉好转之前，父母应该一直为他补水。如果孩子出现了脱水的症状，父母一定要立即带孩子就医。如果孩子看起来病恹恹的，症状没有随着时间的推移好转，或者儿科医生怀疑孩子存在细菌感染的可能，那么医生就有可能采集孩子的大便来做细菌培养，并针对病原菌进行治疗。

第 17 章　哮喘和过敏

哮喘

哮喘是一种发生于气管的慢性疾病。气管是空气进入肺部的通道。在过去的 20 年里，哮喘患者显著增加，尤其是儿童和居住在城市里的人。事实上，哮喘目前已经成为最常见的一种儿童慢性疾病，全球受影响的儿童多达 500 万人。我们不知道引起这种疾病的确切原因是什么，但哮喘或哮鸣发作的某些原因或诱因包括空气污染（包括小时候暴露于烟草烟雾）、暴露于过敏原、肥胖和呼吸系统疾病。

哮喘的症状因人而异，但是哮鸣是该病的标志性症状。哮鸣是呼气时发出的高音调的声音，它的出现是由于细支气管变得狭窄，而这种狭窄往往由炎症导致。哮喘患者容易在夜间或清晨出现哮鸣。当然，并非所有出现哮鸣的人都是哮喘患者。虽然对于哮喘没有专门的检测方法，不过医生一般会在孩子出现 3 次或 3 次以上哮鸣发作后，确诊他患有哮喘。

很多时候，在哮鸣发作的间期，孩子状况良好，但由于孩子经常感冒（儿童哮鸣的常见诱因），所以哮

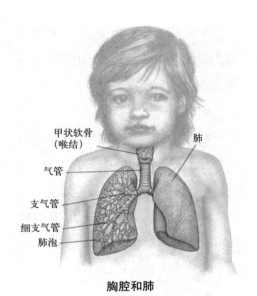

甲状软骨
（喉结）
肺
气管
支气管
细支气管
肺泡

胸腔和肺

鸣发作的频率也有可能高达每月一次，对经常生病的婴儿和 3 岁以下的幼儿来说尤其如此。如果孩子没有其他过敏性疾病（没有出现湿疹或食物过敏），其父母也没有患哮鸣，并且他们稍大一些后不再因经常感冒而引发哮鸣，那么哮鸣就有可能在孩子 3 ~ 6 岁时逐渐好转。如果孩子在出生后第 1 年内开始哮鸣，并出现哮鸣反复发作的情况，就可以确诊他患有哮喘。

每个患儿的具体情况不同，所以患儿的父母与儿科医生或专科医生讨论孩子的健康问题非常重要。哮喘是一种表现较复杂的疾病，一些孩子可能只出现轻微的哮鸣，没

有太明显的呼吸窘迫，而另一些孩子则有可能出现严重的哮鸣，甚至出现呼吸困难，需要立即去急诊室接受治疗。总的来说，如果能及早发现症状并在医生的指导下治疗，孩子无须住院即可控制病情，防止其进一步恶化。

如果频繁哮鸣的孩子有哮喘史或过敏史，其病情就有可能持续好几年。哮喘也有可能发生在不过敏的孩子身上。哮喘不可治愈，但症状可以得到控制。适当的治疗措施可以减少哮鸣，预防复发。刺激物和过敏原均可引起哮喘。刺激物会对每个人造成威胁，但只有当你对过敏原过敏时，你才需要考虑过敏原的问题。

烟草烟雾是最重要的哮喘触发因素之一。接触烟草烟雾会增高病毒感染引起哮鸣的风险，并降低用于控制哮喘的某些最重要药物的药效。父母保护孩子的最重要措施之一就是避免孩子与烟草烟雾接触。保持家中和汽车中无烟是一个重要的开始，但是只要亲密的家庭成员是吸烟者，就很难避免孩子暴露于二手烟的环境中。家庭成员保护孩

子最好的办法就是戒烟。

对患有哮喘的儿童来说，电子烟（也称"电子雾化器""电子水烟"等）尤其危险。在儿童身边使用电子烟有非常大的危害，因为电子烟的排放物会使儿童吸入尼古丁以及许多具有刺激性、引发炎症和致癌的化学物质。烧火和焚香也可诱发哮喘。其他常见的哮喘刺激性诱因包括气味强烈的家用清洁剂、杀虫剂（杀虫喷雾剂）、油漆、空气清新剂和香水等。

病毒感染甚至是普通感冒均可引发哮喘，对年幼的孩子来说尤其如此。虽然很难避免孩子感冒，但是父母可以通过每年秋天给孩子打流感疫苗并鼓励他洗手来养成健康的习惯。

过敏原（引起孩子过敏的刺激物）也可能引发哮喘。由于哮喘是呼吸问题，所以引发哮喘的常见过敏原是被吸入的物质。食物过敏不会仅仅导致哮喘，因为食用的食物中的蛋白质会被运送到身体的各个部位。过敏测试有助于确定你的孩子对什么过敏。

哮喘的常见过敏性诱因包括：

■ 尘螨（生活在屋尘中并以皮屑为食的微小动物；床上用品中尘螨的浓度也可能很高）；

■ 蟑螂；

■ 动物皮屑（有毛皮或羽毛的动物身上脱落的皮肤组织）；

■ 花粉（来自树木或草地）；

■ 霉菌和霉菌孢子（由家中的污水或户外的植物体分解产生）。

其他诱因包括：

■ 压力大和情绪低落，特别是当潜在的哮喘没有得到很好的控制时；

■ 鼻窦感染；

■ 户外空气污染；

■ 冷空气；

■ 某些药物（对布洛芬、阿司匹林等非甾体消炎药较敏感）。

症状和体征

当孩子发生哮喘的时候，最典型的症状是夜间加剧的咳嗽或哮鸣，或者是在运动后、接触了刺激物（如烟草烟雾）或过敏原（如动物皮屑、霉菌、尘螨或蟑螂）后出现的咳嗽或哮鸣。随着哮喘加重，哮鸣往往会有所减轻，这是因为能够进入肺内的气体和能够从肺内排出的气体都减少了。孩子还有可能出现气短、呼吸加快，以及在用力呼吸时肋间和颈部肌肉收缩（辅助呼吸肌作用）的情况。

很多哮喘患儿都有慢性症状，比如每天白天（或夜间）咳嗽、运动时咳嗽或接触了宠物、灰尘或花粉后咳嗽。如果孩子每周需要服用哮喘急救药2次以上，或每月有2次以上在夜间因为哮喘症状醒来，那么这种情况可以诊断为哮喘持续状态（见下文"治疗"部分）。

一些孩子虽然没有明显的哮喘症状，但医生可以在其胸部体表听到哮鸣音（特别是在孩子用力呼气的时候）。稍大一点儿的孩子只要可以配合接受肺功能测试或一氧化氮呼气测试，医生就可以判断他是否存在异常。

什么时候应该找医生？

哮喘控制良好的孩子可以和其他孩子一样参加活动，包括进行户外游戏和运动。但请父母注意观察，看孩子在户外或在运动时有无异常，是否出现了哮喘的症状或症状是否加重，并把观察结果告诉医生。

应该记住的是，患有哮喘的孩子在一些情况下需要接受紧急治疗。原则是：发现以下情况的时候，你应该立即找医生，或考虑把孩子送去医院急诊室。

■ 孩子出现严重的呼吸困难，并且情况看起来不断加重。特别是观察到孩子呼吸非常急促，而且吸气时胸壁内凹，呼气时发出有力的咕噜声。

■ 孩子的嘴唇或指尖发青。

■ 孩子看起来非常烦躁、困倦或神志不清。

■ 孩子呼吸时存在任何形式的胸痛。

如果出现以下情况，你也不应该犹豫，而应立即带孩子去看医生。

■ 孩子出现发热，而且出现治疗无效的持续咳嗽或哮鸣。

■ 孩子反复呕吐，无法服用任何口服药或补充液体。

■ 哮鸣、咳嗽或呼吸困难导致孩子无法说话或入睡。

治疗

哮喘患儿需要一直严格按照医生的指导接受治疗。治疗的基本目标如下。

1. 预防出现哮喘症状，如咳嗽、哮鸣、胸闷和气短。

2. 让患儿按照自己的意愿尽情跑步和玩耍。

3. 预防严重的哮喘发作。

4. 用最小剂量的药物控制哮喘。

要想预防严重的哮喘，首先要预防轻度哮喘，你需要与孩子的医生一起制订"预防哮喘行动计划"。像交通信号灯一样，该计划分为绿色、黄色和红色 3 部分，你们需要讨论每个部分应采取的措施，包括使用哪些药物。绿色计划是你每天采取的使孩子保持健康的行动计划。黄色计划包括你的孩子出现轻度哮喘症状时应采取的措施。红色计划包括你的孩子出现中度和重度哮喘时应采取的措施。你需要与医生一起为孩子制订书面的行动计划。

根据上述治疗目标，儿科医生可能开出处方或者为你介绍一名专科医生——小儿呼吸科或变态反应科（过敏科）医生，让他来诊断孩子肺部的情况。儿科医生可能为孩子制订一份居家治疗的计划，计划可能包括如何服药，以及如何避免接触可能引起咳嗽或哮鸣的过敏原和刺激物。

医生会根据哮喘的性质来给孩子开药。治疗哮喘的药分为两大类：一类叫支气管扩张药，可以扩张气管并放松引起气管阻塞的平滑肌，有快速缓解症状的作用，也就是所谓的"快速缓解药"或"急救药"；另一类是控制性或维持性药物，用来治疗呼吸道炎症（肿胀、产生黏液）。

■ **快速缓解药或急救药主要为短期用药**。如果孩子哮喘发作，开始咳嗽和 / 或哮鸣，就应该给他用一些急救药。常用的急救药有沙丁胺醇等。通过放松气管周围挤压的肌肉，急救药可以改善气管阻塞，缓解哮鸣和呼吸窘迫。对于这类药物，医生一般按需开药。使用急救吸入器后，患儿的呼吸通常会改善几小时。不过，急救吸入器只能缓解症状数小时，不能解决根本问题。可以通过以氢氟烷（HFA）为推进剂的按压式吸入器（或称"加压定量吸入器"）给予急救药，也可以通过雾化吸入器给予急救药。

重要的是，如果在给予急救药后患儿的症状没有改善或改变，那么医生可能需要进一步评估，判断是哮喘变严重，需要更强效的药物，还是问题不在哮喘，患儿存在感染或肺部疾病等其他问题。如果哮喘变严重，医生可能会开额外的药物，如口服皮质激素（通常是泼尼松、泼尼松龙或地塞米松）。口服皮质激素是强效药物，可缓解气管的肿胀和炎症。

■ **控制性或维持性药物是每天需要使用的。**这些药物用于控制病情，并减少哮喘症状发作的次数（包括白天和夜间的发作次数）。总的来说，控制性药物适合1周内哮喘症状发作2次以上的患儿，或每月有2次以上因半夜哮喘发作而醒来的患儿，或1年内需要口服皮质激素2个疗程以上的患儿，或因哮喘住院的患儿。

最有效的控制性药物是吸入性皮质激素。气管发炎通常会导致哮喘发作。通过控制炎症并降低气管的敏感度，这些药物有助于预防哮喘症状和哮喘发作，每日使用有助于患儿保持正常呼吸。吸入性皮质激素有不同的药物品种，它们都可以预防呼吸道炎症，通过使呼吸道

对过敏原和刺激物的敏感度降低达到减少哮喘发作次数及减轻严重程度的效果。对婴幼儿来说，吸入性皮质激素可通过有面罩的按压式吸入器或雾化吸入器给药。使用按压式吸入器给药时需要一根塑料管，它被称为"间隔装置"或"储雾罐"，可以使药物微粒扩散，从而直达患者肺部内的细小空间。如果没有间隔装置，大部分药物会到达患者咽后部并被吞咽到食道，而不能被吸入肺部。对婴幼儿来说，使用吸入器时很可能还需要一个面罩——将面罩（小号或中号的）置于面部，使其贴合紧密，让患儿呼吸几次。大一些的患儿使用的间隔装置带有吹嘴，这要求患儿缓慢吸入，并屏气10秒。吸入药物之后，让患儿漱口或刷牙非常重要，因为这类药物

间隔装置有不同的形状和大小。

对肺部非常有益，但对牙齿有损害。

　　另一种吸入药物的方法是使用雾化吸入器（有时使用呼吸机）。雾化吸入器的压力装置由一根细管与装有药物的瓶子相连接。雾化吸入器通过压力作用将瓶中的液体变为雾状，让患儿吸入肺部。婴儿使用雾化吸入器的时候也需要戴一个可以良好贴合的面罩。如果面罩贴合不好，大部分药物从雾化吸入器中喷出之后会散布在空气中，不能被患儿吸入到肺内。

　　患儿不哭闹时给药最理想，因为哭闹会减少到达肺部的药量。让患儿吸药时不哭很难，但是经过一段时间大多数患儿都会接受。

　　虽然这两种方法同样有效，但是患儿可能在使用某一种方法时更配合。急救药（如沙丁胺醇）通过雾化吸入器吸入可能更有效，而且通过雾化吸入器吸入的沙丁胺醇的剂量通常比通过按压式吸入器吸入 2 次的剂量大得多。

　　白三烯受体拮抗剂可以降低与呼吸道炎症有关的化学物质（白三烯）的活性。这类药物只能口服（有片剂、粉末状冲剂和咀嚼片），其药效不如吸入性皮质激素，但与吸入性皮质激素联合使用时，它们可能非常有效。对所有有持续性哮喘症状的患儿，我们都建议使用消炎药、吸入性皮质激素和 / 或白三烯受体拮抗剂。

　　另一种让患儿吸入药物的方法是使用干粉吸入器。它们不需要任何推进剂就能释放药物。患儿必须主动用力才能将药物粉末吸入肺中。

　　作为预防措施，定期使用这些药物效果最佳。通常药物预防失败是因为没有持续用药。在孩子感觉良好时给孩子用药可能比较难，但是让孩子养成用药习惯，比如总在刷牙之前用药，可以使每天用药变得容易得多。

一定要按照医生的指导给孩子用药。**注意：不要太快停药**，不要擅自减少推荐的用药次数，不要不经医生允许就给孩子换药。根据一些患儿的病情，医生可能一次开出很多药物来控制哮喘发作，当哮喘症状得到控制后，再逐渐减量。如果你对某一治疗方案有疑问或不知道怎么用药，请向医生咨询。

哮喘治疗的目标是减轻症状，以免干扰孩子的睡眠、活动或运动。如果没有达到治疗目标，你需要重新评估应对哮喘的行动计划，可能是哮喘的诱因没有得到控制、孩子用药的方式存在问题或者孩子需要更多或不同的药物。有时，哮喘药物无效的原因可能是你的孩子没有患哮喘或患另一种疾病。儿科医生会为孩子进行全面检查，查出导致哮喘恶化的原因，并考虑你的孩子是否需要转诊至儿童哮喘专家。

预防

哮喘常见的过敏原之一是室内尘螨。由于你不可能完全消灭环境中的灰尘和其他刺激物，你在家里可以采取以下措施尽可能地避免孩子暴露于灰尘以及减轻孩子的哮喘症状。

■ 用专用的防过敏原床罩盖住床垫和枕头。

■ 选择可以机洗的枕头和被子。

■ 每周用热水清洗一次床单、毯子、枕套、抱枕和毛绒玩具以杀灭尘螨。

■ 尽量不要在孩子房间里放毛绒玩具。

■ 不让宠物进入孩子的房间，如果孩子过敏，考虑将宠物送走。

■ 用吸尘器清理地毯及用掸子清扫家具的时候，不要让孩子待在家里。

■ 考虑买一台特殊的空气过滤器（如高效粒子空气过滤器或 HEPA 过滤器），保持孩子房间的空气清新。

■ 可能的话，保持室内湿度在 50% 以下，因为尘螨和霉菌容易在潮湿的环境中滋生。

■ 在家中避免使用香水、有香味的清洁用品或其他有可能成为刺激原的芳香类产品。

■ 修理漏水的管道，这样可以减少家中的霉菌。

■ 让孩子远离香烟、雪茄和烟

斗，以及炉火周围的烟雾。

■ 不要让任何人在你的家中或车内抽烟。

湿疹

虽然许多患者和医生不时交替使用"湿疹"和"特应性皮炎"这两个词，但是湿疹是多种皮肤疾病的总称，以红色的痒疹为特征，而特应性皮炎和接触性皮炎是儿童湿疹最常见的两种类型。急性湿疹可能表现为皮肤发红、干燥、起皮，或皮肤发红、潮湿、有液体渗出。当湿疹持续很长时间，皮肤就有可能变厚、颜色变深，并形成痂皮。

特应性皮炎

特应性皮炎多发生在有特应性皮炎、食物过敏、哮喘、过敏性鼻炎和/或环境过敏家族史的婴幼儿身上。虽然特应性皮炎的病因尚不明确，但很明显遗传因素对特应性皮炎有一定影响，然而两者的关系并不清楚。此外，孩子通常先患特应性皮炎，之后才患上述其他疾病。

一般来说，特应性皮炎会发生于 3 个不同的时期。

婴儿期。在孩子几周到 6 个月大的时候，特应性皮炎一般表现为脸颊、额头或头皮瘙痒、发红，并出现小丘疹，这些小丘疹还可能扩散到躯干和四肢。虽然特应性皮炎很容易跟一些其他皮炎相混淆，不过严重的瘙痒通常是其突出特征之一。很多患儿都有可能在 2 ~ 3 岁的时候有所好转。

儿童期。4 ~ 10 岁儿童的特应性皮炎通常发于肘部和膝部的皮肤，有时还发于手腕背面和脚踝外侧。常见特征之一是红色鳞屑状斑，由于过度抓挠，局部可能干燥、结痂和发炎。时间久了，皮肤会颜色变深并变厚。

青少年期及成年期。特征是皮肤瘙痒，而且干燥、起皮，发生于 12 岁以上的孩子身上，而且可能持续到成年期。

接触性皮炎

皮肤接触刺激性物质或过敏原的时候，就会发生接触性皮炎。其中一种接触性皮炎是由于反复接触刺激性物质，如柑橘或其他酸性物质、泡泡浴、强碱性肥皂，以及羊毛织物或其他材质粗糙的织物。引起这种皮肤问题最常见的一种刺激物是孩子自己的口水，经常流口水或舔嘴唇会导致嘴唇和口周皮肤的湿疹性皮炎。

另一种接触性皮炎是因孩子接触了过敏性物质而发生的。以下是最常见的潜在过敏原。

■ 镍制首饰或牛仔服、牛仔裤上的扣子。

■ 牙膏或漱口水中的调味剂或添加剂。

■ 制鞋过程中所用的胶水、染料或皮革。

■ 衣物中的染料。

■ 植物，尤其是毒葛、毒橡树以及毒漆树。由此导致的皮疹一般发生于接触过敏原几小时之后（如果接触了毒葛，一般会在 1 ～ 3 天后出疹）。

■ 抗生素、抗菌软膏等药物。

治疗

如果孩子身上出现了很像湿疹的皮疹，医生可能为他进行检查以做出正确诊断并进行恰当治疗。对于某些病例，他还有可能向小儿皮肤科医生咨询，一起帮助孩子解决问题。

尽管没有根治湿疹的方法，但是经过恰当的治疗，病情可以得到控制，湿疹会在几个月或几年后消失。最有效的治疗方法就是防止皮肤干燥、发痒，同时避免接触容易诱发湿疹的物质。要做到以下几点。

■ 经常规律地使用润肤品可以减轻皮肤的瘙痒和干燥。从润肤效果来说，通常软膏优于润肤霜，润肤霜优于润肤乳。

■ 每天让孩子用温水快速洗澡。用了沐浴液后，冲洗 2 遍，冲掉身上残留的沐浴液（沐浴液可能就是一种刺激物）。接下来，在洗澡后 3 分钟内全身抹上润肤品，锁住皮肤表面的水分。

■ 避免穿质地硬或有刺激性的衣服（羊毛或化纤材质的衣物）。

■ 如果湿疹格外痒，可在该区域进行冷敷，然后使用医生开的药。

有很多种可用的处方霜剂或膏剂，可向儿科医生咨询，请他为孩子开可以消炎和止痒的外用药。医生的处方里通常会有一种类固醇药物。使用医生开的霜剂或膏剂时必须严格遵照医嘱。很重要的一点是，不要擅自停药，而要按照规定的疗程用药。

除了外用药之外，孩子还可能需要口服一些抗过敏药物来减轻瘙痒；如果皮肤感染的话，他可能还需要服用抗生素。如果你的孩子经常感染，医生可能会建议用非常稀的漂白剂洗浴，通常是在常规尺寸的浴缸中放水并加入 1/8 ~ 1/2 盖漂白剂。

治疗过敏性接触性皮炎的方法是类似的。虽然一些调查性工作有助于找出过敏原，但是小儿皮肤科医生或变态反应科医生还可能做一系列过敏原试验。做过敏原试验的时候，医生会将用过敏原制成的小型测试性贴片放在患儿皮肤上。如果皮肤发红发痒，就说明该物质可能是罪魁祸首，患儿应避免接触这种物质。

如果孩子出现下述任何一种情况，请你带他看医生。

- 孩子出疹的情况很严重，而且家庭治疗没有效果。
- 存在发热或感染的症状（如水疱、扩散性红斑、黄色痂皮、疼痛、液性渗出）。

食物过敏

虽然很多食物都有可能引起过敏反应，但真正的食物性过敏原比你想象的少得多。食物过敏最容易发生于婴儿，以及有食物过敏家族史的孩子。当发生了食物过敏，任何食物都可能是过敏原，不过某些食物更容易引起过敏反应（见下文）。虽然在大多数病例中食物过敏只引起轻微的症状，但有时可能会危及生命。

虽然任何食物都有可能诱发过敏反应，其中一些却可能是让大多数孩子出现过敏反应的罪魁祸首。牛奶就是其中之一。其他与过敏反应有关的食物如下：

- 鸡蛋；
- 花生和木本坚果（如腰果、核桃）；
- 黄豆；
- 小麦；
- 鱼类（如金枪鱼、鲑鱼、鳕鱼）及甲壳类动物（如虾、蟹）；
- 芝麻。

如果孩子发生了食物过敏，他的免疫系统会放大对一些原本无害的食物蛋白质的反应。一旦进食这种食物，孩子的免疫系统就会视其为"入侵性"物质，并释放出抗体试图清除它。在这个过程中，人体会释放出一种叫作"组胺"的物质和其他化学物质，从而引起过敏症状。

另一种情况叫作"食物不耐受"或"食物敏感"，它比真正的食物过敏更高发。虽然它很容易与食物过敏相混淆，而且这两个概念常常被人们交替使用，但食物不耐受与免疫系统无关。例如，一个乳糖不耐受（一种食物敏感的情况）的孩子是由于其机体缺乏消化奶中的糖分（乳糖）所需的酶，从而胃痛、腹胀和腹泻。

症状

真正的食物过敏指人体对食物中的蛋白质发生反应。反应在进食致敏食物后短时间内出现。食物过敏由轻到重有以下表现。

- 皮肤症状（瘙痒的皮疹、荨麻疹、肿胀）。
- 消化道症状（恶心、呕吐、腹泻）。
- 呼吸道症状（打喷嚏、哮鸣、喉头发紧）。
- 循环系统症状（皮肤苍白、头晕目眩、意识丧失）。

过敏反应由轻到重有不同的程度。如果孩子处于高度过敏状态，那么很少量的致敏食物就可能引起剧烈的甚至致命的严重过敏反应。严重过敏反应可能毫无预兆地发作，而且发展迅速，需要立即用医生开出的"救命针"（肾上腺素自动注射器）自行注射肾上腺素，所以这样的急救药物要一直放在手边。

严重过敏反应的症状包括：

过敏是如何发生的？

当一个容易过敏的孩子暴露于过敏原，他的免疫系统就会在被称作"变应性致敏"的过程中产生一种叫作"免疫球蛋白 E"（IgE）的抗体，然后这种抗体会黏附到皮肤、呼吸道黏膜和小肠黏膜上的肥大细胞上。当孩子再次接触到过敏原的时候，这些细胞就会释放化学递质（如组胺和白三烯）并引起过敏症状。

- 咽喉和舌头肿胀；

- 呼吸困难；

- 哮鸣；

- 血压突然降低，导致面色苍白、嗜睡或意识丧失；

- 皮肤青紫；

- 意识丧失。

（参见第 568 页"严重过敏反应：你该做什么？"。）

诊断和应对

由于一些食物引起的过敏反应会非常严重，所以你如果怀疑孩子有这样的问题，就一定要告诉医生。为了做出诊断，儿科医生会了解你担心的问题，还可能做一些检查，或介绍孩子去小儿变态反应科，专科医生会给孩子再做一些检查。有时候，孩子吃了核桃等坚果并出现荨麻疹以及口唇肿胀，很明显就是食物过敏了。但有时症状不那么明显，比如只出现干燥的皮肤斑块。一些检查，包括皮肤点刺试验和血液检测，可以提供更多信息和答案。

- 进行皮肤点刺试验（或过敏原试验）时，医生会将他怀疑的食物过敏原液体用针刺入孩子后背或前臂的皮肤。20 分钟后医生检查的时候，相应部位可能会发红、肿胀或瘙痒。

- 血液检测可以确定体内是否产生了抗体——免疫球蛋白 E。医生会抽取孩子的一些血液并送到实验室进行检测。

重要的是，医生只用可能引起反应的特定食物对孩子进行测试。除非孩子已发生过敏反应，否则不建议进行全部过敏原的测试。点刺试验或血液检测呈阳性并不足以确诊。医生应该会和你一起讨论孩子的饮食细节，包括你对某些特殊食物的任何顾虑，以便确定做哪些检查，以及怎样理解检查结果。

目前没有治疗食物过敏的方法。食物过敏可能引起威胁生命的反应，避免孩子食物过敏的唯一方法就是避开过敏原。但一段时间后，许多孩子将不再对一些食物（如牛奶、大豆、小麦和鸡蛋）过敏。有些孩子可以耐受某些形式的牛奶和鸡蛋，具体取决于其烹饪或加工方式。有些孩子可以食用松饼等含有牛奶和鸡蛋的烘焙食物而不引起过敏反应。在这种情况下，儿科医生或小儿变态反应科医生可能建议继续定期让孩子吃少量特定的食物（如鸡蛋或牛奶），因为这可能有助于你的孩子脱敏。在其他情况下，儿科医生或小儿变态反应科医生可能建议避免引起孩子过敏的一切食物，并在日后为孩子重新检测，确定他是否依然过敏。一些食物过敏，比如对花生或鱼过敏，不太容易脱敏。对花生过敏的孩子中只有 20% 脱敏或产生耐受性。

即使你已经把所有过敏性食物都从冰箱里清理掉，也保证家里的餐桌上不再出现这样的食物，但如何保证孩子在离开你的照看范围时不受这些食物的威胁是难度更大的挑战。随着孩子长大，你需要与他、他的朋友、朋友的家长、老师和其他看护者进行沟通，告诉他们为什么避免让孩子吃那些特定的食物——他吃了那些食物之后会发生过敏反应。每次购物的时候，你都需要认真阅读食物包装上的标签，看看配料表中是否有会引起孩子过敏的成分。同样，在餐馆里吃饭时，你需要问一下你想要点的菜的原料。虽然问服务员很有帮助，但你最好找厨师进一步确认这些信息。

在调整孩子的饮食的过程中，你可以定期和医生聊一聊如何为孩子补充缺失的营养才能平衡日常营养需求。如果孩子对牛奶过敏，你就需要为他在饮食中添加其他富含钙的食物（如绿叶蔬菜和高钙饮品）。如果你的小宝宝对母乳或配方奶粉过敏，请参阅第 110 页有关选择元素配方奶的内容。

过敏性鼻炎／鼻过敏

如果孩子流鼻涕，眼睛发痒、发红及肿胀，但同时没有其他感冒或感染的症状，那么他有可能患了过敏性鼻炎。这是一种对环境中的过敏原产生的反应。最常见的环境过敏原包括花粉、尘螨、霉菌以及动物皮屑。

和其他过敏一样，这种疾病通常也是遗传而来的。然而，症状可能不会立即出现，对 2 岁以下的孩子来说，呼吸系统季节性过敏（如对花粉过敏）非常少见，因为孩子必须暴露于几个花粉季才会产生过敏反应。

有时候要区分普通感冒和过敏性鼻炎比较困难，因为它们的大多数症状都相同。下面的症状可能提示发生了过敏性鼻炎。

- 打喷嚏、鼻塞、鼻痒和流鼻涕（一般流出的是清鼻涕）。

常见的室内过敏原

来源

宠物（狗、猫、天竺鼠、兔子以及仓鼠）

鱼和爬行类动物是最适合过敏家庭的宠物，因为它们不会引起过敏。

霉菌

在室外，霉菌一般生长在寒冷、潮湿和黑暗的地方，比如生长在土壤、草以及落叶中。在室内，霉菌一般生长在杂乱的储藏室、新近被水泡过的地方、地下室、水暖管道及通风不畅的地方，比如壁橱、阁楼以及很长时间没晾晒的枕头和毯子中。

室内尘螨

很多人都对室内的尘螨过敏，这些尘螨一般出现在家里的寝具（枕头、毛毯、床单及床垫）、装饰品、家具以及地毯中。这些螨虫小到无法用肉眼看见，潮湿的环境（空气湿度超过 50%）有利于其生长。

处理措施

如果孩子对某一种动物过敏，那就最好不要让这种动物进入家门，或至少不要让它进入孩子的卧室。让你的孩子在与宠物玩耍后洗手和洗脸，并在晚上睡觉前洗澡并洗头，这样他就不会带着宠物皮屑入睡。另外，在孩子的卧室里使用高效粒子空气过滤器以清除空气中的过敏原。

消除霉菌的关键是控制空气湿度。避免使用喷雾器、空气加湿器以及带加湿功能的空调。在地下室里放一台除湿器非常有用。如果家里的哪块地毯被洒了很多水，就一定要将其换掉，或彻底晾干。一些消毒液可以消灭霉菌，但是一定要注意将消毒液储存在安全的地方，避免被好奇的孩子找到。

要想减少室内尘螨，主要措施是清除卧室里的尘螨。在床垫和枕头上罩防尘螨床罩，每周用热水洗一次床单以去除床单上的过敏原并杀灭螨虫。保持室内湿度在 50% 以下也可以限制尘螨生长。如果你打算重新布置孩子的卧室，建议拿走卧室里的地毯。

■ 流泪，眼睛发痒、发红或者肿胀。

■ 由于频繁擦鼻涕而出现的鼻梁横纹（过敏性敬礼征）。

■ 流鼻血（见第 673 页"流鼻血"）。

■ 眼下发黑（过敏性黑眼圈）。

■ 因鼻塞而张口呼吸。

■ 疲惫（主要是因为夜间没有睡好）。

■ 经常清嗓或用舌头摩擦上腭。

如果孩子患了过敏性鼻炎，潜在的并发症包括中耳炎和鼻窦炎（见第 663 页"中耳炎"及第 669 页"鼻窦炎"）。另外，如果这种过敏使得孩子眼部不适或揉眼，他就更容易发生眼部感染（见第 729 页）。由于慢性过敏也会影响睡眠，所以有可能影响孩子在学校中的表现。

治疗

如果孩子的过敏性鼻炎已经开始影响他的睡眠、学习及其他活动，请带他就医。为了预防或治疗过敏症状，医生可能建议进行药物治疗，包括使用一些处方类和非处方类的抗组胺药、各种鼻喷雾剂（包括生理盐水）及其他药物。对大多数患儿来说，医生会推荐一种口服抗组胺药，包括氯雷他定、非索非那定和西替利嗪。对更严重或持续的过敏症状，医生可能开皮质激素鼻喷雾剂——每天使用能够预防过敏性鼻炎的症状。

如果孩子的眼睛又肿又痒，而且发红，儿科医生可能还会开一些抗过敏滴眼液。

对过敏的孩子，你可以采取的最好措施就是清除家里所有可能的过敏原。请参见上页，了解常见的室内过敏原。

荨麻疹

另一种过敏性皮肤病是荨麻疹，它的特征是剧痒且会反复发作。荨麻疹是红色、肿胀的丘疹，容易蔓延。单块皮疹通常在大约 24 小时内消退；若皮疹在原位置 24 小时以上不消退，应考虑是否为其他疾病。引发荨麻疹的最常见病因如下。

■ 感染，最常见的是病毒感染。

■ 食物（最常见的是花生、木本坚果、鸡蛋清、牛奶、贝类以及芝麻）。

■ 药物，包括非处方药和处方药（如布洛芬和抗生素）。

■ 蜜蜂等昆虫的叮咬或蜇刺。

至少一半的急性荨麻疹病例无法确定确切的病因。急性荨麻疹可持续 6 周才消退。如果荨麻疹持续时间超过 6 周，则被认为是慢性荨麻疹，可能需要儿科医生或小儿变态反应科医生的进一步评估。食物、药物和昆虫叮咬通常不会引起慢性荨麻疹。

治疗

口服抗组胺药可以消除或至少减轻荨麻疹带来的瘙痒。你很可能需要让孩子持续服药好几天。在这种类型的药物中，有些需要每 4 ~ 6 小时服用 1 次，有些需要每天服用

严重过敏反应：你该做什么？

严重过敏反应（或称"过敏症"）通常是一种急症。它很可能致命，需要立即采取措施治疗。如果孩子出现脸部或喉头水肿以及哮鸣发作等情况，请用自动注射器给他注射肾上腺素，然后立即拨打急救电话或送他去急诊室。只要正确而及时地注射肾上腺素，就能控制大多数严重过敏反应，并且给你争取足够的时间带孩子去急诊室接受进一步治疗。对大多数患儿来说，注射肾上腺素可以快速减轻症状；如果没有起效，5 分钟后你可以再给孩子注射一次。

使用这种自动注射器的时候，你需要把针头按在孩子的屁股上，并保持 10 秒。在医生给你开这种注射器的时候，你一定要向医生或护士问清楚它的使用方法并请他们演示。同时，为孩子所在的幼儿园或学前班准备一份关于孩子情况的说明，告诉看护者如何识别可能危及生命的严重过敏反应，并给他们提供肾上腺素自动注射器以及如何正确使用注射器的步骤说明。记住，注射器内没有用完的药物需要定期更换，所以请检查药物的有效期，并且在补充药物的时候严格按照医生的指导进行。

如果孩子出现了严重过敏反应，注射肾上腺素后你还是应带他去看医生，并且找出引起反应的确切原因，做到有效远离过敏原。如果孩子过去曾经出现严重过敏反应，那你应该给他戴一条医用识别腕带，并在上面写清楚可能引起孩子过敏的过敏原有哪些。

1～2次。另外，对皮肤瘙痒和肿胀的部位进行冷敷可能有所帮助。

如果孩子出现了哮鸣或者存在吞咽困难，请带孩子去急诊室。医生一般会给孩子开可以自我注射的肾上腺素来帮助消除过敏症状。可自我注射的肾上腺素应该随时备好，供孩子将来在家、幼儿园或者学校里出现紧急情况的时候使用（要想了解更多关于这种自动注射器的信息，见上页"严重过敏反应：你该做什么？"）。

预防

医生会尽力想办法确定是什么引发了荨麻疹。例如，荨麻疹是否常常发生于食用特定食物1小时后？或使用了某种药物之后？你的孩子还有其他症状吗？症状消退迅速吗？症状在进食1小时内出现并迅速消退（食物过敏的症状），还是几天到几周后消退（感染的症状）？和医生讨论以便诊断和处理。

昆虫叮咬和蜇刺

孩子对昆虫叮咬或蜇刺的反应取决于孩子对该昆虫所释放毒液的敏感程度。虽然大多数孩子只会出现轻微的症状，但是对某些昆虫毒液过敏的孩子可能出现严重的症状，需要紧急治疗。

总的来说，被昆虫叮咬通常不严重，但有时候被昆虫蜇刺比较麻烦。虽然被很多昆虫（如蜜蜂、胡蜂、红火蚁等）蜇伤可能只会引起局部肿胀和疼痛，但也有可能引发十分严重的过敏反应。跳蚤、臭虫和蚊子叮咬引发的迟发型过敏反应十分常见，虽然会引起不适，但不会危及生命。

治疗

虽然昆虫叮咬会让人有些不舒服，但被叮咬的病灶一般不需要治疗就会在第二天开始消退。为了减轻蚊子、苍蝇、跳蚤以及臭虫叮咬带来的瘙痒，可以进行冷敷，并用炉甘石洗剂或低药效的局部外用皮质激素涂抹被叮咬的部位。也可口服抗组胺药来控制瘙痒。

如果孩子被蜜蜂或胡蜂蜇了，情况可能更严重。蜇刺部位发红、疼痛和瘙痒那就是局部反应。将一块浸泡过凉水的湿布按压在蜇刺部位可以减轻疼痛和肿胀。非甾体消炎药（如布洛芬）可能有帮助。如果症状持续或难以控制，请向医生咨询。如果红肿严重，医生可能给你的孩子开一些口服皮质激素。如果身体的其他区域（或整个身体）发生反应，就表明孩子产生了全身性反应，需要立即就医。如果孩子喉头水肿或呼吸困难，请给他注射肾上腺素并拨打急救电话。

如果孩子捅了蜜蜂窝或胡蜂窝，请带他尽快离开现场，因为这种行为有可能招引更多蜜蜂或胡蜂来攻击。

为孩子修剪指甲并保持指甲短而干净，这样可以降低孩子因抓挠被叮咬部位而感染的风险。如果因为抓挠发生了感染，昆虫叮咬的部位会变得更红、更大、更肿。在一些病例中，父母可能观察到孩子被昆虫叮咬的部位附近出现红色条纹或黄色液体，甚至孩子还出现发热症状。请医生立即为孩子检查发生感染的被叮咬部位，因为这种情况需要接受抗生素治疗。

如果孩子在被叮咬或蜇刺后出现了下列症状中的一种或几种，立即向医生寻求帮助。

- 突然出现呼吸困难。
- 虚弱、萎靡不振或失去意识。
- 出现荨麻疹或全身瘙痒。
- 眼周、嘴唇或阴茎格外肿胀，视力、食欲或小便受到影响。

要预防所有的昆虫叮咬或蜇刺是不太可能的，但通过遵循以下指导原则，还是可以减少孩子被叮咬或蜇刺的次数。

- 远离昆虫筑巢或聚集的区域，如垃圾桶附近、死水池、未盖好的食物（特别是甜食）、果园以及花朵盛放的花园。
- 你如果得知孩子有可能去有昆虫的地方，一定要给他穿上长裤、轻便的长袖衬衫和能遮住脚趾的鞋子。
- 避免给孩子穿鲜艳或有花朵图案的衣服，因为它们很容易吸引昆虫。
- 不要给孩子使用香皂、香水或发胶，因为它们也很容易吸引虫。

驱虫剂一般不需要处方就能买到，不过应该尽量少将它们用到婴幼儿身上。最常见的驱虫剂是避蚊

昆虫叮咬和蜇刺

昆虫／环境	被叮咬或蜇刺部位的特点	特别说明
蚊子 水（池塘、湖泊、供小鸟饮水或戏水的盆形器皿）	瘙痒的红色小隆起，中间有小刺点	蚊子容易被鲜艳的颜色、甜味或汗味吸引
苍蝇 食物、垃圾桶、动物粪便	又疼又痒的疙瘩，有可能发展为小水疱	病灶可能 1 天之后消失，也可能持续更久
跳蚤 地板开裂处、地毯、宠物皮毛	聚集的小疙瘩，一般出现在暴露的部位（手臂、腿部、脸部）	在养宠物的家庭里，有跳蚤是最常见的问题
臭虫 地板、墙面开裂处、家具裂隙、寝具	瘙痒的红色疙瘩，顶部偶尔出现水疱，通常 2～3 个排成一行（和跳蚤的咬伤类似，但会出现在被衣服遮住的部位）	臭虫一般在半夜咬人，不太喜欢在天气冷的时候活动
红火蚁 草堆、草坪、草地及公园	又疼又痒的疙瘩，可能发展为小水疱	红火蚁一般会袭击侵扰它的人
蜜蜂和胡蜂 花丛、灌木丛、野炊区、沙滩	即刻出现疼痛，快速肿胀	少数孩子会出现严重反应，如呼吸困难和荨麻疹／全身水肿
蜱虫 树木繁茂的地方	有可能肉眼看不到，隐藏在头发或皮肤中	不要试图用点燃的火柴、香烟或洗甲水除蜱虫，应用镊子紧紧夹住蜱虫的头部附近，轻轻将其从皮肤中拔出

胺和派卡瑞丁。避蚊胺是一种化学制剂，可用于 2 个月以上的孩子。美国儿科学会建议，儿童使用的驱虫剂中避蚊胺的浓度不应超过 30%。在驱虫剂中，避蚊胺的浓度因产品而异——从低于 10% 到高于 30% 不等。因此，购买时一定要仔细阅读产品标签。驱虫剂最有效的避蚊胺浓度为 30%，这也是医生为孩子推荐的最高浓度。

对被昆虫叮咬或蜇刺后经常起瘙痒丘疹的儿童，局部外用药和口服抗组胺药几乎没有什么作用。对这些孩子来说，穿衣服遮盖身体、给宠物清除跳蚤、使用驱虫剂是最有效的方法。驱虫剂可以有效预防蚊子、蜱虫、跳蚤、恙螨及苍蝇等昆虫的叮咬，但是很难预防蜜蜂和胡蜂的蜇刺。（上页的表格总结了常见的昆虫叮咬和蜇刺的相关知识。）

第18章 行 为

愤怒、打人和咬人

很多时候，孩子的行为会温暖你的心，但是有时候，他的行为会让你抓狂。从发脾气到在房间里四处乱跳，他只是在表达他的感受和需求，尽管他的方式有时不太讨人喜欢。

孩子的行为部分是天生的，也就是说，他生下来就有这种行为方式了。但是除了基因的影响，还有很多其他因素影响他的行为。例如，你的管教方式会影响他的行为，他见到并模仿的榜样以及媒体（包括电视、电影和互联网）也会影响他的行为。家庭环境以及他遭遇的压力和变化，包括新幼儿园或者他的健康状况，同样会影响他的行为。

因此，孩子的行为不是孤立发生的。但是，不管潜在原因或他想传达的信息是什么，他的行为每天都会引起你的注意，所以你不得不应对一些问题。我们成年人都有愤怒和攻击性，孩子也一样。这些冲动是正常和健康的，是孩子的可预见行为的一部分。作为一个刚学会走路或者刚上幼儿园的孩子，他也许缺乏自我控制力，所以不能平和地表达自己的愤怒。相反，他会很自然地发泄出来，比如可能沮丧地打人或者咬人。当孩子经历这个成长阶段的时候，你应该预见到这种行为。

在幼儿期（15 ~ 30 月龄），孩子的语言表达能力（孩子运用语言的能力）和情绪表达能力（表达高兴、愤怒、悲伤等情绪的能力）还没有发育完善。从孩子的角度而言，这个阶段是"了不起的 2 岁"，因为他对自己成长到这个阶段所能掌握的本领感到十分兴奋。他似乎在说："瞧啊，我能做这个。"但结果之一是，当有任何人或事影响他做他想做的事时，他就会感到沮丧，即使他本来也做不成那些事。这种独立性的丧失会立即导致强烈的挫败感，使他失去自我控制力，可能表现为发脾气或其他行为。当这种情况发生时，你需要帮助他控制自己，提高他的判断力和自律能力，以及教他用更容易被接受和合乎年龄的方式来表达自己的情绪。

这对父母来说非常难，因为在"了不起的 2 岁"到来之前，孩子是让人想拥抱的、温暖的、爱互动的、惹人爱的小宝贝。可是现在有些父母甚至想："他真是个野兽，马上就要出来吃了我。"不要认为孩子的行为是在针对你。他只是无法自持而已。这段时间，你的总目标是教他自我控制，为他的行为设立界限，这样他才不会对自己、他人和物品造成损伤，但是不要惩罚他。

虽然很多父母认为管教和惩罚是一回事，但其实不是。管教是一种教育方式，是一种有利于父母与子女关系的方式。你在管教孩子的时候，既要表扬孩子，又要用坚定的语气给他指导，目的是改善他的行为。相反，惩罚是一种消极的方式，即当孩子做了或者没做某件事时，你施加了一个令他不愉快的结果。惩罚是管教的一部分，但只是一小部分。在 3 岁或者更大一些之前，孩子都不懂惩罚的概念。设立界限是一种比惩罚更好的方法，大部分孩子都会听从清楚、冷静和果断的限制性指令。有效的管教策略是与孩子的年龄和发育相适应的，可以教会孩子调节自己的行为，使他免受伤害，增强他的认知能力、社交能力、情绪表达能力和执行能力，并强化父母和其他看护者所教的行为方式。

孩子的行为或脾气经常快速变化，容易受到睡眠、营养和周围环境等众多因素的影响。请记住，虽然幼儿发脾气（见第 588 页）和情绪爆发是完全正常的，但若有任何对孩子本人或其他人造成伤害的事情发生，你都应与儿科医生讨论。

如果孩子忧虑、疲惫或者压力大，他就可能会在短时间内表现出不同或者不寻常的行为，但是如果这种情况持续好几周，或者他特别有攻击性，你就应该向儿科医生咨询了。如果孩子有医疗护理方面的特殊需求，父母可能需要在管教策略方面寻求额外的帮助。制定管教策略前，父母要了解孩子的身体状况、情绪表达能力和认知能力。在某些情况下，向发育行为儿科的医生咨询可能有所帮助。

你可以做什么？

预防行为问题最好的办法就是：在孩子的幼儿期和学龄前期，给他提供稳定和安全的家庭生活，坚定而充满爱的管教，以及全天候的照料。选择可以照顾好孩子的人，他们应该可以成为孩子的榜样，并同意你定下的规矩，包括对孩子的期望和对孩子不当行为的回应。如果你不教孩子规矩，他就永远不会懂规矩，所以这是父母的重要职责之一。幼儿总是喜欢到处触摸和探索，所以如果有些珍贵的东西是你不想让他碰的，你就应该把它们藏起来或者拿走。你可以考虑在家里单独开辟一个区域，供孩子阅读与年龄相符的安全的书籍以及玩玩具。

要想管教有效，你就应该持续地管教，而不应只在孩子做错事的时候教训他。事实上，管教开始于父母用微笑回应孩子的微笑，对孩子积极和恰当的行为回报以赞扬和真诚的喜爱。过一段时间，如果孩子感觉得到了鼓励和尊重，而非贬低和尴尬，在需要的时候，他就会倾向于倾听、学习和改变。正面强化你希望的行为，教给孩子其他的应对方式，比总是简单地说"住手"有效。暂时忽略轻微的不当行为，然后告诉他该怎么做。当孩子以你喜欢的方式表现时，你要给予表扬，让他确切地知道你喜欢的行为是什么，比如"你在图书馆用轻柔的声音说话，这样特别棒"，这样他就会知道他的行为方向。

当你的孩子开始不高兴时，分散他的注意力可能有所帮助。这可以让他摆脱令他烦恼的事情，参与另一项活动，从而帮助他冷静下来。尽量不要通过物质上的好处诱哄孩子以不同的方式行事，而要清晰明确地表达你对他的行为的期望。

记住，年幼的孩子天生缺少自制力。你的孩子需要由你告诉他在生气的时候不应该拳打脚踢或者咬人，而应该用语言表达愤怒。他也需要了解，真实的和想象的侮辱有区别，了解适当维护自己的权利和出于愤怒攻击别人有区别。教孩子这些道理最好的方法是，在他和玩伴起冲突时谨慎地监督他。如果发生的是小冲突，你就站在一边，让孩子们自己解决；但如果孩子们打得不可开交，或者有的孩子似乎无法控制自己的愤怒，开始殴打或者撕咬别的孩子，你就应该干涉。你要把孩子们拉开，直到他们都冷静下来。如果他们特别激动，你就不能让他们再一起玩了。你要清楚地告

诉你的孩子，"谁先打谁"并不重要，伤害别人就是不对的，没有任何借口可找。

为了避免或者尽可能减少危险情况的发生，告诉孩子要用其他方式表示愤怒，而不要用暴力。告诉他要用坚定的语气说"不"，然后掉头走开，或者寻求和解，而非用拳头解决分歧。通过例子告诉他，用语言解决分歧比用暴力更有效，也更文明。表扬他合宜的行为，告诉他用这些策略解决分歧而非拳打脚踢或咬人的时候，他是多么成熟和有风度。而且当他表现得彬彬有礼的时候，你一定要强化和赞扬他的行为。

当孩子行为不得当的时候，使用平静中断法也是一种选择，这种方法在孩子 1 岁时就能使用了。不过，平静中断法只能是你最后的选择。让孩子坐在椅子上或者去一个没有娱乐的"无聊"地方待着，本质上，平静中断法是让他停止错误的行为，冷静下来。简短地向孩子解释你在做什么和你这样做的原因，不要长篇大论。一开始，当孩子年纪还小时，他只要冷静下来了，变得安静且不乱动，平静中断法就可

以结束了。等孩子学会让自己冷静下来（即安静且不乱动），一个很好的经验法则就是，平静中断法实施的时间等于孩子的年龄。也就是说，3岁的孩子应该平静中断3分钟。平静中断结束后，你可以采取正面引导法，也就是说，当孩子行为得当时，你应该给予他大量积极的关注（见第354页"平静中断法/正面引导法"）。

当孩子在你身边的时候，你要注意自己的言行。教育孩子行为得当的最好方法之一，就是控制你自己的情绪。如果你用恰当、平和的方式表达自己的愤怒，孩子就可能会模仿你。但是，有时候你必须坚定地管教他，在这样的情况下千万不要内疚，更不要道歉。如果他感受到你矛盾的情绪，就可能以为自己一直是对的，而你才是那个"坏人"。虽然管教孩子很不好受，但这是为人父母必须经历的。孩子需要知道自己什么时候做错了，这样他才能对自己的行为负责，才会愿意承担后果。

什么时候应该找医生？

如果孩子连续几周都特别有攻击性，而且你不能应付他的这种行为，这时你就应该找儿科医生了。其他的警示迹象如下。

■ 对自己或他人造成身体伤害（造成咬痕、擦伤、头部创伤）。

■ 攻击你或者其他成年人。

■ 被邻居或学校送回家或者禁止玩耍。

■ 你担心他周围的人的安全。

最重要的警示迹象是惹事的频率。有时候，有行为障碍的孩子可以连着几天甚至1～2周都不惹事，并且在这段时间内表现得很可爱，但是极少有孩子能一个月不惹一次事。与孩子的老师、学校和其他看护者保持密切联系，以便监控孩子的行为。

儿科医生能为你提供管教孩子的建议，也会帮你判断你对他的行为的期望是否与他的年龄相符，他在同龄儿童中行为是否正常，或者他是否真的有行为障碍。当孩子真的有行为障碍时，由儿童心理医生、儿童治疗师和/或行为治疗师进行心理健康干预会有所帮助。

儿科医生或其他心理健康专家会与你和孩子交流，还可能在不同的情形下（在家里、在幼儿园、与成年人和其他孩子在一起时）观察孩子。他们将制订一份行为管理方案。并非所有的方法都对孩子有效，所以他们会进行一些尝试和再评估。

一旦找到几种鼓励好行为、阻止坏行为的有效方法，你就可以在家里或者其他地方使用。孩子的进步通常是缓慢的，但是只要父母在孩子的行为障碍刚出现的时候就采取措施，这样的方法还是很有效的。

提示虐待或忽视的行为

儿童的与性相关的行为比许多父母意识到的更正常。多达一半的儿童在 13 岁之前会表现出某种与性相关的行为。尽管如此，许多父母仍然担心这些行为，想知道它们是否表明孩子是性虐待或性侵害事件的受害者。尽管性虐待和忽视都可能导致儿童的与性相关的行为增加，但即使研究儿童虐待的专家也很难判断是否有任何特定行为是由性侵

害引起的。进一步使事情变得复杂的是，孩子可以看到的色情图片和视频越来越多，这些图片和视频也会促使孩子表现出一些行为，而这样的行为是父母并不希望孩子在这样小的年纪就有的。

特别是在学龄前，儿童对身体及其差异感到好奇是很常见的。在这个年龄段，儿童开始意识到并非每个人都一样，他们通常会在比较其他特征（如身高、体重和头发的特征）的情况下，充满好奇地触摸并比较身体部位。孩子在见到新出生的弟弟妹妹、见到父母不穿衣服或观察母亲母乳喂养小宝宝后，可能会表现出更多这样的行为。通常，你只要冷静地向孩子解释这些行为是不恰当的，孩子的这些行为就会消失。不过，你如果担心孩子的某种行为或行为模式，可以向儿科医生咨询。

应对灾难和恐怖事件

灾难性事件（地震、海啸、台风、洪水和火灾等）无论对大人还是孩子来说，都是恐怖和让人痛苦的。

当发生了这样的事，父母应该更多地与孩子交流、安慰孩子，对孩子的需求也应该更敏感。美国儿科学会在其网站上提供了关于父母如何同孩子谈论灾难或其他事件的信息。

父母担心恐怖主义对孩子的影响，包括媒体对恐怖事件的报道可能对孩子造成的影响，是可以理解的。一般而言，最好只告诉孩子一些基本信息，避免告诉他们生动的细节或者不必要的、关于灾难情况的细节。因此，这时最好关闭电视机和儿童可能看到的任何其他屏幕。让儿童远离电视、广播、社交媒体和网络上可能反复出现的图像和声音，这一点尤其重要。如果你既有年龄较大的孩子，也有年龄较小的孩子，对于是否允许他们接触令人不安的新闻，你可能需要对不同年龄的孩子做出不同的决定。你如果决定让大孩子观看网上的新闻或新闻片段，请自己先看一遍，并且适当保护小孩子。

一般而言，孩子都会听从好的建议，但你也要给予他一定的空间，让他决定自己是否准备好接收某些信息。例如，你可以阻止他阅读送

到门口的报纸，但是你阻止不了他看报摊或杂货店里的报纸。如今，大多数年龄稍大的孩子通过社交媒体或手机里的应用软件就可以获取新闻并看到图片。你应该关注这些内容，并且事先采取适当的措施，与孩子谈论他可能听到或看到的内容，并问他是否有任何问题或担忧。

会发生什么？

即使恐怖事件、自然灾害或其他会造成精神创伤的事件发生在千里之外，电视和报纸对这些事件或灾难的报道也会对孩子造成精神创伤。如果灾难真的发生在你家所在的社区，那对你的孩子来说会尤其可怕。

这种灾难的后果之一就是，孩子可能产生创伤后压力反应。每个孩子的症状可能各不相同，这是由孩子的年龄差异造成的。5岁以下的孩子可能表现如下。

- 有睡眠障碍。
- 食欲不振。
- 哭闹、难以安抚。
- 对兄弟姐妹表示蔑视、愤怒或敌视。

- 缠着你，像影子一样跟着你从一个房间到另一个房间，一离开你就很焦虑。
- 做噩梦，拒绝睡在自己的床上。
- 尿床，即使之前你已经教过他夜里怎么小便。
- 有生理反应，如胃痛、头痛等。
- 拒绝去他几个月或几年来都很喜欢的幼儿园。

你可以做什么？

记住，孩子倾向于把事件个人化。他可能认为恐怖袭击或者灾难会降临到自己或家人身上。作为父母，你的基本目标之一就是和他交流，让他感觉自己是安全的。你的语言和行动对安慰他可能很有效，和他谈论这些事件不会增加他的恐惧和焦虑。和他交流的时候，你要使用他能理解的语言。下面是几条你需要谨记在心的准则。

- 倾听孩子的心声。帮助孩子用符合他年龄的语言描述他的感受——也许是"伤心""疯狂"或者"害怕"。不要做出假设，不要忽视他说的话。要接受他的感受。
- 如果孩子不能很好地表达自己，你要鼓励他用其他的方式表达感受——也许是画一幅画，也许是玩玩具。
- 这个年龄的孩子不需要太多关于这些事件的信息。就算他反复问同样的问题，你也不要惊讶。你虽然要对他讲真话，但是不要给他提供过量的信息。
- 如果发生了恐怖袭击，你要告诉他这个世界上有坏人，而坏人是做坏事的。你也一定要告诉他，世界上的大多数人都是好人，所有种族和宗教的大多数人都是好人。这样可以教会孩子包容。
- 如果恐怖袭击发生在其他地方，你可以告诉他暴力行为被限制在特定区域，不在你们的社区。
- 时常检查孩子看的电视节目，特别是当恐怖主义或者其他灾难充满屏幕的时候，检查尤为重要。不管孩子几岁，电视上的画面都可能对他造成心理创伤，所以这个时候你要限制他看任何屏幕。如果他正在看电视，那你一定要在他身边，和他谈谈所看的内容。
- 如果你对发生的事情显得很焦虑，他就会感觉到，而且会觉得事情很棘手。你要在他面前尽可能地保持冷静，而且尽可能地不改变你们的日常生活。例如，如果孩子已经上幼儿园了，继续上学会让他觉得安心。

■ 告诉孩子，帮助那些受到悲剧和灾难直接影响的人很重要。让他帮你送一封信或者一个爱心包裹，告诉他你正在送钱和物资去帮助那些受害者。

■ 如果孩子因为这些事件受到了很大的心理创伤，你就要联系儿科医生。他或许会建议你向专门处理儿童严重情绪问题的心理健康专家寻求帮助。

■ 如果在紧急状况或者灾难到来之前做好应急计划，那么父母和孩子将更容易应对。父母应该准备一份书面的灾难应对计划，并同孩子讨论。在紧急状况或者灾难到来之前与孩子讨论，有助于他做足准备并掌握应对紧急状况或灾难的策略。让孩子参与谈论并帮助他掌握应对和调整的策略很重要。要想获取更多关于帮助孩子灾后应对和调整的信息，请访问相关网站，查看相关倡议与策略。

亲人离世

生活中重要的人的离世，是孩子遭受的最痛苦的事件之一。而如果是父亲、母亲或者兄弟姐妹不幸离世，孩子的消极反应的潜在影响将十分复杂。你可能会看到他的行为上的许多变化，因此你应该注意孩子是否出了问题，是否需要专家的帮助。当发生丧亲之痛时，以下是你需要考虑的几个关键问题。

■ 你应该如实地告知他亲人离世的不幸消息，并且使用符合他所处发育阶段的、他能够理解的语言。

■ 要让孩子明白，表达震惊、难以置信、内疚、伤心和愤怒等情感，是正常和有益的。丧偶的父母或者其他近亲通过与孩子一起分享他们的感情和回忆（如照片和故事），可以减轻孩子的孤独感。

■ 你要让孩子确信，他将得到在世亲人不变的照料和爱，你会充分满足他的需求。此外，你还要让孩子明白，亲人的离世是不可避免的，不是他的错，他不能让死去的亲人复活。父母应该保持日常生活习惯以及对孩子的教导。

■ 参加葬礼为孩子哀悼亲人的离世提供了一条重要途径，前提是孩子的参与得到了适当的支持和解释，并且符合家庭的价值观和行事方式。孩子想参加葬礼的意见应该被考虑。在参与葬礼之前，孩子应该做好准备。参与的方式应该符合孩子的发育阶段。应该让一个值得信赖的人陪同孩子，向他解释葬礼的进程并提供帮助。鼓励孩子以某种参与方式，比如画一幅画、种一棵树或者留下心爱之物，表达对亲人离世的纪念，可以增强孩子的参与感，使这个仪式更有意义。

■ 孩子表达哀痛是一个随着时间推移而发展的过程。一开始的震惊和对亲人离世的否认将演变为持续数周或者数月的哀伤和愤怒。最终，情况理想的话，孩子将接受这个现实并进行相应的调整。

磨牙

磨牙（也称"磨牙症"）可能发生在儿童醒着时，但更常发生在儿童睡着时。大约 1/3 的儿童表现出某种形式的磨牙。儿童之所以养成这种习惯，可能有多种原因，包括精神紧张、异态睡眠（睡眠障碍）、脑损伤和神经功能障碍等。长期磨牙会导致牙釉质磨损、头痛、颞下颌关节问题和咀嚼肌酸痛。有初步证据表明，在大多数情况下，年幼的孩子会自己停止磨牙，不会持续到成年，但有些人可能会持续磨牙直到成年。用于治疗磨牙症的方法取决于其严重程度，可能包括使用夜间护牙套、心理调节技术或药物。儿科医生可能会将你的孩子转给儿科牙医以便管理和治疗。

多动和易分心的儿童

基本上每个年幼的孩子都有一段时间显得容易分心和多动，父母和老师的有效行为管理可能会帮助孩子保持专注。明显的注意力不集中（持续表现出难以集中精力的问题）和过度活跃可能是一种疾病，即注意缺陷多动障碍（ADHD，简称"多动症"）。这种疾病几乎影响了美国 10% 的学龄儿童。有这种障碍的儿童无法集中注意力，很浮躁，总是动来动去，很难保持坐着不动。

他们总是凭一时冲动行事，在听或者看周围发生的事情时也很难集中注意力。他们也可能有睡眠障碍。

仅当儿童在多种情境下（如在家里和学校里）持续表现出症状，才可以诊断其患有多动症。仅在一种情境下表现出症状可能表明其对该环境或关系不适应。父母的期望与孩子的能力发展不同步可能导致孩子沮丧，显得注意力不集中和过度活跃。此外，遭受创伤事件的儿童会出现类似于多动症的症状。

当你的孩子处于幼儿期时，你可能会担心他是不是患有多动症，但是如果把他和同龄的孩子比较一下，你会发现其实他的行为在同龄人中很常见。2~3岁时，儿童显得活跃、冲动、注意力集中时间短，是很自然的。所有的儿童都会偶尔显得过分活跃或者注意力不集中，比如当他们很累、因做某件"特别的"事很激动，或者身处一个陌生的环境或面对一群陌生人很焦虑的时候。但是，患有多动症的儿童明显比同龄人更活跃、更容易分心、更容易情绪激动。最重要的是，他们似乎从来没有一天能保持安静，

而且他们的行为会持续到上小学。由于多动症儿童在学校和其他需要集中注意力的环境中很吃力，因此他们的行为问题会更严重。

虽然大多数多动症儿童智力正常，但是他们总是成绩不好，因为听课的时候他们不能集中精力，或者不能坚持听完。他们在控制自己的冲动和情绪方面发育较慢，在培养与年龄相符的注意力方面也相对落后。他们比同龄人更加爱说话、情绪化、需求多、叛逆和不听话。在童年和青少年时期，他们的行为都会显得不成熟，这会让他们难以在家里、学校里和朋友中做应该做的事。如果没有得到支持和治疗，多动症儿童在培养自我认同感方面会有困难，而自我认同感对于健康和富有成效的生活是必不可少的。

大多数多动症儿童的家庭成员中也有人有同样的症状，这说明该疾病很有可能是遗传的。有时多动症是由影响大脑或神经系统的疾病或问题（比如脑膜炎、脑炎、胎儿酒精综合征和严重早产）造成的。但是，大多数多动症儿童从来没有这些疾病或问题，而且大多数有这

些疾病或问题的儿童也没有患多动症。男孩被诊断患多动症的比例约为 2∶1 或 3∶1。研究表明，一些多动症儿童摄入食品添加剂或接触有害物质（如二手烟或铅）后，病情会加重，表现为更加多动。更多的研究有待进行，但是许多专家建议这些儿童食用健康的全天然食物，并尽可能地避免摄入防腐剂和人工色素。

通常父母或者其他成年人更容易对患多动症的孩子产生消极、惩罚性和控制性反应，因为他们可能不了解多动症的本质。由于长期被批评，这些孩子只会更消极地看待自己，因此充分评估行为问题、找到原因并制订治疗方案非常重要。

不管多动症产生的原因是什么，大家看待、理解和处理这种疾病的方式，以及父母和老师的反应，都会影响孩子。父母如果拥有健康的情绪并且知道如何帮助孩子管理其行为，那么通常能取得最好的结果。

什么时候应该找医生？

确定孩子是否患多动症最好的办法，就是连续几天或几周观察孩子与同龄人相处的情况。因此，那些在托儿所或幼儿园看护他的人是你最好的信息来源。他们能告诉你孩子在群体中的行为是怎样的，他的行为与同龄人比起来是否典型。多动症的警示迹象如下。

■ 对吸引其他同龄人的事物很难集中注意力。

■ 由于注意力不集中，甚至很难按简单的指示完成任务。

■ 很冲动，比如经常不看路就跑到马路中间、打断别的孩子玩耍、不顾后果地乱跑。

■ 不必要地加快活动节奏，比如不停歇地跑或跳。

■ 突然不合时宜地发脾气，比如哭闹、怒吼、打人或者沮丧。

■ 因为被训导的时候没有认真听，导致屡教不改。

如果你和其他人持续观察到上述警示迹象中的几个，你就应该带孩子去看医生。医生会对照多动症的标准，给孩子做检查，以便排除可能导致这些行为的其他原因。然后，医生要么做出诊断，要么为你推荐发育行为儿科医生、心理医生或者儿童精神科医生，他们会做出更正式的诊断。

如果确诊孩子患有多动症，医生或者治疗师会推荐一些具体的行为策略来管理他的行为，并可能建议你通过所谓的行为治疗或者父母行为培训，学习对你自己的行为管理技能进行完善（参见下文"你可以做什么？"）。确保你的孩子每天都有充足的睡眠、适当的营养、充足的运动和充足的户外活动时间，并且限制他看屏幕的时间，这些都可能有助于缓解某些症状。此外，医生可能会推荐服用某些维生素和营养补充剂，比如 ω-3 脂肪酸、铁、锌、甲基化叶酸、维生素 B_{12} 和维生素 D。

医生也可能推荐药物治疗，这取决于行为治疗对孩子是否有效。幼儿和学龄前儿童的变化非常快、非常显著，也许现在还有某个行为问题，但几个月之后这个问题就完全消失了。因此，要看他的问题行为是否持续 6 个月以上，这一点很重要。

要谨记的是，只有在尝试用良好的教导技术和健康的生活方式控制行为之后，才能用药物来治疗多动症更严重的年龄较小的儿童。美国儿科学会建议，对多动症儿童进行任何治疗（特别是用兴奋类药物）之前，要详细了解其病史、家族史，并做身体检查。有时，如果孩子的病史和体检让医生有些担心，医生在开药之前还会建议孩子做心电图检查。

如果孩子患了多动症，作为孩子的父母，你也许听过很多偏方，但是其中一些未经检验或未显示有疗效。在尝试偏方前，你一定要和医生讨论一下，确保你不会浪费时间和金钱，也不会做任何可能伤害孩子的事情。

你可以做什么？

如果你的孩子表现出多动症的症状，可能说明他不能控制自己的行为。他在匆匆忙忙或者特别兴奋的时候，可能惹事或者破坏财物。要管教孩子，你需要采取有效而富有建设性的措施。如果措施有效，孩子的行为会得以改善；如果你的措施是富有建设性的，就能增强孩子的自我认同感，使他更可爱。下面的表格提供了应对多动症儿童常见问题的有效和有建设性的措施。

很重要的一点是，当孩子行为不当时，你要立即做出反应，而且要确保其他看护者也立即做出反应。管教意味着教会孩子自我控制。如果措施很有效，你基本上不用惩罚他。不要打孩子屁股或者扇巴掌，这不是在鼓励他自我控制，反而是在加强他对自己负面形象的认知，而且加深了他对你的怨恨；同时，这种方式会告诉他打别人没什么大不了的。你应该认可和指出他的得当的行为（也就是抓住他的闪光点），学会主动忽略他的那些不危险的不当行为，这种方法从长远来说更加有效。患有多动症的孩子可能非常难管教，父母要在这方面寻求帮助和指导。

有效管教

孩子的行为 *	你的反应	
	有效的措施	有建设性的措施
发脾气	采用平静中断法，并且走开	当孩子冷静下来后，用适合他年龄的方式讨论这件事
过度激动	用另一项活动转移他的注意力	当孩子冷静下来后，用适合他年龄的方式讨论这件事
打人或咬人	立即让他离开现场，或让他打消这种想法	用适合他年龄的方式讨论他的行为对自己和他人造成的后果（痛苦、受伤、糟糕的感觉）；得到简短的回应后，采用平静中断法，让他冷静一会儿
注意力不集中	进行眼神交流，吸引他的注意力	确保你的期望对孩子的发育水平来说是合理的（让他听一个时长 3 分钟的故事，而非 10 分钟的；不要强迫他在整场礼拜仪式中都坐着）
拒绝捡起玩具	除非他完成这项任务，否则不让他玩	向他示范怎样完成这项任务，并且帮他一起完成；他完成后，表扬他

* 注意，在所有这些情况下，你都要想想什么因素会导致或者延长这些行为：孩子需要关注吗？他是太累、太担心，还是太害怕？你自己的情绪或行为是怎样的？记住，要表扬孩子好的行为和进步。

非营养性吮吸

非营养性吮吸（吮吸安抚奶嘴、拇指或其他手指）的习惯在婴儿和幼儿中很普遍——一半以上儿童在生命早期都有这种行为，这很大程度上是所有婴儿出生时正常觅食反射和吮吸反射的表现。有证据表明，一些婴儿甚至在出生前就吮吸手指，还有一些婴儿特别爱吮吸手指，一出生就开始吸。有些很小的婴儿会吮吸拇指或其他手指来使自己平静下来，这样可以满足他们对接触的渴望，并让他们感到安全。

因为吮吸是正常的反射，所以吮吸安抚奶嘴、拇指或其他手指被认为是婴儿的正常习惯。除了具有安抚作用外，合理的使用安抚奶嘴还可以降低婴儿猝死综合征的发生风险，并且大多数使用安抚奶嘴的婴儿都没有养成吮吸拇指或其他手指的习惯。建议你的孩子1岁后就停止使用安抚奶嘴，因为此时婴儿猝死综合征不再是高风险疾病，并且这样做的话，孩子之后也不太可能对吮吸拇指或其他手指产生兴趣。

超过一半的吮吸手指的婴儿在6～7个月大后就不吸手指了。有时候，年幼的孩子仍会偶尔吮吸拇指，特别是在他们非常缺乏安全感的时候，这个现象甚至会持续到8岁左右。除非孩子4～5岁了还在吮吸手指，否则不用担心。但5岁后还吸手指的话，会对口腔上腭以及牙齿的排列产生影响，而且这时孩子开始受到社会压力的影响，比如来自玩伴、兄弟姐妹和亲戚的消极评价等。如果这些因素都让你担心，你就应向儿科医生咨询应对的方法。

你可以做什么？

父母能帮孩子改变一些习惯，比如吮吸手指，但是这需要时间。在开始采取任何措施前，你应排除会延长这个习惯的因素，比如严重的情绪和压力问题。另外，你的孩子应该有能力理解为什么吮吸拇指可能会成为问题，并且必须停止这种习惯动作。亲友可能建议你使用安抚奶嘴，但没有证据表明这是有效的，而且这只是用一个吮吸习惯代替另一个而已。

由于习惯动作通常是无意识的，因此你要做的第一步是帮助孩子形成对习惯的认知。当你看到孩子吮吸拇指时（尤其是在白天），你可以温和地提醒他，帮助他开始这一认知过程。你还可以让他在照镜子时故意吮吸拇指，使他了解自己在做什么。接着，你和孩子需要共同努力找到替代这一习惯的做法，比如捏压力球或小毛绒玩具，甚至只是深呼吸。之后，每当看到孩子开始吮吸拇指，你都应该引起他的注意并建议用其他习惯来替代。假如他做到了，你就要称赞他。过一段时间，他应该能够养成新习惯。

有些儿科医生建议设置一系列可能实现的目标（如睡觉前 1 小时内不吸手指，然后是晚饭后不吸手指，最后是一整天都不吸手指），并且父母在孩子实现目标时予以表扬或奖励，这样可以促使孩子戒掉吸手指的习惯。

在一些情况下，如果孩子的颌骨生长明显变化或牙齿很不整齐，而上述的方法都不起作用，儿科牙医就会在孩子的口腔中安装一个横跨上腭的装置，用于提醒孩子改掉吮吸的习惯，并降低这种习惯所起的安抚作用。用其他方法也可以得到这一结果，比如用袜子、绷带或胶带缠住孩子的手指来提醒他停止吸手指，但通常不太有效。非常重要的是，不管你用什么方法，只有孩子自己愿意改掉吸手指的习惯，你才会成功。

虽然只有少数孩子因为这样或那样的原因，似乎改不了这个习惯，可你的孩子也许就是其中之一。如果是这种情况，要切记，对孩子施加过大的压力、强迫他改掉这个习惯也许适得其反。但是请相信，入学之后，孩子会因来自同龄人的压力飞快进步，最终改掉白天吸手指的习惯。

发脾气

作为一个成年人，你已经学会在某些场合控制自己强烈的情绪，但是学龄前儿童还没学会。孩子发脾气对你和他自己来说当然不是让人高兴的事，但这是大多数学龄前儿童正常生活的一部分。当孩子第一次因为不能随心所欲而大喊大叫、拳打脚踢，你可能感到生气、沮丧、丢脸，或者被吓到了。你会想你哪根筋有问题，竟然生了这么个可恶的小东西。放心，他的这种行为不是你的错，而且通常来说，发脾气并不是严重的情绪或人格障碍的症状。几乎所有的孩子偶尔都会这样，特别是2~3岁的孩子。如果处理得当，4~5岁时孩子发脾气的强度和频率都会降低。

本章"愤怒、打人和咬人"部分（见第573页）阐述了孩子情绪的发展，这对发脾气的情况也基本适用。发脾气往往是沮丧的一种表现。孩子想要更独立，但这一想法超过了他的能力和安全允许的范围，而他很讨厌被限制。他想自己做决定，但又不知道如何妥协，也不知道如何处理失望或受限的问题。他也不能很好地用语言表达自己的感受，所以有时通过哭闹或退却、有时通过发脾气来表达自己的愤怒和沮丧。这些情绪的表达虽然令人不快，但是一般没什么危险。

孩子发脾气的时候，你一定会有所察觉。有时在发脾气前，他会显得比平时闷闷不乐或暴躁，而且温柔的爱抚和陪他玩耍都不能改变他的心情。他可能很累、很饿，或者很孤独。然后他会尝试去做或希望去做一些能力之外的事，或者要求他得不到的东西。他会开始呜咽或抱怨，并且变得更难哄。什么东西都不能让他转移注意力，也无法安抚他，最终他会哭闹。随着哭声越来越大，他开始拳打脚踢。他可能倒在地上，屏住呼吸——有些孩子真的会屏住呼吸，以致脸色发青甚至晕厥。虽然看着孩子屏住呼吸很恐怖，但是他一旦头晕就会正常呼吸，而且很快就会完全恢复。孩子可能还会用头撞地，有时用力过大甚至会导致擦伤。

如果孩子只有在你在他身边的时候才发脾气，不要吃惊——大多数孩子都只想在父母和其他家人面前表现一下，很少在有外人的时候还发脾气。他也在试探你的规矩和底线，但是他不敢对那些他知之甚少的人这样。当他因行为太过分而被你制止时，他就会发脾气。不要以为他故意针对你发脾气——请努力保持冷静，并理解这种行为。相反，他偶尔向你发脾气正好证明他信任你。

这种情绪爆发是一种能量的释

放，通常发完脾气后孩子都很累，不一会儿就睡着了。他醒来后通常就冷静下来了，很安静，而且心情不错。但是，如果他生病了或者他周围的人关系很紧张，这种沮丧就将再一次累积。焦虑、生病、容易激动、睡眠太少的孩子，或者面临家庭压力的孩子，通常更加容易发脾气。

预防

你不能预防孩子每次的脾气爆发，但是如果能避免让孩子过于疲惫、焦虑或者沮丧，就能减少他发脾气的次数、缩短持续时间以及降低强度。如果孩子没有足够的"安静时间"，他的脾气就会变坏，特别是当他生病、焦虑或者过分活跃的时候。即使他睡不着，让他躺15 ~ 20分钟也有助于他恢复精力，减少因疲惫而发脾气的可能。睡眠不足的孩子可能特别容易发脾气，所以他每天需要有这样一段"安静时间"。如果孩子拒绝，你可以和他一起躺着或者给他讲个故事，但是不要让他过多地说话或玩耍。

如果父母没有定下合适的规矩，或者规矩过分严格，或者忘了强化孩子好的行为，孩子就会频繁、激烈地发脾气。采取适度措施的父母通常能收到较好的效果。最好定下较少的规矩，但是坚定不移地执行。如果是小事，你可以允许他有自己的主张，比如他想慢慢地溜达到公园，而非急匆匆地赶过去，或者他不想在早餐前穿好衣服。但是，如果他跑到马路上，你就一定要阻止他，并坚定地让他听你的，哪怕你需要强行把他拉回来。你要爱他，但每次他犯错，你都要坚定地做出同样的反应。他不可能立即学会这些重要的教训，所以你要准备好重复这些干预措施很多次，直到他的行为改变。而且，你要确保看护他的其他成年人都执行相同的规矩，并采取同样的方式管教他。

预防孩子发脾气的最佳策略之一就是提供合适的选择。你可以问他："你是想我读书给你听，还是穿好衣服去公园？"显然，每个选择都必须是可能的和合理的（有时候公园可能去不了），你还需要保持一定的灵活性。或者，在冬天，如果你想带孩子出去玩雪，可他不愿意穿羽绒服，该怎么办呢？在这种情况下，你可以问他："要么你穿上羽绒服，要么你自己拿着，或者我帮你拿着。你选哪个？"一出门，他很快就会意识到冷，这时他就想穿上羽绒服了。

你可以做什么？

当孩子发脾气的时候，你自己保持冷静是很重要的。如果你自己大声、愤怒地爆发，孩子就会自然而然地模仿你的行为。如果你吼着叫他冷静，就只会让情况更糟。保持平和会缓解紧张气氛，让你和孩子都感觉更好、更能自我控制。事实上，有时温和地说出制止或者转移注意力的话，比如"你看到那只小猫在干什么了吗？"或者"我想我听到门铃响了"，会打断孩子屏息的行为，从而防止他晕厥。

有时，如果你感到自己就要失控了，幽默也许能起作用。把一场关于洗澡的争吵变成一场冲向浴室的赛跑，或者把塑料杯或塑料碗当作新的浴盆玩具。不要生硬地说"把你的玩具捡起来"，而要一边说一边做个鬼脸，或唱首傻气的歌。除非孩子极其暴躁或者疲惫，否则带点

儿趣味和搞怪意味的管教会让他容易顺从，也会让你感觉好些。

有些父母每次对孩子说"不"的时候都会感到内疚。他们总是很努力地向孩子解释规矩，或向孩子道歉。即使孩子只有2~3岁，他也能感觉到父母语气中的不确定，而且他会试着去利用这种不确定。如果父母屈服了，那么孩子下次不能如愿的时候，就会发更大的脾气。你没有理由因为执行自己定的规矩而感到抱歉，这只会让孩子难以分辨哪些规矩是必须遵守的，而哪些是可以质疑的。但这也不意味着你在说"不"的时候要表现得很凶，你只要明确地表示自己的立场就行。随着孩子长大，你可以简单地解释定这些规矩的原因，但是不要长篇大论，这会让他更困惑。

你定的规矩要建立在孩子不伤害自己或者损坏财物的基础上，而且其他所有看护孩子的人都应该认同这些规矩。选择处理方式也很重要。有时，管教幼儿会引发冲突，这违背了你减少和避免冲突的目标。当你让孩子做一些违背他意愿的事时，你可以和他一起做。你如果要

孩子收拾好他的玩具，可以主动帮他收拾。你如果告诉他不要把球扔向窗户，就告诉他可以把球扔到哪儿。你如果警告他不要摸滚烫的烤箱门，要么把他弄出厨房，要么守着他，确保他真的把你的话听进去了（千万不要对一个 2 ~ 3 岁的孩子下一道关于安全的指令后就离开他身边）。

最后，使用第 354 页介绍的平静中断法，给孩子一些时间，让他冷静下来并控制自己。让他单独待在一个地方，不参与家里的其他活动，明确告诉他你不能接受他的行为（但是你仍然爱他）。给他冷静的时间和你说的话有助于他理解为什么你要这么做。

什么时候应该找医生？

虽然幼儿偶尔发脾气是正常的，但是发脾气的频率和强度在 4 岁半的时候应该降低。不发脾气的时候，孩子的行为应该与同龄人的相似，并且孩子看起来很健康。不管什么时候，孩子都不应该伤害自己或他人，或者破坏财物。如果脾气爆发很突然、很频繁，或者持续很长时间，就可能是情绪障碍的早期症状。

如果孩子表现出以下情况之一，请向儿科医生咨询。

■ 4 岁以后，发脾气的情况持续不变或者更严重。

■ 孩子在发脾气的时候伤害自己或他人，或者破坏财物。

■ 孩子经常做噩梦、极端叛逆、拒绝如厕训练、头痛、胃痛、拒绝吃饭、拒绝上床睡觉、极端焦虑、性情乖戾或者总是缠着你。

■ 孩子在发脾气的时候屏住呼吸并且晕厥。

如果孩子屏住呼吸并且晕厥，医生可能给他做检查，看看是不是其他原因导致了晕厥，比如抽风（见第 792 页）或铁缺乏症（与屏气有关）。儿科医生还会对管教孩子提出建议，或者向你推荐父母培训团体，他们能提供更多的支持和指导。如果儿科医生认为孩子发脾气是严重情绪障碍的表现，他会让你去找儿童精神科医生、心理学家或去精神健康诊所。

抽动症和刻板行为

抽动症和刻板行为都表现为重复做某个动作（如眨眼等），通常每次看起来或听起来大致相同。尽管它们看上去令人不安或不舒服，但通常给父母造成的困扰比对孩子造成的困扰更大。在某些情况下，患抽动症和有刻板行为的孩子可能有或之后出现其他的发育问题或精神问题。

刻板行为通常在孩子3岁之前出现，而且通常出现在孩子的手臂、手或整个身体，比如表现为有节奏的手臂摆动、身体摇晃和手指扭动。有时，随着刻板行为的发生，孩子的身体可能紧绷，嘴巴张开或发出声音。这些动作往往每天出现多次，会短时间内突然或随机出现，并且可能持续数月至数年。刻板行为可能发生在某些情况下，比如当孩子专注于某件事时，兴奋或紧张时，父母很容易观察到。孩子并非有意为之，他只是觉得自己好像必须这样做或想这样做，就自然而然地做了。在做这些动作时，孩子似乎愣神或暂时没有反应，但与抽风不同的是，你可以打断并阻止他。尽管有些孩子可以很快摆脱这样的行为，但有些孩子可能会持续很多年，有的甚至一直持续到成年。

抽动症通常在孩子3～8岁时发病，最初影响面部肌肉或负责发声的肌肉，表现包括眨眼、嘴巴张开、眼睛睁大或斜视、头部颤动、清嗓、抽鼻子、咳嗽或发出呼噜声。尽管对看护者而言，这些行为似乎是突然出现的，且一出现就已经比较严重，但实际上这些行为通常是逐渐出现的。其他疾病、家庭压力或社会压力可能使病情加重。当孩子焦虑、紧张、睡眠不足或者无所事事时，情况会更糟。当孩子专注于身体活动（如体育运动或乐器演奏）时，这些行为可能变得不那么频繁。随着时间的推移，抽动症会出现、消退，并逐渐改变表现形式。患儿通常反映，症状发作时他们会有一种感觉或冲动，并且一些抽动行为是自发反应，至少可以短暂地受到抑制。这些行为可能持续很多年，有时甚至持续至孩子成年。

抽动症偶尔发作且持续时间短于1年，可诊断为临时性抽动症。

抽动症持续时间超过 1 年并倾向于较晚发病（比如从小学低年级时开始发病，而非在上幼儿园时发病），可诊断为慢性抽动症。原发性慢性抽动症被称为"抽动秽语综合征"，儿童表现出动作抽动和声音抽动。声音抽动可能包括不由自主地说出单词或短语（有时会说粗话）。慢性抽动症通常与其他疾病（包括多动症、强迫症和焦虑症）有关。

抽动症若以一种剧烈的形式突然发作，就会令父母和其他看护者非常担忧。若孩子爆发式发作，父母可能需要考虑他是否患有另一种疾病——与链球菌感染相关的儿童自身免疫性神经精神障碍（PANDAS，俗称"熊猫病"）。当强迫行为和抽动行为突然急剧发作，且与链球菌感染（化脓性链球菌感染）发生的时间相近时，可以诊断为 PANDAS。自身免疫反应以及链球菌感染是否与 PANDAS 有关，目前仍存在争议。所有 PANDAS 病例都是独特的，其治疗因病因和症状而异。大多数情况下，随着孩子长大，症状会逐渐变轻。与儿科医生讨论可用的治疗方案，以及诊断和治疗的最佳方法。

你可以做什么？

一般来说，除非刻板行为和抽动症干扰幼儿园、学前班的活动或孩子的其他活动，引起孩子身体上的痛苦并给孩子带来严重的社交困扰，否则不需要治疗。有时，父母觉得孩子的抽动症很烦人，因此想说："停止这样做。"但这么说不太可能有用。如果儿科医生认为心理因素或药物因素使孩子的刻板行为或抽动症更加严重，孩子就需要治疗。努力减轻孩子生活中的压力、忧虑和冲突，可能有助于减轻抽动症的严重程度。

对于慢性抽动症，儿科医生可能会开药或为你推荐专科医生。心理医生的认知行为疗法对减轻抽动症的严重程度也有效。

第 19 章　胸部和肺部问题

细支气管炎

细支气管炎是一种发生于肺部小气管（细支气管）的感染性疾病，是婴幼儿常见疾病之一。（注意：细支气管炎有时候容易和支气管炎混淆，支气管炎一般发生于稍大的、更接近中央气道的支气管。）

尽管其他病毒也可能引起细支气管炎，但引起细支气管炎最常见的原因是呼吸道合胞病毒（RSV）感染，这尤其容易发生在当年10月或11月至次年3月之间。

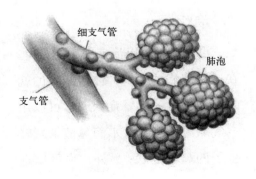

细支气管

肺泡

支气管

症状和体征

几乎所有孩子在3岁之前都会感染 RSV，其中大部分孩子一般只发展为上呼吸道感染（感冒），出现流鼻涕、轻微咳嗽等症状，偶尔发热。糟糕的是，在少数婴儿中，尤其是在1岁以下的婴儿中，RSV 感染会导致细支气管发炎和肿胀。当这种情况发生时，1 ~ 2 天之后，患儿会咳嗽加重，呼吸加快，并且出现呼吸困难的症状。

如果你的孩子出现了下述任何一种呼吸困难的症状，或者发热持续 3 天以上（或 3 个月以下的婴儿只要出现发热），你就应立即带孩子就医。

- 每次吸气或呼气时发出高调的、哨声般的声音（医学上叫作"哮鸣音"）。

- 肋骨和胸骨之间及周围的皮肤凹陷。

- 孩子因为呼吸费力而在吮吸和吞咽方面出现困难，从而不能喝下液体。

- 孩子的嘴唇或手指甲发青。这提示呼吸道阻塞，没有足够的氧气进入肺部并被运送到血液中。

孩子如果出现了下述任何一种脱水（机体缺水）的症状（脱水也有可能发生在细支气管炎患者身上），你也应该带孩子看医生。

- 嘴唇发干。

- 液体摄入量少于平时的正常摄入量。

- 哭的时候没有眼泪。

- 小便量少于平时的正常的量。

- 昏昏欲睡或者不像往常一样活动（不再玩耍、微笑或与其他人互动）。

如果存在以下任何一种情况，你也应该带孩子就医。

- 当你怀疑孩子患细支气管炎时。

- 孩子持续咳嗽、流鼻涕（1 周后症状没有改善）。

- 孩子呼吸困难。

- 孩子患某种基础疾病，如：
囊性纤维化；
先天性心脏病；
支气管肺发育不良，见于大多数早产儿以及出生后使用过呼吸机的婴儿。

- 孩子免疫力低下。

- 孩子接受过器官移植。

- 孩子因肿瘤接受过化疗。

治疗

没有药物可以治疗细支气管炎。在这种疾病的早期，你所能做的就是减轻孩子的感冒症状。你可以用空气加湿器以及盐水滴鼻液来减轻孩子的鼻塞症状；另外，你可以选择用吸鼻器为孩子轻轻地清理鼻腔。咳嗽是机体清理肺部的一种方式，正常情况下咳嗽不需要用止咳药来治疗。

如果孩子发热且大于 3 个月，你可以按药品说明书让孩子服用儿童对乙酰氨基酚（泰诺林）；如果孩子大于 6 个月，你可以按说明书让孩子服用儿童布洛芬（美林）。同样，为了避免孩子脱水，你一定要保证孩子摄入足够的液体。孩子这时可能更喜欢喝清水，而不太喜欢喝牛奶或配方奶。由于呼吸困难，孩子在吃奶或进食其他食物的时候可能慢一点儿，或每次都吃得少一点儿，但是吃的次数会增加。孩子也可能由于食欲减退而少吃固体食物。通常来说，孩子在生病时只要能多喝水以防脱水，少吃固体食物就没有太大问题。

与哮喘治疗相反，目前尚未显示呼吸治疗对细支气管炎患儿有帮助。儿科医生可能会尝试一些扩张肺支气管的治疗措施（使用支气管扩张药），以及使用皮质激素（通过吸入或口服药物以减轻炎症），看是否有所改善。但对单纯患细支气管炎的孩子来说，这些药物不能使其免于住院，也不能改变其病程。如果你的孩子呼吸困难、进食困难或出现脱水迹象，儿科医生可能会让你将孩子送到医院的急诊室，接受其他支持治疗。

预防

保护孩子免于患细支气管炎的最好办法就是让他远离那些会引发疾病的病毒。可能的话，应让他避免密切接触患有呼吸系统感染性疾病且处于病程早期（传染期）的孩子或成年人，特别是在你的孩子还处于婴儿期时。大一些的孩子或成年人患轻度感冒也会引起婴儿的呼吸问题。如果孩子所在的幼儿园可能有病毒流行，你一定要要求看护人员经常彻底洗手。婴儿不能暴露于二手烟环境中，因为这会增高感染的风险。

如果你的孩子年龄在 2 岁以下，且由于早产（妊娠期少于 29 周）或某种健康问题而处于高风险中，那么可以通过注射药物来预防严重的RSV 感染；在 RSV 感染高发季节之前和其间的 3 ~ 5 个月，每个月给药一次。儿科医生会告诉你，你的孩子是否可以从中受益。

咳嗽

咳嗽是儿童呼吸道不适最常见的一种症状。当咽喉、气管或肺部的神经末梢受到刺激时，人体就会产生一种神经反射，迫使气体通过呼吸道咳出。

咳嗽经常伴有感冒（见第 660 页）。如果孩子患了感冒，他咳嗽时可能有痰，也可能只干咳。如果伴有流鼻涕，那么咳嗽持续的时间可能比流鼻涕持续的时间长，长达 2 ～ 3 周。

其他呼吸系统疾病也可能引起咳嗽，其中包括细支气管炎（见第 595 页）、哮吼（见第 600 页）、流行性感冒（见第 602 页）或肺炎（见第 604 页）。儿科医生通常可以通过咳嗽声判断可能的病因。例如，由诸如哮吼之类的疾病引起的对喉头（发声部位）的刺激，会引起听起来像狗或海豹叫的咳嗽声；而对较大的呼吸道（气管或支气管）的刺激，会引起更深沉、更刺耳的咳嗽声。

如果你的孩子还是非常小的婴儿，除了偶尔咳嗽，他还有其他的异常表现，那你一定要认真对待，需要带他去看儿科医生。如果你的孩子咳嗽并伴有发热且呼吸困难（呼吸太快、太慢或有杂音，或者你观察到在孩子吸气时，他的肋骨和胸骨之间及周围的皮肤凹陷），那他可能患有严重的肺部感染（如肺炎）。如果他有这些症状，请立即带他去看医生。

过敏和鼻窦炎会引起慢性咳嗽，因为鼻腔分泌物有可能向下进入咽喉后部（这叫"上气道咳嗽综合征"），引起难以停止的干咳，而且这种咳嗽常在夜间孩子躺下后发作。如果孩子只在夜间咳嗽，那他有可能患了哮喘（见第 552 页）或胃食管反流（胃内容物反流到食管，引起不适和咳嗽）。

还有一些与咳嗽有关、会影响孩子的其他问题。

■ 任何一种有别于平时偶尔发生的婴儿咳嗽都应该引起足够重视。最常见的病因是感冒和细支气管炎，这两种疾病都会在几天之后好转。父母应该注意观察孩子是否有呼吸困难的症状并在需要时就医。呼吸困难的症状不仅包括呼吸加快（特别是在夜间），也包括肋骨和胸骨之间及周围的皮肤随着呼吸凹陷。

■ 有时候婴儿咳嗽过于严重，会出现呕吐症状。一般来说，婴儿吐出来的都是液体和固体食物，但呕吐物里也可能有一些黏液，特别是当婴儿患感冒或哮喘发作时。

■ 哮鸣是呼吸时伴有的一种高调鸣音，出现于胸腔内呼吸道被阻塞时。这是哮喘的症状之一，但如果孩子患细支气管炎、肺炎或某些其他疾病，那么也有可能出现这样的症状。

■ 患有哮喘的孩子一般会同时出现咳嗽和哮鸣。这有可能发生于孩子白天活动、玩耍的时候，或者发生于夜间。咳嗽声可以直接被听到，但哮鸣音可能只有医生用听诊器才能明确被听到。一般来说，在患儿使用了治疗哮喘的药物后，咳嗽和哮鸣都会有所好转。

■ 咳嗽一般会在夜间加重。若孩子在夜间咳嗽，则有可能是由咽喉不适或鼻窦炎引起的。哮喘是另一种可能引起夜间咳嗽的原因。

孩子突然咳嗽，可能是因为一些固体食物、液体或其他物件（如硬币或玩具等）"走错道"，误入了呼吸道。这时发生的咳嗽有助于清除呼吸道中的异物。然而，如果孩子持续咳嗽几分钟以上，或者出现了呼吸困难，父母就应立即寻求医疗救援。父母不要把手伸到孩子嘴里试图抠出呼吸道中的异物，因为这样有可能把异物推到呼吸道下方，加重阻塞（见第692页"呼吸道异物阻塞"）。

什么时候应该找医生？

如果你的孩子咳嗽且不到2个月大，你必须带他就医。如果你的孩子稍大些，咳嗽时出现如下一些情况，你也应该立即向医生咨询。

■ 呼吸困难。

■ 疼痛，持续时间长，伴有吸气性吼声、呕吐或皮肤青紫。

■ 进食和睡眠受到影响。

■ 咳嗽突然出现，伴有发热。

■ 孩子被食物或其他物体呛到后咳嗽（见第692页"呼吸道异物阻塞"）。在大约50%的病例中，当异物（食物或玩具）被吸入肺部后，咳嗽有可能在几小时或几天后才发作。

儿科医生会努力确定引起孩子咳嗽的病因，最常见的病因是上呼吸道病毒感染。如果咳嗽是由感冒或流感之外的疾病（如细菌感染或哮喘）引起的，那么治疗原发病是非常重要的。少数情况下，如果引起慢性咳嗽（持续时间长于 4 周）的病因并不明确，医生就需要做进一步的辅助检查，比如胸部 X 线检查，甚至是结核病筛查。

治疗

咳嗽用什么方法治疗取决于病因。用冷雾加湿器增加空气湿度能让孩子舒服一些，特别是在夜间。然而，一定要确保每天早上按照说明书彻底清洗加湿器，否则它将成为有害细菌或真菌滋生的温床。

与过敏或哮喘有关的夜间咳嗽可能带来很大问题，因为这会打扰整个家庭的睡眠。如果孩子夜间咳嗽的病因是哮喘，父母可以根据医生的指导给孩子用一些支气管扩张药或其他治疗哮喘的药。

虽然很多止咳药不需要处方就可以购买，但美国儿科学会的立场是，这些止咳药对 6 岁以下的儿童是无效的，还有可能引起严重的副作用。

哮吼

哮吼是一种喉头和气管的炎症性疾病，患儿会在吸气时发出类似于狗叫的声音或高调的声音。通常哮吼是由病毒引起的，最常见的病毒是副流感病毒，其他较不常见的病毒是流感病毒、RSV、腺病毒和肠道病毒。这种疾病通常源自其他感染者，致病的病毒有时通过飞沫传播，有时则通过孩子的手传播（孩子接触病毒后触摸自己的鼻子或嘴，使病毒进入体内）。

一般来说，哮吼高发于秋冬季，而且高发于 3 个月到 3 岁的婴幼儿。一开始，患儿有可能出现鼻塞（像患感冒一样）和发热。1～2 天之后，咳嗽声开始变化，变成类似于狗或海豹叫的声音。咳嗽会在夜间加重。

哮吼的最大危险是可能使孩子的呼吸道肿胀、气管狭窄进一步恶化，从而使孩子呼吸更加困难。随着孩子因费力呼吸而变得愈发疲惫，他有可能停止进食和饮水。同样，他也有可能因为过于疲惫而不能咳嗽。有些孩子一旦患了呼吸系统疾病，就非常容易出现这种哮吼样的咳嗽症状。

治疗

如果你的孩子出现了轻微的哮吼症状，你在给他洗澡时应该提高水温以增加浴室内的水蒸气，或者带他去有水蒸气的浴室（如桑拿房），关上门，陪着他在里面坐一会儿。吸入暖和而湿润的空气可以在15 ~ 20分钟内改善孩子的呼吸。如果天气情况允许，你也可以晚上带他到户外呼吸一下凉爽、湿润的空气。当他睡觉的时候，你可以在他卧室里使用冷雾加湿器。

不要试图用你的手指来帮孩子扩张呼吸道。孩子的呼吸受阻是因为内部的组织发生肿胀，你无法用手指来解决问题。这种咳嗽的确有可能引发呕吐，但千万不要人为地让孩子吐出来。密切关注孩子的呼吸。如果孩子出现了以下情况，立即带他去最近的急诊室。

- 似乎十分费力才能呼吸一次。
- 因不能正常呼吸而无法说话。
- 嗜睡。
- 咳嗽时脸色青紫。

儿科医生可能开各种药（通常是皮质激素）来帮助孩子减轻上呼吸道和喉部的肿胀，让孩子容易呼吸一些。皮质激素也能缩短哮吼症状持续的时间。抗生素对哮吼来说一般无效，因为这种疾病通常是由病毒感染引起的。另外，止咳糖浆也不会起效。事实上，正如前文所说，非处方类止咳药可能带来潜在的健康风险。

虽然哮吼出现严重病例的情况非常少见，但一旦出现，孩子就会有严重的呼吸困难的症状，医生很可能建议你带孩子去急诊室服用特

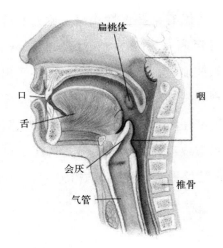

扁桃体

口

舌

咽

会厌

椎骨

气管

殊的呼吸药物（外消旋肾上腺素）或接受住院治疗，直到孩子呼吸道肿胀的情况好转。

流行性感冒

流行性感冒简称"流感"，是一种由流感病毒感染导致的疾病。随着病毒在人群间传播，这种疾病可以快速传播。当某个流感患者咳嗽或打喷嚏时，流感病毒就会进入空气，此时若有其他人（包括孩子）在附近，他们就会吸入病毒。另外，当感染者触摸过坚硬的表面（如门把手）后，其他人触摸同一表面，然后触摸自己的鼻子、嘴巴或眼睛，也会造成病毒传播。流感病毒最有可能在患者发病后的最初几天传播给其他人。流感多发于当年秋季至次年春季。

流感的症状列举如下。

- 突然发热（体温一般在 38.3℃以上）。

- 打寒战、身体发抖。

- 头痛、肌肉痛、易疲劳。

- 咽喉痛。

- 频繁干咳。

- 鼻塞、流鼻涕。

单纯型流感虽然可能引起腹痛、呕吐和腹泻，但对呼吸系统损害最大。请勿将这种流感病毒与引起胃肠型流感的病毒相混淆。

你可能想知道你的孩子患的是普通感冒还是流感。普通感冒（见第 660 页"感冒 / 上呼吸道感染"）往往引起低热、流鼻涕以及轻微而少量的咳嗽。而患流感的孩子一般病情更重，疼痛感更强烈，看起来更虚弱。

大多数孩子会在 1 ~ 2 周内从这种疾病中恢复过来，而不遗留任何其他问题。然而，如果孩子抱怨耳朵疼或感到脸颊和额头有压迫感，或咳嗽与发热症状持续 2 周以上，你就应该怀疑孩子出现了并发症。

患有某些慢性疾病（比如心肺肾疾病、免疫系统疾病、糖尿病、某些血液病或恶性肿瘤）的孩子出现并发症的风险较高。此类儿童应远离任何表现出流感症状（如发热、咳嗽或流鼻涕）的人。儿科医生可能建议采取特别的预防措施。

治疗

对所有患流感且觉得不太舒服的孩子，父母或其他看护者都应该给予比平时更多的关爱和照顾。通过卧床休息、摄入充足的液体和吃清淡的食物，孩子会感觉舒服得多。在孩子的房间里使用冷雾加湿器可以增大空气湿度，使孩子呼吸时相对容易一些。

如果孩子的不适感来自发热，按照医生推荐的剂量（医生会根据孩子的年龄和体重来估算）服用对乙酰氨基酚或布洛芬会让他感觉好一些（见第 27 章"发热"）。布洛芬可用于 6 个月及以上的孩子，但不能用于脱水或持续性呕吐的孩子。特别重要的一点是，不要给任何患流感或可能患流感的孩子服用阿司匹林。在流感发作的时候给孩子服用阿司匹林会增高疾病发展为瑞氏综合征的风险。（关于瑞氏综合征的内容，见第 547 页。）

预防

6 个月及以上的孩子（包括早产儿）应该每年接种流感疫苗。这种疫苗是安全的，接种流感疫苗是预防流感的最佳方法。接种的最佳时机是夏末或秋初，或在社区刚有新疫苗时尽早接种。

目前有两类流感疫苗。一类是灭活疫苗，也叫"注射式流感疫苗"，通过注射接种；一类是减毒（毒性降低）活疫苗，常被称为"鼻喷式流感疫苗"，通过向鼻孔喷射接种。请向儿科医生咨询哪一类疫苗适合你的孩子。如果孩子是首次接种流感疫苗，那他需要接种 2 剂，2 剂的时间间隔至少为 1 个月。

与易出现流感并发症的高风险人群同住一屋，或照看 5 岁以下儿童的所有医护人员和成年人，都应每年接种流感疫苗。孕妇、计划怀孕的女性、分娩后不久的女性、流感高发季哺乳的女性，也都应接种流感疫苗。

流感疫苗几乎没有什么副作用，最常见的就是注射部位红肿疼痛和发热。虽然流感疫苗在生产时使用了鸡蛋，而且流感疫苗已被证实含有少量鸡蛋蛋白质，但是可能对鸡蛋过敏的孩子仍然可以安全接种流感疫苗。如果孩子有严重的鸡蛋过敏史——食用鸡蛋后出现严重过敏反应或者呼吸系统和 / 或心血管系统症状——你可以带孩子去变态反应科，在医生的照看下接种流感疫苗。

■ 除了接种流感疫苗，以下措施有助于保护你的家人避开流感。

1. 经常洗手。你可以用肥皂和温水搓出泡沫，洗手 20 秒以上。20 秒大约是唱 2 遍生日歌的时间。以酒精为主要成分的免洗洗手液的效果也很好。使用时，要涂上足够的免洗洗手液，使双手完全浸湿，然后揉搓双手直至全干。

2. 教孩子咳嗽或打喷嚏时捂住口鼻。给孩子演示如何在咳嗽时用胳膊肘、衣袖（而非用手）或纸巾捂住口鼻。

3. 流鼻涕和打喷嚏时用过的纸巾要立即扔进垃圾桶。

4. 盘子和餐具要用洗洁精或洗碗机清洗。

5. 不要让孩子与其他人共用未经清洗的奶嘴、杯子、勺子、叉子、毛巾和手绢。绝对不要共用牙刷。

6. 教孩子尽量不要用手碰眼睛、鼻子和嘴。

7. 清洗门把手、马桶冲水按钮、厨房台面，甚至玩具。用消毒湿巾或用布蘸取消毒液和热水擦拭。

如果你的孩子已经患了流感，目前有一些用于治疗流感的抗病毒处方药。抗病毒药物在流感症状出现的最初 1 ~ 2 天内服用效果最好。因此，你应立即联系儿科医生，尤其是在你的孩子有并发症高发风险的情况下。

如果孩子出现流感并发症的风险高，或当孩子有以下情况时，你应在 24 小时内向医生咨询抗病毒药物的使用方法。

■ 患有严重的疾病，如哮喘、糖尿病、镰状细胞病或脑瘫。

■ 不到 2 岁，尤其是不到 6 个月，因为婴幼儿感染流感、需要入院治疗及出现严重并发症甚至死亡的风险都比较高。

肺炎

肺炎，顾名思义，就是肺部被感染。虽然这种疾病在过去非常危险，但如今，大多数孩子只要获得恰当的治疗，就可以从这种疾病中康复。

大多数肺炎继发于病毒性上呼吸道感染。肺炎也有可能由细菌感染引起。另外，如果病毒感染对呼吸道产生强烈刺激，或削弱了孩子的免疫系统功能，细菌也有可能趁机在孩子的肺部滋生，从而使孩子在原发感染的基础上出现二次感染。

如果孩子的免疫系统功能或肺功能被其他疾病（如囊性纤维化、哮喘或癌症）削弱了，孩子患肺炎的风险就会增高。呼吸道和肺部存在任何异常的孩子患肺炎的风险也较高。

因为大多数种类的肺炎都与人与人之间的病毒传播或细菌感染有关，所以它们大多高发于秋季、冬季以及早春，因为这些时候孩子们大多在室内活动，从而密切接触其他人。孩子患肺炎的概率与他所穿衣服的厚薄和气温没有太大关系。

症状和体征

和其他很多感染性疾病一样，肺炎通常也引起发热，并继发出汗、打寒战、皮肤潮红以及全身不适。孩子也有可能食欲下降、没有精神。婴幼儿可能看起来面色苍白、没有精神，而且比平时哭得更多。

因为肺炎可能引起呼吸困难，你也有可能注意到下面这些更加典型的症状。

- 咳嗽（见第 598 页）。
- 快速而费力地呼吸。
- 肋骨和胸骨之间及周围的皮肤凹陷。
- 鼻翼扇动（张开）。
- 胸部疼痛，特别是在咳嗽或深呼吸的时候。
- 哮鸣。
- 嘴唇和手指甲青紫，这是由于血液中的含氧量低。

虽然医生根据症状、体征和一些检查就可以诊断肺炎，但是为了确诊并且判断肺部被感染的程度，做胸部 X 线检查也是非常重要的。

治疗

如果肺炎是由病毒引起的，那么除了休息和常规的控制体温的措施（见第 27 章"发热"），没有其他特殊的治疗措施。不应该使用含可待因或右美沙芬的止咳药，因为咳嗽有助于清除呼吸道中由感染引起的过多的分泌物。病毒性肺炎会在几天之后好转，不过咳嗽可能持续几周。

由于很多时候很难确定肺炎究竟是由病毒引起的还是由细菌引起的，医生很有可能开一种抗生素。所有抗生素都需要按照医生的推荐剂量服用完一个疗程。你可能想早点儿停药，但是请千万不要这么做。孩子在服药几天后的确会好一点儿，但是一些细菌依然残留在其体内。除非整个疗程都坚持服药，否则疾病很有可能卷土重来。

如果孩子出现了下述一些症状，就说明感染已经严重或扩散了，你需要及时带孩子找医生复查。

■ 尽管使用了抗生素，发热还是持续了几天。

■ 退热后，几天后再次发热。

■ 呼吸困难。

■ 无精打采和嗜睡的情况更严重。

■ 身体其他地方出现感染的迹象，如关节发红、肿胀、骨头疼痛、颈部僵直、呕吐，或者出现其他新的症状或体征。

预防

孩子可以通过接种肺炎球菌疫苗来预防肺炎球菌感染——一种由细菌引起的肺炎。美国儿科学会推荐所有 2 岁以下的孩子接种这种疫苗（13 价肺炎球菌结合疫苗，PCV13）。这种疫苗需要在孩子 2 个月大、4 个月大、6 个月大以及 12 ~ 15 个月大的时候接种多剂（在这些时段孩子还需要接种其他疫苗）。

如果你的孩子没有在建议的时间接种疫苗，请你与儿科医生讨论后续疫苗接种的时间安排。所有 2 岁之前未接种推荐剂量疫苗的 2 ~ 5 岁的健康孩子，以及 2 ~ 18 岁患有基础疾病并且之前没有接种 PCV13 的孩子，都应接种一剂 PCV13。

对于大一点儿的孩子（2 ~ 5 岁的），还有另外一种疫苗推荐：肺炎球菌多糖疫苗（PPV）。这种疫苗比较适合容易发生肺炎球菌感染的孩子，包括患有镰状细胞贫血、心脏病、肺部疾病、肾衰竭的孩子，以及脾脏病变或切除、器官移植及艾滋病毒感染的孩子。另外，对于服用特定药物或患有某种疾病导致免疫系统功能受损的孩子，我们也建议接种该疫苗。患有某些基础疾病的孩子可能需要在首次接种后的至少 8

周后再次接种这种肺炎球菌疫苗。

（参见第 552 页 "哮喘"、第 660 页 "感冒 / 上呼吸道感染" 及第 27 章 "发热"。）

结核病

结核病是一种主要影响肺部的经空气传播的传染性疾病。虽然和过去相比，结核病的发病率已经降低，但某些孩子还是有较高的患病风险，比如有以下情况的孩子。

■ 孩子生活的家庭中有成年人患有活动性结核病或属于结核病高风险人群。

■ 孩子感染了艾滋病毒或患有其他导致免疫系统功能下降的疾病。

■ 孩子出生在结核病高发国家。

■ 孩子去过结核病高发国家或地区旅游，或者接触了曾去过这些国家或地区的人。

■ 孩子可能因经济原因不能获得足够的医疗护理。

■ 孩子住在收容所里或者与坐过牢的人住在一起。

受感染的成年人通过咳嗽将结核分枝杆菌咳到空气中，就会引起结核病的传播。孩子吸入这些细菌后，就会感染结核病。10 岁以下的孩子患结核病的话，很少传染给他人，因为他们的分泌物所含的细菌非常少，而且咳嗽产生的飞沫的传播效力相对较弱。

幸运的是，大多数暴露于结核分枝杆菌下的孩子并不会患结核病。当结核分枝杆菌进入孩子的肺部后，孩子自身的免疫系统会攻击这些细菌，防止它们进一步扩散。然而，这些孩子依然需要接受正规治疗，才能预防今后发病。少数没有经过恰当治疗的孩子的确会因这种细菌感染而患结核病，出现发热、疲惫、暴躁、持续咳嗽、虚弱、呼吸重而快、夜间出汗、淋巴结肿大、体重减轻和发育迟缓。

对极少数孩子（大都不到 4 岁），结核分枝杆菌还有可能经血液循环感染机体内的其他器官。这种情况下，孩子需要更复杂的治疗。而且，治疗开始越早，效果就越好。这些孩子有更高的风险患结核性脑膜炎，这是一种非常危险的疾病，会侵犯大脑和中枢神经系统。

如果你的孩子存在前面提到的

任何一种危险情况，儿科医生可能会建议给孩子做一次测试，看孩子是否曾暴露于结核分枝杆菌。结核菌素皮肤试验也称"结核菌素纯蛋白衍生物试验"（PPD 试验），是检查 2 岁以下儿童是否患结核病的唯一方法。它也可以用于筛查 2 岁以上的儿童。如果对于以下问题，你的回答中至少有一个"是"，你就应该让孩子做一次结核菌素皮肤试验。

■ 是否有家庭成员患了结核病，或曾经接触过结核病患者？

■ 是否有家庭成员的结核菌素皮肤试验结果呈阳性？

■ 孩子是否出生在结核病高发国家或地区？

■ 孩子是否去过高风险国家或地区（而且接触过当地居民），并停留 1 周以上？

这项试验在儿科医生的办公室里就可以进行。医生会将精纯、灭活的结核菌素注射到孩子前臂皮下。如果孩子已经被感染了，注射部位的皮肤就会逐渐肿胀、发红。儿科医生会在注射后的 48 ～ 72 小时查看孩子的注射部位，并测量硬结的直径。即使孩子没有任何症状，这项试验也能够反映结核分枝杆菌是否进入了孩子体内。

医生也可以选择用血液检测，即 γ 干扰素释放试验（IGRA）来检测结核病。这种类型的测试对在另一个国家接种结核疫苗或无法在 2 ～ 3 天来医院进行皮肤测试的人特别有用。与 PPD 试验一样，IGRA 只能告诉医生结核分枝杆菌是否进入了被测试者体内，而不能显示是否存在活动性感染。

如果孩子的皮肤测试或血液检测的结果为阳性，医生就需要再让孩子进行胸部 X 线检查来判断其肺部存在的是陈旧性病灶还是活动性病灶。如果 X 线图像提示可能存在活动性病灶，儿科医生就可能会在孩子咳嗽产生的分泌物中或胃内寻找结核分枝杆菌并进行细菌培养。这样做主要是为了决定接下来采用何种治疗方法。

治疗

如果孩子的皮肤测试或血液检测结果是阳性，但是孩子并没有活动性结核病的症状或体征，那仍然表明他体内有结核分枝杆菌，因此需要进行治疗，以防细菌变为活动性的并引起症状。用于治疗结核病的药物叫"异烟肼"，这种药必须每天口服 1 次，并连续服用至少 9 个月。患儿也可以短期服用抗生素。

治疗活动性结核病时，儿科医生会给患儿开 3 ~ 4 种药。患儿需要每天服药，并且坚持 6 ~ 12 个月。治疗初期，患儿也可能需要住院，不过接下来的大部分治疗都可以在家里进行。

预防

如果孩子被结核分枝杆菌感染，不管他是否出现临床症状，找出感染孩子的人非常重要。一般来说，可以观察曾经与孩子密切接触的人，看谁出现了结核病症状，而且所有家庭成员以及孩子的其他看护都可以做 PPD 试验或 IGRA 来检查一下。对成年人来说，最常见的结核病症状是持续咳嗽，特别是咳血。PPD试验或 IGRA 结果为阳性的人都应该接受一次详细的体检和胸部 X 线检查，并接受恰当的治疗。

当一个成年人被发现患了活动性结核病后，他最好被隔离起来（特别是远离孩子），直到进行正规治疗。与他接触过的人，包括所有 5 岁以下的儿童以及感染艾滋病毒的儿童，无论其 PPD 试验的结果是什么，都应该服用异烟肼来进行治疗。如果接触者出现了结核病症状或者其胸部 X 线图像显示异常，那么他们都应该按照活动性结核病的治疗方案接受治疗。

百日咳

百日咳是由百日咳杆菌引起的，这种病原菌会侵入呼吸道（支气管和细支气管）内膜，引起严重的炎症反应，并造成呼吸道狭窄。最主要的症状是严重的咳嗽。百日咳会造成孩子气短，因此他有可能在咳嗽的间期更深、更快地吸气。这种呼吸方式会引起类似于吼声的呼吸音。这种强烈的咳嗽可以将孩子体内的百日咳杆菌喷射到空气中，从而感染其他易感者。

许多年前，美国每年有数十万人患百日咳。预防百日咳的疫苗出现后，这一数值下降了。但是近年来，美国的百日咳感染病例又有所增加。因此，给孩子接种百日咳疫苗比以往任何时候都重要。1 岁以下的婴儿是最高危人群，对他们来说，百日咳容易发展为严重的呼吸问题，甚至会危及生命。

在起初的 1 ~ 2 周，百日咳往往表现得像普通感冒。接下来，患儿的咳嗽会加重（而非像患感冒那样好转），大点儿的孩子的咳嗽开始发展为典型的带有"吼声"的咳嗽。在这个阶段（一般持续 2 周或更久），孩子往往会出现气短，从而唇周出现缺氧性青紫。同时，孩子还有可能出现流眼泪、流口水以及呕吐的症状。患百日咳的小婴儿可能会在长时间的咳嗽后看似停止呼吸或开始呕吐。患儿会变得无精打采，并容易并发其他感染、肺炎以及抽风。对一些婴儿来说，百日咳是一种致命的疾病，但是就这种疾病的自然病程来说，它会在发病 2 ~ 4 周之后开始好转。咳嗽可能持续数月（故而这种疾病被称为"百日咳"），还有可能因后续的其他呼吸道感染问题而复发。

什么时候应该找医生？

百日咳初期很像普通感冒。如果孩子出现了下述情况，你就应该考虑他是否患了百日咳。

■ 孩子还是很小的婴儿，还没有对百日咳完全免疫，和 / 或接触过慢性咳嗽患者或百日咳患者。

■ 孩子的咳嗽变得更严重、更频繁，或孩子的嘴唇和手指甲变暗、发青。

■ 咳嗽后，孩子筋疲力尽，呕吐或很少吃东西，看起来病恹恹的。

治疗

大部分患百日咳的 6 个月以下的婴儿，都应该住院接受初期治疗。此外，更大些的患儿中接近一半的也需要住院治疗。这种强化护理措施可以大大减小这些孩子出现并发症（最常见的并发症包括肺炎）的概率。对 1 岁以下的百日咳患儿来说，并发肺炎的概率略小于 25%。（患儿如果年龄较大，可能只需要在家里接受治疗。）

住院期间，患儿有可能需要进行吸痰以清除呼吸道中浓稠的分泌物。同时，孩子需要接受呼吸监测和氧疗。百日咳患儿可能需要同其他患儿隔离，防止将病菌传染给其他人。

百日咳需要用抗生素治疗。抗生素在百日咳病程的第一阶段（也就是痉咳开始前）效果最佳。抗生素虽然可以阻止百日咳杆菌扩散，但不能预防或治疗咳嗽。由于一般的止咳药不能有效缓解这种痉咳，医生可能为你推荐一些家庭止咳的方法。让孩子卧床休息并且在他的房间使用冷雾加湿器，有助于缓解孩子肺部和呼吸道中的不适，还有助于稀释呼吸道的分泌物。你可以向医生请教一下，孩子采用哪种体位有助于咳出痰液，进而改善呼吸。同时，问问医生，家里其他成员是否应该接种疫苗加强针和服用抗生素以预防感染。已经确诊的百日咳患儿在结束 5 天的抗生素治疗之前应该待在家中，不要去幼儿园或者学校。

预防

保护孩子不受百日咳侵袭的最佳方法就是让他接种百白破疫苗（一般在孩子 2 个月大、4 个月大和 6 个月大的时候接种；加强针可以在孩子 12 ~ 18 个月大，以及 4 ~ 5 岁或入学前接种）。与 1 岁以下婴儿密切接触的父母和其他家庭成员也应接种百白破疫苗以降低婴儿感染的风险。此外，所有孕妇都应接种百白破疫苗。这样，母亲可以将疫苗的保护力传给新生儿。

第 20 章　慢性健康问题和慢性疾病

应对慢性（长期）健康问题

我们往往认为儿童期是人一生中最健康、最不需要医疗护理的阶段，但是很多孩子在出生后的头几年就需要面对一些慢性健康问题的困扰。慢性健康问题与急性健康问题的区别在于，后者往往在较短的时间内能够得到解决，之后孩子将恢复健康。急性健康问题包括会愈合的伤口和骨折，以及肺炎等能够彻底治愈的感染性疾病。还有很多健康问题不需要任何治疗或干预措施，随着孩子长大即可消失。例如，尿床和足内翻的问题在孩子快上小学时即可消失。

相反，慢性健康问题一般会迁延 1 年及以上，并且需要持续的医疗护理。例如，患有哮喘的孩子可能每天都需要吸入药物以防哮喘发作。哮喘患儿的父母应采取措施以尽量避免孩子暴露于环境中的刺激物和过敏原，还应了解这种疾病及其治疗方法，以及孩子哮喘发作时如何处理。哮喘患儿每年都需要去看几次儿科医生或专科医生。父母需要了解如何利用医疗资源使孩子得到必要的治疗。最后，父母需要在情感上和生理上帮助孩子应对慢性健康问题，同时需要帮助自己和其他家庭成员正确面对。与哮喘一样，糖尿病、自闭症、白血病等很多其他疾病的患儿及其亲属也面临类似的挑战。

以下信息旨在帮助父母和其他儿童看护者应对与患慢性疾病、有特殊医疗需求或残疾的孩子相处所带来的情感和现实方面的挑战。（关于各种慢性疾病的具体治疗措施本章不详述，请参见相应章节。）

一些有慢性健康问题的孩子问题较轻，持续治疗能使孩子不留下生理或心理障碍。无论是哪种慢性疾病、特殊医疗需求或残疾，都会对孩子及其家庭造成很大的压力。在孩子的成长过程中，父母处理好各个方面的问题并照顾好自己非常重要。

了解孩子的慢性健康问题是一个缓慢的过程，有时可能让人非常沮丧，你可能在面对困难时感到孤单。要相信你并不是一个人在战斗。你的忧伤和沮丧都是正常的，你的路途可能崎岖不平，你会遇到其他有相同经历的家长，你也将取得很多胜利。你还要记住，你的孩子始终是你的孩子，他不应该因疾病被贴上任何标签。

接受诊断结果

所有父母从妊娠期开始就期待自己的孩子健康。你发现孩子患有疾病可能是在妊娠期、在他出生后不久，或者之后通过孩子不正常的健康状况发现的。无论孩子什么时候被诊断有慢性健康问题或患慢性疾病，父母都会期待落空，并由此感到伤心、担忧、内疚或痛苦。这是有慢性健康问题或患慢性疾病的孩子的父母都会出现的正常反应。

你可能觉得对孩子所有的希望和期待都被未知的恐惧替代："我的孩子2年内会发生什么？5年呢？10年呢？孩子的情况会改善还是恶化？我要怎么给孩子用药？我能从工作中抽出时间吗？我的孩子会有多疼？我的保险可以支付所有费用吗？"你永远不会忘记得到诊断结果的那天，你有很多信息需要消化，而完全接受这些还需要一段时间。

你的世界可能会大变样。为了

孩子的健康,你要在较短的时间里学习很多东西。你会感受到情绪起伏不定、激动中夹杂着片刻安宁,还有对未知的拒绝和恐惧。有时你会觉得你是世界上唯一一个孩子有特殊需求的父母,你可能会想有没有人懂你的感受。这些都会对你自身的幸福和健康造成影响,反过来又影响你对孩子的照顾。认知这些情感将帮助你学习如何照顾孩子、其他家庭成员和你自己。

如果孩子出生时就被发现有严重的健康问题或在出生后第 1 年内出现慢性健康问题,你可能会面临下面提到的这些压力,或者需要针对以下问题做出决定。

■ 当你意识到孩子的健康状况不理想时,你会感到失望和愧疚,并且不敢期待孩子的未来。在试图克服这些情绪的时候,你可能发现自己的心情不断起伏,一会儿觉得人生充满希望,一会儿又明显觉得无助、压抑和焦虑。

■ 你需要为孩子选择一个能够帮助他的包括医疗人员和社区人员在内的专业团体,与团体展开合作来帮助你做出决定。

■ 你可能需要了解针对孩子的问题做出的新诊断,了解孩子的预后情况。

■ 你可能需要做关于药物治疗或手术的决定。

■ 你可能必须负责给孩子喂药、指导孩子使用特殊医疗器械或者用特殊疗法为他治疗。

■ 你将投入大量时间、精力、金钱以及情感,尽可能地让孩子获得最佳的治疗和护理。

■ 你需要学会如何获得合适的护理服务及信息。

■ 调整你的生活,在满足孩子需求的同时,不忽略其他家庭成员。你需要面临很多困难的抉择,有时你不得不选择一个折中的方案。

合理利用医疗资源

有慢性健康问题或患慢性疾病的孩子的父母通常认为合理利用医疗资源是最大的挑战之一。根据孩子的情况,你可能每年要见医生好几次,还可能要与许多专科医生、药剂师、治疗师以及保险公司、家庭保健机构和医院住院部的工作人员打交道。所有这些有时可能看起来让你不堪重负，并且占用你的大量时间。充分了解孩子的情况是学习如何尽可能有效地利用医疗资源的重要开始。

你比任何人都更了解你的孩子的需求。多读有关孩子健康问题的资料，多向孩子的医生和护士提问题，多和其他患儿的父母交流。你所了解的信息，尤其是一开始你不知道去问的问题的答案，将帮助你参与医生的决策。父母充分了解孩子的情况并参与决策有助于提高治疗效果和改善孩子的健康问题。用笔记本记下你的问题，确保它们都能得到解答。只要在家里遇到让你困惑的问题，就给医生打电话，或使用卫生系统电子健康档案的患者端进行咨询（编者注：在中国，你可以使用各家医院的手机应用程序或其他正规的网络医疗资源）。不要认为非得等到下次见医生时再问。医生要依靠你提供的信息为孩子的治

我们的立场

当孩子有严重的慢性健康问题或患慢性疾病时，有些父母常常会尝试"自然疗法"，想要尽一切努力来帮助孩子。这些疗法还被称为"替代疗法""补充疗法"或"民间秘方"。这样的治疗通常作为孩子在接受儿科医生或其他专业医学从业人员治疗（称为传统治疗）之外的补充。大多数情况下，哪怕传统治疗的效果理想，有些父母也会使用这些疗法。有时候，当不满意主流药物的治疗效果时，他们会完全转向这些疗法。

你如果决定让孩子试一试自然疗法，一定要邀请儿科医生加入治疗。在大多数情况下，此类疗法与传统治疗结合效果最佳。儿科医生能够帮助你更好地了解这些疗法，判断它们是否科学合理，它们的宣传是客观属实还是夸大其词，以及它们是否会对孩子的健康有不良影响。记住，"自然疗法"并不意味着它们一定是安全的疗法。儿科医生可以帮你们判断这些疗法是否可能影响孩子现在所服用药物的药效。

美国儿科学会鼓励儿科医生评估"自然疗法"的科学价值，判断它们会不会直接或间接造成伤害，从而为父母提供全方位的治疗方案。如果你决定采用"自然疗法"，儿科医生或许可以帮助你评估孩子的身体对该疗法的反应。

疗做出正确的决策。

你应该记录和管理孩子在家里的情况，确保遵从了医疗护理建议，保证孩子得到充足的营养和按时吃药。要积极满足孩子的医疗护理需求，也就是说让孩子保持健康，不会因慢性健康问题的并发症而加重病情。很多孩子的慢性健康问题可以在较长时间内被控制得很好，也可能偶尔发作。你所要做的是让孩子的病情得到控制，了解发作时的症状和体征，这样无论孩子去急诊室就诊、住院或出现长期问题，你都可以尽早进行干预并预防并发症。

父母互助小组会有线上或面对面的聚会，提供资料和情感支持。你可以通过互助小组了解其他治疗方法，包括你的医生可能不了解或不熟悉的方法。无论你是否会采用这些方法，你获取的信息都有助于你了解孩子的治疗方案，知道如何为孩子和家庭做出正确的决定。

为孩子获取帮助

你可以通过很多种方法为你的有慢性健康问题或患慢性疾病的孩子获取帮助。你要保证你和孩子不

错过任何一次见医生的机会。你如果无法去见医生，就要立即打电话至医生办公室告知医生并重新安排时间。这样，医生可以帮助你在孩子病情发作之前控制病情。如果日程安排冲突，或因经济困难而难以支付就诊费用，或因孩子拒绝而无法给孩子喂药，你也要告诉医生。医生可能会为你提供帮助孩子接受治疗的建议，或者实施其他治疗方案。一定要让医生知道孩子在家里的情况，以及问清楚孩子是否需要调整治疗方案。

尽可能地多让孩子体验健康孩子的生活。每个孩子都不想不同于他的朋友们，在身体状况允许的情况下，你应该给孩子像其他孩子一样奔跑和游戏的机会。孩子不应被贴上疾病的标签，他不是"哮喘"或"糖尿病"，他只是你的孩子。

对有特殊医疗需求的孩子来说，使其获得充分的营养和成长是帮助孩子的关键。一些有慢性健康问题或患慢性疾病的孩子有进食或吞咽困难。为孩子提供健康合理的饮食非常重要，必要的话，父母或其他看护者可以与医生或营养师一起制

订孩子的饮食方案，保证孩子不会增重过少或过多。一些有吞咽困难的孩子进食后会咳嗽或恶心。如果是这样，你可能需要找言语治疗师专门帮助孩子缓解吞咽困难，避免他将食物颗粒吸入肺部。

对有慢性健康问题的孩子来说，并非所有的特殊需求都可以通过医学来解决。例如，他可能需要接受特殊教育、特殊的疾病咨询或者其他特殊疗法等社会性支持。很多有慢性健康问题的孩子会去幼儿园或小学。有些孩子可能去私人看护机构，还有一些孩子去专为特殊儿童开办的学习中心。与孩子的老师和看护者说明孩子的医疗需求非常重要。具体来说，你应该让孩子的老师和看护者知道孩子的健康问题是什么，白天需要吃哪些药和进行怎样的治疗，以及出现什么情况要给你打电话，等等。学校的医护人员也许能帮助你和孩子控制病情。

你的家庭可能需要外界的经济或政策支持。负责孩子医疗保险的人员应该可以就如何获得这些帮助提供一些指导。但是，为了确保你们和孩子切实获得这些帮助和支持，你还是需要尽可能多地了解适用于有特殊医疗需求的孩子的资源和政策。另外，你需要了解的是，如果得到的帮助并不能满足孩子的需求，你还可以做些什么。

关注孩子的情绪和幸福感。帮助孩子适应有慢性健康问题的状态。你应该在孩子身体状况允许的情况下尽量给孩子享受正常生活的机会。这意味着如果孩子身体状况允许，你可以带他去公园奔跑、玩耍，让他交朋友和上学。不论孩子是否有生理上的障碍或表现，随着他长大，他会逐渐意识到他在接受治疗，以及他和别人不一样。很多孩子不会说出他们的感受，但是会以很多方式表现出来，比如发脾气、暴躁或难过。与其他同样有慢性健康问题的孩子会面将对他有所帮助。理解孩子的感受并且帮助孩子的其他看护者和老师理解孩子的感受也十分重要，这样他们可以帮助孩子。

平衡家庭和孩子的需求

在一段时间内，孩子的特殊需求可能占据你的全部精力，使你无暇顾及其他家庭成员和外界的人际关系。这是非常正常的。不过，尝试一些办法来平衡你的日常生活，可以让家中的每个人都少受影响。如果孩子的健康问题变成家庭的全部重心和难以承受的事情，这对包括孩子在内的全家人都不是一件好事。孩子的治疗最终应该成为你们日常生活的一部分，而不是焦点。

如果孩子必须住院治疗，那么让他回到正常的家庭和社会生活非常重要，不仅对整个家庭来说如此，对孩子的健康和幸福也如此。越是长期把他当成一个患儿而不是正在成长的孩子来看待，他长大后就越有可能在社交和心理方面出问题。想要保护生病的孩子是正常的，但过度保护会让他难以自信、自律和产生安全感，最终难以成熟起来。另外，如果你家还有其他孩子，你不应要求他们去遵守患病或残疾的孩子不用遵守的规矩。确保家里的所有孩子都得到足够的关注。

相对于保护来说，生病的孩子更需要你的鼓励。过分关注他不可以做哪些事情，远不如鼓励他并告诉他可以做哪些事情。要强化孩子的优势。如果给他一个机会，让他和同龄的健康儿童一样参加一些活动，他有可能获得让每个人都为之赞叹的成绩。如果孩子的健康状况不稳定，帮他培养这种"正常感"会有困难。你会发现自己可能由于过分担忧孩子而远离了朋友，也可能因为不确定孩子能否健康地参加社交活动而错过了一些活动。你如果总是有这样的担忧，就会产生不满的情绪，所以尽量不要让这样的事情发生。即使孩子的病情有可能意外加重，你也应冒着这样的风险，安排一些特别的活动，邀请朋友来家里玩，或者不时找一名保姆或家人来看护孩子，这样你可以外出活动。长期来说，你和孩子都将从这样的努力中获益良多。

下面这些建议能够帮助你更有效地应对孩子的疾病。

■ 父母双方和其他看护者应该尽可能地参与孩子治疗方案的讨论和决策，即便是在夫妻分居或离婚的情况下。我们经常看到的是一个家长带着孩子看医生，回家后还需要给伴侣解释医生说了什么。这样做有可能导致未到场的家长无法直接向医生提问以解决自己心头的疑问，也就无法充分理解所选择的治疗方案。

■ 与医生保持畅通的沟通渠道，说出你的疑虑，提出你的问题。请医生在考虑你的意见的前提下制订护理方案，并根据相关医疗信息和医疗结论定期更新治疗方案。

■ 不要介意医生问一些关于你们家庭生活的私人问题。关于你们的家庭，医生了解得越多，就越方便根据你们的情况给予孩子医疗护理。例如，如果孩子患糖尿病，医生需要为孩子安排一些特殊饮食，那么这时他可以根据你们家庭的情况将孩子的特殊饮食加入你们的日常饮食；如果孩子需要使用轮椅，医生可能询问你们家的布局，从而帮你们确定最适合修建轮椅坡道的地方。如果照料孩子让你明显感到有压力，医生可能会与你探讨并提供指导。你如果对医生的建议有疑虑，可以与他讨论你的想法，这样才能制订出你们都能接受的治疗方案。

■ 记住，虽然治疗方案涉及的所有人都希望孩子的病情往好的方向发展，但你们也都需要客观地去面对。如果病情并没有朝着理想的方向发展，或者你对孩子的未来有所担心，你应该与医生讨论。孩子需要你告诉医生实际情况，并且和医生一起为他调整治疗方案，或者寻找一个对目前的状况来说最恰当的解决方案。你还可以寻求其他帮助，包括儿童生活咨询、心理咨询或治疗，以及社会服务等方面的帮助，这可以使应对疾病的长期任务变得容易些。

■ 讨论孩子的病情时，你不仅要坦白地将情况告诉孩子，还要告知其他家庭成员。如果你不对孩子说实话，他就会觉得你在撒谎，这会给他带来被孤立和被排斥的感觉。而且，他可能把所有事情都想得更糟——很多时候想得比他的实际病情更严重。因此，请坦诚地和孩子聊一聊，并且注意听他的回应，看他的理解是否客观和正确。回答他的问题时要用明确和易于理解的语言。

■ 请求亲人和朋友给予支持。你不能指望你一个人承担由孩子的慢性健康问题带来的全部压力。可以请亲密的亲人和朋友帮你分担一些情绪压力，这样你才可以帮孩子分担他的情绪压力。

■ 你如果还有其他孩子，就一定要给予他们关注，满足他们的需求和缓解他们的忧虑。

■ 与有相同或相似情况的其他孩子的父母或其他看护者多联系是有益的。医疗工作者或社区工作人员也许可以帮你联系。对有孩子患某些疾病（如囊性纤维化、镰状细胞性贫血或糖尿病）的家庭，有专门的网站提供支持。

■ 记住，你的孩子和健康的孩子一样需要被爱护、被尊重。他的疾病如果成了你的阴影，就很有可能影响你与孩子之间的爱和信任。你如果感到喘不过气、迷茫或不知道该如何给予孩子医疗和情感上的照顾，就一定要寻求医生、家人和朋友的帮助。不要因过分担忧孩子的情况而不能放松，特别是不要影响你和孩子之间的情感交流。

记住，你不是一个人在战斗。与其他有慢性健康问题的孩子的父母联系，了解他们是如何应对的。父母互助小组往往是重要的资源。了解其他家庭的情况将有助于你、你的孩子和其他家人安心。

下面我们将专门介绍一些常见的慢性健康问题和慢性疾病。积极地学习孩子所患疾病的知识，了解你可以做些什么，这很重要。多读与孩子的疾病相关的资料，与其他患儿的父母交流，询问医生，这些都是你可以利用的宝贵资源，能帮助你更好地满足孩子的医疗需求。

贫血

血液中有不同种类的细胞，其中最多的是红细胞，它的功能是吸收肺部的氧，并将氧运输到身体的各个部位。红细胞含有血红蛋白，它是一种可以将氧输送到组织并从组织中运走二氧化碳（呼吸产生的废物）的特殊蛋白质。贫血分为急性贫血和慢性贫血。身体贫血时，红细胞中血红蛋白的数量减少，或血液中红细胞的数量减少，血液不能有效运输足够的氧到全身各个细胞，从而影响机体功能和身体发育。贫血的原因可能有以下几点。

■ 红细胞生成过慢。

■ 被破坏的红细胞过多。

■ 红细胞内的血红蛋白不足。

■ 机体内血细胞流失。

许多贫血是可以治愈的。孩子贫血大多是因为没有从日常饮食中摄取足够的铁元素。铁元素在血红蛋白的生成中起不可或缺的作用。缺铁就会引起红细胞中的血红蛋白数量减少。

婴儿如果过早开始喝牛奶（编者注：此处的牛奶指纯牛奶，而不是以牛奶为主要原料的配方奶），就可能患缺铁性贫血，尤其是当他没有同时服用补铁剂或进食含铁丰富的健康食物时。牛奶中的铁元素非常少且不容易被吸收，而且牛奶会干扰机体从其他食物中吸收铁。另外，牛奶容易刺激婴儿的肠道，引起肠道内膜少量出血，造成血液流失。这也会导致红细胞数量减少，从而引起贫血。最后，喝过多的牛奶可能会使孩子对其他富含铁的食物缺乏兴趣，从而使他面临缺铁性贫血的风险。缺乏其他营养元素（如叶酸）也会引起贫血，但这种情况较为少见。

贫血也可能由慢性疾病引起，需要持续治疗。例如，孩子可能慢慢地通过大便流失血液，每次流失的血量很少以至于不易察觉，从而造成贫血。还有一种被称为"溶血性贫血"的疾病，当它发生时，红细胞容易被破坏，原因包括红细胞的内部缺陷和外部因素异常。某些酶的缺乏会改变红细胞的功能，加大红细胞死亡或被过早破坏的概率，导致贫血。有一种疾病叫作"镰状细胞贫血"，患者的血红蛋白结构异常。该病最常见于有非洲血统的孩子，也见于其他种族的孩子。这种疾病非常严重，会导致患儿频繁出现疼痛和贫血恶化的情况，所以患儿需要反复住院。美国现在已对所有州的新生儿进行了相关筛查。珠蛋白生成障碍性贫血是一种遗传性血液疾病，更常见于有亚洲、非洲血统以及有希腊和意大利血统的孩子，患儿体内红细胞数量非常少或者缺乏足够的血红蛋白。这种疾病有时候会引起非常严重的贫血。

症状和体征

有时，贫血的发展很缓慢，以至于没有症状。不过更典型的是，贫血导致皮肤和黏膜轻度苍白，最明显的通常是嘴唇、结膜（眼睑内侧的黏膜）以及甲床（指甲的粉红色部分）的粉红色变浅。贫血的孩子还可能易怒、轻度虚弱或容易疲乏。重度贫血的孩子还可能出现气短、心率快和手足肿胀的症状。贫血如果持续存在，就可能影响孩子正常的生长发育。患溶血性贫血的孩子有可能出现黄疸（肤色变黄），不过很多新生儿出生时因为某些原因都有轻微的黄疸，这与贫血无关。

如果你的孩子出现了上文所述的任何一种症状或体征，或者你怀疑孩子从日常饮食中摄入的铁元素不足，请向儿科医生咨询。大多数情况下，一次血常规检查就能够确诊贫血。

虽然一些患珠蛋白生成障碍性贫血的孩子没有症状，但中度到重度贫血的孩子可能出现无精打采、黄疸、食欲下降、发育缓慢和脾脏增大等症状。

一些孩子虽然没有贫血，但仍然存在缺铁的问题。他们有可能表现出食欲下降、易怒、烦躁不安以及注意力不集中，这些都会造成孩子发育迟缓或者在学校表现不佳。当孩子补充了足量的铁元素，这些情况就会好转。另一个与贫血关系

不大的缺铁的表现是异食癖，即孩子喜欢吃一些奇怪的东西，如冰块、尘土、黏土以及玉米淀粉。这种行为的危害不大，不过父母需要避免孩子吃到有毒物质（如铅）。一般在补铁且孩子长大之后，这种情况就会好转。不过，对于发育迟缓的孩子，这种情况可能会持续更长时间。

治疗

因为贫血的种类众多，所以在治疗开始之前确定孩子的贫血属于哪一种很重要。除非得到医生的指导，否则不要擅自用维生素、补铁剂、其他营养补充剂或非处方药物来为孩子治疗贫血。因为这些治疗措施有可能掩盖疾病的根本原因，从而延误诊断。贫血的治疗方法有药物治疗、饮食补充或饮食限制。

如果贫血是由缺铁造成的，孩子就需要服用补铁剂。婴儿可以服用滴剂形式的，大一点儿的孩子可以服用口服液或片剂。为避免孩子摄入过多的铁，或在不再需要时仍继续服用补铁剂，医生在治疗的同时会定期检查孩子血液中血红蛋白和／或铁元素的水平。在医生告诉你

孩子不需要用药之前，不要停药。

以下是关于补铁剂的一些建议。

■ 最好不要在喝牛奶的同时服用补铁剂，因为牛奶会妨碍铁元素的吸收。

■ 维生素 C 可以促进补铁剂的吸收，所以你可以在给孩子服用补铁剂后给他喝一杯橙汁或吃一些新鲜的水果。

■ 因为液态补铁剂容易造成牙齿暂时变成灰黑色，所以最好让孩子尽快咽下补铁剂并漱口。每次在孩子服用补铁剂之后，都给他刷牙。不过，牙齿被补铁剂染色不是永久性的。

■ 补铁剂会导致大便变成深褐色或黑色，不要担心这一变化。

安全注意事项：补铁剂摄入过量会引起中毒（铁元素是引起 5 岁以下儿童中毒的最常见因素之一）。因此，要把补铁剂和其他药物都放在孩子够不到的地方。

对珠蛋白生成障碍性贫血的严重病例，典型的治疗方法是补充叶酸、红细胞成分输血，以及在可能的情况下进行造血干细胞（骨髓）移植。

囊性纤维化

囊性纤维化（CF）是仅次于镰状细胞贫血的、会影响寿命的美国常见儿童遗传性疾病。新生儿的总患病率约为 1/3500。

在囊性纤维化及其症状的治疗方面，医学界已经取得了相当大的进展，不过目前还是没有治愈的方法。囊性纤维化是一种可以改变体内某些腺体分泌物的疾病。这种疾病遗传自携带致病基因的父母，只有孩子的父母双方都携带可能导致该病的异常基因，孩子才会患病。虽然汗腺以及肺部和胰腺的腺细胞最容易受影响，但鼻窦、肝脏、肠道以及生殖器官也有可能受影响。

1989 年，科学家发现了导致囊性纤维化的最常见的基因缺陷。打算生孩子的父母可以进行基因筛查和遗传咨询以确定自己是否携带这种致病基因；另外，孕妇也可以做产前检查，看胎儿是否携带这种基因。如果父母双方都携带这种基因，那他们还有其他的选择，如进行体外受精。可选方案请向医生咨询。

症状和体征

绝大多数囊性纤维化都是在孩子出生后 2 年内诊断出来的。超过一半的病例是因为肺部反复感染而被确诊的。该病患者的肺部感染容易复发是因为呼吸道中的黏液比正常情况下更稠，难以咳出，导致持续性咳嗽，可能引起肺炎或支气管炎。慢慢地，炎症会引起肺部损伤，这是该病患者晚年死亡的主要原因。大部分患有囊性纤维化的孩子都缺少一些消化酶，使得他们难以消化脂肪和蛋白质。如果不补充酶（有关酶的更多信息，参见"治疗"部分），他们的大便就会量多、体积大和有酸臭味，并且他们有体重减轻的症状。

为了确诊，医生会让孩子做汗液试验来检测他出汗时流失盐分的量。囊性纤维化患儿的汗液所含盐分远多于健康的孩子。因为这项检测的结果不一定总是呈明显的阳性或阴性，所以孩子有可能需要做 2次或更多次检测。孩子通常还需要进行基因检测。如果孩子被确诊，医生会帮助你获得必要的医疗支持。

在治疗囊性纤维化的专科医院，多学科的专家可以帮助你的孩子和你的家庭。

治疗

囊性纤维化的治疗是终生的，你的孩子需要多次接受专门的医疗团队的治疗。其中，治疗患儿的肺部感染是最重要的，目标是帮助清除孩子肺部浓稠的分泌物，这可能需要使用多种技术和药物以帮助孩子把痰咳出。对于肺炎本身，治疗方法是使用抗生素。

医生还可能给孩子开一些含有消化酶的胶囊，要求孩子每次吃饭和吃零食的时候服用。孩子所需消化酶的多少取决于饮食的成分以及孩子的体重。一旦孩子服用了剂量正确的消化酶，他的大便性状就会恢复正常，他的体重也会增加。医生及整个医疗团队会检测孩子对治疗的反应，若效果不佳，就会进行额外的治疗。

绝大多数患儿在根据医生的指导接受持续的治疗后，都可以长大成人，过上充实的成年人的生活。你要像孩子没有患病一样去养育他，这一点非常重要。除了极少数的情况外，你没有理由限制孩子的教育和职业目标。孩子既需要关爱又需要教导，你应该鼓励他发展并检验自己的能力。对囊性纤维化的患儿及其家人来说，平衡由这种疾病带来的心理和生理需求不是一件容易的事情，所以你应尽可能地获取所需的帮助。请向儿科医生咨询，他不仅可以为你们推荐最近的专科医院，还可以为你们推荐一些互助小组。与其他患儿的父母建立联系是非常必要的，这可以支持你、你的孩子和其他家人。

糖尿病

胰腺（位于腹后壁的腺体）中的一种细胞不能分泌足够的激素——胰岛素时，就会引起1型糖尿病。胰岛素可以使机体处理营养物质（蛋白质、脂肪以及碳水化合物）以生成机体组织、促进生长发育、提供能量和储存能量。这些营养物质会被分解为葡萄糖，进而被细胞作为一种能量来源。也就是说，葡萄糖是身体可以使用的一种"燃料"。胰岛素可以将葡萄糖从血液中运输到细胞里，为细胞提供所需的能量，使血糖水平稳定在一个合理的范围内。

患有1型糖尿病的人的胰岛素分泌不足，甚至根本没有。因此，1型糖尿病患者进食后血糖水平会升高（高血糖），他的身体无法产生正常水平的胰岛素来应对血糖的升高。没有胰岛素的话，从食物中获取的营养不能被细胞有效利用，而被留在了血液中。当细胞没有获得所需的能量时，它们就会表现得像饿了一样，这会使肝脏动用机体储存的脂肪和蛋白质来制造糖，但因为没有胰岛素，这些糖也不能被利用。这会导致患者体重减轻和身体虚弱，因为肌肉和脂肪都开始被分解，而身体依然没有获得所需的能量。

正常情况下，肾脏在将尿液排出体外之前，会将尿液中的葡萄糖过滤。然而，糖尿病患者的肾脏不堪重负，过多的葡萄糖泄漏到尿液中，同时带来了更多的水分。这就是糖尿病患者小便次数多的原因。而且由于尿液排出过多，糖尿病患者非常容易口渴。没有胰岛素，身体会尝试从储存的脂肪中获取能量，脂肪会被分解为一种可以转化为酮的酸，酮也会从尿液中排出。

目前，1 型糖尿病还无法预防。虽然这种疾病的发生有遗传因素，但只有大约 30% 的患 1 型糖尿病的孩子有近亲患糖尿病。患者体内分泌胰岛素的细胞被破坏，是因为机体的免疫系统误把它们当成外来的入侵者，对它们产生了免疫反应。在糖尿病的症状第一次出现之前，这种自身免疫反应就已经存在数月至数年了。尽管研究人员在极少数病例中检测到某些病毒或发现有其他环境因素，但这种自身免疫反应的诱发因素尚不能确定。临床研究实验正在研究病毒、环境与这种疾病之间的联系，但目前这种自身免疫反应还无法预防。

患 2 型糖尿病时，身体不能恰当利用胰岛素（被称为"胰岛素抵抗"），也无法产生足够的胰岛素来满足身体所需。以前人们认为只有成年人才需要担心患 2 型糖尿病（这种病曾被称为"成年发病型糖尿病"），但现在发现儿童和成年人都会患 2 型糖尿病，且该病往往和肥胖密切相关，儿童患者人数随着肥胖率的增大而增加。在被确诊患 2 型糖尿病的儿童中，85% 属于肥胖儿童，而美国的患儿至少都超重。超重、不运动、饮食过量或饮食不健康且有家族病史的孩子，患 2 型糖尿病的风险最高。美国糖尿病协会估计，约 200 万儿童处于糖尿病前期，在这个阶段，容易导致 2 型糖尿病的危险因素会增多。

1 型糖尿病可能见于任何年龄段的儿童，最常见于学龄儿童。不幸的是，婴幼儿的诊断往往被延误，直到孩子病得很重才确诊，这是因为婴幼儿的症状可能被误认为是其他疾病的症状。2 型糖尿病更常见于年龄较大的儿童和青少年。如果孩子出现了下述任何一种糖尿病警示症状和体征，立即就医非常重要。

■ 排尿增多或频繁。已学会自己上厕所的孩子可能开始尿床，或者用尿布的孩子换尿布的频率增高。

■ 口渴加剧（由于尿量增多或排尿频繁）。

■ 在食欲增加且进食量增多的情况下却体重减轻，或者食欲明显地持续降低（更常见于小一点儿的孩子）。

■ 脱水（见第538页"脱水的症状和体征"）。

■ 无法解释的疲劳或乏力。

■ 一直呕吐，尤其是伴有虚弱或困倦。

■ 视力模糊。

当孩子因出现可疑症状去看医生，医生会让他进行血液检测或尿液检测来确定血糖或尿糖水平是否过高。这些简单的检测可以为诊断提供线索。

治疗

当血液检测确诊患糖尿病时，孩子应该立即接受治疗。患1型糖尿病的孩子需要接受胰岛素注射，患2型糖尿病的孩子有时可以口服药物。当孩子不需要因脱水和呕吐而输液时，很多专家并不建议住院治疗，但父母和孩子需要经常就诊以接受糖尿病教育和家庭护理指导。

专注于糖尿病治疗的医疗团队可以教整个家庭如何对糖尿病进行疾病管理。这种团队的成员包括医生（通常接受过儿童糖尿病治疗的高级培训）、护士、营养师和社会工作者，他们一般都协同工作，教育整个家庭的成员。作为1型糖尿病患儿的家人，你们需要学会如何扎孩子手指取血来测量血糖水平，还需要学会如何注射胰岛素。你们需要了解如何安排每天的三餐和零食，以及孩子所需的运动和锻炼。医疗团队会帮助你们判断孩子需要注射多少胰岛素才能控制血糖，从而控制他的糖尿病。最终，你的孩子可能会转为通过便携式胰岛素泵注射胰岛素，这比普通的注射方式更灵活，但孩子仍需定期进行血糖检测。可同时测量血糖的新型胰岛素泵正在研发中。父母需要尽量了解儿童糖尿病的护理和管理。

让孩子尽可能多地参与自己的疾病管理。例如，对3岁以下的孩子，你可以让他自己选择从哪根手指上取血测量血糖或者在身体的哪个部位注射胰岛素。随着年龄的增长，孩子可以逐步学会自己测试血糖和注射胰岛素（或者用胰岛素泵注射）。

幼儿园和学校的工作人员需要了解孩子的病情，并且应该了解孩子注射胰岛素和检测血糖的安排，以及孩子对于零食的需求。这些工作人员还需要学会识别以及处理低血糖的情况。另外，他们也需要学会检测血糖、给孩子注射胰岛素和测尿酮含量。他们应该一直有患儿父母的联系电话。大多数糖尿病教育团队都有关于学校的信息，可以帮助你与学校或幼儿园的工作人员进行沟通。要想了解更多有关 1 型糖尿病的知识，可以访问青少年糖尿病研究基金会及美国糖尿病协会的相关网站。

艾滋病毒感染和艾滋病

艾滋病毒（学名为"人类免疫缺陷病毒"，HIV）是一种会引起艾滋病（学名为"获得性免疫缺陷综合征"，AIDS）的病毒。婴儿感染的 HIV 主要源自感染 HIV 的母亲，感染可能发生于子宫内（病毒通过了胎盘），也可能发生于分娩过程中（当新生儿暴露于母亲的血液和体液时），还有可能发生于婴儿喝下被感染的乳汁时。比较罕见的一种情况是，婴儿通过被感染者咀嚼过的食物感染。

自 20 世纪 90 年代以来，围生期 HIV 传播减少了 90%。感染 HIV

的母亲如果用药物控制病毒，所生婴儿受感染的概率不到 1%。当前，推荐对所有感染 HIV 的孕妇实行抗 HIV 联合疗法，随后对分娩中和出生后不久的新生儿进行疾病预防。

一个人一旦感染了 HIV，这种病毒就会在他的体内存活一生。感染了 HIV 的人有可能数月甚至数年都没有症状。AIDS 只有在机体免疫系统被 HIV 攻陷之后才会发病。不治疗的话，被感染的孩子一般会在 2 岁时出现症状，但 AIDS 的平均发病时间是 5 年。感染了 HIV 的婴儿刚开始可能看起来健康，但一经确诊，就必须开始进行药物治疗，因为病情会逐步发展。未经治疗的婴儿在出生后的 6～12 个月内可能停止正常生长，可能频繁出现腹泻或呼吸道感染，可能出现身体任何部位的淋巴结（腺体）肿大，而且口腔会持续出现真菌感染（鹅口疮），肝脏和脾脏也可能增大。由于神经系统发育可能受影响，患儿在行走和其他运动技能方面可能发育迟缓，还可能出现智力和语言发育迟缓，并且其头部在婴儿期即停止发育。

最终，如果任由 HIV 感染发展，

造成机体免疫系统进一步受损，AIDS相关性感染和癌症就有可能出现。其中最常见的一种感染是肺孢子菌肺炎，伴有发热和呼吸困难。

护理感染艾滋病毒的孩子

感染 HIV 的孩子在良好的医疗护理下可以正常成长，过上充实、丰富的生活。感染 HIV 的孩子通常由一名感染性疾病专科医生或小儿免疫科专家以及儿科基础护理医师共同护理。也可能会有其他专科医生和治疗师与你和你的家人共同护理孩子。按时就诊，以及让孩子遵医嘱服药非常重要。抗反转录病毒药物能够抑制病毒繁殖并改善孩子的成长及发育，还可以延缓疾病的发展。

为你的孩子提供支持是非常重要的。你要让人们知道抱一个感染 HIV 的孩子并不会引起病毒的传播。如果孩子出现发热、呼吸困难、腹泻或吞咽困难的症状，或者孩子暴露于传染性疾病中，你应通知医生。

我们的立场

美国儿科学会支持通过法律、法规和公共政策来消灭对感染 HIV 的儿童的歧视。

■ HIV 与教育：所有感染 HIV 的儿童应和未感染 HIV 的儿童一样享有上幼儿园和入学的权利。如果病情发展，受感染的儿童还应能够接受一些特殊教育，以及其他相关服务（包括家庭教育）。感染 HIV 的儿童的隐私需要得到尊重，仅在得到其父母或其他法定监护人同意的情况下才能公布。

■ 关于 HIV 的法律、法规：美国儿科学会支持联邦政府赞助的 AIDS 研究和 HIV 防治项目，以及对 HIV 感染者及其家庭的医疗服务。

■ HIV 筛查：美国儿科学会建议，应该将 HIV 感染、预防 HIV 母婴传播以及 HIV 筛查作为孕妇综合医疗项目的一部分。在知情的前提下，美国所有的孕妇都应进行 HIV 筛查，除非孕妇本人拒绝。另外，美国儿科学会建议，若新生儿的母亲感染 HIV 状态不明（即不知道其血液中是否存在 HIV），应在启动符合州和地方法律的知情程序后，对新生儿进行加急 HIV 筛查。

事实上，孩子的健康状况出现任何变化，你都应该立即寻求医疗救助，因为感染 HIV 的孩子几乎没有免疫力去抵抗疾病。不过，如果感染 HIV 的孩子的免疫系统未受严重损害，通过使用抗 HIV 联合疗法，他可以对常见的细菌和病毒感染产生与未感染 HIV 的孩子相同的反应。

任何时候带孩子就诊时，你都应该告诉医生孩子存在 HIV 感染的情况，这样有助于医生根据病情恰当地实施治疗，以及正确接种疫苗。

如果你怀孕了

所有女性每次怀孕都应该接受 HIV 筛查。如果一位孕妇感染了 HIV，她就必须接受恰当的治疗以减小这种病毒发生母婴传播的概率。孩子出生后，感染 HIV 的女性不能进行母乳喂养，因为母乳喂养造成病毒传播的可能性非常大。母亲可以采用一些安全的方法为孩子提供营养，比如用配方奶喂养。

在教室

教室里的日常活动不会造成 HIV 传播。HIV 不会通过日常接触传播，也不会通过呼吸、触摸或者共用坐便器传播。感染 HIV 的学龄儿童可以上普通的学校。孩子在入学和参加学校所有活动时，家长都不需要公布孩子感染 HIV 的事实。

不过，虽然 HIV 从未在学校和幼儿园里传播，但是这些地方仍然需要采取常规预防措施，处理好孩子的血液、大小便及其他体液。常规的预防措施是，在接触了血液、大小便及其他体液后，立即用肥皂和清水清洗接触过的皮肤；被污染的物体表面需要用消毒液（消毒液和水的配比为 1∶10）来清洗；需要的话，使用一次性毛巾或纸巾；如果需要接触血液或含有血液的体液，最好戴手套，所以学校和幼儿园都需要常备一次性手套。对工作人员来说，不管有没有戴手套，给孩子换了尿布之后，都应该彻底清洗双手。

学校需要确保孩子在进食前洗手，工作人员也需要在准备食物之前和给孩子喂饭之前洗手。很多家长担心咬人的情况发生，但 HIV 从来没有在校园环境中传播过。另外，学校对孩子们进行相关教育也是至关重要的。所有孩子都应该了解

HIV 通过接触血液或其他体液传播，不会通过日常接触传播，还需要学会如何避免接触可能含有 HIV 或其他病毒的血液和其他体液。

镰状细胞病

镰状细胞病是一组影响红细胞的慢性遗传性疾病。患有这种疾病的孩子血液中的红细胞变成镰刀形，从而影响红细胞向全身运输氧的功能。

镰状细胞病有不同种类，包括镰状细胞贫血、血红蛋白 C 病以及珠蛋白生成障碍性贫血。不同类型的镰状细胞病都有类似的症状，如贫血（红细胞数量不足）、发作性严重疼痛和炎症（见下文"症状和体征"）。

在美国，每年约有 2000 名新生儿患镰状细胞病。虽然这种疾病一般只影响有非洲血统的人，但也有可能发生于其他任何种族和地区的孩子，包括有印度、沙特阿拉伯、意大利、希腊或土耳其血统的孩子。

健康孩子的红细胞呈正常的两面凹的圆盘形，而且可以变形，能够轻松地在血管间穿行，将肺部的氧气运输到身体各个部分。但对患镰状细胞病的孩子来说，他的血红蛋白结构出现异常，导致红细胞变形。这种形状异常的红细胞具有黏性，会聚集在一起，阻碍含有营养的血液流到内脏和四肢；另外，这些细胞进入循环系统后只能存活几天（正常的红细胞能存活几个月），从而导致持续的贫血。

一些孩子虽然没有患镰状细胞病，但是他们体内携带了会引起这种疾病的基因，并且有可能将这种基因遗传给他们的孩子。如果孩子从父母那里遗传了这种基因，儿科医生就会认为这个孩子有镰状细胞特征。

症状和体征

大多数情况下，患镰状细胞病的婴儿出生时看起来是健康的。然而，当他长到几个月大之后，症状就会显现（有的轻微，有的严重）。

该疾病常见的症状和体征如下。

■ 双手和 / 或双足发炎、肿胀（称为"指 / 趾炎"或"手足综合征"）——这通常是镰状细胞病首先出现的症状。

- 贫血。
- 疼痛。
- 皮肤苍白。
- 出现黄疸。
- 易感染。
- 发育迟缓。

当孩子突然出现发作性疼痛，尤其是骨头、关节或腹部疼痛时，孩子就有可能出现了镰状细胞危象。疼痛的程度不同，而且疼痛可能持续数小时到数周不等。在很多病例中，出现镰状细胞危象的原因并不清楚。不过，在有些病例中，血流受阻是一部分原因；而在有些病例中，受到感染是一部分原因。出现镰状细胞危象时，患儿可能发生严重的并发症，包括肺炎、中风以及器官（脾、肾、肝或肺）损伤。

治疗

孩子如果患有镰状细胞病，需要尽早确诊，这样他才能尽早接受适当的治疗。美国很多地区已经普及了新生儿血液筛查，大多数镰状细胞病都可以被检测出来。

患该病的孩子需要长期的医疗护理以最大限度地降低并发症的发生风险、及时解决出现的问题、预防威胁生命的感染，以及采用新研发的治疗方法。医生常用的治疗方法如下。

- 程度轻的疼痛可以用非处方止痛药，如对乙酰氨基酚或非甾体消炎药（如布洛芬）来止痛。热敷也可以减轻疼痛。另外，充分补水很重要。

- 医生会给所有患镰状细胞贫血和其他类型的镰状细胞病的孩子开抗生素，要求孩子从 2 个月大起开始服用，至少持续到 5 岁。服用这类药物是一种预防性措施，可以减少严重的细菌感染。

- 患儿应该按时接种美国儿科学会建议的所有疫苗。

- 患镰状细胞贫血的孩子应在 9 个月大时开始服用羟基脲片。每天服用一次羟基脲片可减少疼痛发作、患肺炎以及输血的次数。

患镰状细胞贫血的孩子应从 2 岁开始，每年进行一次经颅多普勒检查（TCD）。这是一种脑部超声检查，有助于识别中风风险最高的孩子，以便他们开始治疗以降低中风的风险。

患有镰状细胞病的孩子可以通过调整生活方式获益。他需要获得足够的休息和睡眠，也应该喝足量的水（特别是在天热的时候），避免身体过热或过冷。一些医生推荐补充叶酸，它可以帮助身体制造更多的红细胞。

如果孩子疼痛加重，或者出现了其他症状或并发症，儿科医生就可能建议住院治疗。住院期间，孩子可能接受以下治疗。

■ 静脉注射吗啡等药物以减轻疼痛。

■ 使用抗生素治疗以控制出现的感染。

■ 输血以增加红细胞数量。

■ 通过面罩吸氧以增加血液中的氧气含量。

一些相对轻微的症状（发热、皮肤苍白、腹痛）会很快发展为严重的疾病，患儿的父母应该提前做好准备以确保情况发生时及时将孩子送到富有经验的专家身边。如果孩子出现了发热，你应立即联系医生，因为这意味着孩子有可能出现严重感染。

第 21 章　发育障碍

将自己的孩子与同龄人做比较是一件非常常见的事情。举例来说，尽管许多孩子是在 14 ～ 15 个月大的时候才学会走，但如果邻居家的孩子 10 个月就学会走了，而你的孩子到了 12 个月还不会，你一定会有些担心。如果你那刚学步的孩子比别的孩子更早开始牙牙学语，你又一定会非常自豪。然而，一般来说，孩子之间的这些明显差距不会存在很长时间。每个孩子都有其独特的发育节奏，所以某些孩子在学习某些技能方面可能显得稍快一些。有时候，孩子发育略微迟缓，也许只

是因为他需要稍多的时间来跟上其他同龄人。不过，任何明显的发育迟缓都需要尽早诊断和治疗，以保证孩子完全发挥其发育潜能。

但是，真正的发育障碍是一个更持久的问题，需要更加综合性的治疗。当婴幼儿或学龄前儿童的生理或心理发育没有达到第 6 ～ 13 章列出的发育里程碑，或者当孩子失去了先前获得的技能，你都有理由怀疑孩子出现了发育障碍。儿童期可诊断的发育障碍包括智力障碍、语言和学习障碍、多动症、大脑性瘫痪、孤独症谱系障碍，以及听力或视力

障碍等感官障碍。（一些儿科医生把抽风也归为这一类，不过大多数有抽风问题的儿童可以正常发育。）

每一种发育障碍都有不同的轻重程度，有的可能对日常生活影响轻微，有的则影响严重。另外，一些孩子有可能出现不止一种发育障碍，而每种都需要给予不同类型的治疗。

如果你的孩子的发育速度与其他同龄孩子的不同，你应该告诉儿科医生。孩子应该接受一次全面的医学和发育评估，包括来自发育与行为儿科医生、儿童神经科医生、遗传学家或儿科康复医师的评估，他们都是接受过儿童发育障碍相关评估、诊断和护理培训的专业人士。通过全面评估，医生会获得他需要的信息来判断孩子是否存在发育障碍，以及如何针对病情制订治疗方案。医生还可能推荐物理治疗师、言语与语言治疗师或者作业治疗师进行再次评估。医生通常建议对存在发育迟缓或因疾病而有较高风险存在发育迟缓的 3 岁以下儿童进行早期治疗。

美国联邦法律规定，所有 3 岁以上存在发育障碍的孩子都有权利在限制性最小的环境中接受免费的、合适的公共教育。大多数州还为婴幼儿提供特殊的早期教育项目。对 3 岁以下的孩子，这种特殊教育可以在家进行。对 3 ~ 5 岁的孩子，治疗或教育可能在幼儿园或家里进行。

有发育障碍的孩子所在的家庭，同样需要特殊的支持和教育。确诊孩子有发育障碍后，家人经常会担心不知道如何做才能帮助孩子。要想充分了解孩子现在面临的困难，以及帮助孩子最大限度地发挥其潜力，每一个家庭成员都需要就孩子的发育状况接受教育，并就如何帮助孩子发展新技能向专家咨询。实际上，早期治疗最重要的原则之一就是教会患儿父母适当的治疗技术，这些治疗技术即使在疗程之外也可以运用。

孤独症谱系障碍

孤独症谱系障碍会影响孩子的行为、社交技巧和沟通能力，并且伴随孩子终生。这种疾病的症状轻重程度不同，有的患儿只存在轻微的社会意识的差异，有的却会出现严重的交流障碍。

目前学界的共识是，孤独症谱系障碍是一种独立的疾病。以前，它的症状被归为 4 种不同的疾病：自闭症（也称"孤独症"）、阿斯伯格综合征、儿童崩解症（又称"儿童期整合障碍症"）和待分类的广泛性发展障碍（PDD–NOS）。根据儿童是否有语言障碍和 / 或智力障碍，以及是否存在与自闭症相关或易患自闭症的神经系统遗传病，医生可以判断患病程度的轻重。

与孤独症谱系障碍相关的交流问题通常在孩子出生后的第 1 年内就会出现（虽然可能很轻微）。孩子可能会在非语言交流方面存在困难，比如难以使用手势、用手指物、进行眼神交流和模仿。语言问题（语言发育不正常或迟缓）在第 2 年会更加明显。重复性行为可能出现得更晚，比如反复开关灯、说重复性话语、只对一个话题感兴趣或者不断地左右摇摆或拍手。一些孩子还存在智力缺陷，不过大多数孩子 6 岁之后在正式的智力测验中成绩正常。

许多患孤独症谱系障碍的孩子没有语言障碍且智力正常。但是，他们可能难以理解他人的观点，因此不懂得怎样与他人沟通。他们可能将自己封闭在自己的世界里，不知道自己会对别人造成什么影响，而且只会反复谈论他们关注的一两个话题。他们按照字面的意思理解语言，不懂幽默、开玩笑和修辞法。他们可能被其他人看作行为或爱好"古怪"的人。他们说话的时候语调没有变化，而且表情和目光接触非常有限。很多这样的孩子还有多动症和焦虑症的症状。

有些孩子的症状较少，但仍然有障碍性行为，且可以从治疗中获益。现在，没有表现出重复性行为或刻板行为但存在社交困难的儿童，可能被认为患社会交往障碍。

自闭症对所有种族、民族以及各个社会阶层的儿童均有影响。在美国，大约每 59 个儿童中有 1 个患自闭症，而且这种疾病更多见于男童，患病男童与女童的比例约为 4∶1。人们曾一度认为自闭症是一种少见的疾病，但近年来，被诊断患自闭症的儿童数量逐渐增加。这种增长趋势从某种程度上来说，是由于自闭症逐渐受到人们的重视，越来越多的症状和体征被父母、老师以及儿科医生注意到。于是，越来越多的孩子被确诊。此外，一些过去可能被诊断为存在其他问题（如智力障碍）的孩子现在被确诊患自闭症，这也使得自闭症患者的数量增加。

如上所述，自闭症是通过一系列症状来诊断的。这些症状可能有许多不同的潜在原因，因此对大多数个案而言，自闭症的确切病因尚不清楚。对有自闭症患者的家族进行的研究（其中包含双胞胎样本）表明，遗传因素是自闭症发病的重要原因。研究者也在研究环境因素，环境因素和遗传因素的相互作用可能会增高儿童患自闭症的风险。对疾病有更充分的了解，可以使症状较轻的儿童获得确诊，从而获得治疗（特别是在孩子很小的时候就开始治疗），这已被证明是有帮助的。

一些父母怀疑孩子患自闭症与接种某些疫苗有关。现在有许多研究对"儿童期疫苗导致自闭症"这一说法进行了验证，并且有效地排除了疫苗与自闭症之间的联系。导致自闭症的大脑变化始于子宫，这远在孩子开始接种疫苗之前。如果你对孩子接种的疫苗有任何疑问，可向儿科医生咨询，他会就孩子接种疫苗的安全性及必要性提供科学而可靠的信息。

症状和体征

下面一些特征可能出现在患孤独症谱系障碍的孩子身上。记住，所有患病的孩子都是不同的，所以他们表现的症状和体征也有差异。另外，任何一个孩子在一生中不同时期的症状也可能不同。

有些患孤独症谱系障碍的孩子永远学不会说话，或语言发育迟缓或发育不良。他们可能无法按照词语通常的意思去使用词语，或者只能简单重复他们听到的语言（这被称为"模仿言语"）。他们可能无法开始或继续一段谈话，无法在社会交往中恰当地使用语言，也无法遵守交谈和讲故事的规则。幸运的是，这样的孩子在被诊断患自闭症的孩子中只占少数。

有些孩子可能无法理解他人说的话，或对他人的表情和肢体语言无法恰当理解或回应。他们用手指物时可能会延迟、看起来奇怪，或者只能有限地用手指物来表明他们的需求或与他人互动。当被叫到名字时，他们可能不会回应，而在听到其他一些声音（如狗叫声或一袋薯片被捏碎的声音）时则有可能做出反应。

这些孩子可能在社交上很被动，在与人交往和眼神交流方面有困难。他们似乎意识不到周围发生的一切，只沉浸在自己的世界里。他们的行为和动作有时具有重复性，比如反复摇摆、旋转、拍手或排列东西。他们可能被开启的电风扇等旋转的物体吸引，还可能出现会伤害自己的反常行为，如用头撞东西或咬东西，或者对他人表现出攻击性。

当被要求改变日常习惯（如吃饭时间）或停止当前的活动去做其他事情的时候，他们有可能生气、大发脾气或出现破坏性行为。

他们的兴趣和活动很有限。他们进行的游戏并不像我们通常认为的那样有创造性或想象力，而且可能包含重复性行为。他们不会按照玩具原本的玩法去玩。他们可能不是玩整个玩具，而是玩玩具的某个部分（如玩具卡车的轮子）。他们可能反复地把玩具排成一排，并可能在想象游戏或扮演游戏中反应迟缓。

他们可能不喜欢毯子或毛绒玩具，而喜欢奇特的物品（如线、木棍和雕像），而且喜欢一直握着它们不愿意放下。

他们可能对气味、光线、声音、触摸和物体的质地非常敏感，另外，他们的疼痛阈值似乎比其他孩子高。

诊断

确诊后越早开始治疗，效果就越好。因此，如果孩子语言发育迟缓、与人沟通困难或者出现异常行为，你应告诉儿科医生。其他早期症状也应引起关注，以便医生进行评估和诊断。如果孩子在相应年龄不具备下文描述的能力，你应及时联系医生。

快 1 岁时

■ 当你指向一个物品并对孩子说"看！"的时候，他会去看那个物品。

■ 会做一些简单的手势，比如挥手表示"再见"。

■ 会说"mama""baba"，或者至少一个其他的词。

快1岁半时

■ 向你指出他感兴趣的物品或事情。

■ 至少可以正确使用10个词语。

■ 愿意玩扮演游戏，比如喂洋娃娃吃饭。

快2岁时

■ 能够指出一些身体部位、物品及图片。

■ 能够模仿他人的行为，特别是成年人或大孩子的行为。

■ 能够说出2个词组成的句子，词汇量达到50个。

快3岁时

■ 喜欢和其他孩子一起玩（不仅仅是各玩各的），并模仿他们。

■ 能够说出3个词组成的句子，能够使用一些代词。

■ 会和洋娃娃说话，或者在扮演游戏中扮演一个角色。

快4岁时

■ 当被问到的时候，可以说出朋友的名字。

■ 能够回答特殊疑问句（回答关于"什么""什么时候""谁""在

哪里"的问题）。

■ 能清楚说出由5～6个词组成的句子。

你如果发现孩子不具备上文描述的能力，或者担心孩子有语言发育或社交能力发育问题，请告知儿科医生——越早越好。事实上，一旦怀疑孩子患自闭症，即使还没有做出最后诊断，治疗就应该提前开始了。有其他发育障碍的孩子也可能出现这些症状，但是那些发育问题也会受益于这种早期治疗，所以你即使不担心你的孩子患自闭症，也应该让你的孩子接受评估。

遗憾的是，对于自闭症的诊断，目前还没有任何一种实验室检测可以帮上忙，我们也无法只通过一组特征性症状来确诊。但是儿科医生可能会向你介绍擅长自闭症诊治的医疗专家团队（包括儿童发育科医生、儿童神经科医生和儿童精神科医生等），这个团队可以根据存在的（或缺失的）症状做出诊断。作为诊断流程的一部分，医生需要观察孩子游戏时的行为，以及他与看护者之间的交流。医生还有可能详细了解孩子的病史、给孩子做一次体检，以及预约一些实验室检测来发现其他可能引起自闭症的问题。诊断过程还应包括使用标准化测试来评估孩子的语言和认知能力。存在语言发育迟缓的孩子都应该接受评估以确定他们的听力是否正常。

治疗

对于孤独症谱系障碍，目前还没有根治的方法，但是有有效的治疗方法可以缓解许多与孤独症谱系障碍相关的困难。一个确诊患孤独症谱系障碍的孩子需要接受针对其症状的专门的治疗。早期治疗可以提高患儿的能力，让他在接下来的人生道路上变得更独立。

常见的治疗方法包括应用行为分析、发展性干预（如"地板时光"疗法）以及结构化教育法。高强度的干预最为有效，可以帮助孩子发展沟通和社交能力，同时教他们合适的行为。

患有孤独症谱系障碍的孩子需要个性化的教育方案，需要符合他的语言和社交需求的限制最少的教育环境。对一些孩子来说，更小的学习环境干扰更少，有利于他们的学习；对其他孩子来说，一个可以模仿和学习同龄人的更大的学习环境更有益。总的来说，年幼的孩子将

我们的立场

美国儿科学会鼓励儿科医生关注孤独症谱系障碍的症状，在每次孩子来门诊接受体检的时候都注意观察孩子是否存在这些症状。

美国儿科学会也极力主张父母把关于孩子行为以及发育的所有疑虑都告知医生。另外，美国儿科学会建议孩子在 18～24 个月大时接受自闭症筛查。治疗开始得越早，效果就越好。然而，不管孩子多大，只要父母或专业人员怀疑他患孤独症谱系障碍，他都应该接受评估。如果怀疑或确诊患孤独症谱系障碍，孩子就应接受合适的早期治疗性训练（如接受言语疗法或行为训练以促进社交能力的发展）。早期的训练方案是特别针对 0～3 岁的孩子设计的。3 岁以上的孩子必须去当地有经验的特殊学校。父母必须努力了解孩子将来可能使用的训练方案，并且支持他学会必要技能，让他在限制最少的教育环境中成长。

从综合性教育方案和其他治疗方案中获益，其他治疗方案包括每周 25 小时的一对一治疗，全年如此。与有其他发育障碍的孩子的父母一样，患孤独症谱系障碍的孩子的父母应该选择能够发展孩子社交能力的教育方案。社交技能团体治疗对所有年龄段的孩子都可能非常有帮助。有时候，作为整个治疗方案的一部分，药物治疗也有助于控制孤独症谱系障碍和其他相关疾病引起的行为障碍。对学龄儿童和青少年来说，药物治疗更为普遍。

患孤独症谱系障碍的孩子成年后的独立能力以及行为和语言能力差异很大。在儿童期早期预测孤独症谱系障碍患儿成年后的能力是不可能的，因此，尽早且高强度地对孩子的语言、社交、学习和行为进行干预非常重要，并且整个家庭都要参与到治疗中。没有任何两个患孤独症谱系障碍的孩子对于治疗的需求是相同的，适合一个孩子的疗法可能并不适用于另一个孩子。儿科医生可以帮你找到一些提供服务的社区机构、家庭互助网络，以及相关的咨询和支持团体。通过互联网，你可以找到一些可靠的信息和教育知识来源，如美国疾病控制与预防中心网站或美国儿科学会网站。你由此获得的建议可能与你的孩子评估后得到的治疗建议相冲突。你一定要与孩子的医生或专家讨论你正在考虑的治疗方案。通过互助团体，你可以认识其他患儿的父母，与他们分享经验、顾虑和解决方法。

如前文所述，孤独症谱系障碍受遗传因素影响，如果你有一个孩子被诊断患孤独症谱系障碍，那么家里其他孩子患该病的风险也比较高。你应同儿科医生聊一聊，并咨询一下发生这种情况的可能性。（另外参见第 339 页"孤独症谱系障碍"。）

大脑性瘫痪

患大脑性瘫痪（简称"脑瘫"）的孩子的大脑里控制运动、姿势和肌张力的区域发育异常或受损。每 1000 个孩子中有 2 ~ 3 个患脑瘫。不过，尽管存在动作控制和运动方面的障碍，但大约一半患儿的智力都是正常的。这种疾病会引起不同类型的运动障碍，而且严重程度有很大的不同：有的可能非常轻微，仅在仔细观察时才能发现，有的却非常严重。有的孩子行动笨拙，有的完全不能行走。有的孩子会出现同侧上下肢无力和动作控制障碍（偏瘫）；有的孩子双腿难以运动（双侧瘫）；有的孩子不能控制双侧上肢和下肢的末端（四肢瘫）。有的孩子全身肌张力增高（肌痉挛或肌张力高），有的孩子肌张力非常低（肌张力低下），有的孩子则同时有这两种症状。很多患脑瘫的孩子理解语言没有困难，但说话时可能无法协调嘴部肌肉的运动。

脑瘫是由大脑畸形或损伤造成的。大脑损伤通常发生于胎儿出生前、脑部正在形成时，但偶尔也发生于分娩过程中或者出生后。早产会导致脑瘫的发生风险增高，因为胎儿发育中的脑部比较脆弱。脑瘫的其他原因包括基因或代谢异常、子宫中风、先天性感染以及大脑某些部位的异常形成或发育。出生后非常严重的黄疸，或者婴儿期影响大脑的损伤或疾病，也可能导致脑瘫。

尽管脑瘫患儿的父母常常会向医院寻求解释，但美国儿科学会和美国妇产科医师学会发表的一份报告指出，绝大多数脑瘫并不是由分娩过程中的事件，如供氧不足（缺氧）等造成的。

症状和体征

脑瘫的症状和体征差异非常大，因为脑瘫引起的运动障碍种类很多，程度也不同。孩子可能患脑瘫的主要迹象是，他没有达到第 6 ~ 13 章列出的各阶段运动发育里程碑。下面是一些警示症状。

2 个月以上的婴儿
■ 当他仰面平躺而你试图把他抱起来的时候，他的头会向后仰，坐着时他的头部控制能力很差。

■ 僵硬、不灵活。

■ 四肢无力。

■ 当你把他抱在怀中时，他的背部和颈部看上去过分后仰，就好像他想要挣脱你一样。

■ 当你把他抱起来的时候，他的双腿僵硬且牢牢交叉或呈"剪刀腿"。

9 个月以上的婴幼儿
■ 没有支撑他就无法坐着。

■ 他使用身体的一侧比另一侧

更多，比如以偏斜的方式爬行，主要靠一侧的手和腿用力，而另一侧的手和腿被拖着前进。

■ 他可以靠膝盖前进，却不能用四肢协调地爬行。

■ 他到18个月大时还不能独立行走。

你如果对孩子的发育产生了任何疑虑，立即告诉儿科医生。因为所有孩子发育的速度不一样，医生很难即刻通过轻微的症状来做出确切的诊断。一般来说，儿童发育科医生、儿童神经科医生或儿科康复医师会一起会诊来协助儿科医生做出脑瘫的诊断。物理治疗师或作业治疗师可能会对孩子进行进一步的运动技能评估。所有患脑瘫的孩子都应进行一次头部或脊柱的计算机断层扫描（CT）或磁共振成像（MRI）以确定是否存在脑部异常。当CT或MRI结果正常并且没有出生史提示有脑损伤时，有时需要进行额外的基因或代谢检测。即使孩子几岁时已经确诊为脑瘫，医生也很难预测未来孩子的运动障碍会严重到何种程度。

治疗

儿科医生如果怀疑孩子患有脑瘫，可能推荐孩子接受早期的干预治疗。参与干预治疗的专业人员包括儿童早期教育者、物理或作业治疗师、言语与语言治疗师、护士、社会工作者以及医学顾问。在这种干预治疗中，孩子将得到个体化治疗，父母将学习如何成为孩子的老师和治疗师。在物理或作业治疗师的指导下，父母将了解应该让孩子做哪些运动，哪些姿势让孩子感到最舒服而且对孩子最有益，以及怎样帮助孩子解决特殊的问题（如进食困难）。有时，专业人员会向父母推荐巴氯芬、肉毒杆菌毒素A等药物来缓解脑瘫带来的腿部和手臂肌肉紧张或痉挛。不过，我们并不推荐给婴幼儿服用缓解肌肉痉挛的药物。大一些的孩子可以通过植入巴氯芬泵或手术来缓解肌肉痉挛，或解决髋部或脊柱问题。可能还有人向父母介绍一些"自助设备"，它们可以帮助孩子参与日常活动，以及调整他的姿势，以便他用手玩耍。这些设备包括能够帮助孩子进食的特殊器皿，特殊的洗澡椅或坐便器，更容易抓握的铅笔，轮椅，助行器，等等。它们可以使孩子更加独立，并与同龄人或社区中的孩子一起活动。通过参加一些互助团体，患儿父母可以认识有类似情况的父母，并且与他们分享经验、顾虑和解决办法。

父母所能做的最重要的事情是帮助孩子培养技能，变得顽强，并且形成良好的自我认同感。鼓励孩子进行可胜任的活动，同时完成一些有挑战性的任务，让孩子学会尽量在没有帮助的情况下完成。进行早期干预治疗的专业人员可以帮助父母评估孩子的能力，教父母如何达到合适的目标。父母可能被建议使用与传统治疗方案不同的方案。在实施非标准的治疗方案之前，请向医生咨询。

许多组织可以帮助父母详细了解如何照顾患脑瘫的孩子，这些组织包括美国联合脑性麻痹学会、脑瘫基金会和脑瘫即刻基金会。另外，相关的父母互助小组也会分享有价值的信息和经验。

相关问题

智力障碍

据估算，一大半脑瘫患儿存在整体性发育迟缓，包括思维能力及解决问题的能力发育迟缓。许多患儿存在智力障碍（如学习障碍），而另一些则智力正常（见第 656 页 "智力障碍"）。

抽风

1/3 的脑瘫患儿曾出现过或者将出现抽风。这个问题可能出现在童年期后期。幸运的是，这种抽风可通过抗惊厥药物得到控制（见第 792 页）。

视力障碍

由于大脑损伤往往会影响眼部肌肉的协调性，3/4 以上的脑瘫患儿都有视力障碍，如斜视（双眼不能同时看目标，见第 734 页）、弱视（一只眼睛向内或向外斜）或皮层性视损伤（大脑无法理解眼睛看到的是什么）。由儿科医生和儿童眼科医生定期检查孩子的眼睛至关重要。如果能尽早发现并治疗，许多视力障碍都可以得到矫正；但是如果不加以治疗，它们可能会恶化，甚至可能导致永久性视力丧失。

关节挛缩

对患痉挛性脑瘫的孩子来说，关节挛缩通常很难避免。关节挛缩指由一块肌肉与另一块的拉力不等导致的关节僵硬、活动度受限。可能导致的问题包括脊柱侧凸（脊柱侧弯）或髋关节脱位。有些患儿的肌张力不对称可能导致患侧手臂、腿或关节的大小与另一侧的不同。

物理治疗师、儿童发育科医生、儿童康复医师可以教父母如何拉伸患儿肌肉以防关节挛缩。有时用托架、夹板、铸模或药物能改善关节的活动度和稳定性。在有些情况下，关节挛缩需要通过骨科手术治疗。

口腔问题

脑瘫患儿比其他孩子更容易出现口腔问题。他们更容易患牙龈炎和龋齿。原因之一可能是刷牙对他们而言很困难。同时，比起其他孩子，他们的牙釉质存在更多缺陷，这使得他们的牙齿更容易被腐蚀。另外，一些药物（如治疗抽风或哮喘的药物）会造成龋齿。由于检查脑瘫患儿的牙齿状况需要特别的技巧，因此，脑瘫患儿的家人经常需要找接受过特殊培训的牙医为孩子看牙。

听力损失

一些脑瘫患儿因大脑受损而存在部分或完全的听力损失。在美国，所有新生儿在离开医院之前都需进行听力筛查。你如果发现孩子快1个月大时听到巨响不眨眼也未受惊，2～3个月大时头不会向有声音的方向转，或者快12个月大时还不能说1个词，就要向医生咨询了。这时，新生儿听力筛查的结果需要重新审视，孩子还应该进行后续的听力评估和正式的言语与语言测试［见第652页"听力损失（听力障碍）"］。

空间感知障碍

一侧躯体受影响的脑瘫患儿，多半会出现感觉不到患侧手臂、腿或手的位置的情况。例如，当孩子的双手放松时，他无法在不看的情况下感觉出自己患侧的手指是指向上方还是下方。如果存在这个问题，即使问题非常轻微，孩子也会减少患侧手的使用。他可能表现得像没有那只手一样。物理疗法或作业疗法可以帮助孩子学会使用患侧肢体。

先天性异常

先天性异常是由胎儿发育出问题导致的。在美国，每 100 个新生儿中有 3 个存在先天性异常的问题。

根据成因，先天性异常可以分为 5 类。

染色体异常

染色体是携带精子和卵子的基因（遗传性物质）的结构。一般来说，除了红细胞，孩子身体的每一个细胞里都能找到来自父亲的 23 条染色体以及来自母亲的 23 条染色体。染色体携带的基因为孩子身体的形成提供了指导，并决定了孩子的特征。

当孩子的染色体数量不是 46 条，或者染色体的某些片段丢失或重复时，包括大脑在内的器官就可能出现发育异常和功能障碍。唐氏综合征（21–三体综合征）就是一种因多了一条染色体而发生的疾病。

单基因异常

有时候，孩子的染色体数量可能是正常的，但是其中一条或几条染色体携带的基因出现了异常。一些孩子存在基因异常是因为遗传了父亲或母亲的异常基因，这叫作"常

染色体显性遗传"。每个孩子都有 1/2 的机会从父母那里遗传这种异常基因。

其他一些基因异常类疾病是由于父母双方都携带了同样的致病基因，囊性纤维化、泰–萨克斯病及脊髓性肌萎缩都属于这类疾病。在这种情况下，孩子的父母双方都无病，但是他们的染色体都携带致病的隐性基因。孩子从父母双方那里都遗传了异常基因的话，就会发病。每个孩子都有 1/4 的机会遗传父母双方的隐性致病基因并患病，这叫作"常染色体隐性遗传"。

第三种单基因异常叫作"性染色体异常"，通常只遗传给男孩，不过致病基因来自母亲的家族。女孩的一条 X 染色体也有可能携带致病的异常基因，但是她不会患病，因为她的另外一条 X 染色体带有显性的正常基因。由于男孩只有一条 X 染色体，所以如果他的 X 染色体遗传了一个异常基因，他就会患病（这类遗传性疾病中典型的有血友病、色盲以及假肥大型肌营养不良）。每个男孩都有 1/2 的机会遗传这类基因。

第四种单基因异常发生于线粒体。线粒体是细胞中产生能量的部分。线粒体DNA仅从母亲一方遗传。线粒体病可能引起各种各样的问题，包括抽风、发育迟缓、听力障碍、视力障碍，以及肾脏和肠道问题。

妊娠期疾病引起的发育异常

孕妇在妊娠期尤其是妊娠期前9周受到某些病毒（如寨卡病毒、风疹病毒和巨细胞病毒）感染或疾病影响，会造成孩子出现严重的先天性异常。这就是为什么孕妇要检查是否感染和患其他疾病（如糖尿病）的原因。在许多情况下，与医生紧密合作并严格遵循妊娠期的各种要求，可以降低妊娠期出现并发症以及孩子之后出问题的风险。可能影响胎儿发育的其他因素包括酒精、毒品、特定药物，以及某些造成空气、水和食物污染的化学物质。孕妇服用任何药物或营养补充剂前，都应该向医生咨询。

基因和环境共同引起的发育异常

脊柱裂、唇裂、腭裂是此类先天性异常中的典型，它们的发生是遗传因素与妊娠期某些环境因素（如毒素、酒精、烟草烟雾等化学物质）或缺乏叶酸等维生素共同作用的结果。在备孕时，女性就需要服用含有叶酸的维生素以预防胎儿脊柱裂。

未知的病因

绝大多数先天性异常都没有明显的病因。如果你或你的家族的孩子出现了不明原因的先天性异常或其他发育障碍，你可以请儿科医生或产科医生为你推荐基因咨询师或在遗传性疾病方面经验丰富的专家，他们可以帮助你评估若再生一个孩子、孩子有类似问题的风险。

当孩子存在先天性异常

尽管超声检查等产前诊断技术已有很大发展，但很多父母仍然在孩子出生后才知道他存在先天性异常。一定要向医生了解孩子的所有情况，这样你才知道需要亲人和朋友提供怎样的帮助。你要把孩子的病情措辞适当地告诉他的兄弟姐妹。孩子确诊后，与有同样情况的家庭组成的互助团体取得联系对你们很有帮助。

两种先天性异常

先天性异常种类非常多，所需

的治疗方法也各有不同，本节无法一一详细讨论，只具体讨论其中两种：唐氏综合征及脊柱裂。伴随先天性异常出现的临床症状或问题可能包括整体性发育迟缓、智力障碍、感觉损伤、脑瘫或孤独症谱系障碍；对这些症状或问题的评估和干预措施也适用于此。

唐氏综合征

每 800 个新生儿中大约就有 1 个患唐氏综合征。幸运的是，通过产检，唐氏综合征可以在产前被检查出来。这种疾病是由于多出一条染色体而导致的，可造成患儿特殊面容，包括外眼角上翘且内眼角有皮肤褶皱、鼻根低平、舌头偏大，以及肌肉、韧带松弛。

大多数唐氏综合征患儿都有轻度到中度的智力障碍，在婴儿期就开始的早期干预对他们非常有益。但是，一定要记住，相对于不同之处，唐氏综合征患儿与其他孩子相似的地方更多。他们可以与他人建立深刻而有意义的关系，可以接受特殊教育和融合教育，也可以参加社区活动和体育活动。许多唐氏综合征患儿成年后可以从事有竞争性的工作，也可以与他人共事；可以独立生活，也可以过集体性的家庭生活。

唐氏综合征患儿患其他疾病的风险较高。先天性心脏病在唐氏综合征患儿中很常见，因此医生会在患儿出生后不久对他的心脏进行超声检查（超声心动图检查）。唐氏综合征患儿还可能天生有胃肠道问题或其他系统问题，这些问题通常可以通过检查并监测其进食方式和排便模式来发现。

唐氏综合征患儿在婴儿期比同龄的孩子个头矮、体重轻。然而，当他们长大一些之后，体重会过度增加。大多数患儿存在视力和听力障碍，许多患儿会出现睡眠呼吸暂停，因此所有唐氏综合征患儿上学之前都应该进行睡眠检查。一些患儿会出现甲状腺功能减退，这会导致新陈代谢能力下降、体重增加和行动缓慢。患儿出现韧带松弛的风险也比较高，这些韧带负责保持颈部的稳定并将椎骨连接到颅骨底部。如果这些韧带太松，就可能会导致颈部过度伸展（头向后仰）时出现严重的脊柱损伤。出于这个原因，患儿应谨慎参与可能使脊柱受伤的运动，如足球、橄榄球和体操等。

脊柱裂

脊柱裂是在胚胎发育早期由脊髓周围组织（椎管）未能正常闭合造成的。脊柱裂有多种不同类型，隐性脊柱裂是最常见的类型。发生隐性脊柱裂时，椎管未完全闭合，但脊神经因椎管的保护而不受影响。大多数隐性脊柱裂患者甚至不知道自己患有这种病。第二种是脊膜膨出，即保护脊髓的脊膜从椎骨未闭合的地方膨出并形成充满液体的囊，但脊神经不受影响。第三种是脊髓脊膜膨出，即膨出的囊中有部分脊神经和脊髓。在大多数情况下，人们说的脊柱裂指脊髓脊膜膨出，因此我们主要讨论这种脊柱裂。

脊柱裂的发生是遗传和环境因素共同作用的结果。一对生了一个脊柱裂患儿的夫妇，再生一个孩子的话，孩子患脊柱裂的概率会更大（为1%）。这种概率的增大似乎与遗传和环境因素的共同作用有关。已知的一个因素是怀孕初期叶酸摄入不足，因此，所有育龄女性在备孕时就应摄入叶酸以降低胎儿发生脊柱裂的风险。超声检查能在怀孕期间诊断出脊柱裂，母亲的血液检测有助于判断再生育时孩子发生脊柱裂的风险是否增高。提早知道胎儿脊柱裂的话，母亲可以选择在有条件、可提供理想护理的医院分娩。某些医院有高危母胎医学和外科手术方面的专家，孕妇可接受诊断和评估，看是否对胎儿进行手术（在胎儿仍在子宫内时进行手术）。这种手术虽然不能治愈脊柱裂，但可以减轻这种畸形对一部分孩子的影响。

脊柱裂患儿的脊柱上有一个突出的囊，内含脊液和一部分脊髓。这些是控制下半身的神经。出生后的第一天或第二天，患儿必须接受闭合椎管缺口的手术。遗憾的是，医生对患儿已损的神经几乎无能为力，但是可以通过很多方法尽可能地帮助患儿保持日常行为能力。大部分脊柱裂的婴幼儿会出现其他一些并发症，如下面几种。

脑积水。大约90%的患儿最终会出现脑积水，即大脑内部或周围的液体（脑脊液）异常增多。这是由于脑脊液正常流动的通道受阻。这种疾病非常严重，必须进行手术治疗。如果孩子的头部生长速度远远超过预期，或者囟门鼓起，或者有烦躁、嗜睡或抽风的症状，医生就应该怀疑发生了脑积水。这种疾病可以通过计算机断层扫描、磁共振成像或头部超声检查确诊。如果孩子发生这种疾病，就需要通过外科手术放置分流管来减少脑脊液。

乳胶过敏。脊柱裂患儿容易对乳胶过敏，可能是由于早期多次手术时接触乳胶而导致敏感。过敏反应可能轻微，也可能非常严重。所有脊柱裂患儿都应该采取预防措施以避免接触乳胶。应该为乳胶过敏的患儿制订发生过敏时的急救方案。你可以通过不让孩子接触乳胶制品来避免乳胶过敏。但是要注意，很多婴儿用品（如奶瓶的奶嘴、安抚奶嘴、磨牙玩具、隔尿垫、床垫罩以及一些尿布）都含有乳胶。

肌无力或瘫痪。因为脊柱的先天畸形会影响连接大脑和下肢的神经的发育，所以脊柱裂患儿的腿部肌肉可能肌力很弱甚至完全不能发挥功能。由于这些孩子可能无法移动双脚、膝关节或髋关节，他们可能天生有这些关节挛缩的问题（关

节或者肌肉异常收缩）。外科手术可以在某种程度上矫正关节挛缩，肌无力也可以用物理疗法和支架进行治疗。有的脊柱裂患儿能独立行走，或者在助行器的帮助下行走，这取决于其脊柱受损伤的程度。然而，许多患儿需要使用轮椅。

大小便问题。脊柱裂患儿控制大小便功能的神经通常不能正常工作。患儿的尿液可能会从膀胱回流而引起肾脏损伤。患儿容易出现尿路感染，可能引起发热、腹痛或腰背痛。儿科医生可能会向你推荐泌尿科医生来检查孩子的膀胱功能，并确定你的孩子是否需要插入导尿管来排空尿液以保护肾脏。

由于缺少对直肠的神经控制，患儿可能存在大便排出障碍。医生可能推荐你对孩子进行饮食管理以保持其大便松软，偶尔使用软便剂、导泻剂或者灌肠剂以帮助孩子排便。

教育和社会问题。70% 的脊柱裂患儿存在发育和学习障碍，需要一些教育方面的支持以满足学习的需要。体重控制、体育运动和融入社会等对患儿长期的生理健康、心理健康及社会幸福感特别重要。

我们的立场

　　为了努力降低脊柱裂的发生风险，美国儿科学会支持美国公共卫生署的建议，即育龄女性应该每日摄入 400 微克叶酸。叶酸可以预防神经管畸形，脊柱裂就属于其中一种。虽然一些食物含有叶酸，但是只通过日常饮食摄入，女性很难从中获得足量的叶酸。因此，美国儿科学会推荐，育龄女性应服用含推荐剂量叶酸的复合维生素片。研究表明，所有育龄女性都达到这样的摄入标准的话，50% 以上的神经管畸形可以得到预防。

　　对于神经管畸形风险高的妊娠（例如，上一次生的孩子出现神经管畸形，或者女性本人患有糖尿病或正在服用抗惊厥药物），女性需要先和医生讨论孩子出现神经管畸形的风险。医生的建议可能包括摄入大剂量的叶酸（每天 4000 微克），且在受孕之前 1 个月就开始服用，并持续到妊娠 3 个月后才停药。不过，正如医生可能建议的那样，备孕女性不应通过服用复合维生素片来摄入这样高剂量的叶酸（因为这样她们可能会摄入过多的其他维生素），而应该严格遵从医生的指导服用叶酸片。

　　患儿的父母需要不止一位医生来帮助他们治疗孩子的疾病。除了儿科医生给予的基本治疗之外，这种疾病还需要一个医疗团队来参与治疗，团队成员包括神经外科医生、矫形外科医生、泌尿科医生、康复科专家、物理治疗师、心理医生以及社会工作者。很多医院都设有脊柱裂门诊，专门提供所有这些医疗人员的服务。这样这些医生交流起来更容易，患儿父母也可以得到更多的信息和帮助。

资源

　　父母和患儿可从各种组织获得有关先天性异常的信息和支持，这样的组织包括美国出生缺陷基金会、美国唐氏综合征协会、美国脊柱裂协会以及美国联合脑性麻痹学会。另外，世界卫生组织的网站上也有先天性异常的信息。

听力损失（听力障碍）

虽然听力损失可能发生于任何年龄，但出生时就存在或发生于婴幼儿期的听力损失如果没有被发现和治疗，就会给孩子的发育带来严重的后果。孩子需要拥有正常的听力才能听清别人说话，从而学会清楚地发音。因此，如果孩子在婴儿期或幼儿期出现了听力损失，父母一定要及时关注。一次严重的听力损失哪怕持续时间很短，也会使孩子的语言学习或表达变得非常困难。

很多孩子会出现轻微的听力损失，原因是充血、感冒或中耳炎导致液体积聚在中耳。这种听力损失往往是暂时的，当充血或感染消失，咽鼓管（连接中耳和咽喉的管道）将多余的液体排到咽喉后部之后，听力就会恢复正常。大约 10% 的孩子会因咽鼓管存在异常而导致液体留在中耳，有这种问题的孩子不能正常听到声音，有时说话也会延迟。永久性听力损失往往会影响孩子的言语和语言发育，这种问题有不同的轻重程度，从轻度到部分到完全的听力损失，不过永久性听力损失相对较少发生。

听力损失有两种主要的类型，分别是传导性听力损失和感觉神经性听力损失。当一个孩子出现传导性听力损失时，问题可能在于外耳道或者中耳结构异常，耳道内有大量耵聍（耳垢），或者存在影响声音传导的中耳积液。

感觉神经性听力损失是内耳或者将内耳的听觉信息传递到大脑的神经发生异常造成的。这种听力损失可能在孩子一出生时就存在，也可能在他出生后的任何时候出现。即使家族无听力障碍史，这种听力损失也往往是遗传性的。患儿的父母双方和其他家庭成员没有出现这种问题，是因为他们都只是这种基因的携带者。由于未来孩子出现听力损失的风险会增高，我们建议父母进行遗传咨询。如果孩子的母亲在妊娠期感染了风疹病毒、巨细胞病毒、弓形虫，或患了其他影响内耳的传染性疾病，那么孩子很有可能在胎儿期就被感染，导致儿童期早期出现听力损失。这种问题也有可能是由内耳畸形造成的。

听力损失必须尽早被诊断出

来以保证孩子的语言学习不会延迟——语言学习其实从孩子出生第1天就开始了。美国儿科学会建议，新生儿在出院回家之前应该接受常规的听力筛查。在任何时候，你和医生只要怀疑孩子出现了听力损失，就需要立即为他安排一次正式的听力评估（见第 655 页"听力损失：有什么迹象？"）。虽然一些儿科医生可以检查出孩子是否存在听力损失和中耳炎，但如果发现了问题，父母还是需要带孩子去向听觉病矫治专家（听力学家）和 / 或耳鼻喉科医生寻求帮助。

如果孩子不满 6 个月，无法配合或理解听力检查，或存在严重的发育迟缓，他可能会接受以下两种检查中的一种，它们类似于新生儿听力筛查，是无痛的，可能需要 5 ~ 60 分钟。

■ 听性脑干反应检测可以检测在孩子睡眠时其脑部对声音的反应。医生通过柔软的耳机向孩子的耳朵内播放点击声或某种音调，同时用放在孩子头上的电极测量其大脑的反应。这项检查可以帮助医生在无须婴儿合作的情况下检查他的听力。

3 ~ 4 个月以下的婴儿可在自然睡眠时接受听性脑干反应检测。大一些的婴儿和幼儿则需要镇静后再进行检测。

■ 耳声发射检测可以测量耳朵产生的声波。在孩子的耳道放置一个微型探头，测量向孩子的耳内播放点击声或某种音调时他的反应。做这项检查时孩子通常无须处于睡眠状态，也无须使用镇静剂，这只是一项简短的筛查。任何年龄的孩子或成年人都可以做这项检查。

行为测听，即观察受试儿与声音刺激一致的反射性行为反应，适用于配合的婴儿，6 个月大的婴儿就可以进行这项检查。通过给孩子视觉和听觉上的双重刺激，医生可以测定婴幼儿的频率特异性听力水平。

正规的行为测听可以测定听力水平和双耳鼓膜的功能。测试时医生通过柔软的耳机将声音和话语传进儿童耳朵，3 ~ 5 岁的儿童通常都可以接受这项检查。

在你们居住的地区不一定能做所有这些检查，但是由于听力损失会对孩子造成严重的后果，医生可能建议你们去可以做这些检查或进行治疗的地方。如果这些检查提示孩子存在听力问题，医生就会尽快给孩子安排更全面的检查，判断孩子是否真的存在听力损失。即使轻度的听力损失也会影响整体听力，因此孩子应进行适当的诊断和治疗。

治疗

听力损失的治疗方法取决于病因。如果是由中耳积液引起的轻微传导性听力损失，医生可能建议孩子休息几个月后重新做一次听力检查，看看积液有没有自行消失。抗组胺药、解充血剂以及抗生素等药物对清除孩子中耳的积液都没有效果。

如果过了 3 个月孩子的听力还是没有改善，而且鼓膜后依然存在积液，儿科医生就可能推荐你们去看耳鼻喉科医生。如果积液一直存在，而且已经造成了一定程度的传导性听力损失（哪怕是暂时的），耳鼻喉科医生就有可能建议放置引流管来排出积液。引流管是通过外科手术从鼓膜插入中耳的。这只是小手术，大约需要 15 分钟，但是为了手术顺利，孩子需要接受全身麻醉，所以需要在医院待上半天。

即使插入了引流管，耳部也有可能发生进一步感染，但是这根导管有助于减少中耳的积液，并减少反复感染。如果听力损失仅仅是由积液导致的，引流管可以提高孩子的听力水平。

如果传导性听力损失是由外耳或中耳畸形造成的，助听器有助于孩子的听力恢复正常或接近正常。然而，助听器只有在孩子佩戴的时候才发挥作用。因此，你需要确保孩子戴着助听器而且它正常工作，尤其是在孩子特别小的时候。孩子长大一些后，你们就可以考虑进行修复手术了。

给存在听力损失的婴儿尽早佩戴助听器是非常重要的，这可以让他们对声音和语言产生意识。尽早让婴儿接触口头语言或手势语对他们的语言发育有积极影响。对存在轻度、中度感觉神经性听力损失的孩子，助听器可以提高他们的听力水平，大部分孩子可以发展正常的言语和语言能力。如果孩子双耳都存在严重的听力损失，而且助听器对他几乎没有帮助，那么他就适合接受人工耳蜗植入。美国食品药品监督管理局从 1990 年起就允许对儿童进行人工耳蜗植入。如果孩子出生时就存在听力损失，父母希望让孩子接受人工耳蜗植入，那么应该早植入（最好在孩子 1 岁前），这比晚植入（3 岁以后）更有助于孩子的语言和听力发育。因此，对于听力损失，及早寻求有效的诊断和治疗非常重要。大多数发育正常、早期植入耳蜗并在手术后接受强化训练的儿童可以发展出非常好的听力，并且可以在主流教育环境中接受教育。几乎所有植入人工耳蜗的儿童都能听清环境中的声音。

如果孩子存在感觉神经性听力损失，父母最大的担忧是孩子能否

听力损失：有什么迹象？

下面是一些症状和体征，它们会提醒你警惕孩子是否出现了听力损失，是否需要就医。

■ 快 1 个月大时孩子不会被大的声响吓到；2～3 个月大时，不能转向声音发出的地方。

■ 除非看到你，否则孩子无法通过声音注意到你。

■ 会注意到漱口声和其他他能感觉到的振动声，但不会尝试发出很多元音或辅音（见第 8 章及第 9 章"语言发育"部分）。

■ 开始说话比较晚，或说出的话让人难以理解，而且 12～15 个月大的时候仍然不能说出一个词，如"爸爸"或"妈妈"。

■ 快 18 个月大时，还不能说出 5～10 个词。

■ 2 岁时，不会将 2～3 个词连在一起。

■ 快 2 岁半时，他说的话多半都让人无法理解。

■ 叫他的时候，他一般都没有反应（这通常被误以为注意力不集中或不听话，却可能是由部分听力损失造成的）。

■ 看起来只能听到某些声音而听不到其他的（有些听力损失只涉及音调高的声音，而有些孩子只有一只耳朵存在听力损失）。

■ 看起来不仅听力很差，而且不能保持头部竖起，或者在没有支撑的情况下坐或走都很慢（在一些感觉神经性听力损失的病例中，为平衡和运动提供信息的内耳结构也受损了）。

学会说话。答案是，虽然及时植入人工耳蜗将极大地促进孩子的语言发育，但并非所有孩子都能清楚地说话。然而，所有存在听力损失的孩子都能学会交流。有的孩子能学会唇语，有的则不能完全掌握。不过，说话只是沟通的方式之一。如果助听器或耳蜗植入不足以改善孩子的听力以帮助他们学会说话，孩子还可以学习其他沟通方式，如手势语。如果孩子学习手势语，那么整个家庭都应该一起学习。这样，你们可以教他、表扬他、安慰他，并且分享他的欢乐。你也应该鼓励其他亲戚朋友一起学习手势语。书面语言也非常重要，因为它是教育和未来职业成功的关键因素之一。

智力障碍

当孩子的智力和适应性行为（包括许多日常社交和实用技能）明显低于同龄人平均水平，并且影响他学习、发展新技能以及融入社会的方式时，就说明他有智力障碍。智力障碍的程度越严重，孩子的技能相对于他的生理年龄就越不成熟。

有几种不同的方法可以判断孩子是否存在智力障碍。传统的智力测试（如智商测试）可以体现孩子学习和解决问题的能力。然而，更重要的是看孩子是否有正常的适应外界环境的能力。这种能力称为"适应性行为"，也可以通过正式的测试来考察。

6 岁及以上的孩子进行智商测试才被认为是可靠的。为了确定智商水平，孩子的语言能力、记忆力、问题解决能力、视觉空间能力和非语言推理能力会通过测试被评估。智商测试的平均分被设为 100 分，大多数人的得分在 100 分上下 30 分的范围内。有时候，标准的智商测试不准确或者说不可信，这是由存在文化差异、语言问题或生理问题等因素造成的。在这样的情况下，应该用行为能力和推理能力的测试考察孩子。

过去，智商测试得分低于 70 分即被诊断为智力障碍，而现在这已不再是诊断标准。如今，这方面的专家倾向于评估适应性行为，因为这与独立的能力和程度关系更紧密。这项评估涉及概念性能力（语言能力、读写能力、时间概念、数字概念）、实用能力（自我照顾能力、旅行和使用交通工具的能力、遵守计划或常规的能力、保护自身安全的能力、使用金钱的能力）和社交能力（人际交往能力、防欺骗能力、遵守规则的能力）。

症状和体征

总的来说，孩子智力障碍的程度越严重，我们就会越早观察到相关症状。对语言和解决问题的能力都发育迟缓的较小的孩子，我们很难预测他们的行为能力会发育到什么水平。

如果孩子的基本运动能力发育迟缓（如2～3个月大时还不能自己抬起头，或6～7个月大时不能自己坐着），那么他也可能存在智力障碍。然而，这不是绝对的，也不是说正常的运动发育可以确保正常的智力发育。一些轻度到中度智力障碍的孩子生理发育正常。在这种情况下，智力障碍的初始症状就有可能表现为语言发育迟缓或不能掌握简单的模仿能力（如不会挥手表示"再见"或玩拍手游戏）。

很多有轻微智力障碍的婴幼儿的发育有可能在特定的时期达到发育里程碑。不过，当他开始上幼儿园或小学时，他有可能在学习方面跟不上同龄的孩子。他在学习方面的障碍有可能表现在完成拼图、辨认颜色或者数数上。然而，要记住，孩子的发育速度各异，在学校里表现不佳通常并不代表孩子存在智力障碍。通常只有当孩子的学习障碍太多、与他的整体智力水平不相符，才诊断为特定学习障碍（与智力障碍不同）。关键是随着时间的推移，观察孩子的变化轨迹。有学习障碍的孩子可以通过有针对性的干预措施来缩小与同龄人的差距。如果不是这种情况，则应考虑他存在智力障碍。

早期发育迟缓也可能由其他问题引起，如听力损失、视力障碍或因环境改变而不能适应。正式的测试可以在孩子快5岁时进行。

什么时候应该找医生？

你如果担心孩子发育迟缓（见第6～13章有关发育的部分），请向儿科医生咨询，他会检查孩子整

体的发育情况并判断其发育是否达
到了同龄人的平均水平。如果儿科
医生也有些怀疑和不确定，他就会
向你们推荐儿童发育科专家、儿童
神经科医生或者一个多专业交叉的
医疗团队来进行进一步诊断。对大
一些的孩子，正式的心理测试也可
能有用。

治疗

对存在智力障碍的孩子，最主
要的治疗方式是教育。存在智力障
碍的孩子如果能在 18 岁之前接受生
活技能培训和职业培训，可以从中
受益；而且他们通常可以取得在 21
岁之前继续接受教育的资格。许多
人都可以拿到毕业文凭，有些人还
可以获得相关证书。

智力障碍按程度可分为轻度、
中度和重度。有轻度智力障碍的成
年人可能具备读写或商业能力，能
适应社区工作岗位，通常有四至六
年级的阅读水平，并且能够在一定
的照料下独立生活。然而，随着智
力障碍的程度加重，患者可能需要
更多的日常生活和就业方面的帮助。
严重的智力障碍患者往往一直需要

他人的周密照料和监督。

以前，存在智力障碍的人常常
被要求住在大型的福利机构。而现
在他们被鼓励和家人一起居住，或
在能提供工作的小型生活区居住。
要想了解更多信息，可以访问美国
智力与发育障碍协会以及美国疾病
控制与预防中心网站。

预防

为预防智力障碍，孕妇应避免
饮酒以及接触其他对胎儿不利的因
素。计划怀孕的女性应向产科医生
咨询，了解健康妊娠所需的信息。
虽然 40% 以上的智力障碍可以确定
原因，但对于轻度的智力障碍，想
找到原因是比较困难的。

虽然越来越多引起智力障碍的
遗传因素可以被识别，但早期的筛
查只能发现苯丙酮尿症（PKU）和甲
状腺功能减退等代谢性疾病引起的
症状。目前有 81 种可治疗的先天性
代谢异常可能与 5% 的智力障碍病例
相关。如果这些异常在孩子出生后
通过常规筛查很快被发现，孩子就
可以获得治疗。其他可能引起智力
障碍的因素包括铅中毒、脑积水（过

多脑脊液引起颅内压增高，见第 649 页）和癫痫。

如果你的孩子存在智力障碍，你要尽可能地寻求来自医生、支持性团体和其他专业人士的帮助，寻找对孩子有益的训练项目，这对孩子和你们都会非常有帮助。然而，从长期来看，你和你的家人才是孩子最重要的支持者。与孩子的老师和治疗师一起，为孩子制订客观、现实的目标，并且鼓励他实现目标。尽可能地让孩子独立实现目标，只在非常必要的时候才帮助他。当孩子自己实现目标时，你和孩子都会有巨大的成就感。

第 22 章　耳、鼻、咽喉问题

感冒／上呼吸道感染

与患其他疾病相比，孩子患感冒或上呼吸道感染的次数可能更多。在出生后的头两年，大多数孩子都会感冒 8 ~ 10 次。如果孩子在儿童看护机构接受看护，或家里有其他上学的孩子，那么这个孩子患感冒的次数会更多，因为感冒在亲密接触的孩子之间非常容易传播。但好消息是，大多数感冒会自行痊愈并且不会诱发任何更严重的疾病。

感冒由病毒引起，病毒是一种非常微小（远小于细菌）的传染性病原体。打个喷嚏或者咳嗽就可能直接将病毒传播给另一个人。另外，病毒也可能间接传播。当病毒感染者咳嗽、打喷嚏或者揉鼻子时，一些病毒会传播到他的手上，然后他触摸了玩具或门把手等表面，之后健康的人触摸同一表面，或者感染者直接触摸健康者的手，这个健康者用他刚被污染了的手碰自己的鼻子，就将病毒带到了适合它们生长和繁殖的地方——鼻子或者咽喉，感冒的症状很快就会显现。这个刚被传染的孩子或者成年人，可能再以同样的方式将病毒传播给下一个易感者。

一旦病毒进入体内并且繁殖，孩子就会出现下述症状和体征。

■ 流鼻涕（刚开始是清鼻涕，接下来鼻涕常常变得黏稠，并且有颜色）。

■ 打喷嚏。

■ 发热（38.3℃～38.9℃），特别是在晚上。

■ 食欲降低。

■ 咽喉痛，并且可能吞咽困难。

■ 咳嗽。

■ 间断性烦躁不安。

■ 颈部出现轻微的腺体肿大。

如果孩子患有无并发症的典型感冒，这些症状应该在 7～10 天内逐渐消失。

治疗

如果患了感冒，大点儿的孩子一般不需要去看医生，除非病情变严重。如果孩子只有 3 个月大或者更小，一旦发现他生病，你就要带他去看医生。小婴儿的症状具有误导性，而且他的感冒很可能快速发展成更严重的疾病，如细支气管炎（见第 595 页）、哮吼（见第 600 页）

或者肺炎（见第 604 页）。如果 3 个月以上的孩子出现以下情况，你也应该向儿科医生咨询。

■ 每次呼吸时鼻孔变大（鼻翼扇动）；吸气时肋骨和胸骨之间及周围的皮肤凹陷；呼吸急促，或者存在呼吸困难的其他症状。

■ 嘴唇或手指甲发青。

■ 10～14 天后依然有鼻涕。

■ 日间咳嗽持续 10 天以上。

■ 耳部疼痛（见第 663 页"中耳炎"），或者持续烦躁不安或哭闹。

■ 体温超过 38.9℃。

■ 过度困倦或脾气暴躁。

儿科医生可能需要亲自给孩子做检查，或要求你密切观察孩子。如果孩子的情况没有一天天好转，并且从发病起 1 周内没有完全恢复，你就需要再次告知儿科医生。

遗憾的是，对于普通感冒，现在还没有太好的治疗方法。抗生素可以对抗细菌感染，但是对病毒无效，所以你能做的最大努力仅仅是让孩子舒服一些。确保孩子得到充足的休息、喝足够的水。如果孩子发热或感到不舒服，给他服用单一成分的对乙酰氨基酚或布洛芬。布洛芬已经获得批准用于6个月及以上的儿童，然而，千万不要给脱水或反复呕吐的儿童服用。（注意严格按照根据孩子年龄估算的推荐剂量和间隔时间服药。）

有一点非常重要，美国儿科学会认为非处方止咳药对6岁以下的儿童无效。事实上，它们可能有非常严重的副作用。另外，咳嗽是机体清除下呼吸道黏液的一种自然机制，一般来说没有理由去抑制它。

如果婴儿由于鼻塞而呼吸或饮水困难，你可以用生理盐水滴鼻液或喷雾来帮助他清理鼻腔，这些药物不需要处方就可以购买。然后你可以用吸鼻器帮孩子吸出阻塞鼻腔的黏液。你可以每隔几小时，或者在每次哺乳前以及孩子睡觉前使用吸鼻器。滴鼻液的滴管应该用洗洁精清洗，并用清水彻底冲干净。在给孩子哺乳前的15～20分钟，往孩子的两侧鼻腔里各滴2滴生理盐水滴鼻液，然后立即吸出。千万不要使用任何含药物成分的滴鼻液，因为这样做很有可能导致药物吸收过量，使婴儿出问题。只能使用普通生理盐水滴鼻液。

在使用吸鼻器的时候，要先捏住它的球部，然后慢慢、轻柔地把尖部放入孩子鼻腔，再慢慢松开球部。这样就可以吸出孩子鼻腔内的黏液，让孩子在吃奶的同时畅快地呼吸。当孩子小于6个月的时候，这种操作比较容易。随着孩子长大，他就会避开吸鼻器，给他吸鼻涕就会变得困难，但是用生理盐水滴鼻液依然有效。

在孩子的房间里放一台冷雾加湿器或喷雾器也有助于缓解孩子的鼻塞，让他感觉舒服。将机器放到离孩子近一点儿的地方（但要避免他够到），这样他就可以安全地享受加湿器带来的好处。一定要确保每天都按照说明书彻底清洗且晾干加湿器，以防出现细菌或真菌污染。不推荐使用热蒸汽加湿器，因为它很容易造成严重的烫伤。

预防

如果孩子还不满3个月，预防感冒的最好办法就是让他远离感冒患者。特别是在冬天，这一点非常重要，因为很多引起感冒的病毒都是在冬天大规模传播的。一种使大孩子及成年人患上轻微疾病的病毒，有可能使婴儿患上严重的疾病。如果孩子在上幼儿园而且患了感冒，你就要教他在咳嗽和打喷嚏的时候远离别人，而且在咳嗽时用一张纸巾挡住口鼻，并用纸巾来擦鼻涕，这样做可以防止将感冒传染给其他人。同样，如果孩子有可能接触感冒患者，你就要教他随时注意主动远离患者。同样，教会他规律地洗手，或在没有肥皂和水的情况下使用以酒精为主要成分的免洗洗手液，这样做可以在很大程度上减少病毒的传播。

告诉你的孩子，打喷嚏或咳嗽的时候用肘部或肩膀遮住口鼻，或者咳嗽的时候用纸巾或手绢遮住口鼻，比他用自己的手遮挡好得多。因为如果病毒到了孩子的手上，就可以随着孩子的手传播到任何一个他触碰过的人（如兄弟姐妹、朋友）身上或物体（如玩具）上。

中耳炎

在出生后的头几年里，孩子很有可能患中耳炎。在 70% 的情况下，中耳炎继发于感冒，因为感冒使孩子免疫力下降，进而使细菌容易进入中耳。医生把这种中耳炎叫作"急性中耳炎"。

中耳炎是最常见的可治疗的儿童疾病之一，高发于 6 个月到 3 岁的孩子。大约 2/3 的孩子在 2 岁前至少有一只耳朵被感染。这是一种在孩子中特别常见的疾病，一方面是由于孩子容易患感冒，另一方面是由于孩子咽鼓管的长度和形状（咽鼓管是帮助中耳维持正常气压的一个结构）。

1 岁以下在儿童看护机构接受看护的孩子与在家中接受看护的孩子相比更容易患中耳炎，这主要是因为他们所处的环境有更多病菌。另外，仰卧着自己用奶瓶吃奶的孩子也容易患中耳炎，因为这种进食方式容易造成少量奶液流入咽鼓管。孩子上学之后，他患中耳炎的概率会有所减小，原因有两个：一是他的中耳结构发育得更成熟，减小了液体潴留的概率；二是孩子的抗感染能力提高了。

还有一些其他因素可能增高孩子患中耳炎的风险。

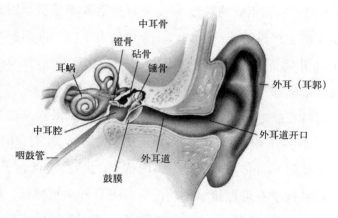

耳部解剖示意图

二手烟。吸入二手烟的孩子非常容易患中耳炎，以及细支气管炎、肺炎和哮喘。

性别。虽然研究者不确定原因，但是患中耳炎的男孩比女孩多。

遗传因素。中耳炎可以呈家族性发病。如果一个孩子的父母或兄弟姐妹曾经多次患中耳炎，那么这个孩子也有可能反复患中耳炎。

你可以做一些事情来保护婴儿免于患中耳炎，如母乳喂养、不吸烟、不允许吸烟者待在孩子周围、确保按时接种疫苗、保持良好的卫生习惯，以及提供合适的营养。

症状和体征

中耳炎常会造成疼痛，但也不总是如此。大一点儿的孩子可能会告诉你他的耳朵疼，小一点儿的孩子可能会扯着自己的耳朵哭闹。中耳炎患儿可能在吃奶时哭闹得更厉害，因为吮吸和吞咽会对中耳造成压力，使疼痛加剧。患儿还可能入睡困难。发热是另一种警示信号，约1/3的患儿伴有发热，体温达38℃～40℃。另外，由于中耳内的液体或感染会影响平衡觉（前庭系统），患儿可能会失去平衡或行动笨拙。

你可能会发现孩子发炎的耳朵流出带血丝的黄色液体或者脓液。这种分泌物意味着鼓膜上出现了一个小洞（鼓膜穿孔）。这个小洞一般会自愈且不引起任何并发症，但是你需要向医生详细地描述分泌物的性状。

你也可能注意到孩子听力似乎不好。这是因为鼓膜后的液体影响了声音的传导。但这种听力损失通常是暂时性的，一旦中耳内的液体消失，孩子的听力就会恢复正常。少数情况下，当中耳炎复发时，液体有可能积存在鼓膜后数周，从而影响听力。你如果觉得孩子的听力不太好（也包括孩子患中耳炎之前出现这样的情况），就应该向儿科医生咨询。良好的听力对正常的语言发育很重要，因此，如果孩子有任何语言发育迟缓，请询问儿科医生孩子是否需要转诊以进行听力检查，或者是否需要向耳鼻喉科医生或听力专家咨询。即使孩子没有语言发育迟缓，但如果孩子双耳的中耳存在积液 3 个月以上，或一侧的中耳存在积液 6 个月以上，他也应接受听力检查。

中耳炎最常见于感冒和流感高发的冬天和早春。夏天，若孩子抱怨说他的耳朵中度到重度疼痛，特别是在你触碰或拉他的耳朵时，那他可能患了外耳道炎，这也叫作"游泳性耳病"。它本质上是外耳道内侧的皮肤发生的感染，可能暂时影响听力，但不会造成长期的听力损失。这种疾病可能让人非常疼痛，需要进行治疗［见第 679 页"游泳性耳病（外耳道炎）"］。

治疗

你只要怀疑孩子的耳部感染了，就应该向儿科医生咨询。同时，采取一些措施让孩子感觉舒服一点儿。如果孩子发热了，用本书第 27 章介绍的方法来为他降温。根据孩子的年龄，让他服用适当剂量的对乙酰氨基酚或布洛芬以缓解疼痛（不要给孩子服用阿司匹林，因为阿司匹林与瑞氏综合征存在密切关系。瑞氏综合征是一种影响大脑和肝脏的疾病，详见第 547 页）。

如果孩子发热，医生会检查一下他是否同时出现了其他问题。为了治疗中耳炎，医生会告诉你缓解疼痛的方法，而且可能为孩子开抗生素。如果孩子患了游泳性耳病，或中耳炎伴鼓膜穿孔，医生可能还会开抗生素类滴耳液。

抗生素是治疗中耳炎的药物之一。如果医生开了某种抗生素，他会详细告诉你服用的时间表，通常包括每天1次、2次或3次服药。务必严格按时间表服药。如果急诊科医生开了抗生素，你最好让儿科医生知道，以便他检查剂量并在孩子的病历中注明。

随着感染症状慢慢消失，有些孩子可能觉得耳朵里有一种胀感，这表明孩子正在恢复。一般来说，用药后2天内，孩子就会明显有感染症状减轻、疼痛缓解的表现。

当孩子病情好转后，你很可能想让孩子停止用药——千万不要这样做。这个时候，引起此次感染的细菌可能依然存在。太早停药可能导致这些细菌再一次开始繁殖，并使感染卷土重来。药物治疗结束之后，医生会再一次查看孩子的情况，检查中耳是否依然存在积液——注意，有时即使控制住了感染，也不一定能够完全清除中耳积液。这种中耳存在积液的疾病（也称"分泌性中耳炎"）很常见：大约每10个接受中耳炎治疗的孩子中，就有5个在感染被治愈后仍然有中耳积液，而其中90%的孩子的中耳积液会在3个月内无须治疗就自行消失。另外，这些积液不一定是由感染造成的，也有可能是因为咽喉上方的腺体肿大导致积液排出困难。因此，带孩子看医生非常重要，医生能够判断引起疾病的原因，并采取恰当的治疗方法。

少数情况下，中耳炎患儿对医生第一次开的抗生素没有反应。如果孩子在开始服用抗生素后，仍然抱怨耳朵很疼并且高热不退的时间超过2天，你就应该再带他去看医生。为了判断抗生素是否有效，医生会给孩子做检查，再看一下孩子的鼓膜。有时可能需要更换抗生素，或添加其他抗生素。若情况更严重或持续不变，孩子可能需要打一针或几针抗生素。如果这些治疗都不起作用，儿科医生就可能让孩子去看耳鼻喉科医生，进行另一项检查。在少数情况下，耳鼻喉科医生会将细针插入孩子的鼓膜以获取中耳积液的样本，以便确定感染的具体原因，进而制订合适的治疗方案。在非常少见的病例中，患儿需要住院治疗，接受抗生素治疗，并通过外科手术清除中耳积液。

患有中耳炎的孩子应该待在家

过度使用抗生素

抗生素在细菌感染（比如在严重中耳炎和链球菌咽喉炎）的治疗中发挥着重要作用。但是抗生素对病毒引起的感染没有作用。这也就是普通感冒、某些轻度中耳炎和大部分咽喉痛不需要用抗生素治疗的原因。医生开抗生素时，会确保所用的抗生素对引起感染的细菌有针对性疗效，疗程的长短也适当。

如果在不必要的时候使用抗生素，或者患者在需要使用抗生素时没有持续用药，其体内就可能出现新的菌种。这种情况发生时，抗生素可能就不再有效，不能治疗原本可以治愈的疾病，因为细菌已经对它们产生了"耐药性"。此外，抗生素可造成过敏反应或严重的抗生素相关性腹泻等副作用。

如果你的孩子发生了感染，你一定要记住以下几点，保证孩子仅在必要的时候使用合适的抗生素。

■ 向儿科医生咨询孩子的疾病是否是细菌感染导致的。抗生素只对细菌性感染有效，而对病毒性感染无效。它们也许可以用来治疗严重的中耳炎，但你不应该要求医生为患感冒或流感（以及其他很多种咽喉痛和咳嗽）的孩子开抗生素，因为这些疾病是由病毒引起的。

■ 如果孩子的感染是病毒性的，他就不需要使用抗生素，你可以问问儿科医生是否有其他方法来改善孩子的症状。如果孩子患轻度中耳炎，医生可能会推荐止痛药来缓解耳朵的疼痛，而感染会自行消失。

■ 如果医生开了抗生素治疗中耳炎或其他细菌性感染，而孩子的病情在 48 ~ 72 小时后恶化或仍未好转，你就应该询问医生接下来怎么做。确保孩子严格按医嘱服药。不要擅自给孩子服用家里其他人的治疗其他疾病的抗生素。如果孩子服用抗生素后出现瘙痒的皮疹、荨麻疹或水样腹泻，你要及时告知医生。

里吗？不用，除非他发热、疼痛严重，感觉或看起来不舒服。如果他感觉良好，并且可以在上学前和放学后服药（或在学校保健医生的照看下服药），那么他可以上学。如果

孩子的鼓膜穿孔，他仍然可以参加大多数活动。不过，他还不能游泳，除非耳部痊愈、积液消失。一般来说，孩子可以乘飞机，不过气压变化可能会令他不舒服。起飞和降落

期间服用止痛药和饮用液体有助于预防和缓解不适感。

预防

偶发的中耳炎无法预防。对一些孩子来说，中耳炎有可能跟季节性过敏有关系，过敏还可能引起鼻塞，阻碍液体从中耳到咽喉的自然排出。如果孩子似乎在过敏发作时更频繁地患中耳炎，你就应告诉儿科医生这一情况，他有可能为孩子做一些检查，或者建议使用生理盐水鼻喷雾剂、抗组胺药或针对过敏的鼻喷雾剂。

在用奶瓶给孩子喂奶的时候，将他的头部抬起，使之高于他的胃部，这样做可以防止孩子的咽鼓管被堵塞。你和家里的其他人也不应该在孩子的身边抽烟。再强调一遍，儿童暴露于二手烟环境中更容易患中耳炎、细支气管炎、肺炎、肺功能低下以及哮喘。勤洗手也有助于保护你的孩子远离感染。另外，母乳喂养与儿童中耳炎发生率降低有关。不过，6 个月大以后使用安抚奶嘴与中耳炎的发生有关，因此如果孩子容易患中耳炎，停止使用安抚奶嘴可能是一个好主意。

如果孩子的中耳炎痊愈后不久，他再次患中耳炎，那该怎么办？如果孩子持续患中耳炎，或持续出现听力损失，他可能要去看耳鼻喉科医生，医生可能建议在麻醉的情况下进行鼓膜置管，即在他的鼓膜中插一根细小的通气管（又叫"鼓膜造口管"）。插入通气管之后，孩子的听力一般都能恢复正常。鼓膜置管还可以防止液体和有害细菌潴留在中耳，从而避免中耳炎再次发生。

需要进行鼓膜置管的指征包括：①中耳持续性积液 3 个月以上，并伴有听力损失；②症状明显的中耳炎反复发生，比如 6 个月内发生 3 次以上，或 12 个月内发生 4 或 5 次以上。如果医生提议为孩子置管，你可以就孩子的具体问题与医生详细讨论，

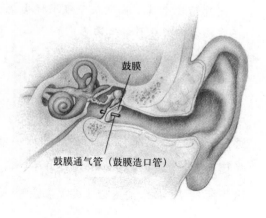

鼓膜

鼓膜通气管（鼓膜造口管）

确保完全了解这种治疗方法的利弊。

记住，虽然中耳炎非常烦人且让人难受，但它一般比较轻微，而且在治愈之后不会有严重的后遗症。大多数儿童到 4 ~ 6 岁时就不会再患中耳炎了。

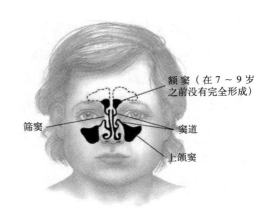

额窦（在 7 ~ 9 岁之前没有完全形成）

筛窦

窦道

上颌窦

鼻窦炎

鼻窦炎指一个或多个鼻窦（鼻腔周围的骨内空腔）发生的炎症，通常是 2 岁以上的孩子感冒或过敏性鼻炎的并发症。感冒或过敏性鼻炎会引起鼻腔和鼻窦内膜肿胀，从而阻碍液体从鼻窦流到鼻后部的开口，所以鼻窦里会充满液体。这种堵塞会导致孩子抽鼻子和擤鼻涕，这是自然反应，但是鼻后部的细菌可能因此被挤到鼻窦，使情况更为严重。因为鼻窦内的液体不能正常流出，细菌就会在这里繁殖，从而引发感染。

下面是鼻窦炎的一些症状，如果你的孩子有以下症状，你就应该重视并及时带孩子就医。

■ 持续的感冒或上呼吸道感染的症状，包括日间咳嗽和 / 或流鼻涕 10 天以上，没有任何好转。鼻涕有可能是黏稠且呈黄色的，也可能是透明的或白色的，咳嗽一般会不分昼夜一直持续。一些情况下，患鼻窦炎的孩子在早上起床的时候，眼睛周围肿胀。另外，学龄前儿童患鼻窦炎的话，会有持续的口腔异味并伴有感冒症状（不过，有时孩子将异物放入鼻腔、出现咽喉痛或没有刷牙也会引起这些症状）。

■ 孩子感冒严重，伴有发热和持续至少 3 天的黏稠发黄的鼻涕。他的双眼可能在清晨肿胀，而且他可能告诉你自己头痛得厉害（如果他已经大到可以告诉你的话），疼痛的部位在眼部的后方或上方。

在极少数的病例中，鼻窦炎有可能扩散到眼睛。如果发生了这样的情况，你就会发现孩子眼部周围的肿胀不仅发生在早晨，而且会持续一整天，你们就需要立即就医。另一个非常罕见但严重的情况是感染扩散到中枢神经系统（大脑）：孩子如果出现非常严重的头痛、对光线敏感，或者烦躁加重、困倦，或者难以叫醒，就需要立即就医。

治疗

医生如果认为孩子患了鼻窦炎，就可能开一种抗生素，一般要求服药 1～2 周，通常在孩子表现出好转后要求继续服药 1 周。一旦孩子开始服用抗生素，症状就会很快开始消失。大多数情况下，孩子的鼻涕会在 1～2 周内逐渐消失，咳嗽也会在 1～2 周内好转。但是，孩子即使看起来好了很多，也需要按照医嘱的时长继续服用抗生素。如果在 2～4 天之后病情还没有任何好转，孩子就需要再次就医，接受进一步检查，比如鼻窦 X 线检查，或转诊至耳鼻喉科或变态反应科。医生可能开另外一些药或者增加一种药，需要孩子服用更长时间。

会厌炎

会厌是位于咽喉后部的一片像舌头一样的组织，会厌炎一般是由一种叫作"B 型流感嗜血杆菌"的细菌引起的。幸运的是，由于 B 型流感嗜血杆菌疫苗的普及，现在这种疾病已经很少见了。

会厌炎是一种急性炎症，可能会危及生命，通常以咽喉痛和发热（体温高于 38.3℃）为初始症状，而且孩子很快会病得很重。他的咽喉痛会变得非常严重，他每次呼吸时都会发出刺耳的声音（喉喘鸣）。另外，他还可能因吞咽过于困难而流口水。

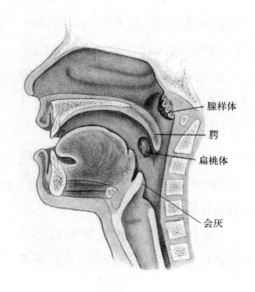

腺样体

腭

扁桃体

会厌

孩子如果出现了不同寻常的咽喉痛，伴有流口水和／或呼吸困难，应立即就医（可以去急诊室）。因为会厌炎发病非常迅速，有可能造成严重的后果，你千万不要尝试在家治疗。就医前，尽量让孩子平静下来。不要试图查看孩子的咽喉，也不要坚持让他躺下。另外，避免给孩子喂食或喂水，因为这可能引起呕吐，从而让呼吸困难的情况进一步加重。你一定要记住，会厌炎得不到治疗的话可能危及生命。如果医生诊断孩子患会厌炎，他就需要立即入院接受包括抗生素治疗在内的治疗。

预防

B 型流感嗜血杆菌疫苗可以对抗最常引起会厌炎的细菌。孩子需要根据医生的建议，打完该疫苗的每一针。然而，即使接种了疫苗，如果孩子曾接触过其他患会厌炎的孩子，你也需要密切观察孩子的情况，必要时带孩子就医。

口腔疱疹

口腔疱疹是由单纯疱疹病毒引起的儿童期常见疾病，会导致口腔内和嘴唇出现口疮（感冒疮）、水疱（热性水疱）以及肿胀。口腔疱疹具有高传染性，可由直接接触传播，常常通过亲吻传播。大多数婴儿在 6 个月大之前都受到来自母亲的抗体保护，但之后他们的易感性就增强了。

当孩子第一次感染这种病毒，我们称他患了原发性疱疹。症状可能为在口腔内出现水疱的 1 ~ 2 天后，牙龈开始疼痛、肿胀、发红，并伴有口水增多。水疱破裂后会形成溃疡，并且需要几天才能愈合。孩子还有可能出现发热、头痛、烦躁不安、食欲不振、淋巴结肿大 1 周左右等症状。然而，很多孩子的症状非常轻微，以至于没有人意识到他感染了这种病毒。

一旦孩子患了原发性疱疹，他就成了病毒携带者。这意味着这些病毒将继续存在于孩子体内，通常处于非活动状态。当孩子处于压力下、发生其他感染、嘴部受伤、被晒伤、过敏或疲惫时，病毒就有可能再次被激活，引起复发性疱疹。复发性疱疹的症状通常比原发性疱疹的轻一些，而且复发性疱疹通常在儿童期晚期或成年期才会发生。复发性疱疹的症状是出现感冒疮和热性水疱。

治疗

如果你的孩子出现了类似于上述疱疹的症状，请你向儿科医生咨询。原发性疱疹并不是一种严重的疾病，但是会让孩子感到不适。下述措施可减轻孩子的不适感。

- 卧床休息及睡觉。
- 摄入足量的凉的液体，包括非酸性饮品，如苹果汁或杏汁。
- 如果发热或出现严重的不适，可以服用对乙酰氨基酚。
- 使用儿科医生开的漱口水。它们可能含有镇痛成分，可以麻醉因口腔溃疡而疼痛的区域。应该严格按照说明书上的方法使用。
- 食物柔软、清淡、营养。
- 在一些严重的病例中，儿科医生可能会开抗病毒药物（如阿昔洛韦或类似的药物）。在病程初期使用这些药物可以抑止病毒繁殖，但是停止使用这些药物后，病毒可能再次活动。一定要记住，抗病毒药物可能只会将症状持续时间缩短 1 天左右，并且可能不会使孩子立即感觉好转。

偶尔，患原发性疱疹的孩子会因口腔疼痛而拒绝喝水。如果出现了脱水的症状，孩子就需要住院治疗。如果你怀疑口疮的病因是疱疹病毒感染，千万不要用含有类固醇的药膏（如可的松）治疗口疮，因为这类药膏有可能导致病毒感染进一步扩散。

预防

疱疹病毒的传播方式是直接接触，所以你不应该让任何出现水疱或口疮的人亲吻孩子。曾经患过口腔疱疹的人，即使目前没有发病，口水里也常常有疱疹病毒，并会传播给他人。总的来说，就是不让任何人亲吻孩子，以防病毒传播。

另外，要教孩子不和别的孩子共用餐具，或用嘴巴接触饮水器（这件事总是说起来容易做起来难）。如果孩子患了原发性疱疹，疱疹位于唇鼻处且处于活跃期，你就应将他留在家里，防止他将疾病传染给其他人。

流鼻血

孩子在出生后的头几年至少会流一次鼻血，而且很可能流很多次。一些学龄前儿童甚至1周之内流几次。流鼻血是正常的，也不危险，但是有可能非常吓人。如果鼻血从后鼻腔流入口腔和咽喉，孩子就可能吞下大量鼻血，这可能导致呕吐。

流鼻血的原因有很多，大多都不严重。我们从最常见的原因开始，列举如下。

■ **感冒或过敏**。感冒或过敏可能使鼻内部受刺激并且肿胀，继而引发出血。

■ **损伤**。抠鼻子、将异物塞入鼻孔或者过于用力地擤鼻子都有可能引起流鼻血。如果孩子的鼻子受到球或其他物体的撞击，或者孩子摔倒时磕到鼻子，他也可能流鼻血。

■ **空气湿度过低或有刺激性的气体**。如果孩子所处的室内非常干燥，或者气候干燥，孩子的鼻内黏膜可能非常干，很容易出血。如果孩子频繁暴露于刺激性气体（幸运的是，这很少发生），也有可能流鼻血。

■ **解剖结构异常**。任何一种鼻内部结构异常都有可能导致流鼻血和生成痂皮。

■ **异常赘生物**。鼻腔内长出任何一种异常组织都有可能引起流鼻血，虽然大多数赘生物（通常为息肉）都是良性的，但同样需要及时治疗。

■ **凝血异常**。任何影响凝血的因素都有可能导致流鼻血。药物，即使是普通药物（如布洛芬），也可以改变凝血机制，引起出血。血液病和出血性疾病（如血友病），也会导致或加重流血。

■ **慢性疾病**。任何一个患有慢性疾病的孩子，或者需要接受吸氧或其他药物治疗的孩子，其鼻内黏膜都有可能因干燥或受其他因素影响而容易流血。

治疗

关于流鼻血的治疗方法，民间有很多误解和所谓的偏方。下面我们将告诉你哪些是应该做的，哪些是千万不能做的。

你应该做到如下几点。

1. 保持镇定。虽然孩子流鼻血很吓人，但一般都不严重。

2. 让孩子保持坐姿或站姿，将孩子的头微微向前倾。

3. 用你的拇指和食指捏住孩子的鼻翼（鼻子的下半部分，即软的部分），保持至少 10 分钟。如果孩子已经足够大了，他可以自己这样做。在这个过程中，不要松开手检查是否止血。停止施压可能干扰血液凝结，使鼻血继续流出。

10 分钟后松开手，让孩子保持不动。如果还没有止血，再次捏住孩子的鼻翼。如果 10 分钟后依然没有止血，你就要继续捏住孩子的鼻翼并联系儿科医生或将孩子送去最近的急诊室。

你不能做如下几点。

1. 恐慌。这样会吓到孩子。

2. 让孩子躺下或者让他把头向后仰。

3. 将纱布、纸巾或其他物品塞到孩子的鼻孔里来止血。

如果出现了下述情况，请及时就医。

■ 你认为孩子有可能失血过多，或孩子持续大量流血（但请记住，从鼻腔流出来的血往往看起来比实际的多一些）。

■ 血液只来自孩子的口腔，或者孩子咳出或呕出鲜血或棕色的、类似于咖啡渣的东西。

■ 孩子看起来异常苍白或虚弱，或者对外界刺激没有反应。这种情况下，需要立即送孩子去最近的急诊室。

■ 孩子频繁流鼻血且长期有鼻塞的问题。这有可能意味着孩子鼻腔内或鼻黏膜表面有一根小血管容易破损，或者鼻腔里出现了一块异常赘生物。

如果流血的罪魁祸首是血管，医生就可能用一种化学物质（硝酸银）来止血。

预防

如果孩子经常流鼻血，请询问儿科医生可否每天使用生理盐水滴鼻液，和 / 或每天晚上在每个鼻孔里涂抹少量凡士林。如果你住在空气干燥的环境中，或者家中使用火炉（或暖气），采取这些措施的效果可能非常明显。冷雾加湿器也有助于提升室内的空气湿度，预防鼻腔干燥。另外，不要让孩子抠鼻子。如果孩子鼻腔湿润后仍流鼻血，那他可能需要去看耳鼻喉专科医生，进行检查以确定是否患血液病或出血性疾病。

咽喉痛（链球菌咽喉炎、扁桃体炎）

"咽喉痛""链球菌咽喉炎""扁桃体炎"这3个概念常常被混淆，但它们的意思并不相同。扁桃体炎指扁桃体的炎症（见第677页"扁桃体和腺样体"）。链球菌咽喉炎是由一种特殊的细菌（链球菌）引起的咽喉感染。当孩子患了链球菌咽喉炎时，扁桃体往往也有严重的炎症，炎症还有可能影响周围的部位。引起咽喉痛的因素还有病毒，病毒可能仅仅引起扁桃体附近发炎，而非扁桃体本身发炎。

婴幼儿和学龄前儿童的咽喉痛往往是病毒感染导致的。在这种情况下，不需要进行任何药物治疗，孩子会在7～10天好转。通常引起咽喉痛的病毒还会让孩子患感冒。他们也有可能轻微发热，但总的来说病情不会很重。

如果孩子感染了一种叫"柯萨奇病毒"的特殊病毒（常见于夏季和秋季），那他有可能出现高热、吞咽困难，且整个人病恹恹的。另外，他的咽喉、双手和双脚有可能出现一个或多个水疱（这常被称为"手足口病"）。

传染性单核细胞增多症可能引起咽喉痛，通常伴有明显的扁桃体炎。然而，大多数患这种疾病的孩子几乎没有什么症状。

链球菌咽喉炎是由叫作"化脓性链球菌"或"A组链球菌"的细菌引起的，在学龄儿童和青少年中最常见，7～8岁的患儿人数最多。3岁以上的患儿有可能出现特别严重的咽喉痛，体温超过38.9℃，颈部腺体肿大，扁桃体出现脓液。咳嗽、流鼻涕、声音嘶哑和结膜炎不是链球菌咽喉炎的症状，而表明该疾病是由病毒引起的。辨别链球菌咽喉炎和病毒性咽喉炎非常重要，因为链球菌咽喉炎需要使用抗生素治疗。

诊断和治疗

如果孩子出现持续的咽喉痛（不是早上喝一杯水就能好转的那种），无论是否伴有发热、头痛、腹痛或极度疲惫，你都应该带他就医。如果孩子的病情看起来特别严重，或者他存在呼吸困难或严重的吞咽困难（引起孩子流口水），就更应该立即就诊，因为这有可能表明他出现了更危险的疾病——会厌炎（见第670页）。

如果儿科医生担心孩子患有链球菌咽喉炎，他可能会在孩子的咽喉后部和扁桃体进行咽拭子采集。大多数儿科门诊可以提供快速链球菌检测，几分钟就可以出结果。如果快速链球菌检测的结果是阴性，医生有可能再做一次培养以确诊。检测结果为阴性表明疾病可能是由病毒造成的。在这种情况下，医生不会选用抗生素（对细菌有效，对病毒无效）治疗。

如果测试结果表明孩子的确患了链球菌咽喉炎，儿科医生就会为他开一些口服或注射的抗生素。如果孩子需要口服抗生素，那么整个疗程坚持服药非常重要（即使症状已经好转甚至消失）。如果孩子没有用抗生素进行治疗，或者没有整个疗程都使用抗生素，疾病就有可能加重或扩展到身体其他部位，导致化脓性扁桃体炎或肾脏疾病。不治疗的话，链球菌感染还有可能导致风湿热——一种侵犯心脏的疾病。不过，风湿热在美国 5 岁以下的儿童中极其少见。

预防

很多种咽喉炎都具有传染性，主要通过空气中的飞沫或与患者直接接触传播。因此，你要让孩子远离咽喉炎患者。然而，由于大多数患者在首次出现症状前就具有传染性，所以实际上没有切实可行的办法让孩子彻底避开这种疾病。

过去，若一个孩子多次出现严重的咽喉痛，他的扁桃体就有可能需要被切除以防止发生进一步的感染。但是，如今这种扁桃体切除术只建议用于病情极其严重的患儿。即使是反复发生链球菌咽喉炎的复杂病例，抗生素治疗往往也是最佳选择。

（更多相关信息见第681页"淋巴结肿大"。）

扁桃体和腺样体

你往孩子的咽喉里看，有可能看到两边分别有一个粉红色、椭圆形的组织，它们就是扁桃体。婴儿的扁桃体较小，但是会在儿童期的头几年长大。当身体对抗感染性疾病时，它们能够产生抗体。

和扁桃体一样，腺样体（又称"咽扁桃体"）也是孩子抵御感染的一道防线。腺样体位于咽喉最上方，在小舌的上方、鼻的后方，这个区域我们称为"鼻咽"。只有将特殊的仪器伸入鼻腔或口腔，或通过 X 线间接观察，我们才能看到腺样体。

最常见于扁桃体的疾病是扁桃体炎。这是一种由感染引起的炎症。有时扁桃体会非感染性增大，然而大多数时候扁桃体增大是由感染导致的。扁桃体炎的症状如下。

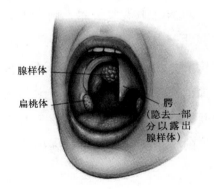

腺样体

扁桃体

腭
（隐去一部分以露出腺样体）

- 扁桃体红肿。
- 扁桃体上出现白色或黄色的覆盖物。
- 嗓音嘶哑。
- 咽喉痛。
- 吞咽不适或疼痛。
- 颈部淋巴结肿大。
- 发热。

判断孩子的腺样体是否肿大并不那么容易。一些孩子天生腺样体比较大；一些孩子则有可能因感冒或其他感染而出现暂时性的腺样体肿大，这种情况非常常见。另外，慢性鼻炎（持续流鼻涕）也会频繁引起腺样体肿大，这可以用皮质激素鼻喷雾剂来治疗。但是，腺样体持续肿大会引起其他健康问题，如中耳炎和鼻窦炎。腺样体肿大的症状如下。

- 孩子大多数时候不用鼻子呼吸而用嘴呼吸。
- 当孩子说话的时候，感觉他的鼻子被堵住了。
- 孩子白天呼吸时带有杂音。
- 孩子夜晚睡觉时打呼噜。

如果孩子不仅出现了以上症状，还伴有下述症状，那么他的扁桃体和腺样体可能都肿大了。

■ 当夜晚睡觉打呼噜或大声呼吸时，呼吸短暂地停止，这种疾病叫作"睡眠呼吸暂停综合征"。

■ 睡觉时被呛住或透不过气来。

■ 吞咽困难，特别是吞咽固体食物困难。

■ 即使未患扁桃体炎，也出现了持续的声音嘶哑的症状。

在严重的病例中，孩子的呼吸困难有可能影响肺部正常的氧气和二氧化碳交换。及时发现这个问题非常重要，否则它有可能打乱孩子的睡眠规律。如果孩子存在呼吸困难，在应该清醒的时候看起来昏昏欲睡，即使睡眠充足看起来也没有精神，你就应及时带孩子就医；如果呼吸问题非常严重，请及时拨打急救电话。

治疗

如果孩子出现了扁桃体或腺样体肿大的症状和体征，而且几周还没有好转，请告知儿科医生。

手术切除扁桃体和／或腺样体（扁桃体切除术和腺样体切除术）

虽然这两项手术（常合并进行）过去很常见，如今仍是常见的手术，但是直到最近，它们的长期有效性才得到了充分的检验。基于目前的研究，医生在推荐这两项手术时保守了许多，不过还是有一些患儿需要接受这两项手术。

根据美国儿科学会的指导方针，儿科医生在下述一些情况下才可能推荐孩子接受手术治疗。

■ 扁桃体或腺样体肿大导致正常呼吸困难（引起行为问题、尿床、呼吸暂停、在校表现不佳等）。

■ 扁桃体肿大严重，导致孩子无法正常吞咽。

■ 腺样体肿大使孩子呼吸时非常不适，严重影响其说话，甚至有可能影响面部的正常发育。这种情况下，医生可能建议仅切除腺样体。

■ 孩子每年都出现多次严重的咽喉痛。

如果孩子需要手术，确保他知道接下来会发生什么，包括术前、术中和术后会发生什么。不要在孩子面前对手术避而不谈。手术的确很吓人，但是诚实地告诉孩子即将发生的事情总好过让他充满恐惧和疑问。

医院可能有特殊的服务项目，帮孩子尽快熟悉医院和手术室。如果医院允许，你要在孩子住院期间一直陪在他身边。让他知道，在整个手术过程中，你们都在离他不远的地方。儿科医生也可以帮助你和孩子了解手术的方式和过程，让你们不那么恐惧。

游泳性耳病（外耳道炎）

游泳性耳病是外耳道皮肤发生感染的疾病，常发生于游泳后或耳朵进水的其他情况后。游泳性耳病的发生主要是由于外耳道中残留的水分给细菌提供了滋生的环境，同时还使外耳道的皮肤变软（就像潮湿绷带下的皮肤会变白、肿胀一样）。接下来细菌会入侵变软的皮肤，并且在那里繁殖，引起炎症，带来疼痛感。

由于一些尚不明确的原因，一些孩子更容易患这种疾病。外耳道的损伤（有时是由于不恰当地使用棉签）、湿疹（见第 560 页）、脂溢性皮炎（见第 841 页）等都可能增大游泳性耳病发病的概率。

患最轻微的游泳性耳病时，孩子有可能说耳朵里面发痒或感觉被堵住了；如果孩子太小、还不会说话，你可能会发现他将手指伸入耳朵或用手揉耳朵。在几小时或几天内，外耳道开口有可能肿胀并且轻微发红，引起隐隐的疼痛。如果你

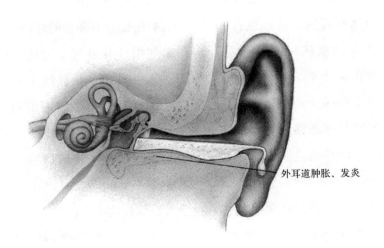

外耳道肿胀、发炎

按压外耳道开口或者拉孩子的耳朵，疼痛感会更明显。

若患了严重的游泳性耳病，疼痛可能持续而且剧烈，孩子很可能哭闹并用手捂住自己的耳朵。即使是最轻微的动作（如咀嚼），也会引起剧烈的疼痛。外耳道开口有可能因肿胀而闭合，渗出脓液或干酪状物质，孩子有可能出现低热（比正常体温高 0.5℃ ~ 1℃）。在最严重的病例中，红肿有可能扩散到整个外耳，而不仅限于外耳道。因为游泳性耳病不会影响中耳，所以任何因外耳道堵塞而出现的听力损失都是暂时性的。

治疗

如果孩子耳朵疼痛，或者你怀疑他患了游泳性耳病，请带他去看医生。虽然这种疾病一般不严重，但仍然需要由医生来治疗。在就医之前，你可以给孩子服用适当剂量的对乙酰氨基酚或布洛芬来缓解疼痛。确保孩子的耳朵这几天都不碰水，看看疼痛是否缓解。

不要试图往孩子的耳朵里塞棉签或其他东西来减轻瘙痒或吸水，这样做只会导致更严重的皮肤损伤并为细菌提供新的生存空间。在儿科门诊，医生首先会检查孩子受感染的耳朵，然后有可能仔细清除耳道里的脓液和其他分泌物。大多数医生还会开出需要使用 5 ~ 7 天的滴耳液。这些滴耳液可以对抗感染，从而减轻肿胀、缓解疼痛。然而，为了保证药效，要正确使用滴耳液。下面是滴耳液的正确使用方法。

1. 让孩子侧躺，患侧耳朵朝上。

2. 滴药的时候尽可能地让药水顺着外耳道流入，这样在药水进入外耳道的时候空气也能从外耳道内排出。你可以轻轻地动一动孩子的耳朵，帮助药水进入外耳道。

3. 让孩子侧躺 2 ~ 3 分钟，确保药水到达外耳道的最深处。

4. 根据处方要求的疗程用药。

如果外耳道过于肿胀、药水难以进入外耳道，儿科医生有可能往孩子的外耳道插一根细细的、蘸有药物的棉花条或海绵条。之后，你每天要用滴耳液浸湿这根棉花条或海绵条 3 ~ 4 次。少数情况下，医生会开口服抗生素。

当孩子开始接受治疗时，医生

可能建议他的耳朵在几天内避免接触水。然而，他每天都可以冲澡或泡澡，也可以洗头发，只要之后保持外耳道干燥就可以了——可以用干毛巾的一角擦干外耳道或用吹风机将其吹干（但是需要将吹风机调到最低挡，并离耳朵远一点儿）。完成后，应立即滴入滴耳液。

预防

没有必要刻意预防游泳性耳病，除非孩子频繁地发生或最近发生过这种疾病。如果是这样，你就应限制孩子待在水中的时间——一般来说应短于 1 小时。当孩子从水中出来时，让孩子甩甩头或用毛巾一角吸干耳朵内的水。

很多儿科医生都推荐使用醋酸类滴耳液作为一种预防性措施。这类滴耳液有很多种，其中一些是处方类药物。这类滴耳液一般需要在早晨、每次游泳后和睡觉前使用。也可以将白醋和外用酒精混合后滴入外耳道，这是一种有效的家庭疗法。孩子游泳后，你可以在他的耳朵里滴几滴这种混合物。

不要用棉签、手指或其他东西来给孩子清理耳朵，因为这样可能会损伤他的外耳道或鼓膜。

淋巴结肿大

淋巴结（也叫"淋巴腺"）是体内抵御感染和疾病的重要防御性组织，内含的淋巴细胞是抵御感染的屏障。淋巴细胞能分泌抗体以摧毁或限制被感染的细胞或入侵的毒素。淋巴结变大或肿胀通常意味着淋巴细胞因体内的感染或其他疾病而数量增多，它们需要产生更多抗体。在少数情况下，淋巴结肿大，特别是持续时间长且没有其他被感染的症状（如发红、触痛）时，可能表明体内有肿瘤。

如果孩子的淋巴结肿大，你有可能摸到或看到肿大的淋巴结。触摸它们可能产生触痛。有时，你在观察肿大的淋巴结的周围时，可能发现引起其肿大的感染或损伤。例如，咽喉痛有可能引起颈部淋巴结肿大，手臂上的感染有可能引起腋窝淋巴结肿大。有时，引起淋巴结肿大的疾病可能是全身性的（如由病毒引起的疾病），它可能导致身上很多部位的淋巴结都轻微肿大。总的来说，因为孩子比成年人更容易被病毒感染，所以他们的淋巴结（特别是颈部淋巴结）肿大更常见。位于颈部底端、锁骨之上的淋巴结肿大可能是由感染引起的，也可能表明胸部存在肿瘤，你需要尽快让医生为孩子做一次详细的检查。

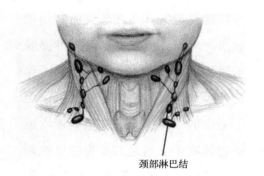

颈部淋巴结

治疗

在绝大多数情况下，淋巴结肿大都不严重。儿童的颈部、耳后或脑后几乎总有几个小淋巴结肿块（小于 1 厘米），这种情况无须担心。淋巴结的肿大一般会在原发病痊愈后消失。通常来说，这些小肿块都会在几周后恢复正常。孩子如果出现了下述情况，就应该及时就诊。

■ 淋巴结肿大并伴有触痛，且持续时间超过 5 天。

■ 发热，体温达到 38.3℃以上。

■ 全身淋巴结肿大。

■ 疲倦、乏力、没有食欲。

■ 淋巴结快速肿大，或者肿大的淋巴结表面皮肤发红或发紫。

和患其他感染性疾病一样，如果孩子在淋巴结肿大的同时发热或感到疼痛，在看医生之前，你可以让他服用适当剂量的对乙酰氨基酚或布洛芬。看医生时，他会问你一些问题来确定引起淋巴结肿大的原因，如果在此之前你已经仔细观察过孩子的病情，那将有很大帮助。举例来说，如果是下巴或颈部附近的淋巴结肿大，医生会检查一下孩子的牙齿是否有触痛或者牙龈是否发炎了，并问孩子他的口腔和咽喉有没有疼痛感。如果孩子曾经接触过动物（特别是猫）或去过林区，你一定要告诉医生。另外，注意观察孩子身上是否有新近发生的动物抓伤、蜱虫叮咬或其他昆虫叮咬的痕迹，这些都有可能引发感染。

治疗淋巴结肿大的方法取决于引起它的原因。如果肿大的淋巴结附近的皮肤或组织被某种细菌感染了，使用抗生素控制感染后，淋巴结就会逐渐恢复正常大小。如果是淋巴结本身发生感染，那么可能不仅需要用抗生素治疗，还需要局部热敷以限制感染蔓延，或者用外科手术的方法引流脓液。如果做了引流手术，那就需要对引流物进行培养以确定引起感染的病菌，从而选择最合适的抗生素。

如果儿科医生不能确定引起淋巴结肿大的原因，或者在抗生素治疗之后淋巴结肿大的情况并没有好转，孩子就需要做进一步检查。例如，孩子出现发热、严重的咽喉痛（但未患链球菌咽喉炎）、身体虚弱、淋巴结肿大（但没有发红、发热及触痛的情况），原因就有可能是患了传染性单核细胞增多症，这种疾病更常见于大一些的孩子，通过特殊

检查可以确诊。对原因不明的淋巴结肿大，医生也有可能让孩子做结核菌素试验。

如果淋巴结长期肿大的原因不明，孩子就可能需要进行淋巴结活检（从淋巴结上取下一部分组织并放在显微镜下检查）。在少数情况下，这项检查可能发现肿瘤或真菌感染，孩子需要接受特殊治疗。

预防

预防淋巴结肿大的唯一方法是控制附近组织不被细菌感染。对于可能引起感染的病灶，你可以用恰当的方法处理伤口（见第 694 页"切割伤和擦伤"）并尽早开始使用抗生素，以防止淋巴结肿大。

第 23 章　急　诊

本章中的一些知识，如抢救呼吸道被异物阻塞的儿童的急救步骤和心肺复苏术，是不断更新的。你可以访问美国儿科学会专门为父母开设的网站并向儿科医生或者其他专业医疗人员咨询，获得关于这些问题和方法的最新信息。孩子很少会没有任何预兆地突发严重疾病。孩子如果出现某些症状，可以通过及时就医获得治疗。及时的对症治疗能够防止病情恶化或者变为急症。

父母应提前采取一些措施（见第 685 页"紧急联系电话"）来应对有可能发生的紧急状况。阅读关于如何准备急救包或急救物品的说明（见第 696 页）。关于心肺复苏术，见"附录"第 890 ～ 891 页。

当你认为严重的损伤或疾病会威胁孩子的生命，或者可能引起永久性损伤时，孩子就发生了真正的急症，需要立即接受紧急医疗护理。

许多急症与突然的损伤有关，这些损伤通常由下列原因引起。

■ 与机动车辆相关的损伤（两车相撞或汽车与行人碰撞）、其他突发的撞击（如与自行车相关的损伤）、被倒下的电视机或家具砸伤或从窗户等高处坠落。

紧急联系电话

把以下电话号码和地址保存在你的手机上或者其他看护者使用的手机上或电话旁。你也可以把它们抄在纸上并粘贴在冰箱门上，并放一份在钱包中。

- 你的手机号码。
- 你的家庭电话和地址。
- 住得近的亲戚以及信任的邻居或朋友的电话号码。
- 急救电话或救护车（120）。
- 报警电话（110）。
- 火警电话（119）。

很重要的一点是，让每一个看护孩子的人（包括保姆）都知道在哪里能找到紧急联系电话。请确保家里大一些的孩子或者保姆知道在紧急情况下拨打120。确保所有看护者都知道你的家庭地址和电话号码，因为急救电话接线员可能询问或确认这些信息，并将你的手机号码以及能找到你的地址留下。另外，你要确保其他看护者了解孩子服用的所有药物和所有可能出现的食物和药物过敏反应。当然，所有看护者（包括你和你的伴侣）都应该学习心肺复苏术。

- 中毒。
- 烧伤或吸入烟雾。
- 呼吸道被异物阻塞。
- 游泳池或浴缸等处的溺水（包括非致命性溺水或几乎溺水的情况）。
- 重重地跌倒或运动时头部或其他部位严重受伤。
- 枪支或其他武器的伤害。
- 电击伤。

其他急症可能是由疾病或其他损伤造成的。如果你发现孩子出现了下述症状，他就需要紧急医疗救护。

- 行为异常或对周围的刺激反应迟钝。
- 呼吸困难。
- 皮肤或者嘴唇发青或发紫（对肤色深的孩子来说是皮肤发灰）。
- 面积大或程度深的切割伤或烧伤。
- 流血不止。
- 有规律地抽搐和意识丧失。
- 昏迷。

■ 头部受伤后出现意识状态改变、神志不清、严重头痛或者呕吐。

■ 牙齿被磕掉或磕到松动，或者其他严重的嘴部或面部损伤。

■ 严重的持续性疼痛或者疼痛加重。

■ 当你和孩子说话的时候，他的反应变得很迟钝。

如果发现孩子吞下或接触了可疑的有毒物质或者误服了其他药物，即使他还没有出现任何症状和体征，你也应该带他去急诊室或拨打急救电话。除非医生特别指示，否则任何时候你都不应该为孩子催吐（不要给他喝吐根糖浆，不要人为地让他呕吐，也不要给他灌盐水），因为催吐会进一步损伤孩子的身体。

你如果怀疑孩子的生命可能受到威胁或孩子的伤势很严重，一定要拨打急救电话求助。

当孩子发生真正的急症时

■ 保持镇定。

■ 如果孩子没有反应且没有呼吸，而你知道怎么实施心肺复苏术，就要开始为孩子实施心肺复苏术。（更多关于心肺复苏术的知识见第692页。）

■ 拨打急救电话。

■ 如果孩子在流血，就用一块干净的布一直压住出血部位。

■ 如果孩子在抽风，就将他放在铺了地毯（或衣服）的地板上，将其头部转向一侧，并陪在他身边直到急救人员到来。不要在他的嘴里放任何东西，他可能在没有意识到自己行为的情况下咬下去。将孩子的头转向一侧以便他的舌头垂向这一侧，这有助于他的呼吸道保持通畅。

去急诊室的时候带上孩子正在服用的所有药物和孩子的疫苗接种记录表。另外，带上你怀疑孩子可能误食的毒物或药物。如果孩子的医疗情况复杂，你最好带上他以前的病历，包括记录了手术日期和手术类型等信息的单据。

万一发生撞车事故，车内的司机或其他成年人可能意识不清或者因其他原因无法向急救人员提供孩子的信息。而在未得到监护人同意的情况下，医务人员可能推迟给孩子提供必要的医疗护理。为了确保孩子获得积极的诊断和治疗，你应在他的汽车安全座椅上贴一张贴纸，在上面写上孩子的姓名、出生日期、父母的姓名和电话号码，以及其他对急救人员有用的必要信息（如孩子特殊的医疗需求或严重过敏的情况）。将贴纸贴在急救人员容易发现而在车外不容易看到的地方。

咬伤

动物咬伤

你需要保障孩子在动物（包括家养宠物）周围时的安全（见第508页"与动物相处的安全问题"）。很多父母认为孩子最容易被奇怪的或野生的动物咬伤，但事实上大多数咬伤来自孩子熟悉的动物，包括家养宠物。这些咬伤有时会带来严重的伤口、面部损伤以及情绪问题。

在夏季去儿科急诊室就诊的孩子中，有1%是被人或动物咬伤的。据统计，美国每年会发生狗咬伤470万例、猫咬伤40万例、蛇咬伤4.5万例，以及人咬伤25万例。其中60%的狗咬伤的伤者是儿童。

治疗

如果孩子被动物咬伤至出血，你应持续按压该部位5分钟或直到止血。然后轻轻地用清水和肥皂清洗伤口，并带孩子就医。面部、头部和颈部的动物咬伤（在儿童中很常见）可能很严重，孩子需要接受医务人员的检查。

如果伤口非常大或者你止不住血，你就要一直按住伤口并带孩子就医。如果伤口非常大而且伤口边缘不能合拢，伤口有可能需要缝合（缝针）。虽然这样做可以缩小伤口，但是对动物咬伤来说，这样做会增高感染的风险，所以医生可能会开一些抗生素或选择不缝合伤口。

无论孩子何时被动物咬伤，无论伤口有多小，你都应带孩子就医。医生可能需要检查孩子是否接种了破伤风疫苗，或帮他预防狂犬病，这些疾病都会通过动物咬伤传播。

狂犬病是一种病毒感染性疾病，通过受感染动物咬伤、抓伤人或其他动物传播。它会造成高热、吞咽困难、惊厥并最终导致死亡。幸运的是，如今狂犬病在人类中很少见，美国年均因狂犬病死亡的病例仅 2 ~ 3 例，这是有效的动物管制和疫苗接种的结果，也是有效的人用狂犬病疫苗和免疫球蛋白治疗的结果。尽管如此，由于这种疾病后果严重而且在动物中的发生率在增高，医生会仔细检查所有伤口并评估孩子患上该病的风险。被野生动物（特别是蝙蝠、臭鼬、浣熊、土狼以及狐狸）咬伤，比被温驯的、经过免疫（打了狂犬病疫苗）的猫和狗咬伤危险得多。父母应避免孩子与这些动物接触，见到任何已死亡动物后，联系动物监管部门以评估其是否携带狂犬病毒并对其进行处理。

医生在对孩子进行评估后，会确定他患狂犬病的风险是否高；如果风险高，孩子需要接受免疫球蛋白治疗和接种狂犬病系列疫苗来预防这种疾病。如果咬伤孩子的动物是健康的狗或猫，则应先观察该动物 10 天，如果动物表现出狂犬病的症状再开始对孩子进行治疗。

正如前文所述，动物咬伤，即使没有引起狂犬病，也有可能造成感染。你如果观察到下述任何一种症状和体征，立即带孩子就医。

- 伤口流出脓液或污水。
- 紧挨伤口的部位出现肿胀和触痛（但发红 2 ~ 3 天是正常的）。
- 有红线从伤口向外延伸。
- 伤口之上的淋巴结肿大。

（另见第 508 页"与动物相处的安全问题"。）

对于下面这些情况，医生有可能推荐抗生素治疗。

- 中度到重度咬伤。
- 穿透性咬伤，特别是骨头、肌腱或关节被咬穿。
- 脸部咬伤。
- 手部和足部咬伤。
- 生殖器部位咬伤。

免疫功能较差或经过脾切除手术的孩子通常也需要用抗生素治疗咬伤。医生有可能建议 48 小时内进行复诊来检查孩子的伤口是否出现感染的迹象。很多被狗咬伤的孩子会在受伤后的几周或几个月内有心理创伤的表现，哪怕身体上的伤口已经愈合。他们有可能感到害怕、焦虑，担心自己再次被咬伤，特别是当他们再次看到狗或听到狗叫时，他们有可能躲在父母身后或者紧紧拽着父母。他们可能不愿意出门玩要、入睡困难、做噩梦以及尿床。

为了解决这些问题，你应该关注孩子说了什么以及有什么感受。对他多关心一些，特别是当你觉得他需要的时候。一些遭受心理创伤和压力的孩子可能需要心理医生的治疗。

人咬伤

孩子有可能被自己的兄弟姐妹或玩伴咬伤。如果孩子被别人咬伤了，特别是当咬人者的牙齿穿透了孩子的皮肤或者伤口很大、需要缝合时，你应及时带孩子就医。

确保立即用清水和肥皂仔细地清洗被咬伤的部位以预防感染。对于仅仅破皮的损伤，如切割伤或擦伤，仔细用清水和肥皂清洗，然后用伤口敷料（如创可贴或需要用医用胶带固定的无菌纱布）包扎并密切观察就足够了。对于更严重的咬伤，医生会评估伤口，还会检查孩子的破伤风疫苗和乙肝疫苗接种状况，并评估其他感染的风险（要想了解被艾滋病患者咬伤的更多信息，见第 14 章的第 454 页和第 20 章的第 631 页）。

烧烫伤

根据严重程度，烧烫伤可分为三类。一度烧烫伤是最轻微的，会引起皮肤发红，可能会引起轻微肿胀（非常像阳光灼伤）。二度烧烫伤会引起疼痛，且引起水疱和较严重的肿胀。三度烧烫伤会导致感觉缺失，有可能使皮肤看起来发白或发焦，并引起严重的损伤——不仅波及表皮，还累及皮肤深层。

引起儿童烧烫伤的原因各不相同，包括阳光灼伤、热水或其他热液体烫伤、火烧伤、电击伤和化学性烧伤。这些都有可能导致永久性损伤，以及皮肤及重要器官（如眼睛、嘴巴和生殖器）留下瘢痕。

治疗

紧急处理烧烫伤的方法有以下几种。

1. 受伤后立即用凉水冲烧烫伤部位，冲水时间应足够长以使该部位冷却并缓解疼痛。**不要把冰块放在烧烫伤部位，这有可能导致愈合缓慢。**同样，不要摩擦烧烫伤部位，这有可能使水疱增多。

2. 立即用凉水浸泡以冷却任何可能燃烧的衣服，然后轻轻地将烧烫伤部位的所有衣服移走，除非它们紧紧地粘在孩子的伤口上。如果衣服被粘住，应尽可能地将未粘住的衣服剪掉。

3. 如果烧烫伤部位没有液体渗出，就用无菌纱布或清洁、干燥的棉布覆盖在上面。

4. 如果烧烫伤部位有液体渗出，就用无菌纱布轻轻覆盖在上面，并立即就医。如果现场找不到无菌纱布，就用一条干净的床单或毛巾覆盖伤处。

5. 不要将黄油、其他油脂、芥末或其他调味粉涂在烧烫伤部位。这些所谓的家庭疗法有可能导致损伤进一步加重。

若遇到任何一种比表面烫伤更严重的情况，或当伤处的红肿和疼痛持续几小时以上，都应及时就医。若发生电击伤或者手部、嘴部或生殖器的烧烫伤，都应该就医。引起烧烫伤的化学物质有可能被孩子的皮肤吸收并引起其他症状，你应先将孩子皮肤表面的化学物质洗掉，再拨打急救电话（关于化学物质接触到孩子眼睛的应对措施，见第707页"有毒物质入眼"）。

医生如果认为孩子的烧烫伤不太严重，可能会教你如何在家给孩子清洗伤口，以及如何用药膏和无菌纱布给孩子包扎伤口。然而，如果出现了下列情况，住院治疗非常必要。

■ 烧烫伤达到三度。

■ 身体烧烫伤面积达10%及以上。

■ 烧烫伤影响到脸部、手部、足部、生殖器或关节，或伤处呈环绕状的（完全围绕一个身体部位）。

■ 孩子太小或者一直在尖叫哭闹，在家治疗太困难。

在家治疗烧烫伤的时候，注意观察发红或肿胀的症状是否加重，伤处是否出现难闻的气味或分泌物。这些都有可能是感染的症状，表明孩子需要立即接受正规治疗。

预防

本书在第15章"确保孩子的安全"中阐明了在家里如何保护孩子免于被火烧伤及被热水烫伤。以下是关于其他方面的一些保护措施。

在卧室外的走廊、厨房、客厅以及火炉附近**安装烟雾探测器**（和一氧化碳探测器），确保家里的每一层都安装了至少一个探测器。每个月检查一次，看看探测器是否正常工作。最好为探测器安装使用寿命长的电池，如果买不到这种电池，至少每年更换一次电池（设定一个容易记住的日期，如每年 1 月 1 日）。考虑安装新型探测器，它可以录下你呼叫孩子姓名的声音，比发出大声警鸣的烟雾探测器更容易唤醒沉睡中的孩子。应用了新技术的烟雾探测器更不容易因烹饪产生的热或蒸汽引起警报，且对火焰和阴燃更加敏感，可以在起火时让你有更多的逃生时间。如果你家的烟雾探测器已使用数年，你可以考虑购买新型探测器。

- **在家里进行火灾演习**。确保家里的每一个成员和其他看护者都掌握了至少 2 种发生火灾时安全离开家中任何区域的方法。

- **家里应该多准备几个可用的灭火器**。你需要熟悉灭火器的使用方法。将灭火器放在家里火灾发生风险高的地方，如厨房、有壁炉的房间以及炉子旁。

- **告诉孩子在家里出现烟雾时爬着走**（这样可以避免吸入烟雾）。

- 如果你的家是两层楼，你可以**购买安全梯**，并教孩子如何使用它。如果你们住在高楼里，你应该告诉孩子所有安全出口的位置，并确保孩子明白在着火时千万不能使用电梯（着火时使用电梯有可能导致人被困于楼层之间，或者电梯停在某个已经着火的楼层并开门）。

- **与家人约定一个室外的会合点**，这样在发生火灾的情况下你可以明确知道是否每个人都安全地逃离了着火区域。

- 教孩子**如果衣服着火了，不应奔跑，而应躺在地并不停地来回滚动**。

- **不要在室内抽烟。**

- **不要在炉子上煮着食物的情况下离开厨房。**

- **家中所有可燃液体都应该被锁起来**，最好的办法是放在室外或放在孩子碰不到的地方，并且使其远离热源或火源。

- 调节家用热水器的温度，使**最高水温不超过 49℃**，以防热水烫伤。

■ 避免在一个插线板上插太多电器的插头或功率过大的电器的插头，以免给电线带来太大的负荷。

■ 火柴和打火机都应该放在孩子够不到的地方，并且锁起来。

■ 不要燃放烟花爆竹，即使是小孩玩的烟花也不行。

■ 将点燃的蜡烛放在孩子碰不到的地方。

心肺复苏术

对于溺水、中毒、窒息、吸入烟雾或呼吸道异物阻塞等原因造成的儿童心搏骤停或者呼吸停止，心肺复苏术能够挽救儿童的生命。阅读本书"附录"中关于心肺复苏术的实施指南。不过，仅阅读一遍并不足以让你掌握心肺复苏术。美国儿科学会强烈建议，所有父母和其他看护者都应该完成心肺复苏术的基本培训，并学会处理呼吸道异物阻塞的情况。

如果你家有游泳池或者住在任何水域（如湖泊、公共游泳池或者温泉等）附近，那么学会心肺复苏术特别重要。联系当地的红十字会，咨询你们所居住的社区将在何时何地开设相关的课程。大多数课程将教授基本的急救知识、心肺复苏术和急症预防方法，还会告诉你可以为呼吸道被异物阻塞的婴儿或较大儿童做些什么。

呼吸道异物阻塞

呼吸道异物阻塞发生在一个人将空气以外的东西吸入呼吸道，或呼吸道被食物或其他物体堵住时。对儿童来说，这种情况一般是由"走错了道"的液体造成的，儿童会咳嗽、喘息、倒抽气、作呕，直到呼吸道中的液体被清除，这种类型的呼吸道异物一般不会造成伤害。

如果儿童吞下或吸入的物体（通常是食物）阻碍气流进入肺部，就会危及生命。在这种紧急情况下，他需要立即获得救助。父母应获得详细、完整的呼吸道异物阻塞的急救方法或心肺复苏术的指导，熟悉"附录"第 890 ~ 891 页的图表，并参加教授儿童心肺复苏术的课程。如果在呼吸道被异物阻塞 2 ~ 3 分钟后，儿童可以自主呼吸，那么他可能不会受到永久性损伤。缺氧时间越长，儿童遭受永久性损伤的风险就越高。

偶尔，孩子在呼吸道被异物阻塞之后会持续咳嗽、作呕、喘息、过度流口水、吞咽困难或呼吸困难。在这种情况下，异物依然部分堵塞呼吸道——有可能在呼吸道中靠下的位置。这个异物有可能引起持续的呼吸困难、烦躁不安，还有可能导致肺炎。如果你的孩子持续出现上述任何一种症状，请带他去儿科或急诊室，让孩子接受进一步检查，如胸部 X 线检查。如果检查结果证实孩子的呼吸道中有异物，他就有可能需要住院治疗，医生会采取相应的措施为他取出呼吸道中的异物。任何持续时间超过几秒钟的呼吸道异物阻塞都需要医疗处理。

预防

呼吸道异物阻塞对儿童而言非常危险，特别是 7 岁以下的儿童。小球、弹珠、气球碎片、玩具上的小部件、硬币等都有可能引发这种事故，不过最常引起事故的是孩子吃下的食物。当 1 岁左右的孩子尝试没吃过的食物时，你应该特别小心。下面是预防呼吸道异物阻塞的一些建议。

■ **不要给婴幼儿吃硬而光滑、必须咀嚼的食物**（如花生、生蔬菜）。孩子在大约 4 岁之前都无法掌握这种咀嚼的技能，所以很有可能直接把食物吞下去。不要给孩子喂食整颗花生或其他坚果。当孩子开始吃花生的时候（前提是孩子对花生不过敏），仔细观察孩子的咀嚼过程，且一次只给他一颗。

■ **不要给孩子吃圆形的、较硬的食物**（如火腿肠、葡萄和胡萝卜），除非你提前把它们切碎。把食物纵切之后切成小块（每块边长不超过 1 厘米），并鼓励孩子在吃的时候将食物彻底嚼碎。

■ 至少在孩子 4 岁之前，**不给他吃棉花糖或水果软糖这样有弹性的食物**。

■ **在婴幼儿吃饭的时候注意照看**。仅在孩子坐着和有人照看的情况下才允许他进食，不要让孩子一边玩耍或奔跑一边吃东西。告诉他在说话或笑之前，一定要咀嚼并咽下嘴里的食物。

■ **不要让幼儿嚼口香糖。**

特别危险的食物包括硬的、软的或有黏性的糖果或维生素片，以及火腿肠、葡萄和爆米花。

因为幼儿喜欢把任何东西都放进嘴里，所以小的、非食物的物品在很多情况下也有可能进入孩子的呼吸道。在为孩子，尤其是 3 岁以下的孩子选购玩具时，注意包装上标注的适合的年龄段。有可能进入呼吸道的其他物品还包括没有充气的或破了的气球、婴儿爽身粉、垃圾桶里的废弃物（如鸡蛋壳、易拉罐的拉环）、安全别针、硬币、弹珠、小球、笔帽、磁铁、纽扣电池等。你如果不确定某个物品或食物是否有进入孩子呼吸道的危险，可以用小物件测试筒来检测它的大小。

切割伤和擦伤

孩子好奇和渴望探索的天性容易给他带来切割伤和擦伤，但他的反应可能过于强烈，与实际受伤的严重程度不相符。大多数情况下，清洗和保护伤口，并给予安慰（可能需要亲吻一下孩子的小伤口）就

足够了。

切割伤、划伤及出血

切割伤或划伤指穿透皮肤、影响皮下组织的损伤。伤口越深，就越容易出现其他问题（如流血），还有可能损伤神经和肌腱。下面这些简单的指导原则有助于预防孩子出现严重的出血和其他问题，比如在切割伤愈合后留下瘢痕。

1. **按压**。几乎所有的出血都可以通过用一块干净的医用纱布或棉布直接按压出血位置 5 ~ 10 分钟得以控制。操作过程中最容易出现的错误是：在血还没有止住前就揭开纱布看血是否止住。这样做有可能引起出血更多或形成血块，使得后续的按压止血更难起效。如果在持续按压 5 分钟后，血再一次流出，就继续按压伤口并打电话向医生求助。除非接受过培训，否则不要在孩子的胳膊或腿上绑止血带或绳子来止血，因为绑的时间过长有可能引起严重的损伤。如果切割伤位于手部或足部，你可以抬高孩子的胳膊或腿以减少出血。

2. **保持镇定**。大多数人看到血

都会被吓到，但是这个时候保持镇定非常重要。你如果很冷静，就能理智地做决定，而且孩子也不会被眼前的情况吓坏。记住，即使是严重的切割伤引起的出血，也能在急救人员到来之前通过直接按压控制。头部和面部相对较小的切割伤比身体其他部位的切割伤出血多，这是因为头部和面部有大量细小的浅表血管。

3. 若切割伤严重，就要寻求医疗救治。如果伤口很深或长于1厘米，不管出血量有多少，你都应该带孩子就医。一个较深的切割伤，即使表面看起来非常小，也有可能造成肌肉、神经、肌腱和关节的损伤。较长的切割伤以及面部、胸部、背部的切割伤更容易留下影响美观的瘢痕。在这些情况下，伤口如果得到了恰当的处理，就能够愈合良好，最后形成的瘢痕不太明显。对于某些病例，可以使用皮肤黏合剂（一种类似于胶水的物质）来黏合伤口。你如果不确定孩子的皮肤是否需要缝合、黏合或钉合，请立即向医生咨询，因为伤口需要在8～12小时内得到修复。

对于短而浅的伤口，只要伤口边缘可以合拢，或者在创可贴的帮助下可以合拢，而且伤口附近感觉和活动正常、没有麻木感，你就可以自己为孩子处理伤口。然而，如果伤口内部沾了异物（如泥土或草），你就应该让医生来处理。对于任何一种自己无法处理的伤口，你都应该让儿科医生或急诊室医生来处理，这样有助于加快孩子伤口的愈合。由于彻底检查伤口会让孩子觉得疼痛，他很可能不配合你。而如果去医院就诊，医生可以在必要的时候先给孩子用一些局部麻醉药，再彻底检查伤口。他还可能在受伤部位使用皮肤黏合剂。

4. 清洗并包扎伤口。你如果觉得自己可以处理好孩子的伤口，请用清水清洗伤口，并仔细检查以确保伤口完全干净。接下来，在伤口上涂抗生素软膏，然后用伤口敷料包扎。人们容易低估一个切割伤伤口的深度或严重程度，因此，你即使选择自己处理，也最好征求儿科医生的意见。如果伤口周围出现任何红肿、流脓的情况或者伤口再次出血，请尽快就医。没有必要使用含碘消毒液或酒精等消毒液，它们会给孩子增加不必要的疼痛，所以不要往孩子的伤口上涂这些消毒液。如果孩子接种的破伤风疫苗仍有保护力，那么孩子在切割伤和擦伤发生之后没有必要打破伤风针；然而，如果孩子没有及时接种破伤风疫苗加强针或该接种破伤风疫苗了，医生可能建议孩子打一针破伤风针。

参见下表"家里和车上应该常备的急救物品"，了解家中有人受伤时需要的一些物品。

擦伤

发生在孩子身上的大多数损伤是擦伤，也就是皮肤的表层剥脱。如果擦伤范围大，就有可能引起出血，不过一般来说出血量很少。擦伤的部位首先需要用清水冲洗，冲掉皮肤碎屑，然后轻轻地用温水和肥皂清洗。避免使用含碘消毒液或其他抗菌溶液，因为它们不仅没有什么治疗效果，还可能增加孩子的疼痛和不适感。

家里和车上应该常备的急救物品

你的家中和每辆汽车上都应该备一个急救包，包中应该有以下物品。

- 退烧药或止痛药：对乙酰氨基酚或一种非甾体消炎药（如布洛芬）。
- 针对过敏反应的抗组胺药。
- 抗生素药膏。
- 家人服用的处方药。
- 创可贴等可贴式伤口敷料，需要准备各种形状和大小的。
- 纱布垫。
- 医用胶带。
- 剪刀。
- 镊子。
- 肥皂或其他清洁剂。
- 凡士林或其他润滑剂。
- 湿巾。
- 体温计。

如果放着不管，大部分擦伤都会很快结痂。以前这被认为是最佳的自然恢复方法。但实际上，结痂减慢了恢复的过程，并会留下瘢痕。对于大一点儿的或有渗出液的擦伤，应该涂抹抗生素药膏，然后用伤口敷料包扎。有一些伤口敷料是用有孔薄膜制成的，这种材料不太容易粘在伤口上。抗生素药膏也可以防止伤口敷料粘在伤口上。一定要防止伤口在愈合过程中被感染，所以除了更换的时候，伤口敷料最好一直固定在伤口上直到伤口愈合。手指或脚趾不要包扎过紧，以免影响血液循环。

每天给孩子换伤口敷料的时候，以及敷料湿了或脏了需要更换的时候，都要检查一下伤口。如果在尝试取下伤口敷料的时候发现它粘在皮肤上，可以先用温水浸湿再取下来。大多数伤口只需要包扎2～3天，但是孩子可能不愿意这么快就把伤口敷料取下来，因为他会视其为代表英勇的徽章或奖牌。只要保持伤口敷料干燥、洁净，而且每天都检查伤口，松松地把它盖在伤口上也无妨。

如果你不能将孩子的伤口清理干净，或者发现伤口有脓液渗出、伤口周围红肿或触痛的情况加重，甚至孩子开始发热，你就应该带孩子就医。这些都是伤口可能被感染的征兆。必要的话，医生会在给孩子清理那些你无法处理的土和碎屑的时候，用局部麻醉药来预防可能发生的严重疼痛。如果伤口感染了，他有可能为孩子开口服抗生素或抗生素软膏。

预防

对一个好奇又好动的孩子，要想他不受任何擦伤或切割伤，几乎是不可能的，但是你可以做一些努力，尽量减少这些损伤发生的次数并降低它们的严重程度。将具有潜在危险性的物品，如锐利的刀具和易碎的玻璃杯等，放到远离孩子活动范围的地方。当孩子长大到可以自己使用剪刀和其他刀具的时候，为安全起见，坚持手把手地教他如何使用。定期检查你们的房屋、车库以及花园，如果发现任何有可能给孩子带来危险的东西，都应该将其处理掉。

（另外，参见第 15 章 "确保孩子的安全"。）

溺水

溺水是造成婴幼儿及较大儿童死亡的一个主要原因。大多数婴儿在浴盆或浴缸中溺水；1～4 岁的孩子往往在游泳池中溺水，也会在小溪、河流以及湖泊中溺水。5 岁以上的孩子最容易在河里和湖泊中溺水，但是这种情况在一个国家的不同地区有所不同。你一定要知道，即使很少的水，如浴缸或马桶里的水，也可能让孩子溺水。如果一个孩子在死亡前获得了救治，这种情况就称为 "非致命性溺水"。

你可以做什么？

在不危及自身的前提下，立即把孩子从水中捞出，然后检查孩子能否自主呼吸。如果孩子已经不能自主呼吸，立即给孩子实施心肺复苏术（见 "附录"）。如果还有其他人在场，请他给急救中心打电话（120），但是不要浪费宝贵的时间去找人，也不要浪费时间尝试从孩子的肺里挤出水。集中精力通过心肺复苏术恢复孩子的呼吸，直到他可以自主呼吸。在实施心肺复苏术的过程中，孩子吐出吞下的水很正常。只有在孩子重新自主呼吸后，你才可以停下来寻求急救中心的帮助。医护人员到来后会给孩子吸氧，并在需要的情况下继续实施心肺复苏术。

任何一个溺水的孩子都应该接受全面的医学检查，即使他看起来非常好。孩子如果曾经停止呼吸、吸入水或者丧失意识，就应该接受医疗监护至少 24 小时以确定他的呼吸系统或神经系统没有受到损伤。一个孩子从非致命性溺水中恢复的情况取决于他缺氧的时间长短。他如果只是短暂地淹没在水里，很有可能完全康复。缺氧时间越长，肺部、心脏或大脑受到的损伤就越大。对心肺复苏术没有快速反应的孩子可能问题更严重，但是坚持实施心肺复苏术很重要，因为持续的心肺复苏术已经救活了被淹没在冰凉的水中很长时间或看起来没有救的孩子。

预防

对刚出生的婴儿和 5 岁以下的

儿童（以及不擅长游泳的大孩子），父母和其他看护者千万不能把他单独留在有浴盆、浴缸、游泳池、温泉、浅水池、灌溉渠或其他开放水域附近，也不能在这些地方将孩子交给其他孩子照顾，哪怕只是一会儿。对于这个年龄段的孩子，应实施"接触式看护"，即当孩子在水里或靠近水时，负责看护的成年人应该距离孩子一臂之内，并随时密切关注孩子的情况。看护孩子的成年人不应该同时做让自己分心的事，如打电话、阅读、聊天或者做一些简单的家务。你如果打算举办游泳池派对，请雇用救生员或指定一名成年人做救生员，让他始终注视水面以免意外发生。

家中的游泳池周围必须安装隔开屋子的栅栏，防止孩子自己跳入游泳池。栅栏的高度至少需要达到1.2 米，栅栏门应可以自动关闭和锁住，且开门的方向要背离游泳池。父母、其他看护者以及游泳池主人都需要学会心肺复苏术和游泳，并且在游泳池旁安装一部电话以及备好通过质量认证的救生设备（如救生圈、救生衣和救生杆）。

幼儿、智力障碍儿童以及有抽风问题的孩子特别容易溺水，但是所有孩子——如果他们在水边的时候没有得到密切看护——都容易溺水。即使会游泳的孩子也有可能在水很浅的地方溺亡。记住，孩子需要时时刻刻被看护，游泳课并不能防止孩子溺水（要想了解更多与水有关的安全事项，见第 505 页）。

电击伤

当人体直接接触电源时，电流就会从人体经过，造成电击伤。电流量大小不同、触电时间长短不同，电击造成的损伤程度也不同，会导致轻微的不适、严重的损伤甚至死亡。

儿童，特别是幼儿遭受电击伤，大部分是因为他们去咬电线或将金属物品（如叉子、刀）插入没有插座盖的插座或电器中。另外，电动玩具、电器或工具使用不当，或者电流通过孩子接触的水（孩子站在或坐在水中），也会造成电击伤。圣诞树上的彩灯也常常造成触电。

你可以做什么？

如果孩子触电，你应该做的第一件事就是关闭电源。在很多情况下，你可以拔下插头或关掉开关。如果这不可能做到，可以考虑移走带电的电线——不要用手直接触碰电线，那样很有可能导致你自己也触电。可以试着用木柄斧头或绝缘性能良好的钢丝钳来切断电线，或用干燥的木棍、卷起的杂志或报纸、绳子、外套，或其他厚而干燥的不导电的物体把孩子身上的电线移开。

你如果无法移走电源，还可以尝试把孩子拉开。同样，不要用手直接触碰孩子，否则你也可能触电。在解救他的时候，一定要使用不导电的材料（如橡胶，或前文所述的物品）。（注意：除非电源被切断，否则这些方法都不能绝对保证安全。）

电源被切断（或者孩子被移开）之后，立即观察孩子的呼吸、肤色和反应。如果他的呼吸或者心跳已经停止，或者非常快或不规律，立即使用心肺复苏术（见"附录"）来抢救，并让人打电话给急救中心寻求帮助。另外，没有必要的话不要移动孩子，因为如此严重的电击可能造成孩子的脊柱骨折。

如果孩子神志清醒，而且电击伤看起来较轻微，你可以检查一下他的皮肤是否被烧伤，特别是当触电点为孩子嘴唇的时候。同时，拨打急救电话，因为电击会造成内脏损伤，这类损伤没有专业医学检查的话很难被发现。因此，所有遭受电击的孩子都应该就医。在医院里，由电击造成的烧伤会得到清洗和包扎。医生可能让孩子做一些实验室检查，看看其内部器官是否受损。孩子如果被严重烧伤或者表现出大脑或心脏受损的体征，则需要住院治疗。

预防

预防电击伤的最好方法是，在插座上安装插座盖，而且应选用不会被孩子吞下的插座盖以防堵住孩子的呼吸道；确保所有的电线都被绝缘材料完全包裹，并把电线布在孩子接触不到的地方，确保孩子在有潜在触电危险的区域时有成年人看护。要格外小心浴缸、水槽或者水池周围的小型家用电器（见第 15 章

"确保孩子的安全")。

指尖损伤

孩子的指尖常常在门关闭时被夹伤。孩子既不能意识到潜在的危险，也不能在门关闭之前迅速移开手。另外，当孩子玩锤子或其他重物，或者在车门附近时，手指也经常被砸伤或夹伤。因为指尖异常敏感，所以一发生指尖损伤，孩子就会立即让你知道。一般来说，被夹伤的部位会变青变肿，而且指甲根部附近可能出现切割伤或出血，表皮、皮下组织、甲床（指甲长出的地方）甚至甲床下的骨头或骺板都有可能受伤。如果出血发生于甲床下，指甲就有可能变成黑色或深青色，在你按压出血部位时孩子会感到疼痛。

家庭治疗

如果孩子指尖出血，你可以用肥皂和清水清洗伤口，并用一块干净、柔软的伤口敷料来包扎。用冰包或在凉水中浸湿的毛巾来冷敷可以有效缓解疼痛、减轻肿胀。如果

肿胀轻微，孩子没有感到不适，医生可能建议让他的指尖自行愈合。但是，如果受伤部位疼痛、肿胀和发红的情况变严重，并且有渗出液，或者孩子在受伤后 24 ~ 72 小时内发热，这些就可能是感染的症状，你应多加注意并及早带孩子就医。当肿胀严重、切割伤很深、甲床下面出血，或者手指看起来骨折了，你应立即带孩子就医。不要擅自尝试将孩子被夹断的手指拉直。

专业治疗

儿科医生如果怀疑孩子的手指骨折，就有可能给孩子做 X 线检查。如果 X 线检查确诊手指骨折或甲床损伤，你有必要向骨科医生咨询。对于手指骨折，医生可以在局部麻醉的条件下进行复位。对于受伤的甲床，手术治疗可以最大限度地降低指甲畸形的风险。如果指甲下的淤血很多，医生可能在指甲上钻一个小洞，将淤血引流出来，这也可以缓解疼痛。

虽然很深的切割伤可能需要缝合，不过一般来说只需要用创可贴包扎。切割伤下方的骨折叫作"开

放性骨折", 很容易引起骨感染。在这种情况下, 医生会开抗生素。根据孩子的年龄和具体的疫苗接种情况, 孩子有可能需要打一针破伤风针。(详情见下文"骨折"。)

骨折

"骨折"这两个字听起来很严重, 其实就是骨骼破损的另一种说法。对6岁以下的儿童来说, 骨折在常见损伤中位列第4。这个年龄段的孩子发生骨折的最常见原因是摔倒, 但是最严重的骨折往往发生在车祸中。

儿童骨折与成人骨折有所不同。儿童的骨骼更柔韧, 骨膜也更厚, 因此有更好的减震能力。另外, 由于儿童的骨骼仍在生长, 具有自我修复的巨大潜力, 所以儿童骨折很少需要通过外科手术修复, 往往只需要保持制动(不活动), 最常见的方法是使用模具固定。

儿童骨折通常是青枝骨折, 即骨头像青嫩的树枝一样折而不断; 或者是隆突骨折, 即骨头被压弯、扭曲, 支撑力变弱, 但未完全断裂。弯曲骨折指骨头弯曲但没有断裂,

它在儿童中也较常见。完全骨折, 即骨头完全断裂, 也有可能发生在儿童身上。

由于儿童的骨骼尚在发育中, 一些不会发生在成人身上的骨折却有可能发生在儿童身上。这包括骨两端的骺板损伤。骺板又名"生长板", 它会影响儿童的骨骼发育。如果骨折后这个部位的损伤没有恰当愈合, 受损的骨头就有可能弯曲生长或比其他骨头发育缓慢。糟糕的是, 这种损伤对骨骼发育的影响很可能在受损后一年甚至更长的时间内都难以察觉。因此, 骨折后孩子必须由医生严密跟踪观察12 ~ 18个月以确保他的骨骼发育没有受到影响。

肘部附近的骨折常导致手臂畸形愈合, 因此, 很多孩子需要通过手术来降低这种风险。一般来说, 肘部骨折的孩子最好去运动医学专科或骨科就诊。

症状和体征

判断孩子是否骨折并不总是那么容易, 特别是当孩子太小、还不能描述自己的感受时。一般来说,

发生骨折后，骨折部位会出现肿胀，而且孩子会明显地表现出疼痛感，并且不能或不愿移动患肢。然而，即使孩子可以正常活动，你也不能排除骨折。当你沿着患肢按压时，骨折处的某一点常会出现压痛。你只要怀疑孩子骨折了，就应该立即带他就医。

家庭治疗

在带孩子去看儿科医生或去急诊室之前，你可以用一条带子及卷起的报纸或杂志做成简易夹板以保护受伤的骨头，防止其发生不必要的移位。你如果怀疑孩子骨折了，在去看医生之前，不要给他吃喝任何东西（甚至是止痛药），以防治疗时需要使用镇静剂或全身麻醉。对大一点儿的孩子，可以将冰袋或一条浸了凉水的毛巾放在患处以减轻疼痛。过于冰冷的东西有可能对婴幼儿娇嫩的皮肤造成损伤，所以婴幼儿不能用冰袋来冷敷。

如果孩子的腿部骨折，不要擅自移动他。拨打 120 叫救护车，让医护人员运送孩子，使孩子舒服一些。如果受伤部位有开放伤口而且正在流血，或者骨头刺破了皮肤，你应紧紧地按压伤口止血（见第 694 页"切割伤、划伤及出血"），然后用干净的（最好是无菌的）纱布包扎。不要尝试把突出的骨头按到皮肤下面。如果孩子受到了这样的损伤，在他接受治疗之后，你应对任何发热的情况保持警惕，因为发热可能意味着伤口受到了感染。

专业治疗

检查受伤部位之后，儿科医生会为孩子做 X 线检查以判断损伤的范围和程度。儿科医生如果怀疑孩子的骺板受到损伤，或骨折的骨头已经不能成一条直线，就必须向骨科医生咨询。因为孩子的骨头一般都能较快、较好地愈合，所以对大多数轻微的骨折来说，使用石膏或玻璃纤维模具固定，或者用夹板固定就够了。对于骨头错位，骨科医生有可能进行复位。这可能不需要手术即可完成——骨科医生会用手法将骨头复位（闭合复位），再用模具固定。如果需要进行开放复位，孩子则需要在诊室接受药物止痛，或者在手术室接受全身麻醉。在手术复位之后，受伤部位需要一直使用模具固定，直到愈合。相对于成年人，儿童的骨头愈合的时间要短一半——儿童的年龄不同，愈合所需时间也不同。值得一提的是：儿童骨折的骨头无须完美复位，就能在生长过程中自动调节到最好的形状。在骨头愈合的过程中，儿科医生有可能要求孩子接受 X 线检查以确保骨头复位良好。

　　一般来说，使用模具可以快速缓解疼痛，或者至少可以减轻疼痛。孩子在受伤、用模具固定或手术后的头 2 ~ 3 天可能感到疼痛。一般来说，可以使用非处方药止痛，或通过活动分散孩子的注意力。如果孩子疼痛加剧、出现麻木感，或者手指或脚趾变得苍白或发青，你就应立即联系医生。这些是模具过紧、四肢肿胀的迹象。如果没有及时调整模具，肿胀可能挤压神经、肌肉以及血管，造成永久性损伤。为了减轻模具造成的压力，医生有可能把模具分开一些，或在上面开窗减压，或换一个更大的模具。

　　另外，如果模具碎了或变得太松，或者石膏变得湿软，你也需要告知医生。如果没有恰当、稳固地固定，模具就不能使折断的骨头保持在正确的位置，也就无法使它们正确愈合。在愈合过程中，骨折处往往会形成一个硬结，它叫“骨痂”。特别是当锁骨骨折的时候，这种骨痂可能非常难看，但医生没有处理的办法。不过，骨痂不是永久性的，一般来说，骨头会在几个月之后恢复原状。

头部损伤 / 脑震荡

　　孩子时不时地撞到头是不可避免的，特别是当他比较小的时候，容易从游乐设施或床上摔下来。这些撞击可能令你非常担心，但大多数头部损伤比较轻微，不会引起严重的问题。尽管如此，你还是应该学会分辨需要专业治疗的头部损伤与只需要一个拥抱作为安慰的头部损伤。

　　脑震荡指人在脑部受到严重撞击后出现暂时的思维混乱或行为改变（有时出现昏迷）的情况。当孩子头部受到撞击后出现明显的记忆障碍、定向力障碍、语言障碍、视力变化、抽风或恶心呕吐时，你应立即拨打120。事实上，只要孩子的头部损伤伴有持续性疼痛或其他任何症状，就需要由医生来为他检查。

治疗

如果孩子的头部损伤轻微，他应该能保持警觉和清醒，他的脸色应该看起来是正常的。他可能因为短暂的疼痛和惊吓而哭闹，但是哭闹一般不会持续10分钟以上，接下来他就会像平常一样跑去玩耍了。

如果伤势看起来很轻，而且没有需要立即缝合或进行其他治疗的切割伤（伤口很深和/或不断出血），你可以在家为孩子治疗（见第694页"切割伤和擦伤"），用肥皂和清水清洗伤口即可。如果发生了撞击，你可以对伤处进行冷敷；如果在受伤后的头几个小时就这样做，可以减轻肿胀。不过，最明智的做法还是向医生咨询，并向他描述发生的事故以及孩子的情况。

即使头部损伤轻微，你也应该观察孩子24~48小时，看他是否出现比最初的症状严重的症状。虽然非常少见，但是一些没有马上表现出问题的、看似轻微的头部撞击，也有可能逐渐发展为严重的头部损伤。如果孩子出现下述任何一种症状，你一定要立即带他去最近的急诊室就诊。

■ **孩子在平时清醒的时段，变得嗜睡或过度困倦**；或者孩子在夜间睡着的时候，你不能把他叫醒。头部受伤后，孩子看起来疲乏或不太活跃是正常的，但这种情况应该会在几小时内好转。如果没有好转，请就医。

■ **孩子出现持续的呕吐或头痛**（即使吃了对乙酰氨基酚也没有好转）。头部受伤后孩子容易头痛和呕吐，但症状往往很轻微，几小时就会好转（太小的孩子头痛的时候没法说出来，可能用哭闹来表示，且这种哭闹往往难以安抚）。头部受伤4~6小时后发生呕吐的情况不常见，你应带孩子去急诊室进行检查。

■ **持续或严重的脾气暴躁**。对不能说出自己感受的婴儿来说，这可能表示他头痛严重。

■ **孩子的思维能力、协调能力、感觉或力气发生明显改变**，这些表现提示你，需要立即为孩子寻求医疗救助。具体来说，这些表现包括胳膊和腿无力、走路姿态笨拙、口齿不清、斜视或看不清东西。

■ **在清醒了一段时间之后，孩子昏迷不醒**，或抽风（惊厥），或呼吸紊乱。

孩子在头部撞击后的任何时候昏迷，且 2～3 分钟之后还没有醒来，你需要立即拨打 120，并在等待救援的同时遵守下列原则。

1. 尽量不移动孩子。如果你怀疑孩子的颈部受到损伤，千万不要尝试移动他。移动孩子的颈部有可能造成更严重的损伤。但也有例外：如果让孩子保持现有体位，他会面临更大的危险，比如在悬崖边或在火灾现场。但即使是这样，你也要尽量避免他的颈部弯曲或扭转。

2. 检查孩子是否还有呼吸。如果呼吸停止，立即为孩子实施心肺复苏术（见"附录"）。

3. 如果孩子由于头皮损伤而严重出血，你就要用一块干净的布直接按在伤口上止血。

4. 不要自己尝试把孩子送去医院，而要等待救护车到来。

头部撞击后的昏迷可能持续几秒到几小时。如果你发现的时候损伤已经发生了，而你不确定他是否昏迷过，请带孩子就医（大一些的孩子有可能告诉你他不记得受伤前和受伤时的事情了）。

大多数昏迷几分钟以上的孩子都需要在急诊室留观，有的会留院观察一晚上。对于头部损伤严重、出现呼吸紊乱或抽风的孩子，住院治疗是非常必要的。幸运的是，有了现代儿科重症监护，很多发生了严重头部损伤的孩子，甚至是昏迷时间长达几周的孩子，也可能完全康复。

中毒

美国每年约有 220 万人吞下或接触有毒物质，而其中一大半是 6 岁以下的儿童。大多数中毒的儿童都不会出现永久性损伤，特别是在接受了紧急治疗之后。你如果怀疑孩子中毒了，应保持镇定并快速采取行动。你如果发现孩子身边有一个打开的或空的容器，而这个容器装的是有毒物质，你就应该怀疑孩子有中毒的可能，尤其是当孩子看起来不对劲的时候。孩子如果出现下列情况，也有可能中毒了。

■ 他的衣物上有奇怪的污渍。

■ 他的嘴唇或嘴周围有灼伤。

■ 不正常地流口水，或呼气时散发奇怪的气味。

■ 莫名其妙地恶心或呕吐。

■ 腹痛，但未发热。

■ 呼吸困难。

■ 行为突然改变，如异常嗜睡、脾气暴躁或容易受到惊吓。

■ 抽风或昏迷（仅见于严重的病例）。

治疗

中毒的方式不同，你在发现孩子可能中毒的第一时间应采取的急救措施也不同。（更多关于中毒的信息，见第535页"食物中毒和食品污染"。）

有毒物质入眼

冲洗孩子的眼睛，方法是用手把孩子的眼睑分开并用温水持续冲洗孩子的内眼角。年龄小的孩子必然会反抗，所以请找一个成年人来协助你，在你冲洗孩子眼睛的时候帮你抱紧孩子。如果找不到帮手，就用一条毛巾紧紧地将孩子包起来并夹在自己腋下，这样你就可以一手抱着他一手分开他的眼睑，用水冲洗他的眼睛了。

持续冲洗眼睛15分钟后，就医或寻求医生的建议。如果孩子持续感到疼痛或损伤严重，你要立即带他去急诊室。

皮肤沾上有毒物质

如果孩子将一瓶危险的化学品洒到自己身上，你应脱掉他的衣服并用温水（而非热水）冲洗他的皮肤。如果孩子的皮肤有灼伤的迹象，即使孩子反抗，你也要持续冲洗至少15分钟，然后带孩子就医或寻求医生的建议。不要擅自给孩子涂任何一种软膏或油脂。

吸入有毒气体

未熄火的汽车发动机会在密闭的车库里产生有毒气体；燃气炉或燃气热水器发生燃气泄漏，或使用木材、煤炭或煤油的炉子通风及维护不当，也会产生有毒气体。你家如果可能存在以上任何一种情况，你就应安装一氧化碳探测器，因为一氧化碳没有气味。如果孩子吸入了上述有毒气体，你应立即把他抱到

管理家里的药品和有毒物品

■ 把药品放在带锁的柜子里，不要让孩子接触到。不要把牙膏、肥皂或洗发水放在同一个柜子里。你如果使用手提包，就不要在包里放任何有可能引起孩子中毒的物品，并防止孩子碰别人的手提包。

■ 将药品放在原包装中（并锁在柜子里）。需要扔掉的药品要妥善丢弃，确保孩子接触不到。

■ 不要在孩子面前服药，他有可能模仿你。让孩子服药的时候不要骗他说那是糖果。

■ 每次让孩子服药的时候反复检查药品包装和说明书，确保孩子服用正确的药物以及正确的剂量。半夜喂药容易出现这方面的失误，所以每次让孩子服药的时候都需要开灯。

■ 购买家用清洁剂之前要阅读产品标签。尽量购买同类产品中最安全的，而且只买目前需要的。

■ 有毒物品需要锁在柜子里，不要让孩子接触到。不要将清洁剂和其他清洁用品放在厨房水槽或洗手间水槽下面的柜子里，除非这些柜子也安装了锁或儿童安全锁，而且每次关柜门后都要锁住。洗衣凝珠等浓缩包装的清洁用品外形类似于糖果，孩子可能会放进嘴里，导致突发急症，出现严重的呼吸困难、胃部问题、昏迷甚至死亡。在家中所有孩子都满6岁之前，最好使用传统的洗衣粉或洗衣液。如果一定要用洗衣凝珠，就将其锁好，避免孩子看到或接触到。

■ 千万不要用原本装食品的容器（特别是空饮料瓶、罐头瓶或杯子）来装有毒物品。

■ 在发动汽车之前一定要把车库门打开，不要在密闭的车库里发动汽车。确保家里所有的火炉都处于安全的状态。你如果闻到家里有浓烈的燃气味，就要关掉燃气阀门，带孩子离开家，并拨打燃气公司的电话。

空气新鲜的地方。如果他还有呼吸，你应立即拨打120。如果他已经停止呼吸，那就开始对他实施心肺复苏术（见"附录"），而且在他自主呼吸或有人接替你之前不要停下来。

如果有其他人在场，立即请他拨打120；如果无人帮忙，你就要先实施心肺复苏术1分钟，再拨打120。

吞下有毒物质

首先，将有毒物质从孩子身边

移开。如果他的嘴里还有一些，让他吐出来，或者用你的手指抠出来。把这些残留物和其他证据都收集起来交给医生，以便他判断孩子吞下了什么。

接下来，观察孩子是否有如下症状。

- 严重咽喉痛。
- 大量流口水。
- 呼吸困难。
- 抽风。
- 过度困倦。

如果孩子出现上述任何一种症状，或者昏迷或呼吸停止，你应立即采取心肺复苏等急救措施，并拨打 120 寻求帮助。把装有有毒物质的容器和孩子吐出来（或你抠出来）的残留物带给医生，帮助他判断孩子吞下了什么。呕吐非常危险，千万不要让孩子呕吐，即使容器的标签上有这样的建议，因为呕吐有可能引起更严重的伤害。强酸（如洁厕灵、漂白剂）或强碱（如碱液、下水道清洁剂、烤箱清洁剂或洗碗机清洁剂）都可能造成咽喉灼伤，而呕吐时这些液体会反流到咽喉和食道，从而加重损伤。吐根糖浆是过去用来帮助吞下有毒物质的孩子呕吐的药物，但是现在专业人士已经不认为使用它是针对中毒的有效措施了。如果你家还有吐根糖浆，把它妥善处理掉并把瓶子扔掉。也不要用其他任何方式对孩子进行催吐，包括抠嗓子眼引发呕吐或喂他喝盐水。相反，医生可能建议让孩子喝一些牛奶或白开水。

预防

儿童，特别是 1 ~ 3 岁的儿童，最容易因接触家里的危险物品而中毒，危险物品包括药物（包括处方药和非处方药）、清洁用品、植物、化妆品、杀虫剂、涂料、溶剂、防冻液、挡风玻璃清洁剂、汽油、煤油等。想要尝味以及把东西放进嘴里是儿童的天性，是他探索周围世界的方式，而且他会在不理解的情况下模仿成年人的举动，因此可能触碰这些危险物品。

大多数中毒事件都发生在看护者分心的时候。你如果生病了或压力很大，就有可能不像平时那样密切地关注孩子。每天繁忙的工作和生活可能导致你在照顾孩子时分心，所以你一定要把所有药品和有毒物品放在孩子看不到、够不着的地方。预防中毒最好的办法是把所有危险物品都锁起来，这样即使你不能时刻监督孩子，他也不会碰到这些物品。另外，如果你们在商店里或亲戚朋友家（这些地方可能没有为孩子做过特别准备），你就要格外密切地监督孩子的行为。（参见第 15 章"确保孩子的安全"。）

第 24 章　环境与健康

在我们生活的这个世界，所有儿童都有可能接触到环境毒素。你即使不能保护孩子完全不受环境毒素影响，仍然可以使孩子少接触一些，不管在家里还是外出时。

空气污染

户外的空气含有一些可能对孩子造成危害的物质，其中非常令人担心的是地面臭氧。它是一种无色气体，是氮氧化物与挥发性有机化合物相互作用的产物。这些有机化合物是汽车和工业排放的，在阳光照射下与氮氧化物反应生成臭氧。地面臭氧是雾霾的主要成分。地面臭氧浓度在夏季炎热而晴朗的白天处于最高水平，并且在中午到下午这段时间达到峰值。冬季地面臭氧浓度也很高。地面臭氧可以随风移动，导致农村地区也受到影响。儿童会长时间在户外玩耍，所以他们特别容易受地面臭氧影响，最常见的一种影响就是患哮喘的幼儿呼吸困难。另外，儿童的呼吸频率比成年人快，相对来说每千克体重吸收的空气污染物也比成年人多。

其他可能造成危害的空气污染

物包括一氧化碳、汽车和工业排放的颗粒物、二氧化硫，以及其他污染物。父母和其他看护者应注意媒体上的空气质量预报，或在让孩子出去玩之前查看相关数据。患有哮喘或其他慢性疾病的孩子会受到空气污染物的严重影响，因此当空气质量预报提示污染严重时，你应将孩子留在室内。

预防

为了保护孩子不受空气污染的影响，在当地发出空气污染或者雾霾警报时，你应尽量减少孩子的户外活动时间，特别是孩子有哮喘等呼吸问题时。

为了减少雾霾天汽车造成的空气污染，你应将你的车停在车库里，尽量使用公共交通工具或者与别人拼车。在污染严重的日子里不要使用以汽油为燃料的除草机，并注意平时减少使用次数。在驾驶中等红灯的时候，关掉汽车发动机，以减少对空气的污染。

石棉

从 20 世纪 40 年代起，直到 20 世纪 70 年代，石棉都是一种被广泛用于防火、绝缘和隔音的天然纤维。除非它腐烂、破碎，把微小的石棉纤维释放到空气中，否则不会对人体健康造成危害。石棉纤维一旦被人体吸入，就有可能引起肺部、咽喉及消化道的慢性疾病，包括一种在人体接触石棉后潜伏 50 年才会发病的胸部肿瘤——间皮瘤。

如今，美国法律已经强制规定学校必须去除建筑中的石棉，或者想办法确保孩子不接触石棉。然而，在一些老房子里，特别是管道、炉灶、壁炉的隔热材料中，以及墙壁和屋顶中，依然可能有石棉。

预防

遵循下面的原则可以保护孩子免于石棉的危害。

■ 你如果认为家里可能有石棉，请专业人士来检测。

■ 不要让孩子在可能含有石棉的、暴露或腐烂的材料附近玩耍。

■ 如果你家发现了石棉，当它

的状况还比较良好的时候，可以暂时不管。但是如果它正在腐烂，或有可能被即将进行的翻新或装修工程破坏，你就应该请一家得到认证的承包商以安全的方式将它们清除。

一氧化碳

一氧化碳是以汽油、天然气、木炭、柴油、煤油或丙烷为燃料的家用设备和汽车可能排放的无色无味的有毒气体。当某一家用设备无法正常工作、炉灶的通风管不畅通或者在家中使用木炭烧烤架时，家里的空气中就可能有高浓度的一氧化碳。当汽车在密闭的车库内未熄火的时候，车库里也会有大量一氧化碳。在停电和有暴风雨的时候，在室内使用发电机会增高一氧化碳中毒的风险。这些设备应放在户外。

当儿童吸入一氧化碳后，他的血液输送氧气的能力就会受到破坏。虽然任何人都有可能一氧化碳中毒，但是由于儿童呼吸比成年人快，每千克体重吸入的一氧化碳会更多，所以一氧化碳对儿童尤其危险。一氧化碳中毒的症状包括头痛、恶心、气短、疲惫、神志不清以及眩晕。持续暴露于一氧化碳中有可能导致性格改变、记忆力丧失、严重肺部损伤、大脑损伤甚至死亡。

预防

通过以下措施，你可以降低孩子一氧化碳中毒的风险。

■ 购买一氧化碳探测器并安装在家中，特别是卧室及炉灶附近，并且定期检查其功能。

■ 永远不要让汽车在密闭的车库里一直保持启动状态。

■ 千万不要在室内或密闭空间内使用以木炭或丙烷为燃料的烧烤架或便携式野营炉。

■ 切勿在家里使用燃烧燃料的发电机；即使在室外使用发电机，也切勿在开着的窗户或通风口附近使用。

■ 家里的燃气炉、炭炉、燃气热水器、燃气烘干机等应该每年都请专业人员检查。

■ 为厨房或其他房间升温的时候，不要使用电热炉以外的其他炉子。

饮用水

相对于成年人来说，儿童小小的身体摄入的饮用水更多。大多数饮用水都来自自来水龙头，其水质受国家相关标准和法规的监管。在美国，自来水铅含量的标准并非基于健康标准。因此，按当前标准（15 ppb），若自来水为唯一饮用水来源，那么自来水中的铅可能导致人体内血铅水平升高，这对用配方奶喂养的婴儿影响巨大。美国儿科学会建议，包括学校饮用水在内的饮用水的铅含量应尽可能地低（最高为 10 ppb）。自来水公司和城市的管道均用含铅的金属制成，自来水公司采用腐蚀控制措施来减少铅从管道进入饮用水中的量，但这种措施可能不会达到令人满意的效果。另外，自来水公司的水处理设备也无法顾及家庭管道（可能也用含铅的金属制成）。让水龙头一直流水，直到水变得冰凉再使用，可能可以降低自来水的含铅量。

向自来水中添加氟化物已使儿童龋齿的发生率大幅度降低，但需要注意不要使水中的氟化物浓度太高。科学研究表明，在自来水中添加氟化物是促进牙齿健康发育和预防龋齿的安全有效的方法。由于添加了氟化物，自来水比瓶装水更适合儿童饮用。无法通过饮用自来水获得氟化物的儿童出现龋齿的风险较高，对这些儿童而言，在 1 岁之前去看牙医尤其重要。氟化自来水对孕妇而言是安全的，也可以用来冲调婴儿配方奶粉。

有可能引起疾病的饮用水污染包括：细菌污染、硝酸盐污染、人造化学物质污染、重金属污染、放射性颗粒污染，以及消毒过程产生的副产品造成的污染。

在一些地区，由于饮用水受到污染，人们正在使用或建议使用瓶装水。一定要注意，虽然塑料制造中可能不再使用双酚 A 和邻苯二甲酸酯，而用了其他具有相同作用的化学材料，但这些替代品也使得我们目前对有什么化学物质通过塑料进入我们的身体了解甚少。另外，瓶装水未添加氟化物，饮用瓶装水的儿童可能需要额外摄入氟化物。

瓶装水很容易买到，但很多品牌的瓶装水都只是自来水，而瓶装

双酚 A

很多储存食物和液体的容器，包括一些婴儿奶瓶，都是由聚碳酸酯塑料制成的，其中有一种叫作"双酚 A"的化学物质。双酚 A 可以使塑料更硬、防止细菌污染食物以及防止罐头变质。其他的化学物质，如邻苯二甲酸酯，用于制造软的、可变形的塑料。

然而，目前关于双酚 A 和邻苯二甲酸酯对于人（特别是婴幼儿和较大的儿童）可能产生的危害广受关注。动物实验表明，暴露于双酚 A 或邻苯二甲酸酯的动物的内分泌功能受到了影响。双酚 A 在动物体内起类似于弱雌激素的作用，在人体内可能也是如此。目前一些后续的实验正在进行中，目的是确定多大剂量的双酚 A 将给人体带来类似的危害。

降低风险

为此担忧的父母可以采用下列措施来让孩子远离双酚 A 的危害。

■ 尽管现在的一些奶瓶已经不含双酚 A 了，但是尽量避免购买标有塑料回收标志第 7 号以及"PC"字样的透明塑料婴儿奶瓶或容器。其中很多都含有双酚 A。

■ 购买通过认证的不含双酚 A 的塑料奶瓶。

■ 玻璃奶瓶可以作为塑料奶瓶的替代品，但要注意，它如果摔碎了，有可能使你或孩子受伤。

■ 加热有可能导致塑料释放双酚 A，因此不要将塑料奶瓶或其他塑料容器放入微波炉中加热，也不要用洗碗机来清洗它们。

■ 母乳喂养是降低有害化学物质可能带来的风险的另一种办法。美国儿科学会建议，纯母乳喂养 6 个月左右并在之后继续母乳喂养（可添加辅食），直到母婴双方都准备好断奶。

■ 许多父母担心牙齿密封剂或填充物中的双酚 A。科学研究表明，通过这些牙科材料接触双酚 A 的可能性很小，这种担心不应妨碍你的孩子接受必要的牙齿护理。

水往往比自来水贵，所以除非你居住的地区已经明确通报了水质污染，否则你没有必要购买瓶装水。总的来说，如果孩子一直饮用瓶装水，你就要格外注意。

预防

一些指导原则如下。

我们的立场

在美国，大约 150 万户家庭从不受监管的私人井中获取饮用水。研究显示，其中很多井水的硝酸盐含量都超过美国联邦饮用水标准。硝酸盐是植物中的天然成分，含硝酸盐的肥料会渗进井水，它本身对人体没有毒性。但是，硝酸盐在人体内可以转化为有潜在危险性的亚硝酸盐。亚硝酸盐可导致婴儿患高铁血红蛋白血症，这种疾病会影响血液中的氧循环，是一种危险甚至可能致命的血液疾病。

用井水冲调配方奶很可能导致婴儿硝酸盐中毒。美国儿科学会建议，如果饮用井水，应对井水进行硝酸盐检测。如果井水含有硝酸盐（浓度超过 10 毫克 / 升），就不应该用于饮用和烹饪。应该使用买来的水或硝酸盐含量很低的深井井水。

井水应多长时间检测一次硝酸盐含量呢？应每 3 个月或者至少每年检测一次。如果检测显示硝酸盐浓度处于安全范围，建议之后每年检测一次。

母乳喂养是哺育孩子最安全的方式，因为高浓度的硝酸盐不可能通过乳汁传给孩子。

■ 你如果担心家里的水管有问题，那就在每天早上需要饮水和用水烹饪前，打开水龙头让水流 2 分钟左右。这样做可以冲洗水管，并降低水中污染物的含量。

■ 如果给 1 岁以下的婴儿喝井水，需要检测其中的硝酸盐含量。

■ 有可能被细菌污染的饮用水需要烧开。水烧开后继续加热的时间不应超过 1 分钟。然而，一定要记住，将水烧开只能杀灭饮用水中的细菌，而不能杀灭其他微生物，也不能去除饮用水中的有毒化学物质。如果你不喜欢家里自来水的气味或味道，含活性炭的净水器可以去除其中的味道，一些净水器还可以在不去除水中氟化物的同时去除一些不良的化学物质。

鱼

鱼是一种对儿童和成年人来说都非常好的高蛋白质食物。它包含一种优质脂肪（ω–3 脂肪酸）以及维生素 D 等营养成分，而且其饱和脂肪酸含量很低。然而，现在大家对于鱼类可能存在的污染以及可能对人类健康带来的危害越来越关注了。

一种广为人知的污染是汞污染。高剂量的汞具有毒性。汞可能进入海洋、河流、湖泊以及小溪中，并进入我们吃的鱼的体内。水域（如湖泊和河流）里的汞（其中一些是由工厂排放的）会被细菌转化为汞化合物（如甲基汞），这导致某些食肉鱼类（包括鲨鱼和剑鱼）体内的汞含量非常高。如果儿童吃下这样的鱼肉，正在发育的神经系统就会受到严重的危害。

鱼类和其他食物中的污染物还包括多氯联苯以及二噁英。虽然多氯联苯曾被用作阻燃剂，还被用于制造变压器，但在美国它们于 20 世纪 70 年代就已经被禁止使用了。然而，它们仍然残留在水域、土壤及空气里，并且残留在鱼类体内。多氯联苯与儿童甲状腺疾病、智力低下以及记忆力受损有关。

二噁英是在鱼类体内发现的另一种污染物。它是在某些化学物质的焚化过程中产生的，可以影响人类神经系统和其他器官的发育，长期接触的话其危害更明显。幸运的是，环境中的多氯联苯和二噁英近年来已经显著减少了。

预防

一些鱼类和贝类食品汞含量较低，包括罐装淡金枪鱼、鲑鱼、虾、鳕鱼、鲶鱼、蛤蜊、比目鱼、螃蟹、扇贝和明太鱼，对孩子来说这些是比较好的选择。不过，对于这些食品，你也应该将孩子的摄入量控制在一个安全的范围内——每周少于 340 克。美国政府相关机构建议儿童避免食用汞含量高的鱼类，特别是国王鲭、剑鱼、鲨鱼以及方头鱼。

铅中毒

铅中毒可能是由于触摸或口含有灰尘的玩具、油漆碎片或污垢，吸入空气中的铅，或者饮用从含铅的水管中流出的水。另外，某些专业材料（如彩色玻璃、颜料、焊料或钓鱼重锤）也可能含铅；过去的一些百叶窗也可能含铅。建议所有父母，如果需要购买百叶窗，就挑选标有"新配方"或"无铅配方"的产品。一些用建筑陶瓷制成的器皿也有可能含铅，不要用这类器皿来装酸性液体（如橙汁）以及热的或温的食物或液体，因为酸有可能置换出这些器皿中的铅。有焊缝的食品罐头可能增高其中食物的铅含量，因此，目前美国有焊缝的食品罐头已经逐渐被无缝的铝罐代替了。

父母可能会在使用铅的地方（比如电池厂、射击场或油田）工作，含铅的灰尘或润滑剂可能会附在其衣服、头发和汽车上。父母应在工作后淋浴和换衣服，工作服应单独洗涤。

铅还可能来自糖果、香料或化妆品。最近，美国研究人员在含木炭的牙膏和婴儿出牙项链中发现了铅。避免使用这些产品，而且出牙项链有使婴儿呼吸道阻塞和被勒死的危险。缓解婴儿出牙不适的更好选择包括冷冻香蕉、牙胶或凉而湿的干净棉布。

在美国，1978 年之前用含铅的涂料来粉刷墙壁是得到允许的，所以一些老房子的墙壁、门柱以及窗框都有可能含铅。这些地方有可能掉下碎屑、碎皮或形成灰尘。幼儿很可能被掉下来的小块墙皮吸引，并因为好奇去品尝。即使孩子没有主动去吃这些墙皮，它们也有可能粘在孩子手上或者掉入他们的食物中。有时候，父母可能自作聪明地选择用一种更安全的新型涂料重新粉刷墙壁，把有毒的一层盖在下面。这种做法有可能给人一种安全的错觉，然而，下层的涂料仍然有可能带着新涂的涂料一起起皮，同样有可能掉在孩子手上。

铅对人体而言是有害的，不存在安全水平。虽然如今儿童血液中的铅含量已经降低，但美国仍有 50 ~ 100 万儿童血铅水平高。如果儿童持续接触含铅的物品，铅就会在儿童体内蓄积。这种情况很难被注意到，但最终会影响儿童的很多器官，包括大脑。铅中毒有可能引起学习障碍及行为问题。体内铅含量非常高还有可能引起更严重的问题，但对每个儿童来说受损的程度难以预测。铅中毒还有可能使儿童出现肠胃问题、食欲下降、贫血、头痛、便秘、听力损失甚至身材矮小。另外，缺铁也有可能增高儿童铅中毒的风险，这就是为什么这两种问题经常同时被发现（见第 517 页"腹痛"）。

预防

从 1977 年开始，美国联邦政府就颁布法规，严格控制涂料中的铅含量。此后建造的房屋以及居住区域内的土壤的铅含量就比较低。然而，如果你家的房子比较老（尤其是 1960 年以前建造的），就非常可能有铅含量高的问题。这时，评估你的房子和物品是否存在铅污染非常必要。你如果怀疑房屋含铅，就应该用水清洗掉那些涂料的碎屑或碎皮。清洗时，在水里加一些除铅剂。同样，保持家里所有表面（地板、窗台、门把手等）干净，可以降低孩子接触含铅涂料的风险。老旧的窗户更值得注意，因为窗框的木料和涂料往往已经受损，任何一个开窗或关窗的动作都有可能引起含铅涂料掉落。不要用普通吸尘器吸掉落的墙皮或灰尘，因为吸尘器有可能将灰尘从它的排气孔中排出。美国相关机构建议将使用了高效微粒空气（HEPA）技术的真空吸尘器作为去除含铅碎屑的有效工具。另外，教孩子把外出穿的鞋摆在门口和经常洗手（特别是在吃饭前），让他养成好习惯。

另外，找出家里哪些表面是由含铅涂料粉刷的，以及哪些区域很可能有铅含量高的灰尘或碎屑。为了做到这一点，你需要一个家用探测器。你可以联系当地卫生部门，了解可以从哪里获得这种探测器。

我们的立场

即使是小剂量的铅也会对儿童的大脑造成严重的损害，而且这种影响很难消除。美国儿科学会支持对儿童进行普遍的血铅含量筛查，并且设立降低并消除家庭、学校和游乐场所铅污染的专项基金。从源头做好预防工作是减少铅中毒的唯一途径。父母要了解孩子生活、学习和玩耍的环境，清除其中的铅来源，这样才能避免孩子铅中毒。

诊断和治疗

铅中毒的儿童几乎不会出现什么症状，却有可能在学龄前期或上小学之后表现出学习能力低下或行为方面的问题。他们一般在开始学一些比较复杂的技能（如阅读或计算）时表现出这类问题，无法达到班级的平均水平。一些儿童可能因铅中毒而看起来过于好动。确定儿童是否铅中毒的唯一方法是进行血液检测。建议儿童在 1 ~ 2 岁的时候检测。美国疾病控制与预防中心的咨询委员会现在建议血铅水平为 5 微克／分升或更高的儿童进行治疗，而在过去几年，建议治疗的最低血铅水平为 10 微克／分升。

最常见的血铅检测是从指尖取一滴血来检测。如果这项检测显示儿童可能曾暴露于铅污染的环境，那么就需要进行下一项更精确的检测，这项检测将从儿童上臂的静脉取血，取血量明显多于第一次检测。这项检测结果更精确。

如果儿童被发现血铅水平高，就应对其居住的房屋进行检查以发现铅来源。如果血铅水平很高，他可能需要住在铅含量安全的房屋中，同时对他原本居住的房屋进行检查和补救。极少数患儿甚至需要药物治疗，这种药物可以与血液中的铅结合并增强机体清除铅的能力。若病情到了必须治疗的程度，医生一般会开口服药。如果病情更重，患儿可能需要住院。

一些铅中毒的患儿需要接受一个疗程以上的治疗。然而遗憾的是，接受治疗的患儿也只能短期降低血铅水平，并不能解决因铅中毒引起的行为和学习障碍问题。铅中毒的患儿需要在生理健康、行为表现和学习能力方面接受多年的严密监测，并接受特殊教育或治疗以帮助他们克服学习和行为上的障碍。

对于铅中毒，最好的治疗是预防。你如果购买了一所老房子，就应该先进行铅含量的测试。另外，如果孩子所处的儿童看护机构在老房子中，孩子也可能处于危险之中。

杀虫剂和除草剂

杀虫剂和除草剂被用于很多地方，包括家庭、学校、公园、草坪、

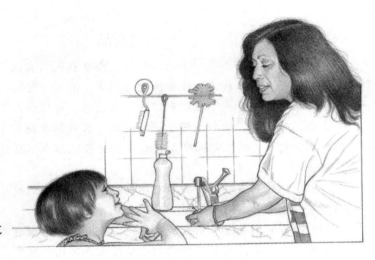

洗手是健康生活方式的重要组成部分。

花园以及农场。它们虽然能够杀灭害虫、消灭杂草，但其中一些如果进入人类的饮用水或食物中，就有可能对人体造成危害。

杀虫剂和除草剂对人体的短期和长期危害，还需要更多的研究来发现。虽然一些研究发现杀虫剂与某些儿童肿瘤有关系，但另一些研究没有得出相同的结论。许多杀虫剂以破坏害虫的神经系统而起效，有研究证实这类杀虫剂也会对儿童的神经系统造成损伤。

预防

为了减少杀虫剂或除草剂对孩子的影响，你可以采取以下措施。

■ 尽量不要从喷过杀虫剂或除草剂的农场购买食物。

■ 所有水果和蔬菜在孩子吃之前都需要用清水彻底洗净。

■ 对自家的草坪或花园，尽量使用非化学性的杀虫方法。你如果在家里或车库里存放了杀虫剂，确保孩子接触不到。

■ 食用有机食品可减少儿童和成年人体内的杀虫剂代谢产物，因此请尽可能地选择有机食品以降低家人的健康风险。

■ 尽量不要周期性地喷洒杀虫剂来杀虫。

■ 虫害综合管理的重点在于使用诱饵，阻挡害虫进入室内。

有机食品

美国农业部设立了一个认证项目，要求农民只有遵循政府制定的有机食品种植和加工标准，才能给食品贴上"有机"标签。有机水果、蔬菜和谷物应种植于施了粪肥和堆肥的土壤中，种植和加工过程中不使用杀虫剂、除草剂、染料或蜡。标准规定，农作物收获前至少 3 年禁止使用非有机肥料；提供有机肉类的动物在生长过程中不得使用生长激素或抗生素。

但是，购买有机食品真的有用吗？这些食品真的更安全、更有营养吗？它们值得标出的高价吗？

几项研究调查了限制或禁止使用杀虫剂可否降低健康风险。在农作物上喷洒杀虫剂是为了保护它们免受昆虫和霉菌的侵害，杀虫剂会残留在水果和蔬菜上，进而被人体摄入。但是事实是：吃这些食物对儿童和成年人来说风险很小。农产品上发现的杀虫剂残留物含量通常远低于政府部门制定的安全标准。

关于是否需要购买有机食品，有一个复杂的情况是，即使有机食品也并非完全不受化学物质影响。虽然有机农作物没有直接使用过杀虫剂，但是空气中或水中的少量杀虫剂也会残留在农作物上。其他化学物质（如硝酸盐）也存在相似的问题。有机农作物中的硝酸盐含量因种植者不同有所差异，也受到种植季节、地理位置和收割后加工方法等因素的影响。

你无论如何选择，都不要因担心化学物质的影响而不给孩子准备包括水果、蔬菜、全谷物以及低脂或脱脂乳制品在内的健康饮食，选择传统食品或有机食品都可以。事实上，与杀虫剂或除草剂可能造成的危害相比，不给孩子吃蔬菜和水果的危害更大。

有机食品有什么营养价值呢？有机食品能给孩子更多营养吗？记住，现在并没有充分的证据证明有机食品的营养成分与传统食品有显著差异。也就是说，尚无有说服力的研究表明有机食品更营养、更安全甚至更可口。请记住，标有"有机"的食品可能由于其他原因仍然不利于健康，比如用有机水果、蔬菜制作的零食或饮料含有大量的糖，可能会导致龋齿，反而不如普通的新鲜水果和蔬菜健康。当然，你如果能在当地农贸市场或商店方便地买到有机食品，而且能负担稍高的价格，选择有机食品也没有坏处。

氡气

氡气是一种由土壤和岩石中的铀衰变而来的气体。它也有可能存在于水、天然气以及建筑材料中。

在美国，很多地区民居中的氡气含量非常高。氡气进入室内主要是通过裂开的地基、墙面以及地板，少数情况下也存在于井水中。吸入氡气不会立即造成健康问题。然而，经过一段时间，它有可能增高肺癌的发生风险。事实上，在美国，氡气是引起肺癌的最常见原因之一，仅次于吸烟。

预防

以下措施可以降低孩子暴露于氡气的风险。

■ 向当地卫生部门咨询，看看你居住的社区的氡气含量是否偏高。

■ 用氡气探测器来检测家里的氡气含量，这种探测器不贵，在五金店应该能买到。不过，只有得到认证的实验室才可以出具检测分析报告。

烟草烟雾污染

根据美国疾病控制与预防中心的数据，3～11岁的儿童中，大约有25%的儿童家里至少有一人吸烟。烟草烟雾（二手烟）指点燃的烟草散发的烟雾，或从香烟、雪茄或烟斗的过滤嘴或嘴端释放的烟雾。如果你或家人抽香烟、雪茄或烟斗，你的孩子就会暴露在由此产生的烟雾当中。这些烟雾含有数千种化学物质，其中一些已经被证实可引发癌症和其他疾病，包括感冒、支气管炎以及肺炎。暴露于二手烟的孩子患中耳炎和哮喘的概率也更大，而且他们有可能在患感冒后需要更长时间才能康复。这些孩子也更容易头痛、咽喉痛、嗓音嘶哑、眼睛感染、头晕、恶心、精神萎靡以及烦躁不安。由于这些原因，父母应禁止任何人在家里吸烟。

三手烟通常被定义为烟草熄灭后残留在衣服、家具、毯子、头发和皮肤上的烟雾、尼古丁及其他化学物质。较新的烟草产品（如电子烟）也会通过散发到空气中的气溶胶对人体造成伤害。电子烟气溶胶包含对人体有害的物质，比如致癌的化学物质和能够深入肺部的微小颗粒。

如果成年人在新生儿身边吸烟，新生儿就有更高的风险死于婴儿猝死综合征。另外，香烟中的尼古丁和其他一些化学物质如果被处于哺乳期的母亲吸入，就会进入母乳，从而影响婴儿。暴露于二手烟的婴儿长大后有可能患上危及生命的疾病，包括肺癌和心脏病。

还有就是，当你在家里抽烟的时候，你也给孩子和其他家庭成员带来了更高的火灾和烧伤的风险。孩子如果发现玩香烟、火柴、打火机非常有意思，就有可能将自己烧伤。2006 年美国卫生部的一份报告显示，接触烟草都是有风险的，不存在安全水平。一项研究显示，在密闭的卧室内吸一支香烟后，空气中的微粒数量在通风 2 小时后才能低于有害水平，而且在此之后，卧室里的三手烟仍然会危害健康。

记住，在孩子成长的过程中，你扮演着榜样的角色。孩子如果看到你吸烟，就有可能想试一试，也就是说你可能导致他终生有烟瘾。

预防

为减少孩子暴露于烟草烟雾的环境中，你可以采取以下措施。

■ 如果你或其他家庭成员吸烟或电子烟，请戒烟！你如果无法戒烟，请向医生咨询。许多治疗烟草依赖症的药物可以让你在不吸烟时感到舒适。

■ 禁止任何人在你的家里或汽车内吸烟，尤其是在有小孩的时候。你要知道，在吸烟者吸烟后，有害化学物质依然会留在室内或汽车内。你的家和汽车应始终保持无烟。

■ 将火柴和打火机存放在孩子接触不到的地方。

■ 选择保姆或其他儿童看护者时，明确告诉对方，任何人都不可以在孩子周围吸烟；另外，看护者不应因去室外吸烟导致孩子无人看管。

■ 当你和孩子在公共场所时，请其他人不要在你和孩子周围吸烟。

第 25 章　眼部问题

　　孩子依靠双眼搜集视觉信息来帮助自己发育。如果孩子在看东西方面有障碍，他就可能出现学习和认识周围世界方面的问题。因此，如果孩子存在眼部问题，需要及早发现。很多视力问题，如果早期获得治疗可以得以纠正，而如果时间拖长了，将来治疗起来会很麻烦。

　　早产儿需要接受检查，看其是否存在严重影响视力的早产儿视网膜病变（ROP），特别是当他出生后接受过长期氧疗时。出生时体重低于 1.5 千克的早产儿有更高的患病风险。即使有良好的新生儿期护理，

这种疾病也很难预防，但如果早期发现，还是可以成功治愈的。所有新生儿专家都很警惕这种视网膜病变，并且会让家长了解请眼科医生为孩子进行疾病筛查的重要性。家长还需要知道，早产儿发生散光、近视和斜视（这些眼部疾病的具体描述详见后文）的风险较高，所以应在整个儿童期针对这些疾病进行定期筛查。

　　一个新生儿可以看到多少东西？在刚出生的前几周，婴儿可以看到光线和形状，并可以发现物体在运动。远处的东西看起来非常模糊，

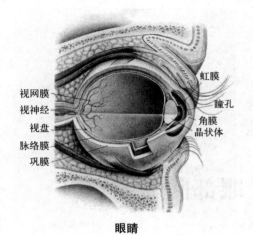

视网膜

视神经

视盘

脉络膜

巩膜

虹膜

瞳孔

角膜

晶状体

眼睛

孩子的最佳可视距离为 20.3 ~ 30.4 厘米，这个距离大概相当于你给他喂奶时你们眼睛之间的距离。

在孩子学会同时使用双眼前，他的眼睛可能会处于"游离"的状态，即两侧眼球不协调运动。这种不协调运动在他快 2 个月大（部分孩子会延迟到 3 个月大）时会逐渐减少。大约 3 个月大时，孩子就能够盯住别人的脸部以及近处的物体，双眼还能跟随物体移动。快 4 个月大时，他就能用眼睛发现各种离他近的东西，并且有可能伸手去抓。快 6 个月大时，他就可以通过视觉识别不同的物体了。

1 ~ 2 岁时，孩子的视力会快速发育。3 ~ 5 岁时，具有正常视力的孩子就可以达到成年人的视力水平

了。到孩子快 10 岁的时候，视觉系统将完全发育成熟。这时候，很多早期存在的眼睛和视力问题就可能无法逆转或纠正了。这就是为什么儿童的眼部问题需要早诊断、早治疗的原因，这也体现了儿科医生在孩子早期常规体检中每次都检查孩子眼部的重要性。

推荐的视力筛查

视力筛查在发现那些影响孩子视力的疾病中起了非常重要的作用。美国儿科学会推荐孩子在每次体检时都接受视力筛查。

1. 刚出生时。儿科医生应该在所有新生儿出院之前为他们检查是否存在眼部感染（见第 729 页）、眼部缺陷、白内障（见第 728 页）或者先天性青光眼。如果怀疑存在某种疾病，就需要小儿眼科医生来为这名新生儿检查。所有早产儿或患有多种疾病的新生儿都需要由小儿眼科医生来对其进行眼科检查。

2. 快 6 个月大时。儿科医生需要为所有来接受常规体检的婴儿检查双眼运动的一致性，以及所有可能存在的眼部疾病。6 个月大之后，

摄影筛查法可以在早期发现弱视或其危险因素。

3. 3 ~ 5 岁时。 在这个年龄段，孩子每年都应该由儿科医生进行视力检查，并检查眼部是否存在可能影响孩子将来受教育的发育缺陷。如果发现异常，应请小儿眼科医生进行深度检查。

4. 6 岁或更大时。 应隔年检查一次。这些检查应测量孩子的视力，并评估其他眼部功能。

接近 3 岁或 4 岁大时，大多数孩子都能够听从指示，描述出他们看到的东西，这时视力（视敏度）测试比较可靠。儿科医生可能会使用有图形而非字母的视力测试表，评估学龄前儿童的视力。接近 3 岁时，孩子双眼的视力都应达到 20/50（4.6）水平，如果没有达到，应去看小儿眼科医生，检查视力缺陷的原因。4 岁时，双眼视力应达到 20/40（4.7）。从 6 岁起，双眼视力应达到 20/30（4.8）或更好。

儿科医生也可能会采取更新的视力筛查方法，对与年龄很小的孩子可能会采用摄影筛查法，使用专门设计的相机帮助检测孩子视力可能存在的异常。这些设备越来越多地用于孩子的视力筛查，尤其是那些特别小或因其他原因不能通过视力测试表检查视力的孩子。

什么时候应该找医生？

如前所述，视力筛查对发现影响视力的疾病非常重要。这些常规的眼部检查可以发现潜在的眼部疾病，但少数情况下，你也会发现孩子存在一些明显的视力或眼部症状。如果孩子出现下述任何一种症状，应该找儿科医生。

■ 一侧或双侧瞳孔呈白色（白瞳病）。

■ 眼睛或眼睑持续（超过 24 小时）发红、肿胀、结痂或有分泌物。

■ 不断流泪。

■ 对光敏感，特别是孩子对光的敏感性发生变化时。

■ 眼睛歪斜，或双眼不能协调运动。

■ 头一直保持异常姿势。

■ 经常眯眼。

■ 一侧或双侧眼睑下垂。

■ 双侧瞳孔不等大。

■ 经常揉眼睛。

- 眼睑经常"跳"。
- 不把物体拿近就看不清。
- 眼部受损（见第 730 页）。
- 角膜起雾。

如果孩子反映存在以下问题，你也应该带他去看儿科医生。

- 看东西有重影。
- 频繁头痛。
- 近距离持续用眼（看书或看电视）后眼睛疼痛或轻微头痛。
- 视物模糊。
- 眼睛发痒或有烧灼感，抓挠眼睛。
- 色觉有障碍。

根据孩子的症状，儿科医生有可能检查孩子是否出现了视力问题或者其他一些眼部疾病，详见本章下文。

弱视

弱视是一种很常见的眼部疾病，影响约 2% 的儿童。当孩子的一侧眼睛看不清的时候，他往往会只用另一侧的眼睛，这种情况就是弱视。这个问题需要尽早发现才能及时治疗，使患侧眼睛重建正常的视力。

如果这种情况持续太久（孩子已经超过 7 岁，部分孩子是超过 10 岁），弃用的一侧眼睛的视力就有可能永久丧失。

一旦小儿眼科医生确诊孩子的一侧眼睛存在弱视，孩子就需要在"好的"一侧眼睛上戴一段时间眼罩，这样做可以强制让他使用并锻炼变得"懒惰"的一侧眼睛。眼罩疗法需要持续到变弱的一侧眼睛的潜能完全被激发出来并保持稳定为止。这有可能需要几周、几个月，甚至几年。作为眼罩疗法的替代疗法，小儿眼科医生有可能为孩子开一种滴眼液来模糊"好的"一侧眼睛，从而强迫孩子尽量使用存在弱视的那只眼睛。

白内障

虽然白内障通常发生于老年人，但它也可能出现在婴幼儿身上，有时甚至一出生就有。白内障是由于晶状体（眼内的透明组织，可以使光线聚焦在视网膜上）雾化而形成的。虽然非常少见，但先天性白内障却是导致儿童视力损失及失明的主要原因。

儿童白内障需要早发现、早治疗，以帮助孩子的视力发育。白内障的首要症状往往是在孩子的瞳孔中央呈现白色。如果一个孩子出生即患有白内障，导致大部分光线无法进入眼球，那么受损的晶状体必须手术摘除以帮助孩子的视力发育。大多数小儿眼科医生建议在孩子出生后的第 1 个月内就接受这项手术。在受损的晶状体摘除之后，需要为孩子配一副特殊的隐形眼镜或一副矫正眼镜。在孩子约 2 岁的时候，建议最好在他的眼睛内植入新的晶状体。另外，受损眼睛的视力重建需要在另一侧眼睛使用眼罩，直到孩子的眼睛完全发育成熟（在大约 10 岁的时候）。

少数情况下，孩子出生时只有针尖大小的白内障，不妨碍视觉发展。这样的白内障通常不需要治疗，但需要仔细监护以确保问题不会变大，影响孩子正常的视觉发育。

大多数情况下，婴儿出现白内障的原因无法明确。这种疾病有可能遗传于父母，也有可能由眼部损伤引起，或是病毒感染（例如风疹病毒或水痘病毒）或者其他微生物感染（例如弓形虫）的结果。为了保护未出生的孩子不出现白内障或其他严重疾病，孕妇必须小心预防感染性疾病。另外，作为预防弓形虫病的一种措施，孕妇应该避免清理猫砂或进食生肉。

眼部感染

如果孩子的白眼球以及下眼睑的内侧发红，他就有可能患了结膜炎（也称"红眼病"）。这种眼部炎症会疼痛、发痒，它可能源自感染，也可能源自其他病因，例如烟雾刺激、过敏反应或其他严重的疾病（少见）。它常常同时伴有流泪和眼部有分泌物，这是孩子的身体试图消灭炎症的一种反应。

如果孩子患了结膜炎，需要尽快去看儿科医生。感染性眼病病程一般为 7 ~ 10 天。医生会做出诊断，如果有指征的话还会给孩子开必要的药物。千万不要把曾经打开过的滴眼液或其他人用过的滴眼液滴入孩子的眼睛，这有可能引起严重的损害。

新生儿严重的眼部感染有可能是由于在娩出过程中接触了母亲产道中的细菌或病毒而造成——这就是为什么所有婴儿在产房内都需要接受抗生素眼膏或滴眼液治疗的原因。这样的感染必须尽早治疗以预防严重的并发症。发生于新生儿期之后的眼部感染会使孩子的眼睛发红并出现黄色分泌物，这些症状会引起孩子的不适感，但一般来说并不严重。如果儿科医生怀疑感染是由细菌引起的，使用抗生素滴眼液是最常见的治疗方法。抗生素治疗病毒性结膜炎无效。

结膜炎具有非常强的传染性。除了给孩子用滴眼液或眼膏外，你应该避免直接接触孩子的眼睛或眼部分泌物，除非孩子已经接受药物治疗几天且眼睛发红明显消退。在接触孩子被感染的眼睛部位之前和之后都应该仔细洗手。如果孩子在上幼儿园，你应该让他待在家里，直到他的结膜炎不再具有传染性，这通常是在他的眼部分泌物或发红完全消退的 24 小时后。儿科医生会告诉你什么时候送孩子去上幼儿园是安全的。

眼部损伤

当灰尘或其他细小的颗粒物进入孩子的眼部，眼泪通常会将它们冲走。如果眼泪没有将异物冲走，或其他一些严重的意外影响到眼部，在完成下面一些急救措施之后，你需要把孩子送到最近的急诊室。

眼眶发黑

为了减轻肿胀，用一条毛巾包裹一个冰袋来为受伤区域冷敷 10 ~ 20 分钟。然后就医，以确定眼睛内部或周围的骨头没有受到损伤。

有毒物质入眼

用清水充分为孩子冲洗眼睛，确保水已进入他的眼内，然后把他带到急诊室（见第 707 页）。

眼睑切割伤

微小的切割伤一般可以很快愈合，但是深的伤口需要急诊治疗，甚至需要缝合（见第 694 页"切割伤、划伤及出血"）。如果伤口在眼睑边缘、挨着眼睫毛或靠近泪小管的开口处，要特别注意。如果伤口位于这些区域，要立即就医。

大异物入眼

如果眼睛中的异物没有被眼泪

预防眼部损伤

90% 的眼部损伤是可以预防的，而且约一半发生于家中。为了降低家中发生这些事故的风险，请遵守下述安全指南。

■ 将所有其他化学物品与药品分开，并都放在儿童接触不到的地方，包括洗洁精、氨水、喷雾剂、强力胶以及其他所有清洁剂。

■ 为孩子挑选玩具的时候要格外仔细。看看玩具上是否有尖锐或突出的部分，特别是当孩子太小还不理解其危险性的时候。

■ 教会孩子远离飞镖、弹丸和 BB 枪。

■ 教会学龄前的孩子如何正确用剪刀和铅笔。如果他还太小学不会，就不让他使用。

■ 让孩子远离电动除草机和修枝器，它们有可能在高速运转的时候弹出石头或其他物体。

■ 在你点火或使用工具时，要求孩子远离你。如果你同意孩子看你钉钉子，那么需要给他戴一个护目镜。为了你的安全，你也应该戴上护目镜，给孩子树立榜样。

■ 如果孩子开始参与儿童运动项目，让他戴一个适合运动的护目镜。棒球是导致眼部损伤的最常见原因，被高速飞来的棒球撞到可能引起各种损伤。一定要让孩子在戴击球头盔的同时佩戴护目镜（聚碳酸酯材料的）。在进行足球、篮球或滑雪等运动时，也应该佩戴运动护眼设备（同样应该是聚碳酸酯材料的）。也可以使用医生推荐的运动护目镜，可以很好地保护眼睛并改善视力。

■ 不要让孩子直视太阳，哪怕是戴了墨镜，否则会引起永久性的严重眼部损伤。另外，千万不要让孩子直接看日食或激光笔。

■ 不要让孩子接近任何一种烟花。美国儿科学会鼓励孩子和家长欣赏公共的烟花表演，而不要自己放烟花。事实上，美国儿科学会支持颁布禁止售卖烟花爆竹的法规。

或清水冲走，或孩子在 1 小时后仍然抱怨眼睛疼，就要就医。儿科医生会取出异物，或（如果有必要的话）为你们推荐一名小儿眼科医生。

有时候这样的异物有可能划伤角膜，引起剧烈的疼痛，但是经过恰当的治疗可以很快愈合。角膜损伤也有可能由爆炸或其他眼部损伤引起。

眼睑问题

眼睑下垂（上睑下垂）可能表现为上眼睑无力或过重；如果问题很轻微，也可能表现为患侧眼睛略小于健侧眼睛。上睑下垂一般发生于单侧眼睛，不过也有可能波及双眼。孩子有可能出生即患有上睑下垂，也有可能长大后才发生。上睑下垂有可能是部分性的，引起双侧眼睛看上去轻微不对称；也有可能是完全性的，引起受损眼睑完全覆盖住眼睛。如果下垂的上眼睑覆盖了孩子眼睛的整个瞳孔，或如果由于眼睑过重而导致角膜畸形（散光），正常的视力发育就会被影响，需要尽早采取治疗措施。如果视力没有受到影响，而又需要接受手术的话，一般可以等到孩子四五岁或更大的时候再手术，因为那时候眼睑和其周围组织已经充分发育，手术后可以获得更好的美观效果。

大多数新生儿期和幼儿期眼睑上的胎记和赘生物都是良性的，然而，由于它们可能导致孩子出生后第 1 年内眼睑变大变重，有些家长会非常担心。这些胎记和赘生物通常都不会很严重，也不会影响孩子的视力，但是，如果它们出现了任何一种不正常的变化，都应该引起注意，需要儿科医生来评估和监护。

一些孩子的眼睑上有可能出现肿块或突起，影响视力的正常发育，特别是毛细血管瘤或草莓状血管瘤。这种血管瘤开始时是小面积的肿胀，然后会迅速变大。它们有可能在孩子 1 岁之内变大，而又在接下来的几年里无须治疗也会慢慢变小。如果它们长得过大，则有可能影响孩子的视力发育，需要接受治疗。由于可能造成视力问题，任何在孩子眼睑部位出现的快速变大的肿块或突起，都需要由儿科医生进行检查，也许还需要一位小儿眼科医生。

有的孩子还可能出生时脸上就有一块扁平的、紫色的胎记，被称为"葡萄酒色斑"，因为其颜色看起来非常像深红色的葡萄酒。如果这种胎记影响到眼睛，特别是上眼睑，孩子就有患上青光眼（由于眼球内压力增大而发生的疾病）或弱视的风险。任何带有这种胎记的孩子都应该在出生后尽快接受小儿眼科医生的检查。

眼睑或白眼球上的小黑痣很少引起问题，也很少需要去除。如果儿科医生诊断属于这种情况，就不必再担心了。不过，如果它的形状、大小或颜色发生改变的话就需要注意了。

眉毛下出现的小型、坚硬、肉色的突起一般都是皮样囊肿，是常发生于出生时的非癌性瘤块。由于它们很有可能在儿童期早期变大，对大多数病例来说，建议在囊肿在皮下破裂并引发炎症前将其切除。

另外两种眼睑疾病——霰粒肿（又名"睑板腺囊肿"）和麦粒肿（又名"睑腺炎"）——非常常见，但都不严重。霰粒肿是由于睑板腺阻塞而导致的囊肿。而麦粒肿是由于汗腺周围或眼睑缘的毛囊周围的细胞出现细菌感染而发生的。关于这些疾病的治疗，请向儿科医生咨询。他有可能让你对孩子的眼睑进行热敷，每天 3 ~ 4 次，每次 20 ~ 30 分钟，直到霰粒肿或麦粒肿消失为止。在给孩子开药（如抗生素眼膏或滴眼液）之前，医生需要为孩子详细地检查一下。

一旦孩子患过霰粒肿或麦粒肿，它们就非常容易复发。如果它们反复发作，有时候就必须进行眼睑擦洗，以减少细菌在眼睑处的繁殖，并打开堵塞的腺体和眼睑的毛孔。

脓疱疮是一种可能发生于眼睑的、传染性极强的细菌感染。儿科医生会告诉你如何去除眼睑上的痂皮，如何将开出的抗生素眼膏涂抹在孩子眼睑上，以及如何让孩子服用抗生素（见第 847 页"脓疱疮"）。

青光眼

青光眼是一种由于眼压增高引起的严重眼部疾病。其病因有可能是眼内的液体生成过多或排出过少。这种高眼压的情况如果持续时间太长，就有可能损伤视神经，引起永久性视力损失。

虽然有的孩子可能天生就患有青光眼，但这种情况极少。绝大多数青光眼都是后天形成的。这种疾病发现得越早、治疗得越早，就有更多机会防止发生永久性视力损失。婴儿出现青光眼的警告症状如下。

■ 不断流泪，对光格外敏感（孩子有可能把头扭向床垫或毯子以避

733

开光线）。

■ 任一眼球看起来混浊或过分突出。

■ 脾气暴躁（往往是由持续眼部疼痛和眼睛发红导致）。

如果存在以上任何一种症状，请立即就医。

青光眼通常必须通过手术治疗，为液体离开眼睛创建一个替代路径。任何患有这种疾病的孩子都需要终生接受严密的病情观察，保证眼压不至于太高、视神经以及角膜没有受损。

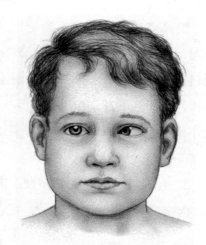

左眼内斜

斜视

斜视是由于眼部肌肉失衡而造成双眼不协调的一种疾病，它导致双眼不能同时注视同一目标。儿童斜视的发生率大约为 4%。它有可能发生于出生时（叫作"先天性斜视"），也有可能在儿童期发生（叫作"继发性斜视"）。斜视可能继发于其他视觉受损的情况，如一侧眼部损伤或白内障。记住，所有突然出现的斜视都应该立即就医，虽然这类情况非常少见，但它可能提示

出现了肿瘤或其他严重的神经系统疾病。对于所有斜视，准确诊断和及时治疗非常重要。如果没有及早治疗，孩子就有可能永远都不能同时运用双眼（即获得双眼视觉）；如果双眼不能同时使用，其中一只就有可能变得"懒惰"，从而出现弱视（见第 728 页）。弱视和斜视经常同时发生，但必须分别治疗。

需要注意的是，新生儿的双眼运动不一致是正常且常见的。但只需要几周，他就会开始同时移动双眼，这种斜视一般会在几个月之内消失。然而，如果这种现象持续，或孩子的双眼不能向同一个方向移动（如果一侧眼球内斜、外斜、上斜或下斜），就需要请儿科医生来诊

断孩子的情况，很多时候还需要小儿眼科医生的诊断。

如果孩子天生患有斜视，数月内不能自行消失，需要尽早接受治疗，协调双眼运动，使他可以用双眼注视同一目标。单靠眼部训练不能达到这个效果，治疗方案中一般还会包括戴眼镜或手术。如果孩子需要手术治疗，手术通常在他 6 ~ 18 个月大时进行。手术治疗一般来说安全有效，不过孩子往往需要不止一次手术。即使做了手术，孩子可能也需要戴眼镜。

一些孩子由于面部结构的问题，看起来似乎患有斜视，但事实上他们双眼可能是协调的。这些孩子通常鼻梁扁平，鼻梁两侧到眼内眦之间的皮肤多而松弛，这种情况被称为"内眦赘皮"，会影响眼部外观，让这些本来没有斜视的孩子看起来像有斜视的样子，这个问题叫作"假性斜视"。孩子的视力并没有受到影响，而且在大多数病例中，当孩子逐渐长大，鼻梁长高一些，孩子看上去就不再像斜视了。

因为对于真性斜视的早期诊断和治疗非常重要，所以一旦你发现孩子的双眼不是很协调，就应就医，从而确定孩子是否真的存在这个问题。

泪液分泌异常

泪液（眼泪）在保持良好的视力方面具有重要作用，它可以保持双眼湿润，清除眼部异物。泪液系统维持着泪液的持续分泌和循环，依靠规律的眨眼推动泪腺产生的泪液布满眼球表面，最终通过泪道进入鼻腔而流走。

在孩子出生后的 3 ~ 4 年中，泪液系统会逐渐发育。所以，虽然新生儿可以产生足够的泪液来保护眼球表面，但他哭出真正的眼泪可能还需要几个月的时间。

泪道阻塞是一种常见于新生儿和婴儿的疾病，会使一侧眼睛或双眼看起来泪汪汪的，由于泪道阻塞，这类泪液无法通过泪道进入鼻腔，而是会顺着脸颊流下来。对新生儿来说，泪道阻塞是由于覆盖泪道的膜在出生前后没有自行消失而引起的。医生将向你示范如何按摩孩子的泪道。他也可能教你如何用湿润的医用敷料去掉分泌物，清洁眼睛。

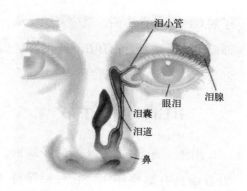

泪小管

泪腺

眼泪

泪囊

泪道

鼻

在泪道最终打开之前，眼部的脓性分泌物可能都不会消失。由于这并不是真正的感染或红眼病，抗生素通常是不需要的。

有时候膜（甚至是一个小囊肿）会持续造成泪道阻塞，不能自行缓解，或者按摩后也不能好转。当发生这样的情况时，小儿眼科医生可能通过手术来探查和打开阻塞的泪道。少数情况下，这种手术需要进行不止一次。

需要佩戴矫正镜片的视力问题

散光

散光是由于角膜和 / 或晶状体曲度不均衡而导致的疾病。如果孩子患有散光，无论是远处还是近处的东西看起来都会是模糊的，框架眼镜或隐形眼镜都可以矫正散光。如果一侧眼的散光比另一侧更严重，这有可能导致弱视，远视也存在这个问题。

远视

当眼球的长度不足时，眼睛会难以聚焦在近处的物体上，从而产生远视的问题。大多数婴儿生来都是远视的，但是能进行少量的自我补偿。随着他们长大，眼球也会逐渐变长，远视会逐渐消失。除非问题非常严重，否则孩子很少因为远视而使用眼镜。如果孩子由于长时间阅读而眼部不适或频繁出现轻度头痛，那么他远视的度数可能很高，需要由儿科医生或小儿眼科医生来检查。过度的远视还可能导致斜视（见第 734 页）和弱视（见第 728 页），这两种疾病都需要除眼镜外的其他治疗。

近视

对年幼的孩子来说，无法清晰地看到远处的物体是一种很常见的视力问题。这种带有一定遗传倾向的问题可以在一些新生儿身上发生，特别是早产儿，但总的来说，它高发于 6 岁以上的孩子。

和大家普遍的认识不同，过度看书、在昏暗的光线下阅读或营养不良都不能引起近视或影响近视的程度。最近的研究表明，增加在户外的时间可以减少近视发生和 / 或减缓近视发展。发生这种问题，通常是由于眼球横径过长，无法正确聚焦成像而造成的；比较少见的情况是由于角膜或晶状体形状改变而造成的。

对于近视的治疗，主要是佩戴矫正镜片，框架眼镜或隐形眼镜均可。记住，随着孩子的发育，他的眼睛也在发育，所以他有可能每 6 ~ 12 个月就需要换一副新眼镜。近视的情况往往会在几年内变化很快，然后在青春期期间或之后逐渐稳定下来。

第 26 章　家庭问题

收养

如果你将要收养或者已经收养了一个孩子，你有可能经历复杂的感情。在感到激动和高兴的同时，你可能感到有点焦虑和担心。这是所有父母都会有的正常情绪，不管是他们有了亲生的孩子还是收养的孩子。不过，除了通常的为人父母的挑战外，养父母还面临其他的问题。

我应该什么时候用什么方式告诉孩子他是被收养的?

在孩子能够理解的时候，就应该让他知道关于亲生家庭和收养家庭的事，这可能是在孩子 2 ~ 4 岁时。一定要根据孩子的成熟程度来决定你要告诉他的信息，保证他能够理解。例如，"你的生父母非常爱你，但是他们知道无法照顾你，所以他们找到了很喜欢孩子而且想拥有更大的家庭的人来照顾你"。当他年龄渐长，询问更具体的问题时，你可以诚实地回答他，但是如果他显得不舒服、害怕或者不感兴趣，你也不要强加给他更多的信息。随着孩子渐渐成熟，他会逐渐知道并理解收养是怎么一回事，就像他们渐渐地理解其他很多复杂的事情一样。

有没有什么特别的问题需要注意呢？

收养的孩子与其他年龄和经历相同的孩子有着同样的问题。之前有过孤儿院或者寄养经历的孩子，往往经受过大的挫折和创伤，面对这样的情况，某些特别的儿童养育策略可以使他们受益。此外，在收养的时候或者在之后不同的相处阶段，让孩子接受心理咨询也可能有好处。

我应该告诉别人我的孩子是收养的吗？

如果别人问你，你就应诚实地回答这个问题，提供细节的程度应与谈话的情境相适应。你应该意识到，倾听你答案的最重要的听众是你的孩子。很多专家认为，孩子"被收养"的故事是属于他自己的，当他年龄大一些的时候，他会根据自己的意愿跟别人说的。你可能希望同亲友分享一些大概的信息，但请将敏感的细节保密，直到你的孩子已经长大了，能够理解这些信息，并且自己决定如何以及同谁分享这些信息。

如果他想找自己的亲生父母，该怎么办？

现在很多收养都具有一定程度的公开性，或者亲生父母、被收养的孩子以及养父母之间维持着联系。有很多证据表明，对被收养的孩子

我们的立场

近年来，越来越多的孩子被同性恋的个人或者家庭收养。在美国的一些州，这已经引起政治争论和公共政策的改变。越来越多的科学文献表明，和一个或者两个同性恋父母生活在一起的孩子在情感发育、认知发育、社交能力发育和性发育上，与异性恋父母的孩子成长得一样好。父母的性取向远远没有关爱和培养那么重要。

美国儿科学会认同家庭的多样性。我们相信，被一个或者两个同性恋父母收养的孩子，还有出生在这样家庭的孩子，应该拥有被法律认可的父母。所以，我们支持那些促进有需要的孩子被同性恋的第二父母或者夫妇收养的法律。

而言，这种安排在很多方面都是有帮助的。如果你的收养是非公开的，孩子会很自然地考虑亲生父母是谁的问题，但这丝毫不会影响孩子对你的爱。和孩子谈论他的亲生父母，可以让他知道你理解他，那么他就能与你分享他的想法和情感。现实当中可能还有不同的情况，但请让你的孩子知道，当他长大时，如果他愿意，你将帮助他寻找亲生父母，你的收养代理机构和这方面的专业人士可以为你提供帮助。

虐待儿童（含忽视儿童）

虐待儿童是一个高发的问题。虐待儿童的定义是"对儿童的行为超越行为规范，并有造成身体或情感伤害的重大风险"。虐待儿童的类型一般包括身体虐待、性虐待和忽视（含心理或情感虐待）。你要认识到并且降低你的孩子遭到虐待的风险，并熟悉虐待的特征，这一点很重要。最近的资料显示，美国每年大约有 400 万件可疑的虐待儿童的事件被报道，大约涉及 700 万儿童。虐待儿童的受害者最多的是婴儿，

25％的受害者不到 3 岁。许多被虐待的孩子同时忍受着身体虐待、性虐待和 / 或忽视。大部分儿童保护机构上报的案例都涉及忽视儿童，进而是对儿童的身体虐待和性虐待。

根据"预防虐待儿童"组织的研究，当儿童的基本需求未能得到充分地满足时，忽视儿童的问题就出现了，这将造成实际的或者潜在的伤害。忽视儿童有损于他们的身心健康以及他们的社交和认知发展。忽视儿童包括生理忽视（不提供食物、衣服、住处或者其他生活必需品）、情感忽视（不给予爱、关心和抚慰）、医疗忽视（不提供必需的医疗护理）、教育忽视（不提供教育）或监护忽视（未能适当监护）。心理或者情感虐待都会因上述忽视而产生，但还与言语虐待有关，言语虐待会伤害孩子的自我价值感或情感健康。

身体虐待是指孩子的身体被踢打、摇晃、烧烫或者施加其他暴力。一项研究表明，美国大约每 20 个孩子中就有 1 个遭受过身体虐待。性虐待是指任何孩子遭受不能理解或者不同意的性行为，包括爱抚、口

交、生殖器交、肛交、暴露、偷窥和让孩子接触色情信息。研究表明，在美国，大约1/5的女孩和1/20的男孩在18岁之前遭受过性虐待。超过90％的儿童性虐待受害者知道他们的施虐者是谁，而且大多数性虐待都发生在家庭中，这可能会使孩子很难揭露性虐待行为。你应该教导你的孩子，如果他不愿意或感到不舒服，那么成年人接触他的身体就是不对的，并告诉他如果这种事情发生了，一定要告诉一个可信任的成年人。

虐待儿童事件的危险因素包括：父母患有抑郁症或者其他精神问题、父母在儿童期遭受过虐待、父母吸毒、家庭暴力。忽视儿童和以其他形式虐待儿童的问题在贫困家庭以及父母是未成年人、吸毒者、酗酒者的家庭更加常见。

迹象和体征

想分辨出一个孩子是否遭受虐待有时并不容易。被虐待的孩子通常不敢告诉任何人，因为他们害怕被责备或者害怕没有人相信他们。有时候他们保持沉默的原因是虐待他们的人是他们很爱的人或者很怕的人，或者兼而有之。父母也倾向于忽略掉虐待的迹象和体征，因为他们很难相信这会发生，或者他们担心不良后果。被虐待的孩子需要尽快得到特殊的支持和治疗。他被虐待的时间越长，或者他独自承担这一切的时间越长，孩子就越难从中恢复过来，从而无法身心健康地成长。

父母应该警惕孩子的身体或行为出现的无法解释的变化。虽然伤痕常常是身体虐待的迹象，但是行为改变通常能反映很多急性或者慢性压力环境（包括虐待儿童）造成的焦虑。没有哪种行为能确切表明孩子遭到了哪种虐待。下面是遭受虐待的儿童可能出现的身体迹象和行为变化。

身体迹象

■ 还不会翻身的婴儿出现的任何损伤。

■ 4岁以下儿童的躯干、耳朵或脖子有淤青。

■ 任何与受伤发生方式的描述不一致、不能充分解释，或与儿童的运动能力不一致的损伤（淤青、烧烫伤、骨折，以及胸部、腹部或头部损伤）。

■ 体重未能增加（特别是在婴儿期），或者突然间体重显著增加。

■ 非医学原因引起的头痛或者腹痛。

■ 外生殖器疼痛、出血或者有分泌物。

■ 感染性传播疾病。

可能提示虐待发生的行为和心理变化

一定要记住，以下变化并非专门针对虐待儿童，许多不同应激情境下的儿童也会出现这些行为，需要调查出现这些行为的原因。

■ 恐惧行为（做噩梦、抑郁、不同寻常的害怕）。

■ 突然尿床或上厕所的能力退化（特别是在孩子已经完成如厕训练后）。

■ 离家出走。

■ 与年龄不相符的性行为。

■ 自信心突然改变。

■ 学校表现或成绩变得很差。

■ 极端消极或者富于攻击性。

■ 存在极度亲热的行为或者社交恐惧。

■ 胃口大增，偷食物。

长期后果

大多数情况下，被虐待的孩子受到的长期精神伤害比身体伤害更大。情感和心理的虐待、身体虐待和忽视，会使孩子无法处理压力，无法掌握变得有韧性、坚强和成功所需要的能力。被虐待的孩子可能会有各种反应，甚至可能变得抑郁，或有恐惧、自杀或暴力行为。随着年龄增长，他可能出现学习障碍、吸毒、酗酒、离家出走、不服从管教或虐待他人。成年后，他可能有婚姻或者性生活障碍、犯罪行为、抑郁或自杀行为。尽早识别遭受虐待的儿童是帮助儿童康复的第一步，认识到幼年创伤对未来发展的重要影响是帮助受害儿童的关键。

不是所有遭受虐待的孩子都有严重的反应。通常孩子的年龄越小，虐待持续的时间越长，孩子与施虐者的关系越亲密，虐待对孩子精神健康的负面影响就越严重。与一个非常支持他的成年人建立亲密的关系能够提高孩子的韧性，减少虐待的影响。

寻求帮助

如果你怀疑自己的孩子被虐待了，立即向当地儿童保护组织寻求帮助。美国法律规定，医生应向政府报告所有虐待儿童的疑似案例。儿科医生也会对孩子进行检查并治疗所有的医学创伤和疾病，向你推荐治疗师，并向调查者提供必要的信息。如果需要为孩子提供法律保护，或者要对施虐者进行刑事诉讼，还可能需要医生在法庭上作证。

如果你的孩子被虐待了，根据孩子的具体情况，心理健康专家、言语治疗师、其他治疗师，以及儿童发育或行为科医生能帮到他。建议你和其他家庭成员去向专家咨询，以给予孩子所需的支持和抚慰。如果是你家里的某个人虐待了孩子，心理健康专家也有可能对家里的施虐者进行心理疏导。

如果你的孩子被虐待了，你也许是唯一能帮他的人。由于各种家庭情况，比如施虐者的情感和经济支持，很多时候这会是一个复杂的过程。请与儿科医生、孩子的老师等专业人士讨论相关情况，他们可能在此过程中为你提供帮助和支持。不能把虐待的问题说出来，也可能使得你不能保护自己的孩子，使孩子无法获得身心健康。在任何虐待儿童事件中，孩子的安全都是最重要的。孩子应该处在一个安全的环境中，不再受到虐待。

预防虐待儿童

发生在家庭中的对儿童身体和心理的虐待，主要是由父母的孤独感、压力和沮丧导致的。为了能够尽责地抚养孩子，父母需要支持和尽可能多的信息。应该有人指导他们正确处理自己的沮丧和愤怒，而不是向孩子发泄。在发生危机的时候，他们也需要其他成年人的陪伴，需要其他成年人倾听和帮助他们。那些小时候曾经遭受虐待的父母尤其需要支持。处理和治愈过往的精神和情感创伤需要非同寻常的勇气和洞察力，但这样做往往是防止过去的虐待经历转移到下一代身上的最好的办法。

防止来自家庭外部的身体虐待和性虐待的最佳方式，就是亲自监护孩子，并参与到孩子的活动中去。

你为孩子选的看护机构最好能允许父母在没有提前预约的情况下随时随地去看望孩子。父母可以自愿地在教室里帮忙，而且应该被告知教职人员的选择和变更。父母应该密切注意孩子所在看护机构的反馈或反应。如果孩子告诉你他遭受了不好的对待，或者他的行为无法解释地突然改变，你就应该深入调查。

虽然你不想吓坏孩子，但是你可以用不是那么吓人的方式，告诉他一些基本的安全法则。告诉他要远离陌生人，在不熟悉的地方不要离开你，如果有人要他做违背自己意愿的事时要说"不"，如果有人弄伤了他或者让他很不舒服，即便是认识的人，也一定要告诉你。谨记，与孩子之间开放、双向的交流是你在问题出现的初期就发现问题的最好机会。你要向孩子强调，如果他告诉你被虐待或者其他困扰他的事，他不会有麻烦。你还要强调，你要知道这些事情是为了保护他的安全，如果他告诉了你，他就会没事了。不要对他说他被危险包围着，而要对他说他是坚强的、有能力的，而且只要他告诉了你，你就能保护他。

离婚

每年，超过 100 万的美国儿童被牵涉进离婚。虽然有些孩子长期生活在父母的争吵和不愉快中，但是父母离婚带来的变化比他们所经历的任何事都更艰难。至少，孩子要适应离开父母一方的生活；如果是共同监护，孩子要适应把自己的生活在两个家庭中分割。由于经济原因，他可能不得不搬到更小的房子或者另一个社区，之前在家的父母可能要出去工作。即使父母不需要去工作，但伴随离婚而来的压力和抑郁会使一些父母减少对孩子的关注和关爱。

没有人能具体预言离婚会对孩子造成怎样的影响。孩子的反应取决于他自己的敏感度、他与父母双方的关系，以及父母在离婚期间合作满足他情感需要的能力，还在一定程度上取决于他的年龄和韧性，而这主要受到之前生活经历的影响。通常来说，你能根据离婚时孩子的年龄来预测他的反应。

2 岁以下的孩子通常会表现出婴儿行为。他们可能变得不同寻常地缠人、凡事依赖或者沮丧；他们可能拒绝上床睡觉，或者夜间突然醒来。3岁以下的孩子可能表现出悲伤和怕人的迹象；他们还可能发脾气、食欲不振、在如厕训练中产生障碍。

3～5岁的孩子也可能表现得像个婴儿，他们可能觉得是自己造成了父母离婚。在这个年龄段，孩子不能完全理解父母的生活与他们的生活是分开的。他们认为自己是家庭的中心，当生活中发生重大变故时，他们会觉得是自己的错。孩子可能更具攻击性，对父母一方很不友好。孩子与作为非监护人的父亲或母亲接触得越少，离婚后他们的关系就越紧张，这些反应就可能越严重。在这个过程中，孩子的自我认同感会受到不良影响。

在父母办理离婚手续的过程中和刚离婚的那段时间，孩子的反应可能最激烈。当他年龄渐长，他可能总是想着过去的事，思考为什么父母会分开。他可能在几年的时间里都感到失落，在节日和其他特别的场合，如生日、家庭聚会的时候，尤其痛苦。

大部分父母离婚的孩子都特别希望父母复合。但是，如果父母反复地分分合合，这比离婚对他影响更大。如果父母犹豫不决，孩子也会变得多疑、困惑和缺乏安全感。

有时候，父母离婚后，孩子的行为和自我认同感会得到改善。这有时是因为离婚减轻了不愉快的婚姻带给父母的紧张和悲伤，让他们终于能给予孩子更多的关爱和关注；有时是因为离婚结束了情感或者身体虐待。但是通常的情形是，即使孩子被父母中的一个虐待了，他仍然很渴望得到施虐的父亲或者母亲的爱，而且希望家庭复合。

总而言之，父母离婚会对一些孩子造成严重的、长期的心理影响，但是另一些孩子在经受并且处理了最初的冲击之后会表现良好，而且孩子以及其他家庭成员也能成功地适应新的生活，并且相互扶持。

父母怎样帮助孩子？

孩子会被父母双方的情绪影响，并将这种影响反映出来。如果父母在离婚的过程中是愤怒、抑郁或者暴力的，孩子就可能吸收这些负面的情感，并把这些情感用在自己身上。如果父母为了他争吵，或者他在父母争吵的时候听到了自己的名字，他就会更加相信是自己造成了父母离婚。但是，保密和沉默也并不会让他舒服，事实上反而可能强化他感受到的身边的不愉快和紧张。如果你正处于离婚的过程中，最好的办法是与孩子坦诚相待，但是要更努力地爱他，让他安心。孩子将不得不接受父母不再相爱的事实，你们不应该去伪装，但是要让他相信父母双方还是一样爱他的，并且希望帮助他度过这个时期。

如果父母重视孩子的感受，孩子就可能更好地应对因父母离婚而产生的不确定性和焦虑，并从中恢复。但是每个孩子都是不一样的，他们会用自己的方式对周围的环境做出反应。一些孩子会适应环境，并保持乐观；另一些则对当前和未来充满了消极和灾难性的想法。你的任务之一是帮助孩子现实地认识父母离婚这件事，并避免让他认为这些生活巨变会对他的生活产生负面影响。

在帮助孩子适应的时候，要反复强调，即使他现在要在两个家庭生活，他还是被父母双方像原来一样疼爱，他也仍然很安全。事实上，你可以向他解释说，父母双方将各自给予他更多的特别时间。你还可以告诉他，离婚后父母双方都希望更加幸福，家庭氛围也会因此变得更令人愉快。

在离婚后的数周、数月乃至数年中，你都要和孩子保持开诚布公的、适合他年龄的对话。不断鼓励他谈论自己的感受，清楚而简单地回答他的问题。对于一些离异家庭的孩子常常会问的问题，即使你的孩子从来没有问过你，你也应该毫不犹豫地解释这些问题。（孩子可能在想："我父母分开是不是我的错呢？""如果我做个好孩子，父母会不会复合呢？""父母还会爱我吗？"）

如果孩子不到 2 岁，你不能通过语言很好地传达这些信息，你应该通过行动来传达。当你和孩子在一起时，请把自己的烦心事和担心暂时放在一边，关注孩子的需求。在离婚的过渡阶段，尽量保持生活安排不变，也不要期望孩子做任何大的改变（例如，进行如厕训练、从婴儿床换到普通床、适应新的保姆或新的家庭布局）。一开始，如果孩子的行为倒退了，你要理解并且保持耐心；如果离婚后你的生活已经步入正轨，这种倒退还在持续，你可以向相关儿科医生咨询。

如果孩子年龄大一些，他需要感到父母双方都是很关心他的，而且事关他的幸福的时候父母愿意把分歧放在一边。这意味着父母双方都要积极参与他的生活。过去，大部分的父亲在离婚后渐渐从孩子的生活中退出，但是现在，法院和心理学家正在努力纠正这一模式，一部分是通过区分人身监护权和法定监护权，这样在给予孩子一个家的同时，还能通过共同监护使父母双方都参与到孩子的教育、医疗和其他基本需求的决策中；孩子还能定期看望没有人身监护权的父亲或母亲。

父母双方都享有孩子的人身监护权和法律监护权也是可能的。这种安排的优点是父母双方都能完全参与孩子的生活。但是，这也有严重的缺点，特别是如果孩子在 10 岁以下，他会发现自己分裂在两个家庭、两帮朋友和两种日常生活中。

很多共同享有人身监护权的父母发现，处理行程安排、生日聚会、课程和学校作业等日常的决策是困难的。除非父母双方共同努力让这种安排变得可行，否则只会给孩子带来更多的分歧、困惑和压力。任何监护安排都要把孩子的精神健康、情感和发育需要放在首位。

不管监护安排是什么样的，作为孩子的父母，你们将会继续在他的生活中扮演重要角色。你们要试着帮助对方扮演好这个角色。尽量避免在孩子面前责备对方。不要让孩子见到你和前配偶之间的愤怒和敌意，也不要让孩子在你们的争吵中选择站队，这只会让他困惑和沮丧。你们需要让孩子相信他还能继续同时爱你们两个，还要让他觉得，他与你们中任何一个在一起都是安全的，且没有必要保密或感到愧疚。

如果你和前配偶不能积极地合作，那你们至少要忍受对方的日常习惯、规则和计划，即使你还是有一点不满意，也要努力做到。为孩子应该看多少电视或吃什么食物而争吵，对孩子造成的伤害会远远超过看电视和吃零食本身。如果需要的话，可以在孩子不在的时候讨论这些问题。你们都可以参考儿科医生对有关睡眠、饮食和纪律方面的建议。如果孩子听到你们正在试图削弱对方的权威，他会觉得他不能再信任你们中的任何一个了，他也不能开放地谈论自己的感受了。生活在充满敌意的氛围中，他就很难感到他与父母和生活中的其他人之间的关系是安全而轻松的。

当孩子到了 4 ~ 5 岁，他的生活面会拓宽，扩展到学校和邻里活动，他也会对自己在这个世界的位置有更复杂的感受。你和前配偶应该一起聊一聊当孩子和你们分别在一起的时候，他做了什么、说了什么。虽然你们已经不再有私人关系了，但你们都对孩子负有责任，所以你们应该共同合作，解决他可能出现的情感和行为问题。对孩子缺乏自我认同感、不寻常的沮丧或者抑郁，或者过度内疚和自责的迹象，你们都应该特别警惕。这些迹象可能表明他把父母离婚怪在自己身上。

帮助孩子适应新生活

以下建议可以帮助缓解离婚对孩子的影响。

- 持续地和孩子交流，以尽可能消除他的害怕和担心，让他感到安全。

- 开诚布公地与孩子对话，但要用简单的话语（如"你爸爸和我在一起有困难"）。

- 孩子可能问这样的问题："爸爸为什么搬走了？""我多久能见一次爸爸？""他什么时候搬回来？""我要住在哪儿？"对于这些问题，你要耐心地进行回答。

- 向孩子清楚地表明，不是他造成了你们的婚姻问题。

- 不要在孩子面前责备前配偶，或者表达对前配偶的愤怒。

- 让孩子放心，即使离婚了，父母双方仍然爱他，不会抛弃他。让他感到父母双方的爱意。

- 让孩子保持简单的日程安排。保持活动、吃饭、睡觉的固定时间，能给孩子稳定感和安慰，让他知道每一天会发生什么。

如果是这样，而你们又不能让他相信错不在他，应该向儿童精神科医生、心理学家或其他心理健康专家咨询。

如果你离婚之后感到非常抑郁、不安，不能重新掌控自己的生活，你也就不能给孩子所需的、你希望提供的抚养和支持。为了每个人好，你应该在意识到自己的问题之后，尽快地联系专家做心理咨询，这一点非常重要。

虽然任何离婚中都有很多困难，但是你和前配偶应该通过努力，尽量降低离婚的对抗性，这有助于孩子的适应。试着通过采用"合作法律"或庭外调解来达成协议。虽然离婚的双方常常会雇用自己的律师，但是双方都有一个共同的目标，即在合作和避免对抗的前提下，达成每个人都能接受的协议，这对离婚的双方和孩子都好。越来越多的离婚律师现在专攻合作法律。你的律师当然是代表你的利益的，但是他们也在试着将问题最小化，并达成每个人都能接受的协议。

如果离婚充满了紧张和愤怒，你可能担心战斗永远也不会结束，

孩子也不能获得身心健康与幸福。虽然离婚造成的一些情感影响可能永远伴随着孩子，但是如果父母和其他看护者给予孩子所需的关爱和支持，他还是有很大机会能够健康快乐成长的。随着时间流逝，大多数的孩子能够接受父母离婚带来的变故，而且在很多家庭中，孩子与父母双方都更亲近了。

（参见第 756 页"单亲家庭"和第 758 页"再婚家庭"。）

悲伤的反应

失去父亲或母亲对任何孩子来说都是对精神造成重创的事情之一，悲伤是自然的反应。造成孩子悲伤的原因不只有父母的死亡，还有父母患重病或者离婚（尽管离婚后他仍然与父母双方保持联系，但是他还是可能为失去所熟悉的那个家而悲伤）。孩子还有可能为兄弟姐妹、（外）祖父母、深爱的保姆或者一只宠物的死而悲伤。

当孩子失去父亲或母亲

对年幼的孩子来说，失去父亲或母亲是一个毁灭性的打击，他们

完全无法理解。5 岁以下的孩子不能理解死亡是永远的，因此悲伤的第一阶段通常是反抗和希望失去的父母能回来。很多孩子会试着用想象让自己希望的情况发生，想象失去的父母出现在熟悉的场景或地方。

一旦孩子意识到父亲或母亲真的永远地走了，他就开始绝望。由于婴儿的交流能力有限，他们通常用哭、食欲不振、难以被安抚来表达自己的悲伤。幼儿会哭，容易激动，不配合，而且很多孩子还会表现出婴儿行为。年龄大一点的孩子可能变得沉闷。学龄前儿童脸上可能有一种悲伤的神情，在一段时间内，玩耍的创造力和热情也下降。其他家庭成员越痛苦，情感上越疏离，孩子的绝望感可能就越深。

最终他会从这种绝望的情绪中走出来，把他的爱和信任转移给别人。这并不意味着他已经忘记了去世的父母，或者伤痛已经消失。终其一生，他都会时不时地经历有意识或无意识的失落感，特别是在生日、节日，以及其他特别的场合，如毕业以及生病的时候。在这些时候，孩子可能说出他的悲伤，问起去世的父母。

如果去世的父母和孩子是同一个性别，这些问题在 4 ~ 7 岁的孩子身上可能经常出现，因为这时他正在努力理解自己的性别身份。最好的情况是，这些怀念是短暂和积极的，不会带来严重的悲伤。但是如果怀念持续的时间很长，或者严重地影响了孩子，让他很痛苦，你应该与相关儿科医生讨论这些情况。

当孩子失去一个兄弟姐妹

失去一个兄弟姐妹也是极具打击性的经历。即使是年纪大到足以理解兄弟姐妹死亡原因的孩子，也会觉得在某种程度上是自己造成了这种结果。此时，如果父母沉浸在自己的绝望中，变得沉闷或者生气，并且拒绝与孩子交流，孩子的这些感受就会加剧。

当父母经历着巨大的悲伤时，活着的孩子只能无助地看着。一开始，他会看到震惊和麻木，然后是否认，再然后是对于这样的事情竟然会发生而产生愤怒。在整个过程中，他能从父母的语言和声音中听出内疚。他可能把这种内疚理解成父母把本应该分给去世兄弟姐妹的时间和注意力给了他。

父母可能不由自主地谈论失去的孩子，他的死亡是怎么发生的，他们本来是可以做哪些事阻止死亡。活着的孩子可能试图安慰父母，尽管这不是他应该承担的角色，他应该做的是学习如何有效地应对所发生的事情。如果他意识到不论自己做什么，都不能让父母开心，他的安全感和自我认同感会受到很大伤害。如果父母中的一个变得沉默，容易发脾气，用家庭之外的事来转移注意力，那么活着的孩子会被吓到或者感到被拒绝。

如果父母一方强烈地需要沟通，而另一方却拒绝沟通，那么他们所需的相互支持和理解就很难达成，结果可能就是父母之间的关系出现危机。活着的孩子会感到这种巨大的压力，同样也深深地感到失去兄弟姐妹的悲伤，他就可能认为是自己造成了父母的争吵和手足的死亡。失去一个孩子后，专业咨询可让整个家庭得到帮助，可向家庭治疗师、心理学家或者儿童精神科医生咨询，来帮助你们处理悲伤，帮助整个家庭学会应对问题、恢复正常，以及重建健康的、彼此扶持的关系。

帮助悲伤的孩子

如果你正在为失去的伴侣或孩子悲伤，很容易就会忽略活着的孩子的需要。以下建议可以帮助你在悲伤之余给孩子提供他所需的关爱、安慰和信任。

1. 尽量保持孩子熟悉的生活安排，在你没空的时候，让孩子喜欢和信任的人（家庭成员、保姆或者幼儿园老师）陪在他身边。

2. 经常平静地向他解释这个问题，注意孩子的理解水平和可能存在的内疚感。让解释尽量简单，但要真实。不要编造童话故事，那只会让他更困惑，或者希望去世的人活过来。如果孩子超过3岁了，要让他明白，不是他做的或者想的什么事导致了亲人的死亡，而且没有人生他的气。为了确保他真的理解了，可以要求他重复你说的话。

3. 向爱你的人寻求帮助。当你自己沉浸在悲伤中的时候，很难给予悲伤的孩子他所需的关注和支持。亲密的朋友和家庭成员也许能给你一些安慰，同时在孩子感到孤独和失落的时候，能给他一种家的安慰感。如果你失去了一个孩子，你和伴侣在这段时间互相支持是尤其重要的，这对整个家庭都好。

4. 在随后的数周、数月和数年中，不要忌讳讨论失去的亲人。即使孩子从悲伤中恢复的速度看起来比你快，但他的悲伤可能会埋在心底好几年，甚至可能持续一生。在孩子努力承受这种悲伤的时候，他需要你持续地支持和理解。当他逐渐长大，他会询问关于手足死亡的情况和原因等复杂的问题。虽然回忆这些事对你来说很痛苦，但是你要试着诚实而直接地回答这些问题。对发生了什么了解得越多，他就越能平和地对待这件事。

年幼的孩子应该参加葬礼吗？

是否应该让年幼的孩子参加所爱之人的葬礼，取决于孩子个人的理解水平、情感成熟程度和参加这个仪式的意愿。如果他显得很害怕、很焦虑，而且不能理解葬礼的目的，那么他可能不应该参加。但是，如果他能够在某种程度上理解发生的情况，而且希望到那儿最后道别，参加葬礼也许能给他带来慰藉，并且能真正地帮助他处理自己的悲伤。

如果你决定让孩子参加葬礼，最好让他为这件事做好准备。另外，孩子可能会提前离开葬礼，你要预先安排一个亲近的家庭成员或者保姆到时候带他离开，这样你就能留下来参加葬礼了。有这样一个额外的帮手，也能让你在葬礼中处理自己的情感需要。

如果你决定不让孩子参加葬礼，你之后可能要带他到墓地去一次，这次是私人的，不那么正式的。虽然这也充满了压力，但是，这能让他更容易理解到底发生了什么。如果有的话，你也可以带他随后参加一个家庭聚会，他会感受到家庭成员的陪伴带来的慰藉。

何时应该寻求专业帮助？

死亡发生后不久，你可能就需要向儿科医生咨询了。儿科医生具有帮助你指导孩子顺利度过悲伤期的经验和知识，可以指导你应该以什么样的方式告诉孩子哪些事情，孩子在接下来的几个月会有什么样的感觉和行为。

很难说清楚孩子的悲伤会持续多久。一般来说，孩子会逐渐表现出恢复的迹象，一开始可能表现正常几小时，然后是几天，最后是几周。但是如果他在 4 ~ 6 周内都没有出现这些正常的阶段，或者你认为他的情感和行为出现了强烈的变化或者这种变化持续的时间太长，你就应该向相关儿科医生咨询。

虽然孩子想念失去的父母或兄弟姐妹是正常的，但是如果这种想念在未来的几年完全占据了他的生活就不正常了。如果孩子一直对家人的离去无法释怀，他的悲伤影响了每个家庭场合，干扰了他的社交和情感发育，他就需要心理咨询了。你需要联系合适的心理健康专家。

孩子也需要你逐渐回归到正常的生活。你如果失去了一个孩子或者伴侣，可能要几个月才能回归正常的日常习惯，而平复强烈的悲痛需要更长的时间。如果死亡发生后的 1 年内，你仍然觉得自己没办法重新开始生活，或者你的悲伤被持续的抑郁替代了，这时寻求一位心理健康专家的帮助不仅对你自己有好处，对孩子也有益。

兄弟姐妹的竞争

如果你有几个孩子，一定需要处理孩子之间的竞争。家庭里孩子间的竞争是自然的。所有的孩子都想要父母的爱和关心，而且每个孩子都认为自己应该获得所有的爱和关心。孩子不想和兄弟姐妹分享你，当他意识到自己在这个问题上没有选择的时候，他可能嫉妒自己的兄弟姐妹，甚至使用暴力。

当孩子的年龄差异在 1.5 ~ 3 岁时，他们的竞争是最让人头疼的。这是因为学龄前孩子仍然非常依赖父母，因为他们还没有与朋友和其他成年人建立安全的关系。但是，即使年龄差异 9 岁或者更多，大孩子仍然需要父母的爱和关心。如果他觉得自己被排除或者被拒绝了，他很可能怪罪年龄小的孩子。不过，一般来说，孩子的年龄越大，就越少嫉妒年龄小的孩子。嫉妒最强烈的情况是学龄前儿童有新生的弟弟（或妹妹）时。

有时候你会真的认为孩子间相互讨厌，但是这些情感的爆发只是暂时的。尽管他们怨恨对方，但是兄弟姐妹之间通常有真正的爱。你可能很难看到这一点，因为你在他们旁边的时候，他们可能表现得最不好，他们会直接争夺你的关注。当你不在的时候，他们可能是很好的伙伴。当他们年龄渐长，就不再那么需要你全部的、不可分割的关注了，他们对彼此的爱会克服嫉妒心。严重的兄弟姐妹竞争开始于儿童期早期，很少会持续到成年。

可能发生什么？

在较小的孩子还没出生的时候，你可能就会注意到兄弟姐妹竞争的最初迹象。当大孩子看着你准备婴儿室或者买婴儿用品的时候，他可能也会为自己要个礼物。他可能要求再次穿纸尿裤，或者"像个婴儿一样"从奶瓶里喝水。如果他感到你一心只关注肚子里的孩子，他会做坏事或者做出夸张的行为，以获得你的注意。

这种不寻常的或者倒退的行为可能在婴儿出生回家之后仍然持续。大孩子可能会变得爱哭、缠人或者有更多需求，或者干脆变得沉默。他可能模仿婴儿，要他旧的婴儿毯、安抚奶嘴，甚至要求吃奶。上了小学的孩子可能对婴儿很感兴趣、很喜爱，但也会通过攻击性和其他不好的行为来获得关注。当父母主动而亲密地和婴儿在一起的时候，例如哺乳或者洗澡的时候，兄弟姐妹之间对父母关注的竞争通常是最严重的。当较小的孩子长大一些，能够走路的时候，大孩子的玩具和其他东西常常引发争吵。3 岁以下的孩子会直接拿他想要的，而不管谁拥有这个；而大一些的孩子会嫉妒地保护自己的领地，当较小的孩子侵犯了他的空间，大孩子常常会有激烈的反应。

有时，特别是孩子相差几岁的时候，较大的孩子会接纳和保护较小的孩子。但是，当较小的孩子长大，开始具备较成熟的技能和才艺（如在学习、运动、唱歌、跳舞等方面）的时候，较大的孩子可能感到"他在炫耀"，于是变得有攻击性或者爱发脾气，开始和较小的孩子竞争。而随着较小的孩子长大，他也会感受到大孩子拥有的特权、才能、成就或优势，从而感到嫉妒。通常很难判断兄弟姐妹的竞争主要是由哪个孩子引起的。

应该怎么应对？

不要对孩子之间的嫉妒反应过度，这是很重要的，特别是当大孩子是学龄前儿童的时候。怨恨和沮丧是可以理解的——没有孩子愿意放弃父母的关注。要让大孩子慢慢明白父母不会因为有了第二个孩子而减少对他的爱。

如果大孩子开始模仿婴儿，不要嘲笑或者惩罚他。你可以暂时放任他1~2次，比如允许他从奶瓶里喝水，爬进婴儿床或者婴儿围栏，但是不要给这种行为过多的关注，否则只会助长这种行为。你要明确地告诉他，他不需要表现得像个婴儿来获得你的赞同和关爱。当他表现得像个"大人"时表扬他，给他大量的机会来做一个"大哥哥"（或"大姐姐"）。如果你有意地在他"表现好"的时候表扬他，要不了多久，他就会发现，表现得成熟比表现得像个婴儿对他更有利。

如果大孩子为3~5岁，可以通过为他划定一些安全的、受保护的区域，尽量减少空间引发的争执。

把他们的私有物品和共享物品分开能减少争吵。家长比较自己的孩子是很自然的，但是不要在孩子们面前这样做。每个孩子都是特别的，而且需要被这样看待。比较不可避免地使一个孩子觉得不如另一个，例如一句"你姐姐总是比你干净多了"就会让孩子讨厌你和他姐姐，事实上也会让他更邋遢。

当孩子们争吵的时候，最好的策略通常是不要掺和进去。如果你不管他们，他们可能会和平地解决问题；但是如果你参与进去了，他们可能诱使你选择一边，这样就让一个孩子感到胜利了，而另一个孩子觉得被背叛了。即使他们找你解决争吵，你也要保持公正，告诉他们要依靠他们自己和平地解决问题。不要责备其中的一个，而应该说他们俩都有错，都有责任解决争吵。这样做能鼓励他们共同解决问题，这个社交技巧将使他们在将来受益。

当然，如果他们开始使用暴力了，特别是较大的孩子可能伤害较小的孩子的时候，你就应该干预了。这种情况下，你应该先保护较小的孩子。让大孩子知道，你不会容忍这种欺负人的行为。如果孩子的年龄差异较大，或者如果有任何迹象使你怀疑暴力可能会发生，他们在一起的时候你要密切监护。预防攻击性的行为通常比惩罚更好，因为后者通常会加剧而不是减轻大孩子的嫉妒心。

与每个孩子单独在一起是很重要的。即使每天只花 10 ~ 15 分钟与孩子单独相处，与孩子进行一项他选择的活动（不使用电子设备的活动），也会产生很大的不同。在孩子之间平衡你的关注并不容易，但是如果大孩子的行为越来越出格，这可能就是一个信号，表明他需要你更多的关注。如果大孩子一直都非常具有攻击性，或者如果你自己不知道该如何处理这种情况，请向相关儿科医生咨询，他能够判断这是正常的兄弟姐妹之间的竞争还是一个需要特别关注的问题。儿科医生还能为处理这种情况提供建议。如果需要的话，他会为你推荐合适的心理健康专家。

（参见第 29 页"让家里其他孩子做好迎接新成员的准备"。）

单亲家庭

在美国，单亲家庭越来越普遍了。大多数离婚家庭的孩子至少有几年都生活在单亲家庭里。另外，还有越来越多的孩子和从来没有结婚或者长期处于恋爱关系的父亲或母亲住在一起。少数的孩子与丧偶的父亲或母亲住在一起。

从父母的角度来看，单身是有一些好处的。你可以按照自己的信仰、原则和规矩养育孩子，而不需要起冲突或者解决分歧。通常，单身父母与孩子间的关系也更亲密。当爸爸是单亲的时候，与某些双亲家庭中的父亲相比，他会在孩子的日常生活中扮演更积极的角色，并承担更多养育的职责。单亲家庭的孩子也可能更加独立和成熟，因为他们在家庭中有更多的责任。

但单亲对家长和孩子来说都是不容易的。如果你无法找到儿童看护者（或机构），或无法承担相关费用，那么你可能很难找到或长期从事同一份工作（见第 14 章"早期教育和看护"）。没有另一个人分担日复一日照顾孩子、操持家务的工作，你可能会发现自己因为太忙而变得社交孤立了。当你有压力的时候，孩子也能感受到压力，并把这种压力也加到自己身上。你很容易就会劳累、心烦意乱，因而不能像你希望的那样给孩子情感支持，或始终如一地管教孩子。这会为孩子带来困扰和行为问题。另外，一些单亲父母担心缺少同性的家长会使儿子或女儿失去一个潜在的榜样。

下面有一些建议，能帮助你满足自己的情感需要，同时给孩子提供他所需要的指导。

■ 利用所有的资源，找到合适的儿童看护者或机构（见第14章"早期教育和看护"）。

■ 尽量保持幽默感，努力发现日常生活或困难中积极或者有趣的一面。

■ 照顾自己，这是为了家人好，也是为了自己好。好好吃饭，保证充足的休息、锻炼和睡眠。

■ 设置一个固定的时间，离开孩子休息一下，比如和朋友放松一下，看一场电影，培养某些爱好，加入某个群体，做自己感兴趣的事，追求自己的社交生活。

■ 不要因为孩子只有一个父亲或母亲而感到内疚，很多家庭都是这样的状况。这不是"你带给他的"，所以你不需要惩罚自己或者娇惯他来当作补偿。感觉到内疚和表现出内疚一点用都没有。

■ 不要杞人忧天。很多孩子在单亲家庭中成长得很好，那些双亲家庭的孩子中也可能有很多问题。做一个单亲家长，并不意味着你会有更多问题或者更难解决问题。

■ 为孩子设定严格但合理的规矩，执行规矩的时候不要犹豫。当规矩明确和一致时，孩子感到安全，也更能培养他负责任的行为。当孩子能够承担更多责任的时候，减少一些规矩。

■ 每天花一些时间和孩子在一起，玩耍、聊天、阅读、帮助孩子学习或者看电视。

■ 经常表扬孩子，向他表示你真挚的爱和无条件、积极的支持。

■ 为自己建立尽可能大的支持网络。与能帮助你看护孩子的亲戚、朋友和社区服务人员保持积极的联系；与能让你了解社区活动（体育或文化活动等）和愿意交换看护孩子

军人家庭的育儿

军人家长会带来独特的问题，特别是在军队调动和军事冲突的时候。与孩子分离的压力对整个家庭来说都是艰难的。年幼的孩子与父母一方分开的时候，会出现一系列行为问题，如缠着另一方父母和／或保姆、倒退性行为（如夜间会上厕所后又尿床）、对陌生的人和环境感到焦虑、沉默寡言、孤僻等。

如果你是在家和孩子待在一起的家长，你要尽量让生活保持正常，包括保持固定的日常安排。尽量诚实地回答问题（要注意他的理解水平），让他确信不在家的父母很安全。与不在家的父母保持尽量多的联系，让孩子通过电话、邮件或者视频联系他（或她）。如果孩子显得特别难过，可以带他去向心理健康专家进行咨询。

的家庭建立友谊。

■ 与你信任的亲戚、朋友、专家（如儿科医生）谈论孩子的行为、发育、家庭关系问题。

再婚家庭

单亲父母再婚对父母和孩子来说都是好事，可以重建因离婚或死亡而失去的家庭结构和安全感。其好处包括父母和孩子会有更多的爱和陪伴。通常，继父母会成为孩子的又一个榜样，承担原配偶的一些责任。而且，你们还可以共同分担经济压力。

但是，组建一个再婚家庭也有很多需要适应的地方，也会产生很多压力。如果继父母是作为孩子亲生父母的替代介绍给孩子的，他可能因为对亲生父母的忠诚而感到痛苦，所以可能马上抵制继父母。继父母和继子女之间通常有很多的嫉妒，他们还会争夺将他们联系在一起的那位父母的爱和关注。如果孩子觉得继父母挡在他和亲生父母之间，他可能会抵制继父母，并且公开地表露这种情感，以重新获得亲生父母的关注。当双方都有孩子，他们突然被要求接受彼此的父母，还要作为兄弟姐妹一起相处，情况就会更加复杂，有更多的压力。随着时间流逝，大多数再婚家庭都能解决这些冲突，但是这需要成年人付出大量的耐心和努力。为了防止发生严重的问题，必要时他们应该去寻求专业人士的帮助。

虽然一开始转变是困难的，但是你要记住，继父母和继子女之间的关系是慢慢发展的，通常需要1年或者几年，而不是几周或几个月。促进这种关系发展的一个重要因素是孩子另一个亲生父母的支持。一

给再婚家庭的建议

完成从单亲家庭向成功的再婚家庭的顺利转变，需要亲生父母和继父母特别的关注和努力。下面是一些有益的建议。

■ 告诉前任伴侣你结婚的计划，试着相互合作，尽量让孩子容易接受这一转变。确保每个人都了解，你的再婚不会改变前任伴侣在孩子生活中的角色。

■ 在你们开始住在一起前，给孩子时间了解继父母（和继兄弟姐妹，如果有的话）。这样的安排能让每个人都早点调整，并通常能消除孩子对新安排的很多焦虑。

■ 留心冲突的迹象，共同努力，尽早解决冲突。

■ 再婚家庭的父母双方应该共同决定对孩子应该有什么样的期望，应该如何设置规矩，什么形式的管教是可以接受的。

■ 再婚家庭的父母双方需要共同承担为人父母的责任。这意味着两人都应该给予孩子爱和关注，两人在家庭中都有权威。共同决定孩子应该怎样被管教，支持对方的决定和行动，这能使继父母在承担权威角色的时候，不用担心孩子的不喜欢和怨恨。

■ 如果没有监护权的亲生父母来看望孩子，这些看望应该被安排和接受，才不至于在再婚家庭中引发矛盾。

■ 试着让孩子的两位亲生父母和继父母一起参与所有影响孩子的重大决策。如果可能的话，安排所有大人见面分享见解和担心，这样做能让孩子知道大人们愿意为了他的利益克服彼此的分歧。

■ 关注孩子的愿望和他对在再婚家庭中角色的担心。尊重他的成熟程度和理解水平，例如，让他来决定何时开始称呼继父母或者把他介绍给继父母的亲戚，你从中协助即可。

个孩子可能怨恨继父母，因为他觉得这妨碍了他与亲生父母之间的亲密关系，或者当他从情感上被继父母吸引的时候，会感到内疚。所有这 3 个（或者 4 个）成年人之间良好的交流能把这种内疚降到最低，同时减少孩子适应几个大人的价值观和期望时感到的困惑。正因如此，当孩子要住在两个家庭中的时候，如果可能的话，所有父母偶尔的聚会是很有好处的。父母们共同分享关于规矩、价值观和日程安排的观点，能暗示孩子他所有的父母能够相互对话、相互尊重，并且把他的健康和幸福作为第一要务。

在亲生父母和继父母相互尊重的氛围中，孩子更有可能获得前文提到的再婚家庭的好处。再婚的父母通常比之前更幸福，因而能够更好地满足孩子的需要。当孩子年龄渐长，他与继父母的关系也许能赋予他额外的支持、技能和视角。这些好处，再加上再婚家庭的经济优势，可能给孩子更多的机会。

多胞胎

拥有双胞胎或者其他多胞胎（如三胞胎）不仅仅等于同时拥有两个或者更多的孩子，要面对的挑战也不仅仅是承担两三倍的工作。双胞胎或者其他多胞胎通常比单胞胎早出生，因此，一般来说，比起单胞胎，双胞胎或其他多胞胎体形小，你可能面临更多的儿童健康问题。分娩后，孩子们可能需要待在新生儿重症监护室里。喂养双胞胎或其他多胞胎，无论是用母乳还是配方奶，都需要特别的策略，儿科医生可能会给你建议和支持。多胞胎还会加重家庭的经济负担，他们需要更多纸尿裤、衣服、食物、婴儿手推车和很多其他物品，可能还需要更大的家用汽车，甚至更大的房子。

目前，美国的双胞胎出生率超过 3%。多胞胎的出生率近年来上升了。自 1990 年以来，多胞胎出生率上升了 42%；自 1980 年以来，上升了 70%。一些研究者把这种上升大部分归因于不孕不育治疗技术的提高和体外受精的增加。体外受精可以在子宫中植入不止一个受精卵，使用治疗不孕不育的药物会刺激卵巢释放两个或多个卵子。

这一部分主要是针对双胞胎写的，但是大部分的信息和指导也适用于三胞胎或者其他多胞胎。

抚养多胞胎

你应该像照顾任何其他婴儿一样照顾多胞胎。很重要的一点是，你要从一开始把他们当成独立的个体。如果他们是完全相同的，你很容易就会把他们当成一个"整体"，给他们提供同样的衣服、玩具和同等的关注。但是，虽然他们身体上、情感上、行为上和发展阶段上很类似，但他们是不同的人，为了让他们作为个体安全快乐地成长，他们需要你支持他们的不同点。就像一对双胞胎说的："我们不是双胞胎。我们只是生日在同一天的兄弟！"

同卵双胞胎来自同一个卵子，通常是同样的性别，长得非常相像。异卵双胞胎来自两个同时受精的卵子，他们的性别可能相同，也可能不同。不管是同卵双胞胎还是异卵双胞胎，所有的双胞胎都有各自的性格和脾气。同卵双胞胎和异卵双胞胎在成长的过程中，都有可能相互竞争或者相互依赖。有时候双胞胎中的一个是领导者，另一个是服从者。不管他们的相互影响具体是什么样的，大部分的双胞胎在早期就建立了非常紧密的关系，因为他们和对方待在一起的时间非常长。

如果你还有其他孩子，那么双胞胎新生儿会激起更强烈的兄弟姐妹竞争。新生双胞胎会占用你大量的时间和精力，而且会吸引朋友、亲戚甚至马路上的陌生人的关注。你要帮助大孩子接受新生双胞胎，也可以利用好这种特殊的情况，即当大孩子帮助新生双胞胎的时候，你要给他"双倍奖励"，并鼓励他更多地参与照顾新生儿的日常琐事。另外，每天与大孩子单独相处，共享一些特别时光，一起阅读或做一些他最喜欢的事，也是必不可少的。

当双胞胎年纪渐长，特别是如果他们是同卵双胞胎的话，他们可能会选择只跟对方玩耍，这会让其他的兄弟姐妹觉得被抛弃了。要想阻止双胞胎建立这种排外性的联系，就要敦促他们单独（而不是一起）和其他孩子玩耍。还有，你或者保姆可以和双胞胎中的一个玩耍，让另一个和兄弟姐妹或者朋友玩耍。

你可能发现双胞胎和其他同龄人发育的模式不太一样。一些双胞胎会"分工"，其中的一个专注于运动技能，另一个则擅长社交或者交流。因为他们在一起的时间很多，很多双胞胎之间能很好地交流，比和其他家庭成员或朋友之间的交流更好。他们能"读懂"对方的手势和面部表情，有时他们甚至有属于自己的别人不懂的口头语言（同卵双胞胎尤其如此）。这种独特的发育模式不代表有问题，但是它确实说明了把双胞胎有规律性地分开，让他们各自接触其他玩伴和学习环境的重要性。

双胞胎不总是愿意被分开，特别是当他们建立了深厚的情谊，而且喜欢对方陪伴时。因此，尽早地偶尔把他们分开就显得尤为重要。如果他们强烈反抗，尝试用一些渐进的方法，可以让他们熟悉的孩子或者成年人分别与他们玩耍，但是仍然在同一个屋子或游乐区。当双胞胎接近上小学年龄的时候，把他们分开就越来越重要。在幼儿园，

大部分双胞胎能待在同一个房间，但是上小学之后，很多就被分在不同的班。

即使你很欣赏双胞胎之间的差别，但是毫无疑问，你在某种程度上仍然觉得他们是一体的。这没什么错，因为他们确实有很多共同点，而且他们注定要发展一种双重身份——作为个体和作为双胞胎。帮助他们理解和接受这两种身份之间的平衡，是你作为双胞胎父母面临的最有挑战的任务之一。

另外，要照顾好自己，尽量保证休息。很多父母发现，比起只抚养一个孩子，抚养双胞胎或者其他多胞胎身体上会更累，情感上的压力会更大。因此，任何可以的时候，赶紧补充睡眠。可以和伴侣轮流夜里喂奶、给孩子洗澡。也可以安排父母一方夜间喂奶时"值早班"，而另一方"值晚班"，为你们双方争取更长的睡眠时间。如果预算允许，可以雇用他人帮你们完成日常的工作，像给新生儿洗澡和购物，也可以请家庭成员和朋友帮忙。即使一周只有几小时，多一个帮手也有很大的差别，能给你更多的时间享受

与孩子们在一起的时光以及自己独
处的时光，特别是在你家有三胞胎

或其他多胞胎的情况下。

新生的多胞胎如何乘车？

　　与新生儿的平均水平相比，双胞胎和其他多胞胎新生儿通常体形较
小、体重较轻。当你用汽车把孩子从医院带回家和之后进行旅行时，在
选择和使用汽车安全座椅时要遵守相同的规则。这意味着要选择后向式
汽车安全座椅，并且至少持续到孩子的体重、身高超过了后向式汽车安
全座椅所允许的上限的时候（很有可能在孩子 2 岁的时候）。专门的后向
式汽车安全座椅有提手，而且出售时可能还带着一个能放在车里的底座。
可转换式汽车安全座椅比专门的后向式汽车安全座椅大，并且既可以做
后向式汽车安全座椅用，又可以做前向式汽车安全座椅用，有些父母从
孩子一出生时起就选择使用可转换式汽车安全座椅。

　　但是如果你的孩子是早产儿，还有更重要的东西要谨记在心：可转换
式汽车安全座椅可能太大，不适合早产儿。在孩子们出院前，确保他们
接受了医学测试，确定他们能在汽车安全座椅里安全地斜躺，医院称此
为"汽车安全座椅测试"。他们如果有呼吸或者心脏方面的问题，可能不
宜斜躺着乘车。在这种情况下，早产儿乘车时应该平躺在经过碰撞测试
的婴儿车载提篮中。要使用婴儿车载提篮自带的安全带和搭扣，把提篮
纵向安装在汽车后排的座位上，把孩子放好，头朝向汽车的中央。当过
了一段时间，孩子长得更大、更强壮之后，应该再对婴儿进行"汽车安
全座椅测试"，确保他们可以使用常规的半倾斜的后向式汽车安全座椅。

第27章 发 热

孩子正常的体温因年龄、活动量、一天中的不同时间而有所不同。婴儿的体温往往比大一点的孩子高一些，而且每个孩子的体温在午后到傍晚这个时间段最高，在午夜到次日清晨的这个时间段最低。一般来说，直肠温度（肛门温度）为38℃或更高就提示发热。在其他部位测量体温时，如口腔温度、耳部（鼓膜）温度、颞动脉（太阳穴部位）温度一般仍用38℃或更高作为临界值提示发热。然而，腋下温度的临界值较低（为37.2℃）。肛门测量体温是检测婴儿体温的"金标准"，尤

其是3个月以下的婴儿。只要你认为孩子发热了，就应该用体温计来为他测量体温（见第767页"测量体温的最佳办法"）。仅靠触摸感受体表温度（或使用测温条，也称为"发热条"）是不准确的，特别是当孩子打冷战的时候。

发热本身并不是一种疾病。确切地说，它只是疾病的一种症状。通常情况下，发热是身体对抗感染的积极行为。发热可以刺激身体的某些防御机制，例如，可以刺激白细胞攻击并摧毁入侵的细菌或病毒。在帮助孩子对抗感染的过程中，发

热扮演了重要的角色。然而，发热常常使孩子觉得不舒服。它增加了孩子对液体的需求，并加快了心率和呼吸频率。

任何感染都可能引起发热，这些感染包括呼吸系统疾病，如哮吼、肺炎、中耳炎、流行性感冒、普通感冒、链球菌咽喉炎和扁桃体炎，还包括肠道感染、血液感染、尿路感染、大脑和脊髓感染，以及其他感染。

对于6个月～5岁大的孩子，发热可以引起抽风（被称为"热性惊厥"），不过这种情况很少见。这种惊厥的发作有家族聚集性，而且一般在发热出现的最初几小时内发生。这种时候，孩子可能会先看起来"奇怪"，然后僵直、抽搐、翻白眼，还会出现短暂的意识丧失，皮肤颜色也会比平时略深。整个惊厥过程持续的时间通常不超过1分钟，往往只有几秒，但是对被吓到的父母来说，这段时间就像一辈子那么长。虽然不常见，有些惊厥持续的时间可能达到15分钟。让人感到安慰的是，热性惊厥几乎没有什么危害，不会引起大脑损伤、瘫痪、智

力障碍或死亡，不过也需要及时向儿科医生汇报。如果孩子出现呼吸困难或惊厥15分钟内没有停止，请拨打急救电话。

小于1岁的孩子如果首次发生热性惊厥，就有大概50%的可能再次发生这样的惊厥；而如果是1岁以上的孩子首次发生热性惊厥，复发的可能性为大概30%。不过热性惊厥在24小时内很少发生超过1次。虽然很多家长担心热性惊厥有可能导致癫痫，但是请记住，癫痫是不会由发热引起的，有过热性惊厥病史的孩子在7岁前发生癫痫的可能性只比普通人略高一点。和我们通常认为的不同，努力控制发热并不能防止热性惊厥的再次发生，所以不要因为孩子过去发生过热性惊厥，就采用极端的方式试图给孩子降温。

对热性惊厥的治疗

如果孩子发生热性惊厥，请立即采取下列措施防止伤害。

■ 把孩子放在地板或床上，远离坚硬和尖锐的物体。

■ 把孩子的头转向一侧，保证口水或呕吐物可以从口中流出。

■ 不要往孩子的嘴里放任何东西（试图防止孩子咬伤自己的舌头），事实上，他是不会咬伤自己舌头的。

■ 看儿科医生。

■ 如果惊厥持续超过 15 分钟，拨打急救电话。

选择什么样的体温计？

美国儿科学会不再建议用水银体温计了，因为它很有可能破碎，造成其中的水银挥发并被人体吸入，导致中毒。推荐使用电子体温计。

■ **电子体温计**。电子体温计可以测量孩子的口腔、腋下或直肠温度。和其他所有设备一样，一些电子体温计会比其他电子体温计更精确。仔细阅读产品的使用说明，确保体温计已经按照使用说明进行校准。

■ **耳部（鼓膜）体温计（耳温枪）**。这是另一种不错的选择。它们的准确度取决于其红外线束是否可以顺利到达鼓膜。当耳垢多或外耳道存在小型弯曲的时候，这种体温计就没有那么可靠了。因此大部分儿科医生建议家长尽量使用电子体温计。

■ **颞动脉（太阳穴部位）体温计（额温枪）**。这种体温计用红外扫描仪测定颞动脉的温度。颞动脉紧贴皮肤穿过前额。这种体温计适用于测量 3 个月以上孩子的体温，不过最近的研究发现，它对 3 个月以下的孩子同样适用。它操作起来很简单，即使是孩子睡着的时候也可以使用。

什么时候应该找医生？

如果孩子只有 2 个月大或更小，并且直肠温度达到了 38 ℃ 或更高（腋下温度超过 37.2 ℃），应该立即就医。医生需要为孩子做检查，排除一些严重的感染或其他疾病。

3 ~ 6 个月大的孩子体温达到 38.3 ℃ 或更高时，或大于 6 个月的孩子体温达到 39.4 ℃ 或更高时，都应该就医。高热提示可能存在严重的感染或脱水，需要接受治疗。不过，大多数情况下，当年龄较大的孩子出现发热时，你是否需要带他看医生，也取决于孩子是否出现了伴随症状，如咽喉痛、耳部疼痛、咳嗽、难以解释的皮疹，或者反复发生的呕吐或腹泻等。另外，如果孩子比平时烦躁不安或者困倦，你也应该联系医生。事实上，比起发热的度数，孩子的精神状况是一个更主要的提示。重申一下，发热本身并不是一种疾病，它只是疾病的一种症状。

如果孩子为 1 岁以上，饮食和睡眠状况良好，且有精神玩耍一段时间，一般来说没有必要立即就医。然而，如果高热（如上文所述）持续超过 24 小时，即使孩子没有其他

测量体温的最佳办法

有很多办法可以测量孩子的体温。把电子体温计的传感器（位于体温计尖部）放在要测量的部位（口腔、腋下或肛门），短时间后，它就可以在其小屏幕上显示出体温。还可以使用耳温枪或额温枪（关于不同体温计的信息参见第 766 页）。不管你用的是哪种体温计，都应该在每次使用前按照说明书的指导清洁体温计，通常是用外用酒精或温的肥皂水来清洁（用肥皂水的话，之后要用凉水冲干净）。无须因为所用体温计或测量部位的不同而增加或减少测得的度数。

请记住以下指导原则。

■ 从孩子的肛门（直肠）测量体温时，先打开电子体温计，然后在将要插入肛门的体温计末端涂一些润滑剂（如凡士林）。把孩子平放在你的大腿上或其他安全的平面上，孩子的脸既可以朝上也可以朝下（如果脸朝下，将一只手放在他的背上；如果脸朝上，把他的腿向他的胸部弯曲，用一只手压住他的大腿后部）。然后轻柔地将体温计的末端插入孩子的肛门，插入 1～2 厘米。扶住体温计大约 1 分钟，等到体温计发出"哔哔"声（或亮灯）时，取出体温计并读取体温。

■ 测量孩子的直肠或口腔温度要比腋下温度准确一些。如果你家中有两支电子体温计，可以把一支标注"直肠"，另一支标注"口腔"。不要在不同的部位使用同一支体温计。

■ 当孩子 4～5 岁时，你就可以为他测量口腔温度了。打开体温计，将体温计末端放入孩子的舌下，指向口腔的后部。让孩子闭上嘴，含住体温计，并保持一会儿。大约 1 分钟之后，等到体温计发出"哔哔"声（或亮灯）时，就可以把体温计取出读数了。

■ 耳温枪或额温枪在家长和医疗人员中越来越流行，当使用正确时，测得的体温相当准确。

中暑

中暑容易与其他发热性疾病混淆。中暑并不是由于感染或内部脏器疾病而引起的，而是因为周围环境过热。当孩子处于一个非常热的环境，如盛夏时的海滩或过热而密闭的汽车里，中暑就可能发生。在美国，每年都会发生好几起因夏天将孩子单独留在密闭的车里而导致的死亡。在夏天，一定不要将婴儿或儿童单独留在密闭的车里，哪怕是几分钟也不行。另外，如果孩子在炎热而潮湿的天气里穿得过多也会发生中暑。在中暑的情况下，孩子的体温有可能升高到一个危险的程度（高于40.5℃），此时必须快速为他降温，可以通过给他脱衣服、用凉水擦拭、扇风，以及将他转移到一个凉快的地方。中暑是一种急症。如果孩子重度中暑，必须拨打急救电话，送他去急诊室。

不适，最好也去看医生。

如果孩子在发生高热的同时变得神志不清（像是受了惊吓，看见并不存在的事物，语无伦次），应该立即就医（特别是当这种情况过去没有出现过时）。这些症状有可能随着体温恢复正常而消失，但医生仍然会考虑为孩子仔细检查一下，以确定它们是否是由其他更严重的疾病引起的，如脑炎或脑膜炎。

家庭治疗

除非孩子感觉不舒服，否则发热一般不需要用药治疗。除非孩子患有某些慢性疾病，否则较高的体温本身并不危险或严重。如果孩子曾经出现过与发热相关的惊厥，即使你在孩子出现发热时立即让他服用退热药，也并不能有效地阻止这种惊厥的发生。观察孩子的表现非常重要。如果孩子饮食和睡眠状况良好，且有精神玩耍一段时间，他很可能不需要任何治疗。你可以向儿科医生咨询一下，何时应该对发热进行治疗，一个好的咨询时机是孩子常规体检时。当孩子出现发热，而且看起来很不舒服或很受影响时，你可以用下面这些方法进行治疗。

药物

一些药物可以通过阻断机体内诱发发热的机制而降低体温。这些可以退热的药物包括对乙酰氨基酚、

对乙酰氨基酚剂量表

　　每4小时可以让孩子服1次药，但是在24小时内，服药次数不能超过5次。在喂孩子吃药前，一定要仔细阅读药品包装上的标签，确保服用正确的药物。

年龄 *	体重 **	婴幼儿/较大儿童口服混悬剂（160毫克/5毫升）	咀嚼片（80毫克/片）***
6～11个月	5.5～7.7千克	2.5毫升	1片
1～2岁	8.2～10.5千克	3.75毫升	1.5片
2～3岁	10.9～15.9千克	5毫升	2片
4～5岁	16.3～21.4千克	7.5毫升	3片

* 注意：根据年龄而算的剂量仅仅是为了方便。退热药的剂量应该根据孩子目前的体重来计算。
** 表中体重是对应年龄段的标准体重。
*** 注意：服用咀嚼片时，要服用每片80毫克的咀嚼片。

　　对于婴幼儿、较大儿童或青少年的单纯发热，我们建议不要用阿司匹林治疗。

布洛芬以及阿司匹林。这3种非处方药针对发热看似同样有效，然而，**因为阿司匹林可能导致瑞氏综合征，或与瑞氏综合征有关，美国儿科学会建议，对于儿童发热，不要使用阿司匹林治疗。**3个月及以上的孩子出现发热时，可以让他服用对应剂量的对乙酰氨基酚；6个月以上的孩子就可以服用对应剂量的布洛芬了。然而，如果孩子患有肝脏相关疾病，要询问医生服用对乙酰氨基酚是否安全；类似的，如果孩子患有肾脏疾病、溃疡或其他慢性疾病，在给孩子吃布洛芬之前要先询问医生，看看是否安全。如果孩子在发热的同时出现了脱水或呕吐，布洛芬必须在医生的指导下服用，因为它存在损伤肾脏的风险。

　　最理想的是，对乙酰氨基酚和布洛芬的剂量根据孩子的体重来计算，而非根据年龄计算（见本页和下页的剂量表）。然而一般来说，只要孩子相对其年龄而言没有过轻或过重，对乙酰氨基酚药瓶上标注的剂量往往都是安全而有效的（该剂量通常根据年龄计算）。记住，虽然

布洛芬剂量表

每 6～8 小时可以让孩子服 1 次药，但是在 24 小时内，服药次数不能超过 4 次。在让孩子服药前，一定要仔细阅读药品包装上的标签，确保服用正确的药物。

年龄 *	体重 **	婴幼儿滴剂 （50 毫克／ 1.25 毫升）	较大儿童混悬剂 （100 毫克／ 5 毫升）	咀嚼片 （100 毫克 ／片）
6～11 个月	5.5～7.7 千克	1.25 毫升	2.5 毫升	0.5 片
1～2 岁	8.2～10.5 千克	1.875 毫升	3.75 毫升	0.5 片
2～3 岁	10.9～15.9 千克	2.5 毫升	5 毫升	1 片
4～5 岁	16.3～21.4 千克	–	7.5 毫升	1.5 片

* 注意：根据年龄而算的剂量仅仅是为了方便。退热药的剂量应该根据孩子目前的体重来计算。

** 表中体重是对应年龄段的标准体重。

对于发热，我们不推荐用阿司匹林治疗。阿司匹林只能在少数特定情况下，在医生的建议下使用。

非常少见，但当对乙酰氨基酚的剂量过大时，肝脏可能产生中毒反应，症状可能表现为恶心、呕吐及腹部不适。

总的原则是，使用任何一种药物时，都应该仔细阅读并遵守药品说明。遵守药品说明可以保证孩子服下的药物剂量正确，另外只能使用所服药物对应的测量工具。其他非处方药，如一些感冒药或止咳药，都有可能含有对乙酰氨基酚。如果服下多种含有对乙酰氨基酚的药物，将会导致超剂量服药，所以一定要

认真阅读所有药品说明，确保这种情况不会发生在孩子身上。另一个基本原则是，未经医生允许，不要让 2 个月以下的婴儿服用对乙酰氨基酚或其他任何一种药物。

一些家长会在孩子发热的时候让孩子交替服用对乙酰氨基酚和布洛芬。但这种做法可能造成喂错药的情况——"我下次应该给孩子吃哪一种药呢？"——从而可能引起药物不良反应。所以，如果孩子因为发热而感到不适，为他选择一种退热药，让他服用推荐的剂量，不

管是布洛芬还是对乙酰氨基酚都能够有效退热，让孩子感觉舒服一些。在改变孩子服用的药物剂量或考虑同时服用其他药之前，都应该询问儿科医生。

另外，你还需要记住非处方止咳药和感冒药不应该给 6 岁以下的孩子服用，因为它们有可能引起严重的不良反应。同时，研究已经证实这些药物对年幼的孩子来说没有治疗效果，还可能对他们造成健康威胁。

治疗发热的其他建议

■ 保持孩子的房间和整个家里温度适宜、让人感到舒适，给孩子少穿一点衣服。

■ 鼓励孩子多喝一些液体（水、稀释果汁、购买的口服电解质溶液等）。

■ 如果房间又热又闷，可以用电风扇使空气流通。

■ 孩子发热的时候没有必要待在家里、躺在床上，他可以起来在屋子四周走走，但不要到处跑，不要让他累了。

■ 如果发热是某种高传染性疾病（如水痘或流感）的症状之一，让孩子远离其他孩子、老人或那些有可能不能战胜这些疾病的体质虚弱者（如癌症患者）。

第 28 章　泌尿和生殖系统问题

尿中带血（血尿）

如果孩子的尿液呈红色、橙色或棕色，里面就可能含有血。当尿液中含有红细胞的时候，医生称之为"血尿"。身体损伤、尿路感染或炎症等很多问题都可能引起血尿。另外，血尿还可能与一些全身性的健康问题有关，例如凝血功能缺陷、接触有毒物质或免疫系统异常。

有时候，尿液中所含红细胞很少，肉眼看不出任何颜色改变，但是尿常规检测可以发现其中的红细胞。有时候，尿中的红色与血尿无关，是因为孩子喝了或者吃了什么带颜色的东西，随着尿液排了出来。甜菜、黑莓、红色食用色素、酚酞（一种有时用于泻药的化学物质）、非那吡啶（一种用来缓解膀胱疼痛的药物）以及利福平（治疗结核病的药物）都有可能引起尿液变为红色或橙色。一旦你不能确定是什么原因导致孩子的尿液颜色发生了变化，就应就医。如果尿液中还含有蛋白质（白蛋白），这一般是由肾炎或肾滤过膜的炎症造成的。对于肾炎，医生会建议做进一步的检查，判断属于哪个类型。

治疗

儿科医生会询问，孩子是否发生了外伤、进食了某些食物或存在其他健康问题，从而引起尿液颜色的改变。有用的信息可能包括是否存在排尿疼痛，这可能表示尿路感染；尿流中排血的时间点可以帮助定位尿液中血液的来源（是排尿整个过程中都带血，还是排尿结束时带血）。儿科医生还会为孩子做体检，看看血压是否升高、肾区是否有触痛、身上是否存在肿胀（特别是手、脚和眼周）。如果存在上述情况，则提示肾脏可能出现了问题。医生还会要求让孩子做尿液和血液检测，以及影像学检查（如超声检查或 X 线检查），或做一些其他检查（针对肾脏、膀胱、免疫系统）。如果这些检查都没有找到引起血尿的病因，而血尿却一直持续，儿科医生就会为孩子推荐一名小儿肾脏科医生，该医生会再为孩子做一些检查（有时包括肾脏活检，即从孩子的肾脏上取一小块活组织并放在显微镜下观察。这块组织可能通过手术或活检针取下）。

儿科医生一旦对引起血尿的原因有更多的了解，就能确定是否有必要进行治疗。大多数情况都无须治疗。少数情况需要用药物进行消炎治疗，这种炎症是肾炎的表现。无论治疗方法是什么，孩子都需要定期复查，接受尿液和血液检测以及血压测量。这些检测可以确定孩子是否出现了慢性肾脏病——一种可能导致肾衰竭的疾病。

有时，血尿是由肾结石引起的，或者是由于尿道畸形（更加少见）引起的，它们需要手术治疗。如果

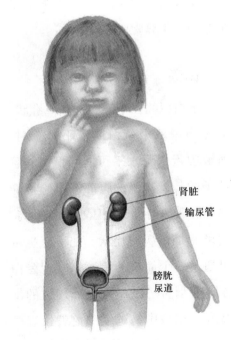

肾脏
输尿管

膀胱
尿道

泌尿系统

是这样，儿科医生会推荐一名小儿泌尿科医生（专治膀胱和肾脏疾病的外科医生）为孩子做这样的手术。

蛋白尿

孩子的尿液中有时会出现异常高的蛋白质含量。虽然机体需要蛋白质来完成很多重要的功能，例如抵御感染、促进凝血等，但只有极少量的蛋白质会进入尿液中。如果尿液中蛋白质含量过高，这可能意味着肾功能异常，导致蛋白质漏出进入尿液中。蛋白尿是由于肾脏的滤过膜发生异常而导致的。

诊断

蛋白尿往往不会引起什么症状。但是当尿液中蛋白质水平升高时，血液中蛋白质水平可能降低，并且孩子的腿、脚踝、腹部或眼睑可能出现肿胀。另外，血压也可能升高，这可能是肾病的症状。儿科医生可以通过一个简单的测试来发现蛋白尿，他会将一条经化学处理过的试纸放入尿液中，试纸变色就代表存在蛋白尿。他可能要求你们收集孩子清晨起床时的第一次尿液，然后送到实验室检查（如果蛋白尿消失，这个情况就是良性或正常的），同时让孩子做一些相关的血液检测。对一些孩子来说，短期内其尿液中可能发现少量蛋白质，但是一段时间后即可消失，并且不留下任何不良后果。

有时候，儿科医生会让孩子去看小儿肾脏科医生，肾脏科医生可能建议为孩子做包括肾脏活检在内的进一步检查。在肾脏活检中，医生会用一根活检针从孩子的肾脏取下少量组织进行实验室检查。活检之前，孩子会被注射镇静剂，进针活检的部位会注射局部麻醉药，使得该部位麻木。

治疗

一些伴有蛋白尿的肾病可以采用药物治疗。儿科医生也有可能建议孩子少吃一些盐以减轻与蛋白尿相关的肿胀。有蛋白尿的孩子，即使这一问题似乎对身体没有什么影响，也需要进行定期尿液检测以监控病情。

包皮环切术

对于男婴，包皮环切术是一种常见的小手术，是为了切除覆盖在阴茎头上的包皮。包皮环切术有好处，但也有风险，在孩子出生前，你就需要和你的伴侣以及产科医生或儿科医生讨论清楚是否为孩子做这种手术。虽然这种手术并不推荐所有男婴都做，但根据文化、宗教、医学或其他一些原因，你可能认为孩子适合接受这种手术。关于包皮环切术的细节讨论，请见第 19 ~ 20 页以及第 129 ~ 130 页。包皮环切术对于孩子的健康并不是必需的，实施与否完全取决于父母的选择。然而，目前的数据表明包皮环切术的益处大于风险。

尿道下裂和阴茎下弯

男孩的尿道口（即尿液的排出口）应该位于阴茎头部，而在尿道下裂这种阴茎的畸形发育问题中，尿道口位于阴茎的底部。阴茎还可能异常地向下弯曲，称为"阴茎下弯"，这可能造成成年后出现性功能方面的问题。这种尿道口的位置异常会引起尿液向下流，使站着小便困难或不可能。对尿道下裂患儿的家长们来说，一种常见的担忧是当孩子长大后，他会因为这种疾病而感到难堪。

治疗

当新生儿被确诊存在尿道下裂或阴茎下弯时，儿科医生会建议先向小儿泌尿科医生或外科医生咨询，再考虑要不要为孩子行包皮环切术。这是因为包皮有可能在将来用于尿道口修复术，而包皮环切术会使手术变得很困难。

轻微的尿道下裂可能不需要治疗，而中度到重度的尿道下裂可能需要手术修复。大多数患有尿道下裂的孩子可以在 6 个月左右大的时候接受这项修复手术，但每个家庭应自行决定是否进行手术治疗。与多学科医疗团队，以及经过类似手术的其他家庭或年长的患者进行讨论可能会有所帮助，以便考虑每个手术步骤的时机和影响。通常一次手术可以一起进行尿道下裂和阴茎下弯的修复以及包皮环切术。严重的病例可能需要接受不止一次手术，以完全修复问题。手术的目的是使孩子可以正常排尿，成年后具有正常的性功能，并具有可接受的阴茎外观。

尿道口狭窄

有时候，男孩（特别是接受过包皮环切术的男孩）的阴茎头部受到刺激，导致尿道口周围形成瘢痕组织，使得尿道口变小。这种问题叫作"尿道口狭窄"，有可能发生于儿童期的任何时候，但是最常见于 3 ~ 7 岁。患有尿道口狭窄的男孩尿流细且方向异常，尿流会向上（朝向房顶的方向），在小便的时候不把阴茎往下拽到两条大腿之间，尿液就很难进入马桶。这样的男孩小便时间比较长，也很难彻底排空膀胱。

治疗

如果你发现你的儿子的尿流非常细，或排尿费劲，或出现滴尿或尿液喷洒的情况，请带他就医。尿道口狭窄并不是一种严重的疾病，但需要得到医生的诊断，看看是否

需要进行治疗。即使需要手术治疗，这也是一种小手术。术后孩子可能有轻微的不适，但在很短的时间之后不适感就会消失。

阴唇粘连

一般来说，女孩阴道口两侧的阴唇应该是分开的，当它们长在一起，部分或完全堵住阴道口时，就发生了阴唇粘连。这种问题有可能发生于孩子刚出生的前几个月或再大些的时候，原因是尿布覆盖的区域不断受到刺激并发炎。大部分病因都可以归咎于尿液的刺激，以及接触刺激强的清洁剂或人造纤维的内裤。一般来说，阴唇粘连没有明显的症状，但它有时会引起女孩排尿困难或容易发生尿路感染。如果阴道口被严重阻塞，尿液和 / 或阴道分泌物就很难排出来，积留在内部。

治疗

如果阴道口看起来完全或部分被堵住了，请带孩子就医。医生会检查孩子的病情，并确定是否需要治疗。大部分阴唇粘连，会随着孩

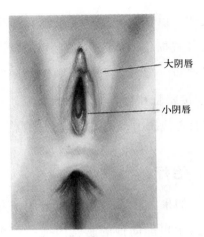

正常阴唇

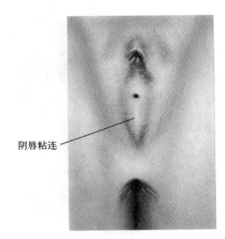

粘连的阴唇

子长大而自行痊愈。一般来说，你的女儿如果没有出现排尿后尿失禁或尿路感染等症状，则无须治疗。

阴唇粘连的治疗选择包括观察等待、每天在家几次涂抹雌激素乳膏，或在使用麻醉药的前提下手动分离粘连。

如果需要使用雌激素乳膏，医生将指导你如何使用以及在何处使用。让孩子每天进行坐浴以保持清洁对预防和治疗阴唇粘连也很重要。你也可以在阴唇边缘涂抹润滑剂，以防止重新粘在一起。另外，一定要知道，雌激素乳膏可能会导致处女膜（阴道口处的组织）外观暂时变化或停药后出血（类似月经）。这些将在停用雌激素乳膏后逐渐消失。

随着粘连的打开，该区域可能会出现表面淤青并被误认为是创伤，但随后淤青也会消失。

后尿道瓣膜

尿液离开膀胱后从尿道排出，男孩的尿道位于阴茎内。少见的情况下，在胎儿期早期，有的男孩尿道上会长出一块小小的黏膜，横贯尿道，并阻碍尿液从膀胱中排出。这种问题就是"后尿道瓣膜"，它会阻碍尿液的正常排出，继而影响膀胱和肾脏的发育，从而导致危及生命的后果。如果胎儿的肾脏发育异常，其肺部发育也有可能异常。

后尿道瓣膜的严重性各异。大

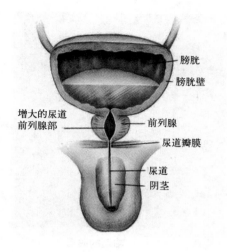

膀胱
膀胱壁
增大的尿道
前列腺部
前列腺
尿道瓣膜
尿道
阴茎

多数病例是在出生前通过超声检查筛查出来的。如果超声检查发现羊水量减少，腹中的男孩就有可能患有这种疾病。建议在男孩出生前向小儿泌尿科医生咨询。

出生前没有诊断为后尿道瓣膜的男婴，有时候会在新生儿体检中发现这个问题：他们的膀胱往往充盈、增大。其他一些警示信号包括持续性尿液滴漏或者小便时尿流无力。不过，最常见的情况是，后尿道瓣膜是在孩子出生后第一年中发生尿路感染时被发现的，表现为孩子在尿路感染的同时伴发热和食欲不振。如果你发现孩子出现了这些症状，请立即带孩子就医。

后尿道瓣膜需要立即获得医疗

关注，以预防发生严重的尿路感染或肾脏损伤。如果尿道阻塞的情况很严重，尿液就有可能顺着输尿管（连接膀胱和肾脏的管道）反流，对肾脏造成压力，从而引起肾脏损伤。

治疗

如果孩子患有后尿道瓣膜，儿科医生可能向他的膀胱内插一根小小的管子（尿管）来暂时缓解阻塞，并帮助尿液顺利从膀胱中流出。医生还会让孩子进行膀胱和肾脏的影像学检查。儿科医生会向小儿泌尿科医生咨询，他们将会建议采用手术的方式去除阻塞的黏膜，预防进一步的感染和对泌尿系统或肾脏的损害。孩子需要进行血液检测以判断肾脏的功能水平，同时你也可能需要向小儿肾脏科医生咨询。

隐睾

胎儿期，男孩的睾丸是在腹部发育的。当他临近出生时，睾丸会顺着一条管道（腹股沟管）下降到阴囊中。少数男孩，特别是早产的男孩，在出生时一侧或双侧睾丸没

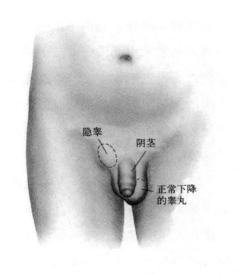

隐睾　阴茎

正常下降
的睾丸

有来得及下降到阴囊里。这些男孩中的大部分会在出生后的头几个月内完成睾丸的下降。然而，对另一些男孩来说，这个睾丸下降的过程就永远不会发生了。

大多数男孩会有正常的睾丸回缩现象，这种现象发生在一些特定的情况下，例如，坐在冷水中或当儿科医生检查时，表现为睾丸暂时"消失"，躲在腹股沟管里。然而，一般来说，当男孩处于温暖和放松的环境下时，睾丸都可以下降到阴囊内。大部分隐睾的发病原因至今不详。

如果孩子发生隐睾，他的阴囊就会比较小，呈现出发育不完全的样子。如果只有一侧睾丸没有下降，

双侧阴囊看起来就会不对称（一侧比较丰满，另一侧空瘪）。如果孩子的睾丸有时候在阴囊里，有时候（例如，激动或寒冷的时候）又不在——位于阴囊上方，即发生睾丸回缩，这种情况当孩子长大一点的时候能自行好转。

在少见的情况下，隐睾有可能发生扭转，在这个过程中，睾丸的血供可能停止，引起腹股沟或阴囊区域疼痛。如果这种情况没有及时得到纠正，睾丸就会受到严重的永久性损伤。如果孩子患有隐睾，而且出现腹股沟区或阴囊区疼痛，请立即带他就医。如果婴儿患有隐睾，每次常规体检都需要重新检查睾丸是否已经下降；如果到孩子6个月大时，睾丸还没有下降到阴囊中，那就需要治疗。医生通过体格检查做出诊断，超声等影像学检查通常没有帮助。

治疗

隐睾可以通过手术治疗，使睾丸进入阴囊的适当位置。很多患有隐睾的孩子往往同时伴有腹股沟疝（见第543页），而在对孩子进行隐

睾手术，将隐睾移入阴囊内的同时，也可以进行腹股沟疝修补术。如果你让你的儿子隐睾的病情拖到2岁以上，那么他将来很可能无法生育，如果两个睾丸都未降下，则风险更高；另外，他在成年后患睾丸肿瘤的风险也比较高，甚至在手术将睾丸放回阴囊中后仍然存在这样的风险（虽然风险小了）。因此，要让曾患有隐睾的孩子懂得在青春期自我检查睾丸，这一点非常重要。

尿路感染

尿路感染在较小的儿童中很常见，特别是在女孩中。尿路感染常常是由从尿道进入的细菌引起的；然而，对婴儿来说，也有少数情况是由于身体其他部位的细菌经过血液循环进入肾脏而造成的。根据感染部位的不同，尿路感染可分为以下几种疾病。

- **膀胱炎**——膀胱的感染。
- **肾盂肾炎**——肾脏的感染。
- **尿道炎**——尿道的感染。

膀胱是最容易受到感染的部位。

一般来说，膀胱炎是由于细菌从尿道进入膀胱而引起的。女孩的尿道很短，所以生活在皮肤、结肠和阴道中的细菌很容易进入膀胱。幸运的是，这些细菌往往可以在小便的时候被冲出来。

膀胱炎会引起呕吐、下腹部疼痛或触痛、尿痛、尿频、血尿，已经建立上厕所习惯的孩子会在白天和夜晚出现不自主排尿以及低热。上尿路（肾脏）感染通常会引起腹痛和高热，但很少引起尿频和尿痛。一般来说，2岁及以下的孩子发生尿路感染时很少出现明显的症状或体征，最常见的症状是发热，而他们与较大的孩子相比，更容易因这种疾病而继发肾脏损伤。

尿路感染必须尽快用抗生素治疗，所以，如果你怀疑孩子出现了尿路感染，应立即带他就医。这对婴儿来说尤其重要，因为难以解释的高热（既没有出现呼吸系统感染，又没有腹泻）可能是唯一的症状。如果孩子发热3天以上，且没有其他任何症状，一定要带他就医，医生需要对孩子进行检查。

诊断和治疗

当孩子被怀疑出现尿路感染时，儿科医生会为他测量血压（因为血压如果出问题的话，将提示肾脏出现了问题）并检查是否存在腹部触痛（这有可能提示尿路感染）。医生还需要了解孩子吃了什么、喝了什么，因为某些特殊的食物可以刺激尿路，引起类似感染的症状。

儿科医生会取孩子的一些尿液作为样本用来分析。对于婴儿和没有进行如厕训练的幼儿，医生需要使用导尿管。对于接受过如厕训练的孩子，可以采集他的"中段洁净尿"，其操作如下：首先，你需要用医生给你的肥皂和清水或特殊的清洁剂来清洗孩子的尿道口（对于没有接受过包皮环切术的男孩来说，需要把包皮向后推）；接下来，嘱咐孩子排尿，但是在用医生给你的容器接尿液之前，需要让孩子的尿流出一小段，这样尿道口附近的所有细菌都可以被首先排出的这段尿冲走，从而不会污染干净的中段尿样本。极少数情况下，医生会通过耻骨上膀胱穿刺术取尿——将一根细针经下腹部皮肤插入膀胱。收集的尿液样本需要放在显微镜下检查，看是否有红细胞或细菌，然后医生会用一种特殊的检测（尿培养）来识别引起感染的细菌。如果怀疑有感染，孩子就应该开始接受抗生素治疗，不过，根据最终尿培养的结果，所用的抗生素可能被替换。

为了符合婴幼儿（24个月以下）尿路感染的治疗原则，儿科医生可能给孩子开出总共 7 ~ 14 天的抗生素。及时的治疗非常重要，以消灭病原菌、防止感染蔓延，同时降低肾脏损伤的概率。即使治疗几天之后，所有不适都已经好转，孩子也应该服完整个疗程的抗生素，这一点非常重要。否则细菌有可能再次生长，引起进一步的感染并对尿路造成更严重的损伤。

美国儿科学会建议根据孩子的年龄以及已发生的尿路感染次数做一些影像学检查（超声检查、X线检查、放射性核素肾图检查）。如果产前超声检查已经充分看清了胎儿的尿路结构，当孩子第一次出现尿路感染时，没有必要对其进行影像学检查。儿科医生有可能为孩子做一些其他检查来判断肾功能。如果任何一种检查提示孩子的膀胱、尿道和肾脏存在需要纠正的结构性异常，儿科医生可能推荐孩子去看小儿肾脏科医生或小儿泌尿外科医生。

大多数情况下，美国儿科学会不建议在抗生素治疗结束之后，再额外使用抗生素以预防感染复发，因为研究表明这样并不能预防尿路感染。

尿床（遗尿症）

在孩子接受如厕训练（一般在 2 ~ 4 岁时）之后，夜间尿床也还是比较常见的。早期，发生频率可能为一周 2 ~ 3 次，接下来发生的次数逐渐变少并且大部分孩子在 5 岁左右的时候完全不再发生。引起尿床的确切原因尚不得而知。最好的做法是把它看作一种自然的进程，不过分重视，不要责怪或惩罚孩子。

有的孩子在 5 岁之后依然出现夜间尿床。当尿床只发生在睡眠状态的时候，这被称为"夜间遗尿症"。5 岁的孩子中，大约有 1/4 存在这个问题；7 岁的孩子中，发生率约为

1/5；10 岁的孩子中，只有约 1/20 存在这个问题。遗尿儿童中男孩占了大多数，而且常常有家族性的尿床史（通常源于父亲）。虽然尿床的原因并不完全清楚，但它有可能和孩子不同的发育节奏有关，不同的孩子会在不同的时候对夜间膀胱充盈的感觉发育出神经和肌肉方面的控制力。尿床一般和其他生理性或心理性问题都没有关系。家长一定要认识到孩子在睡觉时不能有意识地控制膀胱，这一点十分重要。不要让孩子觉得尿床是一件他们可以有意识地控制或主动停止的事情。

很少一部分 5 岁以上的孩子存在白天尿裤子的问题，更少的一部分孩子存在白天和夜晚都不自主排尿（尿裤子或尿床）的问题。当这个问题在白天和夜间都发生的时候，这可能就是一种更为复杂的膀胱或肾脏问题的征兆了。

如果孩子在夜晚尿床，下面是一些可能的原因。

■ 膀胱充盈时难以醒来。

■ 便秘，这有可能导致直肠对膀胱产生额外的压力。

■ 影响膀胱神经的脊髓异常。

■ 患有糖尿病（见第 625 页）。

■ 尿路感染（见第 780 页）。

■ 由于令人不安的事件或不寻常的压力而造成的情绪负担（这个原因常常引起已经很长一段时间不尿床的孩子再次尿床）。

存在问题的表现

当孩子开始如厕训练时，他必然会出现一些小小的"意外"状况。所以，除非孩子已经建立上厕所的习惯半年到 1 年，否则发生尿床不值得你担心。即使那时候（建立上厕所的习惯半年到 1 年后）仍然有可能发生这样的"小意外"，但尿床的次数应该逐渐减少。因此，在孩子建立上厕所的习惯快 6 个月时，他在白天只会偶尔尿裤子，夜晚尿床的次数可能略多。如果孩子频繁地尿床，或你发现孩子有下述表现之一，你就应和儿科医生聊一聊。

■ 尿湿内裤、睡裤和床单，即使他已经学会规律地上厕所了依然如此。

■ 排尿费劲，尿流很细，或在小便后漏尿。

■ 尿液混浊或呈粉红色，或者内裤或睡裤上出现带血色的尿痕。

■ 生殖器区发红或出疹。

■ 把内裤藏起来，试图不让家长发现自己尿湿了内裤。

■ 白天和夜晚都会不自主排尿。

■ 排大便困难或不经常排大便。

治疗

在大约 5 岁前，孩子偶尔出现夜间尿床，或在白天大笑、进行体力活动或者忙于玩耍的时候偶尔出现尿裤子，这些都是正常的，你不用过分担心。虽然这些情况可能让你烦恼，并可能让孩子感到难为情，但它们都会逐渐消失。而其发生的具体原因尚有待医学进一步研究。儿科医生可能会关心如下问题。

■ 是否有尿床的家族史？

■ 孩子每天小便的频率如何，一般会在每天什么时候小便？

■ 一般不自主排尿会发生在什么情况下？

■ 发生不自主排尿时，孩子是否非常活跃或紧张不安，或者他是否处于异常的压力下？

■ 孩子是不是在喝了很多液体或吃了很多过咸的东西之后才发生

不自主排尿？

■ 孩子小便的时候，尿液看起来有没有什么异常？

如果儿科医生怀疑有问题，他有可能取孩子的尿液作为样本，让实验室检查一下是否存在尿路感染（见第 780 页）。如果的确存在感染，医生会用抗生素为孩子治疗，这样一来尿床的问题可能会得到解决。然而一般来说，感染不是尿床的病因。

如果有线索提示尿床不单是因为孩子对于膀胱充盈的反应能力发育稍慢，而且尿床的情况持续到 5 岁以后，儿科医生可能要求给孩子做一些额外的检查，例如腹部 X 线检查或肾脏超声检查。如果发现了异常，儿科医生可能建议你向专家咨询。

对 5 岁以上仍然存在不自主排尿现象的孩子来说，如果所有检查都没有发现生理性异常，而这一问题又引起了全家人严重的不安，儿科医生会建议开始一些家庭治疗方案。这些治疗方案根据孩子是在白天还是夜晚出现不自主排尿而有所不同。

针对已学会上厕所的孩子白天尿裤子的家庭治疗

1. 注意预防由刺激性的清洗剂或内裤造成的生殖器区皮肤刺激。洗澡时尽量不要用泡泡浴的产品，而应该挑选温和的清洗剂为孩子洗澡，并在他的生殖器区涂一点凡士林霜，以保护这些区域不再受清洗剂和尿液的刺激。

2. 预防便秘。如果已经发生了便秘，需要及时治疗（见第 524 页）。有时，便秘的治疗可以完全治愈白天尿裤子。

3. 采取定时排尿的方法，提醒孩子每隔几小时就去小便一次，而不要等到他想去的时候，这时候往往已经太晚了。

4. 鼓励良好的如厕姿势。这对女孩来说尤其重要，以便排光膀胱中的所有尿液。如果孩子的脚不能碰到浴室地板，坐便时应该放张凳子在脚下。双腿应放松并稍稍张开，以放松盆底肌。

针对 5 岁以上仍然在夜间尿床的孩子的家庭治疗

下面这些方法一般都会比较有效，但是在开始实施之前，应该和儿科医生讨论一下。

1. 向孩子解释清楚目前的问题，要强调你知道并且理解这不是他的问题。

2. 在他上床睡觉前2小时内不鼓励他摄入液体。

3. 如果孩子便秘，请进行治疗。

如果孩子在进行了1～3个月的上述家庭治疗方案之后，依然存在不自主排尿的问题，儿科医生会建议使用尿床提醒器。这种尿床提醒器可以在孩子刚刚开始尿湿床的时候响起来，让孩子醒过来并到厕所继续小便。有时，当提醒器响的时候孩子仍在睡觉，直至提醒器不再响时，孩子仍未醒。当这种情况发生的时候，父母需要在听到提醒器的声音后叫醒孩子。只要坚持使用并遵守医生的指导，超过半数采用这种"膀胱调节法"的孩子都能获得成功，尿床复发率也很低。然而，这可能需要4个月左右才能生效。重要的是严格遵守医生的指导，这样才能让这些方法有效。

另一种可选的方法是口服药物。1/2～2/3服药的孩子会见效，而且没有产生什么不良反应，但是尿床的复发率高。野营、在别人家睡觉和其他类似情况时，可间断性地使用口服药物。在使用这些药物治疗的时候，重要的是上床睡觉前不要过度喝水。你需要就此与医生进行讨论。

如果所有治疗都无效

少数尿床的孩子对所有治疗都没有反应，不过对于他们中的大多数，这个问题会在青春期时消失。如果你的孩子的确需要带着这个问题成长，那么他有可能需要家人给予他更多的情感支持，而且如果让他和儿科医生聊一聊，或向儿童心理健康专家咨询，他也能受益颇多。

因为尿床是一种很常见的问题，你可能看到一些关于治疗尿床的广告。然而对于它们，你需要谨慎考虑，因为其中存在很多夸大的承诺和保证。儿科医生永远是值得你们信任的信息源，如果要花钱参加任何一种治疗项目，都应该提前征求儿科医生的意见。

第29章 头、颈和神经系统问题

脑膜炎

脑膜炎是覆盖大脑和脊髓的组织发生的一种炎症，这种炎症有时候会影响到大脑。尽管一些细菌性脑膜炎病情进展快、出现并发症的风险高，但是只要早期做出正确的诊断并进行合理的治疗，患有脑膜炎的孩子有很大可能恢复良好。

由于可预防严重的细菌性脑膜炎疫苗的发明，细菌性脑膜炎的发病率降低了，目前发生的大多数脑膜炎都是由病毒引起的。病毒引起的脑膜炎往往不是很严重，除非发生于3个月以下的婴儿身上，且婴儿感染了单纯疱疹病毒等可引起其他严重感染的病毒。脑膜炎一旦被确诊是病毒引起的，不需要使用任何抗生素，恢复也应该是完全性的。

细菌性脑膜炎（可能由多种细菌引起）是一种非常严重的疾病，其发病率低（因为多种疫苗的发明），但一旦发生，2岁以下的孩子就面临很大的危险。

引起脑膜炎的细菌往往能够在健康儿童的口腔和咽喉中找到，但是这并不意味着这些孩子会发生脑膜炎，除非这些细菌进入孩子的血液中。

我们仍然不能确切地知道为什么一些孩子会患脑膜炎而另一些不会，但我们已知的是，某些群体的孩子容易患这种疾病，具体如下：

■ 婴儿，特别是 2 个月以下的婴儿（因为他们的免疫系统还没有充分发育，细菌很容易就能进入他们的血液中）。

■ 经常发生鼻窦炎的孩子。

■ 近期发生过严重头部损伤（如颅骨骨折）的孩子。

■ 近期做过开颅手术的孩子。

■ 接受人工耳蜗植入的孩子。

只要获得及时而正确的诊断和治疗，70% 患有细菌性脑膜炎的孩子都能康复且不发生任何并发症。然而，要记住，脑膜炎是一种可能致命的疾病，20% 的患者会出现严重的神经系统问题（如耳聋、抽风、上肢或下肢瘫痪以及学习障碍）。因为脑膜炎病情发展迅速，所以必须及早发现、积极治疗。这就是为什么在发现孩子症状之后立即就医非常重要的原因。注意孩子是否有以下症状。

不满 2 个月。当他出现发热、食欲不振、精神萎靡、过度哭闹或烦躁不安时，一定立即带他就医。在这个年龄段，脑膜炎的体征可能非常隐匿，很难被发现。就算就医太早，也比太晚要好。

2 ~ 24 个月。这是发生脑膜炎的最常见年龄段。检查孩子是否有发热、呕吐、食欲不振、过度烦躁或过度困倦的症状（他烦躁起来可能会非常夸张，而他睡着了又可能很难被唤醒）。伴随发热而出现的抽风可能是脑膜炎的初始症状，不过，大多数持续时间很短的全身性惊厥（强直阵挛发作），最终都被确诊为热性惊厥，而非脑膜炎（见第792 页"抽风、惊厥和癫痫"）。另外，出疹也可能是脑膜炎的初始症状。

2 ~ 5 岁。除了上述症状，这个年龄段的孩子患脑膜炎的话，还可能说自己头痛、背痛或颈部僵硬。另外，他有可能拒绝看明亮的光线。

治疗

如果检查之后，医生怀疑孩子患了脑膜炎，他就会让孩子进行血液检测，看是否存在细菌感染。另外，他还有可能让孩子做腰椎穿刺来抽取一些脑脊液进行化验，医生会将一根特殊的针插入孩子的腰部以抽取脑脊液。这是一种安全的操作，是从包绕脊髓的囊的底部来抽取脑脊液。如果脑脊液存在感染，孩子就可以确诊患细菌性脑膜炎了。在这种情况下，孩子需要住院接受静脉输入抗生素和其他液体，并接受严密观察，防止出现并发症。在治疗开始的前几天，孩子有可能既不能吃也不能喝，静脉输入的液体将起到治疗及营养供给的作用。对于细菌性脑膜炎，根据孩子的年龄以及细菌的种类不同，静脉输入抗生素有可能需要持续 7 ~ 21 天不等。如果需要使用抗生素更长时间，孩子也许可以在家中更舒适的环境中

继续接受药物治疗。大多数患有病毒性脑膜炎的孩子在不使用抗生素的情况下，病情会在 7 ~ 10 天内得到改善。尽管一些孩子可能需要在医院接受治疗，但大多数孩子会通过在家中休息、补充液体和服用止痛药而康复。

预防

一些种类的细菌性脑膜炎可以通过接种疫苗来预防。请询问医生如何接种如下疫苗。

B 型流感嗜血杆菌疫苗

这种疫苗可以有效降低孩子感染 B 型流感嗜血杆菌的风险。在这种疫苗发明之前，B 型流感嗜血杆菌感染曾是较小的儿童患细菌性脑膜

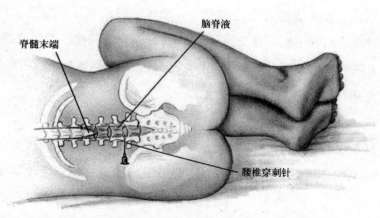

腰椎穿刺针需要从脊髓末端的下方进针，避免针头碰到脊髓。

炎的主要原因。这种疫苗需要在孩子2个月、4个月、6个月大的时候注射前三针，然后在孩子12～15个月大的时候注射第四针（某些联合疫苗可能不需要注射这最后一次）。

脑膜炎球菌疫苗

美国目前有2种脑膜炎球菌疫苗，更受欢迎的是4价脑膜炎球菌结合疫苗（MCV4）。不过，虽然它可以预防4种由脑膜炎球菌引起的疾病，但并不建议年龄很小的婴幼儿接种，它更适合11～12岁或约15岁的青少年接种。

肺炎球菌疫苗

这种疫苗可以有效预防肺炎球菌引起的多种严重疾病，包括脑膜炎、菌血症（一种血液感染）以及肺炎。建议在孩子2个月大的时候首次接种这种疫苗，然后在孩子4个月、6个月以及12～15个月大的时候接种后续的3针加强针。一些孩子容易患严重的感染性疾病（高风险的孩子包括免疫功能异常、患镰状细胞病、患某些肾脏疾病以及患其他慢性疾病的孩子），他们需要在2～5岁期间再接种一针肺炎球菌疫苗。

晕动病

人体的运动感受器包括内耳、双眼以及四肢末梢的神经。当大脑接收到的来自这些感受器的信息发生冲突时，晕动病就出现了。一般情况下，这些感受器对任何一种运动都会做出反应，但当它们接受及传递的信息不一致时（例如，当你看到电影屏幕上高速的运动时，眼睛感受到了这种运动，但内耳和关节却没有感受到），因为大脑接收到的运动信息不一致，就会引起一种晕的反应。同样的情况也会发生在孩子坐在一个很低的汽车后排座位上看不到窗外时。这时候，孩子的内耳感受到了运动，而他的眼睛和关节却没有感受到。

晕动病开始时的表现为胃部隐约的不适感（恶心）、出冷汗、疲惫以及没有食欲。这通常导致孩子发生呕吐。年幼的孩子可能无法描述自己恶心的感觉，但是有可能表现出面色苍白、烦躁不安、打哈欠或者哭闹。然后，他可能对食物没有兴趣（包括他曾经非常喜欢的那些），甚至呕吐。如果孩子以前有晕车的经历，那他更容易产生上述表现，但这种问题会随时间逐渐改善。

我们并不知道为什么一些孩子比另一些孩子容易发生晕动病。由于许多容易出现晕动病的孩子长大后偶尔出现偏头痛，所以有人认为晕动病是偏头痛的早期形式。晕动病最常见于孩子第一次坐船或坐飞机的时候，或运动非常剧烈的时候。压力和激动也可能引起这种问题或使其变得更严重。

你可以做什么？

如果孩子出现晕动病的症状，最好的办法就是停止引起这一问题的运动。如果晕动病是在车上发生的，尽快安全地把车停下来，并让孩子出来走一走。如果是一次长途乘车旅行，你可能需要经常中途停下来短暂地休息一下，虽然这样很麻烦，但却值得。如果孩子在荡秋千或玩旋转木马时发生晕动病，请立即停下设备，让孩子从上面下来。

晕车是儿童最常见的晕动病，目前已经有了很多针对它的预防措施。除了经常停车之外，还应该做到以下几点。

■ 如果在旅途开始前，孩子已经3小时没有吃东西了，那么在开车前，让他吃一点儿容易消化的零食，这也适用于坐船和坐飞机时。因为饥饿感经常会使晕动病加重。

■ 尝试不让孩子把注意力集中在"恶心"的感觉上。可以听音乐、唱歌或者聊天。

■ 让孩子看看车外的事物，在车上不要看书、打游戏或看屏幕。

如果上述办法都没有效果，那么停车，让孩子从他的汽车安全座椅上下来，并让他平躺，闭眼休息几分钟。用一条凉毛巾放在他的额头上也能减轻症状。

如果你们即将开始一段旅行，而孩子曾经出现过晕动病，你就可能需要在出发前让他服药，预防晕动病发生。这类药物中的一些不需要处方就能买到，但是在使用前一定要咨询儿科医生的意见。虽然这些药物可能有用，但它们也常常引起不良反应，例如困倦（这可能意味着，当到达目的地后，孩子没有精神欣赏美景）、口鼻发干或者视物模糊。使用不引起困倦的这类药物通常不良反应会少一些。

如果孩子不处于相关运动中也会表现出晕动病的症状，特别是他同时还出现头痛、听力障碍、视力障碍、行走困难、说话困难或者无故出现几次发愣（盯着空白处看）时，请带他就医。这些有可能是其他疾病引起的症状，而非晕动病。

腮腺炎

腮腺炎是一种常引起唾液腺（分泌唾液到口腔的腺体）肿胀的病毒感染性疾病。因为很多孩子在 12 ~ 15 个月大时已经接种了麻腮风三联疫苗，并在 4 ~ 6 岁时又接种了加强针，如今大多数孩子都不会再感染腮腺炎了。美国儿科学会建议如果你的孩子没有按建议在儿童期早期接种麻腮风三联疫苗，那么他应在 18 岁之前接种 2 针，中间间隔 4 周。

接种麻腮风三联疫苗非常重要，如果孩子还没有接种，你应该学会识别腮腺炎，并将其与其他类似的疾病区别开。腮腺炎可发生于一侧或两侧腮腺（位于耳朵前面、下颌角上方的一块唾液腺）上，其他唾液腺也可能被感染。腮腺炎的症状通常持续 7 ~ 10 天。但并不是所有腮腺炎都会引起腮腺肿胀，比如一些较轻的病例。任何感染过腮腺炎的人，不论症状是轻还是重，都会对这种疾病产生终生免疫。

当一个受感染的个体咳出带有病毒的飞沫，并传到空气中或他的手上时，腮腺炎病毒就开始传播了。一个处于附近的孩子有可能吸入空气中的病毒，于是这些病毒就可以由他的呼吸系统进入血液，最终在他的唾液腺中"安营扎寨"。这时候，这些病毒就会引起脸颊一侧或双侧的唾液腺肿大。

腮腺炎的其他症状包括关节疼痛、肿胀，以及男孩睾丸肿胀。在

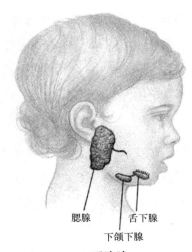

腮腺　　舌下腺
下颌下腺
唾液腺

非常少见的病例中，病毒可以导致女孩卵巢肿胀，或患儿头部肿胀。

另外，要记住，唾液腺肿胀不一定是腮腺炎，还可能是其他感染性疾病。这就是为什么一些家长会认为他的孩子患过不止一次腮腺炎的原因。如果孩子已经接种过相关疫苗，或曾经患过腮腺炎，而他的脸颊又一次肿大了，一定要带孩子就医，判断疾病的真实病因。

治疗

对于腮腺炎，目前还没有针对性治疗方法，我们能做的就是让孩子尽可能多地休息、多补充液体、发热时服用对乙酰氨基酚，让他舒服一些。虽然生病的孩子不会很想摄入液体，你也应该在他身边放一杯白开水或果汁（非橘汁），并鼓励他经常喝一点。有时候对肿大的腺体部位进行热敷也能起到暂时的镇痛作用。

如果孩子的病情恶化，或者出现了睾丸疼痛、严重腹痛或极度精神萎靡等并发症，应立即带他就医。虽然并发症极少出现，但是医生会为孩子再次检查，判断是否需要为他增加治疗措施。

抽风、惊厥和癫痫

抽风是由于大脑出现异常的电子脉冲而突然发生的意识、肢体动作、感觉及行为的短暂性改变。根据异常的电子脉冲影响到的身体部位不同，抽风可能表现为身体突然僵直、规律性颤动、局部抽搐、肌肉完全放松（看起来像暂时性瘫痪一样）或发愣。"惊厥"和"抽风"这两个术语通常可以互换使用。

影响全身的惊厥（有时被称为"强直阵挛发作"或"抽风大发作"）是最剧烈的一种抽风，表现为全身快速、猛烈地抽搐，以及意识丧失。大约5%的人在儿童期的某个时候会出现惊厥。相对来说，失神发作（以前被称为"抽风小发作"）表现为发愣或短暂地（1～2秒）注意力缺失，这种情况主要发生于较小的孩子，而且症状可能非常轻微，很难被发现，很有可能直到影响了学习时才会被发现。

热性惊厥（无急性或慢性神经疾病的情况下，由高热引发的抽风）

会发生于 3%～4% 的 6 个月至 5 岁大的孩子，最常发生于 12～18 个月大的婴幼儿。如果孩子在不满 1 岁时出现了第一次热性惊厥，那么在将来的日子里，他有 50% 的可能再次发生热性惊厥；而如果孩子第一次发生热性惊厥时已经是 1 岁以上，那么再次发生热性惊厥的可能性就只有 30%。发生过热性惊厥的孩子中，只有极少数的几个会发展为癫痫（在不发热的情况下出现的慢性抽风病）。热性惊厥的症状严重程度不同，有可能轻微到只是眼球不规则翻动或四肢僵硬，也有可能严重到出现全身抽搐。热性惊厥持续时间往往短于 1 分钟，但罕见情况下会持续长达 15 分钟。一般来说，孩子的行为会很快恢复正常。

癫痫是指在没有急性疾病（如发热）或其他诱因的情况下反复发生抽风。癫痫的病因有时是可以确定的（症状性癫痫），有时无法确定（特发性癫痫）。

一些孩子可能出现类似抽风的表现，但实际上却不是抽风。这些表现包括屏气、晕厥、面部或身体抽搐（肌阵挛），以及睡眠问题（做噩梦、梦游及猝倒）。这些表现很有可能只发生一次，但也有可能在一段时间内复发。重申一次，虽然这些表现看起来很像抽风，但它们不是，而且它们需要完全不同的治疗。

治疗

大多数抽风会自行停止，不需要立即获得医疗救治。如果孩子发生了惊厥，你可以采取的保护措施是让他的头偏向一侧，这样可以保证当他呕吐时呕吐物不会进入呼吸道而引起窒息。

如果惊厥在 2～3 分钟内没有停止，或异常严重（呼吸困难、呼吸道异物阻塞、脸色发青或连续发生了好几次），请立即拨打急救电话求助。然而，不要把孩子单独留下，无人照顾。在抽风停止后，带孩子去最近的急诊室。如果孩子正在接受抗惊厥药物治疗，你也需要带孩子就医，因为这有可能意味着需要为孩子调整药物剂量了。

如果孩子伴有发热，医生会为他检查是否存在感染。如果孩子没有发热，而且是第一次发生惊厥，医生会询问孩子是否有抽风的家族史，或是否近期发生过头部损伤。除了详细的体格检查外，医生还会让孩子做一系列实验室检查和影像学检查，包括血液检测、脑电图检查（EGG，判断大脑的电活动是否正常），以及在某些情况下对脑部进行计算机断层扫描或磁共振成像检查。有时候，孩子需要接受一次腰椎穿刺，以抽取脑脊液样本进行检查，判断是否存在某些可能引起惊厥的疾病，例如脑膜炎（见第 786 页）。如果对于孩子的惊厥，儿科医生无法找到任何合理的解释，他有可能请小儿神经科医生来会诊。

如果孩子出现了热性惊厥，一些家长可能会让孩子服用退热药（对乙酰氨基酚或布洛芬）或使用温水浴降温。然而，除了让孩子感觉舒服一点外，这些措施都不能预防孩子将来发生惊厥。如果孩子存在细菌感染，医生很可能为他开一些抗生素。如果孩子的抽风是由脑膜炎等严重的疾病引起的，那么他就需要住院接受下一步的治疗。另外，如果抽风是由于血糖、血清钠或血清钙水平异常而导致的，孩子也需要住院，进一步找出具体的病因，并纠正这种电解质紊乱或血糖水平异常的情况。

如果孩子被确诊患有癫痫，那么他通常需要接受抗惊厥药物治疗。只要剂量合适，孩子的抽风一般都能得到有效控制。开始服用一些药物之后，孩子可能需要定期抽血检查，以确定体内的药物浓度保持在足够的水平。另外，他也需要定期回医院接受脑电图检查。一般来说，抗惊厥药物需要持续服用，直到 1 ~ 2 年内没有发生过抽风才能停药。

尽管抽风非常吓人，但令人欣慰的是，随着孩子年龄增长，再一次发生抽风的可能性会大大降低（大约只有 1% 的成年人还会出现抽风）。不幸的是，对于抽风，很多人还存在严重的误解，所以很重要的一点是，要教会孩子的同学和老师，正确对待孩子的病情。

头颈歪斜（斜颈）

头颈歪斜是指孩子将头部或颈部持续保持在一个扭曲的或其他异常的位置的问题。孩子有可能习惯把头靠在一侧肩膀上，而俯卧时，总是把脸转向同一侧。这样会导致孩子一侧头部变得扁平以及脸部发育不均衡。如果不治疗，头颈歪斜将会造成永久性面部发育畸形并且会限制头部的正常运动。

头颈歪斜大多和一种叫作"斜颈"的疾病有关。不过，在少见的病例中，头颈歪斜是由其他问题引起的，包括听力损失、双眼不协调、胃食管反流（胃酸回流到食管）、咽喉或淋巴结感染，以及更为少见的大脑肿瘤。

后天性斜颈

这种情况常见于大一点的孩子，但一般在 9 ~ 10 岁以下。这种类型的斜颈通常是由咽喉炎症、咽喉痛、损伤以及其他一些未知的因素导致的。不明原因的肿胀会引起脊椎上段周围的韧带组织松弛，使椎骨偏离正常的位置。当发生这种情况时，颈部的一侧肌肉会挛缩，引起头部向一侧倾斜。这种情况常常会突然发生，伴随剧烈疼痛。

先天性肌斜颈

先天性肌斜颈是目前引起 5 岁以下儿童出现头颈歪斜的最常见疾病。这种疾病通常是由孩子还在子宫内时的胎位引起的，偶尔发生于出生时（特别是臀位出生的婴儿以及其他分娩存在困难的情况）。无论病因是什么，这种疾病通常在孩子出生后 6 ~ 8 周大时被发现，医生可能观察到孩子颈部某块肌肉的异常紧张，在约一半的病例中，这块肌肉会出现小肿块。这块受损的肌肉是胸锁乳突肌，它连接胸骨、颈部和头部。胸锁乳突肌受损后会收缩，引起孩子的头部向一侧歪斜，而眼睛看向另一侧。

治疗

不同的斜颈需要不同的治疗方法。早期治疗非常重要，这样才能在疾病引起孩子出现永久性畸形之前，及时把问题纠正。儿科医生会检查孩子的颈部，让孩子做该部位的 X 线检查，还可能做一次髋部 X 线或超声检查，因为一些患有先天性肌斜颈的孩子同时患有一种叫作"发育性髋关节发育不良"的疾病。如果医生认为孩子的疾病是先天性肌斜颈，家长需要学习一套帮助孩子伸展颈部肌肉的训练方案。医生会教你们如何轻柔地将孩子的头慢慢移动到与歪斜位相反的一侧。你们每天都需要为孩子做几次这个训练，并随着肌肉伸展能力的加强，缓缓地增加训练的幅度。

当孩子睡觉时，最好让他仰卧，并把他的头放在与歪斜位相反的位置。少数情况下，儿科医生会建议你调整孩子的睡姿。在孩子清醒的时候，也要让他处于合适的姿势，使那些他想看的事物（窗外、旋转床铃、图片等）位于他斜颈时不常看的那一侧。这样一来，当孩子需要看这些东西的时候，就会试着拉伸因受损而收缩的肌肉。儿科医生

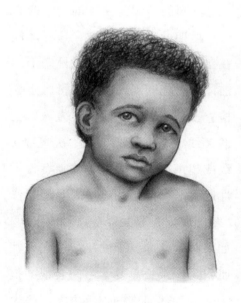

可能建议当孩子清醒时，让孩子趴着，脸背离患侧。这些简单的技巧可以在早期治疗大部分因肌肉损伤而导致的斜颈，从而减少了后续手术的必要性（儿科医生可能给你的孩子推荐物理治疗师，帮助孩子缓解症状）。

如果训练或调整姿势不能解决问题，儿科医生可能为你们推荐一名小儿神经科医生或整形外科医生。对于某些病例，有必要采用手术拉长受累的肌腱。

如果引起孩子斜颈的原因不是先天性肌肉损伤，且 X 线检查没有发现任何脊椎异常，那他就需要进行其他治疗，包括休息、佩戴颈托、轻柔的拉伸、按摩、牵引、对患侧热敷、药物治疗，或在少数情况下，接受进一步影像学检查或手术治疗。如果要治疗由于炎症或损伤引起的斜颈，医生可能建议做热敷、按摩、拉伸以减轻头部和颈部疼痛。儿科医生会为你们推荐一名专家，为孩子的疾病做出一个确切的诊断，并制订恰当的治疗方案。

第 30 章　心脏问题

心律失常

儿童的心率在正常的范围内有一定的差异。发热、哭闹、运动或其他剧烈活动都会引起心率加快。另外，孩子年龄越小，心率的正常值越高。随着孩子慢慢长大，心率也逐渐降低。对一个处于安静状态的新生儿来说，每分钟 130 ~ 150 次的心率是正常的，但这个数值对一个安静状态下的 5 岁儿童来说就太高了。对一个健壮的青少年来说，安静状态下正常的心率为每分钟 50 ~ 60 次。

心脏跳动的节奏是由位于心脏壁的神经中的电循环维持的。当这个电循环正常工作时，心跳的节奏就非常规律；但是当电循环出现问题时，就会引起心脏跳动的节奏不规则，也就是医学上所说的"心律失常"。一些孩子出生时即患有心律失常，但心律失常也可能由其他原因引起，例如感染、血液电解质平衡紊乱等。即使是健康的儿童，也有可能偶尔出现生理性的心律失常，有时仅仅是由呼吸引起的。这种偶尔出现的心律异常叫作"窦性心律失常"，是一种正常的生理情况，不

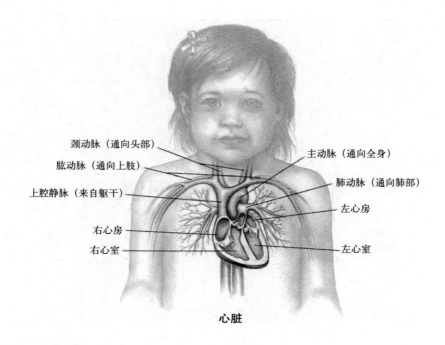

颈动脉（通向头部）

肱动脉（通向上肢）

上腔静脉（来自躯干）

右心房

右心室

主动脉（通向全身）

肺动脉（通向肺部）

左心房

左心室

心脏

需要特殊的医学评估或治疗。

　　另一种叫作"期前收缩"（也叫"早搏"）的心律失常也不需要治疗。如果孩子出现了这种心律失常，他有可能说自己的心脏"漏跳了一下"或"越过了一拍"。一般来说，这些症状并不意味着孩子出现了严重的心脏疾病。

　　如果儿科医生确诊孩子患了真正的心律失常，那意味着孩子有可能发生了如下一些情况：心率高于正常（心动过速）、心率非常快（心房扑动）、心率非常快且没有规律（心房颤动）、心率低于正常值（心动过缓）或出现间断的早搏。真正的心律失常并不常见，但一旦发生问题将会非常严重。少数情况下，心律失常可引起晕厥，甚至心力衰竭。幸运的是，心律失常的病情可以被有效控制，所以尽早发现心律失常非常重要。

症状和体征

　　如果孩子患了真正的心律失常，儿科医生在孩子常规体检的时候会发现这个问题。如果你平时发现孩子出现了下述症状，也应立即带他就医。

■ 婴儿突然变得脸色苍白、无精打采，身体可能非常软弱无力。

■ 孩子说自己在安静的状态下心跳很快。

■ 孩子告诉你他非常不舒服、软弱或无力。

■ 孩子眼前发黑或晕厥。

一般来说，孩子不会出现上述任何一种症状，但一旦出现，儿科医生一定会给孩子做一些检查，还可能请一名小儿心血管内科医生来会诊。在这个过程中，医生会给孩子做心电图检查，来判断他是属于正常的窦性心律，还是真正的心律失常。心电图用来记录心脏电活动，可以让医生更加密切地观察到任何可能的心律异常。

有时，孩子异常心律发生的时间很难预测，可能不发生在做心电图的时候。在这种情况下，心血管内科医生有可能让孩子佩戴一种便携式心电图记录设备（动态心电图监护仪）1～2天，在这段时间内，家长需要记录孩子不同的活动和症状。通过对比你的记录和心电图设备的记录，可以帮助医生做出诊断。举例来说，如果孩子在下午2:15的时候觉得自己的心"颤动了一下"并出现眩晕，同时心电图提示这个时候的心率突然比平时要快，那么就可以诊断为心律失常了。

少数情况下，异常的心律只会在运动时出现。如果孩子属于这种情况，心血管内科医生有可能要求孩子在固定自行车机上骑一会儿或在跑步机上跑一会儿，同时记录他的心电图。当孩子长大到可以参加运动的时候，询问儿科医生孩子应该进行哪些检查或应该注意什么。

心脏杂音

严格说来，心脏杂音就是在心跳之间听到的杂音。当医生用听诊器为孩子的心脏进行听诊的时候，他听到的声音应该是"扑/通——扑/通——"的。大多数情况下，"扑"与"通"之间以及"通"与下一次"扑"之间都应该是安静的。如果在这样的期间内出现了任何一种声音，都叫作"心脏杂音"。心脏杂音非常常见，包括功能性心脏杂音或单纯性心脏杂音（这些声音是由于健康的心脏正常泵血而产生的）。对学龄前和学龄期儿童来说，心脏杂音一般都不需要担心。大多数存在心脏杂音的孩子都不需要接受治疗，他们的心脏杂音会慢慢消失。

孩子如果出现心脏杂音，很有可能在 1 ~ 5 岁期间的常规体检中被检查出来。接下来，医生会更加认真地听诊，辨别这个杂音究竟是功能性心脏杂音还是一种病理性的杂音（有可能提示某种疾病）。一般来说，只需要听诊，医生就可以做出这种判断。如果需要的话，医生还有可能请一名小儿心血管内科医生来会诊，但是一般也不需要再做其他的检查了。

在极少数病例中，医生会听出一个明显异常的杂音，这提示孩子的心脏可能出现了问题。如果医生有这样的怀疑，孩子就需要做超声心动图（心脏的超声检查）或去看小儿心血管内科医生，以获得更精确的诊断。

尽管一些杂音是正常的，不意味着心脏有任何潜在的异常，但其他杂音则令人担忧。这些异常杂音并不是功能性杂音或单纯性杂音，需要引起小儿心血管内科医生的注意。它们可能由于心房、心室的结构异常（间隔缺损）或从心脏出发的大动脉的异常连接（例如大血管移位）造成。医生需要观察孩子的皮肤是否变色（变得青紫），并了解孩子是否存在呼吸困难或喂养困难。孩子有可能需要接受其他一些检查，例如胸部 X 线检查、心电图检查或心脏超声检查。心脏超声检查可以通过超声波探测孩子心脏内部的结构。根据孩子的检查结果，儿科医生和小儿心血管内科医生将决定下一步该做什么。如果所有这些检查结果都是正常的，就可以安全地得出推论：孩子的心脏杂音是单纯性杂音。小儿心血管内科医生可能不需要再次为孩子进行检查。

一种叫作"动脉导管未闭"（PDA）的疾病，往往会在孩子刚出生没多久时被诊断出来，大多数发生于早产儿身上。患该病的婴儿从心脏出发的两条大动脉之间的血液循环异常。大多数情况下，动脉导管未闭的唯一症状是心脏杂音，但有时这种杂音会在孩子出生后不久、他的动脉导管自行闭合后消失（健康的足月新生儿常常会发生这种情况）。另一些时候，特别是对早产儿来说，动脉导管可能不能自行闭合，或者不能完全闭合，使得过多的血液流经肺部，进而引起心脏负荷增加，不得不更加辛苦地泵血，并引起肺动脉血压升高。

治疗

功能性或单纯性心脏杂音是正常的，不需要治疗。有这种类型心脏杂音的孩子不需要反复诊断，也不需要长期去心血管内科随访，在体育运动或其他身体活动方面也不用受到限制。当孩子长到青春期中期时，单纯性心脏杂音就会消失了。心血管内科专家也不知道它们是如何消失的，以及最初是如何发生的。在此期间，如果孩子的心脏杂音在某次体检时比较轻微，而下一次体检时又变明显了，不用担心，这可能仅仅意味着孩子在每一次体检时心率不同而已。一般来说，随着年龄增长，孩子的心脏杂音会消失的。

在一些情况下，动脉导管未闭是一种可以自愈的疾病；对另一些患者来说，经过药物治疗，动脉导管也可以闭合。但如果动脉导管持续未闭合，这就有可能需要通过手术纠正或通过心脏导管治疗。

如果孩子在刚出生时（或刚出生不久后）被诊断出其他严重的心脏疾病，医生发现他存在严重的生理缺陷，那么儿科医生及小儿心血管内科医生会在儿童医院或大型综合医院请一名可以诊断且治疗该疾病的小儿心外科医生来会诊。

高血压

人们通常认为，高血压是一种影响成年人的疾病。但事实上，这种疾病可以发生在任何年龄段的人身上，包括婴儿。大约有10%的儿童血压高于正常值，但只有3% ~ 4%的儿童患有真正意义的高血压。

"血压"这个词实际上指的是两个独立的测量值：收缩压是指当心脏收缩向外泵血，供应身体血液循环时，血液对动脉造成的最高压力；而舒张压是指在心跳之间，心脏舒张时，血液对动脉造成的压力，这个压力比收缩压要低。如果孩子与同年龄同性别的健康儿童相比，收缩压或舒张压中的任何一个或两个值都比较高，这就叫作高血压。

在很多情况中，高血压的情况似乎随着年龄增大而出现。所以，孩子有可能在婴儿期并没有高血压的症状，但是在成长过程中会出现这个问题。超重的孩子容易患高血压（以及其他健康问题）。所以，儿童期（以及一生中其他时期）养成健康的饮食习惯（获取重要营养而不过量进食），并保持足量的运动非常重要。

除了那些由肥胖引起或加重的高血压外，大多数高血压的病因无法查明。然而，对一些孩子来说，高血压可能是其他严重疾病（如肾脏疾病以及心脏、神经或内分泌系统的异常）的一个症状。

大多数情况下，高血压不会引起明显的不适，但是如果出现了以下任何一种症状，孩子就有可能出现了高血压。

- 头痛。
- 头晕。
- 呼吸急促。
- 视物不清。
- 疲劳。
- 脚踝肿胀。

幸运的是，儿童高血压很少引起成年人高血压中可能出现的严重问题，并且可以通过饮食改变、药物或二者结合而得到控制。然而，如果高血压的病情没有被控制，或在很多年后恶化，长期的高血压状态就会导致心力衰竭或在成年期发生脑中风。另外，长期的高血压状态也会造成血管壁结构改变，引起肾脏、眼睛以及其他器官损伤。因此，让儿科医生定期为患有高血压的孩子测量血压非常重要；同时，你们也需要严格遵守医生的治疗建议。

治疗

从 3 岁起，孩子在体检时应该测量血压，这是通常发现高血压的方式。如果血压高，孩子将需要进行复查。如果几次复查后血压仍然高，孩子可能需要进行一项特殊的检查，称为"24 小时动态血压监测"，以确认孩子不仅在门诊室内血压高，而且在家血压也高。

如果孩子在重复测量后血压仍高，医生有可能让孩子进行一些其他检查，以确定孩子是否存在其他潜在的问题。这些检查可能包括血液和尿液检测，有时候，还包括用超声波来检查肾脏。如果没有发现任何其他疾病，那么孩子的高血压就可以被诊断为原发性高血压。如果发现潜在病因，孩子则需要去看合适的专科医生，以便得到针对性治疗。

医生会叫你做些什么呢？如果肥胖是孩子发生高血压的病因，那么你们要进行的第一步可能是让孩子减肥。减肥需要在儿科医生的严密监控下进行。减肥不仅可以控制血压水平，还可以让孩子获得其他许多健康益处。控制血压的第二步是改变饮食，措施包括增加水果和蔬菜的摄入，并减少饮食中盐的摄入［见下表"高钠（盐）食物"］。在购买包装食品时，需要格外留意，有些罐头食品或熟食都含有大量盐，所以请仔细阅读标签，挑选一些不含盐或低盐的品种。快餐和其他饭店的餐饮食品往往含盐量较高，尽可能少食用该类食品。在家烹饪新鲜食物总是比外出吃饭要健康。儿科医生可能会帮你制订适合孩子的最佳饮食计划，还可能鼓励孩子多运动，限制在诸如看电视之类的久坐活动中花费的时间。体育活动能

高钠（盐）食物

（钠含量高于 400 毫克 / 份）

调味品：肉汤料、腌（咸）肉粉、盐（如大蒜盐、洋葱盐、腌制用盐）、酱油、日式照烧酱。

盒装或袋装的零食或加工食品：咸味饼干、薯条、爆米花。

速食食品：大部分冷冻的速食咸味食品，浓缩汤包或罐头包装的汤料。

罐装或加工蔬菜：任何一种用盐水加工的蔬菜（如橄榄菜、泡菜、咸菜），蔬菜汁（如番茄汁）。

奶酪：加工过的奶酪制品，某些品种的奶酪（如美国奶酪、蓝纹奶酪、白软干酪以及帕尔玛干酪）。

加工或包装肉类：任何一种熏制、腌制、泡制的肉食（如腊肉、腊鱼、火腿、午餐肉、香肠以及熏肠）。

够有效调节血压、控制体重，对轻度的高血压具有治疗作用。

一旦医生确定孩子患有高血压，就会要求孩子频繁接受检查，以确保其病情不会越来越严重。根据孩子高血压的程度不同，他有可能为你们推荐一名小儿肾病科医生或小儿心血管内科医生。如果高血压病情加重，孩子就有可能需要接受药物治疗，同时配合饮食以及运动治疗。降压药种类很多，作用方式不同。一旦通过药物和饮食等方式控制了孩子的血压，你们就应该严格遵循医生的治疗要求，不要轻易改变饮食方式或停药（这非常重要，因为不当的行为很容易引起高血压复发）。

预防

早期发现高血压非常重要。长期未发现或未控制的高血压会损害心脏、肾脏和大脑等器官。建议所有孩子从 3 岁起就在儿童体检中开始测量血压，而高风险儿童则应该更早一些测量。高风险儿童包括早产儿、出生体重轻的婴儿，以及因疾病导致出生后住院时间延长的婴儿；另外，还包括患有先天性心脏病的孩子（因为他们所服用的药物可能含有升高血压的成分），以及患有其他一些有可能并发高血压的疾病的孩子。

因为体重过重很有可能引起高血压问题（当然，还有其他一些健康问题），所以要注意控制孩子饮食中的热量，教孩子选择健康食物，并鼓励孩子每天进行足量的运动。对超重的孩子来说，哪怕是较少一点的体重减轻以及稍多一些的体育活动，都会让他获益，帮助他降低血压。

川崎病

川崎病是罕见的以全身血管发炎为主要病变的严重而复杂的疾病，其病因至今未明。这种疾病症状之一是发热，通常体温很高，持续至少 5 天，对抗生素治疗没有反应，且发热原因不明。一个生病的孩子必须存在发热才能考虑做出川崎病的诊断。另外，检查时必须有其他症状。大多数情况下，典型的川崎病患儿还会出现下列症状中的第 4～6 条。

1.身体某些部位或全身出现皮疹。通常来说，尿布包裹区域会更严重，特别是对婴儿来说。

2.手掌、脚掌红肿，在之后的病程中，指甲根部周围起皮。

3.嘴唇红肿和／或舌头呈草莓状（发红、凹凸不平）。

4.眼睛发红、发炎，影响到巩膜（白眼球）。

5.单一淋巴结肿大，尤其是出现在颈部一侧的。

6.烦躁不安（哭闹）或无精打采（倦怠），说自己的肚子痛、头痛和／或关节痛。

川崎病引起的血管发炎，可能累及心脏动脉（冠状动脉），25%以上的病例都会出现这种情况。血液检测用来发现炎症，心脏超声（超声心动图）用来评估川崎病患儿的冠状动脉情况。超声心动图能发现冠状动脉的炎症，这种炎症反应会削弱血管壁的功能。在一些病例中，血管壁功能变弱会导致动脉瘤（血管上的血肿）。对大多数病例来说，血管炎症可能在几个月或几年后消除，但对另外一些病例来说，冠状动脉可能会变得狭窄。

虽然川崎病更高发于日本和韩国，最容易影响日本和韩国血统的孩子，但它也可以在全球各地、各个种族的孩子身上发病。这种疾病目前的患病人数不详，但美国的发病人数每年有 5000 ~ 10000 人，最常见的发病人群是 18 ~ 24 个月大的幼儿。川崎病很少发生于 6 周至 6 个月大的婴儿身上，若发生，持续发热可能是这个年龄段婴儿唯一被发现的症状。美国川崎病的高发年龄是 6 个月至 5 岁。

川崎病没有传染性。如果家中有 2 个以上的孩子，当其中一个发病时，另一个孩子的发病概率极低。同样，它也不会在幼儿园等孩子接触密切的场所形成传播。不过，川崎病却有可能出现群体性发病的特点，特别是在冬季和初春（关于这一点，科学上目前还没有发现具体的病因）。尽管大量研究一直在进行，但依然没有发现任何一种细菌、病毒或者毒素可以被确定为病因。川崎病的诊断是根据符合前文所述的症状，并排除了其他可能疾病而做出的。

治疗

川崎病可以被治疗，却不能被预防。如果该病被足够早地诊断出来，医生可以为孩子静脉注射免疫球蛋白（一种人源抗体混合物），以大大降低孩子出现冠状动脉瘤的风险。如果孩子注射了免疫球蛋白，这可能会影响"活"病毒疫苗（水痘疫苗和麻腮风三联疫苗）的常规接种安排，所以家长应与儿科医生沟通一下这一点。然而，包括流感疫苗在内的所有灭活疫苗都可以按时接种。

除了注射免疫球蛋白外，患有川崎病的孩子还需要口服阿司匹林，在川崎病的第一阶段，即开始时，服用大剂量，在恢复期服用小剂量，直至儿科医生告诉你可以停药为止。阿司匹林可以预防血管内出现血凝块损伤血管壁，包括预防冠状动脉中形成血凝块。虽然对川崎病来说，阿司匹林是一种恰当的药物，但不要用阿司匹林来治疗患有轻微疾病（如普通感冒）的儿童，因为这可能引起一种叫作"瑞氏综合征"的严重疾病。如果患川崎病孩子在接受阿司匹林治疗时暴露于流感病毒或水痘病毒，应立即停用阿司匹林，家长要和儿科医生商量暂时换用另一种合适的药物。

第31章 疫苗接种

一个多世纪以来，疫苗接种已经成功帮助很多孩子保持健康。常规疫苗接种已经成为保护孩子不受很多严重儿童疾病侵犯的最佳武器之一。

事实上，疫苗接种是我们所在时代公共卫生事业方面最伟大的成就之一。由于卫生条件的提高、营养的改善、相对更宽敞的居住条件以及更重要的一点——疫苗，很多曾经被视为孩子成长过程中无法避免的疾病（其中很多还是危及生命的），都已经可以成功预防了。曾经，大多数活到成年的人都曾经历过家里或朋友中有人感染严重的疾病甚至因此死亡，但现在，这些传染性疾病在美国及其他许多国家的发病率都很低，这得益于疫苗接种的普及。现在，孩子在出生到18岁之间应按免疫程序进行疫苗接种，以预防多种传染性疾病，同时每年接种疫苗预防流行性感冒。疫苗的有效性很高，大部分对疾病预防的有效性高于90%，所以它们对孩子的健康是非常有价值的。当家长们了解了这些传染性疾病的危险（例如，百日咳可以引起抽风、大脑病变甚至死亡）时，他们会更容易明白疫苗接种的益处。另外，虽然水痘通常是一种轻微的疾病，但是在水痘疫苗发明前，美国每年有 1.1 万余名儿童因为水痘的痘疮被感染而必须住院治疗；另外，每年有约 100 人死于水痘的并发症，且不可计数的患者出现瘢痕。目前，这种疾病已经可以预防了。

重要性和安全性

因为很多父母（甚至一些医生）从来没有见过患百日咳、白喉、破伤风、小儿麻痹症或麻疹的孩子，所以他们会咨询医生孩子们是否真的有必要接种这些疫苗。虽然这些一度有可能引起终生残疾甚至死亡的疾病目前已经不常见了，但它们并没有被完全消灭，引起这些疾病的病菌仍然生活在人类周围。

以 B 型流感嗜血杆菌疫苗为例。它保护了孩子们远离严重的儿童期疾病，例如脑膜炎以及会厌炎。但在 20 世纪 80 年代这种疫苗发明之前，美国每年约有 2 万例 B 型流感嗜血杆菌感染性疾病发生。在美国，B 型流感嗜血杆菌是引起细菌性脑膜炎的最常见病原体，而细菌性脑膜炎是引起智力障碍和耳聋的一种重要病因。过去，这种细菌每年可以引起 1.2 万例 5 岁以下的孩子（特别是 6 ~ 12 个月大的婴儿）发生脑膜炎。在这些受感染的孩子中，每 20 个中有 1 个会死于这种疾病，有 1/4 会发生永久性大脑病变。如今，因为疫苗的预防作用，美国每年的脑膜炎发病数已经低于 100 例。

疫苗是非常安全的，虽然它们并不完美。和药物一样，它们偶尔也会引起不良反应，但一般来说都是轻微的（见第 809 页"关于疫苗接种的更多知识"）。例如接种的位置发红或不适，这种不良反应的发生率约为 1/4，它们会在接种后不久就出现，然后一般在 1 ~ 2 天内消失。孩子还可能在疫苗接种后的 1 ~ 2 天内变得烦躁不安。虽然更严重的不良反应可能发生，但并不常见。极少数患有特殊疾病的孩子不能接种特定的疫苗。如果孩子在过去接种疫苗时曾经发生严重的不良反应、对疫苗成分过敏，或在抵抗感染方面存在问题，或者在计划接种的当天生病了，请询问一下医生该怎么

关于疫苗接种的更多知识

当你给孩子接种疫苗之后：

■ 你就保护了他不受危险甚至致命的疾病的侵袭。

■ 万一孩子患上这些疾病，其严重性也会降低。

■ 你也阻断了这些传染性疾病的传播。

■ 你还保护了所居住的社区内其他一些由于太小而不能接种疫苗，或因为某些健康原因不能接种疫苗的人。

需要注意的

■ 在接种了疫苗之后，一些孩子会出现轻微的症状，例如低热、情绪烦躁，以及接种部位触痛、红肿。他们也有可能在接种疫苗之后的 1 ~ 2 天内比平时睡得多。

■ 在非常少见的病例中，孩子可能出现更令人担忧的反应，例如高热、皮疹或抽风。如果孩子发热超过了 39.4℃、全身出疹（包括荨麻疹），接受注射的肢体大范围肿胀或出现其他任何让你担心的症状，请向儿科医生咨询。以上内容适用于本章所提到的所有疫苗。

办。这些信息可以帮助医生确定孩子是否需要推迟或不接种疫苗。过去几年，一些批评家指出有些疫苗是用一种叫作"硫柳汞"的防腐剂来保存的，这种物质在这几十年里被加入疫苗内，防止疫苗不受细菌污染。硫柳汞含有微量的有机汞，这令一些家长产生担忧。他们担心含有硫柳汞的疫苗与某些疾病（如自闭症）的发生有关。多个国家大量的严格的科学实验表明，疫苗中的硫柳汞和自闭症之间没有关联，

也没有任何可信的证据可以将疫苗或其任何成分与自闭症联系起来。另外，美国为婴儿以及大部分大龄儿童和成人生产的疫苗已经不再添加硫柳汞或只含有极微量的硫柳汞。

虽然一些家长会担心孩子一次接种了"过多"疫苗，但是大量的研究表明孩子同时接种多种疫苗是安全的。事实上，每一种疫苗在获得美国食品药品监督管理局的许可之前，生产商都必须证明它与其他推荐的疫苗同时接种是安全的。另

减轻疼痛

打针会引起疼痛。当孩子接种疫苗时，他可能因疼痛而哭闹几分钟。在接种疫苗时，你可以通过分散孩子的注意力来帮助缓解这种疼痛。说一些安慰的话，并与他进行眼神交流。接种结束之后，陪他玩一会儿。

如果疫苗在孩子身上产生了不良反应，你可以让他服用对乙酰氨基酚或布洛芬来缓解发热或烦躁不安的症状。确保在喂药之前已经和儿科医生讨论了正确的服用方法和剂量。如果孩子的接种部位很痛，医生可能建议你为该处冷敷缓解不适。当然，如果任何一种不良反应导致孩子产生不适持续超过 4 小时，应带孩子就医，医生会将这一情况记录在孩子的病历里并给出治疗建议。

在给孩子接种之前，最好和医生聊一聊可能发生的任何反应。如果发生了异常或严重的反应，例如发热或行为改变，你就应该和医生讨论是否按时接种该疫苗的下一针。

尽管在孩子接种疫苗时，他的不适感会让你心疼，但别因此而忽视了一个事实：你正在通过为他接种疫苗来保护他不受多种疾病困扰，这能为他带来非常多的好处。

外，虽然现在的孩子与过去的孩子相比接种了更多疫苗，但现在的疫苗都是经过改进的，所以相比于以前，现在的孩子在每次接种疫苗时获得的抗原实际上变少了。这些疫苗只要根据美国儿科学会推荐的接种程序接种就是安全而有效的。

重点是记住，虽然接种疫苗可能出现不良反应，但是患上这些本来可以预防的疾病将会更危险。如果你对疫苗接种存在问题或疑虑，请和儿科医生聊一聊。

孩子需要接种哪些疫苗？

你们应该清楚孩子什么时候需要接种疫苗，以及为什么需要接种疫苗。同样，随着疫苗科学的发展，新疫苗的发明，疫苗接种信息也会不断更新，所以请一定要经常和医生聊一聊最新的发展，或者浏览可靠的网站以便了解关于疫苗接种的最新信息。

百白破疫苗（百日咳、白喉、破伤风混合疫苗）

百白破疫苗可以保护孩子不受百日咳、白喉、破伤风这3种疾病的侵犯。白喉是一种可引起呼吸困难、瘫痪或心力衰竭的咽喉感染；破伤风是一种可引起全身肌肉（特别是牙关）紧张或"紧闭"的疾病，很可能致命；而百日咳（俗称"天哮"）是细菌感染引起的严重而剧烈的咳嗽，会使婴儿出现呼吸与进食困难。

这种疫苗可能有什么不良反应呢？接种部位可能因疫苗中抵御白喉和破伤风的成分出现红肿。目前被报告的接种百白破疫苗后出现的严重但罕见的问题包括长期抽风、昏迷以及永久性大脑病变。这些问题非常罕见，很难明确它们是否由疫苗引起。如果没有经过儿科医生的同意，千万不能擅自替孩子放弃这项疫苗。如果有疑虑，请与医生沟通，他会充分考虑可能存在的任何问题。对绝大多数孩子来说，患这些疾病的潜在危险远远大于接种疫苗本身的微小风险。请记住以下数据：每10个破伤风患者中就有2个死亡；1%的2岁以下婴幼儿在患了百日咳之后死亡；10%以上的孩子在患白喉之后死于并发症。所以，疫苗接种非常重要，可以保护你的孩子免受这些疾病的侵害。为了充分保护新生儿，孕妇应在孕后期接种一剂成人百白破疫苗。

麻腮风三联疫苗

麻腮风三联疫苗可用于预防麻疹、腮腺炎和风疹。麻疹是一种可引起孩子出现大面积红色或褐色斑点样皮疹并伴有流感症状的疾病，可能导致严重的并发症，如肺炎、

我们的立场

美国儿科学会认为，疫苗接种是最安全而有效（也是最划算）的预防疾病、残疾和死亡的方式。我们敦促家长确保孩子已经接种了针对严重疾病的疫苗，因为对于严重的疾病，预防其发生远比发生了再去治疗要好得多，更比在生活中承受该疾病带来的严重后果要好得多。

抽风以及大脑病变。腮腺炎是一种病毒感染，会引起孩子唾液腺肿胀，出现发热、头痛甚至发展到耳聋、脑膜炎以及睾丸或卵巢肿胀疼痛。风疹是一种皮肤和淋巴结的感染性疾病，症状为皮肤上的粉红色皮疹及肿胀，以及颈部后方的淋巴结触痛。麻腮风三联疫苗还可以保护孕妇免于将风疹病毒传染给正在发育的胎儿。

过去，许多媒体报道认为麻腮风三联疫苗和儿童自闭症可能存在一定联系。事实上，大量的研究证明这种联系并不存在。产生这种错误的推论，是因为自闭症被诊断出来的年龄通常恰巧是孩子接种麻腮风疫苗的年龄。但事实上，研究已经清楚地表明自闭症其实早在孩子出生之前就已经发病了，疫苗不会对其有任何影响。

曾经对鸡蛋过敏的孩子不建议接种麻腮风三联疫苗。但由于现在的麻腮风三联疫苗中仅含微量鸡蛋蛋白质，研究表明，麻腮风三联疫苗可安全地让对鸡蛋过敏的孩子接种，不需要特别的预防措施，因此接种建议已经被调整。但是，如果孩子正在服用影响免疫功能的药物，或孩子的免疫系统由于某种原因变弱了，总的来说他就不应该接种这种疫苗。至于麻腮风三联疫苗的不良反应，有时候孩子在接种这种疫苗后的 7 ~ 12 天内，有可能出现脸颊或颈部的淋巴结肿大，或出现发热或轻微的皮疹。如果确实发生了这种轻微的不良反应，要记住这种情况并不危险，也不具有传染性，并且在一段时间后就会自愈。而这些问题一般在接种第二针该疫苗时就很少再出现了。严重的不良反应，如由发热引起的抽风，往往发生率只有 1/3000，严重的过敏反应更为少见（发生率大约为 1/100 万）。

水痘疫苗

1995 年美国有了预防水痘的疫苗，它不仅可以保护孩子不患水痘，而且可以降低孩子在成年后发生带状疱疹的风险。自然的水痘感染可引起发热及全身出现瘙痒的水疱样皮疹。全身的皮疹数量能达到 250 ~ 500 个之多。有时候，这种感染可引起严重的并发症，包括皮肤感染、大脑水肿以及肺炎。

水痘疫苗很安全，引起的反应

大多很轻微。20% 接种者的接种部位会出现轻微疼痛、发红或肿胀。如果你的孩子免疫系统功能较弱，或正在服用一些影响免疫功能的皮质激素或其他药物，那么在带他接种水痘疫苗之前，一定要先咨询医生的意见。

2 针水痘疫苗可以使孩子不受感染的概率达到 90% 以上。目前，的确有人在注射了疫苗之后又患上了水痘，但通常病情很轻微。他们出现的水疱样皮疹数量很少，也不太容易出现发热或严重的并发症，并且康复得很快。

流感疫苗

流感是一种由病毒感染引起的呼吸系统疾病。这种感染会引起高热、肌肉酸痛、咽喉痛以及咳嗽等症状，孩子需要几天才能康复。目前，可使用的流感疫苗有 2 种。

■ **灭活疫苗**。这种疫苗是通过肌内注射的方式接种的。

■ **减毒活疫苗**。这种疫苗通过往鼻腔内喷雾的方式接种。

6 个月以上的所有婴幼儿、儿童、青少年、青年人和不能接种疫苗的婴儿（比如新生儿）的照顾者，每年都应接种季节性流感疫苗，除非他有特定且不常见的该疫苗的禁忌证。因存在某些健康问题（例如哮喘、糖尿病、免疫抑制或神经障碍）而容易出现严重流感并发症的人尤其需要接种疫苗。根据当年预期流行的流感病毒株种类，流感疫苗的成分每年都会改变。这也是每年都需要接种流感疫苗的原因。另外，要确保所有看护年幼的或患有慢性疾病儿童的人都应接种年度流感疫苗。

脊髓灰质炎疫苗

脊髓灰质炎疫苗可以保护孩子不受引起脊髓灰质炎的病毒侵袭。虽然有些该病毒的感染不会引起症状，但另一些却可以引起瘫痪甚至死亡。在脊髓灰质炎疫苗发明之前，全球有无数的孩子因脊髓灰质炎而瘫痪。

如今，所有孩子在上学前都需要接种 4 针脊髓灰质炎灭活疫苗，孩子首次接种是在 2 个月大的时候。灭活疫苗是以注射的方式接种的，且没有引起该疾病的风险。在美国，目前已经没有该疫苗的口服形式（脊髓灰质炎糖丸）了。

B 型流感嗜血杆菌疫苗

B 型流感嗜血杆菌疫苗可以保护孩子不受引起脑膜炎的细菌侵袭。细菌性脑膜炎高发于 6 个月～5 岁大的孩子，引起的症状有发热、抽风、呕吐以及颈部强直。脑膜炎还会引起听力损失、大脑病变以及死亡。这些细菌还会引起一种少见而严重的炎症，即会厌炎。

孩子应该在 2 个月大的时候接种第一针 B 型流感嗜血杆菌疫苗，后续还要接种加强针。孩子在刚出生的几年中，最容易受到这种细菌的侵袭，所以按时让孩子获得免疫非常重要，可以大大降低感染的概率。除非孩子在之前接种这种疫苗时出现过少见而致命的过敏反应，否则没有理由不让孩子继续接种。

乙肝疫苗

乙肝疫苗可以预防乙肝，这是一种由血液和体液传染的疾病，由乙肝病毒引起，有可能发展为肝硬化或肝癌。这种疾病可能由感染乙肝病毒的母亲在分娩过程中传染给孩子，也有可能由一个家庭成员传染给另一个。

孩子应该在出生后 12 小时内接种第一针乙肝疫苗，在 1～2 个月大时接种第二针，在 6～18 个月大期间接种第三针。乙肝疫苗非常安全，引发严重问题的概率非常小。可能发生的轻微不良反应包括接种部位疼痛，以及有 1/15 的人体温升高到 37.7℃ 或更高。

甲肝疫苗

和乙肝疫苗一样，甲肝疫苗也可以保护孩子免受一种常见的肝脏传染性疾病侵犯。这种疾病很有可能因孩子吃了含有病毒的食物或喝了带病毒的水而被传染。有时，幼儿园的老师没有按照标准流程洗手时，可能造成幼儿园里的甲肝暴发。

孩子应在 12 个月大时接种第一针甲肝疫苗，并在半年到一年后接种第二针。甲肝疫苗非常安全，不良反应很少见，除了引起接种部位疼痛外几乎没有别的不良反应。

肺炎球菌疫苗

肺炎球菌疫苗可以保护孩子不患由肺炎球菌引起的脑膜炎、常见的肺炎、菌血症，以及某些类型的耳部感染。孩子应该从 2 个月大开始接种 4 针疫苗。据统计，肺炎球菌感染是可以通过疫苗预防的所有疾病中最容易引起孩子死亡的一种。接种肺炎球菌疫苗只会引起轻微的不良反应，一些孩子有可能变得烦躁不安或昏昏欲睡、没有食欲或者发热。

轮状病毒疫苗

轮状病毒疫苗可以保护孩子不患一种严重的胃肠道病毒感染（通常被人们称为"肠胃流感"）。这种疾病有可能引起孩子出现呕吐、腹泻以及其他相关症状。在疫苗出现之前，轮状病毒感染是引起2岁以下孩子严重腹泻的最常见病因。以前，美国每年约有5万个5岁以下的孩子因为轮状病毒感染而住院。

轮状病毒疫苗是口服疫苗，从2个月大时开始接种，分为2剂或3剂服用。在接种轮状病毒之后的7天里，一些孩子可能出现轻微而短暂的腹泻或呕吐（非常少），但这种疫苗不会引起严重的不良反应。和前文提到的一些疫苗一样，如果孩子患有严重的免疫系统疾病（如艾滋病）或正在服用某些抑制免疫功能的药物（如皮质激素），在接种疫苗前一定要先征询医生的意见。

脑膜炎球菌疫苗

建议所有青少年接种的脑膜炎球菌疫苗，可能也适用于年幼而容易感染的儿童接种。如果孩子免疫功能低下，或患有使感染风险增高的其他疾病，请询问儿科医生应何时接种该疫苗。

第 32 章　媒体问题

电视、移动设备和网络游戏等科技产物给孩子提供了娱乐、文化和教育，它们越来越多地融入了日常生活。虽然媒体能够给孩子提供很多好处，但是使用媒体也和学龄前以及学龄儿童的肥胖问题、睡眠问题、攻击性行为和注意力障碍息息相关。当这些媒体技术进入孩子的日常生活中时，他需要你的经验、判断和监督。

发育和学习问题

不到 15 个月大的婴幼儿就可能会被电子屏幕迷住。只要他们的视力允许（大约 6 个月大时），他们就会盯着屏幕上的颜色和图案，甚至可以利用有限的运动技能滑动和点击。父母很容易错误地认为婴幼儿可以用大孩子和成年人的方式理解所看见的画面，但是这个年龄段的孩子还不具备理解屏幕画面的思维能力。屏幕可能会吸引他们的注意力，但研究表明，无论屏幕的内容是什么，这个年龄段的孩子都不会从中学到任何东西。

婴幼儿是在父母或其他照料者的陪伴下，通过身体来探索周围世界的。他们通过阅读、唱歌、鼓掌和做游戏来学习。屏幕媒体等任何在孩子进行这些活动时分散其注意力的事物，都会干扰学习。因此，美国儿科学会不鼓励 18 个月大以下婴幼儿观看屏幕，但视频聊天除外，这通常用于与远方亲人保持联系。

从大约 15 个月大时开始，孩子也许可以从某些屏幕内容中学习，但是只有在父母帮助他们处理和理解该内容时才可以。高质量的屏幕内容可能对 18 个月以上的孩子有用，但应将其用作人际互动学习的补充，而不是替代。3 岁以上的孩子可以从精心制作的屏幕内容中学习数字、字母、单词，甚至是友好的举止。与只能观看的屏幕内容相比，具有

互动性的内容可以作为更好的老师。与父母一起观看对孩子有更大的帮助，因此，请花一些时间与孩子一起观看或玩耍，并考察你为他选择的内容是否有教育意义。在成千上万个声称可以帮助教育儿童的应用程序中，很少有经过严格研究的。

过度沉溺于媒体的孩子在上学之后，可能有语言能力发育迟缓的风险，因为当屏幕打开（甚至仅仅是屏幕作为背景）时，孩子与成年人的"对话时间"会减少。研究表明，这种"对话时间"对于孩子刚萌芽的语言发育十分有价值。如果父母在与孩子共处时使用自己的手机或电脑，他们就可能大大减少对孩子的关注、减少亲子互动，并且可能

我们的立场

美国儿科学会建议父母和其他看护者尽量减少或者完全禁止 18 个月大或者更小的孩子接触媒体。对于年纪稍大的学龄前儿童，限制其接触媒体也是十分适宜的，而且父母在监管电子媒体方面要讲究策略，应充分发挥媒体的积极作用。请记住，对婴幼儿来说，当你无法陪他们做游戏时，孩子独自进行的、安全的游戏比起让他们沉溺于屏幕媒体更为有益。例如，当你在准备晚餐的时候，可以让你的孩子坐在附近的地板上玩叠叠杯。不要在儿童房间里放置电视机，同时要记住，你自己使用媒体的方式和内容也可能会对孩子产生消极影响。

我们的立场

虽然美国儿科学会并不认为媒体是造成社会暴力的唯一原因，但是我们确信，电视上、电影里或者电子游戏中的暴力场景对孩子的行为有明显影响，而且导致其用暴力解决冲突的频率上升。娱乐性的媒体内容还扭曲了关于毒品、酒精、烟草、性和家庭关系的现实。

我们鼓励父母控制家庭中所看媒体节目的时长和内容。父母应该培养一种健康的观看品位并成为孩子的榜样。商业广告赞助儿童节目，首要目的是向儿童推销产品。很多孩子不能区分节目和商业广告，也不能完全理解广告是有意向他们（及其父母）推销产品的。

所以，家长、电视台、节目制作方和广告商要共同对孩子收看的节目负责。美国儿科学会强烈支持关于努力改善儿童节目质量的立法。我们强烈建议家长限制孩子的屏幕（包括电视、视频、电脑和电子游戏）时间，监督孩子看的内容，并和他们一起看，帮助他们从中学习有益的内容。

对孩子的行为减少耐心、更容易发脾气。

作为背景的媒体也可能妨碍年幼的孩子从游戏和活动中学习。研究表明，即使一个节目的潜在观众不是孩子，孩子还是会每分钟朝屏幕望上 3 次，这会打断正在"工作"（玩耍）的孩子的注意力。当屏幕开着的时候，孩子的注意力下降，更容易迅速地转向另一个玩具。

如果孩子无意间接触到大人看的媒体内容，而这些内容恰好展示了一些负面的信息，他们可能会吸收内化。例如，孩子可能会看到屏幕上的人物从事暴力活动或者使用不适合孩子的语言，这类内容还可能展示性、毒品和酒精，而孩子年纪太小，无法理解其真相。孩子可能从屏幕上看到各种社会关系并认为这是真实世界的写照，但事实上这些内容可能离现实很远。因此，父母应该事先审查节目的内容，或者和孩子一起看、同孩子讨论屏幕上发生的事情，并回答孩子的问题。

儿童肥胖

研究表明，看电视或其他媒体会导致儿童肥胖。这种结果似乎更多地来自不健康食品和甜味饮料的广告，而非儿童活动水平下降。另外，如果孩子在吃饭的时候看电视，他容易忽略身体提示已经吃饱的信号。在进餐时间让家人远离屏幕，可以帮助孩子及早养成健康的饮食习惯。此外，要监督孩子在看什么内容或玩什么游戏，如果其中有不健康食品和饮料的广告，可以选择其他内容。

所有的孩子都要活跃地玩耍，不仅是由于玩耍能锻炼身体，还因为它能促进智力和社交能力的发展。孩子在使用大多数媒体的时候都是被动的，例如长时间坐着看电视，这并不能帮助孩子获得重要的能力和体验，例如交流、创造、想象、判断和试验。孩子在电视机前待的时间越长，留给其他有趣而难忘童年活动的时间就越少。尽管屏幕内容对孩子有一定的教育意义，但孩子的日常活动应该保持健康、均衡。独立的（不接触媒体的）游戏能够激发创造力，同其他孩子一块玩耍则能够培养社交能力和解决问题的能力，而体育活动对于健康的生活也至关重要，因此孩子在生活中应该平衡各类活动。

影响睡眠

许多父母可能在晚上会使用屏幕媒体帮助孩子入睡。但是，屏幕通常会发出大量的波长处于光谱上靠近蓝端的光，而蓝光已被证明会干扰睡眠。在儿童期早期使用屏幕会导致孩子睡眠时间缩短和质量下降。不良的睡眠习惯会对情绪、行为、体重和学习产生不良影响。

理想情况下，应在就寝前至少60分钟关闭屏幕，并且屏幕的使用绝不能干扰或代替沐浴、讲故事、拼图或画画的时间。如果你的孩子需要声音来掩盖住房中的噪声，请考虑购买专门的音响设备或利用电风扇来产生白噪声。但是，请保持较低的音量，因为年幼的儿童很容易因长时间暴露于噪声而导致听力下降。

监督媒体使用

在一个瞬息万变、日益技术化的世界里，随着孩子逐渐长大，他自然会熟练掌握各种科技。监督你的孩子对媒体的使用，可以保证他的生活和学习是安全且有趣的。

如果你的孩子用手机、平板电脑或者家庭电脑玩游戏，一定要确保他所玩的游戏适合他的年龄。如果他所玩的游戏需要连接互联网，请检查这款游戏是否是在一个安全、儿童友好型的网站上运行的，并评估网站是否包括直接广告或包含在游戏中的广告（"广告游戏"）。这些措施将减少他接触到不良信息的可能性。此外，美国儿科学会建议父母启用电脑或手机操作系统中的父母控制功能，这项功能让你能够阻拦或者过滤某些网络内容。很多网络服务商也提供了具备相同功能的软件，一般而言都是免费的。父母可以选择购买一个独立的软件程序或者应用，以阻拦或者跟踪不适宜或者不受欢迎的网站，也可以将设备的部分内容锁定，以防止孩子访问特定的区域。此外，还有一些应用能够报告并控制孩子使用屏幕媒体的时间长度。

在美国，电视节目和电影往往附带有级别，以标示其节目内容的类型。电视节目的分级可以通过电视节目单或者电视节目指南找到。新闻节目并没有分级，而特定新闻内容并不适合孩子收看或收听。在哪些信息适合你的孩子接受的问题上，你一定要坚持原则。

此外，你还应该提醒孩子清楚地认识到，网络上的人有可能以假的身份出现，而且他们可能并不是他们所声称的"朋友"。

媒体使用指南

■ 避免让 18 个月大以下的孩子使用电子媒体（视频聊天除外）。

■ 对 18 ~ 24 个月大的孩子，父母可以让其接触电子媒体，但要选择高质量的节目，而且不要让这个年龄段的孩子一个人使用媒体。

■ 你无须让孩子过早接触科技。屏幕界面非常直观，一旦孩子们开始在家中或学校中使用它们，他们就会很快学会使用。

■ 对 2～5 岁的孩子，应将其屏幕使用时间限制在每天 1 小时，且仅观看高质量节目。要帮助孩子理解他们正在观看的内容，以及如何将所学知识应用到周围的世界中。

■ 避免观看节奏快以及任何有暴力内容的节目（年幼的孩子还不太能理解）和使用含有很多分散注意力内容的应用程序。

■ 不使用时，请关闭电视和其他设备。

■ 避免将媒体作为安抚孩子的唯一方法。尽管在一些特殊的时候（例如医疗检查或乘飞机时），媒体可用作安抚孩子的方式，但有人担心将媒体用于安抚可能会导致媒体的过度使用，或导致儿童无法发展自我调节情绪的能力。

■ 监督孩子观看或使用的媒体内容，以及正在使用或下载的应用程序。在孩子使用应用程序之前对其进行审查，然后一起使用，并询问孩子对应用程序的看法。

■ 孩子和父母的睡眠时间、进餐时间和亲子游乐时间，都应不受屏幕的打扰。可以在这段时间内在设备上设置"请勿打扰"选项。

■ 在就寝前 1 小时避免使用屏幕，并将屏幕设备放在卧室之外。

■ 通过美国儿科学会专门为父母开设的网站，了解美国儿科学会家庭媒体使用计划。

给父母的忠告

要让孩子明白看电视、看电影和玩电子游戏虽然是一种享受，但要以对自己负责任的态度去使用媒体。

善用媒体，父母应该做到以下几点。

■ 为孩子使用媒体的时间设置界限，并给予指导。

■ 帮助孩子选择看什么内容，以及何时观看。

■ 节目结束或者到了允许的看电视时间上限，就关掉电视。

■ 千万不要让电视成为保姆。

■ 不要把电视机、电脑、游戏机等设备放在孩子的卧室（应该放在家中的公共区域）。

■ 和孩子一起看电视，告诉他广告的真相。

应该将孩子的兴趣引导向其他不涉及任何媒体的活动上，邀请他和你一起进行阅读、下棋、户外运动、涂色、烹饪、搭积木或者走亲访友等活动。当他不依靠电视或电脑娱乐的时候要表扬他。以身作则，限制自己的媒体时间，你会成为他的好榜样。你应该让他知道，你自己看重人与人之间的交往，而且也对自己看电视的时间进行了限制。不要把看电视作为一种奖励，也不要把限制看电视作为一种惩罚，因为这会让电视看起来更有诱惑力。制订一些基本的规矩并前后一致地予以执行。你的家规可能是"上学期间，晚上不能看录像带或者电视节目"或者"功课做完之后最多看1小时的电视或者视频作为娱乐活动"，也就是说，只有作业完成之后才能享受屏幕时间。不管你的家规内容是什么，关键是一定要有，并且予以执行。

在早期就建立起对孩子所接触的媒体内容的监督是十分重要的。你要更好地理解各种媒体的优缺点，从而了解如何最好地将它们引入生活并加以使用。

第33章 肌肉、骨骼问题

关节炎

关节炎是一种关节的炎症，可引起关节肿胀、僵直、发红、发热、触痛以及运动时疼痛。虽然人们通常认为关节炎是一种老年性疾病，但它也会发生于儿童身上。最常见的4种儿童期关节炎如下。

关节细菌感染（脓毒性关节炎）或骨细菌感染（骨髓炎）

关节或骨被细菌感染时，会表现为疼痛、发热、肿胀，关节还可能变得僵硬。这种感染会导致孩子跛行、不愿意负重、患肢活动减弱。

孩子典型的症状是发热，非常小的孩子可能只是单纯地烦躁不安、拒绝走路和使用一侧肢体。如果孩子出现了这些症状，应该立即带他就医，尽早治疗能防止关节或骨的病变进一步恶化。如果感染波及髋骨或其他深处不可触及的关节和骨，诊断会比较困难。如果大的承重关节和骨被感染，这就是一种非常严重的情况，需要正确诊断并接受专科医生（通常是骨科医生）的治疗。诊断可能需要X线或超声检查等影像学检查，治疗可能需要用针吸术等手术方式对感染的关节或骨引流

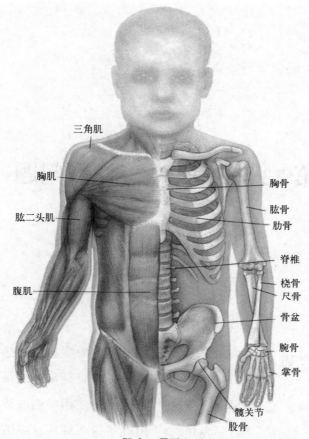

三角肌

胸肌

肱二头肌

腹肌

胸骨

肱骨

肋骨

脊椎

桡骨
尺骨

骨盆

腕骨

掌骨

髋关节
股骨

肌肉、骨骼系统

脓液，以及静脉输入抗生素。

莱姆病

　　莱姆病是由蜱虫传播的感染引发的。这个疾病的命名是由于第一例患者是美国康涅狄格州的老莱姆市的一名儿童。这种疾病最初的表现是孩子被蜱虫咬伤的部位出现红斑，周围有一圈环形斑。接下来，身体其他部位可能出现类似的但更小的皮疹。另外，孩子还可能出现类似流感的症状，如头痛、发热、淋巴结肿大、疲惫以及肌肉酸痛。更少见的情况下，莱姆病会引起涉及神经、眼或心脏的症状。关节炎通常在皮肤出疹后的几周至几个月内出现。如果关节炎很严重，医生有可能为孩子开一些药物控制炎症和疼痛，直到炎症消退。

莱姆病可以通过抗生素治疗，然而，美国儿科学会并不建议在被蜱虫咬伤后常规使用抗生素来预防莱姆病，这主要出于如下几个原因：大部分蜱虫咬伤并不会传播引起莱姆病的细菌；抗生素有副作用；有产生耐药性细菌的风险。美国儿科学会同样不建议为刚被蜱虫咬伤的孩子抽血检查是否患莱姆病，因为即使孩子被蜱虫咬伤发生感染，也需要过一段时间才能从血液中发现抗体。为了预防莱姆病，孩子必须远离可能存在蜱虫的区域，如林区、高草区或沼泽地。另外，外出时穿长袖 T 恤、将裤腿扎到袜子里、在身上擦一些含有避蚊胺的驱虫剂（见第 571 ~ 572 页，了解关于避蚊胺的更多知识），也可以预防莱姆病。

几乎所有的莱姆病，包括那些已经发展为关节炎的，都可以通过抗生素治愈。

幼年特发性关节炎（JIA）

幼年特发性关节炎（曾被称为"幼年类风湿关节炎"或"幼年慢性关节炎"）是一种常见的儿童慢性关节炎。这是一种比较麻烦的疾病，它的诊断通常比较困难，而且家长也很难理解这种疾病。常见的症状包括关节持续性僵硬、肿胀，以及受累关节运动时疼痛。如果孩子出现了上述症状，以及（或）走路时姿势异常（特别是在早上或在小睡之后），要带孩子就医，让孩子接受检查。奇怪的是，大多数患上幼年

如何去除皮肤上的蜱虫

1. 轻柔地用酒精棉球擦拭有蜱虫的区域。

2. 用镊子、小钳子或手指（用纸巾或棉布包起来）夹住（或抓住）蜱虫，夹的位置要尽可能靠近蜱虫的嘴部，并尽可能靠近孩子的皮肤。

3. 用轻柔但持续的力把蜱虫整个拔出。

4. 确保蜱虫在被扔掉前已经死亡。拔出和扔掉蜱虫时要用遮蔽物（纸巾或棉布）遮挡，以免接触到蜱虫可能携带的细菌或其他病原体。

5. 在蜱虫拔出之后，用酒精或其他清洁剂（如肥皂）彻底清洗被咬的区域。

特发性关节炎的儿童通常并不抱怨自己很疼，而以僵直和肿胀为最显著的症状。

幼年特发性关节炎可发生于任何年龄，但很少发生在 1 岁之前。某些类型的幼年特发性关节炎常见于 6 岁以下或青春期前后。虽然这种疾病有可能造成残疾，且许多患儿需要长期接受药物治疗，但如果采用适当的治疗方法，大多数患儿都能获得良好的治疗效果。该病的确切病因至今未知，有可能是一种感染在有遗传倾向的人身上引起了免疫系统的异常反应造成的。

幼年特发性关节炎的亚型不同，其症状、体征以及长期的影响也都不同。一种叫作"全身性幼年特发性关节炎"的亚型，不仅可引起关节炎，还会引起全身的炎症，伴发发热、出疹，并可能影响其他器官。患有全身性幼年特发性关节炎的孩子有可能出现心包炎（心脏包膜的炎症）、胸膜炎（胸部外膜的炎症）、肺炎，或肝、脾或淋巴结肿大。幼年特发性关节炎的其他亚型包括少关节型、类风湿因子阴性多关节型、类风湿因子阳性多关节型、银屑病型、附着点炎相关性型和未分化型。少关节型幼年特发性关节炎累及 4 个以下关节，在学龄前女孩中最为常见。两种多关节型幼年特发性关节炎累及至少 5 个关节，类风湿因子阳性的亚型与成人风湿性关节炎很相近。银屑病型幼年特发性关节炎见于皮肤上有银屑病的儿童，或有典型的银屑病型幼年特发性关节炎症状（整个手指或脚趾肿胀、指甲改变）的儿童，或为银屑病患者的一级家属的儿童。附着点炎相关性关节炎患儿既有关节炎也有附着点炎（肌腱和韧带与骨连接的部位发炎），这种幼年特发性关节炎的亚型经常与 HLA-B27 基因相关，是唯一一种在男孩中常见的类型。未分化幼年特发性关节炎不属于其他类型，或者有一种以上幼年特发性关节炎亚型的表现。

没有一种理想的血液检测能够诊断幼年特发性关节炎。当医生通过体格检查发现孩子的关节有关节炎迹象（如肿胀、活动范围内的疼痛、活动范围受限或畸形）时，且孩子至少有 6 周出现持续性关节炎症状，没有发现其他病因，孩子即被诊断为患幼年特发性关节炎。血液检测可以帮助医生和家人更好地了解幼年特发性关节炎儿童的病情进展。一些患有该病的儿童可能在眼睛前部出现炎症，称为"葡萄膜炎"，如果不进行治疗，会导致眼睛病变，最终可能失明。葡萄膜炎最常见于抗核抗体（ANA）阳性的幼年特发性关节炎患者。所有患幼年特发性关节炎的儿童都应在病程早期由眼科医生进行诊断。抗核抗体检测的结果有助于确定需要多长时间进行一次眼科检查。

幼年特发性关节炎的治疗已经取得了很大进展，根据关节炎的位置和严重程度不同可以采取不同的治疗方式，一般包括药物治疗和锻炼治疗。患有该病的儿童应接受专业治疗关节炎的医生（风湿病专科医生）的治疗。严格遵守风湿病专科医生的建议，可以保障孩子的疾病得到最好的恢复。

幼年特发性关节炎的主要治疗目标是减轻关节炎症。非甾体消炎药通常在初期用于缓解疼痛和僵硬，常用的包括布洛芬、萘普生和美洛昔康。非甾体消炎药起效迅速，但可能引起胃部不适，所以需要饭后服用。如果孩子服用非甾体消炎药后腹部疼痛或食欲下降，要告知医生。服用非甾体消炎药效果不明显时可能需要换用其他药物，包括氨甲蝶呤和较新的生物药物，如恩利、阿达木单抗、阿巴西普和托珠单抗。这类药物的不良反应可能更大，需要风湿病专科医生小心监测，但是对于幼年特发性关节炎患儿的生活有很大改善。当只有一个或少数几个关节有关节炎时，另一种常用的治疗方案是在有关节炎的关节直接注射长效皮质激素。即使是症状严重的关节，通过这种治疗也可以迅速控制炎症并改善关节功能。

锻炼在减缓该病进展方面起着重要作用，并且可以预防关节僵硬。虽然锻炼有时候会令孩子不舒服，特别是当他的关节已经很疼的时候，但家长应帮助孩子克服不适感，坚持锻炼，以收获长期的益处。物理和职业治疗师可以帮助设计拉伸和其他锻炼计划。对患有严重关节炎的患者，治疗师有时会使用夹板来防止畸形。但是，一般而言，关节炎患者应避免关节固定，因为这会使僵硬程度加重。

与幼年特发性关节炎共存，不仅需要是患病的孩子，也包括家长，付出很多努力、做出很多调整。和医疗人员合作有助于降低孩子出现长期问题或残疾的风险。

一过性髋关节滑膜炎

这是儿童最常见的一种关节炎，常常突然发生于 2 ~ 10 岁的孩子身上，在短期内（数天到数周）会完全消失而不留下任何严重后遗症。最常见的病因是机体对病毒的过度免疫反应，所以这种疾病往往发生在感冒等病毒感染之后。治疗方式包括休息和服用消炎药（如布洛芬），这样可以使病情快速好转。

O 形腿和 X 形腿

幼儿的腿通常看上去都有点呈"O"形。事实上，很多孩子的腿在 2 岁以前都是"O"形的。而在这之后，他们的腿又会逐渐看上去呈"X"形，这通常发生在 6 岁之前，之后会恢复正常。有时候，孩子的小腿可能要到 9 ~ 10 岁才能变直。

O 形腿和 X 形腿常常属于正常情况，不需要专门治疗。大多数情况下，孩子的腿会在青少年时期变直。除严重畸形外，矫正支架、矫正鞋以及特殊锻炼一般都没有什么用，甚至有可能阻碍孩子的发育，并引起不必要的心理压力。极少情况下，O 形腿或 X 形腿是由疾病而导致的。关节炎、膝盖处髌板损伤（见第 702 页"骨折"）、感染、肿瘤、胫骨内髁骨软骨病（又称"布朗氏病"，一种膝关节和胫骨的发育性疾病）、佝偻病（由维生素 D 缺乏导致）都可以引起腿部弯曲。

下面这些症状提示孩子的 O 形腿或 X 形腿是由严重的疾病引起的。

- 弯曲非常严重。
- 只有一侧腿弯曲。
- 孩子 2 岁后，O 形腿变得更严重。
- 孩子 7 岁后，X 形腿的情况依然存在。
- 孩子的身高比同龄人矮很多。
- 孩子在行走、跑步时有障碍，或经常跌倒。

如果孩子出现上述任何一种症状，请和儿科医生聊一聊。有时候，有可能需要儿科医生为你们推荐一名小儿骨科医生来进行治疗。

牵拉肘

　　牵拉肘（也被称为"保姆肘"）是 4 岁以下儿童经常发生的疼痛性肘部损伤，偶尔发生于更大一些的孩子。当肘外侧的软组织卡在肘关节的骨与骨之间时，这种问题就会发生。这种问题的发生，主要是由于儿童的肘关节较松，当其手臂被全力拉长时（例如，当他通过手或手腕被拉起或摆动，或当他摔倒时手臂向外伸展），肘关节就会被轻度分开，附近的软组织会滑入因牵拉而出现的空间，而当关节恢复到正常位置时，这些软组织会卡在里面。

　　牵拉肘往往不会引起肿胀，但是孩子会抱怨肘部疼痛，或者当他的手臂被移动时会哭闹。孩子常常会把手臂紧靠在身体一侧，肘部微屈，手掌朝向身体。如果有人试图把他的手臂拉直，或将他的手掌向上翻，孩子就会因为疼痛而反抗。

治疗

　　牵拉肘需要由儿科医生或其他专业医疗人员治疗。因为肘部疼痛也有可能由骨折造成，儿科医生在

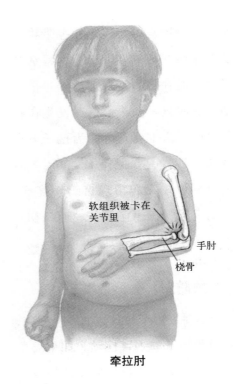

软组织被卡在关节里

手肘

桡骨

牵拉肘

将孩子的肘关节复位之前，会考虑是否存在骨折的情况。

　　医生会检查受伤部位，查看有没有肿胀、触痛以及运动受限。如果医生怀疑该情况不是牵拉肘，他可能让孩子做一次 X 线检查。如果没有发现骨折，医生会轻轻地拽动孩子的手臂，并微微扭转，使得嵌入的组织从关节腔中滑出，然后使肘关节回到正常的位置。一旦肘关节得到复位，孩子肘部的疼痛一般会立即缓解，几分钟内就可以正常使用手臂，没有一点不适。少数情

况下，医生有可能建议用绷带将孩子的手臂吊起来 1 ~ 2 天，特别是当牵拉肘在得到治疗前已经过了几小时的时候。如果牵拉肘发生在几天之前，医生就有可能为孩子上夹板或打石膏，并保持 1 ~ 2 周。肘关节复位之后若出现持续性疼痛，可能意味着发生了骨折，而最初 X 线检查时骨折还不明显。

预防

不要用力牵拉孩子的手或手腕，或拽着孩子的手臂摆动。如果需要把孩子举高，从腋下抓住他的身体把他举起来。

扁平足（足弓塌陷）

婴儿生下来一般都是扁平足，且这种情况可能一直持续到儿童期。这是因为儿童的骨相对柔软、关节比较灵活，当他们站立的时候足底会变平。小婴儿的脚丫内侧还有脂肪垫，可以将足弓隐藏起来。你如果把婴儿的脚抬起来，是可以看到足弓的，但当他正常站立的时候，足弓可能就消失了。另外，孩子的脚也可能有一点外八字，从而增加了脚内侧的承重，使脚看起来更加扁平。

正常情况下，孩子在接近 6 岁时，随着脚部的灵活性减弱，以及足弓随着腿部肌肉力量的增强而发育，他的扁平足现象会消失。每 10 个孩子中只有 1 ~ 2 个会带着扁平足问题进入成年。对那些足弓没有发育的孩子来说，一般不建议治疗，除非孩子的脚僵硬或疼痛。这样的情况可能是足部的小骨连在一起了，这种情况被称为"跗骨联合"，需要进行 X 线检查来确诊。矫正鞋垫并不能帮助孩子的足弓发育，还有可能引起其他问题。

然而，某些类型的扁平足有必要采取一定的方式治疗。例如，有的孩子可能出现跟腱（脚后跟）紧张，从而限制了足部的运动。这种紧张有可能引起孩子出现扁平足，但一般来说，通过特殊的拉伸锻炼，跟腱可以得到拉长，从而治愈这种扁平足。罕见的情况下，孩子的脚会由于跗骨联合变得僵直、扁平。这些孩子不能靠脚踝来上下或左右活动自己的脚；脚部的僵直会引起疼痛，不治疗的话，就有可能引起关节炎。这种僵直的扁平足在婴幼儿中非常少见（这种扁平足多发生于青少年，必须由儿科医生来诊断）。

需要由儿科医生诊断的症状包括足痛、足内侧酸痛或有压痛区、足部僵硬、足部左右运动困难以及踝关节处上下运动困难。为了进一步治疗，应带孩子去拜访小儿骨科医生或在治疗儿童足部疾病方面很有经验的足病医生。

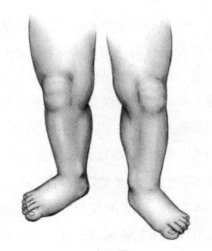

扁平足

跛行

当孩子的鞋里进了小石子、脚上起泡或腿部肌肉拉伤时，他就有可能出现跛行。但跛行也有可能是另一些严重疾病的症状，例如骨折、关节炎、感染，或发育性髋关节脱位。因此，当孩子出现跛行时，请儿科医生来为他检查非常重要。

有些孩子在刚开始学走路时会出现跛行。早期跛行可能是由于神经系统病变（如脑瘫，见第641页）造成。孩子学步期间出现的任何一种跛行都应该尽快检查清楚，因为病情拖得时间越长，纠正就越难。如果孩子已经学会了走路却突然出现明显的跛行，往往是由于下述问题造成的。

■ 幼儿骨折。

■ 髋关节损伤或炎症（滑膜炎）。

■ 之前没有检查出来的发育性髋关节脱位。

■ 骨或关节感染。

■ 科勒病（足舟骨缺少必需的血液供应）。

■ 幼年特发性关节炎。

幼儿骨折是一种发生于胫骨的螺旋形骨折（胫骨是膝盖到脚踝之间的一根长骨，同时请见第702页"骨折"）。它一般发生在孩子出现一些小意外的时候，例如，当他绊倒、跳跃、摔倒，或坐在大孩子或成年人大腿上滑滑梯而双脚被压下下面时。虽然有时孩子能描述出自己是怎样受伤的，但一般来说他们都很难清楚地回想起来。有时候，孩子的哥哥姐姐或看护孩子的人能解开这个疑团。

这个年龄出现的髋关节相关性跛行，往往是由于髋关节的病毒性感染引起的暂时性滑膜炎造成的，必须由儿科医生来诊断病情。当孩子出现骨或关节感染时，他一般都会出现发热以及关节红肿。如果受感染的是髋关节的话，因为它是一种深部关节，所以红肿并不明显，但孩子会把自己的腿从髋关节处屈曲，并且不愿意将腿或髋关节向任何方向移动，还会变得烦躁不安。

有的孩子出生即患有发育性髋关节脱位，这种疾病在孩子开始走路之前可能不会被发现。由于一侧腿比另一侧短，髋关节缺乏稳定性，以及一侧臀肌比另一侧力量弱，所以患有该病的孩子很容易出现明显的跛行。

股骨头缺血性坏死是造成孩子跛行的另一种疾病，大多数情况下不表现为疼痛。6岁以下的孩子患病大多病情轻微，但10岁以上的孩子患病很可能会致残。

另外，对患幼年特发性关节炎的孩子来说，跛行是家长们最容易发现并带孩子就医的一个症状。在典型的病例中，孩子不会抱怨疼痛，但是他会出现跛行，而且最常出现在清晨和小睡起床之后，然后随着运动而变得越来越不明显。

治疗

对于轻微的损伤，例如水疱、切割伤或扭伤，在家里就可以进行处理。然而，如果孩子刚开始学走路，并经常出现跛行，儿科医生就需要为孩子检查了。大一点的孩子如果出现跛行，可以先观察24小时，经过一夜的休息情况有可能消失。但如果孩子在次日依然存在跛行或者出现严重的疼痛或高热，应带他就医。

髋部或全腿X线检查是诊断所必需的。如果存在感染，那么孩子有可能需要住院，接受抗生素治疗。静脉输入抗生素，需要以大剂量进行，这样药物才可以作用到骨和关节。如果跛行是由于骨折或关节脱位，患侧肢体就需要用夹板或石膏固定，孩子需要接受小儿骨科医生的进一步诊断和治疗。如果孩子被确诊为先天性发育性髋关节脱位或股骨头缺血性坏死，建议去看小儿骨科医生。

鸽趾（足内翻）

儿童走路时将脚趾向内指的问题被称作"鸽趾"或"足内翻"。这是一种影响一侧或双侧足的常见疾病，有多种发病原因。

婴儿期的足内翻

有时候，婴儿出生时就有脚趾向内指的问题。如果问题仅出现在足部前端，这被称为"跖骨内收畸形"。最常见的发病原因是孩子在出生前脚以特定的姿势被挤在子宫内。

如果出现了下面的症状，你就应该怀疑孩子出现了跖骨内收畸形。

■ 即使是在放松的时候，孩子的足部前端都向内指。

■ 足部外侧呈现出类似于月牙形的弯曲。

这种疾病一般比较轻微，而且

跖骨内收畸形的足部外观

会在孩子1岁前自行恢复。有时候病情会严重一些，或者伴发其他足部畸形，引起一种叫作"马蹄足内翻"的疾病。这种疾病需要咨询小儿骨科医生，并在早期通过模具或夹板进行矫正治疗，这种非手术治疗方式非常有效。

儿童期后期的足内翻

孩子2岁时出现的足内翻，很可能是由于胫骨向内扭转造成的，这种疾病叫作"胫骨内旋畸形"（见下图）。3～10岁的孩子发生足内翻，很有可能是由于股骨向内扭转造成的，这种疾病叫作"股骨内旋畸形"。这两种疾病都呈家族性发病。

治疗

一些专家认为6个月以下婴儿的足内翻没有必要治疗。但是对出现在婴儿期的严重跖骨内收畸形来说，早期的矫正治疗可能非常有必要。研究显示，大多数在婴儿期早

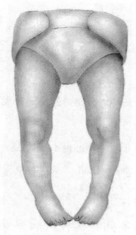

胫骨内旋畸形

期患有跖骨内收畸形的孩子，不治疗也可以自行恢复。如果孩子6个月大以后仍然存在足内翻的问题，或者脚部僵硬难以伸展，你们可能需要去看小儿骨科医生，医生将会用模具来为孩子进行矫正治疗，治疗持续3～6周，主要目的是在孩子开始学习走路前把问题纠正。

虽然儿童期早期出现的足内翻常常在一段时间后自愈，不需要任何治疗，但是如果孩子的疾病影响走路，那就需要和儿科医生讨论一下了，请他为你们推荐一名小儿骨科医生。在过去，一种夜间穿着的支撑鞋会用来帮助孩子矫正这个问题，但是目前没有任何证据表明它可以达到治疗效果。因为足内翻往

往可以在一段时间后自愈，所以不要擅自采用那些未经医生同意的矫正鞋、扭转带、鞋垫或其他治疗措施。它们不仅不能改善问题，甚至还有可能影响孩子正常的玩耍或行走。而且，如果孩子穿着（或佩戴着）这些东西，这会让他在与同龄人接触时，产生不必要的心理压力。

尽管如此，如果孩子的足内翻持续到了9～10岁，那么孩子可能需要接受手术治疗。

扭伤

扭伤是指连接一根骨和另一根骨的韧带受伤。当韧带被过度拉伸或撕裂的时候，扭伤就会发生。一般来说，年幼的孩子很少发生扭伤，因为他们的骨还在发育中，这使得韧带往往比所连接的骨和软骨更有力。所以，就算骨本身发生了分离，韧带一般也不会受伤。

对年幼的孩子来说，踝关节是最容易发生扭伤的关节，接下来是膝关节和腕关节。在轻微的扭伤（1级）中，韧带只是过度拉伸，而更严重的扭伤就有可能包括韧带部分

撕裂（2级），或完全撕裂（3级）。

如果孩子出现关节受损，并且不能承重或出现严重的肿胀或疼痛，请带他就医。医生一般都需要为孩子进行检查。在某些病例中，医生会给孩子预约特殊的X线检查以排除骨折。如果的确存在骨折，儿科医生就会为你们推荐一名小儿骨科医生或运动医学专家。当孩子被确诊为扭伤时，治疗往往包括用弹力绷带捆绑或用夹板制动。如果踝部或足部的扭伤非常严重，孩子有可能需要打石膏或使用其他模具。

大多数1级扭伤都可以在2周内痊愈，且没有任何并发症。如果关节损伤迟迟没有愈合或肿胀复发，需要及时就医。忽略这些症状很有可能造成孩子的关节出现严重的病变并形成长期残疾。

第 34 章　皮肤问题

儿童的皮肤问题容易引起家长的注意，而且有时会让家长焦虑。皮肤问题往往都是发生后立即可见的，虽然其中大多并不严重，但它们仍然会让人担心。本章列出了常见的皮肤问题，另外一些与皮肤相关的问题（如湿疹、荨麻疹和昆虫叮咬）请见本书第 17 章"过敏"。

胎记（含血管瘤）

色素型胎记（痣）

痣，可以是先天性的（出生时就有），也可以是获得性的。这些斑点由痣细胞组成，颜色可能从浅棕色到深棕色或黑色不一。

先天性痣

孩子出生时带有小的痣比较常见，大约 1/100 的孩子有这种情况。它们很可能随着孩子长大而长大，通常不会引起任何问题。然而，少数情况下，这些痣也有可能在孩子长大后发展成一种皮肤癌（黑色素瘤）。所以，虽然你目前不需要担心这些痣，但是最好留心观察它们，在它们发生任何外观（颜色、大小或形状）上的改变时，让儿科医生检查一下，儿科医生可能会推荐一名小儿皮肤科医生，后者可能会建议去掉这些痣，以及有问题随访。

更为严重的痣是大一点的先天性痣，直径在 20 厘米以上。它们有可能是平的，也有可能突出于皮肤表面，甚至上面可能有毛发生长（不过，一些小的、不明显的痣上也可能有毛发生长）。由于这种痣可能非常大，它们有可能覆盖整条胳膊或整条腿。幸运的是，这种痣非常少见（每 2 万个新生儿中只有 1 个可能发病）。然而，它们却比小的痣容易发展为黑色素瘤（可能高达 5% 的这种大痣会恶化），所以建议早期就咨询小儿皮肤科医生，并按照医生的建议规律地检查。

获得性痣

大多数浅肤色人一生中可能长 10 ~ 30 颗色素痣。它们一般长于 5 岁以后，但也可能早于这个时期。这些获得性痣很少引起任何问题。然而，如果孩子的痣呈现不规则（不对称）的形状、同一颗痣上出现多种颜色，并且面积大于一块铅笔末端自带的橡皮的大小，就应该请儿科医生为孩子检查。

最后需要说明的一点是：皮肤上最常见的一种获得性痣可能就是雀斑了。它们可能在孩子 2 ~ 4 岁时就出现，常常长在暴露于阳光下的身体部位，并且其发生有家族聚集性。它们通常在夏天颜色变深或面积变大，而在冬天又变得不那么明显。雀斑虽然没什么危害，但可以作为过度阳光照射的提示，提醒家长尽可能做好孩子的防晒工作，可以使用防紫外线衣物、帽子、太阳镜和防晒霜保护孩子的皮肤。

血管型胎记

孩子出生时颈后部可能有一块扁平的红斑，2 ~ 3 周大时额头上可能长出一块突出于皮肤表面的红色块。它们看起来并不起眼，但是它们有危害吗？

虽然血管型胎记中的一些是无害的，不会引起什么问题，但是将这类胎记中无害的和那些可能有医学问题的区分开十分重要。儿科医生在每次体检中也应该评估这类胎记。

毛细血管畸形（鲑鱼斑和葡萄酒色斑）

毛细血管畸形在新生儿身上表

现为扁平的红斑，包括鲑鱼斑（较常见）和葡萄酒色斑（较少见）。鲑鱼斑在 80% 以上的婴儿身上会出现，常见于颈后部、额头中部、上眼睑、鼻子侧边和上嘴唇中部。鲑鱼斑在出生后的前几年会变浅，且与任何严重的医学问题都无关。不过，当孩子体温过高或发脾气时，它会因为血管扩张而看起来很明显，尤其是对肤色较浅的孩子来说。

葡萄酒色斑出现在不同于鲑鱼斑的位置，出生时往往颜色较深，且通常随年龄增长颜色逐渐变得更深。葡萄酒色斑可能与其他出生缺陷有关，比如受累皮肤下静脉和动脉的畸形。如果葡萄酒色斑出现在眼周、额头、头皮上，它可能与眼部和大脑的畸形（斯特奇 - 韦伯综合征）有关。有这种斑的孩子需要进行青光眼、其他眼部问题和大脑畸形的筛查，且需要儿科医生、小儿神经科医生、眼科医生和皮肤科医生合作诊断，或者在专门治疗斯特奇 - 韦伯综合征的中心进行诊断。

由于葡萄酒色斑通常在儿童期和成年时加重，应考虑在婴儿期或儿童期早期对孩子进行脉冲染料激光治疗，这是一种为期 6 ~ 12 周的多次治疗。特殊的医用化妆品也可以用来隐藏这种斑。

婴儿血管瘤

婴儿血管瘤在 2 个月以下婴儿中发生率是 10%，其中大多数发生在 2 周或 3 周大之前。它们在出生时可能还未出现，或是仅表现为轻微的扁平红斑，易被误认为是擦伤。它们可以发生在身体上任何一个部位，最常见的是头部和颈部。大多数孩子只会出现一个血管瘤，但极少数婴儿也有可能有上百个。不知是什么原因，2/3 ~ 3/4 的血管瘤出现在女孩身上，另外，它在早产儿当中也特别常见，尤其是低出生体重儿。血管瘤一般在孩子 3 ~ 4 个月大时长到最大，外观通常看起来是红紫色，然后在不经治疗的情况下会缓慢而稳定地变小。

如果孩子出现了血管瘤，让儿科医生来为他检查，这样医生可以从它最早的形态开始跟踪观察它的变化。新型无创疗法可用于帮助治疗血管瘤并预防将来形成瘢痕。然而，鉴于血管瘤大多数会未经治疗就逐渐变小，有时最好的做法是不去管它们。研究结果显示，血管瘤即使不经过治疗，也很少会有并发症发生，而且很少影响整体美观。

但有时，血管瘤可能也需要治疗或去除。这类情况包括，血管瘤较大，在脸部或其他外露的部位很容易看到它们；靠近一些重要的结构，例如眼睛、咽喉或嘴巴；生长速度异常快；大量出血或出现感染。这些情况非常少见，一旦出现，就需要儿科医生、小儿皮肤科医生、耳鼻喉科医生、心脏科医生或整形外科医生的仔细诊断。可以采取的治疗手段包括口服药物、在皮肤上直接涂抹药水，这些措施可以帮助缩小血管瘤；少数情况下，可以通过手术切除血管瘤。

非常少见的情况下，婴儿皮肤表面会出现很多血管瘤。对于一些有这种情况的婴儿，血管瘤还有可能长在身体内部的器官上。如果怀疑有这种问题，儿科医生就需要为孩子做进一步检查。当大型的婴儿血管瘤出现在某些区域，如头部、颈部、下巴上（呈胡须状分布）或脊椎下部，它们可能与深层的骨结构和软组织病变有关，需要儿科医生进行进一步诊断。

（见第 125 页"新生儿的外观"。）

水痘

水痘曾经是儿童最常见的疾病之一，由于水痘疫苗的发明，现在很少有孩子再患这种疾病了。水痘是一种高传染性疾病，会引起遍布全身的瘙痒的水疱状皮疹。伴随这种皮疹，孩子一般还会出现轻微的发热。

孩子通常在接触了引起水痘的病毒约 2 周后才会出现水痘。水痘引起的小水疱周围可能发红，最先出现在躯干和头皮上，进而蔓延到面部、胳膊以及腿上，全身可以达到 250 ~ 500 个水疱。这些水疱通常会结痂愈合，但如果孩子挠抓它们，导致感染的话，它们就有可能在皮肤上留下小的伤疤。一些水疱周围的皮肤有可能变暗，也有可能变浅，但随着皮疹消失，肤色会恢复正常。水疱也可能出现在孩子的口腔内部或其他黏膜表面。

治疗

水痘会让人感觉非常痒。但是，你应该尽量鼓励孩子不要去挠抓它们，因为这有可能造成细菌感染。对乙酰氨基酚或布洛芬（根据孩子的年龄和体重服用正确的剂量）可以减轻出疹或发热带来的不适感。修剪孩子的指甲，并每天为他用肥皂和清水洗澡，可以预防继发的细菌感染。无须处方的燕麦浴可以缓解瘙痒。抗组胺药也能减轻这种瘙痒（要严格遵照药物说明书的剂量要求）。在疾病发作的24小时内及时服用医生开出的抗病毒药（阿昔洛韦或伐昔洛韦），也可以减轻疾病的症状。这类药物可以考虑给可能出现中度到重度病情的孩子（如免疫系统功能较弱，或患有湿疹等皮肤病的孩子）使用，但不推荐12岁以下无其他疾病的孩子使用。

不要给患水痘的孩子服用阿司匹林或任何一种含有阿司匹林或水杨酸成分的药物。这些药物会增加孩子患瑞氏综合征的风险（见第547页），这是一种影响肝脏和大脑的严重疾病。也不要给孩子服用皮质激素类药物或任何一种可能影响孩子免疫系统功能的药物。如果你不确定哪些药物对孩子来说是安全的，请咨询一下儿科医生的意见。

由于水痘现在很罕见，因此许多医生会希望亲眼见到孩子以确认是否患有这种疾病。但是由于水痘具有极强的传染性，你最好在看医生之前致电医生并讨论是否需要带孩子去。很多时候，看起来像水痘的病症可能是另一种病毒感染。如果孩子出现了水痘的并发症，例如皮肤感染、呼吸困难，或发热超过38.9℃，或发热超过4天，请立即咨询儿科医生。如果孩子的出疹区域非常红、摸起来热或有触痛，应该咨询儿科医生，因为这提示可能出现了细菌感染。如果孩子出现任何一种瑞氏综合征或脑炎的症状（如呕吐、激动不安、意识模糊、抽风、没有反应、异常嗜睡或平衡感变差），应该立即就医。

如果你的孩子患了水痘，应该告诉其他可能接触过他的孩子的家长，尤其是太小还无法接种疫苗的婴儿或免疫系统有问题的孩子的家长。孩子在出疹之前的1～2天，以及在最新的一批水疱出现后的24小时内（发病后5～7天），都具有很强的传染性。有时候，传染期还有可能一直持续到所有水疱都干瘪、结痂。在孩子康复之后，他将获得对水痘的终生免疫。但由于这种病毒会滞留在神经细胞中，并可以被重新激活引起带状疱疹，因此，他在以后可能患上带状疱疹。

预防

建议所有12～15个月大的健康婴儿都接种第一针水痘疫苗，然后在4～6岁的时候接种第二针（加强针），它们可以保护孩子免受水痘病毒的侵袭。在孩子接种这种疫苗之前，唯一的保护办法就是不要让他接触水痘病毒。对新生儿来说，保护他不暴露于水痘病毒的环境非常重要；对早产儿来说更是如此，因为早产儿发生这样的疾病会非常严重。

大多数曾经患过水痘或注射过水痘疫苗的母亲，都可以使婴儿在刚出生的头几个月内具备对该病的免疫力，因为她们将对抗水痘的抗体传给了婴儿。对于那些存在影响免疫功能的疾病（如肿瘤），或正在服用特定药物（如泼尼松）的易感儿童，必须尽可能地避免接触水痘病毒。这些孩子如果接触了水痘病毒，可能需要服用特殊的药物，以在短期内具备对这种疾病的抵抗力。一定记住，水痘疫苗是减毒活疫苗，所以免疫功能受损的孩子可能无法对它产生正常的反应，一般来说他们不能接种这种疫苗。

摇篮帽（头皮乳痂）和脂溢性皮炎

如果1个月大的婴儿头皮上出现了痂皮状皮疹，你会担心自己是否应该继续使用洗发水为他洗头。同时，你还可能观察到孩子的颈部、腋窝以及耳后的皮肤褶皱处有一些发红。这到底是怎么回事？你应该怎么做呢？

当这种皮疹只发生在头皮上的时候，这就是我们所说的"摇篮帽"（医学上称为"头皮乳痂"）。这个问题虽然是从头皮出现痂皮和/或发红开始的，但也有可能逐渐出现在身体的其他部位（如前文所述）。它甚至还有可能蔓延到面部和尿布包裹区域。如果这种皮疹蔓延到头皮之外的区域，医生就会称其为"脂溢性皮炎"。脂溢性皮炎是一种非感染性皮肤病，在婴儿中很常见，一般在孩子出生后的前几周就开始发生，然后在几周或几个月内逐渐消失。与湿疹或接触性皮炎（见第 560 页）不同，脂溢性皮炎很少带来瘙痒或其他不适感。

通常认为，脂溢性皮炎是由皮肤对生存在皮肤上某些常见真菌的反应引起的。一些医生猜测是它由于母亲在妊娠期激素水平波动刺激孩子的皮脂腺而导致的，油脂的过度分泌可能与孩子皮肤出现痂皮和发红有关。

治疗

如果孩子的脂溢性皮炎只局限于头皮（也就是我们所说的"摇篮帽"），那么你可以自己对孩子采取治疗。不要害怕使用洗发水，事实上，你应该比平时更经常给孩子洗头（使用温和的婴儿洗发水）。洗头的时候，轻轻按摩孩子的头皮，可以将痂皮洗去。强效的药用洗发水（比如含有硫黄、水杨酸、硫化硒、酮康唑和煤焦油的去屑或抗皮脂洗发水）可以快速软化痂皮，但是它们同时具有很强的刺激性，所以必须在咨询了儿科医生的前提下才能使用。

一些家长发现用凡士林软膏或婴儿油可以帮助软化痂皮，使得它们容易被清除。在一些情况下，尤其是脂溢性皮炎已经扩散到身体的其他部位时，儿科医生可能会推荐氢化可的松乳膏或抗真菌乳膏以帮助消除皮炎。在症状得到改善以后，你可以继续经常用温和的婴儿洗发水给孩子洗头来预防病情复发。幸运的是，大多数孩子的脂溢性皮炎在 6 个月到 1 岁之间能够痊愈，所以一般不需要延长治疗时间。

有时候，患处皮肤有可能并发酵母菌感染，而且常见于皮肤褶皱处，而非头皮上。如果发生了这样的情况，感染区域将会明显发红，而且非常痒。这个时候，医生可能给孩子开一些抗酵母菌的药膏。

你要放心，脂溢性皮炎并不是一种严重的问题。它既不是孩子对某些东西过敏的表现，也不是因为没有养成良好的卫生习惯。最后，它会不留下任何痂皮地完全消失。

第五病（传染性红斑）

粉嘟嘟的脸颊通常被认为代表着良好的健康状态，但如果孩子的脸颊上突然出现了鲜红的斑块，并且突出于皮肤表面、摸上去微热，那么孩子就有可能感染了一种叫作"第五病"的病毒感染性疾病。与其他很多儿童期的疾病相同，这种疾病也是通过人与人接触而传播的。引起这种疾病的病毒叫作"细小病毒"。孩子一旦接触到这种病毒，就会在 4 ~ 14 天之后出现疾病的症状。

这是一种轻微的疾病，即使出现了红斑，大多数孩子也不会感觉不舒服。然而，第五病也可能伴随有一些轻微的类似感冒的症状，如咽喉痛、头痛、眼睛发红、疲惫、轻微发热；还可能伴随瘙痒，极少数病例还会出现膝盖或手腕疼痛。对血红蛋白或红细胞异常的孩子（如镰状细胞贫血患儿）及患有癌症的孩子来说，这种疾病的表现会严重一些。

第五病的红斑一般是从脸颊开始出现的，使得孩子看起来像被打了耳光似的。在接下来的几天里，孩子的胳膊、躯干、大腿以及屁股都会出现粉红色、微微高出于皮肤的带状斑片。发热一般不会出现，即使出现，也是轻微的。5 ~ 10 天后，红斑就会消退，脸上的红斑最先消失，接下来是胳膊，然后是躯干和大腿。值得注意的是，这种红斑有可能在几周或几个月后短暂地卷土重来，特别是当孩子由于洗澡、运动或晒太阳而变得很热的时候。

治疗

对大多数儿童来说，第五病并不严重。然而，第五病的红斑却和一些严重的出疹性疾病以及一些药物相关的皮疹看起来相似，所以，请和医生讨论一下孩子的红斑，让医生清楚地知道孩子吃过哪些药物。如果你通过电话描述症状，医生可能会怀疑是第五病，但是他可能仍然需要当面为孩子检查一下，才能确定判断。

对于第五病，没有专门的药物，治疗的主要原则是改善症状。例如，如果孩子出现发热或疼痛，你可以用对乙酰氨基酚或布洛芬为他进行治疗。如果孩子出现新的症状，感觉更难受或出现高热，应该向儿科医生咨询。

患有第五病的孩子在出现红斑之前可能出现类似感冒的症状，这时的孩子具有传染性。但当孩子开始出现红斑时，他便不再具有传染性了。然而，一个原则是，无论什么时候，只要孩子身上有皮疹或出现发热，你就应该让他远离别的孩子，直到医生确诊了孩子的疾病，并认为孩子不具有传染性为止。安全起见，尽量等到孩子不再发热，恢复正常之后，再让他与其他孩子一起玩耍。同样，让患病的孩子远离孕妇（特别是处于孕早期的）也是很重要的，因为孕妇如果感染这种病毒，可能引起腹中的胎儿出现严重的疾病甚至死亡。

脱发（秃头症）

几乎所有新生儿都会脱掉部分或全部头发。3 ~ 5个月大时，胎发会全部脱落，并逐渐被成熟的头发替代。所以孩子在出生后的前6个月出现的所有脱发现象都不用担心。

婴儿的脱发经常发生在与床垫摩擦的一侧头皮部位，或当婴儿出现反复撞头的行为时。随着孩子的运动逐渐增多，能够自己坐起来，不再用脑袋蹭或撞的时候，这种脱发就会好转。根据头发生长的时间和速度不同，很多孩子也有可能在4个月大的时候出现后脑勺脱发。

在非常少见的情况中，孩子天生患有秃头症（脱发），这种疾病有可能独立存在，也有可能伴有指甲或牙齿的异常。儿童期后期发生的脱发有可能是由于药物、头皮损伤、健康或营养问题等其他原因而导致的。

大一点的孩子，如果在梳头时头发被梳得太紧或被拽得太严重，也有可能出现脱发。一些孩子（3 ~ 4岁以下）可能会用头发缠绕手指的方式来自我安抚，这可能在无意中把头发扯断或拽下来。其他一些孩子（往往是更大的孩子）则可能故意把头发拽下来却否认曾经这样做，他们也可能在没有意识到的情况下这样做。这往往是一种心理压力大的信号，你应该和儿科医生讨论一下这个问题。

斑秃，一种儿童和青少年中常见的疾病，似乎是孩子对自己的头发产生的一种过敏反应。在发生这种疾病时，孩子脱发的区域呈圆形，形成一块秃斑。总的来说，当这种疾病只有几个小的病灶时，完全康复的可能性是很大的。但如果病情持续甚至恶化，就需要在脱发的位置涂抹甚至注射皮质激素类药物，或采用其他疗法了。如果脱发区域非常广泛，想让头发重新生长就比较困难了。

因为秃头症和其他类型的脱发都有可能由其他健康或营养问题引起，所以，在带孩子去看儿科医生的时候，需要告诉医生孩子6个月大之后发生的所有这些问题。医生会检查孩子的头皮，判断病因，并制订治疗方案。有必要的话，他会为你们推荐一名小儿皮肤科医生。

头虱

头虱经常发生于在一起玩耍，互相穿戴彼此的衣服、帽子，共用梳子或有其他亲密接触的孩子身上。虽然这种疾病经常被家长误解，还会让家长觉得难堪，但头虱既不会疼，也不是一种严重的疾病。头虱不会传播其他疾病，也不会引起永久性的问题。很多上幼儿园或上学的孩子的家长，都收到过来自园方（或校方）的通知，提醒说孩子的班级中出现了患头虱的同学。这种疾病可以发生在任何社会阶层的儿童身上，最常影响3～12岁的儿童，仅很少出现在非裔美国儿童身上。

家长常常是在孩子觉得头皮异常瘙痒时发现孩子有头虱的。认真观察，很有可能看到孩子的头发里或颈部的发际处有一些小白点。有时候，你可能把这种白色的物质误以为是头皮屑或皮脂。然而，头皮屑一般更大一些，呈片状，而头虱一般呈分散的小点，并附在靠近头皮的发丝上。这些小点是虱卵，你可能还会在头发内发现活的头虱。头虱不喜光，会迅速离开有光的位置，所以活的头虱很难见到。另外，头虱引起的瘙痒比头皮屑和皮脂溢出引起的要难受得多。

当你第一次发现孩子头上有头虱或收到学校发来的通知时，请不要反应过度。这是一种很常见的问题，并不意味着你家的卫生工作做得不好，它仅仅意味着孩子接触了已经感染头虱的孩子。因为同一个家里的孩子很多时候都在一起，所以兄弟姐妹间常出现头虱传播。

治疗

对于头虱，你可以采用不同形式的治疗产品（可能是非处方的或处方的），包括发膏、洗发水、凝胶和摩丝等，它们大多数都需要在头发干燥的时候使用，因为湿头发会稀释这些物质中的化学成分；另外，这些物质还需要在孩子的头发上多停留一段时间，具体请参照产品说明，一定要达到产品说明要求的时间才行。虽然这些物质可能会杀灭头皮上的活体头虱，但不一定能够杀灭所有虱卵，所以在第一次使用治疗产品后的 7 ~ 10 天，还需要再次使用它们。

一些能够去除或杀灭头虱的产品不含化学物质且无毒，而其他产品有可能是危险的杀虫剂，所以，使用的时候必须严格遵守包装上的说明和医生的建议。只有在非处方产品无效的时候，儿科医生才可能建议使用处方药。

一些家长也有可能尝试使用一些家庭疗法来治疗头虱，其中包括用黏稠或油性的物质（如凡士林、橄榄油、融化的人造黄油或蛋黄酱）等来给孩子"洗"头并让这些物质留在孩子头上过夜。拥护这种方法的人们持有一种观点：在孩子的头发上抹上这些物品，可以让头虱窒息并死亡。然而，对于这种说法，并没有任何科学依据证明其有效。不过，如果你想试一下，它们倒也不会伤害孩子。某些家庭疗法一定不能尝试，特别是那些往头发上抹有毒物质或易燃物质的方法，包括涂抹汽油或煤油，或使用那些宠物专用的产品。

在使用一种非处方或处方的药物后，用一把细齿的梳子仔细地为孩子梳头，将头发上所有已经死亡的和幸存的虱卵全部去掉。精梳头通常很烦琐，但却是去除虱卵的好办法。大多数儿科医生建议每天这样梳一次头，直到看不到任何虱卵。接下来，每几天精梳一次，坚持 1 ~ 2 周。如前所述，7 ~ 10 天后孩子常常需要再次接受这样的治疗。

为了预防再次感染，你必须将孩子最近（在发现头虱前48小时内）密切接触过的寝具和衣服（包括帽子）全都清洗干净。用热水来洗这些衣物，如果你愿意的话，还可以选择干洗。诸如毛绒玩具之类的东西不好洗净，应装进袋子至少48小时，头虱和虱卵无法在头皮存活比这更长的时间，因此，在那之后应该可以安全使用。

用专门灭头虱的洗发水来洗干净梳子和发刷，或者将它们在开水里泡5～10分钟。另外，如果孩子患了头虱，通知学校和幼儿园是非常重要的。然而，美国儿科学会并不建议任何患有头虱的孩子不去上学，甚至被学校除名。美国儿科学会也不认可一些学校提出的"无虫卵"政策，即要求孩子清除了所有头发上的虱卵之后才能继续去上课。孩子头上的虱子很有可能在被发现之前已经存在1个月左右了，只要不和其他孩子有头部的亲密接触，他完全可以继续上学，不会对其他孩子带来什么风险。另外，为了预防你的孩子被传染头虱，请告诉他不要和别人共用私人物件，如帽子、梳子等。如果一个3岁大活泼好动的孩子患了头虱，那么和他接触的那群孩子里肯定还有别人患了头虱。因为头虱很容易传播，其他家庭成员也需要接受检查，必要的话需要治疗，并且把所有衣服和寝具都洗干净。

脓疱疮

脓疱疮是一种传染性的皮肤细菌感染性疾病，常常出现在鼻子、嘴巴和耳朵附近。90%的脓疱疮是由葡萄球菌引起的，剩下的10%是由链球菌引起的（这种细菌也会引起咽喉炎和猩红热）。

如果病原体是葡萄球菌的话，那么脓疱中就会充满清亮或黄色的液体。这些脓疱容易自行破裂，留下一块裸露、发亮的皮肤，并且很快形成蜂蜜色的痂壳。相对来说，链球菌感染的情况很少出现脓疱，但会在更大的疮口和溃疡上形成痂壳。

治疗

脓疱疮需要使用抗生素治疗，外用或口服皆可。少数情况下，儿科医生可能会在实验室进行细菌培养，以判断引起疾病的细菌是哪种。确保孩子使用了完整疗程的抗生素，否则脓疱疮很有可能卷土重来。

另外，需要记住的是：在脓疱消除之前，或至少服用抗生素2天，病情有改善之前，孩子都具有传染性。在这期间，孩子不应该接触其他孩子，家长也应该尽量避免碰这些脓疱。如果你或者其他家庭成员碰到了这些脓疱，应当用肥皂和清水彻底把手或其他触碰到病灶的区域洗干净。同样，把患病孩子的衣物和毛巾与其他家庭成员的分开。

预防

引起脓疱疮的细菌一般都是从皮肤的破损处入侵的。预防脓疱疮的最好方法是给孩子修剪指甲并洗干净，同时叮嘱他不要抓挠身上轻微不适的地方。如果孩子已经把皮肤挠破了，要用肥皂和清水把伤处彻底洗干净，并涂上抗生素药膏。注意不要使用患有皮肤感染的人的毛巾。

当某些类型的链球菌引起脓疱疮的时候，一种少见但严重的并发症（肾小球肾炎）可能会发生。这种疾病会对肾脏造成损伤，并有可能引起高血压以及血尿。所以，如果你发现孩子的尿液呈暗棕色或有血色的话，应该告诉儿科医生，这样他可以进一步诊断孩子的病情，可能做进一步的检查。

麻疹

由于麻疹疫苗的发明，麻疹病例已经减少了。但不幸的是，近来美国麻疹的发生率呈上升趋势，在一些州出现了数次麻疹暴发。据美国疾病控制与预防中心提供的信息，2019年1~2月，美国有11个州报告了约206例麻疹病例，其中大多数患者在20岁以下，未接种疫苗或接种状况未知。现在发生的大多数病例都是到尚未报告疫情的国家或地区旅行，但未进行疫苗接种的旅行者带回美国的。如果你的孩子从来没有接种过麻疹疫苗，或从来没有患过麻疹，那么他就没有对麻疹病毒免疫，一旦接触到麻疹病毒，他就有可能患病。麻疹病毒具有高传染性，是通过感染者的呼吸道飞沫传播的。感染者咳嗽或打喷嚏后，该病毒可以在附近的空气中存活近 2 小时。几乎任何一个没有免疫的人在吸入这些飞沫之后都有可能感染。

症状和体征

在接触麻疹病毒后的 8 ~ 12 天内，孩子很可能没有任何症状，这个时期叫作"潜伏期"。接下来，他有可能出现类似于普通感冒的症状：咳嗽、流鼻涕以及眼睛发红（见第 729 页"眼部感染"）。有时候，咳嗽会非常严重，可能持续 1 周，孩子会觉得非常难受。

在发病的第 1 ~ 3 天，类似于感冒的症状会越来越严重，孩子还有可能出现高热，体温可达 39.4 ~ 40.5℃。发热会在皮疹首次出现后持续 2 ~ 3 天。

发病的 2 ~ 4 天后，皮疹就会出现。皮疹从面部和颈部开始出现，然后向躯干、手臂和腿部蔓延。刚开始时，皮疹是细小的红色突起，接下来会连成大的斑块。如果你发现孩子的口腔里靠近臼齿的地方长了一颗小小的、像沙粒一样的白点，

就应该做好心理准备——孩子即将出现全身的皮疹了。皮疹将会持续 5 ~ 8 天。随着皮疹消退，身上可能出现少许脱皮现象。

治疗

确定麻疹的诊断（事实上是疾病的病因）非常重要。如果确定是麻疹，可以用维生素 A 治疗。维生素 A 已被证明可以减少该病的并发症和因感染而死亡的概率。儿科医生会给你建议合理的维生素 A 使用剂量。

很多其他疾病与麻疹有着类似的起病表现。当你咨询医生时，描述一下孩子发热和皮疹的情况，这样医生就可能怀疑孩子患了麻疹。当你带孩子去门诊检查的时候，医生就可以为孩子安排独立的诊室，这样病毒就不会传染给其他人了。

孩子在感染了病毒而皮疹还没有暴发之前，就已经具有传染性了，直到发热和皮疹完全消失，传染性才会消失。在这个阶段，孩子必须留在家中（除了拜访医生时），远离其他还没有对麻疹建立免疫的人。

在家的时候，要确保孩子每天

摄入足够的液体。如果孩子因为发热而非常难受的话，可以根据他的体重，让他服用适当剂量的对乙酰氨基酚。伴随麻疹而来的结膜炎会让孩子处于灯光或阳光下时出现眼睛疼痛，所以，你可以在最初的几天里把孩子房间的灯光调暗一点，直到他感到舒服为止。

有时候，感染也是麻疹的并发症之一，常见的有肺炎（见第604页）、中耳炎（见第663页）和脑炎（大脑的炎症）。在这些情况下，孩子必须去看儿科医生，他会让孩子住院，并开抗生素治疗。

预防

几乎所有的孩子都需要按程序接种2针麻腮风三联疫苗。它们可以保护孩子终生不患麻疹。孩子12～15个月大时应接种第一针，4～6岁时接种第二针。第二针也可以在年纪更小的时候接种，只要和第一针间隔至少28天就可以。因为5%的孩子可能对第一针没有产生足够的免疫反应，所以推荐所有孩子都接种第二针（加强针）。（更多内容参见第31章"疫苗接种"。）

如果一个对麻疹没有建立免疫的孩子接触了某个麻疹患者，或者你的家中有人带有这种病毒，应立即通知儿科医生。

下面这些措施能够帮助孩子不患麻疹。

1. 如果孩子不满1岁或免疫功能受损，那么他可以在接触麻疹患者后的6天内注射一些免疫球蛋白（丙种球蛋白）。这样可以暂时保护孩子不受感染。

2. 如果婴儿6～11个月大，而且接触过这种病毒，或住在麻疹暴发可能性高的社区里，或所在社区正处于麻疹暴发中，那么他可以在这个月龄段接种麻疹疫苗，而非麻腮风三联疫苗。如果这时候给他接种麻疹疫苗，那么需要在后期补充接种必要的疫苗。

3. 如果孩子已经1岁以上，而且没有其他健康问题，那么他可以直接接种麻腮风三联疫苗。如果在接触麻疹患者后72小时内接种疫苗，那么孩子可以获得长期的免疫力。如果孩子已经接种过第一针麻疹疫苗，且距接种已经超过28天，那么他可以在接触麻疹患者后立即接种加强针。

传染性软疣（水瘊子）

传染性软疣（俗称"水瘊子"）是由病毒引起的皮肤感染性疾病，在年幼的孩子中较为常见。它会引起突出于皮肤表面的丘疹，丘疹大致为半球形，呈现有光泽的肉色或粉红色，中间有凹陷。一些患儿长少量的软疣丘疹，而另一些患儿可能长 20 个或更多。软疣丘疹常见于脸部、躯干和四肢，但也可能在身体的其他任何地方出现，除了手掌和足底。软疣丘疹生长在皮肤表层，无痛无害且不会发生恶变，但它们会持续数月至数年，有时会扩散到身体的其他部位。

直接接触感染者的皮肤或与感染者共用毛巾会传播疾病。儿童看护机构偶尔出现该病的暴发。传染性软疣的潜伏期为 2～7 周不等，有时会比较长（长达 6 个月）。

通常情况下，软疣丘疹会不经治疗而自行消失。一般来说，只有一个或几个丘疹的儿童不需要任何特殊护理。但是如果丘疹较多，或

者你和孩子希望的话，儿科医生或皮肤科医生可能会推荐局部外用药物，或者使用锋利的器械（刮匙）行刮除术，或使用镊子夹除，或采用冷冻技术（如液氮冷冻）等方法去除软疣。

蚊媒传染病

携带病毒的蚊子会通过叮咬人类传播很多疾病。蚊子通过叮咬被病毒感染的人或动物，而成为病毒的携带者。一旦这种病毒通过蚊子叮咬被传播到人体，它就有可能在人体血液内繁殖，并在某些情况下引起疾病。

西尼罗河病毒

美国第一次西尼罗河病毒暴发是在 1999 年。虽然一些孩子在感染了这种病毒后会严重发病，但大多数被感染的孩子症状轻微或完全没有症状。在感染了西尼罗河病毒的人中，大约 1/5 会出现类似流感的症状（发热、头痛、肌肉酸痛），有时还会出现皮疹，这些症状往往只持续几天；不到 1/100 的感染者会患上严重的疾病（西尼罗河脑炎或脑膜

炎），症状表现为高热、颈项强直、颤抖、肌无力、抽风、肢体麻痹以及意识丧失。

寨卡病毒

在儿童中，寨卡病毒极少会产生很大危害。实际上，只要你没有怀孕或没有计划怀孕，就不必担心寨卡病毒。感染寨卡病毒的人会有不同的表现，感染者中只有 1/5 有疾病症状，一些人可能会出现皮疹、发热、眼睛发红（结膜炎）、关节和 / 或肌肉疼痛或头痛。症状通常会在不到 1 周的时间内消失，且很轻微，很少需要住院治疗。

然而，寨卡病毒对怀孕或计划怀孕的妇女特别危险，因为该病毒会影响子宫中正在发育的胎儿。寨卡病毒也可以通过性传播的途径感染孕妇或备孕妇女，从而影响正在发育或即将形成的胎儿。美国联邦卫生官员已经确认，寨卡病毒可以引起婴儿小头畸形（婴儿出生时头异常小），以及其他大脑异常或其他身体异常。由于寨卡病毒会影响胎儿的大脑发育并引起长期的负面后果，因此预防至关重要。

预防蚊媒传染病

感染寨卡病毒或西尼罗河病毒的风险主要来自蚊子叮咬。这些病毒引起的疾病不能通过人与人之间的偶然接触传播。

目前，美国还没有疫苗保护人们不受此类病毒侵害。但如果采取下列措施，减小孩子被携带病毒的蚊子叮咬的概率，你可以保护孩子，降低孩子患病的可能性。你需要记住下面这些要点（其中部分知识请见第 569 页"昆虫叮咬和蜇刺"）。

■ 给你和孩子擦一些驱虫剂（如驱蚊剂），只需要涂抹在暴露在外的皮肤上即可（请参阅下页的表格"驱虫剂"）。当不再需要保护皮肤时，请用肥皂和水清洗皮肤上的驱虫剂。

■ 不要使用同时含有驱虫和防晒成分的产品，因为与驱虫剂相比，防晒霜需要更频繁地使用。

■ 不要为 2 个月以下的婴儿使用含有避蚊胺的产品。对大一点儿的孩子来说，可以少量地用于耳朵附近，但不能用在嘴巴和眼睛附近。也不要用在伤口上。

■ 只要孩子需要外出，都应尽

量给他穿上长袖衣服和长裤。婴儿手推车里应该挂一个蚊帐。

■ 让孩子远离蚊子可能聚集或产卵的地方，例如死水处（包括庭院里的池子和宠物水盆）。

■ 因为蚊子更可能在某些特定的时候叮咬人，例如黎明和傍晚，所以在这些时段内尽量不带孩子外出活动。

■ 纱窗上的任何破洞都应该及时修补好。

驱虫剂

驱虫剂有多种形式，包括喷雾剂、霜剂和驱虫棒等。有些是由合成化学物质制成，有些则具有天然

驱虫剂

类型	驱虫效果	作用时间	注意事项
含避蚊胺（N，N-二乙基-3-甲基苯甲酰胺）的化学驱虫剂	被认为是抵御叮咬型昆虫的最佳防御方法	2～5小时，具体取决于产品中避蚊胺的浓度	对儿童使用避蚊胺时应谨慎
含派卡瑞丁的驱虫剂	在2005年4月，美国疾病控制与预防中心推荐了其他可能与避蚊胺一样有效的驱虫剂：含派卡瑞丁、柠檬桉树油或2%大豆油的驱虫剂。目前，这些产品的作用时间可与约10%的避蚊胺相当	3～8小时，具体取决于浓度	尽管按照建议使用这些产品被认为是安全的，但尚无长期随访研究。另外，需要做更多的研究来观察它们驱赶蜱虫的能力
用香茅、雪松、桉树和大豆等植物的精油制成的驱虫剂	（见上）	通常不足2小时	过敏反应很少见，但可能会发生
含氯菊酯的化学驱虫剂	这些驱虫剂可以杀死蜱虫	在衣物上使用时，即使经过几次洗涤也能持续有效	只能用于衣物，不能直接用于皮肤。可用于户外设备，例如睡袋和帐篷

成分。驱虫剂可以驱赶叮咬型昆虫，但不能驱赶蜇刺型昆虫。叮咬型昆虫包括蚊子、蜱虫、跳蚤、恙螨和吸血厩蝇。蜇刺型昆虫包括蜜蜂和胡蜂。

耐甲氧西林金黄色葡萄球菌感染

耐甲氧西林金黄色葡萄球菌（MRSA）是葡萄球菌的一种，不仅可以引起皮肤表面的感染，还可以引起软组织感染，形成疖或痈。最近几年，由于这种细菌已经对一类叫作"β–内酰胺类的抗生素"（包括甲氧西林和其他常用抗生素）产生耐药性，所以这种细菌感染逐渐成为一种严重的公共卫生问题。耐药性的产生使得治疗这种细菌引起的感染更加困难。过去，这种细菌感染仅发生于医院和养老院，但现在已经传播到社区、学校、家庭、儿童看护机构及其他公共场所了。这种细菌可以通过人与人的直接接触而传播，特别是通过切割伤和擦伤的伤口传播。

如果孩子有一个伤口看起来似乎感染了，具体来说，就是发红、肿胀、摸起来热并且渗出脓液，那么应该找儿科医生来为他检查。医生可能帮孩子清理伤口里的脓液，并开一些外用和/或口服抗生素。最严重的耐甲氧西林金黄色葡萄球菌感染会引起肺炎和菌血症。不过，虽然这种细菌对一些抗生素产生了耐药性，但它们可以用另一些药物来治疗。

为防止孩子在学校或其他公共场所感染这种细菌，以下的措施比较有用。

■ 坚持良好的卫生习惯。孩子应该经常用肥皂和清水或含酒精的洗手液来洗手。

■ 用洁净、干燥的创可贴来包扎皮肤上的切割伤、擦伤或裂口。创可贴需要至少每天更换一次。

■ 不要让孩子和别人共用毛巾、浴巾或其他私人物品（包括衣服）。

■ 经常拭擦孩子可能接触的桌面、台面并进行消毒。

蛲虫病

幸运的是，这种常见于儿童身

上的寄生虫基本没有危害。蛲虫看起来很恶心，而且有可能引起肛门瘙痒，对女孩来说，还有可能引起阴道瘙痒和分泌物增多，但是它不会引起更严重的疾病。蛲虫引起的担忧远远多于它引起的疾病。

蛲虫卵很容易通过人与人的接触传播。常见的情况是，一个感染了蛲虫的孩子搔抓了自己的肛门区域，手上粘了虫卵，然后在沙坑玩耍或使用马桶时留下虫卵，另一个孩子无意间在这些地方接触了虫卵，继而带入自己口中。虫卵被吞下后，就会在体内孵化，蛲虫会沿着消化道到达肛门，并在这里产卵。蛲虫往往引起孩子在夜间肛门附近瘙痒，女孩还可能出现阴道瘙痒。如果你在早晨、孩子起床之前观察他肛门附近的皮肤，可能会看到蛲虫的成虫，它们呈白灰色，线状，长度有0.6 ~ 1.3厘米。儿科医生可能在孩子的肛门周围用一条透明玻璃纸的黏性面把蛲虫和虫卵粘下来，然后把玻璃纸放在显微镜下检查，进一步确认蛲虫的存在。另外，儿科医生也可能仅根据病史来为孩子治疗。

治疗

一些口服的处方药或非处方药可以很容易地治疗蛲虫病。一般来说，这种药物只需要先服用1次，然后在1 ~ 2周后再服用1次即可。这种药物可以使蛲虫的成虫通过大便被排出。一些儿科医生可能建议其他家庭成员一起接受治疗，因为他们中非常有可能有人已经被感染了，只不过还没有出现症状而已。另外，当感染解决了之后，应该仔细地清洗孩子的内衣裤、睡衣和床单，以降低再次感染的风险。

预防

预防蛲虫感染非常困难，但是下面一些小技巧或许能起到一定的作用。

■ 鼓励孩子每次上厕所后都要洗手。

■ 鼓励孩子在沙坑中玩耍后要洗手。

■ 与看护孩子的保姆或幼儿园老师沟通，让她们尽量经常清洗孩子们共享的玩具，特别是在班级或家里已经发现有孩子感染了蛲虫的情况下。

■ 教会孩子在和家庭宠物（猫或狗）玩耍之后洗手，因为宠物的皮毛中很容易带有虫卵。

毒葛、毒橡树和毒漆树

毒葛、毒橡树和毒漆树通常会在春季、夏季以及秋季使儿童出现皮疹。出现这些皮疹，是由于孩子对这些植物中的油脂产生了过敏反应。孩子在接触这些植物后的几小时到 3 天内，就有可能出现皮疹，具体表现为伴有严重瘙痒的水疱。

和普遍的认识相反，并非水疱里的液体造成了皮疹的传播。事实上，这种皮疹传播是由于孩子的指甲里、衣服上或宠物的毛发里残留了之前接触的植物油脂。除非这些残留的植物油脂被其他人接触，否则这种皮疹不会在人与人之间传播。

毒葛是一种藤类植物，叶片为绿色三叶状，遍布除西南部外的美国各地。毒漆树是一种灌木，而非藤类植物，有 7 ~ 13 片叶子成对排列在一根中央茎上；它不像毒葛一样到处可见，主要生长在密西西比河流域的沼泽地附近。毒橡树主要生长在美国西海岸。这 3 种植物能使人出现类似的皮肤反应。这些皮肤反应是一种接触性皮炎（见第 560 页"接触性皮炎"）。

治疗

毒葛引起的接触性皮炎最常见，但治疗它不是一件复杂的事。

■ 预防是最好的措施。让孩子知道这些植物长什么样，并且不去碰它们。

■ 如果孩子接触了这些植物，用肥皂和清水把他所有的衣服和鞋袜都洗干净。同样，所有接触了植物的皮肤也都应该用肥皂和清水彻底洗净——至少洗 10 分钟。

■ 如果出疹比较轻微，可每天涂抹炉甘石洗剂 3 ~ 4 次来减轻瘙痒。不要用含有麻醉成分或抗组胺成分的制剂，因为它们本身就可能引起过敏反应。

■ 用 1% 的氢化可的松软膏涂抹被感染的皮肤，可以减轻炎症。

■ 如果出疹非常严重——发生在脸上、生殖器或广泛分布于身上各个部位，儿科医生就可能要求孩子使用强效的外用或口服皮质激素类药物。这些药物需要坚持使用10～14天，并根据儿科医生确定的时间表，逐渐减小剂量。不过，这种疗法应该限于最严重的病例。

如果孩子出现以下情况，应立即带他就医。

■ 严重的皮疹暴发，而且对上文描述的家庭治疗方法都没有反应。

■ 出现了任何一种感染的症状，例如皮肤发红或出现渗出物。

■ 新暴发出一批皮疹。

■ 面部或生殖器部位出现严重的毒葛过敏反应。

■ 发热。

皮肤癣菌病（癣）

如果孩子的头皮或其他部位的皮肤上出现了一块圆形或椭圆形且有皮屑的斑块，那么问题可能是孩子患上了一种传染性疾病——癣。

这种疾病不是寄生虫造成的，而是真菌引起的。这种真菌感染的病灶往往呈圆形或椭圆形，随着病情的发展，中间会变得平滑，周围一圈为明显的红色痂皮。

头癣可以在人和人之间传播，有时是因为共用帽子、梳子、发刷或发卡造成的。如果孩子身上其他地方出现了癣，那么这有可能是被患有癣的猫或狗传染的。

体癣的初始症状是有皮屑的红斑。这块红斑在直径长到1.25厘米之前，看起来都不像圆形或椭圆形，当它的直径达到2.5厘米后，一般就不再长大了。孩子的身上有时只会出现一个病灶，有时会出现几个。这些病灶部位可能有轻微的瘙痒和不适感。

头癣的发病形式和体癣差不多，但是随着头癣逐渐发展，感染的部位头发可能脱落。一些类型的头癣不是明显的圆形或椭圆形，容易被误认为是头皮屑或"摇篮帽"（头皮乳痂）。然而，"摇篮帽"只会发生于婴儿期。如果孩子已经满1岁了，而头皮上持续出现痂皮，那么你就应该怀疑孩子感染了头癣，并及时告诉医生。

治疗

单个的体癣病灶可以用儿科医生推荐的非处方药膏进行治疗。最常用的药膏包括克霉唑乳膏、托萘酯乳膏和咪康唑乳膏。往病灶上抹少量的药，每天 2 ~ 3 次，持续至少 1 周。如果是头癣，或体癣病灶多于 1 处，或病灶在治疗过程中变得更严重，需要带孩子就医。医生会给孩子开一些更为强效的药物。对于头癣或分布广泛的体癣，医生还会开一些口服的抗真菌药。为了清除感染，孩子需要坚持服用药物数周，不同药物可能疗程不同。

当孩子患有头癣的时候，你还可能需要用一种特殊的洗发水为他洗头。如果孩子的头癣可能传染给了其他家庭成员，那么这些家庭成员也应该用这种洗发水洗头，并且去医院检查一下是否出现了癣的症状。不要让孩子们共用梳子、发刷、发卡或帽子等。

预防

发现并治疗患有癣的宠物，可以预防癣的发生。如果你家的小猫或小狗身上出现有皮屑、瘙痒以及脱毛的区域，应立即让它们接受治疗。任何一个家庭成员、孩子的玩伴或同学出现癣的症状，都应该接受治疗。

幼儿急疹（婴儿玫瑰疹）

有时候，10 个月大的婴儿可能会突然出现 38.9℃ ~ 40.5℃ 的高热，而此前并没有生病的迹象。发热可能持续 3 ~ 7 天，期间孩子可能食欲下降、轻微腹泻、轻微咳嗽和流鼻涕，并且看起来有些烦躁或比平时困倦。孩子的上眼睑可能有轻微的浮肿或下垂。最终，**当孩子的体温降到正常**，他的躯干上会出现一些略微突出于皮肤表面的、粉红色点状皮疹，这种皮疹只会扩散到上肢和颈部，并在 24 小时后消退。这是一种什么疾病呢？这种情况下，孩子很有可能患了一种叫作"幼儿急疹"（又名"婴儿玫瑰疹"）的疾病，这是一种常见 2 岁以下儿童的传染性病毒感染性疾病。这种疾病的潜伏期通常认为是 9 ~ 10 天。诊断的关键依据为出疹发生于热退后。目前，我们知道是一种特定的病毒（细小病毒 B19）引起了这种疾病。

治疗

一旦 3 个月以下的婴儿发热达到 38℃或更高，一定要咨询儿科医生。3 个月以上的婴儿，如果发热达到 38.9℃或更高，并持续了 24～72 小时，即使没有别的什么症状，也应该立即联系儿科医生。如果医生怀疑发热是幼儿急疹引起的，他有可能为你推荐几种降温的方式，并要求你在孩子病情加重或发热持续超过 3～4 天的时候再次联系他。对于 3 个月以下的婴儿，或发热时伴有其他症状，而且看起来病得很重的孩子，医生可能会让他进行血液、尿液或其他检测。

因为引起发热的疾病往往具有传染性，所以最好让患儿远离其他孩子，直到儿科医生同意他与别人接触为止。一旦发热退去超过 24 小时，即使出疹了，孩子也可以重新回到幼儿园或学前班上学，并可以正常和其他孩子接触。

孩子发热时，给他穿轻薄一点的衣服。如果孩子由于发热而非常难受，可以根据他的体重和年龄让他服用对乙酰氨基酚（见第 27 章 "发热"）。如果孩子的食欲下降，不要担心，鼓励他多摄入一些液体。

虽然这种疾病很少引起严重的后果，但也应该在早期充分注意孩子的病情，因为在发热快速发展的阶段，孩子可能出现热性惊厥（见第 765 页 "对热性惊厥的治疗"）。有时候，不论发热的治疗效果如何，惊厥总是会发生，所以一定要知道如何应对。对幼儿急疹的患儿来说，惊厥通常是相当轻微和短暂的。

风疹（德国麻疹）

有些家长在儿童时期可能患过风疹。由于疫苗的普及，这种病如今已经很少见了。不过，即使在风疹盛行的时代，它通常也是一种轻微的疾病。但是如果是孕妇感染风疹，这就会引起发育中的胎儿出现严重的疾病和长期问题。

风疹的特征性表现是发热（体温在 37.8℃～38.9℃）、淋巴结肿大（通常在颈后部和颌下）及皮疹。风疹的皮疹往往是从面部开始出现，形态从针尖大小的丘疹到不规则的红色斑块不一，并突出于皮肤表面。

在 2 ~ 3 天之内，皮疹会蔓延到颈部、胸部以及身体其他部位，而脸上的皮疹开始消失。

一旦接触了风疹病毒，孩子往往会在 14 ~ 21 天内开始发病。疾病的传染性在出疹前几天就开始，在出疹 5 ~ 7 天后才结束。因为这种疾病可能非常轻微，所以大约有一半的患儿都没有被发现。

在风疹疫苗发明之前，这种疾病每 6 ~ 9 年会暴发一次。从 1968 年起，美国有了这种疫苗，风疹就不再大暴发了。即使这样，这种疾病仍然存在。没有接种过疫苗的易感青少年，特别是在校大学生，都有可能患这种病。幸运的是，除了引起发热、不适以及少见的关节疼痛外，这种传染病不会引起更为严重的后果。

你可以做什么？

如果儿科医生确诊孩子患了风疹，以下方式可以让孩子舒服一些：多喝水、多卧床休息（如果他很疲惫的话），发热时使服用对乙酰氨基酚。如果你不确定其他孩子和成年人是否已经对风疹建立了免疫，不

要让患儿接触他们。总的原则是，患有风疹的孩子，在首次出疹后 7 天内不应再去幼儿园或参与任何形式的集体活动。特别重要的是，要确保孕妇不要接触风疹患者。

如果婴儿被确诊患有先天性风疹，儿科医生会尽力治疗因感染引起的疾病。患有先天性风疹的婴儿在出生后的第 1 年内都有传染性，所以他不应该参与任何一种集体形式的婴儿看护项目。

什么时候应该找医生？

如果孩子出现发热、皮疹，并且看起来很不舒服，请和儿科医生讨论一下问题所在。如果诊断为风疹，请遵守上文所述的治疗和隔离原则。

预防

预防风疹的最好办法是接种疫苗。这种疫苗通常是作为麻腮风三联疫苗中的一部分进行接种的，孩子一般在 12 ~ 15 个月大时接种第一针，另外，还需要接种一针加强针（见第 31 章 "疫苗接种"）。

即使孩子的母亲又一次处于怀

孕期间，孩子也可以按时接种这种疫苗。但是孕妇不能接种这种疫苗，她需要尽可能避免接触感染了这种病毒的儿童或成年人。分娩后，她应该立即接种疫苗。

疥疮

疥疮是由一种在皮肤表层以下挖隧道并产卵的微小螨虫引起的。事实上，疥疮的皮疹是人体对这种螨虫的身体、虫卵以及分泌物做出的反应。这种螨虫进入皮肤之后，经过 2～4 周的时间，皮疹会出现。

对大一些的孩子来说，这种皮疹表现为大量瘙痒的、充满液体的突起，这种突起可能位于皮肤下一个发红的隧道旁。对婴儿来说，这种皮疹可能比较分散，且出现的部位比较局限，一般常见于手掌和足底。因为孩子的抓挠、皮疹结痂或二次感染，婴儿身上这种恼人的皮疹往往很难被识别，除非出现标志性的隧道。

传说拿破仑的整个军队出现疥疮流行时，人能在夜里听到 1.6 千米外的其他人抓挠皮肤的声音。这可能有一点夸张，但是说明了疥疮的 2 个要点，你可以根据它们来判断孩子是否患了疥疮：一是奇痒无比，二是具有传染性。疥疮只能通过人与人之间接触而传播，而且传播非常容易。如果家中有一个人患了疥疮，其他人也有可能患病。

疥疮可以发生于身上任何一个部位，包括手指之间。大一些的孩子和成年人可能不会在手掌、足底、头皮及脸上出现疥疮的皮疹，但婴儿却有可能发生。

治疗

如果你注意到孩子（或其他家庭成员）经常抓挠自己的皮肤，应该怀疑他们患了疥疮并咨询儿科医生，他将仔细检查孩子皮肤的情况。医生有可能轻轻地刮下一小块病灶处的皮肤并放在显微镜下检查，看看是否能找到这种螨虫或虫卵。如果确诊为疥疮，医生会为孩子开一种抗疥疮药。大多数抗疥疮药要涂抹全身（从头皮到足底）并在保持几小时后洗净。一般来说，1 周之后还需要再次用药。

大多数专家认为全家人都应该

接受治疗，包括那些没有这种皮疹的家庭成员。部分专家认为，虽然全家人都应该接受检查，但是只有那些出疹的患者才需要使用抗疥疮药治疗。任何在家里过夜的客人、经常上门服务的保姆也都应该接受检查。

为了预防挠抓造成的感染，应为孩子勤剪指甲。如果瘙痒特别严重，儿科医生可能为孩子开抗组胺药或其他抗瘙痒药物。如果挠破的皮肤伤口出现细菌感染的症状，请通知儿科医生，他有可能为孩子开抗生素或进行其他形式的治疗。

即便遵守了治疗方案，瘙痒也有可能持续 2 ~ 4 周，因为这是一种过敏性的皮疹。如果瘙痒持续超过 4 周，请咨询医生，因为这可能提示疥疮复发并需要治疗。

顺便提一下，关于衣服和床单、桌布等是否有可能造成疥疮传染还存在争议。有证据显示，这种传染的发生率非常低，所以没有必要大范围地将孩子的屋里和家里的所有针织物全部清洗或消毒，因为引起疥疮的螨虫只能在人体皮肤里存活。

猩红热

如果孩子患了链球菌咽喉炎（见第 675 页），他就有可能同时出现一种叫作"猩红热"的出疹性疾病。猩红热的症状是从咽喉痛开始的，患儿常伴有 38.2℃ ~ 40℃ 的发热及头痛。接下来，患儿会在 24 小时内出现遍布躯干、上肢和下肢的皮疹。这种皮疹略突出于皮肤表面，让孩子的皮肤摸起来像细砂纸。另外，孩子的脸会发红，嘴唇周围会出现一圈苍白的区域。皮肤上的红疹会在 3 ~ 5 天后退去，原来皮疹严重的地方会起皮（特别是颈部、腋下、腹股沟区、手指和脚趾），他的舌头还有可能出现一层白膜并逐渐变红，同时伴有轻微的腹痛。

治疗

一旦孩子抱怨咽喉痛，特别是伴有出疹或发热的时候，应立即带他就医。医生会用一条咽拭子来擦拭孩子的咽喉，检查该处是否存在链球菌。如果发现了链球菌，医生就有可能为孩子开一种抗生素（一般是青霉素或阿莫西林）。如果孩子需要口服抗生素而不是注射抗生素的话，应坚持服完整个疗程，因为疗程不完整的话，很有可能造成病情复发。

大多数链球菌对抗生素非常敏感，发热、咽喉痛以及头痛往往都能在用药的 24 小时内好转。然而，皮疹却会持续 3 ~ 5 天。如果在接受治疗后孩子的病情似乎没有什么好转，应该通知儿科医生。如果这时候其他家庭成员也出现了发热或咽喉痛（不管有没有出疹），那么他们也需要接受检查，看看咽喉中是否存在链球菌。

如果不经治疗，猩红热（和链球菌咽喉炎一样）有可能导致耳部及鼻窦感染、颈部淋巴结肿大以及扁桃体化脓。未经治疗的链球菌咽喉炎最严重的并发症是风湿热（一种会引起关节肿胀和疼痛，以及有时出现心脏病变的疾病）。非常少见的情况下，咽喉里的链球菌有可能引起肾小球肾炎，或其他肾脏的炎症，这会导致血尿，有时会导致血压升高。

阳光灼伤

虽然肤色较深的人对阳光不是很敏感，但每个人都存在被阳光灼伤和出现相关问题的可能。儿童格外需要避免被阳光灼伤。和烧烫伤一样，阳光灼伤会造成皮肤发红、发烫并疼痛，严重的病例还可能出现水疱、发热、冷战、头痛以及全身不适。

然而，太阳对于婴儿的伤害，不仅仅只是短时间的暴晒引起的。多年暴露于适度的阳光下，孩子也有可能出现皮肤起皱、变硬、长雀斑，甚至在长大后出现皮肤癌。另外，一些药物也有可能引起皮肤对阳光产生不适的反应，而一些健康问题则有可能导致患者对阳光敏感。

治疗

阳光灼伤的症状往往在被灼伤后的 6 ~ 12 小时内出现，而且一般来说最明显的不适感都会在最初的 24 小时内出现。如果孩子的表现仅仅是皮肤发红、发烫并疼痛，你可以自己为他进行治疗。对被灼伤的区域进行冷敷，或者用清凉的水为孩子洗澡。你也可以让孩子服用对乙酰氨基酚或布洛芬来缓解疼痛（查看药物的说明，根据孩子的年龄和体重选择正确的服药剂量）。

如果阳光灼伤引起了水疱、发热、冷战、疼痛以及全身不适，就应该咨询儿科医生了。严重的阳光灼伤应该和其他类型的严重烧烫伤一样接受治疗，而且如果受伤面积大的话，有时候还需要住院治疗。另外，水疱有可能被感染，需要抗生素治疗。有时候广泛或严重的阳光灼伤也有可能引起脱水（见第 528 页"腹泻"，参考其中关于脱水的知识），少数情况下还有可能引起晕厥（中暑）。这样的情况需要由儿科医生检查或将孩子直接送到最近的急诊室接受治疗。

预防

很多家长误以为只有阳光很强烈的时候才有可能引起危险。事实上，真正有害的是肉眼看不到的紫外线。在雾天或雾霾天，孩子可能感觉很凉爽，有可能在户外活动更长的时间，殊不知，这样他们会受到更多的紫外线照射。海拔越高的地方，紫外线越强。即使大帽子或太阳伞也不可能完全保护孩子，因为紫外线可以被沙子、水、雪花以及其他很多物体的表面反射。

总的来说，尽量不要让孩子在紫外线强度很高的时候出门（上午 10 点到下午 4 点）。另外，请遵守下面一些原则。

■ 经常为出门的孩子涂抹防晒霜，以阻挡紫外线。选择儿童防晒霜，其防晒系数（SPF）应为 30 或更高，并覆盖紫外线的 UVA 和 UVB 波段（看看包装上的说明），并且在出门前半小时就擦好防晒霜。记住，没有一种防晒霜是真正防水的，所以，每 1.5 ~ 2 小时就应该补擦一次防晒霜，特别是当孩子长时间在水里时。

■ 给外出的孩子穿轻薄的纯棉衣物，且要穿长袖衣服和长裤。具有一定防晒效果的衣服和帽子也是不错的选择。

■ 尽可能地支一把沙滩伞或类似的设备，保护孩子不被阳光直射。

■ 给孩子戴一顶宽沿的帽子。

■ 6 个月以下的孩子不应该被阳光直射。如果衣服不能完全把孩子遮盖起来，并且阴凉处也不够，应该将防晒霜涂抹在暴露在外的部位，例如面部和手背。

（参见第 689 页"烧烫伤"。）

疣（瘊子）

疣（俗称"瘊子"）是由一种人乳头瘤病毒（HPV）引起的疾病。这些硬实的小突起（也有些是扁平的）一般为黄色、黄棕色、棕色、浅灰色或黑色。它们一般长在手上、脚趾上、膝盖周围以及脸上，但也有可能出现在身体其他部位。长在足底的疣被称为"跖疣"。疣可能具有传染性，但一般很少发生于 2 岁以下的婴幼儿身上。

治疗

儿科医生会告诉你们如何治疗疣。有时他会推荐一种含水杨酸成分的非处方药，或让孩子到门诊接受冷冻治疗（即用液氮的溶液或喷雾治疗）。如果孩子出现了下述任何一种症状，那么他就有可能需要去看小儿皮肤科医生。

- 疣的数量较多或经常复发。
- 面部或生殖器区域出现疣。
- 体积大、位置深，或疼痛严重的跖疣（足底疣）。
- 严重影响孩子生活质量的疣。

一些疣会自行消失，另一些则需要用药物治疗才能消除。然而，对于数量多的疣、经常复发的疣和位置深的跖疣，要想消除，医生有时必须用手术的方式，包括刮除、（激光）烧灼和冷冻。不过，虽然手术可能有作用，但是目前并没有高质量且控制良好的研究表明这种会带来疼痛的治疗比不治疗要好。幸运的是，大多数孩子在 2 ~ 5 年内可产生对疣的免疫力，甚至不需要治疗即可自愈。

第 35 章　孩子的睡眠

睡眠是孩子健康生活中必不可少的一部分。就如同营养对孩子身体的发育很重要一样，睡眠对孩子大脑的发育也至关重要。当孩子睡眠不足时，他的行为、健康以及学习会受到影响。另外，孩子的睡眠情况也会影响你的睡眠和健康。如果孩子形成和保持固定的睡眠时间表，他就可能睡更长时间，晚上也不太可能醒，也能享受这种酣睡给他健康带来的益处。孩子睡觉时，大脑并没有在休息，而是以另外一种方式在运作。保证充足的睡眠时间，孩子的注意力将能更好地集中，性情也会更加平和。

本章将重点介绍孩子的睡眠需求、睡眠训练、睡眠计划的执行以及"睡前程序"的维持。如果你需要更详细的信息和特定年龄段的具体睡眠指导，例如安全睡眠提示，请参见本书的第一部分关于这个话题的章节，包括第 55、204、234、274、312、350、386 和 416 页。

孩子需要睡多长时间？

很多父母担心孩子的睡眠习惯和行为：他是睡得太少了还是太多

了？小睡有多重要，多长时间的小睡才算够？晚上他哭的时候，我是应该让他自己哭着睡着还是应该抱他起来？为什么和其他同龄孩子比起来，他好像睡得比较晚（或早）？

虽然很多父母都担心孩子的睡眠模式，但好消息是，他们所担心的问题很多都容易解决。很多父母不清楚孩子在不同年龄段最佳的睡眠时间表。孩子之间的睡眠模式存在差异，以下是关于孩子需要多长时间睡眠的具体建议。

美国睡眠医学学会和美国儿科学会建议的睡眠量如下。

■ 婴儿（4～12个月）：每24小时规律地睡12～16小时（包括小睡）。

■ 幼儿（1～2岁）：每24小时规律地睡11～14小时（包括小睡）。

■ 学龄前儿童（3～5岁）：每24小时规律地睡10～13小时（包括小睡）。

许多父母的第一个问题是"我的宝宝什么时候可以睡整觉？"的确，婴儿的父母常常最关心这个问题。但是，对不同的婴儿来说，这个问题并没有一个完全相同的答案。

毕竟，每个孩子都是不一样的。一些孩子可能在出生后的前6～8周建立固定的睡眠节律，并且一次睡好几个小时；但是，另一些孩子可能持续几个月或者更长时间都有着难以预测的睡眠行为。

大多数情况下，婴儿会在出生后的前几个月学会延长夜间吃奶的时间，接近6个月大时，他可能将不再需要在夜间吃奶。为帮助孩子实现这一目标，你可以为他维持一致的"睡前程序"，例如洗澡、母乳或奶瓶喂养、读书、入睡（让他仰卧着睡觉）。另外，允许他在晚上安抚自己入睡，保持房间黑暗和安静，确保他有足够的户外活动时间（在天气允许的情况下），并且白天可以吃饱、吃好。

随着婴儿的成长，他将继续延长夜间睡眠时间。每个婴儿独特的基因构成对他的睡眠有重要的影响。他的天性可能还影响着他小睡的时间，他独特的脾气也可能影响他的睡眠行为。而且，家庭环境的差异，也会对孩子什么时候睡、睡多久、睡得好不好产生影响。通常，只要你有良好的睡眠习惯，孩子也会逐

情形 1

一个 4 个月大婴儿的妈妈向朋友抱怨说，她的孩子出生后的第 1 周睡得特别好，但是之后睡眠模式好像被打乱了。最主要的是，孩子的睡眠时间不稳定、难以预测。她说她试图让孩子在晚上保持清醒，这样她丈夫 20：00 ～ 20：30 下班回家后就能陪孩子玩耍了。但是他还没到家，孩子常常就会烦躁和哭闹。虽然孩子有时显得很困，但是她还是尽量让孩子醒着，等丈夫回来。但是通常的情况是，婴儿太累了，很难被安抚。

夫妻二人就应该怎么做起了冲突：丈夫觉得让孩子哭闹着等自己回来没什么，但是妻子觉得这样太狠心了。有时，她试着让孩子在下午晚些时候小睡一下，但是孩子在晚上还是会烦躁不安。就这样，丈夫和妻子之间的冲突升级了。

他们决定征求儿科医生的建议。医生解释说，尊重孩子正在形成的睡眠时间表是很重要的。通常对 4 ～ 8 个月大的婴儿来说，最佳的晚上入睡时间是 18：00 ～ 20：00。延长孩子清醒的时间，让他迎接爸爸，只会让他很疲惫，与自己的生物节律不同步。

你要常常留意孩子的睡眠需要。他的生物节律在发育，当他需要睡觉的时候，应该得到满足。如果他的睡眠时间表被人为打乱了，他可能在清醒的时候变得情绪不好、注意力不集中。如果孩子睡得较早，他可能会醒得较早，但是他晚上的睡眠时间会更长。这样，工作的父母可以在早晨多和孩子待一会儿。如果要改变，应该先改变父母的时间表，从而找到一种可以和清醒的孩子相处的方法。

渐形成好的睡眠习惯，且有时当睡眠习惯发生变化（例如，睡在另一所房子，或因为和兄弟姐妹玩耍而早醒），孩子也能够很好地进行调整。

让睡眠与生物钟同步

尽管父母担心孩子的睡眠情况，但他们可能无意识地打乱了孩子的睡眠。有时候，即使父母很想做对孩子有益的事，但他们并不总能理解自己忙碌的时间表和家庭决策对孩子的睡眠会产生什么样的影响。

父母常常没有认识到，让生活习惯与孩子正在形成的生物钟保持同步是很重要的。在睡眠这个问题上，时间安排很重要。应该明白，孩子什么时候睡很可能比他睡了多久更重要。好的睡眠质量能够恢复他的机敏，让他情绪稳定，而这很大程度上取决于他什么时候睡。这意味着要鼓励孩子按照自己生物钟的节律睡眠。与生物钟同步的、稳定的就寝时间，通常会带来平静的长时间睡眠。

如果注意观察，你会发现，和成年人一样，孩子在白天也有"昏昏欲睡"的时候。如果他在这些昏昏欲睡的时段睡觉，睡眠的质量会比在不符合生物钟规律的其他时段睡眠更好。如果你等到他昏昏欲睡的迹象消失之后才让他睡觉，他反而很难睡着。

对于婴儿

作为家长，你需要满足孩子的睡眠需要。尽可能鼓励他在对他最有益的时段睡觉。但是，形成最佳的睡眠时间表不是一蹴而就的。孩子生物（昼夜）节律的发育需要一段时间，才能实现睡眠模式和内在机制相一致这一最终目标。给予他时间，他会慢慢形成最佳的睡眠时间表。作为父母，你的任务就是对孩子的身体"告诉"他（和你）该睡觉的迹象敏感起来。否则，你可能太早或者太晚把他放到婴儿床上，这样他入睡的容易程度和睡眠的质量都会被影响。

对于幼儿或者学龄前儿童

想知道孩子是否得到了充足的睡眠，特别是有质量的睡眠，你可以在一天结束的时候观察他。他是可爱、适应力强、友好、合作、独立和迷人，还是爱闹、固执、易怒、古怪、烦躁。后者可能因为轻微但是长期的睡眠缺乏导致他在一天结束的时候没有力气了。如果你注意观察他，你将发现，像大人一样，孩子也会有一个昏昏欲睡的时期。如果他一直打不起精神，你可能应该调整让他就寝的时间了，他可能需要早一点儿去睡觉，这样能够消除他临近一天结束时所产生的恼人行为。

还要记住如下忠告：有时，当父母将孩子就寝时间前调之后，孩子的睡前行为表现可能并没有改善。在这种情况下，已经提前了的就寝时间可能还是晚了，应该进一步调整，也就是说还要调得更早一点儿。

睡眠模式及应对哭闹

一些婴儿在婴儿床上睡觉的时候，每天晚上都会哭闹，有一些却从来不哭。对很多父母来说，孩子长时间在婴儿床上哭闹真是特别烦心。当孩子号哭的时候，你可能感到心碎，远离他等他入睡也让你很痛苦。或者你可能对他明显地不愿意或者不能安静下来睡觉感到很沮丧或者很恼火，即使孩子只哭了几分钟，你也感觉十分漫长。

父母总是关心孩子为什么哭，他们会猜测孩子是简单地发泄力气？感到孤独？还是真的很难过？很多父母因为无法忍受孩子呜咽的声音都放弃了，冲到婴儿的身边。不难想到，儿科医生被问得最多的问题就是"我是应该让孩子自己哭着睡着，还是应该抱起他、安慰他？"还有更基本的问题"他到底应该睡多少久？"很大程度上，这些问题的答案取决于孩子的年龄。

满月前

在这个阶段，婴儿大部分时间都在睡觉。不论你是让他平躺到婴儿床上入睡，还是他醒来时，都应尽量避免让他哭闹。你要对他的哭闹做出反应，做任何能够安慰孩子的事，比如轻轻地唱歌、播放柔和的音乐、把灯光调暗和／或轻轻地摇一摇他。如果需要的话，把他抱起来，5 ~ 10 分钟后再把他放回婴儿床里。通过各种方法让他感觉舒适，这样你能将他睡觉的时间和质量最大化（关于安抚哭闹的婴儿的更多信息，见本书第 52 ~ 54 页，以及第 873 页和第 875 页）。

这个月龄的婴儿什么时候该睡觉，是在他哭还是不哭的时候呢？通常来说，他清醒 1 ~ 2 小时后，就需要睡觉了。有时候 1 小时还没过，他就想睡觉了。他很少能连续 3 小时保持清醒。如果他有点烦躁不安或者轻微哭闹，看看把他放回婴儿床里哭闹程度是不是变得严重了，如果是的话，那么当然要把他抱起来。不过，他也有可能渐渐进入梦乡。

一般来说，如果孩子在需要小睡的时候不能睡觉，他就会表现出过度劳累和烦躁不安的迹象。这时你就要开始哄他睡觉。他清醒 1 ~ 2 小时后，你可能就需要安抚他入睡了。当他昏昏欲睡但是还醒着的时候，把他放到婴儿床里（这个方法对白天的小睡特别有效）。如果你拖得太久，他可能变得难以安抚，从而更难入睡。

（有关哭闹和肠痉挛的信息，请参阅第 153 页。）

保持一致的"睡前程序"

在孩子刚出生后的几周里，让其他成年人，例如你的伴侣、（外）祖母、月嫂或保姆都参与到孩子的"睡前程序"中。如果只有你一个人参与孩子的"睡前程序"，他就只会把你一个人和哄他睡觉联系在一块。参与的人越多，孩子就越不会将一个特定的情境同入睡关联在一起。这种理念有时候被表述为"人多好办事"。

父母的睡眠缺乏问题

在孩子出生后的前几周里，父母可能感觉睡眠不足。特别是对刚生产后的妈妈而言，她会觉得生活中一下子增加了这么多责任，而自己却睡眠不足、力不从心，她会因此焦虑不安。父母应该彼此支持，并且在必要时给主要的照看者额外的时间，让她可以歇一歇、睡个小觉或者采取其他方式"充电"。

执行婴儿睡眠计划

你和你的伴侣应该对要执行的婴儿睡眠计划达成一致意见，这一点十分重要。如果只有一方上心，这个计划就很难成功执行。当你们开始执行一个婴儿睡眠计划时，你们应该一起决定是逐步地还是迅速地做出改变。很多儿科医生都建议开始时进行小而简单的改变，以使父母和孩子都容易适应。例如，稍微将就寝时间提前将改善孩子的情绪，并且减少父母的失落。

不管何时做出改变，都要稍事等待，观察一下它是否有效。不要以一天一天（或者一夜一夜）的尺度来衡量成效。至少应该坚持将新方法执行上几天，才能判断这一改变是否值得延续。

■ **约 6 周大时（对于早产儿，从他的预产期开始算）**。这时，孩子的睡眠时间表开始渐渐固定下来。他会在夜间睡得长一些，在晚上更早地显示出昏昏欲睡的迹象（有时是哭闹）。

举例来说，如果他曾经在 21:00 ~ 23:00 准备睡觉，现在他开始需要睡得早一些，可能是 18:00 ~ 20:00。他最长的睡眠时间会在深夜，持续 3 ~ 5 小时。

当然不同的孩子会有差异，所以你要对自己孩子的需求保持敏感。你要知道孩子哭闹可能是想更早些睡觉，可以花时间哄哄他（此时即使孩子还有点烦躁，也没有关系），让他的生物节律决定他是要睡 30 分钟还是 4 小时。

如果你和孩子都与他的生物节律保持协调，那么当你把他放在婴儿床上的时候，他会渐渐学会自己平静下来睡觉。如果那样的话，哭闹就会很少甚至没有。接近 3 个月大的时候，一些孩子晚上能连续睡 6 ~ 8 小时。如果他醒得太早，你可以哄哄他，保持灯关着、帘子拉着，以帮助他再次入睡。如果可能的话，不要把他抱起来或者给他喂奶。

■ **4 ~ 12 个月大时。** 对 4 个月大的婴儿来说，在未来的几周和几个月内，你仍然要对他的生物节律保持敏感，这样能减少哭闹。从 4 ~ 12 个月，大部分婴儿每天至少需要 2 次小睡，一次是在上午，另一次是在中午。有些孩子在下午晚些时候会有第 3 次小睡。试着培养他在白天 9:00 和 13:00 小睡 2 次，如果他需要，下午晚些时候还可以小睡 1 次。大多数父母都不愿意把孩子从小睡中叫醒，因为睡眠对孩子而言是很宝贵的。他小睡的时候想睡多久就睡多久，除非小睡使他晚上难以入睡。如果发生这种情况，和儿科医生讨论一下，看能不能在下午晚些时候的小睡中早点叫醒他。如果孩子在下午晚些时候的小睡中睡到很晚，睡得很长，这可能是因为他晚上就寝的时间很晚，较长的小睡时间，可以部分补偿他睡眠时间的不足。不妨跳过第 3 次小睡，而让孩子早点入睡。接近 9 个月大时，试着取消下午晚些时候的小睡，因为如果这样的小睡继续的话，他晚上睡觉的时间就会推后。

在这个月龄段，晚上是孩子一天中最长的睡眠时间，接近 8 个月大时，晚上睡眠应该持续 10 ~ 12 小时，中间不用叫醒他喂奶。但是如果这个月龄段的孩子在晚上就寝时显得特别累，而且一看到自己的

情形 2

一对父母带他们 5 个月大的女儿去看儿科医生，因为她的小睡已经成了影响全家的严重问题。白天他们会哄孩子小睡，但她总是 35 ~ 40 分钟后就醒了。他们都认为孩子的小睡要睡得更长，但是他们延长小睡的尝试都失败了，所以很沮丧。他们试着在孩子醒后把她留在婴儿床上 20 分钟，但是她哭个不停，拒绝再次入睡。

儿科医生解释说，很难为 4 ~ 5 个月大的婴儿建立固定的小睡时间表，因为他们的生物节律还在成熟的过程中，接下来的 1 ~ 2 个月还是很难建立起固定的小睡时间表。医生建议，要延长孩子小睡的时间，可以尝试在他一开始发出声响或者呼唤关注的时候，父母就立即回应。他们可以轻轻地拍拍孩子或给他做短时间的婴儿按摩。用这种方法，很多孩子会再睡 20 ~ 30 分钟，这样的小睡能真正恢复孩子的精神，让他在一天中后来的时间里更清醒，注意力保持时间也更长。

但是，随着年龄的增长，对一些孩子来说，这些特别的方法可能变成刺激而不是安抚，这样就起反作用了。在和父母进一步讨论之后，儿科医生认为有几个因素会影响孩子的小睡：一是孩子卧室的灯光不够暗；二是房间不够安静；三是孩子的小睡时间可能和他的生物节律不一致，这一点最为重要。儿科医生建议，父母可以调整睡眠环境，使其更利于小睡，还要保持耐心，等待孩子的生物节律让他的身体更适应白天的小睡时间。

床就哭，那么他白天的小睡时间可能太短了（少于 30 分钟），小睡的时间可能与他的睡眠节律不吻合，或者是你晚上太晚让他睡觉了。如果是后一种情形，早点（17：30 或者 18：00）把他放到床上睡觉，至少暂时这样做来缓解他的过度劳累。如果他哭闹，查看一下，用安慰的话语哄哄他。如果需要的话，给他换纸尿裤，确保他是舒服的，但是要保持灯光昏暗，不要把他抱起来，或抱着他走来走去，这样可能让他更清醒。然后悄悄地离开房间。在几天到几周的时间内，渐渐减少夜间给他的关注，这样能消除他的期望（他哭闹或者需要你的时候，你就会出现），他就更可能学会自己平静下来，学会安抚自己的技巧，例如吮吸手指、左右摇摇头或者蹭一蹭床单。

　　有时候你可能需要让婴儿自己哭着入睡，这不会有任何伤害，你也不需要担心他的哭。记住，你有一白天的时间向婴儿表明你有多么爱他、多么关心他。在晚上，他需要知道这是睡觉的时间。在那些你让他哭的晚上，其实你正在帮助他学会自己平静下来。他不会认为你抛弃了他或者你不再爱他，他从你白天的行为知道根本不是这么回事。换句话说，根本没有必要担心。但是，如果婴儿哭的时间较长，请检查你的孩子。睡眠训练的目的是教会你的孩子自己入睡，而不是让他不好过。

白天小睡习惯的演变

　　■ 10 ～ 12 个月大时。少数该月龄段孩子上午的小睡会逐渐减少。12 个月大的时候，有些孩子就不再需要上午的小睡了。如果是这样，你可以把他晚上的就寝时间提前一些（可能提前 20 ～ 30 分钟），下午的小睡也可以早点开始。孩子晚上就寝的时间可能会有些变化，这取决于孩子疲乏的程度，以及白天小睡的质量等因素。

　　■ 13 ～ 23 个月大时。在这个阶段，孩子小睡的量会发生改变。15 个月大时，大约一半（当然不是全部）的孩子每天只会进行 1 次小睡，通常是在下午。虽然向每天 1 次小睡的转变可能遇到困难，但孩子上午的小睡会自行消失。当孩子进行这些改变时，如果你晚上早点让孩子睡觉，他可能更不想在上午小睡，而且他醒过来时，可能获得了更好的休息。

　　■ 24 个月大时。几乎所有这个年龄的孩子都只在下午的时候进行 1 次小睡，从生物学角度来看，这次小睡对他们在一天的其他时候良好地活动很重要。

　　■ 2 ～ 3 岁时。大多数这个年龄的孩子仍然需要每天 1 次的小睡，这样他们在傍晚的时候不会太烦躁、难哄。快到 3 岁的时候，孩子一般白天要睡大约 2 小时。但是，有些孩子睡得多，有些睡得少（有时只有 1 小时）。试着让孩子小睡的时间和晚上睡觉的时间固定下来，即使

情形3

　　很多父母都认识到"睡前程序"的重要性，但是，对一些父母来说，这些"程序"并不总是起作用。一位妈妈尝试了很多她听到的方法，包括给孩子洗澡、洗完澡给他按摩、唱轻柔的催眠曲、给孩子包襁褓，但是都没有用。实际上，使用这些方法的时候，她的孩子变得更难哄了。

　　这位妈妈向儿科医生表达了自己的沮丧，医生给她提供了一些建议，让这些"睡前程序"变得更有效。医生告诉她要早点开始这些"程序"，要在孩子已经变得劳累或者烦躁不安之前；还告诉她要保持一致，每天进行相同的"睡前程序"，直到孩子开始将它们和睡觉联系在一起。医生强调要坚持，因为变化不会一夜之间发生，"睡前程序"需要一段时间才能取得积极的效果。

　　对于小睡，儿科医生也有一个建议。他告诉父母要在孩子真正要小睡前的 20 ～ 30 分钟就把孩子放到婴儿床上睡觉。当孩子在婴儿床上睡着后，他往往在 10 ～ 20 分钟内会排便，这会让他哭。但是一旦你帮他换了尿布，他就处在小睡开始的正确生物时间范围里。如果父母安抚他，他小睡的时间会更长。

一些灵活性的调整是不可避免的。有些孩子会经历这样一个阶段：即使他们的身体"告诉"他们（和你）需要小睡了，他们还是会拒绝小睡。如果是这样，你可以试着把晚上睡觉的时间提前或推后，看看是否有助于他在白天的休息。

　　关于小睡时间长短最好的经验法则是：孩子的小睡应该长到让他能够恢复精力。一些证据表明，较长的小睡能提高孩子的注意力保持时间和学习能力。反之，如果他只进行短短几分钟的小睡，那通常不足以支撑他一整天。孩子在 3 岁之前，每天下午都需要 1 ～ 2 小时的小睡，之后小睡的时间会缩短。有研究表明，3 岁的孩子 90% 仍然进行小睡。

　　■ 3 ～ 5 岁。在这个年龄段，大多数孩子晚上都会在 19：00 ～ 21：00 睡觉，如果白天小睡很短或者没有的话，他们会一直睡到早上 6：30 ～ 8：00。在 3 ～ 4 岁的孩子中，小睡不那么普遍了。

　　你要清楚这个年龄段孩子的睡

眠需求，要让他晚上就寝的时间有规律。孩子小睡的时间少了，身体活动量大了，所以一些孩子晚上睡眠的需要实际上增加了。

让孩子睡得更好

你怎样安抚孩子入睡？安抚的技术可能因孩子年龄的不同而不同。轻轻抚摸后背基本上能帮助任何年纪的孩子入睡。对小婴儿，随着他呼吸的节奏用你的脸颊触碰他的脸颊，就能安抚他。拍拍他、吻他的前额、鼓励他吮吸安抚奶嘴或他的手指，对小婴儿可能也有用。

"睡前程序"可以在4～6个月大时开始进行，这会帮助孩子为休息做好准备，特别是当他开始把这些"程序"和睡眠联系在一起时。试着给他讲个故事、洗个热水澡、按摩、唱个催眠曲，或者播放舒缓的音乐。在睡觉前，停止和他的玩耍，拉上窗帘，调暗灯光，避免使用手机。

比选择特定的"睡前程序"更重要的是，你要一直和孩子的生物钟保持节奏一致。当睡眠时间到来时，请让孩子远离刺激，因为那会造成他烦躁和入睡困难。睡前同孩子进行的活动应该是低强度的，以防止过度刺激他。记住，恰当的时机是健康睡眠的关键。所以，虽然静静地和孩子坐在一起给他讲个故事是很好的，但是"做什么"往往没有"什么时候做"那么重要。

了解了这一点后，很多父母都在试着改变自己的行为，来促进孩子更好地睡眠。如果可能的话，父母可以制订一个照看时间表，类似于创建某种睡眠时间表。这样，当父母一方待在家里陪孩子时，另一方可以出去工作或者探亲访友。这种时间表可以作为每天、每周或者每月的常规安排而得到执行，只要其最适合你们的家庭。一旦孩子的睡眠时间表同他的内在生物钟相协调，对父母而言就意味着一种解放。你可以把孩子带出去参加某些特殊的活动，他也不会烦躁或者哭闹。如果你的孩子在80%的情况下都能遵照这个睡眠时间表，其他20%的情况下如果你想要微调一下睡眠时间安排，这也不成问题。

如果孩子出生后的1年是在儿

童看护机构中被看护的，告诉他的看护者要尽量给他安排固定的小睡时间表。这张时间表应该同你在家遵循的时间表相一致，这样对孩子的扰乱会最小。有时候，当你从看护机构把他接走时，他会特别兴奋，而你也十分热切地想要见到他，这时即使他十分疲惫，你可能也无法看出。请留心他在这一天中是怎样度过的。儿童看护机构的人员是否愿意遵循你对孩子小睡时间的安排，也许是你选择一家看护机构时要考虑的重要因素。

当然，很多（但不是所有）的儿童看护机构都有意愿和能力把小睡的时间作为重要的事情。但是，有的看护机构可能没有光线暗且安静的房间用于小睡，这样小睡就很困难。婴儿可能在白天9：00～10：00以及13：00～15：00需要小睡，但是看护机构的环境在那个时间也许不利于睡觉。那时也许有太多的光线，或者很多其他孩子的吵闹（包括哭闹），所以，婴儿在最需要睡眠的时候可能无法获得想要的睡眠。如果是这样，当你下班来接他的时候他可能很累，这样也很难让他保

持固定的睡眠时间表。你和孩子独处的时间，例如在早晨给他洗澡、喂奶和帮他穿衣服的时间，可以弥补他因晚上太困而无法互动的时间。

请你尽量在周末和假期继续执行工作日时间表，以确保孩子的睡眠时间一致。但是，睡眠时间表有时候被打乱是不可避免的。节假日或者家庭聚会都可能让孩子没有小睡或者不能按时上床睡觉。因为孩子的性格不同，有些孩子对这些改变具有很强的适应力，他们很容易就能适应环境的改变，但是有些就不能。

你要尽量尊重孩子的天性，尽量保持规律的睡眠时间表。同时，如果你知道他的睡眠时间表将会被打乱，那么就让他提前多睡一些，这样他就能有更好的精力，更成功地适应，并且心情也更愉快。所以，如果你将有一个家庭聚会，就试着让孩子提前1～2天休息好，这样他能更好地应对睡眠时间表被打乱的情况。孩子休息得越多，脾气就越好，他对环境的适应力也越强，这样他也会睡得更好。

打乱孩子睡眠时间表的频率可

情形4

　　一位父亲请儿科医生来解决一个他和妻子正试图解决的问题。他们了解9个月的婴儿保持睡眠时间规律的重要性。但是，他们还有2个更大的孩子，父母陪大孩子的行为可能与他们满足婴儿睡眠需要的做法相冲突。

　　儿科医生建议，父母应该努力在大孩子的社交需求和婴儿白天小睡的生理需求之间寻求平衡。不过，医生也说可能没有非常完美的方法，可能需要一些妥协。"有时候，"医生说，"你可能不得不告诉大孩子'你的玩耍约定可能要迟到一会儿，因为我们要多等几分钟，等到欧文睡醒'。"但是另外一些时候，当大孩子有特别的事情时，你可能决定把婴儿叫醒，这样他的大哥哥或大姐姐就能准时去他要去的地方了。

　　在大多数情况下，尽量避免叫醒睡着的婴儿。但是偶尔稍微短点的小睡不会造成伤害，只要不经常这样就好。

以达到多高？1个月之内可以1~2次改变孩子的睡眠时间表，即调整他白天小睡和晚上就寝的时间，这样你和孩子可以一块欢度周末、生日或者其他特殊的活动。大多数平时休息得好的孩子都能够适应这些偶发的活动，但不要过度了，例如，每周1~2次的打乱可能就过多了。

　　如果你的孩子确实偏离了原有的睡眠时间表［可能是因为（外）祖父母的来访，或者意外得了一场病］，可以考虑进行时间表的"重调"，但应只在一个晚上进行。在"重调"的这个晚上，很早地就把孩子放到婴儿床里，不要理会他表示抗议的哭闹，这种哭闹可能和他这段时间睡眠不足有关。由于孩子过度疲乏和哭闹以博得关注的缘故，逐步微调的方式可能以失败告终，也许父母会感到沮丧，但是只在一个晚上进行"重调"应该能够解决问题。关键是要恢复正常的睡眠时间表。

其他影响睡眠的问题

　　有时候，家庭问题也会影响孩子的睡眠。例如，你在白天管教孩子时遇到困难，或者你和伴侣婚姻不和谐，或者你一天的工作很累，所有这些都可能使每个人在家里的睡眠都遇到问题，尤其是对孩子。有效地处理日常问题可以帮助你的整个家庭获得适当的睡眠

还有，睡眠也会受到一些健康问题的影响，例如肠痉挛、严重的湿疹或睡眠呼吸暂停（肠痉挛是影响睡眠的一个常见原因，在小婴儿中比较常见，见第 153 页以获得更多信息和指导）。一些短期的健康问题，如造成疼痛的中耳炎，也让孩子睡不着。此时，你应该满足他当时的需要，并听取儿科医生关于解决问题和减轻痛苦的建议。

正确看待睡眠

关于孩子的睡眠问题，你要尽自己最大的努力，但是如果事情有时不太顺利的话，你也不要沮丧。是的，为了让孩子准时地小睡和晚上睡觉，你要做出不懈的努力。如果孩子在儿童看护机构或者被保姆带着，你不在他身边，所以没在通常小睡的时间睡觉，那么应该确保他的看护者理解并且试着遵循你推荐的时间表。但是，即使你没有把所有的事都做得完美，也需要把内心的焦虑和抱怨放在一边。有时候孩子会不可避免地睡不好。如果孩子有 1 ~ 2 个（或者更多）晚上就寝时间较晚，不要自责。你只需要尽快回归正轨，帮助他回到正常的睡眠时间表。有效地处理孩子的睡眠问题很重要，这不仅是为了孩子好，而且是因为他的睡眠问题会干扰你的休息需要。满足你自己的（还有伴侣的）睡眠需要对有效地照顾孩子和其他家人很重要。长期劳累过度的父母患抑郁症的风险较大。

正如我们前面提到的，睡眠是孩子健康生活必不可少的一部分。帮助孩子睡觉是父母最大的挑战之一，但是这对孩子的健康有很大的回报，不管是现在还是将来。很多成年人长期睡眠不好，那可能是因为儿童期没有养成良好的睡眠模式。睡眠不好是一种习得行为，如果一个孩子得不到高质量的睡眠，他可能就不知道怎样才能睡得好。睡眠问题可能会在很多年里影响他的生活。越早开始处理孩子的睡眠问题，你就越可能解决这些问题。记住，

儿科医生可为你提供支持、建议和安慰。而且，很多儿科医疗中心有专门帮助孩子睡得更好的医生（或护士）。

附　录

0～2岁男孩身高和体重百分位曲线

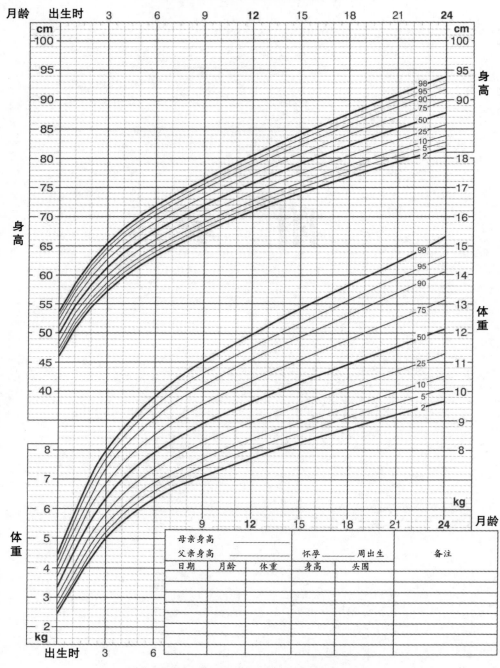

美国疾病控制与预防中心制作（2009 年）

0～2岁女孩身高和体重百分位曲线

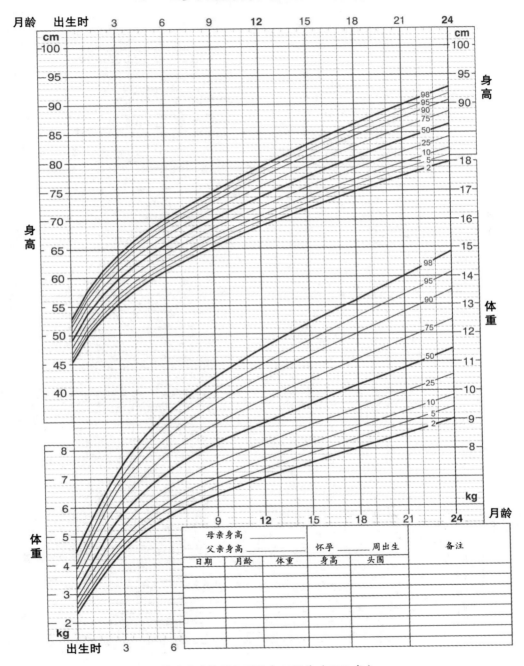

母亲身高 _____
父亲身高 _____ 怀孕 _____ 周出生

日期	月龄	体重	身高	头围	备注

美国疾病控制与预防中心制作（2009年）

0～2岁男孩头围以及体重身高比例百分位曲线

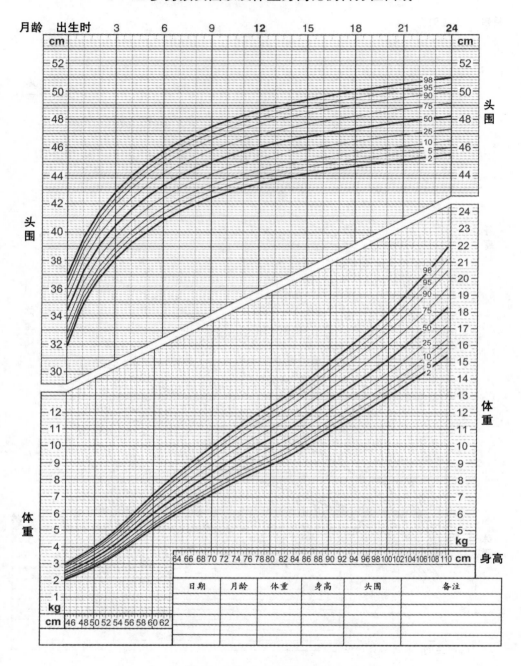

美国疾病控制与预防中心制作（2009 年）

0～2岁女孩头围以及体重身高比例百分位曲线

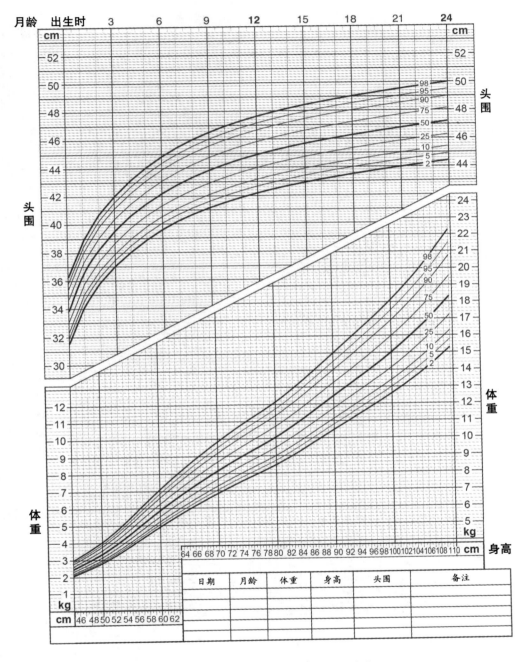

美国疾病控制与预防中心制作（2009年）

2 ~ 20 岁男孩身高和体重百分位曲线

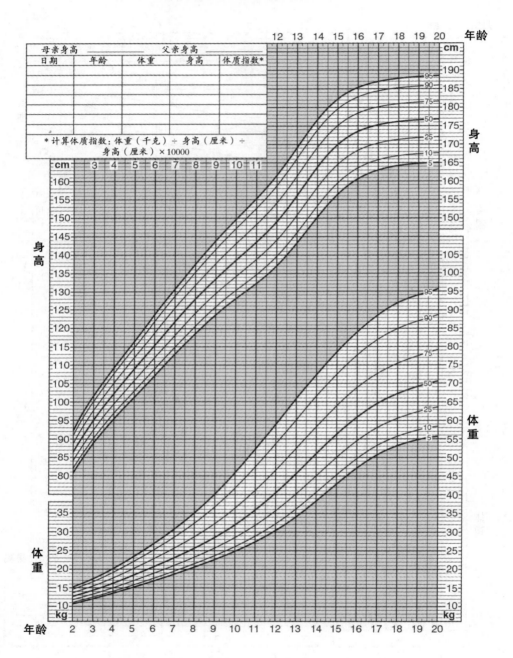

美国疾病控制与预防中心制作（2009 年）

2 ～ 20 岁女孩身高和体重百分位曲线

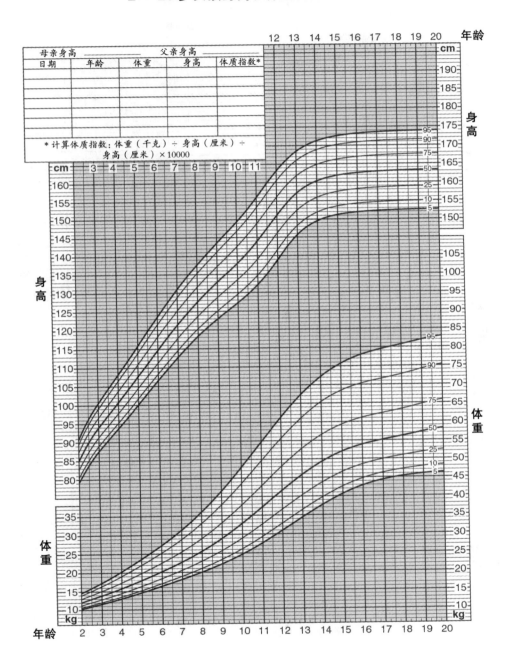

美国疾病控制与预防中心制作（2009 年）

2 ~ 20 岁男孩体质指数百分位曲线

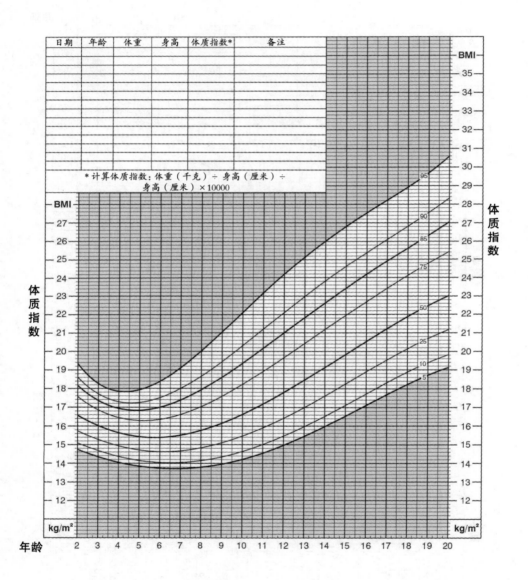

美国卫生统计中心与美国慢性病预防
和健康促进中心联合制作（2000 年）

2 ~ 20 岁女孩体质指数百分位曲线

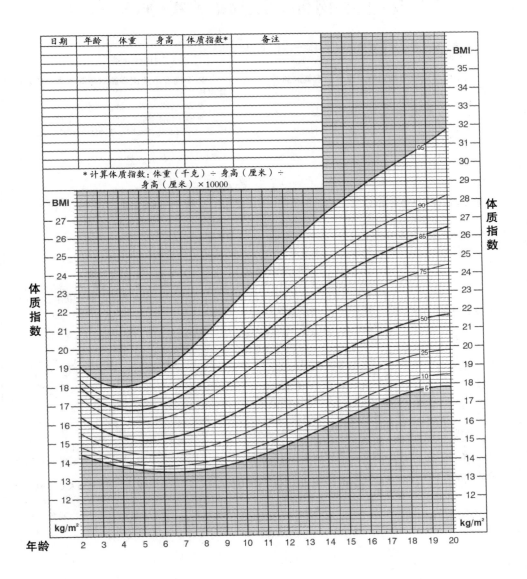

美国卫生统计中心与美国慢性病预防
和健康促进中心合作制作（2000 年）

呼吸道异物阻塞急救 / 心肺复苏术

若孩子发生呼吸道异物阻塞时只有你一人在场，你应该：

1. 大声呼救；   2. 开始急救；   3. 拨打急救电话。

以下情况应该实施对呼吸道异物阻塞的急救措施。

- ◆ 孩子完全不呼吸（胸部没有上下起伏）。
- ◆ 孩子无法咳嗽或说话，或者脸色发青。
- ◆ 孩子无意识，无法回应你。（开始进行心肺复苏术。）

以下情况不应该实施对呼吸道异物阻塞的急救措施。

- ◆ 孩子可以呼吸、哭泣或说话。
- ◆ 孩子仍能咳嗽、断断续续地发音或吞吐空气。（孩子的本能反应在帮助他清理呼吸道。）

对于婴儿

婴儿呼吸道异物阻塞急救

一旦婴儿发生呼吸道异物阻塞，无法呼吸、咳嗽、哭闹或说话，就按如下步骤操作，并让人赶紧拨打急救电话。

婴儿心肺复苏术

在婴儿没有意识／没有反应或呼吸停止时进行。
将婴儿平放在硬的平面上。

1. 在背部拍打 5 次

交替进行

2. 在胸外按压 5 次

交替进行背部拍打和胸外按压，直到异物被清除。如果婴儿失去知觉，要开始心肺复苏术。

1. 开始胸外按压

- ◆ 将一只手的 2 根手指置于乳头线（两乳头连线）下方的胸骨处。
- ◆ 按压胸部，按压深度至少为胸部深度的 1/3，或约 4 厘米。
- ◆ 每次按压后，都让胸部恢复到正常位置。按压的频率为每分钟至少 100 次。
- ◆ 进行 30 次按压。

2. 打开气道

- ◆ 打开气道（压额头、抬下巴）。
- ◆ 如果发现不明物体，用手指将其移出。千万不要用手指盲目寻找。

3. 开始人工呼吸

- ◆ 进行 1 次正常的呼吸（不是深呼吸）。
- ◆ 用你的嘴严密罩住婴儿的口部和鼻部。
- ◆ 吹 2 口气，每次 1 秒。每次吹气都应该使婴儿胸部起伏。

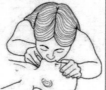

4. 继续胸外按压

- ◆ 继续进行 30 次胸外按压搭配 2 次人工呼吸。
- ◆ 在 5 轮按压和人工呼吸后（大约 2 分钟），如果还没有人打急救电话，就自己打。

一旦孩子将异物咳出，开始呼吸，就停止人工呼吸，并拨打急救电话。
询问儿科医生关于 8 岁以上孩子的呼吸道异物阻塞急救 / 心肺复苏术指导，并询问经批准的急救或心肺复苏术课程的相关信息。

呼吸道异物阻塞急救 / 心肺复苏术

若孩子发生呼吸道异物阻塞时只有你一人在场，你应该：

1. 大声呼救；　　　　　2. 开始急救；　　　　　3. 拨打急救电话。

以下情况应该实施对呼吸道异物阻塞的急救措施。

- ◆ 孩子完全不呼吸（胸部没有上下起伏）。
- ◆ 孩子无法咳嗽或说话，或者脸色发青。
- ◆ 孩子无意识，无法回应你。（开始进行心肺复苏术。）

以下情况不应该实施对呼吸道异物阻塞的急救措施。

- ◆ 孩子可以呼吸、哭泣或说话。
- ◆ 孩子仍能咳嗽、断断续续地发音或吞吐空气。
  （孩子的本能反应在帮助他清理呼吸道。）

对于 1~8 岁的孩子

儿童呼吸道异物阻塞急救（海姆立克急救法）

让人赶紧拨打急救电话。一旦儿童发生呼吸道异物阻塞，无法呼吸、咳嗽、喊叫或说话，就按如下步骤操作。

1. 采用海姆立克急救法

- ◆ 一只手握拳，置于孩子的肚脐上方，并用另一只手罩住。双手挨着胸骨和胸腔的下缘。
- ◆ 反复、用力地按压以形成咳嗽般的气流把异物冲出，打通呼吸道。
- ◆ 一直进行海姆立克急救措施，直到异物被清出。

2. 实施心肺复苏术

- ◆ 如果孩子变得无意识或没有反应，开始进行心肺复苏术。

儿童心肺复苏术

在孩子没有意识 / 没有反应或呼吸停止时进行。
将孩子平放在硬的平面上。

1. 开始胸外按压

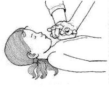

- ◆ 将一只手的掌根置于胸骨下半段，或者用两只手：将一只手的掌根置于胸骨下半段，然后将另一只手置于其上。
- ◆ 按压胸部至胸部下陷至少 1/3，或大约 5 厘米。
- ◆ 每次按压后，都让胸部恢复到正常位置。按压的频率为每分钟至少 100 次。
- ◆ 进行 30 次按压。

2. 打开气道

- ◆ 打开气道（压额头、抬下巴）。
- ◆ 如果发现不明物体，就用手指将其清出。千万不要用手指盲目寻找。

3. 开始人工呼吸

- ◆ 进行 1 次正常的呼吸（不是深呼吸）。
- ◆ 用你的嘴严密罩住孩子的口和鼻部。
- ◆ 吹 2 口气，每次吹 1 秒。每次吹气都应该使孩子的胸部扩张。

4. 继续胸外按压

- ◆ 继续进行 30 次胸外按压搭配 2 次人工呼吸。
- ◆ 在 5 轮按压和人工呼吸后（大约 2 分钟），如果还没有人打急救电话，就自己打。

一旦孩子将异物咳出，开始呼吸，就停止人工呼吸，并拨打急救电话。

询问儿科医生关于 8 岁以上孩子的呼吸道异物阻塞急救 / 心肺复苏术指导，并询问经批准的急救或心肺复苏术课程的相关信息。

按照主题分类的
关键词索引

说明：此索引按照主题（见上）分类，主题的分类根据书的结构而定，每个主题下的关键词按照音序排列。

孕期

分娩

新生儿基本护理

新生儿婴儿健康

母乳喂养

配方奶喂养

婴幼儿基本看护

生长发育

行为与规矩

给家人的信息

症状与疾病
（另见索引"新生儿婴儿健康"）

---

* 在索引的"症状与疾病"这一主题下，当某一问题（如流鼻血）不直接引起上面的症状（如鼻塞），但存在一定的关系，或同时发生时，前面用"与"字；某一问题如果直接引起上面的症状，则前面不加"与"字，如感冒（问题）和鼻塞（症状）。

药物及其他

美国儿科学会系列图书

《美国儿科学会心理教养全书》

《美国儿科学会新父母手册》

《美国儿科学会新生儿婴儿护理全书》

《美国儿科学会母乳喂养指南》

《美国儿科学会实用喂养指南》

《美国儿科学会健康育儿指南》